华北电力大学年鉴

2012

华北电力大学档案馆　编

内 容 提 要

本书内容包括：华北电力大学在2012年度发表的专文、机构与干部、党群工作与行政管理、学科与学位建设、教育教学、科学研究与产业开发、合作交流与对外联络、院系部情况、教科研设施与服务保障、规章制度建设、重要文件等。

图书在版编目（CIP）数据

华北电力大学年鉴. 2012 / 华北电力大学档案馆编
. -- 北京 : 中国水利水电出版社, 2014.5
ISBN 978-7-5170-2043-1

Ⅰ. ①华… Ⅱ. ①华… Ⅲ. ①华北电力大学－2012－年鉴 Ⅳ. ①TM-40

中国版本图书馆CIP数据核字(2014)第101435号

书 名	华北电力大学年鉴 2012
作 者	华北电力大学档案馆 编
出版发行	中国水利水电出版社 （北京市海淀区玉渊潭南路1号D座 100038） 网址：www.waterpub.com.cn E-mail：sales@waterpub.com.cn 电话：（010）68367658（发行部）
经 售	北京科水图书销售中心（零售） 电话：（010）88383994、63202643、68545874 全国各地新华书店和相关出版物销售网点
排 版	枣庄市大有文化传媒有限公司
印 刷	北京瑞斯通印务发展有限公司
规 格	210mm×297mm 16开本 49.75印张 1501千字 8彩插
版 次	2014年5月第1版 2014年5月第1次印刷
印 数	001—800册
定 价	298.00元

《华北电力大学年鉴 2012》
编撰人员名单

审　　定：刘吉臻
主　　编：孙忠权
副 主 编：陈　军　张德安
执行主编：王振华　黄义国

特约编审：（按姓氏笔画排列）

丁常富　丁相宝　马永光　马小勇　牛东晓　尹忠东　王佃启　王秀梅　王迎新
王保义　王聚芹　仇必鳌　刘永前　刘　斐　刘　石　刘宗歧　刘晓峰　刘志远
刘观起　任金锁　毕天姝　曲　涛　汪庆华　张天兴　张新娟　张瑞雅　张粒子
张树芳　张建军　张栾英　张晓宏　张　莉　张文建　陈　志　陈兆江　陈　军
陈　武　李庚银　李金全　李　旸　李　东　李秋夫　李春祥　李迎春　陆道纲
沈　岚　沈剑飞　沈长月　吴克河　吴乐为　范　立　范寒松　柳长安　杨万华
杨晓忠　林长强　林　红　苑英科　杨实俊　姜　波　范孝良　房游光　周　泽
武彦军　赵秀国　赵冬梅　赵冬鸣　赵书强　赵玉闪　赵　毅　姚凯文　律方成
胡三高　秦卓贤　徐进良　顾煜炯　顾雪平　夏延秋　郭炜煜　高会生　高　强
黄元生　黄国和　董长青　韩中合　谢　红　靳占兴　潘　洁　戴松元　檀勤良
等

特约编辑：（按姓氏笔画排列）

丁立新　尹　莎　水志国　马同军　马惠茹　马　焕　马　瑛　王　晓　王　燕
王　莉　王红斌　王建永　王万雨　王振华　王集令　王庆华　丛淑玲　冯满春
平　萍　田明霞　田　里　石　玉　石世平　石　峥　石兵营　付　萍　包跃民
刘春磊　刘桂玲　刘跃群　刘　让　刘贵臣　刘长青　汤石雨　孙华昕　孙　帅
孙培燕　邢　燕　闫　悦　阮艳花　何天枢　何明华　张　磊　张冬生　张贵云
张继红　张湘武　张德安　张隽贤　张　科　张　清　赵颖涛　赵丽香　赵冬鸣
赵静静　杜红琴　杨毅华　苏晓敏　陈　佳　陈　平　陈晓蕾　李　君　李　博
李迎春　李　非　李福顺　李红梅　李睦邻　李晶晶　吴良器　吴隆礼　汪飞龙
周劲松　林　林　林建华　金海燕　郑　凯　苗　凤　范建明　范　嵬　郑志平
姚敬伟　胡　涛　胡建强　胡舒敏　赵友君　赵黎明　徐大圣　徐淑芝　徐　扬
贾　宸　郭新勃　高　燕　郭军红　梁淑红　倪世清　候步蟾　常青云　黄义国
蔺　媛　彭跃辉　彭　伟　董宏伟　董　剑　谢海洋　葛　超　窦学欣　赖其军
蹇文馨　魏　娜　等

2 月 18 日 华北电力大学党委书记吴志功在学校第五届第六次教代会上致闭幕词

2 月 17 日 华北电力大学校长刘吉臻在学校第五届第六次教代会上作工作报告

2月23日，华北电力大学启动国家重点基础研究发展计划（973）“智能电网中大规模新能源电力安全高效利用基础研究”项目

3月7日 华北电力大学与中国南方电网公司签署校企合作框架协议

3 月 9 日 华北电力大学与中国广东核电集团有限公司签署战略合作框架协议

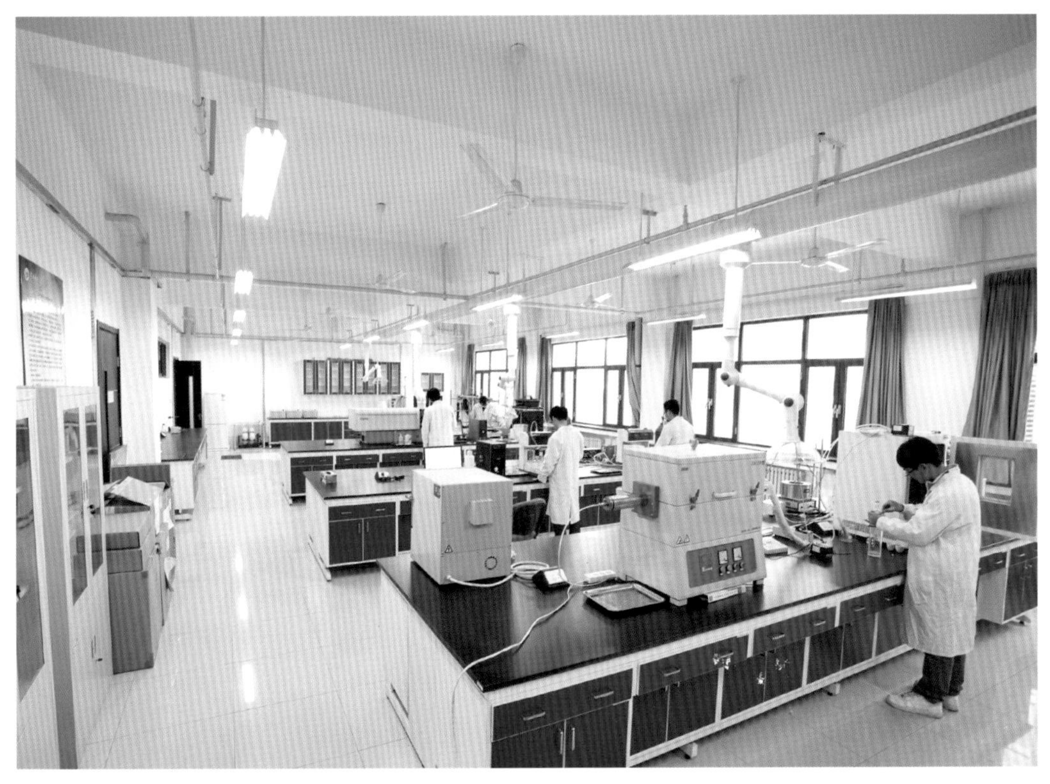

4 月 华北电力大学工程学学科 ESI 进入世界前 1% 行列。图为华北电力大学国家火力发电工程技术研究中心热分析实验室

4 月 10 日 华北电力大学“煤的清洁转化与高效利用引智基地”启动

4 月 18 日 华北电力大学校长刘吉臻会见英国工程技术学会（IET）首席执行官 Nige Fine

4 月 20 日 华北电力大学举行苏州研究院开工典礼

4 月 23 日 华北电力大学与里贾纳大学共建中加新能源研究中心

5月10日 华北电力大学启动“适应大规模间歇式电源接入的电网保护控制技术”“863计划”课题

5月20日 华北电力大学举办校友创新创业研发中心揭牌仪式暨校友返校日活动

6 月 1 日 华北电力大学与法国电力公司举行合作框架签约仪式

10 月 16 日 美国普渡大学盖莱默校区校长 Thomas L.Keon 来访华北电力大学

11 月 7 日　华北电力大学启动《华北电力大学章程》制定工作会议

11 月 27 日 华北电力大学与摩托罗拉系统（中国）有限公司签署战略合作备忘

11 月 30 日 国家核电技术公司党组书记、董事长王炳华一行来访华北电力大学

12 月 12 日 华北电力大学承办第六届高水平行业特色型大学发展论坛年会

12月25日　华北电力大学校长刘吉臻为国家“千人计划”特聘专家肖惠宁教授颁发聘书

12月29日　华北电力大学《强效之路》出版发行

编 辑 说 明

EDITOR’S DECLARATION

一、《华北电力大学年鉴》是一部资料性工具书，由档案馆主持编撰。

二、本年鉴以学校各单位的工作划分为主线，使用记述体，直陈其事。部分尝试以条目为主的编撰方式。本年鉴设有 12 个主要栏目，以教育教学及相关内容为核心。

三、按照北京市教育委员会关于新版年鉴的改版意见编撰。本年鉴文字部分由采用“两栏式”或“三栏式”。文字的字体、大小、行距等参照《北京教育年鉴》进行了调整。本年鉴编印刷版本为精装本。

四、本年鉴共选录照片 20 幅、文字 143 万余字、重要文件和规章制度 20 个、各类统计表 91 个。

五、本年鉴筹稿工作于 2013 年 1 月始，3 月底结束，统稿审稿工作于 6 月结束。

六、本年鉴收录的材料除“规章制度”外，均由学校各单位协助组稿。其中，各一体化办公单位的组稿实行统一编写，非一体化办公单位先分别由校部和保定校区独自撰写，后由其校部对应单位统稿。所有材料已经各单位负责人审定。

七、本年鉴涉及的各项年度数据以 2012 年 12 月 31 日为统计口径，部分统计表以各统计部门工作特点的要求为统计口径。

八、本年鉴所录大事记等凡没有注明具体发生时间的，均使用“△”进行了标注。

九、本年鉴在征集图片方面得到了党委宣传部、校团委等单位，大学生摄影协会、丽晶图片社及摄影爱好者的大力协助。

Editor’s Declaration

1. Compiled by the Office of the NCEPU Archives Center, Almanac of North China Electric Power University serves as a tool and reference book.

2. With the classification of work and responsibilities among different university units being the main line, this almanac depicts the facts and matters directly in a descriptive style. Items classification is also partially employed in the compiling process. This almanac is composed of 13 sections, focusing on education, teaching and related matters.

3. In the process of compiling this almanac, the suggestions of the Education Committee of Beijing Municipal Government on new version almanac were followed, and the Two or Three-Column style is adopted for the text section instead of the One-column style used before. The types, sizes and line spaces of the text have also been modified with reference to *Beijing Education Almanac*. This almanac uses de lux edition.

4. 20 photos, 1425 thousand words, 20 rules and regulations, and 91 statistical charts and tables have been selected and included in this almanac.

5. The materials collection work started at the end of January, 2013, ended by the end of March, and the materials e and revision work was completed in June.

6. Except the “rules and regulations”, all materials were produced and provided by various university units. The units integrating the office work of the Beijing and Baoding campuses prepared the materials together. As regards those that had not integrated their office work, they compiled independently first, and then the corresponding units in Beijing campus did the combination and arrangement work. All the materials have been revived and approved by the heads of various departments and units concerned. The “rules and regulations” in this almanac were selected and provided by the documents and printing section of the President’s Office.

7. The ending date for the various data contained in this almanac is December 31, 2012, and some units choose different dates basing on their work characteristics.

8. All the items without specifying the time are marked with “△”.

9. In the process of collecting photos for this almanac, great support was kindly given by the Publicity Section of the Party Committee, the University League Committee, the College Students Photography Association, the Lijing Photoshop and many photography fans.

10. The copyright of this almanac belongs to North China Electric Power University (NCEPU). All the materials contained in this almanac can be downloaded or cited within NCEPU, and can not be copied, reprinted, posted or published out of the campus without the permission from NCEPU.

目　录

学科与学位建设　教育教学

科技研究与产业开发

科研平台建设

合作交流和对外联络

院系部建设

教科研设施与服务保障

CONTENTS

OVERALL REVIEW

ORGANIZATIONS AND LEADERS

INFLUENCE OF THE RELATIONS BETWEEN THE PARTY AND THE MASSES ON ADMINISTRATION

EDUCATION, TEACHING AND ACADEMIC SUBJECTS BUILDING AND DEGREE MANAGEMENT DEGREE AFFAIRS

SCI-TECH RESEARCH AND INDUSTRIAL DEVELOPMENT

CONSTRUCTION OF SCIENCE

COOPERATION AND EXCHANGE AND FOREIGN CONNECTIONS

CONSTRUCTION OF SCHOOLS, INSTITUTES AND DEPARTMENTS

INFRASTRUCTURE AND SERVICE GUARANTEE

RULES AND REGULATIONS BUILDING

IMPORTANT ARTICLES

STATISTICAL STATEMENTS AND APPENDIXES

□专文

SPEECHES AND ARTICLES ON CERTAIN TOPICS

深化改革　强化管理　努力开创高水平大学建设的新局面

校长刘吉臻在第五届第六次教职工代表大会上的讲话

（2 月 17 日）

各位代表、同志们：

今天，我们隆重召开华北电力大学第五届第六次教职工代表大会。会议的主题是：认真贯彻落实学校第一次党代会精神和“十二五”发展规划纲要，总结 2011 年学校各项工作，分析学校面临的形势和任务，明确 2012 年工作重点，深化改革，强化管理，努力开创高水平大学建设的新局面。下面，我代表学校作工作报告，请各位代表审议。

一、2011 年工作回顾

2011 年在教育部和各上级部门的正确领导下，全校师生员工团结奋斗、努力工作，全面完成了年初确定的各项任务。

（一）“十二五”发展规划编制

在校党委的直接领导下，经过广泛调研、深入研讨、充分征求意见，2011 年 7 月全面完成了《华北电力大学“十二五”发展规划纲要》的编制工作。

《纲要》紧紧围绕我国高等教育改革发展的方针和要求，按照创建高水平大学的战略目标，认真分析我校发展现状和面临的形势，提出了“十二五”期间学校改革发展的目标任务、建设重点和措施保障，集中体现了学校在“十二五”时期乃至更长一段时间的发展战略。《纲要》是学校制定各项工作任务的重要依据，也是全校师生共同奋斗的行动纲领，对于推动学校的改革发展，加快实现学校“三步走”战略目标具有重要而深远的意义。

（二）学科建设

2011 年学校跻身于国家“985 工程优势学科创新平台”建设高校行列；“211 工程”三期项目建设任务基本完成；新增 2 个一级学科博士学位授权点和 15 个一级学科硕士学位授权点，自主设置了可再生能源与清洁能源等 9 个二级学科博士点。目前，学校一级学科博士点达到了 5 个，二级学科博士点达到 30 个，一级学科硕士点达到 23 个，二级学科硕士点达到 123 个。

“新能源电力系统国家重点实验室”获得科技部批准立项建设，实现了我校国家级重点实验室“零”的突破；同时，新增了“区域能源系统优化教育部重点实验室”。至此，依托我校建设的国家级科技创新平台达到 3 个，省部级科技创新平台达到 11 个。

（三）师资队伍建设

高层次人才队伍建设成效显著，“国字头”人才工程取得新突破。何理教授入选国家首批“青年千人计划”；以国家首批“千人计划”学者黄国和教授为学术带头人的“区域能源与环境系统优化”团队入选 2011 年度教育部“长江学者和创新团队发展计划”，使我校教育部创新团队达到 4 个；陈克丕等 7 名教师入选教育部新世纪优秀人才支持计划；3 人获评北京市和河北省“教学名师”。

学校不断加大青年教师的培养力度，继续实施“海外博士培养计划”和青年教师“博士化、国际化、工程化”工程。2011 年派出 35 位青年教师到电力企业进行工程化实践锻炼，派出 37 名教师出国研修，14 人获“青年骨干教师出国研修项目”资助。

学校继续健全教师队伍准入制度，专任教师岗位进一步向海外优秀留学归国人员、国内著名高校和科研机构的中青年学术骨干及博士后研究人员倾斜，新聘专任教师中，具有博士学位的占 97%，具有海外留学经历的占 17%，来自其他国内外知名大学与科研机构的人员占 75%，教师学历结构和学缘结构进一步得到改善。

（四）教育教学

学校全面实施“卓越工程师教育培养计划”，探索与行业企业联合培养人才的新机制，加快推进人才培养模式改革；继续强化本科教学质量与改革工程“国字头”战略，电气工程及其自动化等 11 个国家级特色专业建设稳步推进，与中国电力投资集团公司等企业共建的 3 个校外人才培养基地被批准为首批国家级工程实践教育中心；主编省部级以上规划教材 23 部，获评省部级以上精品教材 4 部；新增 2 门省部级精品课程；启动了首届校内教学名师评选工作，评选出 10 名“华北电力大学教学名师”；进一步完善学生评教工作，人才培养质量监控体系不断健全。

研究生教育规模继续扩大，全日制研究生录取数量比 2010 年增长 5%，在职硕士研究生数量增长 24%；2011 年 9 月，华北电力大学研究生院正式挂牌成立，标志着学位与研究生教育工作进入了一个新的发展阶段；以研究生学位论文质量为重点，不断完善质量保障监控体系和管理规范化建设，向更加注重过程管理与明确质量标准转变；产学研联合培养模式与培养机制不断深化，派出近 300 名研究生到研究生工作站联合培养，《教育部简报》专门报道了我校研究生工作站的典型经验，学校入选教育部与工程院联合培养博士研究生试点单位。

生源质量稳步提高，学校文理科本科新生全国录取平均分分别高出重点线 32.9 分和 71.7 分；大学生国家英语四级考试一次通过率达到 92%，再创新高；大学生科技创新成果丰硕，实现“挑战杯”全国大学生课外学术科技作品竞赛“特等奖”、“零”的突破，获得国家级大学生创新实践奖项 335 项、省部级奖项 187 项，2 个项目入围第四届全国大学生创新论坛，获得国家及省部级大学生创新性实验计划资助 115 万元，取得国家发明专利 7 项；在第八届全国研究生数学建模竞赛中获得 2 个一等奖、14 个其他奖项和优秀组织奖；学生在各类体育赛事中取得多项佳绩，获得了全国田径锦标赛男子 400 米栏冠军等优异成绩。

（五）科学研究

2011 年学校承担科技项目经费总额首次突破 5 亿元，达 5.06 亿元，比 2010 年增长 24.2%；纵向项目经费为 1.64 亿元，比 2010 年增长了 41.4%；纵向项目 405 项，其中“973 计划”项目再次获得重大突破，以刘吉臻教授为首席科学家申报的“智能电网中大规模新能源电力安全高效利用基础研究”获得科技部批准立项；国家自然科学基金各类项目 66 项，其中重大（重点）项目 3 项，总经费 2818.5 万元，立项数和资助金额进一步增长。

学校科技成果产出喜人。2011 年学校被三大检索收录的论文 2115 篇，其中 SCI 218 篇、EI 1830 篇，论文收录排名和引用排名进一步提升；出版学术著作 32 部；申请专利 615 项，获专利授权 252 项；获得各类省、部级及以上科技成果奖 21 项，以杨勇平教授为第一负责人完成的“大型火电机组空冷系统优化设计与运行关键技术及应用”获国家科技进步二等奖，这也是五年来学校再次获得国家科技奖励；以黄国和教授为第一负责人申报的“面向流域系统的风险分析与优化调控理论”获教育部高等学校科学研究优秀成果奖自然科学类一等奖，填补了我校在自然科学类省部级一等奖上的空白；曾鸣教授的研究成果获国家能源局软科学研究优秀成果奖一等奖；刘连光教授的研究成果获国家安监局安全生产科技奖一等奖。科技工作超额完成了原定计划目标，科技成果产出数量及质量大幅度提升。

（六）产学研合作

2011 年 10 月，我校与北京邮电大学等 11 所高水平行业特色型大学组建的“北京高科大学联盟”正式成立；12 月，学校被增补为中电联副理事长单位，为今后的校企合作、协同创新搭建了更加广阔的平台。

学校依托大学理事会，与各理事单位在建立研究生工作站、设立奖学金、订单式人才培养、科研合作等方面取得了新进展；先后与中科院电工研究所、南京江宁区人民政府等多家地方政府和科研院所、大型企业签署了战略合作框架协议；继续加强国家大学科技园、留学人员创业园的建设工作；苏州研究院的建设工作取得进展，第一期 5.8 万平方米的设计方案通过评审；学校成人教育、函授和培训工作继续保持良好的发展势头。

华北电力大学校友会经民政部批准，正式注册成立，成为经国家民政部批准登记成立的三十余家全国性校友会之一。

（七）国际交流与合作

2011年学校共签署26个实质性校际交流协议，涵盖美国、韩国、英国、加拿大等国的一批国际知名大学；国际科技合作取得突破，与英国爱丁堡大学成立中英碳减排联合研究中心，与加拿大里贾纳大学成立中加能源可持续研究院，与澳大利亚能源研究院签订全面合作协议；引智工作取得新的突破，继“大电网保护与安全防御”“111”引智基地之后，学校第二个“111”引智基地——“煤的清洁转化与高效利用”获得教育部、国家外专局批准启动；新增海外高层次专家项目、海外名师项目、教育部特色项目各1项。

国际合作办学规模不断扩大，留学生结构和层次持续优化。2011年国际合作办学项目新招生411人，累计在读学生达到1098人，国际交流人数达到381人，创历年新高；留学生层次有显著提高，学历生尤其是硕博生比例大幅提高，国籍分布达60多个国家；2011年我校首次实现中国政府奖学金自主招生，招收9名来自周边国家知名理工科大学的硕士、博士研究生；经国家汉办批准，与美国西肯塔基大学合作建设孔子学院，这是继埃及孔子学院后学校在北美建立的首个孔子学院，对于提高我校在欧美发达国家的声誉和地位具有深远的意义。

（八）财务与条件建设

学校财务状况继续保持良好的势头，年内实现化债1.7亿元，使全校贷款额从年初的3.2亿元下降到年末的1.49亿元；争取到高校修购专项、中央高校基本科研业务费、北京市教委共建项目专项、质量工程项目、基本建设项目等共计1.4亿元；充分利用税收优惠政策，为我校科研收入减免营业税约340万元；教职工收入稳步增长。

学校出台了后勤管理体制改革方案，努力构建适应高水平大学发展要求的后勤服务保障体系；着重加强学校资产过程管理和监督，规范设备及房屋资产全寿命管理；节能技术改造持续推进。

校部北区新征地工作取得了重要进展；校部13号学生宿舍楼、风洞实验室先后建成并投入使用；年度修购基金投入4500万元，自来水、老校区中水处理站以及教三楼暖气改造等工程圆满完成；保定校区二校区新征土地面积40亩，2万多平方米的实验综合楼获教育部正式批准立项，将于近期开工建设。

学校“十二五”信息化总体规划通过专家组论证，校园网安全稳定运行，信息化建设与管理逐步加强；学术期刊的社会声誉又有了新的提高；两校区图书馆电子文献资源加强了共建共享，对教学科研一线师生的科技文献查询检索服务进一步加强；档案基础设施建设和档案管理成效显著；校医院硬件建设进一步加强，健康服务水平进一步提升；积极提升“科技创安”水平，不断加强校园安全保卫工作，维护了平安和谐的校园环境。

（九）学生工作

学校深入加强大学生党建与思想政治教育工作。打造了“蓝色星空”教育计划、“绿色通道1+1”帮扶活动等一批德育品牌工程，新生入学教育“六个一”工程被教育部列为“加强和改进大学生思想政治教育工作简报重点基础材料”；坚持开展“特色活动示范党支部活动”，创建了校外研究生工作站党支部；不断加强班主任队伍建设，坚持选派名师担任班主任；坚持开展学风专项督查活动；开展研究生科学道德和学风建设教育活动；稳步推进心理健康教育工作，提高学生的心理健康水平。

学校进一步完善学生“奖助贷”体系建设，加强了资助工作力度，并积极引导和帮助学生自立自强，其中1名学生荣获“中国大学生自强之星”称号。

学校高度重视大学生就业工作，加大力度建设电力人才信息中心和电力人才招聘基地；本科生就业率保持在96%以上，研究生就业率超过98%；被教育部评为“2010—2011年度全国毕业生就业典型经验高校”。

学生校园文化和社会实践活动成效显著。继续深入推进以“把绿色电力送到雪域高原”为主题的大学生科技教育扶贫服务行动；在“挑战杯”

竞赛、大学生艺术展演、社会实践等活动中均取得了突出成绩，获奖数量和等级都迈上新台阶。

（十）党群工作

学校以建党90周年为契机，开展了形式多样丰富多彩的纪念活动；在全校党组织和党员中开展了“提高质量促发展、服务群众树形象”创先争优活动，引导学校各级党组织和广大党员围绕提高质量的核心任务，立足“教书育人、管理育人、服务育人”的本职岗位创先争优，进一步提升了服务社会、服务师生、服务群众的意识、能力和水平。

学校进一步加强了党员领导干部队伍建设力度，强化了基层党组织建设工作；进一步加强了统战工作、宣传工作、教职工思想政治工作、离退休干部工作，不断提升学校的社会形象和影响力，不断加强学校的凝聚力和向心力，保证了学校的和谐发展与安全稳定。

学校开展了以“落实《廉政准则》，弘扬优良作风”为主题的宣传教育月活动和以“永远跟党走”为主题的廉洁教育活动，加强廉政风险防范，对人、财、物等重点领域和部位加强监督检查。

学校在党政工群建家活动、教职员工参与民主管理方面成绩显著，以优异成绩通过“北京市模范之家”复验，获2011年北京市“模范职工之家”优秀建设单位荣誉称号。

各位代表、同志们，过去的2011年，全校师生员工秉承“自强不息、团结奋进、爱校敬业、追求卓越”的华电精神，深入贯彻落实科学发展观，努力工作，开拓创新，在各项工作中都取得了突出的成绩。在此，我代表学校党委和行政向全体教职员工致以崇高的敬意和衷心的感谢！

二、深化改革，强化管理，推动学校事业实现新的跨越

党的十七届五中、六中全会，对加快转变经济发展方式，推动科学发展、推动社会主义文化大发展大繁荣提出全新的要求，高等教育事业承载了更加光荣的使命。新世纪第一次全国教育工作会议提出，要更加关注教育发展模式的转变，更加强调体制改革创新，更加重视高等教育质量提升。在这样新的形势下，对于华北电力大学来说，如何以科学发展观为指导、以提高教育质量为主题、以改革创新为主线，切实用好和抓住难得而又大有可为的战略机遇期，实现学校新的腾飞，这是摆在学校各级领导和全体教职员工面前的重要课题。

首先，要充分认识到，学校正面临着事业发展新的战略机遇期。中国高等教育的改革发展已站在了一个新的历史起点。国家确立了“强国先强教”的发展战略，紧紧围绕内涵发展与提升质量的主题，进一步加大了对高等教育的投入力度，大力推进了“985工程”、“211 工程”、“2011协同创新计划”，为高水平大学的建设和发展提供了广阔的空间。同时，我国能源电力事业的发展进入了一个新的历史时期。面对能源短缺、环境污染、气候变化、保障能源安全等一系列影响国计民生的重大问题，大力开发利用新能源、节能减排、发展智能电网等手段已成为国家能源电力发展的重要战略举措，转变我国能源电力发展方式的关键在于依靠科技进步和人力资源。对于我们这样一所以能源电力为特色的大学而言，既赋予我们重大的责任，也提供了难得的机遇。对学校自身而言，经过多年的发展和积累，特别是“十五”、“十一五”时期的建设，我们在学科、师资、平台、人才培养、科技创新等方面都取得了长足的进步，学校的办学实力不断增强，社会服务能力与社会影响力显著提升，学校正处于一个快速提升的发展态势。只要紧抓机遇、开拓创新，以“十二五”发展规划纲要为指导，寻找学校事业发展新的突破点和增长点并为之付出坚实的努力，就完全有可能在新的时期取得更好更快的发展，使学校实现继“十一五”发展之后又一次新的跨越，带动学校事业再上新的台阶。

同时，也要充分认识到，制约学校事业进一步发展的问题与瓶颈更加凸显。面对建设一所高水平大学的要求，应该看到，学校在经过一段时期的快速发展之后，前进中的问题也暴露得更加清晰。在学科建设方面，还缺乏能够跻身国际国内前列的优势学科，不同学科之间的发展也很不平衡。在科技创新能力方面，还缺少在前沿领域具有原创性、引领性、标志性的重大创新成果，

自主创新的意识与能力亟待提高。学校的整体办学绩效不高。历史形成的两地办学的格局造成了学校资源分散，同时学校内部现行的体制机制也在一定程度上制约了事业的发展。

在这样的背景下，为了持续推动学校的发展和跨越，我们必须依靠思想观念的更新、体制机制的创新，通过深化改革、强化管理，以超常规的思维、超常规的举措、超常规的努力，抓住难得的发展机遇，加强内涵建设，加快实现学校高水平大学建设的新突破。

第一，开阔视野，更新观念，以昂扬进取的姿态投入到高水平大学的建设征程。建设高水平大学，需要有先进的办学理念和办学思想，需要建设具有核心竞争力的一流学科，需要培养出一大批适应社会需求的优秀人才，需要拥有强大的自主创新能力与社会服务能力。建设高水平大学，既是一个漫长而艰苦的过程，同时又有着关键期和阶段性，机会稍纵即逝，竞争强手如林，需要有一大批兢兢业业的奉献者为之不懈地努力和奋斗。新的时期，应当更加强调责任意识和奉献意识，更加强调不断学习和主动进取的意识，更加强调解放思想和开放办学的意识，以建设高水平大学的要求来增强学习能力，明确工作任务，确立工作标准，凝练工作成果，为学校事业的发展贡献出每一个人的智慧和力量。

第二，改革创新，破解难题，以体制机制的开拓创新形成推动学校事业发展的不竭动力。随着学校事业的全面发展与推进，长期以来学校形成的内部管理体制与管理制度面临着进一步的调整与改革，需要在体制、机制、制度上寻求创新。只有深化改革，才能够破解发展中的困扰和难题，扫除事业发展的障碍；只有深化改革，才能够进一步激发广大教职员工的活力，调动他们的积极性、主动性和创造力，焕发新的生机，推动事业更好更快地向前发展。2012 年，学校将着力推动新一轮校内劳动人事制度改革，探索建立以全员绩效考核为核心、以严格岗位管理、加大收入分配改革力度为手段的劳动人事制度；进一步推进和完善后勤管理体制改革，努力构建适应高水平大学发展要求的后勤服务保障体系；积极稳妥地探索大部制管理模式，整合职能，精简机构。通过一系列改革措施，充分调动各级各类人员的积极性，合理配置人力资源，优化人员结构，强化竞争激励机制，以改革开创学校事业发展的新局面，以创新形成推动学校工作不断向前发展的不竭动力。

第三，依法办学，强化管理，以现代大学管理制度的构建促进学校办学水平的不断提升。依法治校、民主决策、科学管理将是我国高校管理改革的必然趋势，是现代大学发展的必由之路。建设高水平大学，前提是必须以先进的理念与科学的制度作保障，关键则在于建立一支能与现代大学制度相适应的管理干部队伍。2012 年，教育部先后颁布了《高等学校章程制定暂行办法》（教育部第 31 号令）与《学校教职工代表大会规定》（教育部第 32 号令），明确指出，“今后高等学校的发展，要依法治学、科学发展，制定大学章程，着重完善学校自主管理、自我约束的体制、机制”，“要依法保障教职工参与学校民主管理和监督的权利，要进一步贯彻落实教育法、高等教育法、教师法、工会法等法律法规，充分体现学校依法治校，完善现代学校制度”。这些都为我们进一步坚持依法办学、民主决策、规范管理提供了理论指导和政策依据。事实证明，只有以国家法律法规为准绳，按照教育规律从严治校、民主决策、科学管理，才能建立一套行之有效的现代大学管理制度，才能提高大学管理水平，推动办学水平的提升。这对我校全体干部，特别是中层及以上干部提出了新的更高的要求。各级干部要进一步加强理论学习，加强政策研究，提高管理能力，真正成为适应高水平大学建设的管理干部，成为带领教职员工献身学校事业发展的生力军和排头兵，不断提高大学管理水平，推动学校事业向前迈进。

三、2012 年重点工作

2012 年，学校将深入贯彻落实第一次党代会精神及“十二五”发展规划纲要，扎实推进各项工作，开创高水平大学建设的新局面。

（一）优化学科结构，推进“大电力”学科体系的整体提升

推进“985 工程优势学科创新平台”建设工

作，建立健全创新平台的管理规章制度，扎实推进各子项目的立项论证，科学编制项目计划任务书和经费预算，确保按期完成建设任务；完成“211 工程”三期建设任务，加强项目建设收官阶段的组织管理，力争以优异的成绩迎接教育部的验收；高度重视学科排名对学科声誉与学校声誉的重要影响，全力做好第三轮学科评估的各项准备工作；做好新一轮国家重点学科的增补申报工作，确保电气工程、动力工程及工程热物理 2 个一级学科国家重点学科申报成功；做好北京市重点学科的验收和增补工作，争取新增 1～2 个一级学科北京市重点学科；以自设二级学科博士点为抓手，加速能源环境工程、核电与动力工程、信息安全、能源管理等新能源学科和人文数理学科的发展，大力推动文理支撑学科的建设。

（二）推进校内劳动人事改革，营造激励教职员工奋发向上的制度氛围

以健全绩效考核制度为重点，完善以年度考核为主的全员考核评价体系，宏观控制考核结论比例，加大考核结论与薪酬分配、岗位聘任的挂钩力度；进一步加大分配改革力度，建立激励与约束相结合的分配体制，实现两地校内劳动工资薪酬结构和标准的统一，推进两地实质性一体化进程；严格编制管理，科学制定和严格执行适应我校实际、以教师为主体的人员结构比例，重点引进高层次人才；按照精简、效能原则，探索管理部门大部制管理模式，科学设置校部和校区的管理机构，推进管理重心下移，整合院系实验室资源。

加大“人才强校”战略实施力度，在“国字头”人才工程建设中取得更大突破；扩大高层次教师队伍规模；做好首次专业技术岗位聘任的聘期考核和新一轮全员聘任工作；加大对国家级科技创新平台的支持力度；做好“控制科学与工程”博士后科研流动站的申报工作。

（三）加强内涵建设，稳步提高创新人才培养质量

进一步加强教学中心地位，强化人才培养质量意识，加快构建与高水平大学相适应的创新人才培养体系；全面做好“十二五”本科教学工程的建设工作，围绕内涵建设推进专业综合改革，形成一批优势更加突出、特色更加鲜明的品牌专业；进一步完善以核心课程为主体的理论教学体系，深化教学方法改革；强化实践育人，加快实践教学条件建设，创新实验室管理模式；制定校际学分互认制度，积极推进与国内外知名大学的交流培养；完善教学运行机制，探索建立与劳动人事制度改革相适应的教学质量评价体系；开展教学成果奖评选，大力培育国家级、省部级优秀教学成果。

继续扩大研究生招生规模；以“985 工程优势学科平台”建设为契机，继续实施研究生教育的创新工程；以优秀博士学位论文培育为重点，深化研究生培养机制改革，提高博士研究生的创新能力和学位论文质量；深化研究生工作站为载体的培养模式与机制改革，通过实施研究生分类培养，完善研究生学位论文评价标准和指导机制；开展研究生核心课程建设；加强研究生导师队伍的建设管理与研究生培养过程的跟踪管理，完善质量保障与监控工程；进一步加强研究生教育的国际化，不断推进出国访学资助项目、国内外联合培养研究生项目的量与质的协调发展。

（四）加快协同创新步伐，着力提升科技创新能力

积极参与国家“2011 协同创新计划”，围绕新能源电力系统、能源清洁高效利用、电力环境污染控制等领域与高校、科研院所、企业以及地方政府深度融合，探索建立适合于不同类型研究、形式多样的协同创新模式，构建一批相对独立、集人才培养和解决重大问题为一体的协同创新平台，推动学校在构建大平台、整合大团队、承担大项目、取得大成果方面取得新突破；针对国家产业结构调整、发展方式转变、战略性新兴产业培育的重大需求，依托科技创新平台积极组织实施一批基于原始创新成果、攻克关键核心共性技术和重大技术装备的项目；加强内涵建设，重点建设好现有的国家重点实验室、国家工程实验室和国家工程（技术）研究中心，凝练主攻方向，组建创新团队，扎实推进以知识创新、技术创新与成果转化、公共服务为主体的创新平台体系建设。

创新科技管理机制，启动“华北电力大学科

技创新能力提升行动计划”，建立以创新和质量为导向的科研评价体系和激励机制，加大科研资源整合力度，提高科研资源的综合使用效益；把握高校学术期刊改革方向，为做优做强学报创造条件；实施“华北电力大学哲学社会科学繁荣行动计划”，积极凝练方向，培育和建设高水平的人文社科研究基地，在若干领域努力打造具有华电特色的学术流派和学术高地，进一步提升学校哲学社会科学研究队伍的整体实力和水平。

（五）创新产学研合作模式，提高科技转化能力与社会服务水平

以国家教育体制改革试点项目为契机，探索建立校企协同创新的体制和机制；进一步推进理事会工作，争取与中国南方电网公司签订全面战略合作协议；积极参与和推进北京高科大学联盟合作，争取在校企、校地、校所、校校合作方面迈出新的步伐；继续加强校友会组织建设和教育基金会的筹融资能力，探索校友会、基金会与校企合作协同发展的模式与机制。

继续推动与北京市、河北省以及保定市在新能源科技与战略产业领域的合作，加强大学生科技创业见习基地建设，促进按照现代企业管理制度进行大学科技园的运作与管理；积极整合多方资源，将我校技术转移中心逐步建设成为能够孵化具有市场潜力科技成果的多功能的合作、交流、服务平台；推进留学人员创业园实质性运作，推进苏州研究院的校园建设、研究生招生培养以及国家大学科技园苏州分园的申报工作。

（六）推进“国际化”战略，进一步提高国际竞争力

以美国、加拿大为战略重点，深入推进与世界知名大学的合作，进一步扩大我校学生的国际交流规模；启动“上海合作组织大学”能源领域联合培养硕士研究生工作，召开第二次中方项目院校协调会；选派好美国西肯塔基大学孔子学院中方院长和语言文化教师，争取将其办成先进孔子学院；争取汉办经费支持我校文化艺术社团赴美交流；进一步推动校内引智基地建设，规范引智项目校内评审工作，提高外专经费的使用效益；加强我校国际科研合作研究中心和“111”引智基地建设，推进更多的国际科技合作项目；规范学生国际交流管理工作，建立健全留学生管理的规章制度；推进我校教师队伍和干部队伍的国际化建设，开展教师和干部队伍的境外培养、培训工作。

（七）改善办学条件，进一步提高保障能力和服务水平

继续做好后勤改革工作，以“科学合理、精干高效”为原则，整合机构，划分职责，设岗定编，全员竞聘，优化岗位职能和人力资源配置，努力降低后勤运行成本，提高后勤服务质量和水平。

加强校园规划建设，完善和创新基本建设管理模式；实施学校修缮工程，加强中央高校改善基本办学条件专项工程的管理；启动校部主楼A座、G座工程的前期报批工作；力争校部北区新征地工作年内有实质性突破；启动保定校区二校区新征地上2万平方米的实验综合楼工程建设。

认真遵循高校财务领域“规范行为”这一主线，推进全面预算管理和项目化管理，进一步严格财务管理；加强财务风险防范，规范学校各项收费行为，加强资金收支监管，做好银行信贷资金管理工作；加强对重大专项经费的服务和管理工作；将公费医疗报销系统与医院账务系统等数据对接及共享；继续推进校内各单位的“收支两条线”工作；认真研究资金使用效益评价方法，为提高学校资源配置效率打好基础。

进一步完善资产管理制度，推进学校资产的精细化管理；加强大型精密仪器设备的使用、考核、维护及共享的全方位管理；加强实验室安全管理；完善学校公用房管理信息系统，加强公用房分类管理和有偿使用。

（八）加强大学生思想政治教育工作，促进大学生健康成才、全面发展

进一步推进大学生思想政治教育品牌工程建设，树立鲜明育人导向，全面营造育人氛围，引导大学生树立正确的理想信念；努力构建信息化、精细化、服务型的学生工作体系；深入总结和推广“名师担任班主任”经验，加强专兼职学生干部队伍建设和管理；普遍开设心理健康教育课程，全方位加强心理健康教育课程体系建设；加强学生管理与服务的专业化水平，建立学生信

息管理系统和学生成长历程数字化管理平台；全力做好家庭经济困难学生资助工作，以“绿色1+1”成长导师结对活动为平台，加快实现从经济上的帮困到学习、精神、综合能力等全方位扶贫帮困的延伸力度；进一步加强大学生就业指导工作，不断提升学生就业质量。

继续加强学生基层党组织、基层团组织、学生会、学生社团、学生班级的建设，加强对学生党团员的教育管理，充分发挥学生党团员和学生干部的先锋模范带头作用。

大力加强校园文化建设，推动大学生艺术活动精品化；加强对大学生科技创新活动的指导和支持力度，普遍提高大学生科技创新水平，力争在更多国家级竞赛中取得新的佳绩。

（九）加强党的建设与干部队伍建设，全面推进现代大学管理制度建设

以推进实施学校“十二五”发展规划纲要为着力点，深入开展“创先争优”活动；认真贯彻落实《中国共产党普通高等学校基层组织工作条例》，开展基层组织制度建设年活动；开展好以“严格依法依规依章办学，进一步加强党风廉政建设”为主题的校内巡视检查工作。

加强干部管理制度体系建设，完善公开选拔、竞争上岗、轮岗交流、学术回归等机制，做好新一轮中层干部聘任工作；加大干部培训力度，创新干部培训模式，提升干部的理论修养、管理水平和开拓创新能力；加大处级领导班子和处级干部的考核力度，完善问责和奖励制度；加强后备干部队伍的建设。

加强教职工思想政治教育工作；加强宣传工作力度，扩大宣传工作的覆盖面；加强对学校改革发展中重大问题的战略研究，加强对学校办学理念、办学实践的规律性研究；根据教育部的安排和部署，适时启动大学章程的起草工作；围绕“三重一大”制度，推动科学决策；通过信息公开，增加校务、党务的透明度；围绕教代会制度的进一步深化，扎实推进依法治校、民主监督、科学管理的进程；继续推进廉政建设、风险防范管理工作，建立约束监督机制，进一步加强领导干部廉洁自律和作风建设，确保各种权力在阳光下运行，为建设高水平大学提供坚实保障。

各位代表、同志们，让我们以科学发展观为指导，把国家高等教育和能源电力事业的发展需要，转化为学校的发展战略和发展动力，在新的形势下继续坚持“学科立校、人才强校、科研兴校、特色发展”十六字办学方针，深化改革，强化管理，积极稳妥地推进各项改革和管理创新，以更加开阔的视野、更加开放的姿态、更加饱满的热情、更加昂扬的斗志，开拓进取，勇于创新，以学校事业发展的优异成绩迎接党的十八大的胜利召开！

凝练项目　设计模式　制定政策　积极推进高水平大学建设

党委书记吴志功在华北电力大学第五届第六次教职工代表大会闭幕式上的讲话

（2月19日）

各位代表、同志们：

华北电力大学第五届第六次教职工代表大会，经过全体与会代表和工作人员的共同努力，圆满完成了大会预定的各项议程，即将胜利闭幕。在此，我代表学校党委、行政，向大会的圆满召开，向全体与会代表和工作人员的辛勤工作表示衷心的感谢！向大会取得的各项成果表示热烈的祝贺！

两天来，代表们以高度的责任感和使命感，认真听取并讨论了刘吉臻校长所作的《深化改革

强化管理 努力开创高水平大学建设的新局面》的工作报告，听取审议了《学校财务工作报告》和《教代会提案工作报告》。代表们一致认为，校长工作报告思路清晰，立意高远，方向明确、振奋人心，为全面贯彻落实“十二五”发展规划，以改革创新精神推进学校管理体制改革作出了明确部署。应该说，校长报告是学校第一次党代会九项战略任务和学校“十二五”规划的具体化、深化和细化，为学校2012年乃至今后一个时期提出了工作的任务、目标以及要求，是全体教职员工工作的依据和行动纲领，应该认真组织学习、贯彻落实。财务报告和提案报告比较全面、客观地反映了学校财务的整体运行状况和提案的征集处理情况。会议讨论了《华北电力大学全员考核及岗位津贴调整办法的原则意见》（征求意见稿），对《原则意见》的进一步完善提出了很好的建议。

代表们、同志们，教职工代表大会是在学校党委领导下，教职工参与学校民主决策、民主管理、民主监督的基本形式。依法办学、民主管理是现代大学制度的重要内涵，也是高水平大学的本质要求。当前，中国高等教育的不断发展，已经进入了前所未有的兴盛阶段，华北电力大学也在一系列的改革发展中，进入了有史以来的最好的发展时期。挑战与机遇并存，发展与困难同在。在“十一五”期间的各项工作取得了辉煌成绩之后，我们开启了“十二五”的发展征程，建设高水平大学已到了攻坚克难的关键阶段，任务更加艰巨而繁重，时不我待，我们必须以更快、更好的发展，取得更加辉煌的成绩，才无愧于国家，完成时代所赋予我们的重任。

在这里，我想强调以下两点。

一、充分发挥教代会的重要作用，积极推动高水平大学的建设

新世纪以来，学校认真思考“办一所什么样的大学和如何办好这样的大学”这一重大问题，不断探索办学规律，提升办学水平。学校坚持每年一次教代会，充分发挥教职工在学校重大决策中民主管理、民主监督的作用，凝心聚力、群策群力，总结办学经验、把握办学规律、探索发展路径、推进改革创新，为学校的科学发展作出了突出贡献。教代会机制是学校制度创新的重大成果，已经成为具有华电特色的宝贵经验。

当前，随着高水平大学建设越向前推进，遇到的困难就越多，挑战也就越大。我们需要解决的重大问题之一，就是如何更加广泛地调动广大师生员工的积极性和创造性，把高水平大学建设的各项任务变成各级干部的科学的、可操作的项目，变为广大师生员工的责任和实际行动，这就要更加充分地推进和完善教代会制度，进一步集思广益，集中群众的智慧，做好顶层设计，更加有效地推进各项改革；进一步充分发挥群众的监督作用，使学校的决策更加科学、政策更加合理、措施更加有力。“十二五”期间，面对竞争更加激烈的外部环境，全面贯彻落实学校第一次党代会精神和“十二五”发展规划纲要，迫切需要加大改革力度，推进体制机制创新，进一步破解制约学校事业发展的难题，完善实现新跨越的管理体制，探寻实现新跨越的发展模式。在这种形势下，就更加需要充分发挥全体教职员工“民主决策、民主管理、民主监督”的重要作用，在凝心聚力、改革创新中，把高水平大学建设推向前进。在这里有几个具体的要求：首先，要将校长报告强调的各项关键指标转化为中层干部的考核指标；其次，各二级教代会要把学校教代会的精神予以充分的传达、学习、讨论，要将学习、宣传、进一步领会教代会精神作为一项重要的任务；再次，要在详细记录全体代表各种意见的基础上，予以整理、分类、凝练，使其进一步科学化、规范化。

二、凝练项目、设计模式、制定政策，为实现高水平大学的目标构建具有中国特色的现代大学管理制度

2012年是学校全面推动“十二五”发展规划、实施学校“三步走”发展战略加速冲刺的关键一年。本次教代会提出：以改革创新的精神，着力推动新一轮校内劳动人事制度改革；进一步坚持依法治校，规范办学，民主决策、科学管理，以深化改革不断开创学校事业发展的新局面，以强化管理推进现代大学管理制度的建设；把“十二五”发展规划的战略目标和任务落实为高水平大学建设的业绩，以此确保高水平大学建设目标的实现。

高水平大学建设的推进，需要全校干部职工围绕“十二五”规划提出的工作目标，站在国际化、研究型、高水平的视域中，有机地结合世界标准、中国特色、学校实际，凝练出“十二五”期间高水平大学建设的标志性项目，确立科学的发展路径，形成具有华电特色的发展模式；在此基础上，要围绕项目和模式，制定相应政策，通过改革来推进制度上的创新，构建现代大学管理制度，确保各项战略任务的圆满完成，把“十二五”发展规划的主要任务转化为实实在在的工作业绩。同志们，如何把校长报告中的任务转化为全体中层干部、各个院系的目标，需要进一步凝练项目，探索项目的实现模式，这就需要广大干部认真学习和研究。例如，学科建设项目的实现模式有多种，有上海交大模式、中南大学模式、华威大学模式等。模式体现的是对自身实际情况的了解，对他人先进经验、包括国外先进经验的把握，对于一个项目的实现具有重要意义。确定项目的实现路径以后，制定什么样的政策、策略，就成为关键点。没有好的政策的保证，没有制度的创新，就不能产生可持续的发展。所以凝练项目、设计模式、制定政策是一脉相承的。校长报告在阐述九项战略任务时，五次提到模式，比如多样化的协同创新模式，这就是一个很有创见的提法；在校企合作、在资金筹措方面，提出要借鉴现代企业制度一些好的做法，也是精彩之见。学校第一次党代会提出构建具有国际竞争力的高水平大学，需要具有中国特色的现代大学制度加以保障。在这方面应该继承、发扬我们已有的优良传统，同时也应该借鉴现代企业制度、借鉴世界先进的大学管理制度。为此，各级领导干部要充分发挥积极性、主动性，进一步开阔视野，解放思想，加强学习，不断进取，提高自己的判断力、创造力和执行力，提高政策水平、管理能力和全面素质，在进一步凝练本单位、本部门的工作项目上下功夫，在探寻有效的发展模式上下功夫，在制度创新、形成政策上下功夫，明确目标，强化落实，加强问责，形成合力，讲团结，讲奉献，为高水平大学建设贡献自己的聪明才智。

各位代表、同志们，华北电力大学第五届第六次教代会，已经为新一年的工作作出明确部署。会后，全校各级领导干部要加强对校长报告的精神和大会决议的学习与宣传工作，加强研究，把握本质，抓好落实，以改革创新的精神构建现代大学管理制度，引导广大师生坚定高水平大学建设的信念和决心，并切实转化为在实际工作中的奋斗目标、精神动力与工作业绩，为创建高水平大学作出新的贡献！

最后，衷心祝愿各位代表和广大教职员工在新的一年身体健康，工作顺利，家庭幸福！

校长刘吉臻在南方电网公司与华北电力大学校企合作框架协议签字仪式上的讲话

（3月7日）

尊敬的赵建国董事长、南方电网各位领导、各位来宾：

在这春光明媚的日子里，我们在这里隆重举行华北电力大学与中国南方电网公司校企合作框架协议签字仪式。在此，我首先代表华北电力大学党委、行政和学校师生员工对赵建国董事长一行莅临华北电力大学表示热烈的欢迎，对中国南方电网公司多年来对华北电力大学的支持表示诚挚的感谢！

中国南方电网公司是跻身世界 500 强的中央骨干企业。多年来，在党中央、国务院及有关部委的正确领导下，南网公司秉承“对中央负责、为五省区服务”的宗旨，做强做优企业，成为实力雄厚、管理先进、资产优良、发展迅速的国有大型企业。同时，南网勇于承担社会责任、经济责任和行业责任，践行“万家灯火，南网情深”的企业核心价值观，积极实施国家西部大开发和西电东送战略，促进了东中西互联互动，优势互补，区域协调发展。目前，南方电网公司高度重视依靠科技进步和人才队伍建设促进企业的发展，在远距离、大容量、超高压输电，交直流混合运行、可控串补、超导电缆等方面取得了一批国际领先水平的技术成果，展现出了中国知名电力企业发展的美好形象。

中国南方电网公司与华北电力大学有着极其深厚的历史渊源。2003 年国家电力体制改革后，南方电网公司作为华北电力大学的理事会单位，对学校的发展给予了大力支持与无私帮助，我们也在很多领域开展了卓有成效的合作。近年来，校企双方在智能电网、先进输配电技术、新能源及其接入、大电网的动态仿真与分析、大电网的安全与继电保护等多个领域开展了广泛的合作，共同承担了国家级重大项目，横向合作科研项目近百项，在我国电网科技攻关、协同创新方面取得了卓有成效的成绩。

华北电力大学作为一所以能源电力学科为特色、教育部直属的“211 工程”重点建设的全国重点大学，办学 50 多年来，一直忠实地服务于我国能源电力工业的发展的需要。能源电力行业是学校办学的主要服务对象，也是学校发展的坚强后盾。新世纪以来，面对能源短缺、环境污染、气候变化、保障能源安全等一系列影响国计民生的重大问题，大力开发利用新能源、节能减排、发展智能电网等已成为国家能源电力发展的重要战略举措。华北电力大学把服务国家战略需求作为学校的重大责任和使命，以此明确方向并形成了优势，在人才培养、科技创新、社会服务方面取得了重要成就，不断跨上新台阶。特别是近年来，在电力企业的大力支持和教育部的正确领导下，学校的发展驶入了一个快车道。

学校紧密跟踪国家和能源电力事业的发展需求，突出自身特色，构建了“以传统优势学科为基础，以新兴能源学科为重点，以文理学科为支撑”的“大电力”特色学科体系，“电力科学与工程”正式列入国家“985 工程优势学科创新平台”建设行列；以“新能源电力系统国家重点实验室”、“生物质发电成套设备国家工程实验室”、“国家火力发电工程技术研究中心”等一批依托学校立项建设的国家级科研创新平台为我国能源电力可持续发展提供了重要的科技支撑。学校积极参与国家创新体系建设，在特高压、智能电网、新能源、电力电子、大电网保护与安全防御等领域承担了一批国家“973”、“863”、“重大支撑”、“国际合作”等重大项目，取得了一批标志性的研究成果。学校在基础研究领域的实力强劲，连续 3 年取得了 3 项国家重大基础研究领域“973”项目。2011 年获批立项的“973 计划”项目——《智能电网中大规模新能源电力安全高效利用基础研究》，针对规模化新能源电力安全高效利用的关键性难题，以多学科交叉为基础，开展新能源电力系统安全、经济运行和应用基础理论的创新性研究。学校积极参与世界上运行电压最高、代表国际输变电技术最先进水平的特高压交（直）流输变电工程，参与解决变电站继电保护与电磁兼容、输电线路电磁环境、输电线路等重大科学难题，为我国能源电力事业的发展发挥了重要的科技支撑作用。

多年来，学校与能源电力行业建立了鱼水相依的关系，学校把服务于理事会成员单位，服务于广大的能源电力企业作为我们义不容辞的责任。新世纪以来，学校确立了“走校企合作兴校之路”的发展战略，先后与国内十几家大型能源电力企业达成战略合作，2011 年，学校科研经费突破 5 亿元，其中近 60%来自电力行业企业。学校承担的国家和各大电网公司的重大科技项目在超/特高压电网继电保护关键技术、大电网保护与控制、大电网安全评估、电磁环境影响等前沿领域取得突破性进展；在复杂交直流混合输电系统保护与控制技术、分布式电源与微网接入技术、高压设备在线故障诊断和在线预警技术、变电站和换流站电磁兼容问题研究等方面也具有坚实的基础。

当今电力行业的迅速发展离不开人才和科技的支持。大型企业集团和重点大学联手合作，实现校企协同发展，是具有重要战略意义之举。今天，华北电力大学和中国南方电网公司签订校企合作协议，是贯彻落实国家确定的“以企业为主体，市场为导向，产学研相结合”技术创新体系战略部署的重要举措，是充分发挥企业和高校的各自优势，协同创新、共同发展的重要行动。在过去长期的交往与合作过程中，我们已经取得了很好的合作成果，奠定了良好的合作基础，本次合作协议的签署，将推动双方的合作进入一个新的阶段并跨上了一个更高的台阶。

最后，衷心祝愿华北电力大学与南方电网公司的合作取得新的更大的成绩，祝在座的领导和同志们工作顺利，身体健康！

校长刘吉臻在中广核集团公司与华北电力大学战略合作框架协议签字仪式上的讲话

（3月9日）

尊敬的贺禹董事长、中广核集团公司各位领导、各位来宾，同志们：上午好！

在这春光明媚的日子里，我们在这里隆重举行华北电力大学与中国广东核电集团有限公司战略合作框架协议签字仪式。在此，我首先代表华北电力大学党委、行政和学校师生员工对中国广东核电集团有限公司贺禹董事长一行莅临华北电力大学表示热烈的欢迎，对中广核集团多年来对华北电力大学的支持表示诚挚的感谢！

清洁能源是新一轮国际竞争的战略制高点，核电是“国家清洁能源发展战略”不可或缺的一部分。中广核集团公司是我国以核电生产为主业，兼顾水电、风电、太阳能发电的特大型国有中央企业，承担着“发展清洁能源，造福人类社会”的历史使命，致力于我国核电事业的发展，和平利用核能为经济建设服务，为社会提供安全、经济和清洁电力。近年来，中广核高度重视依靠科技进步和人才队伍建设促进企业的发展，在自主化核电 CPR1000 及第三代核电 ACPR1000 的自主创新等方面取得了一批国际领先水平的技术成果，为增强综合国力和实现可持续发展作出贡献。同时，中广核在推动我国核电建设标准化、系列化、规模化发展的同时，积极发展太阳能、风电、水电等可再生能源，为我国能源结构优化和实现经济社会的可持续发展作出了积极的贡献。

华北电力大学是一所以能源电力学科为特色、教育部直属的“211 工程”重点建设的全国重点大学，办学 50 多年来，始终将能源电力行业作为学校办学的重要服务对象。新世纪以来，面对能源短缺、环境污染、气候变化、保障能源安全等一系列影响国计民生的重大问题，大力开发利用包括核能在内的清洁能源、节能减排、发展智能电网等已成为国家能源电力发展的重要战略举措。华北电力大学以国家战略需求为导向，突出自身特色，优化学科布局，构建了“以传统优势学科为基础，以新兴能源学科为重点，以文理学科为支撑”的“大电力”特色学科体系；学校“电力科学与工程”正式列入国家“985 工程优势学科创新平台”建设行列；学校建设了“新能源电力系统国家重点实验室”、“生物质发电成套设备国家工程实验室”、“国家火力发电工程技术研究中心”等一批国家级科研创新平台，为我国能源电力可持续发展提供了重要的科技支撑；学校积极参与国家创新体系建设，在智能电网、新能源、环境等领域承担了一批国家“973”、“863”、“重大支撑”、“国际合作”等重大项目，取得了一批标志性的研究成果；学校在基础研究领域的实力强劲，连续 3 年取得了 3 项国家重大基础研究领域“973”项目。

核电是我国能源发展战略的重要组成部分，华北电力大学紧紧围绕国家核电发展对高层次人才与科技创新的战略需求，逐渐形成了融合动力、电气、核工程于一体的核电学科体系。2007年，学校“高起点、有特色”地组建了全国第五家核科学与工程学院，并在中广核、国核技、中核总、中电投等企业的大力支持与帮助下，得到了长足的发展，取得了可喜的成绩。学校积极参与“国家大型先进压水堆重大专项”，2011年获得了1500多万元的重大专项科研合同；学校拥有核反应堆高温材料实验平台、自主研发的核电仿真机、核电软件的开发与验证等方面的高水平软件平台和实验平台，是国家核电技术公司核电软件工作站三家加盟高校之一，是“快堆产业化技术创新战略联盟”首批成员单位，是“国家能源核电软件重点实验室”成员单位。这些都为我们今后更加深入的合作打下了良好的基础。

近年来，学校确立了“走校企合作兴校之路”的发展战略，先后与国内十几家大型能源电力企业达成战略合作。2011年，学校科研经费突破5亿元，其中近60%来自电力行业企业。中广核集团公司与华北电力大学有着长期和良好的合作关系。为解决我国核电事业发展中的人才瓶颈问题，从2005年开始，中广核集团在华北电力大学设立了“中广核奖学金”和“中广核奖教金”，与学校连续7年合作开展“订单+联合”模式的核电专业人才联合培养，培养了近800名毕业生，探索出一种校企合作、联合培养的新型人才培养模式。2008年以来，中广核集团将华北电力大学大学生就业中心作为中广核在首都的人才招聘主场地，面向北京及整个北方地区所有高校毕业生开放。这种校企联合打造的开放式、高效率的毕业生就业与招聘平台的新模式，受到政府、高校、社会和学生的普遍好评。当前，针对中广核集团公司第三代核电自主品牌ACPR1000的研发及新能源的开发，校企双方在安全壳冷却系统试验与分析技术、二次侧非能动冷却技术、动力堆生产同位素技术、太阳能热发电技术等方面，正在开展或筹划新一轮的广泛和深入的合作。

面对能源短缺、环境压力加大的客观环境，积极发展核电成为世界各国解决能源与环境问题的重要措施。日本福岛核电站事故之后，世界各国在积极发展核电的同时，更加关注核电的安全与高效利用。这种宏观大背景也为中广核集团和华北电力大学深入开展战略合作和协同创新提供了更加广阔的舞台。我国核电事业的安全高效发展离不开人才和科技的支持。大型企业集团和重点大学联手合作，实现校企协同发展，具有重要的战略意义。今天，华北电力大学和中国中广核集团签订战略合作协议，是双方合作发展史上的一件大事，是充分发挥校企各自优势，协同创新、共同发展的重要举措。在过去长期的合作与交流过程中，我们已经取得了很好的合作成果，相信今后在我们的共同努力下，一定能为实现“核电强国”的共同理想作出我们央企和央校应有的贡献。

最后，衷心祝愿中广核集团在贺禹董事长的领导下取得更辉煌的成绩，衷心祝愿华北电力大学与中广核集团公司的合作取得新的更大的成绩，祝在座的领导和同志们工作顺利，身体健康！

校长刘吉臻在2012届研究生毕业典礼暨学位授予仪式上的讲话

（3月30日）

各位老师、各位来宾、同学们：

大家上午好！

在这阳光明媚、春意盎然的日子里，我们欢聚一堂，隆重举行我校2012届研究生毕业典礼暨学位授予仪式。首先我代表学校向圆满完成学业的31名博士生，1596名硕士生和245名在职专业学位研究生表示热烈的祝贺！同时，向孜孜不倦、辛勤培育你们的老师，向为你们成长成才作出贡献的教职员工们，向关心和支持你们的父母及家人表示衷心的感谢！

同学们，你们在校的这几年，是学校在建设高水平大学道路上阔步前行的几年。几年来，学校的办学实力不断增强，办学条件显著改善，人才培养质量不断提升，自主创新能力和社会服务的水平日益增强，高层次人才队伍建设成效显著，承担国家重大科研项目能力显著增强，国际合作教育的空间进一步拓展。2011 年，学校成功列入“985 优势学科创新平台”重点建设高校行列，学科建设再上新台阶；“新能源电力系统”国家重点实验室获科技部批准立项建设，国家级创新平台建设取得重大突破；“973 计划”项目再获突破，连续三年保持了一年一项 973 的优良记录；继 2007 年“大电网保护与安全防御创新引智基地”后，再添一项“高等学校学科创新引智计划”（“111 计划”）。学校积极参与组建了北京高科大学联盟，进一步加强与兄弟院校的全面合作，推动协同创新，实现共同发展。目前，学校已驶入一个快速发展的通道，在提高教育质量、创建高水平大学的进程中迈出了坚实的步伐。

当前，中国高等教育正在从外延扩展向内涵发展转变，提高高等教育质量已经成为我国高等教育改革和发展最核心、最紧迫的任务。学校高度重视研究生教育的教育质量，坚持“创新模式，提高质量，校企合作，特色发展”的研究生教育理念，积极探索产学研联合研究生培养新模式，已经与多家国内研究机构和高新技术企业建设了 52 个研究生工作站，成为教育部与工程院联合培养博士研究生试点单位，为国家研究生教育改革特别是大力发展专业学位教育起到了示范作用。学校不断加大研究生培养机制的改革与创新，着力提高研究生的综合素质和科技创新能力，取得了显著效果。2011 年第八届全国研究生数学建模竞赛中，我校研究生代表队共荣获全国一等奖 2 项、全国二等奖 3 项、全国三等奖 11 项，获奖等级和数量创我校研究生建模竞赛历史最好成绩，位居全国高校前列。王兴华等 6 位同学获得第十二届“挑战杯”全国大学生课外学术科技作品竞赛暨西安世园会专项竞赛特等奖；留学生层次显著提高，2011 年我校首次实现中国政府奖学金自主招生。2011 年 9 月，学校研究生院正式成立，这些都标明我校的研究生与学位教育开始进入一个新的发展阶段。

同学们，学校的发展和成绩的取得，是全体华电人攻坚克难、团结进取的结果，也是你们努力学习、勇于创新的结果，你们不仅是学校伟大成就的见证者、受益者，更是这一过程的参与者、创造者。在此，我要向你们表示衷心的感谢！更为你们的每一份成就和每一次进步感到由衷的高兴！

今天，你们圆满完成学业，即将结束在华北电力大学的学习和生活，开始人生新的阶段。在临别之际，我作为你们的老师，也作为你们的朋友，提出一些期望，与同学们共勉：

第一，希望同学们要志存高远，勇于担当，不断增强社会责任感和使命感。

青年是祖国的未来、民族的希望，青年只有把个人的前途与祖国的命运联系起来，才能大有作为。当前，国际形势错综复杂，科学技术日新月异，国家正处于一个经济腾飞、民族振兴、由人口大国向人力资源强国发展的重要时期，时代赋予了你们肩负祖国繁荣富强和中华民族伟大复兴的历史使命。希望你们树立远大的理想和抱负，立为国奉献之志，立为民服务之志，时刻站在时代的前列，砥砺德行，甘于奉献，像你们的历届学长那样，用自己的聪明才智为国家经济建设和社会发展作出应有的贡献。

第二，希望同学们要终身学习，敢于创新，时刻保持年轻人特有的锐气和朝气。

“吾生也有涯，而知也无涯”。毕业不是学习的终结，而是新的学习阶段的开始。在社会的大课堂中，你们将会面对更为严峻的社会考验，拥有更加丰富的工作经验。希望你们要勤于学习，善于思考，时刻保持学习与创新的激情与动力，更加注重开阔视野、探求新知、追求真理、博采众长，怀着敢为天下先的勇气、永不言退的锐气和积极进取的朝气，创造性地拓展新的工作领域，把个人成长成才融入创新型国家建设的伟大事业之中，不断追求卓越，创造一流的工作业绩。

第三，希望同学们能够谦虚谨慎，乐观自信，保持开放豁达的胸怀和气度。

海纳百川，有容乃大。时刻保持乐观向上、开放豁达的心胸是成功者的秘诀。希望你们时刻保持积极健康的心态，胜不骄，败不馁，始终以豁达的心态直面人生的高潮与低谷，以宽容的胸怀对待人生的失落与坎坷，始终自信地去成就有意义、有价值、有创造的未来。

同学们，人生新的启程就要开始，新的起点孕育新的希望，面对未来的机遇与挑战、困难和坎坷，惟有坚持不懈的努力，才能到达胜利的彼岸，在新的征程中谱写新的辉煌。母校将永远牵挂着你们，关注着你们，祝福着你们！

最后，衷心祝愿同学们身体健康，工作顺利，家庭幸福，鹏程万里。

校长刘吉臻在北京市科委闫傲霜主任考察学校工作会议上的致辞

（4 月 18 日）

尊敬的闫傲霜主任、周云帆副区长，

尊敬的各位领导：

大家好！

在这春光明媚、充满生机的美好季节，我们非常荣幸地邀请到以闫傲霜主任为首的北京市科委领导一行莅临华北电力大学视察指导工作。在这里，我代表学校党委和行政，代表华北电力大学广大师生员工，向闫傲霜主任、周云帆副区长及各位领导的到来表示热烈的欢迎和衷心的感谢！

首先我简要介绍一下学校的基本情况。华北电力大学是教育部直属的全国重点大学、国家“211 工程”重点建设高校、“985”优势学科平台建设高校。学校创建于 1958 年，原名北京电力学院。1995 年 5 月更名为华北电力大学。2003 年，在国家电力体制改革中，学校由国家电力公司划转教育部管理，同时组建了由国家电网公司、南方电网公司、中国华能集团公司、中国大唐集团公司、中国国电集团公司、中国华电集团公司和中国电力投资集团公司组成的理事会与教育部共建华北电力大学。2005 年，经教育部批准，学校校部由河北保定变更为北京，两地实行一体化管理。

学校现设有 10 个院系、58 个本科专业、120 个硕士点、27 个博士点、4 个博士后科研流动站；拥有 2 个国家级重点学科，16 个省部级重点学科，3 个国家级实验平台、3 个教育部重点实验室、10 个省部级重点实验室和研究基地；形成了培养本科、硕士、博士的完整教育体系。现有教职工 2869 人，其中专任教师 1679 人。现有中国工程院院士 5 人，国家“千人计划”、“长江学者”、“973”首席科学家 10 人。5 人获国家杰出青年科学基金，7 人入选国家“百千万人才工程”，28 人入选教育部“新世纪优秀人才支持计划”，3 支团队列入教育部“长江学者和创新团队发展计划”，2 个基地列入教育部和国家外国专家局“111 引智计划”。学校全日制在校本科生 20431 人，全日制研究生 6276 人。学校占地 1609 亩；建筑总面积 100 万余平方米；总资产 29 亿多元。

华北电力大学作为教育部直属高校中唯一一所以能源电力为学科特色的全国重点大学，在“学科立校、人才强校、科研兴校、特色发展”办学方针的指导下，以国家重大战略需求为已任，在新能源开发利用、节能减排、智能电网等方面进一步明确研究方向、形成了一定的优势，在学科建设、基础研究、人才培养、科技创新、社会服务等方面取得了一定的成绩。学校紧密跟踪国家和能源电力事业的发展需求，突出自身特色，构建了“以传统优势学科为基础，以新兴能源学科为重点，以文理学科为支撑”的“大电力”特色学科体系，建设了“新能源电力系统国家重点实验室”等一批依托学校立项建设的国家级科研创新平台，承担了一批国家“973”、“863”、“重大支撑”、“国际合作”等重大项目，取得了一批标志性的研究成果。学校连续3年取得了3项国家重大基础研究领域“973”项目，2011年获得国家科技进步二等奖一项；在2012年公布的ESI学科排名中，我校工程学进入世界前1%，名列世界514位、大陆高校第40位，在非985高校中排名第10位。学校确立了“走校企合作兴校之路”的发展战略，积极推进学校与地方、企业的协同创新，不断增强自主创新能力和服务地方社会经济发展的能力。

作为教育部直属的在京高校，华北电力大学始终致力于推动北京市的经济发展和社会进步。学校的发展也得到北京市政府和北京市科委的鼎力帮助和扶持。今天，闫傲霜主任一行在百忙之中莅临我校考察，充分体现了对我校科技创新园的高度重视和关心。我们相信，在北京市科委和昌平区政府的大力支持下，学校将在更加广阔的平台上参与到北京市的经济社会与文化建设中来，为推动北京市的科技创新和经济社会发展作出更大的贡献！

校长刘吉臻在苏州研究院开工典礼上的致辞

（4月20日）

尊敬的杨知评主任、蒋斌总经理，
各位来宾，女士们、先生们：

大家好！

在这春光明媚、群芳竞秀的美好季节，华北电力大学苏州研究院开工典礼今天隆重举行。首先，我代表华北电力大学向出席今天开工典礼的各位领导、各位嘉宾表示热烈的欢迎！向几年来关心、支持和帮助苏州研究院建设的苏州市各级政府表示最衷心的感谢！向为苏州研究院建设辛勤工作的同志们致以亲切的问候！

华北电力大学苏州研究院开工典礼的隆重举行，标志着华北电力大学与苏州市的全面战略合作迈出了实质性的步伐，标志着苏州研究院的建设和发展掀开了新的一页。作为教育部直属高校中唯一一所以能源电力为学科特色的国家“211“工程、”“985”优势学科平台建设高校，近年来，华北电力大学在“学科立校、人才强校、科研兴校、特色发展”办学方针的指导下，以国家重大战略需求为已任，在新能源开发利用、节能减排、智能电网等方面明确方向并形成了优势，在人才培养、科技创新、社会服务等方面取得了重要成就。学校紧密跟踪国家和能源电力事业的发展需求，突出自身特色，构建了“以传统优势学科为基础，以新兴能源学科为重点，以文理学科为支撑”的“大电力”特色学科体系，建设了“新能源电力系统国家重点实验室”等一批依托学校立项建设的国家级科研创新平台，承担了一批国家“973”、“863”、“重大支撑”、“国际合作”等重大项目，取得了一批标志性的研究成果。新世纪以来，学校确立了“走校企合作兴校之路”的发展战略，积极推进学校与地方、企业的协同创新，不断增强自主创新能力和服务地方社会经济发展的能力。

建设和发展苏州研究院，是华北电力大学建设高水平大学发展道路上的一件大事，也是学校积极融入国家创新体系、推进学校与地方强强联合，与苏州市合作共建高层次、国际化能源研究机构及共同开展合作办学的新形式、新探索。华北电力大学将本着“特色化、产业化和研究型”的发展之路和“立足苏州，辐射长三角，推动华东地区经济发展”的工作方针，紧紧围绕智能电网建设、节能减排、新能源开发利用等能源电力发展的前沿或核心领域，依托学校的学科优势和基础，通过引进和培养一批高层次科研人才、开展一批高水平合作项目的科技创新和促进一批高科技成果转化的举措，使研究院成为集科技创新、人才培养和成果产业化等功能为一体的现代化办学实体，成为苏州及长三角地区最具特色与实力的高水平科研基地、科技成果转化与产业化基地以及高层次人才培养基地。学校将充分借助研究院这个平台，积极汇聚专家力量，发挥校地共建、政产学研合作的示范效应，直接面向苏州市的经济环境和市场需求，努力为我国能源电力事业发展及苏州地区经济社会快速发展作出应有的贡献。

今天，苏州研究院的顺利开工，表明学校和苏州市政府、苏州工业园区的合作站在了一个新的起点上。苏州研究院的快速健康发展，需要学校的全力投入，更需要苏州市各级政府及相关部门的大力支持和鼎力相助，需要兄弟院校和华电校友们的大力支持。我们坚信，在苏州市政府的大力支持下，在各位校友、盟友的通力合作下，我们一定会在大学与地方的深度合作和协同创新方面作出富有成效的探索，建设出高水平的研究院，产生高水平的政产学研的合作成果。希望研究院的全体建设者以强烈的责任感和使命感，高标准、高质量地把研究院工程建设好，以优异的建设成就按期完成任务。

最后，祝愿苏州研究院开工大吉!

祝各位领导、各位嘉宾工作顺利、身体健康!

加强作风建设　保持党性纯洁　努力推进反腐倡廉和党风廉政建设取得新成效

党委书记吴志功在华北电力大学2012年党风廉政建设暨纪检监察审计工作会议上的讲话

（4月26日）

同志们：

今天，我们在这里隆重召开华北电力大学2012年党风廉政建设暨纪检监察审计工作会议，充分表明学校党委对党风廉政建设工作的高度重视。刚才，双辰同志代表党委作的2011年工作报告，总结了学校2011年廉政建设和纪检监察工作情况，对2012年工作进行了部署。2011年我校纪检、监察、审计工作稳步推进，效果显著。学校加强教育、完善制度、强化监督，以优良成绩圆满完成了教育部专项检查考核工作、惩防体系建设不断完善、风险防控工作初成体系、专项治理工作不断加强、行政监察认真开展，审计效益不断提高，为营造教学、科研和校园文化建设的良好氛围作出了积极贡献。下面我结合学习贯彻党的十七届六中全会和中纪委十七届七次全会上的重要精神，就进一步加强我校反腐倡廉工作，谈点意见。

一、认真学习，深入分析，准确把握党风廉政建设和反腐败工作新形势，充分认识保持党的纯洁性的极端重要性和紧迫性

胡锦涛总书记在中纪委七次全会上强调，全党要不断增强党的意识、政治意识、危机意识、责任意识，坚持党要管党、从严治党，坚持强化思想理论武装和严格队伍管理相结合、发扬党的优良作风和加强党性修养与党性锻炼相结合、坚决惩治腐败和有效预防腐败相结合、发挥监督作用和严肃党的纪律相结合，不断增强自我净化、自我完善、自我革新、自我提高能力，始终坚持党的性质和宗旨，永葆共产党人政治本色。胡锦涛总书记的重要讲话，从党和国家事业发展全局和战略的高度，深刻阐述了保持党的纯洁性的极

端重要性、紧迫性，是对马克思主义党的建设理论的创新和发展，对指导当前和今后一个时期党风廉政建设和反腐败工作起着极其重要的作用。我校作为教育部直属高校，有责任、有义务、有能力做好学校的党风廉政建设和反腐败工作，要始终把加强党风廉政建设作为一件大事来抓，始终旗帜鲜明地坚持为人民办好满意的大学、负责任的大学。

首先，要进一步提高认识，准确把握形势，充分认识反腐倡廉建设对创建高水平大学的重要意义。反腐倡廉建设事关党和国家事业的长期发展，事关学校改革发展的顺利推进，必须认清形势，常抓不懈。我们既要看到教育系统反腐倡廉建设的成效，也要清醒地看到在教育改革进程、实施教育惠民政策、使用教育资金、建设干部队伍等方面面临的风险和挑战。特别是学校在对外经济活动中，受到社会上所谓的“潜规则”的影响越来越大。目前，高校违纪违法案件仍处于多发阶段，基建工程、物资采购、招生等重要领域和关键环节案件易发多发。如果制度不健全、管理不严格、监督不到位，就很容易产生腐败问题。我校正处于事业快速发展、创建高水平大学的关键时期，方方面面的工作都需要抢抓机遇，创造机遇，在这个过程中更要警惕来自社会的各种利益陷阱和诱惑，牢固构筑起反腐倡廉的坚强防线，确保高水平大学建设顺利推进。

其次，要加强作风建设，保持党的先进性，牢固树立为学校事业发展和教职员工利益服务的思想。作风建设是一个人党性修养、政治品质、道德情操的具体体现。胡锦涛总书记指出，要大力保持党员、干部作风纯洁，教育引导党员、干部坚持群众路线，把实现好、维护好、发展好最广大人民根本利益作为检验纯洁性的试金石，坚持奋发向上、百折不挠的精神，弘扬勤俭节约、艰苦奋斗的作风。学校广大党员干部要深刻认识干部作风对广大教职员工的引领和带动作用，反对一切极端个人主义、拜金主义、享乐主义，牢固树立正确的世界观、权力观、事业观，坚持群众路线，充分发挥党员干部的模范带头作用，团结和带领广大教职员工，把高水平大学建设推向前进。

最后，要加强思想教育，保持党性纯洁，始终保持共产党人的高尚品格和清廉形象。新形势下保持党的纯洁性，要认真贯彻胡锦涛总书记提出的“四个相结合”的总体要求，从党和人民事业发展的高度，从应对新形势下党面临的风险和挑战出发，充分认识保持党的纯洁性的极端重要性和紧迫性，切实做好保持党的纯洁性各项工作。学校广大党员要抓住思想教育这个根本，积极开展经常性教育，重点深入开展理想信念教育、党章和法律学习教育、社会主义荣辱观教育、廉洁自律和警示教育，认真学习和实践中国特色社会主义理论体系，坚持不懈加强党性修养和党性锻炼，坚定理想信念，增强拒腐防变能力，提高学校领导干部在广大教职员工心中的公信力和影响力。

二、明确目标，凝练项目，不断开创党风廉政建设和反腐倡廉建设新局面

认真学习党的十七届六中全会和中纪委第七次全会精神，深入贯彻胡锦涛总书记在会议上的重要讲话和贺国强同志在高校反腐倡廉建设座谈会上的重要讲话，进一步做好党风廉政建设宣传教育和加强惩防体系建设是我们当前的一项重要工作。在这里，我再重点强调三点：

第一，全校的党员领导干部要强化自我约束，接受群众监督，加强干部队伍纯洁性建设。2012 年是学校深入贯彻落实“十二五”发展规划的重要一年，是学校深化改革、强化管理，全面开创高水平大学建设新局面的关键一年。高水平大学建设越向前推进，就越需要依法办学，规范管理，越需要一支清正廉洁、纪律严明、全心全意为学校服务的干部队伍。这就要求领导干部首先要加强自我教育，强化自我约束能力，时刻在思想上、政治上、行动上和党中央保持高度一致，牢固树立全心全意为人民服务的思想和真心实意为师生负责的精神，诚心诚意为教职员工办实事，办好事；其次要加强全面监督。建立严密有效的监督体系。切实加强对全校领导干部履行职责、行使权力、廉洁从政等情况的监督检查，认真做好责任审计；把廉政建设纳入干部的考核、选拔和任用过程；进一步强化群众监督，畅通群众反映问题的渠道，建立健全干部监督管理的群众参与机制，确保党员干部在广大教职员工心中的良好形象。

第二，各单位各部门要明确目标，制定政策，加强问责，贯彻落实好“一岗双责”。领导干部既有抓好本职工作的责任，又有抓好党风廉政建设的责任。党风廉政建设既是党的重要工作也是行政的重要工作，既是党总支书记和支部书记的重要责任，也是每一个院长、系主任和处长、部长的重要职责。各单位、各部门的党政主要负责同志，必须要对党风廉政建设和反腐败工作负总责，班子其他成员必须要对职责范围内的党风廉政建设负直接领导责任。按照“谁主管、谁负责”的原则，从主要领导到一般干部，都要明确党风廉政建设工作任务、工作目标、职责范围，确保责任到位，责任到人，把党风廉政建设和反腐败工作切实转化成为每个人的责任和意识。要建立和完善质询问责制度，认真执行党风廉政建设一票否决制，凡是党风廉政工作不落实、党风廉政建设和廉洁自律上出问题的单位和部门，党政领导干部必须要承担相应责任，并坚决追究主要领导及相关人员的责任。

第三，要以 2012 年的重点工作为抓手，进一步促进依法依规依章办学，着力构建现代大学管理制度。依法依规依章办学，是建立现代大学制度的必然要求，也是学校深入推进党风廉政建设特别是领导干部作风建设的重要工作。2012 年的党风廉政建设，要围绕学校提出的重点工作，加强重点部位和关键环节的监管，严把科研经费关、物资采购关，校办企业关、工程建设关、财务管理关。同时，要继续加大预防工作力度，建立健全内控机制，形成正面引导和激励机制，促使广大干部围绕本职工作，明确目标，形成标准，凝练项目，制定政策，加强问责，进一步提高工作效率，改进工作作风，规范管理，提高服务，促进依法依规依章办学，为学校的改革和发展创造良好条件。

同志们，保持党的纯洁性，既是新时期保持党的先进性建设的关键，也是学校实现健康快速发展的重要保障。面对新形势和新挑战，我们要从党和国家事业发展全局和战略的高度，深刻认识党风廉政建设和反腐败斗争对保持党的纯洁性和先进性、建设高水平大学的重要意义。要按照学校党委的部署安排，深入开展好全校反腐倡廉建设和党风廉政建设，大力推进惩治和预防腐败体系建设，以党风廉政建设和反腐败工作的新成效迎接党的十八大的胜利召开。

党委书记、体育运动委员会主任吴志功在 2012 年春季田径运动会上的开幕词

（5 月 18 日）

全体运动员、裁判员、老师们、同学们：

在这风和日丽，繁花似锦的美好时节，华北电力大学 2012 年春季田径运动会隆重开幕了。在此，我代表学校向全体运动员致以亲切的问候和良好的祝愿！并向为此次运动会顺利召开付出辛勤劳动的全体工作人员表示衷心的感谢！

大学体育是全面推进素质教育的重要内容，不仅促进师生强身健体，锻炼健康的体魄，而且能够培养人们团队合作的意识，勇敢坚强的品质，奋力拚博的精神，这些对于加强大学的文化建设，凝聚全体师生以良好的身体素质以及精神面貌建设高水平大学具有重要意义。

伴随着学校建设高水平大学的各项事业发展，我校体育事业近年来也不断取得新的跨越。在 2011 年 9 月 8 日全国田径锦标赛暨奥运会达标赛中，我校李志珑同学以 49.47 秒的个人最好

成绩获得男子400米栏冠军，取得了伦敦奥运会的入场券，实现了首都高校田径项目入围奥运会的重大突破。2011年9月6日，在第16届中国全民健身登泰山比赛（国际邀请赛）中，我校于雪同学凭借优异成绩从来自世界33个国家和地区的3000余名登山健儿中脱颖而出，获得女子“冠军组”第一名；尚倩倩同学获得女子“全民组”第一名。这些成绩的取得为学校争得了荣誉，也为国家体育事业的发展作出了应有的贡献。

一流的大学要有一流的体育。高水平的体育运动不仅以标志性的项目或成果展示了学校的良好形象，而且更可贵的是运动员们不畏强手、勇往直前的顽强意志和拚博精神展现了一种奋力争先、不断超越的时代精神，尤其值得我们全体教职员工不断学习并加以发扬光大，在高水平大学的建设进程中努力工作、建功立业，这也是本次体育运动的根本目标。

本届运动会的召开，既是对学校师生运动水平和体育工作成效的一次检阅，也是华电师生精神风貌的全新展示。让我们共同努力把本届运动会办成一次文明、热烈、团结、振奋的盛会，为推动体育事业的发展和我校运动水平的提高作出贡献。最后，预祝各代表队取得优异成绩！预祝本届运动会取得圆满成功！

校长刘吉臻在2012级新生开学典礼暨教师节表彰大会上的讲话

（9月7日）

老师们、同学们：

大家好！

9月的北京风和日丽、秋高气爽。在这美好的金秋时节，我们在这里隆重集会，举行华北电力大学2012级新生开学典礼暨教师节表彰大会。首先，我代表学校党委、行政向来自全国31个省市的5380本科新同学、2400名博士、硕士研究生以及来42个国家的147名留学生表示热烈的欢迎。同时，值此第28个教师节来临之际，向辛勤耕耘在教书育人第一线的老师们及全体教职员工致以崇高的敬意和节日的祝贺！

同学们，今天应该是你们人生记忆中值得铭记的日子。你们经过自己的刻苦努力，以优异的成绩考入了华北电力大学，实现了你们的梦想，也开启了人生中至关重要的新的历程。此时此刻，在你们收获成功喜悦的同时，新的任务、新的挑战、新的征程已经摆在你们每个人的面前，对于未来，需要你们认真地思考并作出明确的回答。

大学，从中世纪诞生那一天起，就是追求真理、发现新知、传承学问、培育人才的地方。今天的大学已经从象牙之塔走向社会的中心，承担着人才培养、科学研究、服务社会、文化创新与传承的功能。改革开放以来，中国高等教育得到了迅速的发展，随着高等教育大众化进程的不断推进，高等教育毛入学率从2002年的15%提高到2011年的26.9%，以在校大学生超过3000万人的规模列居世界第一，基本实现了高等教育的大众化。但是与世界飞速发展的经济形势与国际高等教育发展的先进水平相比，中国高等教育表现出的深层次矛盾和关键问题是：人民群众渴望得到的优质教育资源还极度匮乏，高等教育整体的办学质量仍有待提高。面对中国全面建设小康社会宏伟目标的迫切需要，培养数以亿计的高素质劳动者、数以千万计的专门人才和一大批拨尖创新人才成为高等教育的根本任务。只有这样，才能推动中国从人力资源大国向强国的转化，实现国力的增强、民族的进步。为此，需要建设若干所世界一流大学和一批具有鲜明特色的高水平大学。

华北电力大学诞生于蓬勃发展的新中国工业建设起步之际。50多年来，几代华电人胸怀理想、坚守信念、脚踏实地、无私奉献、努力奋斗，使今天的华电成为国家能源电力领域独领风骚的著名学府，成为物华天成、人才辈出、成就辉煌、独具特色的学术殿堂。学校作为教育部直属高校中以能源电力为学科特色的国家“211”工程、“985”优势学科平台重点建设的高等学府，把培养国家需要的拔尖创新人才作为学校的使命，办学50多年来，为国家电力行业及社会各领域培养输送了近15万名优秀的专业人才。其中，有许多优秀毕业生已成长为能源电力行业的杰出领军人才，也不乏在多个领域作出突出贡献的佼佼者。学校紧紧围绕国家能源电力发展的需要，构建了“以传统优势学科为基础，以新兴能源学科为重点，以文理学科为支撑”的“大电力”特色学科体系，确立了建设具有鲜明特色的“多科性、研究型、国际化”高水平大学的办学目标，形成了“自强不息、团结奋进、爱校敬业、追求卓越”华电精神和大学文化。学校坚持育人为本，以提高教育质量为核心任务，矢志办一所负责任的大学。在这里，一批德才兼备的教学名师与你们教学相长，一批高水平的国家级、省部级重点实验室、科研平台等待你们实践创新，精彩纷呈的学术讲座可以让你们开阔视野、碰撞思想，丰富多彩的校园文化活动能够让你们发展能力、展示自我，得以全面发展。还有，扎实的课堂教学、多样化的专业要求、个性化的职业设计、多元化的评价体系等等，给了你们充分的学习空间和极大的选择余地，引导你们树立自己的目标，选择自己的兴趣，学有专长并彰显个性，在一个广阔的平台上认知、求问、磨励、成长。

人们说，评价一所大学需要从两个维度加以审视，即要看她的长度与高度：长度是看进入这所大学门内、排在这所大学门外和走出这所大学校门的学生队伍有多长；高度是指这所大学的教师与培养的学生为国家、为社会作出的成就与贡献有多大、水准有多高。说到底是一个量与质的问题。你们今天来到华电，可谓生正逢时，承前启后，学校无论是师资队伍、生源质量还是办学条件，华北电力大学都处于历史上最好的时期。因此，作为每一个有梦想与追求的青年，都应该珍惜这个来之不易的学习机会，把握时代的大好机遇，认真地思考与规划自己的大学生涯与人生目标，成为时代需求的优秀青年。

在此，提出几点要求，供你们思考：

首先，树立责任的理念，勇于担当。我们办大学，提出了一个办学理念——“办一所负责任的大学”，承诺以不断提升的教育教学质量为国家负责、为社会负责、为学生负责、为家长负责。因此，我们要求学生也要树立负责任的精神，养成负责任的人格，将国家的需求和使命与个人的价值结合起来，将为社会做事的责任与个人做人的责任结合起来，坚定理想信念，确立奋斗目标，勤于脚踏实地，做一个无愧于时代的有为青年。

其次，学会学习和思考。学习是青年的首要任务。你们来到大学，学习是第一位的任务。大学的学习不是对知识的被动式接受，而是基于专业和兴趣的一种主动探究、传承和创造更高知识的自觉行动，要培养一种终身学习的意识和能力，注重科学素养和人文素养的养成。不仅如此，致力学问不仅在“学”，而且要“问”，要勤于思考、善于思考。物理学家李政道先生曾精辟地强调：“要创新，需学‘问’，问愈透，创更新。”我们致力于创造一个视野开阔、学术自由的文化氛围，激发同学们的好奇心、想象力，培养同学们的批判的思维能力、独立思考能力以及敢为天下先的学术勇气和创新精神，使同学们养成独立研究、综合运用、自由转化和全面拓展的能力。

第三，张扬个性，知行相长。一个杰出人才的成长是有规律可循的，往往经过大学前、大学中以及大学后一个长周期的过程，其中，大学教育是优秀人才成长中重要的培养阶段。大学阶段的首要任务是达到“合格”的标准，在此基础上，要充分利用好大学提供的学习资源，挖掘潜能、张扬个性，发挥特长，自由发展，为未来的成才埋下种子，做好储备。大学是一个广阔的平台，完整的教育是知行统一的教育，要在团队的合作中锻炼意志，在创新的实践中验证真知，于不疑处存疑，于细微处发现，不怕艰苦，竭诚奉献，才能把知识的传授积累和能力的培养锻炼结合起来，融会贯通，不断提升和突破，最终知行相长。

同学们，你们承载着国家和民族的希望，也满载着家人的期盼，掀开了大学人生崭新的一页。希望你们要尽快融入大学努力学习、勇攀高峰，全面发展、彰显本色，实现每个人的思想成长、学业进步、身心健康，成长为一名优秀的华电学子。

培养创新型人才，建设高水平大学，离不开一支师德高尚、业务精湛、结构合理、充满活力的高素质专业化教师队伍。借此机会，学校对过去一年来在教学、科研、管理各项工作中作出优异成绩的教师进行表彰，感谢你们为华电培养优秀人才作出的突出贡献。特别是一批优秀的中青年教师，始终坚持在教学第一线辛勤地工作，你们是华电未来的希望。在这里，我向你们道一声：辛苦了！华北电力大学今天的成就，离不开广大教职员工的辛勤工作和不懈努力，华北电力大学明天的辉煌，更需要全体师生员工的聪明才智和无私奉献！希望广大教师进一步增强高度的责任感和使命感，立德树人、教书育人，以高尚的师德和渊博的学识，为培养更多优秀拔尖人才、为创建高水平大学再立新功！

最后，祝全体新同学学习进步、生活愉快、万事如意！祝全体教职员工节日快乐、工作顺利、身体健康！

全面加强和改进学校党建和思想政治工作　为实现党赋予大学的光荣使命和任务而努力奋斗

党委书记吴志功在迎接北京市高校党建和思想政治工作集中检查中的工作报告

（2012 年 9 月）

尊敬的各位专家、各位领导，同志们：

大家上午好！

首先，我代表学校党委以及广大师生，向各位专家、领导表示热烈地欢迎，向多年来关心、支持学校发展的各位领导和北京市各级部门表示衷心的感谢和崇高的敬意。

学校党委对此次党建和思想政治工作集中检查高度重视，及时印发了《中共华北电力大学委员会迎接北京普通高等学校党建和思想政治工作集中检查工作方案》，成立了由校党委书记、校长为组长，其他校领导为副组长，校内各有关单位负责人为成员的迎接党建和思想政治工作集中检查工作领导小组，并于 2012 年 4 月开始，在校内进行了自评自查等相关工作，进一步总结和部署工作，制定方案，细化分工，落实责任，及时发现和整改不足，切实提高党建和思想政治工作水平。

下面，我从两个方面，就我校加强党建和思想政治工作，向各位专家和领导做汇报。

一、建设高水平大学是党和国家赋予学校的光荣使命和战略任务，是学校践行党的宗旨的根本体现，也必然是现阶段学校党建和思想政治工作的根本任务

2008 年，在北京市高校党建和思想政治工作达标检查验收中，华北电力大学获得“优秀”的评价，极大地增强了我们不断提高工作水平的信心和动力。从上次验收至今，学校党委继续以“办一所负责任大学”为宗旨，把党建和思想政治工作作为学校改革发展的根本动力和不竭源泉，团结和带领全校广大党员干部和师生员工，解放思想，求真务实，开拓创新，积极进取，实现了学校各项事业又好又快的发展，各项工作都迈上了一个新的台阶。

（一）以第一次党代会为契机，破解两地办学的体制问题，全面总结办学经验，客观分析面临的问题，科学描绘宏伟发展蓝图

自大学组建以来，两地办学的体制问题一直困扰着学校的发展建设。2010 年，在北京市、教育部、中组部的亲切关心和大力支持下，破解

了两地办学的体制问题，召开了大学组建以来的第一次党代会。大会认真总结了大学成立以来学校各项事业改革发展所取得的主要成就和基本经验，全面客观地分析了当前学校发展的阶段性特征和所面临的主要问题，正确处理了学校发展中“现实与未来”、“重点突破与全面提高”、“世界标准、中国特色与学校实际”的关系，科学制定了“十二五”期间建设高水平大学的指导思想和战略任务，进一步统一了思想、坚定了信心、明确了方向。大会的胜利召开与圆满成功，打破了地域限制，解决了长期困扰学校发展的两地办学体制问题，探索出了一条独具特色的“两地实质性一体化办学”的发展道路，对于建设高水平大学具有里程碑式的重要意义。

大会明确了学校今后一个时期的奋斗目标，提出建设高水平大学“三步走”的发展战略：2006—2010 年夯实基础，2011—2015 年加速冲刺，2016—2020 年高位发展，围绕“三步走”发展战略，提出在“十二五”期间要重点完成的“九项战略任务”，为学校全面、协调、可持续发展指明了方向。

（二）凝练项目，构建模式，制定政策，全面提高领导干部的分析力、创造力、执行力，增强破解发展难题、拓展发展途径和紧紧抓住机遇、努力创造机遇的意识和能力

根据工作性质，学校把第一次党代会凝练出的“九项战略任务”和“十二五”发展规划所明确的各项战略任务实施有效分解，使之成为学校各级领导班子和广大中层干部的责任目标，积极创造条件，把各项战略举措付诸于办学实践。

同时，在学习贯彻教育部《关于全面提高高等教育质量的若干意见》（《高教 30 条》）和《关于实施高等学校创新能力提升计划的意见》（“2011 计划”）过程中，结合世界及我国经济社会发展的现状、高等教育改革发展的趋势、北京市有关精神，要求各单位围绕“九项战略任务”和“十二五”发展规划，站在国际化、研究型、高水平的层面上，有机地结合世界标准、中国特色、学校实际，凝练出“十二五”期间高水平大学建设的标志性项目，确立科学的发展路径，探索项目的实现模式，形成具有华电特色的发展模式，在此基础上，围绕项目和模式，制定相应政策，通过改革来推进制度上的创新，确保各项战略任务的圆满完成。

凝练项目体现的是对自身实际情况的分析、了解和把握，构建模式体现的是对他人先进经验的借鉴和提炼以及自我创造能力，制定政策体现的是如何保证项目和模式真正落到实处，通过一脉相承的凝练项目、构建模式、制定政策，全面提高了领导干部的分析力、创造力和执行力。

（三）积极构建以问责制为核心、规范化和制度化为目标的现代大学管理制度，提高干部队伍建设水平

学校党委认真贯彻党的教育方针，以《高等教育法》为准绳，积极构建现代大学管理制度，围绕学校战略目标、战略任务来谋划和落实干部工作，以建设高水平大学的要求为根本尺度来选拔任用干部，从优化干部队伍整体结构、增强领导班子工作能力、提高干部综合素质三个层面，统筹干部选拔任用、培养教育、管理监督三个环节，以改革创新精神不断健全和完善干部管理制度。

坚持和完善干部竞聘制，积极推行公开选拔和竞争上岗，努力创造能够使优秀人才脱颖而出的选人用人环境，选拔出群众真正信得过的德才兼备的干部。

坚持干部民主推荐制。选任处级领导干部时，由党委组织部在基层单位组织民主推荐，将推荐结果作为酝酿、确定干部人选的重要依据，切实选好配强处级领导班子。

建立干部的任期制、交流制、学术回归制，实现分类管理。在任期届满时，对于专职管理干部通过适当轮岗促进交流，打破岗位终身制，对于学术型管理干部鼓励回归学术，更好地发挥特长，丰富和完善了转岗制度，建立起干部的正常更替机制。

强化干部管理问责制。实施干部任期目标管理，完善干部考核评价制度，根据职责和分工，把各项规划和任务都严格落实到相关的职能部门，强化各级领导干部的责任意识，既做到权责一致，又避免责任不清，极大地提高了领导干部的积极性和工作效率。

在深入学习实践科学发展观的基础上，以校院（系）两级理论中心组学习、干部培训、在线学习等多种形式为载体，不断探索理论学习的新思路、新途径、新举措，提高学习的针对性和实效性，并将干部学习培训情况作为干部年度考核的重要内容之一。各级领导班子和领导干部坚持“学中用，用中学，学用结合，学以致用”的学习培训原则，建立了学习、工作、选拔“三位一体”的干部培训模式，在工作中加强学习培训，在研究中推动工作，在成就中选拔干部，形成了可操作、可考评的目标体系。

（四）以创先争优活动为抓手，扎实推进基层党组织建设

党的基层组织是党的全部工作和战斗力的基础。学校党委以创先争优活动为抓手，以党总支和党支部建设为基础，大力加强和改进基层党组织建设，充分发挥党总支政治核心作用、党支部战斗堡垒作用以及党员先锋模范作用，努力使党的基层组织真正成为推动发展、服务群众、凝聚人心、促进和谐的坚强核心。

学校党委在创先争优活动中重点开展了“一个支部实现一个目标、一个党员完成一个任务”活动，要求各党支部、党员结合学校“十二五”规划目标，围绕本单位2012年的重点工作和标志性项目，分解、细化并制定出相应的目标和任务，由党总支向党支部提出目标要求、党支部向党员提出任务要求，层层督促落实，有效保证了目标和任务保质保量完成。通过该项活动的开展，把学校的目标、各级党组织的目标和党员的任务紧密结合起来，充分发挥了党支部在各项工作中的战斗堡垒作用。

学校在深化管理体制改革的过程中，坚持将党组织的建设与行政机构的设立统筹考虑，做到基层党组织与行政机构同步设置、干部同步配备、制度同步建立、工作同步启动，切实保证党政的密切配合协作。

学校党委积极建设学习型党组织，坚持理论联系实际，不断增强党员干部运用科学理论指导实践、推动工作开展的自觉性，把师生员工的思想统一到建设高水平大学的宏伟目标上来，提高党组织和广大师生员工的凝聚力和战斗力。

基层党支部建设是党的建设的基础和重要着力点，也是着眼全局、推动学校事业全面发展的根本保证。学校目前共有党总支16个、直属党支部3个，基层党支部235个，其中教职工党支部94个、本科生党支部31个，研究生党支部110个，在职教工党支部书记中，23人具有博士学位，32人具有高级技术职务。学校党委以制度建设为保障，以工作创新为动力，以适应时代发展为方向，大力加强和改进基层党支部建设，建立了教师支部主要以教研室、实验室、科研团队、重点实验室为单位，学生支部主要以班级、年级为单位的校内党支部全覆盖体系。同时，为适应管理模式、教学科研组织形式和学生学习生活方式变化的需要，不断创新党支部的设置和党员培养模式。学校党委高度重视基层党支部建设工作的科学化、规范化、制度化，先后制定了十几个相关文件，使工作有章可循、有规可依。充分利用党员电化教育播放点、在线学习等途径，抓好广大党员的学习培训工作，在2011年度党员在线学习活动中，我校各级党组织积极参与、广大党员认真学习，人均完成学时数位居北京高校第2名。

（五）以“把绿色电力送到雪域高原”为突破口，加强和改进思想政治教育工作，让大学生在服务社会中真正成长成才

学校党委始终高度重视大学生思想政治教育工作，以拓展大学生思想政治教育的有效途径为基础，以立德树人为目标，大力推行“名师担任班主任工程”；建立和完善辅导员队伍多层次、多渠道培训体系；全面开展“绿色通道1+1”成长导师帮扶困难学生活动，侧重对学生精神关爱、能力培养、信心树立和成长发展的全方位提升；构建全程化、全员化、精细化和专业化的就业指导与服务体系，毕业生对学校提供的就业指导与服务的评价分值在“211工程”院校中名列前茅。通过发扬优势、突出重点、多措并举、狠抓落实，确保了大学生思想政治教育工作水平的不断提高。

学校以转变教育观念为先导，以“把绿色电力送到雪域高原”为突破口，让大学生在奉献社会中成长、在服务社会中成才。根据学校以能源

电力学科为主的办学特色，抓住解决西藏无电地区居民用电这一实际问题，组织师生广泛调研，实施“把绿色电力送到雪域高原”大学生新能源科技教育扶贫服务行动，采取“送设备、送人才、送服务”三位一体的方式，改进当地的能源利用现状，并将其作为人才培养的一种典型模式来切实推进，以此项目为载体，将大学生社会实践、科技创新、创业乃至艺术创作相结合，充分发扬了大学生爱祖国、爱家乡、爱专业的精神，培养了大学生的社会责任感、创新精神、实践能力和创新能力，取得了良好实效。

“能源电力调研西藏行”主题社会实践调研报告，部分成果得到了李克强副总理的重要批示。教育部第84期简报专题报道了“把绿色电力送到雪域高原”活动，国务委员刘延东同志对该期简报作了重要批示。2011年10月，在第十二届“挑战杯”全国大学生课外学术科技作品竞赛中，我校学生参赛作品《西藏无电区农牧民用电对策研究——基于对拉孜县新能源利用的实证分析》荣获特等奖。我校的《让学生党员在服务社会中闪闪发光——“把绿色电力送到雪域高原”大学生新能源科技教育扶贫服务行动》荣获2010—2011年北京高校党的建设和思想政治工作优秀成果二等奖和创新成果奖。

鉴于“绿色电力”社会实践项目的良好效应，学校又组织了“能源调研全国行”主题社会实践活动，一大批团支部组织青年学生利用寒暑假到云南、河南、四川、江西、青海、新疆等省（自治区）开展无电村调研，将“把绿色电力送到雪域高原”项目由点及面地展开，逐渐形成了规模，也使得广大学生在社会实践和社会服务中真正增长了才干，提高了思想政治水平。

（六）以党的民主集中制原则为核心，建立健全和不断完善校院两级决策机制

学校坚持党委领导下的校长负责制和党的民主集中制原则，建立健全了规章制度和议事规则，对党政职责、领导分工、会议制度、办事程序等作出了明确规定，实行了集体领导、民主集中、个别酝酿、会议决定的原则，保证了决策的民主化、科学化，为学校的不断发展壮大提供了强有力的组织保证。多年来，我校党委、行政密切合作，党政领导分工不分家，形成了党政团结一致、共同谋划学校发展的良好工作局面。

依托教代会等载体形式，依法保障教职工参与民主管理、民主决策和实施民主监督的权力。根据两地办学的实际，每年利用寒假召开两地统一的教职工代表大会。学校的发展规划、人事制度改革等关系到学校发展和教职工切身利益的重大事项都要提交教代会讨论和审议。学校创新教代会提案工作模式成效显著，2012年4月，《教育部简报》专门进行了报道。

学校党委要求院（系）党总支建立并坚持院（系）务会议制度、党政联席会议制度、党政班子民主生活会制度。学校党委还结合学校实际情况，制定了“思想保障、组织保障、制度保障”和“典型引路、分类指导、分步实施、务求实效”等行之有效的措施，建立了二级教代会制度，凡涉及学院改革、发展和教职工切身利益等重大问题的决策，均提交院（系）教代会审议。

（七）注重党员发展质量，提高党员队伍的整体素质

学校党委全面贯彻新时期发展党员“坚持标准，保证质量，改善结构，慎重发展”的方针，确立了“学生党员一年级着重培养，二、三年级重点发展，四年级适度发展，教职工党员继续重视35岁以下青年教职工的发展，增加“双高”（高学历、高职称）及优秀中青年教职工党员比例”的整体工作思路，以及“把骨干发展为党员，把党员培养成骨干”的工作理念，使我校党员队伍的整体结构和综合素质不断优化提高。同时，大力加强发展党员工作的制度化、规范化建设，先后制定了《华北电力大学发展党员工作程序》《关于实行发展党员公示制的实施意见》等相关文件制度，保证了发展党员工作的规范性、严肃性，确保了发展党员的质量。

2007—2011年，学校共发展党员4083名，其中，发展教职工党员41名，学生党员4042名（研究生党员1007名，本科生党员3035名）。35岁以下青年教师党员比例由64.6%上升到74.4%，学生党员比例由19.8%上升到20.8%，其中研究生党员比例由42.3%上升到51.5%。

（八）加强教师思想政治教育工作，不断提

高师资队伍建设水平

教师队伍是创建高水平大学的关键，学校高度重视教师的思想政治工作，把思想政治教育工作和大学文化建设有机协调起来，通过开展形式多样的特色活动，不断提高教师的思想政治水平和师资队伍建设水平。

学校党委坚持以“办一所负责任大学”的办学理念和“自强不息、团结奋进、爱校敬业、追求卓越”的华电精神为核心，全面开展师德师风建设，实行“师德一票否决制”，把每年4月作为“师德建设月”，开展师德先进评选和典型宣传活动，推选出一批优秀教师、优秀教育工作者、先进集体和师德先进人物；大力推进青年教师“博士化、国际化、工程化”，鼓励青年教师上国外名校、拜世界名师，提高了教师队伍的整体素质；学校坚持把思想政治教育工作与教育教学生活等实际工作相结合，注重以实际工作帮扶带动思想政治工作，把思想政治工作融入到实际工作中去；学校通过定期召开教职工思想动态座谈会和重大敏感时期教职工思想动态调研、研判等形式，及时了解和掌握教职工思想动态，确保校园思想稳定；学校坚持法制教育和道德教育相结合，推动师生员工学法知法用法，创造优良的办学环境。

（九）强化安全稳定工作责任，大力推进“平安校园”创建工作

学校党委始终把安全稳定作为各项工作的重中之重，成立了社会治安综合治理委员会、安全稳定工作领导小组和防范“法轮功”及其他邪教工作领导小组等组织机构，进一步完善了覆盖治安、消防、交通、政保等全方位的有关安全规章制度，召开了“平安校园”创建工作动员部署会议，完善工作体系，扎实推进平安校园建设。

强化安全稳定工作责任，严格落实责任制。积极推进校园网格化安全管理，每三年在全校安全稳定工作会议上，由党委书记、校长与各单位负责人签订安全稳定工作责任书，形成了安全稳定工作逐级负责、任务落实到单位、责任落实到人的良好局面。

学校定期集中组织开展安全隐患、矛盾纠纷、重点人群的排查工作，并建立了隐患检查台账，做好整改、化解、稳控工作。2010年以来学校投入近1000万元用于新增及改造校园东区的消防设施，2012年又争取到700多万元修购专项资金专门用于全校的视频监控系统建设，人防、技防、物防相结合的日常安全防范体系已基本形成。

学校始终遵循“宣教先行，防范为主”的原则，深入开展安全教育，不断强化师生的安全意识。经过全校的努力，形成了学校党委统一领导、党政齐抓共管、职能部门组织协调、各级单位层层负责、师生员工共同参与的安全稳定工作格局。

（十）汇智聚力，加强党外代表人士队伍建设

党外代表人士工作是新世纪、新阶段高校统战工作的重点。学校党委历来重视党外代表人士工作，认真贯彻落实北京市的有关要求，密切同党外代表人士的联系，重视党外代表人士的培养、选拔和使用。我校率先开展了对党外代表人士进行综合评价体系的研究，用层次分析法对评价指标进行量化，对党外代表人士的评价做到了定量与定性相结合，增强了客观性和科学性。目前我校的党外领导干部整体能力突出，业务水平过硬，一些代表人士在学术上有较高的造诣，有国家首批“千人计划”学者、“973”项目首席科学家，还有入选中国科学院“百人计划”和教育部“新世纪优秀人才支持计划”。我校设立了统战工作专项基金，鼓励党外代表人士自行设计和选题并进行申报，研究成果被国家、省、市、学校采纳后，给予一定奖励性的资助。几年来，学校党外代表人士在各自的专业领域和社会政治生活中发挥着越来越大的作用。

（十一）高度重视宗教工作，抵御和防范校园传教渗透

长期以来我校对宗教工作高度重视，把教育、引导大学生正确认识和对待宗教问题作为思想政治教育的重要任务和维护学校稳定的大事来抓，做了大量富有成效的工作。

学校党委根据社会形势和我校情况制定了反邪教工作长效机制，制定了《华北电力大学防范校园传教实施办法（建议）》。学校成立了防邪教、禁传教工作领导小组，协调、指导各单位做

好防邪教渗透工作。

加强马克思主义宗教观的教育，积极对大学生进行正面宣传和引导。通过开展“反邪教教育主题党日活动”、“反邪教警示教育图片展”等一系列活动，不断提高大学生遵守国家宗教政策和校内纪律的自觉性。同时，在全校范围内进行了信教人员的摸底工作，到目前为止，除个别少数民族学生因为本民族风俗习惯而产生的正常宗教信仰外，我校未发现有加入邪教组织的学生和教工。

二、学校党建和思想政治工作中存在的问题、不足和今后的努力方向

随着国家经济社会以及高等教育的发展变化，学校党建和思政工作也必然会遇到一些新情况，具体工作中还存在一些问题和不足。

一是随着国家和高等教育的飞速发展，特别是随着学校办学层次的提高和高水平大学建设进程的加快，我们在构建现代大学管理制度方面，进一步向现代先进企业制度学习、向世界高水平大学的管理制度学习还存在不足。虽然制定了建设高水平大学的发展目标，但在能源电力、科技创新等相关领域参与国家层面的能力还有待进一步提高。

二是在创建高水平大学发展目标的要求下，部分干部在思想认识、观念更新、吸取国内外先进的办学经验、实现管理创新、制度创新等方面还有待进一步提高。

三是学校干部培训的系统化、规范化不足，与建设高水平大学的要求还有距离，干部到国外学习培训的机会也比较少，与学校的国际化办学目标的要求还有差距。

针对党建和思政工作中存在的新问题、新情况，学校党委高度重视，冷静分析，客观对待，将采取一系列有针对性的工作举措，全力以赴，精益求精，全面推进学校党建和思想政治工作迈上新台阶。

一是继续坚持党建和思想政治工作是为了实现党赋予大学的光荣使命和任务的工作方针，进一步加强党的组织建设、思想建设，努力学习和借鉴先进经验，构建和完善现代大学管理制度，大力促进高水平大学建设，为培养合格的社会主义建设者和可靠接班人提供强有力的政治保障。

二是不断加强党的作风建设。切实把党的作风建设与促进学校师德建设和校风、学风等文化建设结合起来，并从制度建设入手，不断强化党内监督、群众监督、舆论监督，提高党风廉政建设水平，使广大党员干部赢得群众的信任和拥护。

三是坚持思想政治工作的与时俱进。在社会转型期，面对政治经济体制、科学技术以及人们的思想观念快速发展变化的形势，积极应对新形势，研究新问题，总结新经验，不断给思想政治工作注入新内容，为学校的跨越式发展和不断腾飞提供源源不断的精神动力和思想保证。

四是坚持干部学习培训的高标准、全方位、严要求，把平时的日常学习培训，如在线学习、海外培训等，融入到工作实践中去，做到针对性学习、项目化培训，不断提高干部队伍的综合素质，为学校战略发展提供智力支持和人才保障。

各位专家、各位领导、同志们，总结我校的党建和思想政治工作，可以概括为：方向正确，定位准确，思路清晰，措施到位，成效显著。在今后的工作中，我们要坚持和发扬学校多年来形成的党建和思政工作的优良传统和作风，不断提高工作水平，为建设高水平大学提供坚强的政治保证，为实现党赋予大学的光荣使命和任务而努力奋斗。

依托 服务 引领 超越——对高水平行业特色大学发展定位的战略思考

校长刘吉臻在第六届高水平行业特色型大学发展论坛上的报告

（12 月 12 日）

高等学校定位是关系到高等教育长远发展的战略性问题，也是一个在高等学校发展中需要不断探索的一个动态性发展问题，有什么样的定位，就会有什么样的发展战略、发展道路、发展模式。党的十八大报告中，胡锦涛同志指出要把科学发展观作为党长期坚持的指导思想，更加强调“全面、协调、可持续发展”作为深入贯彻落实科学发展观的基本要求，这个思想对于高等学校立足实际、面向未来，战略规划、科学定位具有深远而重大的指导意义。在新的形势下，如何认识和从顶层制度上积极设计学校的发展定位，是高水平行业特色大学应该思考和谋划的一个重大议题。

一、国家经济社会发展的宏伟目标要求中国高等教育必须跟上时代的步伐

高等教育与经济社会的深度融合是高等教育步入社会中心之后的一个重要特征，也是世界高等教育发展历史的一个共同趋势。中国高等教育改革发展的进程，始终与中国社会经济的转型、改革与发展紧密联系在一起。多年来，为国家发展的战略目标提供强力支撑始终是中国高等教育最核心的使命与任务。

新中国成立以来，中国工业经济的发展在百废待兴的基础上起步，对一大批有思想、有文化、有专业技能的建设者和接班人的迫切需求催生了一批高等学校的产生，形成了我国高等教育体系的发展基础。几十年的发展历程，我国以最短的时间、最低的成本、最高的效率走过了发达国家几倍时间走过的历程，特别是改革开放以来，社会经济得到了快速发展，实现了国力的增强、社会的进步、文化的振兴，全面建设小康社会的宏伟格局基本达成，应该说高等教育起到了强力的支撑作用，作出了不可磨灭的贡献。正是中国高等教育通过对各级各类专业人才的培养、科学研究的不断探索、社会经济发展的全面服务以及文化思想的传播与引领，强力地推动了中国社会经济的进步与发展，也正是在这个进程中，各类各类学校找到了自己的发展目标与科学定位，实现了中国高等教育体系在数量、质量、类型、层次、结构等多方面的协调发展。

21 世纪以来，快速发展中的国家经济社会对高等教育不断提出新的要求。党的十八大报告确定了在 2020 年“全面建成小康社会”的战略目标，提出了要实现“国内生产总值和城乡居民人均收入比 2010 年翻一番”的新指标，并总结了在三方面要上“大台阶”，即：社会生产力、经济实力、科技实力迈上大台阶，人民生活水平、居民收入水平、社会保障水平迈上大台阶，综合国力、国际竞争力、国际影响力迈上大台阶。这“两个指标”、“三个台阶”的首次提出意义重大、催人奋进，是我们党准确把握 21 世纪头 20 年我国发展重要战略机遇期而提出的宏伟目标，标志着中国正处于从大国向强国迈进的历史的新起点，创新驱动、转型发展已成为时代的主旋律，并进一步推动着高等教育的转型与变革。

在这个背景下，作为科技第一生产力和人才第一资源重要结合点的高等教育，势必推向了引领经济发展、民族振兴的战略中心地位。中国高等教育必须跟上时代的步伐，以自身的变革与创新，肩负国家“科教兴国”、“人才强国”的重大使命，以高水平的人才培养和社会服务推动国家

战略目标的发展进程。因此，对于各级各类学校来说，需要科学定位自己的发展目标，提升自身服务国家战略需求、适应社会发展的能力，推动国民经济的快速发展。特别是国家着力重点建设的一批世界一流大学和高水平大学，应该始终顺应时代的需求，在服务国家战略发展的行列中走在前列。

二、行业特色型大学定位中的“高水平”在于对行业发展的引领

什么是高水平大学？“高水平”体现为大学职能的什么特征？这是高等教育理论与实践领域一个值得深入探讨的问题。

高水平行业特色型大学是中国在特定的历史时期发展形成的一个类群大学，其特征是具有显著行业背景，专才型人才培养理念、学科分布相对集中、科研重点是行业共性技术以及具有密切相关的行业领域产学研合作的历史等。这类大学多是依据新中国工业体系的成长，体现国家意志、承载国家使命而诞生和发展起来的。多年来，行业特色型大学为新中国工业经济的发展培养了一大批高素质的专业技术人才，为推动行业的发展、进步作出了杰出的贡献。

随着社会经济的发展与高等教育形势的深刻变革，行业特色型大学与行业的关系也发生了重大变化。特别是新世纪以来，科学技术的迅猛发展与经济信息化、全球化的格局，使国家产业经济结构发生了巨大的变化，国力的增强从依靠劳动密集型的人口大国转向建设与发展人力资源的强国，各个行业领域核心技术的结构、内容、需求都发生了深刻的转型与变革。对于行业特色型大学而言，“依托行业而产生、服务行业而发展”的基本格局面临着新的挑战，大学自身的发展以及对行业的支撑与服务都需要重新思考定位。而要高水平地履行社会服务职能，就必须从对行业的依托服务到走出行业，实现对于行业的引领与超越，这是高水平行业特色大学进一步发展的必由之路，

何为引领？引领是高水平大学作为社会发展思想库与产业变革智力库的显著标志。首先，未来行业创新最关键的在于人才，产业的核心竞争力也集中在高端人才的竞争，因此，高水平大学应瞄准国家战略需求，培养一大批能够支撑行业发展的自主型创新人才或领军人物；其次，在科学研究的主题和方向上，高水平大学应着力解决的是行业发展“源头”的基础性、原创性问题以及与行业产业密切相关的共性技术问题，要建设能够站在国际、国内前沿的学科，保持与行业适度的张力与距离，并进一步对行业产业的转型催生新的经济生长点。也就是说，在大学的工作室或实验室里，要探索那些在当下行业产业技术上尚未应用的领域，使之能够鸟瞰行业产业的发展、超前行业产业的发展，而不是跟在行业的后面去仅仅支持现实的问题。第三，在产学研方面，高水平大学承担的职能，要以政府为主导，着力推动产学研合作体制机制变革，加强高校、各类科研院（所）与企业之间的协同创新，充分整合优势资源，构建高水平的产业技术创新联盟。只有这样，才能够真正实现对于行业的引领，高水平地完成大学服务社会的职能。

以我国电力行业为例。电力是关系国计民生的支柱性产业。在新中国成立前夕，全国装机容量只有185万千瓦、发电量43亿千瓦时，发电量容量和发电量分别居世界第21位和第25位。新中国成立以后特别是改革开放30年以来，我国电力行业持续保持高速发展的态势。截至2011年底，我国发电装机容量达到10.5亿千瓦，仅次于美国居世界第二位；年发电量达4.8万亿千瓦时，分别是1949年的570倍和1100倍，已超越美国跃居世界第一位。特别是我国多年来能够持续保持这样一个全球规模最大的发电生产与电网的安全稳定运行，在电力系统安全稳定控制技术、特高压输电技术、特大型水利水电工程技术、大规模新能源开发利用技术等领域已经位居世界领先水平。这些非常了不起的成就，正是由于我国高等学校向电力行业源源不断地输送了大批优秀的专业人才。

但是随着化石能源的日益枯竭以及传统能源开发利用所带来的环境污染、气候变化等问题的逐渐恶化，进一步推进我国电源结构布局的调整，大力开发利用新能源、降低能源消耗、减少环境污染、应对气候变化，已成为我国电力工业

发展的必由之路。过去十年里，风能、太阳能等可再生能源作为最具规模化开发前景的新能源，在我国发展十分迅猛：截至 2011 年，我国风电累计装机容量已达 4505 万千瓦，居世界第一；太阳能发电的总装机量也已累计达 214 万千瓦。预计到 2020 年，风电可以供应全球 12%的电力需求，到 2030 年，这个比例将超过 20%；到 2050 年，太阳能能满足全球 1/4 的电力需求。这样，新能源电力在不久的将来必将由补充能源发展为替代能源，最终成为主流能源。目前，我国的电力工业正从大机组、超高压、西电东送、全国联网的发展阶段，向绿色发电、特高压、智能电网的发展新阶段转变。作为高度技术密集型行业，电力工业对于核心技术的自主创新、对于研发、技术、管理方面的人才需求都达到了一个很高的水平，基本的知识运用与技术攻关的简单服务已不能满足行业的需求，这对以能源电力为学科特色的电力大学来说提出了很高的要求。而对于行业特色型大学这一类群的大学来说，只有不断地改革创新、寻求突破、矢志发展，在人才培养、科技创新、文化建设、社会服务方面从依托服务发展到对于行业起到引领作用，才能真正不负高水平行业特色型大学的光荣使命。

三、建设世界一流的综合性大学也是行业特色型大学发展定位的选项

“大学是遗传与环境的产物。”在高速发展的社会经济与不断变革的高等教育的进程中，一类或一所大学的科学定位也是一个在动态发展中不断认识和反思的过程。从世界大学的发展史来讲，那些历经了百年历史的大学的发展历程，往往是基于在历史、现实与未来综合把握的基础上，对大学发展目标的不断探索与追寻过程，也是在战略规划与创新实践不断相互促动的条件下促使大学建设、提升、发展、转型的过程。因此，科学的大学定位不是一成不变的。

从高等教育的发展规律来看，高水平行业特色型大学的发展定位带有阶段性和发展性的特点，它的办学“特色”也只有在与社会的适应与动态平衡中才能不断推向新的领域和高度。单纯的行业特色不足以支撑其高水平大学的发展。特别是在高等教育新的竞争体制形成的形势下，大学发展的动力源更多地取决于建构在学校历史发展基础上的战略目标、战略谋划、科学发展。由于大学的历史、资源、禀赋、发展状态的各异，作为高水平行业特色型类群的大学，在未来的发展中也会发生不同的分化。一部分发展态势良好的学校可能在战略机遇期率先发展变革与转型，走向综合性大学的发展道路，形成高水平大学可持续发展的动态机制。

美国 MIT 就是由工科大学向高水平综合性大学转型发展的成功典型。在大学百年发展的历程中，MIT 始终以高度前瞻性的战略思想，很好地处理了大学的学科建设、科学研究与工业发展的关系，使之一直处于对于行业的思想领先与智力支持的卓越地位，在不断地跨越式发展过程中，成功地实现了大学自身的提升与转型。

MIT 是一所以工科起步并发展成多学科并进、综合性发展的世界公认的一流大学，目前，工、理、文、经、管多个学科在全美学科评估中处于领先的水平。MIT 的发展历经四个阶段，可以清晰地看到学校由一所工程技术学院发展到理工科大学、再由理工科大学发展成为世界一流的综合性大学的成功转型与发展之路。

我们国内也有同样的发展范例，如与行业特色型大学建校时间及发展历史比较相近、由理工科大学发展成为态势良好的综合性大学的华中科技大学。

华科的前身华中理工大学也是在新中国成立以后才起步发展的工科院校。从 20 世纪 70 年代起，华科人凭着“敢想、敢干、敢为天下先”的勇气和精神，率先在国内理工科高校中发展文科。华科的老校长、著名的教育家朱九思先生当时主要做了几件事：一是提出理工科大学发展文科的理念，走综合性大学的发展道路；二是在当时的社会背景下，为华科争取到一大批各个学科的人才；三是围绕喻家山“圈地建校”，为华科今后的发展打下了可持续的良好基础。这样的举措，很快起到了良好的效应，促进了华工从理工院校向综合型大学的转型，成为今天工、理、文、管、法、医等多学科发展的高水平大学，与同期发展的其他工科院校相比，华中科技大学走了一条不同的发展道路，通过几十年的发展，迅速跻身于国内一流大学之列。

高水平行业特色型大学未来的发展道路任重而道远。在新的历史起点上，只有以科学发展观为根本性指导，以更加开阔的胸襟，更加宽广的视野，瞄准国家战略目标，超前谋划、锐意革新，走高水平大学的可持续发展之路，才能实现对于业界和社会的引领和超越，完成大学在建成小康社会的道路进程中对于人才培养、科技创新、文化引领、社会服务的光荣使命。

《大学》（学术版）2013 年 1 月。

MIT 发展转型的四个阶段

阶段	发展理念	学科建设	大学转型模式	成就与特色
第一阶段（1865 年起）	通过实用学科培养高级企业领导人	以工程学为主，设机械、土木工程、建筑师、矿业和实用化学等专业	工程技术学院	工程学科始终保持着很大的学科优势，成为学院特色
第二阶段（20 世纪 30 年代起）	一流的工科必须建立在一流的理学学科的基础之上	建立了独立的理学院，加强物理、数学、化学、生物学的建设	由工学院向理工学院转型	把基础学科带入到工程教育与实践，为 MIT 的应用研究夯实了基础，开启了 MIT 跨学科研究的基础
第三阶段（20 世纪 50 年代以后）	一流的大学必须有人文社会科学的注入	创建了人文、社会科学院和斯隆管理学院	由理工学院向综合性研究型大学的转变	在专业教育的基础上加强了对学生的通识教育，使其培养出来的人才更具有开阔的知识视野与思维发展的通达性
第四阶段（20 世纪 90 年代以后）	以学科的交叉与融合促进创新	重点发展若干跨学科中心，促进学科的交叉、渗透与融合	由研究型大学转变为集研究、培训和服务为一体的新型创业型大学	工学、理学、人文社科等多个领域的学科处于世界顶尖水平；拥有大量的跨学科项目，综合交叉科学也已进入 ESI 世界前 1%； 研究成果和发明每年为美国经济增收约 200 亿美元，新增就业岗位千万个。以高度的引领与超越充分发挥了服务社会的职能

党委书记吴志功在第六届高水平行业特色型大学发展论坛年会上的致辞

（12 月 12 日）

各位领导、各位来宾：

大家上午好！

经过认真筹备，“第六届高水平行业特色型大学发展论坛年会”今天在我校隆重举行。首先，请允许我代表华北电力大学全体师生对前来参加年会的各位领导、专家和来宾表示热烈的欢迎！对各位长期以来给予华北电力大学的关心、支持和帮助表示衷心的感谢！

大学自诞生之日起，是作为知识保护和传播的圣殿而存在的。科学技术的革命，把大学从社会边缘逐渐推进到社会中心，大学依靠人才培养、科学研究和社会服务，支撑和引领社会发展。大学的发展不仅要遵循学术权力的法则，也要遵循国家权力和市场权力的法则。实践证明，进入工业社会之后，教育和社会生产相结合、和社会发展相结合，是大学发展的必由之路。

新中国成立之初，适应大规模工业建设的需要，国家成立了一批行业特色型大学。多年来，行业特色型大学为国家的发展承担着光荣的历史责任，在我国高等教育体系中扮演着不可或缺的重要角色，为中国特色社会主义建设事业作出了不可替代的巨大贡献。实践证明，行业特色型大学符合世界高等教育的发展规律，具有深厚的历史渊源和强大的国家优势，蕴含着推动未来发展的巨大能量。

当前，全面建设小康社会和建设人力资源强国的奋斗目标，为高水平行业特色型大学的发展提供了全新机遇。建设高水平的行业特色型大学已经成为国家的意志，也成为众多行业特色型大学发展的内在需求。党的十八大明确提出要“实施创新驱动发展战略”，科技创新是提高社会生产力和综合国力的战略支撑，必须摆在国家发展全局的核心位置。行业特色型大学的发展承担着更加光荣的历史使命。完成这一历史使命，既要认真总结历史经验，发扬自身的传统优势；又要更加紧密切合国家的战略需求，与国家战略新兴产业的发展要求相适应，在异军突起中铸就新的辉煌。

高水平行业特色型大学的发展需要明确的战略定位。行业特色型大学不能盲目追求所谓的“综合化”而走向同质化，更不能固守已有的特色而止步不前。如何准确把握社会发展的需求，确立自身的发展目标，实现科学定位，是每一所行业特色型大学发展必须首先解决的重大问题。

高水平行业特色型大学的发展需要发展模式的创新。每一类大学的发展都有自己独特的模式，每一所成功的大学都有自己的特色，如何把世界高等教育的发展规律与中国特色相结合，探寻高水平行业特色型大学成功发展模式，依然是摆在我们面前的紧迫任务。

高水平行业特色型大学的发展需要管理制度的创新。如何在构建现代大学制度中，在确立政府和学校以及学校内部的管理体制机制过程中，有力地促进行业特色型大学的发展，依然任重道远。国家如何在强化分类管理中促进行业特色型大学上水平，如何构建大学灵活高效的内部管理体制，进一步办出特色，依然是需要我们深入探索的重大问题。

高水平行业特色型大学的发展需要教育思想的创新。在中国高等教育波澜壮阔的体制改革中，行业特色型大学的发展不仅经历了体制的转轨，而且经历了发展模式的变更。在这个过程中，每一所行业特色型大学都在办学实践中进行了可贵的探索，取得了一些成功的经验，如何把这些成功的经验通过交流、融合和升华，产生新思想、新观点，是建设高水平行业特色型大学的迫切需求。

高水平行业特色型大学的发展需要多层次各方面的协同创新。在新的历史时期，行业特色型大学谋求新发展、实现新跨越，需要根据其自身发展实际，不断加强协同创新，在校地协同、校企协同、校校协同等方面不断取得新突破、开辟新局面。

基于上述认识，高水平行业特色型大学发展论坛既是交流、学习、借鉴的平台，也是协同创新的论坛、思想创新的论坛、制度创新的论坛和模式创新的论坛，归根结底是力求取得重点突破，实现科学发展的论坛！

我们认为，行业特色型大学尽管只是中国高等教育的一个有机组成部分，但是正如局部关键技术的突破能够带动整体产业技术的革命一样，行业特色型大学的异军突起，势必会带动中国高等教育整体水平的快速提升。

我们有充足的理由相信，只要进一步明确发展目标，把握发展规律，抓住发展机遇，将学校的发展与国家战略需求紧密结合起来，行业特色型大学的明天一定会更加美好！

作为行业特色型大学中的一员，华北电力大学曾长期依托电力行业办学，与行业形成了鱼水相依的关系。近年来，在教育部、社会各界和兄弟院校的大力支持下，学校紧紧围绕国家战略需求开展学科建设、人才培养、科技创新和社会服务，在许多方面取得了长足的进步与可喜的成绩，实现了自身的跨越式发展。但是与高等教育的发展形势相比，与同类院校的发展现状相比，华北电力大学距离高水平大学的要求还有相当大的距离，我们任重而道远。真诚希望能通过本次论坛，聆听来自行业企业、兄弟院校的专家们的真知灼见，同时也非常希望各位领导、各位专家能利用这次机会传经送宝，不吝赐教，对我们的工作多加指导。

最后，预祝本次论坛取得圆满成功！祝各位领导和来宾身体健康、工作顺利、万事如意！

Overall Review

学校简介

（2012年版）

华北电力大学是教育部直属国家“211工程”、“985工程优势学科创新平台”重点建设高校，是教育部与国家电网公司等七家特大型电力企业集团组成的校理事会共建的全国重点大学。学校创建于1958年，原名北京电力学院。1969年由北京迁至河北，先后更名为河北电力学院、华北电力学院。1995年与北京动力经济学院合并组建华北电力大学。学校校部设在北京，分设保定校区，两地实行一体化管理。

半个多世纪以来，学校承载着推动科技进步与能源电力事业发展的历史使命，自强不息，在逆境中拼搏；团结奋进，在困境中崛起，实现了一次又一次辉煌跨越：进入全国首批重点院校行列，划归教育部直属管理，成立全国首家公办校董会，列入国家“211工程”和“985工程优势学科创新平台”重点建设高校。在学科建设、队伍建设、人才培养、科技创新、产学研合作、条件建设等众多领域取得了一系列重大突破，实现了由教学型向教学研究型，由单科性、应用型学科体系向多科性、研究型学科体系，由传统式、经验化管理模式向开放式、科学化现代大学管理模式的历史性转变。

学校适应国家发展战略需求，全面构建“以优势学科为基础，以新兴能源学科为重点，以文理学科为支撑”的“大电力”学科体系，组建核科学与工程学院、能源与环境研究院，成立全国首家可再生能源学院，形成了以工为主，理工渗透，电与非电交融，理、工、文、经、管、法协调发展，特色鲜明的学科专业布局。学校现设有10个学院、62个本科专业，拥有2个国家级、23个省部级重点学科；5个博士后科研流动站；5个一级学科、30个二级学科博士学位授权点；23个一级学科、123个二级学科硕士学位授权点。学校拥有MBA和工程硕士学位授予权。

学校始终把师资队伍建设作为核心，坚持培养和引进相结合，造就了一支以工程院院士、长江学者领军，优秀中青年学术带头人为骨干，素质优良、结构优化的高水平师资队伍。学校现有中国工程院院士5人，“973”首席科学家、国家“千人计划”、“长江学者”、“青年千人计划”等14人。5人获国家杰出青年科学基金，7人入选国家“百千万人才工程”，28人入选教育部“新世纪优秀人才支持计划”，4支团队列入教育部“长江学者和创新团队发展计划”，3个基地列入教育部和国家外国专家局联合实施的“高等学校学科创新引智计划”（简称“111计划”）。

学校积极探索并不断完善“合格+拓展”的创新人才培养模式，形成了“厚基础、重实践、强能力”的人才培养特色，成为教育部首批“卓越工程师培训计划”实施高校，学校现有50门国家和省部级精品课程，2个国家级教学名师团队，11个国家级特色专业，2个国家级、9个省部级实验教学中心。学校以“优秀”成绩通过了教育部本科教学工作水平评估。

学校以服务国家重大发展战略为己任，积极参与国家创新体系建设，形成了理论研究与技术创新、应用开发与产业发展相结合的特色与优势。“十五”以来，学校承担国家科技重大专项、“973”、“863”、国家科技支撑计划、国家自然科学基金等纵向课题1330余项，获国家级、省部级科技进步奖146项。自2001年以来，学校科研经费以年均以100%的速度增长，科技论文国际三大检索排名在教育部直属高校中排在前列。新增国家重点实验室、国家工程实验室、国家工程技术研究中心等3个国家级科技创新平台。拥有2个教育部重点实验室，11个省部级重点实验室和研究基地。学校国家级大学科技园和学科性公司，已成为科技创新、成果转化和高新技术产业发展的孵化基地。

学校率先成立了全国首家公办校董会（理事

会），与国家七大电网公司、发电集团及全国 20 余家高新技术产业单位结成了战略联盟，与北京、江苏、河北、内蒙、新疆、青海、苏州、保定等地方政府建立了战略合作关系，实施产学研合作，助推地方经济发展，为学校自主创新能力的提升、科技成果的加速转化开辟了更为广阔的空间。学校成为全国首批校企合作试点项目“改革行业背景高校校企合作模式”试点高校。学校年均与科技创新主体的企业签订科技项目 500 余项，在西电东送、特高压建设等国家重大工程建设中发挥了重要作用，连续两次获得“国家电网公司特高压交流试验示范工程特殊贡献单位”称号。学校国家级大学科技园、留学人员创业园，为推进产学研一体化，培养创新创业人才和国家能源电力科技产业发展作出了突出贡献。

学校全力推进国际化办学进程，与美、英、法、俄、日等 80 余家知名大学和研究机构开展实质性交流与合作，与多家国际教育机构实现了相关课程互认，在国外创办了孔子学院。举办 EMBA、“1+1”、“2+2” 等双硕士、本硕连读等不同层次的国际办学项目。学校同世界著名大学和跨国公司开展科技合作，为培养具有国际视野的创新型人才拓展了新途径，促进了师资队伍和科学研究的国际化，使学校的国际声誉得到了大幅提升。

巍巍学府，电力之光。经过数十年的风雨兼程，数十年的矢志拼搏，华北电力大学传承着“自强不息、团结奋进、爱校敬业、追求卓越”的大学精神，站在一个新的历史台阶上，承载着新能源时代的光荣梦想，昂首向着建设多科性、研究型、国际化高水平大学的目标奋进，不断续写着电力高等教育更加灿烂，更加动人的辉煌篇章!

学校发展沿革

（2012 年版）

1950 年 9 月，电力职工学校成立于北京西城区大盆胡同，隶属中央燃料工业部电业管理总局管理。

1951 年 9 月，电力职工学校迁往天津，成为天津工业学校之“一部”。

1952 年 6 月，电业职工学校在北京西直门外广通寺旁建立新校区，9 月，电业职工学校由天津回迁新校区并更名为北京电气工业学校，隶属中央燃料工业部电业管理总局管理。

1953 年 5 月，北京电气工业学校更名为北京电力工业学校，隶属中央燃料工业部电业管理总局管理。

1953 年 10 月，北京电力工业学校更名为北京电力学校，隶属中央燃料工业部电业管理总局管理。

1958 年 10 月 4 日，北京电力学院成立于西直门北下关。北京电力学校改为北京电力学院之中专部，次年中专部变为相对独立和北京电力学院共同隶属中央燃料工业部电业管理总局直管，由电力学院代为管理。

1959 年 2 月 21 日，北京电力学院隶属水电部管理。

1960 年 10 月 15 日，北京电力学院在北京海淀清河小营四拨子新建新校区并于 1960 年 2 月迁入清河校区，隶属水电部管理。中专部彻底分离留在原处并再次启用北京电力学校校名。

1961 年 9 月始，原哈尔滨工业大学的发电厂电力网及其电力系统，高电压技术，动力经济与企业组织 3 个专业的教职工 41 人、学生 230 人以及教学设备等整体转入北京电力学院，后又有发电、电自合高压的 10 名研究生转入成为北京电力学院首批研究生。1964 年，北京电力学院高电压技术和电厂化学专业整体并入武汉水利电力学院。

1965 年，北京电力学院培养了由教育部安排的 4 名动力工业经济与组织的越南学生，成为学校首批招收的留学生。

1969 年 11 月 7 日，因配合国家战备需要，北京电力学院迁至河北邯郸岳城水库，北京小营剩余部分成立留守处，通信兵419部队入驻小营校区。

1970年10月17日，北京电力学院由邯郸迁到保定，更名为河北电力学院。由水电部和河北省双重领导以省为主。

1978年9月，河北电力学院更名为华北电力学院，学校由水电部和河北省双重领导以部为主。1988年能源部成立后，华北电力学院隶属能源部管理。

1978年9月，河北电力学院更名为华北电力学院，学校由水电部和河北省双重领导以部为主。

1978年，华北电力学院恢复招收研究生。

1979年2月5日，水电部批准在北京清河小营旧址尚存校舍成立华北电力学院北京研究生部，该部由华北电力学院和水电部电科院院合办以华北电力学院为主。

1981年1月1日《中华人民共和国学位条例》实施后，华北电力学院于1982年9月获批首批3个专业（电力系统及其自动化、发电厂工程、理论电工）的硕士授予权。学校于1984年始招收首批工程硕士。

1981年11月1日，按照水电部批示精神成立成人教育函授部，1991年开始成人教育生授予学士学位。

1983年10月，由国家教委批准，在水利电力干部进修学院的基础上，由华北水利水院北京研究生部、北京水利水电学校、水电部电科院动能经济研究所，抽调华北电力学院部分人员合并组建北京水利电力经济管理学院。北京水利电力经济管理学院由水电部和北京市双重领导以水利部为主。1984年6月1日，北京小营校区一分为二，其中一半校园划归电子部管理学院（即1969年入驻学校的通信兵419部队）。

1985年7月23日，水电部批准在华北电力学院北京研究生部的基础上成立北京水利电力管理干部学院并于同年7月24日挂牌。华北电力学院北京研究生部和北京水利电力管理干部学院实行合署实体办学和管理，由华北电力学院统一管理。1990年8月，能源部批准北京水利电力管理干部学院和北京水利电力经济管理学院实行一体化办公，于1992年更名为北京电力干部管理学院。

1986年7月28日，国务院学位委员会批准华北电力学院为博士学位授予单位，电力系统及其自动化专业获得博士学位授予权，批准杨以涵为学校首位博士生导师。

1986年10月，华北电力学院在保定韩庄乡建设233亩新校区并于1991年9月10日投入使用。

1990年9月，能源部决定，北京水利电力经济管理学院与北京水利电力管理干部学院、华北电力学院北京研究生部实行一体化办学，在北京形成了东郊定福庄、清河校区、西郊分部和建设中的朱辛庄校区四大块。西郊分部1992年9月划归水利部管理后，在北京演变为东郊定福庄、清河校区、北京水利电力经济研究所和建设中的朱辛庄校区四大块，1992年10月22日更名为北京动力经济学院并搬迁至朱辛庄校区。

1992年，能源部撤消后，华北电力学院和北京动力经济学院隶属电力部管理。

1995年，经原国家教委批准，华北电力学院和北京动力经济学院合并组建华北电力大学，校部设在保定，分设北京部分。

2003年3月，华北电力大学由原国家电力公司划转教育部管理，正式成为教育部直属高校，由国家电网公司、中国南方电网有限责任公司、中国华能集团公司、中国大唐集团公司、中国华电集团公司、中国国电集团公司、中国电力投资集团公司等7家大型电力企业集团组成的校董会与教育部共建。

2005年9月，华北电力大学被正式列入国家“十五”“211”工程“建设高校”行列。

2005年9月2日，经教育部批准，华北电力大学校部由设在保定变更为设在北京，分设华北电力大学（保定）校区。两地实行实质性一体化管理。为确保年度工作的完整性，公文等项工作于2006年1月1日起，正式完成变更。

2011年8月，学校“电力科学与工程”被正式列入国家“985”工程“优势学科创新平台”建设行列，标志着学科建设取得重大突破。

（编者注：根据华北电力大学外网学校概况改编）

2012年概述

2012年在教育部等上级部门的正确领导下，全校师生员工以饱满的热情、创新的精神，深化改革、强化管理、勤奋工作，各方面工作都取得了良好成绩。

（一）学科建设

学校通过不断丰富和推进“大电力”特色学科体系建设，传统优势学科、新兴能源学科、文理学科之间以强带弱、优势互补、交叉互动、相互促进，带动了学科整体水平的快速提升。传统优势学科在学校学科发展中的主体地位更加显现，电气工程、动力工程及工程热物理在新一轮全国学科评估中排名位居全国第6位和第11位，比上一轮评估分别上升了3位和1位，控制科学与工程、工商管理、管理科学与工程3个具有一级博士点的学科排名也有明显提升；控制科学与工程学科获批博士后科研流动站，实现了5个一级学科博士后科研流动站全覆盖；10个学院中有9个具有独立或合作培养博士研究生的资格，“4、3、3”学科阵型基本形成。“电力科学与工程985优势学科创新平台”正式获批；“211工程”三期建设通过国家验收；动力工程及工程热物理、控制科学与工程两个学科增列为一级学科北京市一级重点学科，应用数学、诉讼法学增列为河北省重点学科，至此，学校一级学科省部级重点学科增至3个，二级学科省部级重点学科增至23个。

（二）师资队伍建设

学校启动新一轮劳动人事制度改革，制定并出台《进一步深化人事制度改革原则意见》和《教师绩效考核及校内津贴调整方案》，建立以绩效考核为核心、以约束与激励相结合的评价体系为手段的内部治理结构和劳动人事制度；强化目标导向，推进教师分类管理和院系二级管理，着力处理好教学与科研、长期与短期、数量与质量、个人与团体的四个关系；进一步整合职能，调整机构，提高管理效能，促进了人力资源的整体优化。学校加大延揽海内外高层次优秀人才的力度，引进2名“千人计划”学者和1个由5名海外知名大学博士学位获得者组成的年轻学术团队，新增“长江学者”特聘教授1名，国家“杰出青年科学基金”获得者1名，国家“优秀青年科学基金”获得者2名，入选中组部第一批“青年拔尖人才计划”1名，“新世纪优秀人才”支持计划7名；加大青年教师的培养力度，20名青年骨干教师获得国家留学基金委“青年骨干教师出国研修项目”资助；完成2012年专业技术职务评聘工作；关心教职员工切身利益，进一步提高包括离退休老同志在内的教职员工待遇。

（三）教育教学

学校不断深化教学改革，注重提升教师教学能力和水平，强化教育教学与人才培养的过程管理，深入推进本科教学质量工程和研究生培养模式与机制改革，人才培养质量稳步提升。加强本科教学质量工程三级体系建设，3个专业列入教育部专业综合改革试点，1门课程入选国家精品公开课建设计划，3部教材入选国家级规划教材，以核心课程为主体的理论教学体系建设基本完成；2个国家级实验教学示范中心通过验收，新增电气工程国家级实验教学示范中心，新增1个北京市级校外人才培养基地。深入研究创新人才培养的规律，探索有利于学生参与创新实践的新机制，大力推动学生创新俱乐部蓬勃发展；继续健全校企协同培养人才机制，完善卓越工程师教育培养计划选拔方案和培养标准。不断完善教学质量监控与保障体系，修订院系教学状态30项通报制度、推免研究生工作实施办法等教学管理制度；首次向社会公布本科《教学质量年度报告》。继续推进和完善研究生培养机制改革下的研究生资助体系，加强研究生核心课程建设、培养基地建设和国际交流；完善研究生质量保证和监控体系，加强以稳定研究方向与提高学术研究能力为重点的导师队伍建设。

教育教学质量成果显著。获省部级高等教育教学成果一等奖6项、二等奖10项；获得北京市优秀博士学位论文1篇，全国节能减排大赛特等奖1项，数学建模竞赛连续5年获得全国一等奖；学生参与创新实践活动人数大幅攀升，获国家大学生创新创业训练计划项目150个，学生创新成果获专利34项。研究生在第九届全国研究生数学建模竞赛中表现突出，获奖等级和数量位居全国高校前列；19名研究生获得2012年公派出国项目资助。群众性健身运动蓬勃开展，在多项高水平比赛中获得好成绩；学校的毕业生质量得到企业和社会各界的高度认可，入选中国百强上市企业最喜爱的10所高校之一。

（四）科学研究

2012年学校围绕国家能源电力重大战略需求，不断提升科技创新能力。年度科研经费达到5.67亿，较2011年增长12%，其中纵向科研经费首次突破2亿元，较2011年增长25.93%，占学校科研总经费的40%以上；在国家自然科学基金年度立项课题中，我校电气科学与工程学科获批26项，荣居电气学科高校榜首。新能源电力系统国家重点实验室和国家火力发电工程技术研究中心建设取得积极进展；生物质发电成套设备国家工程实验室顺利通过国家认监委的首次资质认定评审，被列为2012年第七批挂牌中关村开放实验室；3个省部级科研基地顺利通过评估，其中电站设备状态监测与控制教育部重点实验室获得教育部专家组的高度评价；新增1个河北省软科学研究基地；“中加能源环境可持续发展研究院”正式挂牌启动；2011协同创新中心的培育与申报工作稳步推进。

科技成果产出喜人。科技论文发表在全国高校排名继续攀升，科研成果的数量和质量实现双提升；获得国家科技进步奖二等奖1项，教育部自然科学奖一等奖1项，二等奖2项，河北省社会科学优秀成果奖一等奖1项，中国管理科学学会管理科学奖（学术类）1项；申请专利的数量和授权量较前一年增长50%以上；学术期刊的编辑出版质量有了新的提高。

（五）产学研与开放办学

学校与中国南方电网、中广核集团等大型企业建立战略合作伙伴关系；探索并创新高校产学研合作模式，推动我校创新体系与企业创新体系的融合以及创新链与产业链的对接；与保定市政府共建保定电谷大学科技园工作顺利推进；留学人员创业园管理工作不断加强；参与成立中国智能电网产业技术创新战略联盟，我校牵头组织申报的“火力发电产业技术创新战略联盟”获得2012年产业技术创新战略联盟试点。

引智工作迈上新台阶，新增1个“高等学校学科创新引智计划”基地，1个引智基地获得滚动支持；中外合作办学规模稳步增长，结构进一步优化；与台湾成功大学等4所高校的合作交流工作取得进展。成功举办“第六届高水平行业特色型大学发展论坛年会”；以“校友创新创业研发基地”及教育基金会为载体与平台，积极拓展校友企业合作项目，基金会工作取得明显成绩；继续教育发展势头良好，培训市场进一步拓展，经济效益有了新的提高。

（六）学生工作

坚持夯实基础工作，打造学生思想政治教育、优良学风培育、学生自我发展的坚实阵地。针对不同学生群体，开展绿色通道“1+1”、个体咨询和团体辅导、学业成绩分析、就业彩虹工程等活动，狠抓学风、做好帮扶工作；积极落实新生入学教育“六个一”工程；新生班主任中高职称高学历教师比例继续保持在70%以上。依托思想教育研究中心，鼓励和支持辅导员由“实践型”向“实践研究型”转变；启动学生工作干部素质提升“磐石计划”，加强专兼职心理健康教育工作队伍建设；积极利用多媒体和网络平台，在学生中大力开展学习宣传十八大精神活动；创新艺术教育形式，校园文化更加丰富多彩。进一步完善奖助学金体系建设，扎实开展家庭经济困难学生资助工作，基本实现家庭经济困难学生助学金发放全覆盖。生源质量稳步提高，考研率、出国率稳步提升，毕业生一次性就业率持续保持在96%以上。

（七）条件建设与保障

新一轮后勤改革顺利推进，管理水平、工作效率、服务质量进一步提高。校园基础设施进一步改善，节能降耗效果明显；财务预算执行良好，增收节支，优化支出结构，规范公务支出管理，提高资金使用效率；加强医疗人才建设和条件建设，进一步提升服务师生健康的综合能力；制定《数字智慧校园建设方案》，完善信息化建设与信息安全相关制度体系，建立信息采集与管理体系，启动“校园一卡通”建设工程；加强档案馆软、硬件建设，档案标准化工作进一步推进；图书文献资源更加丰富，图书信息化建设取得新进展。

校园建设稳步推进。高质量完成校园的修缮及改造工程，金工实习中心、高电压大电流实验室、海洋能发电技术研究中心以及 1.36 兆瓦屋顶光伏发电项目先后建成并投入使用；保定二校区实验综合楼顺利开工；校园规划不断推进；建立评标专家库，建立健全招投标规章制度；强化学校房产资源的分类管理和有偿使用；加强实验室技术安全管理；认真做好校园安全稳定和保卫工作，营造和谐稳定的校园环境。

（八）党建与思想文化建设

以创先争优和基层组织建设年活动为契机，强化党员干部思想政治教育，开展多种形式的教育培训和理论研究工作，着力加强党的基层组织建设；进一步推动干部分类管理、任期管理、干部轮岗、学术回归等一系列干部人事制度改革，完成新一轮处级领导班子和领导干部换届调整工作，优化了干部队伍结构；学习借鉴现代管理理念，运用 360 度考核办法全面考核领导班子和领导干部履职情况。进一步加强党风廉政建设、反腐倡廉教育和统战工作；圆满完成北京市委教育工委党建和思想政治工作集中检查及教育部“三重一大”决策制度执行情况专项检查验收。

认真组织学习和贯彻落实党的十八大精神，积极把握正确舆论导向，加强宣传教育活动；组织力量认真研究、系统总结了我校新世纪以来的办学理念与创新实践，完成《强校之路》的编撰出版工作；推出新一版学校中英文宣传画册；高等教育研究不断加强，“大学章程”制定正式启动。积极推进民主管理，教代会制度和二级教代会工作不断走向制度化、规范化，全面构建和谐校园。

——摘自《校长工作报告》

2012 年概况

党委书记：吴志功
校　　长：刘吉臻

2012 年，华北电力大学设有直属学院 10 个，教学部 2 个，另设有国际教育学院、研究生院、继续教育学院、艺术教育中心和工程训练中心各 1 个。

2012 年，学校拥有国家级重点学科 2 个，省部级重点学科 23 个；博士后科研流动站 5 个；一级学科 5 个、二级学科博士学位授权点 30 个；一级学科 23 个、二级学科硕士学位授权点 123 个，本科专业 56 个；学校拥有国家级重点学科 2 个、部级重点学科 23 个，国家重点实验室 1 个，国家工程试验室 1 个、国家工程技术研究中心 1 个、教育部重点实验室 2 个、教育部工程技术研究中心 1 个、北京市重点实验室 4 个、北京市工程技术研究中心 1 个，另有北京市哲学社会科学研究基地 1 个，博士后科研流动站 5 个。

2012 年，华北电力大学在科研平台建设方面，新能源电力系统国家重点实验室科研经费达 10814.75 万元，其中纵向项目经费达到 5411.35 万元。获省部级以上奖励 5 项，获授权国家发明专利 48 项，授权实用新型专利 13 项，计算机软件著作权登记 23 项，发表论文 377 篇，出版专著 1 部。生物质发电成套设备国家工程实验室顺利通过国家认证认可监督管理委员会的审批，获得了资质认定计量认证证书，实验室在检测条件和检测能力方面上了一个新台阶。电站设备状态监测与控制教育部重点实验室获得各类纵向科技项目资助共 13 项，共签订横向科技项目 39 项，实验室共获得授权发明专利 39 项，实用新型专利 27 项，软件登记 8 项；共发表核心期刊以上论文 123 篇；获中关村开放实验室优秀团队奖励；获中关村专项资金资助项目 2 项；获国家科技进步二等奖一项。区域能源系统优化教育部重点实验室新增国家杰出青年基金获得者 1 名、新增青年拔尖人才计划入选者 1 名、新增优秀青年科学基金获得者 1 名，共发表论文 85 篇，其中 SCI 收录 76 篇、EI 收录 9 篇。高电压与电磁兼容北京市重点实验室“固学科之基，开创新之源——面向电力行业工程电磁场教学改革”被评为 2012 年华北电力大学教学成果特等奖、北京市教学成果一等奖。能源的安全与清洁利用北京市重点实验室获教育部高等学校科学研究优秀成果自然科学奖一等奖 1 项、二等奖 1 项。专利授权 15 项，发表论文 99 篇，其中发表 SCI 论文 54 篇、EI 论文 17 篇、中文核心 24 篇。工业过程测控新技术与系统北京市重点实验室“火电行业重大工程自动化成套控制系统”获中国国电集团科技进步一等奖。低品位能源多相流动与传热北京市重点实验室徐进良教授承担的国家杰出青年基金项目结题验收，为优秀。共获批国家级项目 6 项目，包括国家自然科学基金国际合作项目，中国亚太经合组织合作，国家自然科学基金面上项目等，获批科研经费 500 余万元，省部级项目 4 项，获批科研经费 300 余万元。

2012 年，学校高层次人才不断涌现，优秀青年基金实现突破，教育部新世纪优秀人才数量保持最高纪录。全校新增 1 名杰出青年基金获得者（李永平），2 名优秀青年基金获得者（何理、毕天姝），7 名教育部新世纪优秀人才（任芝、周乐平、刘崇茹、汪黎东、谭占鳌、薛志勇、张兴平）。

2012 年，华北电力大学有教职工 2924 人，其中，专任教师 1782 人，包括教授 347 人、副教授 522 人；博士生导师 159 人、硕士生导师 810 人；学校有中国工程院院士 5 人（含双聘院士 4 人），有“千人计划”专家 5 人，国家教学名师获得者 1 人，“长江学者”特聘教授 1 人、国家有突出贡献专家 3 人。获国家“杰出青年科学基金”资助人员 6 人，入选国家“百千万人才工程”人员 7 人，“973 计划”首席科学家 4 人，教育部“新世纪优秀人才支持计划”35 人，全国模范教师 2 人，全国优秀教师 2 人。外籍教师 22 人，其中，教授 2 人、副教授 1 人。

截至 2012 年底，华北电力大学共有 34 个党总支、8 个直属党支部、440 个基层党支部，其中学生党支部 258 个、在职教职工党支部 166 个、离退休职工党支部 16 个。

截至 2012 年底，华北电力大学共有中共党员 8748 名，其中在职教职工党员 1973 名、离退休教职工党员 430 名、本科生党员 2970 名、研究生党员 3375 名。共发展中共党员 2008 名，转正党员 1484 名。

2012 年，毕业生 10680 人，其中，学历教育学生中全日制研究生 1814 人（博士生 111 人、硕士生 1703 人），普通本科生 4926 人，成人教育本专科生 3940 人（本科生 2034 人、专科生 1906 人）。招生 13289 人，其中，学历教育学生中全日制研究生 2386 人（博士生 193 人、硕士生 2193 人），普通本科生 5354 人、成人教育本专科生 5549 人（本科生 3666 人、专科生 1883 人）。在校生 44624 人，其中，学历教育学生中全日制研究生 7260 人（博士生 965 人、硕士生 6295 人），普通本专科生 20928 人（本科生 20928 人、专科生 0 人），成人教育本专科生 16382 人（本科生 11047 人、专科生 5335 人）。在校留学生 174 人。

2012 年，学校招生总计 5380 人，新生入学成绩大幅提高，全国文理科录取平均分分别高出重点线 34.90 分和 72.90 分，同比 2011 年再创新高；大学生国家英语四级考试一次通过率高达 92%，位居全国高校前列。本科生一次就业率超过 96%。学校共招收 2208 名全日制硕士，招生总数较 2011 年增长约 4.74%，招收博士 194 人。2012 年录取的硕士研究生中，一志愿生源从 74.20%提高至 85.60%，录取来自“211 工程”建设的重点高校人数增长约 8.15%，生源质量明显提高。共招收在职专业硕士学位研究生 1730 人，招生总量位居全国第二，其中电气工程、工业工程、动力工程、控制工程等四个领域招生数量均为全国第一。招收 MBA 研究生 100 人，与 2011 年相比增幅达 54%。学校获得北京市优秀博士学位论文 1 篇，获河北省优秀硕士论文 2 篇。

2012 年，华北电力大学科研总经费 56660.90 万元，比 2011 年科研总经费增长 12%，再创历史新高。其中，纵向经费总额为 20685 万元，比 2011 年增长了 25.90%；横向经费总额为 30165.19 万元，比 2011 增长了 7.67%。

2012 年，华北电力大学向 52 个领域申请国家社会科学基金项目、国家自然科学基金项目、国家高技术研究发展“863 计划”和“973 计划”项目、国家科技支撑计划项目等各类纵向项目累计 893 项。

2012 年，华北电力大学有 531 项纵向科研项目获得资助，经费为 20685.00 万元。其中，国家重点基础研究发展计划“973”子课题 1 项，资助金额 86.00 万元；国家高技术发展计划“863”项目 18 项（其中子课题 3 项），资助金额 3954.07 万元；国家科技支撑计划项目 9 项（其中子课题 1 项），资助金额 1981.00 万元；国家科技重大专项 6 项，资助金额 736.84 万元；国家自然科学基金各类项目 109 项，资助金额 5742.69 万元；国家社科基金项目 4 项，资助金额 28.00 万元；教育部各类项目 20 项，资助金额 112.30 万元；其他纵向项目 364 项，资助金额 8044.19 万元。特别值得一提的是，2012 年度国家自然科学基金项目的立项数和经费数比 2011 年有了大幅度地提高，资助经费首次突破 5000 万元，获资助项目数是 2011 年度（66 项）的 1.65 倍，资助经费（2011 年资助经费为 2818.50 万元）增长了 103.70%。

2012 年，华北电力大学与各企事业单位签订横向合同 763 项，合同经费总额为 31065.19 万元，比 2011 年增长了 7.67%，再创历史新高。华北电力大学继续严格对 2012 年签订的横向合同进行了审查，加强知识产权的保护，对 155 项合同进行了技术认定，认定金额 11789.58 万元；办理合同免税 202 项，免税金额 10538.73 万元。

2012 年，华北电力大学申报各类科技奖共 107 项，其中国家级奖励 2 项，省部级奖励 69 项，其他奖励 36 项。2012 年，华北电力大学获省、部级科技成果奖励 31 项，其中获 2012 年度高等学校科学研究优秀成果奖（科学技术）一等奖 1 项、二等奖 2 项，高等学校科学研究优秀成果奖（人文社科类）论文奖 1 项，北京市科学技术奖三等奖 1 项，中国电力科学技术奖二等奖 1 项、三等奖 1 项，河北省科学技术奖二等奖 3 项、三等奖 2 项，国家能源科学技术进步奖一等奖 1 项、二等奖 2 项、三等奖 1 项，国家能源局软科学研究优秀成果奖三等奖 1 项，甘肃省科学技术进步奖二等奖 1 项，内蒙古自治区科技进步奖三等奖 1 项，河北省第十三届社会科学优秀成果奖一等奖 1 项、三等奖 3 项，河北省第七届社会科学基金项目优秀成果奖一等奖 1 项、三等奖 2 项，广东电网公司科学技术奖二等奖 1 项，保定第九届保定市社会科学特别奖特等奖 1 项，第三届管理科学奖（学术类）1 项，卫星导航定位科学技术奖一等奖 1 项，何梁何利奖（工程建设技术奖）1 项。华北电力大学学术委员会对 2011 年度科技成果进行了评奖，共评出年度校科技成果奖 14 项（其中一等奖 4 项、二等奖 10 项）。

2012 年，华北电力大学完成科技成果鉴定 10 项。

2012 年，华北电力大学申请专利 847 项，获得授权专利 456 项，申请及授权专利数均有大幅度提高；申请专利 847 项，其中国际发明专利 5 项，国内发明专利 459 项，实用新型 315 项，计算机软件著作权 50 项，外观设计 18 项；获专利授权 456 项，其中发明专利 146 项，实用新型 197 项，软件著作权登记 108 项，外观设计 5 项。

2011 年，华北电力大学科技论文三大检索总数量、与排名均比 2010 年稳步上升，基础科学领域与科技前沿领域的研究工作呈现日渐活跃趋势。2011 年度被三大检索收录的论文数为 1981 篇（SCI 298 篇、EI 1606 篇、ISTP77 篇），华北电力大学 SCI 在全国高校排名第 89 名、EI 为 41 名、ISTP 为 33 名（2010 年 SCI 排名第 113 名、EI 为 43 名、ISTP 为 14 名）。2011 年学校共出版学术著作 66 部。（编者注：因此数据次年才能揭晓，故数据迟缓一年刊登）。

2012 年，华北电力大学资助各类学术报告会74场次（其中院士1场次），资助教师参加国际学术会议18人次；缴纳各类专委会会费53900元；推荐各类专家25人次，推荐各学会、专业技术委员会委员8人次，推荐理事候选人3人次。

2012年，华北电力大学有3部教材入选第一批“十二五”普通高等教育本科国家级规划教材，3个专业列入教育部专业综合改革试点，1门课程入选国家精品公开课建设计划。有2个国家级实验教学示范中心通过验收，新增电气工程国家级实验教学示范中心，新增1个北京市级校外人才培养基地。

2012年，华北电力大学图书馆北京、保定两地馆舍总面积35500平方米，阅览座位4168个。共完成年度购置经费875.55万元，其中购置中外文图书339.02万元，中外文报刊97.67万元，电子文献438.86万元。年进新书量为119141册，订阅中外文报刊2389种。完成已订中外文数据库的重新审核和续订工作，新增《Frontier系列期刊》和《中国科学引文索引》2个数据库资源，校图书馆网络数据库总数达到49个（北京、保定两地共享）。接收应届博士生、硕士生学位论文近2500篇，本科生论文2500篇。截至2012年底，校图书馆共拥有纸质馆藏文献213.33万册，其中图书199.78万册，期刊合订本13.55万册；电子图书和电子期刊的馆藏量分别达到了129.60万册和14.14万册。

2012年，华北电力大学图书馆网页访问量达193.65万人次；全年共接待读者205.64万人次；借还书82.32万余册；读者网上预约到架图书1653册次，借出609册；电子阅览室全年读者使用机时约2.5万小时，无线上网注册新用户约1200人次。面向全校教师开展的远程访问数据库的VPN服务，注册人数达到766人。校部图书馆向北京地区图书馆文献资源保障体系（BALIS）发出馆际互借申请483次，借入图书273册，涉及39所北京市高校图书馆、国家图书馆及上海图书馆等机构。新注册馆际互借用户581人，总注册用户达1850人。保定校区图书馆自建随书光盘数据库可下载光盘13432种。

2012年华北电力大学校部校园网IPv4出口总带宽1500兆，出口平均流量800兆，其中教育网出口带宽1000兆，平均流量400兆；公网出口带宽500兆，平均流量400兆；IPv6出口带宽1000兆，平均流量800兆。共有IPv6地址45297个，全国高校排名第23位，IPv4地址36864个，信息点12223个，无线接入点389个。校园网用户25000余人，其中教学办公区9000余人，宿舍区16000余人，全部采用实名认证方式上网。保定校区校园网IPv4出口总带宽1400兆，出口平均流量1200兆，其中教育网IPv4出口带宽500兆，平均流量400兆；公网出口带宽900兆，平均流量800兆；IPv6出口带宽300兆，平均流量300兆。

2012年，华北电力大学有多媒体教室343间，多媒体教室座位数约46400个。计算机教学机房14间，共有微机1836台。

2012年，华北电力大学占地面积106.1429万平方米，学校产权建筑面积102.9429万平方米、非产权建筑面积3.2万平方米。固定资产总值262361.3万元，其中，教学、科研仪器设备资产值42405.77万元。图书馆建筑面积36932平方米，藏书207.07万册。

外网网址：www.ncepu.edu.cn

（编者注：摘自《2012年教育部高等学校教育统计报表》。）

2012年大事记

～1月～

△ 据国家电力监管委员会（以下简称“电监会”）办公厅文件，刘吉臻教授荣任国家电力安全生产科技成果评审委员会火电专业评审小组组长。评审委员会主任由电监会首席工程师杨昆担任，副主任由中国电机工程学会常务副理事长陈峰、电监会安全监管局副局长（巡视员）蒋锦峰担任。

5日　华北电力大学副校长杨勇平带队出席“苏州工业园区基本实现现代化汇报会”并代表学校同苏州工业园区管委会签订了联合共建“苏州智能电网大学科技园”项目的协议。会上，苏州工业园区与华北电力大学联合共建“苏州智能电网大学科技园”项目、IBM全球交付中心项目、摩根大通银行苏州分行、苏州吴淞江内河型综合物流园、国务院发展研究中心等项目进行了签约仪式。

7日　经北京市教委倡议，由北京航空航天大学牵头，华北电力大学等北京16所入围教育部“卓越工程师教育培养计划”的高校，组成北京市“卓越工程师教育培养计划”高校联盟。1月7日在人民大会堂举行了成立仪式，教育部副部长、党组副书记杜玉波，北京市委常委、教育工委书记赵凤桐共同为北京市“卓越工程师教育培养计划”高校联盟揭牌，华北电力大学教务处处长柳长安教授出席了卓越联盟成立仪式。

北京市卓越工程师高校联盟名单：北京航空航天大学、华北电力大学、北京交通大学、北京科技大学、北京邮电大学、北京化工大学、北京理工大学、北京工业大学、北京石油化工学院、中国石油大学（北京）、中国地质大学（北京）、北京信息科技大学、北京服装学院、北京印刷学院、北京建筑工程学院、北方工业大学。

9日　华北电力大学孔子学院在埃及苏伊士运河大学主办首届埃中语言与文化论坛。论坛就汉语语言文学教学与研究、阿拉伯语语言文学教学与研究、中埃文化研究三个主题进行研讨。来自美国、越南、埃及、中国等国家的56名专家学者代表参加论坛，论坛共收到韩国、越南、阿拉伯联合酋长国、埃及、中国等国专家学者提交的论文五十余篇，出版《首届埃中语言与文化论坛论文集》一部。

～2月～

7日　教育部下发《教育部关于公布2011年度长江学者特聘教授、讲座教授名单的通知》（教人〔2013〕1号）文件，华北电力大学牛东晓教授被评为长江学者特聘教授。

14日　华北电力大学杨勇平教授科研团队的研究成果“大型火电机组空冷系统优化设计与运行关键技术及应用”获国家科学技术进步奖二等奖，杨勇平教授作为该成果第一完成人受到胡锦涛等党和国家领导人的接见。

16日　保定市委书记许宁一行视察了华北电力大学位于保定高新区的大学科技园。作为保定中国电谷2010年第一批重点项目的华北电力大学保定大学科技园，是保定国家高新区为发展大学科技园及高新企业投资兴建的，是高新区产学研结合的重要基地，园区总投资28778万元，项目用地100亩，总建筑面积达139000多平方米。

17日　华北电力大学第五届第六次教职工代表大会在主楼礼堂召开。会上，刘吉臻校长作了题为《深化改革强化管理 努力开创高水平大学建设的新局面》的工作报告，吴志功书记在闭幕式上作了重要讲话。本次大会上，代表们学习讨论校长工作报告、讨论《全员考核及岗位津贴调整办法的原则意见》、审议学校财务工作报告及教代会提案工作报告，在完成各项会议议程的基础上，讨论并通过大会决议。

～3 月～

8 日 第 14 届全国大学生设计“大师奖”——中国设计教育网主题设计暨年度创意大赛的获奖名单揭晓，华北电力大学人文学院广告学专业学生尚碧依的《手势篇》荣获“中国设计教育网主题设计征集”比赛金奖，这是广告学专业首次取得全国大学生广告设计类比赛金奖。

21 日 华北电力大学与国网能源研究院签署合作协议。根据协议，双方将重点围绕项目研究、人才培养等方面开展深入合作。

△ 华北电力大学成功获批北京地区高校就业特色工作项目——电力人才基地建设项目。

～4 月～

4 月 ESI 基本科学指标数据库公布数据，华北电力大学学科进入 ESI 世界前 1%，列全球高校第 514 名，在中国高校中排第 40 名，在非“985”高校中列第 10 名。

13 日 华北电力大学生物质发电成套设备国家工程实验室顺利通过专家组现场评审。国家认监委实验室与监测监管部主任肖良，国家认监委实验室与检测监管部评审管理处主任周刚，教育部科技发展中心网络信息处处长曾艳，评审组组长、清华大学教授朱永法等参加评审会议。经过评审组专家考察、座谈、评审。评审结论为基本符合。

24 日 丹麦森纳堡市代表团来访。双方就新能源研究、光伏产业研究、零碳项目合作以及加强南丹麦大学与该校的学术合作等进行交流。双方将在科学研究、教师互访、学生联合培养等多方面进行合作。

27 日 由共青团中央、全国学联主办的 2011 年度寻访“中国大学生自强之星”活动获奖名单揭晓。经过选拔、推荐，华北电力大学电气与电子工程学院实验电 09 班李岩松、控制与计算机工程学院自动 0803 班王海东分别荣获 2011 年度“中国大学生自强之星”、2011 年度“中国大学生自强之星”提名奖荣誉称号，分别获得 5000 元和 2000 元的新东方自强奖学金。

28 日 科技部下发《关于发布 2012 年度产业技术创新战略联盟试点名单的通知》（国科发体〔2012〕293 号），华北电力大学牵头组织申报的“火力发电产业技术创新战略联盟”获得 2012 年产业技术创新战略联盟试点。

～5 月～

7 日 加拿大杜兰行政区政府主席兼首席执行官罗杰·安德森先生及安大略省理工大学校长蒂姆·马克蒂南先生来访，双方在教师交流、学生交换等方面达成合作意向。

16 日 德国弗伦斯堡应用科技大学到访，双方将在新能源领域开展合作。

27 日 由华北电力大学现代电力研究院和新能源电力系统国家重点实验室主办、首聚能源博览网协办的首届“现代能源发展论坛”在华北电力大学举行。华北电力大学校长刘吉臻，国家电监会市场部主任刘宝华，国家能源局发展规划司副司长何勇健，财政部世行项目办主任刘军国，国网新源公司副总经理高苏杰，美国德克萨斯州立大学阿灵顿分校能源系统研究中心主任李伟仁教授，国家“千人计划”专家、中国电科院智能电网研究中心主任刘广一博士以及来自国家能源管理部门、电力监管机构、电网企业、发电企业、香港大学和华北电力大学的领导和专家学者 100 余人出席了本次论坛，围绕“智能电网与新能源电力安全高效利用”这一主题进行探讨。论坛由华北电力大学校长助理、现代电力研究院常务副院长张粒子教授主持。刘吉臻校长出席论坛并作题为《大规模新能源电力安全高效利用基础问题》的专题报告。美国德州大学李伟仁教授、电监会市场监管部主任刘宝华分别作了主题演讲等。

～6 月～

1 日 华北电力大学与法国电力集团签订合作框架协议。根据协议，双方将在电动汽车充电、微电网、可再生能源等领域深入开展合作。

11 日 我国热力学及热经济学领域著名专家、原华北电力学院院长王加璇教授于 2012 年 6 月 11 日在京逝世，享年 82 岁。

19 日 华北电力大学与国家电网四川省电力公司签署合作协议。根据协议，双方将在课题研究、项目开发、人才培养、技术交流等方面进行合作。

26 日 华北电力大学与中电投核电有限公司签署合作协议。根据协议，双方将在人才培养、科技攻关、科技成果转化、产学研结合等方面创新机制，展开全方位合作。

～7 月～

（无）

～8 月～

23 日 华北电力大学科学处、重大项目管理办公室合并，组建科学技术研究院。

23 日 根据华北电力大学《关于机构调整的通知》（华电校人〔2012〕24 号）文件，学校成人教育学院、培训学院合并，成立继续教育学院，明确了继续教育学院的主要职责，即承担学校成人学历教育工作、负责全校非学历教育培训相关工作、积极开展网络教育培训工作。

23 日 华北电力大学出台《华北电力大学处级领导干部选拔任用办法》，该办法结合新一轮中层干部聘任工作，推动干部分类管理、任期管理、干部轮岗、学术回归等一系列制度改革。8—12 月，调整提任处级干部 62 人，轮岗交流 64 人，回归学术 15 人，换届调整共涉及处级干部 321 人次。

29 日 华北电力大学控制科学与工程学科获批博士后科研流动站，至此，学校 5 个一级学科已实现博士后科研流动站全覆盖。10 月，该学科刘石教授牵头申报的“智能化分布式能源系统创新引智基地”被列入“高等学校学科创新引智计划”引智基地建设项目；12 月，刘吉臻教授获第五届“全国优秀科技工作者”称号。

30 日 华北电力大学人才工作办公室成立。

～9 月～

9 月 牛东晓教授获批教育部“长江学者”特聘教授；肖惠宁教授和王海风教授入选国家第八批“千人计划”特聘专家；新增国家自然科学基金“杰出青年基金”获得者 1 名，国家自然科学基金“优秀青年基金”获得者 2 名，国家首批“青年拔尖人才支持计划”入选者 1 名；以团队形式从日本早稻田大学一次性引进青年博士 5 人。

19 日 教育部和国家外国专家局联合组织的 2013 年度“高等学校学科创新引智计划”（简称“111 计划”）评审工作结束。包括华北电力大学“智能化分布式能源系统创新引智基地”在内的45个引智基地作为2013年度建设项目予以立项。此次获批的引智基地由华北电力大学控制与计算机工程学院刘石教授牵头负责，该基地是华北电力大学继“大电网保护与安全防御引智基地”、“煤的清洁转化与高效利用引智基地”之后获批的第三个创新引智基地。

△ 经过人事处与控制与计算机工程学院的紧密配合，扎实工作，华北电力大学控制科学与工程学科博士后科研流动站成功获批。至此，华北电力大学 5 个一级学科博士点，全都设立了博士后科研流动站，实现了全覆盖。

△ 该校工程管理专业毕业生高敏获中国土木工程学会高校优秀毕业生奖，该专业毕业生已连续 3 年获此荣誉。

～10 月～

16 日 美国普渡大学盖莱默校区校长 Thomas L. Keon 到访，双方将在现有合作基础之上扩大交流规模，创新合作模式，为更多的学生和教师提供更广阔的交流平台。

10 月 华北电力大学新增一个“高等学校学科创新引智基地”。此次获批的引智基地由该校控制与计算机工程学院刘石教授牵头负责，主要依托该校校能源动力、自动化控制等优势学科，汇聚一批来自欧美国际一流大学的高水平学者，与该校科研团队一道开展多学科交叉研究。该基地是学校继“大电网保护与安全防御引智基地”、“煤的清洁转化与高效利用引智基地”之后获批的第三个创新引智基地。

29 日 华北电力大学特聘教授欧阳晓平获何梁何利基金“科学与技术进步奖”。欧阳晓平，主要从事中子物理诊断技术研究和关键参数测量工作，先后获国家科技进步奖、技术发明奖 5 项，部委科技进步一等奖、二等奖 10 项，国家授权发明专利 18 项。首批入选国家“百千万人才”工程一层次、二层次人选，先后获中国青年科技奖、中国科协求是杰出青年奖、全国优秀博士论文、全国优秀博士后、全国发明创业奖特等奖和“全国优秀科技工作者”等荣誉。

～11 月～

12 日　学生干雪获得 2012 年中国健身名山登山赛年度冠军。18 日，学生干雪以 1 小时 3 分 3 秒的成绩获得 2012 年全国群众登山健身暨第八届中国黄山国际登山大赛女子青年组冠军，获迎客松奖杯。

16 日　第十四届中国国际高新技术成果交易会（简称“高交会”）在深圳召开。华北电力大学“生物质履带式热解炭化与压缩成型成套装置”和“太阳光导入器”两项产品，经过专家组的严格评审获得“优秀产品奖”。

27 日　华北电力大学与摩托罗拉系统（中国）有限公司签署合作备忘。双方将在联合建立校企联合研究生工作站、研究生创新创业中心等方面进行合作。

30 日　国家核电技术公司党组书记、董事长王炳华一行访问华北电力大学，并与校长刘吉臻进行会谈。双方将在已有合作基础之上，拓宽领域，加深合作。

～12 月～

8 日　经济与管理学院院长牛东晓教授凭借其科研成果“大规模复杂电网电力负荷预测理论与系统”荣获第三届中国管理科学学会管理科学奖（学术类）。

12 日　华北电力大学举办“第六届高水平行业特色型大学发展论坛”，论坛围绕“行业·大学的相互支撑与共同发展”的主题展开深入研讨。教育部有关领导、部分行业代表以及 28 所高水平行业特色型大学领导以及专家、学者参会。

13 日　上大学网发布原创榜单《上大学网中国百强企业最爱的大学排行榜》，对 2008—2012 年 5 年来中国百强企业走进校园招聘宣讲的频率数据进行了详细分析。榜单显示，华北电力大学入选中国百强企业最爱的十所高校。

24 日　华北电力大学国家能源发展研究院成立。国家能源发展研究院作为学校跨学科、复合性、研究型的科研机构，主要在公共政策与决策、管理与治理（领导力）、科学发展观理论创新及实践等方向开展学术研究。

25 日　国家“千人计划”特聘专家肖惠宁教授受聘华北电力大学。

29 日　《强校之路——华北电力大学办学理念与创新实践（2001—2011）》由高等教育出版社出版发行。该书立足学校实际，全面展示新世纪以来华北电力大学的发展改革成就，总结和凝练该校十年来的发展道路与办学规律。

△“电气工程专业实验教学中心”获批“十二五”国家级实验教学示范中心，1 门课程入选国家精品视频公开课建设计划，3 部教材入选国家级规划教材，4 个项目成为教育部专业综合改革试点项目，数学建模竞赛获得全国一等奖，1 篇博士论文入选北京市优秀博士论文。学校就业率继续保持在教育部直属高校的前列。

△ 华北电力大学科研经费持续稳步增长，达到 5.67 亿元，比上年度增长 12%。其中纵向科研经费首次突破 2 亿元，较 2011 年增长 25.93%，达到总经费的 40%以上。国家自然基金、资助项目数、资助金额和资助比率均创历史新高。

△ 环境科学与工程学院肖惠宁教授和电气与电子工程学院王海风教授入选国家第八批“千人计划”特聘专家，至此，华北电力大学共有“千人计划”专家 7 名。

□机构与干部

DEPARTMENTS AND CARDERS

华北电力大学2012年机构设置一览表

一、党政工团

1．党委办公室、校长办公室
2．纪检办公室、监察处、审计处
3．党委组织部、统战部、党校
4．党委宣传部、新闻中心
5．党委学生工作部、武装部、学生处
6．党委研究生工作部、研究生院、学位办公室
挂靠：专业学位教育中心
7．党委保卫部、保卫处
8．工会
9．团委、艺术教育中心
10．人事处、博士后管理办公室
挂靠：人才工作办公室
11．计划财务处
12．学科建设办公室、211工程办公室、优势学科创新平台管理办公室
13．国际合作处
14．教务处、卓越工程师培养办公室
挂靠：教师教学发展中心
15．科学技术研究院
16．校企合作办公室、理事会工作办公室
挂靠：校友工作办公室
17．基建处、校园规划办公室
18．后勤管理处
19．资产管理处
20．产业管理处
21．离退休工作办公室
22．继续教育学院
23．国际教育学院
24．信息化建设与管理办公室
25．招标中心
26．艺术教育中心
27．期刊出版部
28．教育基金会
29．档案馆

二、院系设置

1．电气与电子工程学院
2．能源动力与机械工程学院
3．经济与管理学院
4．控制与计算机工程学院
5．人文与社会科学学院
6．环境科学与工程学院
7．外国语学院
8．数理学院
9．可再生能源学院
10．核科学与工程学院
11．思想政治理论课教学部
12．体育教学部

三、科研机构

1．现代电力研究院
2．资源与环境研究院
3．新能源电力系统国家重点实验室
4．生物质发电成套设备国家工程实验室
5．国家火力发电工程技术研究中心
6．苏州研究院
7．高等教育研究所

四、教辅部门

1．图书馆
2．网络与信息中心
3．工程训练中心

五、附属机构

1．后勤服务集团
2．校医院

校领导

党委书记：吴志功
校　　长：刘吉臻
党委副书记：张金辉　李双辰（兼纪委书记）　郝英杰
副 校 长：张金辉　安连锁　李和明　杨勇平　孙平生　孙忠权　王增平

2012 年干部任职变化情况

北京校部（2012 年 1 月 1 日—12 月 31 日）

序号	姓名	原任职务	现任职务	现职时间（年-月-日）
1	潘　洁	计划财务处副处长	招标中心主任	2012-01-12
2	冯海群	基建处副处长、校园规划办公室副主任	招标中心副主任、基建处副处长、校园规划办公室副主任	2012-01-12
3	朱晓林	无	计划财务处副处长	2012-04-25
4	王增平	电气与电子工程学院院长	副校长、电气与电子工程学院院长（兼）	2012-05-29
5	袁素东	无	基建处副处长、校园规划办公室副主任	2012-05-31
6	齐向军	纪委副书记、纪委办公室主任、监察处处长、审计处处长	无	2012-07-16
7	王　玲	工会常务副主席	无	2012-07-16
8	王子杰	党委学生工作部副部长、党委武装部副部长、学生处副处长	教育基金会常务副秘书长	2012-07-16
9	高富锋	无	埃及苏伊士运河大学孔子学院中方院长	2012-07-16
10	范　立	人文与社会科学学院党总支书记	纪委办公室主任、监察处处长、审计处处长	2012-08-23
11	张瑞雅	团委书记	工会常务副主席	2012-08-23
12	梁立新	成人教育学院党总支书记	继续教育学院党总支书记	2012-08-23
13	苑英科	党委宣传部部长、新闻中心主任	人文与社会科学学院院长、思想政治理论课教学部主任	2012-08-23
14	律方成	校长助理	校长助理、学科建设办公室主任、211 工程办公室主任	2012-08-23
15	秦卓贤	离退休办公室副主任、离退休党总支书记（兼）	离退休工作办公室主任	2012-08-23
16	刘宗歧	成人教育学院常务副院长	图书馆馆长	2012-08-23
17	沈剑飞	培训学院院长	继续教育学院院长	2012-08-23
18	檀勤良	科学技术处处长、重大项目办公室主任	科学技术研究院常务副院长	2012-08-23
19	赵冬梅	党委研究生工作部部长、研究生院常务副院长、学位办公室主任、专业学位教育中心主任	研究生院常务副院长、学位办公室主任、专业学位教育中心主任	2012-08-23
20	刘永前	国际合作处处长、国际教育学院常务副院长	国际合作处处长	2012-08-23
21	徐　鸿	能源动力与机械工程学院院长	能源动力与机械工程学院党总支书记	2012-08-23
22	蔡利民	人文与社会科学学院院长	人文社科与政教党总支书记	2012-08-23
23	孙建国	离退休工作办公室主任	正处级调研员	2012-08-23
24	薛　敬	图书馆馆长	正处级调研员	2012-08-23
25	张瑞昌	产业管理直属党支部书记	正处级调研员	2012-08-23
26	尹成群	校长助理、学科建设办公室主任、211 工程办公室主任	校长助理	2012-08-23
27	许丹娜	期刊出版部主任	无	2012-08-23

续表

序号	姓名	原任职务	现任职务	现职时间（年-月-日）
28	刘　彤	能源动力与机械工程学院党总支书记	无	2012-08-23
29	金朋荪	英语系主任、外国语学院副院长（兼）	无	2012-08-23
30	王增平	副校长、电气与电子工程学院院长（兼）	副校长	2012-09-20
31	陈　志	党委办公室副主任、校长办公室副主任	党委宣传部部长、新闻中心主任、新闻发言人	2012-09-20
32	李庚银	电气与电子工程学院副院长	电气与电子工程学院常务副院长	2012-09-20
33	吴克河	控制与计算机工程学院常务副院长	苏州研究院常务副院长	2012-09-26
34	李　林	党委研究生工作部副部长、研究生院副院长（兼）	党委研究生工作部部长、研究生院副院长（兼）	2012-09-26
35	林长强	团委副书记、艺术教育中心副主任（兼）	团委书记、艺术教育中心副主任（兼）	2012-09-26
36	杜建国	党委组织部副部长、党委统战部副部长、党校副校长、机关党总支副书记（兼）	苏州研究院直属党支部书记、苏州研究院副院长（兼）	2012-09-26
37	王佃启	期刊出版部副主任	期刊出版部主任	2012-09-26
38	汪庆华	党委办公室主任、校长办公室主任	党委办公室主任、校长办公室主任、机关党总支书记（兼）	2012-10-23
39	赵冬梅	研究生院常务副院长、学位办公室主任、专业学位教育中心主任	研究生院常务副院长、学位办公室主任、专业学位教育中心主任、教学科研党总支书记（兼）	2012-10-23
40	赵秀国	人事处处长、博士后管理办公室主任、机关党总支书记（兼）	人事处处长、博士后管理办公室主任	2012-10-23
41	吴素华	校企合作办公室副主任、理事会工作办公室副主任	党委宣传部副部长、新闻中心副主任	2012-10-23
42	张兵仿	经济与管理学院党总支副书记	党委学生工作部副部长、党委武装部副部长、学生处副处长	2012-10-23
43	柴大鹏	党委学生工作部副部长、党委武装部副部长、学生处副处长	校企合作办公室副主任、理事会工作办公室副主任	2012-10-23
44	黄向军	人文与社会科学学院党总支副书记	能源动力与机械工程学院党总支副书记	2012-10-23
45	王　硕	英语系党总支副书记	人文社科与政教党总支副书记	2012-10-23
46	丁文俊	能源动力与机械工程学院党总支副书记	英语系党总支副书记	2012-10-23
47	赵军伟	数理系党总支副书记	经济与管理学院党总支副书记	2012-10-23
48	付忠广	能源动力与机械工程学院副院长	无	2012-10-23
49	顾煜炯	国家火力发电工程技术研究中心副主任、能源动力与机械工程学院副院长	国家火力发电工程技术研究中心副主任	2012-10-23
50	王学棉	人文与社会科学学院副院长	无	2012-10-23
51	陈　雷	数理系副主任	无	2012-10-23
52	康建刚	英语系副主任	无	2012-10-23
53	王建永	思想政治理论课教学部副主任、思想政治理论课教学部直属党支部书记	思想政治理论课教学部副主任	2012-10-23
54	李记宽	成人教育学院副院长	副处级调研员	2012-10-23
55	柳长安	教务处处长、卓越工程师教育培养办公室主任	教务处处长、卓越工程师教育培养办公室主任、教师教学发展中心主任（兼）	2012-11-08
56	董长青	生物质发电成套设备国家工程实验室副主任	生物质发电成套设备国家工程实验室常务副主任	2012-11-08
57	李献东	后勤管理处副处长、后勤服务集团副总经理	离退休党总支书记	2012-11-08

续表

序号	姓名	原任职务	现任职务	现职时间（年-月-日）
58	刘晓峰	校医院院长、校医院直属党支部书记（兼）	校医院院长、校医院直属党支部书记（兼，正处级）	2012-11-08
59	肖万里	教务处副处长	科学技术研究院副院长	2012-11-08
60	刘明军	科学技术处副处长	科学技术研究院项目一部主任	2012-11-08
61	朱正茂	重大项目管理办公室副主任	科学技术研究院基地建设与成果管理部主任	2012-11-08
62	冯海群	招标中心副主任、基建处副处长、校园规划办公室副主任	招标中心副主任	2012-11-08
63	孙　平	党委宣传部副部长、新闻中心副主任	无	2012-11-08
64	李庆民	无	电气与电子工程学院副院长	2012-11-08
65	杜小泽	电力节能教育部工程研究中心副主任、电站设备状态监测和控制实验室副主任、国家火力发电工程技术研究中心副主任	电力节能教育部工程研究中心副主任、电站设备状态监测和控制实验室副主任、国家火力发电工程技术研究中心副主任、能源动力与机械工程学院副院长	2012-11-08
66	王修彦	无	能源动力与机械工程学院副院长	2012-11-08
67	方仲炳	无	人文与社会科学学院副院长	2012-11-08
68	姚建曦	无	可再生能源学院副院长	2012-11-08
69	刘　洋	无	核科学与工程学院副院长	2012-11-08
70	石玉英	无	数理系副主任	2012-11-08
71	吕亮球	无	英语系副主任	2012-11-08
72	马小勇	人事处副处长、师资管理办公室主任	人事处副处长、人才工作办公室主任	2012-11-22
73	窦雅萍	无	党委组织部副部长、党委统战部副部长、党校副校长	2012-11-29
74	周　华	无	党委研究生工作部副部长	2012-11-29
75	宫　凯	无	党委保卫部副部长、保卫处副处长	2012-11-29
76	王集令	无	团委副书记	2012-11-29
77	王新军	无	团委副书记	2012-11-29
78	孙华昕	无	机关党总支副书记	2012-11-29
79	陈　溪	无	科学技术研究院综合管理部主任	2012-11-29
80	徐岸柳	无	科学技术研究院项目二部主任	2012-11-29
81	王宏盛	无	科学技术研究院国家大学科技园管理办公室主任	2012-11-29
82	宋晓华	无	研究生院副院长	2012-11-29
83	张一梅	无	苏州研究院副院长	2012-11-29
84	郑　辉	无	基建处副处长、校园规划办公室副主任	2012-11-29
85	金海燕	无	产业管理处副处长	2012-11-29
86	王晓霞	无	继续教育学院副院长	2012-11-29
87	周劲松	无	后勤管理处副处长、后勤服务集团副总经理	2012-11-29
88	张顺涛	无	数理系党总支副书记	2012-11-29
89	林长强	团委书记、艺术教育中心副主任（兼）	团委书记	2012-12-21
90	张宝良	培训学院副院长	继续教育学院副院长	2012-12-21

续表

序号	姓名	原任职务	现任职务	现职时间（年-月-日）
91	张淑莉	成人教育学院副院长	继续教育学院副院长	2012-12-21
92	王新军	团委副书记	团委副书记、艺术教育中心副主任（兼）	2012-12-21
93	高继周	无	教务处副处长	2012-12-21

保定校区（2012 年 1 月 1 日—12 月 31 日）

序号	姓名	原任职务	现任职务	现职时间（年-月-日）
1	李　东	党委办公室副主任、校长办公室副主任、团委（保定）书记	党委办公室副主任、校长办公室副主任、机关（保定）党总支书记	2012-08-23
2	张建军	教科党总支书记	党委保卫部（保定）部长、保卫处（保定）处长	2012-08-23
3	杨实俊	人事处副处长、博士后管理办公室副主任	工会（保定）常务副主席	2012-08-23
4	曲　涛	党委保卫部（保定）部长、保卫处（保定）处长	人事处副处长、博士后管理办公室副主任、人才工作办公室副主任	2012-08-23
5	丁相宝	计划财务处副处长	财务与资产管理处（保定）处长	2012-08-23
6	丁常富	党委研究生工作部副部长、研究生院副院长、学科建设办公室、学位办公室、211 工程办公室副主任	科学技术研究院副院长、科学技术处（保定）处长	2012-08-23
7	张栾英	科学技术处副处长	继续教育学院副院长	2012-08-23
8	张新国	成人教育学院常务副院长兼直属党支部书记	继续教育学院（保定）直属党支部书记	2012-08-23
9	王振旗	信息与网络管理中心主任	信息与网络管理中心（保定）直属党支部书记	2012-08-23
10	张树芳	后勤管理处处长、后勤服务集团（保定）总经理	后勤与基建管理处（保定）处长、后勤服务集团（保定）总经理	2012-08-23
11	唐贵基	机械工程系主任兼能源动力与机械工程学院副院长	机械工程系党总支书记	2012-08-23
12	马永光	自动化系党总支书记	自动化系主任兼控制与计算机工程学院副院长	2012-08-23
13	卢青松	机械工程系党总支书记兼机械工程系副主任	自动化系党总支书记兼自动化系副主任	2012-08-23
14	赵　毅	环境科学与工程学院院长	环境科学与工程学院党总支书记	2012-08-23
15	刘志远	纪委办公室副主任、监察处副处长、审计处副处长	纪委办公室副主任、监察处副处长、审计处副处长	2012-09-26
16	顾雪平	研究生院副院长	研究生院副院长、学位办公室副主任	2012-09-26
17	葛永庆	研究生院副院长	党委研究生工作部副部长、研究生院副院长	2012-09-26
18	陈　武	自动化系党总支副书记兼自动化系副主任	离退休工作办公室副主任、离退休（保定）党总支书记	2012-09-26
19	周　泽	资产管理处副处长	招标中心副主任	2012-09-26
20	赵宏宇	后勤服务集团（保定）党总支副书记兼后勤管理处副处长、后勤服务集团（保定）副总经理	后勤服务集团（保定）党总支书记	2012-09-26
21	范孝良	机械工程系副主任	机械工程系主任兼能源动力与机械工程学院副院长	2012-09-26

续表

序号	姓名	原任职务	现任职务	现职时间（年-月-日）
22	严　立	经济管理系党总支副书记兼经济管理系副主任	经济管理系党总支书记兼经济管理系副主任	2012-09-26
23	梁　平	法政系副主任	法政与政教党总支书记	2012-09-26
24	仇必鳌	党委宣传部副部长、新闻中心副主任	党委宣传部副部长、新闻中心副主任（主持保定日常工作）	2012-10-23
25	王迎新	党委宣传部副部长、新闻中心副主任	信息化建设与管理办公室副主任	2012-10-23
26	陈立伟	电力工程系党总支副书记兼电力工程系副主任	党委学生工作部、党委武装部副部长、学生处副处长	2012-10-23
27	王印松	自动化系副主任	研究生院副院长	2012-10-23
28	赵冬鸣	团委（保定）副书记	团委（保定）副书记（主持工作）	2012-10-23
29	李春祥	信息化建设与管理办公室副主任	信息与网络管理中心副主任（主持工作）	2012-10-23
30	屈朝霞	法政系党总支副书记兼法政系副主任	电力工程系党总支副书记兼电力工程系副主任	2012-10-23
31	齐　岩	英语系（保定）党总支副书记	机械工程系党总支副书记兼机械工程系副主任	2012-10-23
32	赵怀璧	机械工程系党总支副书记	经济管理系党总支副书记	2012-10-23
33	刘持伟	计算机系党总支副书记兼计算机系副主任	英语系（保定）党总支副书记	2012-10-23
34	黄　慧	专业学位教育中心副主任	专业学位教育中心副主任 学科建设办公室副主任、211 工程办公室副主任	2012-11-08
35	陈文杰	计划财务处副处长	财务与资产管理处（保定）副处长	2012-11-08
36	李　炎	资产管理处副处长	财务与资产管理处（保定）副处长	2012-11-08
37	张文建	工程训练中心主任	工程训练中心主任	2012-11-08
38	李迎春	校医院（保定）副院长	校医院（保定）院长	2012-11-08
39	陈惠云	校医院（保定）副院长	校医院（保定）直属党支部书记、校医院（保定）副院长	2012-11-08
40	李国有	基建处副处长、校园规划办公室副主任	后勤与基建管理处（保定）副处长、后勤服务集团（保定）副总经理	2012-11-08
41	郭晓军	后勤管理处副处长、后勤服务集团（保定）副总经理	后勤与基建管理处（保定）副处长、后勤服务集团（保定）副总经理	2012-11-08
42	张天新	后勤管理处副处长、后勤服务集团（保定）副总经理	后勤与基建管理处（保定）副处长、后勤服务集团（保定）副总经理	2012-11-08
43	刘锦康	后勤管理处副处长、后勤服务集团（保定）副总经理	后勤与基建管理处（保定）副处长、后勤服务集团（保定）副总经理	2012-11-08
44	段　巍	无	机械工程系副主任	2012-11-08
45	李　伟	无	经济管理系副主任	2012-11-08
46	夏　珑	无	法政系副主任	2012-11-08
47	翟永杰	无	自动化系副主任	2012-11-08
48	汪黎东	无	环境科学与工程学院副院长	2012-11-08
49	张德安	无	党委办公室副主任、校长办公室副主任	2012-11-29
50	张冬生	数理系（保定）党总支副书记兼数理系（保定）副主任	纪委办公室副主任、监察处副处长、审计处副处长	2012-11-29

续表

序号	姓名	原任职务	现任职务	现职时间（年-月-日）
51	赵利军	无	党委保卫部（保定）副部长、保卫处（保定）副处长	2012-11-29
52	商　雷	无	团委（保定）副书记	2012-11-29
53	侯立群	无	国际合作处副处长、国际教育学院副院长	2012-11-29
54	潘卫华	无	信息与网络管理中心副主任	2012-11-29
55	王知春	无	法政与政教党总支副书记兼法政系副主任	2012-11-29
56	张艳斌	无	自动化系党总支副书记	2012-11-29
57	彭忠军	无	计算机系党总支副书记兼计算机系副主任	2012-11-29
58	江卫春	无	数理系（保定）党总支副书记兼数理系（保定）副主任	2012-11-29
59	李　鹤	无	科技学院党总支副书记兼科技学院副院长	2012-11-29
60	李　楠	校医院（保定）院长	无	2012-07-16
61	宋静珍	基建处副处长、校园规划办公室副主任	无	2012-07-16
62	田　禾	工会（保定）常务副主席	正处级调研员	2012-08-23
63	孔庆勤	离退休工作办公室副主任、离退休（保定）党总支书记	正处级调研员	2012-08-23
64	张丽静	信息与网络管理中心直属党支部书记、信息与网络管理中心副主任	无	2012-08-23
65	王　敏	法政系党总支书记	无	2012-08-23
66	胡满银	环境科学与工程学院党总支书记	无	2012-08-23
67	韩　璞	自动化系主任兼控制与计算机工程学院副院长	无	2012-08-23
68	靳　祁	成人教育学院副院长	副处级调研员	2012-10-25
69	唐胜国	校医院（保定）直属党支部书记	副处级调研员	2012-10-25
70	孙　薇	经济管理系副主任	无	2012-10-25
71	张胜寒	环境科学与工程学院副院长	无	2012-10-25

INFLUENCE OF THE RELATIONS BETWEEN THE PARTY AND THE MASSES ON ADMINISTRATION

○ 综 述

2012年，华北电力大学以创先争优和基层组织建设年活动为契机，强化党员干部思想政治教育，开展多种形式的教育培训和理论研究工作，着力加强党的基层组织建设；进一步推动干部分类管理、任期管理、干部轮岗、学术回归等一系列干部人事制度改革，完成新一轮处级领导班子和领导干部换届调整工作，优化了干部队伍结构；学习借鉴现代管理理念，运用360度考核办法全面考核领导班子和领导干部履职情况。进一步加强党风廉政建设、反腐倡廉教育和统战工作；圆满完成北京市委教育工委党建和思想政治工作集中检查及教育部“三重一大”决策制度执行情况专项检查验收。认真组织学习和贯彻落实党的十八大精神，积极把握正确舆论导向，加强宣传教育活动；组织力量认真研究、系统总结了华北电力大学新世纪以来的办学理念与创新实践，完成《强校之路》的编撰出版工作；推出新一版学校中英文宣传画册；高等教育研究不断加强，“大学章程”制定正式启动。积极推进民主管理，教代会制度和二级教代会工作不断走向制度化、规范化，全面构建和谐校园。

2012年，学校启动新一轮劳动人事制度改革，制定并出台《进一步深化人事制度改革原则意见》和《教师绩效考核及校内津贴调整方案》，建立以绩效考核为核心、以约束与激励相结合的评价体系为手段的内部治理结构和劳动人事制度；强化目标导向，推进教师分类管理和院系二级管理，着力处理好教学与科研、长期与短期、数量与质量、个人与团体的四个关系；进一步整合职能，调整机构，提高管理效能，促进了人力资源的整体优化。学校加大延揽海内外高层次优秀人才的力度，引进2名“千人计划”学者和1个由5名海外知名大学博士学位获得者组成的年轻学术团队，新增“长江学者”特聘教授1名，国家“杰出青年科学基金”获得者1名，国家“优秀青年科学基金”获得者2名，入选中组部第一批“青年拔尖人才计划”1名，“新世纪优秀人才”支持计划7名；加大青年教师的培养力度，20名青年骨干教师获得国家留学基金委“青年骨干教师出国研修项目”资助；完成2012年专业技术职务评聘工作；关心教职员工切身利益，进一步提高包括离退休老同志在内的教职员工待遇。

2012年，学校新一轮后勤改革顺利推进，管理水平、工作效率、服务质量进一步提高。校园基础设施进一步改善，节能降耗效果明显；财务预算执行良好，增收节支，优化支出结构，规范公务支出管理，提高资金使用效率；加强医疗人才建设和条件建设，进一步提升服务师生健康的综合能力；制定《数字智慧校园建设方案》，完善信息化建设与信息安全相关制度体系，建立信息采集与管理体系，启动“校园一卡通”建设工程；加强档案馆软、硬件建设，档案标准化工作进一步推进；图书文献资源更加丰富，图书信息化建设取得新进展。

2012年，学校校园建设稳步推进。高质量完成校园的修缮及改造工程，金工实习中心、高电压大电流实验室、海洋能发电技术研究中心以及1.36兆瓦屋顶光伏发电项目先后建成并投入使用；保定二校区实验综合楼顺利开工；校园规划不断推进；建立评标专家库，建立健全招投标规章制度；强化学校房产资源的分类管理和有偿使用；加强实验室技术安全管理；认真做好校园安全稳定和保卫工作，营造和谐稳定的校园环境。

2012年，学校坚持夯实基础工作，打造学生思想政治教育、优良学风培育、学生自我发展的坚实阵地。针对不同学生群体，开展绿色通道“1+1”、个体咨询和团体辅导、学业成绩分析、就业彩虹工程等活动，狠抓学风、做好帮扶工作；积极落实新生入学教育“六个一”工程；新生班主任中高职称高学历教师比例继续保持在70%以上。依托思想教育研究中心，鼓励和支持辅导员由“实践型”向“实践研究型”转变；启动学生工作干部素质提升“磐石计划”，加强专兼职心理健康教育工作队伍建设；积极利用多媒体和网络平台，在学生中大力开展学习宣传十八大精神活动；创新艺术教育形式，校园文化更加丰富多彩。进一步完善奖助学金体系建设，扎实开展家庭经济困难学生资助工作，基本实现家庭经济困难学生助学金发放全覆盖。生源质量稳步提高，考研率、出国率稳步提升，毕业生一次性就业率持续保持96%以上。

两　办　工　作

■概述

2012 年，华北电力大学两办工作紧密围绕学校的战略任务和中心工作，按照“运转规范有序、协调组织高效、督办落实有力、管理服务优质”的指导思想，继续下大力气推进“人文和谐型、学习创新型、事业智慧型”办公室建设，充分发挥参谋助手、综合协调、桥梁纽带和督查督办作用，做好三个服务，即“服务领导、服务基层、服务全局”。努力出思想、出人才、出成果、出经验，成为学习型、创新型、服务型机关的一个示范窗口。通过调研、督办和综合协调，为领导提供决策咨询，督促各项决策的实施，促使学校各项工作高效有序地运行，较好地完成了各项工作任务，有力地促进了办公室整体工作上台阶。

2012 年，学校进一步规范行政公文管理和各类印信使用审批程序，严格按规定执行学校党政印鉴、领导名章、办公室印鉴、学校介绍信和便函的管理和使用。

2012 年，学校规范公文处理程序，提高办文质量和效率。通过对相关人员送出培训、自主学习等多种途径，不断加强业务理论学习，掌握公文处理规范和公文写作要求，掌握适应学校事业发展需求的现代文秘知识，公文处理的质量和效率进一步提高。

2012 年，学校两办不断提高文稿质量，提升服务能力。学校加强工作人员对高等教育理论的研究与学习，加强工作调研，力求把握高等教育与学科发展规律，力求深入了解学校发展实际，做好校领导的参谋和助手。在文字材料初步形成以后，组织办公室全体工作人员进行充分研讨，集思广益，字斟句酌，高质量的完成了校领导的会议讲话材料的撰写工作。

2012 年，学校接待和会务工作迈上新台阶。2012 年是学校社会影响和综合办学实力显著提高的一年。上级部门领导、兄弟院校、企业等来访人数明显增加，举办重大活动的频次增加，相应的会务和接待工作也日益繁重。对于会议活动的组织和协调，办公室始终坚持“前期准备一定要充分、过程跟踪一定要落实、会后总结一定要及时”的工作要求，按照“组织超前、信息准确、综合运作、服务周全、勤俭高效”的工作思路，特别注意会务活动的细致性、周到性和实效性，更加注意了与宣传、保卫、后勤等职能部门和相关院系之间的通力合作，从而保障了各项重大活动的顺利进行，得到了与会和来访人员的高度评价。每次大型会议接待活动结束后，对于相关的工作文档，及时收集整理归档，为今后同类工作提供参考借鉴。

2012 年，学校加强了信访和维稳工作。学校高度重视师生群众各类来信和来访，热情耐心地接待群众来访，做好群众来电、来信记录，积极联系主管部门解决问题，安排相关校领导予以接待，将校领导和相关部门的处理意见及时反馈给来访人或来信人。确保事事有回音，件件有着落。有效做好节假日的安全稳定工作。党办校办积极参与学校重要工作的协调、落实和突发事件的处理工作。在落实学校总值班工作的同时，继续坚持节假日和特殊时期的值班制度，克服各种困难，把中层干部的值班地点迁至专家公寓，有力保障了值班的顺利进行。

（于喜海　梁淑红）

■概况

2012 年，华北电力大学两办共接待用印 2623 次，刻制公章 12 枚，开具介绍信、各类证明 61 件份，办理法人证书、组织机构代码复印件 221 份；办理出国政审及上报材料用印 53 人次，未发生任何事故；全年签收、传阅上级部门、业务主管部门、兄弟院校函件来文及资料 1536 份，全年的文件流转量达到 500 份，接收、流转请示报告 80 份、上级传真 109

件。完成2012年各类归档文件500件，未发生一起失误泄密事件。参加兄弟院校、科研机构和其他友好合作单位的庆典活动和其他重大活动30余次，起草校庆贺信等50余封。

2012年，学校两办组织起草或参与起草各类工作报告、总结、计划、上级领导重要邀请函等重要文件30余份约18万字。编辑整理《校领导碰头会内容纪要》《每周快讯》36期，共编印各类报道100余篇。

2012年，学校两办共承办南方电网、中广核及国核技术公司战略合作协议签署仪式、教育部直属高校巡视专员交流研讨会、教育部"三重一大"检查、北京市党建评估检查、北京市科委、摩托罗拉公司、上海电力学院兄弟院校和电力企业来访等重大接待活动50多次，协助校内各部门组织召开会议50余次。

2012年，学校处理各类来信、来电和来访100多件，校长信箱转发和督办信件500余件，发布回复信件共计370件，受理信访来信16封，接访17人次，督办落实案件3件。

（张 凯 蒲沿洲 孙华昕 苏晓敏 马博）

■条目

【举办第六届高水平行业特色型大学发展论坛】2012年，华北电力大学作为承办单位，成功举办"第六届高水平行业特色型大学发展论坛"，教育部有关领导、部分行业代表以及28所高水平行业特色型大学领导、专家及学者参会。

（梁淑红）

【完成《强校之路》出版发行】2012年，华北电力大学完成了《强校之路》的出版发行。学校立足实际，为全面展示新世纪以来学校的发展改革成就，总结和凝练学校10年的发展道路与办学规律，责由两办牵头组织《强校之路——华北电力大学办学理念与创新实践（2001—2011）》的编写工作，该书对丰富中国特色的高等教育发展道路具有重要的理论价值和实践价值，对学校实现高水平大学的办学目标具有重要的指导意义。

（梁淑红）

组 织 工 作

■概述

2012年，华北电力大学党委全面贯彻落实科学发展观，紧紧围绕学校长远发展规划和近期工作目标，深入开展基层组织建设、党员干部队伍建设和统一战线工作，各项工作迈上了一个新台阶。

2012年，学校按照上级党组织创先争优活动的统一部署，华北电力大学深入有序开展以迎接党的十八大召开为专题的创先争优第三阶段活动。根据《华北电力大学深入开展"提高质量促发展 服务群众树形象"活动实施方案》（华电党组〔2011〕24号）的有关安排，开展了"一个支部实现一个目标、一个党员完成一个任务"活动。全校402个支部结合学校以及本单位"十二五"规划，围绕本单位2012年的重点工作和标志性项目，立足岗位，明确目标，分解、细化并制定了738个目标任务，于年底前基本完成。

2012年，学校各级党组织围绕学校中心工作，立足岗位、创先争优，不断提高基层党组织的创造力、凝聚力和战斗力；广大共产党员充分发挥先锋模范作用，积极推进高水平大学建设，推动学校党的建设，以良好的精神风貌和昂扬的精神状态迎接党的十八大的胜利召开。电气学院党总支、能动学院工程热物理与建环党支部被评为"北京高校2010—2012年创先争优先进基层党组织"，能动学院杜小泽教授、经管学院刘金朋被授予"北京高校2010—2012年创先争优优秀共产党员"，姜根山被授予"保定市优秀党务工作者"，刘云鹏被授予"河北省创先争优优秀共产党员"荣誉称号。同时，根据《关于评选表彰2010—2012年创先争优先进基层党组织、优秀共产党员以及推荐参评北京高校 2010—2012 年创先争优先进基层党组织、优秀共产党员的通知》(华电党组〔2012〕6 号）要求，经基层推荐、学校评审、党委常委会议研究决定，授予电气与电子工程学院党总支等 55 个党组织 2010—2012 年创先争优校级“先进基层党组织”、杜小泽等 98 人 2010—2012 年创先争优校级“优秀共产党员”荣誉称号。

2012 年，按照上级文件要求，学校出台了《华北电力大学关于深化创先争优活动开展基层组织建设年工作方案》(华电党组〔2012〕9 号)，在全校范围内开展了“基层组织建设年”活动。出台了《华北电力大学党支部工作考核测评办法（试行)》(华电党组〔2012〕8 号)，强化了对教师、机关教辅、离退休和学生党支部的分类考核。在考核的基础上，对党支部进行了分类定级，对标整改，进一步加强了基层组织建设，全校共计 396 个党支部全部参与了分类定级工作。同时，印发了《2012—2013 学年第一学期党支部组织生活安排》，明确了每月党支部开展组织生活的指导内容，加强了党委和党总支对党支部工作的指导，增强了组织生活的时效性，使得党支部组织生活有计划、有目标、高质量的开展。

2012 年，北京市委教育工委对北京高校贯彻落实《北京高等学校党建和思想政治工作基本标准》的情况进行了集中检查。按照上级要求，学校先后下发了《中共华北电力大学委员会迎接北京普通高等学校党建和思想政治工作集中检查工作方案》等文件和通知，完成 65 盒支撑材料的归类、整理和目录编写，完成分项重点检查专项工作报告、分项自查报告的撰写和汇报，先后对相关单位进行 3 次材料检查，1 次汇报和 1 次实地走访检查，做到了狠抓落实，责任到人，有效保证了迎接党建集中检查各项准备工作及时到位，圆满完成了此次集中检查工作。

2012 年，学校完成了党的十八大候选代表的推荐工作和北京市第十一次党代会代表选举工作，华北电力大学党委书记吴志功当选北京市第十一次党代会代表并出席会议。

2012 年，根据学校机构调整的总体安排和工作需要，华北电力大学对人文与社会科学学院党总支、成人教育学院党总支、党群机关党总支、行政机关党总支、法政系党总支、产业管理直属党支部、思想政治理论课教学部直属党支部等组织机构以及部分党总支的领导班子进行了适当调整。部分党总支也根据上级文件要求对所属基层党支部进行了调整，进一步优化了基层党组织设置。

2012 年，学校党委顺利完成了处级领导班子和领导干部换届调整工作。制定出台《华北电力大学处级领导干部选拔任用办法》和 2012 年换届调整工作方案，进一步推进干部分类管理、任期管理、目标管理、交流轮岗、学术回归等一系列制度改革；扩大民主，提高选人用人公信度；优化结构，加大干部轮岗交流和学术回归力度，注重选拔优秀年轻干部。换届调整共提任处级干部 64 人，轮岗交流 64 人，回归学术 15 人，共涉及处级干部 323 人次。此次干部换届调整涉及人数多、范围广，是学校在重要战略机遇期，推进干部人事制度改革和构建现代大学制度的重要举措，对学校干部队伍建设和学校长远发展具有重要的意义。

2012 年，学校党委制定了《华北电力大学 2011 年度处级领导班子 单位及处级领导干部考核工作方案》，顺利完成全校处级领导班子及领导干部考核工作。考核突出分层分类、以考促建，通过集中述职、民主测评、实绩分析、基层党组织推荐和校领导推荐的方式，借鉴关键绩效指标（KPI）和 360 度考核等方法，比较全面、客观地反映了处级领导班子及领导干部政治业务素质和履行职责的情况。经党委常委会议研究决定，11 个院系获整体工作优秀，20 个院系获 8 个分项 66 次单项工作优秀；18 个职能部门、教辅等处级单位考核优秀；51 名处级领导干部考核优秀，使干部考核工作成为推进学校各项工作的重要抓手。

2012 年，学校党委围绕落实第一次党代会提出的战略任务以及学校“十二五”发展规划提出的具体目标和任务，抓项目凝练及完成情况，推进学校各项工作创新发展。按照“勤于学习，努力提高，明确目标，形成对策，加快发展”的总体思路，要求处级领导班子和领导干部在认真学习研究国家形势政策、上级文件精神、国内外大学先进管理经验以及学校近年来取得重大突破的宝贵经验的基础上，围绕落实第一次党代会提出的战略任务以及“十二五”发展规划提出的具体目标和任务，结合各单位2012 年工作重点进一步理清思路、谋划未来、凝练项目，创新模式，加快发展。全校共凝练出10个方面214个重点建设项目，初步形成了可操作、可考评的目标体系。同时，注意凝练项目的管理监督，将项目完成情况作为处级单位和干部年度考核的重要内容。

2012 年，学校党委积极开展干部党员教育培训。先后举办了教工党支部书记培训班、中层领导干部学习十八大精神培训班、新任处级领导干部培训班等。其中，中层领导干部学习十八大精神培训班被评为北京市“首都高校学习宣传党的十八大精神优秀活动”。同时，组织全校教职员工党员参加“北京高校教师党员在线”学习，与国家教育行政学院合作建立“华北电力大学干部在线学习中心”，启动中层干部远程在线培训；积极安排干部参加上级调训 30 余人次。继续加强党员电化教育播放点建设，控制与计算机工程学院党总支党员电化教育播放点被评为“北京市党员电教（党员干部现代远程教育）示范站点”。

2012 年，学校党委加大干部外派力度，强化干部实践锻炼。2012 年，学校选派 1 人挂职昌平区教委副主任，1 人挂职保定市社区办副主任，2 人分别到新疆和北京县级团委挂职副书记，2 人分别到江苏省南京市和扬州市挂职科技副镇长，1 人到中关村管委会产业发展促进处挂职。同时，推荐 2 人分别赴澳大利亚和捷克大使馆教育处任二秘。

2012 年，学校继续开展学校党建研究工作，对 2011 年度确立的党建研究课题进行了验收，启动了 2012 年党建研究新课题，重点支持探讨健全基层党建的考核评价奖励机制等切实提高党组织战斗力、推动学校创先争优活动深入开展的有效途径，不断丰富和发展党的先进性建设和执政能力建设理论，具有针对性、实用性和科学性的项目，增强华北电力大学党建工作的生机与活力。《让学生党员在服务社会中闪闪发光——“把绿色电力送到雪域高原”大学生新能源科技教育扶贫服务行动》荣获 2010—2011 年北京高校党的建设和思想政治工作创新成果奖、2010—2011 年北京高校党的建设和思想政治工作优秀成果二等奖。《强化干部任期管理》一文入选中组部研究室《中央企业、中管金融企业、高等学校人事制度改革 100 例》。同时，完成北京高校党建研究课题《平衡计分卡在高校中层干部绩效考核中的应用研究》。

2012 年，学校被北京市委教育工委评为 2011 年度党内统计工作全优单位。党委组织部所在党支部在华北电力大学深入开展创先争优活动第三阶段中被评为先进基层党组织。“争流”网站在全国高校百家网站评选活动中，第四次荣获“全国高校百佳网站”称号。

（林　林　徐大圣
秦芳芳　高　洁）

■概况

截至 2012 年底，华北电力大学共有 34 个党总支、8 个直属党支部、440 个基层党支部，其中学生党支部 258 个、在职教职工党支部 166 个、离退休职工党支部 16 个。

截至 2012 年底，学校共有中共党员 8748 名，其中在职教职工党员 1973 名、离退休教职工党员 430 名、本科生党员 2970 名、研究生党员 3375 名。共发展中共党员 2008 人，转正党员 1484 人。

2012 年，学校党校共举办了 4 期入党积极分子培训班，共有 5491 名入党积极分子参加了学习和培训，其中 5178 人顺利结业，299 名入党积极分子在学习培训中表现突出，成绩优秀，被评为优秀学员。

2012 年，学校北京校部共有 2241 名党员、612 名入党积极分子、735 名群众参加了北京市“共产党员献爱心”捐献活动，共筹集款项 90638.58 元。

（林　林　徐大圣
秦芳芳　高　洁）

■条目

【完成十八大代表候选人推荐提名】2 月，华北电力大学按照北京市委教育工委的通知要求，完成了北京高校出席党的十八大代表推荐提名工作，包括制定方案、推荐提名、确定人选、考察测评和相关报告撰写等。

（秦芳芳　高　洁）

【完成领导干部个人事项报告】1 月，华北电力大学根据中共中央办公厅、国务院办公厅《关于领导干部报告个人有关事项的规定》和《关于对配偶子女均已移居国（境）外的国家工作人员加强管理的暂行规定》，组织全校副处级以上领导干部按要求填写了《领导干部个人有关事项报告表》。

（徐大圣）

【开展一支部一目标和一党员一任务活动】2 月，华北电力大学根据《华北电力大学深入开展“提高质量促发展服务群众树形象”活动实施方案》（华电党组〔2011〕24 号）文件安排，华北电力大学开展了“一个支部实现一个目标、一个党员完成一个任务”活动。全校 402 个支部结合学校和本单位“十二五”期间提出的发展目标，围绕本单位 2012 年的重点工作和标志性项目，立足岗位，查找差距和不足，明确努力方向，分解、细化并制定了 738 个目标，所列目标和任务基本已于 2012 年年底完成。

（秦芳芳　高　洁）

【完成校级领导干部年度考核】2 月，华北电力大学按照教育部要求完成了 2011 年度校级领导班子与领导干部考核工作。考核民主测评表由教育部统一采用机读方式统计测评结果，参加述职与测评大会人员范围进一步扩大，提高了专任教师代表和青年教职工代表的比例。校领导述职报告提前印发，有效地扩大了民主，强化了群众的监督，增强了考核工作的透明度。

（窦雅萍　徐大圣）

【吴志功当选中共北京市代表大会代表】3—4 月，华北电力大学按照北京市委、市教育工委的通知要求，完成了选举出席中共北京市第十一次代表大会代表工作，包括方案制定、动员部署、推荐提名、确定对象、考察公示、党代会选举等工作，最后，校党委书记吴志功当选为中共北京市第十一次代表大会代表并出席会议。

（高　洁）

【开展基层党组织创先争优先进活动】3—6 月，华北电力大学开展了 2010—2012 年创先争优先进基层党组织、优秀共产党员评选表彰活动。授予电气与电子工程学院党总支等 55 个党组织 2010—2012 年创先争优校级“先进基层党组织”、杜小泽等 98 名同志 2010—2012 年创先争优校级“优秀共产党员”荣誉称号。同时，经学校推荐，电气学院党总支、能动学院工程热物理与建环党支部被评为“北京高校 2010—2012 年创先争优先进基层党组织”，能动学院杜小泽、经管学院刘金朋被评为“北京高校 2010—2012 年创先争优优秀共产党员”，姜根山被评为“保定市优秀党务工作者”，刘云鹏被评为“河北省创先争优优秀共产党员”。

（秦芳芳　高　洁）

【开展基层组织建设年活动及党支部分类定级】4 月，按照上级要求，华北电力大学制定了《华北电力大学关于深化创先争优活动开展基层组织建设年工作方案》（华电党组〔2012〕9 号），在全校范围内开展了“基层组织建设年”活动。出台了《华北电力大学党支部工作考核测评办法（试行）》（华电党组〔2012〕8 号），强化了对教师、机关教辅、离退休和学生党支部的分类考核。在考核的基础上，对党支部进行了分类定级，对标整改，进一步加强了基层组织建设，全校共计 396 个党支部全部参与了分类定级工作。

（秦芳芳　高　洁）

【完成党建和思想政治工作集中检查】4—10 月，北京市委教育工委对北京高校贯彻落实《北京高等学校党建和思想政治工作基本标准》的情况进行了集中检查。华北电力大学按照以查促建、以查促改的方针，对学校党建和思想政治工作进行了全面自查。先后下发了《中共华北电力大学委员会迎接北京普通高等学校党建和思想政治工作集中检查工作方案》等文件和通知，完成 65 盒支撑材料的归类、整理和目录编写，完成分项重点检查专项工作报告、分项自查报告的撰写和汇报，先后对相关单位进行 3 次材料检查，1 次汇报和 1 次实地走访检查，做到了狠抓落实，责任到人，有效保证了迎接党建集中检查各项准备工作及时到位，圆满完成了北京市委教育工委党建和思想政治工作集中检查工作。

（高 洁）

【选派 2 名科技镇长团成员】5 月，根据《关于开展江苏省第五批“科技镇长团”成员选派工作的通知》精神，华北电力大学经组织推荐和学校研究，选派陈永权、黄宇两名同志赴江苏工作。

（窦雅萍 徐大圣）

【开展党政干部直接联系学生工作】9 月，华北电力大学根据河北省有关文件要求在保定校区组织开展了党员领导干部直接联系学生工作，出台了《华北电力大学（保定）关于党政领导干部直接联系学生工作的实施办法》，107 名党政领导干部与 464 名学生取得直接联系，掌握了学生的学习、生活和思想状况，对学生适时给予指导和帮助。

（秦芳芳）

【开展干部任期经济责任审计】10 月，华北电力大学根据党政领导干部任期经济责任审计的有关规定，经学校研究决定，委托学校审计处对 13 名处级领导干部进行了任期经济责任审计，进一步加强干部管理监督，推进党风廉政建设。

（窦雅萍）

【开展党员在线学习活动】11 月，华北电力大学按照北京市教工委《2009—2013 年北京高校党员教育培训工作规划》的文件精神，组织全校教职工党员参加了 2012 年“北京高校教师党员在线”学习活动，要求北京校部及保定校区所有教职工党员完成至少 12 学时的在线学习任务。

（林 林 徐大圣）

统 战 工 作

■概述

2012 年，华北电力大学统战工作围绕学校中心工作有条不紊地开展。通过全面贯彻落实科学发展观，统战工作进一步统一思想，明确责任分工，各项工作得到进一步提高。学校党委坚持向党外人士通报情况、征求意见制度和邀请党外人士参加重要会议、重大活动制度，重视发挥民主党派和无党派代表人士在民主治校、民主监督上的作用，邀请了民主党派、人大政协及无党派人士积极参与到学校各项工作中，虚心听取他们对建设高水平研究性大学的建议和意见。

（林 林 秦芳芳）

■概况

2012 年，华北电力大学共有民主党派成员 94 名，其中民盟 33 人，民建 8 人，民进 17 人，九三学社 30 人，民革 3 人，农工党 1 人，致公党 1 人，台盟 1 人。民主党派组织共有 5 个，分别是民盟华北电力大学支部（北京）、民盟华北电力大学支部（保定）、九三学社华北电力大学支社（保定）、中国民主促进会华北电力大学支部（保定）、中国民主建国会华北电力大学支部（保定）。2012 年 1 月，华北电力大学副校长李和明同志当选民盟保定市第十一届委员会主任委员。

（林 林 秦芳芳）

■条目

【召开民主党派及党外代表座谈会】1 月，华北电力大学召开民主党派及党外代表人员座谈会，广泛征求统战成员对学校领导班子领导干部在学习和实践科学发展观、处理学校改革发展稳定重大问题、执行民主集中制、落实党风廉政建设责任制、选拔任用、培养和教育干部等多方面的意见和建议。

（林 林 秦芳芳）

【开展表彰茶话会】1 月，华北电力大学保定校区举行了统一战线各界人士迎新春表彰茶话会，学校领导与各界人士欢聚一堂，对在 2010—2011 年度基层党派建设中取得优异成绩的党派组织进行了表彰，对 2011 年度统战基金课题结题并被采纳的课题研究人员进行了奖励。

（秦芳芳）

【重视党外知识分子的培养】5 月，民建会员、河北省第十届政协委员、华北电力大学电气与电子工程学院院长王增平同志由于专业和管理能力突出，被选拔任用为华北电力大学副校长。

（林　林　秦芳芳）

【开展校级统战基金课题研究】5 月，华北电力大学继续开展校级统战基金研究课题工作，《城乡家庭能源结构问题与优化对策研究》《资源、环境约束下河北省产业结构调整与可持续增长问题研究》等 12 项课题给予了立项。

（林　林　秦芳芳）

【成立学校民族宗教工作领导小组】6 月，华北电力大学成立了学校民族宗教工作领导小组，由校党委书记吴志功担任组长。

（林　林　秦芳芳）

【完成人大代表和政协委员推荐提名】12 月，华北电力大学根据上级关于人大代表、政协委员推荐提名工作相关要求，按照规定的程序，完成推荐第十二届全国人民代表大会代表人选 1 人，第十二届全国政协委员人选 1 人，河北省第十二届人民代表大会代表人选 1 人，河北省十一届政协委员人选 3 人，第十四届北京市人大代表人选 1 人，第十二届北京市政协委员人选 2 人，保定市第十四届人大代表人选 4 人，保定市第十二届政协委员 10 人。

（林　林　秦芳芳）

宣　传　工　作

■概述

2012 年，华北电力大学宣传思想工作以科学发展观为统领，以宣传党的十八大为主线，紧紧围绕落实学校第一次党代会任务，适应建设高水平大学的新要求，加强思想政治理论学习和宣传，不断强化理论武装，积极推进大学文化建设，大力营造团结奋进的和谐氛围，为促进学校各项事业的新发展提供强有力的思想保证、舆论支撑和精神文化动力。

2012 年，学校集中开展党的十八大宣传，做好十八大精神学习贯彻工作。根据教育部办公厅和河北省教育厅关于推荐大型系列纪录片《伟业之魂》的通知精神，制作 30 套学习版光盘材料，作为迎接党的十八大胜利召开宣传教育重要材料，同《2012 理论热点面对面》等下发各单位组织学习。利用标语、宣传橱窗、校网校报等，积极开展迎接党的十八大召开宣传，累计制作了宣传标语 26 条、橱窗图片 16 期 800 余幅，网报发稿 31 篇，上报专题信息 9 篇。组织“回顾辉煌历程 喜迎党的十八大”读书竞赛活动，党员、干部、师生广泛参与读书学习活动，进行网上答题，向上寄送答卷 7400 多份。党的十八大召开期间，组织师生对报告的热评热议活动，网报刊载 9 名师生员工的学习心得。大会胜利闭幕后，按照教育部关于学习贯彻落实十八大精神的通知要求，发出《关于认真学习宣传贯彻党的十八大精神的通知》和《关于宣传贯彻党的十八大精神的学习安排》，编辑印发《十八大报告解读》，迅速在全校掀起学习贯彻落实的热潮。宣传部、思想政治理论课教学部、法政系一起拟定 10 个学习专题，作为课堂教学的重要内容，积极推进党的十八大精神进教材、进课堂、进试卷、进学生头脑。举办学习党的十八大精神 100 题知识竞赛，准确把握十八大新思想、新观点、新提法，积极推动党的十八大精神学习活动开展。校新闻中心网站开设专题，为广大师生员工建立学习交流平台；校报开设学习心得体会专栏，大力营造浓厚的学习宣传氛围。特别邀请优秀校友、十八大代表王淑玲和中央党史研究室副主任李忠杰教授作十八大精神学习辅导报告。宣传部还把参加教育部的学习培训情况，制成 PPT 学习宣传课件，在研究生、本科生和教职工 5000 余人中原文领读领学党的十八大报告 3 场，以生动数字解读十八大精神，受到师生短信好评。

2012 年，学校坚持把握正确舆论引导，营造发展浓厚氛围。以贯彻落实第一次党代会精神和“十二五”规划任务为重点，突出宣传华北电力大学“十二五”的宏伟蓝图和办学取得的发展成就。组织全体中层领导干部学习领会《华北电力大学“十二五”发展规划纲要》，以贯彻落实中层领导干部会议精神为契机，把贯彻落实《教育部关于全面提高高等教育质量的若干意见》（高教 30 条）、《教育部 财政部关于实施高等学校创新能力提升计划的意见》（2011 计划）文件精神，作为宣传工作的重要任务，结合学校五届六次教代会精神、学校“十二五”规划的学习贯彻，积极开展宣传教育工作，努力推动各项改革工作落实，引导师生把思想和行动统一到中央各项决策部署上来，进一步增强人们对改革发展的信心，努力为实现“十二五”规划目标而奋斗。

2012 年，学校强化政治理论学习，推进学习型党组织建设。以迎接十八大召开、宣传十八大精神为着力点，认真开展理论学习工作。围绕学习型党组织建设新要求，建立健全学习制度，加强督促检查，把各项学习任务落到实处。理论学习中心组全年开展集中学习 9 次，宣传部编撰学习资料 5 期文稿 62 篇。发出《两级理论中心组学习贯彻全面提高高等教育质量工作会议精神的通知》，遵循“凝练项目、设计模式、制定政策”的要求，以贯彻胡锦涛总书记在清华大学百年校庆上重要讲话精神和落实教育规划纲为重点，结合学校“十二五”九项战略任务，中心组集中学习深入研讨，按照教育质量工作会议精神要求重新审视、重新凝练，推进工作体制机制创新。

2012 年，学校着力加强核心价值体系建设，推动法治道德宣传和精神文明创建。以建设社会主义核心价值体系为根本，大力开展思想道德教育，深入开展精神文明创建，不断提升师生的文明素质和校园文明水平。宣传 10 名优秀教师的模范事迹，对优秀班主任王秀荣组织深入采访，作了长篇事迹报道，以此在师生中生动开展社会主义核心价值体系教育，积极营造和谐向上、团结奋进的校园氛围。在开展校园精神文明创建活动中，加强了法治宣传，推动“讲文明、树新风”的校园公共文明宣传活动，推动讲文明、懂礼仪、守秩序的良好氛围形成。组织师生观看由河北省委宣传部、中国电影家协会、河北电影制片厂等联合摄制，根据河北农大果树 93（01）班真人真事改编的电影《一诺千金》话剧和影片，紧扣“善行河北”主题道德实践活动，开展座谈学习和影评，学习、传承和发扬社会主义高尚道德。

2012 年，学校加强大学文化建设，推动校园文化发展。进一步完善学校文化建设规划，加强对学校文化建设的总体指导、研究、协调，推进学校文化建设，坚持文化引领，全力推进和谐美丽校园建设。重新完善《华北电力大学文化理念手册》。按照学校党委召开的新学期宣传文化工作会议精神，督促检查基层院系单位凝练文化建设项目的工作，认真总结院系在文化建设中的理论创新和实践经验，初步形成理论成果和实践成果。《华北电力大学校报》在特色版面、特色栏目上下功夫，充分发挥其推动思想政治教育、促进校园文化建设的功效。进行新闻网的改版工作，力求界面友好、内容丰富、持续更新。制定完备的网络视频节目采编、制作、播出的运行机制，完善相应的管理规章制度，制作新闻等节目 40 余部（条），对重要视频资料认真做好建档工作。出版《腾飞的华北电力大学》中英文宣传画册一部，以较高的质量受到校领导好评。认真做好年度十大新闻制作宣传工作。进一步完善学校视觉形象识别系统的宣传和实施工作，积极规范校标、校徽、校歌、学校名称、中英标准字体以及学校标准色的使用标准和办法，规范各类宣传品、办公用品、礼品、指示牌、名片以及建筑物的命名等，定期开展全校性的检查，确保了系统的规范实施。不断加强校园宣传品管理，严格执行校园文化活动、宣传栏、标语和宣传品的有关管理办法，进一步明确管理职责分工，成立相应检查督导组织，规范了宣传品的日常管理，形成了长效机制。

2012年，学校以增强学习力、服务力、创新力、执行力为重点，注重提升宣传队伍综合素质。年度内，通过开展宣传干部作风大转变工作，加强队伍的学习培训、考察调研和对外学习交流等，提升宣传工作人员的综合业务素质和部门工作的效能，增强团队凝聚力。4月，宣传部举办各单位宣传信息员“网络新闻投稿”培训班，各院系36名宣传信息员到会学习交流，进一步明确了工作职责，增强了新闻信息报道的文字写作能力，提高了工作技能，收到明显效果。

（冯满春　孙　帅）

■概况

2012年，华北电力大学党委宣传部和新闻中心，共有工作人员10人，其中北京校部6人，保定校区4人。

（冯满春　孙　帅）

■条目

【贯彻提高高等教育质量会议精神】 3月31日，华北电力大学为深入贯彻落实教育部“全面提高高等教育质量工作会议”精神，学校就两级理论中心组学习贯彻会议精神提出要求，认真学习《关于全面提高高等教育质量的若干意见》和《关于实施高等学校创新能力提升计划的意见》，深刻领会两个文件的精神实质；结合学校“十二五”各项战略任务和2012年各项重点工作的落实，遵循“凝练项目、设计模式、制定政策”的要求，找准贯彻落实会议精神的切入点和落脚点；通过集中学习讨论，在4月13日前，重点就贯彻全面提高高等教育质量工作会议精神提出落实方案或落实项目。

（冯满春　孙　帅）

【开展院系文化建设成果总结展示】 3月15日，华北电力大学党委召开了新学期宣传文化工作会议，就贯彻落实《华北电力大学2012年宣传思想文化工作要点》进行了部署。按照工作安排，各党总支、直属党支部进一步结合本单位的实际，在凝练文化建设项目上下功夫，认真和及时总结本单位在文化建设中的理论创新和实践经验，形成理论成果和实践成果。校报、新闻网对此作了集中展示和报道。

（冯满春　孙　帅）

【开展读书竞赛活动】 为贯彻落实党的十七届六中全会精神，深入推进社会主义核心价值体系建设，迎接党的十八大胜利召开，华北电力大学按照河北省委宣传部通知精神，学校在党员干部和师生中开展“回顾辉煌历程　喜迎党的十八大”读书竞赛活动。学校统一寄送答卷7000余份，活动情况总结（包括参加填写纸质答题卡和参加网络、手机答题的人数）按照要求上报河北省委宣传部。

（冯满春　孙　帅）

【举办十八大精神知识竞赛】 为深入学习宣传贯彻党的十八大精神，推动广大党员干部和师生精读细研大会文献，力求入心入脑，12月15日—12月30日，华北电力大学党委宣传部举办了学习党的十八大精神百题知识竞赛活动。校报用两个版面刊登竞赛试题、答题规则和竞赛须知。到竞赛截止日，共收答卷8400余份。

（冯满春　孙　帅）

【加强青年教师社会实践工作管理】 为贯彻落实《关于加强和改进北京高校青年教师思想政治工作的指导意见》和《关于组织北京高校青年教师开展社会实践的实施意见》文件精神，充分发挥社会实践教育引导青年教师成长成才的作用，华北电力大学进一步加强和改进青年教师思想政治工作，印发《关于组织青年教师开展社会实践的实施意见》，宣传部主要负责青年教师社会实践活动的沟通、协调和督办工作。

（冯满春　孙　帅）

【加强哲学社会科学讲座报告管理】 为了进一步加强和改进新形势下哲学社会科学课堂教学、报告会、研讨会、讲座、论坛、网络和接受境外基金资助等工作的管理，华北电力大学根据上级有关规定，制定下发了《关于加强和改进新形势下哲学社会科学课堂教学、报告会、研讨会、讲座、论坛、网络和接受境外基金资助等管理的意见》。

（冯满春　孙　帅）

纪检监察工作

■概述

2012年，华北电力大学纪检监察工作的主要任务：全面贯彻党的十七大和十七届六中全会和中央纪委第七次全会精神，以邓小平理论和“三个代表”重要思想为指导，深入贯彻落实科学发展观，按照教育部和上级主管部门的整体部署和要求，全面贯彻中央关于反腐倡廉建设的决策部署和工作方针，大力加强领导干部作风建设，扎实推进惩防体系建设，深入开展廉政文化建设，为推动学校教育事业改革发展做好服务提供保证。

2012年，学校积极贯彻《教育部关于进一步推进直属高校贯彻落实“三重一大”决策制度的意见》（教监〔2011〕7号）、《教育部办公厅关于开展直属高校“三重一大”决策制度贯彻执行情况监督检查的通知》（教监厅函〔2012〕5号）等文件。起草下发了《关于开展校内“三重一大”决策制度贯彻执行情况自查自纠工作的通知》，成立了由校党委副书记、纪委书记为组长，党办校办主任、纪委副书记、信息办主任为副组长，校内各有关单位为成员的学校“三重一大”制度贯彻执行检查工作领导小组；在校内自查工作的基础上，重新修订了《华北电力大学“三重一大”决策制度实施办法》。同时，加强了对科研经费的管理，完善科研经费使用规则；加强了廉政风险防范管理，根据国家和上级主管部门的法律、法规，协助领导成立了招标中心，制定了招投标管理办法，对基建工程、修缮工程、物资、设备采购、物业管理等重大项目，依法采取招投标方式，实行透明管理；对各类招生工作全面开展执法监察，积极推进“阳光工程”。纪检监察工作人员全过程参与了对本科生招生工作的监督；参加招生录取的工作人员都跟学校签订了《华北电力大学招生录取人员保证书》，要求招生人员严格执行《招生录取工作的管理规定》监察处对研究生推免、研究生招生考试和复试也开展了监督工作，确实做到在监督中服务，在服务中监督。

2012年，学校党委、纪委领导与中层干部进行了集体廉政谈话，与新任中层干部进行了任前廉政谈话。加强对领导干部的管理和监督，配合组织部门，参加了2012年新一轮干部竞聘上岗选拔考核工作。配合学校党委，落实处级干部任期经济责任审计制度和廉政三项谈话制度，对有关人员，及时进行诫勉谈话。学校制定《华北电力大学关于进一步治理教育乱收费工作的意见》《华北电力大学收费管理办法》《华北电力大学建立防治“小金库”长效机制工作计划》《华北电力大学开展“小金库”专项治理工作的实施意见》等制度；全面开展自查自纠工作，围绕重点部门、关键环节制定整改措施。通过开展治理教育乱收费、“小金库”专项治理、治理商业贿赂工作，对学校有关部门和单位在行政审批、教学行政管理、项目评审、后勤保障、商品采购等工作起到了规范作用。

（王　燕　蹇文馨）

■概况

2012年，华北电力大学纪委办公室、监察处、审计处为合署办公，共有人员11人，本科学历11人（其中硕士学位5人）。共有副高级专业技术职务7人，中级专业技术职务3人。

2012年，学校共受理有关来信来访15件（不含重复件）。

（王　燕）

■条目

【开展巡视工作】1月9日始，华北电力大学纪委协助党委对校内二级单位进行了第三期校内巡视工作。开展了以“严格依法依规依章办学，进一步加强党风廉政建设”为主题的校内巡视检查工作，对北京校部、保定校区的计划财务处、人事处、基建处、资产管理处、学生处、研究生院开展了巡视。巡视工作结束后，由纪委办牵头将被巡视单位的情况写出巡视报告向学校党委进行了汇报，活动于2012年4月6日结束。

（王　燕）

【召开纪委全会】3月23日，华北电力大学召开了学校纪委的全体委员会议，讨论并通过了《华北电力大学2012年纪检监察工作报告》和研究讨论《华北电力大学2012年纪检监察工作要点》，全委会还对2012年的二级单位巡视工作方案进行了审议。

（王　燕）

【召开纪检监察会议】4月26日，华北电力大学党委召开全校党风廉政建设工作会议。刘吉臻校长主持会议，校党委书记吴志功结合学习贯彻党的十七届六中全会和中纪委十七届七次全会上的重要精神，就进一步加强华北电力大学反腐倡廉工作，作了《加强作风建设 保持党性纯洁 努力推进反腐倡廉和党风廉政建设取得新成效》的重要讲话，党委副书记兼纪委书记李双辰作2011年党风廉政建设和纪检、监察、审计工作报告，部署2012年重点工作。会上，全校院系部处的党政主要负责人与学校党委签订了2012年《华北电力大学党风廉政建设责任书》186份，明确了责任目标，强化了责任意识。

（王　燕）

【强化领导干部廉洁自律】5月，华北电力大学开展履行廉洁承诺，规范领导干部从政行为活动。为切实提高党员和干部拒腐防变的能力，开展党性和党风党纪教育，将落实《廉政准则》和“十不准”的规定列为处级以上领导干部廉政承诺书中的主要内容。全校的处级领导干部及校办企业负责人向学校签订了《华北电力大学处级以上领导干部党风廉政承诺书》《华北电力大学企业负责人廉政承诺书》共141份。

（骞文馨）

【开展党风廉政建设宣教月活动】5月15日，华北电力大学党委在全校组织开展了以“认真落实‘三重一大’制度，深入推进校务公开、党务公开工作”为主题的党风廉政建设宣传教育月活动。通过组织开展专题学习、召开党政领导班子中心组学习讨论会、开展讲党课活动、开展校务公开及党务公开的自查工作、召开党员民主生活会、做好示范教育、警示教育等工作，党员和群众受到了一次深刻的教育，收到了预期的教育效果。

（王　燕）

【完成廉政廉洁专项整改】6月，就教育部对华北电力大学的《关于实行党风廉政建设责任制的规定》和《中国共产党党员领导干部从政若干准则》贯彻执行情况专项检查的反馈意见进行整改工作，上报《华北电力大学关于教育部两法规落实情况检查反馈意见的整改报告》。

（王　燕）

【接受北京市招生巡视检查工作】7月，华北电力大学接受了北京市普通高等学校招生巡视检查工作组对华北电力大学2011—2012年普通本科招生的管理和监督情况的工作检查，巡视检查组对华北电力大学的招生管理和监督工作给予了高度评价。

（王　燕）

【召开纪委扩大会】11月27日，华北电力大学召开纪委学习十八大精神（扩大）视频会议。学习十八大报告、特别是报告中涉及到党风廉政以及反腐败工作的章节、中共中央纪律检查委员会向党的第十八次全国代表大会的工作报告要点、中共中央纪委《关于纪检监察机关认真学习贯彻党的十八大精神的通知》等相关文件和材料。强调并布置了贯彻十八大精神，做好纪检监察工作，会后积极落实十八大会议精神和视频会议精神。

（王　燕）

学 生 工 作

■概述

2012年，华北电力大学学生工作以迎接和学习宣传党的十八大精神为主线，以社会主义核心价值体系为引领，以服务学校发展战略、培养高素质创新人才为核心，进一步解放思想，开拓创新，以重点工作为突破，带动整体发展，圆满完成了学生工作的各项任务。

2012年，学校德育和思想政治工作以理想信念教育为核心，以学生班级建设为抓手，以特色活动为载体，努力开拓思想政治教育工作新局面。在全体学生中开展了一系列迎接和学习宣传十八大精神主题教育活动，大力加强理想信念教育。积极推进学生班级建设，开展了“示范性优秀班集体创建活动”、“责任·创新·成长”系列主题班会活动、第二届特色班集体评选活动，力促其成为大学生思想政治教育的重要阵地。学校继续推行“名师任班主任”工程，在学生中广泛开展“我爱我师”——我最喜爱的班主任网上评选活动。以“对话·成长”为平台，继续推进高水平校园文化建设，邀请学校领导、知名学者与学生进行对话交流，开拓学生的思维视野，提高学生的境界追求。

2012年，学校学生党建工作以迎接和学习宣传十八大精神为契机，深刻把握社会生活和大学生思想的新实际，充分利用各种教育资源，在全体学生中深入开展学习贯彻党的十八大精神的教育活动，以辅导报告、集中讨论、主题班会、知识竞赛、演讲比赛、座谈会、讲座、征文等贴近学生思想、生活和实际的活动为载体，帮助大学生正确认识国家的前途命运，认识自己的社会责任，牢固树立正确的世界观、人生观和价值观，坚定“祖国好，改革开放好，社会主义好”的理想信念，以及建设祖国，建设社会主义的坚强决心。继续开展“特色活动示范党支部”活动，发挥学生集体在优良校风、学风创建活动以及日常生活中的先锋模范作用，进一步提升学生党员素质，提高学生党支部和学生党员的服务意识和奉献精神。继续开展红色“1+1”活动，引导毕业生到基层就业，充分发挥学生党员志愿服务社会、服务新农村建设的积极性，与进一步巩固科学发展观学习实践成果紧密结合，与加强学校基层党组织建设紧密结合，推动学生党员了解农村、服务农村，在志愿服务中增长见识，锻炼能力，提高素质，进一步树立辛勤劳动、团结互助、艰苦奋斗等崇高品质。

2012年，学校高度重视学生工作队伍的培养工作，致力于建设一支高素质、高层次、高能力的辅导员队伍，形成了以国际化高层次培训、专业特色主题培训、行业认知培训、学历科研培训为主体的多层次、多渠道培训体系，有力地推动了辅导员队伍的内涵建设。启动学生政工干部素质提升“磐石计划”，从全面提升能力素质与分类化专业拓展两方面搭建学生工作队伍提高综合素质、增强科研能力的广阔平台，促进学生工作整体水平的不断提升。同时继续开展学生工作经验交流会、新生辅导员班主任培训活动，完善考核激励，继续开展学生工作评优评先活动，充分调动学生政工干部的工作积极性和主动性。继续加强班主任工作，通过推进名师任班主任、岗前培训、日常业务培训、严格考核、强化激励等措施致力建设一支“高职称、高学历、高能力”的专兼职学生思想政治工作队伍。

2012年，学校学生管理工作紧紧围绕安全稳定工作这个核心，坚持以学生为本的工作理念，扎实创建和谐文明校园，为党的“十八大”顺利召开营造和谐氛围。实际工作中，以学生安全防范预警机制为工作抓手，促进和谐校园建设；以“大奖助体系”为引导，促进学生全面成长成才；以规范化的过程管理，进一步锻造优良的校风学风；认真落实《蓝色星空教育计划》，注重学习困难学生的帮扶和引导，培养学生良好的生活习惯和学习习惯，锻造优良的校风学风；制定并推行了《学生安全防范预警机制》，进一步健全校园信息反馈和应急干预机制，完善和强化重点时期、敏感时段学生三级安全稳定工作实施方案，以掌握学生舆情、合理引导为重点，以特殊学生群体、宿舍安全、突发事件等工作为突破口部署相关工作，集学生工作合力，多方协作，形成校园联动系统，有效维护了校园安全稳定；以学生评优表彰大会和《学生手册》学习等活动为契机，进一步规范管理过程，完善学期初学籍预警、期中期末考前巡考、每学期"教风学风专项督查月"等日常督导机制，以学生学业优秀和科技创新活动为引领，培养广大学生自律自强意识和诚信感恩意识，打造校园优良学风考风。

2012 年，学校组织开展了以"我的 E 家"为主题的宿舍文明创建活动，创新举措，全员参与，以宿舍"基础建设"为突破口，实施宿舍安全专项治理，彻底消除安全隐患；以"星级宿舍"创建为目标，构建教育管理长效机制，促进宿舍文明建设的常态化发展，学生宿舍整体水平有较大提高。进一步完善校部、保定校区两地学生奖助体系一体化建设。

2012 年，学校心理健康教育中心围绕"以学生为本，为学生服务，促进学生成长成才"的基本思路，继续以逐步深化心理健康理念、提升学生心理素质为目标，努力开拓，不断进取，通过第二课堂、影视作品和各项比赛等形式，营造心理健康氛围。为进一步发挥课堂教学主阵地作用，有效普及心理健康知识，在大一新生中开设心理必选课，实现了全覆盖，在设施建设、健全工作体系、整合资源及队伍建设等方面均取得了一定的成绩。

2012 年，学校继续完善以国家助学贷款为主，以国家奖助学金、国家励志奖学金、基层就业代偿、困难补助、爱心救助金、社会资助、勤工助学等为辅的"奖、贷、助、补、减"多元资助体系，制定了一系列与助学贷款、奖助学金、困难补助等资助项目相关的办法和细则，在资助工作管理、实施等方面进行了科学规范；顺利开展国家助学贷款申请、签约、发放、代偿工作和各类奖助学金发放、勤工助学工作，充分发挥各项奖助措施的激励、教育作用，结合丰富多彩的校园文化活动，对家庭经济困难学生进行诚信、自励自强教育。保定校区对于家庭经济困难毕业生，实施"爱心助学工程"，积极联系企业进行定向资助，帮助其实现定向就业；对于未就业的所有经济困难的毕业生，学校在 5 月为其发放了就业援助金。学校积极做好勤工助学工作，在校内设定图书馆助理、网络信息员，开拓勤工助学市场，不断增加勤工助学岗位。

2012 年，学校深入开展资助育人工作，一方面继续推进"绿色通道 1+1"结对帮扶活动，使结对工作提前到招生过程中，另一方面着力加强大学生"公益平台"建设，形成了"爱心宿舍"和"激励行动"两个品牌性活动。

2012 年，学校高度重视国防教育，采取有效举措，抓好国防教育的落实，在教育中坚持以爱国主义教育为核心，积极发挥高校教育体系完善，教学资源丰富，宣传平台多样的优势，采取经常教育与集中教育相结合，普及教育与重点教育相结合，理论教育与行为教育相结合，增强学生的国防观念和国防安全意识。为进一步落实《普通高等学校军事理论课教学大纲》内容，增强学生的国防观念和国家安全意识，激发学生的学习热情。学校军训工作组织严密、方法灵活、措施得力，实现了军训方法有创新、军事质量有提高、军训安全有保障的目标。学校严格执行上级的征兵命令，经校征兵工作领导小组的不懈努力，广大学生的积极热忱，家长们的大力支持，11 月预征、征兵工作圆满完成。

2012 年，学校招生录取工作按照教育部招生工作规定要求，严格实施招生工作"阳光工程"，与 31 个省（自治区、直辖市）招生工作部门共同合作，圆满完成 2012 年本科招生录取工作。学校录取学生的高考成绩再创新高，各省录取学生的排名也整体提升，生源质量已迈入一流大学行列。

2012年，学校毕业生就业工作主要呈现出三个特点：一是构建全程化、特色化职业指导体系，提升学生就业竞争力；二是打造行业化、多元化就业市场体系，全方位开放就业市场；三是积极探索就业管理与服务新办法，形成长效机制。就业工作逐步完善了毕业生就业工作八大服务体系，建立健全了就业、招生和人才培养的联动机制。学校招生质量、人才培养质量和就业质量逐年提高，学生的就业整体呈现出毕业生就业率高，到西部、基层就业比例高，需求量大，违约、改派率低的良好局面。

2012年，学校就业基地建设项目获批北京市就业特色示范项目；毕业生对学校就业指导与服务的满意度高，在211高校排名第一；用人单位对学生满意度高，华北电力大学入选2012年中国百强企业最爱的十所高校；就业流向日趋合理，签约率稳定，考研率、出国率较3年前有较大提升（共增长8个百分点）。电力人才招聘基地作用得以充分发挥，华北电力大学推荐的3个企业（南网、中广核、特变电工）全部入围北京就业百佳单位。

2012年，学校针对2012届毕业生主要推出了两项活动：一是毕业生就业指导服务月；二是毕业生就业指导与服务彩虹工程。保定校区以职业生涯规划大赛为契机普及职业生涯规划教育。在2011年全国、河北省大学生职业生涯规划大赛中，华北电力大学选手均取得了优异成绩。

2012年，学校加强师资队伍建设，推进教研室实体化建设，组织实施了《华北电力大学职业指导教研室管理规定（试行）》，进一步加强管理，规范教学。就业指导中心对四门职业指导课程进行了调整和优化，重新撰写了教学大纲，增加《大学生创新创业指导》和《KAB大学生创业基础》课程，突出创新创业教育。同时，就业指导中心成立“创新创业教育研究小组”，学习、借鉴国内外一流大学创新创业教育经验，结合华北电力大学实际情况探索出具有华北电力大学特色和标志性成果的创新创业教育理论及实践模式。

2012年，学校整合和完善已有创业服务资源，拓展大学生创业素质提供的实践环境。建设集创业启蒙、创业教育、创业培训、创业实践和创业孵化为一体的全方位、多层次、立体化创新创业服务基地。学校以“首都大学生创新创业平台与创业基地建设”为契机，大力加强软硬件建设，现已经初步建成创业孵化室、创业教育室和创业指导室。

2012年，学校就业指导中心与麦可思公司合作，对往届毕业生进行毕业一年后调查，形成《华北电力大学年社会需求与年度培养质量报告》，对毕业生竞争力和就业质量、专业培养特色定位、毕业生基本工作能力和核心知识测评、核心课程有效性评价以及求职分析、生源分析和校友评价等指标进行分解和研究；对用人单位进行调查，形成了《华北电力大学2012年用人单位调查分析报告》，深入分析来校用人单位的性质、规模、招聘渠道、就业服务评价、招聘选择因素、未来人才需求等因素，进一步加强人才培养和社会需求之间的有效衔接。针对部分家庭经济困难毕业生求职难的问题，就业指导服务中心及各院系通过开展一对一摸底、个别指导、重点推荐等措施实施人文关怀；学校及时提供经济援助，连续4年为暂未就业的家庭经济困难毕业生发放每人500元不等的就业补助金。

■概况

2012年，华北电力大学积极落实“引航工程”之新生入学教育“六个一工程”。该工程从深化理想信念、强化关心服务、加强专业指导3个层面着手，重点围绕“一次校史普及、一次校园参观、一堂新生党课、一次主题班会、一次师生见面会、一场爱国电影”等六大专题，集中实施2个月，跟踪教育1个学年，配套实施12个方面的专题教育，范围覆盖10个院系所有本科新生班级，累计参与20000余人次，活动形式多样、教育内容丰富、同学普遍反映良好、教育效果整体较佳，全面实现新生入学教育全覆盖。

2012年，学校依托网络信息技术平台，大力推进网络思想政治教育工作。“我爱我师—

—我最喜爱的班主任评选活动”、“特色活动示范党支部评选活动”、“示范性优秀班集体创建活动”等三大活动网络评选及网络展示日趋成熟，展示效果、传播范围和学生受益面得到大幅提升。2012 年，“我爱我师——我最喜爱的班主任评选活动”累积投票 27126 人次;“特色活动示范党支部评选活动”发表博文 1308 篇，图片展示 1558 张，视频展示 36 部，网络累计访问量 64 万多人次;“示范性优秀班集体创建活动”累计参与投票人数达 218 万余人次，参评班级网络视频播放累计 240 万余次，网络跟帖评论累计 8200 余条。高参与率、高展示量的数据表明，华北电力大学网络思想政治教育工作基本实现了“积极发挥网络在主题教育活动中的作用，切实增强主题教育活动的时效性与吸引力”的预期目标。

2012 年，学校积极组织辅导员参加河北省高校辅导员暑期“大家访”活动，被评为先进单位，3 名辅导员被评为“大家访”先进个人；华北电力大学辅导员参加河北省高校辅导员工作案例征集评选活动，获一等奖 2 项，二等奖 1 项。

2012 年，学校共评选出学生工作优秀院系 3 个，标兵班主任 19 人、十佳班主任 10 人、优秀班主任 118 人、优秀辅导员 5 人、学生工作优秀管理干部 5 人；本科生先进班集体 69 个、校级三好学生标兵 158 人、优秀学生干部标兵 35 人、校级三好学生 1568 人、校级优秀学生干部 166 人、院系级三好学生 2022 人、院系级优秀学生干部 375 人；一等奖学金 766 人、二等奖学金 1579 人，三等奖学金 1548 人，各类单项奖学金 3081 人次。此外，2012 年华北电力大学评选了校内最高级别奖学金—“校长奖学金”，共 9 名同学获此殊荣；2012 年还评选出国家奖学金获得者 187 人，128 名新生获得入学成绩优秀奖学金，评选各类社会奖学金 16 项，资助总额 182.23 万元。

2012 年，学校有 5196 名家庭经济困难学生。1277 名家庭经济困难学生获得生源地贷款，贷款金额合计 756.63 万元。共有 1689 名家庭经济困难学生获得国家助学贷款，贷款金额总计达 974.63 万元。其中 359 名家庭经济困难学生为 2012 年新申请国家助学贷款学生，签订国家助学贷款金额为 728.17 万元。共有 586 名家庭经济困难学生获得国家励志奖学金，国家励志奖学金金额共计 293 万元，共有 4047 名家庭经济困难学生获得国家助学金，国家助学金金额共计 863.10 万元。有 9 名毕业生获得服义务兵役学费补偿和贷款代偿资助，有 215 名毕业生获得基层就业学费补偿和基层就业贷款代偿资助。政府与社会各界捐助 1584 万多元，累计资助学生 26980 余人次

2012 年，学校心理健康教育中心通过专题讲座、团体辅导、工作坊及素质拓展训练等活动对心理委员、学生干部进行了 21 场培训，共近 3000 余人次。通过开设大一的心理必选课，覆盖 11 级、12 级两届共近 6000 人。

2012 年，学校学生徐俊杰、秦瑞艺、莫义 3 名学生光荣参军入伍。韩超、杨海波被评为“优秀士兵”。韩超被昌平区评为优秀现役军人。保定校区张宇等 13 名同学获省级三好学生荣誉称号，乔婷等 4 人获省级优秀学生干部荣誉称号，电力 0908 班、社工 0901 班获得省级先进班集体荣誉称号。

2012 年，学校招生总计 5380 人，其中北京校部 2950 人，保定校区 2430 人。从录取结果来看，2012 年北京校部理工类在各省的录取最低分超过当地重点线 56.18 分，录取平均分超过当地重点线 82.64 分；文史类在各省的录取最低分超过当地重点线 34.80 分，录取平均分超过当地重点 42.33 分。2012 年保定校区理工类在各省的录取最低分超过当地重点线 53.52 分，录取平均分超过当地重点线 63.24 分；文史类在各省的录取最低分超过当地重点线 19.61 分，录取平均分超过当地重点 27.51 分。

学校 2012 届本科毕业生一次性就业率北京为 96.29%，保定为 96.76%。2011—2012 学年就业指导中心共接待到校招聘单位 1945 家，收集和发布有需求信息的单位数量 4980 家，提供需求岗位 65284 个，数量与质量均创历史新高。学校共举办冬季双选会等大型双选会 3 场和春季校园双选会 5 场，另有各大电力集团公司组

团参加的中型双选会 70 余场。

（葛超等）

■条目

【开展示范性优秀班集体创建】3 月始，华北电力大学开展了“示范性优秀班集体创建活动”。其中在班级网络展示期间，人人网、QQ 群、播客等网络载体得到了充分应用，学生累计参与人数达 218 万余人次。最后评出 10 个“十佳示范性优秀班集体”和 8 个“示范性优秀班集体”。

（朱周斌）

【开展特色班集体评比】3—12 月，华北电力大学保定校区在本科生中开展优秀班集体创建活动暨第二届“特色班集体”评比活动，通过材料申报、网络评选、专家评审、现场答辩，共评选出“优良学风班”、“科技创新班”、“魅力风采班”、“文明风尚班”、“阳光心苑班”5 个类别的优胜班级 19 个。

（文　丽）

【开展我最喜爱的班主任评选】4—9 月，华北电力大学在总结示范院系的经验的基础上，继续推广名师担任班主任制度，在学生中广泛开展“我爱我师”——我最喜爱的班主任网上评选活动。截至活动结束，累计投票近 27126 人次。评出十佳优秀班主任 10 名，优秀班主任 57 名。

（朱周斌）

【获批就业特色项目】3 月，华北电力大学成功获批北京地区高校就业特色工作项目——电力人才基地建设项目。华北电力大学以此为契机，完善就业指导体系和就业服务体系，全面促进毕业生就业质量的提升。

（葛　超　靖士寅）

【组织春季双选会】3 月 24 日，北京校区举行“华北电力大学——北京高校毕业生就业指导中心校园联合双选会”。本次双选会的参会单位涵盖众多领域，参会单位达到百余家，招聘岗位千余个，专业涉及面也相当广泛。本次双选会受到华北电力大学相关领导及校内外广大毕业生的热切关注，上千名校内外应届毕业生进场求职。4 月 9—13 日，保定校区机械工程系、动力工程系、环境学院、电子与通信工程系、数理系、经济管理系、法政系、英语系、计算机系 8 个院系在就业指导中心的统一部署下，举办 2012 届毕业生春季双选周，主要针对非电动类学科、新兴学科、弱势学科，时间持续一周。双选周期间共有近 170 家用人单位前来学校招聘。

（葛　超　李兰涛）

【两学生获评自强之星】4 月 27 日，由共青团中央、全国学联主办的 2011 年度寻访“中国大学生自强之星”活动获奖名单揭晓。华北电力大学电气与电子工程学院实验电 09 班李岩松、控制与计算机工程学院自动 0803 班王海东分别荣获 2011 年度“中国大学生自强之星”、2011 年度“中国大学生自强之星”提名奖荣誉称号，分别获得 5000 元和 2000 元的新东方自强奖学金。在京高校中获得 2011 年度“中国大学生自强之星”称号的学校为华北电力大学、清华大学等 4 所高校，《中国青年报》(2012 年 4 月 27 日第五版)进行了专版报道。另外，学校人文学院法学 1002 班文凤、能动学院热能 1003 班李常明、人文学院法学 1001 班张涛荣获学校第六届“自强之星”荣誉称号。

（戚坚军）

【举办心理文化节】4 月始，华北电力大学北京校部筹划并组织了主题为“心怀感恩——一点一世界”的华北电力大学第九届大学生心理文化节。活动期间，举办感恩征文比赛、“百人感恩墙”外场签名活动、“华电最美背影”摄影比赛、电影赏析。华北电力大学同时与驻昌高校联合进行心理文化节，参与了驻昌高校心理健康教育工作联盟成立仪式暨心理健康节开幕式及闭幕式。

（袁　萌）

【召开绿色通道师生座谈会】5 月，华北电力大学先后组织召开“绿色通道 1+1”活动受助学生座谈会和成长导师座谈会，分别就“绿色通道 1+1”活动的开展情况和后续推进等事项进行了专题研讨和调研。会上，受助学生感谢学校的关心和一对一的辅导，希望此项活动能够继续推进下去，成长导师对此项资助育人活动的成效表示了充分的肯定，对“绿色通道 1+1”活动的进一步发展提出了希望。

（任 华）

【一班级获评市优秀示范班集体】12 月，华北电力大学积极组织参加北京高校“我的班级我的家”优秀班集体创建活动，精心选拔 5 个优秀班级参评，实验动 10 班在经过网络展示、综合评价和专家评审之后参加班级答辩，最终荣获北京市“优秀示范班集体”荣誉称号。

（朱周斌）

【开展绿色通道活动】9 月，华北电力大学校部开展“绿色通道 1+1”活动。在暑假招生期间，先行确定 10 名“贫困专项生”为结对帮扶对象。新生入学后，学校各部门 43 名干部、教师或辅导员与 43 名 2012 级家庭经济困难新生结对。在未来 4 年中，这些困难生将在获得学生资助中心经济资助的基础上，获得成长导师关于心理辅导、能力培养、信心树立和成长规划等方面的指导。

（任 华）

【举办警校共建 20 周年文艺晚会】9 月 14 日，华北电力大学与武警五支队共同举办“二十年我们一起走过”警校共建 20 周年文艺晚会，总结回顾共建 20 年的光辉历程，积极探索警校融合式发展之路，党委副书记郝英杰，河北省团省委副书记张泽峰，北京市军训办主任张培松，武警一师副政委刘德文，武警五支队全体官兵及全体师生出席了晚会。

（王文才）

【举办创业成功校友访谈会】5 月 17 日，2012 届毕业生“情牵母校”系列活动开幕式暨创业成功校友访谈会在华北电力大学保定校区一校区国际会议中心报告厅隆重举行。本次情牵母校系列活动时间为 5—7 月，内容包括开幕式暨创业成功校友访谈、OPA 励志人生—优秀毕业生经验交流会、“感恩•责任、记忆•榜样”—优秀毕业生宿舍评选、文明离校宣传倡议、“第八学期”我们该如何走过——毕业生征文活动、爱心募暨“跳蚤市场”买卖活动、毕业文化衫设计大赛、“母校印象”摄影比赛，留影、留音、毕业生纪录片计划、院系特色等 10 个方面，力争用文明、健康、积极向上的方式丰富 2012 届毕业生最后阶段的大学生活，营造和谐的校园环境。校长助理郭孝锋，北京昊蓬机电设备有限公司总经理刘君业，学生处、宣传部、教务处、校友办、研究生院、团委、各院系领导及毕业班辅导员出席开幕式。

（彭建章）

【沈婷婷获全国职业生涯规划大赛二等奖】5 月 21 日，由教育部高校学生司指导，教育部全国高等学校学生信息咨询与就业指导中心主办的第二届全国大学生职业生涯规划大赛全国总决赛在北京落下帷幕。保定校区学生沈婷婷荣获二等奖，同时获得最佳规划作品奖。这是举办职业生涯规划大赛以来华北电力大学取得的最好成绩。

（彭建章）

【市高校就业工作会在华电召开】5 月 31 日，2012 年北京地区高校毕业生就业工作会在华北电力大学召开。会议通报了北京市高校毕业生就业情况，安排部署了毕业生就业手续办理和离校的各项工作任务。重点强调了毕业生就业手续办理和就业信息采集与审核的重要性，要求各高校严格执行国家及教育部有关文件规定，切实加强就业各环节管理，加强对用人单位信息和就业相关材料的审核，规范签约行为。

（葛 超 靖士寅）

【开展毕业生职业导航活动】9 月 20 日—11 月，华北电力大学保定校区就业指导中心开展系列就业指导活动。9 月 20 日，华北电力大学第四届大学生“职业导航月”开幕式暨 2013 届毕业生就业咨询会在保定校区礼堂隆重举行。“职业导航月”系列活动包含就业动员、就业准备、简历设计、求职知识、出国留学、公务员考试、模拟面试、院系特色等八个方面的内容，基本涵盖毕业生就业过程中涉及的各类问题，力争通过形式多样、内容丰富、针对性强、富有成效的职业指导活动提高大学生就业竞争力，受到广大同学的热烈欢迎。在为期近 2 个月的 9 期讲座中，共有 5000 多人次参加了本系列活动。

（彭建章 宣兆卫）

【举行创业项目评审会】10 月 23 日，华北电力大学举行首次大学生创新创业评审会，对大学生创业项目进行综合考评，最终确定华电翻译工作室、学创公司、绿色电力门户网等 13 个创业团队入驻创新创业项目基地，标志着华北电力大学创新创业工作取得实质性进展。

（葛　超　靖士寅）

【举办专场招聘会】10 月 26 日—11 月 24 日，华北电力大学举办多场专场招聘会。10 月 26 日，保定校区举办中国大唐集团公司 2013 届毕业生校园专场招聘会，大唐集团公司及下属大唐国际、各省分公司等 104 家企业单位参加了本次招聘会，涉及专业广泛，基本覆盖华北电力大学所有专业。10 月 29 日，大唐国际集团公司在北京举办 2013 届毕业生校园专场招聘会。11 月 1 日，中国国电集团 2013 年首场校园招聘宣讲会在北京校部召开。在宣讲会开始之前，华北电力大学党委书记吴志功与中国国电集团公司副总经理张成杰进行了亲切会谈。吴书记对张成杰副总经理的到来表示热烈欢迎，对华北电力大学与中国国电集团公司在校企合作、人才培养、科研创新、干部队伍建设等方面的合作进行了深入交流。11 月 2 日，中国国电集团 2013 年校园招聘宣讲会在保定校区文体中心隆重召开，中国国电集团公司副总经理、党组成员张成杰，人力资源部主任许兴洲等领导和华北电力大学党委副书记、副校长张金辉，校长助理郭孝锋及相关职能部门负责人出席了本次宣讲会。同学们与中国国电集团公司所属的二级单位招聘人员就各自关心的问题进行了面对面咨询与交流。11 月 5 日、6 日，中国华电集团分别在华北电力大学保定校区和北京校部举行 2013 届华北电力大学专场招聘宣讲会。副校长王增平，研究生院、学生处等部门负责人会见了中国华电集团人力资源部处长、企业管理 92 届校友郭文喜等用人单位代表。本次校园招聘会共吸引了包括全校各院系、兄弟院校在内的 4500 多名毕业生参加。11 月 24 日，中西部地区电力企业专场招聘会在保定校区举办。参加本次招聘会的单位有西藏电力有限公司、青海省电力公司、内蒙古电力（集团）有限责任公司、湖北省电力公司、国网新源控股有限公司等 7 家中西部地区电力企业集团，吸引了包括全校各院系、兄弟院校在内的千余名毕业生参加。

（李兰涛　宣兆卫　彭建章　葛　超）

【建立新生心理档案】为了解学校新生心理健康状况，有效地促进新生入学适应。10 月下旬，学校对 2012 级全体新生进行了心理健康状况普查，根据统计标准筛查出需进一步面谈的学生。11 月，中心对筛查出的学生进行了回访，建立 2011 级新生心理健康档案，对重点人群向院系反馈，以进一步做好心理危机的防范工作。

（袁　萌　石世平）

【召开大型毕业生双选会】11 月 25 日，华北电力大学与国网人才中心 2013 届毕业生冬季双选会在华北电力大学举行。共有包括湖北省电力公司、西藏电力公司、内蒙古电力公司、青海省电力公司、四川省电力公司自贡电业局、浙江省火电建设有限公司等国网人才中心成员单位近 70 家单位参加了此次双选会，吸引了上千人次的毕业生前来应聘。12 月 1 日，北京高校毕业生就业指导中心——华北电力大学 2013 届毕业生双选会开幕，包括新疆电力设计院，上海神舟电力有限公司，北京外交人员服务局，清华大学核能与新能源技术研究院等 80 多家用人单位前来应聘优秀的毕业生。

（葛　超　靖士寅）

【举行就业工作表彰会】12 月 5 日，华北电力大学举行 2012 届毕业生就业工作先进集体、先进个人评审会。党委学工部、研工部、各院系毕业生就业工作领导小组负责人出席会议并担任评委。会议产生了 2012 届毕业生就业工作先进个人初选名单。通过此次评审会，各院系对 2012 届毕业生就业工作进行了系统的总结和汇报，明确了下一步毕业生就业工作的重点，也为进一步做好 2013 届毕业生就业工作打下了基础。

（葛　超　靖士寅）

【启动磐石计划】12 月 11 日，华北电力大学保定校区召开学生政工干部素质提升“磐石计划”启动仪式。会上宣读了计划实施方案，以及专业方向分组名单。校长助理郭孝锋作了题为《以十八大精神为引领，不断开创学生工作新局面》

的主题报告，进行了“透析典型案例，提高管理艺术”的经验分析与交流。

（文　丽）

【举行中电加美奖学金签约】12月12日，华北电力大学举行“中电加美奖学金”签约仪式。“中电加美奖学金”由北京中电加美环保科技股份有限公司设立，公司董事长为财会88级杨媛校友。中电加美奖学金奖励可再生能源学院新能源科学与工程专业、水文与水资源工程专业以及能动学院热能与动力工程专业的优秀学生。每年出资15万元，协议期为3年。

（戚坚军）

【南网人资部来校调研座谈】12月12日，中国南方电网公司人力资源部招聘主管曹珊、传媒校园招聘宣传项目经理张翀一行访，就校企合作与人才培养及校园招聘等相关项目与学校相关部门负责人进行了走访座谈。座谈会上，就合作开展订单式培养、大学生职业体验、毕业生从业能力调查等具体合作项目展开了热烈的讨论，达成了初步的合作意向。

（葛　超　靖士寅）

【发改委宋司长作报告】12月13日，国家发改委宏观经济管理编辑部副主任宋承敏在帮扶大学生创就业联盟执行秘书长党磊和中国教育新闻网记者叶云波的陪同下来到华电，为华电师生作“献礼十八大——关于大学生择业与职业发展规划”专题报告。

（葛　超　靖士寅）

【华电入选百强企业最爱十校】12月13日，上大学网发布原创榜单《上大学网中国百强企业最爱的大学排行榜》，对2008—2012年5年来中国百强企业走进校园招聘宣讲的频率数据进行了详细分析。榜单显示，华北电力大学入选中国百强企业最爱的十所高校。

（葛　超　靖士寅）

【举办冬季双选会】12月15—16日，华北电力大学组织举办“华北电力大学2013届毕业生冬季双选会”，本次双选会除了吸引到以国华电力公司、中电投河南电力有限公司、天津市津能投资公司、山东电力建设第二工程公司、宁夏回族自治区电力设计院为代表的电力系统单位外，还吸引了包括首钢总公司、武汉钢铁公司、福建省投资开发集团有限责任公司等系统外单位共100多家前来华北电力大学招贤纳才。双选会受到了学校领导的高度重视，两校区的学生处、各院系分管领导，辅导员、班主任均来到双选会现场，在用人单位和学生之间牵线搭桥，协助推荐毕业生。

（李兰涛　宣兆卫　彭建章　靖士寅）

【举行校长奖学金获奖事迹报告会】12月16日，学校举行2012年度校长奖学金获奖学生事迹报告会。本次报告会旨在充分发挥优秀学子先进典型的榜样示范作用，激励、帮助和引导广大同学养成良好的学习生活习惯，积极营造“先进、争当先进、赶超先进”的浓厚氛围，进一步培育良好的校风、学风。

（戚坚军）

【签署校企联合公约】12月18日，华北电力大学应邀参加“2012第二届全球大学创意博览会”开幕式，就业指导中心副主任葛超代表学校出席开幕式并签署校企联合会公约。共同签署校企联合会公约的有教育部直属、北京市属30多所高校及近50家知名企业的代表。华北电力大学为首批校企合作联合会高校成员之一。

（葛　超　靖士寅）

安全保卫工作

■概述

2012年，华北电力大学安全保卫工作紧扣“建设高水平大学”和“跨越式发展”两个主题，全面贯彻落实上级安全工作的指示精神，以科学发展观为指导，全力保障学校发展，牢固树立服务意识，把各项工作做到实处。在工作中注重人防、物防和技防相结合，充分发挥安全保卫部门的职能作用，加大安保力度，针对各类敏感期，华北电力大学在开展安全保卫工作中未雨绸缪，提前制订安全预案以积极应对，为实现建设高水平一流的全国重点大学的奋斗目标保驾护航。

2012年，学校保卫工作结合工作实际，建立了处长—科长—科员（队长）—队员四层工作责任制。层层落实责任，任务分解到人，完善了议事、管事、办事等方面责任工作机制，根据班子成员的特点和特长，合理分工，各司其职，不仅使每位班子成员都能充分发挥自身长处，创造性地开展工作，还极大地促进了班子成员之间的团结，大家都能以事业和大局为重，集思广益谋发展，同心协力干事业。在团结奋进的班子带动下，保卫处全体同志讲团结、比奉献、争一流，全处上下形成了“心齐、气顺、风正、劲足”的良好风气。保卫处深切认识到保卫工作是一项严肃而政策性极强的工作，来不得半点马虎，决不能出纰漏。保卫干部必须具有高度的政治责任心和敏感性，工作中必须保持严肃认真的态度，把始终坚持做好维稳工作放在第一位，定期与全校各院系及相关部门走访和沟通，制定有关问题解决工作及重点人的教育转化工作，把防范工作前移，保持工作的主动性。利用人防和技防的相结合的方式，加强重点目标的防控，确保了重点目标的安全。

（吴隆礼　刘　让）

■概况

2012年，华北电力大学北京校部保卫处共有在编安全保卫干部10人，其中研究生学历3人，本科学历6人，大专学历1人。设正处长1人，副处长2人（2012年12月增设1名副处长），下设综合科、防火科、治安科、政保科4个科，另专设户籍办公室为师生户籍服务；保定校区保卫处共有在编安全保卫干部12人，职工13人，人事代理1人，其中研究生学历2人、在读研究生2人，本科学历6人，专科学历5人，高中学历8人，初中学历3人。设正副处长各一人，下设政保科、治安科、消防与交通科、校卫队4个科室(队)。

2012年，学校北京校部保安队继续由北京怀保保安服务有限公司派遣保安队员，共有保安队员90人，其中有保安队长1人、副队长1人，保安班长7人，实行三班制轮岗，负责校园的24小时不间断巡逻。

2012年，学校北京校部完成了诸如党建评估、各种大的考试、校内重大会议、新生报到、双选会、校外公司领导来访签字等近百次的重大活动的安保工作，加勤1336人次，劝阻20余次校外基督教徒到校宣传基督教、招收人员的政治性案件。协助处理了2起网上涉及政治敏感性问题的案件，及时发现并制止了2起以推销为名的入室诈骗案件，妥善处置了3起学生意外伤亡事件。累计发放安全警示宣传粘贴画2000多张，安全宣传鼠标垫100多个，防诈骗小册子210本，制作成不干胶宣传品还张贴到取款机、人员密集场所、学生宿舍等，做到全覆盖，减少了诈骗案件的发生。北京校部保卫处为2012级新生2510人（本科1790人，研究生720人）办理了入户手续，为2012届毕业生2600余人办理了迁出手续。保定校区保卫处共迁入2012级新生户口1800余人，办理2012届毕业生迁出户口2000余人，办理在校生及教师户口借用手续1500余人，办理各类证件1100余人。

2012年，学校保定校区全年共张贴治安、警示100余份。共处理各类案件30余起，协助公安机关处理校内各类案件18起。推回未锁自行车40辆，认领28辆。收缴各类宣传品140余份。同时圆满地完成了学校毕业生离校、新生入学、毕业生双选会、学生各类专业知识（英语、计算机）等级考试，以及学校运动会、外事等各类大型活动的安全保障50余次。有效地保障了校园良好的生活、学习秩序。2012年，保定校区保卫处共检查现有消防灭火器3062具，分2次更换罐装过期灭火器2573具；检查保定校区现有消防应急照明指示灯、安全出口、疏散通道指示牌2315套，维修、维护、更换529套；维修、维护、更换保养补充配置水枪、水龙带、压力表、阀门等76件（套）；清洗报警探头872只；推进华北电力大学消防工作“四个能力建设”，在保定校区原有消防设施警示、禁止、提示标识牌42种，共计5487个的基础上，新增补充维护更换1200个。

（吴隆礼　刘　让）

■条目

【全面排查安全隐患】10月，华北电力大学北京校部保卫处根据教育部于10月18日在重庆组织召开的安全稳定工作会议精神，以及北京市委教育工委和北京教委下发的《关于开展高校校园安全检查工作的通知》（京教工办〔2012〕24号）文件精神，开展了校园安全检查工作。各院系由各学院党总支书记牵头、副书记配合，召开校园安全检查的专题会议，对本单位的思想动态、矛盾纠纷、安全隐患等相关情况进行彻底摸排，做好相关记录并形成自查报告上报，由北京校部保卫处进行抽查，发现问题立即整改，暂时不能整改消除的，必须及时报北京校部保卫处、学工部或研工部，以确保学校的安全稳定。对校内消防设施的定期检查维护，完成校内所有灭火器的年检。1—12月对校内近5000具到期的灭火器逐月进行年度维保。教学楼内消防中控室及人员的日常管理，根据需要请厂家技术人员到校对各中控室人员进行操作培训。完成上级部门和公安机关对学校下达的消防安全要求。6月，由保定校区保卫处牵头在保定校区范围内进行了大规模的安全隐患排查整改工作。排查工作中，本着“把安全稳定隐患排查落到实处”的精神，坚持“谁主管，谁负责”的原则，要求各单位负责人牢固树立“安全稳定压倒一切”的思想，按照“教育到位、制度到位、检查到位、整改到位”的总体要求，进行了细致、全面的安全隐患排查工作。通过各单位特别是学生部门和后勤部门的自查及相关职能处室对自己所担负的任务进行审核等程序，对各部门隐患进行排查治理，暂时无法整改的做到挂账督办，所有的整改信息进行存档。

（吴隆礼　刘　让）

【进行消防安全教育及演练】10月30日，华北电力大学北京校部保卫处协同外国语学院组织学院教职工进行消防安全教育讲座。同日，北京校部保卫处与后勤集团联合对校内店铺、商业网点进行了消防安全检查，对不合格的地方下达整改通知书，要求相关单位整改，消除了消防安全隐患，于次日与后勤集团在学生一、二、三食堂进行灭火实战演练，11月6日，北京校区保卫处协同图书馆、网管中心组织观看防火逃生视频，学习正确使用消防设施并参与灭火实战演练。11月9日，北京校区保卫处协同学生处、大学生治安服务队开展消防宣传日宣讲活动，在宿舍张贴消防知识贴图。保定校区保卫处按计划组织实施了保定校区消防安全宣传月（4月、11月）活动，宣传防火、灭火、疏散逃生知识30次，参加受训学生员工1000余人次；单独组织后勤集团接待中心疏散演练和灭火培训；组织学生外出参观保定市消防培训基地宣传教育活动；利用校园广播和校园网络宣传消防知识8次。

（吴隆礼　刘　让）

【开展防范邪教教育活动】6—7月，华北电力大学在全校范围内进行了防邪教图片宣传展览警示教育活动以及科普宣传。要求各单位认真组织所属师生员工在图片巡展期间踊跃参观，以本次活动为契机，要求个单位自主开展灵活多样的反邪教警示教育宣传活动，加强马克思主义宗教观的教育，进一步提高广大师生正确认识宗教问题，识别邪教、抵御邪教的能力和水平，实现源头治理，建设无邪教校园。9月7—15日，根据上级部门的部署，再次在全校范围内进行信教人员的摸底调查工作，排查了全校范围内信教人员的情况和省市分布，做到掌握信教人员情况。对本单位的信教人员登记造册，掌握师生信教人员情况，以及是否有参与宗教、邪教活动的情况，重点摸清有无学生参与“法轮功”、“门徒会”、“守望教会”、“统一教”、“观音法门”等邪教组织情况。从统计数据看，校内绝大部分信教学生属于民族风俗习惯，极个别学生信仰基督教等，没有陷入邪教的学生和教工。

（吴隆礼　刘　让）

【做好十八大维稳工作】 11月8—15日是党的第十八次全国代表大会召开期间，为确保大会期间华北电力大学的安全稳定，严防敌对势力的破坏活动，从4月起对分管的二级单位进行了安全检查和走访，6月，对全校10个印刷、图书经营部门分别签订了安全责任书和致印刷复印业经营责任人的告知书，防止漏洞，严防反动、淫秽、迷信及其他可能影响社会稳定内容在华北电力大学的出现。11月，又多次对华北电力大学的印刷网点进行了细致的安全检查工作，做到万无一失，11月6—21日启动了敏感期间一级安全工作机制。保定校区保卫处共向教育部、河北省教育厅、保定市国家安全局、各级公安机关等上报各类信息30余份，发布综合治理简报5期。随时走访了解和掌握外教、留学生情况和学生社团情况，密切注意网上信息的监控，做好了信息收集和上报工作，做到了信息工作的快速、及时、准确，保障了学校的稳定和各项工作的顺利开展。

（吴隆礼　刘　让）

【开展“平安校园”创建工作】根据北京市委教育工委有关文件精神，北京校部保卫处切实稳妥全面地推进校园的安全稳定工作。以“巩固学校党委统一领导、党政齐抓共管、职能部门组织协调、基层单位分工负责、师生员工共同参与的安全稳定工作格局，健全完善机构人员齐备、责任措施落实、管理服务到位、组织保障有力的安全稳定工作体系”为总体目标。深入院系与所分管的二级单位进行安全工作检查、交流和探讨，大力消除各种不和谐的因素，逐步做好各种材料和硬件的建设工作。保定校区保卫处借申报教育部财政修购资金的契机，完成了2013年科技创安项目预案申报工作，拟申报校园科技防范项目二期，共2项。圆满完成2012年申报修购基金科技创安项目3项，目前项目处于验收阶段。

（吴隆礼　刘　让）

工　会　工　作

■概述

2012年，华北电力大学工会工作贯彻落实党的十八大、中国工会十五大以及北京市工会十二大精神，以邓小平理论、“三个代表”重要思想和科学发展观为指导，围绕中心，服务大局，努力发挥群众组织的优势，在构建和谐校园、参与学校民主管理、维护教职工权益、推进师德建设、丰富校园文化生活、为教职工办实事办好事以及加强自身能力建设等方面，做了大量的工作，进行了创新性探索与实践，取得了显著成绩。

2012年，华北电力大学工会工作以深化教代会提案工作和推进教职工服务平台建设工作为抓手，有力促进学校民主政治建设。教代会提案工作在学校党政的领导下，在教职工代表的积极参与下，坚持“围绕中心、服务大局、提高质量、讲求实效”的工作方针，努力调动“教代会代表和承办单位”两个积极性，以制度建设推动工作质量的提高，使学校教代会提案工作取得了新的成效。五届六次教代会共收到提案51件，立案率100%，提案办复率100%。截至2012年底，提案代表已全部签署回复意见，基本满意率达86.3%。

2012年，学校发挥工会“大学校”作用。以服务教职工队伍建设为重点，通过多种形式的教育活动，提高教职工队伍的整体素质。先进能量系统研究所与输变电设备安全防御重点实验室分获北京市“职工创新工作室”和河北省市级以上管理的“职工创新工作室”；电子与通信工程系电子学教研室工会小组获河北省教育系统“工人先锋号”称号；安利强获得中国教科文卫体工会颁发的第一届全国高校青年教师教学竞赛决赛三等奖；乌云娜、赵红涛获评北京市“师德先进个人”，安利强获评河北省“三育人”先进个人，云欣、赵书涛、李兵水获评保定市“三育人”先进个人。女工和计划生育工作获得嘉奖，学校分获昌平区2012年度“人口和计划生育工作先进单位”和河北省首批“工会女职工组织规范化建设示范单位”，李祝华荣获回龙观地区2012年度“人口和计划生育先进工作者”。在文体建设方面，在“首都教育系统教职工运动会”上取得了田径比赛高校甲组总分第五名、体育道德风尚奖等荣誉。在和谐校园建设方面，学校群众工作室被市总工会授予“保定市百佳群众工作室”。学校在北京市总工会2012年工会重点工作考核评定中获得优秀等次，荣获北京市教育工会颁发的“工会特色工作奖”。

2012年，学校响应北京市总工会和北京市教育工会的号召，积极探索教职工服务体系建设，努力提高工会的服务能力，为教职工做实事、解难事，把学校党政对教职工的关怀直接送到教职工身边。举办校部五大杯赛、校区三大杯赛，组织参与两地田径运动会等文体活动，促进教职工身心健康。举办新春茶话会，“三八”国际劳动妇女节联欢活动，开展如新年电影招待会等喜闻乐见的文娱活动，受到了教职工群体的普遍欢迎。关心关注教职工的民生问题，本着为教职工办实事，做好事的服务原则，邀请共建学校校领导来校与教职工座谈，举办庆祝教师节系列活动，召开青年教职工座谈会等活动。2012年为工会会员办理了第二批京卡·互助卡，为229名员工办理京卡业务，累计为960名会员办卡。女工和计划生育工作方面，加强和完善保护妇女合法权益，针对女职工的劳动保护和计划生育问题，做了大量宣传工作，保证了基本国策在学校得以认真执行，无违反计生工作的事件。慰问患病教职工，组织会员加入安康保险，积极推进教职工保险及理赔工作，及时为患病女教工办理保险理赔。

2012年，学校全力打造教职工服务平台，牢牢抓住服务教职工队伍这一重要环节，把对教师主体的服务升级，实现为中心工作锦上添花的目标。4月20日，校工会组织召开教代会提案部署会暨教职工服务委员会工作会议。经讨论决定，2012年重点解决“提高青年教职工的专业水平及福利待遇”的问题。5月15日，校工会邀请育新学校分管共建工作的江英副书记来到学校，就育新小学的招生政策及学龄前儿童教育、学习习惯培养等问题与教职工座谈。6月15日，教职工服务委员会召开青年教职工座谈会。会上，教职工服务委员会主任赵秀国就“提高青年教职工的专业水平及福利待遇”问题向青年教职工代表们征询意见，教务处、资产管理处、国际合作处、校工会等相关处室的负责人向青年教职工介绍了各自工作职责及为青年教职工提供服务的相关情况。

2012年，学校两地校工会协同相关院系、机关和文体协会，先后举办了“经管杯”乒乓球混合团体赛、“控计杯”羽毛球团体赛、“后勤集团杯”教职工扑克牌比赛、“机械杯”教职工羽毛球单项比赛、“图书馆”杯教职工书画作品展览、“动力杯”集体跳绳比赛、“电气与电子杯”冬季长走活动、“电子杯”教职工象棋比赛。这一系列杯赛活动既丰富了教职工的业余文化生活，为广大教职工提供了一个切磋技艺、锻炼心智的平台，又促进了教职工之间的交流，推动了学校全民健身益智运动的开展。

（田　里　张湘武）

■概况

2012年，华北电力大学工会共有正式会员3172人、非在编会员308人、分工会40个、教工文体协会16个。发放“送温暖”补助约计50000元；在全校女职工中开展办理《在职女职工特殊疾病互助保障计划》，新入职工互助会41人，投保614人808份，参保率100%。校部安排29名教职工外出疗养，组织105名教职工自费外出旅游。表彰了从教满30年的86名职工。学校5位老师撰写的2篇论文分获北京市教育工会2012年度理论与调研征文比赛优秀奖。开展“三育人”先进个人和先进集体评选工作，共评出教书育人先进个人24人，管理、服务育人先进个人16人，“三育人”先进集体 10 个。2012 年度学校"先进分工会"等系列先进评优中，北京校部评选出先进分工会 9 个，工会工作特色奖 4 个，先进分工会主席 25 人；先进协会 5 个，先进协会会长 13 人，协会活动积极分子 72 人；工会宣传积极分子 14 人，工会工作积极分子 203 人。保定校区评选出标兵分工会 3 个，优秀分工会 5 个，良好分工会 6 个，合格分工会 9 个。工会工作标兵 15 人、优秀工会干部 20 人、优秀工会积极分子 93 人、先进工会小组 27 个。

2012 年，华北电力大学女工和计划生育工作方面无违反计划生育工作的事件。"三八妇女节"为学校 1500 多名女职工和离退休女职工发了纪念品。发放离退休教职工独生子女父母一次性奖励。接待咨询、办理教职工、学生相关计生证明、证件约 950 多人次。北京校部组织教职工办理 2012 年《计划生育家庭意外伤害保险》，共 440 家庭，1302 人次，享受了国家补贴保险，685 份保费共计 1.2 万元。保定校区为 682 名女职工进行妇科检查。

（田　里　张湘武）

■条目

【召开五届六次教代会】2 月 17 日，华北电力大学第五届第六次教职工代表大会在主楼礼堂召开。刘吉臻校长作了题为《深化改革强化管理 努力开创高水平大学建设的新局面》的工作报告，吴志功书记在闭幕式上作了重要讲话。本次大会上，代表们学习讨论校长工作报告、讨论《全员考核及岗位津贴调整办法的原则意见》、审议学校财务工作报告及教代会提案工作报告，在完成各项会议议程的基础上，讨论并通过大会决议。

（田　里　张湘武）

【开展师德先进评选】3 月 6 日，华北电力大学两地开展"三育人"先进集体、先进个人评选活动。共评出教书育人先进个人 24 人，管理、服务育人先进个人 16 人，"三育人"先进集体 10 个。其中，乌云娜、赵红涛获北京市"北京市师德先进个人"称号，安利强获河北省"三育人"先进个人称号，云欣、赵书涛、李兵水获保定市"三育人"先进个人称号。

（田　里　张湘武）

【首都教育系统教职工运动会获佳绩】5 月 26 日，由中共北京市委教育工作委员会、北京市教育委员会、北京市教育工会三家联合举办的"2012 年首都教育系统教职工运动会"在奥体中心体育场隆重举行。市委常委、市人大常委会副主任、市总工会主席梁伟，市委常委、教育工委书记赵凤桐出席并致辞。副校长孙忠权代表学校出席运动会开幕式。运动会上，学校选报了田径、篮球、羽毛球、乒乓球及太极拳表演等比赛与表演项目。比赛过程中，教职工运动员发扬风格，勇创佳绩，荣获田径比赛高校甲组团体总分第 5 名、乒乓球比赛高校甲组团体赛第 7 名、篮球比赛高校男子甲组第 8 名、体育道德风尚奖等多项集体与个人荣誉。

（田　里）

共青团工作

■概述

2012 年，共青团华北电力大学委员会和共青团华北电力大学（保定）委员会（以下统称"校团委"），在学校党委的正确领导下，紧密围绕学校党政中心工作，以"服务青年成长成才"为根本出发点和落脚点，以"红"、"绿"、"蓝"三色教育为核心，以团员青年世界观、人生观、价值观教育和爱国主义、社会主义、集体主义教育为主线，团结和带领广大团员青年，积极开展思想政治教育、科技创新、社会实践、理论研究、志愿服务、文体活动，推动高水平大学建设。

2012 年，学校开展各类活

动促进团员思想政治教育工作。从 3 月开始，为隆重庆祝中国共青团建团 90 周年，学校开展了“热血青春献祖国，奋进路上谱新篇”纪念建团 90 周年主题系列活动，主要包括：纪念“五四”运动暨团内表彰评比活动、“回顾光荣历程，坚定青春理想”爱国主义读书月活动、“弘扬五四精神，展现青春风采”才艺展演活动、“英雄颂”艺术作品征集活动等。保定校区也开展了第十届青春风采大赛、第四届“金话筒”主持人大赛、“精彩在沃”校园歌手大赛、第九届大学生管理协会定向运动、英语四六级经验交流会、英语演讲比赛、校科协“大学生科普作品创作大赛”、第三届法制作品征集大赛、第三届三国杀争霸赛、第三届“国庆杯”棋类大赛、第一届 “羽斯杯”羽毛球比赛、星韵文学社“城”征文比赛、第六届校园趣味自行车比赛等。学校组织开展了 2011—2012 年度团员教育评议活动，组织开展了奏响青春交响曲——纪念建团 90 周年系列主题教育活动，华北电力大学团员思想政治教育系列活动得到了北京市共青团、团中央网站的多次报道。5 月 4 日，组织举行纪念五四运动 93 周年、建团 90 周年庆祝表彰大会暨“五月的花海”歌咏比赛。保定校区团委深入开展团建工作，在 5 月获得“保定市五四红旗团委”称号。2012 年，校团委不断加强各级团组织领导班子的思想政治建设，注重团干部的培养和教育工作，积极为团干部创造参与培训和学习的机会，不断提高其理论水平、业务能力；加大推荐优秀团员作为党的发展对象的工作力度，着力抓好“推优入党”工作；校团委组织广大团员青年深入学习贯彻党的科学发展观，通过政治学习、团课、座谈会、研讨会等形式开展了一系列思想政治教育活动，努力加强团的基层组织建设。

2012 年，学校组织并指导学生参加了多项科技活动。在第七届首都“挑战杯”大学生创业计划大赛中和第十二届全国“挑战杯”大学生创业计划大赛中表现突出，获得北京市优秀组织奖，其中 1 件作品获得全国铜奖、6 件作品获得北京市二等奖、7 件作品获得北京市三等奖。

2012 年，学校保定校区校团委指导学生参加国家和省部级的多项科技活动及竞赛，取得了优异成绩。在“挑战杯”2012 年河北省大学生创业计划竞赛终审决赛中，华北电力大学代表队不负众望，在河北省众多高校中脱颖而出，取得特等奖 2 项、一等奖 8 项、二等奖 9 项、三等奖 1 项的骄人成绩，华北电力大学教师孙薇、苑秀娥被赛会授予“优秀指导教师”荣誉称号，学校再度荣获大赛“优秀组织奖”。 6 月，第四届全国大学生创业大赛冀蒙赛区总决赛中，获得翼蒙赛区一等奖的好成绩；“绿色发展，赢在未来”第三届全国高校环保科技创意设计大赛中，华北电力大学代表学生表现出色，获得银奖 1 项、铜奖 5 项、优胜奖 4 项；第十六届“外研社亚马逊杯”全国大学生英语辩论赛华北赛区决赛中，华北电力大学代表发挥出色荣获二等奖 1 项；第四届“金蝶杯”全国大学生创业大赛冀蒙赛区总决赛在河北经贸大学举行，获得一等奖一项。8 月，“凯盛开能杯”第五届全国大学生节能减排社会实践与科技竞赛中，获得二等奖 3 项、三等奖 4 项以及竞赛“优秀组织奖”，同时，华北电力大学学生参赛作品《一种 γ 型斯特林热管 CPU 散热器》荣膺竞赛特等奖，这是华北电力大学参加历届“节能减排大赛”首次获得该荣誉，也是河北省范围内高校首次获此殊荣。10 月，全国大学生创业大赛中华北电力大学获得国家级三等奖 2 项的优异成绩。11 月，在河北省高等学校第十三届“世纪之星”英语演讲大赛在廊坊成功举办，保定校区学生代表取得了专业组一等奖一名、非专业组二等奖二名、专业组三等奖一名、非专业组三等奖一名的好成绩。12 月 3—8 日在北京举行 2012 外研社杯全国英语演讲大赛，取得了全国二等奖的好成绩，为校争得了荣誉。12 月，河北省第三届大学生工业设计创新大赛华北电力大学学生作品受到广泛好评与关注，荣获二等奖一项、三等奖二项、定向命题组三等奖一项及 10 余项优秀奖，荣获河北省第三届大学生工业设计创新大赛优秀院校组织奖。

2012年，学校继续按照学科优势、人才培养、社会服务三位一体的思路进一步强化了社会实践活动。7月，《让学生党员在服务社会中闪闪发光——“把绿色电力送到雪域高原”大学生新能源科技教育扶贫服务行动》荣获2010—2011年北京高校党的建设和思想政治工作优秀成果二等奖、创新成果奖。7月，校团委以“高举团旗跟党走、热血青春献祖国”为主题，广泛深入地开展实践活动和科技、文化“三下乡”活动。本次暑期社会实践活动中，华北电力大学共成立校级暑期社会实践团14支，院系级暑期社会实践小分队108支，学生自由组队近千支，学生参与率高达98%，广大青年学子通过社会实践活动了解党史国情、社会发展、民生实际，在奉献社会的过程中，树立远大理想，提高综合素质，服务社会发展，用优异的成绩迎接党的十八大胜利召开。活动内容覆盖关爱留守儿童、经济建设、就业见习等方面，实践队伍分赴青海、浙江、广东、河北、昆明、江苏、内蒙古、北京等省（自治区、直辖市）。同时，2012年暑期河北省百万大学生和青年教师千乡万村“体验省情、服务群众”主题实践活动中，华北电力大学共成立省级重点实践小分队1支，校级重点实践小分队8支，院系级重点实践小分队20支，深入开展服务群众、扶贫助困、幸福乡村建设等主题实践活动，取得了良好效果。此外，分别评选出了社会实践先进小分队14支、社会实践优秀指导教师6人，社会实践先进个人438人、优秀社会实践报告329篇。

2012年，学校保定校区团委发起并成立了“大学生创业精英班”，为广大学生的科技创新提供系统的培训平台，积极引导大学生创业。同时，开展了丰富多彩的校园文化体育活动，4月，华北电力大学第二十三届大学生体育节开幕式在二校区篮球场举行，体育节历时两个多月，设有足球、篮球、排球、轮滑、羽毛球、乒乓球等14个比赛项目。为隆重庆祝建团90周年，从3月开始，开展了“热血青春献祖国，奋进路上谱新篇”纪念建团90周年主题系列活动。为切实发挥好广大青年学雷锋的骨干作用，大力传承和弘扬雷锋精神，深入开展“雷锋榜样进校园”活动及学雷锋志愿服务等活动，有效提升全校学生的思想道德素质，有助于世界观、人生观和价值观的完善。为了迎接党的十八大胜利召开，引导广大团员颂党爱党，增强广大青年团员青年社会责任感和历史革命感，营造浓郁的校园文化氛围，校团委在全校范围内广泛开展形式多样的活动。同时，在2012年学生会和社团联合会充分发挥优势，在校团委的正确引导下，开展了形式多样的校园活动，丰富校园生活，活跃校园氛围。

（王集令　石立宁）

■概况

2012年，共青团华北电力大学委员会下设组织部、宣传部、科技创新部、社会实践部、理论研究部、社团文体部、志愿工作部、综合办公室、大学生活动中心等9个职能部门，指导校学生会、社团联合会、研究生会工作。

2012年，学校团委有教职工5人（含1名保研辅导员），共有专职团总支书记11人、兼职团总支书记2人。校团委下设13个团总支，共青团员（不含保留团籍的学生党员）14322人、团支部503个、登记在册学生社团48个。

2012年，学校在年度团员教育评议中评出优秀团总支6个，校级优秀团支部37个，系级优秀团支部67个，校级优秀团干部202人，系级优秀团干部308人，校级文体标兵10人，科技标兵10人，青年志愿者标兵10人，校级优秀团员845人，系级优秀团员1549人。在2011年度北京市共青团评优表彰中，1个团支部荣获北京市五四红旗团支部称号，17名同学获得北京市三好学生荣誉称号，5名同学获得优秀学生干部称号，5个班集体获得北京市优秀班集体称号。

2012年，学校承担团委工作相关省部级课题1项，指导学生获得国家级三等奖1项，省部级二等奖6项，三等奖7项。

2012年，学校在暑期社会实践活动中共派出校级暑期社会实践队14支，院系级暑期社会实践小分队108支，学生自由组队近千支，学生参与率高达98%，活动内容覆盖关爱留守儿童、经济建设、就业见习等方面，实践队伍分赴青海、浙江、广东、河北、昆明、江苏、内蒙古、北京等省市自治区。同时，河北省百万大学生和青年教师千乡万村“体验省情、服务群众”主题实践活动中，华北电力大学共成立省级重点实践小分队1支，校级重点实践小分队8支，院系级重点实践小分队20支。此外，分别评选出了社会实践先进小分队14支、社会实践优秀指导教师6人，社会实践先进个人438人、优秀社会实践报告329篇。2012年，学校再次荣获首都高校社会实践先进单位称号，5名同志荣获首都高校社会实践优秀工作者称号；5名同志荣获首都高校社会实践先进个人称号；10支实践团荣获首都高校社会实践优秀团队称号；15项调研成果荣获首都高校社会实践优秀调研成果称号。

2012年，学校保定校区团委共有共青团员17805人，团支部647个，学生社团50个。在2012年的团员教育评议工作中共评出优秀团员942人，优秀团支部128个，科技积极分子314人，优秀团干部317人，团员标兵22人，志愿服务先进272人。

2012年，学校为培养优秀的自主创业人才，学校发起成立华北电力大学“大学生创业精英班”，培养学员的创业意识、创业思维和创业能力，通过项目转化对接、注入创业启动资金、引入风险投资的方式，努力打造一批具有代表性的学生创业企业。同时，开展了多项活动，取得了很好的成绩，获得国家级奖项：特等奖1项，一等奖1项，二等奖4项，三等奖6项，银奖1项，铜奖1项，优胜奖4项。省部级奖项：特等奖2项，一等奖9项，二等奖13项，三等奖6项，优秀奖十余项。其中，在“挑战杯”2012年河北省大学生创业计划竞赛终审决赛中，再度荣获大赛“优秀组织奖”；“凯盛开能杯”第五届全国大学生节能减排社会实践与科技竞赛中获得竞赛“优秀组织奖”，作品《一种γ型斯特林热管CPU散热器》荣膺竞赛特等奖，这是华北电力大学参加历届“节能减排大赛”首次获得该荣誉，也是河北省范围内高校首次获此殊荣；河北省第三届大学生工业设计创新大赛颁奖典礼暨首届校企合作论坛中荣获优秀院校组织奖。

（王集令　石立宁）

■条目

【李岩松荣获大学生自强之星】4月27日，由共青团中央、全国学联主办的2011年度寻访“中国大学生自强之星”活动获奖名单揭晓。经过选拔、推荐，华北电力大学电气与电子工程学院实验电09班李岩松、控制与计算机工程学院自动0803班王海东分别荣获2011年度“中国大学生自强之星”、2011年度“中国大学生自强之星”提名奖荣誉称号，分别获得5000元和2000元的新东方自强奖学金。

（王集令）

【全国大学生创业计划竞赛获佳绩】5月，华北电力大学组织学生参加了在河北联合大学举办的“挑战杯”2012年河北省大学生创业计划竞赛终审决赛，经过华北电力大学师生的刻苦努力和激烈角逐，华北电力大学代表队不负众望，取得特等奖2项、一等奖8项、二等奖9项、三等奖1项的骄人成绩，华北电力大学教师孙薇、苑秀娥被赛会授予“优秀指导教师”荣誉称号，学校再度荣获大赛“优秀组织奖”。同时，在10月全国大学生创业大赛中华北电力大学获得国家级三等奖2项的优异成绩。

（王集令）

【获评保定五四红旗团委】5月，华北电力大学保定校区校团委深入开展了基层团建工作，加强各级团组织领导班子的思想政治建设，通过政治学习、团课、座谈会、研讨会等形式开展了一系列思想政治教育活动，被共青团中央办公厅授予“保定市五四红旗团委”称号。

（王集令）

【举行第四届北京市主持人风采大赛】5月13日，由中央人民广播电台，全国高校广播联盟与华北电力大学校团委联合主办，由华北电力大学校广播台承办的第四届北京市主持人风采大赛在华北电力大学举行。大赛邀请了新浪微博城市主管胡婧，中视频道《名人专访》栏目主持人张雪倩，中央电视台节目主持人王鑫尧，业内资深双语主持人孟磊，“音乐大班长”、80后创作才子徐誉滕担任评委。劲歌王子海鸣威和知名歌手胡杨林、80后创作才子徐誉滕等也献歌助阵。

（王集令）

【参加第三届全国高校环保科技创意大赛】6月3日，“绿色发展，赢在未来”第三届全国高校环保科技创意设计大赛在广州华南理工大学闭幕，华北电力大学学生获得银奖1项、铜奖5项、优胜奖4项。

（王集令）

【一作品获全国大学生节能减排特等奖】8月7—11日，“凯盛开能杯”第五届全国大学生节能减排社会实践与科技竞赛在西安交通大学举行，华北电力大学学生参赛作品《一种γ型斯特林热管CPU散热器》荣获特等奖，这是华北电力大学首次获得该荣誉，也是河北省范围内高校首次获此殊荣，同时保定校区学生作品还获得二等奖3项、三等奖4项以及竞赛“优秀组织奖”。

（王集令）

【省高校英语演讲大赛获佳绩】11月16—18日，河北省高等学校第十三届“世纪之星”英语演讲大赛在廊坊举办，华北电力大学保定校区学生代表取得专业组一等奖一名、非专业组二等奖二名、专业组三等奖一名、非专业组三等奖一名的好成绩。

（王集令）

【国家体操队队长来校交流】11月29日陈一冰“做自己的冠军”全国百所高校交流公益行华电站在华北电力大学主楼礼堂举行。国家体操队队长、奥运会冠军陈一冰应邀出席并与华电学子面对面交流，弘扬奥运精神，传递正能量。同时陈一冰的此次公益活动将助力绿色电力重走长征路，使绿色电力点亮高原的夜晚。出席访谈的嘉宾和领导有2000级校友、北京校友会副秘书长、北京兆瑞恒科技发展有限公司总经理杨兆静女士等。

（王集令）

【王苏鑫获全国英语演讲大赛二等奖】12月3—8日，2012外研社杯全国英语演讲大赛在北京举行，华北电力大学王苏鑫同学代表河北省参赛，获全国二等奖。

（石立宁）

【学校获省工业设计创新大赛十项奖】12月19日，河北省第三届大学生工业设计创新大赛颁奖典礼暨首届校企合作论坛在中共河北省委党校举行。全省40所院校的900余件作品参赛，华北电力大学学生作品获二等奖一项、三等奖二项、定向命题组三等奖一项及优秀奖10余项，荣获河北省第三届大学生工业设计创新大赛优秀院校组织奖。

（石立宁）

离退休工作

■概述

2012年，华北电力大学离退休工作在教育部和北京市教工委、河北省教委正确领导下，在校党委高度重视下，以迎接党的十八大胜利召开为契机，以“两项待遇、两项建设、六个老有”为抓手，开展了“喜迎党的十八大，创先争优乐晚年”系列主题活动，成效显著，老同志普遍满意。

2012年，学校继续落实好离退休干部政治待遇。组织老同志深入学习十七届六中全会精神、十八大精神、学习学校五届六次教代会校长工作报告。观看中央党校有关专家辅导报告。参加学校重要会议和重大活动。春节、七一前走访慰问老党员、老干部、困难群众。向老干部通报情况。2012年在表彰创先争优活动中校部离退休方庄党支部被评为先进基层党组织。孙国柱、贺韩君被评为优秀共产党员。保定校区陈基禄、赵玉迅、高香林被学校评为优秀党员，其中张会文、魏素欣被党总支评为先进个人。

2012年，学校考虑物价上

涨因素，增发生活补贴，落实老干部生活待遇。在原生活待遇基础上，从 2012 年 7 月 1 日起为离退休人员每人每月增发 300 元生活补贴，决定五大节日逢节为老同志发放 200 元慰问金。

2012 年，学校加强和改进离退休干部党支部建设和思想政治建设。加强党支部建设，继续开展创先争优活动。根据老同志居住分散的特点，强化以党支部为纽带就近联系服务广大党员群众制度（双渠道联系党员群众制度），为老同志就近学习、就近活动、就近得到组织关怀提供了方便。12 月 3—4 日离退党总支举办了党支部干部及工作人员学习培训班，在会上认真学习了十八大精神，学习了新党章的具体要求。各支部深入交流了学习活动情况，取长补短，互相促进。培训会还明确了新时期党支部的职责以及对党员、党组织提出的新要求，要求各支部继续创建“五好支部”。帮扶困难群体，传统节日走访慰问离退休干部情况。七一、春节前校党委带头走访、慰问老干部、老党员、孤寡困难群众。每年学校为老同志发放福利品及节日慰问金，春节前校工会还为老同志发放送温暖慰问金。

2012 年，学校继续做好“六个老有”服务工作。老有所养、老有所医是离退休工作的基础。对于高校的离退休人员来讲，老有所养问题不定位在温饱上，而应定位在引导他们树立科学的养老观，正确对待疾病与死亡，替他们解决困难问题。举办专题养生活动课堂，利用支部活动和集体活动机会多层面多手段地进行服务与引导。老有所医，高等学校医疗报销可以说没有拖欠问题，困难在于老同志离校太远，有的离医院也很远，就医难，报销不方便。针对这一问题，学校在拿药、取用支票、报销等方面尽可能方便老同志，每月到老同志就近的 3 个活动站为他们报销医药费。配合校医院为近 1000 位老同志每年进行一次全面体检。老有所乐。2012 年组织开展了“喜迎党的十八大，创先争优乐晚年”系列活动，内容有：迎春联欢会、重温延安精神红色游、喜迎党的十八大文艺汇演、喜迎党的十八大丰富校园文化书画摄影展、参观通州运河文化公园新貌、参观韩美林艺术馆，组织老同志考察文化特色县易县，组织怀柔人间花海秋游等。通过大小规模活动的开展，老同志们更加坚定了信念，丰富了生活，强健了身心，支部的凝聚力也得到了提升。保定校区离退休老同志组队参加保定市体委组织的门球比赛。5 月参加了高校杯第六届门球比赛、10 月参加了老年协会组织的门协杯、九九重阳节邀请赛，展现了老同志们的精神面貌。老有所教、老有所学是一个问题的两个方面，学校创办了银龄艺术团，开办钢琴班、音乐欣赏、银龄课堂，书画研究班等，通过寓教于乐引导老同志拓展自己的老年生活和学习内容。

2012 年，学校继续组织引导离退休干部发挥积极作用。以朱常宝同志为首的关心下一代工作委员会积极做好思想政治理论课的信息员工作，亲临教学一线听课，认真调查研究提出教改方案。发挥老教师传帮带作用，助青年教师成长。教学督导工作。教学督导组大多由退休老教师组成，常年为教学质量把关，对青年教师起传、帮、带作用。学校老科协积极响应保定市老科协的号召，积极参与保定市老科协组织的各项活动，由于退休老同志在理论和实践方面学术较高，他们还参加了全国召开的学术交流会议。他们一方面讲学、一方面撰写论文和技术测试及审稿，共写论文 4 篇、讲学 62 小时、审稿 7 篇、参加技术测试 4 次。2011 年学校启动了聘请老干部担任兼职辅导员。首批聘任了 4 位刚退休的有着丰富的从事学生思想政治工作的老领导、老教育工作者。他们对年轻的辅导员有着很好的示范和带动作用，大大提高了辅导员工作的标准和科学化水平。

（秦卓贤　孔庆勤　张隽贤）

■概况

华北电力大学离退休办公室是隶属于校党委系统的职能部门，由校党委书记直接分管。离退休工作办公室分为北京、保定两部分属地办公，经费单列。

2012 年，学校离退休工作人员状况：北京校部现有工作人员 5 人。分别为主任 1 人、离退休党总支书记1人、正处级调研员1人，工作人员2人。保定校区副主任1人，工作人员4人。

2012年，学校北京校部共有离退休人员407人。离休人员26人，其中副部级1人，司局级干部1人，正高职7人，副高职2人，中级1人，处级13人，科级1人。退休人员381人，其中司局级16人，正高级114人，副高级87人，中级50人，工人53人，处级32人，科级29人。保定校区离退休现有人员563人，民主党派20人。其中离休干部23人，司局级5人，处级18人，在离休干部中5人为抗战时期参加革命工作，其余为解放战争时期参加工作；退休人员540人，司局级5人、处级20人，副高职以上职称的教师和专业技术人员244人，一般干部、教师116人，工人155人。

2012年，学校离退休党总支北京校区有离退休党员225人，党支部10个。保定校区离退休党员232人，党支部6个。

2012年，学校北京校区小营家属宿舍区地下室设有老干部活动中心，占地500平方米。有阅览室，沙壶球、乒乓球、台球室、音乐教室、卡拉OK室、健身器材等。保定校区老干部活动中心有700多平方米，设有多功能厅、乒乓球、台球、棋牌室、健身房等。

2012年，学校北京校区离退休老同志共有10个兴趣团队，门球队、乒乓球队、沙狐球队、台球队、歌友会、钢琴班、书画、手工、摄影。成立了银龄合唱团，开设了银龄课堂，还并举办了计算机、书法、文学欣赏、音乐欣赏等课程。保定校区成立有合唱队、舞蹈队、腰鼓队、合唱队、台球队、门球队、太极拳队、书画组等团队。

（张隽贤　张　丽　马同军）

■条目

【参加市老教育工作者文艺演出】9月25日，华北电力大学离退休“银龄合唱团”参加了“北京精神我践行，喜迎党的十八大”北京老教育工作者北片高校文艺演出，“银龄合唱团”共奉献了混声合唱《红梅赞》《卡林卡》、男生小合唱《共青团之歌》等节目。此次文艺演出，由北京市委教育工委离退休干部处主办，共有16所高校参加演出。

（张隽贤　张　丽　马同军）

【召开学习培训会暨学习十八大精神部署会】12月3日，华北电力大学离退休党总支在主楼D216召开离退休党支部干部学习培训会。会议由秦卓贤主任主持。会上，离退休党总支书记李献东传达了上级及学校学习十八大的有关会议精神，结合华电（2012）12号文件《关于认真学习宣传贯彻党的十八大精神的通知》精神，要求离退休各党支部根据实际情况，充分利用家庭、老干部活动中心等阵地，通过各种灵活多样的方式，组织离退休党员认真学习十八大精神。离退休办公室主任秦卓贤，离退休党总支书记李献东，校党委组织部副部长王韶华、各离退休党支部干部参加会议。

（张隽贤　张　丽　马同军）

人　事　管　理

■概述

2012年，华北电力大学人事工作紧密围绕学校“十二五”发展规划，以人才强校战略为工作重心，认真履行岗位职责，不断改进工作作风，努力提高工作水平，圆满地完成了各项工作任务，为学校各项事业发展提供了强有力的人力资源保障。

一、进一步完善制度建设，为各项工作的开展提供政策支持

2012年，学校先后起草、出台了《华北电力大学进一步深化人事制度改革原则意见》《华北电力大学教师绩效考核及校内津贴调整方案（试行）》《华北电力大学职员、其他专业技术人员、工勤人员考核办法（试行）》《华北电力大学出

国逾期未归人员暂行管理办法》《华北电力大学贯彻落实〈国家高层次人才特殊支持计划〉实施意见》及《华北电力大学三级、四级职员岗位聘任实施办法》等管理文件，进一步完善了学校的人事政策体系，规范了相关工作流程，明确了部门之间的责任，搭建了具有可操作性的人才引进、深造、培训平台。

二、整合职能，精简机构，加强管理，提高效能

2012年，学校科学合理设置各类机构。根据学校教学、科研、管理、党建和服务等不同职能，按照精简、效能原则，探索大部制管理模式，对工作性质和主体职能基本相同或相近的机构实行合并或合署办公。校部、校区机构不完全对应。结合两地办学的实际情况，根据工作职责、任务和性质，灵活设置校部和校区的机构，两地不实行一一对应，建立职责分明、运行高效、适合两地实质性一体化办学的管理体制和运行机制。科学技术处、重大项目管理办公室合并，组建科学技术研究院；成人教育学院、培训学院合并，成立继续教育学院；国际教育学院独立运行；保定校区后勤管理处与基建管理处、校园规划办公室合并，成立后勤与基建管理处（保定）；保定校区计划财务处与资产管理处合并，成立财务与资产管理处（保定）。

三、人才引进实现新的突破

2012年，学校进一步加强人才工作，成立人才工作办公室。围绕学校建设“多科性、研究型、国际化”高水平大学发展目标，实施“人才强校”战略，根据教育部《“长江学者和创新团队发展计划”长江学者聘任办法》《“千人计划”有关工作的通知》等文件精神，紧紧围绕国家重点科研领域和华北电力大学重点学科方向、重点科技创新平台，通过完善配套措施，在高层次人才建设上取得了突破性进展。2012年华北电力大学成功申报“长江学者特聘教授”1人；第八批国家“千人计划”2人；第一批“青年拔尖人才”1人；北京市优秀人才资助项目3人。

2012年，学校进一步加大对海外高层次人才的引进力度，从日本早稻田大学引进周振宇、刘鹏、刘江、刘松、伍军5位高层次人才；从芬兰引进赵雄文、耿绥燕2位高层次人才，实现了人才工作的重要突破。高水平的科研和教学领军队伍，为学校的发展提供强大的智力支持，为学校学科的跨越式发展提供了巨大的原动力，从而带动师资队伍水平稳定、全面的提高。

四、加大青年教师培养力度，青年教师整体素质得到提高

2012年，学校为进一步加强青年教师队伍建设，不断提高青年教师的教学水平和整体素质，帮助青年教师过好教学关，全面提高其教学能力和水平，学校把对青年教师的指导、培训作为一项重要工作来抓，进一步加大对青年教师的支持和培养力度。2012年，学校共有20名青年骨干教师获得国家留学基金委“青年骨干教师出国研修项目”资助；并通过举办“教学方法与教学艺术”等一批高水平的专题报告会、参加教育部全国精品课程培训、举办青年教师讲课比赛等活动，多渠道对师资队伍进行培养。选派有丰富教学经验和具有较强责任心的教师为新进教师进行岗前培训，做好“传、帮、带、跟、促”工作。

2012年，学校保定校区为加强对青年教师的培养，提高教师教育教学素质，分别组织开展了以“师德教育”、“提高教学水平 强化教学基本功”、“归国教师‘国际化’经验交流”、“名师讲堂”为主题的多期系列座谈会。同时还为青年教师校内岗位培训开展了多种形式的观摩活动，共组织青年教师500余人次参加。组织了2011年、2012年青年教师社会实践工作。组织了2011年、2012年教师资格认定、“两学”考试、教学能力测试工作，已有37位教师取得教师资格证书。组织33名青年教师参加河北省岗前培训。组织50余名青年教师参加科学道德和学风建设宣讲教育专题报告会。

五、首次召开教师工作会议，全面部署教师管理工作

2012年，学校针对国家发

布的《关于国家高层次人才特殊支持计划》《国务院关于加强教师队伍的意见》《关于加强高等学校青年教师队伍建设的意见》等一系列文件，学校首次召开了教师工作会议。会议在充分解读国家政策的基础上，针对华北电力大学在高层次人才培育与遴选方面做了相关部署，会议指出，学校近年来关于人才工作的思路整体是清晰的，一直遵循“学科立校、人才强校、科研兴校、特色发展”的十六字方针。从21世纪初学校实施的“151人才工程”到后来的在博士化、国际化、工程化及高层次人才培养与引进方面，都取得了比较显著的成绩。但同时指出了华北电力大学在高层次人才引进、教师总量、教师队伍的水平、结构及思想观念方面存在的一些差距。会议要求教师工作和人才工作应该成为学校各级组织和全体干部共同的工作，各部门要进一步在人才的引进、使用、培养、服务等方面下大力气。多给年轻教师创造条件，解决实际问题，使他们能够安心工作，增强创新性。

会议还就华北电力大学2013年招聘工作、专业技术职务评聘、教师绩效考核等工作作了相关部署。

六、以人事制度改革为契机，全面加强管理工作

（一）教职工绩效考核

学校修订并出台《华北电力大学教师绩效考核及校内津贴调整方案（试行）》。文件制定过程中，学校在全校进行了深入摸底调研，多次与保定校区同事座谈讨论，与教务、科研等部门深入沟通，认真汇总梳理院系反馈，采纳合理建议。以建设高水平大学教职工考核评价体系为目标，在充分考虑华北电力大学实际情况基础上，合理借鉴其他知名高校成功经验，反复推敲，最终修订并出台了华北电力大学教职工考核办法。

修订并出台了《华北电力大学职员、其他专业技术人员、工勤人员考核办法（试行）》。修订过程中，搜集整理大量资料，认真分析，听取意见，最终确定了“关键指标考核＋360°考核”的考核模式。

（二）实施教师专业技术职务聘任制

学校全面实施教师专业技术职务聘任制。按照学校的相关要求，新一轮的专业机制职务评聘工作于2012年11月正式启动，作为学校人事管理的重要激励手段，此次的专业技术职务评聘工作在原来的基础上首次明确公布了评聘岗位数及增加了教授的答辩环节，从制度保障和组织环节上进一步规范化。

（三）人员调配及考勤

学校严格按政策、按程序、按原则进行人事调配工作，通过接收毕业生、京外调干、两地分居、留学落户等几种方式，共为90余名教师办理了北京户口。继续加强二级单位职工的考勤与纪律管理，协同有关部门对全校劳动纪行进行督察。对长期病休擅自离岗的职工及时与院系沟通，严格执行国家及学校的人事管理的有关政策。

（四）进一步提高教职工待遇

（1）学校为了稳定人才、吸引人才，充分调动在岗教职员工的工作积极性，巩固学校人事制度改革成果，为下一步事业单位绩效工资改革奠定基础，逐步提升学校教职工待遇，完成了校长工作报告中教职工收入每年增资10%的目标。

(2)学校积极探索引进高层次人才工资管理和发放新模式，在调研兄弟院校的基础上，结合华北电力大学实际，制定了华北电力大学“千人计划”学者的工资发放办法，为学校下一步高层次人才引进工作打好基础。

（3）学校积极落实国家关于离退休人员规范津补贴政策，按照教育部部署，完成了华北电力大学两地退休人员规范津贴补贴工作，同时为离休人员调整了离休人员补贴标准。

（4）学校按时完成2012年教育部、北京市等上级部门安排的清理津补贴、劳动工资统计、离休人员提高医疗待遇等工作。完成职工节假日补贴、探亲路费、交通补贴、午餐补贴、防暑降温费的审核和发放。

七、规范管理博士后流动站工作

（一）健全制度规范管理

学校现在站博士后30人，其中2012年新进站14人，出

站6人。在加大招收力度的同时，更加注重规范管理，保证质量，对在职人员的进站从严控制，严格执行博士后的出站条件，积极参加各种学术交流活动，以提高在全国的影响力。

（二）与企业联合培养博士后

进一步重视和加大与企业联合培养博士后的力度。目前华北电力大学与国华电力研究院、云南电网公司等单位联合培养博士后3人。

（三）完成博士后流动站申报工作

华北电力大学控制科学与工程学科博士后科研流动站成功获批。从2012年初开始准备控制科学与工程科研流动站的申报，学校精心谋划，顺利通过了评审，于2012年8月底获批了华北电力大学第5个博士后科研流动站。

（董 剑）

■概况

2012年，华北电力大学拥有院士5人，其中双聘院士4人。学校有国家级教学名师奖获得者1人、长江学者特聘教授1人。学校获国家“杰出青年科学基金”资助人员6人、入选国家“百千万人才工程”人员7人、“973计划”首席科学家4人、“国家有突出贡献专家”4人、教育部“新世纪优秀人才支持计划”人员35人、全国模范教师2人、全国优秀教师2人、入选“中科院百人计划”5人；4个创新团队入选教育部“长江学者和创新团队发展计划”。

2012年，学校新增国家“千人计划”入选者2人，从而使华北电力大学“千人计划”专家达到6人。

2012年，学校引进39名教师。其中35人具有博士学位，9人从海外知名高等学校毕业或博士后研修，博士学历人数比占89.74%。特别是2012年度从日本早稻田大学一次性引进电气学科团队成员5人（刘鹏、刘江、刘松、周振宇和伍军）。

2012年，北京市高校师资培训中心华北电力大学青年教师岗前培训点共培训学员25人，均为华北电力大学教师。保定校区组织33人参加河北省青年教师岗前培训并全部取得合格证。

2012年，学校共为95人办理了教师资格证书，其中本校部42人，保定校区53人。

2012年，学校共有15名新进站的博士后，另有2名与工作站联合培养的博士后进站；5名博士后出站。至年底，学校共有5个博士后科研流动站，在站博士后研究人员35人。

（董 剑）

■条目

【牛东晓获评长江学者特聘教授】2月7日，教育部下发《教育部关于公布2011年度长江学者特聘教授、讲座教授名单的通知》（教人〔2013〕1号）文件，华北电力大学牛东晓教授被评为长江学者特聘教授。“长江学者奖励计划”是国家重大人才工程的重要组成部分，是教育部加强高等学校高层次人才队伍建设、吸引和培育具有国际影响的学科领军人才而实施的人才项目，它与“海外高层次人才引进计划”、“青年英才开发计划”等共同构成国家高层次人才培养支撑体系。华北电力大学经济与管理学院牛东晓教授成功入选“长江学者”特聘教授。这是自国家实施该计划以来，华北电力大学首位申报成功的“长江学者”特聘教授。牛东晓，男，汉族，1962年10月15日出生，教授，博士生导师。安徽宿县人，现任华北电力大学经济与管理学院院长。研究领域主要涉及复杂电网电力负荷建模与预测、电力技术经济分析与评价、智能电网中的智能计算、电力危机预警管理、电力低碳绿色发展等领域。于2007年获得新世纪百千万人才工程国家级人选，1997年享受国务院政府特殊津贴，2007年获得教育部新世纪优秀人才，2012年获得中国管理科学学会管理科学奖（学术奖）。2006年以来，先后获省部级科技成果奖7项；出版专著7部；带领团队发表期刊论文132篇，其中，国际期刊论文55篇，已被SCI检索论文27篇，最高影响因子3.56，所发表的一组相关论文被登载国际顶级权威研究成果的《nature》网站和《nature》的专业期刊《nature climate change》发表专文评论和肯定，发表的学术成果被同行引用超过800次；主持各类科研项目

41项，其中各类国家自然科学基金项目5项，其研究成果已在20余省使用，培训自主开发的负荷预测软件使用人员1300余人次，产生了重大的经济和社会效益；主持和特邀国际会议9次，担任5次国际大会主席。担任10余个国内外期刊的主编、编委和理事，担任《中国电力百科全书》（第三版）综合卷副主编，担任11个国内外各级学会的副理事长、常务理事和专委会委员等。

（*赵友君*）

【肖惠宁和王海风入选国家第8批千人计划特聘专家】 2012年，环境科学与工程学院肖惠宁教授和电气与电子工程学院王海风教授入选国家第8批“千人计划”特聘专家，至此，华北电力大学共有“千人计划”专家7名。“千人计划”主要是围绕国家发展战略目标，从2008年开始，用5到10年，在国家重点创新项目、重点学科和重点实验室、中央企业和国有商业金融机构、以高新技术产业开发区为主的各类园区等，引进并有重点地支持一批能够突破关键技术、发展高新产业、带动新兴学科的战略科学家和领军人才回国（来华）创新创业。肖惠宁，男，1959年12月5日出生，江苏南京人。国家“千人计划”特聘专家，教育部“长江学者奖励计划”特聘教授，博士生导师，加拿大新布伦瑞克大学化学工程系教授。肖惠宁教授的主要研究领域为功能高分子的合成及其在天然纤维中的应用；环境友好材料及水净化处理等。其“抗菌生物活性功能高分子聚合物”、“阳离子纳米微粒絮凝体系”、“造纸废水处理及净化”等研究成果，居该领域国际领先水平，受到广泛关注。2008年至今，肖惠宁教授还担任“加拿大生物活性纸杰出科研中心”理事会理事；“加拿大国家自然科学与工程委员会战略科研中心”项目负责人;“加拿大国家自然科学与工程委员会材料和化学工程研究基金评审委员会”委员等职务。肖惠宁教授是50多家国际科技刊物的特约审稿人，加拿大政府多个科技基金组织项目评审人，同时还是多个科技协会和国际科技合作组织的成员。近年来，在国际国内各类刊物上发表文章230多篇，专著3部，其中，国际杂志SCI文章140多篇，申请专利6项。王海风，男，英国曼彻斯特城市大学、贝尔法斯特女王大学和浙江大学博士后。华北电力大学电气与电子工程学院教授，英国贝尔法斯特女王大学电气工程讲席教授，电力能源与系统研究部主任。王海风教授主要从事柔性电网和新能源接入电力系统的分析与控制方面的研究，在柔性交流输电系统和新能源大规模接入的电力系统动态稳定性与控制的理论和实践上取得了开创性成果。提出和发展的大规模柔性交流输电系统动态稳定性与控制的阻尼转矩分析理论和方法，弥补了传统模态分析理论和方法物理概念不够清晰的缺陷。完成和正在承担的中英合作研究项目共13项，现为电力系统可持续安全性英中联合研究团队负责人。共发表论文200余篇，其中70余篇被SCI收录，150余篇被EI收录，有超过120篇文章为第一作者。曾获英国首届中英科学桥梁奖、英国皇家工程学院全球研究奖、2002年度国家杰出青年基金（海外，B类）等多项重要奖项。在IET Renewable Power Generation国际会议技术委员会、LSMS&ICSEE国际会议指导委员会等多个国际学术组织担任委员。目前在华北电力大学主要从事智能电网研究；新能源接入电力系统分析和控制方向上开展研究；未来电力能源系统一体化研究等工作。

（*赵友君*）

【杨勇平和徐进良享受政府特贴】 为了表彰为发展我国自然科学研究事业作出的突出贡献，中华人民共和国国务院决定颁发给华北电力大学杨勇平教授政府特殊津贴并颁发证书（政府特殊津贴第2012-182-169号），颁发给华北电力大学徐进良教授政府特殊津贴并颁发证书（政府特殊津贴第2012-182-170号）。杨勇平，男，1967年生，华北电力大学教授，工学博士，博士生导师，现任华北电力大学副校长，国家火力发电工程研究中心主任。1995年毕业于中国科学院工程热物理研究所，获工学博士学位。国家能源专家咨询委员会委员，科技部工业领域节能减排总体专家组成员，科技部国家 863 计划“十二五”先进能源领域风力发电专项专家组副组长，科技部“十二五”应对气候变化科技专项规划专家等。中国工程热物理学会常务理事，中国能源研究会常务理事，教育部科技委委员，中国高校工程热物理学会理事，国家 973 计划项目“大型燃煤发电机组过程节能的基础研究”首席科学家。主要研究方向：火电机组节能、能量系统分析优化、分布式能量系统、太阳能热利用等。先后主持国家 973 计划项目 1 项，国家 863 计划重点项目 1 项，国家自然科学基金项目 4 项，教育部重大项目 1 项。出版专著 2 部，发表学术论文 200 余篇。获得国家科技进步二等奖 1 项，教育部科技进步一等奖 1 项，教育部自然科学二等奖 1 项，电力部科技进步二等奖 1 项，省部级三等奖 3 项。入选新世纪国家百千万人才工程及教育部新世纪人才资助计划，国家杰出青年基金获得者，全国优秀科技工作者。徐进良，男，1966 年生，华北电力大学教授，工学博士，博士生导师，现任可再生能源学院院长。1995 年在西安交通大学热能工程专业获工学博士学位。2002 年入选中国科学院“百人计划”；2008 为国家自然科学杰出青年基金获得者；2011 年起担任科技部“973”项目首席科学家。担任国际 The Open Thermodynamics Journal 的编委和 IASME Transaction 的特邀编辑、《微细加工技术》杂志的常务编委，中国能源学会常务理事，国家自然科学基金委工程热物理学科“十二五”战略专家组成员，国家科技部可再生能源“十二五”863 战略专家组成员，低品位能源多相流与传热北京市重点实验室主任，北京市新能源和可再生能源标准化技术委员会副主任委员，新能源电力系统国家重点实验室，中科院力学研究所等离子体与燃烧中心，中国核动力研究院空泡物理和自然循环国家重点实验室等学术委员会委员。研究方向为新能源与可再生能源、电力系统及高耗能行业节能减排、微能源等。作为项目负责人主持科技部 973 计划项目 1 项，国家杰出青年科学基金项目 1 项，国家自然科学基金重大国际合作项目 1 项，国家自然科学基金重点项目 1 项，APEC 发展基金项目 1 项及其他国家、北京市项目等多项，国际会议特邀报告 9 次，多次举办国际学术会议或分会，共发表论文近 200 篇（其中权威国际期刊论文 60 余篇），他引近 700 次，单篇论文 SCI 他引超过 190 次，获得国家专利授权近 13 项。获得 6 项国家及省部级科技奖励，包括国家科技进步三等奖 1 项，教育部自然科学一等奖 1 项和国家教委科技进步二等奖 2 项等。

（*赵友君*）

【三人获市优秀人才培养资助个人项目资助】根据《中共北京市委组织部关于开展 2012 年度优秀人才培养资助工作的通知》（京组通〔2012〕23 号）文件精神，华北电力大学开展了 2012 年度北京市优秀人才培养资助个人项目资助的推荐申报工作和往年获资助项目的进展、结题工作。经个人申报、院系推荐、学校遴选，后又经北京市委组织部专家评委会评审，石玉英、段立强、梁庚 3 人荣获 2012 年度北京市优秀人才培养资助个人项目资助。资助金额共 13 万元。**石玉英**，女，1976 年 4 月出生，数理学院副主任。2001 年山东大学学士，2006 年中国科学院数学与系统科学研究院博士。硕士生导师、副教授。曾访问日本金泽大学，新加坡南洋理工大学。2012 年 7 月获北京市优秀人才培养资助计划。2009 年 6 月，入选华北电力大学创新人才支持计划“骨干教师支持计划”。发表论文 20 余篇，撰写专著一部。主要研究方向包括偏微分方程数值解、图像恢复、边界检测等。先后主持国家自然科学基金天元、青年和面上各 1 项，外国文教专家重点项目 3 项。现为美国工业与应用数学学会（SIAM）会员、美国电气电子工程师学会（IEEE）会员、美国计算机学会（ACM）会员和中国工业与应用数学学会会员。**段立强**，男，1973 年 3 月出生，工学博士。现任华北电力大学能源动力与机械工程学院教授，项目博士后，主要从事先进能量系统集成优化研究。目前是 ASME 会员，中国工程热物理学会会员，中国能源研究会热力学与工程应用专业委员会会员，担任国家自然科学基金项目通讯评议专家，国内外知名杂志《Energy》《Int. J. of Applied Energy》《中国电机工程学报》等的特约审稿专家，2007 年获华北电力大学科研先进个人奖及教学优秀奖；入选 2012 年北京市优秀人才。2008 年至 2009 年赴美国麻省理工学院的 MIT Energy Initiative 作访问学者，参与 MIT 与英国 BP 碳转化利用合作研究项目并取得一些重要成果。在攻读博士期间，参加并圆满完成了“九五”国家科技攻关计划项目整体煤气化联合循环（IGCC）关键技术研究项目并获得重要进展，该项目获得中国电力科学技术二等奖。近年来主持国家自然科学基金项目 2 项，863 项目 1 项，教育部留学归国人员科研启动基金项目 1 项，北京市优秀人才项目 1 项以及中央高校基金重点项目 1 项。作为主要成员参与教育部重大、重点、973 等项目。已在国内外核心期刊上发表论文 50 余篇，SCI 收录 10 余篇，多数被 EI 收录；申请发明专利 6 项，其中 2 项已授权，出版译著 1 部，参与编著 3 本著作。**梁庚**，男，1976 年 2 月生，工学博士，现于华北电力大学控制与计算机工程学院任教，副教授，硕士研究生导师。2009—2010 年在英国曼彻斯特大学电气与电子工程学院从事博士后研究。主要从事基于分布式测控网络的控制和优化研究。以第一作者在 SCI 收录的国际知名学术期刊 Control Engineering Practice，ISA Transactions 等、国内一级学报、国际重大学术会议上发表论文 40 余篇，其中 SCI 收录 5 篇，EI 收录近 30 篇；以第一作者正式出版学术专著 2 部，参编教材 2 部：以第一完成人获得国家发明专利授权 2 项、实用新型专利授权 6 项、计算机软件著作权登记授权 6 项；以第一完成人申请国家发明专利 6 项（已公开）；通过省部级鉴定 1 项；获北京市教学成果二等奖 1 项、石油化工行业科技成果二等奖 1 项；主持北京市自然科学基金 1 项、北京市优秀人才培养资助计划 1 项、中央高校基本科研业务费专项资金 1 项，作为主要成员参与国家自然科学基金项目 2 项。主要学术兼职有：IEEE 国际学术会议 ICIRA 2010、ICIRA 2011，Member of Program Committee；国际学术期刊 ISA Transactions、Transactions of the Institute of Measurement and Control，IEEE Transactions on Instrumentation and Measurement、Asian Journal of Control 审稿人；Invited Editor of Nova Scientific Publisher（NY，USA）；中国航天科技集团公司科技创新研发项目评审专家。

（赵友君　刘长青）

【王修彦获北京市教学名师称号】据北京市教委文件《北京市教育委员会关于公布第八届北京市高等学校教学名师奖获奖名单的通知》（京教高〔2012〕014 号），华北电力大学能源动力与机械工程学院王修彦老师获北京市教学名师称号。王修彦，男，1969 年 1 月出生，湖北省汉川市人，硕士，华北电力大学能源动力与机械工程学院工程热物理教研室主任、副教授。1992 年毕业于华北电力大学热能动力工程专业后留校任教。先后为本科生和研究生讲授过《工程热力学》《传热学》《物理化学》《动力工程热经济学》等课程。从 1993 年至今担任本科生班主任，共 7 次被评为优秀班主任，2008 年被评为大学师德标兵、北京市师德先进个人，两次获大学青年教师讲课比赛二等奖，2011 获华北电力大学首届教学名师奖。参与多项教改项目和质量工程项目，发表科研论文二十多篇。合作编著《火电厂有害气体控制技术》，主编出版规划教材《热工基础》和《工程热力学》。

（赵友君）

【成立学校人事制度改革领导小组】为深入贯彻落实学校《关于印发<华北电力大学进一步深化人事制度改革原则意见>的通知》（华电党〔2012〕1 号）文件精神，进一步深化校内人事制度改革，调动全校教职员工的工作积极性、主动性与创造性，为高水平大学建设提供强有力的人力资源支持，华北电力大学成立了学校人事制度改革领导小组。学校人事制度改革领导小组办公室设在人事处，办公室主任由人事处处长兼任。

（董　剑）

【成立科学技术研究院】8月23日，华北电力大学将科学技术处、重大项目管理办公室合并，组建科学技术研究院。保定校区科学技术处作为科学技术研究院一体化部门，变更为科学技术处（保定）。

（董　剑）

【成立继续教育学院】8月23日，华北电力大学将成人教育学院、培训学院合并，成立继续教育学院。

（董　剑）

【国际教育学院独立运行】8月23日，华北电力大学国际教育学院独立运行。其主要职责是负责留学生、中外合作办学项目、援外培训项目等招生选拔、教学组织、学生教育管理等方面的工作。保定校区国际教育学院仍与国际合作处合署办公。

（董　剑）

【成立后勤与基建管理处（保定）】8月23日，华北电力大学保定校区后勤管理处与基建管理处、校园规划办公室合并，成立后勤与基建管理处（保定）。其主要职责是承担相关后勤管理、基建管理、校园修缮及校园规划工作。

（董　剑）

【成立财务与资产管理处（保定）】8月23日，华北电力大学保定校区计划财务处与资产管理处合并，成立财务与资产管理处（保定）。其主要职责是承担相关财务管理、资产与房产管理等工作。

（董　剑）

【成立教师教学发展中心】8月30日，华北电力大学撤销师资管理办公室，成立华北电力大学教师教学发展中心，挂靠教务处。此目的为进一步理顺管理体制和运行机制，合理配置人力资源，加强学校高水平师资队伍建设，完善提升教师教学能力和水平长效机制，落实学校“人才强校”战略，根据上级有关要求和《华北电力大学进一步深化人事制度改革原则意见》（华电党〔2012〕1号）文件精神。

（董　剑）

【成立人才工作办公室】8月30日，华北电力大学成立了人才办公室。该机构为全面落实学校“大人才”发展战略，创新人才工作体制机制，建立集人才计划、执行与评价三位一体的人才工作体系，做强人才队伍增量，为学校的跨越发展提供强有力的人才保障。

（董　剑）

【国家能源发展研究院成立】12月24日，华北电力大学成立国家能源发展研究院，该院为有效整合华北电力大学跨学科资源，促进学科建设，提升学校学术水平，打造具有华电特色的决策思想库，经研究成立华北电力大学国家能源发展研究院。国家能源发展研究院作为学校跨学科、复合性、研究型的科研机构，主要在公共政策与决策、管理与治理（领导力）、科学发展观理论创新及实践等方向开展学术研究。

（董　剑）

【李春杰教授退休】7月31日，华北电力大学李春杰教授退休。李春杰曾在美国乔治梅森大学经济学交叉学科研究中心（Interdisciplinary Center for Economic Science at George Mason University）作高级研究学者，师从经济学诺贝尔奖得主弗农•史密斯教授及其团队，进行实验经济学及其在电力市场应用方面的研究。主要研究领域为电力产业经济、电力市场运营效率动态评价的协调域理论研究、博弈论及其在电力市场中应用研究；近五年主持国家自然基金项目1项、国家电网公司软科学项目4项，企业委托的横向项目10余项，共发表学术论文50余篇，出版专著、教材2部。

（董　剑）

【张光教授退休】7月31日，华北电力大学张光教授退休。张光教授多年来在科研方面一直从事火力发电厂节能减排研究，作为主持人带领课题组承担了我国各大发电集团所属的科研和工程项目几十项，先后在大型汽轮机整体转子温度场应力场分析、大型汽轮机组热应力在线监测、火电机组节能与优化运行专业软件开发应用、热泵与热电联产耦合供暖系统研发与推广、针对火电厂微米级污染物排放的治理等研究方向上作出了具有开拓性和较大影响力的贡献。在国家核心期刊发表学术论文二十几篇，带领课题组申报发明专利和实用新型专利多项，2013年起与同事们共同承担了我国火力发电厂微米级除尘装置标准制定的任务。

（董　剑）

【贾正源教授退休】9 月30日，华北电力大学贾正源教授退休。贾正源教授在华北电力大学从教32年，长期致力于管理学理论和技术经济及管理的教学与科研。培养硕士研究生40余名，工程硕士近百名。在教授岗位的10余年间，发表学术论文近百篇，其中被三大检索收录40多篇，此外，还主持和参与了科研项目10多项，在把综合评价理论应用于电网建设项目、技术创新和员工培训等方面取得较为突出的应用成果。贾正源教授自华北电力大学经济管理系1992年成立以来，就主持党总支工作，历时20年，为经管系党的建设和各项事业的发展作出突出贡献。2012年5月，策划组织了经管系建系20周年系列庆祝活动，撰写了经管系20年发展史，系统总结了建系20年来取得的成果和经验，是一份宝贵的档案资料。

（董　剑）

【雷应奇副校长退休】10月31日，华北电力大学雷应奇副校长退休。雷应奇同志先后在学校动力工程系、环境工程系、校办产业处、党委组织部、党委统战部等单位及校长助理岗位担任管理工作，自2001年11月起担任华北电力大学副校长、党委常委。作为学校领导班子成员，主要工作职责是协助校长负责保定校区行政日常事务工作，分管保定校区资产管理、基建、后勤保障服务、科技学院等方面的工作。多年来恪尽职守，协助校长较好地完成了保定校区行政日常事务工作，保障了校区各项工作正常有序地开展。有效加强资产管理工作，全力推进资产管理的规范化和科学化，极大地提高了管理水平和管理效益，改善了办学条件。积极推进校园基础建设，在学校安排下，组织实施保定二校区三次征地、教九楼（逸夫楼）、教十楼、教十一楼、日新园、学生10～18宿舍、学生三食堂、职工住宅小区3栋住宅楼等工程建设及体育运动中心、接待中心等其他校园改造维修工程，为学校的发展提供了有力的条件保障。实施并完成科技学院征地及建筑整体转让工作。围绕中心，服务大局，较好地完成校区后勤保障和服务工作。学校多次被评为“全国高校后勤十年社会化改革先进院校”、河北省“卫生先进单位”、保定市“绿色学校”和“卫生先进单位”。大力开展节约型校园建设，因节能成效显著，学校被中国高等教育协会后勤管理分会评为“全国高校节能管理先进院校”，受到河北省教育厅、保定市政府表彰。协助校长加强了校区财务管理工作，强化了预算管理，较好地组织了教育部修购基金及职工购房补贴的申请、发放及验收工作，学生学费欠费率始终控制在全国高校较低水平。自2006年7月起兼任华北电力大学科技学院（独立学院）院长，充分利用和依托大学的优质教育教学资源，加强独立学院的队伍建设、学风建设和教学管理工作，改善办学条件，提高办学质量，有力推动了独立学院的发展。

（董　剑）

【杨京燕教授退休】12月31日，华北电力大学杨京燕教授退休。从事教学工作36年，常年主讲电力系统及自动化专业的两门学位课以及研究生课程，指导硕士研究生50余名，教学工作认真负责，对年轻教师言传身教，受到各届同学的好评并多次获教学优秀奖。多年担任教研室副主任和基层支部书记工作，为学科的建设和发展作出努力。任职期间在“电力系统分析、运行与控制”方向主持与参与研究所纵向科研项目多项，其中作为子课题负责人通过省部级鉴定一项；在独立负责的科研项目中，获省电力公司科技进步二等奖4项、三等奖2项。在国内核心期刊及国际会议上发表论文30余篇，其中EI收录10余篇；中国电力出版社正式出版普通高等教育“十一五”规划教材一部、高等教育学习辅导丛书一部、科研专著一部。

（董　剑）

【曲俊华教授退休】12月31日，华北电力大学曲俊华教授退休。曲俊华教授多年来一直工作在计算机专业教学与科研第一线，曾长期担任教研室主任、党总支委员，硕士生导师。主讲多门研究生与本科生课程，在计算机网络及应用、计算机软件架构与构件技术、电子商务与政务等研究方向上建树颇丰。作为项目负责人曾主持过天津供电公司北辰供电局综合信息查询系统、洛阳郊区供电局供电所综合信息管理系统、沈阳供电局通用后台信息发布系统、龙岩和临汾供电公司继电保护定值管理系统等多项横向科研项目；主持完成了大学第五批、第六批教改项目2项；作为课题负责人建设完成了一门大学立项的精品课程。任教授以来在国内外核心学术期刊和国际会议上发表学术论文40余篇，主编教材5部。作为硕士生导师，从2000年以来培养硕士研究生40余人，目前全部毕业并在专业领域内成为中坚力量。任教期间多次荣获校级优秀教师、优秀共产党员、优秀班主任、教学优秀、三育人标兵等荣誉称号。从1995年以来参与、负责华北电力大学全国计算机等级考试考点建设成绩显著。

（董　剑）

财　务　管　理

■概述

2012年，华北电力大学根据财政部、教育部加强中央高校改善基本办学条件专项经费的管理有关文件要求，为充分发挥专项资金的使用效果，提高资金使用效益，保障项目建设的顺利进行，实现改善华北电力大学办学条件的目标，制定《华北电力大学“中央高校改善基本办学条件专项”经费管理暂行办法》（华电校财〔2012〕6号）。根据财政部、科技部《国家重点实验室专项经费管理办法》（财教〔2008〕531号）文件精神，结合华北电力大学实际，特制定《华北电力大学国家重点实验室经费管理办法》（华电校财〔2012〕7号）。根据《中华人民共和国统计法》《北京市统计管理条例》，认真贯彻执行《北京市统计局、国家统计局北京调查总队关于布置2011年统计年报和2012年定期统计工作的通知》（京统发〔2011〕198号）文件精神，完成了2011年统计年报工作及2012年定期统计工作，完善了定期统计工作的台账系统。完成了2012年直属高等学校修购项目的审计工作，完成了2013年直属高等学校改善办学条件项目的编报评审工作。在财政部和教育部政策引导和资金支持下，完成了9000万元化债资金的归还工作，其中北京校部3000万元，保定校区6000万元。

2012年，学校完成了多批次上级部门的检查和审计。3月25日，接受财政部票据中心对华北电力大学进行2009—2011年底的票据进行检查，检查结果票据的使用完全符合规定；4月11日，接受财政部责成中审会计师事务所对华北电力大学化债资金进行专项检查，检查结果：专项资金的使用完全符合规定。12月8日接受北京市公费医疗办公室对学校公费医疗管理的财务工作进行检查。8月，按照财政部、教育部要求，华北电力大学组织校内各相关部门申报了2013—2015年改善办学条件项目的申报工作，9月，接受北京华盛中天咨询有限责任公司对华北电力大学2011年、2012年修购项目执行情况进行检查。同时对华北电力大学申报的2013年修购项目进行了评审。

2012年，学校完成了多项各类报表的编制和上报工作。1月13日上报《华北电力大学2011年北京市教委经费统计报表》；2月26日上报《华北电力大学服务业财务状况统计年报》，分别于2月15日、5月15日、8月15日和11月15日上报《华北电力大学服务业财务状况统计定报》；于3月8日上报《关于会计委派工作情况的报告》；于5月20日上报《教育部直属高校“财务信息化现状”调查问卷（2012年）》；于9月20日上报《华北电力大学捐赠收入财政配比资金项目申请表》；于11月25日上报《华北电力大学科研项目调查》；于11月19日上报《华北电力大学 2013—2015 年重大项目资金需求表》；于 12 月 31 日上报《教育部直属高校国库结余资金情况调查表》。

（汤石雨）

■概况

2012 年（截至 2012 年 12 月 31 日），华北电力大学资产总额 341809 万元（其中保定 126637 万元），固定资产 272755 万元（其中保定 108050）、流动资产 67259 万元（其中保定 17456 万元），负债总额 41906 万元（其中保定 22190 万元），其中银行贷款 13900 万元（其中保定 8000 万元）；净资产总额 299904 万元（其中保定 104447 万元）。总收入 156289 万元（其中保定 59739 万元），总支出 136248 万元(其中保定 55429 万元)。修购专项支出 3805 万元，中央化债专项偿还银行贷款 10000 万元（其中保定 7000 万元）。

2012 年，北京华北电力大学教育基金会共收到社会、企业、个人各种捐款 2239 万元；经请示批准划转作学校学生奖学金支出 747 万元；期末结余 1492 万元。

2012 年偿还贷款 13000 万元，其中北京校部还贷 3000 万元，用化债配套奖励 1300 万元，自筹经费偿还 1700 万元；保定校区用自筹经费还贷 10000 万元。

（汤石雨）

■条目

【完成票据使用和管理年审】5 月 23 日，国家发改委价格认证中心主任一行 4 人对华北电力大学 2009—2011 年票据使用和管理情况进行了重点年审。年审组对学校收费工作的总体情况给予了肯定，认为学校能够按照国家和上级主管部门的文件要求管理和使用票据。

（朱晓琳　汤石雨）

【完成营业税改增值税试点工作】9 月，北京市推行营业税改增值税试点工作，华北电力大学被认定为增值税小规模纳税人，科研开发收入的税率由 5%下降至 3%，与 2011 年同期相比，仅 2012 年 9—12 月即为学校省税 174 万元，预计 2013 年相比 2011 年将省税 500 万元。同时本年度报出营业税免税科研合同 170 份，合同累计金额 8900 万元，为华北电力大学科研收入减免营业税约 460 万元。

（朱晓林　汤石雨）

【接受市公费医疗办公室检查】12 月 8—13 日，接受北京市医疗保险事务管理中心委托的北京凌峰会计师事务所对华北电力大学 2010 年 10 月—2011 年 10 月公费医疗财务收支管理情况进行专项审计。调取 2010 年记账凭证 32 本，2011 年记账凭证 98 本，月报表 2 套，调取截至 2011 年 12 月在职职工名册、工资册和在校学生名册，检查公费医疗收入和支出的具体情况。所查事项均符合北京市公费医疗办公室管理的要求。

（汤石雨）

审　计　工　作

■概述

2012 华北电力大学审计工作坚持以“三个代表”重要思想和科学发展观为指导，认真学习贯彻党的十八大会议精神，树立科学审计理念和大局意识、服务意识、风险意识，严格遵守《审计法》等法律、法规，认真落实《教育系统内部审计工作规定》（教育部第 17 号令）等有关规定，加强依法依规审计。同时，以“强管理、防风险、促发展”为目标，充分发挥内部审计的防范和预警功能，不断创新和完善审计工作机制、工作方法，在推动审计工作“深化、规范、提高”上狠下功夫，进一步提升了内部审计工作的质量和水平，全面履行了审计服务职责。

2012 年，学校审计工作始

终坚持围绕学校的核心工作，服务于学校教学和科研，服务于学校改革和建设，努力做到"为规范财务会计工作服务、为提高教育资金使用效益服务、为教育改革和发展服务"，认真履行审计职责，充分发挥了审计在学校经济管理中的作用。同时不断提高审计工作质量，圆满完成各项审计任务，取得了明显的成效。

2012年，学校根据本年度审计工作计划和学校领导相关指示，本着求真务实的原则，圆满完成了各项审计工作，主要内容包括：顺利完成对科技学院2011年财务收支情况、后勤集团2010年、2011年财务收支情况的审计；加强了对大额资金、专项资金的审计监管；认真进行了领导干部的离任经济责任审计工作；强化了对科研经费使用情况的审计监督；继续加强对基建修缮工程的结算审计和全过程审计工作；通过执行银行对账单双签制度，完成了对学校计财处全年银行对账单的审签工作；开展了对基建、修缮工程招投标活动的审计监督。按照"全面审计，突出重点"的基本要求，有效地整合审计资源，加强了对重点领域、重点资金和重点部门的审计和监督。

2012年，学校十分重视审计制度建设，按照国家审计署、教育部的有关文件精神和审计行业规范，结合审计工作的实际情况，不断满足新时期、新形势的新要求，对审计工作制度、办法、岗位职责等进行了补充修订，进一步规范和完善了审计工作程序。

2012年，学校致力于审计队伍的建设，不断提高业务能力，充实审计力量，为顺利开展审计工作提供了基础条件和保障。一是加强审计人员思想建设，提升思想道德素质，结合单位工作实际，不断加强理想信念教育和职业道德教育，努力培养审计人员科学的审计理念，增强职业责任感和使命感，在内部形成知荣辱、讲正气、做奉献、促和谐的良好氛围。二是加强审计人员自身能力建设，增强依法审计能力。积极开展各种形式的培训和业务学习，建设学习型、创新型、责任型的审计队伍，努力适应新形势、新任务的需要；鼓励审计人员不断提升审计实战能力；大力推广现代审计技术和方法，不断提高审计人员的创新能力，为审计事业发展提供技术保障。三是加强作风建设，提高审计工作效能。坚持说实话、办实事、求实效，始终做到客观公正、实事求是，不断提高审计质量，扩大审计成果，切实履行好审计监督职责；弘扬敢于探索、勇于突破的精神，在绩效审计、全过程审计等新生领域进行大胆有益的探索和实践，不断深入审计理念创新、思路创新、工作创新和机制创新，依托有限的审计资源，创造性地完成各项审计工作。四是加强审计干部廉政建设，筑牢拒腐防变防线。把廉政建设作为审计工作的生命线和"高压线"，深入开展反腐倡廉教育，建立健全科学规范的内部管理和监督制约机制，加强对审计全过程的质量控制和跟踪检查，促进审计工作纪律和工作制度的落实。

2012年，学校为进一步提高审计工作水平，着眼于加强审计理论研究，密切结合内部审计工作实践和创新的需要，积极探索风险管理审计和效益审计等理论研究，圆满完成中国教育审计学会2011—2012年审计科研课题《基于高校廉政风险防范建设的现代风险导向审计研究》的研究工作，荣获三等奖。纪检、监察、审计处副处长刘志远被评为2012年河北省内部审计先进个人。

（白　静　唐　成）

■**概况**

2012年，华北电力大学审计处与纪委办公室、监察处实行合署办公，共有职员8人，其中硕士研究生学历2人，本科学历6人。正高级专业技术职务1人，副高级专业技术职务4人，中级专业技术职务3人。

2012年，学校完成了财务收支审计4项，审计资金34765.17万元，提出审计建议7条；完成专项资金审计2项，审计资金6570万元，提出审计建议4条；开展院、系、部、资产经营公司等14位领导干部的离任经济责任审计；完成基建、修缮工程结算审计282项，审计资金总额32824.99万元，审计核减资金2429.01万元；对3个建设工程项目开展了全过程审计。

2012年，学校完成对科技学院2011年财务收支情况的审计、对后勤集团2010—2011年财务收支情况的审计。审计资金34765.17万元，提出审计意见7条，要求被审计单位在本年内完成整改，还将在2013年安排后续审计。

2012年，学校加强大额资金、专项资金的审计。配合学校“211工程”三期建设项目验收工作，完成重点学科建设项目、创新人才培养和队伍建设、校内公共服务体系9个子项目建设资金管理和使用情况的审计，对10万元以上大型仪器和设备采购、管理和使用情况进行了审查，同时针对存在的问题提出审计意见和建议，促进及时整改，为“211工程”三期建设项目验收提供了保障，共审计资金6400万元，提出审计意见和建议4条；完成对科技书店资产、负债及所有者权益专项清算审计，审计资金177万元。2012年，华北电力大学认真做好领导干部离任经济责任审计工作。按照《党政主要领导干部和国有企业领导人员经济责任审计规定》的要求，认真贯彻教育部《关于做好教育系统经济责任审计工作的通知》精神和有关规定，受党委组织部委托，开展院、系、部、资产经营公司等14位领导干部的离任经济责任审计。其中，已完成9位领导干部离任经济责任审计工作，对领导干部履行经济责任情况进行了客观公正的评价，以此来促进领导干部正确履职和树立勤政廉政意识。

2012年，学校加强了科研经费使用情况的审计监督，认真贯彻落实教育部、财政部《关于加强中央部门所属高校科研经费管理的意见》（教财〔2012〕7号）文件精神，完成了科研项目结题审计签证和科研经费决算审计45项，审计资金2509.70万元，出具审计报告12份，对于不规范的经费开支提出了审计建议。

2012年，学校继续加强基建、修缮工程结算审计。2012年完成基建、修缮项目的工程结算审计282项，其中基建工程项目18项，零建、修缮工程项目264项。在工程结算审计工作中，审计人员对报审的每个工程项目逐项审核，到施工现场实地测量，计算核实工程量；对洽商、变更、人工费及材料价格进行严格审核、严格把关，审计资金32824.99万元，审减2429.01万元，审减率为7.40%，节约了大量建设资金。按照《关于加强和规范建设工程项目全过程审计的意见》要求，对学校综合教学楼、二校区综合实验楼、一校区地下管网综合改造工程项目进行全过程跟踪审计。审计以工程造价和基建资金管理为主线，加大了对建设项目投资预算、设计概算、施工预算、隐蔽工程、洽商、变更、竣工结算等环节的审计力度，为提高建设资金使用效益和资金使用安全提供保障。

（白　静　张继红　唐　成）

■条目

【参加教育部直属高校第二审计协作组2012年工作研讨会】9月18日，华北电力大学审计处负责人参加了教育部直属高校第二审计协作组2012年工作研讨会。来自18所高校的30余位会议代表围绕《教育部直属高校基本建设管理办法》等一系列文件精神和当前高校工程审计工作的重点、难点问题进行了交流研讨，重点讨论了如何进一步发挥基建工程审计的作用，促进工程规范管理，控制工程造价，减少管理风险，提高资金使用效益等问题，华北电力大学会议代表在会上发表了《积极探索基建工程全过程审计，服务于学校发展和建设》主题文章。通过此次交流研讨活动，学习、借鉴了兄弟院校的先进经验、好的工作方式和方法，结合本校实际情况，对工程审计工作中的难点、热点问题进行了梳理和分析，拓宽了工作思路，对今后加强工程审计工作有很大的帮助。

（白　静）

【发布干部任期审计公告】10月，根据中共中央办公厅、国务院办公厅《党政主要领导干部和国有企业领导人员经济责任审计规定》（办发〔2010〕32号），教育部《关于做好教育系统经济责任审计工作的通知》（教财〔2011〕2号）文件及华北电力大学有关规定，审计处受学校党委组织部的委托，于10月26日起对院、系、部、处9位领导干部进行任期经济责任审计，审计期间为2009年11月—2012年8月。审计处按照审计程序对领导干部任职期间的经济责任进行审计，将接受审计的领导干部名单予以公布。

（白　静）

【完成中央高校专项资金的审计】2012年，华北电力大学安排中央高校改善基本办学条件专项资金预算4400万元，共计13个工程项目，要求年底前全部完成建设项目的审计工作。校审计处一方面加强组织协调，及时发布有关信息，另一方面严格审核送审资料，确保项目资料的真实、完整，加强对委托工程造价咨询公司的管理。在项目初审、现场勘测、谈判、定案等环节中正确把握政策依据和理论依据，结合每个项目的具体情况，合理确定工程造价，维护学校经济利益，及时高效完成专项资金的审计任务。

（白　静）

资　产　管　理

■概述

2012年度，华北电力大学资产管理以加强实验室安全管理和落实房产资源有偿使用为重点，完善资产管理制度，构建科学化、规范化、精细化的资产管理体系，力求以严谨求实的工作作风为广大师生提供高效便捷的服务，提高资产管理工作的整体效益和水平。根据学校发展的整体部署，本年度，学校将实验室设备的规范管理和实验室技术安全管理工作纳入到资产管理工作中来，制定了《关于印发〈华北电力大学实验室安全管理办法〉》《华北电力大学特种设备安全管理暂行规定》《华北电力大学危险化学品安全管理规定》《华北电力大学辐射安全管理规定》《华北电力大学实验室危险废物处置暂行规定》的通知》（华电校资〔2012〕4号文）等一系列管理制度，

2012年，学校开展学校首次全校性的实验室技术安全检查工作，规范了实验室的安全管理工作，及时发现并消除了安全隐患。在2012年度资产清查工作中，重点对年度新增设备、大精仪器设备和人员变动情况进行了逐一清理备案，确保账物相符，责任到人。

2012年，学校为推进学校房产资源的有偿使用管理，由资产处、计财处、科技处、人事处等多部门协同，严格审核院系各类用房，确认科研用房收费面积，核算应缴费用，制定配套的科研项目资金补贴机制，理顺工作流程，顺利完成了年度科研用房使用费的收缴工作。为规范周转房管理工作，学校出台了《华北电力大学周转房管理办法》（华电校资〔2012〕5号），按照管理办法的要求，审核清理周转房房源，妥善解决了本年度新入职员工的住宿问题。为配合机构调整和人事变动，着力对设备购置查验和公用房申请等工作流程进行规范和优化，在实现精细化管理的同时，努力为学校的教学、科研工作提供便捷的服务。

（李福顺　魏　清　苗　凤）

■概况

截至2012年12月31日，华北电力大学房屋建筑总面积1007317.44平方米，其中：北京校部554731.38平方米，保定校区452586.06平方米。仪器设备总计118902台，资产总值63697.85万元，其中：北京校部41907台，32686.45万元；保定校区76995台，31011.4万元。北京校部现有家具4442.88万元。

2012年，学校新增仪器设备5360台，价值6404.38万元，其中：北京校部2981台，4182.48万元；保定校区2379台2221.90万元。北京校部新增家具262.34万元。

2012年，学校新增10万元以上设备112台，价值3567.84万元，其中：北京校部68台2386.00万元，保定校区44台1181.84万元；新增40万元以上设备27台，价值

1894.30万元，其中：北京校部20台1407.73万元，保定校区7台 486.57万元。

2012年，学校北京校部报废仪器设备1107台，账面价值154.04万元，收回残值4.22万元。保定校区无仪器设备资产报损报废。

2012年，学校北京校部共办理了 20 个项目的进口设备免税手续，金额21.43万美元。（减免税金4.29万美元）保定校区调出（捐赠）仪器设备50台，价值：19.90万元。

2012年，学校总计核发教职工住房补贴1697.36万元，其中：北京校部1293.36万元，保定校区404万元；总计发放教职工取暖补贴385.87万元，其中：北京校部98.87万元，保定校区287万元。

（李福顺　魏　清　苗　凤）

■条目

【完成实验室技术安全文件的制定及实施】7月，学校发布制定了华电校资〔2012〕4号文《关于印发〈华北电力大学实验室安全管理办法〉》《华北电力大学特种设备安全管理暂行规定》《华北电力大学危险化学品安全管理规定》《华北电力大学辐射安全管理规定》《华北电力大学实验室危险废物处置暂行规定》的通知》，2012年12月，进行全校范围内的实验室技术安全检查。

（李福顺　魏　清　苗　凤）

【完成科研用房房产资源使用费收缴工作】贯彻落实房产资源分类管理和有偿使用原则，审核确认学校科研用房1.91万平方米，核算年度科研用房资源使用费 521.13 万元（自2012年4月1日起收）。针对学院提出的科研项目性质及资金支出项目等问题，与科研院共同调研并制定了华北电力大学科研项目资金补贴机制及用房费用缓收核减办法，审定 2012 年度学校科研项目补贴22项，资金共计429.37万元，经核减后实收科研用房使用费91.76万元。

（李福顺　魏　清　苗　凤）

【发布《华北电力大学周转房管理办法》】7月12日，重新出台了《华北电力大学周转房管理办法》华电校资〔2012〕5号文件。

（李福顺　魏　清　苗　凤）

【学校固定资产清查】12月，为配合华北电力大学机构改革和人事变动工作，在2012年度资产清查工作中，重点对学校新增资产进行清查，对人员变动的造成的资产使用人变动情况进行调拨，对全校用于科研及实验的大精仪器设备进行核查备案。

（李福顺　魏　清　苗　凤）

基　建　管　理

■概述

2012年，华北电力大学基建和规划管理工作以服务教学科研为中心，完善基础设施建设为保障手段，坚持以人为本的科学理念，极力打造节能校园、科技校园和人文校园。

2012年，学校重点完成了基建处重点完成了北京校部高电压大电流电力变换实验室、海洋能发电技术研究中心、金工实习中心等新建工程的建设。完成了第一教学楼修缮、供暖改造（二期）工程、教一楼箱变安装、中水二期改造等四项中央高校改善办学条件专项工程。完成屋顶光伏发电项目，在校园内13个楼宇屋顶安装了总计5805块板，装机总容量为1364.175千瓦，预计年发电量为16万千瓦时。完成捐赠太阳能路灯的安装工程。2012年，基建处组织完成了 2011年度中央高校改善办学条件项目的验收工作。

2012 年，学校保定二校区完成了新征土地工作。实验综合楼于2012年9月份开工建设。二校区水泵房、大修队工房等新建工程建成并投入使用。二校区完成主污水管线入网改造工程以及 6#、7#、8#、9#学生宿舍的阳台封闭，七一南苑教工宿舍、五四苑教工宿舍、青年苑教工宿舍环境整治改造工作。

2012年，保定校区完成了

一校区篮、排球场改造工程，完成了场地围栏、照明、球架等设施的更换，硅 PU 地面铺设工作。保定一校区完成 5#学生宿舍、东围墙拆改透空工作。

2012 年，学校科技学院完成运动场改造工程。

（刘　斐　李晶晶　尤利军）

■概况

2012 年，华北电力大学基建处正式员工 17 人，其中硕士研究生学历 2 人、本科学历 10 人、专科学历 5 人。高级工程师 2 人，工程师 10 人、助理工程师 2 人，高级工 2 人。人员年龄结构：50 岁以上 7 人、40～50 岁 3 人、30～40 岁 5 人、20～30 岁 2 人。岗位设置分为行政综合管理、项目前期管理、计划及合同管理、工程管理和校园规划管理等职能岗位。

（李晶晶　尤利军）

■条目

【完成金工实习中心的建设】金工实习中心为自筹资金建设项目，总投资 600 万元，建筑面积 1364 平方米。设计单位为北京都林国际工程设计咨询有限公司，施工总承包单位为中国水利水电第二工程局，监理单位为建研凯勃建设工程咨询有限公司。金工实习中心的建设，有效的解决了学校工科学生金工实习教学的困难，设备安装完成后，学生可以在校内完成金工实习任务。

（刘　斐　李晶晶）

【完成高电压大电流电力变化实验室工程】8 月，高电压大电流电力变换实验室建成使用。该项目建设用地面积 1060 平方米，总建筑面积 964.23 平方米，地上 3 层，局部 1 层。总建筑高度 14.15 米。设计单位为北京都林国际工程设计咨询有限公司，施工总承包单位为河北建工集团有限责任公司，监理单位为建研凯勃建设工程咨询有限公司。该项目的建成为新能源电力系统国家重点实验室完成各项实验任务提供了基本保障。

（刘　斐　李晶晶）

【完成海洋能生物质发电实验室工程】8 月，海洋能生物质发电实验室工程建成使用，该项目总投资 200 万元，建筑面积 660 平方米。设计单位为北京都林国际工程设计咨询有限公司，施工总承包单位为河北建工集团有限责任公司，监理单位为建研凯勃建设工程咨询有限公司。主要建设“波浪能与风能互补发电实验研究平台”以及“潮流能发电实验研究平台”，为开展科研项目创造了条件。

（刘　斐　李晶晶）

【完成屋顶光伏发电项目】屋顶光伏发电项目在校园内 13 个楼宇屋顶安装了总计 5805 块板，装机总容量为 1364.175 千瓦，预计年发电量为 16 万千瓦时。对建设绿色校园具有重要意义。

（刘　斐　李晶晶）

【北京校部完成第一教学楼修缮工程】北京校部第一教学楼进行了屋面防水工程的重新修缮和门窗的更换，总投资 214 万元。彻底解决了屋面防水层老化，教一楼门窗关不严、无纱窗、开启困难等老化现象，新更换的断桥铝合金门窗密封性好，节能效果显著。

（刘　斐　李晶晶）

【完成供暖改造（二期工程）】供暖改造（二期）工程总投资 1217 万元，分管线改造工程和节能控制工程两部分。将大部分管网改造工程安排在暑假进行，在供暖前完成了全部管网改造任务，东区供暖效果显著改善。鉴于学校供暖管线逐年拓展的实际情况，为了科学调整各条供暖线路的供热比例，建设了供暖节能控制系统，可实现各建筑分时分区供暖。

（刘　斐　李晶晶）

【完成教一楼箱变安装工程】教一楼箱变安装工程总投资 219 万元。在教一楼东侧新建 800 千伏安箱变一座，替代老配电室供电，解决了老配电室设备老化、占地面积大的缺点，使得老校区供电更加安全可靠。

（刘　斐　李晶晶）

【完成中水二期改造工程】中水二期改造工程总投资 324 万元。完善老校区室外中水管网建设，新建地下中水泵房一座，实现了校园大部分建筑使用中水的目标。通过半年的使用，中水处理站运行稳定，节水效益明显，经济效益和环保效益显著，对于创建节能校园意义重大。

【完成 14#学生宿舍建设立项审批工作】14#学生宿舍完成了方案设计、规划意见书审批、项目建议书审批和可行性研究报告的报审工作。拟建宿舍楼总建筑面积 12660 平方米，其中地上 11 层建筑面积 11100 平方米，地下建筑面积 1560 平方米，共设宿舍 286 间，可供 572 名博士研究生住宿。工程预计 2013 年开工建设。

（刘　斐　李晶晶）

【完成北京校部校园规划申报工作】由于北京校部土地分期征用，校园规划和建设缺乏统筹考虑，至今尚未进行完整的校园修建性详细规划，新项目的建设缺乏指导依据。为此，基建处 2012 年进行了校园规划的编制并报北京市规划委审批。

（刘　斐　李晶晶）

【完成保定二校区征地工作】保定二校区新征土地 285660 平方米，新征地西至京广铁路，南至华电路，东至二校区，北至二校区，征地各项手续已全部完成。在此地块上的综合实验楼项目已开工建设。

（张树芳　尤利军）

信息化工作

■概述

2012 年，华北电力大学信息化建设与管理办公室在学校党委和行政的正确领导下，在各职能部门的大力配合与支持下，以强化学校信息安全和信息管理为核心，以推进学校信息化建设为着力点，扎实有效的做好了各项工作。

2012 年，学校围绕学校第一次党代会提出的“建设现代化校园”战略任务，根据学校“十二五”发展规划“数字化校园”建设目标，基于学校《信息化建设“十二五”规划》，在对国内外 40 余所名校信息化建设情况深入调研的基础上，结合学校实际完成了集北京和保定两校区的完整一体化《“数字智慧校园”建设方案》，撰写了《国内外高校信息化建设调研报告及华北电力大学对策》的调研报告。为推动学校信息化建设与发展，以适应建设学校高水平大学的要求，做好了顶层设计。

2012 年，学校根据学校实际情况，建立健全各类信息化管理制度和规范，先后制定并发布了《华北电力大学信息化建设管理办法》《关于成立华北电力大学信息化建设与发展领导小组及信息化建设与发展专家小组的通知》等信息化建设的基础性文件，明确了学校信息化建设的工作要求和各部门的职责，规范了相应的工作程序，为下一步大规模进行信息化建设，避免重复投资奠定了坚实的基础。

2012 年，学校认真做好信息安全与管理工作，初步建立学校信息安全和管理体系。根据工作需要，制定并发布了《华北电力大学网络与信息安全事件应急预案》，规范了学校网络与信息安全事件的工作程序和应急措施，和网络中心一起高质量的完成了“十八大”期间的网络安全保卫工作。10 月，与校部 49 个部门签订《十八大期间网络信息安全责任书》；对 84 个二级网站进行域名登记备案；对 22 个没有登记备案的网站域名进行核实清理。同时开发建设了学校信息安全报送平台，实现了“人防，技防”的有机结合，将学校整体信息安全突发事件的防范和应急处置作为今后一项重要的常态化工作持续开展，为学校发展营造安全稳定的互联网环境。有效开展网络信息管理工作，建立长效机制，采取有效措施，依法力诉，联系主管部门和网站管理方，消除知名论坛上危害学校发展的不良网络信息 10 余条，制止了“山东沂蒙学院”抄袭学校官方网站、打着华北电力大学名号开设论坛等行为，有效杜绝了各种欺诈或有损学校网络名誉情况事件的发生。

2012 年，学校扎实推进高水平大学网站建设，再次开发建设高水平大学中文门户网站，形成华电特色。制定并发布《华北电力大学网站建设与管理规范》，进一步规范全校网站信息发布机制和建设内容，优化网站建设结构，丰富网站信息内容及应用功能，增强用户使用体验，提高学校互联网知名度和高校形象软实力，为学校建设高水平大学营造良好的互联网形象。在学校中英文门户增加“走进华电”栏目，定期更换网站宣传照片，以图片形式展示华电风采，体现学校师生良好的精神风貌和学校创建国际化高水平大学的建设成果。在元旦新年、党建评估、干部任选、国庆、党的十八大等重点工作时期，对大学主页进行了相关主题内容建设，更换主页显示背景主题，开发相关专题网站及应用功能，较好的配合了学校有关重点工作的开展。对全校二级网站进行全面摸底清查，备案登记了二级网站 126 个。开展二级网站质量验收工作，对全校 90 个二级网站按 11 项量化建设指标进行了量化测评和先进评优。

2012 年，学校建立健全信息采集体系，不断提升学校信息采集与数据分析的决策支持作用。继续发扬荣获“2012 年北京市高等教育统计工作集体一等奖”工作荣誉的优良态势，依据实际，总结经验，建立健全学校信息采集体系，以确保按学校决策所需提供信息。同时完成 2012 年度高等教育统计与社会统计工作。组织全校 20 余个部门圆满完成北京校部和保定校区高等教育统计的 81 张高基表的填报工作；完成了昌平区统计局的《非工业能源和水消耗情况》等 16 次报表上报；为校内各单位提供了 20 余次统计数据查询服务；评选了 10 个先进集体和 20 名优秀个人。在充分掌握学校事实数据的基础上，加大统计数据的校内外横纵向分析研究力度，撰写了《华北电力大学统计数据分析报告（2009—2012）》，服务学校发展决策。

2012 年，学校根据《华北电力大学信息公开实施细则（试行）》制定并发布了《华北电力大学信息依申请公开工作流程》《华北电力大学信息公开保密审查暂行规定》《华北电力大学信息公开目录》，检查验收了各单位确定的公开事项的完成情况，通过学校信息公开网站主动公开信息 268 条，发布了《华北电力大学 2011—2012 学年度信息公开工作年度报告》。信息公开工作获教育部好评。

（孙培燕）

■概况

2012 年，华北电力大学信息化建设与管理办公室实行北京、保定两地一体化管理，有主任 1 人、副主任 2 人、工作人员 3 人，其中北京校部 4 人、保定校区 2 人，均为中共党员。工作人员中博士学位 1 人，硕士学位 4 人，学士学位 1 人；高级工程师 1 人，副教授 1 人，工程师 2 人，助理工程师 2 人；具有国家统计从业人员资格统计人员 2 人。

2012 年，学校撰写了《华北电力大学信息化建设管理办法》《关于成立华北电力大学信息化建设与发展领导小组及信息化建设与发展专家小组的通知》《华北电力大学网站建设与管理规范》《华北电力大学网络与信息安全事件应急预案》《华北电力大学信息依申请公开工作流程》《华北电力大学信息公开保密审查暂行规定》等 6 个文件，经 2012 年第 12 次校长办公会议审议通过并发布。

2012 年，在十八大召开前与校部 49 个部门签订了《十八大期间网络信息安全责任书》；对 84 个二级网站进行域名登记备案；对 22 个没有登记备案的网站域名进行核实清理。

2012 年，学校网络信息科技协会共有指导教师 4 人，学生信息员 45 人，协助校内 35 个部门对 37 个网站进行运行维护，组织信息化相关培训 135 人次。

2012 年，学校通过信息公开网主动公开信息 268 条，扎实有效地推进了学校信息公开工作；并在 2012 年教育部对学校“三重一大”决策制度执行检查中，学校信息公开工作获上级领导好评。

2012 年，在学校办公平台运行维护工作中，共计新员工入职报到用户账户办理 60 余次，部门领导和人员调动账户权限调整 130 余次，用户名密码重置 330 余次，其他各类“文件无法打开”，“发文流转无法编辑”，“校外办公平台登录”等，办公平台运行兼容性和功能性使用帮助服务总计支持 90 余次。同时，协调办公平台软件系统开发厂商，先后 3 次对办公平台实施了 9 处系统功能改造。

（孙培燕）

■条目

【赴京、沪调研学习】2012年，华北电力大学信息化建设与管理办公室先后赴北京交通大学、北京科技大学、中国石油大学、中国政法大学、上海交通大学、华东师范大学、上海财经大学、等十余所知名高校中，广泛开展信息化建设调研学习，着重了解和掌握国内高校在信息化建设与服务、数字智慧校园、校园一卡通等大学信息化建设方面的工作经验和具体办法，充分总结调研结果、紧密结合学校实际校情和未来发展趋势，撰写了《高等学校信息化建设调研报告及华北电力大学对策》的调研报告，起草了学校《华北电力大学信息化建设管理办法》和《关于成立华北电力大学信息化建设与发展领导小组的通知》两份文件，通过校长办公会审核，进一步规范和促进了学校信息化建设的快速、稳定、健康与可持续发展。

（赵颖涛　孙培燕）

【获北京市教育事业统计工作一等奖】9月3—5日，北京市教委发展规划处召开2012年北京市高等教育事业统计工作布置会，北京市教委发展规划处对2011年北京市高等学校教育事业统计工作进行了总结，表彰了2011年教育事业统计工作优秀集体和个人，对2012年度北京市高等学校教育事业统计报表工作进行了部署。华北电力大学荣获2011年度北京教育事业统计工作优秀集体一等奖，信息办贺斌生同志获优秀个人一等奖，而且作为获奖学校代表进行了大会发言，向与会高校代表详细介绍了学校教育事业统计工作开展情况及工作经验。

（赵颖涛　孙培燕）

【签订网络信息安全责任书】10月，信息办与学校北京校部49个部门签订了《网络信息安全责任书》，在十八大期间，信息办组织开展学校二级网站“每日零报送”工作。为提升工作效率，搭建了在线信息安全报送平台。20天共计接收二级网站安全上报信息网上报送1000余次，有效的保障了学校重点时期网站信息安全，为今后将学校信息安全作为一项常态化工作进行开展，奠定了良好的基础。

（孙培燕）

【发布信息公开目录】11月，依据《华北电力大学信息公开实施细则（试行）》（华电校办〔2010〕8号），结合学校实际，信息办编制完成并发布了《华北电力大学信息公开目录》，有效保障了学校师生员工和其他公民、法人及其他组织依法获取学校信息，进一步促进了依法治校，强化民主管理和民主监督，规范了学校信息公开工作。

（孙培燕）

【制订学校《数字智慧校园建设方案》】围绕学校第一次党代会提出“建设现代化校园”的战略任务以及学校“十二五”发展规划提出的建设“数字化校园”的具体目标，依据国家关于教育信息化的方针和政策，起草了《数字智慧校园建设方案（草案）》，方案严格按照调研设计、专家论证、上会讨论等环节进行评审与发布。

（孙培燕）

【校长办公会审核通过建设校园“一卡通”方案】12月，校长办公会审核通过由信息办提出的建设校园“一卡通”方案。“一卡通”项目方案从学校实际校情出发，在兼顾建设学校基础信息数据共享平台的基础上，卓而有效的规划具体应用系统建设，能够进一步提升学校管理效益和经济效益，有效突破学校信息化建设瓶颈，全面推进学校信息化建设进程。

（孙培燕）

【制定并发布信息化建设与管理相关文件】2012年，信息办经过充分调研及研究，撰写了《华北电力大学信息依申请公开工作流程》《华北电力大学信息公开保密审查暂行规定》《华北电力大学网络与信息安全事件应急预案》《华北电力大学网站建设与管理规范》《华北电力大学信息化建设管理办法》《关于成立华北电力大学信息化建设与发展领导小组及信息化建设与发展专家小组的通知》6个文件，经过12月校长办公会审核并发布，为今后学校信息安全、信息管理以及信息化建设奠定了坚实的基础。

（孙培燕）

档案工作

■概述

2012年，华北电力大学档案工作贯彻落实《高等学校档案管理办法》(27号令)，在基础设施改造、标准化建设和服务上水平等方面形成特色。

2012年，学校完成了教育部直属高校改善办学条件项目——智能化档案库房改造，实现了库房视频监控、门禁控制、恒温恒湿、防盗报警和消防灭火等，提高了档案管理水平和档案利用效率。

2012年，学校制定了《华北电力大学档案标准化建设体系制度》于12月20日经校长办公会通过，2013年1月1日全面实行，共涉及制度四大类18个。

2012年，学校完成了档案应用软件的设计开发工作，包括档案管理、照片档案、校友档案、学生践习档案、基建图纸档案、专题档案、人物档案、社会捐档档案、班级文化档案和学生组织社团档案等软件。

2012年，学校在档案服务方面推出了远程查档服务、公务查档上门送达服务。

2012年，学校按照《教育部办公厅关于做好2011年度部属高校档案统计年报工作的通知》的文件精神完成了2011年档案统计年报工作。

2012年，学校经过两年多的探讨和沟通，档案馆与上海新影捷信息技术有限公司签订协议，正式实现馆企合作，双方通力合作并设计开发出一批实用、价廉、安全的应用软件，为首都高校开展相关的业务交流与培训搭建了平台。

2012年，学校积极参加全国及省市级档案工作研讨与业务交流活动，成功举办北京高校档案研究会年会。

（王振华）

■概况

2012年，华北电力大学在北京校部设立档案馆，在保定校区下设档案室，两地档案业务管理实行一体化，档案业务管理按照全宗划分管理；两地档案工作管理实行属地化管理，保定校区档案工作划归校长办公室管理。档案馆既是学校档案业务管理部门，也是学校档案工作管理的职能处室。

2012年，学校有档案工作人员9人，北京校部6人、保定校区3人。

2012年，学校档案馆藏包括北京电力学院、河北电力学院、华北电力学院（01全宗)、北京电力管理干部学院、华北电力学院北京研究生部（02全宗)、北京水利电力经济管理学院、北京动力经济学院（03全宗)、华北电力大学北京校区（04 全宗)、华北电力大学保定校部（05 全宗)、华北电力大学北京校部（06 全宗)、华北电力大学保定校区（07 全宗）共7个全宗，共计70575卷、照片档案12886张、馆藏资料1500册。

2012年，学校档案业务指导和培训160人次。全年共接收全校各单位移交档4968卷。学校完成了2012年以前积压文件材料的清理工作，鉴定、立卷和归档共计664卷，学校全年新增档案4304卷。照片档案全年共增加照片2355张。

2012年，学校完成了档案软件的设计开发工作。共开发软件12个，包括档案管理、照片档案、校友档案、学生践习档案、基建图纸档案、专题档案、人物档案、社会捐档档案、班级文化档案、学生组织社团档案等软件。

2012年，学校完成了档案加工室设备购置，成立档案摄影工作室1个，建设大型密集架2个。

2012年，学校完成了档案标准化建设体系制度的制定，共涉及制度四大类18个。

2012年，学校《华北电力大学年鉴》2012卷正式出版，首印900册。

2012年，学校提供利用档案1965余人次约4015卷，复印档案材料3530张。其中，查阅教学、财务、文书等各类档案1050人次约2165卷；查阅成绩单、学历学位证明、论文等档案915人次约1850卷。

2012年，学校档案馆与上海新影捷信息技术有限公司正式实现馆企合作，建成信息化研发与交流培训中心1个、年鉴信息化研发与交流培训中心1个。

2012年，学校派人参加全国性档案工作会议2次，参加北京市档案会议5次，承办北京高校档案研究会年会1次。

（王振华）

■条目

【与上海新影捷信息有限公司签订合作协议】5月24日，经过两年多的探讨和沟通，华北电力大学档案馆与上海新影捷信息技术有限公司正式实现馆企合作。双方合作签约仪式暨档案信息化研发与交流培训中心、年鉴信息化研发与交流培训中心揭牌仪式在华北电力大学主楼举行。根据协议，双方将认真做好调研，齐心合力，开发出便捷、价廉、安全的应用软件，为高校开展相关的交流和培训搭建平台，为档案和年鉴工作发展贡献力量。国家档案局办公室主任刘爱民，北京高校档案研究会理事长王秀卿、北京市教委《北京教育志》编纂委员会办公室主任、《北京教育年鉴》常务编委李晓秋，北京高校档案研究会副理事长兼秘书长杨桂明及北京兄弟院校档案馆负责人等档案界领导和专家以及华北电力大学各单位档案管理员出席本次仪式。中国高等教育学会档案分会常务理事、《华北电力大学年鉴》主编、华北电力大学党委常委、副校长孙忠权出席会议并致欢迎辞。

（王振华）

【与外语学院共建实习基地】5月25日，档案馆与外国语学院签订共建实习基地协议。根据协议，档案馆开放50余项实习项目供学生选择，参与实习学生由学院灵活安排，可随到随学。此合作方式，解决了档案馆人手急缺问题，同时也体现了档案馆在教书育人方面的作用和价值。

（王振华）

【北京市防火宣传教育中心到档案馆开展消防知识讲座】5月28日，北京市防火宣传教育中心宣讲员应邀到档案馆开展消防知识讲座。本次讲座旨在进一步加强档案馆工作人员的消防安全意识以及应对突发火灾险情的处置能力，有效避免档案馆消防安全事故的发生。档案馆全体人员参加了本次讲座，在宣讲员的指导下进行了消防器材的操作演练。

（王振华）

【陈军当选北京高校档案研究会理事】6月19日，北京高校档案工作会议在小汤山静之湖温泉度假村召开。中国高等教育学会秘书长陈锡章、北京高校档案研究会理事长出席会议并讲话。北京各高校档案馆负责人、档案工作人员以及参会企业代表共80余人参会。会上，王秀卿理事长宣布正式增补陈军副馆长为北京高校档案研究会理事。理事会认为，陈军同志热心北京高校档案事业，在北京高校研究会网站建设、档案培训基地建设等方面倾注了大量心血，得到北京高校档案同行的认可，为研究会的发展作出了贡献。

（王振华）

【完成教育部改善办学条件项目】12月25日，档案馆圆满完成教育部改善办学条件项目，已建成教育部直属在京高校最大的档案库房，可实现库房视频监控、门禁控制、恒温恒湿、防盗报警、消防灭火等，可通过手机进行实时控制。共开发软件12个，包括档案管理、照片档案、校友档案、学生践习档案、基建图纸档案、专题档案、人物档案、社会捐档档案、班级文化档案、学生组织社团档案等软件。完成档案加工室设备购置，成立档案摄影工作室1个，建成大型密集架2个。

（王振华）

【举办北京高校档案研究会年会】12月，2012年北京高校档案研究会年会暨联欢会在华北电力大学国际交流中心举行。北京高校档案界领导、同仁及北京各兄弟院校档案馆负责人、档案馆工作人员代表共150余人参加。这是继2011年，华北电力大学连续第二年成功举办北京高校档案研究会年会。

（王振华）

招　标　管　理

■概述

2012年，华北电力大学招标中心开始组建，学校围绕着学校十二五发展规划和学校成立招标中心所明确的工作职责和目标定位，克服了部门人员不到位等诸多困难，在制度建设、流程规范等方面取得了一系列进展，对维护学校利益起到了良好的促进作用。

2012年，学校制定了《华北电力大学招标管理暂行办法》《华北电力大学（保定）工程类项目招标管理实施细则》《华北电力大学评标专家和评标专家库管理暂行办法》《华北电力大学“零星工程和特定服务项目”供应商管理暂行规定》等规章制度。

2012年，学校通过各项措施，确保招投标的合法性、时效性和经济性，提高了招投标工作质量。

2012年，学校完成“华北电力大学建筑消防设施技术检测项目”等服务类项目公开招标共5次（北京4次、保定1次）；组织并完成“华北电力大学变电站项目改造工程”、“华北电力大学金工实习中心”、“华北电力大学供暖系统改造”、“华北电力大学消防系统设施改造”等工程类项目公开招标共25次（北京15次、保定10次）；组织并完成“华北电力大学2012—2013年度供暖用煤采购”、“华北电力大学RTDS电力系统实时数字仿真器扩容升级组件采购项目”、“华北电力大学实时控制与传真RT-Lab系统”、“华北电力大学冲击电压发生器”、“华北电力大学适应大规模风电接入的通用换流控制保护系统”等货物类项目公开招标共60次（北京34次、保定26次）；组织并完成“华北电力大学中水回用泵房”工程类项目邀请招标共1次；组织“华北电力大学中外文报纸期刊采购—外文原版期刊”货物类项目邀请招标共2次（北京1次、保定1次）；组织并完成“华北电力大学老校区中水处理系统进行委托运行项目”服务类项目单一来源谈判共1次；组织并完成“华北电力大学卫生间自吸式全自动节水装置”等工程类项目单一来源谈判共2次；组织并完成“华北电力大学新能源发电过程模拟仿真及实验平台”、“华北电力大学实时控制与传真RT-Lab系统”、“华北电力大学高电压重复频率脉冲电源、高压高频交流电源”等货物类项目单一来源谈判共11次（北京8次、保定3次）；组织并完成“华北电力大学分散控制系统（DCS）采购项目”货物类项目竞争性谈判共5次（北京1次、保定4次）等。

（冯海群　陈　涛　周　泽）

■概况

2012年，华北电力大学公开招标90次（北京校区53次、保定校区37次），招标项目112项（北京校区67项，保定校区45项），公开招标预算金额15169.13万元（北京校区6601.04万元，保定校区8568.09万元，含实验综合楼施工4370.26万元），中标金额14170.61万元（北京校区5976.84万元，保定校区8193.77万元），中标金额比预算金额减少998.52万元（北京校区中标金额比预算金额减少624.20万元，保定校区中标金额比预算金额减少374.32万元），中标金额是预算金额的93.41%（北京校区中标金额是预算金额的90.54%，保定校区中标金额是预算金额的95.63%）；组织邀请招标3次（北京校区2次、保定校区1次—2012年报废货物处理服务商邀请招标），预算金额57万元，中标金额54.05万元，中标金额是预算金额94.82%；组织单一来源谈判14次（北京11次、保定3次），预算金额2177.26万元（北京1932.26万元，保定245万元），中标金额2134.12万元（北京1895.48万元，保定238.64万元），中标金额为预算金额的98.02%（北京98.10%，保定97.40%）；组织竞争性谈判5次（北京校区

1次、保定校区4次），预算金额392.39万元（北京校区49.90万元，保定校区342.49万元），中标金额379.11万元（北京校区48.72万元，保定校区330.39万元），中标金额为预算金额的96.62%（北京校区中标金额为预算金额的97.64%，保定校区中标金额为预算金额的96.47%）。总体而言中标金额比预算金额共降低1057.88万元（北京校区665.10万元，保定校区392.78万元），占预算金额5.94%（北京校区占预算金额的7.70%，保定校区占预算金额的4.29%），有效的提高了学校资金的使用效率，降低了项目成本。

（冯海群　陈　涛　周　泽）

■条目

【建立和完善招标中心网站】完成了两校区招标中心网站建设，以此为平台，完善招标监督体系，使各种工程、服务、货物招标信息、企业信息、评标结果、中标结果等招标信息及时得到全面公开，主动接受广大师生和社会的监督，同时有效地促进了学校集中招标工作的透明、有序、便捷和高效。

（冯海群　陈　涛　周　泽）

【组建华北电力大学评标专家库】招标中心会同人事部门对专家资格严格把关，审核入库，确保评标专家资格符合法律规定，通过各项举措保证评标专家能够熟悉招投标法律法规，认真、公正、严格地履行评标职责。同时，招标中心制定了《评标专家随机抽取办法》，在评委的组成上，通过电脑程序在监督人员的监督下，随机抽取专家，提前24小时通知专家，最大限度排除人为因素的干扰，评标专家对所评项目按照确定评标办法进行评审，出具评审报告，接受所有投标单位的监督、咨询、申诉、举报，体现了评标工作的公平和公正。据统计，各学院具有高级职称的教授占专家库成员的约70%，从而改善了评标专家结构，提高了评标质量，有效规避了人为因素左右评标结果的风险。

（冯海群　陈　涛　周　泽）

□学科与学位建设　教育教学

EDUCATION, TEACHING AND ACADEMIC SUBJECTS BUILDING AND DEGREE MANAGEMENT

DEGREE AFFAIRS

○　综　述

2012年，华北电力大学通过不断丰富和推进“大电力”特色学科体系建设，传统优势学科、新兴能源学科、文理学科之间以强带弱、优势互补、交叉互动、相互促进，带动了学科整体水平的快速提升。传统优势学科在学校学科发展中的主体地位更加显现，电气工程、动力工程及工程热物理在新一轮全国学科评估中排名位居全国第6位和第11位，比上一轮评估分别上升了3位和1位，控制科学与工程、工商管理、管理科学与工程三个具有一级博士点的学科排名也有明显提升；控制科学与工程学科获批博士后科研流动站，实现了5个一级学科博士后科研流动站全覆盖；10个学院中有9个具有独立或合作培养博士研究生的资格，“4、3、3”学科阵型基本形成。“电力科学与工程985优势学科创新平台”正式获批；“211工程”三期建设通过国家验收；动力工程及工程热物理、控制科学与工程两个学科增列为一级学科北京市一级重点学科，应用数学、诉讼法学增列为河北省重点学科，至此，学校一级学科省部级重点学科增至3个，二级学科省部级重点学科增至23个。

学校不断深化教学改革，注重提升教师教学能力和水平，强化教育教学与人才培养的过程管理，深入推进本科教学质量工程和研究生培养模式与机制改革，人才培养质量稳步提升。加强本科教学质量工程三级体系建设，3个专业列入教育部专业综合改革试点，1门课程入选国家精品公开课建设计划，3部教材入选国家级规划教材，以核心课程为主体的理论教学体系建设基本完成；2个国家级实验教学示范中心通过验收，新增电气工程国家级实验教学示范中心，新增1个北京市级校外人才培养基地。深入研究创新人才培养的规律，探索有利于学生参与创新实践的新机制，大力推动学生创新俱乐部蓬勃发展；继续健全校企协同培养人才机制，完善卓越工程师教育培养计划选拔方案和培养标准。不断完善教学质量监控与保障体系，修订院系教学状态30项通报制度、推免研究生工作实施办法等教学管理制度；首次向社会公布本科《教学质量年度报告》。继续推进和完善研究生培养机制改革下的研究生资助体系，加强研究生核心课程建设、培养基地建设和国际交流；完善研究生质量保证和监控体系，加强以稳定研究方向与提高学术研究能力为重点的导师队伍建设。

教育教学质量成果显著。获省部级高等教育教学成果一等奖6项、二等奖10项；获得北京市优秀博士学位论文1篇，全国节能减排大赛特等奖1项，数学建模竞赛连续5年获得全国一等奖；学生参与创新实践活动人数大幅攀升，获国家大学生创新创业训练计划项目150个，学生创新成果获专利34项。研究生在第九届全国研究生数学建模竞赛中表现突出，获奖等级和数量位居全国高校前列；19名研究生获得2012年公派出国项目资助。群众性健身运动蓬勃开展，在多项高水平比赛中获得好成绩；学校的毕业生质量得到企业和社会各界的高度认可，入选中国百强上市企业最喜爱的十所高校之一。

2012年，继续教育工作坚持“品牌”战略，充分发挥学校的专业特色，增强学校对能源电力的服务意识，积极拓展新能源专业的服务面，把提高人才培养质量放在学校继续教育工作首位，深化成人教育教学改革，积极拓展办学空间，扩大生源渠道，合理调整函授站点布局，保证成人教育规模的稳步增长。积极拓展非学历继续教育市场，开展了各级各类培训项目。积极拓展国际合作与交流，与美国、加拿大、澳大利亚、法国等多国的国际知名院校建立长期战略合作伙伴关系，为企业培养具有国际视野和掌握国际前沿技术的创新人才。

2012 年，艺术教育工作坚持“国际化、精品化、项目化、专业化”工作思路，在艺术教育、艺术实践等方面取得优异成绩。在艺术教育方面，艺术教育中心开展各类艺术课程 10 余门，内容涉及音乐、美术、舞蹈、戏剧等各种艺术门类。在国际化和项目化方面，艺术教育中心带领学生艺术团代表中国参加辛辛那提第七届世界合唱节，获得女子室内合唱组银奖九级的佳绩，受到各界的热烈欢迎和一致好评。在精品化方面，充分调动多方力量开展各类“高雅艺术进校园”文化活动。

学　科　建　设

■概述

2012年，华北电力大学继续坚持以学科建设为龙头，通过不断丰富和推进“大电力”特色学科体系建设，传统优势学科、新兴能源学科、文理学科之间以强带弱、优势互补、交叉互动、互相促进，带动了学科整体水平的快速提升。传统优势学科在学校学科发展中的主体地位更加显现，控制科学与工程学科获批博士后科研流动站，实现了5个一级学科博士后科研流动站全覆盖；10个学院中有9个具有独立或合作培养博士研究生的资格，“4、3、3”学科阵型基本形成。“211工程”三期建设正式通过国家验收；2011年12月，教育部下达文件启动第三轮全国学科评估工作，华北电力大学21个一级学科参加本轮学科评估；动力工程及工程热物理、控制科学与工程2个学科成功增列为一级学科北京市重点学科，应用数学、诉讼法增列为河北省重点学科，至此，学校一级学科省部级重点学科增至4个，二级学科省部级重点学科增至23个。

（张　磊　王庆华）

■概况

到2012年底，华北电力大学拥有2个国家级重点学科，23个省部级重点学科；学校有5个博士后科研流动站；学校有5个一级学科、30个二级学科博士学位授权点；23个一级学科、123个二级学科硕士学位授权点。学校分设“211工程”办公室、“985工程”办公室和学科建设办公室三个部门合署办公，共有专职工作人员5人（其中博士学位2人、硕士学位3人）；5人中教授职称2人，工程师2人，初级工程师1人。

（张　磊　王庆华）

■条目

【211工程三期建设通过验收】3月，按照教育部安排，华北电力大学进行了“211工程”三期的校内自验收。以倪维斗院士、程时杰院士、长江学者周东华教授为组长，清华大学等10余个单位专家为成员的验收专家组对华北电力大学“211工程”三期建设进行了验收。专家组一致认为华北电力大学已实现了“211工程”三期预定的建设目标，部分项目超额完成了建设任务，建设成效十分显著。2012年12月，华北电力大学的“211工程”三期建设项目正式通过了国家验收。验收专家组一致认为华北电力大学是一所办学特色鲜明、发展很快的高校，通过“211工程”三期的建设，学校加强了特色优势学科，充实了新兴能源学科，培养和汇聚了一批优秀人才，科研水平大幅提高，取得了一批标志性成果，圆满地完成了“211工程”三期的建设任务。在教育部委托的第三方验收机构对华北电力大学的“211工程”三期的项目管理、资金和设备的验收中，验收专家组认为华北电力大学在中央专项资金使用和管理方面符合规范，财务制度健全，各项建设成果突出，给出了97.50分的高分，位列全国前列。

（张　磊　王庆华）

【两学科增列省部级重点学科】4月，在新一轮的北京市重点学科遴选中，华北电力大学动力工程及工程热物理、控制科学与工程2个学科成功增列为一级学科北京市重点学科。至此，华北电力大学一级学科省部级重点学科增至3个，二级学科省部级重点学科增至23个，省部级重点学科基本涵盖了华北电力大学的传统优势学科和新兴能源学科，在文理支撑学科方面也取得了初步的成果。

（张　磊　王庆华）

【正式启动文理学科振兴计划】8月，为进一步深化和完善华北电力大学“大电力”学科体系，加快文理学科的建设，落实学校“十二五”规划，学校决定启动文理学科振兴计划。学校责专人对相关学科开展了调研并成立了文理学科振兴计划领导小组，拟定了文理学科振兴计划建议方案，下拨了首批建设经费，正式启动了文理学科振兴计划。

（张　磊　王庆华）

【召开第三轮学科评估工作会】1 月 10 日，根据教育部文件精神，华北电力大学召开了第三轮学科评估工作会议。会上，刘吉臻校长就学科评估工作提出三点具体要求：一是要从审视和认识自我的角度做好学科评估工作，认真思考，处理好学科交叉的问题，实事求是的填好评估材料。二是各单位负责人要切实承担起责任和使命，以此次评估为契机，找出差距和不足，以指导今后的学科建设，达到以评促建的目的。三是各学院和学科负责单位要认真对照评估指标体系及评估简况表，对目前学科建设中存在的薄弱环节要落实责任，扎实推进，加强学科内涵建设，提升学科的整体实力和影响力。最终，按照学校确定的“有所为有所不为”的原则，包括电气工程、动力工程及工程热物理和控制科学与工程等在内的 21 个一级学科参加本轮学科评估。

（张　磊　王庆华）

研究生教育教学

■概述

2012 年，华北电力大学研究生教育教学工作全面落实教育规划纲要，围绕学校的中心工作和育人大局，深入贯彻落实“高教 30 条”及“2011 计划”，以“质量”与“创新”为主题，坚持工作要扎实、要创新、要实效的理念，凝聚力量，促进发展，全面提高研究生培养质量和核心竞争力。学校不断健全教育管理规章制度，强化教学环节的过程管理。完善研究生培养机制改革下的研究生资助体系，修订了《华北电力大学研究生奖学金评定管理办法》，通过提高优秀博士研究生奖学金并建立以高水平学术成果为导向的制度，有力地促进了研究生尤其是博士研究生自主创新。由张春发老师指导的热能工程专业王江江同学撰写的《楼宇级冷热电联供系统优化及多属性综合评价方法研究》学位论文，获得北京市优秀博士学位论文。孙刚磊、张云云等 2 名同学获得 2012 年河北省优秀硕士论文。修订新设学科及已有学科专业的 2012 版《学术型硕士研究生培养方案》《专业学位硕士研究生培养方案》《日校研究生培养方案》和《研究生手册》。修改并完善学校学位论文撰写规范和书写范例，修订学位论文审批材料要求，进一步规范华北电力大学研究生培养过程，确保研究生培养质量不断提高。

2012 年，学校实施研究生创新能力培养工程，提高研究生创新能力。开展了研究生创新能力培养工程。完成了“211 工程”三期建设中 32 门研究生核心课程、11 个全日制工程硕士案例课程建设、31 项研究生教育教学改革项目建设的验收工作。取得研究性课程教学方法的探索和实施、研究生课程实验实践环节的探索和实施、研究生课程教材建设、研究生课程教学改革及教研等方面一大批成果。出版了 17 部研究生教材，发表教学研究教学改革论文 87 篇。为研究生创新教育创造了良好的课程教学环境和创新人才培养环境。完成了北京市产学研联合培养基地科研工作项目的建设工作，在 3 年期的北京市验收工作中获得优秀称号。为更好实施研究生分类培养，加强了研究生核心课程建设。对学术型研究生进行了研究型课程建设，增加了专题课程/seminar 课程；对于专业学位研究生加强了职业素质类课程的建设，开设了工程管理案例系列课程，推动教师不断改进教学内容和教学方法。继续加强研究生培养基地建设工作。继续扩大产学研研究生培养基地建设，进一步加强与企业、科研院所的合作，增加研究生工作站的数量，规范了研究生工作站的管理办法。2012 年派驻研究生工作站联合培养研究生250人。加强研究生教育的国际交流与合作。完成了2012年国家公派研究生选拔、推荐及派出工作，以及博士生的国际访学计划。组织全校研究生和本科生进行2012年国家留学基金委的公派留学工作，19人被录取为国家公派留学人员，其中联合培养13人，攻读博士学位5人，攻读硕士学位1人，高质量超额完成了国家下达的公派留学工作任务。资助12名博士生参加国际高水平会议并在会议上宣读论文。通过加强研究生教育的国际交流与合作，使华北电力大学的研究生学术视野紧密跟踪学术前沿，同时增进学术界对华北电力大学学术研究和学位与研究生教育的了解与支持。提高研究生尤其是博士生的培养质量。

2012年，学校完善研究生质量保证和监控体系，提高人才培养质量。高度重视招生工作，努力提高生源质量。加强制度建设和招生宣传工作。按照教育部和北京市研招办的要求和安排，逐步逐项地做好博士、硕士招生的各项工作。

2012年，学校加强研究生培养过程管理和研究生培养质量监控。在充分调研、论证并广泛征求意见的基础上，逐步修订、规范研究生论文的评审、答辩、学位申请及论文评优等工作的管理制度和受理程序；加大硕士研究生论文匿名评审力度，改革博士论文匿名送审办法，严格博士答辩资格审核。博士论文实现双匿名送审，各个学科的博士论文均送往该学科排名前十的院校评审。科学严格的博士论文匿名送审环节，对监控和提高博士论文质量起到了积极的作用。按上级要求，进行了专业学位自评估工作。在院系自查的基础上，研究生院组织专家进行就在职工程硕士培养过程的各个环节进行了后评估。通过自评估，掌握了在职研究生课程学习、培养和论文工作的情况和存在的问题，提出了有针对性的改进措施。形成了《华北电力大学在职专业学位自评报告》，有力地促进了在职专业学位培养质量的提升和管理水平的提高。

2012年，学校加强导师队伍建设。修订了《华北电力大学博士生导师选聘及招生资格确认办法》，开展了博士、硕士及外聘研究生导师的遴选及培训工作。

2012年，学校组织召开了全校每年两次的学位评定委员会会议。完成了两次研究生学位论文答辩及学位授予工作。按照国家学位授予信息上报工作的有关要求，组织有关部门按照相关程序将华北电力大学北京校部和保定校区授予的各级各类学位信息分别上报北京市学位委员会和河北省学位委员会。

2012年，学校继续加强信息化建设。进一步开发完善研究生教育管理信息系统，课程管理、学籍管理、研究生论文答辩及学位申请受理部分已基本投入使用。顺利完成了各类研究生日常教学管理工作，规范了各类研究生教学、科学研究与论文等各培养环节的工作。开发了研究生工作站平台，实现了通知、课题公布、简历构建、学生与工作企业导师双向选择等模块，加强并完善了在职专业学位研究生工作的管理。按照教育部、北京市有关学生学籍学历电子注册等文件要求，圆满完成了各类研究生新生电子注册、在校生学年注册以及毕业生即时注册等各项工作；进一步规范、完善了各类研究生关于学习年限及学籍管理等各项规定，做到各项工作流程化、表格化及程序化。

2012年，按照《华北电力大学研究生奖学金评定管理办法》（华电校研〔2012〕14号的文件精神，本着“公平、公正、公开”的原则，学校指导各院系成立奖助学金评定委员会，经过院系准备、学生申请、院系初评，研工部复审公示等阶段，开展了研究生综合测评和评优工作。

2012年，华北电力大学坚持以研究生为本，以科学发展观为指导，以改革创新为主线，积极构建与高水平大学建设相适应的研究生思想政治教育体系。举办了华北电力大学研究生党员骨干培训学校第四期党支部书学校记培训班。以研究生党建调研基金资助项目，提升德育工作的针对性。第二期《两校区博士研究生一体化管理现状及其改革措施的研究》等6个研究生党建调研基金项目于2012年11月顺利结题。

第三期《研究生工作站入党积极分子培养方式研究》等5个党建项目也已全面展开。完善校外研究生工作站党支部建设，提出党员发展新方式。在过去多年工作积累基础上，重点从研究生基层党组织党支部书记、党员和长期在校外研究生工作站的党员三个纬度，凝练并构建了“舵手集训—水手发力—红帆远航”三维党建工作体系。开展研究生科学道德与学风建设，塑造风清气正求真务实的优良学风。结合学校第十届研究生学术交流年会、研究生英采学术文化节、研究生入学教育、名家讲坛、“与高水平大学研究生教育同行”等各项活动，深入开展研究生科学道德与学风建设活动。加强校际交流与合作。依托学校的科技实力与行业平台，搭建了第一个研究生创新创业教育与实践平台。充分发挥研究生的“自我教育、自我管理、自我服务”的作用，发挥研究生社团组织的优势，开展研究生主体性的教育活动。做好研究生日常事务管理，切实解决学生实际困难。制定了《华北电力大学研究生请假制度(试行)》，进一步完善研究生日常管理体制。圆满完成新生迎新和入学教育工作，为学生办理公交优惠卡，进一步规范研究生健康医疗保险及理赔管理工作。做好研究生助管工作的岗位设置、申请、审批工作，加强从事“三助”研究生的培训和管理，重视发挥“三助”工作育人功能。加强华北电力大学研究生辅导员队伍专业化建设，提高辅导员队伍整体素质，实现华北电力大学研究生辅导员培训工作的专业化、常态化和系统化。举办第三届研究生心理关爱周系列活动。以“心世界·新天地”为主题，开展了一系列的内容丰富、形式多样的心理健康教育宣传活动，以引导研究生关注心理健康为理念，促进了研究生心理素质与思想道德素质、文化素质、专业素质和身体素质协调发展。

2012年，学校科技创新等各类竞赛成绩突出。鼓励研究生参加各类科技竞赛活动，在第九届“华为杯”全国研究生数学建模竞赛中，获得第九届“华为杯”全国研究生数学建模竞赛优秀组织奖，获奖等级和数量位居全国高校前列。研究生科技活动逐渐形成届次化、品牌化的效果，扩大了华北电力大学研究生学术活动在校内外的影响力，营造了浓厚的学术氛围，促进了研究生创新意识、创新能力培养。

2012年，学校组织开展了以“立足能源电力和勇于创新创业”为主题的研究生暑期社会实践活动，本次暑期社会实践内容覆盖“思维创新不止，勇于创业破冰”、“立足学科方向，凝练创新项目”、“立足科研成果，加快成果转化” 等3个方面，共有27个团队分别奔赴四川、湖南、江苏、内蒙古、河北、山东等10余个省（自治区）开展调研实践，充分发挥华北电力大学行业特色、学科优势和研究生群体的特质，积极凝练科研成果，探索创新创业模式，切实提高广大研究生的创新创业意识和能力。

2012年，学校加速推进研究生的教育研究工作，不断进行模式创新和机制创新。“以研究生工作站为依托的产学研协同研究生培养生态体系的构建与实施”，获得教育部人文社科工程科技人才研究的立项建设；“电气工程专业学位研究生培养与电气工程师资格认证对接研究”获得全国工程硕士教指委的立项建设；在第八届全国工程硕士教育会议上，赵冬梅院长作了题为《寓教于研的工程创新人才培养模式——校企联合长效机制建设》报告，阐述了华北电力大学校企研协同研究生培养的理念、体系构成与长效合作的模式机制，受到与会研究生教育同行的高度评价。以研究生工作站联合培养模式为依托的“面向行业需求 校企研协同创新的能源电力应用型研究生培养”获得学校教学成果特等奖，在华北电力大学研究生教育上首次获得北京市教学成果一等奖。

（赵冬梅　陈　佳）

■概况

2012年，华北电力大学研究生院管理人员共28人，其中北京校部15人，保定校区13人。

2012年，华北电力大学具有学历教育研究生7260人，其中北京校部研究生4825人(硕士研究生3879人，博士研究生946人)，保定校区研究生2435

人（硕士研究生 2416 人，博士研究生 19 人）。

2012 年，华北电力大学授予 104 人博士学位，2513 人硕士学位。

2012 年，学校共招收 2208 名全日制硕士，招生总数较 2011 年增长约 4.74%，招收博士 194 人。2012 年录取的硕士研究生中，一志愿生源从 74.2%提高至 85.6%，录取来自“211 工程”建设的重点高校人数增长约 8.15%，生源质量明显提高。2012 年共招收在职专业硕士学位研究生 1730 人，招生总量位居全国第二，其中电气工程、工业工程、动力工程、控制工程等 4 个领域招生数量均为全国第一。招收 MBA 研究生 100 人，与 2011 年相比增幅达 54%。在职专业学位研究生的生源质量进一步提高。

2012 年，学校毕业研究生北京校部一次就业率为 98.34%，保定校区为 97.9%，就业质量和就业率持续处于教育部高校前列。

2012 年，学校共评出优秀研究生标兵 42 人、优秀研究生 632 人、优秀研究生干部 308 人、优秀研究生班集体 29 个；博士优秀奖学金 13 人、博士普通奖学金 246 人；硕士特等奖学金 181 人、硕士一等奖学金 555 人、硕士二等奖学金 1287 人、硕士三等奖学金 1104 人。本年度北京校部和保定校区共评选四方股份奖学、华电校友奖助金、南瑞继保奖学金、魏德米勒奖学金和毅格奖学金等五项专项奖学金。专项奖学金评选总名额为 179 人，奖金总额为 46.6 万元。研究生荣获校长奖学金 2 人，奖励总额为 2 万元。研究生国家奖学金 191 人，奖励总额为 418 万元。

2012 年，学校研究生共获全国研究生数学建模竞赛一等奖 2 项，二等奖 13 项，三等奖 14 项，获奖等级和数量位居全国高校前列。博士生杜岳凡因研究成绩突出，荣获 2012 年 IEEE DEIS Graduate fellowship 奖学金，该奖项全球仅 5 人，也是华北电力大学首次；硕士生季节荣获“美国大学生数学建模竞赛（MCM）”国际二等奖；硕士生樊征臻荣获 2011—2012 年度德州仪器 C2000 及 MCU 创新设计大赛全国三等奖。获全国大学生英语竞赛特等奖 1 人、一等奖 1 人、二等奖 5 人、三等奖 10 人。

（赵冬梅　陈　佳）

■条目

【创新导师遴选机制】4 月，为深化导师队伍建设与改革，修订了《华北电力大学博士生导师选聘及招生资格确认办法》，突出强化博士生导师选聘的三大核心要素，即：稳定的研究方向、公认的学术水平和具有指导博士研究生的能力和条件。依据新办法遴选出博士生指导教师 36 名，使华北电力大学博导增至 159 人，博导增幅达 30%；新增硕士研究生导师 56 名，对新增硕士生导师进行了岗前培训。不断推进创新人才培养机制改革，审批了 65 名专家为华北电力大学外聘硕士研究生指导教师。该办法首次提出对于学术成就特别突出的优秀中青年副教授可不受教授职称限制破格选聘，对于促进青年拔尖教师的成长具有重要意义。

（陈　佳）

【加强校际交流与合作】6 月，华北电力大学研工部先后承办在京高校研究生思政专题研讨会、高科大学联盟高校研究生会主席论坛和北京市研究生党员骨干培训学校第五期培训班研讨会等一系列交流与学习活动，与在京的清华大学、中国人民大学、北京工业大学等 20 余所高校研究生工作部部长和研究生会主席们进行交流，在精品活动、导学关系、学术交流、创业就业等问题积极探讨。20 余位在京高校的党委研工部部长首次齐聚华北电力大学，一方面对提高学校研究生教育与管理科学化水平有着积极的意义，另一方面也标志学校研究生思想政治教育工作在高校中影响日益提高。

（陈　佳）

【搭建研究生创新创业教育与实践平台】11 月，党委研工部紧抓绿色经济的战略机遇，立足能源电力行业绿色战略升级，依托学校的科技实力与行业平台，凝练了与摩托罗拉系统基金会合作的“中国可再生能源推进项目”，形成“研工部主导、研究生自主执行、跨国公司合作”的工作模式，建立“研究生项目经理制”，探索和搭建了第一个研究生创新创业教育与实践平台。在研工部指导下，研究生担任项目经理，主动联系摩托罗拉系统（中国）有限公司、ABB集团，伊顿（中国）投资公司等跨国公司，与摩托罗拉系统（中国）有限公司签署了战略合作备忘录，推动学校与国际一流公司在新能源发展、绿色人才培养等方面达成合作协议，通过学校的行业平台，开展中国可再生能源推进科研项目、行业论坛、创业沙龙等活动，在可再生新能源等关键领域开展研究生创新创业工作，为我国能源电力行业抢夺绿色发展制高点提供智力支持和人才保障。

（陈　佳）

本科生教育教学

■概述

2012年，华北电力大学不断深化教学改革，注重提升教师教学能力和水平，强化教育教学与人才培养的过程管理，深入推进本科教学质量工程和研究生培养模式与机制改革，人才培养质量稳步提升。学校深入研究创新人才培养的规律，探索有利于学生参与创新实践的新机制，大力推动学生创新俱乐部蓬勃发展；继续健全校企协同培养人才机制，完善卓越工程师教育培养计划选拔方案和培养标准。不断完善教学质量监控与保障体系，修订院系教学状态30项通报制度、推免研究生工作实施办法等教学管理制度；首次向社会公布《本科教学质量年度报告》。继续推进和完善研究生培养机制改革下的研究生资助体系，加强研究生核心课程建设、培养基地建设和国际交流；完善研究生质量保证和监控体系，加强以稳定研究方向与提高学术研究能力为重点的导师队伍建设。教育教学质量成果显著。

2012年，华北电力大学本科生教育教学圆满完成本科教学运行、教学调度、学籍管理、毕业审核、考试管理等各项日常工作任务，保证了全校教学秩序稳定，促进了教学质量的提高。

（杨毅华　平　萍）

■概况

2012年，华北电力大学共设自然班777个（含保定校区341个），其中实验班16个（含保定校区11个），共授课206411学时（含保定校区106492学时），考研人数957人（含保定校区417人）。

2012年，学校有1名老师获评第八届北京市高等学校教学名师奖，3本教材入选第一批“十二五”普通高等教育本科国家级规划教材，3个专业列入教育部专业综合改革试点，1门课程入选国家精品公开课建设计划，以核心课程为主体的理论教学体系建设基本完成；2个国家级实验教学示范中心通过验收，新增电气工程国家级实验教学示范中心，新增1个北京市级校外人才培养基地。

2012年，学校加强本科教学质量工程三级体系建设。有3个专业列入教育部专业综合改革试点、1门课程入选国家精品公开课建设计划、3部教材入选国家级规划教材、2个国家级实验教学示范中心通过验收、新增电气工程国家级实验教学示范中心、新增1个北京市级校外人才培养基地。

（杨毅华　平　萍）

■条目

【三专业列入教育部专业综合改革试点】1月，根据教育部《关于批准实施“十二五”期间“高等学校本科教学质量与教学改革工程”2012年建设项目的通知》（教高函〔2012〕2号）文件精神，华北电力大学再次获得“高等学校本科教学质量与教学改革工程”2012年国家级项目。电气工程及其自动化专业、热能与动力工程专业、核工程与核技术专业等3个专业获批成为首批专业综合改革示范点。

（杨毅华）

【一课程入选国家精品公开课建设计划】2月，教育部下发《关于开展 2012 年度精品视频公开课推荐工作的通知》（教高司函〔2012〕11 号），华北电力大学人文与社会科学学院王学棉、方仲炳、赵旭光和李红枫 4 位老师主讲的《生活中的纠纷与解决》入选教育部 2012 年第一批精品视频公开课建设计划。全国已入选的课程以“中国大学视频公开课”形式在“爱课程”网上公开展示。

（杨毅华）

【一教师获评省市级教学名师】 7 月，北京市教育委员会发布《关于公布第八届北京市高等学校教学名师奖获奖名单的通知》（京教高〔2012〕014 号），华北电力大学王修彦老师荣获第八届北京市高等学校教学名师奖。

（杨毅华）

【获批一市级校外人才培养基地】 7 月，北京市教育委员会发布《关于公布 2012 年北京高等学校市级校外人才培养基地立项单位名单的通知》（京教高〔2012〕13 号），批准华北电力大学和北京金风科创风电设备有限公司共建的校外人才培养基地等 46 家为 2012 年北京高等学校市级校外人才培养基地建设单位，基地建设单位以此次立项为契机，完善合作机制和运行模式，建立健全管理制度，加强实践教学研究，以提高学生创新精神、实践能力、社会责任感和就业能力为宗旨，拓展校外实践教学资源，促进教育思想观念转变，改革人才培养模式，为提高华北电力大学人才培养质量和水平作出新的贡献。

（杨毅华）

【一实验教学中心获批国家级示范中心】 8 月，教育部发布《关于批准北京大学环境与生态教学中心等 100 个“十二五”国家级实验教学示范中心的通知》（教高函〔2012〕13 号）文件，批准华北电力大学电气工程专业实验教学中心等 100 个实验教学中心为“十二五”国家级实验教学示范中心。电气工程专业实验教学中心根据文件要求，以培养学生能力为根本目标，进一步明确发展思路，完善运行管理体制，集聚优秀实验教学师资，培育优秀实验教学团队，深化实验教学改革，创新实验教学模式，建设优质实验教学资源，提高实验教学信息化水平，充分发挥示范辐射作用。同时，学习借鉴先进经验，探索实验教学改革新思路、新方法，全面提升实验教学示范中心建设水平，不断提高大学生的创新精神和实践能力。

（杨毅华）

【三教材入选部国家级规划教材】 11 月，教育部下发了教高函〔2012〕21 号文件《教育部关于印发第一批“十二五”普通高等教育本科国家级规划教材书目的通知》，华北电力大学能源动力与机械工程学院教授安连锁主编的《泵与风机》，教授戴庆辉主编的《先进制造系统》，教授付忠广主编的《动力工程概论》入选第一批“十二五”普通高等教育本科国家级规划教材。

（平　萍）

留学生教育教学

■概述

2012 年，华北电力大学来华留学生招生规模持续增加，共招收各类长期留学生 117 人，是建院以来人数最多的一年。招生结构进一步优化，在自主招收来华留学生以及接受电力企业委托培养来华留学生方面取得新突破。2012 年是国际教育学院实施自主招生的第二年，最终录取高校研究生项目 7 人，地方支持项目 3 人，较 2011 年有所增长，而且生源均来自周边国家一流理工大学。自主招生奖学金项目在提高华北电力大学留学生培养层次、入学质量，扩大留学生规模方面起到了极大的拉动作用。华北电力大学在帮助国内电力企业海外项目实施人才本土化战略方面也迈出了可喜的一步，继2011年9月为南方电网公司委托培养7名老挝学生，2012年学校又与中国石油哈萨克斯坦公司Joint-stock company“Mangistaumunaigaz（简称MMG)”（Republic of Kazakhstan, Aktau）签订培养学生协议。不仅如此，学校还与内蒙古科技大学展开合作，以创新举措大幅提高留学生招生规模。

2012年，华北电力大学顺利完成留学生学籍电子注册工作。根据教育部要求，自2008年起所有学历留学生需进行网上电子注册。经与留学基金委和学信网主动沟通积极开展工作，最终顺利完成2008级至2012级留学生的信息核对和网上电子注册工作。

2012年，华北电力大学将继续作为HSK的考点之一，于2012年6月组织留学生参加国家汉办组织的HSK考试工作。在本次考试中，华北电力大学留学生的三级通过率为100%，四级通过率为87%，五级通过率为20%。

2012年，华北电力大学国际教育学院不断推进学生工作向规范化、制度化、精细化发展，不断创新工作模式，凝练工作方法。姜良杰被评为“北京公安出入境外国留学生管理工作先进个人”，同时获得“2012年北京市高校来华留学生管理工作优秀干部奖”。

2012年，华北电力大学继续建立健全留学生医疗保障体系。学校高度重视来华留学生医疗保障问题，做到留学生意外险全覆盖，建立了留学生医疗报销体制，改革了以往的购买保险工作中存在的保险有效期不统一的问题，施行要求所有留学生在学年伊始购买一整年保险的办法，杜绝了学年中反复催缴、拖延不交的现象。2012年累计为委培生以及自费生办理保险100多人次，协助中国政府奖学金生以及孔子学院奖学金生办理保险200多人次。协助保险公司出险3次，使来华留学生医疗保障问题得到妥善解决，为留学生在华学习提供了基础保障。

2012年，华北电力大学改革留学生生活补助发放方式。随着留学生人数的增多，尤其是中国政府奖学金生、孔子学院奖学金生以及各类委培项目学生数量的增加，传统的发放现金式的来华留学生补助发放模式已不能满足来华留学生发展的需要。因此国际教育学院在调研了其他高校的补助发放模式后，将来华留学生补助发放方法由留学生补助现金发放调整为发放到学生储蓄账户。2012年累计为学生办卡200余张，累计为超过1000多人次发放生活补助，此举不仅提高了效率，同时也增加了安全性，也为来华留学生补助工作以及学生日常管理工作的进一步规范奠定了保障性基础。

（李　旸　段春明　郑　凯）

■概况

2012年，华北电力大学北京校部留学生总人数为765人，其中本科生154人，硕士生50人，博士生19人，高级进修生5人，普通进修生1人，长期语言生91人，短期语言生436人、短期培训生9人。在校留学生分别来自60个国家，60%来自亚洲，32%来自非洲，前三大生源地为巴基斯坦、越南和蒙古。

2012年，华北电力大学招收各类奖学金及自费留学长期生117人，人数比上年增长12.5%，是国际教育学院成立以来新生入学最多的一年。117名留学长期生中有博士生9人，硕士生20人，本科生31人，高级进修生3人，普通进修生1人，汉语进修生53人，学历生比例为53.6%，硕博比例高达48.3%。英文授课17人，均为硕博层次研究生。117名留学生中有中国政府奖学金生57人，北京市政府奖学金生3人，孔子学院奖学金生18人，自费生31人，校际奖学金生8人，分别来自加拿大、柬埔寨、科摩罗、尼泊尔、尼日利亚、日本、萨摩亚、塞拉利昂、泰国、乍得、喀麦隆、卢旺达、也门、赞比亚、埃塞俄比亚、赤道几内亚、哈萨克斯坦、意大利、越南、苏丹、塔吉克斯坦、蒙古、朝鲜、老挝、埃及、巴基斯坦和韩国等31个国家。

2012年，学校有41名本科留学生、10名硕士留学生完成全部教学计划，取得毕业资格并被授予学士和硕士学位；1名博士留学毕业生于2012年7月18日通过论文答辩，获得毕业资格。

2012 年，学校组织留学生 400 多人次参加校外文体活动，有 12 人次获得各类比赛奖励。

（李　旸　段春明　郑　凯）

■条目

【与蒙古科大开展本科国际合作项目】9 月 26 日，华北电力大学—蒙古科技大学电气工程及热能与动力工程本科合作办学项目开班仪式在蒙古国首都乌兰巴托举行，能源动力与机械工程学院党总支书记徐鸿教授和国际教育学院副院长段春明老师代表华北电力大学出席了仪式。该项目是一次充分利用各自优质教育资源的双赢合作，已获得蒙古国教育部批准，2012 年招收了 20 名供电专业（华北电力大学电气工程及其自动化）学生，和 20 名电厂专业（华北电力大学热能与动力工程）学生。蒙古国家电视台在黄金时间报道了华北电力大学同蒙古科技大学联合办学项目的开班仪式，得到社会上的积极回应。

（段春明）

【与中石油哈萨克斯坦公司签订培养协议】8 月 6 日，华北电力大学与中国石油哈萨克斯坦公司 Joint-stock company "Mangistaumunaigaz（简称 MMG）"（Republic of Kazakhstan, Aktau）签订培养学生协议。继 2011 年华北电力大学为南方电网公司委托培养 7 名老挝学生之后，此举不仅从招生规模和生源结构上促进了学院的长足发展，同时也进一步深化了校企合作，实现了华北电力大学为中国能源企业境外项目人才本土化提供智力教育支持的目标。

（段春明）

【麦克因获评市汉语之星】6 月 10 日，由北京市教育委员会主办"2012 年北京市外国留学生汉语之星大赛"总决赛在北京师范大学拉开帷幕，华北电力大学中非籍留学生麦克因在决赛中的出色表现，脱颖而出，最终获得第 6 名，荣获最高奖项——"汉语之星"称号，国际教育学院对外汉语教师火月丽获得"汉语之星"优秀辅导教师奖。此次大赛从海选到决赛前后历时 3 个月，来自北京大学、清华大学、中国人民大学、北京师范大学、中央民族大学、北京语言大学、北京外国语大学等近 60 所高校、全球 94 个国家的近 700 名在京留学生选手参加了角逐。这是华北电力大学自 2009 年参加北京市外国留学生"汉语之星"大赛以来再次获此殊荣。

（姜良杰）

【徐延京女子 100 米获第七】12 月 2 日，2012 年第八届"来华杯"游泳比赛在北京外国语大学体育馆举行。华北电力大学留学生游泳队一行 4 人参加了 4 个单项的比赛，华北电力大学韩国留学生徐延京在女子 100 米蛙泳的比赛中从 50 余名选手中突出重围获得第七名的好成绩。

（姜良杰）

继续教育教学

■概述

2012 年 8 月，根据华北电力大学《关于机构调整的通知》（华电校人〔2012〕24 号）文件，华北电力大学对成人教育学院和培训学院合并组建继续教育学院，明确了继续教育学院的主要职责，即承担学校成人学历教育工作、负责全校非学历教育培训相关工作和积极开展网络教育培训工作。

2012 年，学校继续教育工作坚持"品牌"战略，充分发挥学校的专业特色，增强学校对能源电力的服务意识，积极拓展新能源专业的服务面，把提高人才培养质量放在学校继续教育工作首位，进一步规范和强化管理，制定和完善各项规章制度，倡导学习，积极推进学习型学院和学院一体化建设，开创继续教育工作新局面。

2012 年，学校继续深化成人教育教学改革，积极拓展办学空间，扩大生源渠道，合理调整函授站点布局，保证成人教育规模的稳步增长。加强制度建设，及时修订了《成人教育教务工作手册》，更名为《华北电力大学继续教育教务工作手册》，其中包含招生管理、学籍管理和教学管理等各方面的规章制度，重新修订了《函授站建站协议》《函授站工作指南》《函授站管理暂行规定》《函授生手册》。加强成人教育教学研究，积极开展网络辅助教学工作，申报的校级教改基金重点项目《成人教育基础课程试题库建设及其网络实现》已如期完成待检查验收，结合该项目成功申请了“成人教育课程在线自测系统”、“成人教育课程在线练习系统”二项软件著作权。探索与创新学士学位英语统一考试工作，加强对学士学位英语考试的管理，试卷保密、考场安排等各项工作得到了北京教育考试院领导的高度评价。注重毕业设计（论文）环节，继续开展优秀毕业生评选工作。加强课程建设，组织各相关院系，对成人教育的教学大纲进行了修订，强调突出成人教育的特点，在使学生获得基本理论知识的同时，增强提出问题、分析问题和解决问题的能力。作好教学站（点）评估、年检工作，促进规范化管理。积极参加中国成人教育协会、教育部直属高校成人教育工作协作组和远程教育协会等社会组织的各项活动。高度重视专升本学生专科资格审核工作，把它作为新生入学复查工作的重要环节。召开 2012 年成人教育工作会议，传达了全国继续教育工作会议精神，总结了本年度成人高等函授、业余教育工作，同时布置了下一年的工作。

2012 年，学校积极拓展非学历继续教育市场，开展了各级各类培训项目。积极参与国家人力资源社会保障部“专业技术人才知识更新工程”相关工作，开发政府主导的国家级培训项目。根据中国电机工程学会要求，开展动力与电气工程师专业技术资格认证考试及培训。作为机电工程专业中电力工程专业两个继续教育培训单位之一，开展一级注册建造师继续教育培训项目。积极与各级政府部门、电力企业、行业协会及学会合作，签署了教育培训战略合作协议，开展长期的继续教育合作；立足行业发展前沿，以社会需要为导向，研究和开发企业急需人才教育培训，如开发页岩气开发利用、分布式能源、智能电网等前沿技术的培训项目。积极拓展国际合作与交流，与美国、加拿大、澳大利亚、法国等多国的国际知名院校建立长期战略合作伙伴关系，为企业培养具有国际视野和掌握国际前沿技术的创新人才。

（张淑莉　张宝良
张贵云　尹　莎）

■概况

初步统计，2012 年全校继续教育总收入 11964 万元，上交大学利润 4408 万元。其中成人学历教育收入 3546 万元，实现利润 1519 万元；非学历教育培训收入 8418 万元，上交大学利润 2889 万元。

2012 年，华北电力大学的成人高等学历教育从学历层次上分为高中起点专科、高中起点本科和专科起点本科等 3 个层次，从学习形式上分函授和业余两种。招生专业涵盖电气工程及其自动化、热能与动力工程、工商管理、计算机科学与技术等 20 余个。2012 年度函授、业余计划招生 5500 人，实际招生 5348 人，其中：高起专 1952 人、高起本 244 人、专升本 3152 人，涉及招生省份 21 个、24 个专业层次。2012 届毕业生共计 4246 人，有 484 名同学获得了学士学位。截至 2012 年底华北电力大学成人学历教育在校生共计 16439 人，其中：成人专科生 5617 人，成人本科生 10822 人。2012 年，直属函授学生面授 41 批次、参加面授 3224 人次；校外面授外派教师 402 人次、函授站参加面授学生 3313 人次；依照学校教学安排，函授站组织面授 13872 人次，毕业生到校参加毕业设计（论文）答辩 4918 人。在学生管理方面，评选表彰了品学兼优的优秀函授生 418 名。

2012 年，学校在稳固发展原有教学站（点）的基础上，增设了北京文理研修学院业余教学点等 8 个校外教学站（点），至 2012 年底，全校共有 56 个函授站和业余教学站点。召开华北电力大学 2012 年成人教育工作会议，评选表彰了 18 个优秀教学站（点）、41 名教学站（点）优秀管理工作者。大学系统修订成人高等教育 19 个不同专业层次的培养方案和教学计划，对培养方案中 400 余门课程进行教学大纲的编写。

2012 年，学校保定校区获评河北省高等教育学籍学历工作先进集体，高慧颖获评为河北省高等教育学籍学历工作先进个人；孙玮撰写的《网络教学可提高成教学员自主性学习的能力》荣获河北省教育厅第十三届高等教育科学研究成果三等奖。

2012 年，全校共举办各级各类培训班 127 期，培训学员 12900 人次。受训单位主要有国家电网公司、南方电网所属省市供电公司、华能集团、国电集团、中国电力建设集团有限公司、大唐国际发电股份有限公司、中国长江三峡集团公司、深圳能源集团公司等。受训内容主要涉及电网技术、发电技术、综合管理、新能源及职业资格认证等各领域。

（张淑莉　张宝良
张贵云　尹　莎）

■条目

【开展一级注册建造师继续教育培训】3 月 14 日，中国住房和城乡建设部发文《关于公布一级注册建造师继续教育培训单位名单的通知》（建市施函〔2012〕17 号），正式审核通过华北电力大学为机电工程专业一级注册建造师继续教育培训单位，是机电工程专业中电力方向两个继续教育培训单位之一。自 2012 年，华北电力大学继续教育学院已在北京、太原、青岛、郑州、西安、大同、天津、长春等地先后组织举办了 9 期一级注册建造师继续教育培训班。参加培训班的有来自北京送变电公司、北京电力工程公司、吉林省送变电工程公司、中国建筑工程公司、长春电力集团有限公司、山西电力建设公司、河南送变电工程公司、陕西送变电工程公司、中铁三局集团电务工程有限公司、中国华冶科工集团有限公司及各省市电力公司等 90 余家单位的近 1000 名学员。培训课程经多次与住建部专家共同研讨审定，采取多样灵活的适合在职职工学习的时间模式，选拔培训了一批既懂理论知识，又有实践经验的高水平教师进行授课，课程中间穿插将手经典的实操案例，受到了广大学员的欢迎和好评，学院还派专人负责组织协调教学各环节，保障了教学服务质量，取得了良好效果，获得经济效益和社会效益的双丰收。

（张宝良　尹　莎）

【开展在京成教校外教学站（点）检查备案】5 月 20 日，华北电力大学根据《北京市教育委员会关于高等学校在京成人高等教育校外教学站（点）检查备案工作的通知》，专门成立检查备案工作领导小组，由主管成人教育的副校长为组长，继续教育学院相关领导为副组长，其他主要工作人员以及各教学点主任和主要管理人员为组员。领导小组先后两次召开会议，认真学习领会有关文件精神，布置工作。按照《华北电力大学关于开展函授教育辅导站评估工作的指导意见》和《华北电力大学关于进一步加强函授教学质量监控的实施意见》等文件要求，专家组进点实地检查时，派领导和主要工作人员到场配合检查工作。经过专家组评审，华北电力大学在京四个教学点都顺利通过检查备案，得到专家的好评。

（张淑莉）

【与两国际名校签署战略合作协议】5 月 25 日，华北电力大学与法国 SKEMA 商学院签署了战略合作协议；6 月 19 日，华北电力大学与英国 STAFFORDSHIRE 大学签署了战略合作协议。根据协议，双方将建立长期战略合作伙伴关系，以期充分利用中外双方院校的教育、学术研究和服务资源，在全球范围内共同开展能源与项目管理领域的教育活动。

（尹　莎）

【修订成教培养方案】6 月 28 日，华北电力大学保定校区召开成人教学工作会议。会议由校长助理米增强主持，各院系主管教学工作的副主任，成人教育学院有关人员参加会议。会议的主要内容布置修订成人教育培养方案及编写教学大纲工作。在广泛调研和征求意见的基础上，系统修订成人高等教育 19 个不同专业层次的培养方案和教学计划，对培养方案中涉及的 400 余门课程进行教学大纲的编写工作。

（张贵云）

【召开函授站工作会】7月15日、8月5日华北电力大召开学2012年度函授站工作会议。会议旨在加快发展继续教育，深化成人高等教育改革，构建终生教育体系。参加会议的有继续教育学院相关领导、工作人员和来自全国39个函授站的67位代表。会议回顾了大学成人教育工作结合贯彻落实“教发〔2007〕23号”以及“京教高〔2008〕23号”文件、学习领会“高等学校继续教育工作会议”精神、所开展的各项重点工作以及取得的成果，总结了成人教育工作中目前存在的问题和解决措施，提出了今后的工作重点，进行了函授站经验交流和研讨。会议上宣读了华北电力大学《关于表彰优秀教学站(点)和教学站(点)优秀管理工作者的决定》的文件，学院领导向获得“华北电力大学优秀教学站（点）”的北京电力公司业余教学点等18个教学站（点）颁发了奖牌，向获得“华北电力大学成人教育优秀管理工作者”的41位颁发了证书。

（张淑莉　张贵云）

【成立继续教育学院】8月23日，根据华北电力大学《关于机构调整的通知》(华电校人〔2012〕24号）文件，华北电力大学成人教育学院和培训学院合并，成立继续教育学院，明确了继续教育学院的主要职责，即承担学校成人学历教育工作、负责全校非学历教育培训相关工作、积极开展网络教育培训工作。

（张宝良　尹　莎）

【开展中外直通能源方向硕士项目】9月17日，继续教育学院与欧美院校合作开展的能源方向硕士留学直通项目成功开班，该项目整合世界一流的能源电力教育资源，致力于培养学生具备国际视野和创新意识，为电力系统及大型能源电力企业培养输送能源领域项目管理国际型人才。

（尹　莎）

【举办三峡集团风力发电岗前培训班】12月7—13日，华北电力大学与三峡集团巴基斯坦第一风电有限公司合作举办风力发电岗前培训班，此次培训是继续教育学院2012年重要涉外电厂培训项目。全程采用中英双语教学，主要内容包括风力发电概论、风力机空气动力学与风力机基本理论、风力发电机组、风电场电气系统、风电机组控制策略与安全系统、风电场与风电机组监控系统、风电场运行维护与故障处理等课程。

（张宝良　尹　莎）

艺术教育教学

■概述

2012年，华北电力大学艺术教育工作紧密围绕学校中心工作，以推进高水平校园文化为己任，以提高广大师生的文化艺术修养，营造良好校园氛围为宗旨，坚持“国际化、精品化、项目化、专业化”工作思路，在艺术教育、艺术实践等方面取得了优异成绩。

2012年，华北电力大学艺术教育开展各类艺术课程10余门，内容涉及音乐、美术、舞蹈、戏剧等各种艺术门类。除了本校的艺术教师专职授课外，还聘请知名艺术专家担任客座教授或兼职教授，满足了广大学生提高艺术修养的需求。

2012年，华北电力大学艺术教育在国际化和项目化方面，艺术教育中心带领学生艺术团代表中国参加辛辛那提第七届世界合唱节，获得女子室内合唱组银奖九级的佳绩。

2012年，华北电力大学艺术教育在精品化方面，充分调动多方力量开展各类“高雅艺术进校园”文化活动。2007年以来，学校以举办“民族艺术进校园”系列活动为契机，邀请北京歌舞剧团、北京市曲剧团、中国歌舞剧院等10多家艺术团体来学校演出，而且承办了中央人民广播电台娱乐广播相声达人进校园的活动，为广大师生提供欣赏专业乐团高水平演出的机会。另外也受邀参加了中央电视台“歌声与微笑”

栏目的录制，提高了华北电力大学艺术教育中心艺术水平的修养。同时，艺术教育中心举办了第七届大学生艺术节，学生艺术团四大分团分别举办了各自的专场演出。

2012 年，华北电力大学艺术教育在专业化方面，艺术教育中心充分发挥专职教师的作用，合唱团（蓝色动力合唱团、流行分团）、舞蹈团（民舞分团、拉丁舞分团、街舞分团）、话剧团、曲艺团（民乐分团、西洋乐分团、相声分团）均有专职教师负责，切实提高了大学生艺术团的水平。

2012 年，华北电力大学艺术教育取得了多项荣誉，话剧《世纪末回旋》荣获第三届中国校园艺术节最佳导演奖，优秀剧目奖，优秀组织奖；在“青春北京*青年盛汇 2012 北京青年艺术节”暨第二届“青春艺术奖”评选比赛中，参赛的舞蹈作品《凤舞鸾飞》、民乐作品《扬鞭催马运粮忙》均获得最佳表演奖，合唱作品《Hero》荣获铜奖；在北京交通大学举办的大学生体育协会国际标准舞比赛中，获“女子单人伦巴第三名”、“女子单人恰恰第五名”、“集体优秀奖”等荣誉；同时还荣获辛辛那提第七届世界合唱节女子室内合唱组银奖九级、荣获第二届中国旅游名城“城市之韵”合唱节银奖。

2012 年，华北电力大学艺术教育保定校区获多项省部级以上奖励，其中，获河北省第三届大学生艺术展演优秀组织奖。男声小合唱《天路》获得全国第三届大学生艺术展演活动声乐作品二等奖。女声小合唱《玛依拉》获河北省第三届大学生艺术声乐类一等奖。大合唱《忆秦娥 娄山关》《塞维利亚理发师》获河北省第三届大学生艺术展演声乐类一等奖。小品《萝卜的生日》《无悔的承诺》获河北省第三届大学生艺术展演戏剧类一等奖。小品《走向西部》《无悔的承诺》获河北省第三届大学生艺术展演戏剧类二等奖。管乐小合奏《美国巡逻兵》、民乐小合奏《瑶族舞曲》获河北省第三届大学生艺术展演器乐类一等奖。管乐合奏《加勒比组曲》获省第三届大学生艺术展演器乐类二等奖。管乐合奏《加勒比组曲》获省第三届大学生艺术展演器乐类二等奖。电声弦乐组合《克罗地亚狂想曲》《迷迭香》获省第三届大学生艺术展演器乐类三等奖。群舞《不能忘却的记忆》《欢腾》，情景剧《以青春的名义宣誓》获河北省第三届大学生艺术展演舞蹈类三等奖。华北电力大学保定校区大学生艺术团排练场地分布在一、二两个校区。一校第一排练厅面积为 134.79 平方米；第二排练厅面积为 160.58 平方米；二校区排练厅面积为 46.2 平方米。音乐教室一个面积为 55.50 平方米。服装库面积为 23 平方米，道具面积为 9.30 平方米。为大学生艺术团（合唱团、管乐团、舞蹈团、话剧团、民乐团）训练活动创造了良好的环境。

（王新军　王　悦）

■概况

2012 年，华北电力大学艺术教育有专职教师 8 人，兼职教师 5 人（其中教授 1 人、副教授 3 人、讲师 2 人、助教 7 人）。

2012 年，学校艺术教育中心设有 4 个大学生艺术团（合唱团、舞蹈团、话剧团、曲艺团），共有团员 500 余名。

2012 年，学校艺术教育中心面向全校本科生开设的选修课程有乐理基础、中外名曲欣赏、音乐鉴赏、声乐艺术欣赏、影视鉴赏、美术鉴赏、舞蹈欣赏、视唱与合唱、合唱与指挥等。

2012 年，学校艺术教育中心（保定）有教职工 5 人，其中教授 1 人，副教授 1 人。

（王新军　王　悦）

■条目

【参加央视栏目录制】3 月 25 日，华北电力大学蓝色动力合唱团、舞蹈团受邀参加中央电视台《歌声与微笑》栏目的录制，演唱《对你有感觉》和《喀秋莎》。

（王新军）

【获中国旅游名城合唱节银奖】6 月 14 日，华北电力大学参加由中国合唱协会和中国合唱协会、河北省文化厅和承德市人民政府主办，中共承德市委宣传部和承德市文化广电新闻出版局承办的主题为“歌唱幸福和谐　展示城市风采”第二届中国旅游名城“城市之韵”合唱节，荣获银奖，演唱

《我的祝福》《Autumn leave》和《Hero》。

（王新军）

【大学生管乐团在非职业管乐艺术展演中夺冠】4 月 7—8 日，由祝捷老师带队和指挥的华北电力大学大学生艺术团管乐团在十六支参赛团队中荣获一等奖。他们参赛的曲目为《加勒比组曲》和《茉莉花》。风华木管八重奏演奏的《卡农》和《远方的客人请你留下来》荣获三等奖。艺术教育中心祝捷老师荣获优秀指挥奖，华北电力大学荣获最佳组织奖。此次艺术展演邀请了国家一级指挥家、北京管乐交响乐艺术总监、首席指挥李方方，河北音协合唱学会副会长、省歌舞剧院副团长王宝成，国家一级演奏员、河北省音协管乐艺术委员会会长贾利慰，国家一级演奏员陆航，河北省音协管乐艺术委员会副会长曹振中以及保定音乐家协会主席李丽娜担任评委。本次活动由中共保定市委宣传部、保定市教育局、保定市文化广电新闻出版局、保定市总工会及保定市文学艺术界联合会联合主办，华北电力大学艺术教育中心、保定市群众艺术馆、保定市音乐家协会及河北省管乐艺术委员会保定培训中心承办的保定市首届非职业管乐艺术展演活动在华北电力大学举行。

（王新军）

【获世界合唱节银奖九级】7 月，远赴辛辛那提第七届世界合唱节，获得获得女子室内合唱组银奖九级的佳绩。

（王新军）

【话剧团荣获最佳导演奖】10 月 19—23 日，华北电力大学光合话剧团参加由中国戏剧家协会主办的第三届中国校园艺术节，荣获最佳导演奖，优秀剧目奖，优秀组织奖。

（王新军）

【市青年艺术节获团体最佳表演奖】12 月 21 日曲艺团参加“北京市青年艺术节”，获得团体最佳表演奖。

（王新军　王　悦）

【一舞蹈获最佳表演奖】12 月 23 日学校舞蹈团在北京交通大学天佑会堂参加“青春北京*青年盛汇”2012 北京青年艺术节第二届“青春艺术奖”评选团体舞蹈专场比赛，比赛舞蹈《凤舞鸾飞》荣获“最佳表演奖”。

（王新军　王　悦）

【一演唱歌曲获评市青年艺术节铜奖】12 月 24 日，华北电力大学组织参加北京青年艺术节，参赛曲目《HERO》获得铜奖。

（王新军　王　悦）

□科技研究与产业开发

SCI-TECH RESEARCH AND INDUSTRIAL DEVELOPMENT

○ 综　述

2012年，华北电力大学围绕国家能源电力重大战略需求，不断提升科技创新能力。年度科研经费达到5.67亿元，较2011年增长12%，其中纵向科研经费首次突破2亿元，较2011年增长25.93%，占学校科研总经费的40%以上；在国家自然科学基金年度立项课题中，华北电力大学电气科学与工程学科获批26项，荣居电气学科高校榜首。新能源电力系统国家重点实验室和国家火力发电工程技术研究中心建设取得积极进展；生物质发电成套设备国家工程实验室顺利通过国家认监委的首次资质认定评审，被列为2012年第7批挂牌中关村开放实验室；3个省部级科研基地顺利通过评估，其中电站设备状态监测与控制教育部重点实验室获得教育部专家组的高度评价；新增1个河北省软科学研究基地;“中加能源环境可持续发展研究院”正式挂牌启动；2011协同创新中心的培育与申报工作稳步推进。2012年，学校科技成果产出喜人。科技论文发表在全国高校排名继续攀升，科研成果的数量和质量实现双提升；获得国家科技进步奖二等奖1项，教育部自然科学奖一等奖1项，二等奖2项，河北省社会科学优秀成果奖一等奖1项，中国管理科学学会管理科学奖（学术类）1项；申请专利的数量和授权量较前一年增长50%以上；学术期刊的编辑出版质量有了新的提高。

2012年，学校产业现有企业29家，已成为中国电力行业有影响力的高科技产业群体之一，形成了以电力科技为核心，电子、通信、计算机、机械、环保等产品和服务并举，内外联合，多层次、多渠道发展的格局。

2012年，学校高等教育研究围绕学校中心工作，认真履行职责，服务学校发展，在政策研究、资讯服务等方面开展工作，科研能力和服务学校的水平不断提升。

2012年，学校现代电力研究院创办并成功举办两届(春、冬季)“现代能源发展论坛”，搭建“开放、争鸣、求真、务实”的学术交流平台，通过各种渠道积极引进科研人才，成功引进教育部“海外名师”李伟仁教授等不同层次的科研人才，优化科研团队人员配置；促进新兴学科建设，与香港大学联合组建“智慧能源与信息研究中心”,与首聚能源网联合组建“能源供应链仿真研究中心”,组织新能源产业技术经济研究中心与电气与电子工程学院、北京节能环保中心合作申报“多资源互动配电系统节能分析与控制技术北京市重点实验室”;积极开展各种对外合作与交流活动，举办两场专题报告会，与北京节能环保中心、北京市电力管理办公室签订合作协议；积极参与政府、企业、社会在能源领域的决策咨询服务，争取和承担相关科研课题研究。

2012年，学校期刊编辑出版质量均有明显提高，社会影响力进一步扩大。共出版期刊正刊18期，发表学术论文410篇，发行24000册；出版增刊4期，发表论文300篇。《华北电力大学学报》(自然科学版)和《现代电力》继续入编2012年发布的第六版《中文核心期刊要目总览》。学术期刊的社会影响力稳步提升。

2012年，学校资源与环境研究致力于探索资源与环境前沿领域的基础科学理论与工程应用技术。科研队伍的研究方向涉及环境与水资源综合管理、流域水文生态系统模拟、土壤地下水污染修复、健康与环境风险评价、环境生物工程技术研发、固体废弃物处理与资源化、环境污染综合防治、能源系统分析与规划、区域气候建模、气候变化影响与对策分析以及环境科学与工程中的不确定性问题等领域。相继承担和完成了国家及省部级科研项目，如国家“973”计划、国家自然科学基金（重大项目课题、面上基金、青年基金、主任基金)、国家水体污染控制与治理科技重大专项、教育部创新团队、教育部科学研究重大项目以及中科院、环保部、水利部、商务部、北京市和联合国开发计划署等一系列重大重点研究项目。

2012 年，学校苏州研究院集科研、成果转化、教学、行政及公共服务为一体的一期用房开工建设，至 2012 年底，苏州研究院共承担苏州市科技发展计划项目 8 项；成功申报金鸡湖双百人才 1 人；2012 年 3 月，苏州研究院凭借自身的科研平台积极申报江苏省产学研联合重大创新载体项目。

科 学 研 究

■概述

2012年8月23日，华北电力大学原科学技术处、重大项目管理办公室合并、国家大学科技园、国家技术转移中心等业务划转到科研管理部门，组建了科学技术研究院，保定校区科学技术处作为科学技术研究院一体化部门，变更为科学技术处（保定）。

11月13日，科学技术研究院在校部下设综合管理部、项目一部、项目二部、基地建设与成果管理部、国家大学科技园管理办公室五个内设机构。

2012年，华北电力大学围绕国家能源电力重大战略需求，不断提升科技创新能力。年度科研经费达到5.67亿元，较2011年增长12%，其中纵向科研经费首次突破2亿元，较2011年增长25.93%，占学校科研总经费的40%以上；国家在自然科学基金年度立项课题中，华北电力大学电气科学与工程学科获批26项，荣居电气学科高校榜首。新能源电力系统国家重点实验室和国家火力发电工程技术研究中心建设取得积极进展；生物质发电成套设备国家工程实验室顺利通过国家认监委的首次资质认定评审，被列为2012年第7批挂牌中关村开放实验室；3个省部级科研基地顺利通过评估，其中电站设备状态监测与控制教育部重点实验室获得教育部专家组的高度评价；新增1个河北省软科学研究基地；“中加能源环境可持续发展研究院”正式挂牌启动；2011协同创新中心的培育与申报工作稳步推进。

2012年，学校科研成果产出喜人。科技论文发表在全国高校排名继续攀升，科研成果的数量和质量实现双提升；获得国家科技进步奖二等奖1项，教育部自然科学奖一等奖1项，二等奖2项，河北省社会科学优秀成果奖一等奖1项，中国管理科学学会管理科学奖（学术类）1项；申请专利的数量和授权量较2011年增长50%以上。华北电力大学2012年度获批北京市第五批专利示范单位。

（丛淑玲　徐　扬　徐岸柳　齐宏景　吴学辉　武润莲）

■概况

2012年，华北电力大学科研总经费突破5.67亿元，达56660.90万元，比2011年科研总经费增长12%，再创历史新高。其中，纵向经费总额为20685万元，比2011年增长25.90%；横向经费总额为30165.19万元，比2011年增长了7.67%。

2012年，华北电力大学向52个领域申请国家社会科学基金项目、国家自然科学基金项目、国家高技术研究发展“863计划”和“973计划”项目、国家科技支撑计划项目等各类纵向项目累计893项。

2012年，华北电力大学有531项纵向科研项目获得资助，经费为20685万元。其中，国家重点基础研究发展计划“973”子课题1项，资助金额86万元；国家高技术发展计划“863”项目18项（其中子课题3项），资助金额3954.07万元；国家科技支撑计划项目9项（其中子课题1项），资助金额1981万元；国家科技重大专项6项，资助金额736.84万元；国家自然科学基金各类项目109项，资助金额5742.60万元；国家社科基金项目4项，资助金额28万元；教育部各类项目20项，资助金额112.30万元；其他纵向项目364项，资助金额8044.19万元。2012年度国家自然科学基金项目的立项数和经费数比2011年有了大幅度的提高，资助经费首次突破5000万元，获资助项目数是2011年度（66项）的1.65倍，资助经费（2011年的资助经费为2818.50万元）增长103.70%。

2012年，华北电力大学与各企事业单位签订横向合同763项，合同经费总额为

31065.19 万元，比 2011 年增长 7.67%，再创历史新高。华北电力大学继续严格对 2012 年签订的横向合同进行了审查，加强知识产权的保护，对 155 项合同进行了技术认定，认定金额 11789.58 万元；办理合同免税 202 项，免税金额 10538.73 万元。

2012 年，学校申报各类科技奖共 107 项，其中国家级奖励 2 项，省部级奖励 69 项，其他奖励 36 项。2012 年，华北电力大学获省、部级科技成果奖励 31 项：其中获 2012 年度高等学校科学研究优秀成果奖（科学技术）一等奖 1 项、二等奖 2 项，高等学校科学研究优秀成果奖（人文社科类）论文奖 1 项，北京市科学技术奖三等奖 1 项，中国电力科学技术奖二等奖 1 项、三等奖 1 项，河北省科学技术奖二等奖 3 项、三等奖 2 项，国家能源科学技术进步奖一等奖 1 项、二等奖 2 项、三等奖 1 项，国家能源局软科学研究优秀成果奖三等奖 1 项，甘肃省科学技术进步奖二等奖 1 项，内蒙古自治区科技进步奖三等奖 1 项，河北省第十三届社会科学优秀成果奖一等奖 1 项、三等奖 3 项，河北省第七届社会科学基金项目优秀成果奖一等奖 1 项、三等奖 2 项，广东电网公司科学技术奖二等奖 1 项，第九届保定市社会科学特别奖特等奖 1 项，第三届管理科学奖（学术类）1 项，卫星导航定位科学技术奖一等奖 1 项，何梁何利奖（工程建设技术奖）1 项。华北电力大学学术委员会对 2011 年度科技成果进行了评奖，共评出年度校科技成果奖 14 项（其中一等奖 4 项、二等奖 10 项）。

2012 年，学校完成科技成果鉴定 10 项。

2012 年，学校申请专利 847 项，获得授权专利 456 项，申请及授权专利数均有大幅度提高；申请专利 847 项，其中国际发明专利 5 项，国内发明专利 459 项，实用新型 315 项，计算机软件著作权 50 项，外观设计 18 项；获专利授权 456 项，其中发明专利 146 项，实用新型 197 项，软件著作权登记 108 项，外观设计 5 项。

2011 年，学校科技论文三大检索总数量、与排名均比 2010 年稳步上升，基础科学领域与科技前沿领域的研究工作呈现日渐活跃趋势。2011 年度被三大检索收录的论文数为 1981 篇（ SCI 298 篇、EI 1606 篇、 ISTP77 篇），华北电力大学 SCI 在全国高校排名第 89 名、EI 为 41 名、ISTP 为 33 名(2010 年 SCI 排名第 113 名、EI 为 43 名、ISTP 为 14 名）。2011 年学校共出版学术著作 66 部。（编者注：因此数据次年才能揭晓，故数据迟缓一年刊登。）

2012 年，学校资助各类学术报告会 74 场次，资助教师参加国际学术会议 18 人次；缴纳各类专委会会费 53900 元。推荐各类专家 365 人次，推荐各学会、专业技术委员会委员 8 人次，推荐理事候选人 3 人次。

（丛淑玲　徐　扬　徐岸柳　齐宏景　吴学辉　武润莲）

■条目

【签订联合共建项目协议】1 月 5 日“苏州工业园区基本实现现代化汇报会”在北京召开，发改委、科技部、民政部、环保部、商务部、国资委、国家旅游局、中科院、银监会等相关部委领导及央企、金融机构、高校代表近 500 人参加了汇报会。华北电力大学副校长杨勇平带队出席并代表本校同苏州工业园区管委会签订了联合共建“苏州智能电网大学科技园”项目的协议。会上，苏州工业园区与华北电力大学联合共建的“苏州智能电网大学科技园”项目、IBM 全球交付中心项目、摩根大通银行苏州分行、苏州吴淞江内河型综合物流园、国务院发展研究中心等项目进行了签约仪式。华北电力大学产业管理处、国家大学科技园、电气与电子工程学院等相关人员陪同参加了签约仪式。

（丛淑玲）

【一省重点实验室通过评估】2 月 9 日，河北省科技厅下发《河北省科技厅关于工程、地球领域省级重点实验室评估结果的通知》，华北电力大学所属的“河北省输变电设备安全防御重点实验室”在本次评估中取得良好成绩，省科技厅将给予重点实验室运行补助经费 30 万元。此次评估是该重点实验室自 2010 年纳入河北省重点实验室管理序列以来首次参加评估，该重点实验室主任律方成教授在评估会议上进行了详实汇报。专家组成员经过初审材料、听取汇报和答辩，形成了评审意见，对实验室的各项评估指标给予了肯定，同时也为实验室发展提出了建议。

（徐　扬）

【获国家科技进步二等奖】2 月 14 日，2011 年度国家科学技术奖励大会在北京人民大会堂举行，华北电力大学杨勇平教授科研团队的研究成果“大型火电机组空冷系统优化设计与运行关键技术及应用”获国家科学技术进步奖二等奖。此研究成果中，华北电力大学为第一完成单位，华北电力设计院工程有限公司、北京首航艾启威节能技术股份有限公司、中国国电集团公司为参与单位。大会召开前，胡锦涛等党和国家领导人接见了 2011 年度国家科学技术奖励获奖代表，杨勇平教授作为该成果第一完成人参加了接见。

（丛淑玲）

【召开国家工程实验室委员会会议】2 月 21 日，生物质发电成套设备国家工程实验室技术委员会委员聘任仪式暨委员会会议在华北电力大学举行。校长刘吉臻、副校长杨勇平，浙江大学岑可法院士、清华大学岳光溪院士、广州能源所吴创之教授等技术委员会委员出席，国能生物发电集团许同茂副总裁、学校相关职能部门负责人及实验室部分师生参加，会议由重大项目管理办公室主任檀勤良主持。校长刘吉臻向专家们介绍了生物质发电成套设备国家工程实验室的申报、批准和建设历程，向技术委员会委员颁发了聘书。实验室主任吴占松教授向技术委员会汇报了实验室建设进展情况。各位委员随后提出了一些建议。最后，技术委员会主任岑可法院士代表技术委员会发表讲话，对实验室近 3 年来的工作表示肯定。

（丛淑玲）

【召开国家工程实验室理事会会议】2 月 21 日，生物质发电成套设备国家工程实验室理事会第四次会议在华北电力大学召开。华北电力大学校长刘吉臻、副校长杨勇平，国能电力集团董事长蒋大龙、副总裁林生荣，国能生物发电集团总裁李明奎、副总裁王春礼、许同茂，济南锅炉集团党委书记仲联元等理事以及华北电力大学部分职能处室负责人出席了会议。会议由实验室主任、理事会常任理事吴占松教授主持。会议听取了实验室关于“验收准备和财务情况”、“生物质直燃发电研究和示范进展”、“生物质混燃研究与示范”、“生物质锅炉防腐材料攻关”、“实验室标准研究与申报”等相关汇报，各位理事随后进行了讨论。蒋大龙副理事长代表企业发表了讲话，最后由校长刘吉臻作总结性讲话。

（丛淑玲）

【启动一 973 计划项目】2 月 23 日，以刘吉臻教授为首席科学家的国家重点基础研究发展计划（973）项目“智能电网中大规模新能源电力安全高效利用基础研究”启动仪式在华北电力大学举行。杨勇平副校长主持启动仪式并致欢迎词。项目首席科学家刘吉臻教授就该项目作了报告。教育部科技司副司长雷朝滋、科技部基础研究司副司长彭以祺对该项目的启动表示祝贺。项目首席科学家、刘吉臻教授向项目专家组专家颁发了聘书。武汉大学陈红坤教授、华北电力大学毕天姝教授等分别代表各自的课题组，简要介绍了相关课题的情况，与专家组就有关问题展开讨论，听取该项目联络专家王洋研究员、黄素逸教授对项目建设、中期检查等需要注意的有关事项的咨询意见。出席启动仪式的有：科技部基础研究司副司长彭以祺，教育部科技司副司长雷朝滋，科技部基础司项目处博士项目主管李非博士，科技部基础研究管理中心副处长闫金定，教育部科技司基础处张安平博士，科技部能源领域咨询专家组组长、中科院山西煤化所王洋研究员科技部能源领域咨询组专家、华中科技大学黄素逸教授，项目专家组专家华北电力大学杨奇逊院士、清华大学韩英铎院士，项目首席科学家、项目专家组组长、华北电力大学校长刘吉臻教授，项目专家组成员东北电力大学穆钢教授、湖南大学副校长曹一家教授、中国电力科学研究院郭剑波研究员、天津大学王成山教授、华北电力大学副校长杨勇平教授、崔翔教授。项目各课题组组长、成员，华北电力大学有关职能部门、院系的主要负责人，新能源电力系统国家重点实验室部分研究人员及学生代表参加了启动仪式。

（丛淑玲）

【召开学术委员会会议】3月16日，华北电力大学学术委员会会议在北京校部国际交流中心第一会议室举行。此次会议的主要内容是审议2012年度中央高校基本科研业务费专项资金项目，评审2011年度华北电力大学科技成果奖，评审2012年度高校博士点基金项目。此次会议评定出华北电力大学科技成果奖一等奖4项，二等奖10项；决定推荐30位教师申报2012年度教育部高等学校博士点基金项目（其中优先领域1项，博导类12项，新教师类17项）。

（丛淑玲）

【一引智基地启动】4月10—12日，“煤的清洁转化与高效利用引智基地”启动会议在华北电力大学召开。4月10日，启动仪式在华北电力大学主楼多功能厅举行。启动仪式上，校长刘吉臻代表学校发表了重要讲话。“煤的清洁转化与高效利用引智基地”项目负责人、华北电力大学副校长杨勇平从建设背景、研究内容、团队介绍、建设目标、管理办法等层面对项目作介绍。国家外国专家局文教司计划处处长王嵩对引智基地的正式启动表示祝贺，教育部科技司计划处处长李渝红对引智基地的发展提出了希望。基地学术大师、澳大利亚工程院能源领域院士、西澳大学首任化学工程教授、能源中心主任 Dongke ZHANG（张东柯）也作了发言。会上，校长刘吉臻向“煤的清洁转化与高效利用引智基地”专家颁发了聘书。华北电力大学校长刘吉臻、副校长杨勇平，教育部科技司计划处处长李渝红，国家外国专家局文教司计划处处长王嵩，“煤的清洁转化与高效利用引智基地”成员，华北电力大学相关部门及院系主要负责人参加仪式。

（丛淑玲）

【21项目获省自然科学基金项目资助】4月16日，根据河北省自然科学基金委员会下发的“关于签订2012年度河北省自然科学基金资助项目委托管理合同和计划书的通知”内容，华北电力大学申报的“2012年度河北省自然科学基金项目”中有21项获得资助。其中包括杰出青年科学基金项目1项、面上项目13项以及青年科学基金项目7项。2012年度，华北电力大学获批立项数和申报成功率均再创新高。

（徐 扬）

【国家工程实验室通过首次资质认定】4月13—14日，在国家认监委委派的资质认定评审组进行的首次资质认定评审中，华北电力大学生物质发电成套设备国家工程实验室顺利通过现场评审。4月13日，生物质发电成套设备国家工程实验室资质认定现场评审首次会议在华北电力大学召开。会议由教育部科技发展中心网络信息处处长曾艳主持，华北电力大学副校长杨勇平代表学校发表致辞讲话。生物质发电成套设备国家工程实验室常务副主任董长青对实验室的情况及资质认定准备情况作简要汇报。经过评审组专家考察、座谈、评审。评审结论为基本符合（评审结论分为：“符合”、“基本符合”、“基本符合，需现场复核”和“不符合”4种）。国家认监委实验室与监测监管部主任肖良，国家认监委实验室与检测监管部评审管理处主任周刚，教育部科技发展中心网络信息处处长曾艳，评审组组长、清华大学朱永法教授，评审组专家、华北电力科学研究院有限责任公司龚丽华高工，评审组专家、东北师范大学王爱霞高工，华北电力大学副校长杨勇平，生物质发电成套设备国家工程实验室主任吴占松，人事处、计财处、资产管理处、党校办、重大办等部门负责人及实验室工作人员参加会议。

（丛淑玲）

【北京市科委领导来校调研】4月18日，北京市科委及昌平区领导来校调研。通过实地考察、交流座谈，对华北电力大学科技开发、成果转化工作及相关发展规划进行调研，并就进一步密切双方合作、推动大学科技创新园建设、促进科技创新和成果转化与校领导进行了深入的探讨。4月18日下午，校长刘吉臻在主楼广场欢迎北京市科委主任闫傲霜，北京市科委委员张虹、王建新，昌平区副区长周云帆一行，双方在华北电力大学 D216 会议室进行了座谈和交流。校长刘吉臻致辞。随后，副校长杨勇平介绍了华北电力大学科技创新园已有的条件基础及规划目标等情况。主任闫傲霜和副区长周云帆先后讲话。副校长孙忠权主持了座谈会并作总结讲话。

（丛淑玲）

【刘吉臻出席中电联理事长工作会】4 月 22—23 日，中国电力企业联合会 2012 年第一次理事长工作会议在无锡召开。中电联理事长、国家电网公司总经理、党组书记刘振亚出席并主持会议。中电联各副理事长单位主要负责人出席会议，华北电力大学校长刘吉臻作为副理事长出席会议。会议听取了中国电力科学研究院院长郭剑波《国家电网公司电网规划方案研究》的报告、国家电网公司副总经理、党组成员舒印彪《关于电力发展几个重大问题的认识》的报告；听取和审议了中电联常务副理事长孙玉才关于《中电联本部近期工作》的汇报、中电联专职副理事长魏昭峰《关于编制全国三年电力供需分析预测报告工作》的汇报和《关于开展电力行业同业对标工作方案》的汇报、中电联秘书长王志轩《关于电力体制改革研究》的汇报。理事长刘振亚发表了重要讲话，校长刘吉臻在会上作了发言。

（丛淑玲）

【获批创新战略联盟试点】4 月 28 日，科技部下发《关于发布 2012 年度产业技术创新战略联盟试点名单的通知》（国科发体〔2012〕293 号），华北电力大学牵头组织申报的“火力发电产业技术创新战略联盟”获得 2012 年产业技术创新战略联盟试点。此次共有 39 个产业技术创新战略联盟获批试点。

（丛淑玲）

【召开一 863 计划项目启动会】5 月 10 日，毕天姝教授作为负责人的“适应大规模间歇式电源接入的电网保护控制技术”、“863 计划”课题启动会在华北电力大学召开。项目专家组专家、华北电力大学校长刘吉臻，副校长杨勇平，崔翔教授，参加启动会。参加启动会的来宾有：科技部高新技术发展及产业化司能源处处长郑方能，科技部高技术研究中心能源处处长陈硕翼，科技部高技术研究中心能源处项目主管齐冬莲、张丽，项目专家组专家、清华大学教授闵勇，项目专家组专家、天津大学教授王成山，项目专家组专家、中国电力科学研究院教授级高级工程师王伟胜，课题组成员、西南交通大学教授何正友等，启动会由重大办主任檀勤良主持。校长刘吉臻、电气与电子工程学院院长王增平分别致辞。科技部高新技术发展及产业化司能源处处长郑方能、科技部高技术研究中心能源处处长陈硕翼发表了讲话。“适应大规模间歇式电源接入的电网保护控制技术”、“863 计划”课题负责人毕天姝教授汇报了课题整体情况及实施管理细则。华北电力大学李庚银教授、西南交通大学何正友教授、华北电力大学毕天姝教授，分别就各自负责的子课题进行汇报。课题组专家就课题管理办法实施细则的相关问题进行了讨论，听取了专家组专家对实施方案的意见。

（丛淑玲）

【主办可再生能源与环境材料国际会议】5 月 19—20 日，2012 可再生能源与环境材料国际会议在北京鸿府大厦隆重召开。华北电力大学党委书记吴志功、副校长杨勇平出席了会议并分别致辞。本次会议由华北电力大学和中国能源学会联合主办，国家自然科学基金委协办，由中国工程院院士倪维斗教授和华北电力大学可再生能源学院副院长李美成教授担任大会主席。300 多名来自中国、美国、日本等国家的专家学者出席了会议。开幕式上，华北电力大学党委书记、博士生导师吴志功教授代表学校致辞，中国工程院院士倪维斗教授代表学会致辞。开幕式由华北电力大学可再生能源学院李美成教授主持，副校长杨勇平在欢迎宴会上致辞。会议分设了太阳能、燃料电池及储能、节能和环保再生材料、能源清洁利用、生物质、风能、海洋能及其他可再生能源等分会场，分别对各专业领域的议题进行讨论交流。

（丛淑玲）

【启动《中国电力需求侧

管理发展报告（2012）》编写】5月21日，华北电力大学经济与管理学院能源与电力经济研究咨询中心与国家发改委经济运行局、美国能源基金会合作的《中国电力需求侧管理发展报告（2012）》编写工作启动会在国家发展和改革委员会中配楼三层第六会议室召开。此次会议由国家发改委经济运行局巡视员鲁峻岭主持，国家发改委能源研究所能源系统分析研究中心主任周伏秋、能源基金会北京代表处电力与可再生能源项目主任王万兴等领导和专家以及华北电力大学副校长杨勇平、科技处处长檀勤良、经济与管理学院副院长张兴平、能源与电力经济研究咨询中心主任曾鸣等出席了本次会议。巡视员鲁峻岭和副校长杨勇平在启动会上发表了讲话。能源与电力经济咨询中心主任曾鸣教授介绍了报告编写工作的主要思路，报告初步构想内容、编写工作途径和方法、编写工作计划等。随后，合作各方就报告编写工作的工作计划、项目管理、成果管理、基地和平台管理等问题进行了交流和探讨。

（丛淑玲）

【市科委郑焕敏来校调研】5月24日，北京市科学技术委员会副主任郑焕敏一行到华北电力大学调研，就首都科技条件平台华北电力大学研发实验服务基地的建设情况以及今后和学校的科研、产业融合发展等问题与学校领导进行交流和探讨。会议由华北电力大学科技处处长、重大办主任檀勤良主持。会上，华北电力大学副校长杨勇平向北京市科委领导介绍了学校的发展历史、发展状态和未来科技产业的前景规划。华北电力大学研发实验服务基地主任高谨、北京市科委电子信息与装备制造处处长万荣、条件政策法规处的李功越作了汇报。

（丛淑玲）

【举办现代能源发展论坛】5月27日，由华北电力大学现代电力研究院和新能源电力系统国家重点实验室主办、首聚能源博览网协办的首届“现代能源发展论坛”在华北电力大学举行。论坛由华北电力大学校长助理、现代电力研究院常务副院长张粒子教授主持。校长刘吉臻出席论坛并作题为“大规模新能源电力安全高效利用基础问题”的专题报告。美国德州大学李伟仁教授、电监会市场监管部主任刘宝华分别作了主题演讲等。会上校长刘吉臻还为兼职教授颁发了聘书。华北电力大学校长刘吉臻，国家电监会市场部主任刘宝华，国家能源局发展规划司副司长何勇健，财政部世行项目办主任刘军国，国网新源公司副总经理高苏杰，美国德克萨斯州立大学阿灵顿分校能源系统研究中心主任李伟仁教授，国家“千人计划”专家、中国电科院智能电网研究中心主任刘广一博士，以及来自国家能源管理部门、电力监管机构、电网企业、发电企业、香港大学和华北电力大学的领导和专家学者100余人出席了本次论坛，围绕“智能电网与新能源电力安全高效利用”这一主题进行探讨。

（丛淑玲）

【刘校长会见法国代表团】6月1日，华北电力大学校长刘吉臻会见了由法国电力集团全球副总裁，法电研究总院总裁 Bernard SALHA 带领的来自法国电力集团及其所属的 EDF（北京）能源咨询有限责任公司的代表们，双方举行了合作框架协议书签约仪式。法方人员主要有法国电力集团研究总院副总裁，国际事务总经理 Michel MASCHI、中国部首席执行官 Michel PIERRAT、法国电力集团研究总院，中国项目经理 Alain YUAN 等。华北电力大学校办、科技处、校企合作办、电气与电子工程学院、可再生能源学院、国际合作处等部门及院系主要负责人参加了签约仪式。校长刘吉臻和法国电力集团全球副总裁，法电研究总院总裁 Bernard SALHA 先后作了发言。会后，双方举行了合作框架协议书签约仪式并合影留念。

（丛淑玲）

【举行科技合作座谈会】6月12日，华北电力大学校与中国华电集团公司科技合作座谈会在华北电力大学召开。华北电力大学校长刘吉臻，中国华电集团公司党组成员、副总经理邓建玲参加会议并讲话。中国华电集团公司科技环保部主任张东晓，工程技术与物资管理部主任周顺宏，科研总院副院长肖克勤、张国远，华北电力大学科技处、重大办、校企合作办、等相关单位主要负责人参加会议。座谈会上刘吉臻致辞，中国华电集团公司党组成员、副总经理邓建玲作发言。各学院、研究中心、工程实验室主要负责人分别介绍了所在单位的科研工作情况。最后，参会人员就今后双方合作的领域、方式等问题进行了交流。

（丛淑玲）

【召开上合大学首次工作会】6 月 12 日，上海合作组织大学（以下简称“上合大学”）“能源学”方向中方项目院校第一次工作会议在华北电力大学召开。来自教育部国际司、上合大学校长委员会、上合组织中方内部协调机制秘书处、哈尔滨工业大学、中国石油大学、兰州理工大学的领导和同仁参加了会议，华北电力大学副校长杨勇平出席会议并致欢迎辞。会上，各学校代表发言踊跃。

（丛淑玲）

【召开科技合作座谈会】6 月 15 日，华北电力大学与济南市发改委、高新区的科技合作座谈会在华北电力大学召开。副校长杨勇平致欢迎辞。济南市发改委副主任张军、济南高新区管委会副主任吕建涛作了发言。华北电力大学相关处室、学院、工程实验室、科技园主要负责人分别介绍了所在单位的科研工作情况。与会人员就今后双方合作的领域、方式等问题进行了交流。华北电力大学副校长杨勇平，济南市发改委副主任张军，济南高新区管委会副主任吕建涛参加会议并讲话。济南市发改委工业与高科技产业处处长谢堃，济南高新区软件园副主任孟林，济南市发改委主任科员张屹，济南高新区项目主管曲义晓，华北电力大学科技处、人事处、产业处、等相关单位主要负责人参加会议。

（丛淑玲）

【签署战略合作框架协议】6 月 19 日，国家电网四川省电力公司与华北电力大学、四川大学、武汉大学、西南财经大学、上海电力学院等 5 所高校在成都举行校企战略合作框架协议签署仪式。四川省人民政府副省长黄彦蓉，四川省电力公司总经理、党委副书记王抒祥，党委书记、副总经理刘勤及 5 所高校相关领导出席签约仪式，华北电力大学校长刘吉臻应邀出席。签约仪式上，校长刘吉臻与四川省电力公司总经理王抒祥代表双方签署战略合作框架协议。副省长黄彦蓉、四川省电力公司总经理王抒祥和校长刘吉臻发表了重要讲话。

（丛淑玲）

【召开一973 计划项目中期验收会议】7 月 31 日，以徐进良教授为首席科学家的国家重点基础研究发展计划“973”项目“锅炉低温烟气余热深度利用的基础研究”中期验收会议在京召开。出席此次会议的有：科技部基础研究管理中心处长闫金定、教育部科技司综合处副处长邹晖、国家自然科学基金委工程三处处长刘涛、华北电力大学科技处处长檀勤良；“973 计划”项目责任专家：中国航天科技集团公司第七一零研究所研究员于景元，清华大学曹竹安教授，南开大学朱坦教授；项目特邀专家：西安交通大学陶文铨院士，北京工业大学马重芳教授，北京科技大学张欣欣教授，山东大学程林教授；项目专家组成员：华北电力大学副校长杨勇平，中国科学院工程热物理所金红光教授，华北电力大学徐进良教授，西安交通大学唐桂华教授；以及各课题负责人及主要研究人员 80 余人。徐进良教授主持会议并致欢迎辞，针对项目一年半的执行情况作了项目整体汇报。项目责任专家及同行专家对各课题汇报内容进行了评议，各位专家对该项目给予了高度评价，对 6 个课题的设置和各课题的研究工作进展及取得的成果表示了充分肯定，同时也与项目负责人和各课题负责人就项目发展的具体环节进行了深入探讨和经验交流，提出了富有建设性的建议。

（丛淑玲）

【召开同步相量测量技术国际研讨会】8 月 13—14 日，由华北电力大学新能源电力系统国家重点实验室与清华大学电力系统及大型发电设备安全控制和仿真国家重点实验室联合举办的“同步相量测量技术及其应用国际研讨会”在华北电力大学召开。来自北美、欧洲、国家电网、南方电网、四方公司、中国电科院、清华大学及华北电力大学等单位的

40 余名专家学者参加了本次研讨会。研讨会还特别邀请了同步相量测量技术奠基人 A. G. Phake 教授（美国工程院院士）、清华大学韩英铎院士和华北电力大学杨奇逊院士等参加。华北电力大学副校长杨勇平教授出席了国际研讨会并致欢迎辞。会议由国家重点实验室常务副主任毕天姝教授主持。A. G. Phadke 院士发表了题为 Wide-Area Measurements in Power Systems and Their Applications 的主题演讲，PMU 国际标准工作组主席 Kenneth Martin 发表了题为 Synchrophasor Standards and Guides 的主题演讲。国家电网调度中心副主任辛耀中博士、南方电网调度中心副主任吴小辰高工也就中国两大电网中 PMU 的应用状况发表了主题演讲。

（丛淑玲）

【一创新引智基地通过评估】8 月 16 日，教育部、国家外国专家局公布了 2012 年高等学校学科创新引智计划评估验收结果，华北电力大学杨奇逊院士负责的“大电网保护与安全防御创新引智基地”通过评估。本次评估是教育部和国家外国专家局根据《高等学校学科创新引智计划管理办法》的要求，对 2008 年度批准建设的 49 个学科创新引智基地以及 2010 年进入整改的 2 个引智基地进行的评估。包括“大电网保护与安全防御创新引智基地”在内的 46 个引智基地通过评估，纳入新一轮引智基地计划，继续支持建设。

（丛淑玲）

【承办中国电机工程学会学术年会】8 月 21—24 日，由华北电力大学新能源电力系统国家重点实验室和清华大学电机系高压所联合承办的“中国电机工程学会直流输电与电力电子专业委员会首届学术年会”在北京香山饭店举行。来自高等院校、科研院所、相关企业及运行和生产单位的 200 多名科研人员出席了本次会议。华北电力大学崔翔教授担任本次会议的组织委员会主席。中国电机工程学会常务副理事长陈峰在开幕式上致辞。到会致辞的领导还有：专委会主任委员李立涅院士、清华大学韩英铎院士、华北电力大学副校长王增平以及清华大学电力系统及发电设备控制和仿真国家重点实验室副主任赵争鸣教授。会议共收到投稿论文 223 篇，经评审录用论文 213 篇，内容涵盖了高压直流输电、柔性直流输电、新能源发电接入电网、直流融冰及电源与储能等技术领域。会议安排主旨报告 5 场、口头报告 100 场、墙报展示 113 块。经专家评审打分，共评选出优秀论文 40 篇，拟推荐至“高电压技术”杂志和“南方电网技术”杂志发表。其中，华北电力大学新能源电力系统国家重点实验室副主任崔翔教授作了题为“高压直流输电线路离子流场计算方法的研究进展”的主旨报告。

（丛淑玲）

【省实验室和工程中心通过评估】8 月 30 日，华北电力大学“河北省发电过程仿真与优化控制工程技术研究中心”通过了河北省科学技术厅组织的评估，被评为良好。本次省级重点实验室和工程技术研究中心的评估，是根据《河北省重点实验室建设与管理办法》《河北省工程技术研究中心建设与管理办法》和《河北省重点实验室和工程技术研究中心评估办法》的要求，由省科技厅组织专家进行的评估。包括该中心在内的 23 个省级重点实验室和 29 个省级重点工程技术研究中心通过了评估。

（曲　伟）

【一教育部重点实验室参加评估】9 月 2—8 日，教育部科技司组织专家组对华北电力大学“电站设备状态监测与控制教育部重点实验室”进行现场评估工作。评估专家组在听取汇报和现场考察的基础上，对实验室已经取得的成绩给予了高度肯定，希望实验室今后进一步面向国际科技前沿和国家现代化建设，在更深、更高的层面，加强应用技术研究、创新性研究，获取更多富有原创性的科研成果，进一步为中国电力能源工业的健康发展提供科技支撑。评估成绩将于年底前公布。“电站设备状态监测与控制教育部重点实验室”于 2004 年 12 月获批建设，实验室面向中国节能减排与能源环境可持续发展的重大需求，围绕大型火电和可再生能源发电安全、高效和清洁热功转换过程中的关键科学问题开展应用基础研究。实验室主任由校长刘吉臻教授担任，学术委员会主任为黄其励院士。

（丛淑玲）

【举行研究中心揭牌仪式】9月5日，由中国社会工作协会与华北电力大学共同创建的“中国社会工作与社会法治创新研究中心”、“中国社会工作协会会员服务基地”挂牌成立。中国社会工作协会会长、民政部原副部长徐瑞新，河北省社会工作促进会会长、河北省第十届人大副主任杨新农，中国社会工作协会副会长、秘书长赵蓬奇，保定市委副书记马誉峰，华北电力大学校党委书记吴志功，校党委副书记、副校长张金辉，副校长杨勇平，副校长王增平，校长助理律方成，有关职能部门、院系负责人，法政系师生及北市区社区办人员参加了揭牌仪式。仪式由副校长杨勇平主持。

（徐　扬）

【保定市政府办公厅领导来校调研】9月12日，保定市政府办公厅副秘书长刘靖一行4人来华北电力大学进行走访调研，与有关人员进行了座谈。校长助理律方成，科学技术研究院、产业管理处以及相关院系负责人出席了座谈会。座谈会主要围绕高校科研成果就地转化的基本情况、存在问题、对策建议等展开。调研座谈会的召开对凝聚校地共识，加强协同创新起到了积极推进作用，学校将以此为契机，进一步促进产学研合作，切实提高服务地方、服务社会的能力和水平，在保定市的快速发展中发挥更大作用。

（徐　扬）

【新增一个创新引智基地】9月19日，教育部和国家外国专家局联合组织的2013年度“高等学校学科创新引智计划”（简称“111计划”）评审工作结束。包括华北电力大学“智能化分布式能源系统创新引智基地”在内的45个引智基地作为2013年度建设项目予以立项。此次获批的引智基地由华北电力大学控制与计算机工程学院刘石教授牵头负责，该基地是华北电力大学继“大电网保护与安全防御引智基地”、“煤的清洁转化与高效利用引智基地”之后获批的第三个创新引智基地。

（丛淑玲）

【承办专题论坛】9月21日，由河北省社科联主办，华北电力大学校承办的河北省第五届社会科学博士论坛之河北省能源经济与可持续发展专题论坛开幕。中国大唐集团公司副总经理邹嘉华，中国社会科学院数量经济与技术经济研究所所长李平，河北省社科联副主席、省社科院副院长曹保刚，国务院发展研究中心技术经济研究部副部长李志军，大唐河北发电有限公司总经理颜宇峰，中国大唐集团公司计划营销部主任方庆海、国家发改委能源研究所能源系统分析研究中心主任周伏秋，华北电力大学副校长王增平和相关部门负责人及部分师生代表，保定市社科联、河北大学、河北农业大学的有关领导、专家参加了开幕式。经济与管理学院院长牛东晓主持开幕式。

（徐　扬）

【“智能电网协同创新中心”正式培育组建】10月12日，华北电力大学牵头协同清华大学、华中科技大学、天津大学、重庆大学、浙江大学等六所高校共同成立的“智能电网协同创新中心”正式培育组建，中心的组建得到了国家电网公司、国家能源局等单位的肯定与支持。

（檀勤良）

【校长刘吉臻会见Thomas L. Keon】10月16日，美国普渡大学盖莱默校区校长Thomas L. Keon及其夫人，校长协理周谦教授一行来访华北电力大学。校长刘吉臻会见了来访客人，一同出席会议的还有副校长杨勇平，国际合作处处长刘永前、国际教育学院副院长段春明、能源动力与机械工程学院副院长付忠广。校长刘吉臻对校长Keon的来访表示欢迎，校长Keon也就此发表了谈话。校长刘吉臻表示希望能在校长Keon的任期内，加大两校之间的合作力度，欢迎Keon校长经常来华北电力大学参观交流。最后，校长Keon和副校长杨勇平就在商科领域联合培养本科生、共同培养研究生、科研合作等方面交换了意见。

（丛淑玲）

【副校长杨勇平到苏州研究院调研】10月19日，华北电力大学副校长杨勇平以及有关部门负责人到苏州研究院调研。

苏州研究院筹建组负责人姚凯文总结了从4月11日苏州研究院正式筹建以来所做的工作，回顾了研究院从无到有、从小到大的发展历程，对新班子今后的工作提出了建议。常务副院长吴克河提出了今后工作的想法。苏州研究院直属党支部书记杜建国发言表示将积极开展工作，将研究院做大做强。副校长杨勇平作了总结发言。

（丛淑玲）

【欧阳晓平获何梁何利奖】10月29日，“何梁何利基金2012年度颁奖大会”在北京钓鱼台国宾馆举行，共有50位中国科学家荣膺本年度何梁何利基金“科学与技术进步奖”和“科学与技术创新奖”，华北电力大学特聘教授、核科学与工程学院博士生导师欧阳晓平荣获“科学与技术进步奖”。中共中央政治局委员、国务委员刘延东，全国人大常委会副委员长路甬祥，全国政协副主席、科学技术部部长万钢等出席大会并向获奖者颁奖。

（丛淑玲 齐宏景）

【刘吉臻访问美国大学和科研机构】10月下旬，校长刘吉臻率团访问了美国电力科学研究院、田纳西大学、西肯塔基大学，与美国同行就人才培养、科学研究、交流合作、孔子学院建设等方面广泛交换了意见，签署了校际合作协议。校长助理律方成、校长办公室主任汪庆华、新能源电力系统国家重点实验室常务副主任毕天姝、国际合作处处长刘永前随同访问。在美国电力科学研究院，校长刘吉臻一行参观了诺克斯维尔实验室，听取了实验室主任Karen R. Forsten的介绍，与美国同行进行了交流与探讨。在田纳西大学，校长刘吉臻与田纳西大学校长 Jimmy G. Cheek举行会谈，签署了《华北电力大学-田纳西大学合作备忘录》，参观了美国国家自然科学基金和能源部共同资助的电力工程研究中心 CURENT(Center for Ultra- wide-area Resilient Electric Energy Transmission Networks)，为电气工程与计算机科学系的师生作了一场专场报告会。在西肯塔基大学，校长刘吉臻和西肯塔基大学校长 Gary A. Ransdell 博士共同主持了西肯塔基大学孔子学院理事会会议，会见了华北电力大学“千人计划”学者、西肯塔基大学孔子学院院长潘伟平博士，看望了在西肯塔基大学孔子学院工作的华北电力大学国际合作处副处长武彦军等其他中方工作人员，接受了西肯塔基大学电视台的采访，参观了西肯塔基大学燃烧科学与环境技术研究中心。

（丛淑玲）

【举行“能源安全挑战与应对思路”研讨会】11月4日，由国家火电研究中心，华北电力大学国际合作处、人文与社会科学学院能源政治与外交研究中心联合举办的“能源安全挑战与应对思路”研讨会在华北电力大学主楼 D216 会议室召开。来自国家发改委、外交部、国家能源局、中石油、中石化、新华社等单位的多位专家出席了此次会议。能源外交研究中心王海运主任和华北电力大学原党委副书记朱常宝共同主持了此次研讨会。华北电力大学副校长杨勇平教授参加了此次研讨会并发表致辞。国务院参事、国家能源专家咨询委员会徐锭明主任就国家能源安全的政策进行了解读。中国中化集团公司原总地质师曾兴球对当前国际能源市场情况进行了介绍。国家能源局国际合作司副司长顾骏根据中国在能源领域的具体发展情况向与会的专家们介绍了几个值得关注的焦点。中石化石油勘探开发研究院原总工程师张抗以“能源安全新思维和综合对策”为题展开了介绍。此外，与会专家还就中东能源形势对中国的影响、中亚地缘政治与中国能源企业的机遇等领域的问题展开了研讨。

（丛淑玲）

【首批通过软科学研究基地认定】11月23日，河北省科技厅下发“关于公布第一批河北省软科学研究基地认定名单的通知”（冀科政〔2012〕13号），华北电力大学“能源经济发展战略研究基地”被认定为第一批河北省软科学研究基地。

（徐 扬）

【召开科技工作视频会议】11月28日，华北电力大学在主楼 D216 会议室召开科技工作视频会议，副校长杨勇平出席并主持会议，副校长王增平、各院系主要负责人、科研平台专职主任（副主任）及科学技术研究院有关负责人参加了会议。科学技术研究院副处长刘明军通报了当前学校科技工作和各院系科研经费任务完成情况，科学技术研究院常务副院长檀勤良就 2012 年全校科技工作会议的准备情况作了说明。副校长杨勇平、副校长王增平发表了讲话。相关院系主要领导就本单位在科研组织方面取得的成功经验、存在的问题和不足作了总结发言。

（丛淑玲）

【王炳华来访】11 月 30 日，国家核电技术公司党组书记、董事长王炳华一行访问华北电力大学。校长刘吉臻与董事长王炳华进行了会谈。校长刘吉臻介绍了华北电力大学自 2003 年划转教育部以来学校各项工作所取得的成绩，希望今后双方能够在已有的合作基础之上，拓宽领域、加深合作。董事长王炳华希望今后双方进一步加深协同合作、共赢发展的力度。董事长王炳华、校长刘吉臻还出席了国核电力规划设计研究院—华北电力大学战略合作协议签约仪式，共同为华北电力大学—国核电力设计研究院研究生工作站、国家火力发电工程技术研究中心“华北电力大学—国核电力规划设计研究院联合实验室”揭牌。华北电力大学副校长杨勇平、国核电力规划设计研究院院长徐潜在仪式上先后致辞，副校长安连锁与国核电力规划设计研究院党委书记戴晰臣签署战略合作协议。

（丛淑玲）

【科技论文发表排名继续攀升】12 月 6 日，中国科技论文统计结果发布。结果显示，2011 年华北电力大学科技论文发表全国高校排名继续攀升，其中发表国内科技论文在全国高校排名第 75 位，科学引文索引扩展版（SCIE）排名 89 位，工程索引核心版（EI）排名 41 位，科技会议录引文索引（CPCI-S）排名 33 位。

2011 年 SCIE 数据库收录华北电力大学文献 296 篇，是 2010 年收录论文的 1.43 倍，是 2009 年的 2.2 倍，SCIE 论文排名也由 2010 年的 113 名，上升至 89 名。2011 年 EI 数据库收录华北电力大学论文 762 篇，与 2010 年论文数相比增长了 17%，与 2009 年相比增长了 75.9%，论文排名前进 2 名，上升至第 41 名。

近 5 年华北电力大学发表的 SCI 光盘版论文在 2011 年度被引用的篇数、次数和排名分别为 161 篇、427 次、126 位，这与 2010 年度的 108 篇、242 次、131 位相比也有提高。这表明华北电力大学论文在数量持续增高的基础上，质量也有大幅度的提升，论文的国际学术影响力不断攀升。

（徐　扬）

【参加基地授牌仪式】12 月 20 日，河北省科技厅组织的软科学研究基地授牌仪式在廊坊举行。河北省科技厅副厅长郭玉明、科技部办公厅主任胥和平等领导及各基地代表参加了会议。华北电力大学校长助理律方成、经济管理系黄元生等参加了授牌仪式。授牌仪式后，科技厅领导及各基地代表举行了座谈会。黄元生教授对依托华北电力大学“能源经济发展战略研究基地”的基本情况、目前正在开展的项目及将来的工作进行了汇报。厅领导对该基地正在进行的项目进行了仔细的询问，希望华北电力大学今后在低碳城市建设，能源经济发展等方向为政府提供更多的决策依据。

（徐　扬）

【入选教育部“新世纪优秀人才支持计划”】 12 月 26 日，华北电力大学任芝、周乐平、刘崇茹、汪黎东、谭占鳌、薛志勇、张兴平 7 位教授入选教育部“新世纪优秀人才支持计划”。至此，华北电力大学共有 35 位教师入选该计划。

（丛淑玲）

【国家自然科学基金项目喜获丰收】12 月 31 日，2012 年度华北电力大学申报国家自然科学基金项目工作取得重大突破。申请数、立项数和经费数以及资助率都比 2011 年有了大幅度地提高。以华北电力大学为依托单位，资助项目总数接近 2011 年的两倍，达到 102 项，资助经费达到 5587 万元，是 2011 年 2.1 倍，资助率也大幅提升，达到 25%，比 2011 年（18.3%）提高了 6.7 个百分点。取得四方面的好成绩：（1）资助项目数首次超过 100 项；（2）资助额首次超过 5000 万元；（3）首次突破全国平均资助率（20.93%）；（4）电气科学工程学科获批 26 项，是本学科获得资助数最多的单位。在所资助的项目中，取得了 1 个杰出青年项目（李永平）、1 个国际（地区）合作与交流项目（徐进良），2 个联合基金项目（杨勇平、杨立军），2 个优秀青年项目（毕天姝、何理）的好成绩。

（武润莲）

产 业 管 理

■概述

截至 2012 年底，华北电力大学有产业企业 29 家，形成了中国电力行业有影响力的高科技产业群体之一，形成了以电力科技为核心，电子、通信、计算机、机械、环保等产品和服务并举，内外联合，多层次、多渠道发展的格局。同时，依托大学优势学科与相关企业在战略性新兴产业尤其是电力领域节能减排、清洁能源技术领域积极努力地搭建广泛应用的桥梁，致力于探索将高校智力资源与企业需求建立紧密结合长效机制的新模式，构建“大电力”特色的智力支撑平台，促进产学研合作的良性发展。

2012 年，学校稳步推进规范化建设工作。积极落实教育部规范化建设的各项工作任务，完成了北京市教委校办企业内控制度检查工作，加强对校有企业的监管和服务力度，建立健全各项制度，保证校有资产的安全、保值和增值，加快企业发展。

2012 年，学校积极探索华北电力大学技术转移工作的服务模式创新，促进科技成果的转化；积极协助拓宽高新技术项目及其产业的融资渠道；充分发挥华北电力大学的学科优势及其多学科协作的技术潜力，进一步激活学校人才、技术、实验装备等优势资源，走产学研紧密结合之路，充分利用科技和人才优势扶植创办学科性企业。

2012 年，华北电力大学分别于 6 月 6 日、10 月 25 日、12 月 3 日召开了北京华电天德资产经营有限公司第二届第三次、第四次、第五次董事会。

2012 年，北京市教育委员会共建项目中第二类“科研成果转化与产业化项目”的申报工作顺利完成，其中，华北电力大学“火力发电机组关键装置节能技术产业化”项目成功立项。

2012 年，华北电力大学获得北京市科委促进技术转移服务机构发展专项资金 30 万元，用于大学科技成果转化、产学研合作项目、创业投资、技术转移、公共服务平台建设等领域，提升了技术成果转化及产业化的服务水平。

（金海燕）

■概况

2012 年底，华北电力大学控股参股企业的注册资金为 23720.36 万元，资产总额达 93192.86 万元，比 2011 年增长 3.99%；所有者权益 50960.45 万元，比 2011 年增加 47.31%；负债 42232.41 万元，资产负债率 45.32%。学校控股参股企业收入 34687.45 万元，比 2011 年降低了 1.34%；实现净利润 11831.99 万元，比 2011 年增长了 38.35%。

（金海燕）

■条目

【保定科技园被评为先进单位】2 月，保定华电天德科技园有限公司被评为保定市高新区科技创新先进单位，获得 10 万元奖金。

（金海燕）

【两项产品获评深圳高交会优秀】11 月 16 日，华北电力大学独立组团参加在深圳举办的第十四届中国国际高新技术成果交易会，荣获“优秀组织奖”。由华北电力大学推荐的“生物质履带式热解炭化与压缩成型成套装置”以及“太阳光导入器”两项产品，经过专家组的严格评审和会场现场调研，获得“优秀产品奖”。

（金海燕）

【获评上海工博会展品一等奖】11 月 6—10 日，华北电力大学在上海中国国际工业博览会上再创佳绩，共获中国高校展区“优秀组织奖”、“优秀个人奖”及“优秀展品奖一等奖”等3个奖项。

（金海燕）

【参股保定电谷大学科技园】12月31日，由保定国家高新技术产业开发区发起设立的“保定电谷大学科技园有限公司”完成工商注册手续，注册资本金为人民币200万元，其中北京华电天德资产经营有限公司出资 19.60 万元，占9.80%的股份。

（金海燕）

高等教育研究

■概述

2012年，华北电力大学高等教育研究紧紧围绕学校中心工作，认真履行职责，服务学校发展，在政策研究、资讯服务等方面开展工作，科研能力和服务学校的水平不断提升。

2012年，华北电力大学成立了由高等教育研究人员为主，党办校办、党委宣传部、校企合作办及校内各其他相关单位人员组成的编写组，完成《强校之路》编撰和出版工作。

2012年，学校开展了一系列高等教育相关调研报告。12月，从比较的视角完成了华北电力大学绩效分析报告一份。同时还完成了以中外合作办学、现代大学制度、大学教育基金会、卓越工程师培养、高校领导力、科技创新力以及能源电气工程学科发展史等为主题内容的一系列调研分析报告。12月，根据学校文理学科振兴计划的有关安排，高等教育搜集相关材料，梳理全国相关院校人文社会学科发展建设情况，调研国内高校的教育学科设置情况，起草华北电力大学高等教育学学科建设规划。

2012年，学校完成了中电联主管刊物《中国电力教育》的全年办刊任务。在主管单位领导和学校的共同努力下，管理进一步规范，质量进一步提高，影响因子居同类刊物前列，订阅发行数量平稳增长。

（邢　燕）

■概况

2012年，华北电力大学从事高等教育研究共有专职工作人员6名，其中正高职称1人、副高职称5人。

2012年，学校积极进行课题研究和申报，目前在研教育部人文社科基金项目2项、中央高校科研基金项目2项。积极参加北京市教育科学“十二五”规划2012年度课题、北京市共建课题、首都高等工程教育研究中心研究课题等项目的申报。1名老师赴台湾政治大学进行为期两个月的学术交流活动取得圆满成功。

2012年，学校加强高教资讯建设，完成了2006年以来的华北电力大学高等教育研究成果（论文）汇编，出版12期《院校决策参考》。全年发表论文12篇，其中核心期刊7篇。

（邢　燕）

■条目

【完成学校十二五发展规划纲要修订】9月，华北电力大学根据教育部对本校“十二五”发展规划纲要的审核意见反馈，对规划纲要的有关条目予以进一步论证，对规划纲要文本进行完善和修订。

（邢　燕）

【与台湾政治大学开展学术交流】10月，受台湾中华发展基金会邀请，华北电力大学1名老师赴台湾政治大学进行为期两个月的学术交流活动并达到预期目的，为进一步的交流与合作奠定了基础。

（邢　燕）

现代电力研究院建设

■概述

2012年，华北电力大学现代电力研究院围绕国家、行业的有关规划和文件精神，继续推进科技平台建设，创办并成功举办两届（春、冬季）“现代能源发展论坛”，搭建“开放、争鸣、求真、务实”的学术交流平台，旨在为保障国家和地区的能源供应安全、促进清洁能源产业可持续发展献计献策，增强华北电力大学对社会的贡献和影响力；通过各种渠道积极引进科研人才，成功引进教育部“海外名师”李伟仁教授等不同层次的科研人才，优化科研团队人员配置；促进新兴学科建设，与香港大学联合组建“智慧能源与信息研究中心”，与首聚能源网联合组建“能源供应链仿真研究中心”，组织新能源产业技术经济研究中心与电气与电子工程学院、北京节能环保中心合作申报“多资源互动配电系统节能分析与控制技术北京市重点实验室”；积极开展各种对外合作与交流活动，举办两场专题报告会，与北京节能环保中心、北京市电力管理办公室签订合作协议；积极参与政府、企业、社会在能源领域的决策咨询服务，争取和承担相关科研课题研究。

（刘秋霞　李　君）

■概况

2012年，华北电力大学现代电力研究院有21人，其中在编教职工5人、编外职工4人、外聘兼职教授13人。现代电力研究设7个研究中心，分别是“中国能源政策研究中心”、“新能源产业技术经济研究中心”、“数字电力与节能研究中心”、“智慧能源与信息研究中心”、“能源供应链仿真研究中心”、“能源资源环境法律研究中心”和“现代人事技术研究中心”（2012年当年新组建2个研究中心：智慧能源与信息研究中心和能源供应链仿真研究中心）。

2012年，该研究院签订相关现代电力研究科研项目4项，实现科研合同金额共计185.20万元，完成全年科研任务的185.20%。

（刘秋霞　李　君）

■条目

【组建智慧能源与信息研究中心】3月，华北电力大学与香港大学联合组建“智慧能源与信息研究中心”。该中心针对未来中国在智慧能源与信息技术方面的重大科技需求，研究支撑智慧能源管理决策支持系统，研发与能源分析、预警、决策领域相关的重大科学技术，融入国家能源安全与能源信息领域。力争形成一支拥有重要影响的学术队伍，建成国内领先的能源安全与能源信息技术研究室和实验室。

（刘秋霞　李　君）

【与北京节能环保中心签订合作协议】4月，华北电力大学与北京节能环保中心签订了《合作协议书》。根据协议，双方明确了在共建重点实验室、课题研究、信息交流共享、人才培养、行业标准制定等方面的合作内容。

（刘秋霞　李　君）

【举办华电女生学术演讲比赛】4月23日，现代电力研究院与女教授协会联合举办了华北电力大学女生学术演讲比赛。本次活动以“创科技华电，展巾帼英才”为主题，以宣传科学精神，体验科学魅力为主旨，通过学术交流和演讲相结合的方式，为在校女学生提供切磋学艺、展示才华的机会，进而激发她们的学术热情，提高她们的交流能力，活跃校园文化气氛。比赛评出一等奖1名，二等奖2名，三等奖3名。

（刘秋霞　李　君）

【举办首届现代能源发展论坛】5月27日，华北电力大学举行首届现代能源发展论坛（智能电网与新能源电力安全高效利用），校长刘吉臻为论坛致欢迎辞并作主题为大规模新能源电力安全高效利用基础问题发言。学校校长助理、现代电力研究院常务副院长张粒子教授主持论坛。论坛围绕智能电网与新能源电力安全高效利用等方向的重大问题进行了深入的探讨。国家电监会市场部刘宝华主任，国家能源局发展规划司何勇健副司长，财政部世行项目办刘军国主任，国网新源公司高苏杰副总经理，美国德克萨斯州立大学阿灵顿分校能源系统研究中心主任李伟仁教授，国家“千人计划”专家、中国电科院智能电网研究中心主任刘广一博士，来自国家能源管理部门、电力监管机构、电网企业、发电企业、香港大学的领导和专家学者 100 余人出席了本次论坛。

（刘秋霞　李　君）

【任德清来校作专题报告】5 月 7 日，原中电投江西分公司党组书记、总经理任德清同志应邀来华北电力大学交流，作了“简述中国电力工业 130 年发展历程”专题报告。任德清，男，中共党员，汉族，江苏镇江人，生于 1951 年 3 月。1995 年武汉水利电力大学电力系统及其自动化专业研究生毕业，工学硕士。高级工程师，教授级高级经济师。江西省劳动模范，江西省优秀企业家，全国五一劳动奖章获得者，全国电力行业优秀企业家，享受国务院政府特殊津贴。江西省人大常委会委员，江西省能源研究会理事长，原中电投江西分公司党组书记、总经理。

（刘秋霞　李　君）

【李伟仁来校作专题报告】5 月 31 日，德克萨斯大学阿灵顿分校能源系统研究中心主任李伟仁教授访问华北电力大学，作了“Reliability Unit Commitment in ERCOT Nodal Market”专题报告。李伟仁教授，IEEE Fellow，IEEE 工业应用学会会刊副主编，国际电力与能源系统杂志副主编。多年来从事电力系统分析、智能电网、电力市场、可再生能源发电预测与并网技术、电能质量、设备在线实时诊断及预测系统等方向的研究。

（刘秋霞　李　君）

【与市电管办签订合作谅解备忘录】6 月 27 日，华北电力大学与北京市电力管理办公室签订了《关于建立电力需求侧管理培训合作伙伴的谅解备忘录》。备忘录明确了双方的合作内容、合作工作机制等问题。

（刘秋霞　李　君）

【李伟仁入选教育部海外名师】9 月，由现代电力研究院组织申报的教育部、国家外专局“海外名师”项目成功获批，研究院兼职教授李伟仁被聘请为“海外名师项目”外国专家。李伟仁，德克萨斯大学阿灵顿分校电气工程系教授，能源系统研究中心主任，IEEE Fellow，IEEE 工业应用学会会刊副主编，国际电力与能源系统杂志副主编。多年来从事电力系统分析、智能电网、电力市场、可再生能源发电预测与并网技术、电能质量、设备在线实时诊断及预测系统等方向的研究，有着深厚的理论基础和丰富的实践经验。曾在美国及其他国家主持或参与 90 多项科研项目，项目金额达 700 万美元，发表学术论文 200 余篇，出版专著 5 部。

（刘秋霞　李　君）

【组建能源供应链仿真研究中心】11 月，华北电力大学与首聚能源网联合组建“能源供应链仿真研究中心”。该中心通过构建开放型的科研平台，引进国际先进的知名咨询机构、研究机构、国内外一流高校的智力资源，打造一支结构合理、具有能源特色的学术研究和咨询服务队伍；与权威机构合作建设能源互联网传感器实验室，能源物流及供应链仿真实验室，力争把能源供应链仿真研究中心建设成为国内领先的能源供应链研究权威机构，为政府制定能源供应链方面的相关决策提供智力支持和服务，为能源企事业单位提供在职继续教育、培训等咨询服务，为国外企业进入中国能源市场提供咨询服务。

（刘秋霞　李　君）

【联合申报市重点实验室】11 月，华北电力大学现代电力研究院新能源产业技术经济研究中心与电气与电子工程学院、北京节能环保中心合作申报了“多资源互动配电系统节能分析与控制技术北京市重点实验室”。该实验室将在节能减排、规模化分布式能源接入配电网和北京建设“世界城市”发展目标的大背景下，开展多资源（指分布式能源和需求侧资源）互动配电系统节能分析与控制技术领域研究，解决北京市能源供应安全和环境承载力方面的关键问题，有利于实现北京市经济社会的和谐、可持续发展。

（刘秋霞　李　君）

【举办第二届现代能源发展论坛】 12 月 1 日，华北电力大学举办第二届现代能源发展论坛。论坛在北京瑞驰大酒店举行，论坛的主题为新时期电力改革，论坛还就新时期电力改革的路径和方案选择等重大问题进行了深入的探讨。华北电力大学杨勇平副校长致欢迎辞，国家电监会办公厅俞燕山副主任、华北电力大学校长助理、现代电力研究院常务副院长张粒子教授主持论坛。国务院研究室综合司范必副司长，国家发改委综合改革司连启华副司长，国家能源局发展规划司何勇健副司长，国家电监会价财部黄少中副主任，原能源部国际合作司司长谢绍雄先生，原能源部政策法规司副司长朱成章先生，中国价格协会能源供水委员会韩慧芳会长，国家电监会华中监管局银车来副局长，世界银行驻华代表处能源经济学家彭喜明先生，美国能源基金会电力与新能源项目主任王万兴先生，BP 中国投资有限公司副总裁、中国欧盟商会能源委员会主席、北京国际能源专家俱乐部总裁陈新华先生，睿博能源智库（RAP）Max Dupuy 先生，国网物资有限公司王永杰副总经理，以及来自国家发改委、国家能源局、国家电监会、中国能源研究会、睿博能源智库、电网企业、发电企业的近百名专家学者出席论坛。

（刘秋霞　李　君）

学术期刊建设

■概述

2012 年，华北电力大学所属的《华北电力大学学报（自然科学版）》《华北电力大学学报（社会科学版）》以及《现代电力》3 个学术期刊的编辑出版质量均有明显提高，社会影响力进一步扩大。学术期刊质量的稳步提升对于展示华北电力大学学术科研水平，反映华北电力大学教学科研成果，发现和培养学术人才，促进校内外学术交流都起到了重要作用。《华北电力大学学报（自然科学版）》和《现代电力》继续入编《中文核心期刊要目总览》（2012 年发布的第六版）。从学术期刊的社会影响力来看，2012 年《现代电力》复合影响因子为 0.597，WEB 下载量 5.17 万次，在 108 种电气工程学科专业期刊中排名第 32 名（2011 年复合影响因子为 0.537，下载量 4.86 万次，排名为第 36 名）；《华北电力大学学报（社会科学版）》复合影响因子为 0.446，WEB 下载量 6.70 万次，在 674 种综合性人文社科期刊中排名 190 名（2011 年复合影响因子为 0.419，下载量 6.68 万次，排名第 219 名）；《华北电力大学学报（自然科学版）》的复合影响因子为 0.665，WEB 下载量 6.45 万次，在 108 种电气工程学科专业期刊中排名第 28 名（2011 年复合影响因子为 0.967，下载量 6.26 万次，排名第 15 名）。三个期刊中，《学报（自然科学版）》的影响因子和排名有所降低，其他期刊的各项指标均较 2011 年有所提高。

（王佃启）

■概况

2012 年，华北电力大学期刊出版共下辖《华北电力大学学报（自然科学版）》《华北电力大学学报（社会科学版）》以及《现代电力》3 个编辑部，有正式员工 8 人，聘用员工 1 人（其中拥有副高以上职称的编辑人员 4 人、硕士及以上学历的 5 人），全部具有新闻出版署颁发的编辑出版人员从业资格证书。

2012 年，学校共计出版期刊正刊 18 期，发表学术论文 410 篇，发行 24000 册，出版增刊 4 期。

（杜红琴）

■条目

【参加部高校学术期刊改革与发展座谈会】 8 月 21 日，教育部在北京师范大学英东会堂召开关于高校学术期刊改革与发展座谈会，就8月3日新闻出版总署发布的《关于报刊编辑部体制改革的实施办法》听取高校学术期刊界的意见。教育部社科司徐维凡副司长主持会议，教育部期刊转企改制办公室负责人田敬诚处长出席会议。来自全国约20家高校的文理科学术期刊负责人参加了会议。《华北电力大学学报（社科版）》主编王佃启作为应邀参加座谈会的北京市8所高校文科学报负责人中唯一的理工农医院校社科学报负责人参会（其他7所院校为北京大学、清华大学、北京师范大学、中国人民大学、中国政法大学、中央财经大学、北京工商大学），在会上作了《对新闻出版总署〈关于报刊编辑部体制改革的实施办法〉的几点质疑》的发言。会后，其应邀将发言稿整理并上报教育部期刊转企改制办公室。

（杜红琴）

【华电当选市高教学会社科学报研究会副理事长单位】 12月14—15日，北京市高教学会社会科学学报研究会2012年年会及第六届会员代表大会在北京市门头沟西峰山庄召开。来自北京市高校社会科学学报界的70余名代表参加了大会。会议选举产生了研究会第六届常务理事会单位，由常务理事会推举产生了研究会新一届领导班子。当选市高教学会社科学报研究会副理事长单位，学校期刊出版部主任兼《华北电力大学学报（社科版）》主编王佃启当选为北京市高教学会社会科学学报研究会第六届常务理事会副理事长兼秘书长。

（杜红琴）

资源与环境研究院建设

■概述

华北电力大学资源与环境研究院为开展研究生教学与科研机构，致力于探索资源与环境前沿领域的基础科学理论与工程应用技术。近年来，学校已取得了一系列国际和国内领先的研究成果，培养了许多优秀的具有硕士、博士学位的中青年科技人才，对解决中国在资源与环境领域的严峻问题和提高相关科研学术水平作出了重要贡献。

该研究院重点发展的学科包括水资源工程、环境工程、环境科学、管理科学、能源工程。下设流域系统模拟与规划研究中心、水资源管理研究中心、区域气候模拟与评价研究中心、能源系统规划研究中心、土壤及地下水环境研究中心、环境系统分析研究中心和能源与环境污染控制研究中心。同时，学校设有区域能源环境系统优化教育部重点实验室、联合国开发署在中国唯一的专家研究工作站、华北电力大学与中国水利水电科学研究院共建资源与环境联合研究中心、中加资源环境与可持续发展联合研究所。科研队伍的研究方向涉及环境与水资源综合管理、流域水文生态系统模拟、土壤地下水污染修复、健康与环境风险评价、环境生物工程技术研发、固体废弃物处理与资源化、环境污染综合防治、能源系统分析与规划、区域气候建模、气候变化影响与对策分析以及环境科学与工程中的不确定性问题等领域。

该研究院近年来相继承担和完成了大量国家及省部级科研项目，如国家“973”计划、国家自然科学基金（重大项目课题、面上基金、青年基金、主任基金）、国家水体污染控制与治理科技重大专项、教育部创新团队、教育部科学研究重大项目以及中科院、环境保护部、水利部、商务部、北京市和联合国开发计划署等一系列重大重点研究项目。2012年，该研究院李永平教授获得国家杰出青年科学基金（“流域水资源管理”批准号：51225904）的项目资助，该研究院何理教授获得优秀青年科学基金（“水环境污染与修复”批准号：51222906）的项目资助。

2012年，该研究院邀请专家教授开展学术交流。1月9日，加拿大纽芬兰纪念大学陈冰教授和加拿大环境部王镇棣教授应邀来华北电力大学资源与环境研究院进行学术交流与访问，分别为该研究院师生作了“海上溢油响应和治理——挑战与机遇”和“溢油指纹鉴定和溢油源的识别”的主题讲座；5月3日，清华大学杨大文教授应邀来华北电力大学资源与环境研究院进行学术交流与访问，为该研究院师生作了一场题名为“流域生态水文过程观测与模拟”的学术报告；7月16日，新加波南洋理工大学秦肖生教授应邀来研究院华北电力大学资源与环境研究院进行学术交流与访问，为该研究院师生作了题名为“随机不确定性条件下结合模拟的优化方法在环境规划中的应用研究”的学术报告；9月28日，中国湖泊专家金相灿教授应邀来研究院华北电力大学资源与环境研究院进行学术交流与访问，为该研究院师生作了一场题名为“中国湖泊富营养化防治思路与对策的思考”的学术报告；12月19日，武汉大学谢平教授应邀来华北电力大学资源与环境研究院进行学术交流与访问，为该研究院师生作了题名为“变化环境下非一致性水问题”的学术报告；12月22日，台湾辅英科技大学陈建中教授应邀来研究院进行学术交流与访问，为研究院师生作了题为“节能减排如何形成共识”的学术报告。

（郭军红　郑如秉）

■概况

院长：黄国和

2012年，华北电力大学资源与环境研究有教职工16人，其中，专任教师12人（教授6人、副教授4人、其他3人）、有实验及技术人员3人、管理人员1人。

2012年，该研究院师资队伍包括2名中组部“千人计划”人才、2名国家杰出青年基金获得者、1名教育部长江学者特聘教授、1名973计划首席科学家、1名优秀青年基金获得者、1名“青年拔尖人才计划”入选者。

2012年，该研究院增加1名国家杰出青年基金获得者、1名青年拔尖人才计划入选者、1名优秀青年科学基金获得者。

2012年，该研究院全院共发表论文85篇，其中SCI收录76篇、EI收录9篇，科研经费1048.98万元。

2012年，该研究院有毕业学生34人，其中博士研究生5人、硕士研究生29人，该研究院招生43人，其中博士研究生博士生9人、硕士研究生34人。

该研究院网址：

http://raees.ncepu.edu.cn

（郭军红　郑如秉）

■条目

【与贾纳大学举办专题研讨会】6月9日，华北电力大学资源与环境研究院举行“里贾纳大学—华北电力大学：中加资源、环境与信息科学研讨会”。

（郭军红　郑如秉）

【一人入选青年拔尖人才支持计划】8月2日，中央组织部人才工作局公示首批青年拔尖人才支持计划名单，研究院卢宏玮教授入选。

（郭军红　郑如秉）

【参加国家自然科学基金委重大项目交流会】9月15日，华北电力大学资源与环境研究院黄国和教授、李永平教授、许野老师参加国家自然科学基金委重大项目“变化环境下工程水文计算的理论与方法”交流会，黄国和教授作了相关报告。

（郭军红　郑如秉）

苏州研究院建设

■概述

华北电力大学苏州研究院于2010年4月9日正式组建，研究院占地150余亩，该研究院是由华北电力大学与苏州市人民政府共建，是集科学研究、科技成果转化与产业化、高层次人才培养为一体的高等教育科研机构，连续3年组织教师在智能电网、新能源发电、新材料等研究领域的专家、教授参加江苏省、苏州市和工业园区的科技项目申报和成果转化工作。

2012年，该研究院以华北电力大学"以优势学科为基础，以新兴能源学科为重点，以文理学科为支撑"的"大电力"学科体系为依托，立足苏州，面向长三角和华东地区，紧密结合区域发展，为苏州市智能电网试点城市建设提供技术支持，在智能电网的输电系统智能设备、配用电智能设备与装置、新能源相关电力设备、通讯与信息技术与设备以及电力电子设备与装置领域展开重点攻关。研究院将成为华北电力大学与华东地区的交流、合作平台，力争建成华北电力大学最为重要的教育、科研、成果转化与产业化基地，为区域经济发展服务，为中国能源电力的发展作出贡献。

（范　嵬）

■概况

常务副院长：吴克河

书　　　记：杜建国

截至2012年底，华北电力大学苏州研究院共承担苏州市科技发展计划项目8项；承担纵向项目两项，科研经费24万元。成功申报金鸡湖双百人才1人；2010年被苏州市科技局认定为苏州市内资研发机构。3月，苏州研究院凭借自身的科研平台积极申报江苏省产学研联合重大创新载体项目。4月20日，华北电力大学苏州研究院正式开工建设，占地48亩，总建筑面积60323平方米，总投资3.25亿元。是集科研、成果转化、教学、行政及公共服务为一体的研究院一期用房。其中智能电网科研区和产业园23020平方米，教学10027平方米，行政办公面积2892平方米。一期用房建成以后，研究院将规划容纳师生约1800人，其中学生1500人，教师及科研工作人员300人。

（范　嵬）

■条目

【联合共建智能电网大学科技园】1月5日，华北电力大学副校长杨勇平带队出席"苏州工业园区基本实现现代化汇报会"，代表华北电力大学同苏州工业园区管委会签订了联合共建"苏州智能电网大学科技园"项目的协议。苏州工业园区基本实现现代化汇报会1月5日下午在北京召开，发改委、科技部、民政部、环保部、商务部、国资委、国家旅游局、中科院、银监会等相关部委领导及央企、金融机构、高校代表近500人参加会议。会上，苏州工业园区宣布将在2012年在全国开发区中率先基本实现现代化，同时发布基本实现现代化指标体系。国家科技部和环保部分别授予苏州工业园区"国家火炬科技服务体系建设试点单位"和"全国生态文明建设试点园区"称号。苏州市政协主席王金华出席会议，市委常委、园区工委书记马明龙作了《稳中求进 好中求快 确保率先基本实现现代化》的欢迎辞，园区工委副书记、管委会主任杨知评作了《非凡城市 SIP——迈向现代化的新园区》主题报告。同时与华北电力大学联合共建"苏州智能电网大学科技园"项目、IBM全球交付中心项目、摩根大通银行苏州分行、苏州吴淞江内河型综合物流园、国务院发展研究中心等项目进行了签约仪式。华北电力大学产业管理处处长、华北电力大学国家大学科技园总经理姚凯文教授及电气学院博士生导师肖湘宁教授等人陪同参加了签约仪式。

（范　嵬）

【华电苏州研究院开工建设】4月20日，华北电力大学苏州研究院开工典礼在苏州独墅湖高等教育区科教创新区桑田岛苏州研究院工地隆重举行。典礼由苏州独墅湖科教创新区管委会常务副主任蒋卫明主持。华北电力大学校长刘吉臻教授，副校长杨勇平教授，副校长孙忠权，苏州工业园区管委会杨知评主任，江苏省电力公司副总经理、苏州供电公司总经理蒋斌，苏州市科技局、苏州独墅湖高教区及华北电力大学相关处（院）室负责人等120余人参加典礼。此次开工建设的苏州研究院的项目占地48亩，总建筑面积60323平方米，总投资3.25亿元。是集科研、成果转化、教学、行政及公共服务为一体的研究院一期用房。其中智能电网科研区和产业园23020平方米，教学10027平方米，行政办公面积

2892平方米。一期用房建成以后，研究院将规划容纳师生约1800人，其中学生1500人，教师及科研工作人员300人。在开工典礼上，刘吉臻校长指出，建设和发展苏州研究院，是学校建设高水平大学发展道路上的一件大事，也是学校积极融入国家创新体系、推进学校与地方强强联合，与苏州市合作共建高层次、国际化能源研究机构及共同开展合作办学的新形式、新探索。学校将本着“特色化、产业化和研究型”的发展之路和“立足苏州，辐射长三角，推动华东地区经济发展”的工作方针，紧紧围绕智能电网建设、节能减排、新能源开发利用等能源电力发展的前沿或核心领域，依托学校的学科优势和基础，通过引进和培养一批高层次科研人才、开展一批高水平合作项目的科技创新和促进一批高科技成果转化的举措，使研究院成为集科技创新、人才培养和成果产业化等功能为一体的现代化办学实体，成为苏州及长三角地区最具特色与实力的高水平科研基地、科技成果转化与产业化基地以及高层次人才培养基地。

（范　嵬）

□科研平台建设

CONSTRUCTION OF SCIENCE

○ 综 述

2012年，华北电力大学科研平台建设取得显著成效。新能源电力系统国家重点实验室科研经费达到10814.75万元，其中纵向项目经费达到5411.35万元。获省部级以上奖励5项，获授权国家发明专利48项，授权实用新型专利13项，计算机软件著作权登记23项，发表论文377篇，出版专著1部。该实验室现有中国工程院院士1名、国家杰出青年基金获得者3人、973首席科学家3名、国家“千人计划”入选者1人、国家百千万人才工程人选6人、中科院百人计划3人、教育部创新团队3个、“111”学科创新引智基地3个。毕天姝教授获得国家自然科学基金优秀青年基金资助；谭占鳌教授、刘崇茹副教授入选2012年度教育部新世纪优秀人才支持计划。积极开展各种形式的学术交流与合作，担任学术组织的职务、会议主席、讲学等，通过承办会议，提高了实验室的国际影响力。

2012年，生物质发电成套设备国家工程实验室正式挂牌成为中关村开放实验室，顺利通过国家认证认可监督管理委员会的审批，获得了资质认定计量认证证书，依托华北电力大学发起成立“火力发电产业技术创新战略联盟”；通过整合依托单位的多学科技术优势，承担国家项目、联合攻关、技术服务、技术咨询、人才培养和成果转化等方式，建立了旨在引进、消化和吸收国内外火力发电新技术、新产品、新工艺的研发基地、产学研合作基地和公共服务平台，形成了一批国际、国内领先水平的技术成果；面向火力发电行业建立了产业化开发和新技术、新产品的推广辐射网络体系，具备了较强的推广辐射能力，促进了火力发电行业整体经济和社会效益的提高。至年底超额完成了《计划任务书》中的全部任务。

2012年，电站设备状态监测与控制教育部重点实验室获得各类纵向科技项目资助共13项，资助金额为2275万元，重点实验室共签订横向科技项目39项，合同金额2545.90万元。获得授权发明专利39项，实用新型专利27项，软件登记8项。共发表核心期刊以上论文123篇，其中，SCI收录21篇，EI收录38篇。顺利的通过教育部评估。重点实验室的杨勇平教授入选2012年国家杰出青年科学家。

2012年，区域能源系统优化教育部重点实验室针对能源供需矛盾、温室气体、大气污染及与社会、政治、经济相关的复杂环境问题开展科学研究。相继承担和完成了大量国家及省部级科研项目，如国家“973”计划、国家自然科学基金（重大项目课题、面上基金、青年基金、主任基金）、国家水体污染控制与治理科技重大专项、教育部创新团队、教育部科学研究重大项目以及中科院、环境保护部、水利部、商务部、北京市和联合国开发计划署等一系列重大重点研究项目。

2012年，高电压与电磁兼容北京市重点实验室通过承担国家重大科技计划项目、省部级科研项目以及多项电力企业、科研机构和高等院校等单位委托的工程技术研究、设计和试验任务，整体工程技术研发能力得到了全面提升。在技术研发、工程转化、人才培养、开放服务等方面具备了较强的实力。

2012年，工业过程测控新技术与系统北京市重点实验室“火电行业重大工程自动化成套控制系统”获中国国电集团科技进步一等奖。除了在平台建设及科研方面所作的贡献外，实验室还承担着控制与计算机工程学院的教学任务及培训工作。

2012年，低品位能源多相流动与传热北京市重点实验室建成了国际领先的高性能热物理参数综合实验平台。实验室围绕微纳尺度流动、多相流动与换热、余热利用等方向积极展开研究，取得多项原创性进展，在余热利用系统及多相流传热研究中提出了有机朗肯循环发电的热力学反问题，为余热深度利用提供了理论基础；原创了两相流流型调控原理和方法，发明了相分离强化冷凝管，为强化两相传热过程提供理论指导和技术支持。

2012 年，河北省输变电设备安全防御重点实验室围绕国家以及河北省能源电力的科技需求开展工作，主要在电磁环境与电磁兼容耦合机理及测试技术的研究、电气设备状态监测与故障诊断技术的研究、超特高压输变电关键技术的研究等方面进行重点研究。实验室涉及学科包括电气工程一级学科博士点，高电压与绝缘技术、电工理论与新技术、电机与电器 3 个二级学科博士点和 1 个电气工程博士后科研流动站。

2012 年，河北省发电过程仿真与优化控制工程技术研究中心科研工作取得了多项突破性进展的进展，部分研究成果达到国际或国内先进水平。工程中心对双轴二次再热超超临界火电机组进行了深入研究，建立了国际上首套该机组的整体模型；设计并实施了该机组的全套控制系统；对于该机组从启动、并网到升负荷以及最终带满负荷发电运行的全过程进行了实时仿真，制定了运行规程。开发了“基于 B/S 结构的两票培训考核开票专家系统”，以电力企业两票制度和安规制度为基础，为电力企业提供一套集实际开票、安规培训考核、开票培训、实时系统图监测等功能为一体的软件。该系统采用 B/S 结构，利用 J2EE 技术框架进行开发，系统易于升级及管理维护，具有较强的通用性和可扩展性，方便推广，访问方便，可大大提供员工的工作效率。该系统已在浙江乐清电厂等工程单位投入使用。先后与山西平朔煤矸石发电有限责任公司、北京国电智深控制技术有限公司、上海晓舟电子仪表工贸有限公司、惠德时代能源科技（北京）有限公司、山东鲁能控制工程有限公司、国电科学技术研究院等单位在一系列工程研究领域中进行了深入地实质性合作。共同完成了“LN2000 分散控制系统优化”，“基于现场总线的氧量测量仪表”，“Coop7.0 热工过程优化控制系统”，“1000MW 火电机组激励式仿真系统”，“超超临界双轴二次再热火电机组激励式仿真系统”等多个工程研究项目和技术课题。

2012 年，北京能源发展研究基地获得各类纵向项目资助共计 27 项（同比增长 160%），其中，国家级 4 项，省部级 23 项（同比增长 200%）；各类纵向项目结题共计 15 项，其中，国家级 4 项，省部级 11 项；新签横向合同 30 项（同比增长 250%）；获得优秀成果奖励 28 项（同比增长 150%），其中，省部级以上奖励 8 项（同比增长 200%）；发表能源类学术论文共计 192 篇（同比增长 186%），其中 SSCI 检索论文 6 篇（同比增长 300%），EI 期刊检索论文 23 篇（同比增长 144%），SCI 检索论文 17 篇（同比增长 425%），CSSCI 检索论文 22 篇（同比增长 137%）；已经出版能源类学术专/编著 5 部。

新能源电力系统国家重点实验室建设

■概述

2012年，新能源电力系统国家重点实验室面向中国规模化新能源开发、利用的重大需求，聚焦新能源电力系统的重大科技问题，以多学科交叉为基础，开展创新性研究，主攻新能源电力系统安全、经济运行的基础和应用基础理论，深入研究规模化风能、太阳能等新能源电力接入后对电力系统的影响与交互作用机理，建立大时间尺度紧密耦合且具有强随机性的复杂电力系统分析、控制理论与方法的科学研究体系，为中国能源可持续发展以及新能源战略性新兴产业发展提供科技支撑。

该实验室重点研究方向包括：1）新能源电力系统特性及多尺度模拟；2）规模化新能源电力变换与传输；3）新能源电力系统控制与优化。

2012年，该实验室实到科研经费达到10814.75万元，其中纵向项目经费达到5411.35万元。获省部级以上奖励5项，获授权国家发明专利48项，授权实用新型专利13项，计算机软件著作权登记23项，发表论文377篇，出版专著1部。

2012年，该实验室为促进实验室科学研究的发展自筹经费600余万元用于实验室自主研究课题和开放课题的开展。其中，自主研究课题共申请53项，经过专家评审，立项41项；开放研究课题立项7项。各项课题进展工作顺利，都达到了当年的预期研究目标。

2012年，该实验室现有固定人员87名，其中研究人员77人。中国工程院院士1名、国家杰出青年基金获得者3人、973首席科学家3名、国家“千人计划”入选者1人、国家百千万人才工程人选6人、中科院百人计划3人、教育部创新团队3个、“111”学科创新引智基地3个。毕天姝教授获得国家自然科学基金优秀青年基金资助；谭占鳌教授、刘崇茹副教授入选2012年度教育部新世纪优秀人才支持计划。

2012年，该实验室积极开展各种形式的学术交流与合作，担任学术组织的职务、会议主席、讲学等，承办会议，提高了实验室的国际影响力。2012年主办或承办学术会议共6次；新签署国际科技合作项目7项，继续执行的国际科技合作项目7项；2012年度设置开放课题7项。2012年来室讲学和访问的国内外学者有120人(次)，共作了50场(次)的学术报告。2012年实验室人员及研究生参加国际学术会议70人（次）。刘吉臻教授、崔翔教授、毕天姝教授、肖湘宁教授等应邀在国际（国内）会议上做特邀报告、主旨报告共33人（次）。

2012年，该实验室通过多种方式开展公众开放活动，包括承担本科生的专业认识参观、承担本科生课程实验、指导本科生利用实验室平台开展科研活动、接待社会各界人士参观实验室等共计2000人次。

（彭跃辉）

■概况

主　任：刘吉臻

副主任：毕天姝　崔　翔

　　　　牛玉广　张海波

2012年，新能源电力系统国家重点实验室面向我国规模化新能源开发、利用的重大需求，聚焦新能源电力系统的重大科技问题，以多学科交叉为基础，开展创新性研究，主攻新能源电力系统安全、经济运行的基础和应用基础理论，深入研究规模化风能、太阳能等新能源电力接入后对电力系统的影响与交互作用机理，建立大时间尺度紧密耦合且具有强随机性的复杂电力系统分析、控制理论与方法的科学研究体系，为我国能源可持续发展以及新能源战略性新兴产业发展提供科技支撑。

2012年，该实验室占地面积8000平方米，科研设备总资产7500多万元。实验室现有固定人员87名，其中研究人员77人。中国工程院院士1名、国家杰出青年基金获得者 3 人、973 首席科学家 3 名、国家“千人计划”入选者 1 人、国家百千万人才工程人选 6 人、中科院百人计划 3 人、教育部创新团队 3 个、“111”学科创新引智基地 3 个。

2012 年，该实验室实到科研经费达到 10814.75 万元，其中纵向项目经费达到 5411.35 万元。获省部级以上奖励 5 项，获授权国家发明专利 48 项，授权实用新型专利 13 项，计算机软件著作权登记 23 项，发表论文 377 篇，出版专著 1 部。

2012 年，该实验室为促进实验室科学研究的发展，依托单位华北电力大学投入经费 600 余万元用于实验室自主研究课题和开放课题的开展。其中，自主研究课题共申请 53 项，经过专家评审，立项 41 项；开放研究课题立项 7 项。各项课题进展顺利，达到了当年的预期研究目标。

（彭跃辉）

■条目

【一国家重点基础研究发展计划（973）项目正式启动】 2 月 23 日，以华北电力大学刘吉臻教授为首席科学家的国家重点基础研究发展计划（973）项目“智能电网中大规模新能源电力安全高效利用基础研究”启动仪式，在华北电力大学主楼多功能厅举行。

（彭跃辉）

【南网赵建国等一行考察实验室】 3 月 7 日，中国南方电网有限责任公司党组书记、董事长赵建国一行莅临华北电力大学，双方共商携手合作大计，签署校企合作框架协议。签字仪式结束后，在刘吉臻等校领导和电气学院主要负责人的陪同下，赵建国董事长一行参观考察了新能源电力系统国家重点实验室。

（彭跃辉）

【市科委郑焕敏等一行考察实验室】 5 月 24 日，北京市科学技术委员会郑焕敏副主任一行到新能源电力系统国家重点实验室调研，就首都科技条件平台华北电力大学研发实验服务基地的建设情况以及今后和学校的科研、产业融合发展等问题与学校领导进行深入的交流和探讨。

（彭跃辉）

【举办首届现代能源发展论坛】 5 月 27 日，由华北电力大学现代电力研究院和新能源电力系统国家重点实验室主办、首聚能源博览网协办的首届“现代能源发展论坛”在华北电力大学举行。来自国家能源管理部门、电力监管机构、电网企业、发电企业、香港大学和华北电力大学的领导和专家学者 100 余人出席了本次论坛，围绕“智能电网与新能源电力安全高效利用”这一主题进行探讨。

（彭跃辉）

【召开同步相量测量技术及其应用国际研讨会】 8 月 13—14 日，由新能源电力系统国家重点实验室与清华大学电力系统及大型发电设备安全控制和仿真国家重点实验室联合举办的“同步相量测量技术及其应用国际研讨会”在华北电力大学召开。来自北美、欧洲、国家电网、南方电网、四方公司、中国电科院、清华大学及华北电力大学等单位的 40 余名专家学者参加了本次研讨会。

（彭跃辉）

【承办中国电机工程学会学术年会】 8 月 21—24 日，由新能源电力系统国家重点实验室调研和清华大学电机系高压所联合承办的“中国电机工程学会直流输电与电力电子专业委员会首届学术年会”于在北京香山饭店举行。来自高等院校、科研院所、相关企业及运行和生产单位的 200 多名科研人员出席了本次会议。会议取得了圆满成功。崔翔教授担任本次会议的组织委员会主席。

（彭跃辉）

生物质发电成套设备国家工程试验室

■概述

生物质发电成套设备国家工程实验室是 2009 年经国家发展和改革委员会批准设立的国家级研究机构。旨在研究突破制约生物质发电产业发展的瓶颈技术，促进生物质能的高效清洁开发与利用。培养“新能源科学与工程”本科生及“新能源与可再生能源”研究生，为行业输送高素质人才。实验室建有分析测试、分子动力学与 CFD 模拟、设计与仿真、工程验证、设备加工 5 个中心，及热处理、化学、微生物 3 个实验室。实验室集理论研究、技术开发与装备研制为一体，为理论研究与工程实践提供理论支撑与技术指导。实验室在生物质多联产、清洁燃烧、垃圾综合处理、污染物脱除、量子化学等方面具有鲜明的特色，积极承担国家 973、863、科技支撑计划等课题及企业委托的各类项目。并与美国西北太平洋国家实验室、华盛顿州立大学、英国 Cranfield 大学、瑞典皇家理工大学、瑞典麦拉达伦大学等国外机构建立了良好的交流与合作机制。

2012 年，该实验室在华北电力大学、国能电力集团公司、国能生物发电集团公司、济南锅炉集团有限公司各理事单位和相关部门领导的支持与帮助下，本着边建设、边发展的思路，在平台建设、科学研究、人才培养等方面均积极开展了大量的工作。

2012 年，该实验室于 7 月正式挂牌成为中关村开放实验室，以此为契机，为企业提供测试服务和技术开发服务。

2012 年，该实验室于 8 月实验室顺利通过国家认证认可监督管理委员会的审批，获得了资质认定计量认证证书（证书编号：2012003337K），说明实验室在检测条件和检测能力方面上了一个新台阶。

2012 年，该实验室积极开展对外交流。5 月，荷兰代尔夫特理工大学 Adrianus H. M.Verkooijen 教授访问实验室。在为期一个月的访问中，Verkooijen 教授与实验室在生物质热解、生物质燃烧、生物质气体燃料和生物质液体燃料的研究工作和研究方向等方面进行了交流。5 月，由实验室组织材料申报，瑞典皇家工程院院士、瑞典马拉达伦大学 Erik 教授成功获批国家外专局高端专家项目资助，作为实验室引智专家，Erik 教授将定期来实验室工作与交流。9 月 17—21 日，生物质发电成套设备国家工程实验室承办了由德国 ERZ—茨维考废弃物处理回收有限公司发起的“德国废弃物循环经济培训班”，通过此次培训，增加了实验室与德国废弃物产业界的联系，双方达成开展进一步合作的意向。10 月，国际能源署洁净煤中心主任 Andrew Minchener 博士访问实验室。就 CCS 和生物质混燃等进行交流，对共同申报国际项目和开展合作研究达成初步共识。

（蔺　媛）

■概况

2012 年，生物质发电成套设备国家工程实验室完成生物质热解气化试验平台、焙烧试验台架、化学链冷态试验平台共 3 台套大型实验台架的设计和制造，在建 2 台套；完成大型仪器和仿真软件的建设 5 台套。完成生物质直接燃烧发电关键技术与示范、生物质锅炉炉内预除尘装置、生物质电站锅炉燃烧调整、低能耗固体成型燃料制备、多能互补沼气技术共 5 项工程示范建设。

2012 年，该实验室新增纵向项目 17 项，其中“十二五”科技支撑计划项目 2 项、国家自然基金 4 项，国家外专局项目 1 项；完成企业委托项目 10 余项。

2012 年，该实验室完成 8 项生物质分析标准的编制，其中生物质的结渣特性测定方法、生物质的着火温度测定方法、生物质灰熔融性的测定方法 3 项标准经国家能源局批准正式立项，正积极开展工作，争取尽快上升为行业标准。

2012 年，该实验室出版著作 1 部，共发表 SCI 和 EI 论文 30 篇，其中 SCI 收录 8 篇、EI 收录 22 篇。

2012 年，该实验室新申请专利 24 项，获得授权专利 16 项，其中发明专利 8 项，实用新型专利 8 项；软件著作权 2 项。

（蔺　媛）

■条目

【召开理事会四次会议暨学委会一次会议】2 月 21 日，生物质发电成套设备国家工程实验室理事会第四次会议召开。华北电力大学校长刘吉臻、副校长杨勇平，国能电力集团董事长蒋大龙、副总裁林生荣，国能生物发电集团总裁李明奎、副总裁王春礼、许同茂，济南锅炉集团党委书记仲联元等理事以及学校部分职能处室负责人出席会议，会议由实验室主任、理事会常任理事吴占松教授主持。本次会议总结了实验室 2011 年取得的成绩，指明了 2012 年的发展方向。2 月 21 日，生物质发电成套设备国家工程实验室技术委员会委员聘任仪式暨委员会会议在华北电力大学成功举行。华北电力大学校长刘吉臻、杨勇平副校长，浙江大学岑可法院士、清华大学岳光溪院士、广州能源所吴创之教授等技术委员会委员出席，国能生物发电集团许同茂副总裁、学校相关职能部门负责人及实验室师生参加，会议由重大项目办公室主任檀勤良主持。校长刘吉臻向各位技术委员会委员颁发了聘书。

（蔺　媛）

【实验室分析测试中心通过计量认证】4 月 13—14 日，生物质发电成套设备国家工程实验室在国家认监委委派的资质认定评审组进行的首次资质认定评审中，顺利通过现场评审。国家认监委实验室与监测监管部主任肖良，国家认监委实验室与检测监管部评审管理处主任周刚，教育部科技发展中心网络信息处处长曾艳，评审组专家，华北电力大学副校长杨勇平，生物质发电成套设备国家工程实验室主任吴占松，人事处、计财处、资产管理处、党校办、重大办等部门负责人及实验室工作人员参加现场评审的首次会议。评审组全面考察了实验室质量管理体系的建设和运行情况，翻阅了质量手册、程序文件、作业指导书等体系文件，检查了内部审核、管理评审、人员培训等体系运行记录、试验原始记录和检测报告。现场试验考核样品 7 个，覆盖两大类的 19 项参数（占全部参数的 100%），通过盲样检测、样品复测、人员比对和见证试验对检测室的实验人员技术水平、设备运行状态、检测环境进行了全面的核查。8 月 20 日，实验室正式通过国家认证认可监督管理委员会的审批。9 月 30 日，实验室正式收到 CMA 证书和 CMA 印章，至此，实验室已经具备煤炭和生物质燃料的工业分析、元素分析、着火点测定、发热量测定、灰熔融性测定和灰中碱金属含量测定等方面的分析检测能力，可向社会出具具有证明作用的数据和结果。

（蔺　媛）

【实验室成为中关村开放实验室】5 月，中关村开放实验室办公室正式受理生物质发电成套设备国家工程实验室申请，组织专人到实验室进行实地考察。在座谈会上，实验室常务副主任董长青详细介绍了实验室的研究方向和发展现状，得到了与会人员的高度认可。在随后的实验室参观中，与会专家更是详细了解了各个试验台的主要功能及检测范围，一致认为生物质发电成套设备国家工程实验室在分析检测服务、技术攻关服务和重大项目产业化转化三方面均已具备挂牌资格。5 月 26 日，生物质发电成套设备国家工程实验室正式向中关村开放实验室办公室提交《中关村开放实验室挂牌申请及信息采集表》。7 月 13 日，经过中关村开放实验室专家审核，生物质发电成套设备国家工程实验室正式挂牌，成为中关村开放实验室的一员。自挂牌以来，本实验室多次为企业提供生物质（秸秆发电、纤维乙醇、垃圾、污泥等）的分析测试及技术攻关服务，与多家企业建立了良好的合作关系。

（蔺　媛）

国家火力发电工程技术研究中心

■概述

2012年，国家火力发电工程技术研究中心围绕《计划任务书》中凝练的4个研究方向，通过承担国家重大科技计划项目、省部级科研项目，以及多项电力企业、科研机构和高等院校等单位委托的工程技术研究、设计和试验任务，特别是具有一定示范作用的企业委托工程技术开发项目、技术升级改造项目任务，整体工程技术研发能力得到了全面提升。

2012年，该中心加强与行业大型企业单位、科研院所及依托单位重点实验室等研发单位的紧密合作，以面向行业的应用基础研究为依托，不断发展和完善火力发电安全、高效和清洁运行的新理论、新方法、新技术和新工艺，为关键技术的开发奠定了坚实的基础，为新产品的集成创新提供了科学依据。

2012年，该中心为更好地服务于行业先进技术的辐射、扩散，中心依托华北电力大学发起成立了“火力发电产业技术创新战略联盟”；通过整合依托单位的多学科技术优势，承担国家项目、联合攻关、技术服务、技术咨询、人才培养和成果转化等方式，建立了旨在引进、消化和吸收国内外火力发电新技术、新产品、新工艺的研发基地、产学研合作基地和公共服务平台，形成了一批国际、国内领先水平的技术成果；面向火力发电行业建立了产业化开发和新技术、新产品的推广辐射网络体系，具备了较强的推广辐射能力，促进了火力发电行业整体经济和社会效益的提高。

2012年底，该中心已经超额完成了《计划任务书》中的全部任务，在技术研发、工程转化、人才培养、开放服务等方面具备了较强的实力。中心依靠依托单位，在组织机构和运行机制上实现了突破，为充分迎接2013年科技部组织的验收打下了坚实的基础。

（任治政）

■概况

主　任：杨勇平

副主任：顾煜炯　杜小泽　陈海平

截至2012年年底，国家火力发电工程技术研究中心超额完成了《计划任务书》中规划的4900万元建设投资，共计建设大型研发基地1个，占地面积3000余平方米位于主楼F座；培训基地1个，占地面积300余平方米，位于行政楼4层；产学研合作基地1个，占地面积300余平方米，位于行政楼4层。新增仪器设备1000余万元，科研设备总资产超过3500万元。

2012年，该中心现有国家杰出青年科学家2名，国家“千人计划”学者2名，国家“百千万人才”一二层次人选3名，国家“973计划”首席科学家3名；中科院“百人计划”学者2名，教育部新世纪优秀人才9名。

2012年，该中心共获得各级各类纵向科技项目资助20余项，资助金额达5000余万元；共签订横向科技合作项目40余项，合同金额2700余万元；共获得授权发明专利60项，其中发明专利35项，使用新型25项；获得软件著作权登记3项；发表核心期刊以上论文100余篇，其中SCI收录24篇，EI收录23篇。

2012年，该中心共获得各级各类奖励7项，其中，教育部自然科学二等奖1项，中国电力科学技术二等奖、三等奖各1项等。

2012年，该中心对外开展各类技术培训班5期，培训人数达300余人。

（任治政）

■条目

【召开能源安全挑战与应对思路研讨会】11月4日，由国家火电研究中心，华北电力大学国际合作处、人文与社会科学学院能源政治与外交研究中心联合举办的能源安全挑战与应对思路研讨会在华北电力大学召开。来自国家发改委、外交部、国家能源局、中石油、中石化、新华社等单位的多位专家出席了此次会议，就当前中国在能源安全方面所面临的各种挑战和威胁及其应对策略展开了研讨。能源外交研究中心王海运主任和华北电力大学原党委副书记朱常宝共同主持此次研讨会。华北电力大学副校长杨勇平教授出席研讨会。

（任治政）

【成立一联合实验室】11月30日，国核电力规划设计研究院（以下简称“国核电力院”）与华北电力大学签署战略合作协议。国家核电技术公司党组书记、董事长王炳华、国家核电技术公司首席信息官兼办公厅主任郭宏波、人力资源部主任李慧杰、国核电力院领导班子成员，以及华北电力大学校长刘吉臻及领导班子成员出席了签字仪式。华北电力大学校长刘吉臻、副校长杨勇平、安连锁出席了签字仪式。王炳华与刘吉臻共同为“国家火力发电工程技术研究中心‘华北电力大学—国核电力规划设计研究院联合实验室’”揭牌。

（任治政）

【与一工程技术研究中心签署合作协议】12月29日，国家火力发电工程技术研究中心与甘肃兰州交通大学国家绿色镀膜技术与装备工程技术研究中心在华北电力大学举行战略合作协议签约仪式。本次签约仪式由兰州交通大学国家绿色镀膜技术与装备工程技术研究中心主任范多旺教授、华北电力大学国家火力发电工程技术研究中心常务副主任顾煜炯教授代表双方国家工程技术研究中心进行签约，双方工程中心的副主任也一同出席签约仪式。此次两个国家工程中心的战略合作将致力于推动中国火力发电技术与光热发电技术相结合的工程研究，为中国今后在节能减排，可持续发展方面作出重要贡献。

（任治政）

电站设备状态监测与控制教育部重点实验室

■概述

2012年，电站设备状态监测与控制教育部重点实验室面向我国节能减排与能源环境可持续发展的重大需求，围绕大型火电和可再生能源发电安全、高效和清洁热功转换过程中的关键科学问题开展应用基础研究。立足动力工程、控制科学与工程等多学科交叉，探索复杂能源动力系统多尺度输运机理、多因素耦合特性及能耗时空分布规律，研究全方位状态监控与运行优化理论方法，为我国电力能源工业的健康发展提供科技支撑。

2012年，该实验室在9月教育部组织专家对35个工程领域和22个材料领域的教育部重点实验室进行了评估。在实验室领导的带领下，通过全体实验室科研人员的努力，细心准备评估材料，在学校的大力支持下，电站设备状态监测与控制教育部重点实验室顺利的通过了教育部的评估。

2012年，该实验室杨勇平教授入选2012年国家杰出青年科学家。同时，教育部公布了最新的“新世纪优秀人才支持计划”入选者名单，重点实验室周乐平和薛志勇两位老师一同入选了2012年“新世纪优秀人才支持计划”。

（唐宁宁）

■概况

主　任：刘吉臻

副主任：牛玉广　杜小泽

截至2012年底，电站设备状态监测与控制教育部重点实验室占地面积3930平方米，科研设备总资产3000多万元。重点实验室有固定研究人员37名，其中，教授20人，副教授14人，讲师3人，实验技术人员3人。

2012年，该实验室有毕业学生71人，其中博士研究生10人，硕士研究生61人。实验室现有：国家杰出青年科学家2名，国家“千人计划”学者2名，国家“百千万人才”一二层次人选3名，国家“973计划”首席科学家3名；中科院“百人计划”学者2名，教育部新世纪优秀人才9名。

2012年，该实验室占地面积3930平方米，科研设备总资产3000多万元，2012年该实验室新增仪器设备12台。

2012年，该实验室获得各类纵向科技项目资助共13项，资助金额为2275万；共签订横向科技项目39项，合同金额2545.9万元；实验室共获得授权发明专利39项，实用新型专利27项，软件登记8项；共发表核心期刊以上论文123篇，其中，SCI收录21篇，EI收录38篇。实验室获得2011年中关村开放实验室优秀团队奖励。2012年度中关村专项资金资助项目2项。获国家科技进步二等奖1项。

（唐宁宁）

■条目

【中关村科技园区管委会到实验室调研】3月2日，中关村科技园区管理委员会张若松处长、周向谦部长陪及北京佳讯飞鸿电气股份有限公司等一行来电站设备状态监测与控制教育部重点实验室调研。调研活动由杜小泽教授主持，向中关村科技园区管理委员会及北京佳讯飞鸿电气股份有限公司介绍了实验室基本情况及取得的科研成果。委员会张处长对实验室所取得的成果及所获奖项给予了肯定与赞赏，强调了中关村管委会给予企业和中关村开放实验室的优惠和鼓励政策，希望开放实验室增强与企业之间的产学研合作。北京佳讯飞鸿电气股份有限公司等专家对实验室的关于“输变电站设备状态可视化技术发电平台”项目的汇报比较感兴趣，在会上也作了一些关于技术上的交流，表达了进一步的合作愿望。

（唐宁宁）

【获评2011年度中关村开放实验室优秀团队】7月18日，中关村开放实验室授牌暨产学研合作交流工作会在国家会议中心召开。电站设备状态监测与控制教育部重点实验室获得2011年度中关村开放实验室优秀团队奖并受邀作大会报告。中关村开放实验室工程是中关村为充分整合北京地区高科技创新资源，推动产学研结合，促进科技成果转化的一项重要工作，已成为中关村乃至全国产学研结合创新的一个重要名片。经过几年的发展已逐渐成为以企业为主体、市场为导向、产学研相结合的首都创新体系的重要节点。自2006年6月正式启动以来，挂牌实验室数量已达到134家，累计为企业提供包括检测认证、技术攻关、联合承担国家重大项目和技术成果转移等在内的3.20万余项服务，受益的示范区企业达1.34万家次，在释放中关村高端科技资源和促进示范区企业自主创新能力方面起到了巨大的推动作用。

（唐宁宁）

区域能源系统优化教育部重点实验室

■概述

区域能源系统优化教育部重点实验室是以华北电力大学资源与环境研究院为基础，整合学校其他优势科技资源而形成的一个研究实体，2010年12月由教育部批准立项建设。现任实验室主任为黄国和教授，学术委员会主任为刘鸿亮院士。

2012年，该实验室将针对能源供需矛盾、温室气体、大气污染及与社会、政治、经济相关的复杂环境问题开展科学研究。为多区域、多种尺度的能源系统管理提供科学的决策支持，为解决与防治中国经济发展中的诸多能源与环境问题提供科学依据。

2012年，该实验室研究方向主要包括：不确定性优化理论与技术；中国特色的多尺度区域能源模型；能源与环境系统互动机理与耦合技术研究；能源系统风险预测预警与管理决策综合研究等。研究方向涉及能源与环境工程、热能工程、管理科学与工程、可再生清洁能源等领域。在建设过程中将依托实验室的多个学科点和相关博士后科研流动站，为国家培养能源与环境领域的专业技术人才。

2012 年，该实验室将结合研究方向重点建设：气候变化模拟实验室、城市气候模拟与大气污染控制实验室、集成移动式净水处理与废水复合处理实验室、地表水地下水耦合模拟中试实验室、土壤污染控制实验室、城市有机废物资源化实验室等多个子实验室。

2012 年，该实验室现有固定在编人员 37 人，在编客座研究人员 27 人，还聘请 7 位本领域国内外著名的专家担任学术顾问。其中包括 2 名中组部“千人计划”人才、2 名国家杰出青年基金获得者、1 名教育部长江学者特聘教授、1 名 973 计划首席科学家、1 名优秀青年基金获得者、1 名“青年拔尖人才计划”入选者，8 月 2 日，中央组织部人才工作局公示首批青年拔尖人才支持计划名单，实验室卢宏玮教授入选。该实验室已经形成一支以工程院院士、千人计划学者、长江学者领军，优秀中青年学术带头人为骨干，素质优良、师德高尚、结构合理的高水平研究队伍。近年来相继承担和完成了大量国家及省部级科研项目，如国家“973”计划、国家自然科学基金(重大项目课题、面上基金、青年基金、主任基金)、国家水体污染控制与治理科技重大专项、教育部创新团队、教育部科学研究重大项目以及中科院、环境保护部、水利部、商务部、北京市和联合国开发计划署等一系列重大重点研究项目，李永平教授获得一国家杰出青年科学基金（流域水资源管理，批准号为 51225904)，何理教授获得一优秀青年科学基金（水环境污染与修复，批准号为 51222906)。

（郭军红　李延峰）

■概况

实验室主任：黄国和

学委会主任：刘鸿亮

2012 年，区域能源系统优化教育部重点实验室增加 1 名国家杰出青年基金获得者、1 名青年拔尖人才计划入选者、1 名优秀青年科学基金获得者。

2012 年，该实验室共发表论文 85 篇，其中 SCI 收录 76 篇，EI 收录 9 篇，科研经费 1048.98 万元。

2012 年，该实验室毕业学生 34 人，其中博士研究生 5 人，硕士研究生 29 人，实验室招生 43 人，其中博士研究生博士生 9 人，硕士研究生 34 人。

■条目

【陈冰和王镇棣应邀学术交流】1 月 9 日，加拿大纽芬兰纪念大学陈冰教授和加拿大环境部王镇棣教授应邀来区域能源系统优化教育部重点实验室进行学术交流与访问，分别为实验室师生作了“海上溢油响应和治理——挑战与机遇”和“溢油指纹鉴定和溢油源的识别”的主题讲座。

（郭军红　郑如秉）

【杨大文授应邀做学术交流】5 月 3 日，清华大学杨大文教授应邀来实验室进行学术交流与访问，为区域能源系统优化教育部重点实验室师生作了一场题名为“流域生态水文过程观测与模拟”的学术报告。

（郭军红　郑如秉）

【与里贾纳大学举办科学研讨会】6 月 9 日，区域能源系统优化教育部重点实验室顺利举行“里贾纳大学-华北电力大学：中加资源、环境与信息科学研讨会”。

（郭军红　郑如秉）

【秦肖生应邀来实验室学术交流】7 月 16 日，新加坡南洋理工大学秦肖生教授应邀来实验室区域能源系统优化教育部重点实验室进行学术交流与访问，为实验室师生作了一场题名为“随机不确定性条件下结合模拟的优化方法在环境规划中的应用研究”的学术报告。

（郭军红　郑如秉）

【黄国和参加国家自然科学基金委重大项目交流会】9 月 15 日，区域能源系统优化教育部重点实验室黄国和教授、李永平教授、许野老师参加国家自然科学基金委重大项目“变化环境下工程水文计算的理论与方法”交流会，黄国和教授作相关报告。

（郭军红　许　野）

【金相灿应邀来实验室学术交流】9月28日，湖泊专家金相灿教授应邀来实验室进行学术交流与访问，作了一场题名为“我国湖泊富营养化防治思路与对策的思考”的学术报告。

（郭军红　郑如秉）

【谢平应邀来实验室交流访问】12月19日，武汉大学谢平教授应邀来实验室进行学术交流与访问，为实验室师生作了一场题名为《变化环境下非一致性水问题》的学术报告。

（郭军红　郑如秉）

【陈建中应邀来实验室交流访问】12月22日，台湾辅英科技大学陈建中教授应邀来实验室进行学术交流与访问，为实验室师生作了一场题名为“节能减排如何形成共识”的学术报告。

（郭军红　郑如秉）

高电压与电磁兼容北京市重点实验室

■概述

2012年，高电压与电磁兼容北京市重点实验室通过承担国家重大科技计划项目、省部级科研项目，以及多项电力企业、科研机构和高等院校等单位委托的工程技术研究、设计和试验任务，整体工程技术研发能力得到了全面提升。在技术研发、工程转化、人才培养、开放服务等方面具备了较强的实力。

2012年，该实验室完成本科生教学888个学时，留学生教学128个学时，函授成教教学490个学时，研究生教学468个学时。共组织15次教研会议，交流本科和研究生教学方面的问题。在固学科之基、开创新之源——面向电力行业的工程电磁场教学改革中，崔翔、王泽忠、卢斌先、李琳、王银顺获得2012年华北电力大学教学成果奖特等奖。崔翔、王泽忠、卢斌先、李琳、王银顺获得2012年北京市高等教育教学成果奖一等奖。居民小区电动汽车分布式有序充电管理系统（学生：陈亦骏、倪筹帷、赵晨雪、殷毓灿、印海洋、姜希伟、李永杰。指导教师：崔翔）获得第五届全国大学生节能减排社会实践与科技竞赛二等奖。静电场边值问题的一个教学案例（崔翔）获得高等学校电路和信号系统、电磁场教学与教材研究会第八届年会最佳论文奖。“工程电磁场课程科研育人模式探索”获北京市支持中央在京高校共建项目支持，资助金额5万元，项目负责人王泽忠教授。出版教材《工程电磁场（第2版）》。

2012年，该实验室“211工程”三期建设中“电磁环境效应与超导电力技术”项目的建设任务并通过验收。参加“新能源电力系统”国家重点实验室评估材料的准备工作，负责“直流输电系统的电磁作用机制与建模计算方法”标志性成果的组织撰写；实验室负责建设“高电压大电流电力变换实验平台”，组织了该平台建设的论证工作；参加学校组织申报的“2011协同创新计划”申报材料的撰写工作。

2012年，该实验室获得国家级项目10项，总经费664.9万元。获得省部级项目4项，总经费32万元，获得横向科研项目47项。科研成果获得省部级一等奖3项，二等奖3项，三等奖2项；在国际学术期刊发表论文31篇，在国内期刊发表论文65篇，发表会议论文54篇；获得8项国家发明专利，12项实用新型专利，2篇著作权。2012年，该实验室共参与标准制定两项。其中，王银顺参与国家标准《交流损耗测量——液氦温度横向交变磁场中圆截面复合超导线总交流损耗的探测线圈测量法》的起草和实验。崔翔、张卫东、赵志斌、焦重庆参与中国电力行业标准征求意见稿《直流换流站阀厅电磁兼容导则》的起草制定。

2012年，该实验室研究人员参加国际会议9次，参与人次19人。共有来自世界各地著名大学、企业公司12人来实验室参观视察、学术交流。8月21—24日，由华北电力大学电气与电子工程学院电磁与超导电工研究所崔翔教授课题组和清华大学电机系高压所联合承办的“中国电机工程学会直流输电与电力电子专业委员会首届学术年会”在北京香山饭店举行。

（程养春）

■概况

2012年，高电压与电磁兼容北京市市重点实验室屠幼萍晋升为博导，王伟和齐波晋升为副教授。该实验室成员现为16人，其中教授7人（含博士生导师4人），副教授5人，高级工程师1人，讲师1人，工程师2人；人员具有博士学位者11人，在读博士2人，博士占总人数的81.25%。

2012年，该实验室电磁与超导电工所新增博士后1人，甄永赞，男，华北电力大学博士毕业，主要承担直流输电线路离子流场方面的研究工作。卢铁兵教授晋升为博士生导师，赵志斌博士晋升教授。

（程养春）

能源的安全与清洁利用北京市重点实验室

■概述

2012年，能源的安全与清洁利用北京市重点实验室在科研、人才培养等各方面工作取得全面发展。

一、研究工作和水平

2012年，该实验室立足解决国家和北京市能源可持续发展的重大技术需求和科学问题，依托动力工程及工程热物理学科及其与相关学科的交叉融合，以传统能源的安全、高效和清洁运行以及可再生能源利用为主题凝练研究方向，采取“开放、流动、联合、竞争”的运行机制，汇聚优秀人才，建设能量系统安全和新能源利用的应用基础研究基地、高级专业人才培养基地和学术交流基地，引领能源相关学科的进一步交叉融合和领域拓展。通过多学科的交叉融合，开展风能、太阳能和水电的高效清洁利用和可再生能源发电关键技术研究；以推动绿色、可持续能源 供应体系的建设，降低对化石燃料的依赖性为目标，开展相关的应用和基础研究，大力推动新能源技术的进步，克服清洁、高效产能和用能的技术壁垒；对基于资源和能源循环利用的多源输入、输出分布式能量系统的集成和关键技术进行深入探讨，结合实际案例，设计和实施高效、清洁的分布式能源利用方案。

二、队伍建设

2012年，该实验室在队伍建设方面，实验室努力构建先进的开放性、国际化科研平台，优秀学术带头不断涌现，吸收国内外在相关领域有一定影响力的优秀人才来室工作，营造出一流的、和谐的、活跃的学术氛围。

（一）优秀学术带头人

本年度徐进良教授作为首席科学家的“锅炉低温烟气余热深度利用的基础研究”继续稳步推进，取得了一系列原创性的科技成果。这标志着该实验室在基础研究领域的又一重大突破，这对于该实验室抢占能源电力基础研究的制高点，培养创新性人才和高水平科研团队，建设一流科研平台，促进传统学科与新兴学科的交叉融合都具有重要的引领和支撑作用。

（二）整体研究水平进一步提升

该实验室一批年轻人员得到锻炼，整体研究水平有了进一步提升。谭占鳌入选了“教育部新世纪优秀人才”计划。实验室大力加强人才队伍建设，加强学风建设与科学道德建设，加强科学诚信教育，形成将个人研究兴趣与国家重大需求相结合，理论与实际相结合，营造良好的科研环境、激励创新精神，促进青年优秀人才成长；积极开展学术交流、聘任海外优秀人才担任讲座和客座教授。

（三）实验室队伍现状

该实验室现有固定人员 60 名，其中研究人员 50 人。国家杰出青年基金获得者 1 人、973 首席科学家 1 名、国家百千万人才工程人选 1 人、教育部新世纪优秀人才 7 人、中科院百人计划 1 人。

三、科研工作

2012 年，该实验室科研工作的再创新高。本年度重大项目的组织与申报工作成绩斐然。2012 年，实验室获批国家科技支撑计划项目 1 项，获得科研经费 561 万元；获批国家高技术研究发展计划（863）项目 1 项，国家能源局项目 1 项，共获得科研经费 180 万元；获批国家自然科学基金项目 17 项，共获得科研经费 788.6 万元，其中重大国际项目 1 项，国际合作项目 2 项，面上项目 4 项，青年基金项目 6 项；获批军工项目共 1 项，北京市科技计划课题 1 项，教育部博士点基金项目 1 项，共获得科研经费 81 万元；获批中央高校基本科研业务专项资金项目 19 项，获得科研经费 185 万元。

2012 年，该实验室研究工作进展：

（一）太阳能光热发电

创新性地提出了流型调控的新概念。通过采用相分离概念，在冷凝管内插入柱状金属网，在毛细力的作用下，液体被自动吸入到金属网内，而气相在管内壁和金属网之间的环形间隙内流动，达到了流型调控的目的。在数值模拟及理论分析方面验证了相分离概念理论，提出了新型外分离式冷凝管的概念。通过流型调控后，换热性能得到了大幅提高，冷凝长度大幅降低，从而达到减少换热设备体积的目的。建立了 LED 的非等温多物理场耦合模型研究芯片内部温度对芯片性能的影响。数值研究结果表明：大电流密度下芯片内部存在明显的温度差，导致芯片内部存在严重的热应力；温度高大值出现在量子阱区域，量子阱之间不存在温度差，但是宽度方向存在温度梯度；任何一个工况下，焦耳热和非辐射复合热是内热源的主要贡献者；在不同的量子阱中，载流子分布、载流子浓度、内热源强度明显不同，这此物理量的最大值出现在紧靠 p 型区的量子阱中；温度可以改变量子阱的能带结构。作为全新一代高效大功率 LED 散热装置，可使 LED冷却装置的成本降低40%以上，散热效率提高 30%以上。在国际上首次提出有机朗肯循环热力学反问题及其求解策略。反问题分析方法建立了输出功与热效率的直接联系，给换热过程的分析提供了完整的边界条件，还为膨胀机的选择提供了指导，可确保其处于最佳工况。反问题分析方法及相应的求解策略为 ORC 提供了一个简单、有效的控制策略。

（二）太阳能光伏发电

依托国家 863 重点课题（2011AA050507），该实验室开展了“兆瓦级高倍聚光化合物太阳电池产业化关键技术”的研究。高效多结 GaAs 太阳电池芯片是构成聚光光伏系统的主要功能部件，对 GaAs 电池结构的设计优化是聚光光伏系统性能进行研究、评价的基础。在多结太阳电池的设计中，目前公开的研究工作通常是优化顶电池厚度，而将底部电池设为∞，鲜有对底电池厚度进行优化设计。课题组依据多结 GaAs 太阳电池子电池电流匹配原理，以基尔霍夫第一、第二定律及隧穿模型为理论基础，采用 MATLAB 自编程和 AMPS 程序设计相结合的方式，优化了多结太阳电池子电池带隙组合，建立了聚光太阳电池直流输出模型及其暗特性模型，定量、准确地描述了多结太阳电池内部各子电池的载流子产生、分离、传输、复合和输出特性，进而实现了对各个功能层掺杂和厚度的优化，揭示了带隙优化组合所带来材料失配对电池光电转换效率的影响。在此基础上，采用分子生长动力学对电池材料生长过程中的微观结构演变特征进行了模拟，初步实现了材料中的缺陷类型、迁移、聚集、消除与控制。依据上述理论基础，进行了材料结构的外延生长，探索出一条适于高成品率、高效率聚光太阳电池芯片的后工艺流程，进行了高倍聚光条件下平板散热模型和翅片散热热传递的建模，将高倍聚光条件下，太阳电池工作温度控制在 50 ℃以下。所研制的高效

GaInP/GaAs/Ge 三结太阳电池在 500 倍聚光条件下，效率突破 40%。

（三）风力发电方向

针对中国低风速资源的开发利用处于起步阶段和缺乏低风速风电机组的现状。开展了低风速风电机组系统优化方法研究。对高风速风力机与低风速风力机进行了比较，获得了低风速风电机组系统优化面临的主要问题：风能密度低、载荷相对较小、湍流度较大、风波动频率低等特殊环境。建立低风速风电机组系统模型和风况模型，计算了低风速风电机组的载荷谱，开展了低风速风电机组系统优化方法研究，获得了低风速风电场的风轮设计依据。探索了高性价比、轻量化风轮的优化设计方法，获得了低风速风电场风轮的结构形式及其相关特性、叶片的翼型和展向分布。研究成果应用于 1.5MW 双馈型风电机组研究开发，取得了较好的效果。

四、平台建设

科研平台建设是实验室科研事业发展的重要基础。2012 年该实验室会同学院着力推进了国家重点实验室的建设工作。作为国家重点实验室的重要“一翼”，实验室主要负责“新能源发电过程特性与复合建模”的研究。具体工作包括：第一，稳步推进平台建设，于 5 月召开“新能源发电过程特性与复合建模平台”的建设论证会，邀请校内外专家对平台建设方案进行了论证，至年底各个平台的建设正在稳步推进，所涉及的设备均已进入了招投标阶段。第二，完成了“新能源发电过程特性与复合建模平台”2012 年年报的撰写工作，组织相关教师积极参加了大学“2011 协同创新计划”和北京市实验室申报工作。

五、研究生培养

2012 年，该实验室研究生培养继续稳步发展。培养规模进一步扩大。实验室硕士研究生招生人数为 59 人，博士研究生招生人数为 17 人，比 2011 年增加 14 人。研究生队伍的扩大，标志着科研力量的进一步增强，对实验室高层次人才的培养和科学研究具有重要的作用和意义，为实验室的发展奠定了基础。

六、开放交流与运行管理

2012 年，该实验室积极开展各种形式的学术交流与合作，担任学术组织的职务、会议主席、讲学等，承办会议，提高了实验室的国际影响力。2012 年还主办学术会议 1 次。

2012 年，该实验室来室讲学和访问的国内外学者有 12 人（次），共作了 10 场（次）的学术报告。来访学者包括了诸多国际新能源、电力等研究领域的著名学者。

2012 年，该实验室人员及研究生参加国际学术会议 20 人（次）。徐进良教授等应邀在国际会议上做特邀报告；在国内学术会议做特邀报告 8 人（次）。

除了上述的交流活动以外，该实验室还注重实验室内部的学术交流，如有的研究团队或项目课题组定期进行的学术讨论会、课题进展报告会等。

（姚建曦）

■概况

主任：姚建曦

2012 年，能源的安全与清洁利用北京市重点实验室有研究人员 60 名，其中博士生导师 13 人、教授 19 人、副教授 18 人。

2012 年，该实验室新增教育新世纪人才 1 人，博士生导师 4 人，副教授 6 人。

2012 年，该实验室硕士研究生招生人数为 59 人，博士研究生招生人数为 17 人，比 2011 年增加 14 人。

2012 年，该实验室获批国家科技支撑计划项目 1 项，获得科研经费 561 万元；获批国家高技术研究发展计划（863）项目 1 项，国家能源局项目 1 项，共获得科研经费 180 万元；获批国家自然科学基金项目 17 项，共获得科研经费 788.60 万元，其中重大国际项目 1 项，国际合作项目 2 项，面上项目 4 项，青年基金项目 6 项；获批军工项目共 1 项，北京市科技计划课题 1 项，教育部博士点基金项目 1 项，共获得科研经费 81 万元；获批中央高校基本科研业务专项资金项目 19 项，获得科研经费 185 万元。

2012 年，该实验室新签横向项目 36 项，获得科研经费 2826.6812 万元，截至年底，实验室累计实现科研经费4622.28万元。

2012年，该实验室获教育部高等学校科学研究优秀成果自然科学奖一等奖1项、二等奖1项。专利授权15项，其中发明专利5项，实用新型4项，计算机软件著作权登记6项。

2012年，该实验室教师发表论文99篇，其中发表SCI论文54篇，EI论文17篇，中文核心24篇。

（姚建曦）

■条目

【积极申报科研项目】 2012年第一季度，申报国家自然科学基金项目42项，申报农业科技成果转化资金项目1项；2012年第二季度，申报北京自然科学基金项目21项，申报北京市教育科学“十二五”规划2012年度课题项目1项，申报北京市科委装备制造技术领域储备项目1项；2012年第三季度，申报教育部留学回国人员科研启动基金1项，申报河北省自然科学基金项目2项。

（姚建曦）

【获批国家能源局项目1项】 2012年第一季度，获批国家能源局项目1项，金额100万元。项目名称：风力发电和海水淡化联合技术研究及工程示范，项目负责人：刘永前，资助金额：100万元。

（姚建曦）

【获批国家科技支撑计划项目1项】 2012年第三季度，获批国家科技支撑计划项目1项，项目名称：多体系协同集成的智能航运关键技术研究，项目负责人：张尚弘，资助金额：561万元。

（姚建曦）

【获批国家高技术研究发展计划（863）项目1项】 2012年第四季度，获批国家高技术研究发展计划（863）项目1项，项目名称：煤电/煤化工废物协同处置与循环利用技术及示范，项目负责人：常剑，资助金额：80万元。

（姚建曦）

【获批重大国际（地区）合作与交流项目1项】 2012年第三季度，获批国家自然科学基金重大国际（地区）合作与交流项目1项，项目名称：中低温热源驱动的有机工质朗肯循环热功转换的基础研究，项目负责人：徐进良，资助金额：280万元。

（姚建曦）

【获批国家自然科学基金项目17项】 2012年，获批国家自然科学基金项目17项，共获得科研经费788.6万元，其中重大国际项目1项，国际合作项目2项，面上项目4项，青年基金项目6项。

（姚建曦）

【获批中央高校基本科研业务专项资金项目19项】 2012年第三季度，获批中央高校基本科研业务专项基金项目19项，获得科研经费185万元。其中重点平台1项，重点项目3项，面上项目8项，青年项目7项。

（姚建曦）

【获批国家重点实验室开放课题2项】 2012年第二季度获批1项，项目名称：生物油脱氧调控改质与蜡油共炼过程的数值模拟，项目负责人：常剑，资助金额：10万元；2012年第四季度获批1项，项目名称：富勒烯在窄带隙D－A型共轭聚合物中的嵌入特性研究，项目负责人：谭占鳌，资助金额：5万元。

（姚建曦）

【获批军工项目1项】 2012年第二季度，获批军工项目1项，项目名称：略，项目负责人：马峻峰，资助金额：18万元。

（姚建曦）

【北京市科技计划课题1项】 2012年第四季度，获批北京是科技计划课题1项，项目名称：平板热管式高效大功率LED散热技术研发与装置研制，项目负责人：徐进良，资助金额：60万元。

（姚建曦）

【获批教育部博士点基金项目1项】 2012年第四季度，获批教育部博士点基金项目——新教师类项目1项，项目名称：新型三维结构薄膜硅太阳能电池，项目负责人：宋丹丹，资助金额：4万元。

（姚建曦）

【科研项目成绩斐然】 2012年，新签横向项目36项，科研经费2826.6812万元，截至2012年12月末，实验室累计科研经费4622.28万元。

（姚建曦）

【申请专利65项】 2012年共申请专利65项，其中申请国际发明专利2项，申请发明专利50项，申请实用新型专利13项。

（姚建曦）

【科研获奖获得重要突破】 实验室科研获奖喜人。徐进良教授荣获教育部高等学校科学研究优秀成果自然科学奖一等奖，张锴教授荣获二等奖。

（姚建曦）

【科研成果丰硕】 截至年底，该实验室本年度教师发表论文99篇，其中SCI论文54篇，EI论文17篇，中文核心24篇。专利授权15项，其中发明专利5项，实用新型4项，计算机软件著作权登记6项。

（姚建曦）

【召开“新能源发电过程特性与复合建模平台”的建设论证会】 实验室于5月召开“新能源发电过程特性与复合建模平台”的建设论证会，邀请校内外专家对平台建设方案进行了论证，所涉及的设备均已进入了招投标阶段。

（姚建曦）

工业过程测控新技术与系统北京市重点实验室

■概述

“工业过程测控新技术与系统北京市重点实验室”批复于2008年，紧密围绕工业过程特别是发电过程运行参数的快速检测与优化控制，在传统能源与新能源建模、控制与优化等方面进行深入研究。2011年10月成为“新能源电力系统国家重点实验室发电过程状态监测与优化控制实验室”，承担部分国重建设任务。实验室的主要研究方向包括：方向一：燃烧过程快速检测。方向二：热力过程参数软测量。方向三：基于网络的工业过程状态监测与控制。方向四：测控系统信息安全。

2012年，该实验室作为主持单位承担973项目1项，同时承担863计划项目1项，自然科学基金项目3项（其中重点1项），国家科技支撑计划2项，北京市共建项目3项等重要的科研项目。近3年来，发表SCI检索论文43篇，EI检索论文80篇，授权发明专利6项，培养博士研究生10名，硕士研究生40名。2012年，“火电行业重大工程自动化成套控制系统”获中国国电集团科技进步一等奖。

除了在平台建设及科研方面所做的贡献外，该实验室还承担着控制与计算机工程学院的教学任务及培训工作。

■概况

主任：曾德良

工业过程测控新技术与系统北京市重点实验室有专职主任1名，实验研究人员1名，实验室技术人员1名。同时兼职国重固定研究人员或技术人员。截至2012年底，实验室占地面积1663.5平方米，科研设备总资产1500多万元。重点实验室有固定研究人员17名，其中，教授6人，副教授5人，讲师6人，实验技术人员1人。

（李　青）

■条目

【完成211三期重点项目建设任务】 3月23日，实验室通过了211三期建设项目“工业过程测控新技术与系统”的验收工作。该项目以控制理论与控制工程北京市重点学科建设为依托，重点建设了国内一流、国际先进的热力过程测控研究平台、电站测控信息系统一体化平台和复杂系统建模与仿真平台，从检测、控制、仿真等各个环节开展研究，圆满完成了各项建设任务，达到了项目预期建设目标。

主要成果：1）控制科学与工程获得博士学位授权一级学科点；2）控制科学与工程获得北京市一级重点学科；3）新增3个省部级重点实验室和工程研究中心；4）承担国家自然科学基金重点项目1项，“863计划”重点项目1项，列入“国家发改委新技术示范工程”；5）获省部级奖励3项；6）引进国家“千人计划”获得者闫勇，刘吉臻教授荣获973首席科学家荣誉称号；7）入选教育部“长江学者和创新团队发展计划”1 项；8）“自动化专业教学团队”被评为国家级教学团队；9）“自动化”专业被批准为国家级特色专业；10）火电行业重大工程自动化成套控制系统入选科技部“十一五”重大科技成果展。

（曾德良　李　青）

【召开“电站锅炉燃烧状态检测及综合优化控制系统”技术鉴定会】6 月 30 日，中国电机工程学会在北京泰山饭店组织召开了由北京华电天仁电力控制技术有限公司、华北电力大学、国电电力股份发展有限公司、国电大同第二发电厂联合完成的“电站锅炉燃烧状态检测及综合优化控制系统”项目技术鉴定会。华北电力大学刘吉臻教授代表项目组作工作报告，北京华电天仁公司黄孝斌作技术报告，其他代表分别作经济效益报告、查新报告、测试报告、运行报告等。电站锅炉燃烧状态检测及综合优化控制系统项目重点研究解决燃烧状态关键参数测量、煤粉分配均衡、燃烧优化闭环控制等问题，形成了包括优化控制系统的分析、设计、调试、效果评估在内的技术方法和体系，研发了锅炉燃烧状态检测及综合优化控制系统。项目采用先进的测量与软测量技术，实现了风、粉、煤、灰、烟气等燃烧状态参数的在线检测，首次提出了基于规则的非连续多模态燃烧综合优化控制方法和一种燃烧优化控制系统运行效果的定量评价方法，给出了支持机组优化持续改进的运行管理模式，实现了锅炉燃烧过程多目标综合优化。项目研究成果在国电大同第二发电厂600MW 机组上得到成功应用，工程应用结果表明，系统运行稳定可靠，操作简单，维护方便，经测试，锅炉效率可提高0.3%～0.8%，NOx 排放可降低16%～25%，节能减排效果显著。经过听取汇报、查阅资料、专家提问、现场答辩等环节后，最终评审委员会一致认为：项目组提交的鉴定材料完整、规范；系统设计思想先进、功能齐全、技术创新点突出，社会经济效益明显。该项目技术的系统性和实用性处于国内领先，整体技术达到国际先进水平，建议推广应用。最后，中国国电集团公司安生部王忠渠主任、国电电力发展股份有限公司冯树臣总经理、国电科技环保集团股份有限公司李宏远总经理分别作了总结发言，对本次科技成果鉴定会的成功召开表示祝贺，对项目承担单位进一步做好后续推广应用工作给予指示与建议。电站锅炉燃烧状态检测及综合优化控制系统解决了长期以来锅炉燃烧优化所面临的瓶颈问题，是燃煤锅炉节煤降氮综合优化技术的重大突破，是一项实用化的燃烧优化技术。

（曾德良　李　青）

【一项目获中国国电集团科技进步一等奖】“火电行业重大工程自动化成套控制系统”获 2012 年中国国电集团科技进步一等奖，项目第一完成人为刘吉臻教授。主要完成单位包括：中国国电集团公司，华北电力大学，北京国电智深控制技术有限公司，国电谏壁发电厂，华东电力设计院，北京华电天仁控制技术有限公司等。获奖成果申报 2012 年度中国电力科学技术奖。“火电行业重大工程自动化成套控制系统”为科技部 863 重点项目，各子课题于 2011 年陆续通过科技部验收，项目于 2011 年 12 月通过中国电机工程学会组织的专家鉴定，2012 年 8 月通过科技部的项目验收。

（李　青）

【“源网联合仿真与控制实验平台”建成】2012 年，由新能源电力系统国家重点实验室主任刘吉臻教授牵头，工业过程测控新技术与系统北京市重点实验室主任曾德良教授总设计，“源网联合仿真与控制实验平台”初步建成。工业过程测控新技术与系统北京市重点实验室主要负责平台中的源侧部分，包括 11 套风电仿真模型，3 套火电机组仿真模型（330MW，600MW，1000MW 各一套），一套抽水蓄能仿真模型，与网侧部分的接口等。5 月，源网联合仿真与控制实验平台开始进行前期调研及可行性规划，9 月完成招标工作。由于项目涉及单位众多，需要多方协调合作，经过华北电力大学工业过程测控新技术与系统北京市重点实验室、华北电力大学电气与电子工程学院、保定华仿科技有限公司，加拿大 RTDS 公司的共同努力，多次召开设计联合会，历时 4 个月，至2012年底，初步完成平台的建设。并完成初步调试，实现了源侧与网侧的联合仿真运行，是新能源电力系统国家重点实验室评估中的重点演示部分。

（李　青）

【实验室工作获专家组肯定】10月16日，北京普通高等学校党建和思想政治工作集中检查组第五组莅临华北电力大学开展集中检查。检查组由北京市委教育工委委员、干部处处长刘勇担任组长，北京理工大学党委副书记、副校长李和章，中央美术学院党委副书记、纪委书记孙红培，北京农学院党委副书记高喜军，担任副组长。集中检查工作分学校党委全面自查和入校重点检查两个阶段。此次入校检查听取了学校党委汇报，分小组进行了资料查阅、座谈访谈和实地考察等。工业过程测控新技术与系统北京市重点实验室在本次检查中获得专家组肯定。

（李　青）

【召开《新能源电力系统建模与控制》书稿撰写研讨会】11月26日，《新能源电力系统建模与控制》书稿撰写研讨会在主楼E座工业过程测控新技术与系统北京市重点实验室1015会议室召开，“新能源电力系统国家重点实验室”主任刘吉臻教授以及各研究方向主要研究人员参加了研讨会。本次研讨会就书籍的整体布局编排及部分章节内容的细节处理方面进行了深入的探讨及研究。《新能源电力系统建模与控制》一书由刘吉臻教授组织编写。

（李　青）

【北京市重点实验室实验平台建设进展良好】7月，经过实验室主任、实验员及其他人员的共同努力，工业过程测控新技术与系统北京市重点实验室顺利通过中期检查。9月，风电机组数字模拟混合仿真系统完成“风电场数据中心及变桨距控制器”项目的招标工作开始建设。本次建设，新增了风电设备数据中心，增加数据中心历史数据量。建设实验室数据中心认证预约系统。

（李　青）

【“节能型全负荷过程非线性控制对象特性研究”设计联合会召开】12月13—14日，华北电力大学工业过程测控新技术与系统北京市重点实验室与广东电网公司电力科学研究院就“节能型全负荷过程非线性控制对象特性研究”科技开发项目召开设计联合会。会议为期两天，由华北电力大学工业过程测控新技术与系统北京市重点实验室组织多位知名教授及团队负责人进行学术讲座与交流，同时进行了工程实施方案和进度审查，讨论了项目技术内容细节及考核标准。

（李　青）

低品位能源多相流动与传热北京市重点实验室

■概述

主任：徐进良

2012年，低品位能源多相流动与传热北京市重点实验室各方面工作取得全面发展。

该实验室围绕优势学科积极发展，结合国家战略需要努力拓展前沿研究领域，壮大研究实验室，取得了多项具有国际影响力的研究成果，超额完成年度目标。

（1）重点实验室围绕国家重大需求，积极拓展可再生能源（地热能、太阳能领域的研究，同时兼顾微能源及核能方面的系统研究，取得了多项原创性进展和标志性成果，表现在：提出了有机郎肯循环发电的热力学反问题，为余热深度利用提供了理论基础；原创了两相流流型调控原理和方法，为强化两相传热过程提供指导；提出了微纳尺度流动与换热的种子气泡概念并发展了其原理与技术。采用极具挑战性的柱坐标与双球坐标转换对毛细管内复合液体运动过程进行建模并获得理论解。完善了小卫星高性能过氧化氢微喷系统及关键技术。对纳米流体微通道强化换热机理进行了系统研究。做大做强了本学科，提高了本学科在国内外的知名度。2012年，徐进良教授以第一获奖者身份申请并获得教育部高校科研优秀成果奖，自然科学一等奖:“微纳尺度多相流动与传热传质的基础研究”,极大的肯定了实验室在微能源方面的研究。

(2)实验室拥有杰出青年基金获得者1名，973项目首席科学家1名，教育部新世纪人才1名，2012年度新增博导1名，副教授2名。实验室现有博士生9人，硕士生17人，毕业硕士3名。实验室科研团队形成了知识结构多样，年龄层次合理，富有朝气和创新性的研究队伍。

(3) 2012年度实验室继续建立并完善了实验室软硬件建设，建成了国际领先的高性能热物理参数综合实验平台。该平台包括多个实验系统，可实现对单相和多相流动与换热过程、有机朗肯循环发电过程、太阳能热利用过程等多个复杂过程中关键热物理参数，如温度、速度及浓度的局部及整场测量，实现了热物理参数的宏观及微观测量，时间同步测量等功能，为全面深入理解先进能源系统中的热质交换过程及研发新型高效的能量转换装

置提供了条件建设。该实验平台的建成极大地提高了我校在新能源与可再生能源以及先进能量转换系统等领域的整体科研条件和基础科学的研究实力，极大地促进了清洁能源与先进能源等学科的建设和发展。

(4)实验室目前承担科技部973项目（徐进良教授为首席科学家)、国家自然科学基金国际合作交流项目、亚太经合组织（APEC）合作项目、国家重点自然科学基金项目、华北电力大学新能源电力系统国家重点实验室平台建设项目、北京市科技专项2011阶梯计划项目、北京市与中央在京高校共建科研项目、国家自然科学基金面上项目、国家自然科学基金青年项目等项目，其中2012年度经费额度达到400余万元，为实验室的持续快速发展提供了充足的动力，也为实验室青年教师和研究生的科研提供了广阔的发展空间。

(5) 2012年聘期内发表论文50余篇，其中SCI论文30余篇，申请国家专利10余美国专利1项。

代表性成果

重点实验室围绕微纳尺度流动、多相流动与换热、余热利用等方向积极展开研究，取得了多项原创性进展，突出表现在：

(1)在微纳尺度流动与换热研究中提出了微纳尺度流动与换热的种子气泡概念并发展了其原理与技术，解决了沸腾起始点过温和流动不稳定性等问题；采用极具挑战性的柱坐标与双球坐标转换对毛细管内复合液体运动过程进行建模并获得理论解，为实验过程提供了强有力的支持;完善了小卫星高性能过氧化氢微喷系统及关键技术。对纳米流体微通道强化换热机理进行了系统研究。

(2)在余热利用系统及多相流传热研究中提出了有机朗肯循环发电的热力学反问题，为余热深度利用提供了理论基础；原创了两相流流型调控原理和方法，发明了相分离强化冷凝管，为强化两相传热过程提供理论指导和技术支持。

(一)微纳米尺度流动与传热

(1)种子气泡传热概念的提出、原理及技术：相变传热存在四大难题：1）沸腾起始点过温，导致传热设备的启动烧毁；2）流动不稳定性，导致传热设备振动及热应力;3)蒸干，导致传热设备的烧毁；4）汽泡动力学的随机性、无序性，增加了对相变传热预测、控制的难度。当采用超光滑硅表面制备微通道，液体在微通道内流动时，由于缺少汽化核心，会形成:1)亚稳态过热液体流动;2）极高液体过热度下沸腾流动。实验室经过深入研究，提出相间热力学非平衡性是导致上述问题的主要原因。基于此，本实验室创新性地提出了种子汽泡传热（seed bubble guided heat transfer）概念，成功实现此技术，取得突破性进展，解决了沸腾起始点过温和流动不稳定性等问题。其原理为在微通道上表面制备微加热器，在脉冲电压激励下，产生微纳米

汽泡，随主流液体向下游流动，当它们与过热液体接触时，过热液体存储的热量通过汽液界面释放出来，形成弹状流的薄液膜传热。调整种子汽泡频率，可控制相间热力学非平衡性，实现对温度、传热量等关键热物理参数的精确控制。种子汽泡传热原理与技术为高新技术中热量传递提供了一种完全新颖的调控原理与方法，可推广应用到其他传热装置（如脉动热管、回路热管等），在高新技术中具有广义推广价值。种子气泡方面的研究引起国内外学者的极大兴趣，被邀在 6th Int. Conference on Multiphase Flow, Heat and Mass Transfer, and Energy Conversion（Xian, China），The 5th Int. Topical Team Workshop on Two-phase Systems for Ground and Space Applications（Japan），2009 年工程热物理年会热力学会议，及 2010 年度全国热管会议上做特邀报告，受到高度评价。

（2）微乳化液生成中的数字化流动研究：各种制备双重微乳液的微流控实验中经常遇到复合液滴在长圆管内运动的问题。然而，在受限空间中，理论和数值研究都集中在单液滴上，尚未有对于复合液滴在受限空间中的运动的理论和数值研究。为了给毛细管构建的微流控装置中制作数字化流的复合液滴过程提供有价值的理论指导，本实验室采用圆柱和双球坐标对复合液滴在毛细管中的运动进行建模，完成了极具挑战性的圆柱和双球坐标系的转换，分析基于低 Re 数下的 Stokes 流理论，获得了流动的精确分析解。分析解以流函数的级数形式表示，通过流函数我们可以得到详尽的流场，确定了 4 种流型。内外液滴所受的曳力被表示为 3 相的相对速度的线形函数，其系数随参数 R23/R0、R12/R23、ε、$\mu1/\mu3$ 和 $\mu2/\mu3$ 等的变化得到了详细研究，分析了复合液滴在长圆管中运动的稳定性。

（3）高性能过氧化氢微喷推力系统及关键技术：微喷是发展微纳卫星的关键技术之一。现代小卫星体积小，重量轻，对卫星姿态和轨道调整的要求高。现有微喷存在的主要问题是：1)燃料的驱动系统大，在小卫星的总质量中占有较大比例，削弱了小卫星的优势；2)燃料的选择不确定，或燃料的化学能利用率不高；3)微喷研制过程中微推力的高精度测量难度大。针对上述问题，实验室在前期微纳流动与传热基础工作的基础上，重点在自增压燃料箱、微喷、高精度微小力的测量三方面开展了工作，提出使用微型电阻加热膜控制化学药品分解产生气体的方式来使得燃料箱增压，其优点是电阻加热器件可以做得到非常小，重量轻，在加热分解之前压力源气体“存储”于固体化学药品当中，体积相对比高压氮气要小很多，也因此不用减压阀控制，同时减轻了漏气问题。微喷嘴设计采用 S 型流道非对称结构，既增加了燃料工质在芯片内的滞留时间，使双氧水分解反应更为充分，又使器件结构紧凑，充分利用反应热，减少热损失。采用力的杠杆放大原理进行微推力的测量。微推力经过杠杆放大，然后再由测力传感器检测出。此法原理简单，可靠性强，耗资较少。测量方法采用冲击力代替微推力的直接测量，很好的解决导管等推进器引线的干扰问题。

（4）纳米流体微通道强化换热研究：把握传热传质领域的学术前沿，有机结合了微通道流动换热及纳米流体强化换热技术，对微通道内纳米流体单相及两相流动换热过程及微加热器内纳米流体的池沸腾换热特性进行了系统和细致的研究。针对目前研究较少的微尺度下纳米流体的单相流动与换热性能，分别从理论上研究了在热边界层发展段和热边界层充分发展段内，纳米流体对于强化传热的影响；并采用目前应用最为广泛的两种预测模型，分析了纳米流体热容变化对于强化传热的影响。实验研究了不同浓度的纳米流体在硅基微通道内的流动与换热特性；矩形硅基单通道内的纳米流体单相和两相流动换热；。研究了微加热器在不同浓度纳米流体中的池沸腾换热特性。根据实验中所观察到的实验现象和实验结果，原创性提出了“热边界层再发展”概念，成功利用热边界层再发展概念实现了强化微尺度传热的同时减小流动阻力。该研究得到国际认可和高度评价，美国化学工程师学会（AIChE）催化及反应工程处第一副主席 Mills 教授（Chem. Eng. Sci., 2007, 62: 6992）认为采用热边界层再发展概念强化微通道传热，对于微换热器的设计特别有用（particularly useful），可使换热系数提高 10 倍。

（二）ORC 热力学反问题及相分离概念调控两相流型

（1）ORC 热力学反问题及求解策略：围绕国家节能减排重大需求，实验室就中低温驱动的有机工质朗肯循环发电系统展开研究，针对目前的热力学设计中，主要研究 ORC 循环本身，没有将 ORC 循环与热源之间建立有效耦合，导致热效率与透平输出功（或发电功率）之间产生分离的问题，提出 ORC 热力学反问题，进而提出热力学反问题的求解方法。在理论上实现了低品位热的深度利用，是低品位热能深度利用的理论精髓，也为研究 ORC 超临界循环及混合工质朗肯循环及筛选工质奠定了基础。

所谓反问题，是指在窄点温度的约束条件下，如何获取最佳 ORC 运行参数。反问题的求解过程分为两个部分：首先，在热源和窄点温度的约束下，根据给定的膨胀机入口温度，确定适宜的膨胀机入口压力；其次，改变膨胀机入口温度，分析循环性能，获取最佳 ORC 系统运行参数。实验室已经完成纯工质亚临界循环、超临界循环及混合工质循环热力学反问题求解策略的计算工作，取得了一系列富有指导意义的结果。以纯有机工质苯为例，将热源与窄点温差作为约束条件，采用相似三角形法求解，对 4 种不同工况下的循环性能进行了研究。获得了热源约束下的最佳运行工况和对应的热效率，系统敏感参数的影响规律及不同膨胀机入口温时系统不可逆损失分布，为优化 ORC 系统设计提供了理论指导，相关工作已在该领域知名期刊 Applied Energy 上发表。

（2）相分离概念调控两相流型：针对 ORC 系统中冷凝器这一关键部件存在一二次侧温差小，需要最大可能的强化传热并减小体积的迫切要求，结合管内冷凝传热形成沿流动方向的厚液膜，导致热阻增加，恶化冷凝传热这一两相传热过程的普遍规律，探索传热与流型协同机理，原创性提出了采用非能动方法调控两相流流型，使流型与传热达到协同，从而实现强化换热的目的。针对冷凝管，采用相分离概念，发明了内分液及外分液冷凝管。以内分液冷凝管为例，即在冷凝管内插入柱状金属网，在毛细力的作用下，液体被自动吸入到金属网内，而气相在管内壁和金属网之间的环形间隙内流动，形成与传统冷凝管气体在中间液体在外侧完全相反的分布，达到了有效调控流型的目的。

针对内分液式冷凝管，开展了空气—水两相流动与无相变传热的实验研究和竖直管两相流动过程的数值模拟研究。实验方面非常直观地观察到了水平和竖直光滑管内在金属丝网作用下，分层流及间隙流等不同流型时的流型调控效果，气体与液体的分区域流动特点、气弹变形及运动特性、液膜厚度大幅减薄以及环隙区域和核心区域内的流体通过网孔面进行强烈的质量与动量的交换并在核心区域产生的自维持脉动流。由于流型与传热协同性的提高，在无相变换热过程中内分液式冷凝管内的换热性能得到了大幅提高。数值模拟方面，基于跨尺度网格系统和界面捕捉方法—VOF 研究了垂直内分液式冷凝管流型调控机理，发现气弹从光管区域进入环隙区域后，气弹接触面积增加了近 50%，液膜厚度减少了约 70%，这两个因素同时作用，使得气弹处壁面热流密度提高了 5 倍左右；光管区域内的气弹进入环形间隙后气弹上升速度提高了近 180%，环形气弹上升速度的大幅提升将带动环形间隙内的液体速度大幅提高，从而起到减薄液桥处流动边界层的作用，同时将引起环隙区域和核心区域内的流体通过网孔面进行强烈的质量与动量的交换并在核心区域产生自维持脉动流，以上因素均有利于提高设备整体的换热性能。实验与理论的相互验证，证明了相分离概念的正确性及流型调控技术的可行性。

实验条件建设：建成了国际领先的高性能热物理参数综合实验平台。该平台包括多个实验系统，可实现对单相和多相流动与换热过程、有机朗肯发电过程、太阳能热利用过程等多个复杂过程中关键热物理参数的局部及整场测量，为全面深入理解先进能源系统中的热质交换过程及研发新型高效的能量转换装置提供了条件建设。该实验平台的建成极大地提高了我校在新能源与可再生能源以及先进能量转换系统等领域的整体科研条件和基础科学的研究实力，极大地促进了清洁能源与先进能源等学科的建设和发展。实验室在太阳能方面的研究成为我校国家重点实验室研究的一部分。

国际合作与交流：与美国密苏里大学机械系主任周大愚教授合作，出版英文专著《Advanced Transport Phenol-menon》；和英国诺丁汗大学严育英教授合作成功申请了国家基金合作交流项目（交流类）；和瑞迪皇家理工学院严晋跃教授及比利时列日大学 Lemort Vincent 教授合作申请了国家自然科学基金重大国际合作项目；与美国卡耐基梅陇大学姚诗训教授在多相流方面有诸多合作等。实验室已选派多名教师及研究生参与国际联合培养及短期访问，培养外籍留学生1名。

成果及学术影响力：实验室围绕优势研究方向的发展，2012 年共发表 SCI 论文 30 余篇，申请国家专利 10 余项，美国专利 1 项。2012 年申报并获批教育部自然科学一等奖 1 项（徐进良教授为第一完成人）。实验室学术带头人徐进良教授具有较大的学术影响力，2012年在国内外学术会议上作特邀报告或大会报告 5 次，担任多个学术杂志的编辑和编委及 9 个国家及省部级重点实验室的学术委员会委员，中国能源学会常务理事。徐进良教授作为大会主席，主持了 2010 年度全国可再生能源发展研讨会及 2011 年度科技部太阳能光热联盟研究生学术研讨会。徐进良教授参与了国家自然科学基金工程热物理学科发展规划报告的起草及科技部可再生能源发展规划的起草。实验室王晓东老师和孙东亮老师也多次在国内外学术会议上作特邀报告。

（刘广林）

■概况

2012 年，低品位能源多相流动与传热北京市重点实验室徐进良教授承担的国家杰出青年基金项目结题验收，为优秀。

2012 年，共获批国家级项目 6 项目，包括国家自然科学基金国际合作项目，中国亚太经合组织合作，国家自然科学基金面上项目等，获批科研经费 500 余万元，省部级项目 4 项，获批科研经费 300 余万元。

2012 年，该实验室申请专利 10 余项，其中包括国际专利 1 项，获得发明证书专利 3 项。

2012 年，该实验室主任徐进良教授为首席科学家承担的科技部 973 项目中期会议成功举办，项目研究进度、取得的研究成果等得到参会专家的高度评价。

2012 年，以华北电力大学为第一承担单位，徐进良教授为第一完成人，获得教育自然科学一等奖。

2012 年，该实验室新增博导 1 名，副教授 2 人。

2012 年，该实验室硕士研究生招生人数为 7 人，博士研究生招生人数为 3 人，硕士研究生毕业 3 人。

2012 年，该实验室在读博士硕士研究生获得国家奖学金 2 人，获得校级优秀研究生 2 名。

（刘广林）

■条目

【重大项目的组织与申报工作成绩斐然】 2012 年，实验室获批以徐进良教授为负责人的国家自然科学基金重大国际合作与交流项目获得批准 1 项，获批科研经费 280 万元。获批中国亚太经合组织合作 1 项，批准经费 100 万元。

（刘广林）

【科研获奖获得重要突破】 徐进良教授荣获教育部高校科研优秀成果奖自然科学一等奖。

（刘广林）

【申报国家自然科学基金项目保持较高成功率】 2012 年实验室获批国家自然科学基金项目 4 项，获批科研经费 400 余万元，其中获批面上项目 2 项，青年基金项目 1 项，国际合作项目 1 项。

（刘广林）

【科研成果丰硕】 2012 年实验室发表论文数量达到 50 余篇；其中发表 SCI 论文数量为 30 余篇。

（刘广林）

【召开“新能源发电过程特性与复合建模平台”的建设论证会】实验室承担的华北电力大学国家重点实验室项目所涉及的设备均已进入了招投标阶段。

（刘广林）

【完成新一届教育部高等学校教学指导委员会委员推荐工作】2012年，推荐实验室徐进良为新一届教育部高等学校教学指导委员会委员。

（刘广林）

【新增博导1名】2012年，经华北电力大学第三届学位评定委员会第十四次会议审议，学院通过考核新增王晓东教授为博士生导师。

（刘广林）

电力信息技术北京市工程研究中心

■概述

2012年，北京市电力信息技术工程研究中心以电力信息化工程技术为主线，以电力信息安全技术和电力智能软件技术为主要方向。在电力信息安全防御体系及关键技术、电力工业控制系统可信网络理论及关键技术、基于数据驱动的输变电设备状态分析，以及电力信息效益指标分析与评价等方面取得了国内领先的成果，在电力行业得到应用。

2012年，该中心在人才培养方面以计算机科学与技术、软件工程、信息安全为基础，积极融合控制理论与工程、电力工程、管理工程等学科领域，探索多学科交叉的复合型人才培养模式，培养了一批复合型高层次人才，为我国电力信息化建设提供很好的科技人才支撑。

2012年，该中心在积极开展科技创新和人才培养的同时，积极开展成果推广和产业化工作，积极与北京市属的企业开展合作研发，实现成果转化和推广，取得很好的经济效益，为北京市经济发展作出了应有的贡献。

（张　彤）

■概况

主任：吴克河

副主任：牛玉广　毕天姝

重点实验室网址：

http://www.epuceit.com/

2012年，北京市电力信息技术工程研究中心围绕电力信息安全和电力信息化建设的重大需求以及其中涉及的关键科学问题开展应用基础研究。立足信息安全、计算机科学与技术、电力系统及其自动化等多学科交叉，探索两化融合的关键科学问题，研究电力企业信息化建设中存在的关键科学问题和重点、难点问题，为中国电力企业的信息化建设提供科技支撑。

工程中心各项工作进展顺利，到2012年底房屋面积2000平方米，科研设备总资产4000多万元，实验室新增仪器设备106台；固定研究人员30名（其中高级职称12人，中级职称18人）、实验技术人员4人，以富有创新力的中青年学术骨干为主。拥有专业研发队伍108人，依托校企公司形成100余人的工程实施队伍。

在科学研究和技术推广方面，至2012年底共获得中央高校基金面上项目资助8项，资助金额为46万，签订横向科技项目23项，合同金额3236余万元。申请发明专利4项，获得软件登记8项。发表核心期刊以上论文79篇，其中，SCI收录3篇，EI收录64篇。

在人才培养方面，至2012年底，工程中心完成博士新教师工程化实习12人次；培养博士研究生14人，硕士研究生76人。

（张　彤）

■条目

【国家电网公司重点科技项目“移动终端安全接入系统”通过验收】3月12日，由华北电力大学北京市电力信息技术工程研究中心承担的国家电网公司重点科研项目“移动终端安全接入系统”通过验收，成果整体水平为国内领先。该成果被列入国家电网公司 2012 年营业推广项目，在辽宁、河北、陕西等 11 个省电力公司推广应用。

（张　彤）

【“运维安全审计系统”在国家电网公司推广应用】5 月 20 日，由华北电力大学北京市电力信息技术工程研究中心与北京中电普华信息技术有限公司合作研发的“信息系统运维安全审计系统”通过验收，成果整体水平为国内领先。成果列入国家电网公司 2012 年营业推广项目，在国家电网公司 46 个二级单位推广应用。

（张　彤）

河北省输变电设备安全防御重点实验室

■概述

河北省输变电设备安全防御重点实验室于 2009 年正式申报成立，是目前华北电力大学唯一一所河北省输变电设备研究领域省级重点实验室。该实验室以实现校企联合，科技创新，人才培养为宗旨，紧紧围绕国家以及河北省能源电力的科技需求开展工作，主要在电磁环境与电磁兼容耦合机理及测试技术的研究、电气设备状态监测与故障诊断技术的研究、超特高压输变电关键技术的研究等方面进行重点研究。该实验室涉及学科包括电气工程一级学科博士点，高电压与绝缘技术、电工理论与新技术、电机与电器 3 个二级学科博士点和 1 个电气工程博士后科研流动站。该实验室具有培养博士后、博士、硕士、本科 4 个层次人才的完善体系。

（耿江海）

■概况

实验室主任：律方成

河北省输变电设备安全防御重点实验室学术委员会主任为中国工程院院士刘尚合教授，实验室主任为律方成教授。实验室现有固定人员 37 人，其中具有正高级职称 10 人，副高级职称 8 人，人员平均年龄 36 岁，其中 67%以上具有博士学位，是一支以中青年学术骨干为主的科研团队。实验室现有科研用房 1318 平方米，办公用房 647 平方米，主要仪器设备 117 台套，价值 2254 万元。目前团队拥有国家杰出青年科学基金获得者 1 人、国家级教学名师 1 人、全国模范教师 1 人、国家电网特高压交流试验示范工程特殊贡献专家 1 人、霍英东青年教师基金获得者 2 人。近年来，实验室共承担国家杰出青年科学基金项目、国家 973 项目、国家科技支撑计划项目、霍英东青年教师基金项目等纵向课题共 23 项，承担国家电网公司与中国南方电网公司科技项目共 50 余项，3 年实到科研经费共 3000 万元，先后获国家级科技进步二等奖 1 项，省部级科技进步一等奖 3 项、二等奖 3 项、三等奖 9 项。

实验室自 2011 年底顺利通过了河北省重点实验室的评估后，对实验室今后 3 年的发展目标进行了相应规划，明确了发展方向。2012 年实验室在人才培养、项目研究、论文发表、专利申请和实验室的硬件建设等多个方面起得了新的进步，引进了具有丰富现场经验的实验室管理人员 1 名，毕业或出站研究生 65 名，培养高层次人才和优秀中青年人才 5 名；申请获得了多项纵向科研课题，其中国家 973 项目 2 项，国家高技术研究与发展计划项目 2 项，国家科技支撑计划 1 项，国家自然科学基金项目 8 项目，当年到款费额度为 558.5 万元，另外获得河北省自然科学基金项目 5 项；发表论文 110 篇，其中被 SCI 检索 15 篇，EI 检索 61 篇，获得国家发明专利 5 项，实用新型专利 3 项；购置了 200 万元的仪器设备，自行研制了价值 30 多万元的风沙模拟系统，购置了 30 多万元的 GIS 试验模拟系统，购置了干式变压器研究平台，购置了红外光谱分析仪等仪器设备；另有 10 人次参加了国内外的学术交流活动。

（耿江海）

■条目

【刘云鹏获河北省第十六届“河北青年五四奖章”】 4月25日，共青团河北省委、河北省人力资源和社会保障厅、河北省青年联合会公布冀团联字〔2012〕23号文件，华北电力大学电气与电子工程学院电力工程系刘云鹏获河北省第十六届“河北青年五四奖章”提名奖。6月，中共河北省委授予刘云鹏全省“创先争优”优秀共产党员称号。

（李红梅）

河北省发电过程仿真与优化控制工程技术研究中心

■概述

2012年，河北省发电过程仿真与优化控制工程技术研究中心坚持以电力行业为背景，围绕“网络化工业控制系统研究与开发”、“火电生产过程建模、仿真与优化控制”、“大型火电机组运行优化与节能减排技术研究与应用”、“清洁能源发电过程优化运行与控制”等研究方向，积极展开课题研究，与国内外知名科研院所和工程单位密切合作，取得了多技术突破，创造了良好的社会和经济效益。

2012年，该中心的科研工作取得了多项突破性进展，部分研究成果达到国际或国内先进水平。该中心对双轴二次再热超超临界火电机组进行了深入研究，建立了国际上首套该机组的整体模型；设计并实施了该机组的全套控制系统；对于该机组从启动、并网到升负荷以及最终带满负荷发电运行的全过程进行了实时仿真，制定了运行规程。开发了“基于B/S结构的两票培训考核开票专家系统”，以电力企业两票制度和安规制度为基础，为电力企业提供一套集实际开票、安规培训考核、开票培训、实时系统图监测等功能为一体的软件。该系统采用B/S结构，利用J2EE技术框架进行开发，系统易于升级及管理维护，具有较强的通用性和可扩展性，方便推广，访问方便，可大大提高员工的工作效率。目前，该系统已在浙江乐清电厂等工程单位投入使用。

2012年，该中心与多家相关企事业单位和科研院所合作，发挥各自的优势，实现强强联合。先后与山西平朔煤矸石发电有限责任公司、北京国电智深控制技术有限公司、上海晓舟电子仪表工贸有限公司、惠德时代能源科技（北京）有限公司、山东鲁能控制工程有限公司、国电科学技术研究院等单位在一系列工程研究领域中进行了深入地实质性合作。共同完成了“LN2000分散控制系统优化”，“基于现场总线的氧量测量仪表”，“Coop7.0热工过程优化控制系统”，“1000MW火电机组激励式仿真系统”，“超超临界双轴二次再热火电机组激励式仿真系统”等多个工程研究项目和技术课题。中心邀请了河北工业大学孙鹤旭教授、天津大学王健教授等国内外知名学者专家来中心讲学，进行学术交流和中心建设的指导。

2012年，该中心充分发挥资源优势，积极利用基础设施进行对外服务，开放了火电机组仿真系统等仪器设备对外进行研究和技术培训工作。工程中心本年度还承担了华北电力大学自动化系卓越工程师培养基地的建设任务。该基地提供了丰富的实验内容，旨在培养和锻炼学生的工程实践能力。其实验项目覆盖了培养过程的大部分专业技术课程，包括自动控制理论、过程控制、电子技术基础、计算机控制技术与系统等。“卓越计划”试点班同学生产实践环节的大部分时间也将在该基地度过。

2012年6月，河北省科技厅会同省财政厅、省发改委组织专家对该工程中心近3年的运行状况进行评估，给予了良好的评估意见。

（董　泽）

■概况

主任：韩璞

2012年，河北省发电过程

仿真与优化控制工程技术研究中心现拥有固定人员53人，其中教授17人，教授17人，高级工程师1人。工程试验用房面积1350平方米，办公用房面积 670 平方米。该中心拥有“600MW 超临界火电机组仿真系统”、“1000MW 超超临界火电机组仿真系统”、“STS7 激励式仿真支撑系统”等先进设备，仪器设备总值达到3235万元。本年度该中心承担和完成科研项目40余项，实到研究经费1000余万元。该中心积极推动科技成果的转化与应用，本年度为相关企业创造经济效益上亿元。发表论文和出版专著30余篇，获得自主知识产权7项，成果转化与应用5项。当年入学研究生71人，当年毕业研究生64人，主办交流会议1次。该中心充分利用自身的设备进行高级技术人才的培养工作，本年度共有1000余人次参加技术培训。

（董　泽）

■条目

【召开第一次工程技术委员会会议】4月20日，河北省发电过程仿真与优化控制工程技术研究中心召开2012年第一次学术委员会会议，会议由学术委员会主任孙鹤旭教授主持。9位中心技术委员会委员中的7位参加了会议。参加会议的还有各研究方向的学术带头人。与会专家听取了工程中心近3年的运行工作报告，根据工程中心近年来的科技创新情况，凝练出5项代表性成果。会议认为，该中心的研究方向和任务已基本明确，科研条件和科研经费也不再是限制该中心科技创新的主要因素。现在的主要力量应该集中在扩大科研成果的影响力上。科研人员不仅要切实搞好科学研究，更要注重科技成果的培育和集成。

（董　泽）

【河北省科技厅组织对中心运行绩效的评估】6月29日，河北省科技厅会同省财政厅、省发改委组织专家对河北省发电过程仿真与优化控制工程技术研究中心2010年1月—2012年5月的运行绩效进行了评估。评估专家组听取了该中心主任韩璞教授所作的运行工作汇报，给予了良好的评估意见。评估专家组认为中心能够瞄准行业的关键技术开发研究和攻关，取得了一批代表性成果，对提高企业研究开发、产业化能力及竞争力起到了积极的推动作用。该中心具备很强的人才培养能力及完善的技术培训条件，具备较好的工程化试验条件和较完备的中试手段。该中心的各项规章制度健全，运行有效。工程技术委员会能够对该中心的发展发挥指导作用。主管部门和依托单位为中心的运行和发展提供了有力保障。同时建议中心加强对成果的归纳整理，加强高层次人才的引进和培养力度，规范内部管理。

（董　泽）

【韩璞教授在山西大学作报告】6月4日韩璞教授在山西大学自动控制工程中心作了题为《控制论与自动化技术的发展与应用》的学术报告。报告由张祖社副校长主持，张校长简单介绍了韩璞教授及其科研团队的情况和主要研究研究成果，希望在座师生抓住这一难得机会积极提问交流，以期促进各自的科研教学工作。韩璞教授就控制理论与自动化技术的发展脉络及其在电站自动化系统中的应用作了全面分析和介绍，对当今电站自动化技术前沿进行了前瞻和点评，指出当今电站自动化技术在机组运行“长期安全、节能降耗、降低排放”三大主题下的七大科研方向和他的科研团队开展的工作。报告期间，韩教授根据多年的科研教学经验，就电站自动化类本科和研究生教学改革提出了自己的见解，介绍了华北电力大学自动化专业“卓越工程师计划”教学改革的一些具体情况。最后韩教授通过互动提问同在座师生进行了交流，气氛热烈。

（董　泽）

【召开第二次工程技术委员会会议】11月2日，河北省发电过程仿真与优化控制工程技术研究中心召开2012年第二次学术委员会会议，会议由学术委员会主任孙鹤旭教授主持。7位中心技术委员会委员以及各研究方向的学术带头人参加了会议。与会专家认真听取了课题组所作的“基于B/S结构的两票培训考核专家系统”、“基于开放结构的优化控制平台设计与应用”等项目的研制工作报告，提出了宝贵意见。技术委员会希望该中心继续在取得重大研究成果、培养和造就杰出人才等方面狠下功夫，抓住机遇，持续努力，为建成在学科领域内具有重要影响的工程技术研究中心而努力。

（董 泽）

【举办双轴双再热火电机组运行与控制技术交流会】11月8日，河北省发电过程仿真与优化控制工程技术研究中心协同华北电力大学（保定）自动化系联合举办“双轴双再热火电机组优化运行技术及火电厂信息化自动化智能化专家咨询会”。与会专家参观了由该中心开发的1350MW双轴二次再热超超临界火电机组仿真系统，进行了部分的功能和性能测试。对锅炉、汽轮机、发电机等设备及其控制系统的设计方案都提出了合理的改进意见。与会专家还就火电厂信息化自动化智能化等方面的问题展开了热烈讨论，提出了一批对于该中心的研究工作具有重要意义的建议。

（董 泽）

【卓越工程师实验基地竣工】12月20日，由河北省发电过程仿真与优化控制工程技术研究中心承建的华北电力大学自动化系卓越工程师培养基地建成竣工。该基地采用河北省发电过程仿真与优化控制工程技术研究中心的多项技术成果，包括CAE2000计算机辅助工程系统、分散控制系统设计与应用技术、激励式火电机组仿真系统以及600MW超临界火电机组模型等。该中心还为该基地设计了专门的物理被控对象及信号接口设备，从而使得实验过程更具工程实践特色。该培养基地的建成和使用，将对于促进自动化专业面向社会需求培养人才，全面提高工程技术人才的培养质量具有重要的示范和引导作用。

（董 泽）

北京能源发展研究基地

■概述

北京能源发展研究基地是全国首家开展能源决策研究的省部级哲学社会科学研究基地，于2006年11月1日经北京市教育委员会和北京市哲学社会科学规划办公室批准在华北电力大学设立，于2007年1月26日正式挂牌。该基地成立以来，秉持“聚能会源、咨政立言”的理念，聚集国内外能源专家，以国家和北京市能源发展重大理论和能源决策研究为中心，与国务院和北京市政府能源管理部门及相关部门紧密配合，为国家和北京市制定能源战略、能源规划、能源政策和能源法规提供理论研究成果和专家智力支持，逐步建成以科学研究、学术队伍建设、条件平台建设为重点，集科研、咨询、教学和培训于一体的能源科研机构。2012年，能源基地取得了较好的成绩。

一、建设目标

2012年，该基地的建设总目标，即通过敏锐把握国内外能源发展趋势和决策动向，运用能源决策及管理的前沿工具，前瞻性预研国家和北京市能源发展中亟待解决的重大问题，为政府能源管理部门及其决策提供智力支持，逐步建成具有学术原创力和特色竞争力能源决策智库。具体开展以下领域的研究工作：

一是国家和北京市“十二五”能源规划研究。具体包括：能源安全问题研究、能源需求研究、新能源发展研究、能源、资源与环境协调发展研究、能源运输与基础设施研究、新能源产业化问题研究、煤炭清洁利用研究、电网智能化问题研究。

二是北京市新能源发展战略研究。具体包括北京市建设新能源研究开发中心研究、北京市建设新能源示范应用中心研究、北京市建设新能源高端制造中心研究、北京市建设新能源中心国内政策法规研究、北京市建设新能源中心国际经验借鉴研究等。

三是国家能源政策与立法研究。依托华北电力大学能源法学等学科优势，开展能源政策、立法、体制研究。

四是能源经济与管理研究。依托华北电力大学电力技术经济等学科优势，开展煤电产业链协调规划研究、能源产业风险管理研究、电力产业节能减排研究。

二、目标完成情况

（一）学术成果

2012 年，该基地获得各类纵向项目资助共计 27 项（同比增长 160%），其中，国家级 4 项，省部级 23 项（同比增长 200%）；各类纵向项目结题共计 15 项，其中，国家级 4 项，省部级 11 项；新签横向合同 30 项（同比增长 250%）；获得优秀成果奖励 28 项（同比增长 150%），其中，省部级以上奖励 8 项（同比增长 200%）；发表能源类学术论文共计 192 篇（同比增长 186%），其中 SSCI 检索论文 6 篇（同比增长 300%），EI 期刊检索论文 23 篇（同比增长 144%），SCI 检索论文 17 篇（同比增长 425%），CSSCI 检索论文 22 篇（同比增长 137%）；已经出版能源类学术专/编著 5 部。

（二）二期验收

2012 年，该基地为了迎接 2013 年初即将到来的基地第二期建设项目验收，基地于 2012 年 6 月启动了验收筹备工作，由主任办公会议讨论通过了《北京能源发展研究基地建设项目验收筹备工作方案（第二期）》，为能够在验收中取得优异成绩奠定了坚实基础。

（三）工作简报

2012 年，该基地非常重视对学术活动、研究成果的及时总结和反映。由基地行政管理部负责定期编制《北京能源发展研究基地工作简报》，由成果管理部负责定期编制《北京能源发展研究基地成果简报》《北京能源发展研究基地决策咨询报告》，由基地主任签发，向市教委、市社科规划办、学校领导、学校职能部门负责人以及学院领导报送信息，建立起准确、畅通、高效的信息渠道。

2012 年，该基地共编制《北京能源发展研究基地工作简报》9 期、《北京能源发展研究基地成果简报》4 期、《北京能源发展研究基地决策咨询报告》4 期。通过这些简报和报告，能源基地向上级准确反映了基地工作的信息、动态，同时也使主管领导部门及时了解基地工作情况，便于进行指导。例如：市社科规划办经常在其门户网站上发布能源基地简报信息，将基地的研究活动作为先进经验进行总结推广，从而使基地的学术声誉和社会影响力得到了有力提升。

（四）学术论丛

2012 年，该基地从建立以来始终敏锐把握国内外能源发展趋势和决策动向，运用能源决策及管理的前沿工具，前瞻性预研国家和北京市能源发展中亟待解决的重大问题，积极为政府能源管理部门及其决策提供智力支持，以期推出高水平、具有国际水准的研究成果，逐步建成具有学术原创力和特色竞争力能源决策智库。能源基地第二期建设中进行课题预研的 4 个研究方向为："绿色北京"建设重大课题预研，北京市"建设新能源中心"重大课题预研，国家和北京市"十二五"能源规划重大课题预研，能源政策与立法、能源经济与管理、能源安全及能源教育等重大课题预研。

2011 年 10 月 28 日召开的学术委员会会议对能源基地第二期建设学术论丛撰写及出版计划进行了部署，经学术委员会全体委员认真审议并表决，确定了以下选题方向：1）《绿色北京建设政策与法律问题研究》；2）《北京市建设新能源中心政策与法律问题研究》；3）《我国十二五能源规划重大问题研究》；4）《北京市十二五能源规划重大问题研究》；5）《低碳经济对电力行业影响研究》；6）《气候变化政策与法律问题研究》；7）《战略性新兴产业政策与法律问题研究》。

根据上述选题，基地主任和首席专家精心挑选、组建了相应的写作团队，充分利用这次学术著作的撰写，同时能够达到锻炼学术队伍、加强学术建设的目的。能源基地第二期建设学术论丛计划于 2012 年底完成撰写，于 2013 年初出版发行，作为基地第二期建设学术成果的集中体现，也代表了基地在学术研究方面的较高水平。

（五）队伍建设

2012 年，该基地以研究队

伍建设为核心，通过整合研究资源、加强学术梯队建设等多项措施，为形成结构合理的研究队伍、有着良好学术修养的骨干学术人才奠定了基础，也为高水平科研项目的取得奠定了基础。

2012 年 9 月，为增强能源基地学术原创力和特色竞争力，经主任办公会商议，能源基地聘任了 4 名研究员，分别是：张素芳、王永利、刘达、张金良。这些研究员的加入将在能源基地这个跨院系的科研平台上，继续强化经管学院和人文学院在能源领域的特色研究，不断加强两个学院的深入交流与合作，支持基地在第二期建设中实现跨越式发展。

同时，该基地充分发挥基地和人文学院两个平台的优势，“院基结合”，把基地的建设和学院学科建设紧密结合，鼓励人文学院专业教师积极参与基地建设和项目研究，以能源基地的发展为契机，进行学术研究转型，使他们成长为基地研究队伍的主力军。

（六）平台建设

在整合华北电力大学校内优势资源的基础上，能源基地也注重充分利用校外能源决策专家和能源咨询专家的智力资源，为国家和北京市能源发展决策建言献策。这主要体现在两个方面：

一是在全国范围内遴选基地特邀专家，他们来自政府管理部门、能源企业界和知名高等学府及研究机构等不同领域，基地专家资源库目前共有 845 名能源领域专家。他们在跟踪能源发展前沿、促进基地建设与发展、组织开展学术交流活动等方面发挥了重大的作用。

二是在研究项目上，注意吸收北京乃至全国众多研究机构研究人员的参与。基地在本学年完成结项验收的公开招标课题中，75%的项目是由外部专家担当完成的。例如，课题之一“北京市‘十二五’能源规划重大问题研究”由国家发展和改革委员会能源研究所张建民承担。此外，在历年的《北京能源发展研究报告》中，基地还与北京市发改委、北京市电力公司、北京石油化工学院等单位进行合作，吸收来自这些单位的优秀研究成果。

（七）国际交流

该基地高度重视学术交流，积极推动国际合作。8 月，基地研究员张素芳教授圆满完成在加拿大卡尔顿大学公共政策与管理学院及可再生能源研究中心为期 1 年的访学；10 月，基地研究员王伟博士圆满完成在美国特拉华大学能源与环境政策研究中心为期 1 年的访学；6 月，基地研究员姚建平博士圆满完成在澳大利亚新南威尔士大学社会政策研究中心为期 6 个月的研究工作。这些交流访学、研究合作进一步扩展了基地研究员的学术视野、提高了学术素养。同时，这些成功的国际学术交流也是对华北电力大学及能源基地的有力宣传。能源基地将更好地借鉴国际著名研究机构的发展经验，具体落实学校国际化战略，打造国际化的学术团队，不断向建设国内一流、国际知名的能源研究机构的目标前进。

（八）网站更新

该基地于2007年7月建设并开通了“北京能源发展研究基地”网站（网址：http://www.bjnyjd.com/），分别于 2008 年和 2009 年进行了多次改版、更新。基地网站目前进入稳定运作阶段，现开设“基地概况”、“基地动态”、“重要文献”、“聚焦北京”、“基地专家”、“基地建言”、“基地成果”、“专家资源”、“知识资源”、“基地规章”、“政策法规”、“能源网址”、“信息搜索”、“访客留言”等重点栏目。

继在 2011 年解决了网站访问速度慢的问题之后，该基地继续加强网站建设，着重于提高网站信息的更新速度。为此，由基地行政管理部负责，根据能源基地业已建立的图书期刊等资料和网络信息的定期收集、整理和汇报制度，以及新制定的《北京能源发展研究基地网站管理办法》，对基地网站信息的更新实行规范化运作，确保全面及时地反映本研究领域的最新动态、重要规划文件、基地的科研活动和科研成果，以使网站能够充分发挥对外展示和交流的窗口作用。目前，基地网站已经拥有稳定的数量可观的点击量。基地将进一步建设完备的网络硬件和软件设施，为打造能源领域种类齐全、工具先进的信息资料库奠定良好基础。

（沈　磊）

■概况

2012 年，北京能源发展研究基地有高级专家 9 人，专职和兼职研究人员 33 人，与基地建立科研协作关系的研究人员 28 人，已经初步形成了一支由能源领域专家、教授、博士、研究生组成，勇于开拓，善于创新的科研团队。

2012 年，该基地获得各类纵向项目资助共计 27 项（同比增长 160%），其中，国家级 4 项，省部级 23 项（同比增长 200%）；各类纵向项目结题共计 15 项，其中，国家级 4 项，省部级 11 项；新签横向合同 30 项（同比增长 250%）；获得优秀成果奖励 28 项（同比增长 150%），其中，省部级以上奖励 8 项（同比增长 200%）；发表能源类学术论文共计 192 篇（同比增长 186%），其中 SSCI 检索论文 6 篇（同比增长 300%），EI 期刊检索论文 23 篇（同比增长 144%），SCI 检索论文 17 篇（同比增长 425%），CSSCI 检索论文 22 篇（同比增长 137%）；已经出版能源类学术专/编著 5 部；验收前拟再出版 6 部。

2012 年，该基地共编制《北京能源发展研究基地工作简报》9 期、《北京能源发展研究基地成果简报》4 期、《北京能源发展研究基地决策咨询报告》4 期。

（沈　磊）

■条目

【杨勇平教授获国家科学技术进步奖二等奖】2 月 14 日，北京能源发展研究基地学术委员会主任、国家 973 项目首席科学家杨勇平教授科研团队的研究成果“大型火电机组空冷系统优化设计与运行关键技术及应用”获国家科学技术进步奖二等奖。

（朱晓红）

【主办“社会经济与社会企业在节能领域的实践”主题学术沙龙活动】3 月 10 日，北京能源发展研究基地联合社会企业研究中心，在能源基地会议室共同主办以“社会经济与社会企业在节能领域的实践”为主题的学术沙龙活动。能源基地邀请了校内外的专家学者、公益界从业人士、华北电力大学人文学院相关专业研究生和本科生参加了本次学术沙龙。

（严　蔚）

【张素芳研究员作学术报告】3 月 30 日，应加拿大卡尔顿大学公共政策与管理学院及可再生能源研究中心的邀请，张素芳研究员为该校师生做了一场题为“Wind Power in China: Development, Policies and Challenges”的学术报告。在这次学术报告中，张素芳研究员简单介绍了中国风电发展的基本情况以及主要的中国风电激励政策的基本内容，重点分析了目前政策中的主要问题以及中国未来大规模风电并网将面临的主要挑战。

（梅　霄）

【牛东晓教授接受国际权威专业期刊《Nature》专访】5 月，北京能源发展研究基地学术委员会委员、华北电力大学经济与管理学院院长、博士生导师牛东晓教授接受了国际权威专业期刊《Nature》的专访，其研究成果介绍及专访在最新一期《Nature》上发表。

（梅　霄）

【牛东晓教授被学校推荐为教育部“长江学者”特聘教授】6 月，因为在专业研究领域内取得的丰硕科研成果以及重大突破，能源基地学术委员会委员牛东晓教授被学校推荐为教育部“长江学者”特聘教授。

（梅　霄）

【召开“中国能源法规体系建设”项目启动会】6 月 27 日，国家能源局与亚洲开发银行于北京唐拉雅秀大酒店召开“中国能源法规体系建设”项目启动会，能源基地周凤翱主任被聘为该项目特聘为能源法国际专家，与曹治国、沈磊一起出席会议，提交项目的开题报告和第一期成果。基地研究员姚建平博士圆满完成在澳大利亚新南威尔士大学社会政策研究中心为期 6 个月的研究工作返校。

（沈　磊）

【课题“法律法规对集团影响研究”获评优秀】8 月 29 日，中国电力投资集团公司组织专家对北京能源发展研究基地主任周凤翱教授、能源基地研究员曹治国博士主持的课题“法律法规对集团影响研究”（批准号：CPI〔2011〕—14—204）进行了评审验收。评审专家一致认为，该研究报告具有较高的决策参考价值，达到了国内该领域的领先水平，综合评定为优秀。基地研究员张素芳教授圆满完成在加拿大卡尔顿大学公共政策与管理学院及可再生能源研究中心为期1年的访学返校。

（朱晓红）

【举行了研究员聘任仪式】9月7日，能源基地举行了研究员聘任仪式。能源基地学术委员、经管学院院长牛东晓教授，拟聘研究员和能源基地全体人员参加了聘任仪式。经能源基地主任办公会商议，决定聘任张素芳、王永利、刘达、张金良等4位同志为能源基地研究员，聘期3年。能源基地学术委员牛东晓院长向4位研究员颁发了聘书。

（梅　霄）

【凤翱教授出席首届"低碳发展与法律制度构建海峡两岸学术会议"】9月22—24日，经国务院台办、中国法学会批准，2012年中国法学会能源法研究会在北京国宏宾馆举行首届"低碳发展与法律制度构建海峡两岸学术会议"，会议主题是"低碳发展与法律制度构建"，该次会议旨在与台湾地区的专家学者，将建立起常规性学术交流活动，在大陆和台湾地区轮流举办海峡两岸学术交流会，听取台湾地区来自低碳经济研究一线的专家学者，介绍国际和台湾地区低碳经济的先进理念、理论、方法、法律制度建设及其最新进展。能源基地主任周凤翱教授应邀出席会议，作了"我国大陆电力行业低碳发展的政策与法制保障"的专题演讲。

（沈　磊）

【王伟博士访学返校】10月，北京能源发展基地王伟博士顺利完成在美国特拉华大学（University of Delaware）能源与环境政策研究中心为期1年的访学返校。

（梅　霄）

【姚建平博士访问加拿大里贾纳大学】10月22日，姚建平博士随华北电力大学代表团访问了加拿大里贾纳大学，应邀到该校人文学院作了题为"环首都地区能源贫困与社会发展（Energy Poverty and Social Development surrounding Beijing Areas）"的学术讲座。该讲座由里贾纳大学校长助理David Malloy教授主持，里贾纳大学人文学院、管理学院、社会工作学院的老师和学生参加了讲座。

（梅　霄）

【周凤翱主任"第九届国际法论坛：发展中的国际法与全球治理"】11月17—18日，中国社会科学院国际法研究所在北京鑫海锦江大酒店举办"第九届国际法论坛：发展中的国际法与全球治理"，探讨全球治理背景下国际法的新发展、新动向和新趋势。该基地周凤翱主任代表基地出席会议，作了"我国原子能立法问题研究"的专题演讲。

（沈　磊）

【牛东晓教授荣获第三届管理科学奖】12月8日，能源基地学术委员会委员牛东晓教授荣获第三届管理科学奖。

（朱晓红）

【周凤翱主任在中国法学会能源法研究会2012年年会作专题演讲】10月24—26日，中国法学会能源法研究会2012年年会在华东政法大学松江校区举办。周凤翱主任应邀在"能源结构调整与法律制度构建"专题上演讲，主题为"我国电力行业低碳发展的政策与法制保障"。

（梅　霄）

□合作交流和对外联络

COOPERATION, EXCHANGE AND FOREIGN CONNECTIONS

〇 综 述

2012年，华北电力大学合作交流与对外联络工作贯彻积极走出去和引进来思路，采取项目化的运作模式，在塑造和展示学校实力与形象方面有新尝试，在打造交流平台与凝聚人心方面有所突破。

2012年，学校在国际合作方面。学校引智工作迈上新台阶，新增1个“高等学校学科创新引智计划”基地，1个引智基地获得滚动支持。中外合作办学规模稳步增长，结构进一步优化；孔子学院工作再获殊荣。埃及苏伊士运河大学孔子学院获得2012年国家汉办优秀孔子学院称号。学校与台湾成功大学等四所高校的合作交流工作取得进展。学校上合大学能源学方向联合培养硕士研究生工作正式启动，召开二次中方项目院校协调会，为2012年度开始招收新生奠定基础。学校首次为国家教育外事工作输送干部。与组织部共同完成3名外事干部驻外选派工作。其中侯志浩选赴中国驻澳大利亚布里斯班领事馆；康建刚选赴中国驻澳大利亚堪培拉大使馆；唐云选赴中国驻捷克布拉格大使馆。

2012年，学校成为中电联副理事长单位，刘吉臻校长当选为中电联副理事长，学校在行业领域重要事务上已发挥重要作用，进一步提升了学校在行业的影响力，也有力推动了学校在更高的平台与层面上与行业核心企业在“2011协同创新计划”等重大领域的合作。学校成功承办“2012第六届高水平行业特色型大学发展论坛年会”，充分展示了学校的办学实力和管理水平，提升了学校在行业特色型大学中的影响力。

2012年，学校与大型企业以及地方政府开展了更为广泛的合作与交流，扩充了企业战略合作伙伴，扩大了战略合作平台的影响力。邀请国家核电技术公司党组书记、董事长王炳华访问学校；与中国广东核电集团签署战略合作协议；与中国科学院电工研究所、四川省电力公司、国网能源院等企业签署战略合作协议；与中电投核电有限公司签署战略合作框架协议并共建国家级核电工程实践教育中心；与国核电力规划设计研究院签署战略合作协议，共建华北电力大学—国核电力设计研究院研究生工作站、国家火力发电工程技术研究中心“华北电力大学—国核电力规划设计研究院联合实验室”；与摩托罗拉系统（中国）有限公司签署战略合作备忘并合作“中国可再生能源研究推进行动”项目。争取施耐德电气（中国）投资有限公司、魏德米勒电联接国际贸易(上海）有限公司在学校设立奖（助）学金。学校积极创新校地合作模式与机制，搭建更为广阔的校地合作平台。策划推进学校与江苏南京、常州，四川成都市、双流县等地方政府的战略合作与联络；与北京昌平区政府有关部门进行多次交流，推动北京高科大学联盟入驻昌平事宜。

2012年，学校进一步加强了与理事单位的交流与合作，与中国南方电网公司签署校企合作框架协议，开展了深入的合作；与中国华电集团公司、中国国电集团公司开展科技、人才培养等方面的合作与交流；邀请理事单位领导出席校友返校日活动；支持理事单位智能电网及新能源创新建设等，在共建科研平台、科研合作、联合人才培养、奖学金等方面取得了丰硕的成果。校友工作取得积极进展，共组织、接待大型校友返校活动30余次，接待校友近3000人次，接收校友捐款和项目合作共计3622.90万元，发放校友奖助金60万元，奖助人数达300人。以“校友创新创业研发基地”及教育基金会为载体与平台，积极拓展校友企业合作项目，基金会工作取得明显成绩；继续教育发展势头良好，培训市场进一步拓展，经济效益有了新的提高。

国际合作与交流　港澳台工作

■概述

2012年，华北电力大学继续加大学生出国（境）交流工作力度，努力提高境外合作院校的层次，不断扩大出国境交流的规模，规范出国境交流的管理，积极争取国家相关项目的支持，将人才国际化培养落到实处。

2012年，学校的引智工作取得长足发展。学校新增多项国家引智专项项目，进一步推动了校内引智基地的建设，规范引智项目校内评审制度，提高了外专经费的使用效益，工作成效获得上级部门的肯定。首次将引智工作纳入教师工作量考核，调动了教师的工作积极性。

2012年，学校孔子学院工作再获殊荣。埃及苏伊士运河大学孔子学院获评2012年国家汉办优秀孔子学院；西肯孔子学院17位汉办教师获得肯塔基州教师资格证书。

2012年，学校首次为国家教育外事工作输送干部，学校与组织部共同完成3名外事干部驻外选派工作。其中侯志浩被选赴中国驻澳大利亚布里斯班领事馆；康建刚选赴中国驻澳大利亚堪培拉大使馆；唐云选赴中国驻捷克布拉格大使馆。

2012年，学校与港澳台地区高校的合作取得突破，首次与台湾3所大学签订了校际交流和学生交流协议，予以积极推进和落实。

2012年，学校上合大学能源学方向联合培养硕士研究生工作正式启动，召开二次中方项目院校协调会，为2012年度开始招收新生奠定基础。

2012年，学校对外交流学生培养项目进展顺利。学校与西班牙马德里理工大学交流项目获得国家留学基金委项目资助，来自能源动力与机械工程学院乐龙、吕晓航参加了该项目。

学校与美国德州大学阿灵顿分校交流项目获得国家留学基金委项目资助，来自电气与电子工程学院帅旗、张芬芬参加了美国德州大学阿灵顿分校交流项目；美国伊利诺伊理工大学为华北电力大学大三、大四同学提供15000美金的奖学金项目。经过面试，学校电气与电子工程学院张家坤，控制与计算机工程学院的徐广宇、李添译，可再生能源学院的郭树恒，以及经济与管理学院的赵鹿、郭志娅、程林辛参加了美国伊利诺伊理工大学3+1项目；学校电气与电子工程学院周安恺，可再生能源学院的荣文勇，以及经济与管理学院的王露娜参加了美国加州大学伯克利分校交流项目；学校控制与计算机工程学院刘馨琪、刘谨，以及数理学院的韩佳颖参加了美国加州大学圣地亚哥分校交流项目；学校经济与管理学院的管蕾、汪东灏、高陆元参加了美国加州大学河滨分校交流项目；学校能源动力与机械工程学院赖俊参加了美国西肯塔基大学交流项目；学校电气与电子工程学院李邦彦参加了美国威斯康星大学密尔沃基分校交流项目。学校能源动力与机械工程学院徐天成参加了美国密苏里大学交流项目；

2012年，普渡大学ETIE项目在华北电力大学正式开展，经过选拔，学校能源动力与机械工程学院的张晓骁、李佳纯，电气与电子工程学院钱偲书、梁静、于跃，控制与计算机工程学院朱冠中，可再生能源学院刘楚瑜和张睿，经济与管理学院袁绍杰参加了该项目；学校经济与管理学院李奉熹同学赴韩国延世大学进行为期一年的交换学习、人文与社会科学学院翁雯婷同学、可再生能源学院邓栖霞同学赴首尔市立大学进行为期半年的交换学习、人文与社会科学学院沙莎同学赴淑明女子大学进行为期半年的交换学习。2012年，华北电力大学同马来西亚的马来亚大学签订交换生项目，经过选拔，北京校部经济与管理学院李忻部、保定校区经济与管理学院郑丽莎，及北京校部人文与社会科学学院吴昊同学参加了该交换生项目。

（李　博）

■概况

2012 年，华北电力大学国际交流工作取得新突破，华北电力大学与 6 个国家和地区 15 个高校新签国际交流协议 19 项；与台湾地区签订校际交流协议 3 项；接待来自 18 个国家和地区共计近 90 人次的校际交流、来访。获批 3 项国家留学基金委优秀本科生项目。

2012 年，学校先后聘请 33 名长期专家，包括 28 名语言教师和 4 名专业教师。2012 年度聘请的短期专业外专数目达 234 人。2012 年度高层次的外国文教专家聘请项目的申请取得了新的突破，除了新增“海外名师项目”、“学校特色项目”和“引进海外高层次文教专家重点支持计划”各 1 项外，华北电力大学还获批 1 项“高端外国专家项目”（“外专千人计划”项目的培育项目）。

2012 年，学校牵头召开了上合组织大学中方院校（能源类）的第一次全体会议。

2012 年，学校第一次选派 3 名公派语言文化教师赴海外 3 所孔子学院任教。2 名孔子学院院长选派到位。与 2 所合作院校的年度孔院理事会分别如期在美国西肯大学和华北电力大学顺利召开。

2012 年，华北电力大学师生赴外考察访问、参加国际学术会议、出国留学、合作研究及学术交流等活动，共计 62 人次。

2012 年，学校申请举办国际会议 3 项，即“IET 2013 第二届可再生能源电力生产国际会议”、“APEC 光伏屋顶校园推广路径及其协调发展模式国际会议”与“IEEE 生物质转化和利用国际会议”。

2012 年，学校受国家留学基金管理委员会资助，华北电力大学成功派出 20 名学生赴国外知名大学进行博士阶段的研究学习，31 名教师获批国家公派出国项目资助。

2012 年，学校圆满完成了商务部援外培训项目 2 项。

（李　博）

■条目

【孔子学院志愿者选拔】 2012 年，华北电力大学开展了首批孔子学院志愿者活动。活动有共计 11 名学生报名申请成为孔子学院志愿者，来自学校英语系的夏贤君被美国西肯塔基大学孔子学院录取；刘秦瑞同学被菲律宾孔子学院录取。

（李　博）

【17 位汉办教师获所在州教师资格】 2012 年，华北电力大学 33 名汉办教师中，有 17 位获得了肯塔基州教师资格证，他们的五年教师证被美国肯塔基州及其他数州中小学教师体系所认可。西肯孔子学院成为第一所孔院汉办教师（均无国学位及美国肯州教学经验）获得美国教师资格证的孔子学院。美国西肯塔基大学孔子学院有 33 位汉办志愿者教师在肯塔基州 11 个县的 41 所中小学教授中文，其中 17 位获得了官方认可的肯塔基州汉语教师资格证书，学生人数超过 8000 名。2012 年在北京和保定两个校区一共接待了 28 名 WKU 教职员工、学生和社区人士，其中为期两周。

（李　博）

【首届埃中大学生才艺大赛】 1 月 3 日，华北电力大学主办首届埃中大学生风采之星才艺大赛，中国驻埃及大使宋爱国、埃及高教部等部长出席，中国驻埃及使领馆官员全体参加，中国中央电视台、新华社中东总社、埃及 25 电视台等媒体都作了报道，现场参加观众（复赛、决赛累计活动共 5 场）达 4000 多人。

（李　博）

【苏伊士运河大学孔子学院本土汉语教师中文教材培训】 3 月 17 日，主办的埃及本土汉语教师中文教材培训，中国驻埃及大使馆霍文杰参赞出席，来自埃及开罗大学、艾因夏姆斯大学、埃及科技大学、苏伊士运河大学等高校的本土汉语教师 30 余人参加了培训。

（李　博）

【苏伊士运河大学孔子学院第三届中文歌曲演唱比赛】 5 月 15 日，举办第三届中文歌曲演唱比赛，旅游学院、人文学院、中文系等 200 多名观众参加，共有 18 名选手参加了比赛，提高了孔子学院学员学习汉语的兴趣，强化了中国文化的认同，增强了孔子学院的凝聚力和向心力。

（李　博）

【苏伊士运河大学孔子学院夏令营活动】 6 月 22 日—7

月 6 日，孔子学院 18 名师生先后在华北电力大学北京校部和保定校区参加了中国语言和文化体验夏令营活动。夏令营成员在北京期间听取了《中国概况》《实用汉语课程》《中国戏剧赏析》《中国茶文化》等专题讲座，参观了长城、故宫、北京大学和中关村科技中心等。在保定期间，深入体验了中国书画、中华武术和民族艺术文化，参观了中国电谷、白洋淀、振华武术馆以及天津古文化街和南市食品街。夏令营成员不仅领略了中国历史文化和秀美风光，也感受了底蕴深厚的中国风土人情。

（李　博）

【学校特色项目“生物质热改性成型技术研究特色项目”外国专家来访】1—5 月，生物质发电成套设备国家工程实验室先后邀请了德国技术合作公司（GTZ）高级顾问 Bernhard Raninger 教授，日本东京农工大学、龙谷大学教授，日本科技振兴计划（RISTEX）研发部主任 Masayuki Horio 教授，荷兰代尔夫特理工大学 Adrianus H. M. Verkooijen 教授，国际能源和环境独立专家 Andrew Minchener 博士，美国爱达荷州立大学 Bingjun He 教授，日本北海道大学地球環境科学研究院 Fugetsu 教授，以及瑞典皇家工学院博士 PelleMellin 和 Jun Li 等开展讲学和交流活动，促进了华北电力大学生物质能学科发展。

（李　博）

【海外名师项目英国斯莱斯克莱德大学专家来访】2 月 12—26 日，David Infield 教授来访，为由华北电力大学主办的大唐海上风电培训班授课，为华北电力大学博士、硕士研究生举办两场海上风电课程讲座。David Infield 教授与可再生能源学院刘永前教授和控制与计算机学院刘石教授就华北电力大学和英国工程师协会（IET）2013 在北京联合举办可再生能源发电国际会议（Renewable Power Generation）达成初步意向。3 月 5—14 日，David Infield 教授到华北电力大学与李庚银教授、毕天姝教授、李成榕教授就中英两国智能电网联合研究达成初步合作意向，为华北电力大学智能电网学科的发展搭建了国际合作平台。指导和修改了风电研究领域的青年教师、博士生等人的论文。

（李　博）

【学校特色项目英国曼彻斯特大学专家来访】3—4 月，英国曼彻斯特大学电气工程学院王忠东教授，来校就“大型电力变压器故障监测和在线预警技术”与电气学院的李成榕教授和团队开展了进一步的合作科研，对变压器故障预警、GIS 故障识别与短期预警、长间隙爬电物理现象、纳米绝缘油等方面的平台建设规划和实验研究方法上给予具体指导。

（李　博）

【美国洛斯阿拉莫斯国家实验室专家来访】3 月 6 日，美国洛斯阿拉莫斯国家实验室的 Shi Yong 博士来校作了“Lattice Boltzmann Modeling for Fluid Transport Phenomena”的学术报告，就广泛领域的流体输送现象、能源转换和存储、建模计算、微技术和纳米科学等领域的学术问题和能源动力与机械工程学院的教师进行了深入的探讨。

（李　博）

【学校特色项目专家来访】2012 年 3—12 月，阿联酋石油大学苏锜教授来华北电力大学工作，参与了超高压电力电缆绝缘状态监测和故障严重程度判定、局部放电定位、FRA 法在线监测变压器绕组变形等科研项目的具体工作，指导了郑书生、常文志、王彩雄等博士生的开题报告和科研工作。

（李　博）

【“引进海外高层次文教专家重点支持计划”项目美国哈佛大学专家来访】3—10 月，美国哈佛大学商学院 Christopher Marquis 教授多次来访，与华北电力大学经管院刘力纬教授对能源电力领域相关企业的案例开发进行了分析和论证，并就共同开发中国能源电力企业案例进行了积极地探讨和磋商，以进入哈佛大学商学院案例库为目标，确立了案例开发的标准、格式和框架；Christopher Marquis 教授还于 10 月来校，为经济与管理学院的教师和 MBA 学生举行学术讲座和开设相关课程。

（李　博）

【“煤的清洁转化与高效利用引智基地”专家来华北电

力大学参加启动会】4 月 10—12 日，澳大利亚工程院院士、西澳大学能源中心主任 Dongke ZHANG 教授，英国皇家科学院院士、都柏林圣三一学院 Denis Weaier 教授，国际知名能源专家、能源领域国际权威刊物“APPLED ENERGY”主编、瑞典麦拉达伦大学和瑞典皇家理工学院 Jinyue Yan 教授，瑞典皇家工程院院士、瑞典麦拉达伦大学 Erik Dahlquist 教授，英国克兰菲尔德大学 John Oakey 教授，英国格拉摩根大学 Giuliano Premier 教授，美国西肯塔基大学 Yan Cao 教授，英国玛丽女王大学 Dongsheng Wen 教授，英国利兹大学 Lin Ma 教授，英国爱丁堡大学 Xianfeng Fan 博士，英国肯特大学 Gang Lu 博士，澳大利亚阿德莱德大学 Eric Hu 教授和 Hu Zhang 博士来华北电力大学参加“煤的清洁转化与高效利用引智基地”启动会，随后专家们做了包括“发展与排放的解耦：气候变化减缓与可再生能源技术”、“基于在线诊断的电厂优化—来自燃煤和生物质电厂的经验”、“二氧化碳燃前及燃后捕集技术在 ICSET 的发展”、“电厂多联产”等方面的主题报告，为“煤的清洁转化与高效利用”方向合作打开了一个良好的开端。

（李　博）

【高端外国专家项目瑞典专家来访】4 月 10—12 日，瑞典皇家工程科学院院士、瑞典麦拉达伦大学 Erik Dahlquist 教授来访，为“生物质发电成套设备国家工程实验室”的师生作了生物质资源和国内外生物质资源的利用情况的相关讲座；Erik Dahlquist 教授此次来访还参加了“煤的清洁转化与高效利用引智基地”启动会。

（李　博）

【美国 University of Illinois at Urbana-Champaign 教授来访】4 月 16 日—5 月 6 日，美国 University of Illinois at Urbana-Champaign 的 Naira Hovakimyan 教授来访。在交流访问期间，Naira Hovakimyan 教授通过学术报告、讨论班等灵活多样的形式，向华北电力大学师生介绍了 L1 自适应控制的发展历史、研究成果、应用领域以及其在建模和控制中的关键科学问题、目前研究的趋势和热点以及最新研究进展，着重介绍了目前他在这方面所取得的标志性和原创性成果。此外，她还通过大量的图片、视频文件，深入浅出的介绍 L1 自适应控制在航空航天、机器人、生态能源、社会经济等领域的许多具有复杂动态和复杂非线性等特性的控制问题上的应用成果，这不仅能够为欠驱动机器人系统的稳定性分析提供一个新的求解思路，同时对进一步提高华北电力大学在控制领域的创新能力和科研水平起到了巨大的推动作用。

（李　博）

【英国工程技术学会首席执行官来访】4 月 18 日，刘吉臻校长会见了来自英国工程技术学会(IET)首席执行官 Nigel Fine，同行的还有 IET 国际运营部主任 Ian Mercer，IET 中国区总监丁伟及市场经理陈薇娜。会上刘校长对本校的现状、学科设置等方面向 Nigel Fine 先生进行了介绍，还谈到同英国及欧洲地区在能源领域的合作情况，希望通过同 IET 的合作，扩大与英国在高层次人才培养方面进行合作。Nigel Fine 先生对 IET 进行了简单的介绍，表示 IET 十分重视同中国的合作，希望能同华北电力大学建立合作关系。

（李　博）

【爱丁堡大学专家来访】4 月 19 日—5 月 20 日，英国爱丁堡大学工程学院 Daniel Friedrich 博士来访。期间 Friedrich 博士在与华北电力大学火力发电国家工程研究中心、生物质发电成套设备国家工程实验室、可再生能源学院、能源动力与机械工程学院、先进能量系统研究所和能源化工研究中心等部门师生进行了广泛深入的交流，重点参与了“循环流化床化学链燃烧反应器气固两相流动特性数值模拟”课题研究工作。

（李　博）

【马来西亚工程师学会董事会成员 Hew Wooi Ping 教授来访】4 月 22—29 日，马来西亚工程师学会董事会成员 Hew Wooi Ping 教授来访，对永磁同步电机的设计和控制方面进行了指导。Hew Wooi Ping 教授与新能源实验室商讨互派研究生事宜，邀请电机教研室教师访问马来亚大学新能源中心；

初步达成购买华北电力大学电机教研室自主设计的新型永磁电机并合作进行控制系统开发的意向。

（李 博）

【马来西亚大学专家来访】4 月 22—29 日，来自马来西亚大学的 Hew Wooi Ping（丘伟平）博士到华北电力大学电力系进行多目标框架下的发电机故障在线检测技术的项目研究。丘教授对现设计的永磁电机的磁链分析进行理论指导，对基于有限元的磁链分析的方法进行改进。针对电机控制实验平台的实际调试存在的问题，丘教授给予了基于理论和实际实验两方面的宝贵指导，对实验的进行给予很大的指导作用。对于控制算法，丘教授对在校研究生进行的滑模变结构的研究给予肯定，提出了存在的问题和更深入亟待解决的问题。丘伟平教授此次来华北电力大学访问，在各部门的协调配合下，促成多项合作成果：与新能源实验室商讨互派研究生事宜；邀请电机教研室教师访问马来亚大学新能源中心；初步达成购买电机教研室自主设计的新型永磁电机并合作进行控制系统开发的意向。并与华北电力大学国际学院达成推荐马来西亚学生到校攻读学位意向。

（李 博）

【澳大利亚南澳大利亚大学专家来访】4 月 24—27 日，澳大利亚南澳大利亚大学工程管理系主任 George Zillante 教授、高级讲师左剑博士到华北电力大学经济与管理学院进行访问研究。期间 George Zillante 举办了学术讲座，讲解了澳大利亚工程建设与管理的发展，介绍了南澳大学在工程管理、可再生能源研究领域的热点和方向；与华北电力大学经济与管理学院管理科学与工程专业的部分研究生举行小型研讨，介绍澳大利亚风电产业链的发展状况和经验，国际同行在该研究领域的研究工作和代表性成果；指导了课题组构建中国风电产业链模型的研究工作。

（李 博）

【加拿大杜兰行政区政府及安大略省理工大学代表团访问华北电力大学】5 月 7 日，加拿大杜兰行政区政府主席兼首席执行官罗杰・安德森先生及安大略省理工大学校长蒂姆・马克蒂南先生一行 6 人来华北电力大学进行访问。李和明副校长接待了来访客人并介绍了本校的历史及发展现状。安德森先生和马克蒂南先生表示非常高兴能够来访，希望能同中国高水平高校建立合作，推进彼此的共同发展。随后，陆院长和牛副院长向加拿大客人从师资队伍、学生人数、研究方向等方面介绍了核学院。最后，双方在教师交流、学生交换等方面达成了潜在合作意向，表示在不久的将来会有更全面的合作。

（李 博）

【援外培训项目“发电厂节能运行仿真技术培训班”】5 月 10 日—6 月 8 日，该项目工作语言为英语，为期 30 天，参加人数 15 人，学员为来自安提瓜和巴布达、巴勒斯坦、尼泊尔、缅甸、肯尼亚、加纳、坦桑尼亚、埃塞俄比亚、玻利维亚等 9 个国家的电力系统技术专家或高级管理人员。该培训班的举办，提高了华北电力大学知名度和影响力，加强了华北电力大学与发展中国家的电力技术交流，提供了国际交流与合作的广泛机遇。

（李 博）

【加拿大自然资源部能源研究中心 Haining Gao 研究员来访】5 月 27 日—6 月 1 日，加拿大自然资源部能源研究中心（CANMET ENERGY）Haining Gao 研究员来访，围绕增压富氧燃烧及污染物排放控制技术做了六场系列专题报告，与能源动力与机械工程学院师生展开研讨交流。此次学术交流增强了华北电力大学增压富氧燃烧课题组同世界相关领域顶级科学家的沟通与交流。

（李 博）

【美国 Prairie View A&M University 专家来访】5 月 13 日—6 月 11 日，美国 Prairie View A & M University 的 Yongpeng Zhang 教授来访，主要工作内容包括如下方面的学术讲座和研讨：先进过程控制策略；控制系统性能评价；余热利用过程控制系统建模与控制。Yongpeng Zhang 教授访问期间还积极指导研究生写作学术论文和指导研究生如何在国际会议上做学术报告。

（李 博）

【英国谢菲尔德大学教授来访】5月16日—6月13日，英国谢菲尔德大学 Qingchang Zhong 教授来校进行学术交流，为控制与计算机学院的师生作了一系列的学术讲座，内容包括：1）随机系统控制理论及应用；2）鲁棒控制算法；3）随机分布系统的鲁棒控制理论与应用；4）新能源接入智能电网的关键技术。Qingchang Zhong 教授还参与指导研究生写作学术论文和指导研究生如何在国际会议上做学术报告。

（李　博）

【海外名师项目美国专家来访】5月26日—6月3日，美国德州大学李伟仁教授来访。期间，李伟仁教授与华北电力大学电力系统及其自动化、风力发电等方向的相关研究人员就风电与并网领域方面的研究进行了深入交流，协助“新能源技术经济研究中心”建设。

（李　博）

【加拿大自然资源部能源研究中心专家来访】5月27日—6月1日，加拿大自然资源部能源研究中心（Canmet ENERGY）Haining Gao 研究员应能源动力与机械工程学院的邀请，来校进行了学术交流访问。围绕增压富氧燃烧及污染物排放控制技术，为能源动力与机械工程学院的教师与研究生，作了系列学术报告，进行了深入的学术交流。此次学术交流，开阔了师生的学术视野，激发了创新热情。使增压富氧燃烧课题组加强了同世界相关领域顶级科学家的沟通与交流，拓宽了增压富氧燃烧课题组的国际视角。

（李　博）

【加拿大曼尼托巴大学专家来访】5月28日—6月5日，应电气学院柔性电力所所长韩民晓教授的邀请，加拿大曼尼托巴大学电气与计算机工程专业 A. M. Gole 教授来校进行了为期9天的学术活动。通过参观、研讨、讲座等形式，在学术交流、科技合作和教育合作等方面取得了具体的成果，达到了预期的目标。Gole 教授在访问期间举行的讲座和研讨的主要内容包括：曼尼托巴大学介绍及其在电力系统领域的研究活动；电力系统电磁暂态仿真算法原理及模型实现；算例分析；HVDC 技术新进展。Gole 教授还就本科生 2+2 培养、交换生培养方面的问题与国际合作处和国家教育学院负责人进行了探讨，Gole 教授表示将努力促成合作培养计划的实施。

（李　博）

【莫斯科动力学院 Tarasov Alexander 先生来访华北电力大学】5月28日，莫斯科动力学院（以下简称“莫动”）国际事务处处长 Tarasov Alexander 先生，学生会主席 Zemnukhov Sergey 以及 Shi JingFang 女士来访。会上华北电力大学国际合作处处长刘永前介绍了华北电力大学的历史、现状。Alexander 先生谈到，华北电力大学近几年取得的成绩有目共睹，表示珍惜与华北电力大学的合作机会。刘永前表示，两校同属上合组织大学的成员，可以以此为契机，在此框架协议下开展多层次、多形式的合作。之后，双方就联合培养研究生项目进行了探讨。会谈结束之后，Alexander 先生一行参观了电气学院及控制与计算机学院实验室。

（李　博）

【高端外国专家项目瑞典专家来访】5月28—31日，瑞典皇家工程科学院院士、瑞典麦拉达伦大学 Erik Dahlquist 教授再次到访，为“生物质发电成套设备国家工程实验室”的师生进行了内容涉及生物质直燃关键技术、生物质高效热解气化技术、生物质高效热解炭化多联产技术、生物质厌氧转化技术、垃圾资源的高效利用技术等的系列讲座。

（李　博）

【海外名师项目英国斯莱斯克莱德大学专家来访】5月29日—6月19日，David Infield 教授来访与毕天姝教授讨论了共同建设国家新能源重点实验室的事项，与可再生能源学院刘永前教授共同确定了建立风电机组状态监测与故障诊断仿真中心的目标，制定了项目实施方案。David Infield 教授与 IET 中国办事处 Helen Ma 和 Stuart Govan 就华北电力大学在北京联合举办 2013 年 IET Renewable Power Generation 期刊年会：2013 在北京联合举办可再生能源发电国际会议（Renewable Power Generation），达成协议。指导博士生论文写作，帮助博士生总结研究工作并撰写论文提纲。

（李 博）

【澳大利亚莫纳什大学专家来访】6月，澳大利亚莫纳什大学 Lee Cheng Siong 教授来校工作1个月，协助完成了“电力行业突发事件应急管理系统及动态评价研究”项目的课题研究，与经济管理学院教师王永利联合发表了学术论文“Optimizing of Improved BP Neural Network Based on Genetic Algorithms in Power Load Forecasting”（EI 收录）。

（李 博）

【加拿大 Dalhousie University 教授来访】5月31日—6月16日，加拿大 Dalhousie University 的 Lei Liu 教授来访，参与了以下研究课题的工作：炼化企业电网及自备电厂中的发电机、变压器、电动机、泵等设备在静态、暂态、启动过程、谐波等不同分析角度的建模技术；针对给定电力系统及运行方式，通过采取最优化方法，合理配置设备运行状况，实现节能降损的技术；综合静态潮流、暂态仿真、网损分析、短路计算等分析手段，评估企业电网在多种典型运行工况下的安全稳定性及可能运行风险、设备风险，提高企业电网的安全可靠性。本次富有成果的合作为下一步在其他领域的合作研究打下了铺垫和基础。

（李 博）

【美国普渡大学专家来访】6月12日，应计算机系邀请，美国普渡大学计算机信息技术与图形系主任江科元教授来到计算机系进行学术交流。在学术交流会上，江教授介绍了其研究成果并就计算机系教师感兴趣的学术问题，如云计算、社交网站、网络数据管理等研究热点问题进行互动交流。

（李 博）

【加拿大里贾纳大学专家来访】6月21日—7月10日，加拿大里贾纳大学 Guanhui Cheng 博士来校进行为期20天的合作研究和科研指导工作。Guanhui Cheng 博士此次来访，主要针对“能源与环境耦合系统优化方法与技术开发”课题的技术难点和需要，开展了多个专题系列讲学和学术研讨，对解决课题中的实际问题起到了重要作用。

（李 博）

【加拿大里贾纳大学专家来访】6—7月，加拿大里贾纳大学的多位专家，包括 Shan Zhao 博士、Wei Sun 博士、Yurui Fan 博士、ZHong Li 博士、Xiuquan Wang 博士、Jiapei Chen 博士访问华北电力大学资源与环境研究院，就“能源与环境系统互动机理的系统辨识”和“能源与环境耦合系统优化方法与技术开发”等项目开展过程中遇到的困难和问题为课题组研究人员进行了多次讲座，为项目的研究指引了国际领先的技术和方法。

（李 博）

【加拿大戴尔豪斯大学专家来访】6月14日—7月17日，加拿大戴尔豪斯大学 Wenwen Pei 教授来校进行了为期34天的交流访问。期间，Wenwen Pei 教授全身心地参与到“水源地下水可视化污染控制中试模型的建立及修复技术研究项目”的具体研究工作中，提出了许多新的见解和思路，为项目的顺利完成起到了重要的促进作用。

（李 博）

【美国卡内基梅隆大学教授访问华北电力大学】6月17日，美国卡内基梅隆大学 Shi-Chune Yao 教授来校进行为期14天的学术交流访问。Shi-Chune Yao 教授通报了国际上在能源、流动与传热方面的前沿领域与研究现状；通报了美国相关高校在教学、科研管理与组织、研究生培养等方面的经验和相关机制；就微通道换热问题作精彩的报告，阐明了微通道传热中5个方面的重要问题及研究成果；就华北电力大学在工程热物理、热能工程、可再生能源利用等学科领域的现状和发展建言献策；对课题组研究生进行了详细指导，学生们受益匪浅；对课题组老师的研究方向提出了宝贵意见，澄清了科研中方向与课题、基础与应用等困扰研究者的几个重要问题。

（李 博）

【英国华威大学专家来访】7月，英国华威大学 Wang Jihong 教授率领英国华威大学教授、博士后、博士生一行6人来访，就新能源电力生产过程的非线性建模方法与我项目展开全面合作研究。主要成果为：1）火电厂球磨机的建模与控制问题。建立理论及实验仿真系统；2）深入研究大型超超临界发电机组的建模方法；3）风力发电系统及储能技术；4）联合申请了本年度的中国国家自然科学基金项目“多级分布预测控制及其在新能源电力系统控制中的应用”，已经获批。目前双方合作的论文*Modeling of a 1000 MW power plant ultra super-critical boiler system using fuzzy-neural network methods*已经被国际著名期刊 Energy Conversion and Management 接受。

（李　博）

【南洋理工大学教授来访】应控制与计算机工程学院与国际合作处联合邀请，新加坡南洋理工大学谢立华教授于7月1—9日和7月20—30日来华北电力大学进行了为期20天的学术访问与交流。访问期间谢立华教授与控制与计算机工程学院的教师和研究生就通讯受限多智能体系统中智能体动态和网络拓扑/通信数据率相互作用下的可趋同性问题、多智能体系统与网络控制的结合点、高水平论文的写作及发表、研究生培养及科研项目合作等问题进行了广泛、深入的交流和探讨。

（李　博）

【早稻田大学桥本周司一行来访】7月3日，日本早稻田大学副校长桥本周司、名誉教授浦野义赖、国际部东亚部长江正股、北京事务所所长向虎一行4人来访。杨勇平副校长接待了来访客人，从历史、现状、发展方向等方面介绍了华北电力大学。桥本校长介绍了早稻田大学发展现状，表示希望能以本次拜访华北电力大学为契机，建立起两校之间的合作伙伴关系。最后，双方在学生交流、教师互访、合作科研等方面达成共识，希望能很快签订两校间的合作协议，在不久的将来建立中日合作独立的办学机构，促进两校之间的长远发展。

（李　博）

【高端外国专家项目瑞典专家来访】7月5—11日，瑞典皇家工程科学院院士、瑞典麦拉达伦大学 Erik Dahlquist 教授来访，主持了“生物质发电成套设备国家工程实验室”研二学生的开题报告会，针对每位学生的开题报告内容，进行详细的点评，根据实验室已有的条件和资源，提出自己的意见，帮助每位研究生确定合适的研究方向并提出了预期成果。

（李　博）

【加拿大专家来访】7月9日—8月14日，加拿大 University of Northern British Columbia 的 Jianbing Li 教授来校进行为期35天的交流访问。在华电工作期间，Jianbing Li 教授全身心地参与“高海拔地区大型光伏电站功率预测技术”项目的研究，在电力系统运行方面常规的定量计算、针对炼化、冶炼等企业的电力系统安全和节能分析计算平台建设、无功优化配置、电网损耗分析、电网安全稳定性计算、电能质量、马达启动等具体计算在设备选型、炼化企业电力系统实时监控系统的构建等方面与课题组成员进行的交流和探讨，为项目取得突破性进展起到了重要的推动作用。

（李　博）

【纽卡斯尔大学专家来访】7月24日，澳大利亚纽卡斯尔大学董朝阳博士应电气工程学院马进教授邀请来校进行了为期5天的学术交流。董朝阳教授与华北电力大学教师深入探讨了目前广泛使用的实测负荷建模所存在的问题，研究了克服现有实测负荷建模问题的方法，充分讨论了国际大电网组织 C4.605 工作组“Modeling and aggregation of loads in flexible power networks”的工作报告，讨论了未来值得进一步深入研究及开展合作的方向，包括新能源接入及对电网的影响，电力系统低频振荡及其抑制机理，复杂能源系统优化运行等领域达成一致，准备开展深入的合作研究；董朝阳博士帮助修改综述文章“Overview of Existing Methodologies for Load Model Development”。

（李　博）

【新国立大学专家来访】8月30日—9月3日，新加坡国立大学 Vincent Tan 教授来访，就 Pseudo Amorphous Cell（PAC）方法的基础理论和该方法在3D摩擦学领域中的最新应用实例和可再生学院的师生进行了广泛而深入的探讨。

（李　博）

【麻省理工学院专家来

访】9月2—8日，美国麻省理工学院（MIT）Jeremy Gregory教授来访，针对生命周期分析方法学、模型开发、不确定性分析、生命周期评价软件的使用进行了学术讲座，对青年教师和研究生进行了指导，加强了麻省理工学院与华北电力大学在生命周期评价研究领域的交流与合作。

（李　博）

【完成援外培训项目“现代电力系统技术与运行培训班”】9月11日—10月10日，该项目为期30天，工作语言为英语，参加人数30人，学员为来自安提瓜和巴布达、乌干达、埃塞俄比亚、马拉维、巴勒斯坦、津巴布韦、马里、阿富汗、多米尼克、加纳、亚美尼亚、朝鲜、吉尔吉斯、智利、巴基斯坦等15个国家的电力系统技术专家或高级管理人员。

（李　博）

【犹他大学工程学院一行来访】9月11日，美国犹他大学工程学院副院长Eddings教授、化工系主席Lighty教授到环境科学与工程学院进行学术访问。两位教授就化石燃料在燃烧、气化过程中微细颗粒物的生成，大气细微颗粒物的源解析，细微颗粒物对健康和环境的影响几个方面做了精彩演讲。同时，他们也听取了环工系教授的报告，对课题组所开展的研究提出了中肯的意见和良好的建议，站在国际前瞻的角度，给出了有益的学术指导。

（李　博）

【加州DAVIS大学专家来访】9月14日，美国加州大学（University of California at Davis）的水资源管理专家Jay R. Lund来访。Jay R. Lund教授作了题为“Flood optimization applications in California”的学术报告，针对气候变化下的洪水问题，结合加州洪水特性，提出了一种的洪水风险管理方法。与他同行的David E. Rheinheimer博士也作了题为“Hydropower, climate warming, and environmental flows in the western Sierra Nevada”的学术报告。

（李　博）

【海外名师项目英国斯莱斯克莱德大学专家来访】9月16—26日，英国斯莱斯克莱德大学David Infield教授带领其博士生团队来华北电力大学为相关院系的研究生开设了一门课程，总计16学时，以国际风电科技前沿和发展趋势为导向，指导华北电力大学风电学科的科研和教学发展。

（李　博）

【南密西西比大学教授来访】9月16日—10月6日，美国南密西西比大学Sergei Nazarenko教授来校进行短期交流，对“氢能与燃料电池”项目的团队建设和研究进行了交流和指导。Sergei Nazarenko教授还为相关师生举办了3次燃料电池方面的学术讲座：1）Development of advanced polymeric materials with tailored proton conduction and methanol transport characteristics；2）Photo-polymerized sulfonated polyimide-based membranes for high temperature PEM fuel cells；3）PALS study of perfluorinated sulfonic acid membranes。

（李　博）

【海外名师项目美国专家来访】9月21—28日，美国德州大学李伟仁教授再次来访，参与指导“新能源电力系统”国家重点实验室建设，为华北电力大学电力研究院的师生作了“美国大学电气工程专业学生的素质培养”及“美国电气工程师的知识结构和能力要求”的讲座。

（李　博）

【神户大学教授来访】9月23—26日，日本神户大学教授Kenneth Ho（何鸿烈）博士来华北电力大学进行学术交流。期间与控计学院研究团队就“不确定需求下的新能源发电、电动汽车充电规划”等研究课题进行探讨，对华北电力大学相关专业教师和研究作了题为“老龄社会下人体健康状态监测感知不确定系统建模及其应用分析”的专题报告。

（李　博）

【日遗传算法专家来访】10月9—15日，日本模糊逻辑系统研究所首席研究员、国际著名遗传算法专家玄光男教授（Mitsuo Gen）来访。Mitsuo Gen教授就双方关心的异构编码多目标遗传算法及其应用的研究课题进行多次学术seminar讨论外，10月11日，Mitsuo Gen教授还为华北电力大学师生做了长达7个小时的专题报告，题目为“遗传算法新近进展及其在排序、电力系统网络重构规划系统的应用”学术报告。

（李　博）

【东京大学教授来访】10月15—29日，日本国立农业环境技术研究所所长、国际水田与水环境SCI英文杂志主编、日本东京大学教授、日本东京农业大学教授佐藤洋平教授来华北电力大学工程生态学与非线性科学研究中心进行学术交流，开展学术报告，考察国家水污染控制重大专项示范工程现场。经过为期两周的学术交流，中心师生与佐藤洋平教授进行了热烈的讨论，关于土地资源规划、近自然水环境工程、生态水力学等学科领域的前沿性问题进行了探讨。佐藤洋平教授为中心硕、博士研究生的科研成果进行了指导，提出改进建议。

（李　博）

【普渡大学代表团来访】10月16日，美国普渡大学盖莱默校区校长Thomas L. Keon及其夫人，以及校长协理周谦教授来访。校长刘吉臻会见了来访客人，会上刘校长对Keon校长的上任表示祝贺，谈到同普渡大学之间有着密切的合作关系，希望能在现有的良好合作基础之上扩大交流规模，创新合作模式，为更多的学生和教师提供更广阔的交流平台。Keon校长谈到，华北电力大学是Keon校长首次访问中国的第一站，此外，希望能在Keon校长的任期内，两校之间最后，Keon校长和杨勇平副校长就在商科领域联合培养本科生，以及共同培养研究生等项目交换了意见。

（李　博）

【高端外国专家项目瑞典专家来访】10月16—22日，瑞典皇家工程科学院院士、瑞典麦拉达伦大学Erik Dahlquist教授再次来访。期间，Erik Dahlquist教授具体指导实验室教师和研究生在生物质高效热解转化、有害废弃物高效焚烧等领域开展研究工作。

（李　博）

【加自然资源部能源研究所来访】10月17—19日，加拿大籍华人Lufei Jia来访，主要包括学术报告、和研究生面谈交流、实验室参观指导、北京校部学术交流。重点介绍了加拿大自然资源部能源研究所Canmet的CFBC富氧燃烧最新发展动态。

（李　博）

【法两教授来访】10月18日，法国Institut de recherches sur la catalyse et l’environnement de Lyon的Claude Descorme教授和Michele Besson教授来校交流，期间为研究生作了生物质转化和高效催化剂研制2个方向的学术报告，参观可再生能源学院生物质成套设备工程实验室。

（李　博）

【Adelaide大学教授来访】11月13—20日，澳大利亚Adelaide大学建筑学院院长George Zillante教授来华北电力大学做访问研究。此次来访旨在加强国际高等院校之间教学理念、教学经验的交流，探索高层次创新人才培养体系，推动两校合作研究的机会与渠道，有助于发展多种形式的科学研究模式，为华北电力大学开放办学搭建信息窗口和交流平台。

（李　博）

【斯特莱斯克莱德大学教授来访】11月18—21日，英国斯特莱斯克莱德大学电气与电子工程系教授William Leithead教授到华北电力大学控制与计算机工程学院进行学术交流和沟通。访问期间William Leithead教授介绍了国际风力发电的新技术、新挑战，英国新能源发展的战略及政策；风力发电故障诊断的主要理论和相应前沿技术；Strathclyde大学风能系统博士培养中心的研究方向等；并与控计学院教师座谈，讨论风力发电领域深层次的技术难点及解决方法。

（李　博）

【马德里理工大学代表团来访】11月19日，西班牙马德里理工大学Jose Luis Parra y Alfaro院长和该校Miguel Angel Munoz Garcia教授，以及西班牙新能源协会主席Rocio Hortiguela女士一同访问华北电力大学。华北电力大学国际合作处处长刘永前简述了两校合作至今学生交换项目方面的情况，Jose院长介绍了马德里理工大学，希望两校今后在教师交流及科研合作上取得更大的成就。会谈结束后，西班牙的客人参观了华北电力大学可再生能源的实验室，留下了深刻的印象。

（李　博）

【曼苏尔大学校长一行来访】11 月 21 日，埃及曼苏尔大学校长 Sayed Ahmed Abdel Khalek 校长、副校长 Magda Nasa 等一行 4 人来访华北电力大学。华北电力大学副校长孙平生会见了来访的客人，会上孙校长本校校的历史、现状和发展方向等方面做了介绍。Sayed 校长表示非常感谢和荣幸能够访问华北电力大学，介绍了曼苏尔大学的发展现状。孙校长表示，华北电力大学历来重视同埃及高校之间的合作，希望两校之间能加深了解，在彼此信任的基础上开展学生交换、教师交流、合作科研等方面的合作。

（李　博）

【海外名师项目美国专家来访】11 月 23—27 日，美国德州大学李伟仁教授来访，与电力研究院相关领域的带头人就联合开展风力发电与并网技术及其经济性评价与激励机制等领域的科学研究与技术开发进行了进一步的探讨。

（李　博）

【贾纳大学副校长一行来访】12 月 17 日，加拿大里贾纳大学副校长 Dennis Fizpatrick 一行来访，副校长孙忠权接见了来访客人。会上双方讨论了 2014 年即将在华北电力大学举行的华北电力大学、里贾纳大学、德州大学奥斯汀分校三校联办的国际会议，双方表示将积极参与到会议筹办中。Dennis 校长谈到，2012 年“沈括计划”已经取得良好的学术效果，2013 年将继续举办。在本科生交流层面上，双方就每年互换两名优秀本科生达成一致。两校就 2015 年共同承办华北电力大学、里贾纳大学、德州大学奥斯汀分校三校之间的本科生夏令营活动进行了简单策划和沟通。

（李　博）

【忠南大学 Moon Hee Han 一行来访】12 月 27 日，华北电力大学校长刘吉臻会见了韩国忠南大学绿色科技研究院院长，前韩国能源研究院的院长 Moon Hee Han，以及该研究生院纳米材料工程系主任 Jong-Hyeon Lee。刘校长谈到韩国在绿色能源方面，尤其是在核工程领域，取得了令人瞩目的成绩，Han 院长也肯定了华北电力大学在绿色能源领域的实力，双方表示希望加强科研技术之间的合作和交流。随后，Han 院长一行同华北电力大学国际合作处处长刘永前、可再生能源学院副院长李美成、核科学与工程学院副院长牛风雷进行了会谈。会谈中，双方介绍了各自学院的具体情况，在共同感兴趣的科研领域进行了深入探讨。最后，Han 院长代表忠南大学绿色科技研究院、李美成副院长代表华北电力大学可再生能源学院签署了合作协议。

（李　博）

校　企　合　作

■概述

2012 年，华北电力大学深入学习党的十八大精神，贯彻落实全国科技创新大会要求，以国家教育体制改革试点为重要抓手，在人才培养、科学研究、社会服务等方面全面引领学校的校企（地）合作工作，取得丰硕成果。

2012 年，华北电力大学成为中电联副理事长单位，校长刘吉臻当选为中电联副理事长，学校在行业领域重要事务上已发挥重要作用，进一步提升了学校在行业的影响力，也有力地推动了学校在更高的平台与层面上与行业核心企业在“2011 协同创新计划”等重大领域的合作。

2012 年，华北电力大学成功承办“2012 第六届高水平行业特色型大学发展论坛年会”，顺利完成了会议的各项工作，受到了参会领导及高校的一致好评，充分展示了学校的办学实力和管理水平，提升了学校在行业特色型大学中的影响力。

2012年，华北电力大学与大型企业以及地方政府开展了更为广泛的合作与交流，扩充了企业战略合作伙伴，扩大了战略合作平台的影响力。邀请国家核电技术公司党组书记、董事长王炳华访问学校；与中国广东核电集团签署战略合作协议；与中国科学院电工研究所、四川省电力公司、国网能源院等企业签署战略合作协议；与中电投核电有限公司签署战略合作框架协议并共建国家级核电工程实践教育中心；与国核电力规划设计研究院签署战略合作协议，共建华北电力大学—国核电力设计研究院研究生工作站、国家火力发电工程技术研究中心“华北电力大学—国核电力规划设计研究院联合实验室”；与摩托罗拉系统（中国）有限公司签署战略合作备忘并合作“中国可再生能源研究推进行动”项目。争取施耐德电气（中国）投资有限公司、魏德米勒电联接国际贸易（上海）有限公司在学校设立奖（助）学金。

2012年，华北电力大学积极创新校地合作模式与机制，搭建更为广阔的校地合作平台。策划推进学校与江苏南京、常州、四川成都市、双流县等地方政府的战略合作与联络；与北京昌平区政府有关部门进行多次交流，推动北京高科大学联盟入驻昌平事宜。

（吴良器）

■概况

2012年，华北电力大学校企（地）合作通过搭建平台与企业及地方政府签署战略合作协议20项，达成合作意向4项；共建研究生工作站3个，共建联合实验室2个，争取企业奖学金2项，共建实践教学中心1个。

（吴良器）

■条目

【与中国南方电网公司签署校企合作框架协议】3月7日，中国南方电网有限责任公司党组书记、董事长赵建国一行莅临华北电力大学，双方签署了校企合作框架协议。根据协议，双方将建立校企合作常态机制，进一步促进双方“十二五”期间在技术、人才、学术交流和科研基础条件等相关领域的合作与交流，积极推进双方全方位、深层次的合作。中国南方电网公司党组书记、董事长赵建国，学校党委书记吴志功、校长刘吉臻出席签字仪式。中国南方电网公司副总经理王良友、总经理助理兼人事部主任江毅、副总工程师兼南网科研院董事长余建国、南网专家委员会主任李立浧院士、办公厅主任于培双、人力资源部主任罗体承、生产技术部主任皇甫学真、生产技术部副主任薛武，学校领导张金辉、安连锁、李和明、李双辰、郝英杰、杨勇平、孙平生、孙忠权，校长助理张粒子、律方成参加签字仪式。杨勇平副校长主持签字仪式。刘吉臻校长和王良友副总经理先后发表讲话。签字仪式结束后，在刘校长等校领导和电气学院主要负责人的陪同下，赵建国董事长一行参观考察了学校新能源电力系统国家重点实验室、高电压与电磁兼容北京市重点实验室，听取了有关负责人的汇报，结合电力电网建设发展实际，深入了解学校在相关领域的课题设置和科研进展等情况，进一步同专业技术人员进行了探讨与交流。

（吴良器）

【与中国广东核电集团有限公司签署战略合作框架协议】3月9日，华北电力大学与中国广东核电集团有限公司签署战略合作框架协议，根据协议，双方将进一步加强沟通与交流，在更高、更广泛的层面开展紧密、实质性、战略性、全方位的合作。中国广东核电集团有限公司党组书记、董事长贺禹，学校党委书记吴志功，校长刘吉臻出席签字仪式。中国广东核电集团有限公司党组成员、副总经理谭建生，副总经理高立刚，投资发展部总经理李晓学，办公厅副主任王誉霖，中广核风力发电有限公司董事长陈遂，中广核太阳能开发有限公司总经理韩庆浩，中广核（北京）核技术应用有限公司副总经理冯毅，学校领导李和明、郝英杰、杨勇平、孙忠权出席签字仪式。杨勇平副校长主持签字仪式。刘吉臻校长和谭建生副总经理先后发表讲话。签字仪式前，刘吉臻校长与贺禹董事长在主楼贵宾厅进行了会谈。

（吴良器）

【与国网能源院签署战略合作框架协议】3月21日，华北电力大学与国网能源研究院在北京举行战略合作框架协议签署仪式。华北电力大学校长刘吉臻、副校长李和明、杨勇平，国网能源院院长、党组副书记张运洲，党组书记俞学豪，党组副书记、纪检组组长、工会主席牛忠宝，副院长胡兆光、蒋莉萍，总经济师李英、总工程师葛旭波出席签字仪式。李和明副校长和胡兆光副院长分别代表双方签署战略合作框架协议。签字仪式上，刘吉臻校长和张运洲院长分别发表讲话。根据协议，华北电力大学与国网能源院将重点围绕项目研究、人才培养等方面开展深入合作。

（吴良器）

【刘吉臻会见昌平区副区长周云帆】4月6日，校长刘吉臻会见了昌平区周云帆副区长一行。随同来访的有昌平区科委主任李万佰、沙河高教园区管委会主任刘子玉，专程来学校就如何进一步推动北京高科大学联盟入驻昌平听取刘吉臻校长的建议。党办校办主任汪庆华、校企合作办主任胡三高参加会见。双方就具体问题交换了意见，对未来的合作方式初步达成共识。在此次会谈的基础上，今后，双方将进一步加强合作，推动北京高科大学联盟早日入驻昌平。

（吴良器）

【与四川省电力公司签署战略合作框架协议】6月19日，国家电网四川省电力公司与华北电力大学、四川大学、武汉大学、西南财经大学、上海电力学院等五所高校在成都举行校企战略合作框架协议签署仪式。四川省人民政府副省长黄彦蓉，四川省电力公司总经理、党委副书记王抒祥，党委书记、副总经理刘勤及五所高校相关领导出席签约仪式，学校校长刘吉臻应邀出席。签约仪式上，王抒祥总经理与刘吉臻校长代表双方签署战略合作框架协议。根据协议，校企双方将在课题研究、项目开发、人才培养、技术交流等方面建立长效合作机制，打造多学科融合、多团队协作、产学研一体化的重大研发与应用平台，为中国电力事业的发展和进步提供更有力的技术支持和人才保障。刘吉臻校长发表讲话，他希望双方以本次合作为契机，强强联合，在特高压电网与先进输电技术、智能电网、电动汽车技术、新能源开发与利用等重要技术领域开展联合科技攻关，共建研发基地与平台；同时，进一步加强高层次创新人才培养与电力新技术教育培训等合作。与会高校领导还在公司领导的陪同下参观了公司技术技能培训中心实训基地、四川电力调度中心。

（吴良器）

【与中电投核电有限公司签署战略合作框架协议】6月26日，中电投核电有限公司与华北电力大学举行战略合作框架协议签署仪式，以及双方共建的国家级核电工程实践教育中心揭牌仪式。中电投核电有限公司总经理严嘉鹏，中电投山东核电有限责任公司副总工程师张初明、中电投核电有限公司总经理助理兼办公室主任丁云峰、中电投核电有限公司生产技术与培训处处长吴卫、中电投山东核电有限责任公司人力资源部经理李克忠，学校副校长安连锁，教务处处长柳长安、校企合作办公室主任胡三高、核科学与工程学院院长陆道纲、卓越工程师办公室副主任刘彦丰，出席签署仪式。签署仪式由胡三高主持。仪式上，严嘉鹏总经理、安连锁副校长先后致辞，代表双方签署合作协议。仪式结束后，严嘉鹏总经理从日本福岛核事故的原因分析与思考、中国坚持安全高效发展核电、核电发展人才是关键、中国核电发展情况简要介绍等方面，为学校师生作了《后福岛再看核电发展》的专题报告。

（吴良器）

【教育部检查学校国家教改试点项目执行情况】9月28日，华北电力大学国家教育体制改革试点项目及“三重一大”决策制度执行情况专项检查工作汇报会举行。检查组全体成员，学校领导吴志功、安连锁、李双辰、郝英杰、孙平生、孙忠权、王增平，党委常委、组织部部长张天兴，校长助理、学科办主任律方成，校长助理郭孝锋参加会议。会议由党委书记吴志功主持。安连锁副校长作《华北电力大学国家教育体制改革试点项目工作情况汇报》。安连锁副校长对“改革行业高校校企合作模式与机制”与“电力行业高水平大学创新人才培养模式改革”两个国家教育体制改革试点项目的总体目标、改革措施、工作成效、工作思路等进行了汇报。汇报会后，检查组查阅了学校教育体制改革试点项目及“三重一大”决策制度执行情况的相关资料。9 月 28 日，检查组分别组织教育体制改革试点项目座谈会和“三重一大”执行情况座谈会，就两项检查内容分别与学校有关部门和学院负责人、教师代表等进行了座谈。

（吴良器）

【与摩托罗拉公司签署战略合作备忘】11 月 27 日，华北电力大学与摩托罗拉系统（中国）有限公司战略合作备忘签署仪式暨“中国可再生能源研究推进行动”项目启动仪式在华北电力大学举行。摩托罗拉系统（中国）有限公司中国区总裁兼董事长蒋浩，学校党委书记吴志功在仪式上发表讲话并代表双方签署备忘。摩托罗拉系统（中国）有限公司政府事务部总监高琳、市场部总监潘益、销售经理谢诚、企业业务市场经理杨舜，学校党校办、财务处、教育基金会、校企合作办公室、研究生院、科学技术研究院、党委研究生工作部等部门主要负责人参加仪式。仪式由校企合作办公室主任胡三高主持。本着校企合作、资源共享、优势互补、共同发展的原则，双方今后将在联合建立校企联合研究生工作站、研究生创新创业中心等方面创新机制，并就进一步合作的议题保持沟通。仪式结束后，蒋浩董事长一行参观学校新能源电力系统国家重点实验室。

（吴良器）

【国家核电技术公司董事长王炳华来访】11 月 30 日，国家核电技术公司党组书记、董事长王炳华一行访问华北电力大学。学校校长刘吉臻与王炳华董事长进行了亲切会谈，双方就中国核电发展的现状与前景、校企合作、科技创新等领域进行了深入的交流与洽谈。王炳华董事长、刘吉臻校长还出席了国核电力规划设计研究院—华北电力大学战略合作协议签约仪式，共同为华北电力大学—国核电力设计研究院研究生工作站、国家火力发电工程技术研究中心“华北电力大学—国核电力规划设计研究院联合实验室”揭牌。学校副校长杨勇平、国核电力规划设计研究院院长徐潜在仪式上先后致辞，副校长安连锁与国核电力规划设计研究院党委书记戴晰臣签署战略合作协议。签字仪式以后，王炳华董事长为学校师生作了题为《中国核电创新与发展》的报告。王炳华董事长从当前国内外核电发展的形势、中国第三代先进核电技术的发展、共建核电重大科技专项创新体系三个方面进行了阐述。刘吉臻校长对王炳华董事长的报告给予了高度评价。他希望广大学子能够在服务国家能源电力事业的进程中，将自身的人生目标和努力方向，与国家、民族的事业联系起来，在献身于国家、民族事业的过程中实现人生的价值。国家核电技术公司首席信息官、办公厅主任郭宏波，国家核电技术公司人力资源部主任李慧杰，国核电力规划设计研究院院长徐潜，国核电力规划设计研究院党委书记、副院长戴晰臣，国家核电技术公司办公厅副主任李建伟，以及国核电相关部门负责人，学校副校长安连锁、党委副书记郝英杰、副校长杨勇平和有关部门、院系负责人，参加了会谈、签约仪式并听取了报告。

（吴良器）

【承办第六届高水平行业特色型大学发展论坛年会】12 月 12 日，由华北电力大学承办的“第六届高水平行业特色型大学发展论坛年会”在北京举行。28 所教育部直属高校以及通信、电力行业的主要领导汇聚一堂，围绕“行业·大学的相互支撑与共同发展”主题，共同探讨了行业特色型大学如何在贯彻十八大精神的进程中实现内涵式发展、如何更好地服务创新型国家建设、如何服务和引领行业发展等议题。教育部部长助理、党组成员林蕙青，中兴通讯股份有限公司副总裁兼中兴通讯学院院长曾力，中国电力企业联合会秘书长王志轩，教育部科技司司长王延觉，28 所行业特色型大学的主要领导，新华社、《人民日报》《中国教育报》《科技日报》等媒体，参加论坛。教育部部长助理、党组成员林蕙青发表重要讲话，指出本届论坛的主题契合了当前高等教育改革发展的实际，对探讨新形势下的产学研合作问题具有非常重要的现实意义，就高等院校特别是行业特色型大学如何深入贯彻落实十八大精神和《教育规划纲要》，推进内涵式发展，提出了几点意见。教育部科技司司长王延觉作了题为《“2011计划”工作进展》的报告。学校党委书记吴志功致欢迎辞，学校校长刘吉臻作题为《依托 服务 引领 超越——对高水平行业特色大学发展定位的战略思考》的报告，对新形势下高水平行业特色大学的发展定位，这一具有重大战略意义的命题，进行了阐述。对外经济贸易大学党委书记王玲作题为《协同创建创新型高校，合力推进开放型经济》的报告、北京交通大学校长宁滨作题为《立足行业特色推动协同创新培养行业领军人物》的报告、华东理工大学副校长钱锋作题为《历史与现实的必然：大学与行业的相互支撑与共同发展》的报告。在大会发言阶段，中国药科大学党委书记徐慧、中国石油大学（北京）党委书记蒋庆哲等高校负责人先后发言。大家对新形势下行业特色型大学如何适应国家、社会、行业对高等教育新的需求，如何在中国全面建设小康社会、实现中华民族伟大复兴的进程中发挥应有的作用，如何把握好现今难得的战略机遇期、更好地发挥在各自行业的引领作用，进行了探讨。北京邮电大学党委书记王亚杰作大会总结。本届论坛取得了丰硕的成果。

（吴良器）

校理事会工作

■概述

2012 年，华北电力大学进一步加强了与理事单位的交流与合作，争取了理事单位的持续、更大支持，实现了更深层次的融合，有力助推高水平大学建设。

2012 年，华北电力大学理事会工作按照理事会章程开展，主要工作有：与中国南方电网公司签署校企合作框架协议，开展了深入的合作；与中国华电集团公司、中国国电集团公司开展科技、人才培养等方面的合作与交流；邀请理事单位领导出席校友返校日活动；支持理事单位智能电网及新能源创新建设等。

2012 年，华北电力大学依托中电联与理事会平台，与以理事成员单位为主体的电力行业企业保持了密切的联系，在人才培养、科学研究等方面进一步加强了合作，在共建科研平台、科研合作、联合人才培养、奖学金等方面取得了丰硕的成果。

（吴良器）

■概况

2012 年，华北电力大学与理事成员单位签署校企合作协议 1 项，开展科技与人才合作 3 项，邀请理事单位领导参加学校重大活动 1 项。

（吴良器）

■条目

【刘吉臻会见赵建国】 3 月 7 日，华北电力大学校长刘吉臻会见中国南方电网有限责任公司党组书记、董事长赵建国一行。刘吉臻介绍了学校国家重点实验室、“973 计划”项目等情况。他表示，学校在国家创新体系建设和科教兴国战略中，任重道远，肩负着促进国家经济社会发展的责任，国家当前正在转方式、调结构，希望双方在历史和传统合作的基础上，抓住天时、地利、人和的大好时机，在能源电力发展和电网运行的多源互补、广元协同、安全高效等方面，更加密切、深入、全方位地进行有效合作，开展协同创新，为公司和学校的共同进步和发展发挥更大的作用。赵建国董事长希望通过签署校企合作框架协议，双方在专业技术、经济、管理、人才培养等方面，展开更为广泛、更加深入的合作，为中国电力和南方电网的安全、可靠、绿色、经济运行和可持续发展作出贡献。南方电网将在运用信息化技术改造和整合传统电网、推动技术进步等方面寻求学校的支持。

（吴良器）

【刘吉臻出席中电理事长工作会】4月22—23日，中国电力企业联合会2012年第一次理事长工作会议在无锡召开。刘吉臻校长在会上作了发言，指出在新的形势下，学校将继续加强与行业企业的合作，充分发挥大学科技、人才优势，通过协同创新，大力开展与中国能源电力工业发展密切相关的基础研究、前沿技术研究以及重大战略研究，为中国能源电力的持续、健康发展提供更大、更好的支撑作用。会议期间，江苏省委书记罗志军、省长李学勇等省委、省政府领导，无锡市委、市政府领导分别会见了与会的领导。会议期间举办了国家电网公司特高压成果展览。

（吴良器）

【理事单位领导出席校友返校日活动】5月20日，华北电力大学举行“情牵母校 共创辉煌”校友返校日大会、首都科技条件平台华北电力大学研发实验服务基地项目对接签约仪式、学校“校友创新创业研发中心”揭牌暨校企合作签约仪式。学校党委书记吴志功、校长刘吉臻，国家电力监管委员会副主席史玉波，中国国电集团公司党组成员、副总经理张成杰，中国电力企业联合会秘书长王志轩，中国电力企业联合会顾问、北京校友会理事长王永干，国家电网公司总经理助理卢建，中国电力投资集团公司总工程师袁德，国网能源开发公司党组书记、副总经理魏建国，学校党委副书记李双辰，副校长杨勇平、孙平生出席活动。会议由校友会常务副理事长、副校长李和明主持。在“校友创新创业研发中心”揭牌暨校企合作签约仪式上，学校党委书记、基金会理事长吴志功和国家电力监管委员会副主席、校友会名誉理事长史玉波为“校友创新创业研发中心”揭牌。

（吴良器）

【与华电集团举行科技合作座谈】6月12日，华北电力大学与中国华电集团公司举行科技合作座谈会。学校校长刘吉臻，中国华电集团公司党组成员、副总经理邓建玲参加会议并讲话。中国华电集团公司科技环保部主任张东晓，工程技术与物资管理部主任周顺宏，科研总院副院长肖克勤、张国远，学校科技处、重大办、校企合作办、电气与电子工程学院、能源动力与机械工程学院、控制与计算机工程学院、可再生能源学院、核科学与工程学院、国家火力发电工程技术研究中心、生物质发电成套设备国家工程实验室等单位主要负责人参加会议。各学院、研究中心、工程实验室主要负责人分别介绍了所在单位的科研工作情况。参会人员就今后双方合作的领域、方式等问题进行了交流。

（吴良器）

【刘吉臻出席中电联第二次理事长会议】12月9日，中国电力企业联合会2012年第二次理事长会议、第五届理事会第四次常务理事会议、2012年电力企业高峰会在北京召开。华北电力大学校长刘吉臻作为中电联副理事长出席会议并讲话。刘吉臻校长在发言中指出，随着传统化石能源开发利用所带来的环境污染、以及新能源、清洁能源的开发利用，未来中国能源电力的发展将面临着极大的机遇与挑战。中电联作为全国电力行业协会，应该义不容辞地、更加主动地、更加前卫地、更加权威地来发挥自己的独特作用。华北电力大学作为电力行业高层次人才培养和科学研究的重要基地，将积极地全力以赴地发挥自己的微薄力量，为中国电力事业的发展作出自己新的贡献。

（吴良器）

校友联络工作

■概述

2012年，华北电力大学校友工作成功完成了“情牵母校，共创辉煌”校友返校日活动，设立了“校友创新创业研发中心”，有效促进了校企合作进程。一年来，校友工作办公室紧密围绕学校的中心工作和发展大局，坚持“三个有利于”的原则，充分发挥校友会“一家一桥一平台”的作用，努力做好“三个服务”，锐意进取，开拓创新，在组织建设、校友联谊、校友奖助金、校企合作、平台建设等方面中开展了大量意义深远、影响重大的工作，较好完成了年度工作任务。

（彭　伟　水志国）

■概况

2012年，华北电力大学共组织、接待大型校友返校活动30余次，接待校友近3000人次；印发校友杂志2期，对外寄送材料近10000份；接收校友捐款和项目合作共计3622.90万元，发放校友奖助金60万元，奖助人数300人；组织相关人员参加各种培训及交流活动6次；积极向上级投送稿件，被《高校校友工作》简报刊登20余则报道。

（彭　伟　水志国）

■条目

【内蒙古校友会召开一届三次理事会】1月7日，华北电力大学内蒙古校友会第一届理事会第三次全体会议在呼和浩特举行。北京校友会理事长王永干、华北电力大学副校长李和明、校长助理律方成、校友工作办公室主任聂国欣、内蒙古校友会理事会成员、校友代表出席了会议。会议审议通过4名副理事长、3名名誉副理事长、18名理事、3名副秘书长、10名名誉理事的提名，确立了校友会相关章程。同时，华北电力大学与内蒙古电力（集团）有限责任公司呼和浩特供电局签订了培训协议。

（彭　伟　水志国）

【海南校友会召开三届三次年会】2月4日，华北电力大学海南校友会在海南博鳌召开了海南校友会三届三次大会。海南省电力系统内外的校友共115人参加了大会。会上，吴清理事长作了2011年度海南校友会工作报告，通报了校友会理事会2012年一批校友履新情况，汇报了校友会2011年度经费使用情况，通过了对海南省华北电力大学校友会章程修改和校友会理事会理事增补及调整审议。此次大会海南校友会共增补理事14人，调整理事3人。

（彭　伟　水志国）

【北京校友会举行新春联谊会】2月5日，华北电力大学北京校友会理事会在北京召开了以“校友家园好　华电情谊深”为主题的2012年新春联谊会。校领导刘吉臻、张金辉、李和明、李双辰、杨勇平、孙平生，校长助理律方成、党校办主任汪庆华、校友工作办公室主任聂国欣等出席了联谊会。出席联谊会的还有北京校友会理事会特邀校友、兄弟校友会代表、北京校友会代表、特邀代表等。联谊会总结了2011年取得的喜人成果并寄望2012年争创新辉煌。

（彭　伟　水志国）

【宁夏校友会召开换届大会暨新年团拜会】2月14日，华北电力大学宁夏校友会换届大会暨2012新年团拜会在银川召开。宁夏校友会理事会成员、校友代表共约50人出席了会议。宁夏电力公司总经理、新一届校友理事会名誉理事长崔吉峰到会并致辞，校友会秘书长刘亚鹏主持会议并宣读了校友总会贺信。大会选举并审议通过新一届校友理事会名誉理事长、理事长、副理事长、理事、秘书长、副秘书长、秘书名单。

（彭　伟　水志国）

【举行金太阳示范工程项目座谈会】3月22日，李和明副校长会见了来访的北京校友会理事长、中国电力企业联合会顾问王永干校友一行，就校企合作、校友活动、基金会等工作进行座谈。会上，何振英校友就华北电力大学“金太阳示范工程”项目进行了详细的介绍。李和明副校长表示学校将会全力配合好此项工作的推进。会后，党委书记吴志功会见北京校友会一行，与校友们就协同创新、凝练项目、互补双赢等问题进行交流与探讨。

（彭　伟　水志国）

【举行 2012 届毕业研究生校友工作座谈会】3 月 28 日，华北电力大学举行 2012 届毕业研究生校友工作座谈。李和明副校长，研究生工作部、校友工作办公室相关负责人，校友李广涛以及 2012 届各研究生毕业班班干部等参加了座谈会。这是学校第一次在毕业生中探索建立有组织、有机制和有模式的一项活动，座谈会旨在于构建应届毕业生和各地校友会之间的及时、畅通的沟通平台。

（彭　伟　水志国）

【部分校友会负责人来校调研】4 月 25 日，部分高校基金会、校友会负责人来华北电力大学调研基金会、校友会工作。来访的人员有西北农林科技大学校友会胡安劳常务副秘书长，张红亮副秘书长，教育发展基金会刘义仓秘书长，大连海事大学校友事务与合作处于奕宁副处长，中国石油大学教育基金会高红副秘书长。华北电力大学基金会陈兆江秘书长，校友会聂国欣秘书长及相关工作人员接待了来访一行。

（彭　伟　水志国）

【电力系 1988 级校友举行毕业 20 年周年座谈会】4 月 30 日，电力系 1988 级校友举行毕业 20 周年座谈会。副校长李和明、副书记李双辰，校长助理律方成，电力系 1988 级的校友们参加了本次座谈会。本次聚会，电力系 1988 级校友共向学校捐助了 20 万元的校友奖助金。

（彭　伟　水志国）

【泰科电子（上海）有限公司来校访问】5 月 7—9 日，泰科电子（TE）公司亚洲区技术总监杨立章先生、产品管理高级经理杨邵波先生、能源事业部项目经理刘京京女士来华北电力大学访问。副校长李和明、校长助理律方成会见了来访一行，与相关部门、院系负责人一起与来访人员就奖助学金、合作项目等进行了座谈。

（彭　伟　水志国）

【城电 1989 班毕业举行 20 周年座谈会】5 月 12 日，城电 1989 班举行毕业 20 周年座谈会。校党委副书记李双辰，城电 1989 班班主任、任课老师以及校友参加了座谈会。通过这次座谈会，校友们不仅了解了学校的发展情况，加深了感情交流，同时彼此间的联系也愈发紧密。

（彭　伟　水志国）

【校友会副理事长杨昆赴美看望校友】5 月 15 日，华北电力大学校友会副理事长、国家电监会首席工程师杨昆校友看望了在多伦多的校友。一起座谈交流的校友有华北电力大学加拿大校友会会长孙晓东、副会长黄良玉、前会长余荣生及校友包志勇、陈建勤、牛建华等。

（彭　伟　水志国）

【校友应邀参加创业成功校友访谈会】5 月 17 日，机械 1988 级校友、北京昊蓬机电设备有限公司总经理刘君业应邀参加 2012 届毕业生“情牵母校”系列活动开幕式暨创业成功校友访谈会。校长助理郭孝锋，学生处、宣传部、教务处、校友办、研究生院、团委、各院系领导以及毕业班辅导员出席了本次开幕式。刘君业校友与在校学弟学妹们分享了创业心得与体会。刘君业校友多年来一直以各种形式回馈母校，激励在校学弟学妹，为母校的发展奉献着自己一份力量。

（彭　伟　水志国）

【机械系 1988 级校友聚会】5 月 19 日，华北电力大学机械系 1988 级校友聚首母校，纪念毕业 20 周年。校友们体验食堂、参观校园、重回宿舍、师生座谈。19 日下午，机械系 88 级校友举行毕业 20 周年座谈会。校长助理律方成，机械系、工程训练中心相关负责人、部分任课老师参加了座谈会。

（彭　伟　水志国）

【举办校友返校日活动】5 月 20 日，华北电力大学举行“情牵母校，共创辉煌”校友返校日活动。当天上午，校友返校日大会、首都科技条件平台华北电力大学研发实验服务基地项目对接签约仪式、华北电力大学“校友创新创业研发中心”揭牌暨校企合作签约仪式在主楼礼堂隆重举行。下午，主楼礼堂又召开了校友返校日学术报告会。本次仪式上共有12 家校友企业与学校签署了校企合作协议，协议金额4050万元，此次活动充分发挥了校友会、华电研发实验服务基地、校友创新创业研发中心的桥梁和纽带作用，推进了学校与地方、企业的协同创新，实现了校友与母校的共同发展，为高水平大学建设作出了更大的贡献。

（彭　伟　水志国）

【校友沈抖博士返校交流】5 月 24 日，应学校邀请，华北电力大学 97 级计算机专业校友、华北电力大学美国校友会秘书长、数据挖掘及在线广告专家、CityGrid Media 公司资深技术总监沈抖博士来华北电力大学访问交流，为研究生作了题为“拓展国际视野、务实科研精神、点燃创业激情”的讲座。此次讲座将国际先进理念与技术带进了校园，拓宽了在校学生的视野。

（彭　伟　水志国）

【新疆校友理事会换届】5 月 30 日，华北电力大学新疆校友会理事会换届大会在乌鲁木齐召开，华北电力大学副校长李和明，校友工作办公室主任聂国欣，新疆校友会理事会主要负责人出席了会议。中组部援疆干部、兵团组织部援疆办主任吕双旗应邀也出席了新疆校友会换届活动。会议一致通过新疆校友会章程和新一届校友会理事会组成名单。华北电力大学 20 余家各地校友分会也发来贺信、贺电。

（彭　伟　水志国）

【应邀参加部联合性社团评估指标及标准座谈会】6 月 29 日，民政部民间组织服务中心组织召开了全国联合性社团评估指标研讨会，华北电力大学校友会应邀参加了研讨会。7 月 12 日，华北电力大学校友会参加了教育部办公厅社团办举行的联合性社团评估指标及标准座谈会。参加座谈会的校友会代表对评估指标体系及校友工作经验进行了交流和探讨。

（彭　伟　水志国）

【校友会理事长刘吉臻看望各地校友】2012 年暑期工作期间，华北电力大学党委书记吴志功、校友会理事长刘吉臻校长及相关部门负责人一起利用参加会议、走访考察的间隙，分别看望了湖南、广东、内蒙古、湖北等四地校友会的校友代表。

（彭　伟　水志国）

【江西校友会召开二届三次理事会】8 月 25 日，华北电力大学江西校友会在南昌召开了二届三次理事会，校友会重要成员及各地市校友代表参加了会议。会议审议了校友会年度工作报告，增补了一名副理事长，观看了华北电力大学2011 年十件大事纪录片。

（彭　伟　水志国）

【学校在迎新期间首次设置校友联络处】8 月 23 日—9 月 1 日，华北电力大学在迎新现场首次设置校友联络处。校友工作办公室制作了校友风采展板、校友工作宣传板，发放了校友杂志、宣传材料和纪念品，向学生宣传了校友会，展示了华北电力大学杰出校友风采。此外，北京校友会和保定校友会派校友代表来现场共同迎接新生。在迎新期间设置校友联络处是 2012 年学校迎新工作的一个创新之举，体现了学校对校友工作的重视和支持，同时增强了学生的校友意识，扩大了校友会的影响。

（彭　伟　水志国）

【信息 9802 和 9803 班校友聚会】9 月 14 日与 22 日，华北电力大学信息 9803、9802 班校友相约从全国各地返回母校，举行毕业十周年聚会。聚会期间，校友们欢聚一堂，共叙师生情谊。校友工作办公室为校友们协调住宿用餐等事宜，向校友们赠送了《华电校友》杂志和纪念徽章等。

（彭　伟　水志国）

【举行回眸青春情义永恒校友返校聚会】10 月，华北电力大学发电 1978 级，热动、热自、仪表、集控、计算机、企管、机械、通信、环工、电力、电自、电气、高压、供电 1998 级等 500 余名校友先后举行聚会活动，纪念毕业 30 周年和 10 周年。聚会期间，校友们举行了校园参观、座谈会、聚餐合影、足球友谊赛等活动，回眸青春岁月，重温大学生活。

（彭　伟　水志国）

【参加中国高等教育学会校友工作研讨会】10 月 31 日—11 月 2 日，华北电力大学校友会参加中国高等教育学会校友工作研究分会第十九次会员研讨会并作论文交流。研讨会在山东省科技馆学术报告厅举行，200余所高校的300多位代表出席大会。研讨会期间，校友会人员与山东校友会副理事长石金宝、秘书长赵军等校友代表等一起交流校友工作的心得与体会。

（彭　伟　水志国）

【华北电力大学校友出席中国共产党十八大代表大会】 11月，中国共产党第十八次全国代表大会上，华北电力大学岳曦、王淑玲、李小鹏、孙正运、李庆奎、王抒祥等校友作为十八大代表，现场聆听了胡锦涛的报告，根据自身实践对国事、民生提出了建设性建议。

（彭　伟　水志国）

【惠州校友会举行校友座谈会】 11月4日，华北电力大学惠州校友会举行校友座谈会，广东校友会副理事长、惠州校友会主要领导及部分校友共同参与了本次座谈会。座谈会上，惠州校友会理事长谢育新主持汇报了校友会开展活动情况，各位校友做了深入的互动交流。

（彭　伟　水志国）

【举办蔡永胜校友书画个展】 11月10日，由华北电力大学北京校友会主办、电力1982级校友鼎力推出的蔡永胜书画个展在保定市博物馆隆重举行。石家庄市收藏协会会长李小晟、社会各界企业家精英、华北电力大学领导、校友会及广大书画爱好者参加了开幕式。

（彭　伟　水志国）

【刘君业校友为机械系学生颁发北京昊蓬机电奖（助）学金】 11月23日，华北电力大学机械系学年度学风表彰大会暨北京昊蓬机电奖（助）学金颁奖典礼顺利召开。校党委副书记、副校长张金辉、校长助理郭孝锋，校友工作办公室主任聂国欣，北京昊蓬机电设备有限公司总经理、机械1988级校友刘君业等相关领导为获奖学生和教师颁发了获奖证书。本次昊蓬机电奖助学金共奖励教师2名、研究生5名、本科生24名。

（彭　伟　水志国）

【携手奥运冠军重走绿色电力长征路】 11月29日，世界体操冠军陈一冰“做自己的冠军”主题讲座暨“绿色电力重走长征路”资助仪式在华电主楼礼堂成功举办。学校领导、相关部门、兄弟高校代表以及部分师生参加了本次活动。校党委副书记郝英杰、奥运冠军陈一冰、北京兆瑞恒科技发展有限公司总经理杨兆静校友、团委书记林长强、基金会常务副秘书长王子杰、校友会秘书长聂国欣，共同为“绿色电力重走长征路”调研团队颁发了公益基金。

（彭　伟　水志国）

【信息9801班校友聚会】 12月1日，华北电力大学信息9801班校友重聚母校，举行毕业10周年聚会。聚会期间，校友们参观了校园和曾经的宿舍，在学生食堂用餐，回忆美好时光，重温大学生活。

（彭　伟　水志国）

【颁发校友奖助金】 12月4日、6日，华北电力大学2011—2012学年度学生评优表彰大会隆重召开。会上，学校领导宣读了各项表彰决定和奖励名单，为获奖学生及学生代表颁奖，这是“校友奖助金”自2008年设立以来第4次颁发给在校学生，共有300名在校校友获得“校友奖助金”，共计60万元。北京四方继保自动化股份有限公司副总裁、电力1981级高秀环校友，广东校友会副理事长、南方电网综合能源有限公司党组成员、副总经理、发电1981级曹重校友，英大长安保险经纪有限公司总经理助理兼北京英大长安风险管理咨询有限公司总经理、1988级吕阳校友，神华国华电力研究院首席专家、热自1988级张秋生校友，辽宁省电力有限公司营销部副主任、计算机1991级胡博校友和“电力电子新春奖助金”出资人石新春老师等出席了此次大会。表彰大会后，校友代表与获奖学生代表进行了亲切友好的座谈交流。

（彭　伟　水志国）

【参加电力书法作品展】 12月5日，由中国电力书法家协会主办，神华集团国华电力公司、广东粤电集团公司等电力企业协办的“全国第三届电力书法作品展”活动在首都军事博物馆拉开帷幕。来自各大电力企业的书法家、书法爱好者、新闻媒体、华北电力大学师生代表参加了展览会开幕式。

（彭　伟　水志国）

【举行中电加美奖学金签

约仪式】12 月 12 日，华北电力大学举行“中电加美奖学金”签约仪式。中电加美奖学金”由北京中电加美环保科技股份有限公司设立，公司董事长为华北电力大学财会 1988 级杨媛校友。中电加美奖学金奖励可再生能源学院新能源科学与工程专业（原应用化学专业）、水文与水资源工程专业以及能动学院热能与动力工程专业的优秀学生。

【校友殷立返校开展访谈活动】12 月 22 日，华北电力大学热动 1977 级殷立校友回母校参加“理想的明天——生涯人物访谈”活动，分享个人成长、成功的人生历程。此次活动由校友会和能源动力与机械工程学院共同主办。

（彭　伟　水志国）

基金会工作

■概述

2012 年是华北电力大学教育基金会具有突破发展的一年。这一年，学校教育基金会采取有效措施，构建筹投资新模式，募集资金额度迅速增加，各项工作均取得了可喜成果。

2012 年，学校教育基金会自觉加强自身建设，逐步健全组织机构，制定各项规章制度，规范基金项目运作流程，加大信息公开力度，夯实基金会发展基础，使基金会步入迅猛发展的快车道。

（史雪霏）

■概况

2012 年，北京华北电力大学年度收入合计 34706196.00 元，其中，实际到款 22932300.00 元，其他收入 62949.30 元。年度支出合计 761.17 万元，其中：业务活动成本 747.08 万元，管理费用 10.94 万元，筹资费用 3.15 万元。本年公益事业支出占上一年基金余额的比例为 56.97%，工作人员工资福利和行政办公支出占本年支出比例的 1.44%。教育基金会在本年度对外投资项目两项，均为持有股权，持有科诺基（北京）国际能源技术有限公司 10%股权；投资 900 万元，购买山西清大普华矿业有限公司 9%股权。教育基金会在募集资金到款基础上，申报 2010 年度和 2011 年度捐赠收入财政配比，实际批准配比资金 1309 万元。

2012 年，教育基金会召开理事会 2 次，召开专项投资会议 1 次，组织全校性调研活动 3 次，接受各界捐赠 35 次。基金会成立了投资委员会，设立道纪忠华专项基金。教育基金会以北京市民政局开展对基金会评估工作为契机，自觉加强内部建设，在组织机构捐赠流程、制度建设、财务管理、项目执行、项目监督、办公环境、宣传报道、信息公开、网络宣传等方面全方位加大建设力度，使基金会工作更规范。

（史雪霏）

■条目

【举行四次教育基金会研讨会】4 月 6—28 日，北京华北电力大学在北京校部和保定校区召开了 4 次大学与大学基金会共同发展系列研讨会。研讨会分 3 个议题:“大学基金会发展与高水平大学的关系”;“学科、科研与大学基金发展的关系”;“教育学院与大学基金发展的关系”。基金会理事长、学校党委书记吴志功，基金会副理事长雷应奇、孙平生、李和明，党委副书记张金辉，各院系院长、主任和主管科研的副院长、副主任及有关职能处室等 50 余人参加了研讨会。

（史雪霏）

【基金会召开首届理事会五次会议】6 月 14 日，华北电力大学教育基金会第一届理事会第五次会议在主楼 D216 召开。基金会理事长、学校党委书记吴志功，基金会副理事长雷应奇、孙平生、李和明，基金会各位理事及相关工作人员参加会议。经过讨论，会议审议通过了《2011 年度业务计划执行和财务决算报告》《2012 年度业务计划和经费预算报告》（草案）、《北京华北电力大学教育基金会资产投资管理办法》(审议稿)、《成立资产投资管理委员会》(审议稿)、《新疆电力高层次人才培养基金》(讨论稿),会议还审议通过了褚景春理事不再任职、增补胡三高为理事的议案。会上,与会人员对还处于发展初步阶段的华北电力大学教育基金,如何进一步完善自身的各项规章制度、如何学习借鉴先进的运行理念、如何发挥其在学校建设发展过程中的应有作用等问题进行了讨论。

(史雪霏)

【教育基金会成立资产投资管理委员会】为了有效利用各类捐赠资产,使基金会资产投资合法、有序进行,规避资产投资风险,保证基金会的资产安全,6月14日,基金会成立资产投资管理委员会。根据国务院《基金会管理条例》与《华北电力大学教育基金会章程》相关规定,对拟投资项目进行调研论证,决定基金会投资项目,实现基金会资产的保值与增值。

(史雪霏)

【教育基金会设立新春奖(助)学金】7月6日,华北电力大学石新春教授与教育基金会签署协议,决定将个人积蓄人民币100万元整捐赠给华北电力大学,设立"电力电子新春奖(助)学金"。用于奖励品学兼优的学生,资助家庭经济困难的学生。

(史雪霏)

【教育基金会获紫金智业(北京)投资公司大额捐赠】9月,紫金智业(北京)投资有限公司决定捐赠给北京华北电力大学教育基金会1000万元人民币整。捐赠款主要应用于相关科研项目、出版物、各项国内外学术交流活动、北京华北电力大学教育基金会保值增值投资收益的相关工作及项目、人才培养、学生教师发展的奖学金与奖励金等方面。

(史雪霏)

【教育基金会成立道纪忠华专项项目"】9月20日,北京华北电力大学教育基金会道纪忠华专项项目第一届第一次理事会于华北电力大学召开。会议决定由王子杰、胡光宇、李进宝3人任理事职务,组成道纪忠华项目理事会,其中,胡光宇任理事长。道纪忠华基金项目资金用于华北电力大学人文社会科学发展、体育事业发展、国内外交流与会议、学术著作发表等方面。一期资金用于能源电力教育及领导力学科建设。

(史雪霏)

【教育基金会第一届理事会召开投资专项会议】10月9日,北京华北电力大学教育基金会第一届理事会投资专项会议召开。基金会理事长吴志功,副理事长雷应奇、孙平生,监事齐向军,基金会各位理事及相关工作人员参加了会议。基金会副理事长孙平生代表北京华北电力大学教育基金会资产投资管理委员会向理事会介绍了相关投资项目,各位理事就投资项目的前景、风险与收益进行了分析与讨论,最终投票表决通过。

(史雪霏)

【与摩托罗拉系统(中国)有限公司签署战略合作备忘】11月27日,华北电力大学与摩托罗拉系统(中国)有限公司战略合作备忘签署仪式暨"中国可再生能源研究推进行动"项目启动仪式,在华北电力大学举行,华北电力大学党委书记、基金会理事长吴志功、党校办、财务处、教育基金会、校企合作办公室、研究生院、科学技术研究院、党委研究生工作部等部门主要负责人、摩托罗拉系统(中国)有限公司政府事务部总监高琳、市场部总监潘益、销售经理谢诚、企业业务市场经理杨舜以及学校研究生代表,参加仪式。

(史雪霏)

【举行中电加美奖学金签约仪式】12月12日,华北电力大学举行了"中电加美奖学金"签约仪式。校党委副书记郝英杰和北京中电加美环保科技股份有限公司董事长杨媛签订了奖学金协议书。"中电加美奖学金"由北京中电加美环保科技股份有限公司设立,公司董事长为华北电力大学财会1988级杨媛校友。中电加美奖学金奖励可再生能源学院新能源科学与工程专业(原应用化学专业)、水文与水资源工程专业以及能动学院热能与动力工程专业的优秀学生。每年出资15万元,协议期为3年。

(史雪霏)

【教育基金会设立"安徽省电力公司奖助学金项目"】12月,安徽省电力公司与华北电力大学教育基金会签署协议，决定使用“国家电网爱心基金”向北京华北电力大学教育基金会捐资人民币 60 万元整，用于在华北电力大学设立“安徽省电力公司奖助学金”。此奖助学金适用于《安徽省电力公司爱心基金及对外捐赠管理办法》，奖助学金用于奖励品学兼优且家庭经济困难的学生。

（史雪霏）

CONSTRUCTION OF SCHOOLS, INSTITUTES AND DEPARTMENTS

○ 综 述

2012年，华北电力大学院系部建设围绕“十二五”发展规划、“211工程”三期建设验收、国家重点实验室和中心的申报与建设、“教学名师”评选、“优势学科平台”工作、迎接党的十八大等开展工作。

2012年，学校电气与电子工程学院完成“211工程”三期项目“基于广域同步信息的复杂电网保护与控制”、“电磁环境效应与超导电力技术”的建设任务，成功通过正式验收。学院通过教育部和外专局组织的“111”引智基地“大电网保护与安全防御学科创新引智基地”评估，进入第二期建设阶段。电气工程专业国家级实验教学示范中心申报成功，使得华北电力大学电气与电子工程学院在国家级教学平台建设方面，实现了战略性的重点突破，为“十二五”期间又好又快发展奠定了坚实基础。学院深化教育教学改革，优化师资队伍，加强基层学术组织建设，积极探索人才培养新途径，取得一系列教学成果。获北京市教学成果一等奖1项、二等奖1项，获“十二五”期间“高等学校本科教学质量与教学改革工程”建设项目1项，获北京市精品教材1部，13位首批课程建设负责人正式聘任，实践型卓越工程师计划试点班正式在电气2011级中选拔成立。2012年学院本部党总支获北京高校先进基层党组织；学院本部获得校级就业工作先进集体，电力工程系、电子与通信工程系获得校级学生工作先进集体。

2012年，学校能源动力与机械工程学院的热与动力工程专业综合改革试点项目获教育部批准，为热动专业卓越工程师计划的实施提供有力支撑；《动力工程概论》《泵与风机》获评为“十二五”国家级规划教材；《理论力学》获评为北京市高等教育精品教材；《动力工程》获批为国家级精品资源共享课；北京市支持中央在京高校共建项目（教育教学改革）等省部级以上教改项目3项；北京市高等教育教学成果一等奖2项。高丹老师获得校教学优秀特等奖，魏高升、陈正荣、何成兵、滕伟、于刚、李宝让老师获校级教学优秀奖；热能与动力工程国家级教学示范中心通过验收，金工实训中心建设按照计划开展。同时积极组织学生参加大学生创新性实验计划和学科竞赛项目，获北京市、国家级奖励（项目）30多项。

2012年，学校经济与管理学院在教学、科研、学科建设、培训、MBA教育等方面取得可喜成绩。乌云娜教授获评2012年“北京市师德先进个人”称号。乌云娜教授获评教书育人先进个人称号，张兵仿老师获评管理、服务育人先进个人称号。学院人才队伍建设、科学研究取得了重大突破。牛东晓教授获得长江学者特聘教授并问鼎2012中国管理科学奖(学术类)。牛东晓教授和乌云娜教授提出的重点研究课题列入国家自然科学基金委重点项目指南。《Nature》网站和《Nature Climate Change》发表专文对牛东晓教授的相关成果进行评论并给与充分的肯定。学院三大检索文章205篇。科研总经费再创新高，2012年经费5580万，该指标在全国经管院中名列前茅。张兴平教授获得教育部新世纪人才称号；获北京市教学成果奖二等奖1项。北京市精品教材1本。正式出版中国电力行业“十二五”规划教材2本，正式出版的其他教材3本。发表教学研究论文18篇。指导工程专业学生获全国“土木工程优秀毕业生”1名。国际化工作取得重要进展，学院首次在加拿大主办国际学术会议。与国外一流大学知名教授进行6次学术交流与合作。学院学风、教风建设和学生科技创新工作效果显著。经济与管理学院团总支获得2012年暑期社会实践校级优秀组织奖；经济与管理学院团总支获得2011—2012年度“红旗团总支”称号；经济1003班、经济

1101班获评2012年北京市“先锋杯优秀团支部”；经济1003班获评2012年北京市“先进班集体”；经济1003班、经济1101班、研经管1012班、研经管1013班和研经管1114班获2010—2011学年度校级“先进班集体”称号。学院组织学生参加各类科技竞赛，获北京市、国家级奖励60余项。学院对全日制硕士学位论文的管理工作进行优化，加强专业性审查。对全日制硕士生及在职硕士生学位论文试行全盲评阅，论文整体质量得到提升，获校级优秀博士论文2篇，校级优秀硕士论文4篇。学院MBA教育发展迅速，获得2012年“中国MBA特色院校”、毕业生任龙强、陈立忠同学获得2012年“MBA成就奖”荣誉称号、闫庆友教授当选2012年“MBA杰出教授”。取得了2012尖峰时刻案例比赛的团队二等奖、个人一等奖。MBA上缴学校经费380余万元。

2012年，学校控制与计算机科学学院成功获批控制科学与工程北京市一级学科重点学科，9月获得控制科学与工程博士后科研流动站。由刘石教授牵头负责的“智能化分布式能源系统创新引智基地”获批“高等学校学科创新引智计划”（简称“111计划”），该基地是学校继“大电网保护与安全防御引智基地”、“煤的清洁转化与高效利用引智基地”之后获批的第三个创新引智基地。保定校区计算机系，取得“电力信息化与网络安全”二级学科博士点，组织申报“计算机科学与技术”一级学科博士学位授予权。国家级规划教材《新编C语言程序设计教程》、北京市精品教材各2部出版。获得校级教学成果一等奖各两项，两人分别获校级教学成果二等奖各1项；8位老师获得2011—2012年度学校教学优秀奖；陈菲获得华北电力大学十佳班主任称号，10位教师获得优秀班主任称号。13门专业主干课程通过学校“433”核心课程建设验收，其中《过程参数检测及仪表》验收为校级精品课程。8门课程验收为优秀核心课程。“十二五”质量工程取得新的进展。一项教学建设项目获北京市教委建设立项。国家级、省部级平台已形成稳定的科研方向和较强的科研实力，基本建立了科研可持续发展的格局。完成三期“211”工程重点建设的各项任务并验收。建设完成“热力过程测控新技术”，“基于网络的电站控制设备与系统”以及“复杂系统建模与仿真”项目。此外，对外交流与合作成效明显，共聘请了多位国外知名学者到学院进行交流合作，共12位骨干教师获得国家外专局外国文教专家重点项目资助。

2012年，学校人文与社会科学学院队伍建设工作取得显著成效。完成领导班子换届，成功引进胡光宇教授，进一步强化了学院整体科研水平，有力提升了学院的整体实力；学院科研团队成就突出，总体取得可喜的成绩，完成科研经费280.7万元，超额完成任务，完成率达到了128%；学院教学工作、国际交流、培训工作取得新突破。学院老师申报的课程成功入选教育部2012年第一批精品视频公开课建设计划，学院教学工作取得重大突破，也实现了学校同类项目零的突破。学院诉讼法专业获得河北省教育厅重点学科立项。学院国际合作交流工作取得新进展。派出赴美访问学者1名，赴澳大利亚访问学者1名，赴加拿大访问学者1名，以姚建平副教授为首的团队，在学校支持下与加拿大里贾纳大学建立了科研合作关系，启动了科研项目，实现了学术互访。2012年，该学院培训工作历史性突破。学院利用专业优势积极开拓培训市场，合同金额达到70余万元，展现了良好前景；学院积极组织学生参加各项科技、文体、创新性竞赛，获得多个奖项。法学专业获得了北京市模拟法庭大赛一等奖；中文专业连续两年进入北京市人文知识竞赛前6名，获得了与传统名校同台竞技的机会。广告学专业在第十四届全国大学生设计“大师奖”中首次荣膺金奖。

2012年，学校外国语学院进一步深化大学英语教学方法与模式的改革，继续实行分级教学，为已通过四级考试的学生开设了雅思听力、口语、英美概况等语言技能及文化类提高课程。学生的英语水平不断提高，2012年大学英语四级通过率再创优秀，校部一次性通过率为92%，其中，18个班级的通过率达到了100%；校区四级通过率为93.08%。校部完成了《学术目的英语（EPA）教学探索》等3个校级教改项目，发表了教改论文4篇。《大学英语》（A，1—4级）、《大学英语》（B，1—4级）获得校级精品课程。组织了学校"英语文化节"活动，组织学生参加了全国大学生英语竞赛、英语演讲比赛等多项高规格的学科竞赛，营造了浓厚的校园英语学习氛围，丰富了校园英语文化生活。其中刘岩老师指导的2011级王岩希同学获第四届北京市大学生英语演讲比赛三等奖。在2012年全国大学生英语竞赛中，校部教师指导的7名学生获北京赛区非英语专业一等奖。在2012"外研社杯"全国英语演讲大赛中，由校区祖林等教师指导的2010级王苏鑫同学获评河北省英语专业一等奖、全国英语演讲大赛二等奖，2010级许嘉韵同学获河北省英语专业三等奖，另有3名学生分获河北省非英语专业二、三等奖。外国语言文学一级学科首次参加教育部学科评估。校部继续完善了现有的两个二级学科和翻译硕士点建设。教学成果显著，校部康建刚负责的"大学英语分级教学改革与实践"、李海燕负责的"网络超媒体多元评价体系与英语学习者自主性的培养"、校区张莉负责的"创新英语教学理念，跨文化人文素养领先"分别获得2012年学校教学成果奖二等奖。积极开展科研工作。学院鼓励教师进行科研项目的申报，先后申请省部级以上及中央高校基金项目14项。本学年度在各类刊物上共发表论文257篇，其中核心期刊26篇，校区有1篇论文被ISTP检索收录，有8篇论文被ISSHP检索收录；专著2部；签定纵横向科研项目16项，科研合同到账金额70.20万元。校区张莉负责的《可持续发展视野中的英语听说学习能力培养模式研究》获第七届河北省社科基金项目优秀成果三等奖。

2012年，学校数理学院数学建模竞赛指导团队指导参加数学建模竞赛的学生代表们，获得2012年全国研究生数学建模竞赛一等奖1项，二等奖8项，三等奖7项；全国大学生数学建模竞赛全国一等奖1项，全国二等奖7项，北京市一等奖9项，北京市二等奖12项。"工科研究生矩阵论课程的教学研究与实践"（项目负责人：邱启荣）和"数学建模竞赛在创新型人才培养中的促进作用"（项目负责人：潘志）获华北电力大学教学成果奖二等奖。杨晓忠教授负责的《数值分析A》课程获华北电力大学优秀核心课程。签定纵横向科研项目13个，其中纵项13项，实现科研合同金额共计433万元，纵向科研经费433万元。其中，有13项国家自然科学基金，4项国家自然基金面上项目，7项国家自然基金青年项目，1项国家自然基金数学天元基金项目，1项国家自然科学基金专项基金科学部主任基金。完成数学实验创新基地建设项目，新增一批机器、4个实验软件和数学实验创新平台建设。完成物理创新实验基地及演示实验室建设，为学生参加各级实验竞赛和创新大赛（如挑战杯等）提供了实验场所。数理系（保定）科研成果显著，共发表各类文章136篇，其中SCI 32篇，EI 25篇，ISTP1篇。姜根山教授获批国家自然基金面上项目《大型电站锅炉状态监测中的声学感知与诊断方法研究》；张国立教授获批河北省自然基金面上项目《模糊多目标非线性优化方法研究》；阎占元副教授获批河北省高等学校科学技术研究项目《环境对介观电路系统特性影响的研究》。获批1项教育部修购基金《数理系本科专业实验实践平台建设》。孔令才、刘敬刚、张坡、张亚刚等教师指导参加的美国国际大学生数学建模竞赛获得国际一等奖1项、国际二等奖8项、成功参赛奖6项；数学建模指导团队指导学生在全国大学生数学建模竞赛获得国家一等奖2项；国家二等奖2项的优异成绩；教材建设成绩显著：《数值分析》《数学方法及应用》《模糊数学基础及应用》《现代应用数学基础》相继公开出版发行；继续推进"班主任名师制度"，巩固和深化了育人名师效应，营造良好的育人环境。继续以考研促就业效果显著，2008级考研上线率达到48.15%，其中信息0801班达到63.80%，连续5年保持全校第一。积极鼓励学生参与教师项目 12 项，拥有 7 项专利与软件著作权，在科技创新比赛中取得了显著成绩，其中国家级奖项 3 项，省部级以上奖项 6 项。

2012 年，学校环境科学与工程学院在本科及研究生教学、学科建设、科研、师资队伍建设、学生及党建工作等方面取得了较好的成绩。赵毅教授带领的科研团队申报成功 2 项“国家高技术研究发展计划”（即国家“863”计划），实现了学院在此领域的新的重大突破，为学院学科及科研工作奠定了坚实的基础。成功引进教育部“长江学者奖励计划”及国家“千人计划”特聘专家肖惠宁教授，实现了高层次人才引进工作的重大突破；汪黎东副教授入选教育部“新世纪优秀人才支持计划”；“化学工程”、“工业催化”两个硕士点专业实现招生；华北电力大学环境科学与工程学院与加拿大里贾纳大学合作成立中加能源环境与可持续发展研究所；赵毅教授代表作为三方主办单位之一的华北电力大学，参加了在加拿大班芙举行的题为“变化世界的水、能源及气候安全”国际会议。本科生在大学生英语竞赛、大学生挑战杯等国家级比赛中均有所斩获。

2012 年，学校可再生能源学院围绕着学院的 7 个主要研究方向，通过校外引进、自主培养等多种方式，新增教师 7 人，使学院总体师资规模达到 85 人。特别是在高层次人才引进和培养方面取得一定进展，从新加坡南洋理工大学引进张永哲博士，新增教育部新世纪人才 1 人、博士生导师 5 人，教授 1 人、副教授 6 人，进一步提升了学院教师队伍的整体质量和科研能力。学院科研工作的再创新高。多项国家级重大项目获得批准，全年实现科研经费 5967.98 万元。徐进良教授获得教育部高校科研优秀成果奖自然科学一等奖，张锴教授获得二等奖。学院年度共获批国家自然科学基金项目 16 项，获批科研经费 938.60 万元，其中获批面上项目 5 项，青年基金项目 9 项，国际合作项目 2 项。学科与科研平台建设取得进展，生物质发电成套设备国家工程实验在平台建设方面，完成大型试验台架的设计和制造 3 台套，在建 2 台套；完成大型仪器和仿真软件的采购 5 套，通过国家认监委实验室资质认定。在研究与开发方面，实验室新增纵向项目 17 项，完成企业委托项目 10 余项；出版著作一部。学院学生工作成绩斐然。组织学生参加竞赛获国家级奖 9 项，省部级奖 6 项，校级 3 项，其中获得一项国家级一等奖的好成绩。在创新性实验计划方面，成功立项 17 项。2012 届本科生就业率为 97.14%，其中 2008 级考研率为 32.14%，较学校平均考研率相比高出 11.96 个百分点，实现考研率四连冠。研究生就业率 100%。

2012 年，学校核科学与工程学院与国家核电有限公司软件中心共同申报“国家能源核电软件重点实验室”获批，实现学院省部级重点实验室零的突破；学院与中电投核电有限公司签署战略合作协议，“国家级工程实践教育中心”正式挂牌，为“卓越工程师”人才培养提供了良好的实践环境；获批为“高等学校本科教学质量与教学改革工程”建设项目示范点，成为首批国家级专业综合改革示范点，获得国家建设经费 150 万元，极大地促进了核学科的发展。学院“大电力学科体系下‘核—动—电’三位一体‘工程型’核电人才培养模式及实践”教学成果获得学校教学成果特等奖，获得北京市教学成果二等奖；科研方面，学院年度科研经费 1500 万，达建院以来最高水平；学院与上海交通大学等高校联合申报核电“2011 计划”，草签合作协议，使学院技术研究能力始终保持在国内一流高校的行列。师资队伍建设方面，学院“核电学科师资培养专项计划”正式启动。对外交流与合作方面，参与了欧盟第 7 框架：堆内 SCWR 辐照实验回路设计，获得国防科工局支持（24 万元）；参与 IAEA 全球公募 CRP 项目：快堆系统软件分析软件比对（6000 美元），实现了学院在国际重大项目合作上历史性的突破，提高了大学及学院的国际知名度。学生工作方面，组织参加科技竞赛获佳绩，赵京昌同学获数学建模美国赛二等奖；张亮同学获全国大学生数学建模竞赛国家级一等奖；

付玉同学获北京市物理竞赛三等奖；宋明强同学获首都机械设计大赛三等奖；张希颖同学获全国大学生英语竞赛三等奖；方晓璐同学获北京市节能减排大赛二等奖。

学院继续加大实验室建设力度，振动台实验室、环境放射性取样与监测实验室相继投入使用。振动台实验室可以模拟地震条件下，各种核电设施的抗震能力，进行核设施抗震分析、抗震鉴定等。环境放射性取样与监测实验室主要服务于本科生教学。目前有环境放射性测量设备3台，可以对采集的空气、土壤、水样品进行放射性监测。两个实验室的建成，将为学生提供更加完善的实践教学平台，进一步优化学科建设体系，促进核学科的飞跃发展。

2012年，学校孔子学院工作获殊荣。埃及苏伊士运河大学孔子学院获得2012年国家汉办优秀孔子学院称号；西肯孔子学院17位汉办教师获得肯塔基州教师资格证书。

2012年，学校国际教育学院来华留学生招生工作取得新进展，招生结构进一步优化。合作伙伴大学数量以及招生规模继续扩大。学院进一步改革中外合作办学招生工作，规范工作流程，细化工作环节，提高招生工作质量。教学管理工作主要在制度建设和推动教学科研方面下功夫。形成了多项国际教育学院教学管理制度。学校教学改革继续推进，2010年在学校教务处立项的6项教改项目完成。其中《结构功能相结合的理工类留学生汉语教学与实践》项目获评学校教学成果奖二等奖，火月丽的《汉语综合》课程和贾林华的《中国概况》课程通过了2012年度华北电力大学核心课程验收。赵焕梅老师获本年度学校教学优秀奖；在语言留学生中进行教学质量调查中，火月丽、赵焕梅、濮擎红、周志香等4位老师被评为“最受留学生欢迎的教师”。共承办了7个短期来华留学生项目，包括由商务部主办的援埃塞俄比亚风电和太阳能发电规划项目培训班，由国务院侨办主办的“寻根之旅——相约北京”海外华裔青少年春令营、海外华裔青少年夏令营和由中国华文教育基金会主办的海外华裔青少年北京“语言实践行——金辉春令营”等华文教育项目、以及美国西肯塔基大学孔子学院夏令营、埃及苏伊士运河大学孔子学院夏令营、2012韩国笑篮教育夏令营。继续作为HSK的考点之一，组织留学生参加国家汉办组织的HSK考试工作。学院继续建立健全留学生医疗保障体系和改革留学生生活补助发放方式，使来华留学生医疗和生活保障问题得到妥善解决。

2012年，学校体育教学部工作主要任务为教学、高水平运动队训练、群众性体育活动开展和科学研究四方面。积极进行体育教学改革，加强教学管理和师资队伍建设，不断改进体育教学方法和手段，进一步提高了学生体育方面的创新能力和实践能力，学生在各类体育赛事中取得多项佳绩。团体赛中，华北电力大学代表队获京都念慈庵杯北京大学生篮球超级联赛女子篮球赛冠军；千雪同学参加第八届中国黄山国际登山大赛获得女子青年组冠军，获评迎客松奖杯。孙腊梅同学参加北京马拉松赛获得女子全程马拉松亚军，为学校赢得荣誉。

2012年，学校政教部以提升教学质量为己任，努力提高教学水平；在科研工作方面积极创新，不断提升科研水平；努力改善办学环境及条件，加强思想政治教学环境建设；充分发挥思想政治理论课在华北电力大学德育教育中的主阵地、主渠道作用，各方面工作取得显著成效。成立人文社科与政教党总支，撤销人文与社会科学学院党总支、思想政治理论课教学部直属党支部；成立法政与政教党总支，撤销法政系党总支、思想政治理论课教学部（保定）直属党支部。在师资队伍建设方面，分别从北京大学、南开大学引进两位博士，使师资力量进一步扩大，教学科研能力进一步增强。政教部积极组织部门教师的职称评聘和年轻教师的学历提升工作，组织教师进修、参加各种培训，共派出5名教师参加北京市、河北省哲学社会科学骨干教师研修班的学习。

电气与电子工程学院

■概述

2012年，华北电力大学电气与电子工程学院完成了“211工程”三期项目“基于广域同步信息的复杂电网保护与控制”、“电磁环境效应与超导电力技术”的建设任务，成功通过正式验收。学院通过教育部和外专局组织的“111”引智基地“大电网保护与安全防御学科创新引智基地”评估，进入第二期建设阶段。

2012年，该学院电气工程专业国家级实验教学示范中心申报成功，使得华北电力大学电气与电子工程学院在国家级教学平台建设方面，实现了战略性的重点突破，为“十二五”期间又好又快发展奠定了坚实基础。学院深化教育教学改革，优化师资队伍，加强基层学术组织建设，积极探索人才培养新途径，取得一系列教学成果。2012年获北京市教学成果一等奖1项、二等奖1项，获“十二五”期间“高等学校本科教学质量与教学改革工程”建设项目1项，获北京市精品教材1部，13位首批课程建设负责人正式聘任，实践型卓越工程师计划试点班正式在电气2011级中选拔成立。

2012年，该学院本部党总支获北京高校先进基层党组织，学院本部获得校级就业工作先进集体。

（刘春磊）

■概况

院长：王增平

（2012年9月28日免）

常务副院长：李庚银

（2012年9月28日任命）

书记：孙凤杰

2012年，华北电力大学电气与电子工程学院在北京设有学院本部，在保定校区设有2个系，电力工程系、电子与通信工程系。学院现有1个国家级重点学科、4个省部级重点实验室。学院设有1个博士后科研流动站，7个博士学位授权专业（电机与电器、电力系统及其自动化、高电压与绝缘技术、电力电子与电力传动、电工理论与新技术、电气信息技术、电力经济），其中电力系统及其自动化具有一级学科博士学位授予权，10个学术型硕士学位授权专业（电机与电器、电力系统及其自动化、高电压与绝缘技术、电力电子与电力传动、电工理论与新技术、电路与系统、电磁场与微波技术、通信与信息系统、信号与信息处理、农业电气化与自动化），2个专业学位硕士学位授权专业（电气工程、电子与通信工程）、8个本科专业（电气工程及其自动化、通信工程、电子信息工程、电子科学与技术、电子信息科学与技术、电力工程与管理、农业电气化与自动化、智能电网信息工程）。

2012年，该学院有中国工程院院士1人，国家杰出青年科学基金获得者1人、国家百万千人才计划2人、中科院百人计划1人、教育部新世纪优秀人才2人。

2012年，该学院本部有教职工188人，其中，专任教师150人（教授50人、副教授59人，具有博士学位的教师为66%）、有实验技术人员24人、党政及管理人员15人。2011年，学院本部共引进师资9人，其中从海外引进7人（1人为教授博导，整建制从海外引进科研团队1个），有3人出国进修。2012年，电力工程系有教职工130人，其中，专任教师100人（教授22人、副教授26人，具有博士学位的教师为57.80%）、有实验技术人员19人、党政及管理人员11人。2012年电力工程系新增博士学位教师5人，引进师资2人，有3人出国进修。2012年，电子与通信工程系有教职工72人，其中，专任教师54人（教授10人、副教授13人，具有博士学位的教师为50%）、有实验技术人员10人、党政管理人员9人。2012年电子与通信工程系新增博士学位教师1人。

2012年，该学院本部毕业1191人，其中博士研究生29

人、硕士研究生299人、在职工程硕士110人、普通本科生739人；学院本部招生1132人，其中博士研究生66人、硕士研究生406人、普通本科生656人；学院本部在校生3969人，其中，博士研究生146人、硕士研究生1143人。本科生就业率为97.80%，硕士研究生就业率为99.12%，博士研究生就率为97.06%。2012年，电力工程系毕业学生758人，其中博士研究生1人，硕士研究生225人，普通本科生532人；电力工程系招生671人，其中硕士研究生236人，普通本科生435人；电力工程系在校生2645人，其中，博士研究生2人，硕士研究生671人，普通本专科生1972人。本科生的英语四级一次通过率为95.38%，本科毕业生一次就业率为98.50%，研究生毕业生一次就业率为100%；本科考研报名143人，考研率为16.13%。2012年，电子与通信工程系毕业学生189人，其中，硕士研究生54人，普通本科生135人；电子与通信工程系招生227人，其中，硕士研究生76人、普通本科生151人；电子与通信工程系在校生778人，其中，硕士研究生213人，普通本专科生565人。本科生的英语四级一次通过率为95.45%，本科毕业生一次就业率为98.12%，研究生毕业生一次就业率为98%。

2012年，该学院本部设有132个学生班级，大二接收转专业学生55人，其中院内转专业22人，院外其他专业转入33人，设有辅导员岗位7个（其中副书记1人），其中正式编制5个、聘任2个。2012年研究生共发表学术论文900篇，其中22人获省部级以上奖励。2012年，电力工程系设有85个学生班级，其中实验班5个，设有辅导员岗位5个，其中4个为正式编制；学生获得各类省部级奖励140人次。2012年，电子与通信工程系设有26个学生班级，设有辅导员岗位3个，均为正式编制；学生获得各类省部级奖励15人次，180余人次获得校级奖励。

2012年，该学院教师承担普教本科生课程195门、函授生课程266门次、单独英语授课30门，总共225门，266个门次。开设实践环节255周学时，开设研究生课程84门，完成教学2432学时。2012年，电力工程系开设研究生课程37门，完成教学1104学时；开设本科生课程144门次，完成教学5840学时；实践环节60门次，184周学时。2012年，电子与通信工程系开设研究生课程28门，完成教学948学时；开设本科生课程70门次，完成教学4632学时；实践环节23门次、63周学时。

2012年，该学院本部拥有研究所14个，新增1个智能网络技术研究所，另有工程实践中心1个、电工电子实验教学中心1个。学院本部拥有实验室13个、学生实习基地19个、科技研究（创新）基地2个。2012年，电力工程系拥有教研室7个、研究所9个、实验室6个、学生实习基地16个。2012年，电子与通信工程系拥有教研室3个、实验室2个、学生创新实习基地1个。

2012年，该学院本部签订纵横向科研项目292项，其中纵向47项、横向245项，实现科研合同金额共计15511.99万元，其中纵向科研经费4306万元，横向科研经费11205.99万元；共发表核心期刊以上论文631篇，其中SCI收录57篇，EI收录392篇，核心期刊和国际会议收录182篇；共获得专利授权62项，其中发明专利28项，实用新型34项；举行学术交流会38次，其中国外专家学术交流会32次，国内专家学术交流会6次；在科研工作方面共获得各类奖项20项，其中省部级奖励18项，地市局级奖励2项；获省部级鉴定1项。

2012年，该学院电力工程系签订纵横向科研项目80个，其中纵向19项、横向61项，实现科研合同金额共计4111.90万元，其中纵向科研经费1047.07万元，横向科研经费3064.85万元；其中国家863”计划项目子课题3项，国家自然科学基金获得资助8项，河北省自然基金4项，中国电机工程学会电力青年科技创新项目1项，河北省高等学校科学技术研究项目2项，河北省重点实验室项目1项，国家电网公司科学技术项目1项；2012年中央高校基本科研业务费项目获资助11项（青年培养4项、面上项目5项、重点项目 1 项重点平台项目 1 项）；共发表核心期刊以上论文402篇，其中三大检索收录203篇（SCI 10篇、EI 189篇、ISTP 2 篇），国际学术会议论文 62 篇，中文核心期刊论文51篇。电力工程系举行学术交流会 6 次，其中国外专家学术交流会5次，校内1次。2012年，省级鉴定1项，获得河北省科技进步奖2项，2012年申请国家发明专利33项，实用新型专利31项，申请计算机软件著作权登记5项。2012年获授权发明专利8项，实用新型专利7项，计算机软件著作权9项。

2012年，该学院电子与通信工程系纵横向科研项目 17 项，实现科研合同金额共计552.63万元，其中横向科研经费497.63万元、纵向科研经费55万元，2012年申报中央高校基本科研业务费基金项目5项（获资助5项，其中面上项目5 项），经费共计 48 万元。发表核心期刊以上论文83篇，其中三大检索收录33篇。专利授权11项；其中发明专利7项，实用新型专利4项。计算机软件著作权4项。

2012年，该学院本部设有37个党支部，有中共党员1065人，新发展党员216人。2012年，电力系设有30个党支部，拥有中共党员829人、发展党员230人。2012年，电子与通信工程系设有12个党支部，有中共党员265人，新发展党员59人。（截至2012年底）

2012年，该学院本部学生获得“凯盛开能杯”第五届全国大学时节能减排社会实践与科技竞赛全国三等奖一项；第七届“挑战杯”首都大学生创业计划竞赛铜奖二项；获2012年北京市大学生电子设计竞赛一等奖1组、二等奖8组、三等奖2组；获得国家奖学金26人、国家励志奖学金 57 人；本科生获得学校校友奖助金29人、首航奖学金19人、新华都奖学金4人、节能奖学金2人、中天科技奖学金21人、南瑞继保奖学金8人、博纳之星奖学金4人、四方股份奖学金10人、毅格奖助学金10人、毅格奖学金8人；研究生获得校长奖学金1人、魏德米勒奖学金8人、四方股份奖学金15人（博士3人、硕士12人）、南瑞继保奖学金10人（博士2人、硕士6人）、毅格奖学金4人、校友奖助金10人（博士6，硕士4）；2012年本科综合测评及奖学金三好学生优秀学生干部评选，一等奖107人、二等奖212人、三等奖210人、学习成绩优秀奖学金84人、社会工作优秀奖学金83人、文艺活动优秀奖学金85人、体育活动优秀奖学金82人、十佳示范性优秀班集体3个、校级三好学生标兵 20 人、校级三好学生118 人、校级优秀学生干部标兵2人、校级优秀学生干部14人、院系级三好学生173人、院系级优秀学生干部28人；第十届研究生学术交流年会中学院本部学生投稿共72篇，其中获奖24篇；2012年暑期社会实践电气与电子工程学院选出优秀团队实践20个、优秀个人实践校院系级共计125个。

2012年，该学院电力工程系学生有19人获国家奖学金，有58人获国家励志奖学金，有416人获国家助学金，另有24人获校友奖学金。参加各类创新和学习竞赛获得省部级以上奖励140人次，其中，全国大学生数学建模竞赛国家一等奖4人、国家二等奖4人、省级一等奖8人；全国大学生英语竞赛（C类）一等奖4人。2012年电力工程系本科生预立项创新性实验项目 21 项。2011-2012 年度本科学生中有17项实用新型专利，1项计算机软件著作权。本科生共发表了24篇学术论文，其中核心2篇。2012 年电力工程系共有1704人参加暑期社会实践，共组建了112支社会实践小分队。

2012年，该学院电子与通信工程系获得校级教学成果特等奖1项，二等奖2项；通信电子电路获华北电力大学校级精品课程称号；余萍获华北电力大学教学优秀特等奖。获评2012年度“南瑞继保奖教金”教师2人。2011—2012学年“广哈通信”奖教金的教师4人、获得奖学金的学生30人。

（刘春磊　李红梅　谷喜岭　宋金鹏　吴启宏　强玉尊　王　倩　孙　颖　韩金佐）

■条目

【获河北省科技进步奖】 10月16日，华北电力大学电力工程系的《风电场发电功率预测系统》和《风力发电运行数据挖掘与特性分析系统》2个项目获河北省科技进步奖。

（李红梅）

【刘云鹏获评省青年五四奖章】4月25日，共青团河北省委、河北省人力资源和社会保障厅、河北省青年联合会公布冀团联字〔2012〕23号文件，华北电力大学电气与电子工程学院电力工程系刘云鹏获河北省第十六届“河北青年五四奖章”提名奖。6月，中共河北省委授予刘云鹏全省“创先争优”优秀共产党员称号。

（李红梅）

【设立电力电子新春奖（助）学金】7月6日，华北电力大学电力工程系石新春教授向学校捐资100万，设立“电力电子新春奖（助）学金”，用于奖励勤奋学习、刻苦钻研、开拓创新、全面发展、品学兼优的学生。

（李红梅）

【一中心获批国家级实验教学示范中心】8月17日，教育部高等教育司发布教高函〔2012〕13号文件，批准“华北电力大学电气工程专业实验教学中心”为“十二五”国家级实验教学示范中心。

（李红梅）

【举办学院两地学科交流年会】8月24日，电气与电子工程学院2012年学科交流会”在国际交流中心二楼多功能厅隆重召开。参加会议的有副校长杨勇平、王增平，科学技术研究院常务副院长檀勤良，学院领导班子成员，来自北京和保定两地的各研究所所长、科研副所长，博导，科研基地和科研平台负责人以及2012年国家自然科学基金获得者等80余人。会议对实行两地实质性的一体办学，“同心同德、同心同向、同心同行”，围绕大平台、组建大团队、做好大项目起到了积极的推动作用。

（刘春磊）

【暑期辅导员工作获评省先进】10月，在河北省暑期高校辅导员“大家访”活动中，华北电力大学大学被中共河北省委教育工委河北省教育厅评为大家访活动“先进单位”，陈火欣被评为“先进个人”。

（谷喜岭）

【设立广哈通信奖学（教助）金】11月27日，华北电力大学电子与通信工程系—“广州广哈通信股份有限公司”校企合作暨“广哈通信”奖学（教、助）金颁奖典礼在保定校区举行。广哈通信股份公司总经理孙业全先生、研发总监张聚明先生，市场营销总监王勇先生、电子与通信工程系总支书记赵振东教授、系副主任谢志远教授、系副书记门万杰出席了本次仪式。

（谷喜岭）

【一分工会获评工人先锋号】12月，电子与通信工程系电子学教研室分工会，被河北省教科文卫工会授予“河北省教育系统工人先锋号”荣誉称号。

（谷喜岭）

能源动力与机械工程学院

■概述

2012年，华北电力大学能源动力与机械工程学院认真贯彻和落实教育部和学校的基本政策，结合学校的《“十二五”规划纲要》任务分解，认真落实学院“十二五”规划各项任务，有条不紊地开展各项工作，学院逐渐明确了未来发展道路，找到了正确的前进方向。学院“十二五”中提出学院在做大做强原有“能源动力”的同时，逐渐向“能源环境”、“能源化工”、“能源装备”和“能源政策”方向开拓，在能源环境方向已经取得初步成效。

2012年，该学院始终把提高教育教学质量作为发展的根本任务，不断优化人才培养模式和培养机制。2012年2月，北京本部热能与动力工程专业综合改革试点项目获教育部批准，为热动专业卓越工程师计划的实施提供有力支撑;《动力工程概论》《泵与风机》获评为“十二五”国家级规划教材;《理论力学》获评为北京市高等教育精品教材;《动力工程》获批为国家级精品资源共享课;北京市支持中央在京高校共建项目（教育教学改革）等省部级以上教改项目3项;北京市高等教育教学成果一等奖2项。高丹老师获得校教学优秀特等奖，魏高升、陈正荣、何成兵、滕伟、于刚、李宝让老师获校级教学优秀奖;热能与动力工程国家级教学示范中心通过验收，金工实训中心建设按照计划开展。同时积极组织学生参加大学生创新性实验计划和学科竞赛项目，获北京市、国家级奖励（项目）30多项。在第五届全国大学生节能减排社会实践与科技竞赛大赛中，取得一等奖1项、二等奖1项、三等奖7项的优异成绩，获优秀组织奖。在首都高校第六届机械创新设计大赛中，获得一等奖1项、二等奖3项、三等奖6项。

2012年，该校保定校区动力工程系教学管理规范，教学秩序稳定，教学计划执行良好。完成了本年度日校、函授的教学任务;完成了2008级本科生的毕业设计及答辩工作;2009级优秀本科毕业生免推硕士研究生工作、2011级优秀本科学生转专业工作、2011级热能与动力工程专业学生的专业方向分流工作。完成了2011级卓越工程师计划（实践型）试点班、2012级卓越工程师计划（创新型）试点班的选拔工作。按照教学计划组织了2011级卓越工程师计划（实践型）试点班的暑期社会实践活动。组织教师认真学习贯彻执行“高等学校职业道德规范”，使每一位教师充分认识到自己在师德、教风学风建设中的职责，以教风促学风。为了搞好教风、学风建设，切实提高人才培养质量，根据学校有关文件精神，结合动力工程系实际情况，制定了《动力工程系关于严肃教学纪律的有关规定》。继续开展了教风学风专项督查工作，结合课堂教学质量综合评价工作，着重检查教师课堂教学效果和对课堂教学纪律的管理情况，要求任课教师与总支密切配合，严查学生到课率，学生上课出勤率达到了95%。要求教师要认真学习《华北电力大学教师本科教学工作规范》，进一步端正教学态度，规范教学行为，积极推进教学方法与手段，考试改革，加强建设与管理。按照“433”核心课程的验收计划，要求每门课程根据所确定的建设目标，按照学校核心课程评价体系和所确定的目标组织验收材料，在课程的内容，教学方面积极进行改革，发挥核心课程在专业建设中的作用。启动了热能与动力工程专业“专业综合改革试点”项目建设工作，教育部启动实施“本科教学工程”、“专业综合改革试点”项目，动力工程系热能与动力工程专业被列为试点专业，为了保证专业综合改革的效果，组织由各教研室针对教学团队建设、课程与教学资源建设、教学方式方法改革、强化实践教学环节和教学管理改革等方面，组织教师申报项目进行建设。实施了教学工作简报制度。每月教研室以书面形式上报各教研室的教学动态及教研室活动内容，由系里汇总并结合学校、动力系的主要工作编辑教学动态简报，在动力系网站主页发布。加强青年教师培养，组织了优秀教师观摩教学活动，对两名青年教师的授课情况进行了全程跟踪。在2012年华北电力大学教学成果奖评选工作中，动力工程系1项成果获教学成果奖一等奖，4项成果获教学成果奖二等奖。在2012年度教学优秀奖评选工作中，吴正人、李建强、危日光、王江江、王智5名教师获得教学优秀奖励。出版普通高等教育“十二五”规划教材3部:《火电厂热力设备及运行——汽轮机部分》《可再生能源》《热工控制系统》。

2012年，该校保定校区机械工程系采取各种措施建设好“机械工程及自动化”国家级特色专业。主抓了已立项校内教改基金项目和优秀课堂的监督检查工作。对已确定的433核心课程，进一步组织建设。抓优秀课堂，领导干部听课，组织优秀课堂观摩，对于青年教师的培养起到了很好作用。根据教育部《普通高等学校本科专业目录（2012年)》，调整原有的三个专业，即:“机械工程及自动化”(包括工艺、机电、设计、物流、输电线路等5个方向)、“工业工程”和“艺术设计”,为新专业目录下对应的6个专业，即:“机械设计制造及其自动化”、“机械电子工程”、“过程装备与控制工程”、“机械工程(输电线路工程)”、“工业工程”及“产品设计”，积极组织各教研室按照新目录重新修订各专业的培养方案，制定相应的教学计划，开展教学大纲的编写等工作。主编出版“十二五”国家级规划教材1部：戴庆辉主编《先进制造系统》机械工业出版社2012.09；主编出版普通高等教育“十二五”出版社规划教材4部：1）杨晓红主编的《现代计算机辅助设计基础》，由中国电力出版社2012年8月出版；2）郑海明主编的《机电一体化系统设计》，由中国质检出版社2012年10月出版；3）张大庆主编的《画法几何基础与机械制图》，由清华大学出版社2012年9月出版；4）张大庆主编的《画法几何基础与机械制图习题集》，清华大学出版社2012年9月出版。

2012年，该学院进一步推进实验室与相关平台的整合工作。北京本部电站设备控制与检测教育部重点实验室、国家火力发电工程技术研究中心、生物质发电国家工程实验室以及工业过程测控新技术与系统北京市重点实验室等平台全方位的合作，以实现资源的有机整合。教育部、财政部和学校组织的“211工程”三期“火力发电过程节能”项目验收，国拨项目投入540万元，验收获得了高水平、高质量、超额完成的好成绩；电站设备状态监测与控制教育部重点实验室通过教育部的评估，由陈海平牵头的“非能动系统在常规电站的应用”重大专项已经提交给国家能源局;“煤的清洁转化与高效利用”创新引智基地正式启动并建设中。继2011年第一个实体科研团队形成——杜小泽团队（试点）后，“千人计划”潘伟平团队的整合正在进行；获山西科技进步一等奖一项，排名第二；获教育部自然科学一等奖一项，个人排名第三。

2012年，该校保定校区动力工程系制定了科研方向协同创新定期研讨计划，组织全系科研骨干教师进行了研讨，通过研讨形成了共识，明晰了今后学科发展与建设思路，凝练了研究方向。共签订纵横向科研项目30个，合同经费总额654.10万元，其中纵向科研项目立项资助8项，资助金额共153万元；横向科研项目签订合同22项，合同金额501.10万元。申请专利并获得授权数量明显增加，全年共申请专利58项，其中发明专利22项，实用新型专利33项，计算机软件著作权3项；共获得授权专利24项，其中发明专利9项，实用新型专利14项，计算机软件著作权1项。李永华老师出版编著1部:《火电厂锅炉系统及优化运行》。《煤粉锅炉双尺度低NOX燃烧技术》获中国电力科学技术二等奖（本校为第三完成单位，阎维平排名第六）；《燃用易爆煤火力发电厂锅炉安全运行关键技术研究及应用》获广东电网公司科学技术二等奖（本校为第二完成单位，李加护排名第三；阎维平排名第七）。组织校内外学术报告活动10场，其中邀请国外专家做学术报告4场。配合学院积极组织材料，“动力工程及工程热物理”一级学科的北京市重点学科申报成功。

2012年，该学院进一步落实与深化“人才强院”战略，加强人才队伍建设。采用不同人才发展战略，紧紧抓住学校对学院学科发展的支持和人才引进的种种鼓励政策，逐步建立和完善人才选拔、培养和引进机制，加大师资队伍建设力度，取得了显著成效。周乐平、薛志勇获得教育部新世纪人才计划（公示期)；王修彦老师获得第八届北京市教学名师称号；学院注重对青年教师加强培养，一批新引进的教师在学科建设、教书育人和科技创新等方面承担了十分关键的角色和任务。学院有计划地选派青年教师到企业进行锻炼，到国内外高水平大学或研究机构做访问学者或短期合作研究，其中2012年有3名教师赴国外高水平大学做访问学者，一支了解社会需求、教学经验丰富、科研能力较强的高水平教师队伍逐步形成。

2012年，该学院能源动力与暖通工程实验教学中心完成校本部和科技学院实验教学任务，进一步进行资源和实验整合，各专业实验室进行设备更新和技术改造，完善实验平台建设，提高利用率；更换故障频繁且无法修复的仪器设备、更新与课堂教学不相适应的陈旧设备；完善“能源动力与暖通工程实验教学中心”网站；根据新的实验教学大纲，修订相关的实验指导书；完成了河北省实验教学示范中心（建设单位）的验收工作。完成了2012年教育部直属高校修购资金项目:《面向卓越工程师培养的能源动力与暖通工程实验教学中心建设》。建设项目包括：高性能并行计算模拟平台建设、热重试验系统修缮与扩建、离心泵与风机实验系统变频改造、振动测试实验系统的更新与完善、液体输送管道泄漏检测与定位综合实验系统建设、空调综合实验系统完善。通过项目建设，为本科生增加多个综合性实验项目，扩充原有实验项目内容，为教师、研究生提供科研平台。

2012年，该学院注重学生的基本理论与基本技能培养，以培养基础扎实、知识面宽、素质高、具有一定创新精神和良好发展能力的人才为目标。大力抓好学风建设，严查上课出勤率、组建学习互助小组以及加强了宿舍管理措施，进一步加强了学院的学风。同时通过日常教育、团员政治学习及党支部活动，学生的思想政治教育和日常管理工作取得了良好效果。学院激励大学生参与科技创新活动。有多名学生在全国大学生节能减排大赛、数学建模大赛、大学生英语竞赛、大学生力学竞赛等多项赛事中获得国家级、省部级奖励。2012年学院本部工程热物理与建环党支部获评北京市创先争优“先进基层党组织”称号，杜小泽老师获评北京市创先争优“优秀共产党员”称号；实验室党支部获得华北电力大学先进基层党组织；完成了北京高校党建和思想政治工作验收；卞双等4位老师获评优秀研究生班主任；学院教代会被学校评为二级教代会规范单位；先进能量研究中心获评市级职工创新工作室；学生签约率和一次就业率均位于全校前列；学风建设成效显著，学生成绩优良率位于全校同类专业前列；在第十届研究生学术交流年会中，学院以获得一等奖6项(全校23项)、二等奖13项（全校37项)、三等奖19项（全校55项）的优异成绩取得第一名，获得优秀组织奖。2012年，动力工程系加强学生的思想政治教育和日常管理工作。通过各种形式的日常教育、政治学习及党支部活动，思想政治教育和日常管理工作取得了良好效果。大力抓好学风建设，进一步修订完善了《动力系学风建设条例（试行)》，严查上课出勤率，颁布实施“给任课教师一封信”活动，加强辅导员和任课教师之间沟通、组建学习小组以及加强了宿舍管理措施，进一步加强了动力系学风。激励大学生积极参与科技创新活动。

2012年，该学院动力工程系学生在第五届全国大学生节能减排社会实践与科技竞赛中获得全国特等奖1项、二等奖3项、三等奖1项；在第三届全国高校环保科技创意设计大赛中获全国银奖1项、铜奖2项；在2012年“挑战杯”全国大学生创业计划竞赛获河北省一等奖1项；在全国大学生数学竞赛中获全国一等奖1人、二等奖2人；在全国大学生英语竞赛中获C类一等奖2人、二等奖3人；在“比泽尔杯”第六届中国制冷空调行业大学生科技竞赛中获全国一等奖 1项。以班级建设为抓手，开展特色班集体创建，通过目标教育、成长成才、阳光生活等主题班会等活动，增强班级凝聚力，发挥班级在学习、活动中的战斗堡垒作用，取得了良好的效果。重视家庭困难学生工作和特殊群体学生工作，完善家庭困难学生档案，按照学校要求，认真细致地发放了包括国家奖学金、励志奖学金、生活补贴、贷款、各类企业奖学金等100多万元。

2012年，该学院机械工程系把安全稳定作为开展学生工作的基础，把日常的工作开展和理想信念、成功成才教育相结合，加强了学生的日常管理工作和各项纪律的监管。稳步开展党建工作，加强了学生政治素质培养，在培养过程中做到制度化、规范化，责任明确、工作积极。高度重视学生就业工作，成立了由系主任担任组长的就业工作领导小组，实行全员为学生推荐就业，同时将就业工作贯穿渗透到4年的学生工作中去，针对不同年级有针对性的开展工作，潜移默化中提高人才的培养质量，提升学生就业能力，为大四就业奠定良好基础。2012届机械工程系本科生就业率完成学校目标就业率。始终把学风建设放在工作的首要位置，确定了“多层次、多视角、多维度”促进学生成长成才的学风建设指导思想。对学生加强引导，全方位落实学校人才素质教育理念，鼓励学生参加课外科技创新和学术活动。2012年度在各项赛事中获国家级奖项 42 人次，获省部级以上奖项 73 人次，获校级以上奖励312人次。本科生发表学术论文30余篇，核心期刊发表论文4篇。

2012年，该学院按照《中国共产党普通高等学校基层组织工作条例》的精神和北京市实施《中国共产党普通高等学校基层组织工作条例》的办法，进一步明确了党总支和党支部的主要职责。对党政联席会议要形成制度认真执行，党政联席会议按照民主集中制原则讨论和决定本单位改革发展稳定以及教学、科研、行政管理中的重要事项，主要包括：事业发展规划、重要改革措施、重要规章制度，机构调整和重要人事安排，人才培养、学科建设、教学科研、队伍建设、德育工作等方面的重要事项，年度工作计划、大额资金使用，安全稳定工作，其他涉及本单位改革发展稳定和师生员工切身利益的重要问题。对全体教职员工开展爱岗敬业的职业道德教育，落实教工党员的思想政治教育工作和政治理论学习制度。学习了贯彻党的十八大精神和学校有关加强党风廉政建设有关规定，落实学校党风廉政建设工作。2012年12月，学院组织召开了学院分工会换届大会，以及2013年教（工）代会代表选举大会，确定了新一届分工会委员会委员及学院“双代会”正式代表。

2012年，该学院学生参加各类科技体育竞赛获佳绩。樊亚明、黄超等同学的作品《一种γ型斯特林热管 CPU 散热器》在“凯盛开能杯”第五届全国大学生节能减排社会实践与科技竞赛中获全国特等奖；韩旭、李波等同学的作品《基于火电厂钢球磨煤机的噪声治理及利用》在“凯盛开能杯”第五届全国大学生节能减排社会实践与科技竞赛中获全国二等奖。李仕平、钟俊等同学作品《太阳能电池板自动除尘装置》在“凯盛开能杯”第五届全国大学生节能减排社会实践与科技竞赛中获全国二等奖。黄璞、邹潺等同学作品《汽车尾气减排方案》在“凯盛开能杯”第五届全国大学生节能减排社会实践与科技竞赛中获全国三等奖。程许谟等同学作品《一种机械式水管回流排空装置》在“凯盛开能杯”第五届全国大学生节能减排社会实践与科技竞赛中获全国二等奖。王鹏程、刘帅、赵梦雅等同学作品《新型节能高效电梯》项目在第三届全国高校环保科技创意设计大赛中获全国铜奖。马天骄、郑州等同学作品《一种新型搞笑的波浪能发电产品》项目在第三届全国高校环保科技创意设计大赛中获全国铜奖。李仕平、钟俊等同学作品《太阳能电池板自动除尘装置》项目在第三届全国高校环保科技创意设计大赛中获全国银奖。刘冰川 赵建伟等同学作品《光生节能有限责任公司》在2012年“挑战杯”全国大学生创业计划竞赛河北赛区中获得河北省一等奖。耿江华、张琦伟等同学作品《多功能健身电脑椅》在第二届河北省大学生机械创新设计大赛中获评三等奖。刘晓丰、关宇君、范汝灏在“比泽尔杯”第六届中国制冷空调行业大学生科技竞赛暨 2012 年华北地区大学生制冷空调科技竞赛中获评三等奖。王国栋在河北省第十七届大学生运动会男子丁组链球比赛中获第二名、铁饼第一名。房新双在河北省第十七届大学生运动会中获 3000 米障碍第一名、5000米第一名。聂涛涛在全国大学生数学竞赛中获三等奖。张翎在全国大学生数学竞赛中获二等奖。何东、王光宇在全国大学生数学建模竞赛中获河北省二等奖。杨诗繁、张瑞在全国大学生英语竞赛中获C类三等奖。2012年度，机械工程系横向科技项目15项，合同总额为161.20万元；共发表论文74篇，其中SCI检索论文4篇，EI检索论文26篇；有3名教师到海外进行访问学习，其中2名教师已经回校；共举办各种学术报告活动6次。获得批准专利16项。机械工程系学生在第五届全国大学生机械创新设计大赛、中国大学生广告艺术节、第五届全国大学生节能减排竞赛、挑战杯创业计划大赛等赛事中均取得优异成绩。其中，机械0905年郭阳同学获得全国大学生数学建模竞赛国家级一等奖，机械0905班赵路佳、周广洋同学获得中国机器人大赛暨RoboCup公开赛标准平台组一等奖，机械0908班赵建坤同学获得第五届机械创新设计大赛（慧鱼组）全国二等奖，艺术0902张玉同学获得第五届全国大学生节能减排竞赛国家二等奖等。

（张　敏　李　非　谢海洋）

■概况

院长：徐　鸿

书记：刘　彤

2012年，华北电力大学能源动力与机械工程学院在北京设有学院本部，在保定校区设有2个系，动力工程系、机械工程系。学院现有2个国家级重点学科、3个省部级重点学科、2个省部级重点实验室。设有1个博士后科研流动站，在站博士后4人；8个博士点专业（其中具有一级学科博士学位授予权的1个，当年新增0个）、18个硕士点专业（当年新增0个）、9个本科专业（当年新增0个）。

2012年，该学院有教职工289人，其中，专任教师234人（教授50人、副教授87人，具有博士学位的教师为66%）、有实验及技术人员28人、党政及管理人员27人。

2012年，该学院新增教授5人、副教授9人，当年新增博导5人。

2012年，该学院中国工程院院士2人，享受政府津贴6人。共引进师资8人，其中教师7人，实验技术人员1人。

2012年，该学院有毕业学生1447人，其中博士研究生39人，硕士研究生348人，普通本科生1060人；学院招生1500人，其中博士研究生49人，硕士研究生377人，普通本科生1074人；学院在校生5863人，其中博士研究生301人，硕士研究生1262人，普通本科生4300人。本科生的英语四级一次通过率为91.5%，本科毕业生一次就业率为97.7%，研究生毕业生一次就业率为89.8%；本科考研报名276人，实际考取191人，考研率为69.2%。

2012年，该学院签定纵横向科研项目144个，其中纵项53项、横项91项，实现科研合同金额共计6185.81万元，其中纵向科研经费2798.60万元，横向科研经费3387.21元；承担校内科研项目34个；共发表论文423篇，其中三大检索收录216篇，核心期刊194篇。出版专著1部，自编教材5本；学院举行学术交流会27次，其中国外专家学术交流会5次，国内专家学术交流会14次。有45人次参加了国际学术会议。

2012年，该学院共完成科研项目12个，通过验收1个。

2012年，该学院共获得省部级以上奖励4项，包括气—固两相流体管道平均流速测量仪的研发与应用、300MWCFB机组运行技术与性能优化关键技术研究、多孔介质与微/纳结构中热传递规律、云冈热电200MW机组空冷凝汽器温度场在线监测系统。学院获得授权专利94项，其中发明专利39项，实用新型专利54项，计算机软件著作权1项。

2012年，该学院拥有教研室17个、研究所10个、实验室7个、学生实习基地13个，科技研究（创新）基地3个。

2012年，该学院开设研究生课程228门，完成教学8016学时；开设本科生课程744门，完成教学29749学时；举办各类培训班10期，共培训学员516人，其中电力系统学员516人，北京市地方学员0人。

2012年，该学院设有66个党支部，拥有中共党员1380人、发展党员343人，其中学院本部发展党员112人，动力工程系发展党员156人，机械工程系发展党员75人。

2012年，该学院设有168个学生班级，其中实验班8个，设有辅导员岗位11个，其中正式编制9个、聘任2个；学生获得各类省部级奖励86人次。

（张　敏　李　非　谢海洋）

■条目

【四项校内基金项目通过验收】6月，动力工程系校内基金验收优秀1项：高正阳，“基于溴盐促进剂的超细煤粉再燃控制汞、氮排放的机理研究”，留学回国人员科研基金。合格3项：1）王庆五，“碳纤维复合材料风机叶片的铺层结构研究”，博士基金；2）李永华，“生物质气化及燃烧特性研究”，新能源专项基金；3）谢英柏，“生物质能驱动VM循环热泵的运行机理研究”，新能源专项基金。

（李　非）

【全国大学生节能减排竞赛获奖】 8月，华北电力大学在第五届全国大学生节能减排社会实践与科技竞赛中创佳绩。获特等奖1项，一等奖1项，二等奖4项、三等奖12项，获优秀组织奖。全国大学生节能减排社会实践与科技竞赛由教育部高等教育司主办、是唯一由高等教育司办公室主抓的全国大学生学科竞赛。该竞赛以“节能减排、绿色能源”为主题，是一项具有导向性、示范性和群众性的全国大学生竞赛。

（李惊涛）

【两教材入选国家级规划教材】 12月，付忠广主编的《动力工程概论》、安连锁主编的《泵与风机》入选教育部第一批“十二五”普通高等教育本科国家级规划教材。

（李惊涛）

【完成国家级实验教学示范中心验收】 11月22日，热能与动力工程实验教学中心召开验收会议。参加本次会议的有国家级实验教学示范中心的5位专家，分别是王兴邦教授、吴丝竹教授、王杰教授、张大玉教授、屈铁军教授，华北电力大学副校长安连锁，能源动力与机械工程学院院长杜小泽，副院长王修彦、李惊涛，实验中心主任付忠广，实验室主任杨志平，教务处副处长梁光胜，能源动力与机械工程学院党总支副书记黄向军。参加本次会议的还有热能与动力工程教学中心的部分验收专家组成员。专家组成员对热能与动力工程实验教学示范中心在深化实验教学改革、完善管理机制、优化实验教学环境、发挥中心示范辐射作用和彰显中心特色等方面取得的成绩予以肯定，希望本次验收工作可以促进实验教学示范中心建设，推动实验教学示范中心的改革。

（白丽梅）

【设立博爱基金启动】 12月14日，能源动力与机械工程学院举行博爱基金启动仪式。学院党总支书记徐鸿，副院长杜小泽，王修彦老师，李惊涛老师，国家火力发电中心常务副主任顾煜炯老师，院党总支副书记黄向军老师，院团总支书记武昌杰老师，博爱基金委员会首席顾问刘翔老师以及辅导员、学生代表出席了启动仪式。

（李　兵）

【完成卓越试点班建设工作】 完成2011级卓越工程师计划（实践型）试点班、2012级卓越工程师计划（创新型）试点班的选拔工作。按照教学计划组织了2011级卓越工程师计划（实践型）试点班的暑期社会实践活动。

（徐　媛）

【获八项中央高校基本科研业务费项目】 4月，动力工程系获中央高校基本科研业务费专项资金项目立项资助8项，包括面上项目3项：1）张旭涛，“不同通风模式下建筑区域烟控系统的优化研究”，8万元；2）秦志明，“超临界机组蓄热能的研究与应用”，8万元；3）许小刚，“基于改进核SVM的风机故障诊断及预警系统研究”，8万元。青年教师项目3项：1）王庆五，“高温金属微/细/宏观跨尺度蠕变本构模型”，3万元；2）张磊，“电站轴流风机旋转失速动力学特征的机理研究”，3万元；3）王惠杰，“基于混合模型的机组状态重构及运行优化研究”，3万元。青年学生项目2项：1）董静兰，“富氧燃煤烟气凝结特性的研究”，1万元；2）马凯，“增压富氧燃烧中受热面磨损研究与优化设计”，1万元。

（李　非）

【完成教育部直属高校修购资金项目】 完成了2012年教育部直属高校修购资金项目：《面向卓越工程师培养的能源动力与暖通工程实验教学中心建设》。建设项目包括：高性能并行计算模拟平台建设、热重试验系统修缮与扩建、离心泵与风机实验系统变频改造、振动测试实验系统的更新与完善、液体输送管道泄漏检测与定位综合实验系统建设、空调综合实验系统完善。通过项目建设，为本科生增加多个综合性实验项目，扩充原有实验项目内容，为教师、研究生提供科研平台。

（许小刚）

【主编出版教材五部】机械工程系主编出版“十二五”国家级规划教材1部：戴庆辉主编的《先进制造系统》，由机械工业出版社9月出版；主编出版普通高等教育“十二五”出版社规划教材4部：杨晓红主编的《现代计算机辅助设计基础》由中国电力出版社8月出版；郑海明主编的《机电一体化系统设计》，由中国质检出版社10月出版；张大庆主编的《画法几何基础与机械制图》，清华大学出版社9月出版；张大庆主编的《画法几何基础与机械制图习题集》，清华大学出版社9月出版。

（谢海洋）

【四项目获中央高校基本科研业务费专项资金获得资助】2012年，机械工程系4个项目获中央高校基本科研业务费专项资金项目获得资助，共40万元。分别是：李娜的“超超临界锅炉承压件的寿命评估技术研究”，李亚斌的“基于系统动力学的公立医院补偿机制仿真研究”，绳晓玲的“风电机组故障的交叉特征及机电联合故障识别”和郑海明的“基于FTUV-DOAS光机电技术多气体干扰下的烟气汞浓度测量方法研究”。

（谢海洋）

经济与管理学院

■概述

2012年，华北电力大学经济与管理学院坚持“创国内一流、国际知名的经管学院”的目标，加强管理的规范化、科学化和制度化。发扬求实、奉献 、团结、超越的精神，扎扎实实开展工作。全院教职工以学科建设为龙头，以人才培养为中心，积极开展教学、科研和社会服务，努力提高办学质量，在教学、科研、学科建设、培训、MBA教育等方面取得了喜人的成绩，向“创国内一流、国际知名的经管学院”的目标迈进。

2012年，该学院党总支在全院范围内扎实推进创先争优“一个支部实现一个目标、一个党员完成一个任务”活动。各党支部和党员根据自身实际，制定了相应的目标和任务，按时按步骤实施完成并将活动成果和经验进行汇总，便于各支部和党员间的交流和学习。组织全院党员参与选举出席中共北京市第十一次代表大会代表的工作，党员参与率100%，党员学习受教育率 100%。在迎接北京普通高等学校党建和思想政治工作集中检查工作中，党总支认真梳理总结了近5 年的工作，形成了五大部分十余盒文字材料，对37个党支部的《党支部工作手册》进行了全面的检查和指导，对全院的党员档案进行了全面的查漏补缺工作。教育部教育体制改革试点项目及“三重一大”决策制度执行情况检查组到学院开展了集中检查工作，现场考察了学院以及电力经济管理实验教学中心并听取了相关负责人的汇报。党总支在听取意见和充分酝酿的基础上，指导完成了学院新一届教代会、工代会代表的选举工作，选出代表获得一致通过。围绕“认真落实“三重一大”制度，深入推进校务公开、党务公开工作”主题，在全院范围内开展党风廉政建设和反腐败的全员教育工作。组织全院党员通过各种形式认真学习党的十八大精神，给各党支部分发了《经济与管理学院学习十八大精神材料汇编》等学习材料，在全院范围内开展学习十八大博客大赛。各党支部每月认真总结支部的各项工作，形成文字材料上报党总支，党总支成立宣传工作小组，形成党总支每月工作简报，在学院网站上开辟专栏，供大家交流学习。完成1个教工党支部书记的调整工作。组织教工党员参加北京高校教师党员在线学习，完成研究生党支部书记培训1期，学生党支部开展“红色1+1”等特色活动12次。全院师生员工积极参与“共产党员献爱心”活动，参与捐献的党员356人，参与捐献的入党积极分子193人，参与捐献的群众323人，共计捐款总额13547.75元。乌云娜教授获评2012年“北京市师德先进个人”称号。乌云娜教授获评教书育人先进个人称号，张兵仿老师获评管理、服务育人先进个人称号。工程管理教研室党支部、2008级学生党支部、2009级学生党支部获评2010—2012年创先争优校级“先进基层党组织”。张兴平、鹿伟、刘金朋同学、邱禹同学、蒋桂武同学获评2010—2012年创先争优校级“优秀共产党员”名单。2008级学生党支部获评第九届特色活动示范党支部，2009级学生党支部、研经管1013班党支部获评第九届特色活动优秀党支部。经济与管理学院分工会被评为2012年二级教代会规范单位。刘金朋同学获评北京高校2010—2012年创先争优“优秀共产党员”称号。该学院院长牛东晓获处级领导干部考核优秀，李彦斌副院长获副处级领导干部考核优秀。牛东晓教授获聘长江学者特聘教授。沈剑飞获华北电力大学校部2011—2012年度十佳优秀班主任。王婧、史海松、田光宁、任华、何平林、余恩海、张晓春、李金超、周东、唐平舟获华北电力大学校部2011—2012年度优秀班主任。王新军获北京市高校优秀辅导员，王新军获校级党统先进个人。冯淑惠获校级档案工作先进个人，王雨舒获校级年鉴工作先进个人，张兵仿、冯淑惠、马同涛获校级优秀分工会主席，马同涛获校级工会优选宣传员。2012年，该学院完善《经济与管理学院党风廉政建设责任制实施细则》等11项规章制度，新增《经济与管理学院教工党支部书记职责多元化制度》《经济与管理学院学位论文学术不端行为检测流程》《经济与管理学院用章（用印）制度》制度3项。根据学院领导班子分工和工作需要，调整了各委员会及小组名单。

2012年，该学院以“十二五”规划制定的“六大四优”的战略指导思想统领全局，在人才队伍建设、科学研究中取得了重大突破。学院国家级高端人才实现了重大突破：牛东晓教授获得长江学者特聘教授，这在学院及学校历史上尚属首次。牛东晓教授获2012中国管理科学奖（学术类）。中国管理科学学会管理科学奖是依据国务院《国家科学技术奖励条例》，经国家科学技术奖励办公室批准设立的全国性科学技术奖（国科奖社证字第0147号）。2012年中国管理科学奖（学术类）只有两名。牛东晓教授和乌云娜教授提出的重点研究课题列入国家自然科学基金委重点项目指南。国家级项目取得佳绩：获11项国家自然科学基金，在本领域居北京高校第二名。学院教师在国际能源类重要期刊发表的被SCI、SSCI检索的学术论文日益增多，在本领域具有较高的影响力。尤其值得一提的是，《Nature》网站和《Nature Climate Change》发表专文对牛东晓教授的相关成果进行评论并给与充分的肯定。学院三大检索文章205篇。科研总经费再创新高，2012年经费5580万元，该指标在全国经管院中名列前茅。张兴平教授获得教育部新世纪人才称号，学院新世纪人才达到7人。完成两个一级学科“工商管理”和“管理科学与工程”的评估材料，工商管理全国排名29/115位，管理科学与工程排名34/105位。

2012年，该学院完成了各项教学任务，学院非常重视本科教学工作，获北京市教学成果奖二等奖1项。北京市精品教材1本。正式出版中国电力行业“十二五”规划教材2本，正式出版的其他教材3本。发表教学研究论文18篇。指导工程专业学生获全国“土木工程优秀毕业生”1名。指导学生参加经管类比赛获得省级一等奖奖项4项、二等奖2项、三等奖8项；校内一等奖1项。指导大学生创新实验计划结题，获得结题优秀奖1名，结题良好奖3名。“433”核心课程全部通过验收，29门课程获得校级优秀，在433核心课程中取得2门校级精品课程。与3单位签订实习基地建设协议，基地总数达到41个。做好北京市电力经济管理实验示范中心的建设工作，组织了金融股票模拟大赛等，接待了3家兄弟院校的交流参观，提高了实验示范中心的示范作用。开创性的和中国电力企业联合会技术经济中心进行联合，成功试点了“电力造价员”双证工作，获得同学们的广泛欢迎。继续落实卓越工程师计划，制定详细的企业实习教学计划。

2012年，该学院国际化工作取得重要进展，学院首次在加拿大主办国际学术会议。10月26—27日，第三届复杂科学管理暨系统工程风险管理国际会议在多伦多大学胜利召开，牛东晓教授任会议主席。本次会议由中国技术经济学会、华北电力大学经济与管理学院、华北电力大学中国电力经济与管理研究中心、武汉大学复杂科学管理研究中心、多伦多大学风险中国管理研究中心和海华学会联合主办。

2012年，该学院与国外一流大学知名教授进行6次学术交流与合作。哈佛大学商学院Christopher Marquis教授受聘学院2012年度国家海外高层次重点引进专家。8月6日，经济与管理学院院长牛东晓教授、学校国际合作处处长刘永前教授、院长助理赵洱岽副教授、刘力纬副教授在华北电力大学国际交流中心亲切会见了Christopher Marquis教授。双方对前期的学术交流进行了总结，对下一步开展企业社会责任管理等领域的研究以及共同开发能源电力企业案例等进行了热烈的研讨。4月24—27日南澳大利亚大学工程管理系主任George Zillante教授左剑博士到访学院。就开展科研合作、学科建设、研究生国际互派交流、学术问题等进行了深入的探讨，确认了未来双方更进一步拓展和深化合作的项目内容。George教授抵达华北电力大学时，国际合作处处长刘永前教授会见并欢迎George教授。10月23日，应学院邀请，加拿大学者Dainel Poon先生用中英文双语为学院师生作了一场题为“Parthing the China Model in Re-thinking Development”加拿大北南研究所（The North-South Institute，Canada）是加拿大成立最早的独立政策研究机构。12月4日，美国马里兰大学商学院决策运营与信息技术系主任陈志龙教授应信息管理教研室的邀请来学院进行了学术交流。主要研究方向是供应链运营、运输物流、产能规划与定价决策等。他主持了多项美国国家科学基金（NSF）项目，在顶级国际期刊发表论文50余篇，为多家国际期刊编委。10月24日，哈佛大学商学院高级研究员Regina Abrami、多伦多大学Loren Brandt教授应邀来学院进行学术交流。学院企业组织发展与社会责任研究所所长刘力纬副教授主持了本次学术研讨。经济与管理学院副院长张兴平教授会见了两位国际学者，与赵晓丽教授一起共同展开了学术讨论。双方就中国新能源产业经济发展的推动力，以及高校等学术研究机构对产业升级和企业发展的贡献进行了深入探讨，会议特别强调了学院对中国新能源产业所做的贡献与支持。10月23日，哈佛大学商学院企业管理领域的著名专家J. P. 摩根兼职副总裁Christopher Marquis教授来访学院，为学院的同学和老师们开展了一次题为“社会及环境对企业战略及竞争力的影响”的学术讲座。Christopher Marquis教授一直致力于公司治理、企业可持续发展、绿色清洁能源、企业社会责任等领域的研究，多次获得美国管理学界的国家级权威奖项。邀请国内知名专家来学院做学术讲座8人次，极大地丰富了老师和学生们的视野。

2012年，该学院为适应教学科研发展需要，引进青年教师1人。出国研修回学院教师3名，继续选派2名青年骨干教师出国深造。

2012年，该学院继续把学风、教风建设和学生科技创新作为重点工作。经济与管理学院团总支获得2012年暑期社会实践校级优秀组织奖；经济与管理学院团总支获得2011—2012年度“红旗团总支”称号；经济1003班、经济1101班获评2012年北京市“先锋杯优秀团支部”；经济1003班获评2012年北京市“先进班集体”；经济1003班、经济1101研经管1012班、研经管1013班和研经管1114班获2010—2011学年度校级“先进班集体”称号；经济1003班、资源1001班和商务1001班在2012

年6月举行的大学英语四级考试中取得 100%通过率；第四届“尖峰时刻”中商杯全国模拟大赛国家级一等奖2项、三等奖5项；“凯盛开能杯”第五届全国大学生节能减排社会实践与科技竞赛国家级三等奖 2项；第五届认证杯数学中国数学建模网络挑战赛全国比赛国家级优秀奖一项；2012 年高教社杯全国大学生数学建模竞赛省部级二等奖1项；2012 年全国大学生英语竞赛国家级一等奖1项、二等奖6项、三等奖6项；2012年电工杯全国大学生建模大赛国家级二等奖 1项、三等奖1项；北美数学建模赛国家级二等奖1项、三等奖3项；节能减排方案及创意作品征集活动省部级二等奖 1项；香港会计师公会 QP 案例分析大赛省部级三等奖1项；中国互联网协会第五届全国大学生网络商务创新应用大赛国家级一等奖2项、二等奖2项、省部级一等奖 6 项、二等奖 1项；第八届“挑战杯”全国大学生创业计划竞赛国家级三等奖1项；第十二届“挑战杯”全国大学生课外学术科技作品竞赛国家级三等奖1项；第十二届“挑战杯”全国大学生课外学术科技作品竞赛“西安世园会”专项竞赛国家级三等奖1 项；第七届“挑战杯”首都大学生创业计划竞赛省部级二等奖5项、三等奖7项；大学生创新性实验计划资助项目国家级优秀一项、省部级良好一项。开展贫困生帮扶工作，加大“爱心基金”投入2万元。学生就业率95.83%。成功召开了本年度院教风学风表彰大会。成功召开了学院迎新晚会。编制完成《经济与管理学院团学工作手册》。

2012年，该学院对全日制硕士学位论文的管理工作进行优化，实行由相关教研室负责学位论文个环节质量的监控管理，加强了对论文工作的专业性审查。对全日制硕士生及在职硕士生学位论文试行全盲评阅，论文整体质量得到提升，获校级优秀博士论文2篇，校级优秀硕士论文4篇。加强了研究生学位论文工作中的自主创新意识的教育，对全体研究生的学位论文进行了学术不端行为检测，全体研究生均通过了检测，在提高研究生创新意识方面取得了很好的效果。成功举行了硕士研究生校内外招生咨询活动，扩大了生源范围，明显提高了生源质量。2011级专业学位硕士研究生成功在校外实践基地进行了实践，派出单位范围更加广泛，保证了专业学位学生实践能力的培养。组织各专业教研室举行了 2010 级学生的专业实践考核报告会，研究生对专业实践中的工作进行了总结和汇报，提高了研究生的实践能力。在面向企业的讲课中，进一步培养了青年教师的讲课水平，取得了双赢的效果。针对培训单位性质的不同，建立培训工程中的沟通、反馈机制。及时与学员、委托单位相关人员沟通，处理培训过程中的所遇到的问题，对任课教师的授课情况进行反馈，进一步提升了培训质量与信誉。本年度上交学校培训利润500万元。

2012 年，该学院 MBA 2011春季班复试、录取工作，共录取学生100名，2012春季招生报名工作，现网报数据 159 人。其中校企合作：新疆 39人；宁夏34人；陕西18人。2012秋季招生报名工作，2013年创历史新高，网报数据：685人（比2011年增加174人）；确认数据：603人（比2011年增加 173 人）。SMBA2012 年共报名124人，招收72人。加强提高教学水平和质量，培养启用年轻教师3人，充实加强 MBA任课教师队伍，完善教师梯队。本年度共完成4人次任课教师外出学习交流工作。组织教学交流会，主要就如何提高教学质量、案例教学、加强 MBA 教学管理、如何办出特色，做出品牌展开讨论交流，效果令人满意。组织年轻教师建设参考案例比赛和培训。组织评选教学优秀教师8名，激励 MBA 教师教学热情。做好精品教学点建设，带动 MBA 招生推广。以杭州供电局合作办班为契机，组织精兵强将授课，做出精品课程、精品授课班，在浙江省电力系统反响强烈，取得了满意的效果，带动了宁波、绍兴及周边电力系统的关注和合作。完成2012年度答辩工作，共有 96 人取得学位，其中单证 24 人，双证 72 人。举办 MBA 论坛 5 期，增补社会导师2名；社会导师拜访，听取导师意见，促进完善社会导师制度。文体活动丰富多彩：参加 MBA 北京联盟羽毛球赛、华电 MBA 蓝球联赛、迎新酒会、MBA 新年酒会等。各班级电力企业参观实践活动，其中包括：以电融通现代科技与国学精髓；组织协办智能电网发展及新能源论坛。联合会换届，完成新一届联合会组织构建并开展活动。积极参与全国 MBA 联盟、北京 MBA 联盟活动。学校毕业典礼活动 MBA 学生组织，离校手续办理、毕业证书发放、派遣工作办理，完成 2012 届就业率统计工作，就业率继续保持 100%。获得 2012 年“中国 MBA 特色院校”、毕业生任龙强、陈立忠同学获得 2012 年“MBA 成就奖”荣誉称号、闫庆友教授当选 2012 年“MBA 杰出教授”。取得了 2012 尖峰时刻案例比赛的团队二等奖，个人一等奖。MBA 上缴学校经费 380 余万元。

（董宏伟）

■概况

院长：牛东晓

书记：鹿　伟

2012 年，该学院在北京设学院本部，在保定校区设经济管理系。学院现有 2 个省部级重点学科、1 个省部级示范中心。设有 2 个博士后科研流动站，在站博士后 13 人；7 个博士点专业（其中具有一级学科博士学位授予权的 2 个）、15 个硕士点专业、13 个本科专业。

2012 年，该学院有教职工 210 人（其中保定 68 人），专任教师 187 人（其中保定 59 人），教授 42 人、副教授 80 人，具有博士学位的教师为 72%，有实验及技术人员 3 人（其中保定 1 人）、党政及管理人员 22 人（其中保定 9 人）。

2012 年，该学院有享受政府津贴 5 人。共引进师资 1 人，其中教师 0 人，行政 1 人。2012 年，该学院有毕业学生 935 人（保定 263 人），其中博士研究生 24 人，硕士研究生 264 人（保定 66 人），普通本科生 647 人（保定 197 人）；学院（系）招生 1060 人（保定 295 人），其中博士研究生博士生 42 人，硕士研究生 367 人（保定 98 人），普通本专科生 651 人（保定 197 人）；学院在校生 3504 人（保定 1064 人），其中，博士研究生 46 人，硕士研究生 761 人（保定 270 人），普通本专科生 2697 人（保定 794 人）。本科生的英语四级一次通过率为 95.78%，本科毕业生一次就业率为 95.58%，研究生毕业生一次就业率为 98.65%；本科考研报名 268 人（保定 73 人），实际考取 97 人（保定 41 人），考研率为 21.56%。

2012 年，该学院签订纵横向科研项目 168 个，其中纵项 40 项、横项 128 项，实现科研合同金额共计 5580 万元；共发表论文 414 篇，其中三大检索收录 238 篇，核心期刊 52 篇。出版专著 19 部（保定 8 部），自编教材 8 本（保定 4 本）；学院（系）举行学术交流会 21 次（保定 3 次），其中国外专家学术交流会 8 次，国内专家学术交流会 9 次（保定 1 次）。有 4 人次参加了国际学术会议。

2012 年，该学院共获得省部级以上奖励 3 项，其中，牛东晓教授获 2012 中国管理科学奖（学术类），曾鸣教授获国家能源局软科学研究优秀成果奖三等奖 1 项，张素芳教授获中国商业联合会服务业科技创新奖/中国服务业科技创新奖二等奖 1 项。

2012 年，该学院拥有教研室 9 个、研究所 26 个、实验室 7 个、学生实习基地 41 个（当年北京新增 3 个），科技研究（创新）基地 1 个。

2012 年，该学院开设研究生课程 160 门（保定 71 门），完成教学 4290 学时（保定 1704 学时）；开设本科生课程 496 门（保定 192 门），完成教学 20244 学时（保定 7976 学时）；举办各类培训班 10 期，共培训学员 464 人。

2012 年，该学院设有 54 个党支部（保定 17 个），拥有中共党员 948 人（保定 338 人）、发展党员 268 人（保定 97 人）。

2012 年，该学院设有 116 个学生班级（保定 28 个），设有辅导员岗位 17 个，其中正式编制 6 个（保定 2 个）、聘任 1 个、兼职 2 个；学生获得各类省部级奖励 121 人次。

（董宏伟　王　宁　郝险峰　张　清　史蓉辉　孙晓琼）

■条目

【山东理工大学商学院领导来访】1 月 12 日，经济与管理学院接待了山东理工大学商学院的领导来访。牛东晓院长介绍了学院整体情况，闫庆友副院长介绍了学校 MBA 招生情况，李彦斌副院长介绍了学院工程硕士招生情况。双方就 MBA 教育、学科评估、工程硕士培养等进行了广泛而深入的交流讨论。双方均表示将加强交流与合作。

（董宏伟）

【国网公司研究室领导来访】3 月 17 日，国家电网公司研究室伍萱主任一行来到学院能源与电力经济研究咨询中心（后简称“中心”）参观，就双方合作问题进行了交流研讨。学院院长牛东晓、中心曾鸣教授、董军教授、张晓春副教授、罗国亮副教授、刘敦楠副教授、李莹老师等有关科研人员参会。研讨会以“优化资源整合 搭建合作平台 加快共赢发展”为主题，紧紧把握当前能源和电力行业在技术和管理等方面的新形势、新趋势，就进一步推进产学研合作创新，充分发挥科技创新在能源和电力行业调结构、转方式中的支撑和引领作用，推动电力事业发展等内容进行了深入探讨和交流。

（董宏伟）

【学生全国商业模拟大赛获佳绩】3 月 8 日，第四届“尖峰时刻”全国商业模拟挑战赛总决赛在浙江工商大学举行，来自深圳大学、对外经贸大学、浙江工商大学等 26 支队伍参加角逐。华北电力大学（本科组）“嘻游记”团队和（MBA 组）ENJOY 团队各自获得本组团体二等奖的荣誉。本科组的谭海涛、王雅枫、孙盛芳、齐峻和 MBA 组的尚瑞霞、高晓华、张学玉、欧阳邵杰等 8 名同学获个人一等奖。杨淑霞教授和张琪老师获优秀指导教师奖。“尖峰时刻”商业模拟大赛共分为初赛、复赛、全国决赛和全球决赛 4 个阶段，经过三轮角逐而最终囊括全国冠军的 MBA 团队和本科组团队将分别参加为期一周的北欧交流访问和全球 Grand final 赛事。学院的 MBA 团队和本科团队连续两届脱颖而出并在全国总决赛中名列前茅。

（郭　鑫）

【学院与中证期货公司建立实习基地】3 月 27 日，金融与国际经贸教研室代表经济与管理学院与中证期货公司在华北电力大学科学会堂举行了金融实习基地成立仪式。中证期货公司席立副总经理、经济与管理学院何永秀副院长和金融与国际经贸教研室的老师们出席了成立仪式。中证期货希望与学院建立长期互动的良好关系，双方就学生的实习、实践、就业等进行更深层次合作进行了沟通和交流。作为华电大讲堂的第 162 期演讲嘉宾的中证期货公司副总经理席立还为老师和学生们进行了有关期货市场和期货交易的精彩演讲。

（孙　冬）

【澳大利亚大学 George 教授来访】4 月 24—27 日南澳大利亚大学工程管理系主任 George Zillante 教授、高级讲师左剑博士到访学院，与经济管理学院院长牛东晓教授、副院长张兴平教授及工程管理教研室教师和研究生代表举行座谈，就开展科研合作、学科建设、研究生国际互派交流、学术问题等进行了深入的探讨，确认了未来双方更进一步拓展和深化合作的项目内容。George 教授抵达学校时，国际合作处处长刘永前教授会见并欢迎 George 教授。George 教授于 6 月正式被聘请为澳大利亚阿德莱德大学建筑学院院长。阿德莱德大学（University of Adelaide）是 2010 年世界排名 73 的一流大学，自 1874 年创校以来，阿德莱德大学一直位居澳大利亚顶尖大学之列。澳大利亚一共 9 名诺贝尔奖获得者中，有 5 位来自阿德莱德大学。4 月 25 日，George 教授亲自为工程管理 2009 级本科生同学们讲授了两堂原汁原味的《专业英语》课，介绍了澳大利亚工程建设与管理的发展及南澳大学在工程管理研究领域的热点和方向。课堂上，同学们兴致高昂，与 George 教授探讨了有关工程管理、绿色建筑等问题。George 教授还向有志出国留学的同学面授了有关出国留学应注意的事项及研究生奖学金申请要领。

（赵振宇）

【学校与发改委合作编写专题报告】5 月 21 日，经过两个多月的深入探讨和诚挚沟通，学校经济与管理学院能源与电力经济研究咨询中心与国家发改委经济运行局、美国能源基金会正式实现合作，共同开展《中国电力需求侧管理发展报告（2012）》的编写工作。编写工作启动会在国家发展和改革委员会中配楼三层第六会议室召开。此次会议由国家发改委经济运行局鲁峻岭巡视员主持，国家发改委能源研究所能源系统分析研究中心周伏秋主任、能源基金会北京代表处电力与可再生能源项目王万兴主任等领导和专家以及华北电力大学杨勇平副校长，科技处檀勤良处长、经济与管理学院张兴平副院长、能源与电力经济研究咨询中心曾鸣主任、李莹老师等一行6人出席了本次会议。会上，鲁峻岭巡视员发表讲话对报告编写工作提出了总体要求。杨勇平副校长在讲话时指出，此次报告编写工作有其特殊的实施背景，中国电力需求侧管理事业正处于重要的机遇期和战略转型期，希望通过三方合作，能够编制出全面、客观、特色突出的报告，为电力需求侧管理参与各方提供参考信息，为政府层面提供决策依据，充分发挥此次编写成果的舆论引导作用，为中国电力需求侧管理事业发展贡献力量。能源与电力经济咨询中心主任曾鸣教授介绍了报告编写工作的主要思路，报告初步构想内容、编写工作途径和方法、编写工作计划等。合作各方就报告编写工作的工作计划、项目管理、成果管理、基地和平台管理等问题进行了深入的交流和探讨。

（董宏伟）

【国家引智计划获进展】 国家教育部教外司和国家外专局下发文件，学院申报的“引进海外高层次文教专家重点计划”项目获得批准，哈佛大学商学院 Christopher Marquis 教授受聘学院2012年度国家海外高层次重点引进专家。引入世界一流学府的智力支持，标志着学院国家引智计划工作取得了重要的进展，有利于推动学院国际学术声誉的快速提升。在牛东晓院长的筹划下，学院2010年派出的哈佛大学访问学者刘力纬、赵洱岽老师，持续两年、积极争取哈佛大学的一流教授来学院开展学术合作，终于成功邀请到商学院 Christopher Marquis 教授，得到国家外专局引智计划项目的支持。8月6日，经济与管理学院院长牛东晓教授、学校国际合作处处长刘永前教授、学院院长助理赵洱岽副教授、刘力纬副教授在学校国际交流中心亲切会见了 Christopher Marquis 教授。双方对前期的学术交流进行了总结，对下一步开展企业社会责任管理等领域的研究以及共同开发能源电力企业案例等进行了热烈的研讨。哈佛大学商学院多年来一直排名全球第一，杰出的教学与研究方法与辉煌的教育成就，是其高踞当今世界大学之巅的关键所在。哈佛商学院不但首创了 MBA 学位，更是全球案例教学法的鼻祖。Christopher Marquis 教授是哈佛大学商学院企业管理领域的著名专家，是哈佛大学商学院高级总裁班和 MBA 班主讲教授，兼任哈佛大学肯尼迪政府学院豪斯研究中心的研究员，香港科技大学客座教授、J. P. 摩根兼职副总裁。他曾多次获得美国管理学界的国家级权威奖项，如美国管理学会颁发的威廉纽曼最佳论文奖、路易斯庞迪最佳论文奖等。马奎斯教授主要研究领域包括：公司治理、企业可持续发展、绿色清洁能源、企业社会责任等。与哈佛大学的合作将有力推动学院在全球范围内获得一流的国际声誉，在实现学校国际化战略目标的过程中发挥重要作用。

（董宏伟）

【乌云娜获评市师德先进】 2012年，在基层工会推选的基础上，经学校“三育人评选委员会”通过，学校党委会议同意推荐，北京市教育工会评选，乌云娜教授获评2012年“北京市师德先进个人”称号。

（马同涛）

【工管专业获中国土木工程学会优秀毕业生奖】 9月初，经济与管理学院收到中国土木工程学会、詹天佑土木工程基金会颁发高敏同学的“中国土木工程学会高校优秀毕业生奖”荣誉证书，至此，工程管理专业已连续三年获此殊荣。中国土木工程学会是国家一级学会，该学会于1989年设立“中国土木工程学会高校优秀毕业生奖”，其宗旨是表彰奖励土木建筑工程类高校优秀毕业生。该奖项每年评选一届，每次评选获奖毕业生30名，其中工程管理专业9名。工程管理毕业生杨益晟、刘力溶同学分别于2010年、2011年获此荣誉。3位优秀毕业生均先后保送研究生继续深造，由学校国家教学团队工程项目管理负责人乌云娜教授担任指导教师。

（乌云娜）

【中国国际工程咨询公司领导来院作报告】9月17日，中国国际工程咨询公司能源业务部王泽平处长来访学校经济与管理学院，结合其丰富的实践工作，为经济与管理学院的同学和老师们开展了一次“电力工程咨询人员素质提升”学术讲座。王泽平处长对工程咨询领域的基本概念和方法进行了详细解释，结合工作经验对工程咨询的概念、评估咨询的内容、方法等方面分别进行了细致的阐述，选取了浙江三门核电站建设、宁镇地区火力发电布局和青藏联网项目评估三个代表性案例，进行了生动、详细的分析，结合多年工作感受，向同学们提出了从事电力工程咨询工作的建议。

（董宏伟）

【研经管班开展红色主题活动】9月13日，为响应学校号召，提高本班支部党员的党性修养，在学院领导及老师的指导与帮助下，研经管1115班党支部与北京市昌平区龙锦苑四区党支部结成了共建支部，开展了一场别开生面的红色“1+1”共建活动。此次主题活动是研经管1115班党支部红色“1+1”系列活动之一，活动整体围绕“普及低碳知识，共建节能社区”主题，旨在走进社区，在社区党员、群众间开展节能宣讲，为共建社区提供实质意义的帮助。此次主题活动内容丰富、重点突出，参与党员表现积极，取得较为明显的效果。

（孙晓琼）

【学生全国网络商务创新应用大赛获佳绩】9月17日，中国互联网协会主办、工信部、教育部指导和支持的第五届全国大学生网络商务创新应用大赛在北京师范大学学生活动中心落下帷幕。经由国内外业界专业人士、高校专家等组成的大赛评委会的严格评审，学校五支队伍最终进入全国总决赛，获得了总决赛本科组两项一等奖、两项二等奖和一项三等奖的骄人成绩。超越了2011年两项一等奖、一项二等奖的成绩。由于学校师生的出色表现，不仅获得“优秀组织院校奖”，同时还获得“创新指导院校奖”（全国本、专科一共只有16所高校获此称号）。刘吉成、唐平舟、田惠英、黄敏芳、王钇、瞿斌等6位老师获得“优秀指导老师”称号。

（唐平舟）

【曾鸣接受焦点访谈采访】10月中旬，经济与管理学院曾鸣教授针对内蒙能源外运与西电东送的相关问题接受了焦点访谈采访。曾鸣教授认为，解决这一问题的办法，除了原煤直接外运，还有一种方式就是让煤炭从空中走，也就是说将煤炭先就地发电，转化为电力之后，向外输出。目前内蒙古自治区就地转化为电力的煤炭所占比例不到直接外运煤炭的6%，输电比例严重偏低。对于如何分配输电和输煤的比例问题，曾鸣教授认为，内蒙的能源外送应当由两种方式同时进行，既有输煤也有输电，两者应当协调，就目前内蒙的情况来看，输煤输电各占一半的比例比较合理。对于中东部缺电的地区，输电比在当地办电厂从经济上讲更合理一些，同时也具有显著的社会效益，既可以缓解东中部地区的环境压力，也可以促进内蒙古自治区社会协调可持续发展，同时能避免资源浪费。而解决内蒙古电力外送，最有效的办法还需依靠特高压线路。

（董宏伟）

【哈佛大学Christopher Marquis来访】10月23日，哈佛大学商学院企业管理领域的著名专家、J. P. 摩根兼职副总裁Christopher Marquis教授来访经济与管理学院，为师生开展了一次题为“社会及环境对企业战略及竞争力的影响”的学术讲座。牛东晓院长介绍了Christopher Marquis教授及其学术成就并致欢迎辞。Christopher Marquis教授介绍了企业社会责任的类型、中国企业履行社会责任的情况，最后阐述了全球对企业在保护环境的社会责任方面及所关注的话题。经济与管理学院部分教师和博硕士研究生参加了本次讲座。Christopher Marquis教授一直致力于公司治理、企业可持续发展、绿色清洁能源、企业社会责任等领域的研究，有着丰富的研究成果和实践经验，多次获得美国管理学界的国家级权威奖项。

（董宏伟）

【两名校教授来校学术交流】10月24日，哈佛大学商学院高级研究员Regina Abrami、多伦多大学Loren Brandt教授应邀来学校进行学术交流。学校企业组织发展与社会责任研究所所长刘力纬副教授主持了本次学术研讨。经济与管理学院副院长张兴平教授会见了两位国际学者，与赵晓丽教授一起共同展开了学术讨论。双方就中国新能源产业经济发展的推动力，以及高校等学术研究机构对产业升级和企业发展的贡献进行了深入探讨，会议特别强调了学校对中国新能源产业所作的贡献与支持。

（董宏伟）

【联合主办复杂科学管理国际会议】10月26—27日，由中国技术经济学会、华北电力大学经济与管理学院、华北电力大学中国电力经济与管理研究中心、武汉大学复杂科学管理研究中心、多伦多大学风险中国管理研究中心和海华学会联合主办的第三届复杂科学管理暨系统工程风险管理国际会议在加拿大多伦多大学隆重召开。学校经济与管理学院院长牛东晓教授任会议主席，刘吉成教授任会议秘书长。李存斌教授、刘力纬副教授一同参与了大会交流。

（刘吉成）

【牛东晓获管理科学奖】12月8日，经济与管理学院院长牛东晓教授凭借其科研成果“大规模复杂电网电力负荷预测理论与系统”获评第三届中国管理科学学会管理科学奖（学术类）。该研究成果主要内容为：在复杂电网电力负荷预测方面提出自适应拟境智能定性与定量综合优化预测核心思想，将知识挖掘算法、环境模拟算法、定性转化算法、定量预测模拟群和人工智能综合影响优化算法相结合，在国际电力工业领域首次提出、创立和应用一种新的能够处理定性与定量的研究方法——KEQQI方法论；基于KEQQI方法论体系，分别构建了短期和中期两类新的电力负荷预测模型，研发了负荷预测系统；建立了复杂电网发展综合评价指标体系及大型火电机组建设综合后评价理论体系；创建了区域电力危机预警管理理论，研发了电力危机预警系统；建立了中国碳排放计量模型并提出了减排发展路径情景预测方法。《Nature》网站和《Nature》的专业期刊《Nature Climate Change》发表专门评论文章对其一组相关成果进行了评论并给予充分的肯定，所发表的重要国际期刊论文有29篇被SCI检索。中国管理科学奖是经国家科学技术奖励办公室批准设立的全国性科学技术奖，该奖项由中国管理科学学会负责评审、颁发。旨在通过对中国管理科学学术研究、管理实践及管理科学推广普及工作中作出卓越贡献的机构、个人进行表彰奖励，调动广大管理科学工作者的积极性、创造性，促进中国管理科学的应用与发展。管理科学奖原则上每两年评选一次，奖项包括学术类、实践类。首届管理科学奖2008年3月启动，于2009年1月举行颁奖大会，评选出管理科学奖（学术类）4项，分别授予蓝海林、林汉川和管鸿禧、许庆瑞院士、鞠颂东。第二届管理科学奖于2010年6月启动，2011年4月举行颁奖大会，评选出管理科学奖（学术类）3项，分别授予傅家骥、陈炳富、吴季松。

（董宏伟　郝　峰）

控制与计算机工程学院

■概述

2012年，控制与计算机工程学院在校领导的高度关心指导下，在学院领导班子的正确领导和决策下，秉承“建设高水平大学”的办学宗旨和“质量立校、人才强校、科研兴校、特色树校”的办学理念，以学科建设为龙头，以人才培养为中心，坚持规范教学管理，不断深化教学改革的工作思路，努力提高教学质量。全院教职工同心同德，群策群力，团结一心，抓住机遇，在学科建设、教学科研、党建工作、学生管理等方面均取得了不断的进步。

一、学科建设

2012年，该学院领导班子抓住机遇，认真组织，做了大量深入细致的工作。继2011年3月获得控制科学与工程学科一级学科博士点之后，学院又在2012年6月获控制科学与工程北京市一级学科重点学科，2012年9月获得控制科学与工程博士后科研流动站，为进一步落实学院的“十二五”学科发展计划奠定了良好开端。2012年10月，由学院院长刘石教授牵头负责的“智能化分布式能源系统创新引智基地”获批“高等学校学科创新引智计划”(简称“111计划”)，该基地是校继“大电网保护与安全防御引智基地”、“煤的清洁转化与高效利用引智基地”之后获批的第三个创新引智基地。保定校区计算机系，取得“电力信息化与网络安全”二级学科博士点，申报并争取获得“计算机科学与技术”一级学科博士学位授予权，建设好“计算机科学与技术”、“软件工程”一级学科硕士点和“计算机技术”、“软件工程”专业学位硕士点，通过上级的相关评估，建设好高水平教学和研究平台，完成“河北省电子信息教育创新高地”和“信息安全河北省特色专业”建设的阶段性任务，继续凝练研究方向，引导教师在智能电网、物联网、信息系统与安全、智能通信与信息处理等方向展开合作研究，重点突破，取得一批标志性成果。

二、制度建设

该学院在2012年进一步加强制度建设。大力开展“控计先锋”基层党组织和优秀党员的评选活动，鼓励全体党员在学科建设、教学、科研、人才引进等方面 “创先争优”，在解决国家重大战略任务和实现学院的跨越式发展上“创先争优”。保定校区计算机系坚持走内涵发展为主的道路，全面贯彻学校制定的“质量工程”、“创新工程”、“人才工程”，计划，在教职员工的考核上由原来以“量”为主转变为以“质”为主，突出标志性成果，以绩效作为评优的依据；加强青年教师的博士化，鼓励青年教师到名校名师攻读博士学位，进一步推进青年教师的国际化，支持青年教师到国外求学深造。学院的制度建设从整体上促进了学院管理等各方面的发展。

三、教学情况

2012年，该学院国家级规划教材《新编C语言程序设计教程》得以出版，北京市精品教材各2部得以出版。获得校级教学成果一等奖各两项，两人分别获校级教学成果二等奖各1项；8位老师获得2011—2012年度学校教学优秀奖；陈菲获得华北电力大学十佳班主任称号，10位教师获得优秀班主任称号。13门专业主干课程通过学校“433”核心课程建设验收，其中《过程参数检测及仪表》验收为校级精品课程。8门课程验收为优秀核心课程。“十二五”质量工程取得新的进展。一项教学建设项目获北京市教委建设立项。经过多位教师的艰苦努力，完成了物联网工程专业申报备案，2013年秋季将具备招生条件。保定校区计算机系，形成智能电网建设和运行中所需的信息安全特色本硕博人才培养方案，课程设置和教学大纲，在学校的支持下逐步完成有特色的实验环境和平台建设，保证人才培养。切实落实新版培养方案核心课程的建设工作，通过建设课程的教学规范性和教学质量有了明显提高。在2012年校教学成果奖的评选中，计算机系申报3项教学改革，获得一等奖1项，二等奖1项。2012年度公开出版国家级教材1部，规划教材2部。保定校区自动化系，完成一门核心课程建设：陈文颖的《运筹学》课程。开展两门核心课程建设工作：马永光的《微机原理及应用》课程、梁伟平的《顺序控制》课程。

四、科研工作

2012年，该学院继续进行工业过程测控新技术与系统北京市重点实验室和北京市电力信息技术工程研究中心的建设工作；国家级、省部级平台已形成稳定的科研方向和较强的科研实力，基本建立了科研可持续发展的格局。完成三期“211”工程重点建设的各项任务并验收。建设完成“热力过程测控新技术”，“基于网络的电站控制设备与系统”以及“复杂系统建模与仿真”项目。开放实验室的电站海量数据资源，为科研服务。开放实验室的三套仿真机，为科研和教学服务。承担学院ABB公司仿真培训项目。启动实验室承担本科生仿真机实践教学任务准备工作。北京科技条件平台研发实验服务基地建设受到北京市科委的高度重视，不断取得新的成绩。“工业过程测控新技术与系统北京市重点实验室”和“北京市电力信息技术工程研究中心”两个省市级科研平台，“融合快速、分布信息的电力燃烧过程测控系统”教育部创新团队，北京市科研资源共享平台都正在积极建设，进一步完善中，目前发展良好，基础建设上取得进一步快速进展。

2012年，该学院北京校部签订纵横向科研项目56个，其中纵向9个，横向和技术服务47个，纵向包含国家自然基金7项，河北省自然基金1项，中国电机工程学会电力青年科技创新项目1项；实现科研合同金额共计2108.775万元，其中纵向科研经费227.00万元，横向科研和技术服务经费1881.775万元；共发表论文283篇，其中SCI和EI检索论文211篇。计算机软件著作权2项，专利授权共53项，其中发明37项，实用新型16项。举办学术交流活动8次，邀请了千人计划、长江学者周克敏教授，以及台湾国立大学教授、日本模糊逻辑系统研究所首席研究员、国际著名遗传算法专家玄光男教授等多位学者作学术报告。

2012年，该学校保定校区计算机系完成科研合同总额达到680.25万元（含纵向8.65万元），积极组织国家级、省部级等各种科研基金项目的申报工作，本年度共组织申报国家自然基金7项，河北省自然基金2项，北京市自然基金2项，中央高校基本科研业务费项目5项，获批中央高校基本科研业务费项目5项，较好地完成了组织申报任务。高水平论著持续稳定增长，本年度计算机系发表中文核心期刊以上级别论文102篇，三大检索收录75篇（其中SCI和EI期刊论文21篇），鼓励广大教师积极申报省部级鉴定和各级奖励，本年度计算机系共获得专利授权13项，其中实用新型1项，计算机软件著作权12项。

2012年，该学校保定校区自动化系积极组织国家级、省部级科研基金项目的申报工作，共申报河北省、北京市自然科学基金及国家自然科学基金10余项。继2011年分别实现省自然科学基金项目和国家自然科学基金项目获批零的突破后，2012年再次获得国家自然科学基金项目2项，河北省自然科学基金项目1项。2012年，自动化系签订纵横向科研项目23个，其中纵项3项、横向和技术服务20项，实现科研合同金额共计456.11万元，其中纵向科研经费43万元，横向科研和技术服务经费413.11万元。承担校内科研项目7个。共发表论文105篇，其中SCI收录1篇，EI收录37篇。2012年自动化系教师共获得计算机软件著作权1项，获得发明专利授权1项（田亮），实用新型专利授权2项（马进、林永君）。2012年共有15人次参加国内、外大型学术会议并宣读论文，举办学术交流活动2次，其中邀请天津大学王超教授做学术报告1次。

五、学生工作情况

2012年，该学院以培养高水平创新人才为核心理念，继续做好就业、学风、奖助各类工作，于12月召开了控制与计算机工程学院第三届教风学风建设暨表彰大会。表彰一批教学典型，树立了一批学生榜样。学院加强学生服务、发展意识建设，以提高研究生教育质量和创新人才培养水平为目标，全面梳理学历硕士研究生管理的各项工作。在2012年的就业工作中，北京院部本科毕业生总体就业率为96.36%，考研率28.16%，研究生毕业生总体就业率为98.85%。保定校区自动化系本科毕业生一次就业率为95%，其中48人考取硕士研究生，考研率23.9%，研究生毕业生一次就业率为100%。保定校区计算机系本科毕业生一次就业率为96.59%，研究生毕业生一次就业率为100%，本科考研报名66人，实际考取38人，考研率为18.5%。

六、党政管理创新情况

2012年，该学院深化政治理论学习，推进了学习型党组织建设。组织全院党员深入学习了党的十七届六中全会精神、全国“两会”精神、教育规划纲要、有关党风廉政建设的文件，用理论武装教职工头脑，发扬了理论联系实际的学风，提高了广大教职员工政治理论水平和分析问题、解决问题的能力。

继续加强院领导班子的思想政治建设。加强党风廉政建设。根据校纪委的工作部署，认真落实党风廉政建设责任制，开展了党风廉政活动月，认真落实中纪委“两个规定”的相关要求，组织全院教职工党员观看了反邪教和反腐倡廉警示片。坚持把党风廉政建设和反腐败工作贯穿于各项工作之中，努力推进各项工作公平、公正、公开。认真落实“收支两条线”的财务管理规定，从制度上、源头上堵塞财务漏洞。

进一步推进党员电教化教育工作。继学院党员电教化教育播放站点2011年被评为北京市100家党员电化教育示范站点后，继续认真贯彻落实北京市关于党员电教化教育工作的相关精神，完善各类规章制度，积极购买各类播放设备和影视光盘，开设各类播放站点，注重播放的效果和质量，定期组织广大党员观看。

完成了专家组对学院党建验收的各项任务。学院党总支认真组织落实，注重以党建验收为契机，推动学院党建和各项工作。在验收工作启动之初，根据校党委的要求，学院提出了迎接验收工作“四结合”的要求，即：要把党建验收工作与人才培养工作相结合；与学院教学科研管理工作相结合；与学院党建日常工作相结合；与学院党建和思想政治工作创新相结合。准确的定位使验收工作一开始就立足于建设，立足于推进中心工作。

学院按照计划，高质量做好党员发展工作，北京校部共发展党员96名。保定校区，自动化系发展党员90人，计算机系发展党员68人。

七、培训工作

2012年，该学院调整了培训办公室的人员配置，明确了培训办公室的主要职责，优化了分工、提高了效率。在电力企业培训方面，承担了宁夏新能源公司、大同电力公司等多个企业员工培训项目；在资格认证及考试服务方面，除了进一步做好全国计算机等级考试工作外，还承担了国家注册会计师资格考试、全国计算机核心技能与信息素养大赛等一系列国家级考试及比赛的服务工作，取得了良好的社会反响。保定校区自动化系承担了“大唐呼图壁能源开发有限公司热电厂新员工岗前理论培训班”、“国电宁夏英力特宁东煤基化学有限公司2×330MW机组热电联产工程新员工岗前理论培训班”、“商务部国际商务官员研修学院的发电厂节能运行仿真技术培训班”、“邢台国泰发电有限责任公司热控人员专项理论培训班”、“电力行业仿真培训指导教师认证及复训认证培训班”、“电力行业仿真培训高级指导教师认证及复训认证培训班”等6个企业员工培训项目。

八、对外交流与合作

2012年，该学院聘请了多位国外知名学者到学院进行交流合作；学院12位骨干教师获得国家外专局外国文教专家重点项目资助，聘请了多位国外知名学者到学院进行交流合作；学院多位青年教师参加了由国家留学基金委员会组织的出国留学人员英语培训，6位教师由国家留学基金委资助赴国外留学深造；与国际知名学术组织开展了实质性的交流与合作，学院多位教师申请并成为英国工程与技术学会（IET）会员。正式确立了与IET的教育合作伙伴关系，共同举办了多次的研究生交流活动，讲解科技论文的写作方法，而且与IET联合进行了国家注册工程师的认证工作讲座。同时积极筹办第二届IET Renewable Power Generation Conference。保定校区自动化系积极鼓励教师参与学术交流，共有15人次参加国内、外大型学术会议并宣读论文，有1人次在学术会议作大会报告，1人次受邀在国外大学举行学术讲座，提升了华北电力大学在国内外自动化领域的影响力。邀请国内专家（天津大学博士生导师王超教授）学术讲座 1 次，校内教师学术讲座 1 次。2012 年自动化系共有 1 名教师公派攻读博士学位回国。

九、师生获奖情况

2012 年，该学院北京校部教师方面：陈菲获评十佳优秀班主任；刘向杰、杨国田、林碧英、禹梅、夏宏、徐磊、徐大平、黄从智、焦润海和韩晓娟 10 名教师获评优秀班主任；李为、刘向杰、杨国田、周长玉、郭鹏、焦润海、谢萍、刘春阳 8 位老师获评教学优秀；刘石、杨国田、刘向杰、师瑞峰、禹梅、谭文、魏振华、马炜、刘春阳、黄从智、李新利、吕跃刚、腾婧、徐磊、夏宏、熊建国 16 位教师获评学生科技创新优秀指导教师。

2012 年，该学校保定校区，苏杰获校级教学优秀特等奖，林永君、韦根原获教学优秀奖，马进、马良玉、李静、冉鹏的“离线自主学习——在线仿真操作的电厂仿真运行教学模式”获 2012 年校级教学成果一等奖，王印松、林永君、王炳谦、王栋的“自动化系大学生实践创新模式”获 2012 年校级教学成果二等奖。王栋获河北省暑期社会实践先进指导教师、保定市优秀团务工作者。辅导员韩亮亮获河北省暑期高校辅导员“大家访”活动“先进个人”。

2012 年，该学院班集体方面：自动 1001 班、自动 1005 班、测控 1001 班三个班级获“英语学习标兵班集体”称号；自动 1001 班、自动 1103 班获“优秀班集体”称号。研控计 1017 班、研控计 1120 班、研控计 1122 班获得“研究生优秀班集体”称号。

2012 年，该学院学生方面：北京校部学生参加各类创新和学习竞赛共获得省部级以上奖励 41 项，其中 MCM 全美大学生数学建模竞赛一等奖 3 项，ICM 全美大学生交叉学科建模竞赛一等奖 1 项，第七届“挑战杯”首都大学生创业计划竞赛银奖 1 项、铜奖 3 项，“高教社杯”全国大学生数学建模竞赛北京赛区一等奖 1 项，“蓝桥杯”全国软件专业人才设计与创业大赛全国总决赛程序设计本科组一等奖 1 项、二等奖 1 项，全国大学生数学建模竞赛二等奖 1 项，“北科杯”首届全国大学生计算机博弈大赛获二等奖 2 项，“凯盛开能杯”第五届全国大学生节能减排社会实践与科技竞赛三等奖 1 项，第二十八届全国部分地区大学生物理竞赛一等奖 1 项，第三届全国大学生数学竞赛一等奖 2 项，全国大学生英语竞赛二等奖 1 项、三等奖 1 项，全国高等院校计算机核心技能与信息素养大赛本科组二等奖 1 项，申报国家实用性新型专利 5 项，第六届全国信息技术应用水平大赛 C 语言组三等奖 2 项，“昆山杯”首届国际水中机器人公开赛冠军 1 项、亚军 1 项、季军 1 项、一等奖 2 项、二等奖 3 项、三等奖 1 项，全国研究生数学建模竞赛一等奖 1 项、二等奖 3 项、三等奖 1 项。获得地市级奖励 10 项，其中“蓝桥杯”全国软件专业人才设计与创业大赛北京赛区程序设计本科组一等奖 1 项、三等奖 1 项，第三届商业理想杯企业模拟运营大赛北京赛区二等奖 1 项，北京市第二十二届大学生数学竞赛一等奖 1 项，北京市第二届 Google Android 开发挑战赛三等奖 1 项，中国移动 MM 百万青年创业大赛校园组二等奖 1 项，2012 年“比利时自动化创新设计大赛”一等奖 1 项、三等奖 1 项，第十一届北京大学“360 杯”程序设计竞赛三等奖 2 项。另外，在校级各类竞赛中共获奖 12 项，第四届“电力科技杯”大学生创业计划大赛校级一等奖 1 项、二等奖 3 项、三等奖 1 项，华北电力大学第五届节能减排社会实践与科技竞赛实物制作、设计类校级一等奖 1 项、二等奖 1 项、三等奖 1 项，华北电力大学第一届程序设计大赛二等奖 1 项，数学建模竞赛二等奖 1 项，三等奖 2 项。奖学金方面：姚大海等 14 名同学获“国家奖学金”，卢腾等 55 名同学获“国家励志奖学金”，华笑延等 13 名同学获“校级三好学生标兵”称号，宋智超等 3 名同学获“校级优秀学生干部标兵”称号。华笑延等 59 名同学获“校级一等奖学金”，周倩婷等 10 名同学获“校友奖学金”，帅佳敏 3 名同学获“新华都奖学金”，刘思宇等 6

名同学获“四方股份奖学金”，唐帆等3名同学获“博纳之星奖学金”，闫肃等4名同学获“中天科技奖学金”，崔超等6名同学获“浙能奖学金”，徐广宇等10名同学获“首航奖学金”，郝瑞祥等2名同学获“节能奖学金”，魏郁宜等4名同学获“南瑞继保奖学金”，汪余等10名同学获“校友助学金”，熊瑛等5名同学获“魏德米勒奖学金”，张彤等5名同学获“博士国家奖学金”，周业里等17名同学获“硕士国家奖学金”。

2012年，该学校保定校区计算机系，学生获得33项省部级及以上科技竞赛奖励，其中《一种γ型斯特林热管CPU散热器》获得第五届全国大学生节能减排大赛国家级特等奖；3名同学获得全国大学生英语竞赛全国一等奖；首次组队参加华北五省暨港澳台大学生计算机应用大赛，5人次获得一等奖，5人次获得二等奖，8人次获得三等奖。

2012年，该学校保定校区自动化系，学生获得省部级及以上各类竞赛奖励39人次，其中“飞思卡尔”杯智能汽车竞赛全国二等奖1人次，华北赛区一等奖4人次、三等奖1人次，省二等奖2人次、三等奖1人次，中国教育机器人大赛一等奖1人次，“挑战杯”创业计划大赛省特等奖1人次、一等奖4人次，节能减排大赛国家三等奖1人次，大学生机械创新设计比赛国家三等奖1人次，省二等奖3人次、三等奖1人次，Robocup公开赛亚军1人次，国家二等奖1人次，全国大学生数学建模省级二等奖2人次，“电工杯”全国大学生数学建模三等奖1人次，全国高校环保科技创意设计大赛铜奖2人次，全国大学生英语竞赛特等奖1人次、一等奖2人次、三等奖6人次，河北省大学生运动会十项全能第二名1人次，河北省大众跆拳道公开赛团体品势第三名1人次。地市级奖励3项，其中驻保高校街舞大赛亚军2人次，棋类大赛第四名1人次。

（胡建强　付　萍　高　燕）

■概况

院长：刘石

书记：刘威

2012年，控制与计算机工程学院在北京设有学院本部，在保定校区设计算机系和自动化系。学院现拥有控制科学与工程一级学科博士点，增设控制科学与工程博士后科研流动站，拥有控制科学与工程、计算机科学与技术、软件工程3个一级学科硕士点，以及控制工程、计算机技术、软件工程3个工程硕士专业学位授予权。其中控制科学与工程一级学科为北京市重点学科，下设控制理论与控制工程、检测技术与自动化装置、系统工程、模式识别与智能系统4个二级学科。计算机科学与技术一级学科下设计算机系统结构、计算机软件与理论、计算机应用技术3个二级学科，其中计算机应用技术二级学科为河北省重点学科。学院设有自动化、测控技术与仪器、计算机科学与技术、软件工程、网络工程、信息安全6个本科专业。保定校区计算机系现有3个工学硕士点专业、两个工程硕士点专业、4个本科专业。保定校区自动化系现有1个省部级重点学科，设有1个一级学科博士点专业、1个一级学科硕士点专业、1个工程硕士点专业、2个本科专业。

2012年，该学院目前在校本科学生4381名（含保定1742人），硕士研究生1109名（含保定517人），博士研究生58名。已为社会培养了2万多名本科生、硕士生和博士生，为中国电力工业和国民经济建设培养了大批优秀的人才。

2012年，该学院现有教职工274人，其中教师201人。教师队伍中，教授55人，其中博士生导师16人，副教授62人。国家百千万人才计划1人，中科院百人计划1人，千人计划1人，教育部新世纪优秀人才2人，全国师德先进个人1人，首都劳动模范奖章获得者2人，北京市教学名师1人，河北省教学名师1人，北京市师德先进个人3人，北京市优秀教育工作者1人，形成了一支以博士生导师为学术带头人，以中青年教师为学术骨干，具有良好师德和较高教学科研水平的师资队伍。学院拥有“工业过程测控新技术与系统”北京市重点实验室，北京市电力信息技术工程研究中心，教育部“融合快速，分布信息的电力燃烧过程测控系统”创新团队，电力企业软件工程实习基地等高水平人才培养平台，以及纳入河北省工程技术中心序列进行管理的“河北省发电过程仿真与优化控制工程技术研究中心”。

2012年，该学院北京校部开设研究生课程91门，完成教学2848学时；开设本科生课程134门，完成教学5048学时（不含实践环节）。保定校区计算机系开设研究生课程22门，完成教学680学时；开设本科生课程87门，完成教学5336学时。保定校区自动化系开设研究生课程19门，完成教学608学时；开设本科生课程52门，完成教学2304学时（不含实践环节），其中一本开设本科生课程47门，完成教学1856学时（不含实践环节）；三本开设本科生课程47门，完成教学1856学时（不含实践环节）。

2012年，该学院拥有教研室12个、研究所（室）8个、教学实验中心2个、实验管理中心1个、学生实习基地16个，科技研究（创新）基地5个，研究生工作站5个。其中，保定校区计算机系拥有教研室2个、研究室7个、教学实验中心1个、学生实习基地15个。保定校区自动化系拥有教研室2个、教学实验中心1个。

2012年，该学院共有61个党支部，拥有中共党员970人、发展党员254人。其中，保定校区计算机设有13个党支部，拥有中共党员225人、发展党员68人。保定校区自动化系设有16个党支部，拥有中共党员230人，发展党员90人。

（胡建强　付　萍　高　燕）

■条目

【电化教育播放点获评市党员电教示范站点】4月1日，控制与计算机工程学院党总支党员电化教育播放点作为代表北京高校参加全市党员电教示范站点评比的4所高校之一，获评“北京市党员电教（党员干部现代远程教育）示范站点”。

（高　燕）

【一基地建设获专家论证会通过】4月6日，北京市科委组织北京市专家对北京市科技计划“首都科技条件平台华北电力大学研发实验服务基地2012年度建设运行”课题实施方案进行论证。专家组听取了基地建设项目负责人高谨对实施方案的汇报，审阅了有关材料，经过质询和讨论，一致同意课题实施方案通过论证。

（高　燕）

【伊利诺伊大学香教授来访】4月16日，美国伊利诺伊大学香槟分校（UIUC）机械科学与工程系Naira Hovakimyan教授应邀到华北电力大学控制与计算机工程学院进行学术交流访问，作了题为《A Novel Structure of Adaptive Control》《Application of L1 Adaptive Control》的专题学术报告。

（高　燕）

【召开学院教职工大会】4月27日，控制与计算机工程学院召开2012年教职工大会。校工会常务副主席王玲以及学院全体教职工出席会议。大会由学院党总支副书记谢桂庆主持。校工会常务副主席王玲发言对学院的工作表示称赞，院长刘石教授作学院2012年教职工大会工作报告，院党总支书记刘威作财务工作报告。大会第二项进行分组讨论，以教研室为单位，由各党支部书记主持，讨论院长工作报告。

（高　燕）

【维多利亚大学博士来访】5月4日，加拿大维多利亚大学（University of Victoria）电子工程系Hong-chuan Yang博士访问华北电力大学控制与计算机工程学院，作了主题为“Multiple antenna transmission / reception techniques for wireless communications: an analytical exposition of low-complexity solutions”的学术报告。报告由控制与计算机工程学院副院长房方主持，杨国田副院长、谭文教授等数十名老师和相关专业同学认真听取了报告。

（高　燕）

【韩晓娟获IEEE会议最佳会议论文奖】5月，以韩晓娟副教授为第一作者、“千人计划”专家闫勇教授为通讯作者以及研究生程成、陈跃燕共同合作完成的学术论文“Monitoring of Oxygen Content in Flue Gas at Coal Fired Power Plant Using Cloud Modeling Techniques”在2012 IEEE International Instrumentation and Measurement Technology Conference

（I2MTC）上发表，获评最佳会议论文奖。获奖证书是由IEEE 测量仪表学会主席 Jorge F. Daher 颁发的。闫勇教授于5月14—16日参会，代表华北电力大学领取了获奖证书。

（高　燕）

【承办全国高校计算机核心技能与信息素养大赛总决赛】5月26—28日，由华北电力大学控制与计算机工程学院具体承办的全国高等院校计算机核心技能与信息素养大赛2012年总决赛在北京召开。本次大赛基于微软办公软件全球认证中心推出的计算机综合应用能力考核•全球认证（Internet and Computing Core Certification，简称 IC3）标准，结合中国高等院校“计算机基础”课程的基本要求进行，主要包含计算机基础、常用软件和网络与安全等三个竞赛科目。来自全国168所院校和668位参赛总人数参加了总决赛的角逐。最终产生本科组选手及指导教师特等奖各1名，一等奖各20名、二等奖各48名、高职组选手及指导教师特等奖各1名、一等奖各59名、二等奖各138名。同时，还评选出本科组团体一等奖4名、二等奖8名、三等奖12名、高职组团体一等奖13名、二等奖26名、三等奖39名、优秀组织奖两个组别共计11名。其中，由华北电力大学控制与计算机工程学院熊建国老师指导参赛的团队获得本科组团体二等奖。本次大赛得到中国计算机教育领域专家学者的广泛支持。

（高　燕）

【一学科获评北京市一级重点学科】6月，控制科学与工程获评北京市一级学科重点学科，为进一步落实学院的“十二五”学科发展计划奠定了良好开端。

（高　燕）

【长江学者周克敏教授来访】6月27日，应控制与计算机工程学院的邀请，千人计划、长江学者周克敏教授做了《鲁棒控制基础及应用》的报告。参加报告的有学院院长刘石，副院长刘向杰、房方，以及控制理论与应用教研室的各位老师。

（高　燕）

【南洋理工大学教授来访】7月2日，控制与计算机工程学院邀请来自新加坡南洋理工大学的谢立华教授做了题为：Communication Constrained Distributed Cooperative Control of Multi-agent Systems 的学术报告，参加报告会的有来自控计学院的教师、学生60余人。

（高　燕）

【暨南国际大学领导来访】7月3日，台湾暨南国际大学科技学院孙台平院长、电机系林容杉主任一行到华北电力大学控制与计算机工程学院进行访问交流。华北电力大学控制与计算机工程学院院长刘石、副院长房方及各教研室老师与来访的领导和专家进行了交流和座谈。孙台平院长介绍了“暨南国际大学科技学院的概况及学术研究情况”，刘石院长介绍了学院的相关情况，各位老师代表分别就自己的研究领域与对方进行了交流。双方在飞行机器人，生物医学，防灾预测、无线传感器方面感兴趣的领域做了深入探讨，对进一步的学术交流合作达成初步意向。

（高　燕）

【一博士后科研流动站获批】9月，人力资源和社会保障部、全国博士后管委会发布《关于新设增设和确认博士后科研流动站的通知》（人社部发〔2012〕48号），批准华北电力大学新设控制科学与工程博士后科研流动站。

（高　燕）

【神户大学何鸿烈来院作学术报告】9月25日，控制与计算机工程学院邀请英籍华人、日本神户大学何鸿烈教授（Prof. Kenneth H. L. Ho）做了题为“老龄社会下人体健康状态监测感知不确定系统建模及其应用分析”的学术报告。

（高　燕）

【一学科创新引智计划获批】10月，根据“十二五”总体规划，教育部和国家外国专家局联合组织的2013年度“高等学校学科创新引智计划”（简称“111计划”）评审工作结束，包括华北电力大学“智能化分布式能源系统创新引智基地”在内的45个引智基地作为2013年度建设项目予以立项。此次获批的引智基地由华北电力大学控制与计算机工程学院刘石教授牵头负责，主要依托华电能源动力、自动化控制等优势学科，汇聚了一批来自欧美国际一流大学的高水平学者，与华电科研团队一道开展多学科交叉研究。该基地是华北电力大学继“大电网保护与安全防御引智基地”、“煤的清洁转化与高效利用引智基地”之后获批的第三个创新引智基地。

（高　燕）

【台湾国立大学玄光男来访】10月10日，控制与计算机工程学院邀请台湾国立大学教授、日本模糊逻辑系统研究所首席研究员、国际著名遗传算法专家玄光男教授（Prof. Mitsuo Gen）作了题为“遗传算法新近进展及其在排序、电力系统网络重构系统的应用”学术报告。

（高　燕）

【南加州大学领导来访】10月11日，国际著名自动控制学者、美国南加州大学工程学院副院长秦泗钊教授应邀访问华北电力大学控制与计算机工程学院，作了题为“数据驱动方法在故障监控与诊断中的应用”的报告。

（高　燕）

【举办第十届学术交流活动】11月13日，控制与计算机工程学院举办第十届学术交流活动。通过连续多年努力，一年一届的学术交流活动已经成为学院具有较大影响的学术交流盛会，为广大学生所期盼和欢迎。学院按照专业方向分成了3个专场同时进行，分别是：控制理论与控制工程分会场，检测技术与自动化装置分会场，计算机应用技术、计算机软件与理论分会场。各个分场采取作者阐述，评审提问，同学问答的形式，对入围作品展开了激烈的交流及讨论，同学们在讲座后积极地和老师展开进一步的学术探讨。

（高　燕）

【举办成长沙龙论坛第二期座谈会】12月7日，控制与计算机工程学院举办成长沙龙论坛第二期“学术指南针”座谈会。本次活动邀请学院郭鹏老师，专门针对研一同学就学术研究、专业领域发展动态及热点问题、如何查阅文献资料等方面的问题进行交流，使同学们更加明确读研的目的和意义，开拓视野，拓展思维，为研一同学们即将开始的学术研究指引方向。

（高　燕）

【召开工会会员大会】12月11日，控制与计算机工程院召开工会会员大会。学院全体工会会员参加了会议。会议全票通过了分工会主席谢桂庆代表上一届工会作的《工会工作报告》及《工会财务工作报告》。大会选举产生了由谢桂庆等7位委员组成的新一届工会委员会，以刘吉臻教授为代表的15名新一届教代会、工代会代表。

（高　燕）

【召开教风学风建设暨表彰大会】12月25日，控制与计算机工程学院举行教风学风表彰大会。受邀出席本次会议的有控制与计算机工程学院院长刘石、学院党总支书记刘威、副院长杨国田、副院长房方、院党总支副书记谢桂庆和北京市重点实验室主任曾德良。本次会议旨在发扬作风，表彰先进，为学院创造更好的教风学风氛围。

（高　燕）

【首个卓越工程师试点班成立】5月，经过笔试、面试等环节，30名学生脱颖而出正式组建院系首个“卓越工程师”试点班，测控教研室马进副教授担任班级班主任。

（付　萍）

【发展中国家专项培训班结业】6月8日，由商务部主办、学校承办的发电厂节能运行仿真技术培训班结业典礼在保定校区隆重举行。河北省商务厅对外投资和经济合作处处长徐彦平、副处长边艳珍，学校党委副书记、副校长张金辉，校长助理律方成和自动化系党总支书记马永光等出席结业典礼，来自9个国家的15名学员和相关工作人员参加了典礼。学校国际合作处副处长武彦军主持结业典礼。自动化系副主任马良玉、董泽教授、王东风教授、焦嵩鸣副教授、翟永杰副教授等培训主讲教师参加了结业典礼。此次培训班从5月10日开班至6月8日结业历时30天。培训过程中，院系严格履行职责，精心编制培训方案，合理安排培训课程，全体教师认真授课，项目管理人员敬业奉献，全力保障了培训项目的进行。培训期间还安排学员到国家著名的电力设备制造企业参观考察，收到了良好的培训效果。

（付　萍）

【学生全国智能汽车竞赛获佳绩】8 月 22—25 日，第七届全国大学生“飞思卡尔”杯智能汽车竞赛总决赛在南京师范大学举行。华北电力大学林永君、王炳谦老师指导的参赛队伍获评全国二等奖，本次决赛共有来自全国的 120 支队伍参加角逐。

（付　萍）

【举行第三届自动化硕士学术论坛】11 月 10 日，由自动化系主办的“华北电力大学第三届自动化硕士学术论坛”在保定校区开幕。出席本次论坛的有华北电力大学研究生院王印松副院长、《电力科学与工程》编辑部李丽英主任，自动化系领导以及论坛学术委员会的全体老师。韩璞教授作题为“自动控制理论与自动化技术的发展与应用”的主题报告，论坛分 3 组进行论文交流。本届论坛共征集论文 40 余篇，经论坛学术委员会全盲评审，10 篇优秀论文被推荐到《电力科学与工程》杂志发表。

（付　萍）

【普渡大学江科元来访】6 月 12 日，美国普渡大学江科元教授应计算机系邀请来访，作了《生命计算与计算技术》的专题报告。

（胡建强）

【学生获全国电子设计大赛三等奖】8 月，全国大学生电子设计大赛信息安全专题邀请赛在西安举行，张少敏率领的华北电力大学计算机系代表队获得全国三等奖。

（胡建强）

【学院 1998 级校友返校】10 月 3 日，计算机专业 1998 级学生毕业 10 周年返校聚会，为表达对母校的感激之情，校友们捐赠给计算机系 LED 显示屏一块，交接仪式上在外地出差的王保义系主任发来贺电对校友们的到来表示热烈的欢迎，鼓励校友们努力工作，为计算机系的发展做更大的贡献。

（胡建强）

【两课程通过 IBM 专业结业课证书项目审核】11 月 19 日，计算机系开设的《软件项目管理》《软件测试》两门课程通过“IBM 专业结业课证书项目”的审核，软件工程专业 2009 级的 52 名同学经先后考核分别获得 IBM 专业课程结业证书。

（胡建强）

【建成卓越工程师培养实践教学基地】12 月，计算机系完成了 2012 年教育部修购资金支持的实验室建设项目《面向卓越工程师培养的计算机系实践教学与研究平台建设（一）》，建成了一个可进行硬件实验、软件实验、多媒体实践教学、大学生创新实验为一体的面向卓越工程师培养的实践教学基地。

（胡建强）

人文与社会科学学院

■概述

2012 年，华北电力大学人文与社会科学学院在学校党委、行政的正确领导下，学院领导班子团结带领全院教职工，爱岗敬业，追求卓越，共同努力，各项工作都跨上了一个新的台阶。

2012 年，该学院深入开展学习宣传贯彻党的十八大精神系列活动，认真开展党建思想政治工作。学院党总支在全体教职工、学生之中召开动员会，开展专题辅导，从党总支、院党政联席会、师生党支部、班级、学生社团等多个层面组织专题学习、特色活动 50 余次，覆盖全院师生，初步取得良好效果，文科振兴展现新希望。2012 年，该学院在党建和思想政治工作方面学院实行党政配合、相互协作、齐抓共管，全方位地开展工作。认真完成创先争优活动，做好党建评估工作。在教职工工作方面，凝练学院发展理念，树立讲实效、办实事的工作作风。在学生工作方面，积极开展生动活泼的思想政治教育活动，特别是注意加强学生党支部自身的建设，创新活动形式，深化各类工作活动。2012 年，该学院工会工作深入有效。学院分工会积极组织教职工参加学校开展的各类活动。同时，也结合学院实际开展了一些特色活动，包括“关爱教师”活动、举行表彰大会、积极开展各类院级比赛，形成长效机制。高度重视教职工代表提案工作，提前酝酿、认真组织，完成分工会换届选举以及学校双代会代表选举工作。

2012 年，该学院以人为本，队伍建设工作取得显著成效。2012 年，该学院领导班子成功换届，苑英科担任学院院长，蔡利民任人文政教党总支书记，王伟继续担任副院长，方仲炳新任副院长，王硕调任人文政教党总支副书记，学院的领导和服务得到了进一步提升，学院发展呈现新气象。2012 年，该学院成功引进胡光宇教授。胡光宇教授在战略管理、行业研究等方面走在全国前沿，他的引进进一步强化了学院整体科研水平，个人年度经费超过 150 万元，有力提升了学院的整体实力。

2012 年，该学院科研团队成就突出，科研水平稳健上升。学院利用能源基地的优势，与经济管理学院专家合作，获得多项国家级、省部级项目。2012 年，该学院科研工作总体取得可喜的成绩。学院完成科研经费 280.70 万元，超额完成任务，完成率达到了 128%。

2012 年，学院教学工作、国际交流、培训工作取得新突破。申报的课程成功入选教育部 2012 年第一批精品视频公开课建设计划，学院教学工作取得重大突破，也实现了学校同类项目零的突破。学院诉讼法专业获得河北省教育厅重点学科立项。2012 年，该学院国际合作交流工作取得新进展。派出赴美访问学者 1 名，赴澳大利亚访问学者 1 名，赴加拿大访问学者 1 名，以姚建平副教授为首的团队，在学校支持下与加拿大里贾纳大学建立了科研合作关系，启动了科研项目，实现了学术互访。2012 年，该学院培训工作取得历史性突破。学院利用专业优势积极开拓培训市场，合同金额达到 70 余万元。

2012 年，该学院就业工作、学生培养等工作获得新进展。学院就业落实率持续增长，获评校就业先进集体奖。2012 年，该学院积极开展学术活动，严格开展学风督察活动，防微杜渐，营造良好学风。鼓励学生参加各项科技、文体、创新性竞赛，提高专业素养。学生群体在市级比赛获得多种奖项。法学专业获得了北京市模拟法庭大赛一等奖；中文专业连续两年进入北京市人文知识竞赛前六名，获得了与传统名校同台竞技的机会。广告学专业在第十四届全国大学生设计“大师奖”中首次荣膺金奖。凸显了学院“重实践、强能力”培养特色，展现了学院学子的优良风貌。

（胡舒敏　石兵营）

■概况

院长：苑英科

书记：蔡利民

2012 年，华北电力大学人文与社会科学学院在北京设有学院本部，在保定校区设有法政系。学院现有 1 个省部级能源发展研究基地。设有 2 个一级学科硕士点专业、6 个本科专业。

2012 年，该学院有教职工 96 人（含保定 35 人），其中，专任教师 83 人（含保定 31 人），其中教授 14 人（含保定 2 人）、副教授 32 人（含保定 3 人），具有博士学位的教师为 76.9%（含保定 7 人）、有实验及技术人员 1 人、党政及管理人员 12 人（含保定 4 人）。

2012 年，该学院新增教授 3 人（含保定 1 人）、副教授 3 人（含保定 1 人），当年无新增博导。

2012 年，该学院共引进师资 5 人（含保定人 2 人），其中教师 3 人（含保定人 2 人），实验技术人员 1 人。

2012 年，该学院有毕业学生 327 人（含保定 92 人），其中，硕士研究生 36 人（含保定 4 人），普通本科生 291 人（含保定 88 人）。

2012 年，该学院招生 279 人（含保定 97 人），其中，硕士研究生 36 人（含保定 7 人），普通本专科生 243 人（含保定 90 人）。

2012 年，该学院在校生 1111 人（含保定 365 人），其中，硕士研究生 99 人（含保定 13 人），普通本专科生 1012 人（含保定 352 人）。本科生的英语四级一次通过率为 90.17%（保定为 95.24%），本科毕业生一次就业率为97.06%(保定为93.55%),研究生毕业生一次就业率为98%(保定为50%);本科考研报名114人(含保定47人),实际考取67人(含保定29人),考研率为18.72%(保定为31.18%)。

2012年,该学院签定纵横向科研项目28个(含保定9个),其中纵项14项(含保定5项)、横项14项(含保定4项),实现科研合同金额共计318.15万元(含保定37.45万元),其中纵向科研经费85.65万元(含保定17.45万元),横向科研经费232.5万元(含保定20万元);承担校内科研项目14个(含保定5个);共发表论文152篇(含保定77篇),其中核心期刊120篇(含保定56篇)。出版专著18部(含保定9部),自编教材3本(含保定2本);学院举行学术交流会10次(含保定4次),其中国外专家学术交流会1次,国内专家学术交流会9次(含保定4次)。有16人次(含保定6人次)参加了国际学术会议。

2012年,该学院共完成科研项目7个(含保定5个),通过验收7个(含保定5个)。

2012年,该学院共获得省部级以上奖励4项(含保定4项),其中,“国民健康公平程度测量、因素分析与保障体系研究”获河北省第十三届社会科学优秀成果三等奖;“公开审判制度研究”获河北省第十三届社会科学优秀成果一等奖;“和谐社会背景下的高等教育管理法治化研究”获第七届河北省社会科学基金项目优秀成果三等奖;“和谐河北与多元纠纷解决机制之构建—现实需求与制度建设”获第七届河北省社会科学基金项目优秀成果一等奖。

2012年,该学院拥有教研室7个(含保定3个)、研究所16个(含保定3个)、实验室5个、学生实习基地36个(含保定14个)、科技研究(创新)基地2个(含保定2个),其中当年新增1个、名称为“中国社会工作与社会法治创新研究中心”。

2012年,该学院开设研究生课程58门(含保定16门),完成教学1824学时(含保定544学时);开设本科生课程405门(含保定126门),完成教学15682学时(含保定7020学时);举办2期培训班,共培训学员107人,其中电力系统学员107人。

2012年,该学院设有19个党支部(含保定5个),拥有中共党员118人(含保定29人)、发展党员108人(含保定42人)。

2012年,该学院设有35个学生班级(含保定9个),设有辅导员岗位86个(含保定4个),其中正式编制6个(含保定3个)、兼职2个(含保定1个);学生获得各类省部级奖励129人次(含保定25人次),其中教育部奖励71人次、北京市奖励39人次、河北省奖励19人次。

学院网址:

http://law.ncepu.edu.cn

(胡舒敏 石兵营)

■条目

【学生获全国设计大师奖金奖】3月8日,第14届全国大学生设计“大师奖”——中国设计教育网主题设计暨年度创意大赛的获奖名单揭晓,华北电力大学人文学院广告学专业学生尚碧依的《手势篇》获评“中国设计教育网主题设计征集”比赛的金奖,这是广告学专业首次取得全国大学生广告设计类比赛金奖。

(庞 涛)

【吴思科作两会精神和国际形势讲座】3月20日,华北电力大学人文学院邀请到了前任中国驻沙特阿拉伯大使、全国政协委员吴思科来校做“两会精神和国际形势”主题讲座。针对当前的中东局势,吴大使作了比较详细的介绍,同时分析了两会期间,在当前的背景下如何寻求中国在世界中的立足与自我发展。

(王学棉)

【哥本哈根大学 Peter Abrahamson 来访】4月14日,受华北电力大学人文与社会科学学院公共管理教研室的邀请,丹麦哥本哈根大学 Peter Abrahamson 社会学系教授到人文学院为师生做了一场关于“斯堪的纳维亚(Scandinavian)福利模式——基于丹麦贫困问题的视角”的学术报告。报告主要围绕斯堪的纳维亚的福利模式在丹麦的贫困政策中的运用而展开的。

(姚建平)

【一课程获国家精品视频公开课建设立项】5月，教育部公布2012年第一批精品视频公开课建设计划的218个选课/课程名单。华北电力大学人文学院王学棉、方仲炳、李红枫、赵旭光申报的《生活中的纠纷与解决》获国家精品视频公开课建设立项。

（王学棉）

【召开市社会组织评估指标研讨会】5月10日，北京市社会组织评估指标研讨会暨评估培训会在华北电力大学召开。为了完善评估指标，完成评估工作，华北电力大学人文学院社会企业研究中心与公共管理教研室联合承办了本次会议，各机构30余位专家出席了会议。

（朱晓红）

【一专门服务基地揭牌】9月5日，中国社会工作与社会法治创新研究中心和中国社会工作协会会员服务基地揭牌仪式在华北电力大学举行。中国社会工作协会会长、民政部原副部长徐瑞新，华北电力大学党委书记吴志功为研究中心成立揭牌。中国社会工作与社会法治创新研究中心在中国社会工作协会和华北电力大学共同领导下开展工作，是集教学、研发、交流为一体的推动社工发展的重要基地，将以专业方法推进社会工作研究创新的本土化、法治化进程，力争建设成为促进高校、行业组织与地方政府深度融合的会员服务示范基地。

（石兵营）

【学生获市模拟法庭竞赛一等】11月11日，第四届北京市大学生模拟法庭竞赛决赛在中国政法大学昌平校区结束。由华北电力大学法学专业2010级贾阳春、文凤、侯洁林、王子墨、张涛、秦超6名同学组成的代表队，凭借精彩的发挥，取得了骄人成绩，与中国政法大学、中国劳动关系学院和北京邮电大学共获此次竞赛的一等奖。代表队还获得竞赛优秀指导老师奖，对方仲炳、王学棉、王春波、赵旭光、王书生、蔡恒等老师的悉心指导给予了肯定。

（王书生）

【承办中国国电法律业务轮训班】12月2日，由华北电力大学人文学院举办的“中国国电集团公司法律综合业务轮训班（第一期）”结业典礼在华北电力大学国际交流中心报告厅举行。中国国电集团公司企业管理与法律事务部副主任刘纹、中国国电集团公司企业管理与法律事务部法律处处长张彤、华北电力大学人文与社会科学学院院长苑英科、副院长方仲炳出席了培训结业典礼。

（王平稳）

外国语学院

■概述

2012年，华北电力大学外国语学院深入贯彻落实第一次党代会精神及“十二五”发展规划纲要，扎实推进学院各项工作。教职工爱岗敬业，齐心协力，健全规章制度，强化师资队伍建设、学科建设，深化教学改革，不断提高教学质量和管理水平，各项工作呈现新局面。

2012年，该学院领导班子成功换届，有4人变动调整。调整后，现任班子成员及时进行了工作分工，积极主动与原班子成员和分管领导沟通交流，理清工作思路。党政班子成员坚持每周一次党政联席会，每月一次总支委员会，每学期一次民主生活会及述廉、廉政自查工作。落实集体领导、共同决策、分工负责、团结协作的工作机制。班子成员坚持中心组学习制度，做到理论联系实际，对学科建设、师资队伍建设、学生培养等问题进行深入研讨，制定年度工作计划与措施，使学校党委、行政的工作部署得到贯彻和落实，为院系各项工作开展奠定了基础。

2012年，该学院进一步深化大学英语教学方法与模式的改革，继续实行分级教学，为已通过四级考试的学生开设了雅思听力、口语、英美概况等语言技能及文化类提高课程。

学生的英语水平不断提高，2012 年大学英语四级通过率再创优秀，校部一次性通过率为 92%，其中，18 个班级的通过率达到了 100%；校区四级通过率为 93.08%。校部完成了“学术目的英语（EPA）教学探索”等 3 个校级教改项目，发表了教改论文 4 篇。保定校区《大学英语》（A，1—4 级）、《大学英语》（B，1—4 级）获得校级精品课程。组织了学校“英语文化节”活动，组织学生参加了全国大学生英语竞赛、英语演讲比赛等多项高规格的学科竞赛，营造了浓厚的校园英语学习氛围，丰富了校园英语文化生活。其中校部刘岩老师指导的英语 2011 级王岩希同学获第四届北京市大学生英语演讲比赛三等奖。在 2012 年全国大学生英语竞赛中，校部教师指导的 7 名学生获北京赛区非英语专业一等奖。在 2012“外研社杯”全国英语演讲大赛中，由校区祖林等教师指导的 2010 级王苏鑫同学获评河北省英语专业一等奖、全国英语演讲大赛二等奖，2010 级许嘉韵同学获河北省英语专业三等奖，另有 3 名学生分获河北省非英语专业二、三等奖。

2012 年，该学院在专业本科生培养方面，注重教学质量和教风的提高。校部英语系班子成员对一年级新生 2011—2012 第二学期的所有课程进行了听课，通过及时与学校督导组老师沟通、举办座谈会等方式，肯定成绩，指出不足，促进了教师教学质量的提高。校区重点对核心课程进行检查和指导，有经验丰富的老教师对申报核心课程的教师进行随堂听课，了解课堂教学的实际情况，对教师授课有针对性地指导。校部《英语泛读》等三门专业核心课程通过学校验收。完成 2 项校级教改项目，发表相关论文 4 篇。先后举行了海峡两岸口译大赛、英语戏剧比赛等比赛以提高学生的专业学习兴趣。选派 7 名 2009 级学生到马来亚大学进行为期一学期或一年的交换学习；新建两个实习基地，增强了对学生实践能力的培养。2012 年校部英语专业四级一次通过率为 85%，校区英语专业四级一次通过率为 84%。

2012 年，该学院组织外国语言文学一级学科首次参加教育部学科评估。校部继续完善了现有的两个二级学科和翻译硕士点建设，制定了《关于学科招生及导师研究方向等问题的相关规定》。1 篇论文获得校优秀硕士毕业论文。与六家单位签订了 MTI 实习基地协议，派出了 MTI 的实习生。严格把关研究生的学位论文水平和质量，保定校区对申请 2013 年春季毕业的硕士研究生学位论文全部实行匿名评审。

2012 年，该学院校部在公共研究生教学方面，修订了研究生《综合英语》和《科技英语翻译教程》。举办了学校第二届研究生英语演讲比赛，组织研究生参加了北京市研究生英语演讲比赛。

2012 年，该学院在学校教学成果奖评审中，校部康建刚负责的“大学英语分级教学改革与实践”、李海燕负责的“网络超媒体多元评价体系与英语学习者自主性的培养”、校区张莉负责的“创新英语教学理念，跨文化人文素养领先”分别获得 2012 年学校教学成果奖二等奖。

2012 年，该学院校部制定了《关于培养青年教师学术方向的规定（试行）》，成立了由硕士生导师牵头、青年教师参加的四个学术团队，使其形成稳定的研究方向。在年度考核中，保定校区制定的标志性成果加大了教师在科研成果方面的比重，引导教师在做好教学工作的同时，积极开展科研工作。学院鼓励教师进行科研项目的申报，先后申请省部级以上及中央高校基本科研业务专项资金项目 14 项。本学年度在各类刊物上共发表论文 257 篇，其中核心期刊 26 篇，校区有 1 篇论文被 ISTP 检索收录，有 8 篇论文被 ISSHP 检索收录；专著 2 部；签定纵横向科研项目 16 项，科研合同到账金额 70.20 万元。校区张莉负责的《可持续发展视野中的英语听说学习能力培养模式研究》获第七届河北省社科基金项目优秀成果三等奖。

2012 年，该学院积极为中青年教师争取出国深造的机会，鼓励和支持中青年教师在职攻读博士学位。2012 年有 1 名教师到国外进行交流学习，1 名教师完成国外高访，在国内外攻读博士学位 10 人，有 2 名教师获博士学位后回校工作。9 名教师被评为校级教学优秀奖。学校校区杜敬杰、赵红老师获得河北省高校教师英语讲课比赛二等奖。2012 年 10 月，邀请世界著名翻译理论家克里斯蒂安・诺德教授来到校区英语系进行学术讲座，受到师生的好评。

2012 年，该学院注重加强党建与班子建设，2012 年通过创先争优、迎接北京普通高校党建和思想政治工作集中检查、党风廉政建设宣传教育月等活动，认真落实了学校党委、纪检委、宣传部各项学习与工作任务，有效地开展了党性、党风、党纪等教育活动。校部开展了党建研究课题立项活动，对于党建项目予以经费支持，以项目研究推动了基层组织建设。围绕学校“一个支部实现一个目标、一个党员完成一个任务”活动，在全体教职工党员、优秀的学生党员及 2011 级学生中开展“党员导师制”活动，教职工党员主动深入到一年级新生中，联系帮扶 1～2 名学生。通过组织观看十八大献礼影片、参加知识竞赛、集体学习等活动，将学习领会十八大精神与教学科研和人才培养紧密结合起来，把学习成果转化为推动院系事业科学发展的动力。特邀中央党史研究室青年学者陈坚博士为全体教职工党员讲授廉政党课。校区开展了学习《中国共产党普通高等学校基层组织工作条例》、迎接党的十八大征文等活动，举办了 2012 年“外教社杯”青年教师讲课比赛选拔暨英语系“党员示范优秀课堂”展示活动，各党支部配合教研室在教学一线发挥作用，发挥了党组织的战斗堡垒作用和党员的先锋模范作用。学院创新争优活动成果显著，校部大学英语二教研室党支部、本科生党支部、校区第二学生党支部获创先争优校级“先进基层党组织”称号，校部康建刚、朱红静（学生）、校区董玉娟（学生）获创先争优校级“优秀共产党员”称号。

2012 年，该学院制订了《英语系“三重一大”决策制度实施细则》《英语系党支部换届选举程序及要求》等规范文件，逐步建立起用制度管人管事的长效机制。

2012 年，该学院学生党支部以“特色活动示范党支部”评选和“创先争优”活动为契机，积极开展特色活动。其中，本科生党支部与回龙观镇二拨子村党支部开展红色“1+1”共建，获评北京市红色 1+1 活动三等奖；研究生党支部获评校第十届特色活动优秀党支部称号。校区学生党支部通过组织生活会、团支部活动，新生“责任・创新・成才”主题班会以及班级风采大赛、辩论赛等一系列主题活动，学习宣传贯彻党的十八大精神。

2012 年，该学院学生工作秉承“办一所负责任大学”的工作理念，结合英语专业学生特点，积极探索服务管理新途径；坚持刚性管理和柔性教育相结合，引入班委日报制度，严格执行学生请销假制度；重视心理健康教育和安全稳定工作，坚持“深度辅导全覆盖”。鼓励研究生参与科研创新，在“第十届研究生学术交流年会”中，共有 20 余篇稿件参与交流，较往年有大幅度增长。校区通过开展各种经验交流会，提高学生的综合素质；通过学生自律会等学生骨干队伍，对学生的自习、早锻炼、宿舍等环节进行检查和督促，帮助学生养成良好的生活学习习惯；继续贯彻落实了《英语系学生安全预警机制实施方案》，《英语系安全稳定应急处置预案》；举办了“第十一届班级风采大赛”。在华北电力大学第 44 届田径运动会上，校区英语系获得学生组团体总分第 4 名的好成绩。

2012 年，该学院校部继续抓好用好班主任与学生骨干这两支队伍，形成了辅导员、班主任、学生干部三位一体的良好工作格局。2012 年，李新老师被评为“校十佳优秀班主任”，另有 5 位老师被评为“校优秀班主任”，卜叶蕾老师被评为“2012 首都高校优秀辅导员”和校级社会实践优秀指导教师；英语 0901 班获评北京市先进班集体和首都“先锋杯”优秀团支部称号，英语 1003 班获评校“十佳示范性优秀班集体”称号，1001 班获评校“优秀班集体”称号。

2012 年，该学院校部英语系根据英语专业学生就业特点，采用分类动员，提前动员的方式，对考研、就业、出国的学生做好分类指导，提高就业服务的针对性。本科毕业生一次就业率为90.80%，其中考研率20%，出国率7.70%；研究生一次就业率为93.30%；保定校区英语系通过发动各方力量，开展就业宣传，积极拓宽就业途径，举办春季系列双选会，与学生一对一谈话等方式，引导学生积极就业。本科毕业生一次就业率为88.57%，研究生毕业生一次就业率为48%，本科考研率为18%。

2012年，该学院分工会继续做好二级建家工作，被学校评为2012年先进分工会。注重加强院系民主管理、民主监督，连续第5年被评为二级教代会规范单位。校区分工会组织了丰富多彩的文体活动，鼓励教职工多参加体育锻炼，在第44届校运动会上，教工方队被评为校精神文明队。

（沈　岚　丁文俊
郑志平　窦学欣）

■概况

2012年，华北电力大学外国语学院在北京和保定分设英语系。学院现拥有外国语言文学一级学科硕士学位授予权，2个二级学科硕士学位授权专业、翻译硕士授权专业和英语本科专业。

2012年，该学院有教职工133人（含保定63人），其中，专任教师121人，专任教师中教授11人、副教授33人，具有博士学位的教师为10.74%；有实验及技术人员3人、党政及管理人员9人。新增硕导3人。新增教师1人。

2012年，该学院有毕业学生134人（含保定54人），其中硕士研究生34人，普通本科生100人；招生139人（含保定58人），其中硕士研究生52人，普通本科生87人；在校生502人（含保定200人），其中硕士研究生145人，普通本科生357人。校部本科生的英语专业四级一次通过率为85%，本科毕业生一次就业率为90.80%，研究生毕业生一次就业率为93.30%，本科考研率20%。校区本科生的英语专业四级一次通过率为84%，本科毕业生一次就业率为88.57%，研究生毕业生一次就业率为48%，本科考研率为18%。

2012年，该学院签定纵横向科研项目16个（含保定6个），实现科研合同金额共计70.20万元（含保定26.90万）；承担校内科研项目3个；共发表论文257篇（含保定124篇）。出版专著2部。举行国外专家学术交流会1次。

2012年，该学院9名教师获得校级教学优秀奖（含保定4名），1名老师获“校十佳优秀班主任”荣誉称号，5名老师获“校优秀班主任”荣誉称号。

2012年，该学院拥有教研室7个（含保定3个）、实验室30个（含保定8个）、学生实习基地6个。校部开设研究生课程40门，完成教学3160学时；开设本科生课程94门，完成教学21465学时。保定校区开设研究生课程34门，完成教学1390学时；开设本科生课程55门，完成教学2660学时。

2012年，该学院设有14个党支部（含保定8个），拥有中共党员196人（含保定79人）、发展党员42人（含保定18人）。

2012年，该学院设有33个学生班级（含保定18个），学生获得各类省部级奖励30人次（含保定27人次），其中北京市奖励3人次。

（窦学欣　卜叶蕾　郑志平）

■条目

【实施党员导师制】3月，华北电力大学北京校部英语系党总支在全体教职工党员和2011级本科学生中开展了“党员导师制”活动。此项活动鼓励教职工党员主动深入到一年级新生中，联系帮扶1～2名学生，根据学生的不同特点和成长需求，解决其在学习、生活、身心健康等方面的实际困难。活动充分发挥了教师党员教书育人的职能和党员的先锋模范作用，引领学生胸怀理想，脚踏实地，勤奋学习，成人成才，促进英语系学风的转变。活动建立起保持共产党员先进性的长效机制，使系党总支的政治优势得到充分发挥，形成“树党员旗帜，展党员风采”的良好局面，达到凝聚全系师生的人心，一心一意谋发展的目的。

（沈　岚）

【举办市大学生英语演讲比赛选拔】9月，华北电力大学北京校部英语系举办了第四届北京市大学生英语演讲比赛华北电力大学选拔赛。北京市大学生英语演讲比赛为北京市学科竞赛，每年举行一次，每校推荐复赛名额为1人。经过初赛和决赛，英语2011级王岩希同学获得学校第一名，在北京市的比赛中获得三等奖。

（窦学欣）

【克里斯蒂安·诺德来校讲座】10月16日，华北电力大学保定校区英语系邀请世界著名翻译理论家克里斯蒂安·诺德教授来校进行学术讲座。克里斯蒂安·诺德（Christiane Nord）是德国功能翻译学派代表人物之一，主要著作：《目的性行为》（Translating as a Purposeful Activity: Functionalist Approaches Explained（Translation Theories Explained）），她提出了功能加忠诚的翻译理论。

（郑志平）

数理学院

■概述

2012年，华北电力大学数理系完成了全校本科及研究生公共数学课程、公共物理课程的教学任务。9月4日，吕蓬、胡冰、马德香、周继泉、黄霞等5名教师获2011—2012学年度教学优秀奖，彭武安获教学优秀特等奖。数学建模竞赛指导团队指导参加数学建模竞赛的学生代表们获得2012年全国研究生数学建模竞赛一等奖1项，二等奖8项，三等奖7项；全国大学生数学建模竞赛全国一等奖1项，全国二等奖7项，北京市一等奖9项，北京市二等奖12项。“工科研究生矩阵论课程的教学研究与实践”（项目负责人：邱启荣）和“数学建模竞赛在创新型人才培养中的促进作用”（项目负责人：潘志）获华北电力大学教学成果奖二等奖。杨晓忠教授负责的课程《数值分析A》获华北电力大学优秀核心课程。

2012年，该学院数理系签定纵横向科研项目13个，其中，纵向13项，实现科研合同金额共计433万元，纵向科研经费433万元；其中有13项国家自然科学基金，4项国家自然基金面上项目，7项国家自然基金青年项目，1项国家自然基金数学天元基金项目，1项国家自然科学基金专项基金科学部主任基金。9月张娟《生物安全事件应对体系中控制危险源扩散的建模与研究》获国家自然科学基金面上项目60万元；9月石玉英《边界检测方法及其在电网安全保障中的应用》获国家自然科学基金面上项目60万元；9月罗振东《非定常流体力学方程基于特征正交分解及自适应网格加密的外推降维数值解法研究》获国家自然科学基金面上项目60万元；9月张昭《三种味道夸克物质的晶体型手征破缺模式及其唯象学意义》获国家自然科学基金面上项目80万元；9月毛仕宽《薛定谔类型方程解的弱奇异性研究》获国家自然科学基金青年项目22万元；9月王玉昭《改进的Bourgain空间在色散方程研究中的应用》获国家自然科学基金青年项目22万元；9月刘永琴《带耗散结构的偏微分方程（组）解的稳定性分析》获国家自然科学基金青年项目22万元；9月刘纪彩《强场相对论条件下相干硬X射线光子的产生及传播效应研究》获国家自然科学基金青年项目25万元；9月穆青霞《环境噪音下纠缠光制备与优化的理论研究》获国家自然科学基金青年项目22万元；9月郭伟《生物炭对PFOS在湖泊沉积物中迁移及生物有效性影响的构效特征和机制研究》获国家自然科学基金青年项目25万元；9月魏军强《含大规模风电场的电力系统随机稳定性分析》获国家自然科学基金青年项目24万元；12月王雷《变系数孤子方程的达布变换及行列式解》获国家自然科学基金专项基金数学天元基金项目3万元；12月王雷《若干非线性物理模型的多元朗斯基解及向量半有理畸形波的研究》获国家自然科学基金专项基金科学部主任基金5万元。10位教师获学校科技工作先进个人奖，1人获得科技管理工作先进个人奖，数理系获得科研先进集体。

2012年，该学院数理系引进2名博士生，1名实验员。

2012年，该学院数理系信息与计算科学实验室和物理实验室成功申请华北电力大学修购专款项目。

2012年，该学院数理系完成数学实验创新基地建设项目。依托信息与计算科学专业、数学建模团队以及信息与计算科学实验室为基础，整合理学院基础数学、应用数学、统计学和计算数学学科的优势资源，建立一个校级数学实验创新基地。新增一批机器、4个实验软件和数学实验创新平台建设。在现有建设的基础上，主要建设数学实验创新基地的内、外部环境；购买、安装“数学实验课多媒体教室”所需的硬件设备与急需的软件、资料；将华北电力大学创新基地教学楼629～637进行修缮，使其能更好地适用于数学实验创新基地开展的实验、教学和科研活动；按照一般的计算机实验室进行消防安全和环保处理。满足各理工科学生基础实验和创新实验的需求；能够提供数学实验的工具和方法的平台，有利于华北电力大学数学理论和应用的研究；建设一个能够提供数学实验教育的平台，有助于华北电力大学大学生创新意识和创造能力的培养。

2012年，该学院数理系完成物理创新实验基地及演示实验室建设。通过此建设规划，剔除一些过时、实验方法落后的实验，增设一些与华北电力大学电力特色相关的科学前沿及新技术应用方面的实验项目。加强理论教学和实验教学的融合，整体提高物理学科的教学水平，为学生提供更多的实验选作项目。新增多个实验项目、物理实验多媒体讲习教室建设和物理实验创新平台建设，增加演示实验数目，扩大演示实验室的面积。提高物理实验室的可展示度，提高学生对物理学的兴趣。增加《高温超导转变温度测量》《量子光学和量子信息》《新能源材料的性能研究》和《光栅传感器实验》等实验项目及物理实验创新平台的建设，突出华北电力大学的能源电力特色，同时利用一些更新下来的仪器建立物理实验创新基地，全时段对全校学生开放，培养学生的自主创新能力。满足各理工科学生基础实验和创新实验的需求；达到提高学生的实验兴趣，激发学生的创新意识的目的，使物理实验室不仅是培养学生动手能力和分析能力的场所，而且是培养和实践创新能力的重要场所。培养学生的自主创新能力，为学生参加各级实验竞赛和创新大赛（如挑战杯等）提供实验场所，为华北电力大学本科生创新能力的培养提供一个实验基地。

2012年，该学院数理系加强和改进大学生思想政治教育工作。创新德育方法，增强德育实效。以服务与关怀为手段，更多地为大学生排忧解难。加强对学生会、团委会工作和社团活动的指导，不断修订和完善人才培养方案，真正实现“符合就业导向、满足市场需求”的人才培养目标。注重教育与管理相结合，建设优良学风。坚持教育引导与检查督促相结合，以学习纪律、学习方法为重点，培养大学生自主学习、自觉学习的习惯。任课教师要树立“教学以学生为主体”的理念，深入研究学生的学习需求、学习习惯、学习心理，注重启发、研讨、互动、交流，调动学生的学习积极性。积极做好本科生就业工作，出国考研升学率持续增长，已达33.30%，本科生就业率达到96.30%，获得“2012届毕业生就业工作先进集体”称号。

2012年，该学院数理系计科0901班获评“北京市先锋杯优秀团支部”荣誉称号，计科1001班在校示范性先进班集体创建活动中获得“示范性优秀班集体”荣誉称号，计科1102班获评“校级优秀团支部”荣誉称号。王玉昭、朱勇华、张金平3位老师获校级“优秀班主任”荣誉称号，张金平获校级“十佳班主任”荣誉称号。

2012年，该学院数理系学习贯彻党的十八大精神，联系实际，扩宽思路，总结好的经验、做法。学以致用，学用结合。充分发挥党总支政治核心作用，实现数理系跨越式发展，认真组织全员竞聘工作，做好基层党支部建设，创建科研型党组织，关注青年教师成长，增强学科后备力量争先创优。在工作中，引领大学教师思想政治工作，引领教师在谋划学校科学发展中创先争优，引领教师在提高自主创新能力中创先争优。规范管理，措施有力，加强学习，努力构建和谐数理系。组织创先争优活动，开展基层组织建设年活动，汇总创先争优成果。完成“一个支部实现一个目标，一个党员完成一个任务”。学习党支部考核测评办法和基层组织工作条例，做好数理系党支部考核测评工作。完善落实部署党建和思想政治工作验收。落实“ 三重一大”制度。人事考核，细化落实。根据学校《华北电力大学进一步深化人事制度改革原则意见》等系列人事制度改革配套文件，按照精简、效能的原则，科学设置校内机构，理顺管理体制和运行机制；强化目标导向，积极推进教师分类管理和二级管理，数理系建立了一套相对完善的，以绩效考核为核心、以约束与激励相结合的考核分配体系。在年底考核中推行，起到了较好的激励作用。在本次系级领导班子换届中，数理系完成了很好的过渡，工作有条不紊，有序推进。学院组织十八大学习，以班子中心组学习、党员教工政治学习、采取集中培训、个人自学、印发材料、学习讲座等多种形式组织全体党员和教职工进行学习，有效推进学习型党组织建设和学习型领导班子建设。学院做好 2012 年半年党内统计及全年党内统计工作，获得“2011 年度党内统计优秀单位”称号。赵红涛获北京市师德先进个人称号。张辉获校级优秀共产党员称号。信息与计算科学教研室党支部获党支部获校级优秀基层党支部称号。

2012 年，该学院数理系（保定）共发表各类文章 136 篇，其中 SCI 32 篇，EI 25 篇，ISTP 1 篇。姜根山教授获批国家自然基金面上项目《大型电站锅炉状态监测中的声学感知与诊断方法研究》；张国立教授获批河北省自然基金面上项目《模糊多目标非线性优化方法研究》；阎占元副教授获批河北省高等学校科学技术研究项目《环境对介观电路系统特性影响的研究》。获批 1 项教育部修购基金《数理系本科专业实验实践平台建设》。1 月，赵顺龙老师获批实用新型专利《一种紫外头盔显示器》；2 月，马燕鹏老师获批计算机软件著作权《电力实验数据管理信息系统》；4 月，王志刚教授获批 1 项中央高校基本科研业务专项资金重点项目《三重重子若干性质的研究》，任芝、张隆阁、阎占元、华回春 4 位老师获批面上项目《异质结光子晶体和微结构激光器的研究》《鲁棒预测控制及其在风力机和混沌中的应用》《离散电荷空间中介观电路量子效应的研究》《谐波责任定量化的复数域统计推断理论》。王志刚、任芝、韩颖慧三位老师获得“华北电力大学年度科技工作先进个人奖”。5 月，张晓宏教授获批 2 项实用新型专利《坡式双层独立进出立体车库》《密立根油滴实验装置》，李松涛老师获批实用新型专利《气垫导轨实验装置》；7 月，李松涛老师获批 3 项实用新型专利《电位差计实验装置》《分光计实验装置》《刚体转动惯量测定装置》；8 月，任芝副教授获批发明专利《一种金属掺杂全空间或准空间光子晶体制作方法》，李松涛老师获批 3 项实用新型专利《霍尔效应及磁场测定实验装置》《太阳能电池特性测定实验装置》《用光电效应测量普朗克常数实验装置》，马燕鹏老师获批计算机软件著作权《城市综合管网地理信息系统 V1.0》；9 月，李松涛老师获批发明专利《一种光子晶体光纤调 Q 光纤激光器》，马燕鹏老师获批 2 项计算机软件著作权《地下管线在线监测客户端软件 V1.0》《地下管线在线监测数据服务中心软件》，孔令才老师获批计算机软件著作权《概率论与数理统计演示系统 V1.0》；10 月，任芝副教授获批发明专利《利用电光效应的受激布里渊散射抑制装置和方法》，李松涛老师获批发明专利《气体或固体激光器散热装置》、实用新型专利《一种高精度电子数显角度尺》，北京师范大学包景东教授作了题为《反常统计动力学》的学术报告；11 月，任芝副教授获批 2 项发明专利《泵浦光高效利用的端面泵浦激光器》《具有倾斜反射镜的端面泵浦激光器》，李松涛老师获批实用新型专利《一种激光测定硅单晶晶向的演示教学仪器》；12 月，王胜华老师作了题为《SCI 论文的撰写的经验与心得》的学术报告。

2012 年，该学院数理系孔令才、刘敬刚、张坡、张亚刚等教师指导参加的美国国际大学生数学建模竞赛取得获得国际一等奖 1 项、国际二等奖 8 项、成功参赛奖 6 项；6 月郭燕、刘伟、史会峰、王文新、王修武、阎占元获得 2011—2012 学年度教学优秀奖；9 月组建了统计建模团队为数理系学科竞赛的建设增加了新的力量；9 月数理系教师指导的大学生创新实践项目通过学校专家组的验收，取得了 3 个国家级优秀、1 个校级良好的优异成绩；10 月数学建模指导团队指导学生在全国大学生数学建模竞赛获得国家一等奖 2 项；国家二等奖 2 项的优异成绩；获省部级二等奖 8 项；12 月教材建设成绩显著：《数值分析》《数学方法及应用》《模糊数学基础及应用》《现代应用数学基础》相继公开出版发行。

2012 年，该学院数理系（保定）秉承以“学生为本”的育人理念，书记主任分别担任学生工作领导小组第一负责人和就业工作领导小组第一负责人，定期召开学生工作与就业工作研讨会，结合专业特点制定短期和长期育人计划。数理系被评为 2011—2012 年度就业工作先进集体。

2012 年，该学院数理系（保定）继续推进“班主任名师制度”，2012 年邀请工程训练中心书记李琦老师担任物理 1201 班班主任，还有数理系教学主任谷根代老师和北京工业大学博士毕业的苏岩老师担任信息 1201 班、1202 班班主任，继续巩固和深化了育人名师效应，营造良好的育人环境。

2012 年，该学院数理系（保定）以考研促就业，夯实学生就业工作。数理系学生工作领导小组结合专业特色，从一年级就开始逐步转变学生就业观念，鼓励学生积极开拓就业视野，以出国、考研为主要发展目标来培养学生。2008 级考研上线率达到 48.15%，其中信息 0801 班达到 63.8%，连续 5 年保持全校第一。

2012 年，该学院数理系（保定）深入开展分级分层教育：一年级重养成立目标，二年级重学风促学业，三年级重技能强素质，四年级重就业拓事业；注重分类别指导，针对学术型、社会型、技能型以及综合型学生，有的放矢，促进学生成长成才。以“领袖他人、从管理自我开始”为原则，继续推进《自我领导效能手册》活动。

2012 年，该学院数理系（保定）树立典型、榜样带动。深入开展目标教育，通过“榜样在我身边”、“我与榜样面对面”系列主体班会活动，鼓励学生见贤思齐。2009 级又有 8 名同学被保送到清华大学、中科院等一流名校。学生共参与教师项目 12 项，拥有 7 项专利与软件著作权，在科技创新比赛中取得了显著成绩。其中国家级奖项 3 项，省部级以上奖项 6 项。物理 0901 班陈周飞获得校长奖学金，信息 1001 班班主任贾俊菊老师评为校级标兵班主任先进个人，阎占元老师、赵萱老师评为校级优秀班主任，王亮老师评为河北省暑期社会实践优秀指导教师，物理 1001 班评为校级先进班集体。

2012 年，该学院数理系（保定）实施了本科生末位诫勉制度，通过院系老师、学生、家长三方座谈的方式，加强了学生与班主任、家长与学校的交流，以此共同促进学生的学习成绩。

（王　莉　李晓伟　刘跃群　王诚诚　归　毅　李超雄）

■概况

2012 年，数理学院在北京和保定分设 2 个系，即数理系和数理系（保定），有 2 个本科专业、数学和物理 2 个一级学科硕士点、5 个硕士学位授权二级学科、1 个博士学位授权二级学科。

2012 年，该学院数理系有教职工 176 人，其中，专任教师 157 人（含教授 32 人、副教授 47 人，具有博士学位的教师为 45.20%）、有实验及技术人员 9 人、党政及管理人员 10 人。共引进师资 3 人，其中教师 2 人，1 人实验员。数理学院有毕业学生 167 人，其中硕士研究生 28 人，普通本科生 143 人；数理学院招生 196 人，其中硕士研究生36人,普通本专科生160人;在校生663人,其中硕士研究生108人,普通本专科生555人。

2012年,该学院数理系拥有教研室4个、实验室4个、学生实习基地1个。开设研究生课程38门次,完成教学1808学时;开设本科生课程83门,完成教学18336学时。设有7个党支部,拥有中共党员105人、发展党员18人。设有12个学生班级,设有辅导员正式岗位1个。

2012年,该学院数理系(保定)有教职工88人,其中,专任教师79人(含教授18人、副教授32人,具有博士学位的教师为63.3%)、有实验及技术人员4人、党政及管理人员5人。共引进师资3人,其中教师2人,1人实验员。数理系有毕业学生72人,其中硕士研究生17人,普通本科生55人;数理系招生97人,其中硕士研究生24人,普通本专科生73人;在校生298人,其中硕士研究生70人,普通本专科生228人。本科生的英语四级一次通过率为92.3%,本科毕业生一次就业率为92.59%,研究生毕业生一次就业率为100%;考研率为24.07%。签定纵横向科研项目13个,其中纵项13项,实现科研合同金额共计433万元,其中纵向科研经费433万元。共发表论文47篇,其中SCI光盘版文章18篇,网络版10篇,一级学报1篇,EI会议10篇,ISTP 2篇,国外正式期刊6篇。系举行学术交流会14次。

2012年,该学院数理系(保定)有1个省部级重点学科、1个省部级重点实验室、2个一级学科硕士点专业、2个本科专业。2012年,数理系(保定)有教职工88人。其中,专任教师78人,其中教授14人、副教授15人,具有博士学位的教师占27%,有实验及技术人员5人,党政及管理人员5人。

2012年,该学院数理系(保定)有毕业学生95人。其中硕士研究生11人,普通本科生84人。

2012年,该学院数理系(保定)招生99人。硕士研究生12人,普通本专科生87人。

2012年,该学院数理系(保定)在校生365人,其中,硕士研究生38人、普通本专科生327人。本科生的英语四级一次通过率为90.12%(保定),本科毕业生一次就业率为91.60%,研究生毕业生一次就业率为100%;本科考研报名44人,实际考取27人,考研录取率33.30%,上线率为48.10%。

2012年,该学院数理系(保定)签定纵向科研项目3个,实现科研合同金额共计104万元,其中纵向科研经费95万元,共发表论文136篇,其中三大检索收录58篇;系举行学术交流会2次。

2012年,该学院数理系(保定)共完成科研项目1个,通过验收7个,获得授权发明专利6项,实用新型专利12项,计算机软件著作权授权5项。

2012年,该学院数理系(保定)拥有教研室5个,研究所5个,实验室6个,学生实习基地6个,科技研究(创新)基地1个。

2012年,该学院数理系(保定)开设研究生课程33门,完成教学1540学时;开设本科生课程91门,完成教学10002学时。

2012年,该学院数理系(保定)设有9个党支部,拥有中共党员102人,发展党员40人。

2012年,该学院数理系(保定)设有13个学生班级,其中本科生班级12个,研究生班级1个,设有专职辅导员岗位1个,兼职1个,其中正式编制1个、兼职1个;学生获得各类省部级奖励22人次,国家级奖励4人次。

(王莉　李晓伟　王诚诚　刘跃群　归毅　李超雄)

■条目

【数学建模竞赛获佳绩】 11月29日,数学建模竞赛指导团队指导学生代表们参加数学建模竞赛获得多个奖项。获得2012年全国研究生数学建模竞赛一等奖1项、二等奖8项、三等奖7项;11月12日获全国大学生数学建模竞赛全国一等奖1项,全国二等奖7项;11月23日获北京市一等奖9项,北京市二等奖12项。

(李晓伟)

环境科学与工程学院

■概述

2012年，华北电力大学环境科学与工程学院在本科及研究生教学、学科建设、科研、师资队伍建设、学生及党建工作等方面取得了较好的成绩。

2012年，该学院赵毅教授带领的科研团队申报成功2项“国家高技术研究发展计划”（即国家“863”计划），实现了学院在此领域的新的重大突破，为学院学科及科研工作奠定了坚实的基础。成功引进教育部“长江学者奖励计划”及国家“千人计划”特聘专家肖惠宁教授，实现了高层次人才引进工作的重大突破；汪黎东副教授入选教育部“新世纪优秀人才支持计划”；“化学工程”、“工业催化”两个硕士点专业实现招生；华北电力大学环境科学与工程学院与加拿大里贾纳大学合作成立中加能源环境与可持续发展研究所；赵毅教授代表作为三方主办单位之一的华北电力大学，参加了在加拿大班芙举行的题为“变化世界的水、能源及气候安全”国际会议。本科生在大学生英语竞赛、大学生挑战杯等国家级比赛中均有所斩获。

（倪世清）

■概况

院长：赵　毅

书记：胡满银

2012年，华北电力大学环境科学与工程学院本部设在保定，设有环境工程、环境科学、应用化学、能源化工4个教研室。学院现有一个北京市及河北省重点学科、3个研究所、1个中心实验室、4 个学生实习基地、1 个科技研究（创新）基地、1个二级博士点专业、7个硕士点专业、4个本科专业。

2012年，该学院有教职工55人，其中，专任教师44人（含教授13人、副教授9人，具有博士学位的教师为50%）、实验及技术人员5人、党政及管理人员6人。专任教师中有教育部“长江学者”及国家“千人计划”特聘专家1人、“教育部新世纪人才支持计划”4人、3人享受国务院特殊津贴。

2012年，该学院签订项目35项科研合同，实现合同额共计 587.53 万元。其中横向 22项（合同额 268.53 万元）、纵向13项(合同总额319万元)。学院申报国家及省部级各类基金项目共38项，获国家“863”项目2项、国家自然科学基金3 项、国家环保部基金一项、河北省杰出青年科学基金 1项、河北省自然科学基金4项。学院获国家发明专利11项，举行学术交流会5次（国外专家学术交流会1次、国内专家学术交流会4次），有23人次参加了国际学术会议。

2012年，该学院共发表论文 133 篇，其中 SCI 收录 28篇、EI 收录 32 篇、一级学会学报论文1篇。

2012年，该学院有毕业学生 174 人，其中博士研究生 3人、硕士研究生44人、本科生127 人；学院招生 235 人，其中博士研究生博士生6人、硕士研究生53人、普通本专科生176人；学院（系）在校生760人，其中，博士研究生26人、硕士研究生149人、普通本专科生611人。本科生的英语四级通过率为88.60%，本科毕业生一次就业率为 100%，研究生毕业生一次就业率为100%；本科考研报名26人，实际考取21人，考研率为16.53%。

2012年，该学院开设研究生课程41门，完成教学 1288学时，开设本科生课程98门，完成教学3856学时。

2012 年，该学院设有 10个党支部，拥有中共党员 165人、发展党员45人。

2012 年，该学院设有 27个学生班级，设有辅导员岗位3个，其中正式编制2个；学生获得各类省部级及以上奖励53人次。

学院网址：

http://202.206.208.57/huangongxi/index.asp

（倪世清　石立宁）

■条目

【汪黎东入选新世纪优秀人才支持计划】12 月 11 日，华北电力大学环境科学与工程学院汪黎东副教授经过教育部审批、网站公示，正式入选教育部“新世纪优秀人才支持计划”，这是环境科学与工程学院第 4 位入选该计划的青年教师。汪黎东副教授，清华大学博士后，现任华北电力大学环境科学与工程学院副院长，入选教育部新世纪优秀人才支持计划。曾主研国家 863 重点项目、973 子项目课题，目前负责国家自然基金面上项目、教育部重点项目等10余项课题。在国内外公开发行的学术刊物上发表论文 50 余篇，其中 20 余篇发表在《Chemical Engineering Journal》《Industrial & Engineering Chemistry Research》《Journal of Environmental Sciences》《中国科学》《化学学报》《中国电机工程学报》《动力工程》等国内外著名刊物上；获国家发明专利 3 项；获省部级科技进步二等奖 1 项；出版编著 1 部。

（倪世清）

【赵毅获两项国家 863 项目资助】12 月 23 日，华北电力大学环境科学与工程学院赵毅教授与中科院过程研究所和龙净集团合作的 2 项 863 项目通过国家财政部审查并批准立项。赵毅教授，博士生导师，担任中国电机工程学会环保专委员副主任、动力工程学会环保技术与装备专委会委员、全国热能动力类专业教学指导委员会委员、河北省化学会理事等职，1993 年曾获国家教委“霍英东教育基金会青年教师奖”；1993 年被批准享受政府特殊津贴；1999 年获原“国家电力公司劳动模范”称号。2008 年获“全国模范教师”称号。在国内外公开发行的学术刊物上发表论文 170 余篇，其中 50 多篇论文发表在《Environmental Science and Technology》《中国科学》《科学通报》《Journal of Environmental Sciences》《中国电机工程学报》《动力工程》《化学学报》《高等学校化学学报》《中国环境科学》《Ind. Eng. Chem. Res.》《Anal Chim Acta》《Analyst》《Chromatographia》《Talanta》《Chinese Journal of Chemistry》等国内外著名刊物上；出版著作 5 部；获 3 项国家发明专利授权；获省部级科技进步二等奖 3 项，三等奖 2 项；承担国家 973 项目 2 项，国家 863 项目 3 项，国家发改委项目 1 项，国家环保部项目 1 项，中科院国家开放实验室基金 1 项。

（倪世清）

【国家“千人计划”特聘专家肖惠宁教授加盟】12 月 25 日，国家“千人计划”特聘专家肖惠宁教授受聘于华北电力大学，在环境科学与工程学院工作。肖惠宁教授，国家“千人计划”特聘专家，教育部“长江学者奖励计划”特聘教授，博士生导师，加拿大新布伦瑞克大学化学工程系教授。肖惠宁教授的主要研究领域为功能高分子的合成及其在天然纤维中的应用；环境友好材料及水净化处理等。其“抗菌生物活性功能高分子聚合物”、“阳离子纳米微粒絮凝体系”、“造纸废水处理及净化”等研究成果居该领域国际领先水平，受到广泛关注。2008 年至今，肖惠宁教授还担任“加拿大生物活性纸杰出科研中心”理事会理事；“加拿大国家自然科学与工程委员会战略科研中心”项目负责人；“加拿大国家自然科学与工程委员会材料和化学工程研究基金评审委员会”委员等职务。肖惠宁教授是 50 多家国际科技刊物的特约审稿人，加拿大政府多个科技基金组织项目评审人，同时还是多个科技协会和国际科技合作组织的成员。近年来，在国际国内各类刊物上发表文章 230 多篇，专著 3 部，其中，国际杂志 SCI 文章 140 多篇，申请专利 6 项。

（倪世清）

可再生能源学院

■概述

2012年，华北电力大学可再生能源学院在学科、教学、科研、党建等各方面工作取得全面发展。

一、本科和研究生教学工作

2012年，该学院教学工作取得突破性进展。

（1）研究生培养规模进一步扩大。学院硕士研究生招生人数为59人，博士研究生招生人数为17人，比2011年增加14人。研究生队伍的扩大，标志着科研力量的进一步增强，对学院高层次人才的培养和科学研究具有重要的作用和意义，为学院向科研型学院的发展迈进了一步。

（2）本科生培养质量有了进一步的提高。通过青年教师讲课比赛、新教师上课前试讲、教师参加培训学习，提高了学院教师的教学水平和教学能力。433核心课程全部通过了学校验收，承担的教改项目进展，全部通过验收，取得了很好的成果。在教学成果方面有了新的突破，田德教授负责的“创建多学科交叉型风能与动力工程专业，培养具有国际竞争力的风电人才”项目获得北京市教学成果奖二等奖，杨世关副教授负责的“新能源科学与工程专业创建与生物能源人才培养”项目获得学校教学成果二等奖。宋记锋老师负责的大学生创新性实验项目获得2项国家级优秀评定，辅导学生作品“光伏电站避风式太阳跟踪系统”参加第五届全国大学生节能减排社会实践与科技竞赛，获评一等奖。

（3）本科教学实验室的建设进一步完善。“工业微生物实验室”、“太阳能电池材料实验室”、“地质模型实验室”、“新能源材料与器件实验室”等本科教学实验室建成并投入使用。到目前为止，学院的本科教学实验室已经基本满足本科教学的需要，为加强本科生的实践能力培养奠定了坚实的基础。

二、人才队伍建设

2012年，该学院师资队伍进一步壮大。围绕着学院的7个主要研究方向，通过校外引进、自主培养等多种方式，新增教师7人，使学院总体师资规模达到85人。特别是在高层次人才引进和培养方面取得一定进展，从新加坡南洋理工大学引进张永哲博士，新增教育部新世纪人才1人、博士生导师5人，教授1人、副教授6人，进一步提升了学院教师队伍的整体质量和科研能力。形成了以国家杰出青年基金获得者、教育部新世纪人才和海外留学归来高层次人才为学术带头人，以中青年教师为学术骨干，具有较高教学、科研水平的人才队伍。

三、科研工作

2012年，该学院科研工作的再创新高。学院科研工作基本方针为“鼓励基础研究、争取重大项目、超额完成学校科研任务”。

（1）多项国家级重大项目获得批准。随着科研水平的不断提高，学院对重大项目的申报工作尤为重视。在良好科研政策的指引下，本年度重大项目的组织与申报工作成绩斐然。共获批国家科技支撑计划3项，获得科研经费1582万元；获批国家高技术研究发展计划（863）项目1项，国家能源局项目1项，共获得科研经费120万元；获批国家自然科学基金重大国际合作与交流项目1项，获得科研经费280万元。

（2）出色完成科研经费任务，全年实现科研经费5967.98万元。

（3）科研获奖获得突破。徐进良教授获得教育部高校科研优秀成果奖自然科学一等奖，张锴教授获得二等奖。

（4）申报国家自然科学基金项目继续保持较高成功率。本年度学院共获批国家自然科学基金项目16项，获批科研经费 938.6 万元，其中获批面上项目 5 项，青年基金项目 9 项，国际合作项目 2 项。

（5）科研成果比较丰硕。本年度学院教师发表论文数量达到 262 篇，比 2011 年发表论文数量增长了 70.13%；其中发表 SCI 论文数量为 60 篇、EI 论文 130 篇，比 2011 年分别增长了 36.36%和 73.33%。

四、学科与科研平台建设

2012 年，该学院学科和科研平台建设是学院教学和科研事业发展的重要基础。2012 年学院着力推进了国家重点实验室和生物质国家工程实验室的建设工作。

（1）作为国家重点实验室的重要“一翼”，学院主要负责“新能源发电过程特性与复合建模”的研究。具体工作包括：第一，稳步推进平台建设，于 5 月召开“新能源发电过程特性与复合建模平台”的建设论证会，邀请校内外专家对平台建设方案进行了论证，目前各个平台的建设正在稳步推进，所涉及的设备均已进入了招投标阶段。第二，完成了“新能源发电过程特性与复合建模平台”2012 年年报的撰写工作，组织相关教师积极参加了大学“2011 协同创新计划”和北京市实验室申报工作。

（2）生物质发电成套设备国家工程实验在平台建设方面，完成大型试验台架的设计和制造 3 台套，在建 2 台套；完成大型仪器和仿真软件的采购 5 套；不断完善分析测试水平，5 月通过国家认监委实验室资质认定，2012 年 8 月获得资质认定计量认证证书；加强实验室的社会服务能力，7 月正式挂牌成为中关村开放实验室；在研究与开发方面，实验室新增纵向项目 17 项，完成企业委托项目 10 余项；出版著作一部，正在撰写 4 部，发表 SCI 和 EI 论文 30 篇，其中 SCI 收录 7 篇、EI 收录 23 篇；申请和授权专利 30 项，其中发明专利 8 项，软件著作权 2 项；完成 8 项生物质分析标准的编制，其中有 3 项标准国家能源局正式立项。

五、党建与思想政治工作

2012 年，该学院党总支加强了“三重一大”制度建设、深入开展了教师思想政治工作、认真组织学习党的十八大会议精神。本年度学院党总支的工作主要有以下几个方面：

（1）完善“三重一大”制度，开展党风廉政教育。5 月 18 日—6 月 18 日，学院组织开展了以“认真落实‘三重一大’制度，深入推进院务公开、党务公开工作”为主题的党风廉政建设宣传教育月活动。此次活动通过班子中心组学习、领导讲党课、组织教师观看廉政宣传片等多种形式，把《中央纪委十七届七次会议精神》等重要文件精神落到实处；真正做到警钟长鸣，增强了组织防腐拒变能力、提高了党员廉洁自律意识；通过推进院务公开工作，健全和完善了学院“三重一大”制度体系。

（2）开展党建和思想政治工作自查，全面加强学院党的建设。10 月，以迎接北京普通高等学校党建和思想政治工作集中检查为契机，学院认真开展了党建和思想政治工作自查活动，通过自查我们总结了学院党建工作的基本经验和成绩，通过不断加强支部建设和党员发展工作，基层支部的战斗堡垒作用已经开始显现，以生物质与能化中心党支部为代表的先进基层支部不断涌现；通过广泛而深入地开展教师思想政治工作，学院营造了充满人文关怀、和谐温暖的良好发展氛围，为学院各项事业发展创造了有利条件。

（3）认真进行项目凝练、努力增强学院发展后劲。按照学校党委的工作部署，学院以“夯实学科基础，努力实现又好又快发展”为中心，将学院 2013 年的主要工作凝练为开展教学质量工程建设、构建卓越团队培育机制、增强科研驱动力和科研创新能力、基层党组织制度性和规范性建设等 4 个重点项目，为学院未来一年发展指明了方向。

（4）通过新学期教师座谈会、思想动态调查等多种形式，认真听取教师对学院发展的意见和要求，及时掌握教师、学生的思想动态，构建了学院领导和师生之间有效沟通机制。

（5）4 月，成功召开学院 2012 年教职工大会，审议学院工作报告和财务工作报告，有效推进了学院院务公开和科学决策机制建设，充分体现了全体教职工知情权和民主管理权利。

（6）7月，学院开展了“加强安全管理、创建平安学院”专项活动，由党总支书记、副书记分别带队，对学院实验室、办公区的防火、防盗、防汛和安全管理工作进行了深入自查，发现问题，集中整改，专门制定安全工作预案，使学院的安全管理水平有了大幅提高。在应对7·21特大暴雨等自然灾害过程中，学院未出现任何安全事故，实现了良好平稳运行。

（7）按照学院人事制度改革的统一工作部署，学院党政联席会议在广泛征求意见基础上制定了《学院教职工考核细则》，依据细则开展本年度的教职工考核工作，考核教职工57人，较好实现了绩效管理目标。

（8）组织全院教师认真学习十八大会议精神。11月，学院召开会议、组织全体教师认真学习十八大会议精神。结合学院发展实际，将认真落实十八大会议精神的着力点确定为：推进十八大就业思想，做好新一年就业工作；加强生态文明建设，大力发展可再生能源技术，真正将十八大精神落到了实处。

六、学生工作

2012年，该学院学生工作成绩斐然。

（1）注重加强两个队伍建设。首先注重加强辅导员、班主任队伍建设。学院全日制本科生共有849人，研究生127人，分成34个自然班，由31名具有博士学位的老师担任班主任，其中副教授职称以上的有25人，中共党员27人，民主党派3人。在工作中组织班主任经验交流会和新生班主任培训会，了解学生情况，交流工作体会，及时解决学生面临的具体问题，提高班主任管理班级和学生的能力，使学院拥有一支优秀的辅导员、班主任团队。其次注重加强学生干部队伍建设，认真指导学院团总支、学生会工作，要求学生干部通过学习和工作不断提高综合素质，在实效上、细节上下功夫，不断提升活动的水平和质量。

（2）加强学生党建工作促进大学生思想政治教育工作。通过组织学生学习十八大、实践科学发展观，指导本科生、研究生党支部开展红色“1+1”活动，帮助学生树立正确的世界观、价值观和人生观。加强研究生思想政治教育，开展适合研究生的“与高水平大学同行”各项活动，注重学生党支部建设，组织学生党支部参加学校特色活动示范党支部活动。紧跟时事，在学生中开展纪念“九·一八”等活动，帮助学生铭记历史、理性爱国。在工作中积极探索和实践针对工科学生为特色的学生工作模式，在实施上分纵、横两个方向交叉展开，相互作用，相互促进。纵向上可以突出各个年级，根据不同年级培养目标的侧重点不同，使思想政治教育更具针对性。横向上通过发挥年级、专业、学院、社会四方面的作用，通过年级培养、专业育人、校园文化活动、社会实践四个平台来实现培养学生综合素质的目的。在加强学生党支部的组织建设、思想建设和作风建设的同时，着重做好学生党员的发展工作，截至2012年底共发展学生党员72人，转正18人，参加入党积极分子党校培训共162人。学院研究生第三党支部获校级优秀党支部称号。

（3）紧抓学风建设，延续教学评估精神，严格要求学生。学院从低年级学生入手，狠抓学风建设工作，同时深入开展“可再生能源学院学生科技创新活动”，完善学生科技创新激励机制，增强学生创新精神，培养拔尖人才，动员学院专家及老师担当指导老师，成立科研小组，积极支持组织学生参加课外科技竞赛。2012年学院学生竞赛获奖等级和获奖名次上比2011年有很大提高，数量上也由2011年的12项增加到了18项。其中国家级奖9项，省部级奖6项，校级3项。其中获得一项国家级一等奖的好成绩。在创新性实验计划方面，成功立项17项。水电1002班获得2011年北京市先进班集体称号，水文1102班获得华北电力大学示范型十佳班集体称号，风能0902班李枚媛、风能0903班郭树恒、水电0902班荣文勇同学获美国数学建模竞赛国家级二等奖，风能0903班姚亦章获美国数学建模竞赛国家级三等奖；能源1001班王恬悦同学获英语竞赛国家三等奖。能源1001班王艳宁同学在全国大学生数学竞赛上分别获全国二等奖和北京市一等奖；风能0903班郭宇耀获得第二十八届全国部分大学生物理竞赛国家级三等奖。学院大学英语四级通过率达90.62%。

（4）认真组织2012级新生迎新工作。配合学校组织2012级新生军训，组织新生学习《学生手册》，校规校纪教育，及时开展安全教育、心理健康教育、职业规划教育、校史校情教育、爱校、爱院、爱专业教育等一系列主题教育活动，使新生尽快适应环境、进入状态。

（5）完善奖惩机制与贫困生工作。进一步完善表彰奖励机制和困难学生的管理工作，做好各年级学生评奖评优工作，完成了包括2012级新生在内的贫困生认定、助学贷款等一系列工作。2012年是与中国风电集团签订的企业奖学金的最后一年，经与企业多方沟通，已初步达成继续为学院提供奖助学金的意向。

（6）积极拓宽社会实践渠道，提升了学生理论联系实际的能力。在寒假社会实践中共上交108份成果报告，其中院级优秀个人17人，校级优秀个人8人，优秀论文1篇，校级优秀团队1支；在暑期社会实践中学生更是积极参与，共上交125份成果报告，2个团队获得“优秀社会实践团队”称号，13人获得“校级优秀社会实践个人”称号，20人获得“系级优秀社会实践个人”称号，还有2个人的社会实践报告获得“优秀个人实践报告”奖，1个团队的调研成果获得“社会实践优秀调研成果”奖。

（7）适时开展课余活动，营造良好的文化氛围。通过开展丰富多彩的学生课余生活，组织了辩论赛、知识竞赛、宿舍文化节、篮球赛、合唱比赛、毕业生晚会等活动，以提高学生的综合素质和竞争力。春季运动上取得了体育道德风尚奖的优秀成绩。

（8）全员参与毕业生工作，积极做好毕业生离校工作。针对2012届毕业生，学院一方面积极鼓励学生在有能力和精力的情况下能够继续深造，一方面采取“走出去、请进来、搭平台、建基地”的办法努力拓宽就业途径。通过全院师生共同努力，2012届本科生就业率为97.14%，其中2008级考研率为32.14%，较学校平均考研率相比高出11.96个百分点，实现考研率四连冠。研究生就业率100%。

七、工会工作

2012年，该学院秉承“以人为本”的根本宗旨，学院工会工作开展的有声有色。

（1）开展了丰富多彩的迎新年分工会活动，为教职工创造了良好的娱乐和沟通机会。

（2）认真开展庆祝“三·八”妇女节活动，努力增加女性教职工福利。

（3）多次开展分工会的飞镖、跳绳、踢毽子、摇呼啦圈、乒乓球掷准等活动，丰富教职工业余文化生活。

（4）积极引导教师参加体育活动，认真组织教职工参加学校春季运动会。2012年教职工分获羽毛球团体赛乙组亚军、乒乓球团体赛及跳绳团体赛两项季军，“能动杯”和“电力杯”两项组织奖，在学校春季运动会中获教工乙组团体第二名的优异成绩。

（5）按期组织学院召开“二级教代会”，成为规范单位。

（6）积极学习校工会关于分工会委员换届选举精神及教代会、工代会换届选举通知精神，成功召开分工会教职工大会，完成了分工会委员换届及双代会代表换届选举的任务。

（7）积极发挥党联系群众的桥梁和纽带作用，分别组织了青年教师座谈会，慰问学院困难职工及生病职工，充分了解教职工的实际困难与想法，将“温暖”送到困难职工手中。

（8）坚持青年教师的教学基本功培养，配合学院教学举办“教学技巧和教学水平提高”讲座；青年教师讲课比赛。

（9）为提高学院科研申报的成功率，召开了“可再生能源学院2012年度国家自然科学基金申报动员咨询会”，会议邀请了可再生能源学院院长徐进良教授、李美成教授、吕爱钟教授及2011年获得国家自然科学基金的部分老师介绍经验并进行交流。

（10）积极开展“三育人”评定工作，树立学习典型，发挥榜样力量。

（常青云　张　充）

■概况

院长：徐进良

书记：于新华

2012年，华北电力大学可再生能源学院设有6个教研室，1个国家工程实验室，7个本科专业、博士生导师14人。

2012年，该学院有教职工85名，其中教授20人、副教授23人，其他人员42人。

2012年，该学院新增教育新世纪人才1人、博士生导师5人（谭占鳌、刘永前、董长青、姚建曦、王晓东）、教授1人、副教授6人。

2012年，该学院硕士研究生招生人数为59人，博士研究生招生人数为17人，比2011年增加14人。

2012年，该学院共获批国家科技支撑计划3项，获得科研经费1582万元；获批国家高技术研究发展计划（863）项目1项，国家能源局项目1项，共获得科研经费120万元；获批国家自然科学基金重大国际合作与交流项目1项，获得科研经费280万元。截至2012年11月末，学院已经累计实现科研经费5258.78万元，经费完成率达到105.17%。

2012年，该学院共获批国家自然科学基金项目16项，获批科研经费938.60万元，其中获批面上项目5项，青年基金项目9项，国际合作项目2项。本年度学院教师发表论文数量达到262篇，比2011年发表论文数量增长了70.13%；其中发表SCI论文数量为60篇、EI论文130篇，比2011年分别增长了36.36%和73.33%。

2012年，该学院申报2012大学生创新创业训练计划项目，立项17项。

2012年，该学院全日制本科生共有849人，研究生127人，分成34个自然班，由31名具有博士学位的老师担任班主任，其中副教授职称以上的有25人，中共党员27人，民主党派3人。

2012年，该学院共发展学生党员72人，转正18人，参加入党积极分子党校培训共162人。

2012年，该学院学生竞赛获奖等级和获奖名次上比2011年有很大提高，数量上也由2011年的12项增加到了18项，其中国家级奖9项，省部级奖6项，校级3项。其中获得一项国家级一等奖的好成绩。

2012年，该学院2012届本科生就业率为97.14%，其中2008级考研率为32.14%，较学校平均考研率相比高出11.96个百分点，实现考研率四连冠。研究生就业率100%。

（常青云）

核科学与工程学院

■概述

2012年，华北电力大学核科学与工程学院以科学发展观为引领，坚决贯彻“高教三十条”和“2011计划”文件精神，紧密围绕学校“大电力”学科体系，加快内涵发展，不断深化教学改革工作思路，在学科建设、教学科研、党建工作及学生管理等方面取得了长足发展。

一、学科建设

2012年，该学院把学科建设作为工作重点，充分挖掘资源，凝练方向。学院与国家核电有限公司软件中心共同申报“国家能源核电软件重点实验室”获批，实现学院省部级重点实验室零的突破；2012年，该学院与中电投核电有限公司签署战略合作协议，“国家级工程实践教育中心”正式挂牌，为“卓越工程师”人才培养提供了良好的实践环境；3月，核工程与核技术专业获批为“高等学校本科教学质量与教学改革工程”建设项目示范点，成为首批国家级专业综合改革示范点，获得国家建设经费150万元，极大地促进了核学科的发展。

二、教学情况

2012年，该学院“大电力学科体系下‘核—动—电’三位一体‘工程型’核电人才培养模式及实践”教学成果获得学校教学成果特等奖，获得北京市教学成果二等奖；2012年，吕雪峰老师负责建设的核电厂系统与设备课程、李向宾老师负责建设的核反应堆热工分析课程均入选华北电力大学校级优秀课程，这为学院其他教师进一步提高教学质量，加快精品课程建设，起到了良好的示范作用；8月，学院的核工程与核技术专业本科生人才培养方案经修订后正式实施，新版人才培养方案结合核电行业市场需求，进一步优化了各教学环节，理顺了各主干课程之间的关系，突出了工程特色，为更快、更好地培养高素质核电工程技术人才奠定了良好的基础；2012年，该学院核反应堆工程教研室被评为“三育人”先进集体，马续波老师被评为“教书育人”先进个人，李向宾老师获得2011—2012年度校级教学优秀奖。

三、科研工作

2012年，该学院年度科研经费达1600万元，是学院建院以来科研经费达到的最高水平；该学院与上海交通大学等高校联合申报核电“2011计划”，草签合作协议，使学院技术研究能力始终保持在国内一流高校的行列。

四、师资队伍建设

2012年，该学院“核电学科师资培养专项计划”正式启动，选拔首批师资型保研学生10人，于10月按照培养计划分配导师开始培养；2012年，该学院教师晋升副教授2人，引进青年教师1人，留校博士生1人，加强了学院师资队伍的活力。

五、党务工作

2012年，该学院以党建验收为中心，以评促建，全面推动学院党务工作再上新台阶。此次党建验收工作历时5个多月，学院积极整理汇总党建材料，工作得到了党委组织部充分肯定并定为学校现场验收示范部门。检查组专家走访学院后，对学院的准备工作进行了表扬。7月，学院党支部完成换届工作，重新选举吴军为教职工党支部书记，替换原教职工党支部书记曹博。11月，学院组织全体党员及群众开展了学习“十八大精神”主题座谈等一系列活动；学院教工党支部和学生党支部在华北电力大学2010—2012年创先争优活动中均被评为先进基层党组织，学生党支部还被评选为华北电力大学特色活动优秀党支部，曹博老师在华北电力大学2010—2012年创先争优活动中被评为优秀共产党员。

六、对外交流与合作

2012年，该学院整合校企优秀资源，本着资源共享、优势互补、共同发展的原则，与国内多家知名院校、企业在人才培养、科技攻关、科技成果转化、产学研结合等方面展开全方位交流与合作。2012年，该学院聘请多名国内外专家、学者到学院进行指导讲座，有多名师生参加了国内外重要学术会议；邀请中国电力投资集团公司部门领导，组织召开核工程与核技术“卓越工程师教育培养计划”及“工程实践教育中心”建设研讨会；学院陆道纲教授、牛风雷教授作为项目负责人分别申请了外国文教专家聘请计划项目；2012年学院参与了欧盟第7框架：堆内SCWR辐照实验回路设计，获得国防科工局支持（24万元）；参与IAEA 全球公募CRP项目：快堆系统软件分析软件比对（6000美元），实现了学院在国际重大项目合作上历史性的突破，提高了大学及学院的国际知名度。

七、学生工作

2012年，该学院积极为科技创新活动搭建平台，为大学生创新意识、创新能力和创业精神的培养提供了保证。大学生创新性实验项目学院45名学生参与其中，校级立项项目9项；在2012年新一届创新性实验立项评审中，学院45名学生参与其中，共有9支团队入选。赵京昌同学获数学建模美国赛二等奖；张亮同学获全国大学生数学建模竞赛国家级一等奖；付玉同学获北京市物理竞赛三等奖；宋明强同学获首都机械设计大赛三等奖；张希颖同学获全国大学生英语竞赛三等奖；方晓璐同学获北京市节能减排大赛二等奖；马泽华同学获校计算机编程大赛优秀奖。在华北电力大学第五届“节能减排”大赛中，张帆同学获得一等奖；在“挑战杯”大学生创业大赛中，冯飞、齐厚博获得二等奖，庄思璇、刘晗等5位同学获得三等奖；陈磊、祁文静获校数学建模竞赛三等奖；全院共有17支队伍参加“创业计划大赛”，6支队伍入围获得学校立项。

2012年，该学院获评春季运动会“体育道德风尚奖”；学院学生党支部获评华北电力大学先进基层党组织、华北电力大学特色活动优秀党支部称号；核电1001班获得首都“先锋杯”优秀团支部称号、校十佳示范性班级、北京市示范性班集体；核电1002班获得华北电力大学优秀团支部称号；张亮、张帆、吴浩同学获2011—2012学年校级三好学生标兵；张博泓同学获北京市先锋杯优秀团员称号；冯飞同学获北京市先锋杯优秀基层团干部称号；陈彦霖、许鑫、方晓璐同学获北京市社会实践优秀成果（团队成员）；王阳同学获校级十佳文体标兵；余谦、张博泓等6位同学获得校级优秀团干部荣誉称号；温翔林、蔡进等11位同学获得系级优秀团干部荣誉称号；张帆、张宵月等22位同学获得校级优秀团员荣誉称号；付玉、卢一凡等50位同学获得系级优秀团员荣誉称号。赵珥希老师获评北京市优秀辅导员、华北电力大学优秀辅导员、社会实践优秀指导教师称号；刘芳老师获得华北电力大学十佳班主任称号。

八、联合办学与培训工作

2012年5月，中国广东核电集团在北京和保定两校区共招收47名来自核电、热动、自动化和电气专业的三年级学生。其中，北京校区27名，保定校区20名，分别在北京校区和中广核集团的苏州院进行为期一年的核专业课程学习，核学院承担了大部分专业课教学和毕业设计指导。

九、实验室建设

2012年，该学院继续加大实验室建设力度，振动台实验室、环境放射性取样与监测实验室相继投入使用。振动台实验室可以模拟地震条件下，各种核电设施的抗震能力，进行核设施抗震分析、抗震鉴定等。环境放射性取样与监测实验室主要服务于本科生教学。有环境放射性测量设备3台，可以对采集的空气、土壤、水样品进行放射性监测。两个实验室的建成，将为学生提供更加完善的实践教学平台，进一步优化学科建设体系，促进核学科的飞跃发展。

（张　科　赵珥希　李向宾）

■概况

院　长：陆道纲

书　记：刘晓芳

2012年，核科学与工程学院有1个“核科学与技术”一级学科硕士点，在该学科下设有“核能科学与工程”、“辐射防护与环境保护”2个目录内二级学科硕士点；1个本科专业名称为核工程与核技术，在“动力工程及热物理”一级学科下自设有“核电与动力工程”二级学科博士点。

2012年，该学院有教职工31人，其中，专任教师26人（教授6人、副教授6人，具有博士学位的教师为96%）、有实验及技术人员2人、党政及管理人员4人。学院有中国工程院院士2人（兼职），特聘教授1人。

2012年，该学院党总支下设3个党支部，其中1个教工党支部，1个研究生党支部，1个学生党支部。其中教工党支部2012年转入1人，现有党员22人。2012年，该学院全年共发展党员25人，其中研究生党员7人，本科生18人；80名学生通过高级党校学习及考核，成为入党积极分子；137名学生递交了入党申请书，其中2012级新生递交申请书的比例达100%。

2012年，该学院本科生在校人数达464人，新招本科生137人，本科毕业生67人。在读硕士研究生78人，新招硕士研究生31人，硕士毕业生21人，其中1人获优秀学位论文奖项。

2012年，该学院2012届本科生就业率为97%，本科生与用人单位签订三方协议38人，占56.7%；考取硕士研究生18人，占26.8%；西部志愿

1 人，占 1.4%;灵活就业 8 人占 11.9%。研究生 19 人全部与用人单位签订三方协议。

2012 年，该学院开设研究生课程 12 门，完成教学 368 学时；开设本科生课程 39 门，完成教学 2015 学时;举办联合培养班 3 期,共培训 87 名学员，其中中广核学员(含保定校区)57 名，中电投集团学员 17 名，上海电气集团学员 13 名。

2012 年，该学院在研项目 47 项（新增科研项目 24 项）。其中国家科技重大专项项目 19 项，企事业单位委托科技项目 20 项，省、市、自治区科技项目和自选课题 2 项。纵向项目 753.8 万元,横向项目 549.78 万元，国家重大科技专项 548.83 万元。2012 年学院教师共发表论文 60 余篇，其中 SCI 检索 12 篇，EI 检索 37 篇，此外的 A 级论文 3 篇，专利授权发明 2 项。2012 年，该学院研究生获得国家研究生奖学金 2 项,国际会议优秀论文奖 1 项，发表学术论文 30 余篇。

2012 年，该学院来访外国专家或外籍教师 7 人次，教师因公出国 6 人次，留学出国人员 2 人次。

2012 年，该学院拥有教研室 2 个（名称为核反应堆工程教研室、核辐射防护与环境工程教研室)、实体化科研队伍 5 个，实验室 15 个(其中教学实验室 8 个，科研实验室 7 个)、学生实习基地 5 个（中国核动力研究设计院、中国原子能科学研究院、清华大学核能研究院、山东海阳核电、华南辐射监督站)。

（刘 洋 程晓磊 张 科）

■条目

【与中广核签署战略合作协议】3 月 9 日，学校与中国广东核电集团有限公司签署战略合作框架协议。校党委书记吴志功，校长刘吉臻，中国广东核电集团有限公司党组书记、董事长贺禹出席签字仪式。能源动力与机械工程学院院长徐鸿、控制与计算机工程学院院长刘石、核科学与工程学院院长陆道纲分别向贺禹董事长介绍了各自学院在学科设置、科学研究、平台建设等方面的情况及未来展望。

（张 科）

【建立国家级工程实践教育中心】4 月，国家级核电工程实践教育中心建立。核电工程实践教育中心是华北电力大学核科学与工程学院和中电投核电有限公司在多年合作的基础上,共同建立的集工程训练、企业学习、顶岗实习、教师及员工培训、科学研究为一体的国家级校企联合工程实践教学基地。中心以培养学生的工程实践能力、工程设计能力和工程创新能力为宗旨，着眼于未来核电发展对高素质人才的需求，将学生在企业学习阶段的目标、任务、举措与专业整体培养目标、任务整体优化和协同配合，将在职职工岗位培训与学校卓越工程师计划学生的培养有机结合，培养具备较强的实践能力、创新思维和适应能力的核电高层次工程技术和工程管理人才。

（李向宾 张 科）

【召开卓越工程师教育培养计划研讨会】4 月 6 日，核科学与工程学院组织召开了核工程与核技术“卓越工程师教育培养计划”及“工程实践教育中心”建设研讨会。会议邀请了中国电力投资集团公司核电事业部常鸿副处长、山东核电有限公司人力资源部石茜副处长，华北电力大学教务处刘彦丰副处长和汪达升老师与会讨论。校企双方共同制定了核电专业“卓越工程师教育培养计划”。另外，双方共同申报的核电“工程实践教育中心”也获得教育部批准，为卓越计划的实施提供了有力的支撑。

（刘 洋 张 科）

【召开国重专项进度质量检查会】10 月 12 日，国家核电技术有限公司科研部高级主管李荼、软件技术中心质量科技部主任沈峰、质量负责人李京燕一行来访，对核科学与工程学院国家重大专项“池式沸腾下的冷凝与沸腾研究”、“群常数制作”课题进行了年中检查，华北电力大学科研院副院长刘明军、项目负责人陆道纲教授等对国核领导的来访表示热烈欢迎。国核软件技术中心领导对核学院工作表示高度肯定并提出一些建设性的意见和建议，双方就重大专项课题进展、质保体系等内容进行了深入交流。

（张 科）

【市党建验收工作组视察学院】10 月 16 日，北京市党建验收工作组走访学院检查党支部建设和党员发展工作。学院党总支书记刘晓芳做主题汇报，学院党总支委员、党支部书记、教师代表参加了此次汇报会。检查组专家认真听取了汇报，对学院教工党支部“1+1”帮扶情况重点进行了解，对学院执行“一个支部一个任务，一个党员一个目标”的执行情况进行了询问。同时查看学院党建验收的资料。检查组专家对学院的准备工作表示满意，对学院按照教工委和学校党委扎实落实党建工作的情况进行肯定，按照“以评促建”的思路，鼓励学院在今后的党建和思想政治工作中取得更大成绩。

（李　辉　张　科）

【举行教学成果鉴定会】 10 月 25 日，核科学与工程学院在教三楼举行“大电力学科体系下‘核—动—电’三位一体‘工程型’核电人才培养模式及实践”教学成果鉴定会。会议邀请中国工程院院士周永茂研究员、国家环境保护部核安全与环境专家委员会委员、西安交通大学朱继洲教授、清华大学工物系核科学与技术学位分委员会副主任陈少敏教授、中广核苏州热工研究院教育与培训中心副主任辛树芬高工、中国电力投资集团公司生产技术与培训处常鸿高工以及华北电力大学教务处处长柳长安教授为专家组成员，孙忠权副校长出席会议并讲话。项目主持人陆道纲教授做了成果报告。与会专家对核科学与工程学院近年来的教学成果进行了深入细致的讨论与审评。

（张　科）

【欧阳晓平获何梁何利奖】 10 月 29 日，“何梁何利基金 2012 年度颁奖大会”在北京钓鱼台国宾馆举行，共有 50 位中国科学家荣膺本年度何梁何利基金“科学与技术进步奖”和“科学与技术创新奖”，华北电力大学特聘教授、核科学与工程学院博士生导师欧阳晓平获评“科学与技术进步奖”。中共中央政治局委员、国务委员刘延东，全国人大常委会副委员长路甬祥，全国政协副主席、科学技术部部长万钢等出席大会并向获奖者颁奖。欧阳晓平是华北电力大学特聘教授、核科学与工程学院博士生导师，先后获国家科技进步奖、技术发明奖 5 项，部委科技进步一、二等奖 10 项，国家授权发明专利 18 项。首批入选国家“百千万人才”工程一、二层次人选，先后获中国青年科技奖、中国科协求是杰出青年奖、全国优秀博士论文、全国优秀博士后、全国发明创业奖特等奖和“全国优秀科技工作者”等荣誉。

（张　科）

【程晓磊赴美参加国际会议】 10 月 29 日—11 月 3 日，美国电气和电子工程师协会（IEEE）核科学与等离子体科学分会（NPS）主办的 2012 年 IEEE 核科学研讨会和医学影像会议（2012 NSS/MIC）在美国洛杉矶举行，核工程学院程晓磊老师参会。该会议每年举办一次，是目前国际上核科学与技术领域里最被重视、参与程度最大、交流水平最高的学术会议。华北电力大学首次参加该项国际会议，提高了学校核科学与技术学科在国际上的知名度，开拓了视野，促进了与国内外专家学者间的技术交流。

（张　科）

【马德里理工大学校长来访】 11 月 19 日，西班牙马德里理工大学 Jose Luis Parray Alfaro 校长和该校 Miguel Angel Munoz Garcia 教授以及西班牙新能源协会主席 Rocio Hortiguela 女士来访。校国际合作处处长刘永前、副处长徐玲玲、团委书记林长强、核学院副院长牛风雷、副院长刘洋、可再生能源学院副院长姚建曦出席会议。马德里理工大学作为西班牙最大的理工大学，有着悠久的历史和卓越的社会声望，与华北电力大学同为中西大学联盟成员，自 2010 年起就开展了多次学生交换项目，双方希望今后在教师交流、科研合作上取得更大的成就。

（张　科）

孔子学院

■概述

2012年，华北电力大学孔子学院工作再获殊荣。其中，埃及苏伊士运河大学孔子学院获评2012年国家汉办优秀孔子学院，美国西肯孔子学院17位汉办教师获肯塔基州教师资格证书。

2012年，华北电力大学共有11名学生报名申请成为孔子学院志愿者，来自英语系的夏贤君被美国西肯塔基大学孔子学院录取，刘秦瑞同学被菲律宾孔子学院录取。

6月22日—7月6日，苏伊士运河大学孔子学院18名师生先后在华北电力大学北京校部和保定校区参加了中国语言和文化体验夏令营活动。夏令营成员在北京期间听取了《中国概况》《实用汉语课程》《中国戏剧赏析》《中国茶文化》等专题讲座，参观了长城、故宫、北京大学和中关村科技中心等。在保定期间，深入体验了中国书画、中华武术和民族艺术文化，参观了中国电谷、白洋淀、振华武术馆以及天津古文化街和南市食品街。夏令营成员不仅领略了中国历史文化和秀美风光，也感受了底蕴深厚的中国风土人情。同时，西肯孔子学院也举办为期两周"中国之行夏令营"活动。华北电力大学在北京校部和保定校区共计接待28名WKU教职员工、学生和社区人士。

（李　博）

■概况

2012年，西肯塔基大学孔子学院有33位汉办志愿者教师在肯塔基州11个县的41所中小学教授中文，其中17位获得官方认可的肯塔基州汉语教师资格证书，学生人数超过8000名。

2012年，华北电力大学第一次选派3名公派语言文化教师赴海外3所孔子学院任教，2名孔子学院院长选派到位，与2所合作院校的年度孔子学院理事会分别如期在美国西肯大学和华北电力大学召开。

（李　博）

■条目

【苏伊士运河大学孔子学院获评优秀】2012年，在第七届全球孔子学院大会开幕式上，国家汉办共表彰了从400所孔子学院、500多家孔子课堂中评选出的26个先进孔子学院、4个先进孔子学院课堂、30个孔子学院先进个人和10个孔子学院先进中方合作院校，华北电力大学埃及苏伊士运河大学孔子学院获得2012年国家汉办优秀孔子学院称号。

（李　博）

【举办首届埃中大学生才艺大赛】1月3日，主办首届埃中大学生风采之星才艺大赛，中国驻埃及大使宋爱国、埃及高教部等部长出席，中国驻埃及使领馆官员全体参加，中国中央电视台、新华社中东总社、埃及25电视台等媒体都作了报道，现场参加观众（复赛、决赛累计活动共5场）达4000余人。

（李　博）

【举办本土汉语教师中文教材培训】3月17日，苏伊士运河大学孔子学院主办埃及本土汉语教师中文教材培训，中国驻埃及大使馆霍文杰参赞出席，来自埃及开罗大学、艾因夏姆斯大学、埃及科技大学、苏伊士运河大学等高校的本土汉语教师30余人参加了培训。

（李　博）

【举办中文歌曲演唱比赛】5月15日，苏伊士运河大学孔子学院举办第三届中文歌曲演唱比赛，旅游学院、人文学院、中文系等200多名观众参加，共有18名选手参加了比赛，提高了孔子学院学员学习汉语的兴趣，强化了中国文化的认同，增强了孔子学院的凝聚力和向心力。

（李　博）

【西肯孔子学院17位汉办教师获得肯塔基州教师资格证书】2012年，33名汉办教师中，有17位获得肯塔基州教师资格证，他们的五年教师证被美国肯塔基州及其他数州中小学教师体系所认可。西肯孔子学院成为第一所孔院汉办教师（均无美国学位及美国肯州教学经验）获得美国教师资格证的孔子学院。

（李 博）

国际教育学院

■概述

2012年，华北电力大学国际教育学院以实体化运行为契机，始终坚持以中国特色社会主义理论体系指导自身工作，全面深入贯彻落实学校十二五发展规划纲要，坚决遵照学校党委的指示，围绕华北电力大学国际化战略，将自身成长融入到学校发展的大战略中，不断提高自身素质、转变工作作风，扎实推进各项工作，形成了“聚精会神干事业，齐心协力谋发展”的局面。

2012年，该学院党总支以创先争优为契机大力推进学习型党组织建设。特别是十八大召开后，国际教育学院党总支多次组织开展学习十八大精神增强责任感和使命感开创国际化办学新局面的专项会议，统一思想，集中力量，实现了思想政治局面的稳定与事业上的快速发展。紧紧围绕学院发展大局和教学、人才培养等中心工作，进行专题调研，走访了北京市及周边二十余所兄弟院校，就工作中的重点难点进行了深入探讨，形成了中外合作办学与留学生管理的新思路，先后出台《国际教育学院党政联席制度》《国际教育学院党风廉政责任制》《国际教育学院三重一大制度》《国际教育学院学生党支部三会一课制度》《国际教育学院学生党员发展细则》并起草了《华北电力大学中外合作办学管理办法》《华北电力大学来华留学生管理办法》等一系列符合国际教育学院管理理念、指引国际教育学院未来建设方向、引领国际教育学院文化氛围的制度与办法。以创先争优为契机，着力解决工作中的难点重点，以科研立项的方式解决党建与教学实际问题，党建立项5项、教学立项3项，有力地促进了学院工作的快速发展。积极探索海外学生党员教育管理体系，建立海外党小组，做到国内海外党员统一管理，因地制宜培养。2012年学院党总支先后获得创先争优校级“先进基层党组织”、校级优秀学生党支部等各类集体和个人奖励40余项（人）次，充分发挥了学院党总支的战斗堡垒和模范带头作用。

2012年，学校国际合作项目继续发展，合作伙伴大学数量以及招生规模继续扩大。电气项目继英国的爱丁堡大学、曼彻斯特大学、斯莱斯克莱德大学、巴斯大学、卡迪夫大学、斯旺西大学，美国的普渡大学、密苏里大学哥伦比亚、伊利诺伊理工大学，新增了合作伙伴美国威斯康星大学密尔沃基；会计金融项目继澳大利亚昆士兰大学，美国的威斯康星大学密尔沃基，新增了合作伙伴美国普渡大学，为中外合作办学项目班的学生提供更多更好的留学选择，受到学生和家长的广泛好评，赢得良好的社会声誉。2012年共招收中外合作办学项目电气、会计、金融和核电专业学生278名，比上年增加12%，创历史最好成绩。

2012年，该学院共举办了7个短期教育培训项目，包括由商务部主办的援埃塞俄比亚风电和太阳能发电规划项目培训班，由国务院侨办主办的“寻根之旅——相约北京”海外华裔青少年春令营、海外华裔青少年夏令营和由中国华文教育基金会主办的海外华裔青少年北京“语言实践行——金辉春令营”等华文教育项目、以及美国西肯塔基大学孔子学院夏令营、埃及苏伊士运河大学孔子学院夏令营、2012韩国笑篮教育夏令营等。

2012年，该学院进一步改革中外合作办学招生工作，规范工作流程，细化工作环节，提高招生工作质量。统一组织规划招生行动，分阶段实施招生方案。在录取阶段组织外出到各省进行实地招生宣传，现场解答考生咨询。开通常年电话咨询和答疑服务，对潜在生源进行跟踪和说服，鼓励考生报考，帮助报名者解决实际问题。调整制定各种招生策略，加大招生宣传力度，利用多种渠道扩大招生宣传范围。编制了《华北电力大学国际合作办学项目招生简章》，涵盖各类报考信息、合作大学及其专业介绍、具体入学条件及在外学生反馈信息。此外制作印刷宣传单页千余份，用于招生及宣传。特别在省招办下发放招生目录中加注项目班介绍注释，递送录取通知书的同时，加入招生简章。在学校招生网首页发布招生宣传册，学校内部发放和通过邮寄方式向全国电力系统职工发放宣传册千余份，进一步加强对学生出国留学的指导和服务。面向学生及家长共开办了18场“临行教育会”，主要内容为外事教育和国外留学安全注意事项。安排送机13次约600人次。留学基础工作中，帮助近200人申请学校，递交材料1500余份。联系12所合作学校，组织面试10余次。一天内统计电气专业170余人3个学期22门主干课成绩，制作英文成绩单200余人次。办理签证过程中，送交翻译认证集体9次，散送30余次。分别为赴境外的193名同学（33人赴美签证，141人赴英签证，12人赴澳签证，7人赴法签证）办理了4个国家的签证，递交材料4000余份，实现100%获签率。购买160人团队机票，现金支付102万元左右。

2012年，该学院教学管理工作主要在制度建设和推动教学科研方面下功夫。学院教学工作进一步制度化和规范化。在学校教学管理制度的基础上，形成了多项国际教育学院教学管理制度，包括任课教师座谈会制度，学院分别于3月13日和9月25日召开学期任课教师座谈会；期中教学检查和期中考试制度；院领导巡考制度和考风考纪规则；电子网络交流平台制度，通过飞信网络平台，学院教学秘书实现与教务处和各院教学科及任课教师实时联系、快速通知和教学联络；信息简报制度，学院发布了5期教学简报，便于及时准确梳理教务工作，发现问题及时解决。

2012年，该学院继续推进教学改革，进一步提升教学质量。2010年在学校教务处立项的六项教改项目，即《留学生电气工程及其自动化英语授课本科专业培养计划》《留学生电力科技汉语教学改革研究》《本科国际合作项目班英语教学体系构建》《中外合作办学项目就业指导与服务研究》《学生管理的网络信息平台建设研究》《结构功能相结合的理工类留学生汉语教学与实践》于2012年全部完成。《国际教育教学管理方式改革实践研究》《留学生电力科技汉语教学改革研究》《结构功能相结合的理工类留学生汉语教学与实践》参加教学成果奖评选，其中《结构功能相结合的理工类留学生汉语教学与实践》项目获评学校教学成果奖二等奖，另外两项目列为学院培育项目。深入开展教学理论研究，进行教材建设。“留学生科技汉语课程教学改革研究”的成果之一《电力科技汉语教程》于10月正式出版；教学科发表国际会议及期刊文章3篇。申报核心课程，调动教师进行教学改革的积极性，推动学院课程建设。火月丽的《汉语综合》课程和贾林华的《中国概况》课程通过了2012年度华北电力大学核心课程验收。积极开展教学质量评价。赵焕梅老师获本年度学校教学优秀奖；在语言留学生中进行教学质量调查中，火月丽、赵焕梅、濮擎红、周志香等4位老师被评为“最受留学生欢迎的教师”。加强软硬件建设，投入资金鼓励任课教师进行科学研究和教学改革，改善教室多媒体设备，为提高教学质量和水平提供保障。

2012年，该学院学生工作队伍不断推进学生工作向规范化、制度化、精细化发展，不断创新工作模式，凝练工作方法。首先，以学生服务作为根本点，不断完善中外合作办学学生管理制度、留学生日常管理办法等多项事关学生工作能否健康发展的规章制度。其次，不断创新学生活动模式，发挥基层党团组织的宣传教育及引领作用，发挥学生党员和积极分子在学生中的影响力，先后开展了多项别开生面的以学风建设和基层党团组织建设为主题的特色活动，受到了学生及教师的一致好评。第三，不断凝练总结之前好的学生工作方法，结合校内外各项工作的调研，进一步提炼学贯中西、知行合一的学院文化，努力培养不断进取、永争第一、兼容并蓄的学生气质，从潜移默化中影响学生，带动学生，塑造学生。学院学生工作队伍始终坚持开拓进取，勇往直前的工作理念，大力开展校内外各项活动，在各项活动中取得了多项佳绩，受到了上级领导以及学校教职工和同学们的肯定。姜良杰被评为“北京公安出入境外国留学生管理工作先进个人”，同时获得“2012 年北京市高校来华留学生管理工作优秀干部奖”。

2012 年，该学院进一步加强学生管理，深入开展安全教育活动。11 月 21 日国际教育学院在校部毕业生就业之家留学生开展“安全教育进校园”活动，学院邀请了北京市公安局出入境管理大队的张警官为留学生新生普及法制及安全知识，收到了很好的效果。举行班级展示评比暨班级规划汇报会。12 月 5 日，国际教育学院举行了“国际教育学院 2012 级新生班级展示评比暨班级规划汇报会”，邀请了 2012 级新生班主任担当评委，同时也邀请了校团委以及学生处的领导以及各院团总支书记作为评判嘉宾，此次活动不仅是新生班集体建设的一次集中展示，也是一次 2012 级新生班主任共同交流，共同促进的契机。最终，GJ 电气 1205 班获得了总评第一名，GJ 电气 1201 班以及 GJ 会计金融 1201 班获得总评成绩第二名。

2012 年，该学院学生各类文体活动成绩突出。12 月在北京市第八届“来华杯”游泳比赛中取得佳绩。3—4 月，在“和谐杯”篮球赛中分别获得男、女队第一名，创造了华电校篮球运动史上的新记录；2012 年校春季和秋季运动会上，国际教育学院学子奋力拼搏获得了春季运动会总成绩第 6 名、秋季运动会总成绩第二以及两个单项冠军和 3 个单项第三的好成绩；5 月，在华北电力大学团委举办的《五月的花海》歌咏比赛中获得二等奖；在校团委举办的校园奥斯卡大赛中，学院在 6 支参赛队伍中占据 3 席，一举囊获前 3 名，同时获得了“最佳男主角”、“最佳编剧”、“最佳导演”和“最佳情节”4 个单项最佳。2012 级学生军训成绩优异。9 月，国际教育学院 2012 级新生延续了国际教育学院在学生军训中的优异表现，展示了过硬的作风及优良的品质，受到了校领导及军训团的一致好评。由国际教育学院女生与可再生学院女生组成的应急棍方阵被评为“优秀表演方阵”，由国际教育学院男生组成的队列方阵被评为“优秀队列方阵”，郑乐老师被评为 2012 级军训优秀指导员。

（李　旸　段春明　郑　凯）

■概况

2012 年，华北电力大学中外合作项目在校培养学生班级 33 个，共计在校生 529 人，涵盖电气工程及其自动化、核工程与核技术、会计学、金融学 4 个专业。

2012 年，学校开展中外合作办学项目与校际间合作交流项目 14 个，4 个本科专业。总计报名 303 人，录取 278 人，录取人数比上年增加 12%。其中电气项目录取 240 人，会计项目录取 30 人，金融项目录取 3 人，核电项目录取 5 人。

2012 年，学校中外合作办学项目英、法、美、澳四国共计 12 所大学，派出人数北京 106 人，保定 87 人，共计 193 人。其中爱丁堡大学 12 人，曼彻斯特大学 42 人，巴斯大学 21 人，卡迪夫大学 10 人，斯莱斯克莱德大学 48 人，斯旺西大学 8 人，密苏里哥伦比亚 2 人，伊利诺伊理工大学 7 人，普渡克莱默 4 人，威斯康星密尔沃基 20 人，昆士兰大学 12 人，格勒诺布尔理工大学 7 人。

2012 年，学校中外合作办学项目 2008 级应毕业学生 113 人，97 人完成中外双方教学内容，毕业并取得中外双方的学位。其中 84 人取得工学学士学位，13 人取得经济学学士学位。12 名学生推迟毕业；4 名学生申请返回华北电力大学继续学习，已获批准。2010 级 106 人通过外方院校的选拔，赴国外学习。

2012 年，学校中外合作办学学生获得省部级奖励 13 人次，获得奖学金 297 人次。

2012 年，国际教育学院党

总支设有 2 个党支部，分别为教工党支部和学生党支部。其中，教工党支部党员共 14 人，学生党支部党员共 80 人，海外党员 49 人，发展党员 19 人。共有 98 人通过入党积极分子培训班考核，成为入党积极分子；312 名同学递交了入党申请书。

2012 年，该学院 6 名同学被评为北京市优秀毕业生。

（李 旸 段春明 郑 凯）

■条目

【成立海外学生党小组】5 月 4 日，国际教育学院在英国曼彻斯特大学和巴斯大学成立海外党小组，21 名海外学生党员见证了这一神圣而庄严的时刻。海外党小组选拔成绩优异、责任心强、具有良好组织、协调能力的学生党员担任小组长，建立了由学工平台、党支部博客、人人网主页构成的网上教育平台，海外党员通过网络平台，积极参加党内活动，定期开展组织生活会，及时向党组织汇报自己的生活、学习和思想动态。已将 48 名海外党员全部纳入教育培养管理体系中。海外党小组的成立标志着国际教育学院党建工作向支部设置优化、工作机制完善、队伍战斗力增强的目标迈出了坚实的一步，也为进一步团结凝聚海外学子，培养具有国际视野的拔尖创新人才打下良好基础。

（郑 凯）

【特色学生党建活动受媒体关注】5 月 15 日，《京华时报》报道了华北电力大学国际教育学院学生党支部开展“学雷锋——关注农民工”活动。5 月 23 日，北京卫视特别关注栏目对该活动进行了专题采访。人民网、新浪网、昌平新闻网等多家主流媒体网站纷纷转载。国际教育学院学生党支部针对农民工业余生活单调、缺乏人文关怀的情况，开展了“一部电影、一张报纸、一席谈话”的活动，丰富他们的业余生活。每周去工地为农民工放一次电影，每周将新闻时事汇编成报纸，每周去工地开展一次座谈。不仅丰富了农民工的业余生活，而且疏导了他们心中的寂寞与思乡之情。农民工兄弟们的勤劳、质朴、节俭的作风也深深影响了学生们，促进学生党员更加务实地开展学生生活工作。

（汤明润）

【承办援埃塞俄比亚培训项目】5 月 21 日，由华北电力大学和中国水电顾问集团北京勘测设计研究院共同承办的商务部援埃塞俄比亚风电和太阳能发电规划项目培训班在华北电力大学开班。项目为期 1 个月，来自埃塞俄比亚水和能源部、埃塞俄比亚电力局和埃塞俄比亚电力公司的 10 名专家、顾问和分析师参加了该项目，由水和能源部部长顾问 Asres W/giorgis Belachew 先生带队。援助埃塞俄比亚风电和太阳能发电规划项目是中国政府在工程建设领域第一个以技术经济合作的形式援助的咨询项目，得到了商务部援外司的高度重视。此次培训围绕中国可再生能源政策及发展状况、风力发电、光伏发电和生物质发电等技术专题，邀请了相关领域知名专家学者教授共同授课。

（郑 凯）

【举办华裔青少年金辉春令营】4 月 15 日—5 月 14 日，华北电力大学成功举办“2012 年海外华裔青少年北京语言实践行——金辉春令营”。46 名菲律宾华裔青少年在菲律宾华教中心领队的带领下参加了为期 31 天的春令营活动。中国华文教育基金会秘书长左志强、副秘书长李献国、副秘书长卢海滨、北京市人民政府侨务办公室副主任李纲等先后前往考察。在此之前，华北电力大学已在 2008 年和 2009 年成功地承办了两次“菲律宾学生北京汉语夏令营”活动，积累了丰富的经验。此次“2012 年海外华裔青少年北京语言实践行——金辉春令营”由中国华文教育基金会主办、北京市人民政府侨务办公室和华北电力大学共同承办、金辉集团赞助。

（郑 凯）

【举办寻根之旅春令营】4 月 18—27 日，华北电力大学成功举办 2012 年海外华裔青少年北京“寻根之旅——相约北京”春令营。来自菲律宾的 82 名海外华裔青少年参加了春令营，在北京进行了为期 10 天的集中学习，除学习汉语和中华文化外，还游览了北京名胜古迹、参观北京奥运场馆、感受北京民俗文化。此次春令营由国务院侨务办公室主办、北京市人民政府侨务办公室和华北电力大学共同承办、昌平区侨办协办。

（郑　凯）

【举办寻根之旅夏令营】8月，华北电力大学成功举办2012年海外华裔青少年北京“寻根之旅——相约北京”夏令营。来自美国、荷兰、比利时、葡萄牙、西班牙、瑞典、法国、英国、日本、中国澳门等国家和地区的18个团组的200余名海外华裔青少年参加此次夏令营，营员集中学习了武术、舞蹈、京剧、水墨山水画等中华传统文化课程。夏令营由国务院侨办主办，北京市政府侨办与华北电力大学共同承办，北京市东城区、西城区、海淀区、朝阳区、丰台区等区县侨办协办。

（郑　凯）

体育教学部

■概述

2012年，华北电力大学体育教学工作主要任务为教学、高水平运动队训练、群众性体育活动开展和科学研究四方面，按照“以评促建、以评促改、评建结合”的指导思想搞好各项体育工作。学校坚持“以人为本，健康第一、全面发展”教育理念，积极进行体育教学改革，加强教学管理和师资队伍建设，不断改进体育教学方法和手段，进一步提高了学生体育方面的创新能力和实践能力，获得了满意的教学效果，认真组织实施《学生体质健康标准》，通过严谨、科学的体育教学使学生身心健康得以不断改善，积极认真组织学生进行测试，保证数据的真实性和客观性，准确有效地上报测试数据，认真整理数据，为提高学生健康水平提供决策依据。

2012年，作为教育部批准试办的高水平运动队（田径队、篮球）的学校，学校贯彻对高水平运动队建设的思路和方针，团结一致，扎扎实实落实每项工作，在严把运动员招生质量关的同时又不乏灵活的采取各种措施吸纳高水平运动员，招生质量逐年上升，同时加强与地方队、行业体育协会的合作交流；不断提高运动员的竞技水平，教练员和运动员刻苦科学的训练，克服训练期间的酷暑严寒，以饱满的精神状态投入到训练当中去，比赛中顽强拼搏，奋勇争先，很好地体现了华北电大学“自强不息，团结奋进，爱校敬业，追求卓越”的华电精神。

2012年，体育教学部一年来地完成了上一年计划，取得了较好的成绩，尤其是学生参加国家级和省部级比赛中的成绩有两项历史性突破和大面积收获，究其经验是充分相信教师，给予一个宽松的干事业的环境和激励机制，来实现他们的价值。在今后继续办好校内比赛在此基础上，增加群体代表队数量，参加省部级的比赛发挥它的引领作用，使得更多的学生能够自觉地投身到所喜欢的运动项目中去，为自觉参加锻炼打下良好的基础，成为载知识的有源之水、有本之木，为国家健康工作50年幸福生活一辈子奠定的基石。体育面向人人是我们体育工作者的最大目标，所以通过组织比赛和成立代表队来吸引更多的学生参加体育运动，享受运动为自己带来的快乐。

（房游光　任金锁）

■概况

2012年，华北电力大学有体育教学教职工58名（含保定28人），其中教授6人（含保定4人）、副教授17人（含保定9人）、讲师28人（含保定12人）、助教2人（含保定1人），管理岗2人（含保定1人），实验及技术人员1人，工人岗2人（含保定1人）。教师53人（含保定26人）中50岁以上9人（含保定7人）。40岁以上15人（含保定5人）占。30岁以上27人（含保定13人）。30岁以下2人（含保定1人）；教师中教授6人（含保定4人）占11%，副教授17人（含保定 9 人）占 32%，讲师 27 人（含保定 12 人）占 51%，助教 2 人（含保定 1 人）占 3.8%。

2012 年，学校有标准田径场 3 块（含保定 2 块），场内均设有标准足球场地、篮球馆一座，体育运动中心一座、室外篮球场 37 块(含保定 23 块)、排球场 14 块（含保定 12 块），羽毛球场地 2 块(含保定 2 块)、乒乓球台 62 张(含保定 30 张)、游泳池一座、轮滑场地一块、网球场地 6 块。教学器材种类齐全，数量充足，各运动项目器材配备完善。

（赖其军　刘桂玲）

■条目

【获市大学生阳光体育联赛优胜奖】1 月 9 日，首都高等学校体育工作会议在北京科技大学学术报告厅举行，此次会议由市教委体卫艺处处长王东江主持，北京市大学生体育协会主席杜松彭、教育部体卫艺司司长王登峰、北京市教委副主任郑萼先后发言，来自北京市各高校主管体育工作的校长及体育部主任、副主任参加了本次会议。会议总结了 2011 年首都高校贯彻《学校体育工作条例》的情况，介绍了全国大运会筹备情况，同时部署了 2012 年首都高等学校体育工作的思路和要点，指导本市开展学习体育工作。会上，进行了 2011 年贯彻落实《学校体育工作条例》颁奖仪式，华北电力大学再获殊荣，获得 2011 年北京市普通高等学校高水平运动队建设检查评估三等奖和 2011 年北京市大学生阳光体育联赛优胜奖。

（刘桂玲）

【举行体育学术论文报告会】1 月 11 日，华北电力大学体育教学部（保定）第 19 届学术论文报告会召开，本次报告会，聘请了校外专家河北省大学生体育协会理事长田振生教授、河北农大体育部主任刘春明教授、河北大学体育部主任李增学教授作为特约评委进行交流指导。会上共宣读论文 13 篇，内容涵盖教学、训练、心理和社会体育等领域，绝大多数均结合实践采用了定量分析方法，论文深度、广度为历年最高。

（赖其军）

【获评省体育工作管理优秀】1 月 20—23 日，河北省普通高校体育工作会议在石家庄市召开。会上，华北电力大学体育教学部（保定）被河北省教育厅思政体卫处和河北省大学生体协授予“学校体育工作管理优秀单位”荣誉称号，华北电力大学获得河北省教育厅颁发的“实施《国家学生体质健康标准》先进单位”荣誉称号，华北电力大学体育教学部（保定）房游光、罗光利老师，获得河北省优秀体育教师荣誉称号。

（赖其军）

【学生在全国大运会获佳绩】4 月 7—8 日，2012 年第九届全国大学生运动会北京地区田径选拔赛在北京体育大学英东田径场举行。来自北京高校的 12 支田径高水平运动队近 200 名教练和运动员参加了选拔赛。华北电力大学派共 9 名运动员参加，祝绍飞获得男子 400 米栏第一名。高懿美获得女子 400 米栏第一名。金媛媛获得女子铁饼第一名。孙腊梅获得女子 5000 米，10000 米两个第二名。

（刘桂玲）

【干雪获国际马拉松赛第三名】4 月 8 日，2012 苏州环金鸡湖半程马拉松比赛在苏州文化艺术中心广场开赛。经过一个多小时的激烈角逐，华北电力大学能源动力与机械工程学院的干雪同学获得半程马拉松女子组第三名。来自世界 27 个国家和地区，全国数十个城市的 1.3 万名选手分别参加了半程马拉松、迷你马拉松、家庭亲子跑 3 个项目的角逐。

（刘桂玲）

【健美操队获锦标赛第一名】4 月 14 日，“2012 年北京市健美操锦标赛”在地坛体育馆举行。华北电力大学健美操队在教练罗琳老师的带领下，凭借出色的表现和完美的发挥取得“大众锻炼标准规定动作六级”普通院校组第一名。这是华北电力大学健美操队第二次参加此项比赛，共有 6 名队员参加比赛。此次比赛由北京市健美操体育舞蹈协会主办，参赛人数达 1500 人，规模盛大，高手云集。

（刘桂玲）

【干雪获国际登山赛第二名】4 月 21 日，第四届“泰山冠军”中国泰山登山大奖赛正式开始。经过激烈角逐，来自华北电力大学能源动力与机械工程学院干雪同学获得女子组第三名。4月22日，在“秦池杯”沂山国际登山邀请赛中，干雪同学再次夺得女子组第二名的好成绩，赛后组委会发放了5000元现金奖励以及奖杯和奖牌。干雪同学连续两日参加两次高强度的登山比赛，在有腰伤和腿伤的情况下，坚忍不拔超越自我，均取得好的成绩，为华北电力大学争得荣誉。

（刘桂玲）

【跆拳道比赛获佳绩】4月29日—5月1日，由河北省体育局主办的河北省第六届大众跆拳道公开赛在保定体育馆举行。保定校区跆拳道代表队参加了此次比赛的男子特技、男女单人品势、双人品势和团体品势等项目的比赛。经过激烈角逐，华北电力大学代表队获得了团体品势第二名，特技比赛第三名，双人品势第三名的好成绩。

（赖其军）

【举办高校体育交流座谈】5月3日，清华大学体育部副主任张威教授、著名教练员于芬教授一行9人到保定校区与体育教学部教师进行交流座谈并赠送清华校徽和北京高校体育管理和科研资料等纪念品。座谈会上，双方就体育考核体系、学生体质健康、高水平运动建设管理等进行了交流。通过此次座谈，促进了两校体育工作的交流与合作，开阔了眼界，丰富了职业信息，提高了体育教师职业素质，为体育教师提供了一个向高水平体育学者和高水平教练员面对面交流的机会。对今后体育课程建设、高水平运动建设、体育科研等产生了巨大的帮助，对两校体育工作的进一步交流提高打下了基础。

（赖其军）

【首都高校毽球赛获佳绩】5月5日，历时10个小时的第四届首都高校毽球比赛在北京交通大学体育馆落下帷幕。华北电力大学阮忠诚同学获得男子单人赛第5名；阮忠诚与黄明德获得男子双人赛第4名及男子三人赛甲组第4名的优异成绩。华北电力大学女子毽球队首次参赛取得不俗成绩，崔珊同学获得女子单人赛第7名；崔珊、苏娟获得女子双人赛第6名及女子三人赛获得乙组第5名。本次比赛共有包括北京体育大学，中央民族大学，清华大学，华北电力大学，中国矿业大学等16所高校参加。

（刘桂玲）

【学生首都高校田运会获佳绩】5月10—13日，首都高校第五十届学生田径运动会在北京大学五四运动场举行。来自首都63所院校的1500多名教练员与运动员参加了本次运动会。华北电力大学代表队分别获得女子甲组团体总分第八名和男女甲A、B组团体总分第八名。

（刘桂玲）

【网球队首都团体赛获佳绩】5月12日，2012年度首都高校网球联赛春季团体赛在清华紫荆网球场举行。华北电力大学网球队作为上届季军，被此次赛会定为3号种子。网球队大批更换队员后首次出征，队员张洪洋、卻子昂、郭韩金、郝宇星发挥出色，取得了本届比赛团体第5名的好成绩。小组赛前3场，华北电力大学网球队以3个2:0的比分战胜中国石油大学、对外经贸大学以及清华大学队，第4场比赛又以2:1的比分力克劲旅中央民族大学队，4战全胜以小组第一名出线。淘汰赛中，华北电力大学惜败中国地质大学。

（刘桂玲）

【张洪洋高尔夫赛获佳绩】5月18日，北京大学生高尔夫技巧比赛在顺义区金色河畔高尔夫学校举行。华北电力大学张洪洋同学以7号铁杆167码的成绩，获得男子打远项目第6名。本次比赛共有10余所学校参加，比赛项目有7号铁杆打远、铁杆打准、切杆、个人推杆以及接力推杆五项比赛。经过一天的争夺，张洪洋同学获评打远第6名。

（刘桂玲）

【市大学生乒锦赛获佳绩】5月20日，为期两天的北京市大学生乒乓球锦标赛在北京邮电大学落下帷幕，华北电力大学学生陈敏、段琦玮、王鹏遥、项彬、蒋锋经过奋力拼搏获得“男子甲组团体第六名”，王听晨、吴湘婕、左一慧、王洁聪、李越获得“女子乙组团体第六名”，华北电力大学代表队获评“体育道德风尚奖”。

（刘桂玲）

【学生省大运会获佳绩】5月28日，河北省第十七届大学生运动会在邢台开幕，经过4天角逐，华北电力大学田径代表队共获得金牌7块，银牌11块，铜牌7块，取得了团体总分第二名及男团第二名、女团第二名和金牌总数第二名的优异成绩。乒乓球代表队获得男团甲组第二名的优异成绩。田径男队、田径女队、和乒乓球男队同时获得“河北省第十七届大学生运动会体育道德风尚奖”，实现了运动成绩和精神文明的双丰收。来自河北省76所高校的322支代表队、2900多名运动员参加比赛。此届大运会，是河北省省历届大运会中参加院校最多、运动员人数最多、规模最大的一届。华北电力大学保定校区选派两支队伍参赛，其中田径队参加丁组（高水平运动队）比赛，乒乓球队参加甲组（本科）比赛，是此次比赛竞争最激烈也是水平最高的两个组别。

（赖其军）

【戚倩橄榄球赛获冠军】6月1—3日，全国橄榄球冠军赛在江苏昆山举行，华北电力大学戚倩同学和队友们代表北京北控橄榄球女队参加了本次比赛，经过队员们的顽强拼搏，最终战胜对手获得冠军。

（刘桂玲）

【学生首都高校铁人三项赛获佳绩】6月2日，2012年北京高校校园铁人三项在中国石油大学（北京）拉开序幕，共有华北电力大学、北京体育大学、清华大学、北京大学等16所高校，近200名运动员参赛，华北电力大学首次应邀参赛，队员由来自华北电力大学普通专业的吐逊江等10名运动员组队，体育教学部李文忠老师带队下，参加了小轮车三项、轮滑三项、水陆两项、小轮车两项、轮滑两项的全部比赛，经过顽强拼搏，华北电力大学核学院的韩正刚同学获得小轮车两项第三名，电气学院的孙雅旻同学获得轮滑三项第7名，能动学院的许尧和李成奇同学分获轮滑两项和水陆两项的第8名，同时华北电力大学获得了优秀组织奖。

（刘桂玲）

【举办纪念毛泽东为体育题词活动】6月19日，为纪念毛泽东“发展体育运动，增强人民体质”题词60周年，华北电力大学举办纪念座谈会。会上副校长孙忠权肯定了学校两地体育工作所取得的成绩，希望两地加强交流与合作，进一步提高体育工作质量，为学校的发展作出贡献。通过此次活动，促进了两地体育工作的交流，为今后两地在基层党组织建设，管理工作，体育课程建设、高水平运动建设等方面的合作打下了良好基础。

（刘桂玲）

【干雪多项登山赛获佳绩】9—12月，华北电力大学干雪同学参加多项体育竞赛并获佳绩。9月7日，参加由中国登山协会和中国风景名胜区协会共同主办的“中国健身名山登山赛”，以1小时12分钟的成绩获得女子竞速组冠军。9月9日，参加“中国云台山九九国际登山挑战赛”，以2小时26分13秒的成绩获得女子青年组亚军。9月16日，参加“中国健身名山登山赛”（第二站）并夺冠。11月12日，干雪同学获得2012中国健身名山登山赛年度冠军。先后夺得中国健身名山登山赛华山站和中国健身名山登山赛恒山站两次比赛的女子组冠军。中国风景名胜区副秘书长厉色、华山风景名胜区管委会主任霍文军给干雪同学颁发奖金和证书。11月18日，参加2012年全国群众登山健身暨第八届中国黄山国际登山大赛，经过奋勇拼搏，以1小时3分3秒的成绩获得女子青年组冠军，获得迎客松奖杯（此奖杯只发给女子总成绩第一名的运动员）。本次比赛主题为“愉悦身心赏美景 全民健身登黄山”，共有来自美国、俄罗斯、南非、法国、西班牙、韩国和印度等40个国家的140名外籍选手和全国15个省（自治区、直辖市）的共109支代表队1360名登山爱好者参赛。比赛终点设在玉屏景区，全程12公里，是全民健身与体育竞技、壮美山河与人文活动、旅游活动与体育竞赛、体育精神与黄山精神完美结合的一次盛事。

（刘桂玲）

【保定校区全国全民健身操大赛获佳绩】10月10—15日，由国家体育总局体操运动管理中心、中国健美操协会、主办的中国农业银行信用卡杯2012年全国全民健身操大赛总决赛在山东省青岛市举行，华北电力大学（保定）健美操代表队经过奋力拼搏，最终夺得了全国全民健身操大学组轻器械六级动作一等奖、全国全民健身操有氧舞蹈六级动作二等奖及大众健身操成年组六级动作二等奖的优异成绩，华北电力大学获得“最佳组织奖”。由于表现突出，华北电力大学的有氧舞蹈六级动作被组委会选中参加中央五台和青岛电视台录制的颁奖晚会。

（赖其军）

【健美操队全国大赛获第一名】10月12日，2012全国全民健美操大赛总决赛在青岛奥林匹克帆船中心拉开帷幕。本次大赛共有全国25个省市赛区的178支队伍，共计1938名运动员参加。华北电力大学健美操队凭借完美的发挥，在《大众锻炼标准》6级大学组的比赛中获得一等奖，这也是华北电力大学健美操队首次参加全国比赛。

（刘桂玲）

【学生首都高校越野攀登赛获第四名】10月28日，首都高等学校第九届越野攀登赛鹫峰国家森林公园杯比赛在海淀区北安河鹫峰国家森林公园拉开序幕，华北电力大学代表队第三组出发，用时1小时01分22秒56完成全程10公里的赛程，最终获得甲组第四名的好成绩。甲组前3名分别是清华大学、北京理工大学和中国地质大学（北京）。清华大学、北京大学、北京林业大学、中国农业大学、华北电力大学、北京理工大学和中国石油大学（北京）等24所高校进行了角逐，比赛分为甲、乙、丙三组，由10名运动员同时到达终点线为比赛结束。

（刘桂玲）

【学校获九届大运会贡献奖】11月9日，第九届全国大学生运动会北京代表团总结表彰大会在北京大学举行。经过层层选拔，华北电力大学田径队，跆拳道队共有4名运动员入选北京代表团，经过激烈的角逐，华北电力大学电气与电子工程学院祝绍飞同学获得男子4×400米接力第4名，经济与管理学院杨曼同学获得优秀运动员称号，为北京代表团夺得团体总分第二名作出了贡献，最终华北电力大学在总结表彰大会上获评“贡献奖”。全国大学生运动会每4年一届，本届大运会于9月8日—9月18日在天津举行。北京代表团共有314名运动员参加12个项目的比赛。

（刘桂玲）

【学生沙漠越野挑战赛获佳绩】9月23日，中国新疆鄯善“体彩杯”第四届国际沙漠越野挑战赛落幕。此次赛事，设40公里团体越野挑战赛和28公里个人越野挑战赛。有来自美国、英国、丹麦等5个国家的运动员及全国12各省市自治区百余人参赛。华北电力大学干雪首次参加该项赛事并取得团体第3名、个人第4名的好成绩。

（刘桂玲）

【孙腊梅北京马拉松获冠军】11月25日，2012北京马拉松赛在长安街开赛，比赛设全程马拉松、半程马拉松和迷你马拉松项目，共有来自20多个国家和地区的3万名运动员和长跑爱好者参赛。华北电力大学经管院学生孙腊梅参赛，获得女子全程马拉松亚军。孙腊梅曾在2010年7月，参加第十四届亚洲青年田径锦标赛获得女子3000米季军；同年10月夺得了第30届北京马拉松半程赛女子组冠军。

（刘桂玲）

【干雪马拉松邀请赛获佳绩】11月25日，2012常熟第二届尚湖国际半程马拉松邀请赛在尚湖环湖公路举行。本次马拉松比赛吸引了来自中国、美国、英国、芬兰、日本、韩国、印度等10多个国家和地区的1700多名马拉松爱好者参赛。华北电力大学干雪同学战胜恶劣天气，以1小时17分的成绩到达终点，为学校取得荣誉。

（刘桂玲）

【篮球队京都超级联赛获佳绩】11月27日，京都念慈菴杯北京大学生篮球超级联赛女子篮球赛在首都师范大学体育馆落下帷幕，华北电力大学队以52∶47的比分战胜中国地质大学队获得冠军。在小组赛中，华北电力大学分别对阵北京师范大学、中国地质大学和北京科技大学，以三战全胜的战绩晋级半决赛；在11月25日进行的半决赛中，华北电力大学又以29∶11的大比分战胜印刷学院进入决赛。

（刘桂玲）

【首都高校传统养生体育赛获佳绩】12 月 2 日，首都高校第十三届传统养生体育比赛在北方工业大学体育馆拉开帷幕。共有华北电力大学、北方工大、北建工等 21 所高校参加角逐，胡秀娟老师担任教练组成的 18 人队伍代表华北电力大学参加了集体导引功、集体八段锦、太极 24 式、太极 42 式及陈氏 75 式等比赛，最终获得集体导引功第一，集体八段锦第二名及 42 式太极和 75 式陈氏太极第 6 名的优异成绩。

（刘桂玲）

【高校体育舞蹈比赛获佳绩】12 月 2 日，第四届首都高校体育舞蹈比赛在北京交通大学举行，共有北大、清华等 19 所高校参赛，华北电力大学代表队的 17 名选手在体育部曾玉华老师的带领下参加了此次比赛的华尔兹新人组、华尔兹 6 人集体舞、恰恰新人组、恰恰 6 人集体舞、女子单人伦巴组、女子单人恰恰组 6 个组别的比赛。最终获得了女子单人伦巴组第 3 名，女子单人恰恰组第 5 名的优异成绩，华北电力大学获最佳团队奖。

（刘桂玲）

【学生首都毽绳赛获佳绩】12 月 8 日，首都高校第二十届大学生毽绳比赛在北京工业大学耿丹学院举行，来自清华大学、中央民族大学、北京建筑工程学院、中国地质大学（北京）、首都医科大学、华北电力大学等 20 所高校共 35 支队伍参赛，华北电力大学代表队在奚彩莲老师和许淑萍老师的认真指导下，顽强拼搏，不畏强手，最终获得跳绳男子团体冠军、女子团体亚军、男女团体冠军；踢毽男子团体冠军、女子团体冠军、男女团体冠军及毽绳总团体冠军 7 座奖杯，两位指导老师获得优秀教练员称号，苏娟同学破踢毽中跳踢和盘磕跳两项高校记录。

（刘桂玲）

【学生获首都高校乒锦赛双季军】12 月 8—9 日，由北京市大学生体育协会主办、北方工业大学承办的“TST 杯”2012 年首都高校乒乓球锦标赛（单项比赛）比赛在北方工业大学体育馆举行，本次比赛共有 54 所学校参加，比赛人数达到 500 余人。经过两天的角逐，华北电力大学王昕晨和张玉莹获得女子双打第 3 名的优异成绩。

（刘桂玲）

【校足球队省联赛创佳绩】12 月 8—11 日，由河北省教育厅主办的 2012—2013 年特步中国大学生足球联赛河北赛区暨 2012 年河北省大学生足球赛在河北保定河北科技学院举行。华北电力大学足球代表队由保定校区、科技学院和北京校部的本科生和研究生联合组成，在决赛中以 4∶0 的悬殊比分战胜河北农业大学代表队，夺取两连冠，成为河北省首支卫冕成功并 3 次摘取桂冠的球队。在 7 天 6 场比赛中，华北电力大学共打进 28 球仅失一球，以全胜战绩昂首夺冠并获得参加中国大学生足球联赛北区决赛的资格。此次比赛共 12 所院校组队参赛，参赛队伍多、代表了河北大学生足球运动的水平最高。

（赖其军）

【学生首都高校藤球赛获佳绩】12 月 16 日，历时 4 个半小时的 2012 年首都高校大学生藤球比赛在华北电力大学体育馆胜利闭幕，最终中国政法大学夺得冠军，华北电力大学获得男子甲组第 3 名、女子乙组第 3 名和团体总分第 4 名的优异成绩。赛后孙忠权副校长和国家体育总局小球管理中心藤球项目主管高坤朋及北京市大学生体育协会教学群体科研部主任张威等领导为参赛运动员进行了颁奖。本次比赛有华北电力大学、清华大学、中国政法大学、中央民族大学、中国地质大学等 11 所高校 18 支队伍参加角逐。

（刘桂玲）

【学生田径精英赛获佳绩】12 月 29 日，北京大学生第二十届田径精英赛在先农坛田径馆落下帷幕。本次比赛共有 14 所田径高水平运动队和 2 所非田径高水平运动队及先农坛体校参加。华北电力大学田径运动员获得女子第 2 名的好成绩。

（刘桂玲）

思想政治理论教育部

■概述

2012年，华北电力大学政教工作认真贯彻《中共中央国务院关于进一步加强和改进大学生思想政治教育的意见》(中发〔2004〕16号）等一系列文件的精神，在校党委、校行政的正确领导下，大力加强思想政治理论课课程建设，以“真心喜爱、终身受益”为目标，以提升教学质量为己任，努力提高教学水平；在科研工作方面积极创新，不断提升科研水平；努力改善办学环境及条件，加强思想政治教学环境建设；充分发挥思想政治理论课在华北电力大学德育教育中的主阵地、主渠道作用，各方面工作取得显著成效。

2012年，学校根据机构调整的总体安排和工作需要，成立人文社科与政教党总支，撤销人文与社会科学学院党总支、思想政治理论课教学部直属党支部；成立法政与政教党总支，撤销法政系党总支、思想政治理论课教学部（保定）直属党支部。

2012年，学校加大思政师资队伍建设，分别从北京大学、南开大学引进两位博士，使师资力量进一步扩大，教学科研能力进一步增强。

2012年，学校积极组织思政教师的职称评聘和年轻教师的学历提升工作，组织教师进修、参加各种培训，共派出5名教师参加北京市、河北省哲学社会科学骨干教师研修班的学习。

2012年，学校完成中央高校改善基本办学条件专项资金项目中的思想政治教学环境建设项目，项目资金15万元。

2012年，学校根据国家发布的《高等学校哲学社会科学繁荣计划（2011—2020年)》以及学校启动的文理学科振兴计划，结合实际制定了《马克思主义理论学科发展规划》。

（赵天怡　陈晓蕾）

■概况

2012年，华北电力大学政教部设有教研室4个，思想道德修养与法律基础教研室、马克思主义基本原理教研室、当代中国马克思主义教研室、中国近现代史纲要教研室。设有思想政治教育专业1个硕士点。

2012年，该部有教职工45人，其中，专任教师42人（其中教授9人、副教授19人、讲师14人）管理人员3人。专任教师具有博士学位教师17人、硕士生导师14人，

2012年，该部硕士研究生春季答辩毕业8人，夏季答辩毕业2人，共毕业10人；招收硕士研究生11人；研究生毕业学生一次就业率为100%。

2012年，该部出版学术著作8部；完成国家级课题两项、省部级课题七项；签订纵横向科研项目7个，其中纵项科研项目3项、横项科研项目4项，科研经费39.35万元；发表学术论文73篇，其中，国际学术会议论文集11篇，全国中文核心期刊6篇，ISSHP检索4篇，国外期刊1篇，新华文摘论点摘编1篇。

2012年，该部教师获河北省思想政治工作研究专家荣誉称号1人，校级科技工作先进个人1人，校级教学成果优秀奖1人，校级教书育人标兵1人，校级三育人先进个人1人，校级创先争优优秀共产党员2人。

2012年，该部开设研究生课程12门，开设本科生课程15门。

2012年，该部拥有中共党员43人，其中教工党员33人、学生党员10人，设有1个思想政治教育专业研究生班，共有全日制硕士研究生26人。

（赵天怡　陈晓蕾）

■条目

【建立社会实践基地】 5月12日，华北电力大学政教部建立直隶总督署社会实践基地，为政教部开展社会实践教学活动搭建了又一平台，有力地促进了学校教育与社会教育的结合，更充分发挥革命历史

教育资源优势，为教学和培养工作全面开展创造了更为便利的条件。

（赵天怡　陈晓蕾）

【制定教师绩效考核办法】7 月，华北电力大学印发《华北电力大学教师绩效考核及校内津贴调整方案（试行）》，方案为院系二级管理提供了较大空间。按照学校的文件精神，政教部在反复酝酿、充分沟通的基础上，出台了“思想政治理论课教学部教师绩效考核办法（试行）”，考核办法体现了学校分类考核、二级管理、绩效引导的考评思路，也体现了政教部的自身特点。

（赵天怡　陈晓蕾）

【建成思政课程校级核心课程】在《思想道德修养与法律基础》《毛泽东思想和中国特色社会主义理论体系概论》建成为学校精品课程基础上，本科 4 门思想政治理论课程按精品课程要求进行建设，在学校新一轮课程建设中，4 门思想政治理论课均列入校级核心课程，至 11 月 4 门课程已全部通过验收。

（赵天怡）

【王聚芹获省社科优秀成果三等奖】2012 年，政教部（保定）王聚芹撰写的论文《思想解放的瓶颈问题与化解路径分析》，获评河北省社科优秀成果三等奖。

（陈晓蕾）

【承办省大学生人文知识竞赛】2012 年，政教部（保定）成功承办河北省大学生人文知识竞赛，获评优秀组织奖。徐岿然指导的学生获河北省人文知识竞赛三等奖，被授予河北省大学生人文知识竞赛“优秀指导教师”荣誉称号；王聚芹指导的学生获得 2012 年河北省人文知识竞赛优秀奖。

（陈晓蕾）

INFRASTRUCTURE AND SERVICE GUARANTEE

〇 综 述

2012年，学校教科研设施建设基本完成，逐步转向加强管理和提升服务的内涵发展，学校进一步深化后勤管理与服务保障改革，在管理和服务创新方面有所突破。

2012年，学校图书馆深化信息服务，积极开展面向院系和科研团队的学科化个性化服务，初步建立“院系联系人制度”，帮助教师、学生充分利用图书馆的资源；通过开通图书馆官方微博、推出“手机短信通知和手机图书馆”服务等手段，使读者便捷获取馆藏信息。通过各种渠道深入开展各种形式的用户教育活动，加强与研究生院合作，为新入学的博士生专门举办了SCI数据库使用培训；依托培训机房，面向全校教师和研究生举办了SCI、IEL等多场网络资源使用讲座。组织IEL、SCI、ProQuest、CNKI等数据库商来学校举办大型数据库讲座；推出《创新型人才和大学图书馆》专题讲座；坚持对教师进行“一对一”的交流和培训；开发互动式文献检索课教学网站；制作《图书馆3D全景视频》等，大大提高图书馆资源利用率。图书馆参与区域性文献资源共建共享，获2012年度“BALIS馆际互借宣传服务月”先进集体二等奖、“BALIS原文传递服务最佳宣传奖”、2012年度“BALIS馆际互借服务”先进集体三等奖；获评华北地区2008—2012年“宣传推广工作优秀馆”。科技查新工作数量和质量大幅提升，共完成查新课题583项，其中课题查新454项，博士开题129项，比2011年（391个）增加了49.1%，创历史新高。

2012年，学校网络与信息中心充分利用“211工程”三期和专项修购资金推进校园网安全体系建设，共投资550万元，更换了教育网节点路由器和核心交换机、升级了锐捷认证系统、购置了热备和内控管理软件，购置了智能DNS、防火墙以及万兆入侵检测等设备，建成了公关存储平台、服务器性能检测系统、刀片服务器群组、带宽管理系统、协议分析系统以及VPN系统。基本形成了以高速、稳定的跨越校区的校园网为基础，以全校统一的数据资源平台为依托，以安全、可管、可控、数据异地容灾的先进技术为保障，实现两校区教学、科研、学科建设成果共享的数字化校园安全体系，基本达到国家信息安全等级保护三级标准。学校IPv6校园网建设获得了专家组好评。积极采取各项措施保障校园网安全稳定运行，通过优化网络配置，加装和更换关键节点的管控设备，提高了防控能力；完成13号学生宿舍楼的网络建设工作，在校内积极开展服务器托管工作，改造托管区网络环境，购置专用设备，完善托管制度。保定校区教育网出口带宽从350兆升级至500兆；录制、编辑省级精品课程两门。录制、编辑“发展中国家电网及输变电站运行管理与维护研修班”两期。获计算机软件著作权登记1项，一部教材获2012年华北电力大学教学成果二等奖。

2012年，学校工程训练中心全年接受实训学生为5249人次。完成1项省级教改项目和4项校级教改项目，制定和修订管理制度5个。在教学内容、教学手段、开放运行模式，大学生创新实践等多方面进一步加强中心的内涵建设。获校级教学成果特等奖和二等奖各1项，申报省级教学成果奖和省级教改立项各1项，发表教改论文8篇，其中国际会议3篇。完成了2013年度中央财政专项资金建设计划制定并获准立项，完成了2014—2016年的3年建设规划制定。国家级示范中心立项建设工作顺利通过河北省验收专家组的验收。完成《创新思维与方法》《机器人基础》等3门创新教育基础课程的教学工作；组织学生进行了机械设计、机器人等五类创新项目实践活动，举办了3项校内学生科技竞赛，参与学生达400余人次。组织参加了“机械创新设计大赛”、“中国机器人大赛暨POBOCUP公开赛”等4次省部级以上大学生科技竞赛，获得国家级奖3项、省级奖15项；获第五届全国大学生机械创新设计大赛慧鱼组竞赛优秀组织奖。本年度共组织实施95项国家级和319项校级“大学生创业创新训练项目”。中心具体负责指导的项目共完成22项，以18项优秀2项良好2项通过的优异成绩通过专家组结题验收。

2012年，学校资产管理以加强实验室安全管理和落实房产资源有偿使用为重点，完善资产管理制度，构建科学化、规范化、精细化的资产管理体系，制定了《关于印发〈华北电力大学实验室安全管理办法〉》《华北电力大学特种设备安全管理暂行规定》《华北电力大学危险化学品安全管理规定》《华北电力大学辐射安全管理规定》《〈华北电力大学实验室危险废物处置暂行规定〉的通知》（华电校资〔2012〕4号文）等一系列管理制度，开展学校首次全校性的实验室技术安全检查工作，规范了实验室的安全管理工作，及时发现并消除了安全隐患。为推进学校房产资源的有偿使用管理，严格审核院系各类用房，确认科研用房收费面积，核算应缴费用，制定配套的科研项目资金补贴机制，理顺工作流程，顺利完成了年度科研用房使用费的收缴工作。出台了《华北电力大学周转房管理办法》（华电校资〔2012〕5号），按照管理办法的要求，审核清理周转房房源，妥善解决了本年度新入职员工的住宿问题。重点对年度新增设备、大精仪器设备和人员变动情况进行了逐一清理备案，确保账物相符，责任到人。着力对设备购置查验和共用房申请等工作流程进行规范和优化，在实现精细化管理的同时，努力为学校的教学、科研工作提供便捷的服务。

2012年，学校校医院重点加强条件与人才建设，强化管理和服务意识，狠抓医德医风，各项工作长足发展，积极完成了医疗、预防、保健等各项工作任务。完善了《输液留观患者管理办法》《急诊转诊患者管理办法》《医院病历讨论制度》《院内会诊制度》《出诊抢救制度》《医护交接班制度》等10余项业务制度。加强业务知识培训，不断提高诊疗水平，共派出10名医护人员参加省、市卫生部门举办的医师、护理、医药、化验、B超、X线等各种培训班和研讨会，派一名B超室医生到北京朝阳医院进修为期6个月的心脏及血管彩超，3次组织全院医护人员进行抢救知识培训。继续开展110、120联动活动，全年先后8次抢救危重病人。

图书馆建设

■概述

2012年，华北电力大学图书馆建设围绕学校“十二五”规划“多科性、研究型、国际化”高水平大学的建设目标及“三步走”的发展战略，积极进取、团结协作，文献收藏量稳步增长，在信息服务、读者培训、区域性资源共建共享等方面成绩斐然。在华北电力大学对职能部门、教辅等处级单位的考核中，校部和保定校区图书馆考核结果均为“优秀”，图书馆党支部被评为华北电力大学“2010—2012年创先争优先进基层党组织”。

2012年，学校优化图书信息服务，积极开展面向院系和科研团队的学科化个性化服务。校部图书馆初步建立“院系联系人制度”：由图书馆学科馆员担任院系联系人，直接深入院系，为教师、研究生读者开展信息咨询、文献服务和数据库培训服务，帮助教师、学生充分利用图书馆的资源；尝试利用网络及通信技术，开通图书馆官方微博，推出移动图书馆新服务平台。保定校区图书馆推出“手机短信通知和手机图书馆”服务，使读者便捷地获取图书到期、预约书到馆、新书入藏等信息。华北电力大学校部图书馆根据学校招标中心的要求，开展资源建设规范化工作，对图书和期刊采购方式进行改革，采用招标方式采购2012年图书和2013年的图书及期刊。认真准备，深入调研，制订文件，圆满完成图书报刊采购招标工作。2012年，华北电力大学保定校区图书馆对图书加工流程进行了改革并进入正式运行阶段。2012年初，以华北电力大学科技学院的图书加工处理为试点，对加工流程进行了改革尝试；2012年10—12月，分别与各个图书供应商签订了图书的加工补充协议，补充协议的核心是实现图书加工业务的外包，以保证在人员减少的情况下，保持传统文献资源建设工作的可持续发展。为满足学生读者专业课程学习需要，实现教学资源全校共享，华北电力大学校部图书馆利用暑假将4楼的4间办公室打通，改造成了近240平方米，拥有近70个阅览座位的教参阅览室，于10月中旬正式对读者开放。该阅览室藏书均为学生捐赠的教材、教学参考书、教学辅导书及其他类图书，目前共有971种，1720册。

2012年，学校通过各种渠道深入开展各种形式的图书用户教育活动，深受师生欢迎，取得了良好效果。校部图书馆与校研究生院合作，为新入学的博士生专门举办了SCI数据库使用培训；依托培训机房，面向全校教师和研究生举办了SCI、IEL等多场网络资源使用讲座。保定校区图书馆组织IEL、SCI、ProQuest、CNKI等数据库商来学校举办大型数据库讲座；在第三届读书节期间推出《创新型人才和大学图书馆》专题讲座；日常坚持对教师进行“一对一”的交流和培训；开发互动式文献检索课教学网站；制作《图书馆3D全景视频》等，大大提高图书馆资源利用率。图书馆方燕虹参加由美国伊利诺伊大学厄巴纳-香槟分校（伊大）和中国图书馆协会共同举办的为期1个月的“中国图书馆员暑期项目”。

2012年，学校参与区域性文献资源共建共享成绩显著：校部图书馆获2012年度“BALIS馆际互借宣传服务月”先进集体二等奖、“BALIS原文传递服务最佳宣传奖”、2012年度“BALIS馆际互借服务”先进集体三等奖；保定校区图书馆被中国高校人文社会科学文献中心评为华北地区2008—2012年“宣传推广工作优秀馆”。

2012年，学校科技查新工作数量和质量大幅提升，社会影响力不断提高。2012年华北电力大学科技查新站共完成查新课题583项，其中课题查新454项，博士开题129项，比2011年(391个)增加了49.1%，再创历史新高；作为电力科技查新资质单位，完成电力科技查新29项。顺利通过教育部和中国电机工程学会年检。完成华北电力大学教育部“查新工作站风采”网页的制作和发布，该网页在教育部科技查新服务平台与清华大学等11所高校同台展示，华北电力大学查新站管理及服务得到主管部门的充分认可。

2012年，校部图书馆继续积极面向全校师生开展Balis馆际互借和原文传递服务，服务能力、服务质量及服务效果全面提升。在BALIS宣传服务月活动中获2012年度“BALIS馆际互借宣传服务月”先进集体二等奖和“2012年BALIS原文传递服务最佳宣传奖”；王惠英老师荣获服务标兵二等奖。在BALIS 2012年底召开的年度总结表彰大会上，校本部图书馆被评为馆际互借服务先进集体三等奖，王惠英老师被评为馆际互借服务先进个人二等奖，吴京红老师被评为原文传递服务先进个人二等奖。

（林建华　尚建宇）

■概况

2012年，华北电力大学图书馆北京、保定两地馆舍总面积35500平方米，阅览座位4168个。

2012年，学校共完成年度购置图书经费875.55万元，其中购置中外文图书339.02万元，中外文报刊97.67万元，电子文献438.86万元。年进新书量为119141册，订阅中外文报刊2389种。完成已订中外文数据库的重新审核和续订工作，新增《Frontier系列期刊》和《中国科学引文索引》2个数据库资源，校图书馆网络数据库总数达到49个（北京、保定两地共享）。接收应届博士生、硕士生学位论文近2500篇，本科生论文2500篇。截至2012年底，校图书馆共拥有纸质馆藏文献213.33万册，其中图书199.78万册，期刊合订本13.55万册；电子图书和电子期刊的馆藏量分别达到了129.60万册和14.14万册。

2012年，学校图书馆网页访问量达193.65万人次；全年共接待读者205.64万人次；借还书82.32万余册；读者网上预约到架图书1653册次，借出609册；电子阅览室全年读者使用机时约2.5万小时，无线上网注册新用户约1200人次。面向全校教师开展的远程访问数据库的VPN服务，注册人数达到766人。

2012年，学校校部图书馆向北京地区图书馆文献资源保障体系（BALIS）发出馆际互借申请483次，借入图书273册，涉及39所北京市高校图书馆、国家图书馆及上海图书馆等机构。新注册馆际互借用户581人，总注册用户达1850人。新注册原文传递用户422人，向BALIS其他成员馆提交请求829次，传回文献823篇；接收其他成员馆请求41次，传递原文39篇。非书资料系统网页点击达21232人次，在线下载5331次，在线浏览1736次；制作镜像文件608种，总数达到2408种，免费供全市高校读者在线浏览和下载。保定校区图书馆自建随书光盘数据库可下载光盘13432种。

（林建华　尚建宇）

■条目

【向贫困地区学校献爱心】2月29日，华北电力大学保定校区图书馆代表学校，将50台电脑捐赠给顺平县大悲乡团结小学与大悲乡中学，其中团结小学10台，大悲乡中学40台。图书馆人来到顺平大悲乡，还询问了师生们近期的学习、工作情况，鼓励孩子们克服困境发奋学习，做一个对社会有用的人。

（刘　华）

【召开图书馆教职工大会】4月17日，华北电力大学校部图书馆召开了2012年图书馆教职工大会，会议由执委会副主任王宝清主持，图书馆全体职工参加了大会。薛敬馆长代表图书馆领导班子向大会做工作报告。报告从党、政、工三个方面重点对图书馆2011年的工作做了总结，实事求是地肯定了成绩，认真地总结存在的问题与不足，结合学校“十二五”规划纲要，对图书馆2012年的工作进行了规划和展望。图书馆学术委员会副主任赵凡在会上宣读了《华北电力大学图书馆学术委员会章程》（征求审议稿）、《华北电力大学图书馆科研管理办法》（征求审议稿）和《华北电力大学图书馆馆员参加学术会议管理办法》（征求审议稿），提请全体员工进行讨论和审议。办公室主任徐淑芝作了2011年财务工作报告，对图书馆2011年财务收支情况向全体馆员进行了详细汇报。编目部和馆办主任分别做大会发言。她们代表本部门介绍了2011年开展的主要工作，与全馆职工进行了汇报和交流，增进了图书馆业务部门之间的了解。

（徐淑芝）

【举办读书节系列活动】4月23日，为了迎接第17个“世界读书日”，推动大学生养成良好的读书习惯，激发大学生的读书热情，使更多的读者走进图书馆、利用图书馆。华北电力大学校部图书馆开展了以“走近图书 快乐阅读”为主题的读书月宣传活动。4—5月举办了新书展览会、“图书馆数字资源”专题讲座、“走近图书 快乐阅读”有奖征文、“书卷多情磨砚笔香”墨友书画社书画作品展、BALIS原文传递与馆际互借服务宣传和推广、中文图书借阅排行榜、“华电十佳读书明星”评选和电子阅览室免费开放等多项活动。丰富校园文化生活，在全校师生中形成热爱读书、渴求知识的学习氛围。华北电力大学保定校区图书馆联合校团委举办了华北电力大学第三届读书节系列活动。通过多种宣传方式和主题活动，将学校图书馆丰富的文献资源呈现在读者面前，让读者了解图书馆、利用图书馆、热爱图书馆，引导读者多读书，读好书，丰富人文精神，成就智慧人生。活动主题是“走进图书馆，成就智慧人生”。活动的主要内容包括好书推荐、好书交换、读书交流会、图书馆资源利用系列培训讲座、“我爱图书馆”摄影大赛、“青春作伴好读书”主题征文、第九届校十佳读者评选、第十届“青春·校园”散文诗歌朗诵大赛等九项活动。2012年5月27日，第三届读书节系列活动圆满闭幕。

（赵丽香 易 彬）

【开通图书馆微博】4月24日，华北电力大学校部图书馆正式开通官方微博，定期发布图书馆的相关通知和图书馆工作信息，推荐图书馆特色资源，实现与读者信息互动；同时还开通图书馆师生交流群，与读者积极互动，零距离解答读者咨询。

（马 磊）

【开通移动图书馆试用平台】5月10日，配合学校“移动校园”工作规划，华北电力大学校部图书馆开展“移动图书馆测试”项目，与书生、超星两家公司合作开通了面向全校师生的移动图书馆平台，为师生查阅文献、下载资料提供了更多的选择和更好的体验。该项目的实施，为学校今后移动图书馆服务的开展提供了参考。

（马 磊）

【被CASHL评为华北宣传推广工作优秀】5月24日，在北京师范大学图书馆召开的CASHL学科宣传推广暨华北地区走入活动总结表彰工作会议上，保定校区图书馆被评为华北地区5年来宣传推广工作优秀馆。保定校区图书馆领导一直非常重视文献传递工作的开展和宣传，自2004年CASHL项目启动就申请成为其会员馆，积极推广CASHL的各项服务，尤其是在每年3月和9月CASHL优惠活动期间，通过学校OA、图书馆主页动态、海报张贴、电话通知等多种手段吸引华北电力大学师生免费索取CASHL文献资源，使文献下载量在华北地区高校图书馆中位居前列，为学校哲学社会科学教学和科研的顺利开展提供了更为丰富和便捷的信息资源获取途径。

（于会萍）

【升级汇文系统】6月13日，华北电力大学保定校区图书馆汇文文献管理系统由V3.5升级至V4.5版本。此次升级后的新版本改善和增加了读者荐购处理信息回复、手机二维码、可视化、借阅趋势分析、学科导航等方面的功能，使文献查询服务方便快捷且更加人性化、多样化。

（陈 力）

【图书馆领导班子换届】8月31日，华北电力大学校部图书馆召开全体职工大会，听取学校关于图书馆领导班子换届文件及对新一届领导的任命决定。校组织部部长张天兴宣读图书馆新一届领导班子任命书，刘宗歧任图书馆馆长，薛敬任正处级调研员。安连锁校长发表讲话。

（徐淑芝）

【3D 全景图书馆制作及应用】9 月 13 日，为了让广大读者尤其是新生对图书馆有一个整体、全面的认识和了解，华北电力大学保定校区图书馆制作了图书馆 3D 全景视频，该视频对保定两个校区的图书馆全景做了直观、全面的拍摄，从不同角度展现图书馆风貌和布局特点。读者通过访问图书馆主页，轻轻点击鼠标，便可足不出户地体验身临其境的图书馆全景式参观。该全景片在 2012 级新生入馆教育中发挥了良好宣传作用。

（刘　华）

【手机图书馆及短信服务平台运行】9 月 20 日，华北电力大学保定校区图书馆经过一年多的调研、开发和测试，面向全校师生推出手机图书馆服务及手机短信服务平台，方便读者通过手机随时随地享受图书馆服务、获取图书馆资源、了解图书馆动态信息。

（陈　力）

【举行志愿者表彰暨座谈会】11 月 11 日，华北电力大学保定校区图书馆召开 2012 年图书馆志愿者表彰暨座谈大会，对在图书馆志愿者工作中作出突出贡献的志愿者进行了表彰，为累计服务时间超过 40 小时的志愿者颁发了荣誉证书和纪念品。作为一个践行志愿精神、参与社会实践的平台，志愿者们在图书馆宣传报道、读者导读、计算机硬件维护、好书推荐、行政事务管理等多方面作出了贡献，体现出大学学子强烈的社会责任感和奉献精神以及助人为乐、积极向上的人生态度。

（赵丽香）

【科技查新工作站接受年检】11 月 15—17 日，由中国电机工程学会主办的电力科技查新工作研讨会暨互查年检工作会议在北京召开。保定校区图书馆周晓兰老师和北京校部图书馆方燕虹老师出席了会议。会上，周晓兰老师代表华北电力大学科技查新工作站做了电力科技查新工作的年检汇报。2011 年度，科技查新工作站共完成查新课题 402 项，其中电力类相关课题超过 80%，课题总量比 2010 年有了大幅度的提高。

（周晓兰）

【完成 211 工程三期目验收】华北电力大学图书馆圆满完成学校“211 工程”三期建设项目“图书馆数字化平台建设”和“科技信息与数字图书馆咨询培训平台建设”的建设任务，于 2012 年 3 月 16 日顺利通过验收。经过建设，图书馆自动化网络化数字化的水平显著提高，网络运行环境稳定，图书馆服务功能得到拓展。图书馆共新增服务器 12 台，新增存储容量 53TB，存储能力大幅提高；配置机房专用空调和机房监控系统，系统防护能力全面提升；实现了保定校区图书馆的无线网覆盖；重点购置了 SCI（SSCI）、读秀和万方数字资源等数据库，对图书馆的网络数据库进行全面的整合，实现北京、保定两地图书馆资源高效共享。建成设备先进、功能多元化的图书馆培训教室，可承担近 40 人的网络多媒体教学任务，有效保障了图书馆面向教师的重点培训工作的开展；保定二校区分馆服务条件得到较大改善，与一校区开通通借通还服务，书刊文献保障能力得到提高。211 工程三期图书馆建设项目计划投资 500 万元，实际完成 528.10 万元。

（薛　敬　刘　华）

【教育部科技查新服务平台展示华电】12 月 21 日，教育部科技查新服务平台网站“查新站风采”栏目对华北电力大学科技查新工作站进行了全方位展示，成为该栏目展示的第 12 所学校，表明华北电力大学的科技查新工作取得长足进步，得到上级主管部门的肯定。华北电力大学“查新站风采”网页由保定校区图书馆信息中心设计制作，校长刘吉臻为该网站亲切寄语：查新助力科研，创新赢得未来。

（周晓兰）

【获部修购专项支持】12 月 28 日，华北电力大学图书馆获得教育部改善基本办学条件专项资金的支持，成为图书馆获得经费支持的又一重要来源。2013 年，校部图书馆将获批资金 80 万，用于“图书馆基本书库扩建”和“图书馆电子阅览室改造”两个项目的建设，项目完成后，将在一定程度上缓解图书馆馆舍面积严重不足的状况；更新电子阅览室学生用机，为学生创造一个便捷、高效的电子文献资源、非书资料阅览环境；完成非书资料管理系统硬件平台建设，提高馆藏非书资料的利用率和共享度。保定校区图书馆将获批资金220多万元，主要用于图书馆信息化建设项目，项目完成后，将改变保定校区图书馆网络存储饱和的现状，使资源管理环境大为改观。

（王宝清　刘　华）

网络与信息化工作

■概述

2012年，华北电力大学网络与信息化工作紧紧依托学校“十二五”发展规划，承前启后，有条不紊的围绕“二个重点和一个中心”推进各项建设工作。“二个重点”包括校园网安全体系建设和IPv6校园网建设，“一个中心”就是校园网的安全稳定运行。2012年学校充分利用“211工程”三期和专项修购资金推进校园网安全体系建设，共投资550万元，更换了教育网节点路由器和核心交换机、升级了锐捷认证系统、购置了热备和内控管理软件，购置了智能DNS、防火墙以及万兆入侵检测等设备，建成了公关存储平台、服务器性能检测系统、刀片服务器群组、带宽管理系统、协议分析系统以及VPN系统。基本形成了以高速、稳定的跨越校区的校园网为基础，以全校统一的数据资源平台为依托，以安全、可管、可控、数据异地容灾的先进技术为保障，实现两校区教学、科研、学科建设成果共享的数字化校园安全体系，基本达到国家信息安全等级保护三级标准。

2012年，学校IPv6校园网建设分为教育部“国家CNGI项目‘校园网IPv6技术升级’”和科技部“科技支撑计划‘可信任互联网试验网’子课题项目”两部分，2012年学校配合教育部、科技部完成了这两个项目的审计、测试和验收工作。所有指标均达到设计要求，部分指标甚至优于标准要求，获得了专家验收组的肯定和好评，通过项目实施，学校已在下一代互联网的建设和应用上占得先机，实现了校园网基础建设的新突破，体现了学校整体办学实力的显著提升。

2012年，学校采取多项措施保障校园网安全稳定运行，通过优化网络配置，加装和更换关键节点的管控设备，提高了防控能力，加强了党的十八大、学校招生及重大自然灾害期间的维护值班工作，明确责任制和应急响应预案，落实技防和人防两方面工作，确保了万无一失。

2012年，学校完成13号学生宿舍楼的网络建设工作，在校内积极开展服务器托管工作，改造托管区网络环境，购置专用设备，完善托管制度，截至年底已有55台服务器迁入数据中心统一管理，切实推进了二级部门的信息化建设。2012年9月，保定校区教育网出口带宽从350兆升级至500兆；同月将科技学院接入校园网，为两校教学和科研提供了支持。2012年11月更换综合楼网络设备，优化网络布局和上网方式。

2012年，学校完成两门省级精品课程《高等数学》和《汇编语言程序设计》的摄像、剪辑工作。完成两期“发展中国家电网及输变电站运行管理与维护研修班”的录像、剪辑工作。

2012年，学校计算机基础教学在完成基本教学任务的同时，进行了教学内容、考试方式的规范和改进，《计算机基础操作考试系统V1.0》获计算机软件著作权登记1项，《非计算机专业计算机基础教育系列教材》获2012年华北电力大学教学成果二等奖。

（胡　涛　丁立新）

■概况

2012年，华北电力大学校部网络与信息化工作人员为17人，高级职称8人，硕士学位4人，发表科研论文6篇。3人通过ITIL V3 Foundation资格认证；1人获得工业和信息化部认证的数据中心规划设计工程师证书；2人获得人力资源和社会保障部认证的高级企业信息管理师证书。中心下设网络运行管理室、网络信息管理室、电化教学室、计算机房、办公室。

2012 年，学校校部校园网 IPv4 出口总带宽 1500 兆，出口平均流量 800 兆，其中教育网出口带宽 1000 兆，平均流量 400 兆；公网出口带宽 500 兆，平均流量 400 兆；IPv6 出口带宽 1000 兆，平均流量 800 兆。共有 IPv6 地址 45297 个，全国高校排名第 23 位，IPv4 地址 36864 个，信息点 12223 余个，无线接入点 389 个。校园网用户 25000 余人，其中教学办公区 9000 余人，宿舍区 16000 余人，全部采用实名认证方式上网。

2012 年，学校保定校区共有信息化工作人员 34 人，其中专任教师 15 人，教授 4 人，副教授和高级工程师 8 人，计算机应用技术硕士导师 6 人，具有博士学位的教师 3 人，硕士学位的教师 21 人，发表教学、科研论文 36 篇，其中被 EI 检索 8 篇。横项科研合同经费 42.80 万元。

2012 年，学校保定校区校园网 IPv4 出口总带宽 1400 兆，出口平均流量 1200 兆，其中教育网 IPv4 出口带宽 500 兆，平均流量 400 兆；公网出口带宽 900 兆，平均流量 800 兆；IPv6 出口带宽 300 兆，平均流量 300 兆。共有 IPv6 地址 48 个，IPv4 地址 22528 个，信息点 12000 余个。

2012 年，学校有多媒体教室 343 间，多媒体教室座位数约 46400 个。计算机教学机房 14 间，共有微机 1836 台，全年完成教学上机任务 70 多万机时，组织完成各类测试、考试 2.5 万人次。

（胡　涛　丁立新）

■条目

【建设校园网安全体系与应用基础建设项目】5 月 16 日，中央高校改善基本办学条件专项经费项目“校园网安全体系与应用基础建设”开始招标。双机热备软件由北京燕欣奥蓝科技有限公司中标，产品为 ROSE，价格为 8.3 万元；设备内控系统由东软中标，可控资源点 300 个，5 年免费保修和升级，承诺 2013 年 7 月免费升级到支持 IPv6，价格为 15 万元；应用开发培训机房服务器、微机由保定世纪新岛公司中标，价格为 26.77 万元。

（丁立新）

【13 号学生宿舍楼网络建设通过验收】5 月 30 日，华北电力大学校部 13 号学生宿舍楼网络工程通过验收。该工程共投资 61.05 万元，由北京绿色苹果科技有限公司负责集成安装，购置 H3C S10508 核心交换机 1 台，H3C S5832F 汇聚交换机 1 台，H3C E152 接入交换机 12 台，每间宿舍分配 2 个百兆接入点，全部采用实名制认证方式入网。

（孙雅娟）

【一 CNGI 项目子项目通过验收】7 月 11 日，华北电力大学 CNGI 项目“校园网 IPv6 技术升级”子项目课题通过中国教育科研网专家组的验收。该课题总投资为 450 万元，其中专项经费 200 万元，自筹经费 250 万元。课题内容包括校园网 1000Mbps 高速接入 CNGI-CERNET2，校园网主干到接入层实现 IPv6 技术升级，为用户提供 IPv4/IPv6 双栈网络服务，建立安全、可控、可管和可运营的下一代校园网试商用环境，实现校园网用户的 IPv6 普遍访问和校园网信息资源的 IPv6 普遍服务。

（孙雅娟）

工程训练中心建设

■概述

2012 年，华北电力大学工程训练中心在研的一项省级教改项目和四项校级教改项目均已完成，中心的教学运行机制和教学质量得到了进一步的提升。在安全管理和大学生创新方面，制定和修订管理制度 5 个。继续推进教学改革，在教学内容、教学手段、开放运行模式，大学生创新实践等多方面进一步加强中心的内涵建设。

2012 年，该中心结合五年建设规划完成了 2013 年度中央财政专项资金建设计划制定并获准立项，完成了 2014—2016 年的 3 年建设规划制定。国家级示范中心立项建设工作顺利通过河北省验收专家组的验收，中心的建设经验和建设成果获得了专家们的一致好评。

2012 年，学校该中心在大学生创新实践活动方面，完成《创新思维与方法》《机器人基础》等 3 门创新教育基础课程的教学工作；组织学生进行了机械设计、机器人等 5 类创新项目实践活动，举办了 3 项校内学生科技竞赛，参与学生达 400 多人次。组织参加了“机械创新设计大赛”“中国机器人大赛暨 POBOCUP 公开赛”等 4 次省部级以上大学生科技竞赛，获得国家级奖 3 项、省级奖 15 项；获得第五届全国大学生机械创新设计大赛慧鱼组竞赛优秀组织奖。本年度共组织实施 95 项国家级和 319 项校级“大学生创业创新训练项目”，负责日常的管理、检查、督促等工作，取得了明显成效。中心具体负责指导的项目共完成 22 项，以 18 项优秀 2 项良好 2 项通过的优异成绩通过专家组结题验收。

（范建明）

■概况

2012 年，华北电力大学工程训练中心现有员工 37 人，其中教授 2 人，高级工程师 4 人，工程师 5 人，技师 6 人，高级工 20 多人。中心拥有加工中心、三坐标测量机、快速成型机、数控铣床、数控车床、数控线切割机床、电火花机床等先进设备，教学设备达 300 余台套，总值 1200 余万元，房屋面积 4000 余平方米，已经具有很好的实训条件。中心可开出金工实习、电工实践训练、机电结合训练、先进设计与制造系统训练、创新实践等训练项目，已经培养学生 40 多届，现具有每年接受学生 7000 多人次的培训能力。

2012 年，学校该中心圆满完成了本年度的教学工作，全年接受实训学生为 5249 人次，全年人时数 313818。

2012 年，学校该中心教学工作再创佳绩，获得校级教学成果特等奖和二等奖各 1 项，申报省级教学成果奖和省级教改立项各 1 项，发表教改论文 8 篇，其中国际会议 3 篇。

（范建明）

■条目

【承办全国机械创新设计大赛校内赛】3 月 9 日，由教务处主办、工程训练中心承办、机械系协办的华北电力大学第三届机械创新设计大赛暨第五届全国机械创新设计大赛校内赛在工程训练中心成功举行。

（范建明）

【举办学生自制机器人竞赛】11 月 6 日，由教务处主办、工程训练中心承办、自动化系协办的华北电力大学 2012 学生自制机器人竞赛在工程训练中心举行。根据竞赛成绩共评出一等奖 10 项，二等奖 15 项，三等奖 19 项。

（范建明）

【中心通过专家组验收】12 月 26 日，以范顺成为组长的专家组一行 5 人代表河北省教育厅莅临华北电力大学，对国家级实验教学示范中心即工程华北电力大学训练中心进行验收。由于示范中心建设经验和建设成果显著，顺利通过了专家组验收。

（范建明）

后勤管理与服务

■概述

2012 年，华北电力大学后勤管理与服务工作以科学发展观为指导，认真贯彻落实十八大精神，按照学校努力构建适应高水平大学的后勤服务保障体系的发展目标，深化改革，以重点项目建设为牵引，探讨切合后勤实际、具有后勤特色特点的运行机制，统筹安排年度具有战略性和长远意义的重点工作，实现后勤总体规划、重大凝练项目建设与学校事业发展规划的协调可持续发展。学校围绕进一步加快“构建适应高水平大学发展要求的一流后勤服务保障体系”这一发展目标，后勤多次开展深化后勤改革发展工作系列研讨会议及培训会议，孙忠权副校长多次出席后勤校部会议上并发表讲话，指出着力构建与高水平大学相适应的后勤保障体系的进程中要明确讲究效率和注重效益、走可持续发展的道路、增强后勤财务管理工作等重点工作意见，校部系列会议重点强调从学校战略方向上把握后勤事关全局和长远发展的重大问题，旨在发挥后勤在宏观监管调控、总体规划和综合协调方面的能力上进行深入探讨和重点研究。

2012年，学校结合现代后勤保障体系的发展与服务学校建设的需要，北京校部后勤不断深化改革，完善后勤制度体系建设，促进后勤工作规范化、程序化，制定了《华北电力大学后勤校内修缮工程项目管理暂行规定》《华北电力大学后勤合同管理暂行办法》。按照学校有关文件要求，保定校区后勤管理处与基建管理处、校园规划办公室合并成立后勤与基建管理处，与后勤服务集团并列运行。通过整合职能，理顺机制，着力加强服务能力建设，启动后勤事务管理程序建设，理顺和完善后勤事务管理流程。2012年学校后勤积极探索和推进后勤运行机制的不断完善，科学规范管理工作，探索、制定和完善员工考核与分配机制，积极发挥监管调控手段，通过开展趣味运动会、技能大赛等内容丰富、形式多样的活动积极培养员工对后勤的认同感、归属感和凝聚力；精心组织，以校部能源管理平台三期建设（总投资555万元）、自吸式节水阀安装工程（总投资400万元）、供暖管网改造二期（总投资233万元）3个国拨资金项目和保定一校区室外综合管网升级改造工程（总投资1600余万元）教育部改善基本办学条件专项项目，二校区实验综合楼工程（计划总投资5949万元）教育部基本建设投资计划项目为契机，全力做好重点工程建设工作。完善服务体系建设，实行标准化精细化服务，进一步提升综合服务能力，拓宽后勤服务的深度和广度；着力强化安全防御体系建设，进一步完善安全应急预案；认真贯彻落实《华北电力大学2012年党风廉政建设责任书》，全面落实党风廉政建设责任制，推行“服务承诺制”、“首问责任制”等勤政工作制度，加强纪律、作风和反腐倡廉宣传教育，组织开展后勤党风廉政宣传教育月活动和党风廉政警示教育工作。

2012年，学校校部后勤大力实施节能技术改造。协助有关部门建设1.36兆瓦屋顶光伏发电系统并投产运行，设计年发电量约100万千瓦时。老区中水处理站改造完成后投入运行，7～12号公寓楼和教五楼冲厕及校园绿化浇灌全部用上了中水，年可节省自来水10万吨。安装自吸式节水阀700余套，降低冲厕用水达30%。能源管理平台三期按时完成，基本建成了全校用能管理系统监测网，为节能减排目标的实现提供了重要支撑和保证。保定校区进一步加强节约型校园建设，通过改造调试启用燃煤蒸汽锅炉为学生二餐厅、学生浴室、开水房及洗涤中心供汽，充分发挥中水站、太阳能浴室节能设备的能力和作用，每年可为学校节约资金240万元左右。同时根据天气变化合理调整供热、制冷时间，运用先进技术设备探测查找各类管网漏点，使能源浪费和不合理消耗得到进一步遏制，能源利用效率不断提高。

2012年，学校校部后勤严格按照北京市昌平区政府与华北电力大学签订“十二五”期间节能目标责任书中各项指标进行节能整治工作。通过实行能源计量管理审查监督等措施进一步挖掘学校节能潜力，推动节能减排的标准化，提高节能减排的针对性。2012年学校综合能耗11900吨标煤，与2011年基本持平；在校师生人数增加1000人，人均能耗下降3.80%，两项指标均超额完成。学校全年各项污染物基本达标排放，总量降低，2012学校由原北京市环保局重点监控单位变为昌平区回龙观环保监测大队一般管理单位。2012年学校被纳入国家发改委确定的在京241家万家重点节能企业。保定校区分析调研校区能源分布、使用及运行情况，收集、统计、比对能源消耗资料等，为能源管理及合理利用提供依据；同时针对学校范围内的所有经营场所共42处承租点及三家通讯基站网点的用水、用电进行逐一核对登记，清查遗漏摊位，整合收费方式，规范收费标准，增加了代扣工资之外的能源收费46万多元。

2012年，学校校部后勤积极承担北京高校后勤系统的社会责任，负责北京地区93所高校后勤交流、协调工作。作为北京高校后勤研究会理事长单位，积极推进后勤理论创新，成立信息化推进工作组，推动高校信息化建设，协助市教委深入推进“三个标准化”建设、伙食联合招标采购平台建设、搭建学生公寓用品展示平台，推进校园超市联合采购平台建设，创建北京高校校园超市联采网络。一年来，积极发挥了研究会的参谋助手和桥梁纽带作用，搭建了政府、高校与企业之间的平台，工作得到了上级主管部门的肯定和赞扬。

2012年，学校后勤加强信息宣传工作，传播后勤精神和理念，宣传交流后勤动态。2012年后勤网站共发布新闻报道205篇，通过学校宣传部在大学新闻中心发布报道51篇，做到了对后勤新闻报道的及时、有效，树立了后勤良好形象。其中保定校区刊发《后勤信息周报》74期，“后勤发展目标大讨论”专刊32期，在校报上刊登反映后勤工作的专题报道。

2012年，学校后勤工作取得了全国、北京市、河北省等多项荣誉，先后被中国高等教育学会后勤管理分会授予“全国高校学生公寓管理服务工作先进单位”、“高校‘农校对接’与学生食堂采购工作先进院校”，被北京市教委评为“北京高校食堂工作先进集体”，被河北省高等教育学会后勤管理分会评为“河北省高校后勤十年社会化改革先进院校”，被保定市城市绿化建设领导小组办公室授予“百佳园林式庭院”荣誉称号。餐饮管理中心被评为“河北省高校餐饮行业先进集体”、学校2012年“三育人先进集体”称号。

（李金全　张树芳）

■概况

2012年，华北电力大学校部后勤管理处（后勤集团）有正式职工66人，其中正副主任以上管理干部22名，设3个职能科室：综合管理科、后勤管理科、计划财务科；5个服务中心：餐饮管理中心、物业管理中心、能源管理中心、接待服务中心、综合服务中心，现有1个党总支，5个党支部，党员58人，党员人数约占后勤员工人数的9.6%。保定校区后勤与基建管理处、后勤服务集团有正式职工154人，人事代理员工21人，正副主任及以上管理人员34人，党员67人。

2012年，学校后勤各项保障任务顺利完成，全年平稳供水185.80万吨；安全供电3141万度；全年产中水约52万吨，为学校节约资金100余万元；依托北京市“高联采”平台，推行阳光采购，狠抓食品安全与生产管理，严格实行成本核算，稳定食堂饭菜价格，基本保证了食堂供应价不涨、量不少，确保了“十八大”期间餐饮工作的安全稳定，全年完成了学校共36500余名在校师生的供餐任务；完成校园维修面积60余万平方米、校园与公房保洁面积417954平方米；完成总面积约43万平方米地被植物、14000多棵乔灌木、12000多米绿篱、3000多平方米组图的养护、补植等工作任务，全年接待各种大小会议730多次，接待团体、散客5.3万余人次，培训班206多个，保障了学校各项重大活动的接待服务工作。

2012年，学校校部后勤有针对性地对7～12号宿舍楼及教四楼部分房间的供暖改造；完成教学楼阶梯教室300余排座椅的维修更换工作；完成学生公寓213套上下床位安装、宿舍门禁系统安装、900多间老旧宿舍及楼道粉刷等工作，车队安全行车338834公里，保障了学校公务用车。在学校专项经费的支持下，完成了330万元校内专项修缮改造项目。在国家改善基本办学条件专项基金的支持下，按期完成能源管理平台三期建设（总投资555万元）、自吸式节水阀安装工程（总投资400万元）和供暖管网改造二期（总投资233万元）3个国拨资金项目，顺利通过竣工验收。

2012年，学校保定校区受理“123”综合信息服务平台报修9597余次；维护电话795部、移机109部；印制学校各类教学用品100万份；洗涤卧具、物品共10.7万余件；分发各类报刊、信件14万余件，此外，全年完成锅炉本体、附机及暖气管网修缮工程、调整二校区蒸汽锅炉运行方式专项工程、一校区篮排球场改造工程、经学校批准的各院系修缮工程及其他修缮工程等共95项工程项目的施工、管理和验收，概算金额489万元。同时自筹基金16万元完成了幼儿园的扩建工程。

（刘贵臣　魏　娜）

■条目

【深化后勤管理体制改革】华北电力大学后勤工作以科学发展观为指导，认真学习贯彻十八大精神，积极转变观念、调整思路，正确处理改革发展与稳定、管理体制改革与运行机制改革的关系，不断推进了后勤改革的深化，制定《华北电力大学后勤校内修缮工程项目管理暂行规定》和《华北电力大学后勤合同管理暂行办法》，促进后勤管理工作的规范化和程序化。8月23日，学校出台了《关于机构调整的通知》（华电校人〔2012〕24号），保定校区后勤管理处，与基建管理处、校园规划办公室合并成立后勤与基建管理处，与后勤服务集团并列运行。保定校区后勤及时调整职能和机构设置，机关由3个科室变更为综合管理科、计划管理科、运行管理科、财务管理科和工程技术科5个科室。同时完成科室负责人的聘任工作，保证了工作的平稳交接和运行。

（刘贵臣　魏　娜）

【组织编制后勤工作规划】1月，华北电力大学保定校区后勤启动3年工作规划（2013—2015年）编制工作。成立工作规划编制领导机构以及由后勤领导班子各位成员任组长的专项工作规划编制小组，在经过对各编制组规划提纲、体例、结构的初步审定，召开3年工作规划编制专题审稿会等一系列工作，经过反复修改，已初步完成了后勤工作规划的编写。根据学校建设高水平大学的总体发展目标，着眼于高校后勤社会化改革的战略性调整，为实现学校后勤工作的全面提升和可持续发展而编制的3年工作规划，全面总结了后勤10年改革的成绩和经验，在认真分析形势的基础上，进一步明确了后勤改革发展具体任务，将成为未来3年乃至更长一段时间后勤各项工作的纲领性、指导性文件。

（魏　娜　刘　洁）

【开展后勤发展目标大讨论】4月，华北电力大学保定校区后勤于开始在全后勤范围内开展了“后勤发展目标大讨论”，旨在进一步加快“构建适应高水平大学发展要求的一流后勤服务保障体系”这一发展目标。校党委副书记、副校长张金辉高度重视，多次出席活动并作重要讲话。在近一年的时间里，保定校区后勤各单位按照“高点站位，长远规划，科学设计，稳步实践”的工作思路和“脚踏实地、循序渐进、以点带面”的总体原则，分部门、分层次地开展学习、讨论、观摩等多种活动，认真学习，深入思考，全体职工更新了观念，转变了思想；以完善工作，提高水平为出发点，以服务师生，优化管理为落脚点，组织全体职工寻位对标，梳理汇总本单位管理和服务工作存在的不足，明晰了今后工作努力的方向；有针对性地研究凝练出了特色鲜明、操作简便、切实有效的整改项目。各科室、中心召开各类学习讨论会75次，参会人员累计达1670多人次，发言交流达847人次，发言稿件累计347篇，单位之间的观摩活动5次，审定通过付诸实施的凝练整改项目46个。

（魏　娜　刘　洁）

【承办市电力公司员工安技等级考试】3月24—25日，北京市电力公司2012年生产员工安全技能等级考试在华北电力大学举行，学校校部后勤管理处作为承办单位积极组织协调保卫处等相关部门进行各项准备工作，对考场安全、考试服务保障等具体工作进行部署和安排。北京市电力公司对学校的服务保障工作给予了充分肯定并发来感谢信。承办此次活动，促进了学校后勤服务社会能力的提高，为学校开辟校企合作新途径进行了新的尝试。

（刘贵臣等）

【开展安全生产月活动】 11月，华北电力大学保定校区后勤深入开展安全生产月活动，进一步加强和规范后勤生产及设备设施安全管理，提高全体员工安全防范意识，消除设备设施、建（构）筑物和生产环节的安全隐患，防止安全生产事故的发生。活动期间，各单位根据人员变化对安全管理队伍进行及时调整，进一步强化了安全管理职责和范围。对安全管理制度和操作规程进行了认真细致地梳理，新增安全管理制度和操作规程17项，修改和完善安全管理制度及操作规程11项，进一步建立和健全了各级安全管理机构，排查并及时消除了存在的安全隐患，牢固树立了“安全第一 预防为主”的思想。

（魏 娜 刘 洁）

【完成一校区室外综合管网升级改造工程】 11月底，华北电力大学保定一校区室外综合管网升级改造工程完工并全部交付使用。保定一校区室外综合管网升级改造工程是由教育部改善办学基本条件基金支持，学校2012年度基础建设重点项目之一。工程包括道路翻新、雨污分流、分区供电、强弱电缆入地、供热系统优化等5项子工程，于7月正式开始施工。施工期间，校领导和后勤领导班子高度重视，多次巡视，相关工程技术人员全天候不间断加强施工监管，在确保工程质量的前提下，保障了工程进度。一校区室外综合管网升级改造工程将有效提升华北电力大学供水、供电、供暖保障能力。

（魏 娜 刘 洁）

【一实验综合楼工程主体封顶】 12月，华北电力大学工程主体框架已经结顶。学校保定校区实验综合楼工程是华北电力大学为不断提升办学条件，改善实验室状况而实施建设的工程项目，是用于学生实验教学的专属楼宇，在保定校区的实验教学设施建设中尚属首例。该工程总建筑面积21262平方米，计划投资5949万元。为保证工程施工进度，保定校区后勤与基建管理处充分利用10—11月施工的黄金期，提前精心做好工程进度计划，在工程施工前，组织相关部门多次对建设方案进行会审，重点对工程整体建设标准、工程设计变更审批办法、投资平衡控制分析以及供电、供水、排水、供暖、空调通风等室外工程的总体方案设计进行了研究落实。

（魏 娜 刘 洁）

【启用后勤服务大厅】 5月15日，华北电力大学校部后勤服务大厅正式揭牌。后勤服务大厅是在补充、细化和完善原后勤24小时服务热线的基础上，经过充分开展可操作性研究和多次组织协调有关单位开展场地选址工作后所投入建设的，服务大厅涵盖了师生宿舍的水电售卖、24小时电话报修、热线服务、后勤服务追踪反馈等后勤服务的诸多功能，其服务系统包括数据获取及数据库平台、安全防御信息分析处理平台、应急信息服务平台，从信息采集、信息处理、信息服务3个层次分别构建学校后勤综合服务系统、应急救援系统和综合响应评价系统。该系统的启动，对后勤从事战略性前瞻服务规划研究提供了有效途径。服务大厅投入使用以来，全年共计接到报修事项3460起，完成3460起，完成率达到100%。

（刘贵臣等）

【制定服务质量管理体系并试行】 6月，华北电力大学保定校区后勤启动《服务质量管理体系》编制工作。编制《服务质量管理体系》是2012年后勤的重点工作任务，也是一项战略性、长远性任务，是带有原创性的工作成果。整套体系由质量标准体系、质量评价体系和质量监控体系组成，较为全面地涵盖了后勤基础管理、餐饮、物业、能源、物资管理、学前教育、商业零售以及宾馆接待等各行业的管理和服务标准。11月22日，后勤举行《服务质量管理体系》发布暨试运行启动仪式。学校党委副书记、副校长张金辉参加仪式并作重要讲话。张树芳处长就《服务质量管理体系》编制的意义、过程进行了详细解读，对试运行阶段相关工作提出明确要求。

（魏 娜 刘 洁）

【开展优质服务月活动】 4月上旬，华北电力大学保定校区后勤开展了历时一个多月的“优质服务月”活动。面向全校师生，积极开展“优质服务月”、“两访两创”等专题系列活动，以活动促交流、以活动促提高，以活动促发展，转变服务作风，提升服务形象。各中心按照重实际，重实干，重实效的原则，根据自身特点和工作实际，认真筹划，在活动中充分重视、组织规范，广泛发动、有声有色，及时总结、注重长效。活动的圆满举办提高了全体职工的服务意识，创新了服务方式，改善了服务形象，取得了服务实绩，初步形成了长效机制。

（魏　娜　刘　洁）

【举办我为高水平大学作贡献活动】5—12 月，华北电力大学校部后勤管理处学习贯彻刘校长讲话精神暨“我为高水平大学作贡献”活动启动仪式在主楼召开，孙忠权副校长出席启动仪式并结合学校的当前改革发展的战略部署和要求发表了讲话，对后勤管理服务工作提出了自觉提高服务质量和效益，敢为人先，使得学校的后勤保障工作在北京地区高校率先达到一流的殷切希望。“我为高水平大学作贡献”活动包括“后勤一站式服务平台”建设、“高水平大学建设我应做什么”主题大讨论、“去一线、进基层”活动等 10 项特色活动。启动仪式是在学校新一轮的人事制度改革下后勤开展的切合后勤实际、具有后勤特色特点而又极具创新性的举措，是一次交流展示大会，也是对今后前景的展望和各项工作的筹划。其从筹备、启动和建设都凝聚了众多参与者的智慧和心血，活动对后勤人深刻后勤保障服务工作在学校建设高水平大学过程中的重要性，调动后勤员工工作积极性和创造性，推进后勤系统内部的深度团结与融合，发挥整体竞争力具有深远的意义。

（刘贵臣等）

【召开后勤改革领导小组会议】5 月 11 日，华北电力大学召开后勤改革领导小组会议。后勤改革领导小组组长校长刘吉臻、副组长张金辉副书记、孙平生副校长出席了会议。刘校长作重要讲话，指出要转变观念、统筹兼顾、创新管理机制、改革要见成效，把本次改革落实到实处，建立与高水平大学相适应的一流的后勤工作体系。学校后勤改革领导小组成员及相关部门主要负责人参加了会议，会议由后勤改革领导小组常务副组长孙忠权副校长主持。

（刘贵臣等）

【市高校后勤体育节运动会获佳绩】5 月 20 日，北京高校后勤第二届体育节运动会在北京建筑工程学院新校区隆重召开。华北电力大学副校长孙忠权参加运动会并代表北京高校后勤研究会在开幕式上致辞。来自北京 50 余所高校的 1400 名后勤干部职工参加了运动会。学校后勤管理处（集团）派出约 20 余名运动员参加了各项赛事，获得女子中年组铅球冠军、立定跳远亚军，男子中年组铅球第 3 名，女子青年组跳远第 7 名的成绩。

（刘贵臣等）

【北京华文学院院长来访学校】6 月 14 日，华北电力大学副校长孙忠权在主楼 D240 会议室接见了北京华文学院院长周锋一行 3 人。孙忠权副校长在会上重点介绍了学校后勤运行机制和成功经验，应北京华文学院的要求，双方就未来的合作框架特别是在后勤方面的合作进行了积极的探讨。后勤管理处处长李金全、副处长王吉飞等陪同接见。

（刘贵臣等）

【举办节能宣传月活动】6 月 20 日，华北电力大学举行节能宣传月活动。后勤管理处处长李金全在启动仪式上介绍了学校后勤在能源的有效利用、节能减排技术工程及环境保护方面的工作所取得的成果及今后节能工作的规划部署，孙忠权副校长出席启动仪式并作动员讲话。学生代表分别宣读了校园节能倡议书和宣誓书。学校相关职能部门的领导、后勤员工及青年志愿者协会的学生代表参加了此次活动。启动仪式结束后，全体参加活动人员进行了“节能减排，我们在行动”签名活动。

（刘贵臣等）

【召开防汛工作会议】6 月 27 日，华北电力大学召开 2012 年防汛工作会议。后勤管理处处长李金全传达了教育部办公厅关于转发国管局《关于做好 2012 年中央国家机关防汛工作的通知》的通知精神，副处长李献东宣读了后勤管理处(集团)《华北电力大学2012年防汛工作实施方案》。学校副校长孙忠权出席会议并提出学校统一思想，认清形势、加大安全检查力度，切实落实防汛工作责任制的重点防汛工作要求。学校党校办主任汪庆华，财务处处长陈兆江，资产处处长范寒松，后勤管理处副处长王吉飞及各职能处室、院系相关负责人参加了会议。

（刘贵臣等）

医疗服务

■概述

2012 年华北电力大学医院工作以“更好地服务于大学高水平建设”为宗旨，以服务于师生健康为根本，认真落实国家医疗卫生改革精神，重点加强条件与人才建设，强化管理和服务意识，狠抓医德医风，各项工作长足发展，积极完成了医疗、预防、保健等各项工作。校医院按照大学布署并结合学校实际，开展了“创先争优”评比表彰、“提高质量促发展、服务群众树形象”、“党员在线学习”和十八大精神学习等活动；学校医院坚持廉政教育，对医药器械、药品采购、公费医疗报销等严格保证按上级要求在“阳光下”规范进行；校医院直属党支部被评为大学先进基层党组织。学校医院通过组织医护人员参加北京市三级医院开展的继续教育讲座、参加网络视频学习、外请协和医院等上级专家到校医院开展专题讲座和临床指导等多途径及时更新医务人员的知识和技能，进一步提升了医疗服务质量。学校医院重视制度建设，一年来完善了《输液留观患者管理办法》《急诊转诊患者管理办法》《医院病历讨论制度》《院内会诊制度》《出诊抢救制度》《医护交接班制度》等 10 余项业务制度，确保了医疗安全。医院科学调整科室布局，压缩了办公用房，增加了输液室、理疗室面积，使功能区布局更科学，师生就医更健康、更温馨。医院重视调研学习，学校医院院长参加了全国高校医院院长年会并交流发言，医院管理团队赴清华大学校医院和北京交通大学校医院调研学习。一年来，学校医院坚持以人为本，采取多项实质性举措为师生、为职工服务，努力营造和谐医院，如：对急诊转院师生首诊跟进随访，在医院每层楼梯口增设医院布局图，为理疗室每个理疗床位设立“私密帷帐”，为体检教师免费提供“营养面包”，为体检新生免费提供“红糖开水”，为夜班医生护士配备温馨休息用具，为医院 2 位从事护理 30 年的举办表彰活动。校医院分工会工作有声有色，获春季运动会乙组第 3 名和体育道德风尚奖，获“能动杯”跳绳比赛乙组第 2 名；安保工作常抓不懈，一年来未出现安全稳定事件。获北京市无偿献血先进单位，获北京市昌平区结核病防控先进单位。2012 年，学校红十字会组织大学生无偿捐献成分血 302 人次，居北京市高校前列，学校医院被评为北京市无偿献血先进单位。

2012 年，学校医院（保定）按照学校党委、行政以及地方卫生主管部门的指示和要求，结合校医院工作实际，积极完成了医疗、预防、保健、卫生宣教、医疗保险等各项工作任务。认真贯彻落实学校、医院“十二五”发展规划。深入开展“提高质量促发展、服务群众树形象”活动和“党风廉政建设宣传教育月”活动，加强党支部建设，积极开展党员教育，认真组织党员、职工学习十八大文件，贯彻落实十八大会议精神。上半年，召开党员组织生活会，进行了党员民主评议，狠抓了“一个支部实现一个目标、一个党员完成一个任务”和创先争优活动，较好的发挥了党支部的战斗堡垒作用和党员的先锋模范作用。加强医院班子建设，制定了医院落实“三重一大实施方案”，不断完善了各项规章制度。组织全体党员参加“北京教师党员在线学习”，全部完成学习任务，结业考核优秀。加强分工会建设，积极发挥工会参政议政作用。11月，学校医院召开了职工大会，听取、讨论和审议了2012年院长工作报告和财务工作报告。一年来，支部、分工会积极组织职工开展乒乓球、羽毛球、踢毽、歌咏比赛等活动，活跃了职工业余文化生活。在学校44届运动会上，校医院分工会积极组织职工报名参加项目，职工努力拼搏，取得了总分第七的好成绩。加强业务知识培训，不断提高诊疗水平。2012年医院6次共派出10名医护人员参加省、市卫生部门举办的医师、护理、医药、化验、B超、X线等各种培训班和研讨会，派1名B超室医生到北京朝阳医院进修心脏及血管彩超，为期6个月。3次组织全院医护人员进行抢救知识培训，不断充实了医护人员业务知识，进一步提高医护人员诊疗水平。继续抓了110、120联动活动，全年先后八次抢救危重病人。

2012年，学校医院认真落实175万教育部修购资金，购置彩色B超探头、激光治疗仪、紫外线治疗仪、洁牙机及牙科数字化成像系统、非接触眼压计、乳腺治疗仪、尿液分析仪、电动手术床和消毒锅等30台（件）设备，新增服务项目近百项；升级改造HIS系统，医院信息化水平再上新台阶。

2012年，学校引进1位北京中医药大学骨伤硕士；选送4位医师分别到北京协和医院、北京大学第一医院等三甲医院进修学习皮肤科、彩色B超、X线等；选派2位医师参加教育部高校医院院前急救培训班学习。

2012年，邀请北京协和医院心内科、北京大学第一医院急诊科、北京协和医院皮肤科和昌平区结核病防治所等单位专家来院讲学并临床指导，与北京大学第一医院、积水潭医院回龙观院区就师生急病、疑难病转诊等达成合作意向。

（任佳伟）

■概况

2012年，华北电力大学医院共有职工39人（含在编22人、返聘8人、外聘9人），其中副高级职称9人，设12个临床科室，开设病床30张。学校医院全年完成门急诊49889人次（含发热1660人次、腹泻209人次），输液4951人次，肌肉注射3979人次，外伤处置2168人次，理疗2659人次。发现并上报传染病45人次（含疑似结核病18例、水痘25例、流行性腮腺炎2例），院内隔离水痘35人次（其中10例为外院首诊后来校医院隔离），流行性腮腺炎1人次（另1例居家隔离）。完成各种化验27292份，完成X线透视7886份，X线摄片806人次，心电图检查5080人次，B超检查508人次。完成各种预防接种7363人次（含师生预防免疫接种6766人次、社区儿童计划免疫接种463人次、外来务工人员134人次）；完成各类学生体检8401人次（含新生本科生体检2931人次、新生研究生体检1382人次、继续教育学院52人次、毕业生体检2227人次、研究生初筛体检1458人次、大唐体检108人次、推免研究生体检243人次）；组织完成35岁以上教工体检1278人次；为本科和研究生新生中605名结核菌素试验强阳性同学组织了专场专家报告会，其中136位同学参加了为期3个月的自愿预防用药；全年无疫情爆发和流行。完成了约2950名本科新生15天的军训保健工作，完成了大学运动会、老干部外出活动、研究生招生及四六级英语考试、大学自主招生等15次大型会议和活动的保健任务。开展各种内容健康教育讲座25场，听课师生约3600人次；组织结核病、艾滋病等传染病全校性宣传活动4次，发放宣传书册1500余册，宣传单5000余份；本年度圆满完成3562人次门诊转诊和370人次住院转诊师生医疗费审核工作；组织师生无偿成分献血302人次。

2012年，学校医院（保定）医务人员37人（正式在编26人、返聘和外聘11人），其中正高职4人，副高职8人，中职11人。科室10个，床位40张。开展门诊和救护治疗41963人次，急诊抢救及出诊20人次，小手术及清创缝合121人次，静脉输液2824人次，完成各类检验14373人次、B超1885人次、X光14739人次、心电图1680人次等各类医学功能检查。接种麻风腮、乙肝、乙脑、流脑、流感等儿童计划免疫疫苗1243人次，为新生及在校生接种乙肝疫苗7000余人次。上报传染病45例。为离退休老干部、35-45岁的教职工以及研究生、新生、毕业生及各类人员体检13000余人，组织女职工进行妇女病体检800余人。为4000多新生进行传染病预防，艾滋病知识普及，外伤急救、心肺复苏等健康教育56学时，在12月1日第25个世界艾滋病日与北市区联合为学生进行大型科普宣传活动，发放艾滋病健康教育处方4000余份，宣传手册等3000余份。预防保健科被评为北市区妇幼保健先进单位、代丽华为先进个人。

（任佳伟　唐胜国）

■条目

【完成保定校区医院班子调整】 7月，华北电力大学完成了保定校区医院班子调整。李楠由于年龄问题不再担任华北电力大学医院（保定）院长职务，副院长李迎春主持工作。10月，李楠退休并返聘。11月，原医院书记唐胜国由于年龄问题改任调研员，李迎春任华北电力大学医院（保定）院长，陈惠芸任华北电力大学医院（保定）直属党支部书记兼副院长。代丽华任华北电力大学医院（保定）副院长，蒙玉平任办公室主任，杨彦平任内科主任，陈静任外科主任，王朋来任保健科主任，祖娜任护理部护士长，刘文惠任药房主任。

（唐胜国）

【购买一台彩超设备】 华北电力大学为改善教职员工体检条件，按照教育部、学校下拨设备经费标准，学校为保定校区医院购置彩超一台，为教职员工体检提供了准确、可靠依据，受到了教职员工的好评。为搞好医护人员培训，医院安装了教学投影设备，使医院培训走上正规化。

（唐胜国）

□规章制度建设

RULES AND REGULATIONS BUILDING

华北电力大学出国逾期未归人员管理暂行办法

华电校人〔2012〕16 号

为进一步规范我校出国人员管理工作，根据国务院批转国家教育委员会《关于出国留学人员工作的若干暂行规定》（国发〔1986〕107 号）等文件精神，结合我校实际，特制订本办法。

第一条 出国逾期未归人员是指未按照出国前约定时间回学校办理报到手续并且未按照学校相关规定办理延期手续的我校教职员工。

第二条 出国逾期未归人员，自逾期次月起，其人事关系由原所在单位转至校人才交流服务中心，不享受工资、津贴和其他福利待遇。

第三条 出国探亲逾期未归人员，六个月内，学校为其保留公职；其他出国逾期未归人员，一年内，学校为其保留公职。

第四条 对于保留公职人员回国后，应先到学校人才交流服务中心报到，然后在规定的时间内在校内联系工作岗位，受聘后再办理人事关系等手续。对于暂时联系不到工作岗位者，按学校有关规定实行管理。

第五条 出国逾期未归人员，凡超过保留公职时限，学校不再为其保留公职，作自动离职处理。

第六条 对于按照自动离职处理的人员，由当事人所在单位负责联系当事人本人、联系人或亲属，要求其及时履行协议约定事项，并办理离校手续。三十个工作日内未能来学校办理离校手续的，由人事处发布公告，不再为其保留公职。

第七条 出国逾期未归人员办理离校手续时，须按照学校相关规定及协议要求缴纳违约金及其他相关费用。

第八条 对于不再保留公职的教职员工，学校仍然欢迎学成归国、符合条件的人员参加学校公开招聘，回校工作。

第九条 对于出境逾期未归人员，参照本办法执行。

第十条 以上规定如遇国家相关政策调整，按调整后的政策执行。

第十一条 本办法由人事处负责解释。

第十二条 本办法自发布之日起执行。

二〇一二年五月九日

华北电力大学教师绩效考核及校内津贴调整方案（试行）

华电校人〔2012〕23 号

第一条 为深入贯彻落实《教育部关于全面提高高等教育质量的若干意见》（教高〔2012〕4 号）等文件精神，进一步深化人事制度改革，逐步建立起与高水平大学建设相适应、与绩效考核相挂钩的考核分配体系，调动广大教师的工作积极性和创造性，根据《华北电力大学进一步深化人事制度改革原则意见的通知》（华电党〔2012〕1 号），结合学校的实际情况，特制定本方案。

第二条 强化目标导向。要以建设高水平大学为目标，大力加强师德师风建设，创造一个有利于优秀人才脱颖而出的制度和环境氛围，打造一批能够站在学科前沿、引领学科发展、处于国内外领先水平、具有国际化视野的学术领军人物，培育一批思想活跃、业务精湛、富有创新精神和良好发展潜力的优秀中青年教师，努力建立一支与高水平大学建设相适应的教学、科研并重的师资队伍，以实现学校整体水平的全面提升和可持续发展。

第三条 积极推进教师分类管理。考虑到学科、院系之间发展基础和承担任务的不同，实行分类考核。目的是坚持以人为本，实现人尽其才，各尽所能，积极引导和激励广大教师围绕学校总体要求和院系发展目标，根据自身特长、特点和潜能，合理定位，明确努力方向，实现学校事业发展与教师个人事业发展的有机结合。

教学为主型教师的主要职责是提升教学水平、推进教学改革、提高培养学生质量，并开展教学研究和科学研究工作；教学科研并重型教师同时承担高水平科学研究和高质量教学工作，特别是我校工程技术和优势学科领域教师，更要进一步提高科学研究能力；科研为主型教师积极承担高水平科学研究工作，重点是基础研究和重大项目、国际合作项目研究，完成重点实验室（平台）建设任务，做好技术转化和推广工作。

第四条 突出绩效，强化激励，稳妥推进，平稳过渡。教师考核要进一步处理好教学与科研、长期与短期、数量与质量、个人与团体的关系，以绩效考核为导向，约束与激励相结合以激励为主。本次改革主要在增量上进行，把着力点放在绩效项目的选择和奖励力度的掌控上。绩效突出重大项目、重大课题、重大成果，进一步加大对学校影响力有显著提升作用的项目的激励力度，加大分配改革力度，体现多劳多得，优劳优酬。教师绩效作为教师高级岗位设置、职务晋升、岗位评聘、博导遴选、研究生指标分配、个人及单位奖励等方面的重要依据。

第五条 积极推进校、院系二级管理。二级管理是加快高水平大学建设、推进教师分类管理、充分发挥二级单位积极性和主动性的必然要求。学校对二级单位进行宏观管理，制定宏观政策，提供财力和政策支持，院系负责制定具体的实施细则并予以落实。同时，学校将加大对二级单位的考核，考核结果与职务任免、奖励等挂钩。

第六条 教师范围和考核等级。教师范围包括：专任教师，省部级以上科技创新平台和重大项目研究团队全时研究人员、实验研究人员及双肩挑教师等。教师考核结果分为优秀、合格和不合格三个等级。学校只对教师是否合格进行认定，院系自主确定优秀评选办法。优秀比例一般不超过15%。

第七条 教师实行年度考核与聘期考核相结合的考核方式。年度重点考核岗位职责履职情况；聘期重点考核聘期工作目标完成情况，强调绩效成果。

教师年度考核实行量化积分制，考核积分为教学工作量积分与科研工作量积分之和，并对绩效成果进行统计。教学工作量积分总体上按照《华北电力大学教师教学工作量计算办法》的标准，调整部分见相关说明；科研工作量积分标准见附件一。

各院系要根据学校高水平、研究型大学发展目标，结合本单位学科建设、人才培养、科学研究等发展任务，经广泛调研，自主确定本单位各级各类教师年度考核合格分值、自主确定“教学工作”和“科研工作”的分值比例、自主确定教师聘期内绩效或代表性成果要求，报学校批复后执行。

第八条 为支持鼓励教师参与公益类活动，院系可在一定额度内，根据教师公益工作情况，给予教师不同的公益分值。院系总额度为：教师人数×20，不得平均使用，公益分暂按10元/分计酬，计入考核积分。

第九条 根据事业发展需要以及师资队伍水平的提高，教师年度考核合格分值动态提高，考核项目动态调整。学校也将适时对教学工作量计算办法进行修订。

第十条 实行师德一票否决。广大教师要认真贯彻执行党的路线、方针和政策，拥护党的领导，忠诚党的教育事业，教书育人，为人师表，遵守党纪国法和学校的各项规章制度，认真履行岗位职责。

凡在考核中出现下列情况之一者，考核结果为不合格：

1. 违反党的路线、方针、政策，造成不良影响者；

2. 参加非法组织，宣扬封建迷信、歪理邪说者；

3. 不服从学校或院（系、部）工作安排或消极怠工者；

4. 教师教学质量综合评价与考核被认定为不合格者（以教学管理部门作出的评价结果为据）；

5. 违反学校知识产权、学术道德规范相关规定或因工作失误给学校造成重大经济损失或严重损害学校声誉者；

6. 受到党政警告及以上处分者，受到公安行政拘留、司法机关刑事处罚者。

第十一条 巩固本科教学基础地位，把为本科生上课作为教授基本岗位职责。教授年度需独立讲授一门本科生理论课程或讲授本科生理论课程学时数超过 32 学时，受聘教授岗位的全时研究人员、双肩挑人员年度需讲授本科生理论课程学时数超过 16 学时，否则考核结果为不合格。

第十二条 经学校批准的重大项目研究团队成员实行团队考核，其年度考核结果由团队负责人确定；省部级以上科技创新平台全时研究人员、实验研究人员年度考核结果由院系会同科技创新平台确定。

第十三条 所有教师均应参加年度考核，填写相关归档表格。

为营造相对宽松的学术环境和发展空间，对正在从事重大项目研究的人员，经个人申请，院（系、部）审核同意，报科技处批准，年度考核视同合格。

对于未达到合格分值的教师，如有其他形式重要成果，可以提交代表作参与考核，由所在院系决定考核结果。

经人事处批准的脱产学习（含出国进修）、社会实践、病事假等人员，在年度考核中，可按不在岗时间减免分值后进行考核。同时，基础岗位津贴作相应调整。

新参加工作的教师（含调入教师），第一学年的年度考核，不对其进行量化要求，但由院系负责进行教学科研能力考核。

第十四条 教师校内津贴由基础岗位津贴、教学工作量津贴、科研工作量津贴和绩效津贴四部分组成。

为体现岗位职责履行情况，教师达到所聘任岗位考核基本分值，即为合格，享受基础岗位津贴，并正常晋升薪级工资。基础岗位津贴额度暂按现行标准执行。

为强调多劳多得，设立教学工作量津贴和科研工作量津贴。教学工作量计算办法、津贴标准及发放政策维持不变，教师为科技学院授课工作量纳入统一教学工作量范畴。科研工作量津贴暂按 10 元 / 分发放。教学工作量和科研工作量津贴标准根据学校事业发展适时调整。

为强调优劳优酬，设立绩效津贴，进行绩效奖励。原年终考核津贴、教学科研相关奖励以及学校增资部分统一纳入绩效津贴。其中，对个人的绩效奖励按照学校所列项目进行，详见附件二。同时，学校根据年度财力，依据院系各级各类教师合格分值的高低和本单位绩效积分的多少，拨付不同标准的资金，由院系根据教师教学、科研和社会公益等工作自主分配。

第十五条 聘在管理岗的兼职教师（双肩挑人员）的年度考核以管理岗位为主，重点考核管理岗位职责履职情况；其教学、科研工作以聘期考核为主，教学工作量津贴按 2/3 计发，科研工作量津贴和绩效奖励全额计发。

年薪制人员的考核及薪酬发放按所签订的聘任合同执行。

第十六条 严格强调考核纪律，增加考核结果的公开透明。对于考核中借用他人成果等学术失范或学术不端行为，一经查实，借用人和借出人当年度考核结果均为不合格，三年内不得申请晋升、聘任高一级岗位。

第十七条 完善约谈和退出机制。对于年度考核中积分靠后者，由所在考核单位主要负责人约谈，进行考核反馈，分析原因，提出改进措施。

年度考核不合格的，扣减相应分值基础岗位津贴，并根据其考核积分所对应岗位考核标准予以低聘或缓聘，缓聘期间予以培训提高；教师也可根据自身实际申请调整工作岗位，退出教师系列。年度考核连续两年不合格的，又不服从学校安排或重新安排后年度考核仍不合格的，予以辞退。

第十八条 本方案自 2012 年 7 月 1 日起执行，按学年度考核。由人事处、科学技术处、重大项目办公室、教务处、研究生院负责解释。

附件一：华北电力大学教师科研工作量积分标准

附件二：华北电力大学教师绩效奖励额度

附件三：教师科研工作量积分标准和绩效奖励的有关说明

二〇一二年七月十六日

附件一：

华北电力大学教师科研工作量计分标准

类别	类别	项目	分值	备注
科研经费	A	纵向经费	30 分/万元	经费不足 5 万元的项目按 150 分计算
	B	横向经费	10 分/万元	
优秀学位论文	A	校级优秀博士论文	200 分/篇	
	B	校级优秀硕士论文	60 分/篇	
科技奖励	A	校级一等奖	200 分/项	
	B	校级二等奖	60 分/项	
教学成果奖	A	校级特等奖	200 分/项	
	B	校级一等奖	120 分/项	
	C	校级二等奖	60 分/项	
科研论文（教改论文）	A	国外正式学术期刊及以上级别	30 分/篇	
	B	中文核心期刊、国际会议论文集	20 分/篇	
	C	普通期刊、国内学术会议论文集	10 分/篇	
学术著作	A	专著	300 分/本	
	B	编著、译著	200 分/本	
教材	A	公开出版	150 分/本	
本科教学工程项目	A	校级	150 分/项	
教学改革项目	A	校级	60 分/项	
指导学生科技创新	A	组织、辅导	20 分/组	
大学生创新创业项目	A	结题通过	50 分/项	
项目申请	A	国家级	25 分/项	
	B	省部级	10 分/项	
专利申请	A	国际专利申请	25 分/项	
	B	国内专利申请	10 分/项	

附件二：

华北电力大学教师绩效奖励额度

<table>
<tr><th>项目</th><th>类别</th><th>奖励额度（万元）</th><th>备注</th></tr>
<tr><td rowspan="5">纵　向
科研项目</td><td>A</td><td>20</td><td>973 计划项目（依托单位）、国家重大科学仪器专项（牵头单位）、国家社会科学基金重大招标项目（牵头单位）、国家自然科学基金重大研究计划项目（牵头单位）</td></tr>
<tr><td>B</td><td>10</td><td>国家科技重大专项课题、科技支撑计划课题、863 计划课题（项目财政拨款经费超过 1000 万元）国家自然科学基金重点项目、国家级军工科研计划项目、国家社科基金重点项目、教育部人文社科重大课题攻关项目</td></tr>
<tr><td>C</td><td>5</td><td>973 计划课题、863 计划课题、国家自然科学基金重大研究计划项目课题；其他各类纵向项目（理工类项目财政拨款经费超过 500 万元，人文社科类项目超过 125 万元 ）</td></tr>
<tr><td>D</td><td>1</td><td>国家自然科学基金、国家社科基金面上项目、国际科技合作与交流项目；其他各类纵向项目（项目财政拨款经费超过 100 万元，人文社科类项目超过 25 万元）</td></tr>
<tr><td>E</td><td>0.5</td><td>省部级自然科学基金或社会科学基金</td></tr>
<tr><td rowspan="3">创新人才</td><td>A</td><td>3</td><td>国家自然科学基金杰出青年科学基金</td></tr>
<tr><td>B</td><td>2</td><td>国家自然科学基金优秀青年科学基金</td></tr>
<tr><td>C</td><td>1</td><td>省市级杰出青年基金</td></tr>
<tr><td rowspan="4">科研团队</td><td>A</td><td>20</td><td>国家自然科学基金优秀创新群体</td></tr>
<tr><td>B</td><td>5</td><td>教育部创新团队</td></tr>
<tr><td>C</td><td>5</td><td>111 引智基地</td></tr>
<tr><td>D</td><td>2</td><td>实体化科研团队、省部级及以上科研平台年度考核优秀</td></tr>
<tr><td rowspan="6">学科建设</td><td>A</td><td>15</td><td>国家级一级重点学科</td></tr>
<tr><td>B</td><td>7</td><td>国家级二级重点学科</td></tr>
<tr><td>C</td><td>3</td><td>省部级一级重点学科</td></tr>
<tr><td>D</td><td>1.5</td><td>省部级二级重点学科</td></tr>
<tr><td>E</td><td>3</td><td>一级博士学位授权点</td></tr>
<tr><td>F</td><td>3</td><td>博士后科研流动站</td></tr>
<tr><td rowspan="6">科研平台</td><td>A</td><td>40</td><td>国家级科研平台立项建设</td></tr>
<tr><td>B</td><td>25</td><td>国家级科研平台评估优秀</td></tr>
<tr><td>C</td><td>5</td><td>国家级科研平台评估良好</td></tr>
<tr><td>D</td><td>10</td><td>省部级科研平台立项建设</td></tr>
<tr><td>E</td><td>5</td><td>省部级科研平台评估优秀</td></tr>
<tr><td>F</td><td>2</td><td>省部级科研平台评估良好</td></tr>
<tr><td rowspan="4">优秀学
位论文</td><td>A</td><td>10</td><td>全国优秀博士学位论文</td></tr>
<tr><td>B</td><td>5</td><td>全国优秀博士学位论文提名</td></tr>
<tr><td>C</td><td>3</td><td>省市级优秀博士学位论文</td></tr>
<tr><td>D</td><td>0.5</td><td>省市级优秀硕士学位论文</td></tr>
</table>

续表

项目	类别	奖励额度（万元）	备注
自然科学类论文	A	20	Science & Nature，影响因子大于20的自然科学类论文
	B	3	SCI 一区，详见中国科学院文献情报中心最新发布的《JCR 期刊影响因子及分区情况》
	C	1.5	SCI 二区，详见中国科学院文献情报中心最新发布的《JCR 期刊影响因子及分区情况》
	D	1.0	SCI 三区，详见中国科学院文献情报中心最新发布的《JCR 期刊影响因子及分区情况》
	E	0.5	SCI 四区，详见中国科学院文献情报中心最新发布的《JCR 期刊影响因子及分区情况》
	F	0.3	EI 期刊，一级学报
	G	0.05	EI 会议，ISTP
人文社科类论文	A	2	SSCI、AHCI、“CSSCI 来源期刊榜”A 类
	B	1	被《新华文摘》《中国社会科学文摘》《高等学校文科学报文摘》《人大复印资料》全文转引、“CSSCI 来源期刊榜”B 类
	C	0.2	“CSSCI 来源期刊榜”C 类
	D	0.1	ISSHP、“CSSCI 来源期刊榜”D 类
学术著作	A	1	专著
	B	0.3	编著
教材	A	4	国家级精品教材
	B	2	国家级规划教材
	C	1	省部级精品教材
	D	0.5	省部级规划教材、出版社精品教材、出版社规划教材
科研奖励	A	300	国家级科技奖励特等奖
	B	60	国家级科技奖励一等奖
	C	30	国家级科技奖励二等奖
	D	10	省部级科技奖励（含中国电力科学技术奖）、省部级人文社科奖一等奖
	E	5	省部级科技奖励(含中国电力科学技术奖)、省部级人文社科奖二等奖、社会力量科技奖励一等奖
	F	2	省部级科技奖励(含中国电力科学技术奖)、省部级人文社科奖三等奖、社会力量科技奖励二等奖
	G	0.3	社会力量科技奖励三等奖，地、市、局科技奖励一等奖
	H	0.1	地、市、局科技奖励二等奖
教学成果奖	A	100	国家级特等奖
	B	40	国家级一等奖
	C	15	国家级二等奖
	D	6	省部级特等奖
	E	5	省部级一等奖
	F	2	省部级二等奖
	G	1	省部级三等奖
本科教学工程项目	A	10	国家级
	B	2	省部级

续表

项目	类别	奖励额度（万元）	备注
教学教改项目	A	5	国家级
	B	1	省部级
知识产权	A	2	国际发明专利授权
	B	0.5	发明专利授权
	C	0.1	实用新型专利、外观专利授权
	D	0.05	计算机软件著作权、集成电路设计
成果鉴定与结题验收	A	2	理工类项目鉴定为国际领先，人文社科类项目鉴定为国际水平或国家领导人批示、采纳
	B	1.5	理工类项目鉴定为国际先进
	C	1	理工类项目鉴定为国内领先，人文社科类项目鉴定为国内领先（优秀）
	D	0.5	理工类项目鉴定为国内先进，人文社科类项目鉴定为国内先进（良好）
	E	0.3	纵向项目结题验收结果为特优
	F	0.1	纵向项目结题验收结果为优秀
指导学生科技创新获奖项目	A	2	国家级特等奖（每队）
	B	1	国家级一等奖（每队）
	C	0.5	国家级二等奖（每队）省部级特等奖（每队）
	D	0.2	国家级三等奖（每队）省部级一等奖（每队）
	E	0.1	省部级二等奖（每队）
	F	0.05	省部级三等奖（每队）
指导学生体育竞赛类获奖、艺术表演、艺术作品获奖	A	3	国际级第1名
	B	2	国际级第2、3名
	C	1	国际级4、5、6名 国家级第1名
	D	0.5	国际级第7、8名 国家级第2、3名
	E	0.2	国家级第4、5、6名 省部级（团体、高水平田径队除外）第1名
	F	0.1	国家级第7、8名 省部级（团体、高水平田径队除外）第2、3名
	G	0.05	省部级（团体、高水平田径队除外）第4、5、6、7、8名
大学生创新创业项目	A	0.2	结题优秀
	B	0.1	结题合格
横向经费购置设备	A	按照购置设备经费的5%	横向经费购置设备500万元以上的
	B	按照购置设备经费的4%	横向经费购置设备100万～500万元的
	C	按照购置设备经费的3%	横向经费购置设备50万～100万元的
	D	按照购置设备经费的2%	横向经费购置设备50万元以下的
科技成果转化	A	成果转让	学校实际收益的40%归个人或团队
	B	股权红利	学校实际收益的40%归个人或团队
	C	专利实施	学校实际收益的40%归个人或团队

附件三：

教师科研工作量计分标准和绩效奖励的有关说明

1．科研项目

（1）类别：分为纵向科研项目（含省部级以上的教研项目）和横向科研项目两大类。

纵向项目包括作为参加人员参加国家级面上项目或省部级重点项目以及作为项目负责人或者一级课题负责人主持的其他国家、部、省、厅、市等政府机构下达，资金由政府部门提供的科研项目；横向项目是指由社会需求单位，如：企业、事业等机构委托的科学研究、技术咨询、技术开发、技术服务等项目。中央高校基本科研业务费属校内科研项目。

（2）科研经费：均以考核年度内（每年 7 月 1 日至下一年 6 月 31 日）项目实到经费额计分，以科技处登记存档数据或经费入账凭单为依据。对于横向项目，入账经费科研工作量分值可向后跨一个年度使用或在合同有效期内向后跨两个年度使用；对于国家级纵向项目，其科研工作量分值可向后跨三个年度使用。

项目组成员经费分配：纵向项目以立项申请书、横向项目以合同审批表以及科技处备案份额为依据，项目经费由项目负责人分配，于项目批复立项或签署任务合同一个月内向科研管理部门提交经费分配一览表。项目组成员或当年分配的经费额度如需变动，必须由项目负责人在每年 6 月 1 日之前提交变动原因的具体书面说明，并经项目组其他人员签字同意、院系和科技处审定备案后方可变更。项目参加人考核报表必须由项目负责人亲笔签名，否则无效。项目外拨经费不纳入项目总经费中。

跨院系、跨校区项目参加人以及在境外国家地区参加国际合作科研项目的必须每年 7 月 1 日之前提交明确的立项审批文件和经费、成果等证明材料，经学校认定备案后有效。

（3）项目申请：教师以我校为课题依托单位撰写国家级项目（科技部项目、国家自然科学基金、国家社会科学基金）和省部级非限项类项目（北京市自然科学基金、河北省自然科学基金、北京社科规划项目、河北省社会科学基金、北京市科委，河北省科技厅）申请书并作为负责人上报，如该申请书通过主管部门形式审查，则此份申请书计入科研工作量。此计分仅在项目申请日所在考核年度对第一负责人本人有效。

2．科研平台

国家级科研平台是指国家实验室、国家重点实验室、国家工程（技术）研究中心、国家大科学工程、国家工程实验室、教育部人文社科重点研究基地。省部级科研平台是指由中央部委、省、自治区、直辖市科技主管部门、社会科学主管部门确定设立的实验室、工程中心及人文社科类研究基地等科研平台。

3．科研论文

SCI、SSCI 论文以中国科学院文献情报中心每年发布的收录我校 SCI 为准，其他论文以报科技处登记和核定的发表等级为准。非升级论文仅在论文发表日期所在考核年度有效。

（1）论文等级划分：

见《华北电力大学教师科研绩效项目及奖励金额》和《华北电力大学教师科研工作量计分标准》相关部分。SCI 分区以中国科学院文献情报中心最新发布的《JCR 期刊影响因子及分区情况》为依据，人文社科论文分区结合相关科学索引以及南京大学中文社会科学引文索引指导委员会最新通过并报国家教育部批准确定的“CSSCI 来源期刊榜”为依据。一级学报的认定见华北电力大学一级学报目录。

（2）署名：论文第一作者单位署名必须为华北电力大学。每篇论文的前四名作者按照下表计分，第五名及以后不计，超过 4 名的按前 4 名计论文前 4 名作者单位均为本校、但其中有非本校在职人员的，本校在职人员计分名次可依次前移，但计分总人数不能改变。

1人	2人	3人	4人
1:1	6:4	5:3:2	4:3:2:1

（3）升级：已按原发表等级考核计分和奖励的论文在升级后只计其差额部分。其差额计分部分至多可在论文发表日期所在考核年度后下一考核年度使用。

4．学术著作

仅限学术研究专著和专业技术编著、译著，字数在10万字以上，以著作封面署名连同著、编著、译著字样并参考版权页的图书在版编目数据认定。其中署为编著同时又标明为教材、教学参考书、教学指导、习题集等以及其他入门书、工具书等均按教材计。

5．科研奖励

国家级奖励包括：国家科学技术奖。

省部级奖励：各省、自治区或直辖市人民政府及中央有关部委设立的并以其名义颁发的科技奖及社科奖，包括中国电力科学技术奖、国家哲学社会科学基金项目优秀成果奖、中宣部“五个一工程”奖。

社会力量奖是指在国家科学技术部登记备案的，能够推荐国家科技奖的社会力量设立科学技术奖，以科学技术部最新公布的《社会力量设立科学技术奖登记审批名单》为准。

关于科研奖励，我校为第一完成单位，给予100%的奖励，我校为第二完成单位，给予50%的奖励；我校为第三完成单位，给予30%的奖励；我校为第四完成单位，给予15%的奖励；我校为第五及以后完成单位，给予5%的奖励。

成果获奖以获奖证书和科技处成果登记档案为据。各成果完成人计分比例原则如下表：

完成人数	总分	1人	2人	3人	4人	5人	6人及以上
第一完成单位	100%	1：1	6：4	5：3：2	4：3：2：1	4：2：2：1：1	我校项目负责人不低于40%，其他人由项目负责人分配
第二完成单位	50%	分配比例同上					
第三完成单位	30%	分配比例同上					

6．“本科教学工程项目”

指教育部（国家级）、北京市教委（省部级）、河北省教育厅（省部级）、学校（校级）正式发文确立的项目，包括专业综合改革、精品课程、示范教学中心、校外人才培养基地、教师教学发展中心等。

7．教改项目

指教育部（国家级）、北京市教委（省部级）、河北省教育厅（省部级）、学校（校级）正式发文确立的项目。各级高教学会、教指委和社会团体等正式发文确定的项目可按省部级教改项目执行。

8．知识产权与成果推广

（1）所获知识产权必须以华北电力大学为第一权利人，且内容必须与学校学科设置相关。

（2）专利申请：以受理通知书为据，申请计分当年有效，只计第一发明人。

（3）专利授权：以专利证书为据，绩效奖励当年有效。各发明设计人奖励比例同科研奖励。

（4）成果转让与推广，按学校规定进行科研成果或专利转让与推广，均以到校实际收益为准计分，分配参考科研奖励比例原则。

9．成果鉴定与结题验收

（1）成果鉴定组织单位必须是省部级以上政府科技主管部门或相当于省部级的权威性的鉴定评价机构，以正式成果鉴定证书认定。鉴定形式必须为检测鉴定或会议鉴定。鉴定成果应与学校所立科研项目相关，且成果第一完成单位必须是华北电力大学。人文社科类项目鉴定是指由项目下达单位对项目组织的鉴定，其项目仅限于国家社科基金项目、教育部人文社科项目、北京市哲学社会科学规划项目、河北省哲学社会科学规划项目等省部级及以上纵向社科类项目。

（2）项目结题验收或获得批示或采纳：按照该项目管理办法中有关规定按期通过项目验收（结题）优秀，奖励额度由课题负责人分配。

10. 指导学生科技创新获奖项目

国家级竞赛包括：国际竞赛和教育部、团中央组织开展的竞赛；

省部级竞赛包括：全国性学会和北京市教委、河北省教育厅组织的竞赛和国家级竞赛省级选拔赛。

项目获奖以获奖证书和教务处、校团委成果登记数据为据。已按原等级绩效奖励的项目在升级后只计其差额部分。各指导教师绩效奖励由负责人进行分配。

外语类竞赛参照此项执行。

11. 指导大学生体育竞赛及艺术表演、艺术作品获奖

以获奖奖杯、奖牌和证书为据。同一项目获奖一年内计最高档。成果完成人由负责人在不低于 40%的基础上进行分配。

国际级体育比赛指奥运会、亚运会、东亚运动会、各单项世界杯、各单项世界锦标赛、世界大学生运动会、世界大学生单项锦标赛；国家级体育比赛指国家体育总局各项目运动管理中心和中国单项协会举办的各类比赛、全国运动会、全国城市运动会、中国大学生体育协会及其所属各项目分会举办的各类比赛；省部级体育比赛指北京市和河北省大学生体育协会及其所属各项目分会举办的各类比赛、北京市和河北省教育委员会举办的各类比赛、北京市和河北省体育局及其各单项协会举办的各类比赛。

12. 大学生创新创业项目以教务处、校团委公布的信息为依据。

13.《华北电力大学教师教学工作量计算办法》微调

“教材”项目计入科研工作量，原《华北电力大学教师教学工作量计算办法》中“公开出版教材、多媒体教学光盘”（即 G13）不再计算教学工作量。

“指导学生科技创新”项目计入科研工作量和绩效部分，原《华北电力大学教师教学工作量计算办法》”中“三、指导创新设计竞赛”不再计算教学工作量。

华北电力大学贯彻落实《国家高层次人才特殊支持计划》的实施意见

华电校人〔2012〕35 号

为加快实施人才强国战略，造就宏大的高层次创新创业人才队伍。经党中央、国务院领导批准，由中组部、人社部等 11 个部门和单位联合下发《国家高层次人才特殊支持计划》（以下简称“国家特支计划”）。现就贯彻落实“国家特支计划”提出如下意见：

一、充分认识实施“国家特支计划”的战略意义

1. 国家从 2012 年起，用 10 年左右时间，有计划、有重点地遴选支持 10000 名左右自然科学、工程技术、哲学社会科学和高等教育领域的杰出人才、领军人才和青年拔尖人才。“国家特支计划”重点支持三个层次、七类人才。第一个层次是“杰出人才”，计划支持 100 名处于世界科技前沿领域、科学研究有重大发现、具有成长为世界级科学家潜力的人才。第二个层次是“领军人才”，计划支持 8000 名国家科技发展和产业发展急需紧缺的创新创业人才，包括科技创新领军人才 3000 名、科技创业领军人才 2000 名、哲学社会科学领军人才 1000 名、教学名师 1000 名和百千万工程领军人才 1000 名等。第三个层

次是“青年拔尖人才”，计划支持2000名35周岁以下、具有特别优秀的科学研究和技术创新潜能、科研工作有重要创新前景的青年人才。对入选对象，在有关部门和单位原有支持的基础上，国家将从经费、政策、服务以及荣誉鼓励等方面给予特殊支持。实施“国家特支计划”，将更好地支持国内高层次人才创新创业，为我国科学发展、创新发展、转型发展提供有力支撑。

2．高层次创新创业人才是学校改革和发展的关键因素和核心问题，也是学校一切事业发展的基础、前提和根本保证。国家实施“特支计划”对于我校的人才工作将是重大的契机，具有重大的促进作用。深入贯彻落实“国家特支计划”等高层次人才计划，将进一步加快我校人才工作的步伐，为推动科学发展，建设“多科性、研究型、国际化”高水平大学提供坚强的人才支撑。

二、坚持培育与引进兼顾，教学与科研并重，实施校内人才工程，积极做好“国家特支计划”等高层次人才的培育工作

3．继续实施我校“创新人才支持计划”。根据学校实际，重点支持“学术领军人才支持计划”10人，“学科带头人支持计划”50人，“青年骨干教师支持计划”100人。培育和造就一批国内外知名的学术造诣深、教学水平高、科研成果突出的学术带头人，加强青年骨干教师培养，催生一批标志性成果。要认真总结上一轮“创新人才支持计划”的经验，集中资源进行培育，加大对入选支持计划的人员的支持力度。在团队及队伍建设、工作条件改善、国内外研修、交流等方面优先给予支持，为“国家特支计划”提供人才储备。

4．落实“杰出人才引进计划”，加大力度引进急需人才。着眼于优秀人才总量的增长，通过与国内外各知名院校、科研单位等建立广泛联系，掌握高层次人才信息。进一步开拓视野、拓宽渠道，通过直接招聘、师生传承、学术交流、专家推荐等多种渠道，主动出击，下大力气加大引进优秀人才力度。

5．落实好《华北电力大学教师绩效考核及校内津贴调整方案》，引导、激励教师干事创业，努力营造有利于人才潜心研究、创业创新的良好环境。

6．依托科技创新项目和教育教学实践培育人才。以国家重大课题和国家质量工程等重大教育教学项目为抓手，通过人才、基地、项目三结合，做到既出成果又出人才。积极支持教师参与重要学术活动、重大项目研究，鼓励教师在教学科研和社会服务实践中大胆探索、锐意进取、茁壮成长，培养一批创新思维活跃、学术视野宽阔、教学经验丰富的优秀人才。

三、掌握信息、把握规律、整合资源、积极举荐

7．进一步加强和相关部委及高层次人才的联系，掌握“国家特支计划”国家层面评审的相关信息以及校内高层次人才的学术成就、研究方向等信息。把握“国家特支计划”评审时各类人才评价的内在规律，整合校内外各方面的资源，积极举荐海内外的优秀人才，以高度的责任心和使命感把“国家特支计划”候选人的推荐申报工作落实好。

四、加强组织领导，为高层次人才创造良好的政策环境

8．调整学校人才工作领导小组。

吴志功、刘吉臻担任领导小组组长

李双辰担任领导小组常务副组长

张金辉、安连锁、杨勇平、孙平生担任领导小组副组长

人事处（人才办）、组织部、宣传部、教务处、科学技术研究院、研究生院、计划财务处、国际合作处、资产管理处、产业管理处、学科建设办公室、校工会负责人担任小组成员。

人才工作领导小组指导有关部门制定落实措施，解决计划实施工作中的重大问题。

人才工作领导小组的办事机构设在人才办。人才办要进一步整合力量，明确职责，组织协调好各类高层次人才工作。

9．各部门和各院系分工负责，积极承担各项任务。

人才办负责“国家特支计划”实施的日常具

体工作，推动开展工作，统筹协调“国家特支计划”。同时，负责百千万工程领军人才和青年拔尖人才人选的培育、遴选和申报工作。

组织部负责高层次人才处级岗位的设置和招聘。

科研院会同产业管理处负责杰出人才、科技创新领军人才、科技创业领军人才的培育、遴选和申报工作。

教务处负责国家级教学名师人选的培育、遴选和申报工作。

宣传部负责哲学社会科学领军人才人选的培育、遴选和申报工作。

各学院负责“国家特支计划”人选的引进和培育工作，各职能部门按分工做好相关管理和服务工作。

10．加大对“国家特支计划”入选者支持和服务力度。除国家支持的经费外，学校将加大力度给予配套经费支持。学校将根据入选者的研究特点和需求为“国家特支计划”入选者提供良好的工作条件。给予“国家特支计划”入选者相应的荣誉和授予“国家特支计划”入选者相应的称号。对“国家特支计划”入选者进行真实、生动的宣传，多视角、多层次展示“国家特支计划”入选者的典型事迹，更好地营造人才工作氛围。

11．各部门和各院系要高度重视这项工作，要深入学习《国家高层次人才特殊支持计划》相关文件，了解“国家特支计划”的目标任务、总体思路和基本原则、遴选标准。各部门和各院系要认真领会学校对此项工作的意图，采取切实有效的措施，积极工作，落实好学校的各项任务。学校将细化分解目标任务，严格考核。

二〇一二年十一月十二日

华北电力大学职员　其他专业技术人员　工勤人员考核办法（试行）

华电校人〔2012〕37号

第一条　为了进一步深化人事制度改革，完善考核制度，科学地评价职员、其他专业技术人员、工勤人员的德才表现和工作业绩，激励职员、其他专业技术人员、工勤人员提高业务素质，充分调动工作积极性和创造性，认真履行岗位职责，并为其聘任、奖惩、辞退、晋升工资等提供必要的依据，根据《华北电力大学进一步深化人事制度改革原则意见的通知》（华电党〔2012〕1号）文件精神，结合学校的实际情况，特制定本办法。

第二条　职员主要包括各职能处室、教辅单位、院（系、部）党政管理人员，思想政治辅导员参照职员考核。

其他专业技术人员主要包括在实验、图书档案、医疗卫生、网络建设、高教研究、编辑出版、审计、会计、技术转化、产业等岗位工作的人员。

工勤人员是指在工勤岗位工作的人员。

第三条　职员、其他专业技术人员、工勤人员是高校教职工队伍的重要组成部分，是保障和推进高水平大学建设的重要力量，在学校各项工作的正常开展、教育教学和科学研究辅助以及基础后勤保障方面发挥着非常重要的作用。学校着重建立一支稳定高效、结构合理、与高水平大学建设相适应的职员、其他专业技术人员、工勤人员队伍。

第四条　凡我校在编在岗的职员、其他专业技术人员、工勤人员均应参加考核，不按规定参加考核者其考核结果视为不合格。职员、其他专业技术人员、工勤人员根据工作岗位和工作内容的不同，实行分类考核。

中层干部的考核由组织部负责，产业岗位人员考核由产业管理处负责，思想政治辅导员的考核由所在学院和学生处共同负责，其他人员的考核由人事处负责。

人事代理制及其他聘用制人员由用人单位参照本办法自行考核。

职员主要做好党政管理、行政事务和服务工作，为学校的人才培养、教学科研及其他工作提供服务。职员实行年度考核和聘期考核相结合、年度考核为主的方式，重点考核岗位职责履职情况。

其他专业技术人员主要为学校的人才培养、教学、科研及其他工作提供专业技术辅助服务等工作。实行年度考核与聘期考核相结合的考核方式，以年度考核为主。年度重点考核岗位职责履职情况，聘期重点考核岗位要求的专业技术能力和学术业绩。

工勤人员主要承担技能操作和维护、后勤保障、服务等工作，为学校各项工作的开展提供后勤保障。工勤人员实行年度考核，重点考核岗位职责履职情况。

第五条 为了客观、公正、准确的对职员、其他专业技术人员、工勤人员作出评价，职员、其他专业技术人员、工勤人员的年度考核以重点考核履职能力和岗位业绩为前提，采用“关键指标考核+360°考核”考核模式，进行量化积分考核。

关键指标考核包括德、能、勤、绩四个方面，所占分值分别为20、30、20、30。

360°考核为全方位考核，采取四级评价，包括自我评价、同事评价、领导评价和服务对象评价，各级评价的权重系数由各单位自主确定。

职员、其他专业技术人员、工勤人员年度考核量化积分标准见附件一。

第六条 其他专业技术人员的聘期考核，要在完成聘期工作目标的基础上取得一定的代表性成果。各单位可根据不同专业技术系列的工作特点、工作内容等情况，自主确定代表性成果，报学校备案。

第七条 年度考核结果分为优秀、合格和不合格三个等级，其中优秀的比例不超过本单位参加考核总人数的15%。

参加考核人员积分达到60分即为合格。优秀的标准由各单位自主确定，在本单位公示后报人事处备案。

第八条 在考核年度内有下列情况之一者，考核结果为不合格：

1. 违反党的路线、方针、政策，造成不良影响者；

2. 参加非法组织，宣扬封建迷信、歪理邪说者；

3. 给学校造成较大经济损失或名誉损害者；

4. 不服从单位工作安排或消极怠工者；

5. 累计旷工超过10个工作日者；

6. 受到党政警告及以上处分者，受到公安行政拘留、司法机关刑事处罚者。

第九条 职员、其他专业技术人员、工勤人员的校内津贴主要由基础岗位津贴和年终考核津贴两部分组成，基础岗位津贴按月发放，年终考核津贴每年底一次性发放。

年度考核合格及以上的，享受基础岗位津贴，并正常晋升薪级工资。基础岗位津贴额度暂按现行标准执行。

年终考核津贴标准根据所在单位工作业绩情况及学校每年度的财务状况确定。年度考核结果合格及以上的，享受年终考核津贴。

职员、其他专业技术人员、工勤人员参照《华北电力大学教师绩效考核及校内津贴调整方案（试行）》（华电校人〔2012〕23号）享受科研工作量津贴和绩效津贴。

第十条 为激励职员、其他专业技术人员、工勤人员在管理、服务、技术支持、后勤保障等工作方面作出突出贡献，加大奖励力度，学校将设立职员、其他专业技术人员、工勤人员突出贡献奖，具体方案另行制定。

第十一条 严格考核纪律，坚持考核过程的公开、公平、公正，增加考核结果的公开透明。

年度考核不合格的，不享受年终考核津贴，从考核结束的下一个月起一年内扣减相应分值基础岗位津贴，同时根据不同情况予以降职、调整工作、低聘、缓聘或解聘。年度考核连续两年不合格，又不服从学校安排或重新安排后年度考核仍不合格的，予以辞退。

第十二条 各单位可根据实际情况在本办法的基础上自行制定职员、其他专业技术人员、工勤人员的考核细则，报学校备案。

第十三条 本办法自公布之日起执行，按学年度考核。由人事处负责解释。

附一：华北电力大学职员、其他专业技术人员、工勤人员年度考核量化标准

附一：

华北电力大学职员、其他专业技术人员、工勤人员年度考核量化标准

一、考核指标

考核指标包括德、能、勤、绩四个方面，重点考核履职能力和岗位业绩，所占分值分别为20、30、20、30，每个指标的评价结果分为优秀、合格、不合格三个等级。考核指标的各等级分值见表1。

表1 考核指标量化分值表

考核指标	分值	考核要点	优秀	合格	不合格	单项积分
德	20	政治思想、职业道德和遵纪守法	≥18	(18，12]	<12	
能	30	业务知识、政策水平、组织和协作能力、创新能力、分析与解决问题能力	≥27	(27，18]	<18	
勤	20	劳动纪律、工作态度和敬业精神	≥18	(18，12]	<12	
绩	30	履职情况，完成工作任务的数量、质量、效率及贡献	≥27	(27，18]	<18	
得分（K）						

二、评价方式

评价方式采取四级评价，包括自我评价、同事评价、领导评价和服务对象评价。各级评价者按表1进行打分，计算得分K。

进行服务对象评价时，服务对象的选择范围、数量由各单位自主确定，并在本单位内公布。服务对象范围要选择与本单位工作联系密切的部门或群体，服务对象数量的选择要兼顾评价的公平性、科学性与操作的便利性。

三、积分计算

各级评价者按表1进行打分，计算得分K。

1．自我评价J1。J1=K。

2．同事评价J2。$J2=\sum_{i=1}^{n}K_i/n$，即同事评价得分的平均分。

3．领导评价J3。$J3=\sum_{i=1}^{n}K_i/n$，即领导评价得分的平均分。

4．服务对象评价J4。$J4=\sum_{i=1}^{n}K_i/n$，即服务对象评价得分的平均分。

5．基本积分J。J= A×J1＋B×J2＋C×J3＋D×J4，其中A、B、C、D为各级评价的权重系数，由各单位自主确定，A＋B＋C＋D=1。

6．年度考核积分公式为：Z=J+R，其中：Z为总积分，J为基本积分，R为荣誉积分。荣誉积分见表2。

表2 荣誉积分表

序号	荣誉级别	积分
1	校级	1
2	市级	2
3	省部级	5
4	国家级	10

二〇一二年十一月十二日

华北电力大学三级、四级职员岗位聘任实施办法

华电校人〔2012〕42号

第一条 为进一步加强学校职员队伍建设，根据《人事部教育部关于高等学校岗位设置管理的指导意见》（国人部发〔2007〕59号）、《教育部直属高等学校岗位设置管理暂行办法》（教人〔2007〕4号）和《教育部关于印发〈教育部直属高校三级、四级职员岗位聘任暂行办法〉的通知》（教人〔2011〕12号）有关规定，结合学校实际，特制订本办法。

第二条 本办法适用于我校副校级干部聘任三级职员岗位，正处级干部聘任四级职员岗位。

第三条 三级、四级职员岗位聘任工作，要坚持职务职级相结合，坚持德才兼备、择优聘任，有利于拓展学校职员发展通道，有利于鼓励学校领导和中层管理人员将主要精力投入管理工作，有利于调动广大职员的积极性、主动性和创造性，有利于建设高素质管理干部队伍，提高学校领导干部的管理水平和服务能力。

第四条 聘任三级、四级职员必须符合《人事部教育部关于高等学校岗位设置管理的指导意见》（国人部发〔2007〕59号）所规定的基本条件，并具备以下条件：

1．聘任三级职员岗位的，原则上应具备担任副校级领导职务8年以上的经历；

2．聘任四级职员岗位的，原则上应具备担任学校中层主要领导职务12年以上的经历；

3．任现职以来，年度考核等级均为合格以上；

4．忠于职守、实绩突出、贡献较大、群众认可度高。

第五条 聘任三级、四级职员岗位，优先考虑长期从事学校党政管理工作并取得突出成绩、已纳入职员系列管理的人员。

第六条 三级、四级职员由学校在规定的三级、四级职员岗位总量内择优聘任，一般不超过学校领导班子职数的60%。聘任结果报教育部备案同意。

第七条 聘任程序：

1．个人申请。应聘人员根据学校公布的岗位数和岗位条件，在规定时间内向学校提出聘任申请并填写《教育部直属高校三级、四级职员岗位聘任备案表》；

2．资格审查。人事处、组织部负责对应聘人员进行资格审查并确定合格人员名单；

3．民主推荐。学校成立由相关部门负责人、教师代表、民主党派代表组成的三级、四级职员评议委员会，讨论并投票推荐三级、四级职员聘任人选；

4．学校确定。学校召开党委常委会，就三级、四级职员聘任人选进行讨论并通过；

5．公示、备案、发文。将学校党委常委会讨论并通过的三级、四级职员聘任人选在全校范围内公示，公示期不少于7天。公示无异议的人员，报教育部备案同意后，学校发布正式聘任文件。

第八条 聘任为三级、四级职员岗位的人员，不作为对应级别校领导管理，但享受相应级别的岗位工资、薪级工资。其担任的职务仍按干部管理有关规定执行。

第九条 本办法自发布之日起执行，由人事处负责解释。

附件 2：

教育部直属高校三级、四级职员岗位聘任备案表

<table>
<tr><td>姓 名</td><td></td><td>性 别</td><td></td><td>出生年月</td><td></td><td rowspan="3"></td></tr>
<tr><td>政治面貌</td><td></td><td>学历/学位</td><td></td><td>学历/学位
获得时间</td><td></td></tr>
<tr><td>参加工作
时间</td><td colspan="2"></td><td>现所在
单 位</td><td colspan="2"></td></tr>
<tr><td>现任专业技术
职务</td><td colspan="2"></td><td colspan="2">现任专业技术职务
任职时间</td><td colspan="2"></td></tr>
<tr><td>行政职务</td><td colspan="2"></td><td colspan="2">现任行政职务
任职时间</td><td colspan="2"></td></tr>
<tr><td>现聘岗位</td><td colspan="2"></td><td>现执行
岗位工资等级</td><td></td><td>拟聘任
职员岗位</td><td></td></tr>
<tr><td>从事学校行政
管理工作主要
经历</td><td colspan="6"></td></tr>
<tr><td>在学校行政管
理岗位取得成
绩简述</td><td colspan="6"></td></tr>
<tr><td>学校党委意见</td><td colspan="6">年 月 日</td></tr>
<tr><td>教育部
人事司
意见</td><td colspan="6">年 月 日</td></tr>
</table>

教育部人事司制表　　　　原件存入本人档案

二〇一二年十二月二十一日

华北电力大学博士生导师选聘及招生资格确认办法

华电校研〔2012〕8号

为加强我校博士生导师队伍建设，适应研究生教育发展的需要，保证博士生培养质量，根据国务院学位委员会《关于改革博士生指导教师审核办法的通知》（学位〔1995〕20号）和《关于选聘博士生指导教师工作的几点原则意见》（学位〔1999〕9号）的精神与要求，结合我校研究生培养机制改革等具体情况，特制定本办法。

第一章 总则

第一条 博士生导师是指导、培养博士生的工作岗位，是我校建设高水平、研究型大学的主力军，在博士生培养中负有重要的责任。博士生导师选聘工作是加强教师队伍建设、学位点建设和提高博士生培养质量的重要工作。学校根据国家经济建设、科技发展和社会进步对培养高层次拔尖人才的需要，以及我校学科建设发展的总体规划，有计划有步骤地开展博士生导师选聘工作，选聘体现择优性、竞争性和动态性。

第二条 申请者必须满足博士生导师的基本条件，其学科背景、学术成果和目前承担的研究课题应与所申请选聘的学科范围保持一致。博士生导师的选聘与管理工作，应坚持公开、公平、公正的基本原则，并应遵循国家有关离退休制度和我校关于正高级专业技术职务人员退休、离休的相关规定，促进博士生导师队伍的新老交替。

第三条 博士生导师的选聘及招生资格确认工作由校学位评定委员会统一领导，学位办公室具体组织实施。

第二章 博士生导师岗位职责

第四条 熟悉并执行学校有关博士生招生、培养和学位授予等各项规章制度。

第五条 参与本学科、专业博士生培养方案的制订；负责制订并落实博士生培养计划；承担相应的教学任务。

第六条 指导博士生完成学位论文，作出学术评价，提出是否申请学位论文答辩的意见；支持、指导博士生参与国内外学术交流和社会实践活动。

第七条 自觉遵守学术规范，弘扬学术正气，注重对学生学术道德和协作精神的培养。对于不宜继续培养的博士生，及时提出终止培养的书面建议。

第三章 博士生导师的基本条件

第八条 申请人在本学科担任教授职务，身体健康，近五年之内取得成绩同时满足以下基本条件：

1. 拥护党的基本路线，热爱研究生教育事业，熟悉国家和学校有关学位与研究生教育的政策法规和规章制度，治学严谨，作风正派，能教书育人，为人师表，具有团结协作的精神和高尚的科学道德。

2. 具有较高的学术造诣，已形成稳定的研究方向，取得同行公认的研究成果，具备指导博士研究生的学术水平。

3. 具有充足的科研经费和相应的研究工作基础，具备指导博士研究生工作的条件。

4. 具有独立培养研究生的经历，独立讲授本科生和研究生课程，培养质量和教学效果优异。

5. 承担国家重大、重点研究课题。承担重点学科、新兴学科、重点平台建设任务，同等条件下优先选聘。

第九条 学术成就特别突出的优秀中青年学术骨干，可不受教授职称限制破格申请。

第十条 新引进人才可申请认定博士生导师的基本条件：

1. 学校重点引进的两院院士、国家杰出青年科学基金获得者、长江学者特聘教授等高层次人才。

2．新引进的在原单位已是博士生导师的高水平大学教授。

第四章　博士生导师的选聘程序

第十一条　学校统一部署，遵循自愿申请，学院学位评定分委员会、校级学科专家评议组、大学学位评定委员会三级评审的程序，坚持标准、保证质量。

第十二条　符合基本条件的教师可向学院学位评定分委员会提出申请，填写《华北电力大学博士生导师选聘审批表》，同时递交本人有代表性的专著、论文、奖励证书等材料，并由所在党总支就其政治表现提出意见。

第十三条　学院学位评定分委员会对申请者的材料进行核实、评审，并以无记名投票方式进行表决。

第十四条　校学位评定委员会组织 7～9 人组成的学科专家评议组对学位评定分委员会提交的申请人的材料逐个进行审核评议。

第十五条　校学位评定委员会召开会议，对通过学科专家评议组的申请人的材料进行评审，并以无记名投票方式进行表决。

第十六条　校学位评定委员会将表决通过的人员名单及其有关申请材料公示一周，无异议者被确认取得博士生导师的任职资格。

第十七条　对新引进人才的博士生导师的认定分别按以下程序进行：

1．对两院院士、国家杰出青年科学基金获得者、长江学者特聘教授等学校重点引进的高层次人才，经校学位评定委员会审核可直接认定为我校博士生导师。

2．对新引进的人才，若在原单位已聘任为博士生导师者，引进或调入我校后需申请认定。申请人填报《华北电力大学博士生导师资格认定审批表》，并提供相关证明材料，所在学院学位评定分委员会对申请人材料进行核实并签署意见，报校学位评定委员会审定通过后，即选聘为我校博士生导师。

第十八条　我校各博士学科点所在学院可根据实际需要和本学科点确定的规划目标，接收外单位在我校的兼职教授（或相当专业技术职务者）提出单独或联合培养博士生的申请，经研究生院研究同意后，其选聘和招生资格确认办法与我校人员相同。

第五章　博士生导师招生资格确认

第十九条　博士生导师招生确认工作由校学位评定委员会统一领导，学位办公室具体组织，各学位评定分委员会负责实施。每年开展一次。

第二十条　拟招收博士的博士生导师均要申请招生确认，通过确认者可连续三年参加博士生招生，之后应再次申请招生确认。

第二十一条　招生确认工作的程序和要求如下：

1．根据国家经济建设、科技发展和学校总体规划、学科建设、生源状况、就业情况，以及国家下达的博士生招生计划，由研究生院确定各学科点每年的博士生招生数额。

2．学校确定博士生导师招生确认的基本要求，各学位评定分委员会根据学校的基本要求确定本分会所覆盖各学科博士生导师招生的具体要求，应不低于学校的基本要求。

3．申请招生的博士生导师每年 5 月 1 日前填写《华北电力大学博士生导师招生资格确认审批表》，同时递交本人近三年有代表性的学术专著、学术论文、科研成果获奖及目前承担科研项目等证明材料。

4．所在学院对申请人申报材料进行核实，并签署意见。

5．学位评定分委员会对申请人材料逐个审核评议并表决。学位评定分委员会将确认结果直接通知申请人（不另行发文通知），并将通过招生确认的博士生导师名单报校学位评定委员会办公室备案。

6．通过招生确认的博士生导师方可列入相应年度博士生招生简章，参加招收博士生。未通过招生确认的博士生导师，将暂停招生，需在今后招生确认通过后方可恢复招生。

7．对所指导的博士生存在学术不端行为、或学位论文存在严重质量问题负有主要责任的博士生导师，应不予通过招生确认。

8．连续三年暂停招生或未招到博士生的博士生导师，如再申请招收博士生，需重新申请参加博士生导师选聘。

第二十二条 下述博士生导师不参加招生确认：

1．年满 63 周岁（截止日为每年的 9 月 1 日）停止招生的博士生导师。

2．两院院士、长江学者特聘教授及讲座教授、国家杰出青年科学基金获得者、全国优秀博士学位论文（含提名）获得者的导师、北京市优秀博士学位论文获得者的导师。

第六章 处理选聘和招生确认工作中异议事项程序

第二十三条 对审核过程和结果有异议者，可向校学位评定委员会提出书面意见，书面意见送交校学位办公室。

第二十四条 对因学术问题所提出的异议，校学位评定委员会办公室组织有关部门和学位评定分委员会进行调查核实，必要时可组织校内外专家进行审核，提出书面处理意见，向校学位评定委员会汇报。

第二十五条 对因非学术问题所提出的异议，校学位评定委员会办公室组织有关各级党组织和行政部门调查核实，提出书面意见，向校学位评定委员会汇报。

第二十六条 校学位评定委员会根据核查结果，视具体情况作出异议仲裁。

第七章 附则

第二十七条 学位评定分委员会和校学位评定委员会进行初审或审定时，需召开全体委员会议，出席会议委员人数达到全体委员的三分之二及以上时会议有效，会议决定须采取无记名投票方式进行表决，获出席会议委员数的三分之二及以上同意票，且超过全体委员数的半数及以上同意票，即为表决通过。

第二十八条 在博士生导师选聘及招生资格确认过程中实行回避制度。

第二十九条 本办法自校学位评定委员会通过后开始实施，原《华北电力大学博士生指导教师遴选、聘任实施细则》（华电校学科[2007]5号）同时废止。

第三十条 本办法解释权属校学位评定委员会。本办法中的内容与其他有关文件中的内容不一致者，以本办法为准。

二〇一二年四月十三日

华北电力大学研究生奖学金评定管理办法

华电校研〔2012〕14 号

为贯彻落实《教育部关于全面提高高等教育质量的若干意见》文件精神，完善研究生资助体系，激励研究生刻苦创新，学校设置研究生奖学金，用于奖励和资助我校全日制研究生在校期间的部分生活费，为研究生学术研究创造优良条件，支持他们全身心投入专业学习和科学研究。为规范研究生奖学金的评定管理工作，特制定本办法。

一、评定范围

评定范围为华北电力大学全日制非在职攻读学位的研究生，不包括少数民族高层次骨干人才计划等国家专项培养计划、工商管理硕士研究生。定向研究生按定向协议办理。

二、申请基本条件

1．热爱祖国，坚持四项基本原则；

2．遵守国家法律法规和学校规章制度；

3．各门课程学习成绩合格；

4．在学校规定的学制内；

5．按学校的规定办理注册手续。

三、奖学金等级和标准

1．博士研究生

获得奖学金的博士研究生年限原则上不超

过4年。延长学制年限标准和奖助金数额由导师负责。博士研究生奖学金等级和标准见下表：

年度	优秀奖学金（元/生·年）	普通奖学金（元/生·年）
第一学年	无	12000
第二、三、四学年	20000	12000

博士研究生奖学金的资助金额由学校和导师共同承担。第一学年只设置普通奖学金。从第二学年开始设立优秀奖学金，用于奖励科研创新表现突出的学生，评选条件由学校另行制定，标准从严，宁缺毋滥。

2. 硕士研究生

获得奖学金的硕士研究生年限不超过2.5年。硕士研究生奖学金等级和标准见下表：

等级	比　例	奖学金标准（元/生·年）
特等	5%	5000
一等	15%	4000
二等	35%	3000
三等	30%	2000

硕士研究生奖学金暂由学校承担，暂不对导师出资做硬性规定。随着研究生教育的发展，导师将与学校共同承担硕士研究生奖学金的资助金额。

四、管理机构

1. 学校成立研究生奖学金评定管理委员会，由校领导、研究生院、党委研究生工作部、计划财务处组成，负责全面工作，指导检查研究生奖学金的评定和落实情况。

2. 研究生院负责第一学年的研究生奖学金评定的组织与管理。每年研究生复试时根据国家政策和学校实际，核定和发布各院系各类奖学金名额，审核各院系奖学金评定委员会制定的评定细则、评定结果，制订奖学金发放方案等工作。

3. 党委研究生工作部负责第二及以上学年的研究生奖学金评定的组织与管理。每学年初核定和发布各院系各类奖学金名额，审核各院系奖学金评定委员会制定的评定细则、评定结果，制订奖学金发放方案等工作。

4. 计划财务处负责研究生奖学金的发放工作。

5. 各院系成立奖学金评定委员会，负责根据本办法制定本单位研究生奖学金评定实施细则和组织本单位研究生奖学金评定工作。奖学金评定委员会名单和奖学金评定细则报研究生院和党委研究生工作部备案。

五、评定的基本内容

1. 研究生第一学年的奖学金评定。根据当年研究生院核定和发布的研究生奖学金等级和名额，由各院系依据研究生入学考试初试成绩确定。各院系也可根据本单位考生的实际情况，决定是否参考考生的复试成绩、前置学历成绩、考生来源情况及参与科研经历等因素。

2. 研究生第二及以上学年的奖学金评定。根据当年党委研究生工作部核定和发布的研究生奖学金等级和名额，由各院系根据上一学年的学业成绩、导师的考核意见以及学生的综合表现等确定。各院系要根据本单位实际情况制定实施细则，主要依据上一学年内研究生学业测评积分排名。

六、评定程序

1. 第一学年的研究生奖学金评定

（1）由研究生院于每年研究生复试时发出评定通知。

（2）各院系每学年上报拟录取研究生名单时，同时将奖学金资助对象及类别按规定格式报送研究生院。

（3）经研究生院审核后在全校范围内公示，公示无异议后，报学校领导批准，由计划财务处在研究生入学后开始发放。

2. 第二及以上年级的研究生奖学金评定

（1）由党委研究生工作部于每学年初，发出评定通知。

（2）各院系根据学校下达的名额和本单位实施细则，组织本单位研究生奖学金评定工作。评定结果必须由院系奖学金评定委员会集体讨论确定，并在本单位范围内公示一周。公示无异议后将评定结果报党委研究生工作部。

（3）经党委研究生工作部审核后在全校范围内公示，公示无异议后，报学校领导批准，由计划财务处发放。

七、奖学金来源及发放

研究生奖学金的发放从学校研究生培养专项经费中开支。其中博士研究生奖学金由导师承担的部分，根据其招生数量按每生20000元的标准，一次性从导师指定的科研项目中划拨到学校研究生培养专项经费中。

研究生奖学金按每年十个月平均发放，逐月发放到学生本人账户。

八、不能参与评定的情形

有以下任何一种情况者，不得参与评定下一学年的奖学金评定。

1．违反校规校纪受到警告及以上处分或两次校、院（系）通报批评者；

2．学位课程考试有不及格者。

3．第一次中期考核不合格者。

4．署名（不论署名次序）公开发表论文有剽窃、伪造实验数据或有其他违背学术道德行为的。

九、其他特殊情形

1．出国、出境留学或者国内交流三个月以上的，停发离校期间的研究生奖学金。奖学金自离校手续办理完成日的下个月起停发，回校后自报到手续办理完成日的下个月起恢复发放。

2．申请休学的，奖学金自离校手续办理完成日的下个月起停发，未发部分待学生复学后转作当学年的奖学金。复学后不再参评当年奖学金。

3．中途退学的，自退学之日起停发奖学金。

4．其他特殊情形研究生奖学金发放办法由学校研究确定。

十、附则

1．本办法作为学校指导性意见，各院系可以根据本单位的具体情况制定本院系或各学科的研究生奖学金实施细则，并报研究生院和党委研究生工作部备案。

2．奖学金等级的划分及奖励金额将随着国家有关政策及学校财务预算随年度动态调整。

3．社会各界在我校设立的各类专项奖学金评审，根据学校与设奖单位签订的协议执行。

4．本办法自2012年9月1日起实行。凡在本办法之前原有文件与本办法不符之处，以本办法为准。

5．本办法由研究生院、党委研究生工作部负责解释。

二〇一二年七月十六日

华北电力大学推荐优秀应届本科毕业生免试攻读硕士学位研究生工作实施办法

（修订版）

华电校教〔2012〕26号

推荐优秀应届本科毕业生免试攻读硕士学位研究生，是激励广大在校学生勤奋学习、全面发展的有效措施。做好这项工作，对我校拔尖创新人才选拔培养、全面推进素质教育具有重要的意义。为加强对推免生工作的管理，促进我校推免生工作的规范化、科学化和制度化，根据《教育部关于印发〈全国普通高等学校推荐优秀应届本科毕业生免试攻读硕士学位研究生工作管理办法（试行）〉的通知》（教字〔2006〕14号）的文件精神，并结合我校实际，特修订本办法。

一、基本原则

（一）推免生工作要坚持公正、公平、公开的原则，在对考生进行全面考查的基础上，择优选拔，确定推免初试资格，并向招生单位推荐。对有特殊学术专长者或具有突出培养潜质者，可不拘一格加以选拔，但必须严格做到程序透明，操作规范，结果公开。

（二）推荐免试研究生，在学生品德优良的基础上，既要注重对学生历年学习成绩的考查，又要注重对学生学习能力、创新能力以及其他特长等方面的考查。学校将根据学生前三学年累计平均学分绩和创新实践成果分值，按一定比例进行综合考查，并依据综合考查结果择优确定。

二、组织管理机构

（一）学校成立由校领导牵头的推免生工作领导小组，负责对拟推荐免试研究生的复审和确定推荐人选。工作领导小组由教务处、研究生院、纪检办等有关职能部门负责人以及部分公正廉洁并有一定学术水平的教师代表组成。

（二）各院系成立由院系主要领导为组长、教学院长（教学主任）为副组长，以及其他相关领导和教师代表组成的推荐工作小组（一般不得少于5人），具体实施本单位推荐工作。

三、学生申请的基本条件

（一）必须为我校纳入国家普通本科招生计划录取的应届本科毕业生（不含专升本、第二学士学位、独立学院学生）。

（二）具有高尚的爱国主义情操和集体主义精神，社会主义信念坚定，社会责任感强，遵纪守法、诚实守信，无任何考试作弊和剽窃他人学术成果以及其他违法违纪受处分的记录。

（三）理论基础扎实，具有一定的学习能力、创新能力、科学研究能力和良好的发展潜力；前三学年必修课和必修实践环节全部取得学分，并累计平均学分绩排名原则上在专业前15%～25%以内（北京、保定两校区视情况自定）。

（四）非英语专业学生原则上通过全国大学英语六级考试；英语专业学生必须通过专业外语四级考试且成绩一般不低于70分。

（五）对有特殊学术专长或具有突出培养潜质者，经三名以上本校本专业教授联名推荐，经学校推免生工作领导小组严格审查，可不受综合排名限制，但学生有关说明材料和教授推荐信要进行公示。

（六）具有健康体魄，达到大学生体质健康标准。

四、推荐名额

推荐名额的分配原则上根据教育部下发给我校的推荐名额，由学校参考各院系当年预计毕业生数统筹确定（各院系具体的推荐名额以每年的通知为准）。

五、推荐工作程序

（一）申报资格公布。将前三学年累计平均学分绩符合申报条件的学生名单予以公布。

（二）学生申请。符合申报条件的学生填写《华北电力大学推荐免试硕士研究生申请表》（见附件一），并提交相关证明材料。

（三）各院系审核。各院系认真审核学生相关材料，在综合考核的基础上，根据学生综合考核成绩排名以及本院系推免生名额确定本院系推荐免试学生名单，经公示无异议后，并将汇总的书面材料及电子文档连同学生申请表以及相关材料复印件上报教务处。

（四）确定初选名单。教务处将汇总好的各院系推免材料呈交学校推免生工作领导小组复审。由学校推免生工作领导小组确定初选名单。通过初选的学生，填写教育部统一制定格式的《全国推荐免试攻读硕士学位研究生登记表》，由所在院系统一签字盖章后送交教务处。

（五）公示。学校将审定的名单在各院系和校园网上进行公示，公示期为7天。对有异议的学生，要查明情况，公布处理结果。如没有异议，由学校报北京市或河北省招办备案。

六、推荐免试研究生综合考查成绩计算方法

综合考查成绩由前三学年的累计平均学分绩和创新实践成果分值两部分按一定比例组成，具体计算方法分别为：

（一）综合考查成绩＝前三学年的累计平均学分绩×75%＋创新实践成果分值×25%。

（二）前三学年的累计平均学分绩＝

$$\frac{\Sigma（前三学年课程成绩\times 课程学分）}{\Sigma 前三学年所学课程学分}$$

1．分母中前三学年所学课程学分指每个学生前三学年内所修本专业的必修课和专业选修课的学分之和；

2．补考、重修通过课程按60分计。

（三）创新实践成果分值旨在鼓励本科生在努力学好专业知识的前提下，通过参加各类竞赛、科研工作等实践能力训练，全面提高自身综合素质。分值计分表见附件二。

七、其他事宜

（一）具有免推生资格的考生被录取后仍须参加全国硕士研究生考试网上报名，并按规定及时到指定报考点予以现场确认。

（二）凡欲到校外培养的学生，自行联系培养学校。培养费事宜由外培学校确定。

（三）各院系要组成专家组对学生发表的论文及专利等进行严格审查，对在申请推免生过程中弄虚作假的学生，一经发现，立即取消推免生资格，并将按照学生管理有关规定严肃处理。同时，扣减学生所在院系当年推荐免试研究生名额。

八、本办法自2013年开始实行，由教务处负责解释。2010年发布的《华北电力大学推荐优秀应届本科毕业生免试攻读硕士学位研究生工作实施办法》（修订版）（华电校教〔2010〕27号）同时废止。

附：一、华北电力大学推荐免试硕士研究生申请表

二、创新实践成果分值计分表

附一：

华北电力大学推荐免试硕士研究生申请表

<table>
<tr><td>姓名</td><td></td><td>出生日期</td><td colspan="2">年 月 日</td><td>性别</td><td></td></tr>
<tr><td>民族</td><td></td><td>身份证号</td><td colspan="2"></td><td>政治面貌</td><td></td></tr>
<tr><td colspan="2">所在院系</td><td colspan="3"></td><td>学分绩</td><td></td></tr>
<tr><td colspan="2">学习专业</td><td colspan="3"></td><td>外语成绩</td><td></td></tr>
<tr><td colspan="7">申请人所学专业的同年级总人数为 人</td></tr>
<tr><td colspan="7">申请人三学年总评成绩在本专业年级排名第 名</td></tr>
<tr><td colspan="2">E-mail 地址</td><td colspan="5"></td></tr>
<tr><td colspan="2">联 系 电 话</td><td colspan="5">移动电话：</td></tr>
<tr><td rowspan="3">申请项目</td><td>申请学校及院系</td><td colspan="5"></td></tr>
<tr><td>申请学科专业</td><td colspan="5"></td></tr>
<tr><td>推免类型</td><td colspan="2"></td><td>是否服从调剂</td><td colspan="2"></td></tr>
<tr><td rowspan="4">何时获得何种奖励</td><td colspan="4">获 奖 名 称</td><td>排 名</td><td>年 月</td></tr>
<tr><td colspan="4"></td><td></td><td></td></tr>
<tr><td colspan="4"></td><td></td><td></td></tr>
<tr><td colspan="4"></td><td></td><td></td></tr>
<tr><td colspan="7">各类竞赛、科研成果、创新实践等获奖情况：</td></tr>
<tr><td colspan="7">申请人所在院系的推荐意见：

院系负责人签字：________________ 院系公章：
年 月 日</td></tr>
<tr><td colspan="7">学校意见：

负责人签字：________________ 学校公章：
年 月 日</td></tr>
</table>

注：此表连同本人大学期间成绩单（加盖教务部门公章）、获奖证明、外语四、六级证书等材料一齐交到所在院系。推免类型请注明学术型或专业学位型。

附二：

创新实践成果分值计分表

分类	获奖项目名称和等级			分数	最高限分
学科竞赛获奖	A类	国际大学生程序设计竞赛 美国国际大学生数学建模竞赛 全国大学生数学建模大赛 全国大学生节能减排社会实践与科技竞赛 全国大学生广告艺术大赛 全国大学生电子设计竞赛 全国大学生力学竞赛 全国大学生智能汽车竞赛 全国大学生机械创新设计大赛 全国“挑战杯”科技竞赛 全国“挑战杯”创业竞赛	全国（国际）特等奖	25分	30分
			全国（国际）一等奖	20分	
			全国（国际）二等奖	15分	
			全国（国际）三等奖	8分	
			国际成功参赛奖	4分	
			全国优秀奖	2分	
			省级特等奖	10分	
			省级一等奖	8分	
			省级二等奖	6分	
			省级三等奖	4分	
	B类	全国大学生英语竞赛 大学生物理竞赛 大学生创业设计暨沙盘模拟经营大赛 大学生数学竞赛	特等奖	10分	
			一等奖	8分	
			二等奖	6分	
			三等奖	4分	
	C类	“世纪之星”英语演讲大赛 网络技能大赛 大学生英语演讲比赛 大学生物理实验竞赛 大学生人文知识竞赛	省级特等奖	8分	
			省级一等奖	6分	
			省级二等奖	4分	
			省级三等奖	2分	
科学研究	大学生创新性实验计划项目	国家级	项目负责人	优：6分，良：4分，通过：3分	10分
			项目成员	优：4分，良：3分，通过：2分	
		省部级、校级	项目负责人	优：4分，良：3分，通过：2分	
			项目成员	优：3分，良：2分，通过：1分	
创新实践	专利	发明专利	第一专利人	20分	20分
			第二专利人	10分	
			第三专利人	5分	
		实用新型专利	第一专利人	4分	8分
			第二专利人	2分	
			第三专利人	1分	
		外观设计	第一专利人	4分	
			第二专利人	2分	
			第三专利人	1分	
	产品软件	软件登记	第一设计人	4分	
			第二设计人	2分	
			第三设计人	1分	

续表

分类	获奖项目名称和等级		分数	最高限分
公开发表学术论文	SCI 收录的论文 SSCI（社会科学引文索引） 《中国社会科学》发表或全文转载	独立作者	20 分	20 分
		第一作者	15 分	
		第二作者	10 分	
		第三作者	5 分	
	EI（核心版）收录的期刊论文	独立作者	10 分	
		第一作者	8 分	
		第二作者	5 分	
		第三作者	2 分	
	EI 收录的其他论文 ISTP 收录 中文核心期刊（北大版）上发表的论文（不含增刊） 国际学术会议发表的论文（有刊号）	独立作者	5 分	
		第一作者	3 分	
		第二作者	1 分	
		第三作者	0.5 分	
	一般国内外公开发行的刊物上发表的论文	独立作者	1 分	
		合作者（前三作者）	0.5 分	

备注：

1．学生参加同一竞赛，只计最高级别的分值；同一项目科研成果重复获奖，只计最高级别的分值。对于没有组队人数限制的获奖竞赛小组仅对前五名给予计分。

2．学科竞赛获奖中 A 类为国际竞赛和教育部、团中央组织开展的竞赛；B 类为全国性学会（一级学会）组织的竞赛；C 类为北京市教委、河北省教育厅组织的竞赛。表中未涉及的其他各类竞赛、创新实践和科研成果的奖励，参照表中同等级别的分值，由教务处负责认定。此表可根据时势的变化调整内容和分值。

3．大学生创新性实验计划项目根据学校验收等级给予计分。

4．专利、论文等计分项目均应以华北电力大学为第一署名单位。专利完成人和论文作者，最多只对前三人计分。论文以正式发表、专利以获得证书为计分依据。学生论文计分仅计提交的代表作，不超过两篇，需院系成立专家组对提交的专利、论文进行答辩审核，通过后方可计分。

二〇一二年十二月七日

华北电力大学“中央高校改善基本办学条件专项”经费管理暂行办法

华电校财〔2012〕6号

第一章 总则

第一条 为进一步加强中央高校改善基本办学条件专项经费的管理，充分发挥专项资金的使用效果，提高资金使用效益，保障项目建设的顺利进行，实现改善我校办学条件的目标，特制定本管理办法。

第二条 中央高校改善基本办学条件专项经费管理应该遵循以下基本原则：

（一）专款专用原则。中央高校改善基本办学条件专项经费实行“专项核算、专款专用”的管理原则。

（二）科学统筹原则。突出重点，兼顾一般；统筹规划，分步实施；统筹兼顾，立足长远。

第二章 组织领导

第三条 根据财政部、教育部文件要求，为进一步加强专项经费管理工作的组织领导，成立学校中央高校改善基本办学条件专项经费管理工作领导小组，组长由校长担任，副组长由主管财务的副校长担任，成员单位由计划财务处、资产管理处、教务处、基建处、后勤管理处、审计处组成。

领导小组的具体职责和权限是：

（一）负责专项经费的总体规划、申报年度计划。

（二）负责专项经费项目单位的资格审查。

（三）负责专项经费项目的评估、检查、验收。

第四条 学校计财处为中央高校改善基本办学条件专项经费的资金管理部门，其具体职责和权限是：

（一）负责向教育部汇总和上报我校中央高校改善基本办学条件专项经费项目的预算，预算资料包括立项文本、项目预算明细表和项目可行性论证报告。

（二）负责向教育部汇总和上报中央高校改善基本办学条件专项经费项目完成情况和项目资金使用情况。

（三）负责上级部门对中央高校改善基本办学条件专项经费项目进行评估的组织工作。

（四）依据国家和学校规定，审核中央高校改善基本办学条件专项资金的开支和办理资金付款。

（五）负责对中央高校改善基本办学条件专项经费项目的资金执行情况进行检查和监督。

第五条 项目单位及其项目单位业务主管部门是中央高校改善基本办学条件专项经费的申报和实施部门，其具体职责和权限是：

（一）负责组织专项经费的规划和项目的申报。

（二）负责提出专项资金的使用方案。

（三）按国家和学校规定负责组织专项项目的实施。

（四）负责对专项项目的完成情况和资金使用情况进行监督检查和总结。

第三章 项目申报

第六条 修购项目申报工作由校领导小组组织，计财处牵头，各职能部门分工协作，按照财政部、教育部的要求和规定时间组织申报评估。

第七条 申报单位要根据学校总体规划和部门单位发展的需求，立足长远，区别轻重缓急，重点突出、兼顾一般的申报原则，为切实改善我校基本办学条件，每年有重点有计划地解决学校办学中存在的困难和问题。

第八条 项目申报单位按照财政部、教育部统一规定的格式编报项目可行性论证报告等申报材料报计财处统一汇总，再由领导小组组织专家对修购项目进行评估审核。审核内容包括申报材料是否符合填报要求、申请项目立项依据是否真实可靠、项目预算是否合理、项目可行性论证报告是否充分等。审核后，按项目轻重缓急进行筛选排序，报校长审核后上报。

第九条 100万元以上（含100万元）的单项设备购置，项目申请单位须通过资产管理处、实验室与教务处和相关职能部门出具论证报告后报计财处。

第四章 项目实施与资金使用

第十条 中央高校改善基本办学条件专项经费经教育部批复并下达预算后，学校领导小组负责组织实施，项目实施前项目负责人编制实际可执行预算和项目进度表。

（一）实际可执行预算：为保证项目顺利实施，达到预期目的，各项目负责人根据项目建设内容和客观需要及实际情况变化，在充分调研的基础上编制项目实际可执行预算，报学校领导小组和教育部批准。实际可执行预算批准后不得更改。

（二）项目进度表：各项目负责人根据项目建设需要和实际工作安排编制项目进度表。表中必须包括以下内容：项目调研时间；招标采购时间；设备验收付款时间，工程项目审计结算时间，以及经费支出预算。学校将根据各项目负责人编制的项目进度表安排招标工作并向上级部门申请经费拨款。无特殊情况，专项经费项目应在当年完成。

第十一条 计财处根据批准的项目和预算及时通知相关项目部门，建立项目账，实行项目管理和单独核算，并按专款专用的原则实行经费监控。

第十二条 执行项目的单位应按照批准的预算支出范围和标准控制使用资金，不得突破预算；预算执行过程中突发重大事项要求项目增加、撤销或变更的，要按照规定程序报批。

第十三条 中央高校改善基本办学条件专项支出主要列支项目实施中所支出的工程费、修缮费、材料费、仪器设备购置费用等；项目经费的使用由项目责任人审批。

第十四条 项目的实施应当严格执行国家、学校有关政府采购和招标管理的相关规定。

第十五条 项目单位在办理决算时，房屋维修、基础设施维修改造项目须提供经监审处审计的项目决算报告和项目竣工质量验收报告；计财处按照工程施工（购销）合同办理项目尾款结算，并按合同规定预留质量保证金。

第十六条 项目完工验收后，项目单位应当及时办理财务清账手续。对于购置项目，在取得购置发票的一个月内必须办理固定资产进账和财务报销手续；对于修缮项目，在工程验收完后的两个月内必须办理财务决算手续。

第五章 监督检查与绩效评价

第十七条 年度终了和项目完工后，项目执行单位要对项目建设进度、项目资金投入情况、资金的具体用途、项目建设达到的预定目标及效益进行总结，并于年度决算前报计财处，由计财处统一汇总上报教育部。

第十八条 对已完成项目，经费仍有结余的，学校将根据实际情况予以收回或留给主管部门统筹使用；对不能按期完成或因故终止的项目及年度未执行的项目，项目单位要将未完成或终止或未执行的原因报计财处，计财处将根据实际情况在报校领导批准同意后予以收回剩余资金或延续至下年度使用；年终如因项目的结余资金被收回而影响我校下年度项目的整体申报工作，追究项目负责人的责任，并取消下年度该单位的申报资格。

第十九条 学校领导小组组织专家和使用单位及相关人员对专项经费项目进行验收，验收依据是项目申报书、项目实际可执行预算及项目进度表中相关内容和要求。验收的重点是是否按建设内容建设、是否达到预期目的、是否按项目进度进行及经费预算执行情况。学校领导小组根据验收结果撰写年度专项经费使用情况总结报学校有关领导。

第二十条 学校计财处、审计处、资产管理处等部门根据上级有关规定对资金使用情况进行定期和不定期的重点检查，如发现有以下情况者，学校将暂停项目执行单位的资金使用，对项目单位和负责人员作出严肃处理，并要求有关部门在规定期限内予以纠正；经核查确已纠正的，学校可恢复其资金使用，否则将终止项目；情节严重者，学校将追究责任人员的行政和法律责任。

（一）未按批准的项目和用途使用专项资金，擅自改变项目内容、扩大项目资金使用范围的。

（二）只立项不开工、虚报项目套取经费以及重复申报或重复建设的。

（三）经审计后认为项目管理混乱、有违反财经纪律现象的。

（四）所购仪器设备管理不善，使用效率低的。

（五）未按规定报告项目预算资金使用情况的。

第二十一条 专项经费项目结束一年或一段时期后，学校领导小组将对部分项目的绩效进行考评，考评办法按照财政部、教育部有关规定执行。

第六章 附 则

第二十二条 本办法自发布之日起施行。

第二十三条 本办法由计划财务处负责解释。

二〇一二年一月十三日

华北电力大学国家重点实验室经费管理办法

华电校财〔2012〕7号

第一章 总则

第一条 学校为规范国家重点实验室经费管理，提高资金使用效率和效益，根据《国家重点实验室专项经费管理办法》（财教[2008] 531号）文件精神，结合我校的具体情况，特制订本办法。

第二条 学校国家重点实验室经费建设和运行经费来源

（一）国家重点实验室建设和设备经费来源。在建设期内，根据建设计划任务书，学校投入用于平台建设的自筹经费；国家财政提供的专项建设和设备费。

（二）国家财政拨入国家重点实验室年度运行的专项经费。财政部、科技部根据有关规定每年固定拨付用于年度运行的的专项经费。

（三）国家重点实验室运行年度校内预算经费：根据国家重点实验室相关管理规定，学校每年投入一定配套预算资金弥补的办公及运行经费。

（四）学校、学院、教师或研究人员投入国家重点实验室的科研项目经费。

（五）国家重点实验室对外合作、服务取得的项目经费或资助经费。

第三条 国家重点实验室实行单独核算，专款专用，加强监督管理。国家重点实验室专项经费应当纳入学校财务统一管理，单独核算，专款专用。国家重点实验室负责经费按预算合理使用，计划财务处负责经费使用审批手续，按照预算和财务制度规定、规范核算，做到账目清楚、核算准确，确保资金的安全。审计处负责对国家重点实验室经费的监督与审计。

第二章 经费的开支范围

第四条 国家重点实验室经费严格按照相应的管理规定和预算要求进行支出。

第五条 国家重点实验室专项经费（国拨）的支出按《国家重点实验室专项经费管理办法》（财教〔2008〕531号）文中规定开支范围执行。

第六条 学校自筹经费用于国家重点实验

室建设和设备费的支出按建设计划任务书预算要求执行，开支范围包括：平台条件建设、实验仪器设备的购置。

第七条 国家重点实验室运行年度校内预算经费，开支范围包括：与国家重点实验室公共事务相关的办公费、差旅费、图书资料费、印刷装订费、会议费、实验室年鉴、橱窗展板、水电费用等。

第八条 国家重点实验室对内对外取得科研项目经费、合作经费、服务咨询经费，开支范围包括：科研项目设备采购、专用仪器设备的研制、功能扩展、技术升级以及实验室设备维修科研活动及公共事务相关的接待费、专家咨询费、科研奖励等。

第三章 经费的管理和报销程序

第九条 国家重点实验室经费纳入学校财务统一预算管理，独立核算、专款专用，经费管理由实验室主任或其委托代理人负责。

第十条 国家重点实验室经费支出还应符合“三重一大”规定，工程支出、设备采购应符合招投标有关制度，资产处置应符合教育部国有资产有关管理规定。

第十一条 国家重点实验室应设专职或指定兼职财务人员经办收支事项。

第十二条 国家重点实验室经费使用负责人应将有效业务发生单据整理好后交实验室专职或指定兼职财务人员审核、登记汇集后统一交实验室主任或其委托代理人签字。

第十三条 正常情况下由实验室专职或指定兼职财务人员统一到学校计划财务处办理收支业务。特殊（或紧急）情况下经费使用负责人应持实验室主任或其委托代理人已签字票据后可以到学校计划财务处办理相关业务。

第四章 附则

第十四条 本办法由计划财务处负责解释。

第十五条 本办法自发布之日开始执行。

二〇一二年一月十三日

华北电力大学收费管理办法

华电校财〔2012〕11号

为规范收费行为，加强对学生收费的管理，保障学校和学生的合法权益，根据《中华人民共和国高等教育法》《教育部、国家发展改革委、财政部关于进一步规范高校教育收费管理若干问题的通知》（教财[2006]2 号）等有关国家教育收费的规定和地方主管部门的有关文件精神，结合我校实际情况，制定本办法。

第一条 学校成立“收费管理工作小组”，统一领导和管理全校的各项收费管理工作。学校分管财务的副校长为收费管理工作小组组长，监察处、审计处、人事处、教务处、研究生院、学生处、成人教育学院、计划财务处、资产管理处、后勤管理处、国际教育学院、培训学院等单位主要负责人为收费管理工作小组成员。

第二条 学校“收费管理工作小组”下设办公室，办公室设在计划财务处。各项收费管理权由“收费管理工作小组办公室”（计划财务处）统一归口管理。

第三条 学校收费坚持合法、合规、公开、属地的原则。

第四条 学校的各项收费包括事业性收费、代收费和服务性收费。收费行为应当符合国家的现行政策、法规、制度。

（一）事业性收费

事业性收费包括收取的学费、住宿费、报名考试费。事业性收费必须经政府有关部门批准，按国家发改委核发的《事业性收费许可证》规定的收费范围、收费项目、收费标准收取。

1. 学费是指学校按照规定项目和标准向受教育者收取的应由其承担的培养费用。收取学费的学生范围包括：

（1）经教育行政部门批准招收的各类普通和成人本、专科生。

（2）第二学位、辅修专业学位学生。

（3）国家没有安排财政拨款的研究生。包括:在职攻读硕士、博士学位研究生，申请硕士、博士学位的同等学力人员、研究生课程进修班学生等。

（4）自费来华留学生。

（5）经教育行政部门批准招收的其他高等学历教育学生。

2. 住宿费是指学校按照规定标准为在本校接受各类教育的学生提供住宿所收取的费用。

3. 报名考试费是指学校根据国家有关规定，代教育行政部门或自行组织经国家批准的各类考试向学生收取的费用。包括笔试、复试或面试费用。主要考试项目有：

（1）博士研究生入学考试。

（2）硕士、博士研究生复试。

（3）国家四、六级外语、计算机等级考试。

（4）艺术类、体育类学生入学专业测试。

（5）高水平运动员、艺术特长生等其他特殊类型学生资格测试。

（6）来华留学生申请、注册和考试等。

学校其他教育考试收费按国家或所属地方价格、财政、教育部门的相关文件规定执行。

（二）代收费

代收费是学校为方便学生学习和生活，在学生自愿的前提下，统一为提供服务的单位代收的相关费用。代收费不得在学生缴纳学费时合并收取。各类代收费应及时据实结算、多退少补，不得在代办收费中加收任何费用。

（三）服务性收费

服务性收费是学校为在校学生提供的由学生自愿选择的服务而收取的费用。服务性费用的收取必须坚持学生自愿和非营利原则，即时发生，即时收取，服务性收费不得在学生缴纳学费时合并收取。

学校对代收费、服务性收费项目实行目录管理，对未纳入代收费项目目录的费用，一律不得代收。未在目录中的新增服务性收费，必须报“收费管理工作小组”审核，经主管财务的副校长或校长批准或报有关主管部门审批后才可收取。

学校收费目录由“收费管理工作小组”制定和更新。

第五条 学生的学费、住宿费按学年收取，不得跨学年预收。学生学习期间如遇到下列事项发生：

（1）学生因故退学或受校纪处分开除学籍的，学校应根据学生实际学习时间按月计退剩余的学费和住宿费；代收费用也应在学生退学时一并结清。

（2）学生休学或参军的，可以比照退学规定退还有关费用。休学期间不缴纳学费、住宿费等费用。休学期满复学后，按照随读年级相关专业的收费标准收取有关费用。

（3）本科延期毕业的，在校内延期按学年缴纳学费、宿费收取。

（4）硕士、博士研究生延期毕业的按学期缴纳学费、宿费。

第六条 学校计划财务处根据国家有关规定，对全校事业性收费的立项、报批、核定、收取、检查、年检及其他各类收费实施具体管理。独立核算的事业单位经上级部门批准的收费项目及标准，应报计划财务处备案。

第七条 校内有关部门或单位需要增加收费项目，应先行向“收费管理工作小组办公室”（计划财务处）提出拟增项目的可行性研究报告，其内容包括：拟收费项目、对象、标准和依据（国家或地方政府的法律、法规、政策，主管部门有关文件及成本核算的论证情况）；待“收费管理工作小组办公室”（计划财务处）初步审核后，向 “收费管理工作小组”提出申请，并报校长签批或经校长办公会审议通过方可成文。需经政府有关部门立项审批的事业性收费项目与标准，应在拟收费的前二个月提出报批申请。

第八条 学校计划财务处负责全校的财政票据、税票和收据的管理。计划财务处统一到政府财政、税务部门领购合法票据。特殊部门（如基金会等）的票据亦应由计划财务处统一管理。计划财务处应建立健全票据的领购、登记和使用、缴销、保管等制度，加强内部控制。独立核算的事业单位按规定收费及使用票据应接受计划财务处的检查和监督。

第九条 学校事业性收费的主体为计划财务处及各委派单位的财会人员。收费工作量大时或异地或遇特殊情况，计划财务处也可委托收费单位收取。采取委托收费的票据领用，须由计划财务处根据收费项目、标准、人数等签署委托收费《发票领用申请单》，委托收费单位凭审批后的《发票领用申请单》领用票据。委托收费行为结束后计划财务处应及时收回票据和款项。发现委托收费单位超范围、超项目、超标准收费，计划财务处应对当事人和收费人员追究有关经济责任。必要时，提请学校纪检监察审计部门处置。

第十条 学校各单位取得的事业性收入和其他收入，应统一纳入学校预算资金管理和核算，不得截留、隐瞒、挪用、私存、私分和坐支。各类收费应在该业务完成后一周内交计划财务处。对零星收费，其余额不足2000元的，经计划财务处同意，可实行定期上交，但上缴的期限不能跨年度。有关部门掌握的专项收费或代收代付收费，也必须纳入计划财务处列收列支，纳入学校财务统一核算。

第十一条 学校建立健全收费检查监督制度，由计划财务处、纪检监察审计处定期对学校各类收费收入的管理、上缴情况进行检查、监督，各收费（或代收）单位应接受监督检查，如实提供相关资料。

第十二条 校内各单位有下列情形之一的属乱收费行为：

（一）未经学校批准，擅自设立收费项目或自定收费标准的。

（二）未经学校批准，擅自扩大收费范围或调整收费标准的。

（三）不使用国家和学校规定的收费票据，或擅自印制、转让、转移、代开收费票据，或超范围使用收费票据的。

（四）部门专项收费及各单位代收代付收费，不按期上缴计划财务处而自行列收列支的。

（五）其他违法违规收费行为。

对有以上乱收费行为之一者，学校将责令其立即停止收费行为，根据情况将所收款项退还原缴费者或予以没收，并按相应金额的20%罚款，由计划财务处从该单位自有经费或单位其他经费中扣除。同时，学校将视情况对相关单位的负责人给予通报批评或追究责任，对涉及金额巨大或情节特别恶劣的交由纪检监察部门处置。

第十三条 保定校区计划财务处按属地原则对校区收费工作进行管理，要将各种收费项目、标准、依据报校部计划财务处备案。

第十四条 本办法由“收费管理工作小组办公室”（计划财务处）负责解释。

第十五条 本办法自颁布之日起施行。

二〇一二年三月二十九日

华北电力大学招标管理暂行办法

华电校招〔2012〕1号

第一章 总 则

第一条 为了进一步规范我校招投标活动，提高资金使用效益，保证项目招标工作顺利进行，维护招投标活动当事人的合法权益，促进廉政建设，根据《中华人民共和国招标投标法》《中华人民共和国招标投标法实施条例》《中华人民共和国政府采购法》《中央单位政府集中采购管理实施办法》《北京市建设项目招标范围和规模标准规定》（北京市政府89号令）等法律法规，结合学校实际，特制定本办法。

第二条 使用财政性资金和纳入学校财务

管理的非财政性资金采购的货物、工程与服务的招投标活动，适用本办法。

本办法所称货物是指各种形态和种类的物品，包括原材料、燃料、家具、仪器、设备、软件、图书、教材、药品及医疗器械等；所称工程是指建设工程，包括建筑物和构筑物的新建、改建、扩建、装修、拆除、修缮等；所称服务是指除货物和工程以外的其他采购对象。

第三条 招投标活动应当遵循公开、公平、公正和诚实信用的原则。

第四条 任何单位不得将必须进行招标的项目化整为零或者以其他任何方式规避招标，不得以任何方式非法干涉招投标活动。

第二章 组织机构与职责

第五条 学校成立招投标工作领导小组，负责研究决定招投标工作的重大事项。领导小组组长为学校校长，常务副组长为分管招标工作的校领导，副组长为分管基建、资产、后勤、监察、审计等工作的校领导，成员为招标中心、资产管理处、基建处、后勤管理处、校长办公室、监察处、审计处、计划财务处等部门主要负责人。领导小组的主要职责有：

（一）审议校内招投标规章制度、工作计划和工作报告。

（二）审定学校“评标专家库”成员。

（三）研究决定学校重大项目的有关招投标问题。

（四）研究决定学校招投标工作中的其他重大事项。

第六条 招投标工作领导小组下设办公室，办公室设在招标中心，主要职责有：

（一）负责执行招投标工作领导小组的决定。

（二）负责招投标工作领导小组的日常工作。

第七条 招标中心是学校组织招标的执行机构，负责学校招投标工作的组织实施和提供招投标服务。主要职责有：

（一）贯彻国家招投标、政府采购的法律法规和方针政策，负责制订校内招投标工作的规章制度与工作程序。

（二）编制学校招投标年度工作计划。

（三）负责组织校内招标工作（中央政府采购目录中的项目，且未达到公开招标数额标准的由资产管理处负责组织实施）。

（四）负责委托校外招标项目的招标代理和进行相关招标组织等工作。

（五）负责组建与管理学校评标专家库。

（六）负责招投标过程有关文件与资料的整理与移交工作。

（七）完成招投标工作领导小组、分管校领导交办的其他工作。

第八条 涉及招投标活动的资产管理处、基建处、后勤管理处等业务主管部门须在各自的业务范围内履行下列职责。

（一）职责范围

1．货物：由资产管理处负责（与工程建设有关的货物由相应业务主管部门负责）。

2．工程：按资金来源由基建处或后勤管理处负责。

3．服务：按资金来源由资产管理处、基建处、后勤管理处等业务主管部门负责。

4．学校另有规定的，依照其规定执行。

（二）招标的前期准备工作

1．完成项目立项审批等手续，落实项目的预算经费及其来源，提交《华北电力大学项目招标申请表》。

2．提出详细的技术、商务和服务等要求，必要时须提出项目招标方式的建议与理由。工程项目必须提供准确的施工图和详细的招标范围。

（三）招标的实施过程工作

1．协助招标技术释疑（招标文件的技术要求，商务要求等细节由使用单位负责答疑）。

2．协助现场踏勘和答疑。

3．选派代表参与有关项目的资格审查和开标、评标、定标。

（四）招标的后期工作

1．负责合同的审核、签订，项目的组织实施、验收以及结算等事项。

2．按照学校有关规定完成项目资料的整体归档、移交工作。

第三章　招标范围和标准

第九条　符合下列范围及规模标准的学校货物、工程、服务等采购项目，必须进行公开招标。

（一）货物：预算经费在10万元以上（含10万元）的单项或批次货物。

（二）工程：预算经费在20万元以上（含20万元）的单项工程。

（三）服务：预算经费在10万元（含10万元）以上的服务项目；会议、培训、广告等特殊服务采购项目按照学校有关文件规定执行。

第十条　属于公开招标范围且达到招标规模标准，但符合下列条件之一的，可以采用邀请招标方式。邀请招标是指通过学校招标中心以投标邀请书的方式，邀请不少于3名符合资格条件的特定法人或者其他组织投标。

（一）技术要求复杂，或者有特殊的专业要求的。

（二）公开招标所需费用和时间与项目价值不相称，不符合经济合理性要求的。

（三）受自然资源或者环境条件限制的。

（四）法律、行政法规或者上级政府部门另有规定的。

第十一条　属于公开招标范围且达到招标规模标准，但符合下列条件之一的，可以不进行招标。

（一）涉及国家安全和国家秘密的。

（二）抢险救灾等突发应急的。

（三）采用特定专利或者专有技术的。

（四）为与现有设备配套而需从该设备原提供者处购买零配件的。

（五）法律、行政法规或者上级政府部门、学校另有规定的。

第十二条　属于公开招标范围且达到招标规模标准的货物或服务项目而不适宜以招标方式采购的，符合特定条件可采用竞争性谈判、单一来源采购、询价方式采购。

（一）符合下列条件之一，可采用竞争性谈判采购方式。

1．技术复杂或者性质特殊，不能确定详细规格或者具体要求的；

2．采用招标所需时间不能满足用户紧急需要的；

3．招标后没有供应商报名或者投标，或者没有合格标的，或者重新招标未能成立的。

（二）符合下列条件之一，可采用单一来源采购方式。

1．只能从唯一供应商处采购的。

2．发生了不可预见的紧急情况不能从其他供应商处采购的。

3．必须保证原有采购项目一致性或者服务配套的要求，需要继续从原供应商处添购。

（三）采购标的货物规格、标准统一、现货货源充足且价格变化幅度小的项目，可采用询价方式采购。

第十三条　在执行合同期间，如有需要与项目总承包方共同招标的项目，由招标中心、项目管理部门和项目总承包方共同组织实施，招评标程序按照本办法规定执行。

第十四条　对于预算经费在公开招标限额标准以下的零星工程、特定服务项目，招标中心通过校内公开招标的方式统一确定若干类型、一定数量和固定期限的供应商，相关业务主管部门按照规定程序在上述供应商范围内直接选定，并报招标中心备案。

第四章　业务程序

第十五条　资产管理处、基建处、后勤管理处等业务主管部门及用户单位应加强预算和项目实施工作的计划性，在学校年度预算下达后，审核、汇总各部门的招标采购计划，并报送学校招标中心。招标中心负责编制统一的招标计划，会同相关业务主管部门做好各项招标工作，保证招标任务按计划进行。

第十六条　招标项目必须提交《华北电力大学项目招标申请表》，申请表应当至少提前60天提交至招标中心（以计划开工日期或订货日期计算）。

第十七条　招标中心根据项目的类别、大小和需要组织相应的招标工作小组和资格审查小组。

（一）招标工作小组由招标中心主任担任组

长，成员由监察处、审计处、相关业务主管部门的代表组成。如项目需要，可邀请用户单位代表、职能部门代表和相关专家参加。招标工作小组的主要职责是：

1．审核招标项目的招标文件、竞争性谈判采购文件等重要内容。

2．审核邀请招标、竞争性谈判、单一来源采购、询价采购等非公开招标方式，报主管校长召集相关人员审核后确定被邀请人名单。

3．审核并确定重新招标失败的项目的采购方式、推荐承揽或供应商。

4．讨论招标工作其他重要事项。

（二）资格审查小组一般由招标中心、审计处以及相关业务主管部门代表组成，如项目需要，可邀请用户单位代表、职能部门代表和相关专家参加。其主要职责是审核资格条件，评定满足资格审查文件规定的投标人。监察处负责监督。

第十八条　公开招标程序：

（一）提交《华北电力大学项目招标申请表》。

《华北电力大学项目招标申请表》由业务主管部门提交，应具备下列内容：

1．项目立项及经费审批情况。

2．技术、商务及服务要求等。

（二）招标中心组织招投标实施。

1．审核申报材料。

2．确定招标方式，填写《华北电力大学项目招标审批表》，报分管招标工作的校领导审批。

3．编制招标公告、招标文件。按规定程序审核后，报分管招标工作的校领导审批。

4．发布招标公告，接受投标申请人报名并向正式投标人发售招标文件。

5．根据项目需要组织现场勘察和答疑。

6．接受投标人在规定时间内送达的投标文件。

7．组织投标人、业务主管部门代表、监督人员开标。

8．组建评标委员会依据招标文件规定进行评标，推荐中标候选人，并向招标中心递交书面评标报告。

9．招标中心填写《华北电力大学招标情况简表》，报主管校长召集相关部门、人员审核后经学校批准确定中标人。

10．公示中标结果。

11．向中标人发出中标通知书，向未中标人发出未中标通知书，向业务主管部门发出招标结果通知书和中标单位的投标文件，并作为签订合同的依据。

第十九条　邀请招标程序：

（一）提交《华北电力大学项目招标申请表》。

《华北电力大学项目招标申请表》由业务主管部门提交，应具备下列内容：

1．项目立项及经费审批情况。

2．技术、商务及服务要求等。

3．需要时提出采用邀请招标的充分理由。

（二）招标中心组织招投标实施。

1．审核申报材料。

2．确定招标方式，按规定程序审核后，填写《华北电力大学项目招标审批表》，报分管招标工作校领导审批。

3．提出被邀请人名单，有名单库的，可从符合资格条件的名单库中随机抽取；无名单库的，由资格审查小组提出，报分管招标工作校领导审批。

4．编制投标邀请书、招标文件，按规定程序审核后，报分管招标工作校领导审批。

5．向正式被邀请人发售投标邀请书、招标文件。

6．根据项目需要组织现场勘察和招标答疑。

7．接受投标人在规定时间内送达的投标文件。

8．组织业务主管部门代表、投标人和监督人员开标。

9．依法组建评标委员会，依据招标文件规定进行评标，推荐中标候选人，并向招标中心递交书面报告。

10．招标中心填写《华北电力大学招标情况简表》，报主管校长召集相关部门、人员审核后经学校批准确定中标人。

11．公示中标结果。

12．向中标人发出中标通知书，向未中标人发出未中标通知书，向业务主管部门发出招标结果通知书和中标单位的投标文件，并作为签订合同的依据。

第二十条 属于公开招标范围且达到招标规模标准，按规定可以不招标的项目，由招标中心会同业务主管部门，提出采购办法或者直接推荐承包单位，经招标工作小组讨论后报分管招标工作校领导批准后进行。

第二十一条 竞争性谈判、单一来源、询价方式的采购程序：

（一）采用竞争性谈判、单一来源采购、询价方式采购的，业务主管部门提交《华北电力大学项目招标申请表》，应包括下列内容：

1．项目立项及经费审批情况。

2．技术、商务及服务要求等。

3．需要时提出所采用招标方式的充分理由。

（二）招标中心组织采购活动：

1．审核申报材料。

2．确定采购方式按规定程序审核后，填写《华北电力大学项目招标审批表》，报分管招标工作校领导审批。

3．提出被邀请人名单，有名单库的，可从符合资格条件的库中随机抽取；无名单库的，由资格审查小组提出，报分管招标工作校领导审批。

4．编制邀请书、谈判文件或询价文件，按规定程序审核后，报分管招投标工作校领导审批。

5．向正式被邀请人发售邀请书、谈判文件或询价文件。

6．接受被邀请人在规定时间内送达的响应文件。

7．组织采购专家、业务主管部门代表、监督人员进行谈判或询价。

8．采购专家依据谈判文件或询价文件推荐成交供应商，并向招标中心递交书面评标报告。

9．招标中心依据谈判文件或询价文件提出成交供应商。

10．招标中心填写《华北电力大学招标情况简表》，报主管校长召集相关部门、人员审核后经学校批准确定中标人。

11．公示采购结果。

12．向成交供应商发出中标通知书，向未成交供应商和提交申请报告的单位发出采购结果通知书。

第二十二条 为提高招标效率，应充分利用计算机网络和通讯技术建立基于互联网的招标采购平台，开展电子招投标活动。

第五章 招 标

第二十三条 进行招标的项目，应当符合下列要求：

（一）按照有关规定需要履行项目审批手续的，已经获得了批准。

（二）项目资金已落实，具备开始实施所要求的资金。

上述要求应当在招标文件中清楚载明。

第二十四条 进行公开招标的，应当在招标中心网站或其他媒体公开发布招标公告，接受投标人报名。招标公告时间从发布之日起至投标报名截止之日不少于5个工作日。重大项目经招标工作领导小组批准后可在公共报刊等媒体上发布相关广告信息。

第二十五条 招标公告或投标邀请书应清楚载明下列事项：

（一）招标人名称、地址。

（二）招标项目的内容、规模、资金来源。

（三）招标项目的实施地点和工期。

（四）投标人应具备的资格条件。

（五）招标项目联系人姓名和电话。

第二十六条 资格审查包括资格预审和资格后审。资格预审是指在投标前对潜在投标人进行的资格审查。资格后审是指在开标后对投标人进行的资格审查。

（一）技术特别复杂或重大项目一般仍应采取资格预审方式。进行资格预审的，不再进行资格后审，但招标文件另有规定的除外。

（二）采用资格预审的，必须在招标公告或资格预审文件中载明正式投标人的确定方式。资格预审结果公示时间为3个工作日。

第二十七条 需要考察投标人或者需要投标人踏勘现场的，由招标中心组织业务主管部门以及有关专家进行考察或答疑。

第二十八条 招标中心应根据项目的特点和需要编制资格审查文件和招标文件。招标文件须清晰、明确地提出所有实质性的要求和条件，主要包括下列内容：

（一）招标公告或投标邀请书。

（二）投标人须知：

1．招标文件的组成、澄清、修改。

2．投标报价的编写要求及其修正方法。

3．投标文件的编制、签署、封装、递交、补充、修改、撤回等具体要求。

4．投标保证金和履约保证金的缴纳、退还方式及期限。

5．投标有效期。

（三）评标依据和标准、定标原则，主要评标办法、评标程序、确定废标的主要因素，评标结果的公示、公告。

（四）项目技术、商务和服务要求。

（五）拟签合同的格式、主要条款及内容。

（六）投标文件格式及要求。

（七）图纸目录、格式附录等，采用工程量清单招标的应当提供符合相关规范要求的工程量清单、招标控制价、结算及付款要求等。

第二十九条 招标文件不得有以下内容：

（一）要求或者标明特定的生产供应者或者管理、服务者。

（二）对潜在投标人含有预定倾向或者歧视条款。

（三）与已核准的招标范围、评标办法等内容存在实质性偏离。

第三十条 招标中心对已发出的招标文件进行必要的澄清或者修改的，应当在投标截止时间、开标时间15个日历天前，以书面形式通知所有招标文件收受人；在不影响投标人投标文件的情况下，在开标截止日期2个工作日以书面形式通知所有招标文件收受人，同时在招标中心网站发布相应的通知。该通知内容作为招标文件的组成部分。

第三十一条 招标中心应该给予投标人编制投标文件所需要的合理时间，公开招标的项目，应自招标文件发出截止之日起至投标人递交投标文件截止之日不少于20天。对于项目比较小，且技术不复杂的项目，可根据招标时间的安排，具体确定投标文件的投标时间，但不少于4个工作日。

第六章 投 标

第三十二条 投标人申请投标必须具备下列条件：

（一）符合招标公告、投标邀请书中规定的投标人资格条件，并按要求提供相关证明材料。采用资格预审的，须通过资格审查。

（二）购买招标文件，并支付相应费用。

（三）法律法规及招标文件规定的其他条件。

第三十三条 编制投标文件。

（一）投标人在获取招标文件后，应当按照招标文件的要求自主编制投标文件，投标文件应当对招标文件提出的实质性要求和条件作出明确的响应。

（二）招标项目属于建设工程施工的，投标文件的内容应当包括拟派出的项目负责人与主要技术人员的简历、企业业绩和拟用于完成招标项目的机械设备等。

（三）投标人根据招标文件载明的项目实际情况，拟在中标后将中标项目的部分非主体、非关键性工作进行分包的，应当在投标文件中载明。

第三十四条 对招标文件中含义不明确的内容，投标人可在投标截止时间、开标时间3个工作日前，以书面形式要求招标中心作出不超出招标文件范围的明确答复。

第三十五条 投标人应当在招标文件要求递交投标文件的截止时间前或指定的时间，将投标文件送达指定地点。招标中心负责签收保存投标文件，在开标前不得开启，并拒绝接受未密封或在投标截止时间后送达的投标文件。

第三十六条 投标人在招标文件要求提交投标文件的截止时间前，可以补充、修改或者撤回已提交的投标文件，并书面通知招标人。补充、修改的内容为投标文件的组成部分。

第三十七条 投标人在招标文件要求递交投标文件的截止时间后，不得撤回已提交的投标文件，除评标委员会专家书面要求投标人对投标文件模糊不清的内容作出解释、澄清外，投标人不得主动提出对投标文件进行解释、澄清、补充、修改。解释、澄清不得对实质性内容进行修改。

第三十八条 投标人不得以低于成本的报价竞标，也不得以他人名义投标或者以其他方式弄虚作假，骗取中标。

第七章 开标、评标和中标

第三十九条 开标应当在招标文件载明的提交投标文件截止时间的同一时间公开进行，开标地点应当是招标文件中载明的地点。

第四十条 开标会由招标中心主持，监督人员或投标人推选的代表负责按招标文件的规定检查所有已受理投标文件的密封情况，工作人员负责唱标和记录等工作。

第四十一条 发现投标文件有下列情形之一的，由评标委员会初审后按废标处理：

（一）投标函未加盖法定代表人或单位公章的。

（二）投标函无法定代表人、被授权人的签名或姓名印章的。

（三）未按招标文件规定格式填写，内容不全或关键字迹模糊不清的。

（四）投标人名称或组织结构与资格预审时不一致的。

（五）未按招标文件要求提交投标保证金的。

已作废标处理的投标人不得进入后续评审。

第四十二条 评标由招标中心依法组建的评标委员会负责。

（一）评标委员会成员由技术、经济等有关专家、业务主管部门或用户单位代表组成，成员人数为 5 人以上（含 5 人）单数，其中专家不得少于成员总数的三分之二。

（二）评标委员会的专家应当从学校的评标专家库或北京市评标专家库中分类随机抽取，符合下列情形之一的，经分管招标工作校领导批准后可由招标中心在监察处的监督下确定：

1．国家有特别要求的项目。

2．技术特别复杂、专业性要求特别高的。

3．采取随机抽取方式确定的专家难以胜任的。

4．专家库未建立健全或者其中没有相应专家的。

第四十三条 评标专家由招标中心在开标前 24 小时内抽取，并负责通知评标专家，通知时不得泄露与评标项目相关的任何内容。监察处负责监督。

第四十四条 任何与投标人有利害关系的人员不得进入相关项目的评标委员会。

第四十五条 评标专家库根据政府有关规定和学校实际情况建立。

所有专家一般应当具备从事相关领域工作满八年的经历，并具备高级职称或者具有同等专业水平。

第四十六条 评标委员会评标工作规则：

（一）按招标文件规定的评标程序、标准和方法对投标文件进行评审和比较。

（二）对投标文件中含义不明确的内容，要求投标人作出澄清或者说明。澄清或者说明必须符合原投标文件的范围或者实质性内容。

（三）对投标报价明显低于其他投标人或者在设有标底时明显低于标底的，应当要求投标人具体说明并提供相关证明材料。投标人不能合理说明或者不能提供相关证明材料的，由评标委员会按照有关文件规定认定为以低于成本价竞标，作废标处理。

（四）对内容存在下列重大偏差，实质上不能响应招标文件要求的投标文件，确定为废标：

1．不能满足完成投标项目期限。

2．附有招标人无法接受的条件。

3．明显不符合技术规格、质量要求、货物包装方式、检验标准和方法。

4. 不符合招标文件规定的其他实质性要求。

（五）对实质上符合招标文件要求，但在个别地方存在遗漏或者提供了不完整的技术信息和数据等细微偏差的投标文件，评标委员会应当要求该投标人在评标结束前予以澄清。

第四十七条 在评标过程中，发生下列情形之一的确认为招标失败。

（一）投标截止时收到的投标文件不足三

家的。

（二）出现影响招标公正的违法、违规行为的。

（三）因重大变故，采购任务取消的。

招标失败后，招标中心应当通知所有投标人，除招标任务取消情形外，一般应组织第二次招标。

第四十八条 在评标过程中，监督人员如发现有任何不公正的行为，应当立即纠正和制止，并做好相关记录和备案等工作。情况特别严重的，可暂停或中断评审，以维护评标过程的公正性、公平性以及严肃性。

第四十九条 评标委员会完成评标后，应当向招标人提出书面评标报告，按评标结果推荐一至三名中标候选人，并标明排列顺序。

第五十条 在中标结果确定之前评标委员会成员名单必须保密。评标委员会成员、工作人员、监督人员必须遵守评标纪律，不得以任何方式泄露评标情况。任何单位和个人不得非法干预、影响评标的过程和结果。

第五十一条 招标中心应根据招标文件规定的中标条件及评标委员会的推荐顺序提出中标人选，报主管校长审批后确定中标人。原则上以排名第一的投标人为中标人。

第五十二条 中标人确定后，招标中心应在招标中心网站对中标结果进行公示，公示时间为3个工作日。

第五十三条 招标中心应当依法受理投标人的质疑，监察处应当依法受理投标人的投诉。

第五十四条 质疑或投诉不影响中标结果的，招标中心应当向中标人发出中标通知书，向未中标人发出未中标通知书，向业务主管部门发出招标结果通知书，同时在招标中心网站发布中标公告。

中标通知书对招标人和中标人具有法律效力。中标通知书发出后，改变中标结果或中标人放弃中标项目的，应当依法承担法律责任。

第五十五条 业务主管部门或用户单位应当自中标通知书发出之日起30天内与中标人按照招标文件、投标文件订立书面合同。

订立合同时，不得另外订立违反招标文件、投标文件实质性内容的协议；不得对招标文件、投标文件作实质性修改。

第五十六条 设有投标保证金的，招标中心应当在合同签订后的5个工作日内，将投标保证金全额无息退回投标人。

第五十七条 中标人应当履行下列义务：

（一）按照合同约定完成中标项目。

（二）对分包项目承担连带责任。

（三）按照招标文件的要求在合同签订后5个工作日内向招标人提交履约保证金。

第八章 监督和罚则

第五十八条 学校招投标工作接受监察处等职能部门以及广大群众监督，监督的内容为有关招投标与采购的法律法规和学校规章制度的执行情况，主要包括：

（一）必须进行招标的项目不依法进行招标的。

（二）招标投标活动不按法定程序和规则进行的。

招标投标各方应当自觉接受监督检查。

第五十九条 监察处对于招投标过程中的重要环节，须派人员现场监督招投标过程中资审、开标、评标等活动，并对招投标活动中的违法违规行为进行核查处理。

第六十条 招标中心应当建立健全内部控制制度，明确招标投标活动的决策和执行程序，建立相互监督、相互制约的工作机制，自觉接受监督，切实加强反腐倡廉建设。

第六十一条 参与学校招标投标活动的单位和工作人员必须遵守国家的法律、法规和学校的有关规章制度。对于下列违法违规行为，学校应责令改正，对直接主管人员和其他直接责任人员，按照有关规定进行处理，涉嫌犯罪的，移送司法机关处理。

（一）应当采用公开招标方式而擅自采用其他方式采购的，将必须进行招标的项目化整为零或者以其他任何方式规避招标的。

（二）以不合理的要求限制或者排斥潜在投标人，对潜在投标人实行差别待遇或者歧视待遇，或者招标文件指定特定的投标人、含有倾向性或者排斥潜在投标人等其他内容的。

（三）与投标人恶意串通的。

（四）在采购过程中接受贿赂或者获取其他不正当利益的。

（五）泄露应当保密的与招标投标活动有关的情况和资料的。

（六）中标通知书发出后不与中标人签订采购合同的。

（七）在有关部门依法实施的监督检查中提供虚假情况的。

（八）其他违纪违规的行为。

第六十二条 投标人有下列情形之一，则中标、成交无效，投标保证金不予退还，取消投标人一年至三年内参加我校招标项目的投标资格并予以公告；给学校造成损失的，还应追究其经济责任或法律责任。

（一）提供虚假材料谋取中标的。

（二）采取不正当手段诋毁、排挤其他投标人的。

（三）与招投标工作有关单位和人员或其他投标人恶意串通的。

（四）向招投标工作有关单位和人员行贿或者提供其他不正当利益的。

（五）在招标过程中与采购单位进行协商谈判、不按照招标文件和中标人的投标文件订立合同，或者另行订立背离合同实质性内容的协议的。

（六）中标后无正当理由不与学校签订合同的。

（七）拒绝有关部门监督检查或者提供虚假情况的。

（八）其他违纪违规的行为。

第六十三条 评标专家有下列行为之一的，责令改正，没收违法所得，取消本次评标资格，并按学校有关规定处理；涉嫌犯罪的，移送司法机关处理。

（一）明知应当回避而不回避的。

（二）已知自己为评标专家身份后至评标公示前私下接触投标人的。

（三）在评标过程中有明显不正当倾向性的。

（四）收受投标人、其他利害关系人的财物或其他不正当利益的。

（五）泄露有关投标文件的评审和比较、中标候选人的推荐以及与评标有关的其他情况的。

上述行为影响中标结果的，中标结果无效。

第六十四条 为依法保护国家利益、社会公共利益和招标投标活动当事人的合法权益，对投诉行为做以下要求：

（一）投标人对评审或评标过程问题的投诉，为评审或评标结果公示之日起十日内。

（二）投诉人应为所投诉招标投标活动的参与单位，投诉书应当由其法定代表人签字并加盖公章，并提交法定代表人身份证明材料（如工商注册登记资料等）；其委托的代理人应当提交法人授权委托书、有效身份证明复印件等。

（三）投诉人故意捏造事实、伪造证明材料的，属于虚假恶意投诉，由投诉处理机构驳回投诉，由招标审查小组审议并经主管招标校领导同意后记入学校信用信息系统，三年内不得参与学校的任何招投标活动。

第九章 附 则

第六十五条 本办法自印发之日起开始实施；之前的其他有关管理规定，如有与本办法不一致的，以本办法为准。

第六十六条 本办法由招标中心负责解释。

附表：1．华北电力大学项目招标申请表

2．华北电力大学项目招标审批表

3．华北电力大学招标情况简表

附表 1：

华北电力大学项目招标申请表

申请单位：

<table>
<tr><td>项目名称</td><td colspan="3"></td></tr>
<tr><td>项目类别</td><td colspan="3">☐工程类　　☐货物类　　☐服务类</td></tr>
<tr><td>项目立项依据</td><td colspan="3"></td></tr>
<tr><td>资金来源</td><td></td><td>预算金额</td><td></td></tr>
<tr><td rowspan="2">建议招标方式</td><td>☐公开招标</td><td>☐邀请招标</td><td>☐竞争性谈判</td></tr>
<tr><td>☐单一来源</td><td>☐询价采购</td><td>☐其他方式</td></tr>
<tr><td>申请单位意见</td><td colspan="3">（盖章）
单位负责人签字：　　　　年　　月　　日</td></tr>
<tr><td>主管领导意见</td><td colspan="3">主管领导签字：　　　　年　　月　　日</td></tr>
<tr><td>项目联系人</td><td></td><td>办公电话</td><td></td></tr>
<tr><td>移动电话</td><td></td><td>电子邮箱</td><td></td></tr>
<tr><td rowspan="7">递交资料清单</td><td colspan="3">1．项目立项审批材料</td></tr>
<tr><td colspan="3">2．项目资金落实材料</td></tr>
<tr><td colspan="3">3．项目技术、商务、服务等相关要求</td></tr>
<tr><td colspan="3">4．其他要求（如有）</td></tr>
<tr><td colspan="3"></td></tr>
<tr><td colspan="3"></td></tr>
<tr><td colspan="3"></td></tr>
<tr><td>备注</td><td colspan="3"></td></tr>
</table>

项目招标申请表填写说明

为规范学校招标流程，并为学校各项目的招标工作提供依据，健全招标项目信息，提高工作效率，请招标项目申请单位严格按照《华北电力大学项目招标申请表》中的要求填写各项具体内容和提交相关证明材料。

一、申请单位：基建处、后勤管理处作为工程及其服务类项目的申报单位，资产管理处作为货物类项目、非工程服务类项目的申报单位，其他项目由用户部门作为申报单位。

二、项目名称：请根据项目实际情况简洁、准确填写。

三、项目类别：分为“工程类”、“货物类”、“服务类”，请根据项目实际情况，选择其中一项。

四、项目立项依据：相关立项批文（例如：教育部批文、学校办公会批文、校园规划审批、内部请示等）。

五、资金来源：根据“财政拨款”、“学校自筹”、“部门自筹”和“项目自筹”等填写（例如:财政拨款—修购资金、学校自筹—修购资金、项目自筹—“211”资金等）。

六、预算金额：是指经过项目经费部门负责人确认的金额（工程预算造价需经过相关单位审核确认）。

七、建议招标方式：分为“公开招标”、“邀请招标”、“竞争性谈判（货物招标）”、“单一来源（货物招标）”、“询价采购（货物招标）”、“其他方式（工程及其服务招标）”。其中公开招标为校内招标的主要方式。请根据项目实际情况，选择其中一项。建议采用后五种方式的，须附选择该方式的建议报告。

八、申请单位意见：本表须由申请单位负责人签署意见，加盖公章。

九、主管领导审批：本表须由申报单位主管校级领导审批并签署意见。

十、递交资料清单：须包含以下内容（请于表中填写目录并提交附件）：

（1）项目立项审批材料。

（2）经费预算审批情况：预算及其来源、市场参考价或预算造价等证明材料。

（3）建议招标方式的建议报告：选择该招标方式的充分理由。

（4）技术要求：经审定的施工图纸、工程量清单或货物名称、数量、功能、技术参数、质量标准、节能环保指标等。

（5）商务要求：投标人条件（注册资金、专业资质等，无特别要求的项目可以不写）、付款条件（结算方式、支付方式、支付进度等）、交货条件（竣工时间、交货期、交货地点、安装调试进度等）、合同条件（履约保证金、质保期、验收标准、保险以及争端的解决等）等。

（6）服务要求：操作培训、售后维护及维修等。

（7）其他内容：重大、复杂的项目或者其他有需要的项目请另外附加必要的内容。

十一、项目联系人等：填写项目联系人相关信息，并由项目联系人将此表及“递交资料清单”“所列明的材料一并递交招投标中心。

十二、表格下载：本表可在招投标中心网站下载。

附表 2：

华北电力大学项目招标审批表

<table>
<tr><td>项目名称</td><td colspan="3"></td></tr>
<tr><td>项目类别</td><td colspan="3">□工程类　　□货物类　　□服务类</td></tr>
<tr><td>资金来源</td><td></td><td>预算金额</td><td></td></tr>
<tr><td>拟定招标方式</td><td>□公开招标</td><td>□邀请招标</td><td>□竞争性谈判</td></tr>
<tr><td></td><td>□单一来源</td><td>□询价采购</td><td>□其他方式</td></tr>
<tr><td>拟定评标办法</td><td colspan="3"></td></tr>
<tr><td>审查小组意见</td><td colspan="3">小组人员签字：
年　月　日</td></tr>
<tr><td>主管领导批示</td><td colspan="3">主管领导意见：
年　月　日</td></tr>
<tr><td>项目联系人</td><td></td><td>办公电话</td><td></td></tr>
<tr><td>移动电话</td><td></td><td>电子邮箱</td><td></td></tr>
</table>

附表 3：

华北电力大学招标情况简表

填报单位名称　　　　　　公章　　　　　　　　　　　　　　填报时间：　　年　　月　　日

<table>
<tr><td colspan="2">招标项目</td><td></td><td>组织招标单位</td><td></td></tr>
<tr><td colspan="2">招标时间</td><td></td><td>招标方式</td><td></td></tr>
<tr><td colspan="2">招标地点</td><td></td><td rowspan="2">采购数量
（工程预算）</td><td rowspan="2"></td></tr>
<tr><td colspan="2">使用单位</td><td></td></tr>
<tr><td>序号</td><td colspan="2">竞 标 单 位</td><td>竞 标 价 格</td><td>备　注</td></tr>
<tr><td></td><td colspan="2"></td><td></td><td></td></tr>
<tr><td></td><td colspan="2"></td><td></td><td></td></tr>
<tr><td></td><td colspan="2"></td><td></td><td></td></tr>
<tr><td></td><td colspan="2"></td><td></td><td></td></tr>
<tr><td></td><td colspan="2"></td><td></td><td></td></tr>
<tr><td></td><td colspan="2"></td><td></td><td></td></tr>
<tr><td colspan="3">中 标 单 位</td><td>中 标 价 格</td><td>备　注</td></tr>
<tr><td colspan="3"></td><td></td><td></td></tr>
<tr><td colspan="2" rowspan="2">评 标 委 员（签名）</td><td colspan="3"></td></tr>
<tr><td colspan="3"></td></tr>
<tr><td colspan="2">纪监审人员（签名）</td><td colspan="3"></td></tr>
<tr><td colspan="2">主 管 领 导 审 批 意 见</td><td colspan="3">签名：</td></tr>
</table>

二〇一二年三月十九日

华北电力大学评标专家和评标专家库管理暂行办法

华电校招〔2012〕2号

第一章　总　则

第一条　为加强对评标专家的监督管理，健全评标专家库制度，保证评标活动的公平、公正，提高评标质量，根据《中华人民共和国招标投标法》《评标专家和评标专家库管理暂行办法》及国家有关规定，并结合我校实际，制定本办法。

第二条　本办法所称评标专家，是指符合本办法规定条件和要求，经招标中心、人事部门按照规定程序审查合格，并报招标领导小组批准，具有相关专业较高理论水平和丰富实践经验，以独立身份从事和参加学校物资设备采购、工程和服务招标等相关咨询、评审、验收工作的专业人员。

第三条　本办法适用于评标专家的资格认定、入库及评标专家库的组建、使用、管理活动。

第四条　评标专家库由招标中心依照国家法规和学校相关的规定自主组建，评标专家库的组建活动应当公开，接受公众监督。

第二章　评标专家推荐和任用

第五条　专家入选评标专家库，采取个人申请和单位推荐两种方式。采取单位推荐方式的，应事先征得被推荐人同意。个人申请书或单位推荐书应当存档备查。

符合下列条件和要求的在职和离退休专家，由所在单位或有关专家推荐担任学校评标专家，也可以向学校相关管理部门、人事部门自荐：

（一）具有较高的政治思想素质和良好的职业道德，在评审过程中能以客观公正、廉洁自律、遵纪守法为行为准则；

（二）从事相关专业领域工作满八年并具有高级职称或同等专业水平，或是某领域公认的专家；

（三）本人愿意参加学校招标项目的评审活动，身体健康，能接受邀请并担任评委；

（四）无违法、违纪记录；

（五）学校管理部门要求的其他条件。

第六条　申请或推荐担任学校评标专家，应当填写《华北电力大学评标专家申请登记表》，同时提交下列材料（原件验证后退还）：

（一）个人简历；

（二）资格证书、学历证书（原件及复印件）；

（三）个人成就（包括学术论文、科研成果、发明创造等证书或证明材料原件及复印件）；

（四）本人身份有效证件（原件及复印件）。

第七条　招标中心和人事部门应当对申请人或被推荐人进行评审，经审核具备相应资格的专家，招标中心和人事部门填写《华北电力大学评标专家审核表》，报招标领导小组批准，由招标中心和人事处发给《华北电力大学评标专家聘书》。

第八条　学校评标专家聘任资格期限为两年，期满后符合条件的，可续聘；聘用期因故需要解聘的由招标中心和人事处办理有关解除聘用手续。

第三章　评标专家的权利与义务

第九条　评标专家在学校评标活动中享有以下权利：

（一）对评审项目相关情况的知情权；

（二）对供应商所供产品质量的评审权；

（三）评标活动中推荐中标入围单位的表决权；

（四）按相关规定领取评审报酬的享有权；

（五）国家法律、法规和学校规章制度规定的其他权利。

第十条　评标专家在学校评标活动中承担以下义务：

（一）为学校招标评审提供真实、可靠的评审意见；

（二）严守学校评审纪律，不向外泄露评标情况；

（三）发现供应商在学校采购活动中有不正当竞争行为，应及时报告并加以制止；

（四）法律、法规和规章规定的其他义务；

（五）签署《评委承诺书》，履行向学校所作的庄严承诺。

第四章 评标专家的使用和监督

第十一条 学校评标专家库由经济专家库、相关技术专家库和管理专家库三部分构成，招标项目评标时，由招标中心根据招标文件要求，按程序抽选评标专家组成该项目评标委员会。

第十二条 评标委员会由相关技术、经济和管理等方面的专家组成，成员人数应当为五人以上（含五人）单数。其中，技术、经济等方面的专家不得少于成员总数的三分之二。根据专家个人简历及相关资料，分类建立学校评审专家库。每次学校招标活动前，本着专业对口的原则，从专家库中随机抽取，同时确定1～2名候选专家，以备需回避或其他不可预见情况时递补。

第十三条 评标专家的抽选工作由招标中心负责。评标专家的抽取时间原则上应当在评标前半天或前一天进行，特殊情况不得超过两天。

参加评标专家抽取的有关人员对被抽取专家的姓名、单位和联系方式等内容负有保密的义务。

第十四条 评标专家的抽选采用以下方式：

（一）一般项目的评标专家，应当从学校评标专家库中以随机方式抽取产生，原则上每个单位不得超过一名以上评委；

（二）技术复杂、专业性极强的采购项目，通过随机方式难以确定合适评标专家的，经主管校长同意，可以采取选择性方式确定评标专家。

第十五条 评标专家应以科学、诚实、客观、公正的态度参加招标的评审工作，并在评审过程中不受任何使用单位、供应商、集中采购机构或招标代理机构以及其他机构干扰，独立、负责地提出评审意见。

第十六条 评标专家不得参与同自己有利害关系的招标项目的评审活动。对与自己有“利害关系”的评审项目，如受到邀请，应主动提出回避。

第十七条 评标专家有下列情况之一的，取消其专家资格，收回所发聘书：

（一）不能客观公正履行职责，故意损害学校、供应商等正当权益的；

（二）违反国家有关廉洁自律规定，私下接触参与竞争的供应商或收受有关利害关系人的财物或者其他好处的；

（三）违反学校规定向他人透露对投标文件的评审和比较、中标候选人的推荐以及与评标有关的其他情况及其他信息的；

（四）专家之间私下达成一致意见，违背公平、公正、公开原则，影响评标结果的；

（五）以学校专家名义从事有损学校形象的其他活动的；

（六）被随机选定后并接受邀请，无正当理由，而未按时参加评审，影响工作的；

（七）弄虚作假骗取评标专家资格的。

对由于上述行为给有关单位造成经济损失的，有关评标专家应承担赔偿责任；构成犯罪的，将移送司法机关追究其刑事责任。

第十八条 上述**第十六条**所称“利害关系”，包括以下情形：

（一）专家本人或亲属在投标单位任职；

（二）专家本人是投标项目的上级单位人员；

（三）与投标人有其他社会关系或者经济利益关系，可能影响公正地履行职责的。

第五章 评标专家的培训和管理

第十九条 学校评标专家库评标专家的遴选、更换、考核、奖惩等专家库的维护和管理工作，由招标中心会同学校相关部门负责。

第二十条 为加强对评审专家的管理，建立定期培训制度，把对专家的培训和考核纳入全年工作计划，学校相关部门要定期为专家发送学习资料，让专家及时了解和掌握物资设备采购、工程和服务等各类招标相关的国家政策、法规、相关知识和工作动态。

第二十一条 参加招标项目评审的专家的劳务费在招标项目中列支。评标劳务费发放标准如下：

（一）一般项目的评标，校内专家 100 元/项，校外专家 200 元/项，校外专家劳务费多出部分为交通补贴。

（二）技术复杂、专业性强项目的评标，校内专家200元/项，校外专家400元/项，校外专家劳务费多出部分为交通补贴。

（三）委托招标代理公司进行的招标项目，按照北京市通行的办法支付评标劳务费。

第六章　违规处罚

第二十二条　招标人或其委托的招标代理机构不从依法组建的评标专家库中抽取专家的，评标无效；情节严重的，由有关行政监督部门依法给予警告。

第七章　附则

第二十三条　本办法由招标中心负责解释。

第二十四条　本办法自公布之日起实施。

附：1．华北电力大学评标专家登记表

2．华北电力大学评标专家审核表

3．评委承诺书

附 1：

华北电力大学评标专家登记表

编号：

<table>
<tr><td>姓名</td><td></td><td>性别</td><td></td><td>出生年月</td><td></td><td rowspan="5"></td></tr>
<tr><td>身份证号</td><td colspan="2"></td><td>工作单位</td><td colspan="2"></td></tr>
<tr><td>职务</td><td colspan="2"></td><td>职称</td><td colspan="2"></td></tr>
<tr><td>毕业院校</td><td colspan="2"></td><td>学历</td><td colspan="2"></td></tr>
<tr><td>所学专业</td><td colspan="2"></td><td>推荐方式</td><td colspan="2">单　位　推　荐：□
行业（专业）协会推荐：□
自　我　推　荐：□</td></tr>
<tr><td>现从事专业</td><td colspan="4"></td><td>起始时间</td><td></td></tr>
<tr><td>单位地址</td><td colspan="2"></td><td>电话</td><td></td><td>邮编</td><td></td></tr>
<tr><td>家庭地址</td><td colspan="2"></td><td>电话</td><td></td><td>邮编</td><td></td></tr>
<tr><td>手机号码</td><td colspan="2">（必填）</td><td>E-Mail</td><td colspan="3"></td></tr>
<tr><td>其他专业资格及评聘时间</td><td colspan="6"></td></tr>
<tr><td>单位推荐意见</td><td colspan="2">（公章）
年　月　日</td><td>行业（专业）协会推荐意见</td><td colspan="3">（公章）
年　月　日</td></tr>
<tr><td>专业工作主要经历（项目和论文）</td><td colspan="6"></td></tr>
<tr><td>负责或参与评审（评标）的重大项目和年份</td><td colspan="6"></td></tr>
<tr><td>参加何种协会担任何种职务</td><td colspan="6"></td></tr>
<tr><td>与哪家企业有利益关系或技术指导关系</td><td colspan="6"></td></tr>
<tr><td>本人最适合参与的评标项目（品目）</td><td colspan="6"></td></tr>
</table>

<table>
<tr><td>擅长评审上述类别项目（品目）中包括主要设备和项目内容</td><td colspan="3"></td></tr>
<tr><td>参与评审应回避的有关系的单位</td><td colspan="3"></td></tr>
<tr><td>专家签名</td><td>年　月　日</td><td>本表信息审核入库情况</td><td>本表信息已输入。
输入人：

年　月　日
本表信息已审核。
审核人：

年　月　日</td></tr>
</table>

附 2：

华北电力大学评标专家审核表

编号：

<table>
<tr><td>姓名</td><td></td><td>性别</td><td></td><td>出生年月</td><td></td><td rowspan="5"></td></tr>
<tr><td>身份证号</td><td colspan="2"></td><td>工作单位</td><td colspan="2"></td></tr>
<tr><td>职务</td><td colspan="2"></td><td>职称</td><td colspan="2"></td></tr>
<tr><td>毕业院校</td><td colspan="2"></td><td>学历</td><td colspan="2"></td></tr>
<tr><td>所学专业</td><td colspan="2"></td><td>推荐方式</td><td colspan="2">单　位　推　荐：□
行业（专业）协会推荐：□
自　我　推　荐：□</td></tr>
<tr><td>现从事专业</td><td colspan="4"></td><td>起始时间</td><td></td></tr>
<tr><td>适合参与的评标项目</td><td colspan="6"></td></tr>
<tr><td>招标中心意见</td><td colspan="6"></td></tr>
<tr><td>人事部门意见</td><td colspan="6"></td></tr>
<tr><td>招标领导小组意见</td><td colspan="6"></td></tr>
<tr><td>备注</td><td colspan="6"></td></tr>
</table>

附3：

评委承诺书

我庄严承诺：

一、认真履行评委职责。遵循“公平、公正、公开”的原则，严格按照评分标准，依据项目招标文件和投标书内容客观打分，不打人情分、关系分。

二、执行回避制度规定。本人与项目投标单位既无亲情关系，也没有经济及其他利益关系。

三、恪守规则廉洁自律。项目开标前不与项目投标单位接触，项目开标后不擅自透露评标结果及其相关情况。不接受项目投标单位的馈赠，不向项目投标单位索贿。

上述承诺，本人一定严格履行。如有违反，本人愿意接受纪律处罚直至承担法律责任。

承诺人：

年　　月　　日

二〇一二年三月十九日

□重要文件

IMPORTANT ARTICLES

华北电力大学进一步深化人事制度改革原则意见

华电党〔2012〕1号

为进一步贯彻《国家中长期教育改革和发展规划纲要（2010—2020年）》精神，落实我校第一次党代会确定的战略任务，为高水平大学建设提供强有力的人力资源支持，根据中组部、人事部、教育部《关于深化高等学校人事制度改革的实施意见》等文件和相关法规精神，结合学校实际，制定本原则意见。

一、指导思想和目标

第一条 深化学校人事制度改革是适应国家高等教育发展、构建现代大学制度的需要。随着国家“科教兴国，人才强国”战略的实施，高等学校在人才培养、科学研究、社会服务、文化引领等大学使命方面方向更加明确，任务更加艰巨，迫切需要完善与教育事业发展相适应的内部治理结构和劳动人事制度，为全面提高高等教育质量提供强有力的组织保证和人力支持。

第二条 深化学校人事制度改革是适应我校高水平大学建设的需要。随着学校办学规模的不断扩大和办学层次的不断提升，学校事业取得了长足的发展，同时也面临新的形势、任务和要求，暴露出一些与学校发展不相适应的新问题，学校发展正处于高水平大学建设攻坚克难的关键时期，迫切需要改革与之不相适应的管理体制和运行机制。

第三条 深化学校人事制度改革是适应我校办学实际的需要。历史形成的我校两地办学的实际情况，客观上造成了与同等规模学校相比，管理机构偏多，行政人员比例偏高，管理运行成本较大，办学绩效偏低，迫切需要进一步推进校内劳动人事改革，合理配置人力资源，优化人员结构，强化竞争激励机制，完善用人和分配制度。

第四条 通过深化学校人事制度改革，科学合理地设置校内机构，严格控制各类人员结构比例，提高办学效益；完善教师职务聘任制，强化竞争机制，努力建立一支与高水平大学建设相适应的教学科研并重的师资队伍；完善约束与激励相结合的全员评价体系，调动广大教职员工工作积极性和创造性，推进我校高水平大学建设。

二、健全全员考核制度，完善考核评价体系

第五条 进一步强化考核的导向作用。以全员考核为中心，进一步提高考核标准，加大对院系和部门考核力度。学校修订各类人员考核办法，进一步加大对各级各类人员的考核力度，进一步提高考核标准，完善与高水平大学建设相适应的教职工考评体系。教学和科研的考核和教学优秀奖，科技先进个人评选结合进行。

第六条 建立健全教师考评体系。教师实行年度考核和聘期考核相结合、以年度考核为主的考核方式，对于已经形成的国家级科技创新平台、重大科研团队可进行团队考核；根据学科发展水平和特点，根据教师承担的教学、科研任务，实行分类考核；教师考核仍然实行积分制，考核评价要由数量评价向更加重视质量评价转变，年度考核优秀的产生转为条件控制。

第七条 严格考核管理。学校鼓励各院系制定不低于学校统一考核标准、适合本单位实际的考核细则。严格考核纪律，明确考核要求，规范考核程序，杜绝学术不端行为，对于在考核中弄虚作假者，一经查实，严肃处理。

第八条 加大对考核结果的应用力度。考核结果与薪酬分配、专业技术职务晋升、岗位聘任等直接挂钩；建立与考核结果相一致的校内转岗和退出机制，促进教师等各类人员合理流动。对于考核为优秀的二级单位，在教职工考核优秀比例、年终考核津贴分配上实行倾斜。

三、调整校内津贴结构，加大分配改革力度

第九条 按照大学两地实质性一体化办

学原则，进一步推进劳动工资薪酬结构和标准的统一。

第十条 调整校内岗位津贴。进一步理顺校内各类人员收入分配关系，调整校内津贴结构，进一步向优秀人才和关键岗位倾斜。

第十一条 探索年终考核津贴发放方式。在严格考核的基础上，对考核优秀人员加大考核奖励力度，并在部分院系进行试点，改革年终考核津贴发放方式。

第十二条 以岗定薪，岗变薪变。全校各类人员按照受聘岗位执行相应的劳动工资标准，受聘岗位发生变化时，其工资标准随之调整。

四、严格岗位管理，推进全员聘任

第十三条 严格编制管理。按照上级相关要求，科学制定和严格执行各类人员编制，重点引进高层次人才，扩大教师队伍规模。适当补充其他专业技术人员，严控管理人员规模。

第十四条 进一步推进全员聘任制。科学合理地设置各类岗位，明确岗位职责、任职条件、权利义务和聘任期限，按照规定程序对各级各类岗位实行公开招聘，平等竞争，择优聘用，合同管理。

第十五条 推进专业技术人员职务聘任制。打破专业技术人员职务终身制，实现由资格评审向岗位聘任、由身份管理向岗位管理、由指标控制向结构比例控制的转变，建立人员能进能出、职务能上能下、待遇能高能低、竞争和激励相结合、有利于优秀人才脱颖而出的用人机制。

第十六条 严格管理人员和工勤人员聘任和管理。管理岗位强调一岗多能和岗位职责，进一步提高管理能力和服务水平；工勤系列人员按岗聘任，实行自然减员。

第十七条 推进劳动用工制度改革。推进人事代理制度，加大聘用人员（含项目聘用人员）力度，制定聘用人员管理办法，依法规范管理。

五、整合职能，精简机构，加强管理，提高效能

第十八条 科学合理设置各类机构。根据学校教学、科研、管理、党建和服务等不同职能，按照精简、效能原则，探索大部制管理模式，对工作性质和主体职能基本相同或相近的机构实行合并或合署办公。

第十九条 校部、校区机构不完全对应。结合两地办学的实际情况，根据工作职责、任务和性质，灵活设置校部和校区的机构，两地不实行一一对应，建立职责分明、运行高效、适合两地实质性一体化办学的管理体制和运行机制。

第二十条 推进管理重心下移。进一步发挥和调动基层单位积极性，在人员聘任、考核、津贴分配、奖励等方面赋予院系、国家级科技创新平台和重大科研团队更多自主权，建立责任、权利和义务相结合的管理体制。

第二十一条 积极创造条件，推进院系乃至大学实验与实践教学中心的建立。现阶段先进行院系实验资源的整合，使人力资源、实验设备进一步相对集中，设立院系实验中心，待时机成熟时，建立大学（校区）实验与实践教学中心。

第二十二条 强调劳动纪律，加强劳动管理。教职工要认真履行岗位职责，严格遵守劳动纪律和各项规章制度。进一步加大劳动纪律巡查力度，提高工作水平和业务能力，提高办事效率。

二〇一二年一月三日

华北电力大学选举出席中共北京市第十一次代表大会代表工作方案

华电党〔2012〕2 号

为贯彻落实《中共北京市委关于中国共产党北京市第十一次代表大会代表选举工作的通知》（京发〔2012〕2 号）精神，按照《中共北京市委教育工作委员会关于中国共产党北京市第十一次代表大会代表选举工作方案》（京教工〔2012〕12 号）文件要求，结合我校工作实际，制订本方案。

一、组织领导

做好市第十一次党代会代表选举工作，是全市各级党组织的一项重大政治任务。为切实加强领导，认真抓好组织落实工作，党委决定成立选举工作领导小组。

组　长：吴志功

副组长：党委办公室、纪委办公室、组织部、宣传部负责人

成　员：各党总支（直属党支部）书记

选举工作领导小组下设办公室，办公地点设在党委组织部，负责相关具体工作。

各党总支（直属党支部）也要相应成立选举工作小组，党总支（直属党支部）书记任组长，负责此次选举工作的开展。

二、代表名额分配和结构要求

北京市第十一次党代会代表名额为 750 名，市委分配给高校系统 83 名。按照市委要求，83 名代表中，校级领导干部不多于 53 名，基层一线代表不少于 30 名（其中专业技术人员 18 名、各类先进模范人物 12 名）；女代表不少于 41 名，少数民族代表不少于 6 名，50 岁以下代表不少于 41 名（年龄计算到 2012 年 4 月 30 日）。

根据市委提出的结构要求，市委教育工委根据各高校所辖党组织的数量、党员人数和工作需要对各高校的代表名额和结构要求提出指导意见，分配给我校 1 名代表名额，具体结构不限。

三、代表条件

市第十一次党代会代表应是本市共产党员中的优秀分子，能够模范遵守和贯彻党章，按照党员标准严格要求自己，保持共产党员先进性，具有共产主义远大理想和中国特色社会主义坚定信念，认真学习马克思列宁主义、毛泽东思想、邓小平理论和“三个代表”重要思想，深入贯彻落实科学发展观；能够坚决执行党的路线方针政策，正确理解和认真贯彻中央的指示精神，维护党的集中统一，同党中央保持高度一致，讲政治，顾大局，守纪律，立场坚定，明辨是非，坚持原则，在关键时刻经得起考验；能够自觉践行党的根本宗旨和社会主义核心价值体系，弘扬“北京精神”，密切联系群众，热忱服务群众，受到群众拥护，遵守国家法律法规，有良好的思想作风、工作作风和生活作风，公道正派，清正廉洁，道德品质好；能够充分发挥共产党员先锋模范作用，敢于担当、敢于碰硬、敢于创新，带头创先争优，敬业勤奋，真抓实干，开拓创新，努力推动科学发展、促进社会和谐，在生产和工作中作出显著成绩；能够正确行使党员的民主权利，忠实履行代表的职责，具有较强的议事能力和群众工作本领，积极并如实反映党员和群众的意见和要求，自觉接受监督。

市党代会代表与市人大代表、市政协委员一般不交叉。

四、代表的产生程序和时间安排

在市第十一次党代会代表选举过程中，各级党组织要严格执行党章和党内有关规定，积极发

扬民主，确保选好选优。代表推选实行差额推荐、差额考察、差额选举、两次公示，保证当选代表的政治先进性和党员代表性。

（一）动员部署（2012年3月5—9日）

2012年3月5—6日，完成《华北电力大学选举出席中共北京市第十一次代表大会代表工作方案》的制定并与市委教育工委沟通。

2012年3月7—9日，校系两级领导小组分别召开党总支（直属党支部）书记和党支部书记会议进行工作部署，并采取多种形式进行宣传和动员。

（二）推荐提名（2012年3月10—14日）

推荐提名从基层党支部开始，采取自下而上、上下结合、反复酝酿、逐级遴选的办法进行，所有基层党组织和党员参加。

党支部召开党员大会进行推荐提名，且推荐人数不少于2名，根据多数党员的意见，提出代表候选人推荐人选上报党总支；党总支召开党总支会，根据多数党支部或多数党员的意见遴选人选，并就遴选结果征求党支部和党员的意见；2012年3月14日前，各党总支召开党总支会，根据多数党支部或多数党员的意见，按照不少于应选代表 50%的差额比例提出代表候选人推荐人选，填写《华北电力大学出席中共北京市第十一次代表大会代表候选人推荐人选情况表》（见附件），上报学校党委组织部。

（三）确定考察对象并进行考察和公示（2012年3月15日—3月26日）

2012年3月16日前，学校党委根据多数基层党组织或多数党员的意见，按照不少于应选代表 40%的差额比例研究提出代表候选人初步人选考察对象建议名单，2012年3月19日前，与市委教育工委沟通，在市委教育工委与市委组织部沟通后，学校召开党委会确定我校代表候选人初步人选考察对象名单。

学校对考察对象进行考察。考察时，实行考察预告，要征求考察对象所在单位党组织以及同级纪检机关的意见。考察期间，在学校和北京组工网上公示7天。考察后形成1500字左右的考察材料报市委教育工委，考察材料既要有优点、长处，又要有缺点、不足，还应包括公示结果。

（四）确定代表候选人初步人选并公示（2012年3月27日—4月4日）

2012年3月28日前，学校召开党委会，根据分配的名额和代表条件、结构要求以及考察情况，研究提出代表候选人初步人选，并与市委教育工委沟通。市委教育工委研究并报市委同意后，通过新闻媒体面向社会公示7天。

（五）确定代表候选人预备人选（2012年4月5—6日）

2012年4月6日前，学校召开党委全委会，投票确定代表候选人预备人选，报市委教育工委进行初步审查。

（六）代表选举（2012年4月7—11日）

2012年4月11日前，学校召开党员代表大会，按照不少于应选代表 22%的差额比例进行直接差额选举。选举结果报市委教育工委。

五、工作要求

（一）加强领导。做好市第十一次党代会代表选举工作，是全校各级党组织的一项重大政治任务。学校专门成立选举工作领导小组，负责我校代表选举工作的领导和组织实施，党委各部门积极配合、协同工作。各级党组织要高度重视，将其列入重要工作日程，切实加强领导，精心组织安排，要严格按党章办事，认真贯彻执行党的民主集中制，确保圆满完成党代会代表选举工作。

（二）坚持标准。各级党组织要严格标准条件，特别要突出把握代表的政治先进性，真正做到优中选优，把群众公认的优秀党员选为代表。

（三）严把进度。各级党组织要严格按照代表产生程序操作，把握好时间节点，加强上下沟通，保证工作进度。

（四）广泛宣传。各级党组织要加强代表选举工作的宣传，营造良好的舆论环境，激励基层党组织和广大党员积极参与代表人选的推荐提名，努力实现基层党组织和党员参与率、党员受教育率达到100%。要注重教育引导，加强民主集中制教育，做好深入细致的思想政治工作，引导党员干部正确对待提名和选举结果。要注重做好流动党员、离退休党员和年老体弱党员等群体参与推荐提名的工作。

（五）严肃纪律。各级党组织要深入开展党性党风党纪教育，加强党员的党性锻炼。要加强对代表选举工作的全程监督，畅通和拓宽监督渠道，营造风清气正的环境。对反映代表人选的有关问题，要认真调查核实，妥善处理，重要情况及时报告校党委。

附：华北电力大学出席中共北京市第十一次代表大会代表候选人推荐人选情况表及填写说明

附件：

华北电力大学出席中共北京市第十一次代表大会代表候选人推荐人选情况表

党总支、直属党支部名称（盖章）：＿＿＿＿＿＿＿＿ 填表人：＿＿＿＿＿＿＿＿

党员领导干部××名（按姓氏笔画为序）										
姓名	现任职务	性别	民族	籍贯	学历学位	出生年月（岁）	入党年月	参加工作时间	身份	备注

生产和工作第一线党员××名（按姓氏笔画为序）										
姓名	现任职务	性别	民族	籍贯	学历学位	出生年月（岁）	入党年月	参加工作时间	身份	备注

填写说明

《情况表》中党员领导干部和基层一线代表分别填写在相应表格中，人选按姓氏笔画为序。校级领导干部中从事教学科研工作的专家、学者仍视为领导干部，基层一线代表包括非校领导、非具有独立法人资格的二级单位领导班子成员。

十七大代表、十一届全国人大代表、十一届全国政协委员、市第十次党代会代表、十三届市人大代表、十一届市政协委员、全国优秀共产党员、全国优秀党务工作者、全国劳动模范、全国“三八”红旗手、全国道德模范以及获得省部级以上荣誉称号的，应在“备注”栏内注明。荣誉称号应注明授予时间，称号表述要准确，如 2011 年全国优秀共产党员，第三届全国道德模范。

“两委”委员，可分别简称为十七届中央委员、十七届中央候补委员、十七届中央纪委委员、十届市委委员、十届市委候补委员、十届市纪委委员。

党员领导干部表中的“身份”栏不用填写，生产和工作第一线党员中是专业技术人员的，在相应表中的“身份”栏注明，其他情况的不用填写。

二〇一二年三月七日

华北电力大学关于组织青年教师开展社会实践的实施意见

华电党〔2012〕13 号

为了贯彻落实《关于加强和改进北京高校青年教师思想政治工作的指导意见》（京办发[2012]14 号）和《关于组织北京高校青年教师开展社会实践的实施意见》（京教工[2012]34 号）文件精神，充分发挥社会实践教育引导青年教师成长成才的作用，进一步加强和改进青年教师思想政治工作，学校以全面开展社会实践为抓手，成立青年教师社会实践工作领导小组，负责工作的组织实施，并制定本实施意见。

一、工作目标

青年教师是学校教师群体的重要组成部分，是学校事业发展建设的主力军，是大学生学习知识和思想进步的引路人。目前，学校青年教师（45 岁以下专任教师）占全校教师总数的 66.7%，共有 602 人。其中，高级职称 39 人（占 6.5%），副高级职称 222 人（占 36.9%），中级职称及以下 341 人（占 56.6%）；博士学位 390 人（占 64.8%），硕士学位 189 人（占 31.4%）。学校力争在 5 年内，使每名青年教师都能参加社会实践活动，在实践中了解国情、市情、校情、拓展视野，坚定中国特色社会主义理想信念，成长为立场坚定、业务精湛、品德高尚的青年人才，为学校人才培养和首都经济社会发展提供坚强保障。

二、指导思想

青年教师社会实践工作，要以邓小平理论和“三个代表”重要思想为指导，深入贯彻落实科学发展观，以社会主义核心价值体系和北京精神为引领，以理想信念教育为核心，以师德建设为重点，以国情市情校情教育为基础，坚持与青年教师专业特长相结合、与职业发展相结合、与人才培养相结合、与服务社会相结合、与创新创业相结合，多方协作、形成合力，切实把工作落到实处。

三、组织领导

为了切实加强组织领导，成立华北电力大学青年教师社会实践工作领导小组。

组长：吴志功

常务副组长：张金辉

副组长：张天兴　陈志　柳长安

　　　　檀勤良　赵秀国　张瑞雅

成员：各学院党总支书记、体育教学部直属党支部书记、现代电力研究院及能源与环境研究院党支部书记。

领导小组下设办公室。办公室设在党委宣传部，办公室主任由陈志同志兼任。

四、实践方式和任务分工

（一）学习考察。赴革命老区、改革开放前沿城市、中西部地区、企业、新农村示范点等开展学习考察。该实践方式的相关工作，由校工会牵头，各有关单位密切配合并负责具体组织实施，结合青年教师讲课比赛活动，每年组织 20 名青年教师到相关高校或企业开展学习交流及职业体验活动；各院系青年教师带领学生毕业实习及青年教师个人进行的学习考察，可纳入该实践方式进行考核认定。

（二）挂职锻炼。组织青年教师到北京市基层党政机关、企事业单位、社区等挂职锻炼。该实践方式的相关工作，由党委组织部牵头，人事处及各有关单位密切配合，以确保挂职教师的人选质量和按时到岗。

（三）调查研究。青年教师结合学科专业，就如何提高教学科研水平、为经济社会发展服务、推进文化传承创新等，开展社会调查和课题研究，提出对策建议，形成调研报告。学校和北京市设立一定数量的课题进行支持。该实践方式的相关工作，由教务处牵头，结合学校的教学改革立项及落实高教30条的相关政策，每年支持20位青年教师促进教学水平的提高，并做好申报课题的选拔和论证工作；由人事处牵头，结合学校教师工程化政策，每年组织新入职的青年教师到电力企业、学校创新团队及相关实验平台，开展青年教师的工程化认识、开展专业课题研究，并负责教师工程化总结的审察考核工作；由科学技术研究院牵头，充分利用中央高校基本业务费，支持青年教师社科类专业的课题研究，并做好申报课题的选拔和调研报告的论证工作；各院系青年教师带领学生社会实践，可纳入调查研究实践方式进行考核认定。

五、工作要求

（一）党委宣传部，负责青年教师社会实践活动的沟通、协调和督办工作。

（二）校工会，要将青年教师学习考察社会实践活动纳入教师队伍建设整体规划、统筹推进，并组织各院系部及有关科研机构，结合青年教师工作生活实际，落实青年教师学习考察活动的计划安排及考核总结工作。

（三）党委组织部、统战部牵头，会同有关单位，负责青年教师到北京市基层党政机关、企事业单位、社区等挂职锻炼人选的考察、选拔及考核、总结工作，并将此项工作与后备干部的培养和党外人才在京挂职锻炼结合起来。

（四）科学技术研究院牵头，会同有关单位，负责校级青年教师优秀研究课题、考察报告的申报及评审工作，负责北京市示范课题的组织、评选和推荐工作。

（五）各院系部党总支负责本院系带领学生毕业实习的青年教师学习考察报告，及带领学生社会实践的青年教师调查研究课题的考核总结工作。

（六）各院系部党总支、直属党支部书记及有关科研机构党支部书记，作为第一责任人，要切实做好青年教师社会实践的相关工作，根据本单位青年教师的具体情况，制定并落实本单位青年教师开展社会实践活动的年度工作计划和任务。

1．各有关单位，要在协调好本单位的教学、实验、科研等工作任务安排的同时，为青年教师参与社会实践活动提供便利、做好服务。

2．参与社会实践的青年教师，可根据北京高校青年教师社会实践基地的情况和特点选择基地。各院系部及有关科研单位要组织好本单位的青年教师的基地选择工作，并通过学校青年教师社会实践领导小组办公室，实施青年教师与基地进行对接，并在青年教师与基地协商的基础上，确定实践方式和实践内容。

3．每年4月，各院系部及有关单位，要就本单位青年教师社会实践活动的情况进行总结，形成总结材料，报学校青年教师社会实践工作领导小组办公室。

六、实践认定

（一）北京市委教育工委统一印发了《北京高校青年教师社会实践手册》。每位青年教师要及时详细的记录参与社会实践的情况，总结工作成果。在5年内完成学习考察、挂职锻炼和调查研究其中一项即可进入认定环节。

（二）对于青年教师学习考察、挂职锻炼、调查研究三种实践方式的认定，由校工会、教务处、人事处、党委组织部、科学技术研究院、各院系党总支，按照工作分工，分别组织实施，给出认定的初步结果，由学校青年教师社会实践活动领导小组确认。

（三）在北京市青年教师社会实践基地开展社会实践活动的，由基地、学校青年教师社会实践活动领导小组共同协商认定。

（四）参与校级调查研究项目的青年教师，由科学技术研究院牵头，会同有关学院系部及有关科研单位考核认定；参与市级示范项目的青年教师，由市委教育工委考核认定。

（五）青年教师在社会实践中因科研合作产生的科技成果、成果转让以及自带科研成果自主创业等涉及知识产权的问题，由学校青年教师社会实践活动领导小组、青年教师与基地根据国家和学校的相关规定协商解决。

（六）青年专任教师参与社会实践的考核结果，将作为该教师评选教学优秀奖、优秀班主任等荣誉称号及转正定级和晋升专业技术职务的重要依据。

附件 2：

北京高校青年教师社会

实践基地名单（第一批 101 家）

北京市计划 2012 年至 2013 年 5 月，建立包括社区、农村、企业、中关村园区高新企业等机构在内的 200 家北京高校青年教师社会实践基地，供青年教师开展学习考察、调查研究、挂职锻炼等社会实践活动。第一批 101 家名单如下：

东城区建国门街道苏州社区
东城区东花市街道广渠门外南里社区
西城区陶然亭街道龙泉社区
西城区展览路街道百西社区
海淀区中关村街道华清园社区
海淀区学院路街道北京科技大学社区
海淀区四季青镇闵航南里社区
海淀区上地街道上地南路社区
朝阳区六里屯街道十里堡北里社区
朝阳区机场街道南路东里社区
朝阳区东湖街道望京西园社区
丰台区右安门街道东滨河社区
丰台区马家堡街道河苑社区
石景山区八角街道杨南社区
石景山区苹果园街道西山枫林第一社区
门头沟大峪街道向阳社区
房山区拱辰街道北关东路社区
通州区玉桥街道新通国际社区
顺义区石园街道石园东区社区
昌平区城南街道秋实家园社区
大兴区林校路街道车站中里社区
怀柔区泉河街道北园社区
密云区果园街道果园西里社区
延庆区儒林街道温泉东社区
平谷区滨河街道建西社区
北京市燃气集团有限责任公司第五分公司
北京京仪椿树整流器有限责任公司
北京数字认证股份有限公司
首都信息发展股份有限公司
国家体育场有限责任公司
北京市地铁运营有限公司三分公司
北京市自来水集团禹通市政工程有限公司
北京现代汽车有限公司
北汽福田汽车股份有限公司
北京铜牛股份有限公司
北京红星股份有限公司
北京三元农业有限公司都市农业园
北京市农业生产经营管理中心
北京二商希杰食品有限责任公司
北京建工四建工程建设有限公司
北京建筑材料科学研究总院有限公司
北京金隅凤山温泉度假村有限公司
北京北广科技股份有限公司
北京燕东微电子有限公司
北京夏至农业科技有限公司
北京金维福仁清真食品有限公司
北京庞各庄乐平农产品产销有限公司
北京市大兴区苗圃
北京百旺农业种植园
北京海舟慧霖农业发展有限公司
绿色果品观光园
北京市西山果木公司（凤凰岭樱桃生态园）
御香观光采摘园
朝阳区崔各庄乡何各庄村
朝阳区高碑店乡高碑店村
朝阳区高碑店乡高井村
朝阳区南磨房地区（乡）
北京市昌平区果树研究所
北京金六环农业园
北京百环现代农业有限公司（苹果主题公园）

北京市小汤山现代农业科技示范园
北京韩村河旅游景村
北京凯达恒业农业技术开发有限公司
房山区西潞街道办事处安庄村
北京市澳香园种植基地
北京鼎力达生物科技有限公司
北京国际都市农业科技园
通州区永乐店镇食用菌科技生产展示基地
北京七彩蝶创意文化有限公司
汉石桥湿地自然保护区
北京鲜花港投资发展中心
丰台区王佐镇南宫村
北京阳光瑞禾艺术农庄、庄户籽种展示基地
丰台区南苑乡南苑村中恒金苑露营公司
北京市大学科技园
北京农业职业学院实训基地
北京千方科技集团有限公司
北京佰能光电技术有限公司
北京高能时代环境技术股份有限公司
爱国者数码科技有限公司
北京华录百纳影视股份有限公司
通达耐火技术股份有限公司
北京交大微联科技有限公司
北京太空板业股份有限公司
北京绿创环保集团
亚信联创科技（中国）有限公司
北京探路者户外用品股份有限公司
北京华业阳光新能源有限公司
北京北信源软件股份有限公司
北京掌趣科技股份有限公司
吉艾科技（北京）股份公司
北京东方通科技股份有限公司
北京煦联得节能科技股份有限公司
北京赛诺水务科技有限公司
和芯星通科技（北京）有限公司
北京赛林泰医药技术有限公司
北京游戏谷信息技术有限公司
北京全景赛斯科技发展有限公司
北京勤邦生物技术有限公司
北京泰克贝思科技有限公司
北京天智航医疗科技股份有限公司

二〇一二年十一月二十一日

华北电力大学 2012 年处级领导班子和领导干部换届调整工作方案

华电党组〔2012〕19 号

学校处级领导班子和领导干部任期届满，经校党委研究决定，对处级领导班子和领导干部进行换届调整。

一、指导思想

进一步贯彻落实学校第一次党代会精神，以科学的制度、民主的方法把干部选准、用好，真正实现能岗匹配，进一步优化领导班子结构，增强领导班子整体功能，形成一支精干、高效、高素质的处级领导干部队伍，为实现学校“十二五”事业发展规划提供强有力的组织保证。

二、换届工作领导小组

组　长：吴志功

成　员：刘吉臻　张金辉　李双辰　张天兴

换届工作领导小组下设办公室，办公室设在党委组织部。

三、工作原则

2012 年处级领导班子和领导干部换届调整工作在按照《华北电力大学处级领导干部选拔任用办法》（以下简称《任用办法》）规定执行的基

础上，要进一步发扬民主，注重选人用人公信度；进一步强化考核结果运用，注重干部工作实绩；进一步推进校院（系）二级管理，注重选好配强正职领导干部；进一步优化处级领导班子结构，注重年轻干部的选拔任用；进一步强化干部分类管理，加大“双肩挑”干部学术回归力度，推进专职管理干部轮岗交流；进一步强化领导班子任期目标责任制和工作绩效，注重问责和奖励的有机结合。

四、有关说明

（一）按照《任用办法》的有关规定，年龄界定为：处级领导干部男同志年满58周岁（1954年9月1日以前出生）、女同志年满53周岁（1959年9月1日以前出生），一般应退出领导岗位。

（二）在岗调整，统筹兼顾，分步实施。调整顺序为先正职、后副职。具体程序按照《任用办法》的有关规定执行，其中，民主测评推荐参照2011年度处级领导班子、处级领导干部考核结果，一般不再另行组织。正处级领导干部的岗位调整，根据学校事业发展需要，按照能岗匹配原则，依据干部任期工作业绩和考核结果等情况，由换届工作领导小组提出建议，党委常委会议研究决定。正处级干部空岗通过公开选拔方式选拔任用。

（三）重点实验室、科技创新平台等主要负责人此次不做整体调整。

五、工作要求

（一）各党总支、直属党支部要加强对换届工作的组织领导，确保换届调整工作顺利完成。各处级领导班子和处级干部，要讲党性，讲纪律，顾全大局，坚守岗位，尽职尽责，确保工作的连续性，保证全年各项任务的圆满完成。

（二）各组织单位要精心组织，周密安排，严肃组织工作纪律，严格按规定程序进行，自觉接受群众监督。

（三）新一届处级领导班子上任后，要根据学校分解的目标任务和本单位的发展规划，本着全面提高与重点突破相结合的原则，在广泛听取各方面意见和充分论证的基础上，集体研究确定本单位任期责任目标，凝练项目、创新模式，并以此作为处级领导班子、领导干部考核和奖惩的重要依据。

二〇一二年八月二十三日

华北电力大学处级领导干部选拔任用办法

华电党组〔2012〕18号

第一章　总则

第一条　干部选拔任用制度改革是学校改革发展的重要组成部分，也是构建现代大学制度的核心内容。建设一支精干高效、素质优良的处级领导干部队伍是深化高等教育改革，提升高等教育质量的强有力的组织保证。为此，根据中共中央《党政领导干部选拔任用工作条例》等有关文件精神，结合我校处级领导干部选拔任用工作实践，制定本办法。

第二条　处级领导干部选拔任用应坚持以下基本原则：

（一）党管干部原则。

（二）德才兼备、以德为先、注重实绩原则。

（三）公开平等、竞争择优、群众公认原则。

（四）民主集中制、依法依规办事原则。

第三条　处级领导干部管理应遵循以下原则：

（一）分类管理。处级领导干部分为专职管理干部和“双肩挑”干部。处级领导干部管理岗位与专业技术岗位一般应分别聘任。除院（系、部）“双肩挑”处级领导干部、少数非院（系、部）处级单位主要负责人和特殊岗位副职可以双岗位聘任外，其他干部原则上一人一岗，不得同时在两类岗位上交叉任职。

（二）任期管理。处级领导职务每届任期为三年。“双肩挑”干部，任期届满，鼓励其回归学术，学校在其学习、进修和科研条件等方面给予支持，在同一职位连续任职超过三届（九年）的，一般不再任职。其中工作业绩优秀、群众公认且工作需要的正职干部可适当延长任职时间。专职管理干部，根据学校工作需要和干部成长要求，按照能岗匹配的原则，适时交流轮岗。

（三）目标管理。强化处级领导班子和领导干部任期目标责任制，明确约束性指标，形成干部目标责任体系。实施工作过程管理，加强干部动态监控。强化干部目标责任考核，注重工作绩效，强化激励机制，把问责和奖励有机结合起来，推动学校规划任务的有效实施。

（四）优化结构。按照政治上强、具有领导科学发展能力、能够驾驭全局、善于抓班子带队伍、民主作风好、清正廉洁的要求，选好配强党政正职领导干部。切实加强后备干部队伍建设，寓干部年轻化于班子结构优化之中，在合理使用各年龄段干部的同时，进一步加强对35岁左右具有高学历乃至海外学习经历的视野宽广、开拓进取的年轻干部的选任，形成班子成员年龄、能力、经历、专长、学缘、性格互补的合理结构。

第四条 本办法适用于学校处级领导干部的选拔任用。学校推荐到独立学院、孔子学院、校基金会和学校参股入股的具有独立法人资格的机构等任职的处级干部以及学校处级非领导职务干部的选任，参照本办法执行。

第二章 选拔任用的条件与资格

第五条 处级领导干部应当具备下列基本条件：

（一）具有履行职责所需要的马克思列宁主义、毛泽东思想、邓小平理论的水平，认真实践“三个代表”重要思想，贯彻落实科学发展观，努力用马克思主义的立场、观点、方法分析和解决实际问题。

（二）坚决执行党的基本路线和各项方针、政策，热爱高等教育事业，在教学、科研、管理、服务等工作中作出实绩。

（三）坚持解放思想，实事求是，与时俱进，开拓创新，认真调查研究，能够把党的方针、政策同本单位、本部门的实际相结合，求真务实，卓有成效地开展工作。

（四）有强烈的事业心和高度的责任感，熟悉高等教育规律，注重“教书育人、管理育人、服务育人”，有胜任领导工作的组织能力、学习能力、文化水平和专业知识。

（五）正确行使人民赋予的权力，依法依规办事，廉洁奉公，以身作则，密切联系群众，自觉接受党和群众的监督，能正确处理国家、集体、个人之间的关系。

（六）坚持和维护党的民主集中制，作风民主，顾全大局，善于集中正确意见，善于团结同志，包括团结同自己有不同意见的同志一道工作。

第六条 提任处级领导职务的，应当具备以下资格：

（一）新任处级干部必须具有本科及以上学历。

（二）担任副处级干部一般应有科级岗位（未设科单位相当于独立科室负责岗位）任职经历；由副处级提任正处级一般应在副处级岗位工作2年以上。

（三）一般应当从后备干部中选拔。

（四）身体健康。

对不同岗位处级领导干部，在满足基本任职条件、资格的情况下，其具体任职资格另行规定。

特别优秀的年轻干部或因工作特殊需要的，可以由党委常委会议研究决定破格任用。

第七条 处级领导干部男同志年满58周岁、女同志年满53周岁，一般应退出领导岗位。“双肩挑”干部，回归学术；专职管理干部，转任同级组织员、调研员等非领导职务。

第三章 选拔任用的方式

第八条 处级领导干部的选拔任用方式包括：选任、委任、公开选拔等。

（一）选任：党总支、直属党支部、工会、团委的处级领导干部，一般按照组织章程，经有关会议选举产生并报学校党委及上级组织批准。特殊情况下，也可由校党委先行任命，待组织换届时再选举产生。

（二）委任：学校党委经过考察，直接任命或聘任处级领导干部。

（三）公开选拔：根据工作需要，对部分处级领导岗位面向校内外竞争性选拔。

第九条 重点实验室、科技创新平台等主要负责人，实行聘任制，聘期根据工作需要确定。在聘期间，参照处级干部管理办法，享受一定职级待遇。其任免由所在单位（或依托单位）集体讨论并与相关单位协商后，以书面形式就换届事宜及任免干部的职位、理由、考察材料等报学校科技创新平台管理部门，科技创新平台管理部门协调后转党委组织部，党委组织部提交党委常委会通过后，由校长聘任。其考核按照《华北电力大学实体化研究队伍管理暂行办法》（华电校重〔2009〕1号）执行。

第十条 按照重在实绩、兼顾年资、择优选拔、总量控制、动态管理的原则，在专职管理干部中，按照一定比例设置组织员、调研员等处级非领导职务，充分调动管理干部的积极性。

第四章 整体换届程序

第十一条 民主测评。由党委组织部在全校各处级单位范围内对本单位现任领导班子、领导干部进行民主测评。处级领导干部民主测评总体评价意见分“非常满意”、“满意”、“比较满意”、“不满意”四个等级，测评结果“非常满意”、“满意”和“比较满意”票数之和达不到有效票数三分之二的，经组织考察认定，一般不予提拔；“不满意”票数超过有效票数三分之一的，经组织考察认定，一般不再任用。

第十二条 民主推荐、组织考察。由党委组织部和纪委办、人事处等部门组成考察组，通过投票推荐、个别谈话等方式进行民主推荐和组织考察。其中，院（系、部）行政副职，根据民主推荐情况，由本单位正职提出初步人选，经分管（联系）校领导同意后，报党委组织部。新任副处级专职管理干部一般通过公开选拔方式选拔任用。

第十三条 沟通酝酿。党委组织部根据测评、推荐、考察情况，汇总整理，综合分析，本着群众公认、能岗匹配、优化结构的原则，结合干部任职届数，将初步人选报学校党委书记、校长、主持保定校区党务日常工作的学校党委副书记、纪委书记沟通酝酿，并就廉政等情况征求学校纪委的意见，初步人选为民主党派或无党派人士的，应听取党委统战部及其所在党派基层组织负责人的意见，确定干部拟任人选。

第十四条 决定任免。党委组织部将干部拟任免人选名单提交党委常委会议研究决定。以有三分之二以上党委常委到会，党委常委票决超过应到会成员半数同意决定人选。

第十五条 公示任职。提职、提级干部任前公示 7 天，公示结果不影响任职的，办理任职手续。由党委指派专人同拟任干部进行任前谈话和廉政谈话，拟任干部要做好廉政谈话记录并交纪委办存档。宣布任职决定，正处级干部任职由校领导宣布；副处级干部任职由校领导或党委组织部宣布。任职干部的工作交接，一般应在宣布任职后七个工作日内完成。任职时间从党委常委会决定之日起计算。

第十六条 实行试用期制度。提任处级领导职务的（选任制领导职务除外），试用期为一年。试用期满后，经考核胜任现职的，正式任职。不胜任的，延长试用期或免去试任职务。

第五章 公开选拔程序

第十七条 公布职位、条件资格和报名方法。

第十八条 报名与资格审查。采取个人自荐、组织推荐（被推荐人所在单位党总支、直属党支部推荐)、个人推荐的方式在规定时间报名，填写报名表、推荐表。组织推荐和个人推荐需经被推荐人同意。校内人员由党委组织部、纪委办、人事处等部门对报名人员进行资格审查；校外人员，由党委组织部会同校外人员所在单位组织人事部门进行资格审查。

第十九条 民主测评推荐。提拔院（系、部）双肩挑处级领导干部，由党委组织部在相关院（系、部）组织民主推荐，一般由院（系、部）全体教职工参加。提拔其他处级领导干部，根据工作性质，由党委组织部会同学校有关领导和有关部门组成答辩推荐小组，听取竞聘人演讲答辩，进行民主测评推荐。

第二十条 确定考察人选。党委组织部将民主测评推荐结果上报党委，由党委常委会议决定考察人选，考察人数一般应多于拟任职人数。确定考察人选时，应当把民主测评推荐的结果作为重要依据之一，同时要结合干部日常考核，注重干部工作实绩，防止简单地以票取人。

因工作特殊需要的处级领导岗位，可由党委常委会议推荐提名考察人选。

第二十一条 组织考察。党委组织部在一定范围内发布干部考察预告，并组成考察组对考察人选进行德、能、勤、绩、廉全面考察，注重考察工作实绩。考察谈话范围一般包括考察人选所在单位领导班子成员、教职工代表和其他有关人员，并就廉政等情况征求学校纪委的意见。

第二十二条 沟通酝酿。根据拟任职位和拟任人选的不同情况，在不同范围内进行沟通酝酿。拟任人选应征求分管（联系）校领导的意见；拟任副职干部的，应征求正职的意见。拟任人选为民主党派或无党派人士的，应听取党委统战部及其所在党派基层组织负责人的意见。

第二十三条 决定任免。党委组织部将干部拟任人选名单提交党委常委会议研究决定。以有三分之二以上党委常委到会，党委常委票决超过应到会成员半数同意决定人选。

第二十四条 公示任职。提职、提级干部任前公示 7 天，公示结果不影响任职的，办理任职手续。由党委指派专人同拟任干部进行任前谈话和廉政谈话，拟任干部要做好廉政谈话记录并交纪委办存档。宣布任职决定，正处级干部任职由校领导宣布；副处级干部任职由校领导或党委组织部宣布。任职干部的工作交接，一般应在宣布任职后七个工作日内完成。任职时间从党委常委会决定之日起计算。

第六章 交流、回避

第二十五条 积极推进专职管理干部轮岗交流和挂职锻炼。轮岗交流和挂职锻炼的对象主要是：因工作需要交流锻炼的；需要通过交流锻炼提高领导能力的；在一个单位或者部门工作时间较长的；按照规定需要回避的；因其他原因需要交流锻炼的。

第二十六条 实行处级领导干部任职回避制度。领导干部任职回避的亲属关系为：夫妻关系、直系血亲关系、三代以内旁系血亲以及近姻亲关系。有上列亲属关系的，不得在同一部门（单位）担任双方直接隶属于同一领导人员的职务或者有直接上下级领导关系的职务。

第二十七条 实行处级领导干部选拔任用工作回避制度。党委常委会及党委组织部讨论干部任免，涉及与会人员本人及其亲属的，本人必须回避。干部考察组成员在干部考察工作中涉及本人及其亲属的，本人必须回避。

第七章 免职、辞职、降职

第二十八条 处级领导干部有下列情形之一的，一般应当免去现职：

（一）达到任职年龄界限或者退休年龄界限的；

（二）在年度考核中，连续两年为不合格的；

（三）在民主测评中，总体评价意见“不满意”票数超过有效票数三分之一，并经组织考察认定为不称职的；

（四）因工作需要或者其他原因，应当免去现职的。

第二十九条 实行处级领导干部辞职制度。辞职包括自愿辞职、引咎辞职和责令辞职。

第三十条 自愿辞职。是指领导干部因个人或其他原因，自行提出辞去现任领导职务。

自愿辞职必须由本人写出书面辞职申请，报送党委组织部，由党委组织部报校党委审批。校党委在收到辞职申请书后 2 个月内予以答复。期间，提出辞职者未经批准，不得擅离职守。

处级领导干部有下列情形之一的，不得提出辞职：

（一）在涉及国家安全、重要机密等特殊职位任职且未满脱密期限的；

（二）重要公务尚未处理完毕，须由本人继续处理的；

（三）有其他特殊原因的。

第三十一条 引咎辞职。是指处级领导干部因工作严重失误、失职造成重大损失或者恶劣影响，或者对重大事故负有重要领导责任，不宜再担任现职，应当自行提出辞去现任领导职务。

第三十二条 责令辞职。是指校党委根据领导干部在任职期间的表现，认定其已不再适合担任现职的，通过一定程序责令其辞去现任领导职务。拒不辞职的，免去现职。

第三十三条 实行处级领导干部降职制度。因工作能力较弱或者其他原因，不适宜担任现职的，应当降职使用。降职使用的干部，其待遇按照新任职务的标准执行。

第三十四条 免职、辞职、降职的干部，在新的岗位工作 1 年以上，实绩突出，符合提拔任用条件的，可以按照有关规定，重新担任或者提任处级领导职务。

第八章 纪律与监督

第三十五条 选拔任用处级领导干部，必须依照中共中央《领导干部选拔任用工作条例》《中国共产党党员领导干部廉洁从政若干准则》的各项规定，并遵守以下纪律：

（一）不准超职数配备领导干部，或者违反规定提高干部的职级待遇；

（二）不准以领导碰头会、领导圈阅等形式代替党委常委会集体讨论决定干部的任免；

（三）不准临时动议决定干部任免；

（四）不准个人决定干部任免，个人不能改变党委常委会集体作出的干部任免决定；

（五）不准在机构变动和主要领导成员工作调动时，突击提拔调整干部；

（六）不准要求提拔本人的配偶、子女及其亲属，或者指令提拔身边工作人员；

（七）不准在干部考察中隐瞒或歪曲事实真相，不准泄露酝酿讨论干部任免的情况；

（八）不准拒不执行学校派进、调出或者交流领导干部的决定；

（九）不准在选举中进行违反党的纪律、法律规定和有关章程的活动；

（十）不准在干部选拔任用工作中任人唯亲、封官许愿、营私舞弊、拉帮结派或者打击报复。

第三十六条 按照中共中央办公厅、国务院办公厅关于《县处级以下党政领导干部任期经济责任审计暂行规定》中“领导干部任期届满，或者任期内办理调任、转任、轮岗、免职、辞职、退休等事项前，应当接受任期经济责任审计”的要求，学校审计部门对负有经济责任的干部进行经济责任审计。

第三十七条 校党委受理有关处级领导干部选拔任用工作的检举、申诉，及时纠正违反本规定的行为。校纪委在职权范围内，对选拔任用处级领导干部工作进行监督。

第三十八条 建立党委组织部、纪监审、人事处等部门联席会议制度，就加强对干部选拔任用工作的监督，沟通信息，交流情况，提出意见和建议。联席会议由党委组织部召集。

第三十九条 校党委及党委组织部在领导干部选拔任用工作中，严格执行本规定，自觉接受组织监督和群众监督。

第九章 附 则

第四十条 本办法由党委组织部负责解释。

第四十一条 本办法自发布之日起施行。

二〇一二年八月二十三日

华北电力大学“三重一大”决策制度实施办法

华电党纪〔2012〕7 号

第一章 总则

第一条 为全面贯彻《国家中长期教育改革和发展规划纲要（2010－2020 年）》，深化落实中共中央关于凡属重大决策、重要人事任免、重大项目安排和大额度资金运作（以下简称“三重一大”）事项必须由领导班子集体研究作出决定的制度，进一步规范我校领导班子的决策行为，防范决策风险，推动我校科学发展，根据《中共中央纪委、教育部、监察部关于加强高等学校反腐倡廉建设的意见》（教监〔2008〕15 号）及《教育部关于进一步推进直属高校贯彻落实“三重一大”决策制度的意见》（教监〔2011〕7 号）要求，特制定我校“三重一大”决策制度实施办法。

第二章 “三重一大”的主要内容

第二条 重大决策事项，是指事关学校改革发展稳定全局和广大师生员工切身利益，依据有关规定应当由领导班子集体研究决定的重要事项。主要包括：

1. 学校贯彻执行党和国家的路线方针政策、法律法规和上级重要决定的重大措施；
2. 党的建设、党风廉政建设和意识形态等重要工作；
3. 学校发展、校园建设、学科与人才队伍建设等规划以及年度工作计划；
4. 学校重要规章制度；
5. 内部组织机构的设置和重要调整；
6. 教职工收入分配及福利待遇、奖励和关系学生权益的重要事项；
7. 学校年度财务预算方案和决算；
8. 学校重要资产处置、重要办学资源配置；
9. 校级以上重大表彰，校园安全稳定和重大突发事件的处理；
10. 其他重大决策事项。

第三条 重要人事任免事项，是指学校中层及以上干部的任免和需要报送上级机关审批的重要人事事项。主要包括：

1. 学校党政机构和学院（系）、校级科研机构等内部组织机构领导班子成员以及享受相应待遇的非领导职务人员的任免、党政纪处分；
2. 学校全资、控股企业校方董事、监事及经理人选的确定；
3. 推荐后备干部、党代会代表、人大代表、政协委员等人选；
4. 其他重要干部人事任免事项。

第四条 重大项目安排事项，是指对学校规模条件、办学质量等产生重要影响的项目设立和安排。主要包括：

1. 国家重点建设项目；
2. 国内国（境）外科学技术文化交流与合作重要项目及重大合资合作项目；
3. 单价 100 万元及以上或总价 300 万元及以上的设备、物资采购和购买服务项目；
4. 新开工的基本建设项目和 200 万元及以上修缮项目；
5. 其他重大项目安排事项。

第五条 是指超过学校所规定的党政领导人员有权调动、使用的资金限额的资金调动和使用。主要包括：

1. 用于学校事业的银行贷款；
2. 年度预算内单笔 100 万元及以上的资金调动和使用；
3. 年度预算内超原计划金额在 50 万元及以上的资金调动和使用；
4. 未列入年度预算，需要从学校事业经费中支出，单项在 50 万元以上的资金款项；
5. 100 万元及以上的投资、融资项目；
6. 其他大额度资金运作事项。

第三章 集体决策的程序和办法

第六条 “三重一大”事项按内容由相关校领导分别提交学校党委会、党委常委会、校长办公会或其他重要会议（如专项领导小组会议、保定校区党政联席会议等）集体研究并作出决策。

第七条 “三重一大”事项提交集体决策前，应进行深入细致的研究论证，广泛听取并充分吸收各方面的意见。

选拔任免重要干部，应按照有关规定，在党委常委会研究决定前书面征求纪检部门的意见。

与师生员工利益密切相关的事项，要通过教职工代表大会或其他形式听取广大师生员工意见和建议。

对专业性、技术性较强的重要事项，应事先进行专家评估论证，技术、政策法律咨询，提交论证报告或立项报告。

凡提交讨论的事项，相关职能部门或主办单位须在充分调查研究、听取意见的基础上，提出初步意见或解决方案，并经分管校领导审阅认可。内容涉及多个部门的，有关部门应事先做好沟通协调工作。有关议题材料、会议文件应按要求提前分送与会人员。

第八条 “三重一大”事项应以会议的形式集体研究决策。不得以传阅会签或个别征求意见等方式代替会议决定。会议应执行学校相关议事规则。紧急情况下由个人或少数人临时决定的，决定人应对决策负责，事后应及时报告并按程序予以追认。

第九条 会议决策“三重一大”事项，应符合规定与会人数方能举行。党委常委会讨论决定重要干部任免事项，应有三分之二以上的成员到会，并保证与会成员有足够的时间听取情况介绍、充分发表意见。进行表决，以应到会成员超过半数同意形成决定。学校纪检监察部门负责人应列席党委会、校长办公会等会议，其他有关职能部门负责人和党代会代表、教代会代表、学生代表等可按有关规定，根据会议议题内容，列席有关会议。

第十条 会议研究决定“三重一大”事项，应坚持一题一议，与会人员要充分讨论，对决策建议应分别表示同意、不同意或缓议的意见，并说明理由。主要负责人应当最后发表结论性意见。会议决策中意见分歧较大或者发现有重大情况尚不清楚的，应暂缓决策，待进一步调研或论证后再作决策。党委会、党委常委会决定重要事项时，应当进行表决。会议决定的事项、参与人及其意见、表决情况、结论等内容，应当完整、详细记录并存档。

第十一条 参与“三重一大”事项决策的个人对集体决策有不同意见时，可以保留或向上级反映，但不得擅自改变或拒绝执行。如遇特殊情况需对决策内容作重大调整，应当重新按规定履行决策程序。

第四章 保障机制

第十二条 建立“三重一大”决策回避制度。如有涉及本人或亲属利害关系，或其他可能影响公正决策的情形，参与决策或列席人员应当回避。

第十三条 建立“三重一大”决策公开与查询制度。除涉密事项外，“三重一大”决策事项应按照学校信息公开有关规定予以公开。在未批准公开前，出席和列席会议的人员不得以任何形式泄露会议内容。

第十四条 建立“三重一大”决策报告制度和执行决策的督查制度。集体决策决定的事项，必须明确落实实施部门和负责人，并进行督办登记和督办检查。学校贯彻落实“三重一大”决策制度的情况，按年度向教育部党组报告。学校领导班子成员应当将“三重一大”决策制度的执行情况列为民主生活会和述职述廉的重要内容。

第十五条 贯彻执行“三重一大”决策制度的情况，作为党风廉政建设责任制考核以及领导干部经济责任审计的重要内容，作为考察、考核和任免领导干部的重要依据。

第十六条 违反本办法规定，不履行或不正确履行“三重一大”决策制度；不执行或擅自改变集体决定；未经集体讨论而个人决策；未提供全面真实情况而直接造成决策失误；执行决策后发现可能造成失误或损失而不及时采取措施纠正，造成重大经济损失和严重后果的，应依纪依法分别追究班子主要负责人、分管负责人和其他责任人的责任。

第五章 附则

第十七条 各院（系）、部门和直（附）属单位凡属“三重一大”事项应由领导班子集体研究作出决定。各院（系）、部门和直（附）属单位应当根据本实施办法，结合各单位工作的实际，制定本单位关于“三重一大”决策制度的实施细则，报学校党委办公室、校长办公室备案。

第十八条 本实施办法自发布之日起施行。2003年12月发布的《华北电力大学关于落实“三重一大”制度的意见》同时废止。

二〇一二年七月十三日

首都科技条件平台华北电力大学研发实验服务基地管理办法（试行）

华电校科〔2012〕11号

第一章 总则

第一条 为进一步发挥华北电力大学科技条件资源优势，服务首都科技创新，实现对华北电力大学科学仪器设备资源的科学管理和市场化运营指导，全面提升科技条件资源开放质量，加强学校与北京市企业和社会资源的广泛合作，华北电力大学与北京市科学技术委员会联合共建“首都科技条件平台‘华北电力大学发实验服务基地’”（以下简称基地）。为做好基地建设各项工作，特制定本办法。

第二条 华北电力大学科学仪器设备资源对外开放主要是通过机制创新，鼓励高、精、尖的科学仪器设备及网络平台面向社会服务，支持社会、企业使用。

第三条 基地按照整合、开放、完善、提高的原则，建立资源开放体系，服务于北京市各类企业及其他社会单位。基地将编制服务目录及宣传彩页向社会进行宣传、推广。

第四条 服务目录以能源环保、电子信息、装备制造等领域的软硬件环境、不同领域的科研开发平台、测试平台、新技术等为重点，面向企业开展测试服务、研发服务、咨询服务以及培训服务等。

第二章 组织机构与职责

第五条 基地设有领导小组、管理办公室及专业服务机构。

领导小组负责审定基地发展目标、总体发展规划和阶段性发展计划等。组长由主管副校长担任，领导小组成员由科学研究院领导、华电天德科技园有限公司领导和相关学院领导担任。

领导小组下设基地管理办公室，负责基地各类发展目标及计划的传达和落实，并协调专业服务机构与各实验室的关系，侧重基地整体形象的对外推广和基地运营体系的构建，推广华电优质的科技资源。

联络员由基地成员单位自主确定，主要负责基地相关材料及报表的填写和报送，以及组织联络工作。

第六条 北京华电天德科技园有限公司作为基地的专业运营机构承担基地的日常工作，主要负责运营、组织、管理、策划、监督、协调等。

第三章 服务目录和服务团队的构建

第七条 在基地牵头进行的各实验室设备资源调研的基础上，产生了可向社会开放提供相关服务的仪器设备清单。基地根据此清单及每项设备可提供服务的时间，编制对外服务目录，并在专用综合信息系统平台上向社会公布。

第八条 用户使用服务目录中的相关仪器设备，可通过基地管理办公室或可直接与仪器设备所在实验室联系，也可以通过基地统一的专用综合信息系统平台进行网上预约。实验室可根据预约需求，与用户联系，提供服务。

第九条 仪器设备开放的条件：

（一）性能指标达到北京市现有装备的先进水平，适宜开放；

（二）仪器设备运行状态良好，故障率不高于 5%；

（三）能提供对外服务机时；

（四）机组人员中至少有一名技术负责人，熟悉相关领域的知识、样品处理和数据处理，具有分析检测专业技术职称和实践经验；

（五）定期进行计量检定或校准。

第十条 构建一个专业的项目服务团队。

（一）加强培训，构建服务意识。我们开放的是实验室资源，提供的是市场化的服务，就要遵从市场服务的理念与规则。开展实验室服务人才的系统化培训，逐步构建熟练掌握实验设备、市场宣导、技术测试支持、技术研发支持、硬件设备维护等实验室专业服务人才团队，以提升服务水平和质量。

（二）根据不同实验室资源环境构建相应的项目服务团队，以满足企业对使用实验资源的整体需求。

（三）倡导一种项目经理负责制的理念，从而能够给甲方提供更加完善的服务，以提升华北电力大学研发实验服务基地核心竞争力。

第四章 服务收费

第十一条 纳入服务目录的仪器设备对外服务收费原则：已实行政府定价和政府指导价的项目，按政府定价和政府指导价执行，其余项目实行市场调节价，由双方协商确定。

第五章 权利和义务

第十二条 仪器设备资源参与开放不缴纳任何费用。

第十三条 设备资源参与开放的权利：

（一）接受基地管理办公室的指导，免费享受服务目录的统一对外宣传及信息资源；

（二）参与基地设立的各项评优申请工作；

（三）与服务目录中的其他成员单位实现信息互动；

（四）有申请共享仪器设备管理及操作人员定期补贴的资格；

（五）对外服务按规定收取有关费用。

第十四条 仪器设备资源参与开放的义务：

（一）及时将仪器设备加入基地服务目录，纳入基地综合信息系统平台，并向社会开放服务；

（二）提供优质的深度研发实验服务；

（三）妥善保管对外服务获得的实验数据，遵守有关知识产权保护的规定，为用户保守技术秘密和商业秘密；

（四）为用户提供技术保障和准确可靠的分析测试结果；

（五）不得弄虚作假套取仪器设备维护费用；

（六）严格执行批准的收费标准；

（七）保持仪器设备完好正常，保证用户使用，无正当理由不得拒绝用户使用纳入服务目录的仪器设备要求；

（八）严格遵守基地的各项管理规定，认真完成各项报表的填写工作。

第六章 考核与奖励

第十五条 基地管理办公室根据基地各实验室年度工作业绩，进行综合评估，评选出先进实验室集体，给予相应额度的奖金。同时评选优秀管理奖和优秀联络员奖，以表彰和奖励工作积极成绩突出的个人。

第十六条 基地各实验室应于每年 12 月份向基地管理办公室提交本年度全年的工作业绩，基地管理办公室组织进行统计和评选。

第十七条 绩效考评主要包括以下几个方面：

（一）各成员单位资源开放总量。即各单位纳入服务目录的仪器设备总价值；

（二）社会开放测试服务业绩，主要考察测试额、测试合同数量；

（三）社会开放深度服务，如咨询、技术支持、技术人员培训和研发等；

（四）对华北电力大学研发实验服务基地工作开展的支持配合情况；

（五）基地实验室开放规范化管理制度措施、对外开放内部激励制度和办法；

（六）社会开放服务的模式创新、制度创新等；

（七）实验室服务专业化团队建设、人才培训等；

（八）其他，如客户满意度反馈、开放服务的社会影响意义等。

第十八条 根据绩效考核内容，加权计算各成员单位服务情况的综合得分，按分值高低依次排序。具体补贴额度参照北京市科委天剑平台管理办法的相关规定执行。

附 则

本办法由北京华电天德科技园有限公司负责解释。

本办法自公布之日起执行。

二〇一二年十月八日

□统计报表与附录资料

STATISTICAL STATEMENTS AND APPENDIXES

学生基本数据情况表

华北电力大学2012年硕士研究生分专业学生数

专业名称	自主专业名称	专业代码	年制	毕业生数	授予学位数	招生数		在校生数			
						合计	含应届生	合计	一年级	二年级	三年级及以上
甲	乙	丙	丁	1	2	3	4	5	6	7	8
硕士研究生	硕士研究生	43100	0	1703	1703	2193	1680	6295	2193	2092	2010
其中：女	其中：女	431002	0	815	815	863	685	2727	930	913	884
学术型学位硕士	学术型学位硕士	43110	0	1350	1350	1328	1058	4135	1328	1379	1428
其中：女	其中：女	431102	0	640	640	512	462	1842	579	632	631
国家任务学术型学位硕士	国家任务学术型学位硕士	43111	0	1165	1165	1169	953	3648	1169	1224	1255
管理科学与工程	管理科学与工程	120197	3	2	2	5	5	11	5	3	3
管理科学与工程	管理科学与工程	120197	3	18	18	14	10	49	14	17	18
会计学	会计学	120201	3	6	6	9	7	28	9	11	8
会计学	会计学	120201	3	23	23	15	12	53	15	18	20
企业管理（含：财务管理、市场营销、人力资源管理）	企业管理（含：财务管理、市场营销、人力资源管理）	120202	3	7	7	6	5	18	6	7	5
企业管理（含：财务管理、市场营销、人力资源管理）	企业管理（含：财务管理、市场营销、人力资源管理）	120202	3	22	22	14	12	51	14	18	19
凝聚态物理	凝聚态物理	070205	3	0	0	4	4	4	4	0	0
光学	光学	070207	3	0	0	2	1	2	2	0	0
技术经济及管理	技术经济及管理	120204	3	12	12	15	13	47	15	17	15
技术经济及管理	技术经济及管理	120204	3	36	36	36	27	119	36	41	42
行政管理	行政管理	120401	3	0	0	3	0	3	3	0	0
行政管理	行政管理	120401	3	16	16	14	9	55	14	19	22
环境科学	环境科学	083001	3	0	0	2	2	6	2	2	2
环境工程	环境工程	083002	3	19	19	14	13	45	14	15	16
环境工程	环境工程	083002	3	15	15	20	15	63	20	23	20
金融学（含：保险学）	金融学（含：保险学）	020204	3	0	0	2	1	2	2	0	0
金融学（含：保险学）	金融学（含：保险学）	020204	3	0	0	5	5	5	5	0	0
产业经济学	产业经济学	020205	3	2	2	2	1	10	2	5	3
产业经济学	产业经济学	020205	3	5	5	4	3	21	4	10	7
统计学	统计学	020208	3	0	0	2	1	2	2	0	0
数量经济学	数量经济学	020209	3	2	2	1	1	6	1	3	2
数量经济学	数量经济学	020209	3	3	3	2	1	11	2	4	5

续表

专业名称	自主专业名称	专业代码	年制	毕业生数	授予学位数	招生数		在校生数			
						合计	含应届生	合计	一年级	二年级	三年级及以上
环境与资源保护法学	环境与资源保护法学	030108	3	0	0	1	1	1	1	0	0
国际法学（含：国际公法、国际私法、国际经济法）	国际法学（含：国际公法、国际私法、国际经济法）	030109	3	0	0	7	4	7	7	0	0
思想政治教育	思想政治教育	030505	3	1	1	2	0	11	2	5	4
思想政治教育	思想政治教育	030505	3	5	5	5	4	13	5	4	4
诉讼法学	诉讼法学	030106	3	1	1	2	0	6	2	2	2
诉讼法学	诉讼法学	030106	3	16	16	6	4	30	6	12	12
英语语言文学	英语语言文学	050201	3	12	12	10	6	33	10	11	12
英语语言文学	英语语言文学	050201	3	15	15	4	2	58	4	24	30
外国语言学及应用语言学	外国语言学及应用语言学	050211	3	0	0	18	13	18	18	0	0
机械制造及其自动化	机械制造及其自动化	080201	3	4	4	4	4	12	4	4	4
机械制造及其自动化	机械制造及其自动化	080201	3	4	4	5	2	13	5	4	4
机械电子工程	机械电子工程	080202	3	11	11	9	8	29	9	9	11
机械电子工程	机械电子工程	080202	3	4	4	5	4	18	5	7	6
机械设计及理论	机械设计及理论	080203	3	4	4	4	4	12	4	4	4
机械设计及理论	机械设计及理论	080203	3	5	5	5	4	17	5	6	6
高电压与绝缘技术	高电压与绝缘技术	080803	3	8	8	10	10	27	10	9	8
高电压与绝缘技术	高电压与绝缘技术	080803	3	32	32	24	22	79	24	26	29
电力电子与电力传动	电力电子与电力传动	080804	3	10	10	9	7	27	9	9	9
电力电子与电力传动	电力电子与电力传动	080804	3	28	28	23	19	71	23	25	23
电工理论与新技术	电工理论与新技术	080805	3	11	11	13	9	41	13	13	15
电工理论与新技术	电工理论与新技术	080805	3	12	12	15	5	39	15	15	9
电气工程新专业	电气工程新专业	080899	3	13	13	0	0	13	0	0	13
电路与系统	电路与系统	080902	3	3	3	4	3	11	4	4	3
电路与系统	电路与系统	080902	3	7	7	11	8	31	11	10	10
水文学及水资源	水文学及水资源	081501	3	14	14	12	11	51	12	20	19
水工结构工程	水工结构工程	081503	3	0	0	8	8	8	8	0	0
水利水电工程	水利水电工程	081504	3	0	0	4	3	4	4	0	0
车辆工程	车辆工程	080204	3	1	1	1	1	2	1	1	0
供热、供燃气、通风及空调工程	供热、供燃气、通风及空调工程	081404	3	7	7	4	4	17	4	9	4
供热、供燃气、通风及空调工程	供热、供燃气、通风及空调工程	081404	3	1	1	4	2	10	4	3	3
材料学	材料学	080502	3	11	11	17	15	43	17	12	14
热能工程	热能工程	080702	3	35	35	34	32	105	34	36	35
热能工程	热能工程	080702	3	69	69	64	60	206	64	67	75

续表

专业名称	自主专业名称	专业代码	年制	毕业生数	授予学位数	招生数		在校生数			
						合计	含应届生	合计	一年级	二年级	三年级及以上
动力机械及工程	动力机械及工程	080703	3	6	6	4	2	12	4	4	4
动力机械及工程	动力机械及工程	080703	3	5	5	11	9	37	11	13	13
工程热物理	工程热物理	080701	3	9	9	5	3	17	5	5	7
工程热物理	工程热物理	080701	3	14	14	11	11	35	11	8	16
流体机械及工程	流体机械及工程	080704	3	5	5	5	4	13	5	4	4
流体机械及工程	流体机械及工程	080704	3	2	2	6	4	18	6	7	5
制冷及低温工程	制冷及低温工程	080705	3	4	4	1	1	3	1	1	1
制冷及低温工程	制冷及低温工程	080705	3	0	0	1	0	4	1	1	2
动力工程及工程热物理新专业	可再生能源与清洁能源	080799	3	0	0	1	1	3	1	1	1
动力工程及工程热物理新专业	动力工程及工程热物理新专业	080799	3	20	20	13	11	77	13	33	31
电力系统及其自动化	电力系统及其自动化	080802	3	74	74	65	56	201	65	70	66
电力系统及其自动化	电力系统及其自动化	080802	3	128	128	151	131	472	151	155	166
电机与电器	电机与电器	080801	3	2	2	5	3	14	5	4	5
电机与电器	电机与电器	080801	3	14	14	13	11	44	13	16	15
电磁场与微波技术	电磁场与微波技术	080904	3	5	5	3	2	13	3	4	6
电磁场与微波技术	电磁场与微波技术	080904	3	3	3	6	5	19	6	7	6
通信与信息系统	通信与信息系统	081001	3	20	20	23	19	66	23	22	21
通信与信息系统	通信与信息系统	081001	3	26	26	21	18	74	21	29	24
信号与信息处理	信号与信息处理	081002	3	10	10	5	4	19	5	6	8
信号与信息处理	信号与信息处理	081002	3	16	16	13	10	38	13	8	17
控制理论与控制工程	控制理论与控制工程	081101	3	35	35	26	23	89	26	32	31
控制理论与控制工程	控制理论与控制工程	081101	3	30	30	40	37	114	40	37	37
系统工程	系统工程	081103	3	7	7	5	4	11	5	3	3
系统工程	系统工程	081103	3	9	9	6	4	18	6	6	6
检测技术与自动化装置	检测技术与自动化装置	081102	3	6	6	6	4	16	6	5	5
检测技术与自动化装置	检测技术与自动化装置	081102	3	20	20	17	11	54	17	19	18
模式识别与智能系统	模式识别与智能系统	081104	3	6	6	4	3	12	4	4	4
模式识别与智能系统	模式识别与智能系统	081104	3	18	18	16	14	54	16	18	20
计算机软件与理论	计算机软件与理论	081202	3	7	7	5	5	15	5	4	6
计算机软件与理论	计算机软件与理论	081202	3	10	10	13	8	40	13	15	12
计算机应用技术	计算机应用技术	081203	3	26	26	20	19	65	20	23	22
计算机应用技术	计算机应用技术	081203	3	47	47	37	30	119	37	40	42
计算机系统结构	计算机系统结构	081201	3	4	4	3	2	9	3	3	3
计算机系统结构	计算机系统结构	081201	3	7	7	10	6	29	10	10	9

续表

专业名称	自主专业名称	专业代码	年制	毕业生数	授予学位数	招生数		在校生数			
						合计	含应届生	合计	一年级	二年级	三年级及以上
化学工程	化学工程	081701	3	0	0	1	1	1	1	0	0
应用化学	应用化学	081704	3	3	3	3	3	8	3	3	2
工业催化	工业催化	081705	3	0	0	1	1	1	1	0	0
核能科学与工程	核能科学与工程	082701	3	0	0	11	11	11	11	0	0
辐射防护及环境保护	辐射防护及环境保护	082704	3	0	0	6	6	6	6	0	0
化学工程与技术	化学工程与技术	081797	3	0	0	2	1	2	2	0	0
农业电气化与自动化	农业电气化与自动化	082804	3	7	7	6	6	19	6	7	6
计算数学	计算数学	070102	3	0	0	1	1	1	1	0	0
计算数学	计算数学	070102	3	0	0	7	6	7	7	0	0
应用数学	应用数学	070104	3	5	5	2	2	12	2	4	6
应用数学	应用数学	070104	3	14	14	8	2	46	8	18	20
运筹学与控制论	运筹学与控制论	070105	3	0	0	1	1	1	1	0	0
运筹学与控制论	运筹学与控制论	070105	3	0	0	5	5	5	5	0	0
理论物理	理论物理	070201	3	4	4	3	2	11	3	5	3
理论物理	理论物理	070201	3	3	3	1	0	9	1	4	4
教育经济与管理	教育经济与管理	120403	3	0	0	4	3	4	4	0	0
社会保障	社会保障	120404	3	0	0	1	0	1	1	0	0
管理科学与工程新专业	工程与项目管理	120199	3	2	2	0	0	3	0	1	2
管理科学与工程新专业	信息管理工程	120199	3	0	0	0	0	2	0	1	1
委托培养学术型学位硕士	委托培养学术型学位硕士	43112	0	11	11	12	0	46	12	19	15
企业管理（含：财务管理、市场营销、人力资源管理）	企业管理（含：财务管理、市场营销、人力资源管理）	120202	3	0	0	1	0	2	1	1	0
企业管理（含：财务管理、市场营销、人力资源管理）	企业管理（含：财务管理、市场营销、人力资源管理）	120202	3	1	1	2	0	6	2	0	4
会计学	会计学	120201	3	0	0	0	0	3	0	2	1
管理科学与工程	管理科学与工程	120197	3	0	0	1	0	1	1	0	0
计算机应用技术	计算机应用技术	081203	3	0	0	0	0	3	0	2	1
计算机应用技术	计算机应用技术	081203	3	0	0	0	0	1	0	1	0
计算机软件与理论	计算机软件与理论	081202	3	0	0	0	0	1	0	1	0
系统工程	系统工程	081103	3	0	0	0	0	1	0	0	1
控制理论与控制工程	控制理论与控制工程	081101	3	0	0	1	0	2	1	1	0
信号与信息处理	信号与信息处理	081002	3	1	1	0	0	0	0	0	0
通信与信息系统	通信与信息系统	081001	3	0	0	0	0	1	0	0	1

续表

专业名称	自主专业名称	专业代码	年制	毕业生数	授予学位数	招生数		在校生数			
						合计	含应届生	合计	一年级	二年级	三年级及以上
电力系统及其自动化	电力系统及其自动化	080802	3	1	1	1	0	3	1	1	1
电力系统及其自动化	电力系统及其自动化	080802	3	1	1	2	0	9	2	4	3
动力机械及工程	动力机械及工程	080703	3	1	1	0	0	0	0	0	0
热能工程	热能工程	080702	3	0	0	1	0	2	1	0	1
热能工程	热能工程	080702	3	3	3	1	0	4	1	3	0
电路与系统	电路与系统	080902	3	0	0	0	0	1	0	1	0
高电压与绝缘技术	高电压与绝缘技术	080803	3	1	1	0	0	0	0	0	0
思想政治教育	思想政治教育	030505	3	0	0	1	0	1	1	0	0
数量经济学	数量经济学	020209	3	0	0	0	0	1	0	1	0
环境工程	环境工程	083002	3	0	0	0	0	1	0	0	1
环境工程	环境工程	083002	3	0	0	0	0	1	0	0	1
技术经济及管理	技术经济及管理	120204	3	2	2	1	0	2	1	1	0
自筹经费学术型学位硕士	自筹经费学术型学位硕士	43113	0	174	174	147	105	441	147	136	158
管理科学与工程	管理科学与工程	120197	3	5	5	2	0	2	2	0	0
会计学	会计学	120201	3	4	4	4	0	10	4	3	3
企业管理（含：财务管理、市场营销、人力资源管理）	企业管理（含：财务管理、市场营销、人力资源管理）	120202	3	2	2	2	0	9	2	3	4
光学	光学	070207	3	0	0	1	1	1	1	0	0
技术经济及管理	技术经济及管理	120204	3	6	6	6	4	17	6	5	6
环境科学	环境科学	083001	3	3	3	1	0	4	1	1	2
行政管理	行政管理	120401	3	0	0	1	1	1	1	0	0
环境工程	环境工程	083002	3	5	5	6	4	18	6	6	6
产业经济学	产业经济学	020205	3	1	1	1	1	4	1	1	2
金融学（含：保险学）	金融学（含：保险学）	020204	3	0	0	1	1	1	1	0	0
数量经济学	数量经济学	020209	3	1	1	1	1	4	1	2	1
思想政治教育	思想政治教育	030505	3	1	1	1	1	5	1	3	1
机械制造及其自动化	机械制造及其自动化	080201	3	0	0	1	1	5	1	2	2
英语语言文学	英语语言文学	050201	3	7	7	5	2	12	5	3	4
诉讼法学	诉讼法学	030106	3	1	1	1	1	3	1	0	2
高电压与绝缘技术	高电压与绝缘技术	080803	3	5	5	4	1	14	4	4	6
机械设计及理论	机械设计及理论	080203	3	1	1	2	2	6	2	3	1
机械电子工程	机械电子工程	080202	3	5	5	4	4	12	4	4	4
电路与系统	电路与系统	080902	3	1	1	1	1	4	1	2	1
电工理论与新技术	电工理论与新技术	080805	3	4	4	5	2	12	5	5	2
电力电子与电力传动	电力电子与电力传动	080804	3	3	3	3	2	11	3	3	5

续表

专业名称	自主专业名称	专业代码	年制	毕业生数	授予学位数	招生数		在校生数			
						合计	含应届生	合计	一年级	二年级	三年级及以上
热能工程	热能工程	080702	3	13	13	11	10	39	11	13	15
动力机械及工程	动力机械及工程	080703	3	2	2	1	1	4	1	1	2
材料学	材料学	080502	3	1	1	0	0	0	0	0	0
供热、供燃气、通风及空调工程	供热、供燃气、通风及空调工程	081404	3	3	3	2	2	6	2	1	3
车辆工程	车辆工程	080204	3	0	0	1	0	3	1	1	1
电力系统及其自动化	电力系统及其自动化	080802	3	28	28	24	16	78	24	22	32
电磁场与微波技术	电磁场与微波技术	080904	3	1	1	1	1	3	1	1	1
电机与电器	电机与电器	080801	3	1	1	2	2	5	2	1	2
动力工程及工程热物理新专业	可再生能源与清洁能源	080799	3	0	0	1	1	1	1	0	0
制冷及低温工程	制冷及低温工程	080705	3	1	1	0	0	1	0	1	0
流体机械及工程	流体机械及工程	080704	3	3	3	2	1	6	2	2	2
工程热物理	工程热物理	080701	3	4	4	2	2	7	2	2	3
通信与信息系统	通信与信息系统	081001	3	9	9	10	8	23	10	6	7
信号与信息处理	信号与信息处理	081002	3	4	4	2	2	7	2	2	3
控制理论与控制工程	控制理论与控制工程	081101	3	15	15	12	11	34	12	10	12
系统工程	系统工程	081103	3	3	3	2	2	5	2	2	1
计算机软件与理论	计算机软件与理论	081202	3	3	3	2	2	5	2	2	1
模式识别与智能系统	模式识别与智能系统	081104	3	5	5	2	2	4	2	2	0
检测技术与自动化装置	检测技术与自动化装置	081102	3	3	3	2	2	7	2	2	3
计算机应用技术	计算机应用技术	081203	3	8	8	9	5	24	9	6	9
应用化学	应用化学	081704	3	2	2	1	1	2	1	1	0
计算机系统结构	计算机系统结构	081201	3	1	1	1	1	3	1	1	1
管理科学与工程新专业	工程与项目管理	120199	3	2	2	0	0	1	0	1	0
管理科学与工程新专业	信息管理工程	120199	3	1	1	0	0	2	0	1	1
理论物理	理论物理	070201	3	0	0	1	1	5	1	2	2
运筹学与控制论	运筹学与控制论	070105	3	0	0	1	1	1	1	0	0
应用数学	应用数学	070104	3	2	2	0	0	4	0	1	3
农业电气化与自动化	农业电气化与自动化	082804	3	4	4	2	1	6	2	2	2
专业学位硕士	专业学位硕士	43120	0	353	353	865	622	2160	865	713	582
其中：女	其中：女	431202	0	175	175	351	223	885	351	281	253
国家任务专业学位硕士	国家任务专业学位硕士	43121	0	8	8	659	521	1602	659	539	404
工程管理	工程管理	125600	3	0	0	4	0	6	4	2	0

续表

专业名称	自主专业名称	专业代码	年制	毕业生数	授予学位数	招生数		在校生数			
						合计	含应届生	合计	一年级	二年级	三年级及以上
会计	会计	125300	3	0	0	6	4	9	6	3	0
会计	会计	125300	3	0	0	33	29	43	33	10	0
翻译	翻译	055100	3	0	0	3	2	4	3	1	0
翻译	翻译	055100	3	0	0	8	5	17	8	9	0
工程	工程	085200	3	6	6	201	171	524	201	190	133
工程	工程	085200	3	2	2	380	290	965	380	314	271
资产评估	资产评估	025600	3	0	0	6	6	7	6	1	0
资产评估	资产评估	025600	3	0	0	18	14	27	18	9	0
委托培养专业学位硕士	委托培养专业学位硕士	43122	0	8	8	21	0	67	21	30	16
工程管理	工程管理	125600	3	0	0	0	0	1	0	1	0
工商管理	工商管理	125100	3	0	0	0	0	2	0	2	0
工商管理	工商管理	125100	3	6	6	14	0	56	14	26	16
工程	工程	085200	3	0	0	2	0	2	2	0	0
工程	工程	085200	3	2	2	5	0	6	5	1	0
自筹经费专业学位硕士	自筹经费专业学位硕士	43123	0	337	337	185	101	491	185	144	162
工商管理	工商管理	125100	3	4	4	1	0	4	1	2	1
工商管理	工商管理	125100	3	66	66	81	33	229	81	65	83
会计	会计	125300	3	0	0	2	2	3	2	1	0
工程	工程	085200	3	127	127	96	64	247	96	73	78
工程	工程	085200	3	140	140	0	0	0	0	0	0
翻译	翻译	055100	3	0	0	2	0	3	2	1	0
资产评估	资产评估	025600	3	0	0	3	2	5	3	2	0

华北电力大学2012年博士研究生分专业学生数

专业名称	自主专业名称	专业代码	年制	毕业生数	授予学位数	招生数		在校生数			
						合计	含应届生	合计	一年级	二年级	三年级及以上
甲	乙	丙	丁	1	2	3	4	5	6	7	8
博士研究生	博士研究生	43200	0	111	111	193	32	965	193	194	578
其中：女	其中：女	432002	0	26	26	46	8	267	46	58	163
学术型学位博士	学术型学位博士	43210	0	111	111	193	32	965	193	194	578
其中：女	其中：女	432102	0	26	26	46	8	267	46	58	163
国家任务学术型学位博士	国家任务学术型学位博士	43211	0	78	78	173	32	698	173	160	365

续表

专业名称	自主专业名称	专业代码	年制	毕业生数	授予学位数	招生数		在校生数			
						合计	含应届生	合计	一年级	二年级	三年级及以上
工程热物理	工程热物理	080701	3	0	0	0	0	6	0	0	6
热能工程	热能工程	080702	3	19	19	25	8	108	25	22	61
热能工程	热能工程	080702	3	1	1	0	0	5	0	0	5
动力机械及工程	动力机械及工程	080703	3	1	1	8	0	28	8	3	17
流体机械及工程	流体机械及工程	080704	3	0	0	1	0	10	1	2	7
化工过程机械	化工过程机械	080706	3	0	0	1	0	4	1	1	2
动力工程及工程热物理新专业	动力工程及工程热物理新专业	080799	3	6	6	28	3	77	28	21	28
电机与电器	电机与电器	080801	3	2	2	0	0	9	0	2	7
电机与电器	电机与电器	080801	3	0	0	0	0	1	0	0	1
电力系统及其自动化	电力系统及其自动化	080802	3	23	23	36	12	142	36	30	76
高电压与绝缘技术	高电压与绝缘技术	080803	3	2	2	7	0	31	7	6	18
高电压与绝缘技术	高电压与绝缘技术	080803	3	0	0	0	0	0	0	0	0
电力电子与电力传动	电力电子与电力传动	080804	3	2	2	5	0	13	5	1	7
电工理论与新技术	电工理论与新技术	080805	3	3	3	1	0	17	1	3	13
电工理论与新技术	电工理论与新技术	080805	3	0	0	0	0	1	0	0	1
电气工程新专业	电气工程新专业	080899	3	0	0	3	0	22	3	8	11
控制理论与控制工程	控制理论与控制工程	081101	3	6	6	16	7	62	16	17	29
管理科学与工程	管理科学与工程	120197	3	3	3	5	0	26	5	4	17
管理科学与工程新专业	管理科学与工程新专业	120199	3	1	1	10	0	41	10	12	19
企业管理（含：财务管理、市场营销、人力资源管理）	企业管理（含：财务管理、市场营销、人力资源管理）	120202	3	0	0	4	0	4	4	0	0
技术经济及管理	技术经济及管理	120204	3	9	9	23	2	91	23	28	40
委托培养学术型学位博士	委托培养学术型学位博士	43212	0	28	28	20	0	254	20	34	200
工程热物理	工程热物理	080701	3	1	1	0	0	2	0	0	2
热能工程	热能工程	080702	3	9	9	3	0	44	3	4	37
热能工程	热能工程	080702	3	3	3	0	0	2	0	0	2
动力机械及工程	动力机械及工程	080703	3	0	0	0	0	5	0	3	2
流体机械及工程	流体机械及工程	080704	3	1	1	0	0	1	0	0	1
化工过程机械	化工过程机械	080706	3	0	0	0	0	2	0	0	2
动力工程及工程热物理新专业	动力工程及工程热物理新专业	080799	3	0	0	5	0	11	5	3	3
电机与电器	电机与电器	080801	3	0	0	0	0	3	0	1	2
电力系统及其自动化	电力系统及其自动化	080802	3	1	1	3	0	71	3	12	56
高电压与绝缘技术	高电压与绝缘技术	080803	3	1	1	1	0	5	1	1	3

续表

专业名称	自主专业名称	专业代码	年制	毕业生数	授予学位数	招生数		在校生数			
						合计	含应届生	合计	一年级	二年级	三年级及以上
高电压与绝缘技术	高电压与绝缘技术	080803	3	1	1	0	0	0	0	0	0
电力电子与电力传动	电力电子与电力传动	080804	3	0	0	0	0	1	0	1	0
电工理论与新技术	电工理论与新技术	080805	3	0	0	0	0	8	0	2	6
电气工程新专业	电气工程新专业	080899	3	0	0	0	0	5	0	1	4
控制理论与控制工程	控制理论与控制工程	081101	3	0	0	2	0	18	2	2	14
管理科学与工程	管理科学与工程	120197	3	3	3	0	0	15	0	2	13
管理科学与工程新专业	管理科学与工程新专业	120199	3	0	0	2	0	13	2	1	10
技术经济及管理	技术经济及管理	120204	3	8	8	4	0	48	4	1	43
工商管理新专业	工商管理新专业	120299	3	0	0	0	0	0	0	0	0
自筹经费学术型学位博士	自筹经费学术型学位博士	43213	0	5	5	0	0	13	0	0	13
热能工程	热能工程	080702	3	2	2	0	0	0	0	0	0
热能工程	热能工程	080702	3	1	1	0	0	9	0	0	9
电力系统及其自动化	电力系统及其自动化	080802	3	1	1	0	0	1	0	0	1
电力系统及其自动化	电力系统及其自动化	080802	3	1	1	0	0	1	0	0	1
电工理论与新技术	电工理论与新技术	080805	3	0	0	0	0	2	0	0	2

华北电力大学2012年普通本科分专业学生数

专业名称	自主专业名称	专业代码	年制	毕业生数	授予学位数	招生数		在校生数				
						合计	其中：应届毕业生	合计	一年级	二年级	三年级	四年级
甲	乙	丙	丁	1	2	3	4	7	8	9	10	11
普通本科生	普通本科生	42100	0	4926	4880	5354	4885	20928	5362	5346	5136	5084
其中：女	其中：女	421002	0	1644	1639	1881	1725	7124	1883	1822	1679	1740
高中起点本科	高中起点本科	42101	0	4920	4875	5338	4882	20885	5346	5319	5136	5084
国际经济与贸易	国际经济与贸易	020102	4	21	21	0	0	25	0	0	0	25
人力资源管理	人力资源管理	110205	4	33	31	36	32	114	36	31	23	24
工程管理	工程管理	110104	4	52	51	62	53	223	62	54	58	49
核工程与核技术	核工程与核技术	080502	4	74	73	157	130	499	157	135	112	95
金融学	金融学	020104	4	29	28	0	0	57	0	7	5	45
劳动与社会保障	劳动与社会保障	110303	4	27	26	31	29	122	31	29	33	29
行政管理	行政管理	110301	4	56	56	47	37	211	47	57	50	57
环境工程	环境工程	081001	4	50	50	60	60	226	60	52	57	57
电气工程及其自动化	电气工程及其自动化	080601	4	573	570	372	327	2206	372	584	600	650
电气工程及其自动化	电气工程及其自动化	080601	4	507	503	512	512	2078	513	568	499	498

续表

专业名称	自主专业名称	专业代码	年制	毕业生数	授予学位数	招生数		在校生数				
						合计	其中：应届毕业生	合计	一年级	二年级	三年级	四年级
网络工程	网络工程	080613	4	54	54	59	59	222	59	56	54	53
材料科学与工程	材料科学与工程	080205	4	55	55	59	52	217	59	53	52	53
能源工程及自动化	能源工程及自动化	080505	4	0	0	33	30	94	33	28	33	0
软件工程	软件工程	080611	4	84	79	61	53	227	61	49	59	58
软件工程	软件工程	080611	4	49	49	68	68	237	68	55	55	59
水文与水资源工程	水文与水资源工程	080802	4	28	28	33	24	113	33	29	27	24
能源化学工程	能源化学工程	081106	4	0	0	30	30	60	30	30	0	0
新能源材料与器件	新能源材料与器件	080217	4	0	0	30	23	58	30	28	0	0
广告学	广告学	050303	4	34	33	28	25	112	28	27	27	30
社会工作	社会工作	030302	4	28	28	28	28	114	28	27	28	31
农业电气化与自动化	农业电气化与自动化	081902	4	52	52	56	56	210	56	50	53	51
英语	英语	050201	4	65	64	54	46	214	54	52	53	55
英语	英语	050201	4	35	35	37	37	149	37	34	38	40
信息与计算科学	信息与计算科学	070102	4	55	55	57	48	213	57	51	52	53
信息与计算科学	信息与计算科学	070102	4	52	52	56	56	219	56	62	50	51
财务管理	财务管理	110204	4	64	63	59	49	258	59	60	72	67
工商管理	工商管理	110201	4	26	26	29	26	117	29	30	30	28
工商管理	工商管理	110201	4	26	26	30	30	109	30	26	29	24
应用化学	应用化学	070302	4	0	0	0	0	50	0	0	22	28
应用化学	应用化学	070302	4	51	50	59	59	215	60	54	51	50
计算机科学与技术	计算机科学与技术	080605	4	88	86	60	51	253	60	47	45	101
计算机科学与技术	计算机科学与技术	080605	4	74	71	85	85	326	86	78	80	82
应用物理学	应用物理学	070202	4	0	0	29	26	29	29	0	0	0
应用物理学	应用物理学	070202	4	29	29	31	31	111	31	24	27	29
电子信息工程	电子信息工程	080603	4	48	48	58	54	203	58	48	55	42
电子信息科学与技术	电子信息科学与技术	071201	4	54	54	60	60	226	60	58	55	53
汉语言文学	汉语言文学	050101	4	30	30	26	19	50	26	0	24	0
物流管理	物流管理	110210	4	0	0	29	23	84	29	27	28	0
市场营销	市场营销	110202	4	47	47	57	53	209	57	50	50	52
经济学	经济学	020101	4	26	26	0	0	27	0	0	0	27
经济学	经济学	020101	4	28	28	32	32	112	32	27	28	25
会计学	会计学	110203	4	77	76	62	53	353	62	94	89	108
会计学	会计学	110203	4	65	64	63	63	268	63	72	66	67
建筑环境与设备工程	建筑环境与设备工程	080704	4	22	22	29	24	113	29	28	25	31
建筑环境与设备工程	建筑环境与设备工程	080704	4	47	46	60	60	224	60	56	59	49
环境科学	环境科学	071401	4	27	27	30	30	114	30	27	29	28

续表

专业名称	自主专业名称	专业代码	年制	毕业生数	授予学位数	招生数		在校生数				
						合计	其中：应届毕业生	合计	一年级	二年级	三年级	四年级
电子科学与技术	电子科学与技术	080606	4	52	51	30	24	161	30	32	50	49
电力工程与管理	电力工程与管理	080620	4	54	54	70	56	237	70	57	53	57
自动化	自动化	080602	4	156	154	156	120	638	156	146	173	163
自动化	自动化	080602	4	122	122	135	135	528	135	144	127	122
工程造价	工程造价	110105	4	52	52	50	50	216	50	52	56	58
新能源科学与工程	新能源科学与工程	080512	4	0	0	58	51	115	58	57	0	0
热能与动力工程	热能与动力工程	080501	4	349	345	356	302	1419	356	340	378	345
热能与动力工程	热能与动力工程	080501	4	282	281	250	250	1079	253	266	286	274
艺术设计	艺术设计	050408	4	40	40	40	40	161	40	40	40	41
机械工程及自动化	机械工程及自动化	080305	4	28	28	31	25	117	31	29	25	32
机械工程及自动化	机械工程及自动化	080305	4	224	223	257	257	936	257	241	227	211
信息管理与信息系统	信息管理与信息系统	110102	4	29	29	31	29	114	31	26	26	31
信息管理与信息系统	信息管理与信息系统	110102	4	26	26	33	33	114	33	28	27	26
经济学类	经济学类	020197	4	0	0	91	81	243	91	79	73	0
通信工程	通信工程	080604	4	78	78	93	78	315	93	77	71	74
通信工程	通信工程	080604	4	78	78	94	94	342	94	85	78	85
信息安全	信息安全	071205	4	0	0	62	56	153	62	52	39	0
信息安全	信息安全	071205	4	28	28	30	30	116	30	28	28	30
工业工程	工业工程	110103	4	28	28	30	30	116	31	29	29	27
风能与动力工程	风能与动力工程	080507	4	60	58	83	66	335	83	86	89	77
智能电网信息工程	智能电网信息工程	080645	4	0	0	65	55	132	65	67	0	0
水利水电工程	水利水电工程	080801	4	52	51	56	42	233	56	58	57	62
公共事业管理	公共事业管理	110302	4	28	28	23	13	99	23	28	21	27
公共事业管理	公共事业管理	110302	4	34	34	37	37	127	37	28	32	30
法学	法学	030101	4	56	56	48	41	211	48	56	48	59
法学	法学	030101	4	31	31	28	28	115	28	32	28	27
测控技术与仪器	测控技术与仪器	080401	4	84	82	130	101	419	130	107	96	86
测控技术与仪器	测控技术与仪器	080401	4	80	79	86	86	322	87	73	77	85
电子商务	电子商务	110209	4	27	27	31	29	101	31	22	20	28
第二学士学位	第二学士学位	42103	0	6	5	16	3	43	16	27	0	0
人力资源管理	人力资源管理	110205	2	6	5	8	0	25	8	17	0	0
电气工程及其自动化	电气工程及其自动化	080601	2	0	0	5	0	11	5	6	0	0
电气工程及其自动化	电气工程及其自动化	080601	2	0	0	3	3	7	3	4	0	0

华北电力大学2012年在职人员攻读硕士学位分专业（领域）学生数

学科	专业分类	专业名称	自主专业名称	专业代码	年制	授予学位数	招生数	在校生数			
								合计	一年级	二年级	三年级及以上
		甲	乙	丙	丁	1	2	3	4	5	6
合计	合计	硕士学位学生	硕士学位学生	44200	0	798	1819	5787	1819	1709	2259
合计	合计	其中：女	其中：女	442002	0	179	227	1196	404	408	384
合计	合计	学术型学位硕士	学术型学位硕士	44210	0	28	0	37	0	0	37
合计	合计	学术型学位硕士其中：女	学术型学位硕士其中：女	442102	0	14	0	18	0	0	18
管理学	公共管理	行政管理	行政管理	120401	3	0	0	3	0	0	3
法学	法学	诉讼法学	诉讼法学	030106	3	0	0	2	0	0	2
法学	马克思主义理论	思想政治教育	思想政治教育	030505	3	3	0	3	0	0	3
工学	机械工程	机械电子工程	机械电子工程	080202	3	0	0	1	0	0	1
管理学	管理科学与工程	管理科学与工程	管理科学与工程	120197	3	4	0	2	0	0	2
管理学	工商管理	技术经济及管理	技术经济及管理	120204	3	7	0	4	0	0	4
工学	计算机科学与技术	计算机软件与理论	计算机软件与理论	081202	3	1	0	2	0	0	2
工学	控制科学与工程	控制理论与控制工程	控制理论与控制工程	081101	3	0	0	0	0	0	0
工学	信息与通信工程	信号与信息处理	信号与信息处理	081002	3	1	0	1	0	0	1
文学	外国语言文学	英语语言文学	英语语言文学	050201	3	5	0	2	0	0	2
工学	计算机科学与技术	计算机应用技术	计算机应用技术	081203	3	0	0	2	0	0	2
工学	电气工程	电力系统及其自动化	电力系统及其自动化	080802	3	0	0	3	0	0	3
理学	物理学	理论物理	理论物理	070201	3	0	0	0	0	0	0
理学	数学	应用数学	应用数学	070104	3	0	0	5	0	0	5
工学	电气工程	电工理论与新技术	电工理论与新技术	080805	3	0	0	4	0	0	4
工学	动力工程及工程热物理	热能工程	热能工程	080702	3	4	0	0	0	0	0
管理学	工商管理	企业管理（含：财务管理、市场营销、人力资源管理）	企业管理（含：财务管理、市场营销、人力资源管理）	120202	3	3	0	3	0	0	3
合计	合计	专业学位硕士	专业学位硕士	44220	0	770	1819	5750	1819	1709	2222
合计	合计	专业学位硕士其中：女	专业学位硕士其中：女	442202	0	165	227	1178	404	408	366
工学	工程	工程	工程	085200	3	381	971	2953	971	848	1134
工学	工程	工程	工程	085200	3	365	748	2560	748	797	1015
管理学	工商管理	工商管理	工商管理	125100	3	0	0	2	0	0	2
管理学	工商管理	工商管理	工商管理	125100	3	24	100	235	100	64	71

华北电力大学2012年成人专科分专业学生数

专业分类	专业名称	自主专业名称	专业代码	是否师范专业	年制	毕业生数	招生数	在校生数				
								合计	一年级	二年级	三年级	四年级及以上
	甲	乙	丙		丁	1	2	3	4	5	6	7
合计	成人专科生	成人专科生	41200	-1	0	1906	1883	5335	1883	1951	1501	0
合计	其中：女	其中：女	412002	-1	0	444	822	2023	822	775	426	0
合计	函授专科	函授专科	41210	-1	0	1668	951	3301	951	1134	1216	0
合计	其中：女	其中：女	412102	0	0	301	254	794	254	262	278	0
合计	高中起点专科	高中起点专科	41211	-1	0	1668	951	3301	951	1134	1216	0
电力技术类	电力技术类新专业	电气工程及其自动化	550399	0	3	432	281	813	281	286	246	0
电力技术类	供用电技术	供用电技术	550306	0	3	8	28	107	28	4	75	0
自动化类	机电一体化技术	机电一体化技术	580201	0	3	0	31	31	31	0	0	0
自动化类	电力系统自动化技术	电力系统自动化技术	580204	0	3	103	88	310	88	94	128	0
工商管理类	工商企业管理	工商企业管理	620501	0	3	20	10	36	10	10	16	0
计算机类	计算机类新专业	计算机科学与技术	590199	0	3	0	61	111	61	50	0	0
能源类	能源类新专业	风能与动力工程	550299	0	3	51	0	98	0	47	51	0
能源类	能源类新专业	热能与动力工程	550299	0	3	109	67	201	67	73	61	0
电力技术类	发电厂及电力系统	发电厂及电力系统	550301	0	3	253	282	1037	282	386	369	0
电力技术类	电厂热能动力装置	电厂热能动力装置	550303	0	3	21	103	314	103	139	72	0
电力技术类	火电厂集控运行	火电厂集控运行	550304	0	3	617	0	193	0	45	148	0
水利水电设备类	水电站动力设备与管理	水电站动力设备与管理	570301	0	3	54	0	50	0	0	50	0
合计	业余专科	业余专科	41220	-1	0	238	932	2034	932	817	285	0
合计	其中：女	其中：女	412202	0	0	143	568	1229	568	513	148	0
合计	高中起点专科	高中起点专科	41221	-1	0	238	932	2034	932	817	285	0
财务会计类	会计	会计	620203	0	3	52	34	117	34	39	44	0
教育类	英语教育	英语教育	660203	0	3	0	256	737	256	479	2	0
工商管理类	工商企业管理	工商企业管理	620501	0	3	12	350	418	350	31	37	0
计算机类	计算机应用技术	计算机应用技术	590101	0	3	33	53	188	53	87	48	0
自动化类	电力系统自动化技术	电力系统自动化技术	580204	0	3	38	39	112	39	31	42	0
公共管理类	人力资源管理	人力资源管理	650204	0	3	83	91	276	91	89	96	0
经济贸易类	国际经济与贸易	国际经济与贸易	620303	0	3	20	0	16	0	0	16	0
自动化类	机电一体化技术	机电一体化技术	580201	0	3	0	109	170	109	61	0	0

华北电力大学 2012 年成人本科分专业学生数

专业名称	自主专业名称	专业代码	是否师范专业	年制	毕业生数	授予学位数	招生数	在校生数						
								合计	一年级	二年级	三年级	四年级	五年级	六年级及以上
甲	乙	丙		丁	1	2	3	4	5	6	7	8	9	10
成人本科生	成人本科生	42200	-1	0	2034	490	3666	11047	3666	2955	3424	553	405	44
其中：女	其中：女	422002	-1	0	797	181	1150	3616	1150	1036	1159	157	107	7
函授本科	函授本科	42210	-1	0	1894	439	3177	9490	3177	2446	3006	442	375	44
其中：女	其中：女	422102	0	0	740	158	926	2969	926	845	990	112	89	7
高中起点本科	高中起点本科	42211	-1	0	166	32	265	1758	265	290	342	442	375	44
热能与动力工程	热能与动力工程	080501	0	5	17	7	69	396	69	50	55	133	89	0
热能与动力工程	热能与动力工程	080501	0	6	1	0	0	5	0	0	0	0	0	5
热能与动力工程	热能与动力工程	080501	0	5	0	0	0	44	0	0	0	0	44	0
电气工程及其自动化	电气工程及其自动化	080601	0	5	72	11	143	823	143	149	200	199	132	0
电气工程及其自动化	电气工程及其自动化	080601	0	6	48	11	0	39	0	0	0	0	0	39
电气工程及其自动化	电气工程及其自动化	080601	0	5	0	0	51	359	51	68	65	84	91	0
计算机科学与技术	计算机科学与技术	080605	0	6	9	1	0	0	0	0	0	0	0	0
计算机科学与技术	计算机科学与技术	080605	0	5	0	0	2	8	2	0	0	6	0	0
工商管理	工商管理	110201	0	5	0	0	0	5	0	5	0	0	0	0
工商管理	工商管理	110201	0	5	16	2	0	78	0	17	22	20	19	0
市场营销	市场营销	110202	0	5	2	0	0	0	0	0	0	0	0	0
会计学	会计学	110203	0	5	1	0	0	1	0	1	0	0	0	0
专科起点本科	专科起点本科	42212	-1	0	1728	407	2912	7732	2912	2156	2664	0	0	0
热能与动力工程	热能与动力工程	080501	0	3	28	0	105	283	105	80	98	0	0	0
热能与动力工程	热能与动力工程	080501	0	3	271	21	211	668	211	148	309	0	0	0
电气工程及其自动化	电气工程及其自动化	080601	0	3	299	189	1034	2834	1034	740	1060	0	0	0
电气工程及其自动化	电气工程及其自动化	080601	0	3	1007	145	1422	3598	1422	1095	1081	0	0	0
电气信息类新专业	农业电气化与自动化	080699	0	3	0	0	48	48	48	0	0	0	0	0
工商管理	工商管理	110201	0	3	12	5	19	70	19	34	17	0	0	0

续表

专业名称	自主专业名称	专业代码	是否师范专业	年制	毕业生数	授予学位数	招生数	在校生数						
								合计	一年级	二年级	三年级	四年级	五年级	六年级及以上
工商管理	工商管理	110201	0	3	69	20	34	108	34	31	43	0	0	0
市场营销	市场营销	110202	0	3	9	8	0	0	0	0	0	0	0	0
会计学	会计学	110203	0	3	8	12	0	5	0	0	5	0	0	0
会计学	会计学	110203	0	3	25	7	39	118	39	28	51	0	0	0
业余本科	业余本科	42220	-1	0	140	51	489	1557	489	509	418	111	30	0
其中：女	其中：女	422202	0	0	57	23	224	647	224	191	169	45	18	0
高中起点本科	高中起点本科	42221	-1	0	0	0	129	567	129	171	126	111	30	0
会计学	会计学	110203	0	5	0	0	17	88	17	24	16	19	12	0
国际经济与贸易	国际经济与贸易	020102	0	5	0	0	0	13	0	0	5	8	0	0
人力资源管理	人力资源管理	110205	0	5	0	0	28	68	28	1	22	17	0	0
电气工程及其自动化	电气工程及其自动化	080601	0	5	0	0	54	248	54	87	66	41	0	0
工商管理	工商管理	110201	0	5	0	0	17	97	17	44	9	17	10	0
计算机科学与技术	计算机科学与技术	080605	0	5	0	0	13	53	13	15	8	9	8	0
专科起点本科	专科起点本科	42222	-1	0	140	51	360	990	360	338	292	0	0	0
会计学	会计学	110203	0	3	18	6	39	130	39	49	42	0	0	0
电气工程与自动化	电气工程与自动化	080608	0	3	0	0	134	134	134	0	0	0	0	0
计算机科学与技术	计算机科学与技术	080605	0	3	12	2	58	127	58	30	39	0	0	0
工商管理	工商管理	110201	0	3	5	1	34	101	34	31	36	0	0	0
电气工程及其自动化	电气工程及其自动化	080601	0	3	83	34	38	326	38	169	119	0	0	0
人力资源管理	人力资源管理	110205	0	3	16	5	57	163	57	59	47	0	0	0
国际经济与贸易	国际经济与贸易	020102	0	3	6	3	0	9	0	0	9	0	0	0

毕业生名单

华北电力大学2012年研究生毕业研究生名单

博士学位名单

一、北京校部（27人）

学科门类	获学位专业及人数		姓名				
工学	电机与电器	1人	李　军				
	电力系统及其自动化	3人	陈厚合	谷　君	郭春义		
	高电压与绝缘技术	1人	王　倩				
	电力电子与电力传动	1人	朱艳伟				
	热能工程	14人	程伟良	韩颖慧	刘建林	马续波	王　军
			高　茜	韩志杰	龙　泉	檀　玉	王　婷
			吴智泉	张彩庆	张乃强	赵志渊	
	控制理论与控制工程	1人	施建中				
管理学	技术经济及管理	5人	董全学	韩　勇	李　伟	刘一民	赵岫华
	管理科学与工程	1人	马小勇				

二、保定校区（4人）

学科门类	获学位专业及人数		姓名		
工学	热能工程	3人	曹春梅	黄保海	张晓宏
	电力系统及其自动化	1人	王　雪		

硕士学位名单

一、北京校部（739人）

1．经济学（8人）

获学位专业及人数		姓名				
数量经济学	3人	刘　帆	徐顺青	张旭楠		
产业经济学	5人	冷　媛	宋　翠	燕　丽	杨　璐	朱清源

2．法学（18人）

获学位专业及人数		姓名							
诉讼法学	14人	陈鹏飞	贾为凤	李　铮	刘小雨	叶文琛	张灿飞	赵　娟	周　淼
		胡云虹	李正阳	廖乃莹	许秀茹	袁钰姣	张　春		
思想政治教育	4人	原　琦	郑乃嘉	张　杰	周婷婷				

3．文学（15 人）

获学位专业及人数	姓名							
英语语言文学　15 人	郭林娜	焦亚楠	李京徽	王科敏	魏笑玲	于　跃	赵　微	朱艳丽
	侯亚丽	李　洁	罗倩倩	王姝阳	吴川颖	岳　洋	郑晓黎	

4．理学（17 人）

获学位专业及人数	姓名							
应用数学　14 人	程金增	姜高霞	马学俊	乔丽娜	吴莉莉	于　婷	张　昕	周　波
	高丽丽	刘　臻	欧秋兰	王　玮	吴立飞	岳莉莉		
理论物理　3 人	刘爱鹏	史文华	左　晶					

5．工学（571 人）

获学位专业及人数	姓名							
机械电子工程　4 人	刘　浩	王　斌	杨育良	张娜娜				
机械制造及其自动化 4 人	高洪慧	李洪涛	王　扬	朱春水				
机械设计及理论　5 人	车利明	丁　显	黄浩然	李　凤	魏蕊艳			
材料学　10 人	高　峰	李　婷	谭晓霞	于洪飞	郑　超	王利峰	张鲁山	郑康平
	黄　培	马福强						
工程热物理　14 人	邓　喆	李文娜	刘　甜	谭　辉	王　丽	尤清华	张素华	左松伟
	樊　鹏	刘利超	史俊杰	田　瑶	王梦娇	张　凯		
热能工程　71 人	查永龙	翟丽娜	胡　颖	李培娟	任延中	王旭阳	俞　华	张云芳
	白　杨	杜　旭	黄晶华	李　鹏	任治政	王　野	袁　星	张　镇
	毕金生	杜志锋	黄　磊	李守成	沈寅麒	王玉鑫	岳玉金	赵宏程
	陈东超	冯　强	贾　斌	刘含笑	宋继坤	吴海粟	张彩娟	赵丽君
	陈江涛	高　维	蒋东方	刘世光	苏淑华	谢德娟	张　戈	祝欣慰
	陈松平	高　崭	景宇蓉	刘行磊	田景奇	杨来顺	张国林	宗　欣
	陈智莹	郭静波	黎瑜春	刘　瑶	王建星	杨天明	张民幸	栾东存
	成　明	郭　琦	李爱娟	刘永凯	王晓璐	杨亚龙	张宛曦	褚　青
	代术建	贺茂石	李　捷	孟宝宝	王新钢	杨志磊	张玉宁	
动力机械及工程　4 人	崔　蕾	刘　曼	王海宁	张　煜				
流体机械及工程　2 人	陈桂山	张健美						
电机与电器　14 人	陈福佳	吉　阳	李秀伟	牟树贞	秦　岚	杨亚秋	朱　亮	窦　娜
	范佳兴	贾晓辉	李媛媛	庞继伟	宋美红	张燕燕		
电力系统及其自动化 128 人	安　静	陈祥龙	程艳杰	董晓玉	高领军	郭世繁	何子君	蒋鹏赞
	安志龙	陈　迎	崔宁宁	董　楠	葛海洋	韩洪兴	洪运福	金　娜
	白芮瑄	陈　云	邓哲林	杜　珣	顾　韧	韩文源	洪　麟	金鑫琨
	才志远	陈　茜	翟宇婧	段立立	郭　玥	郝翠娟	霍　丹	孔宪国
	曹俊龙	陈筱陆	丁　峰	冯　利	郭　庆	郝国亮	贾浩帅	乐小江
	陈进美	陈　鑫	丁　蓝	冯署能	郭　锐	郝　婧	蒋良敏	黎永华
	李东福	林　珊	马伟东	王　晶	王睿琛	徐　群	余　浩	郑深锐
	李　盟	刘　宏	门德月	王　康	王皓靖	徐仕昱	余凯元	周春阳

续表

获学位专业及人数	姓名							
电力系统及其自动化 128 人	李书琦	刘家栋	米　超	王　雷	魏笑然	许慎专	张　琼	周静姝
	李天佼	刘　雷	庞铖铖	王木楠	吴向明	杨　帆	张　旭	周　娜
	李晓钰	刘同同	钱　英	王文博	吴卓航	杨　帆	张　宇	宗　瑾
	李亚明	刘　幸	孙玉玮	王　希	武　力	杨　琳	张志富	闵　捷
	李　琛	刘智昱	唐　玮	王　阳	谢孟丽	杨晓东	张　婕	徐强胜
	礼晓飞	卢　苗	王舶仲	王永刚	徐东伟	叶　冲	赵　昆	于　琪
	梁纪峰	罗　婧	王　超	王玉玺	徐　坤	殷红旭	赵　娜	赵　月
	廖羽晗	马俊杰	王传能	王　倩	西　尼	法　宾	迪　奥	
	黑格尼路							
高电压与绝缘技术 28 人	陈　明	高纪新	姜　山	李　巍	刘　瑶	罗颖婷	孙　辉	夏　冰
	崔　航	耿弼博	李　娇	李旭东	芦竹茂	欧阳卓	王　琼	徐剑峰
	邓丽红	韩筱慧	李俊霖	李　晟	罗梅馨	石海鹏	王　馨	张贵峰
	郑记玲	周建全	闫英会	周　冰				
电力电子与电力传动 28 人	段利晓	方京梅	高　洋	高倩倩	胡晓东	焦　华	李　磊	李文涛
	李文斐	梁雪峰	彭　勇	齐　锋	申燕飞	宋晓燕	孙冬梅	孙　舟
	唐佳能	王少华	王腾飞	王文山	王云飞	魏　春	吴　勇	尹虎臣
	郁祎琳	张以全	闫玉鑫	卡索瑞				
电工理论与新技术 10 人	陈国文	陈中阳	关添升	李旭彦	牛艳召	孙秋爽	王　刚	吴　昊
	赵亚丽	郑　庆						
电路与系统 7 人	陈银红	高建涛	李功铭	栗晓政	刘倩茹	薛鹏康	姚海洋	
电磁场与微波技术 3 人	骆　妮	尚康良	欧阳科文					
通信与信息系统 25 人	陈锦山	陈智聪	韩志杰	杭　鑫	李　梦	李媛媛	梁　伟	梁艳芳
	刘　生	刘志君	柳　敏	吕宏昌	罗　红	骆书剑	孙环宇	汪文晋
	温　佳	肖　睿	杨志宇	张　静	张　盼	张振良	张重祥	朱丹丹
	亓　琦							
信号与信息处理 16 人	陈宇航	韩军伟	侯志博	胡　帆	刘金荷	刘　征	马　辰	马　静
	苏　畅	唐娴婷	王晋伟	薛巧平	张红宾	张龙菲	张荣刚	闫小芹
控制理论与控制工程 31 人	崔海蓉	郭春岭	姜蓓蓓	刘　舒	秦利娜	王　超	薛彦广	张继芬
	杜文艳	郭虎全	李　青	刘　帅	孙　蕊	王庆华	约瑟夫	张　磊
	樊艳艳	胡国强	李　颖	刘永昌	赵　翔	王　伟	詹　巍	张文芳
	范　涛	姜远征	梁庆姣	马利飞	王　滨	席　原	张芬芳	
检测技术与自动化装置 20 人	陈小军	付　宇	高　爔	关晓慧	李　明	李　涛	李　勇	李　岳
	刘　剑	刘英明	孙宝君	王伟光	王　旭	王沐晗	徐　浩	杨　娜
	苑　洁	张小娜	张震阳	周世晟				
系统工程 8 人	崔　灿	董　晓	郭晓原	刘　烨	孙　玥	张　兴	周创立	朱维莹
模式识别与智能系统 18 人	陈冠宇	高建斌	高明明	宫芳涛	刘　旭	吕相南	马世俊	秦硕硕
	宋鹏川	宋亚男	王东亮	王　瑞	王一婧	薛　飞	于　磊	张家源
	赵珊珊	郑　钦						
计算机系统结构 7 人	陈　普	邓丹林	范　婧	高宝山	孙瑞琦	王春艳	张文彬	

续表

获学位专业及人数	姓名							
计算机软件与理论　10人	冀亦默	兰　君	汤庄园	涂　笑	王瑞华	王小蕾	王艳芳	王琰洁
	邢雁辉	张　驰						
计算机应用技术　46人	安　睿	白静洁	卞　琳	陈　超	陈　豪	崔　硕	戴文博	邓华伟
	董　哲	杜　倩	冯哲轩	冯志伟	郭　贞	韩明秀	焦杜娟	黎学森
	李宏生	李晓昕	李　哲	厉启鹏	刘　鹏	马思硕	尚　萌	沈尚方
	孙胜晶	王　丹	王联勤	王　帅	王宇飞	王远洪	问梁军	伍海江
	徐雪荣	徐志奇	许宇寒	杨　萌	由丽李	岳　东	曾　炫	张恒玮
	张金虎	张晓东	张晓良	赵东旭	赵欣宇	智　霆		
供热、供燃气、通风及空调工程　1人	何　静							
水文学及水资源　12人	崔　盼	谭柱林	王　蕊	王　帅	王　勇	谢　微	邢　健	徐云乾
	杨　楠	郁永静	展金岩	周鹏程				
环境工程　15人	代　超	李海周	李　娟	李萌文	刘锋平	苏　洋	唐　伟	田永兰
	王兴伟	王　瑶	王　倩	徐　丹	许鹏成	周婷婷	臧宏宽	
可再生能源与清洁能源　19人	郭淼淼	刘　平	全国萍	商超皓	孙业帅	万海霞	王　凯	王艺萍
	黄景宽	潘彦年	冉　刻	孙灿辉	田红星	王继亮	王伟金	王晗丁
	李　阳	钱　昕	阿邦达					
电力经济　11人	杜梅梅	黄鸿志	李笑霏	卢思瑶	杨　楠	张丽娟	许奇超	张　超
	洪云凤	李晓黎	李艳君					

6．管理学（110人）

获学位专业及人数	姓名							
管理科学与工程　17人	陈兴隆	冯星淇	韩宁宁	李江帅	林　平	令文君	陆炳德	孟宪威
	苏义拉	王嘉丽	王素花	肖程宸	熊　凯	张爽莹	张　威	张　艳
	赵晓婧							
会计学　24人	戴末灵	郭小晶	江雅婷	蒋医荣	李成琳	李　甫	李　帅	刘古月
	刘　新	刘　阳	马　娟	马　玮	戎海云	唐晓瑭	王　琳	王　巍
	谢喜梅	杨昌靖	杨　娟	杨　肖	张晨昊	张　艳	周翠翠	周宁宁
企业管理　20人	蔡元珍	曹依敏	甘志鹏	高　丹	郭荣伟	洪旖旎	李金凤	刘晓颖
	邱贵英	宋惠民	田　红	王　健	王　娟	徐　涛	薛青钦	杨　阳
	云　雪	张芳茹	赵胜男	周　璐				
技术经济及管理　37人	陈文姣	陈潇萍	邓　强	符力文	何海英	侯文甜	胡云海	黄　旻
	姜丹微	李　娟	李效臻	李莹莹	刘清宇	刘　璐	罗　涛	马向春
	欧大昌	邱柳青	孙　蕾	谭亚昆	唐宇希	田　洁	汪辰晨	王恩琦
	王　晶	王　敏	王玉龙	王跃锦	吴　鸣	徐　欣	许文秀	殷令姣
	张　恒	张新颖	张　信	张　旭	张宇宁			
行政管理　12人	董　菲	关　静	胡　萍	胡婧媛	靖仕寅	雷　薇	梁　智	刘添铖
	万　恋	邢学成	严旭剑	杨　迪				

二、保定校区（563 人）

1．经济学（6 人）

获学位专业及人数	姓名		
产业经济学 3 人	王 丹	王 赟	赵 琳
数量经济学 3 人	牛胜男	王志文	袁 蒂

2．文学（19 人）

获学位专业及人数	姓名							
英语语言文学 19 人	曹丽娜	冯丽博	冯小岩	高新霞	贾春花	雷荣媚	刘 维	刘晓静
	刘云蕊	马 宁	平 玮	戚 迪	秦燕飞	苏桂香	王常雪	王丽静
	熊毓红	张立艳	赵 乔					

3．理学（11 人）

获学位专业及人数	姓名						
理论物理 4 人	李俊芳	李彦松	赵 盼	郑英超			
应用数学 7 人	姜 伟	康晓红	彭 超	乔 辰	盛 盼	袁 婷	张 燕

4．工学（478 人）

获学位专业及人数	姓名							
电磁场与微波技术 6 人	陈 浩	陈沛龙	黄辉敏	杨小弟	姚丽娜	张 伟		
电工理论与新技术 14 人	杜 鹃	郭 雨	姜 晨	况成忠	李继琨	李建鹏	刘丽轻	孟 妍
	许常滨	许 磊	闫立志	杨瑞静	杨学涛	杨延菊		
电机与电器 3 人	马 理	石 薇	王德艳					
电力电子与电力传动 13 人	李瑞珂	李效乾	刘红恩	齐幸坤	邵卫超	孙文博	唐 群	王振岳
	吴海波	杨馥华	张保龙	张 丽	赵宝昌			
电力系统及其自动化 100 人	张孝乾	赵 菲	赵高帅	赵海霞	赵 猛	赵永雷	赵宇飞	周 丹
	原敬磊	袁 宝	岳建房	张成相	张 琳	张 琳	张 猛	张西术
	武江斌	习 朋	闫 奇	杨慢慢	姚 荃	叶 芳	叶 飞	雍 靖
电力系统及其自动化 100 人	王鸿雁	王 佼	王利赛	王玮茹	王 雪	王 哲	蔚曾贞	吴 博
	滕卫军	田惠芳	田 颖	王 焯	王 法	王 飞	王斐斐	王福菊
	牛晨光	任怀溥	任 龙	宋洁莹	孙利芳	谭 平	唐 凡	唐坦坦
	刘力卿	刘沛灿	刘 茜	刘 影	马 冲	马天祥	马益锋	毛 帅
	李 涛	李晓春	李亚男	李 游	李志为	李宗杰	刘 建	刘金鑫
	黎孟岩	李 标	李海鹏	李 佳	李金鑫	李均强	李 菱	李配配
	何勇琪	胡资斌	纪新宇	江贤康	江政昕	金 超	柯拥勤	雷虹云
	代泞磷	单体华	董 卓	费丽强	冯 涛	郭坚铮	郭 康	郝 杰
	白 静	曹承栋	曹 扬	常 鹏	陈 慷	陈晓芳	陈哲星	崔 悦
	周 涛	周 霄	邹 贤	邹 园				

续表

获学位专业及人数	姓名							
电路与系统 4人	李潇睿	刘东升	刘 勋	孙世超				
动力机械及工程 8人	曹智杰	关鑫源	胡佳琪	王 璟	相明辉	薛 进	赵文娟	周 玉
高电压与绝缘技术 10人	卞士朋	贾冬明	李 嫚	刘晓飞	牛英博	邵士雯	魏力强	越 云
	张瑞峰	朱永超						
工程热物理 13人	丁 剑	金小华	李宏伟	李 利	陆泓羽	任 兵	盛金贵	王 鹏
	王 鹏	张如鹏	张雪松	甄海军	朱伟民			
供热、供燃气、通风及空调工程 10人	白 鹤	侯 静	刘建林	刘 菁	裴 娜	王 静	王 玉	吴 涛
	臧与佳	张建良						
环境工程 23人	华雪莹	李东亮	李二欣	李晓蕾	刘 富	马苗云	马玉晶	石鑫跃
	车 凯	陈 垒	邓 倩	杜 珂	高瑞海	韩 东	韩晓雪	胡明华
	唐栋材	唐 舒	王 特	王秀红	杨炜明	姚娟娟	殷 旭	
环境科学 3人	白 鹭	张龙飞	张 艳					
机械电子工程 15人	底剑豪	高桃桃	李艳艳	廖安文	马万里	宋晓美	孙敬敬	王 聪
	王 林	杨玉婧	杨 志	于 宁	张姣姣	张 磊	张旺海	
机械设计及理论 5人	车 磊	冯恒昌	刘 璇	武云东	余淑慧			
机械制造及其自动化 4人	李 莎	孟繁超	张 琦	张 颖				
计算机软件与理论 10人	刘换霞	刘雪莹	路 欣	吕春梅	王景燕	王民安	王 茜	杨海鹏
	张 强	周 伟						
计算机系统结构 5人	陈启志	高 方	刘秀云	张 盼	赵丽娜			
计算机应用技术 34人	邢登华	徐文亮	闫 美	杨红变	杨艳艳	易 静	于 洋	张 帆
	邱素改	涂 超	王 飞	王 进	王 培	王 强	王艳丽	王 颖
	蒋湘宁	郎 凤	李丹丹	李明轩	李喜红	梁之浩	路红娟	倪阳旦
	白红伟	柏娟花	程 鹏	杜 念	方莺辉	高 静	高 鹏	赫玄惠
	张小博	张晓芳						
检测技术与自动化装置 9人	安 淼	高明明	韩 超	刘晓宇	刘 欣	王 建	王 烨	项 镭
	赵亚亮							
控制理论与控制工程 49人	许丹莉	杨春来	杨 芳	杨 勇	尹 诗	张其雄	张 涛	张 腾
	王利军	王 朋	王新超	王秀锐	王增新	武英杰	席云红	熊 辉
	卢博伦	鲁雪艳	罗冉冉	马萌萌	南 浩	任翠蕾	宋云燕	苏 玲
	兰志超	李国营	李 青	李庆芝	李 荣	李 毅	林丽君	刘 东
	邓拓宇	丁 宁	盖银平	韩宁青	韩 帅	胡麟涛	贾宁波	姜栋栋
	曹 兴	缠阿芳	常保春	陈 斌	陈 琛	陈 聪	陈敏鑫	程 志
	周 莹							
流体机械及工程 8人	郭 飞	季 剑	李 平	刘伟庭	刘正良	马少栋	祁 成	赵 锴
模式识别与智能系统 11人	董宇翔	高会忠	刘 林	刘 千	马高伟	明 飞	祁小兵	王 志
	吴宏艳	赵 凯	周宇华					
农业电气化与自动化 11人	曹胜楠	代 明	董 维	郝方舟	胡月琰	刘文轩	刘 颖	王东林
	王贺云	许正梅	张顺亮					

续表

获学位专业及人数	姓名							
热能工程 48人	尹相雷	云　昆	张合明	张红方	张京卫	张静涛	张　萌	赵贺凯
	吴胜利	吴小芳	邢晓娜	杨　杉	杨玉环	杨　智	叶依林	尹　萍
	唐树芳	王　波	王　欢	王威威	王星久	魏建国	吴凯槟	吴　亮
	刘宪岭	鲁晓宇	麻东东	马晓飞	祁海波	任晏伶	孙俊威	孙　哲
	韩　亮	侯炳宇	侯致福	黄治坤	李　响	李　滢	梁占伟	林　琦
	陈柏旺	陈　琪	陈　扬	房林铁	冯　雪	冯垚飞	高　松	郭　振
通信与信息系统 28人	王　军	王明伟	王　琴	王　岩	谢汉华	展敬宇	张　杰	张　劲
	李　健	李竞攀	李立平	刘　倩	刘倩倩	年安君	孙　卓	王博颖
	陈　杰	陈小倩	戴雪娇	董衍旭	冯晓芳	黄　兴	贾书丽	景美丽
	张克刚	张　霄	赵海锋	朱向南				
系统工程 10人	丁普秀	李晓江	梁耀瑞	刘　琛	刘莉萍	卢　峰	王晨颖	王　寅
	于　明	张　洁						
信号与信息处理 15人	郭　康	韩少勤	胡立章	李晨露	刘　磊	刘　璐	苏　亮	王　丹
	王飒飒	王　杉	王婷婷	王伟亮	谢林燕	于立朋	赵雪亮	
应用化学 4人	班飒飒	焦　阳	叶　超	于　枫				
制冷及低温工程 5人	崔馈馈	李　冰	芮文琴	王少恒	王志超			

5．管理学（45人）

获学位专业及人数	姓名							
管理科学与工程 4人	刘端媚	宋国平	袁亚南	张　凤				
会计学 10人	何军石	胡友娇	李国斌	李　宗	刘　媛	田　苗	魏淑霞	张　晶
	张　玲	周　昆						
技术经济及管理 17人	安园园	白艳玲	白英连	陈绍辉	董伟栋	范　轫	方　伟	侯海洋
	李传财	梁怀涛	秦丽娟	滕雪松	提运桥	韦雅君	袁丽铭	苑珍珍
	臧梦璐							
信息管理工程 1人	赵晓琳							
工程与项目管理 4人	刘婷婷	马　东	商　桑	孙艳复				
企业管理 9人	代永辉	樊利兵	韩　玢	姜苗苗	李世超	刘　冬	马金莉	许　静
	张继慧							

6．法学（4人）

获学位专业及人数	姓名	
思想政治教育 2人	丁　静	王　成
诉讼法学 2人	陈　聪	张兰博

工程硕士学位名单

一、北京校部（221人）

获学位专业及人数	姓名							
电气工程　71人	安永桥	陈加盛	但扬清	邓　鑫	董少辉	高宁超	韩学进	何　峰
	胡忠山	蒋毅舟	金　鑫	靳华伟	李星辰	李振动	廖　毅	刘东兴
	刘建伟	刘　昭	马俊婷	孟　涛	渠展展	沈文涛	陶诗洋	汪　莹
	王林莽	王路路	王素兰	王晓菲	王彦博	吴　迪	徐圆圆	严　智
	杨广杰	杨　秧	杨寅平	袁金灿	张冬清	张　琳	张　微	赵　林
	郑　燃	朱　琳	朱欣朋	朱　勇	朱　姝	朱晟毅	门巴罗西纳	
	常　波	党建军	高金梅	郭利然	何卫斌	胡吉磊	李　宏	李　嘉
	李　军	李　祥	李　玮	任志远	沈立荣	史　英	苏　和	王春莹
	王雪松	王婷婷	吴　迪	张晓峥	张姝娜	郑国辉	周灵刚	朱剑锋
电子与通信工程　14人	蔡晓兰	陈　翔	陈晗光	何　春	李亚巍	李志风	罗　轩	石永辉
	王妙心	吴书娜	张　蓉	贾彦鹏	师青梅	燕宏海		
动力工程　33人	钟艳博	陈　晨	陈秋实	陈雅婷	方　程	冯新新	何向艳	孔祥渠
	李晓冰	李晓欣	李　星	李　洋	刘丽莉	刘智寅	吕　晶	马明珠
	马　杨	王禹朝	徐立韡	杨承刚	杨晓初	杨　阳	张　彬	张建岭
	张文文	张旭明	张志飞	赵玉冰	钟林秀	李日鑫	潘　宁	许兰刚
	朝格图胡日都							
控制工程　14人	曹　戈	丁　楠	黄素娟	刘　鹤	刘庆国	田如春	王晓称	吴　玥
	薛翔宇	蔡　昕	郭鸿峰	秦治国	吴宗楠	周海鹏		
工业工程　20人	陈心路	杜晓茜	郭　郢	韩艳美	韩　杨	黄　辉	贾睿彪	金　月
	李小龙	牟　岚	彭　美	宋菁菁	王志文	余飞娅	钟维琼	闫红宇
	蔡琪锋	李建发	王　冬	张　利				
项目管理　43人	傲蕾明珠	陈　锦	陈思聪	陈　雅	陈智勇	程　翔	崔　亮	董作荣
	杜春晖	范继新	顾　锴	郭剑峰	何　文	何　滢	胡高峰	黄洁茹
	姜在兴	金　侨	金　琪	康　虎	李春鹏	李海泉	李　明	李亚立
	李义忠	林　海	刘　东	刘晓宇	路俊海	苗伟杰	庞红卫	任巍巍
	王尔玺	王宏飞	王　凯	王　伟	徐耀伦	殷　文	游　靖	张维明
	张志俊	庄玉斌	邝钊浓					
计算机技术　17人	陈志浩	韩彦敏	李　彬	刘　亮	倪海涛	王广旭	张恒婷	赵金柱
	樊庆君	霍振华	李炳严	刘　亮	秦贞远	王宪吉	张鹏飞	赵　瑞
	付立辰							
环境工程　9人	郭倩倩	李连欢	马　虹	孙华刚	王　柱	刘　丹	马　蕊	王　玲
	侯　明							

二、保定校区（259 人）

获学位专业及人数	姓名							
电气工程　103 人	张丽君	张丽美	张 硕	张 岩	张 珍	朱 博	闫庆华	褚 强
	夏燕青	肖筱卿	辛海鹏	颜丽娟	姚玉海	岳增坤	张 超	张 坤
	王海文	王 磊	王毅楠	王 跃	王珍英	吴怀波	吴经权	武长青
	刘清蝉	刘一群	牛硕丰	任亚钊	苏 新	田 霖	王大雷	王庚森
	靳志军	孔晓民	赖一峰	李 丰	李 建	李先妹	李珏煊	林晓庆
	单亚静	邓 聘	丁 傲	樊 磊	樊玉国	郭 经	何玉龙	贾溢华
	曹春刚	陈红松	陈 健	陈凯斌	陈拓新	陈垠锟	程 肖	单东雷
	武艳丽	徐 娟	徐也童	宣文华	张芳芳	张宏波	张京晶	张丽芹
	史 军	苏 琨	孙卫卫	孙莹莹	王 罡	王 辉	王 庆	王仕昆
	刘 毅	刘志林	刘忠斌	卢 谦	鲁 永	穆 勇	牛卓博	彭 勇
	靳洪伟	李俊岭	李 鸣	李瑞桂	李文琦	李旭东	刘守刚	刘 娅
	邓宏怀	段志国	傅万学	郭宏伟	韩 鹏	郝俊峰	何宏茂	季国华
	张 敏	张相忠	张效铭	张雪梅	张 勇	张悦芳	张振川	
电子与通信工程　11 人	焦 腾	莫 飘	彭 超	史鹏翔	张红川	赵建锐	贾宏辰	王 婧
	王轶飞	魏 鹏	赵 波					
动力工程　22 人	张 峰	郑 清	郑庆宇	周 冲	周思远	蔡 智	韩 峰	李晶晶
	陈雅静	杜 威	胡婷婷	来 娜	刘丽丽	吕维润	王晓钢	韦江涛
	李学忠	钱 宇	王 旭	武朝阳	张 鹏	张雪川		
工业工程　44 人	武小兵	徐 斌	徐华容	阎海滨	杨晓帆	杨 喆	曾四鸣	张鸿久
	齐彩虎	司永辉	孙京宇	田兰兰	佟国清	王天波	王文静	王治超
	李洪福	李洪林	李 宁	李少勤	李文富	刘 悦	娄淑军	孟 贤
	陈 峰	窦文娟	杜念江	冯志广	焦达峰	金 炎	李 冰	李春玲
	贾晓鸽	蒋莉莉	李 荔	苗 辉	石明喜	孙晓巍	辛冰川	杨 洁
	张 锐	张 维	赵雪菲	朱亚林				
机械工程　14 人	韩 亮	蒋超群	黎 志	李 振	唐 猛	田 希	王 强	谢占山
	杨晓静	张少帅	褚东亮	李宏乔	孙殿家	张国丽		
计算机技术　9 人	杜向楠	郝敬亚	刘秋静	马颖丽	牛春祥	王大旌	肖绍杰	姚小涛
	周 宣							
控制工程　27 人	王 璨	肖爱国	薛 颖	易克难	张海霞	张思慧	张有玥	张瑾哲
	刘晓莲	刘 莹	刘月丹	满宇航	牛世茹	潘文静	侍述成	王冬冬
	柴恒义	陈 伟	韩春燕	贺 超	李春晖	李 浩	李泰霖	刘思捷
	赵 宇	冉 莹	张德田					
项目管理　21 人	卢海涛	麻永宏	孟福岗	乔亚鹏	王 霞	王现军	王 烜	王 政
	仇 乐	褚林红	段文运	佴文怡	付秋顺	李 彬	李开元	李 铮
	肖 恒	义 茹	张 斌	张燕娜	郑立勇			

工商管理硕士学位名单

一、北京校部（38 人）

获学位名单					
邓宜飞	冯　罡	高小宇	贾立奎	贾晓芳	柯小娟
李　军	李　曼	李淑霞	李　婷	梁　杰	林　艳
刘桂波	刘建新	刘　双	刘欣明	马　剑	马　骏
蒲　培	秦云甫	申艳杰	孙永峰	唐　溧	王　聪
王　刚	王　强	王　伟	吴　涛	吴新鸣	吴　颖
徐　东	云宇力	章　炜	张万翔	郑庆明	鄢宇鑫
闫军芳	琚　磊				

二、保定校区（1 人）

获学位名单
田敬元

同等学力硕士学位名单

保定校区（2 人）

学科门类	获学位专业及人数	姓名
工学	环境工程　　1 人	潘　荔
	工程热物理　　1 人	孙颖威

华北电力大学2012届毕业本科生名单

北京校部

电气与电子工程学院

高　源	耿介雯	张人龙	黄晶华	李伟龙	韩　伟
董少峤	王　晨	郭浩森	刘　学	赵　川	余　跃
李弸智	徐　洋	侯惠文	雷骏昊	刘林溥	王振奎
刘　文	宁阳天	王含光	王昀昀	钟慕陶	陈垣玮
高洪莲	郑芳霞	李俊游	陈政宇	畅伟	罗俊平
李清香	唐　尧	司秉千	毛志敏	李媛媛	高　岩
陈　龙	卢　俊	李凌飞	马　群	葛东阳	陈梦姣
王　健	马　瑾	程　斌	沈体高	刘向宁	宋树杰
刘一超	段江涛	马骏雄	米思蓓	高　媛	曾文豪
黄　越	孟宪娟	王振凯	李　菲	王　滢	周　理
朱明成	李　腾	方正飞	李浩天	王允泽	潘　晟
孙　怡	陈　骁	叶小康	景　琦	周　辽	刘　磊
冯　营	王　灿	王　琦	汪天鹤	程天宇	赵小婷
蔡　悦	段正阳	朱晶晶	郭　弘	何　昱	张　凯
张瑞雪	孙小夏	帅德犇	杜　静	叶维平	谭金龙
吴　昊	丁梦娜	刘田野	赵　乔	林　硕	王绍辰
崔显桢	张国亮	罗　理	王明轩	陈甜妹	刘天博
潘险险	任晓朦	曾　莉	王　会	彭茂兰	李　烨
庄　琨	张　昭	肖媛元	魏　彬	刘裕德	党国毅
孙铁环	徐　铁	陈　隆	闫炜阳	周飞航	李芝娟
邵　丽	王　展	唐　焱	贾晓慧	赵　萌	王　伟
梅光伟	张　超	刘宇飞	李慧娜	邹英翔	王　博
肖　莞	苏　斌	吴小刚	张　勇	郭达奇	郑建宇
甘圣希	高　超	杨玄宇	李晓峰	许　龙	宋诗贤
张　瑜	叶长青	蔡　翔	刘丝雨	陈贤忠	李晨熙
于　猛	吴旻昊	牟　珊	马欣鋆	徐洪旭	唐　迪
任小宇	王　坤	李炳灿	邓明心	王　源	郝春晓
任　琛	吴广禄	冯金龙	卢　迪	郜尚琳	黄雨晨
马骁川	解瑞康	陈晓洋	杨　栋	曾思明	薛　浪
王翩翩	刘丽莎	刘小为	王金龙	陶　昕	刘仪崧
张晓彤	李　京	韩福彬	韩龙艳	党　巍	陈　雯
齐　文	易扬迪	任文雪	曾绍攀	李　根	曾垂辉
王彦文	苏靖棋	李马骁	陈占杰	贾　旭	杜　乾
宋玉惠	林桃贝	王　星	陈婧华	杨力坡	吴　曈

高宁达
周雪
周晨璐
赵永强
赵也硕
沈翔宇
刘彦君
柳晨
徐芮
陈弘磊
谢广
马婧
张方远
李梦云
蔡金龙
刘龙
何旭洁
霍连明
王文佼
马亮亮
王延国
郭宏飞
邓淇文
许兴言
王国星
肖峰
邱奇
李小龙
张慧瑜
杜家振
尚倩倩
朱逸超
海丹华
张森林
刘亚雄
夏莘雨
李晶
陆权灵
徐广峤
黄小璐
王泽朗

刘友元
谢梦华
赵波
周昕
马伟
田贵泰
王婷
王巍
李振江
冯喜龙
李珏
焦素楠
田中亮
赵臻哲
王皓君
刘哲偲
李龙跃
卢婷
陈玉龙
彭华军
周超
谭逢时
王震
赵双
何梦
张文鹏
黄良力
杨克虎
韩鹏
王磊
许云程
于恒康
张明磊
郭雪峰
于宏宇
刘欢
胡浩
时宝华
曲国栋
董盼盼
李维峰

杨鸿宏
张野
袁雪枫
胡新颖
静锴
周家麒
王坤宇
张天娇
陈铁义
胡梦希
赵梓淇
陈祥武
谢华
李毅杰
刘青圆
陶敏
李晓溪
李龙光
刘其颖
刘畅
陈笔奇
蒋一琪
李松
王宇
田栋
钟泽宇
白瑞
徐浩然
王博
林楚乔
汪晔
周姣容
许雯旸
刘忠健
孙志达
叶芃
陈茜
朱培
刘杰
厉冰
李锴

华先锋
李秀俊
章超
阳齐佳
冯玮
罗维
朱明岗
陈妍
朱志鹏
高嘉浩
严亮
陈校芸
张惠汐
杨煦
李诗萌
白坚实
王旭日
王然
王一旭
许纹碧
杜儒剑
金挺超
杨婷婷
王雪风
吴俊聪
黄枞榕
沈皇星
李海南
王建波
孙海
李远
陈华宏
韩中伟
杨灿
李雪
陈宏强
蔡漪濛
严冬
韩昊
司维
邵泽宇

张鑫磊
梁坚
刘阳
冷东富
贾芸菲
王家齐
李筱婧
李思越
章瑶易
俞隽亚
苏成
郑瑾
李传栋
黄佳新
程远
杨博文
刘聪
梁树欢
蔡少辉
董泽洪
唐甜
邓宇
李艺征
张旭
冯雪
叶杉
叶逸凡
陈柳杉
杨长弓
李赟
李洪波
孙希文
郭宇
姜苏娜
潘夏
严平
孙开扬
姜林波
张雨生
许泽军
张志强

曾丹
尚典
田旻双
陈励
蒲小龙
吴培星
徐文久
连欢
周吴俊南
李维涛
张树东
刘沛
周哲
郭雄白
钟鑫林
徐金
蔡剑锐
关少平
李小师
汤博
辛昊阔
安重霖
郭锋
贾霖
陈伟
汪竞之
杨晋
王艺娟
游隽琳
董旭
高子力
邓丽明
廖振宏
黄增柯
王静
李韦姝
潘齐方
韩偲彬
边文浩
韩笑
赵乾明

乔子苓
刘　洋
贾佳斌
毛亚非
徐　璐
刘　申
刘汉永
王浩轩
张　杰
李　智
吴芝宇
丁　珑
潘志文
李　津
倪新文
苗咏雪
胡泽延
程　诺
李道涛
蔡　洁
崔　崔
劳永钊
龙文斌
陈子睿
冯　时
隋　骁
强　晰
施　惟
沈舒楠
孙　伟
陈萝伏
单倬然
孙　阔
郭天驹
崔　颖
王文骥
孙宇航
沈博洋
黄泽阳
高　洁
孙　浩

张益霖
徐子晴
杨　颖
陈　腾
黄昕颖
陈　乐
吴泓宇
查四平
杜　潇
赵先超
刘增顺
杨正宇
许　菲
袁东泽
叶燕柳
张再驰
张璧君
张淑蓉
张杨
赵四方
赵　晨
常　彬
杨光源
叶珺歆
吴运阳
王一帆
叶　正
张　喆
吴宗翔
王　钊
张　欣
王师杰
熊晓晟
邹舟诣奥
朱新羽
魏　婕
魏　蔚
刘　阳
高　满
冯　畔
李　强

刘昌标
刘宗阳
骆相材
李娅男
王　卓
李文冬
范　航
熊嘉城
韦健彪
张　俊
魏　喆
严　娜
张　刊
张潇龚
李　健
程昌忠
赵树良
张宇晓
宋子贤
靳东星
马骋原
李　芳
王晓艳
吴　昊
李　哲
刘振宇
常威明
俞征远
周秋磊
谢裕清
宾　虹
刘雅文
江治刚
罗振阳
叶子厚
黄玉鹏
喻　宇
廖明明
张光益
彭虹达
王　梦

皇甫羽飞
胡　帅
崔仕伟
金　一
李华昕
郑天龙
关雪琳
龚凯强
李冬冬
周金光
杨思源
刘小明
李伟涛
辛鸿帅
邹志龙
赵子健
张　宁
刘夕梦
何舒扬
费　彬
朱明江
陆　超
方攀宇
黄　明
蔡万通
张云军
鹿　伟
刘　晨
申　昭
苏丽宁
王　佩
伍　达
黄超亚
季　威
潘国斌
李　鹤
阳珉磊
侯建兰
李　欧
高自强
张　强

王　斌
魏　磊
吴自强
李卫卿
符大森
朱洪元
龚　博
牟征辉
牛琨皓
周志琴
谷亚丽
毛瑞鹏
彭　欣
王成思
胡文慧
罗一溪
韩朝珊
王启帆
刘　义
张海燕
文　斌
杨有霞
李　媛
曹静慧
宋玉杰
黄　斌
李爱平
邢宇轩
张　潇
彭辰玉
贾　鹏
叶鹏飞
庄　元
谭阿妮
徐艳红
陆绍彬
李弘运
崔冬冬
刘　强
张　璇
韩　聪

曹永胜
周鑫鑫
计梦瑶
聂　玮
叶峥骅
刘　钊
高　天
刘曜恺
宋晓帆
解茗迪
李　馨
杨　逍
李　谦
刘　瑶
张鹏飞
马晓宁
娄　佳
詹宏冰
张　荣
刘祖锋
郭延凯
张　龙
杜重阳
周佳迅
吴松霖
罗　瑶
吴　平
王　威
周　坤
朱含章
郎　斌
邱　枫
常　剑
王海峰
郑庆竹
逄亚冲
张志高
严　松
张　闯
高　阳
徐欢欢

陈　思	王　鑫	杨景淇	马　鹏	韩劲锋	顾　程
林舒玥	戚展飞	杨亚芸	刘路川	朱侨杰	杨　仁
林宇彬	陈　玄	吴志强	杜添杪	向巴平措	武梅珠
廖　晔	徐　琴	李　彦	龙　娇	关利华	叶明武
饶泽世	赖程鹏	徐康泰	张翼	赵玉鹏	杨　滨
彭　倡	邵李强	方　晴	马　龙	魏　静	胡　雯
曹琬钰	安栋林	马　欢	董希杰	王　琦	李　树
傅　宇	陈凯定	杨东博	赵新乐	刘　航	张明洁
龙　雪	罗　意	李　丹	乔天楚	李芊蒴	姚　良
罗　璇	黄　硕	赵亚华	刘海龙	夏江涛	李昌龙
楼　楠	许广湖	张斌斌	丁希兰	庞美娜	付银波
王智华	韦志宽	郭津瑞	陈旭春	许浩伟	康龄泰
张惠铭	周科良	杨兴宇	朱　旭	尹可欣	郑　丽
张　娜	周　虎	李　妍	朱圣祯	吕新荃	闫文肖
孙亚璐	段瑞超	贾文泽	林天池	南　婧	陈章伟
张　宁	赵　洋	田　荣	唐东升	陈光民	徐志文
白雅慧	胡艳剑	杨　俊	黄明胜	刘文宝	白　军
姚　远	尤思博	田　申	张　辰	李生平	
高小林	张　晶				

能源动力与机械工程学院

刘　群	禹胜洋	田　嘉	王韶华	龙官云	李翔旺
宋建勋	邱　潇	刘　江	刘锴恩	冼因彬	伍鼎业
岳　鹏	王　韬	段周林	马成龙	徐文进	唐　奎
周　波	王　森	王　猛	曹　晟	饶笙扬	邓　韬
邱瑞云	雷鸣洋	马　波	向金金	邢亚骏	张　旭
张慧吉	邵永宁	方志超	毛　康	耿旭川	王芳源
王　迪	王钰清	徐　明	王　鹏	徐　玫	解　容
王　振	彭丽萍	崔海增	张　真	邢乐强	蒋　博
张得泷	李　斌	曹宏芳	魏凯锋	杨金戈	崔腾飞
杜雅雯	段宇琨	冯可敬	刘　超	周卫兴	李　昕
洪　霞	曹津铭	白　杨	伍人政	李万阳	任朝旭
戴陶亚东	李晓栋	刘柏毅	刘媛媛	李照星	张振星
方　全	吴冠宇	姜福赢	黄晓夏	靳　周	孙思宇
王寿丰	李小龙	高　望	尹和超	邢丽婧	周　源
杨翔宇	何明骏	毛润东	侯　超	王　蔚	徐佳钰
章　俊	张　鑫	许文龙	史鹏飞	李　鹏	张　群
付　丽	巢　坚	徐　勇	刘宇博	袁　凯	陈志先
梁紫河	吴　迪	邓水华	贾心树	姚珮珮	刘宇默
黄武欢	李韶光	徐丹剑	毛伊依	陈新林	杨文辉
王齐宏	孔令玫	郑琰炜	毕　捷	王兴宁	刘　煜

肖　黎
蒋全辉
田方旭
李龙强
王晨山
刘娟波
张守平
万延彬
邹功馗
赵　凯
徐秉政
王　蔚
李　远
刘姝女
牟　威
周健强
章晶晶
王梁栋
戴　韬
张　熙
尚　伟
夏　力
李立伟
许雁泽
陈锦城
韦艳妮
张运琦
杨　琴
贾　龙
张　帆
熊　彪
王　伟
吴　强
汪　洋
海晓璟
闫晶娅
赵　龙
侯天阳
于强强
刘　莹
王　乐

裴宇全
李　毅
简凡凯
赵　媛
田志停
屠逍鹤
李学锋
侯　娟
梁力文
王树坤
张　璐
王连鹏
王建宇
朱龙飞
曹晓波
连汝剑
罗家昊
段忠斌
卓　航
王　瑞
黄俊晗
罗立伟
罗　骁
王　强
苏璐玮
韩临武
张　青
张　敏
周钊平
欧贻辉
黄　洋
罗　娜
谢　典
雷发超
徐　坚
郭　强
姜少睿
蔡　煦
刘　康
张骁驰
任新雨

姜　峰
胡迎秋
周　嫄
沈武富
王俊林
陈　松
马婷婷
李逸夫
高晓龙
杨　博
韩一德
罗天文
宋哲义
曹　泉
刘柯江
吕红岩
于亚薇
李亚维
闫国栋
李翔宇
吕传旭
李婉佳
何立诚
邹　轩
郑国健
江　颖
夏淑燕
陈健辉
赵　越
张方睿
陈　阳
李美斌
庞永武
林　琳
熊　心
黄锦韬
李　阳
张卓烨
赵明世
马金文
陈亚威

李　鹏
孙元亮
祝学辉
梁润北
宁北平
周华超
黄少佳
张秋亚
苏　陶
马　欢
魏从龙
高起堂
沈　清
张译中
王宏昌
刘祥山
刘伟龙
唐宝强
安广然
卞　境
孙　昊
刘　浩
徐巨超
王奔宇
乔春辉
纪执琴
栾　骞
李　洁
周军城
曲泽宇
张腾龙
王　元
杨童凯
曾丽颖
郑有文
陈　刚
姚成友
杨　涛
许显治
张文浩
王　帆

王晓萌
张　浩
杨远昭
唐　田
邓建华
叶珉杏
陈维维
杨彦龙
杨　芳
王佳丽
王　焕
冯　征
洪瑞新
李西雷
徐　婧
王志江
吴志海
孙　健
马　玉
张　群
徐　威
李嘉钦
陈天穹
叶昭良
李　超
靳智超
梅甲介
孟　帅
姚志鹏
王　锐
黎　楠
胡　勇
徐　赤
赵庆旭
顾　颜
王宏伟
房丽萍
王　博
康建邦
王晨光
陈　勇

刘　兵
位召祥
叶　婧
徐　术
唐　辉
全　才
易　晔
蒋传政
马祥俊
牛　亮
魏建青
王文刚
席天云
蓝　翔
李　京
王　洋
贾新龙
张　阳
常思远
石亚君
吴俊杰
张　暕
徐　超
李　乐
张新宇
刘效禹
邵　壮
年　越
王　宇
孟津锋
李金石
王勇强
邢　峰
王　郁
陈烨璇
刘　勇
蒋　骉
王　浩
骆涧平
胡文杰
刘晓晴

范 骏	王 磊	胡卫琨	刘 伟	茹燕丹	张伟霖
申春燕	张 仪	陈行健	姜 鹏	梁丽萍	于 杏
朱灵盛	朗林茂	孙泽洋	田 甜	钟 阳	杨 斌
李雪峰	李晓博	傅莉莉	郭佳伟	刘春阳	谢 剑
林培能	季 浩	张保山	王志远	罗又天	蔡昌宇
舒宗英	董泽文	高 波	田 婷	张伯琛	钟亚峰
路富强	王鹏翔	许成海	帕力哈提.努尔	李远青	李 康
张亚雄	肖烈晖	郑秀明	许 冬	曹 唯	薛晓迪
李畅梓	刘 凯	刘光耀	林 铠	周健铿	苏 超
吴健军	章 月	张秋佳	邵继续	周亚男	李 莎
贲影峰	王 斌	陈 彧	张茂龙	钟隆春	仲雅娟
文 泽	郑志鹏	方亚雄	郭少博	解全根	林 翔
向 旺	黎乃斌	陈 骏	孙 跃	陈 威	潘 振
杨信飞	翁启新	陈弘扬	雷海峰	董雄飞	
雷 鹏	吴 娅	袁 晶	占极森	刘林植	

经济与管理学院

许 璐	陈萍萍	帅若冰	宁姝雅	陈良钱	孙 敬	成 欢
常蓓蓓	董 明	周 全	方 阳	陈 坤	邓 晨	侯钰栩
罗茜亚	陈夏威	厉一梅	洪 新	王 冯	李 瑞	樊红秀
吴 蓉	曾 勇	刘婷婷	王艺凝	吴红兵	赵文成	孙 敬
齐 麟	赵文清	闫 寒	万 璐	汪 鹏	刘银花	邓 晨
张可竹	邵利洁	张宇森	曹琳娜	孙梦颖	彭亚珺	李 瑞
王欣洁	曾乐宇	刘 筱	傅亚芸	王 爽	周 涛	赵文成
陈 镇	黄 磊	刘 毅	陈 锦	杨璐斐	王 良	刘银花
梁 超	黄心力	吴圣友	周 颖	王茜楠	王 欣	彭亚珺
王雅枫	李 平	刘彦言	罗 璇	刘 洁	杨少勇	周 涛
邢海娟	王馨曼	李权琼	梅 森	陈广远	吴美萤	王 良
王 洁	黄 帅	江远彬	张 松	庞 石	张立涛	王 欣
张嘉懿	白思雨	李 鑫	李娜娜	陈 晖	姚益新	杨少勇
张 爽	赵星宇	杨 倩	李富宠	王璐璐	葛宇剑	吴美萤
吴相伯	张 鹏	张梦云	孙建明	全珊莹	王 琼	张立涛
傅骏杰	仝 链	孙益佳	闫娇娇	王 琛	程 敏	姚益新
何淼雅	王 堃	夏 青	綦 霁	王 曦	林 俊	刘洋洋
苗 伟	孙 慧	寇凌烟	胡 喆	杜晴阳	罗 昱	安永军
陈思伟	冯 琪	马 驰	柳 叶	叶君红	徐玉杰	郭雅丽
曾 智	李沿萱	岳俊鑫	王 昊	杨 晨	顾姗姗	李锦贤
杨鲁明	赵 欢	孟 源	许晓敏	马文君	欧阳燕	宗 伟
杨朝阳	王诗怡	孙振霞	付万丛	丁 宁	张蓝心	薛贵元
周 航	谷 源	郝莉菁	喻小宝	柯梦娟	徐晓慧	孙娅琳
吴天宇	龚秋丽	朱明琪	林 叶	杨蓓蓓	何 弦	潘振东

董宇曦	朱兴月	李　燕	肖满青	邹玉龙	李　屹	曹舒芳
符小宇	罗　徽	杨文慧	崔静静	陈　洁	赵倩雪	葛宇剑
陈安会	杨　爽	张　丹	陈　凯	罗　湘	张君富	王　琼
钟梦荻	刘　芸	徐婵媛	黎江浩	杨清斌	卢　佳	程　敏
张幼竹	陆贤邦	匡　政	张　恩	任晋雅	白　璐	王　琛
郭　龙	尹帮勇	丛培媛	张亚哲	方　洁	李文玉	王　曦
翟　玲	李黛晶	王水清	冯　霞	何玉梅	刘彦滋	杜晴阳
刘晓妍	田冲良	陈　奇	彭　强	孟彦辰	周君恺	叶君红
李雪柯	惠超超	濮　扬	鄢　超	刘　怡	李　青	杨　晨
贺宇琼	姬　烨	吴　蓉	展海艳	王　帆	安　媛	马文君
陈　思	巨延庆	钱哲育	邢溢航	郝　晶	赵蕴卓	丁　宁
宋　平	高　敏	郭慧媛	张　龙	刘洋洋	王　琦	柯梦娟
彭　沛	王　皓	孙德梅	齐国娟	安永军	孟　雷	杨蓓蓓
刘　浩	潘星池	黄锦鸿	侯丽颖	郭雅丽	杨文茵	邹玉龙
张　鹏	陈　曦	刘盼男	邱玉钰	李锦贤	杨冰楠	陈　洁
许崇杰	刘乐桃	杨凯文	李亚征	宗　伟	岳　蕾	罗　湘
韩国兴	王桂娇	张爱晶	张美桂	薛贵元	马天文	杨清斌
孟京京	王怀通	余艳庆	琚艳芳	孙娅琳	朱思远	任晋雅
任轶君	姜　楠	李丹骅	王　鹏	潘振东	吴善晓	方　洁
徐　婉	杨雅媛	曹　汐	练义田	曹舒芳	张经伟	何玉梅
寿圆圆	牛金燕	张乃月	李钰龙	胡　宇	罗晨昕	孟彦辰
孙拓彬	张之昊	李佳馨	叶　聪	宋思宇	林丽琼	刘　怡
林　薇	沈　懿	冉汶灵	刘志文	杜红立	鄢超凡	王　帆
刘梦薇	高　思	谢弘艺	王明杰	尹　琪	张维彬	郝　晶
秦子准	欧阳邵杰	曾琳琳	耿玉明	孙　凯	李亚军	胡　宇
李晓芳	汪　泽	蔡韩雨	蔡　琼	黄洵斌	陈　良	宋思宇
孙　芮	罗庭春	王　盼	梁嘉业	陈延超	陈雨星	杜红立
蒋　晨	苏西坤	邵　丹	刘威龙	卢捷敏	唐天明	尹　琪
陈双兰	钟朋园	郭　真	雷　甦	张棋棋	符国文	孙　凯
孙盛芳	韩兰兰	刘　丹	王秀华	彭丽霖	唐　怡	黄洵斌
张卓然	周淑仪	韩　颖	蔡荣藩	杨　洁	何冬梅	陈延超
黄俊捷	邓　治	王维康	张　珂	王胜尧	杨　迪	卢捷敏
谭海涛	荣国栋	姚源	陈万强	陈虹村	肖淞元	张棋棋
席建勋	何　鸿	曹征荣	杜　裕	杨　晶	冯江涛	彭丽霖
李　希	冉　曦	赵晨	赵玉姣	刘　舰	刘　芳	杨　洁
张雅卿	邓　娅	王珊珊	车婧怡	李　凯	侯照宇	王胜尧
岳筱雯	姚　进	高宏星	陈致宏	王亚军	庞宇桐	陈虹村
李　欣	余　华	李毅聪	白　云	刘　军	何芊漠	杨　晶
张晓艺	马鸿俊	王嘉博	马　雪	刘　畅	王　鑫	刘　舰
王文清	丁宇恒	刘昭华	鞠立伟	刘海龙	佟　凯	李　凯
李欣芸	郭雅楠	李卉子	姜凯元	刘　旭	韩　露	王亚军

万 宁
崔姗姗
郑 悦
王印泰
陈紫葳
闫瑞欢
赵志刚
李沐阳
闫铁山
刘品秀
季广宇
刘 博
侯钰栩
林 俊
罗 昱
徐玉杰
顾姗姗
欧阳燕
张蓝心
庞宇桐

李文旭
张 娟
李景文
赵 越
刘延明
韩美妍
张文宇
申敏洁
张 慧
吕 冉
罗 懿
杨 凡
樊红秀
徐晓慧
何 弦
李 屹
赵倩雪
张君富
卢 佳
何芊漠

曹茂江
戴友余
胡 佳
陈荣忠
李 敏
王立志
张体勇
李明艳
汤艳红
陈紫云
张小瑜
解秀丽
刘文雅
白 璐
李文玉
刘彦滋
周君恺
李 青
安 媛
王 鑫

申佳昆
戈 通
陈婷婷
韩君易
林 科
程进进
蓝红莲
范 俊
解博君
赵晨晨
刘 婧
赵 丹
李松岭
王 琦
孟 雷
杨文茵
杨冰楠
岳 蕾
马天文
佟 凯

王 倩
武 智
刘 进
金星权
张海燕
吴海峰
傅 颖
黄淮北
刘文雅
梁 艺
熊 馨
成 欢
梁 艺
朱思远
吴善晓
张经伟
罗晨昕
林丽琼
鄢超凡
韩 露

赵蕴卓
李松岭
杨明瑞
孙雨雷
张金颖
陈一鸣
俞 威
李艳艳
王子君
王 策
骆 焱
梁建敏
杨明瑞
张维彬
李亚军
陈 良
陈雨星
唐天明
符国文

刘 军
刘 畅
刘海龙
刘 旭
王 倩
武 智
刘 进
金星权
张海燕
吴海峰
傅 颖
黄淮北
唐 怡
何冬梅
杨 迪
肖淞元
冯江涛
刘 芳
侯照宇

控制与计算机工程学院

王思远
刘 刚
顾 强
张定宇
胡晓艳
武瑞荣
郭雪娇
闫 宇
张文原
耿林霄
陈泽南
丁澎澎
刘先达
张 静
张 晔
胡子慧
马 筱
崔亚华
刘海珍

张 猛
徐丽君
徐倩茹
杜 星
刘 婧
梁浩麟
郑茜予
顾婷婷
李杰骏
蒲梦瑶
朱凌起
唐金曦
马一凡
范文婧
马桂楠
陈文渊
薛 峰
方华夏
吕振涛

冼雪云
汪铠铃
秦小强
罗 江
赖宝亮
罗高博
李 涛
陈瑞斌
张月奎
杨 凯
周 琳
特日根
陈 昊
梁庭钰
杜启帆
张海泉
虞楠狄
杜小冬
刘 翔

房晓航
丁 浩
屈 别
颜顺成
成宏祥
陈梦娴
蒋 军
曾 杰
张 凯
严 浩
陈思路
潘柏宇
木沙.吾斯曼
杨奇民
邱廷钰
罗 高
鲜林均
李 博
张家旭

刘 超
黄 杰
胡屹然
黎 量
李 玲
李 博
朱希晨
郭静姝
张琪彬
王 飞
付亚利
王 钊
刘瑞萍
连 勃
李 维
朱思彤
高广宇
周 樨
孙 进

车红霞
郭 淼
陈博伟
蒋陈根
钟振芳
秦 昊
程 勰
庄 伟
梁欢华
陈丽萍
郑阳国
刘 云
苏 杭
席 珂
杜浩博
王潇然
刘 璇
王 崴
袁 超

施亮亮	润　磊	邱子良	刘宏涛	金徐介	王　薇
雷海文	莫延鹏	王　磊	张彦平	张　恒	薛元春
唐　巍	赵志鹏	王　虎	马得财	李　安	鲁珉臻
钟前钰	李　钊	饶　琦	张　磊	王诚诚	侯洪超
黄　飞	刘　萌	汤　晴	臧其龙	陈　杰	胡晓斌
刘　利	袁　玥	刘燕文	魏孝林	唐艳梅	杨　爽
张筱菁	赵晓森	陈海伶	杨　帆	熊　晶	郑倚天
辛平元	秦　政	熊　豪	韩　霜	周倩宇	陈希伦
余　乐	周　伟	王　竹	朱　迪	唐金鑫	孙可夫
胡浩冬	程博昊	莫莉娟	郝世昱	王　倩	阿不都卡德尔.阿不力米提
黄　鹏	周飞龙	黄春佑	杨　震	焦利军	俞骏豪
刘伊兰	范世岩	马三妹	朱康伟	吴　凡	廖思温
许宝易	徐玉梁	臧鹏飞	李　鹏	李小军	朱存浩
高悦凯	余轶骅	李　敏	马思达	于　芳	孙　率
陈鹏原	张振磊	满成实	周丙健	于广琛	刘　倩
滕玉祥	鲁林俊	万军亮	程　浩	王海东	杨如炜
周　晔	陈　曦	张蕊峰	张　益	张斯媛	文登宇
房　凯	刘　阳	苑学明	林云江	翟　敏	唐海龙
武譞骅	吴金水	艾明浩	黄健强	于博嘉	张健华
张　良	吴莹辉	由广振	辜庭帅	钟　涛	李小缤
熊明磊	谢明江	王　阳	巴延涛	宋　涛	田　亮
蔡正梓	吴勤勤	谢亚鑫	陈思华	贾玉斌	马　源
邢校萄	陈骁哲	赵文超	王艳萍	周建峰	于　慧
刘伟乐	张旋平	卢文达	林盛海	张　琼	卢中钧
李　月	刘丽莎	盛　利	杨　茁	邹　恺	秦天牧
胡宇宸	马大伟	吴　琦	史正伟	李雪锋	宗建一
陈楚达	孙升辉	黄佳华	索荣荣	曹志勇	代云飞
陈世景	鲜　辉	李　阳	韩昌珍	邓助才	赵敏杰
吴彬彬	赵　剑	陈鑫隆	马瑞文	孙　鑫	郧　峰
成　周	于斐然	林仙龙	刘天琛	邓雲瑛	赵　璐
雷冰娥	刘　彬	喻　隽	魏翔宇	罗昌雁	杨璐羽
王鹤翔	熊　健	徐先龙	蔡云飞	鄢　晋	柳　菁
卢　昱	高　骞	李　帆	刁姝文	李蓉敏	蒋兴国
陈素萌	李雪梅	李　皓	吴　赛	于　峰	张　浩
杨　波	魏玉旺	张校霆	李　飞	曾　毅	孟　佳
司林顺	童　潇	程泽晗	白文政	史永锋	黄　蓉
郭　翔	秦浏杰	庞　鹏	樊　怡	王江平	周　鑫
李元培	杨梦奇	王浩宇	胡　婧	王心影	韩贤岁
孟宪鹏	李泽罡	殷　瑞	郑诗源	葛　超	王泽铭
李　锵	王　博	候　军	白　旭	洪梓洋	张　哲

王 宝	刘晨莹	尚永明	王 斌	王 楠	张光明
王丽鹏	华 梁	马晨霞	姚 旭	刘华鹏	卫敬宜
聂 鹏	严 炜	王 伟	蒋威隆	杨书强	郭智鹏
任晓辰	冯一男	俞 俊	刘 璐	王梦月	梁小玉
贾晓龙	吴维峰	刘 佳	史 龙	常乾相	蒲金柱
黄婷婷	杜念冰	张 欣	陈云梁	马忠骥	张 莹
张一民	许 健	李 心	梁 骏	孙博文	孔 磊
姬 翔	胡 鑫	赵祎迪	董晓翡	朱文东	马 冰
涂春亮	梁颖薇	高 瞰	陈 诚	屈 陌	刁 琢
项 丹	谢 颖	隋东辉	刘彧昕		

人文与社会科学学院

石佳阳	程 通	孔澎涛	刘军玺	吕 朝	刘 涵
周 鼎	束敏芬	李 博	伍 娜	王 璞	刘 畅
张 颖	颜行志	杨 钊	鲁 萍	唐 泽	张 婷
董亚婧	陆云丹	余国雄	符志清	许 晓	郑晶晶
高靖茹	黄勤怡	陈 杨	廖佳婕	金小燕	米清清
许 玚	王 帆	黎佩佩	李贝尔	崔燕洁	王 琼
王威驷	陈雪娇	古维剑	杨 丹	王 艳	史 季
王梦雨	郑晓帅	杨卫兰	黄小栩	齐勇军	李 鑫
王 烨	王振林	潘 娜	高纯子	王 宇	甄 珍
邵 怿	刘加勋	田 娜	李 楠	刘 尧	仲 晗
陈幸赟	温雯菲	李晶晶	任 静	马福增	倪子乂
宁 谦	洪 纬	张 蓉	雷 加	姜昌日	李宇璞
林 沁	熊 玲	张 伟	李慧琼	何 璐	周 彬
刘奕辰	付若岚	贾朦胧	付 凯	钱梦园	陶思思
郭海鹏	梁 静	张 珊	孟 祎	占 旭	王德印
李金蔚	戴虬宏	胡 胜	张 靖	陈永界	王 萌
刘姝琳	辛彦军	汪 岩	王 岩	黄紫娟	刘东晓
辛 雪	曹鹏涛	王 菁	赵志敏	万 杰	王志民
黄 平	马燕妮	王楚怡	赵 雯	李 嫚	任 路
刘平丽	吴小雨	高 晏	马阿美	肖 瑾	彭 洁
明思奇	丛子程	石 悦	左佳怡	殷 姿	俞 西
陈 雅	靳明燕	靳胜伟	李 杰	黄 莹	赖义友
万思怡	张 美	孟 璐	陈 喆	胡淑娟	杨 武
赵 瑛	王 欢	荀鹏伟	仇 颖	何小诗	胡厚银
王嘉铭	秦 颖	李春宇	周昱言	于 刚	高 杰
潘 瑞	张嘉龙	张 洁	张晓倩	王 剑	常 倩
徐璐璐	王宏伟	秦 月	游灵多	许 诺	王 健
哈丽努尔	袁廷俊	毕晶怡	刘学明	刘 川	杨 荣
赵昱煜	展翎晓	宋 瑶	姜 星	何亮平	张梦媛

杨玲玲	杨丽莉	陈夏冰	胡珂源	任　超	孙　毅
杨　冰	郭丽丽	尤　希	任　伟	何　佳	洪丽青
王　迪	邵　赟	罗　燕	段　伟	卢怡然	李　光
杨青萌	刘　晓	杨华青	王法淳	秦明辉	姚泽邦
张　缙	廖　雯	朱柳燕	潘晓君		

外国语学

张远东	徐　捷	熊　蕊	陶欣冉	王翠竹	王程功
林　殷	黄　静	杨　阳	张　坤	王　靓	李宁静
张　洁	常瑞斌	张丽华	万楚彦	张　玲	叶见养
杨阿男	刘　顿	朴　然	齐艳红	续　峰	王　颖
刘秀玲	李敏芳	姜京秀	郑　珊	耿广红	唐　霜
李　爽	王晓洁	王轶赫	温　渝	苏　晶	周　西
金　悦	刘　莹	刘飞利	原文芳	蒋成宇	熊　鑫
姜妍文	刘雨晨	应茜羽	才让旺姆	孙小愚	付李一
朱红叶	韩　英	赵　慧	蒋珊珊	周　莹	胡清杨
陈青婷	郝臻燕	苏　淳	成　铭	涂菲菲	马学梅
甘　爽	郑世俊	彭　芃	宗云天	程八元	

数理学院

房德龙	李　勇	陈蒙腾	高自全	樊　磊	陶小平
安亚静	李　嘉	何林芳	周建龙	郭世洪	谭　靖
张　军	高骏强	冯　前	马晓欢	黄颖志	马　鹏
刘　波	李　倩	彭红霞	李建一	冯君淑	王航飞
唐国超	隋　峥	孟子焓	姚尔高	鹿一鸣	秦永红
颉　迪	王亚宾	王舒毅	于　童	王　威	付　蓉
常　军	刘　乐	刘　杰	国恩杰	向　昱	马海波
张　敏	洪光亮	赵明辉	李　玥	廖金棠	程　李
王薏苑	邹庆华	李　铮	沈付祥	杨　辉	周骅翔
迟广元					

可再生能源学院

谷　筝	何子豪	周　影	黄文浩	刘　健	额尔敦
木明江. 玉素甫	张仲芳	吕　泽	覃　媛	朱桢华	孙　超
王江彪	张　楷	吴继秀	周海萍	张晓东	叶小宁
左　健	谢　婷	杨尚丹	税　宁	许芳星	王　添
杨　逍	哈斯秋鲁	高　洁	陈虹宇	徐海亮	陆宗宇
慕亚会	于怡然	张国睿	苏　方	郭建强	柳运可
杨宁宁	于山江. 买买提伊明	许　琦	文　丹	邵艳妮	夏茂吟
武春霖	郭玉乙	张晓文	和润刚	吕　强	余　涛
孙井龙	张国强	毛晓娥	张　凯	黄雄辉	李　晓

王志鹏	董晓晨	朱晓芳	张　桐	黄钦俊	熊耀坤
彭　津	田靖夫	姜　贺	祁　麟	易晟永	张沿成
姜如高	张旭日	刘　旸	纳学超	欧阳庆晓	汪建波
任晓波	于　洋	高　楠	从　荣	唐　琨	赵美玲
何凯华	桑柏超	焦响乐	秦　畅	何洪成	袁琴龙
余　悦	唐文序	岳　潇	刘丽君	高　卓	齐　程
田爱忠	王一姝	郑志伟	闫　龙	张　磊	许清莉
李　鑫	孙维伟	魏　伟	贾青龙	赵　佳	陈　平
魏泽宇	李丰均	张　薇	翟　琪	杜小伟	李荣波
林淑凡	程　茜	徐　明	段　玮	沈晨曦	汪雪峰
杨兴旺	高小力	葛江锋	辛雅焜	何　赛	何　洋
黄　松	曹　桢	李　键	祝洪伟	张春华	宋李振
龚大副	戴俊怡	时　达	秦　浩	马世兴	莫旭芳
李　扬	胡永良	郭小晗	季星晨	张小虎	顿　喆
张　拓	刘晓霞				

核科学与工程学院

张　澍	陈梦醒	单祖华	张也弛	刘　剑	韩文静
史玉伦	琚忠云	吴　荣	冯　建	王　坚	时维立
王亚光	陈铁泺	曹　阳	徐孝轩	唐超力	刘子豪
闫　冬	黄宇林	赵云淦	武　琦	周震宇	李柏良
皮明飞	施承斌	孙　浩	钟昊良	叶深南	丁　健
刘怀胜	邹伟明	王亚光	徐云龙	吴炎填	柳春源
魏雨明	童　嘉	贾明扬	闫　帅	王　恒	李　卓
李权耕	杨长振	闫　冬	陈铁泺	崔胜男	孟　硕
何欣达	范行健	赵云淦	唐超力	曹　阳	刘　臻
马　超	林达平	冯一斐	张鹏鹤	杨　晔	康　悦
张　龙	郭　超	魏雨明	武　琦	刘子豪	徐孝轩
王明新	李　明	闫　帅	童　嘉	周震宇	黄宇林
赵　日	张钰浩	马浩神	陈立辉	张德山	韩文静
张斯宏	冯　飞	马　超	王　恒	贾明扬	李柏良
张　鹏	刘　锋	张鹏鹤	林达平	李　卓	冯天时
冯天时	刘　剑	时维立	张也弛	王　坚	丁　健
蔡骏驰	符林贝	赵　日	杨　晔	冯一斐	张德山
周星星	唐远程	陈立辉	张钰浩	康　悦	冯　建
叶深南	柳春源	金　宝	蒲　勇	钟昊良	吴炎填
孟　硕					

保定校区学生名单

电力工程系

郑 磊
张晓川
欧 敏
冯相龙
刘云松
栾音茹
王 朔
陈义成
王晨曦
保玉玮
罗晓强
高 阳
季溢贤
杜觉晓
艾 博
蔡晓龙
陈 凯
何雨洋
贺 浩
贺 芃
胡晓南
贾启航
雷晨昊
李 飞
刘 康
刘星宏
罗 立
马 蕊
倪炬清
任李强
申 雪
田 亮
王 芃
伍 豪
杨鹏东
于琛鑫
张 晨
张思光

周 玮
邹仁贵
鲍凌翔
邓超敏
郭舒洁
计 斌
蒋伟坚
李光强
李 琦
林 彬
刘 磊
刘 旭
刘燕华
龙正兴
罗 龙
罗文盛
宁 森
潘 奥
王奉冲
王 肆
瓮旭鹏
吴思苗
严建敏
杨发亮
杨 帆
张 达
张 帆
张红芳
张 同
张 莹
周 浩
周 沛
陈 焱
董 龙
段晓庆
方 毅
谷雨峰
黄泰鑫

孙 飞
孙 越
陶 俊
王 冲
王继娟
王 辛
杨世杰
张鹏宇
周大千
周旭磊
周莹坤
陈庆辉
陈泽鑫
程 莉
崔海荣
杜 皓
付开强
何 荷
李超然
李 帆
李 鑫
李源辉
李跃鹏
林 川
路天峰
吕晓羽
罗 程
马 然
钱 昊
孙少禹
王蒙恩
王仁中
王禹然
许静雯
杨子锋
易 洪
尹 瑞
余国龙

侯 川
黄 欣
纪长添
江 玲
李小龙
李晓彤
刘 洁
刘露莎
罗实友
马 跃
史梦雯
谭二杰
谭荃心
唐玮琪
陶鸿君
王翔艺
夏赞李
杨 昆
俞楼莎
袁坤仑
张铎瀚
张翰韬
周小华
邹腾博
蔡婉雯
陈凤华
褚 楚
代 见
方倩倩
韩 双
郝运鹏
何雨洋
黄国林
霍晓娣
李精松
刘林壮
刘鲁朋
刘 涛

杨娜娜
张 力
王晓华
林 学
何思远
尹永利
刘 星
朱君良
张世锋
余露峰
袁勇超
张玲玲
张卜元
王 扬
王功焕
秦晓淼
施 诗
李建威
梁 娜
詹佳峰
张 鑫
甄 钊
郑增伟
周丁霖
周 洁
梁 志
林 晗
林 鹏
刘大源
刘欣阳
丘梅燕
赵树起
唐一专
崔 健
董 驰
高涤非
何腾欢
王 华

何鸿林
胡宇先
黄存强
黄婉思
姜文文
金杨福
刘大正
杨 锦
杨 丽
杨天彪
叶开柳
尹 跃
岳建通
张 彬
张 旭
周浩然
李 硕
李 腾
李志强
刘静娴
罗 雪
孟庆施
秦秉东
司志坤
宋 建
郑雪冰
周一辰
崇志强
刘 喆
毕盛伟
高成彬
张景明
刘 梦
黄 类
张皓月
周冉冉
诸丹丹
蔡 京

张小喜
张　元
赵晗彤
赵　彤
朱俊杰
朱　敏
朱瑞敏
韩晓冬
柴天龙
邓伟凡
董禹泽
杜建国
胡义鹏
黄冬阳
黄小蕾
蒋　枝
焦耀锋
景海伟
李　威
马彦斌
齐　斐
阮大清
施　娆
宋擎琨
宋香涛
苏　磊
孙叶旭
唐贤敏
王建文
王诗惠
王旭斌
王宗泽
蔚　然
薛志朋
杨星汉
袁　旭
张　乾
赵军愉
周泰源
包玉林
丁文婷

黄友龙
李旻泽
李鹏博
刘红岩
刘　倩
刘　腾
乔社路
史可敬
苏宗洲
王戈昆
王志颖
吴一飞
夏雨萌
谢博文
姚梦凯
于春廷
张　国
张萧汉
张晓思
赵　彪
赵　俊
郑　箐
钟　超
朱小超
曹　晋
陈文敬
杜　月
段春姝
姜海洋
蒋婧怡
孔令号
李红伟
李小强
李新月
李　昭
利禹宏
刘素伟
吕　洋
司梦瑶
孙　博
汪闻涛

俞腾飞
张东兴
张剑波
张秋实
陈启魏
邓　勇
董冠群
段译斐
高海东
贺　瑞
贾　杰
焦亚琴
李　北
李春阳
李景一
李敏健
李　明
林长康
刘　晋
马思邈
缪　际
任世龙
史　东
孙沙沙
王　剑
王凯龙
韦海慧
魏　锥
吴泽峰
辛同轩
张力伟
赵宏梅
赵雨希
周　宇
安　楠
陈　波
丁晓静
董　旭
段若晨
樊雪松
葛　芃

卢静雅
孟琦斌
倪亚佳
孙环宇
吴　涛
殷一丹
张书峰
张文辉
赵树起
唐一专
崔　健
董　驰
高涤非
何腾欢
侯　川
黄　欣
纪长添
江　玲
李小龙
李晓彤
刘　洁
刘露莎
罗实友
马　跃
史梦雯
谭二杰
谭荃心
唐玮琪
陶鸿君
王翔艺
夏赞李
杨　昆
俞楼莎
袁坤仑
张铎瀚
张翰韬
周小华
邹腾博
蔡婉雯
陈凤华
褚　楚

乙　晨
李浩闪
李少岩
刘大明
刘　沙
卢纯镇
彭　阳
秦　昊
铁　博
王　葛
吴　宁
谢静媛
杨博文
余泓夫
俞　刚
毕博敏
池新蔚
丛艳凤
崔鹏飞
邓湘蓉
高攀飞
郝丽丽
侯东方
贾宝中
李小龙
田悦伸
王东雷
王家明
谢剑桥
徐云清
闫　威
殷梓恒
游俊良
张书峰
张文辉
禹　璐
褚华宇
唐乃勇
谢　岩
朱佳佳
杨利鸣

曹璐璐
陈恒谊
陈宏
邓进东
宫彦君
孙景文
孙　喆
唐　毅
王东华
吴　晨
谢　鹏
闫晓蕊
高维钊
贺　蓉
黄　冰
黄非易
季经纬
孔维辰
李付勤
黄亚东
李芷筠
詹水秋
宋　浩
代海建
王彬彬
曹玉强
胥　达
杨景博
应璐曼
于天蛟
余　畅
俞志文
庾　信
康云龙
林承作
刘洋汇
刘喆男
路　成
秦俊坡
苏田宇
张炜琦

杜滨
杜平
冯建超
高轩
郭龙
郭宇骢
韩景杨
韩晓锋
李沐
李雪云
李艳
马小琛
秦义伟
石东沂
宋临春
王宏石
王华威
王廷旺
谢滨泽
谢琳
熊希
张超华
张龙
郑鸿丽
朱劭璇
曹鏐
曹伟龙
陈进锭
陈松
高超
黄超
李杰
李淑卿
刘猛
刘天祥
卢刚刚
芦鑫
马艳秋
任杰
宋国尊
万磊
王荣超
王宗利
徐旭东
杨博
代见
方倩倩
韩双
郝运鹏
何雨洋
黄国林
霍晓娣
李精松
刘林壮
刘鲁朋
刘涛
卢静雅
孟琦斌
倪亚佳
孙环宇
王丽娜
孙俐
陈朋强
于晓蕾
张继楠
张俊财
张叔玮
张涛
张玉玺
左一丁
丁健
郭彬
胡伟
黄一鸣
孙志栋
赵晶玲
朱辰
何欣
蔡成福
段尧
高博
吴涛
殷一丹
余秋辰
杨昀
张俊杰
张立硕
王明佳
武新松

国际教育学院

蔡竞仪
蔡翘楚
陈珑
陈曦
陈星宇
陈杨
陈悦立
初赓
底斌
杜丰
范馥麟
彭宗明
冯涛
盖振宇
何智丰
贺家琛
黄凯嘉
康昱昌
刘秦铭
毛弥卉
苗佳颖
钱思羊
宋泽源
孙泽楠
王啸宇
武岳
徐婷婷
应莺
曾小亮
周凌鹤
周楠
张振宇

动力工程系

蔡竞仪
蔡翘楚
陈珑
陈曦
陈星宇
陈杨
陈悦立
初赓
底斌
杜丰
范馥麟
冯涛
盖振宇
何智丰
贺家琛
黄凯嘉
康昱昌
李昊
李明磊
梁雪莱
林晓巍
刘宁
刘伟超
鲁春丽
罗贵艺
马成
汪宁
王恩思
魏银磊
徐楷骏
杨重光
詹明秀
张锋
张以
张有为
支剑
周嘉炜
安然
丁坤鹏
董小鹏
房新双
付萍
胡为经
李宁
李鹏宇
李志国
刘庆林
曲雨震
苏敏洁
孙雁钦
王翰林
李江
李晋达
李燕
李勇超
马志龙
宋松
王诗远
王泽鹏
韦磊飞
魏泽明
巫山云
张维静
张永
赵华
曹殿凯
陈俊开
陈学明
程文煜
方牧青
郭艳伸
贺忠仁
洪亚运
焦彩萍
金万黎
郎进花
李瑒
李立明
刘慧帆
马学绕
彭泽胜
史冬晔
孙得义
万帅
王丰
阴世音
于洪涛
原亚宁
张功
张河洋
张菁
张圣陶
赵璐
周康
刘闯
黄洲
梁瑞峰
陈莉莉
方忠仙
付星
勾亚利
顾飞帆

陆泳宇	朱　熔	王恒栋	邓　琴	许加庆	侯振昌
吕翠翠	陈　扬	王　捷	高　洋	姚沙沙	李春龙
潘海涛	杜智华	王　凯	何　莹	于　冰	李　坤
裴东旭	高福远	王明洋	何永信	赵　凯	李熙文
邱钟扬	高　岩	魏延祥	李世萌	赵盼龙	梁利国
冉从波	韩　刚	杨玉朋	李铁刚	赵晓玲	马莱斯
汤建楠	李国盛	姚　垚	李　欣	周国顺	浦培林
王佼佼	梁淦全	张辉彬	李雪珠	周树东	石玖龙
王树俅	梁　昊	张甜欣	李怡宁	崔宝川	史晓艳
邢朝阳	刘德文	张　翔	李玥霖	范立元	宋　蕾
游若晖	刘　磊	张　颖	刘冠英	贺　斌	王红萍
于晓伟	卢盛舒	赵天龙	刘　磊	蒋雨轩	徐　鹏
曾　鑫	孙佩佩	邹凯凯	刘　文	焦槟槟	许继峥
张润鑫	孙学杰	包万筠	马润生	焦俊龙	薛　璐
张　月	王华彪	陈德金	王大千	李富成	闫建渠
张运俊	王伶俐	陈　利	王景凉	李　平	张嘉赛
郑黄敏	王云庆	代　飞	薛原原	李世忠	张　亮
达　琪	吴俊宁	丁志华	严玉堂	林学蕾	张倩茹
董俊鹏	闫海超	郭　聪	杨　超	刘秀琴	赵桂章
范　祯	严　凯	韩博书	杨　鹏	罗　宁	钟　鲲
方　耘	于玮琦	胡　娅	张秀杰	苏晓龙	周遵凯
付　强	俞露杰	黄　庚	章少山	童立华	朱国钰
高　瞻	袁智勇	姜海涛	赵　恒	王俊凯	陈　旻
何　傲	张发捷	焦宏伟	周　康	吴智敏	崔　峰
何　苗	张　锐	焦伟航	陈　军	熊　晨	段　宏
胡丽丽	张　翔	孔维杰	陈　祎	徐　洋	方明楠
教彭飞	柯鉴平	刘　佳	田　超	武国园	葛杭侃
靳永婷	李　蕾	刘　婷	王雪莹	伊永富	何东平
荆正卿	李　洋	彭国良	王愚成	岳　婷	宏晓帆
周霭琳	周　林	高建涛	张兆军	杜　燕	孟凡宁
王　锐	俞蒋杰	马兰荣	王思思	梁亚龙	李吉祥
陈建华	吕瑞明	李小扬	翟新杰	吴伟铭	秦聪聪
薛向前	李　昱	谢伦高	孙　健	金玉涵	郝晓飞
燕　磊	崔静文	田曦曦	蒙朝宗	苑晓振	杨洪椿

自动化系

白　宁	于　阳	宋　洁	宋胜男	高龙龙	郗　岳
陈　俊	苑宏伟	孙　畅	唐德海	刘　禹	肖仁杰
陈圣淦	张宏玮	王　兴	唐　然	周海洋	肖正江
陈　伟	张　鑫	吴　昊	田丽杨	陈　安	徐大伟
邓明冬	董　斌	熊　静	王　琮	付文秀	应仲乾

丁丹	曹灿	徐阳	王谦	袁威	张玉平
耿浩淼	晁泽宁	杨漾	王倩	徐楠楠	张志超
郭泽锋	陈连胜	张大兴	王涛	杨娟	赵佳鹏
简玲	付晶晶	张勇鹏	吴玉娇	陈哲盼	赵元
李明	胡绍宇	赵健	徐闻博放	周圣岳	杨越
李艳	李郭通	朱敏佳	于金生	包乘灵	郭赈夏
刘赫男	李佳佳	邓菲	余天	代富民	陈永强
刘静	李路远	董美蓉	袁现民	戴帅	宁洪胜
陆宇东	李文韬	冯立	张梦君	高丰举	晁珍珍
马原原	李艺欣	顾丽蕊	张禹龙	顾顺达	元媛
马征征	李煜峰	韩振宇	周翔	黄秀梅	余丽莹
穆永豪	林岩	侯晓宁	韩月皎	梁小虎	范环宇
盛乾坤	刘春	胡策权	李冰	刘双赛	马超前
王瑾	刘宏祥	胡兰	李金霞	刘洋	孙晓茹
王丽娜	刘通	贾轩	李蕾	宁福军	王晨曦
王召鹏	刘彦华	雷震	李越佳	安奕霖	王金鹏
杨曦	刘照	李楠	刘飞	边炜嘉	王雪
易积	隆茂	马健鹏	罗文杰	陈冬生	旺堆加布
张宏谋	吕扬	王姣	李随	付乾	韦航
赵春光	马啸	王俊	梁立博	高素文	魏鹏
郑必君	马增超	王凯	刘杰	姜吉岩	吴佳一
保永泰	毛曦	王宗鹏	刘景豪	李华彬	杨静
蔡鑫	孙腾中	温鹏	刘鹏举	梁高琪	杨盼
程思彤	王仲莉	谢建发	罗拉全	刘聪	杨智
褚世文	殷悦	郭姗姗	莫承远	刘芳	姚久平
杜濛	于庭芳	韩亚莉	秦龙	罗鹏	於骏杰
冯雅婷	张舒铠	江嘉伦	覃佳韬	骆楠珂	张会超
高延青	赵冰鑫	江溢洋	王玉鹏	潘帅	张怡
支勇强	李琳	任梦祎	王志强	秦滋香	赵剑
夏菁					

电子与通信工程系

陈光辉	张玉罗	张旭东	徐天阳	裴萌萌	黄纯璐
陈志	钟茂杰	张亚晓	徐元峰	彭政军	李新艳
段珍珍	陈惠华	张奕航	许通	邵玲	梁兴博
范炜琳	杜英英	张永	燕婷婷	田永军	刘璨
冯平	郭金良	暴昱东	杨红叶	王锦鸿	吕金历
郭锫骐	韩晓欣	边巴	杨霖	王俊禹	石振海
韩小兵	何晶	陈超	尹亚南	王琨	孙建孟
贾立庆	黄韵	陈雅红	张朴真	王翔	王佳
李利锋	李建华	段琳琳	张世强	王晓倩	王凯

李亚囡	李 宁	郭 伟	车俊伟	吴文翔	王彦勋
李 越	李英敏	何方毅	杜 龙	吴延峰	魏建辉
梁汝波	李 昀	雷玉芬	顾佳静	余顺邦	吴小锋
马俊梅	梁 彪	李珍玮	何汝平	张 馨	肖理哲
毛若羽	刘慧敏	李智磊	何 玄	张智超	杨 吉
师伟强	马 立	林 凯	胡 银	赵 龙	张继衡
汤若臣	孟 鑫	刘云皓	黄梦婷	陈佩瑶	赵炎琪
田丽红	欧 婷	马家骏	姜威威	刁欣茹	钟孔露
田 云	丘国文	齐 霁	李 斌	董天发	周 怡
王玉童	佟海奇	司晓萍	李元元	樊永明	胡东昀
杨 娜	王慧芳	苏子强	廖 祺	高永刚	胡 湜
雍 洁	谢宇宸	王 刚	刘 飞	何 杰	蒙柏帆
张龙跃	严 岩	王立军	罗 云	张喜岩	王志鹏
张 敏					

机械工程系

安 蕾	应侃侃	张 衍	许文顺	曾跃翔	殷 欣
陈艳超	张 娟	张玉成	张海朋	詹长庚	张琳琳
陈益芳	张阔峰	张 泽	张守兵	张荣良	张 懿
程晓峰	赵镇雄	张治杰	政海健	张晓明	郑文娜
崔立婷	郑文海	赵子龙	陈 昆	赵建刚	陈沫
丁 冬	朱文淼	包中川	傅海涛	郑明辉	牟萌萌
樊 金	字永芹	陈 超	韩国栋	朱登杰	孙 宾
范 玥	白 卫	陈 新	韩上领	朱觉辉	夏明伟
韩 鹏	邓雁敏	陈妍言	侯兰兰	陈永杰	张 蕾
贾 嘉	杜成显	胡 品	蒋安珂	崔洪升	张 蒙
李 俊	龚 兴	李 良	李广杰	冯 巧	赵 磊
李 明	桂 馨	李明林	李锦荣	付爱强	赵 洋
廖红玉	黄 恒	刘 琦	李良欣	高 洁	周晨曦
刘 晔	李建博	刘 涛	刘康健	胡修齐	朱冠华
陆小明	李 昕	刘 伟	陆佳丽	贾 超	乔文君
马洪利	李 毓	刘一操	莫少强	井含义	刘国威
马 吉	刘建南	田 丰	帅 府	李 超	胡海超
彭 澎	刘鹏祥	王安三	苏洪朝	李 维	马进勋
王洪超	刘伟伟	王国君	王敬德	刘贺晨	李 斌
魏鹏利	马德彪	王国涛	王乐强	卢才龙	董 冰
辛贺飞	唐占元	王元龙	魏红丽	马志勇	刘欣磊
徐家权	王应坤	吴红光	谢永斌	欧阳章龙	孙赫骏
徐 艇	魏昊东	肖律强	严 菲	任逸豪	许明仕
余 昊	邢敏杰	杨光甫	尹 伟	孙 文	吴洪武
岳广宇	徐以坤	杨 华	张聆淅	王佩俭	杨 斌

曾志诚	杨　宁	杨　宇	张　龑	王鹏飞	杨琪珲
翟盼盼	詹志远	张　健	赵　博	王　炜	杨　哲
张天丽	张　卿	张　进	周恩泽	王　志	许海霄
赵海东	张　兴	张仁风	周泽远	王忠光	张凯宁
赵　晋	张　旭	张　伟	朱新颖	严　林	张　巍
周明华	张延超	周　洁	崔子杰	游春兰	张　旭
卜　靖	朱秋宁	朱枫林	豆龙江	余嘉乐	文庆发
陈崇征	陈　亮	常志腾	郭思喆	张成伟	伍仁亮
陈银勇	陈兴媒	何奇莲	何天金	张福发	谢　涛
冯　亮	戴　毓	胡耀龙	黄永宽	张科卫	徐湘垒
高　赛	付　威	黄　静	黎伟彬	张鹏程	谢　征
高忠文	胡思磊	黄　伟	李月华	陈雁杰	徐　琳
郝　龙	姬嘉正	孔高升	廖黎明	顾春静	颜艳东
黄开明	康家熙	李　松	庞朝环	何　薇	阳　灿
姜　彬	刘　雄	李　柱	彭娟娟	焦可萌	孙惠子
李存对	孟春雷	刘　放	彭　璐	李　浩	孙　冉
李　伟	秦　宇	马林聪	仁青措姆	李　晶	王雪舟
李向华	宋　剑	马玉龙	孙胜杰	梁　侃	谢文妍
李宗炎	王　冬	庞明信	陶晨杰	刘　欢	吴　浩
林日华	王复兴	唐丽君	田　刚	刘胜荣	王　唯
吕占杰	王　伟	王海波	王晨曦	潘龙文	谢占辉
孟庆彩	魏　星	王　淼	吴海龙	逄聪聪	任　帅
沈旭阁					

环境科学与工程学院

陈公达	赵永善	邹　丹	费　祥	崔　帅	尹雪娇
陈建亚	周　乐	车　洋	高金凤	崔译丹	张幻影
邓　雄	柏　瑞	崔　皎	高腾	邓子兴	张　瑞
邓银萍	陈继明	董　松	郭　浩	杜磊霞	张霞龙
谷　野	陈芊芊	高媛媛	和　勇	甘德义	张一凡
郭　逍	陈　政	郭大星	黄汉初	龚清莲	王红梅
何春景	丁　博	何丽娜	可　晗	郝思琪	谢　兰
胡超晨	东海平	黄　磊	李立夫	何佳伟	徐湘楚
李　渊	蒋金伟	姜紫云	李文霜	李昌达	张　蒙
刘桂林	蒋进灵	赖晓仪	李志杰	李朝江	朱　鑫
刘　盟	李　超	兰　岚	陆子悦	李以玲	王　莉
刘小菲	李思玥	李小萌	马文茜	李昱霖	辛世禹
刘　源	李志远	刘亚鹏	潘依琼	刘　佳	徐志伟
马　骏	刘　洋	马　建	钱新凤	刘　亮	张　宇
邵春强	马　悦	孟　凯	王　聪	罗绍琼	蔡晓彤
史军军	穆亚森	莫志奎	王明明	邱东兴	张志鹏

宋鑫桐
宋 洋
王 璐
王盼盼
王艳蕾
王永发
赵 磊
师凯旋
唐红阳
田 冰
田 磊
王东升
王 飞
潘祖亮
邵慧敏
石荣雪
陶 臻
万 瑞
王 涵
王婷芳
刁国才
谢俊冀
邢曜宇
熊小露
薛 鑫
尚英强
韦朋林
夏富丽
姚子良
章少海
赵纪坤
郑子琪
周文沛
陈 磊
迟 铭
赵兴明
杨 坤

经济管理系

白 亮
曹丽丽
成金辉
邓 茂
邓艳明
冯元元
付 鹏
甘燕凌
李 浩
李孟庭
李 念
刘 沐
刘 阳
马利奇
裴 曦
任 清
邵 飞
王含羽
王瑞莲
王永彬
魏 耀
徐 航
许灵贤
杨 航
张诗武
朱劲锋
朱 敏
蔡则森
陈玲玲
陈雅文
郭毅慧
黄碧惠
刘 琦
刘艳会
马丽娜
马 蕾
马学华
毛狄可
欧青翔
彭英杰
任雅棣
施晓雯
王劲玉
王 倩
肖艳利
徐芳芳
薛广路
杨 然
尹 杰
周玲玉
朱思雯
昌兴艳
陈 超
陈 骋
丁 维
高 龙
蒋嘉瑞
李锋莉
刘 杰
马丹彤
苏 凡
孙俊芳
唐相超
王 超
张晓东
赵耀辉
周思远
朱万生
王 超
陈槿然
陈 蔚
崔红杰
段永明
黄静思
蒋钰婧
鞠建明
刘依琳
吕晓娇
任 红
邵凯月
史利风
宋艺琳
覃 川
王 萌
王梦桥
王诗好
王 欣
文 瑀
谢艳萍
谢 洋
张春艳
张暖苏
张诗云
张英麒
张昀良
赵龙玉
浮咏佳
韩 宁
乐厚巧
李苏玉
李 琰
廖 昱
刘 琴
刘帅君
柳 婷
吕佩儒
裴秀娟
任慧玲
宋 浩
宋 佳
王嘉田
王静燕
谢文丹
徐梦瑶
袁 森
张 敏
张瑞杰
张 笑
邹博苏
贾晓阳
崔蕾蕾
董 莎
范嘉炜
冯 磊
郭 煜
黄峰慧
刘力源
祃泽元
薛力月
杨颖蓉
于红波
曾 诚
张 璐
张 敏
张 涛
常京华
陈红光
陈 昆
崔 红
杜荣秀
范晓娜
纪国臣
康煜辰
李 慧
李 菁
李 明
刘 帅
孟令强
欧阳姬
荣晓磊
王 辉
王小伟
杨瑞华
杨 征
姚宁玥
袁鹏翔
张立萍
张钰敏
周正兴
左 鹏
黄小艳
霍云燕
金 鹏
黎 特
李梦雅
李 想
吴琳琳
胥大峰
叶 青
叶文明
张博广
张 兰
白 荣
边宇鸣
曹译尹
陈宏景
程世平
戴悦西
王宏祥
王 惠
王思佳
王 兴
巫 婧
辛 琦
项 耀
孙俊毅
王 丹
王晓霞
朱义凡
付 瑶
田 骁
王 芳

洪　筹　王春苹　周　淼　时万强　林　潇　程　罡
胡福海　胡晓云

英语系

才丰豪　刘　娟　孙晓杰　惠云先　李　萍　齐　媛
曹宏伟　刘　彤　拓艳艳　贾云飞　林鑫晶　孙欢欢
陈增帆　娄姣皎　杨雪莹　蒋　巍　刘艺龄　陶　蕾
杜国桢　潘星锟　曾文婧　解晓莎　龙明莲　吴　洁
何　莉　屈晓玲　张　念　康艺繁　莫嘉鑫　徐剑锋
焦洋洲　孙　梦　周景波　李　娇　李　迪

法政系

曹　静　路　娟　赵翔宇　林晓波　张光瑾　李玉娇
崔强新　牛利利　安伟波　卢　芳　张贺铭　刘慧源
邓桢茹　钱　慧　边　轩　吕　伟　赵明霞　莫慧杰
高丽平　苏少珍　曹　辉　欧美英　佐亚卿　时媛媛
龚月凤　王传奇　曹立春　尚靖焜　曹娟娟　肖伊雪
郭锐蛟　魏珂·巍聃彤　陈海峰　王　菲　曹　杨　闫建亮
郭秀珍　吴可默　陈　涛　王佳琦　陈　珑　尹　歆
郭云春　谢　琦　董海凤　王　君　串红丽　袁根基
韩洁静　熊　剑　华晔子　王雅娟　戴欣桐　张岑婧
李川静　徐晓彤　焦丹丹　吴自馨　丁逸群　张　祎
李华丹　杨燕珍　阚琳琳　谢一锋　付　欣　赵　斐
梁　路　余怡融　李婧媛　徐福雷　郝溪瑶　赵　颉
刘亚旋　曾　望　李晓婷　严　娅　何彦海　赵金鹏
刘　洋　张晓雯　李晓媛　张初升　霍春明　郑玉英
刘兆月　张正豪　林静雅　张春旺　李　杨　周一丁
李　琳　梁晓婷　朱贺娟

计算机系

陈和燕　魏宝林　曹　楷　龙　腾　袁　扬　范小玲
陈佳运　吴觉敏　党宇翔　罗晓燕　张冰玉　过中璟
陈文悦　谢　强　古向楠　缪子骏　朱海洋　黄一腾
冯理达　杨晓刚　靳晓慧　裴顺安　邹学翱　李文阳
官双林　张衍文　李龙发　齐五军　曹鹏飞　梁　段
李安民　赵　爽　李树超　尚晨晨　曹　阳　林礼达
李浩威　周隆泉　李　媛　邵婧婕　崔亚森　刘超武
李雪飞　朱　维　刘　旸　汤金涛　郭进祥　刘　姣
李　泳　朱治龙　鲁　教　唐乙泷　金鹏飞　龙　倩
梁春明　陈　默　罗　波　席田春　孔庆飞　聂晓培
刘　浩　董世令　孟　通　杨　璐　李岩松　庞　帅

刘　杨	郭耀红	孙　奥	于　龙	刘亚东	司马迪
陆　鹏	韩　博	王佳宇	张　祥	孟　泽	孙　杉
吕琛靖	郝延龙	王　萌	陈志鑫	潘　威	王建宽
苗　云	侯文娟	王铭坤	冯　涛	彭　浩	王雪群
牛雪朋	李文明	温腾飞	格桑旦增	彭　棚	翁剑英
钱广盼	李小宾	薛永峰	康　媛	田　羿	吴双霞
孙鑫萍	李雪峰	杨登荣	李海宁	王　东	辛　祥
武俊鹏	李轶亚	殷　建	刘文龙	王慧俐	许楚航
熊　辉	刘　平	张　斌	刘　勇	王金华	杨立忠
杨　亮	刘亚楠	张明瑞	马　莉	王自强	杨小春
阴　皓	柳　俊	张瑞晨	明　镜	叶荟	张红雁
张伟超	陆燕锋	钟　鑫	潘光贤	叶文龙	张　弦
张逸群	浦　弢	白　明	邱妙妙	张理放	张　星
赵元旭	曲洋辰	丁啸天	宋亚男	张膣英	李克平
褚文凯	孙继东	付饶	王　迪	张文雪	钟富力
次　顿	唐　薇	龚泽滢	王　辉	张　晔	马晓剑
甘玉芳	王火林	顾代辉	王立平	赵利庆	李　强
黄斯旎	肖鹏飞	胡大力	王延胜	赵　青	严　飞
姬兴业	许艳超	黄晨龙	王雨来	钟力群	单晓晨
焦晓龙	叶纯壮	兰晓曦	王　正	朱　良	刘又粼
刘　阳	袁少光	李　彪	谢泽坤	安　江	于海慧
齐宗江	张维杰	李娜松	闫传波	陈鹤童	丁倩倩
宋婷婷	钟至智	苏蓝天	鲍思沁		

数理系

蔡志彬	刘　聪	姚　鹏	江莹莹	张盛春	韩梦林
陈威薇	刘　正	刘　聪	鞠亚敏	张盛正	贺小伟
陈雪岩	马洪学	刘　正	李　强	张晓锋	雷洁瑛
高　扬	宋　浩	马洪学	刘　珊	赵会超	李登科
郭小帆	苏杭江	詹业兵	刘　羽	郑樟磊	李俊博
和晓华	孙　韬	赵　旭	任　楠	周　振	罗　新
胡　博	孙晓伟	周　筠	苏夏莹	朱元全	罗雄文
贾春燕	王彬洁	曹　涛	王　欣	邹中林	马冬玲
李　浩	王文炎	崔艳宽	王　洋	安泽扬	邱德龙
李俊杰	谢华海	方　正	王　宇	陈　超	沈崇丰
李　扬	徐向杰	葛　琨	许　丹	陈美文	宋承珂
李银玲	杨学茂	黄俊波	张　军	范国华	孙伟峰
唐　涛	原亚飞	湛　浩	张　普	张文朋	钟玉廷
邢　欢	曾祥海	张　昊	张强	钟　强	周风文
徐　军					

奖励与表彰

华北电力大学 2011—2012 学年度学生评优获奖名单

2012 年华北电力大学获国家奖学金学生名单

北京校部

电气与电子工程学院（26 人）

丁　宁	孙大卫	王书瑶	王燕萍	殷毓灿	邱　扬	李　磊	余笑东
樊　玮	艾　博	晋宏杨	尹毅然	肖凤女	任　艺	周　喆	张立凡
芦　曦	李　嶷	宋　亮	刘　杨	郑石磊	孙　跃	任　赟	赵　佳
吴晨曦	东野忠昊						

能源动力与机械工程学院（17 人）

王孟云	王　琦	王　胜	陆从飞	邱　月	辛文韬	项宇彤	常乔磊
郭瑞军	沈铭科	宋　伟	席文宣	张一迪	李　钞	帅志昂	夏单城
顾令东							

经济与管理学院（17 人）

孙　梦	纵翔宇	蔡　煜	郑枫婷	吴　晗	王顺昊	刘素蔚	李秋实
蒋桂武	孙小蕾	周瑜智	全恒祯	樊　娇	国潇丹	李　冉	刘冰旖
何一汪							

控制与计算机工程学院（14 人）

刘　涛	黄　蕙	吴玮钦	姚大海	颜世增	徐郑晨	黄云逸	陈祖歌
陈　睿	黄博文	李佳佳	裘日辉	朱东阳	王家兴		

人文与社会科学学院（6 人）

文　凤	黄陈辰	李　潇	尚碧依	龚　稳	袁　萱

可再生能源学院（8 人）

高琳越	黄　娟	李　玮	李　贺	徐　真	唐彩红	谢开杰	蒋晓燕

外国语学院（2 人）

臧紫一	杨　倩

数理学院（2 人）

朱红梅	李　亚

核科学与工程学院（4 人）

吴　浩	赵京昌	付　玉	张　亮

国际教育学院（6 人）

弥　潇	于普瑶	李东喆	翁　馨	杨叶昕	全甜甜

保定校区

电力工程系（共 18 人）

张　宇	厉剑雄	李志伟	楼国锋	张　尚	赵航宇	刘伟东	张心怡
李　瑞	刘席洋	焦　昊	由　强	徐　豪	孙永健	靳伟佳	钱凌寒
陈章妍	任　洁						

电子与通信工程系（共 5 人）

聂盛阳	高青鹤	马　璐	严兴霞	杨璐平

动力工程系（共 12 人）

郭永成	王　倩	邹　潺	张　宇	赖小垚	何　伟	胡振波	周　正
洪有耀	权　琛	郑　灿	马梦祥				

机械工程系（共 11 人）

周　硕	马梦婷	徐金强	殷百慧	孙红波	张克青	李　盼	伍君实
陈怡帆	史康宁	庄馥瑜					

自动化系（共 8 人）

叶治宇	张新胜	李　洋	王鹤橦	王艳飞	夏丹丹	刘思夷	郭美若

计算机系（共 8 人）

林　雄	柳　超	季志远	刘　谨	周　雪	马娟娟	刘佳敏	陈晓琳

经济管理系（共 7 人）

刘进杰	叶凯文	章芬	苏蕾	常晓辉	于晓波	郑茜文

环境科学与工程学院（共 6 人）

逯东丽	汪剑桥	王　娟	王一宁	晏雅婧	赵丽媛

法政系（共 3 人）

郭牧琦	何　一	汤爱学

数理系（共 3 人）

邹　盼	陈周飞	吴　鹏

英语系（共 2 人）

沈婷婷	施晓莉

国际教育学院（共 2 人）

沈　劲	朱　越

华北电力大学 2011—2012 学年度国家励志奖学金获奖学生名单

北京校部

电气与电子工程学院（57 人）

苏少煌	吴聪聪	相　亮	叶荣华	郭志锋	扎西嘉措	林　童	田　浩
李丹戎	李　想	王精变	王洪敏	樊　龑	韩书梅	徐鹏飞	饶　志
王　银	刘　婷	李春华	张　也	雷　琳	夏　鹏	赖志超	曹　闯
刘思华	付鹏宇	赫嘉楠	宋正坤	郭裕群	兰文光	王　进	李慧勇
竹俊俊	成敏杨	金秋龙	陈志民	代丽娟	陶　琪	黄　英	斛冬冬
李佩霖	吴静琳	刘冰燕	黄　丹	杜梦楠	冯　晓	杨彦宝	储　倩
赵小龙	李荣荣	张月娟	张梦媛	王美丽	杨艳敏	黄　婷	曲照言
王　超							

能源动力与机械工程学院（67 人）

李　丹	王龙菊	吉乐乐	李小孟	解娜娜	王雪枫	刘　健	蔡小尧
孙振兴	刘　锐	许　新	黄木和	林兰兰	丁星利	王秋月	李杨江
陆高锋	杨彦平	杨　霏	曹婷婷	丁开翔	黄道怡	姜春霞	李伽炜
李晓怡	廖孝勤	谭良红	王　露	王子炫	席中亚	杨　欢	张　姗
邹春妹	马　宁	耿新强	杨文飞	李常明	徐龙发	徐建鹏	贺海鹏
程晓白	周　璇	陆国敬	海美旭	董　伟	黄平瑞	谢珊珊	李润丰
张洪伟	张　雪	韩文卓	孙　依	国旭涛	刘　云	冯沛飞	牛晨巍
周　强	王春兰	刘　雷	王　亮	袁　勇	白丽梅	王　婷	朱胜森
路冰心	李凤莲	赵海亮					

经济与管理学院（61 人）

李广军	林伟香	张　娇	王　娅	宾　凤	孙　静	张云兰	韦秋霜
卢世成	李　亚	潘张益	胡紫珊	陈玉龙	高　洁	刘　凯	林智明
李　丹	李　敏	张发友	张　亮	茹鹏飞	杨春英	王　芳	游　岸
唐树媛	蒋凯婷	韩　佳	廖露露	刘　勤	何彦英	范耀文	兰　贝
万　冠	李　真	秦和珂	孙治国	吴　磊	张　严	白婧萌	来郁兰
吴文日	贾鑫亮	王　杨	韩　旭	杨朝利	牛亚东	闫风光	聂明谏
房国俊	王林炎	吴珮珮	闫　博	文　斌	潘照旺	邓凤娟	朱国栋
张源凯	计丽妍	李小鹏	胡　勇	杨　双			

控制与计算机工程学院（55 人）

卞秀婷	陈敏娜	单学良	张国强	陈真真	吴国勋	敖　鑫	陈丽雪
付胜国	王吉春	王　婧	王婉君	丁雪伟	卢　腾	马宏智	王小霞
余敏楮	罗　丹	李青青	余圆圆	侯进斌	刘　珺	吴婷婷	孟春雷
汪细勖	叶　榕	刘　永	刘　岚	杨雅兰	崔文龙	李海旺	沈雅丽
苏荣强	习春苗	杨　萌	翟鑫达	侯　杰	姜漫利	罗仲丽	王　刚
王雪梅	王亚男	杨崇品	李冬冬	林再法	马晓宇	张　莉	苏　晴
陈丽娟	韩卫波	莫欣睿	孙　熙	杨国伟	尹　旋	张继业	

人文与社会科学学院（20 人）

徐雪婷	邓少芳	王 益	何永金	张 涛	丁 芳	李雪松	周洪坤
贺志权	罗 翔	唐 霞	张 涛	陈 慧	蒲志斌	黑小娟	刘艳娟
穆莉园	沈兴辉	马涵慧	郝甜莉				

可再生能源学院（27 人）

高长青	邹景煌	郭宇耀	王加慧	于 鹏	刘华兵	赵裕童	王艳宁
孟东东	张 浩	张晓莉	李 蒙	郑 凡	李 宁	祁荷音	徐小雪
陈明霞	王亚许	龙日尚	陆 明	胡 莎	吴帅锦	胡 斌	邵笑严
郭永峰	冉泽鹏	林常枫					

外国语学院（6 人）

王雅婷	范彩英	赵小雪	徐 娜	王晨玺	王海枫

数理学院（10 人）

于安然	罗 健	吴晓飞	杨家莉	陆志波	文 武	张驻西	王国兴
赵亚男	马 帅						

核科学与工程学院（17 人）

张博泓	袁 博	冯 飞	李晓静	田 俊	方晓璐	张义林	徐 辉
曾晓佳	汪 喆	丁 涛	吕红梅	蔡宇钦	孙大伟	王 昭	夏 科
王喜祥							

保定校区

电力工程系（共 59 人）

刘宏宇	刘献超	范雯惠	曲 楠	徐 多	乔 婷	许崇新	俞 云
陈湘龙	李 响	廖一锴	王炳辉	何 帅	毛王清	殷绕方	范祺红
张 行	姜 斌	渠卫东	陈 跃	江振源	程华新	郑 洁	郑伟烁
郭学成	孙玉晶	岳贤龙	计会鹏	王纯洁	加鹤萍	翟俊义	于立杰
李万龙	郑大巧	王 皓	肖志恒	张 凯	贺卫忠	刘海航	陈吉红
王一飞	赵晓丽	曹文斌	庞 曼	张 锴	李立周	张朕搏	朱紫薇
姜 涛	马鸿义	张 贺	李 梦	安振国	冯 成	张晓春	陈 铭
陈光勇	康平霞						

电子系（共 16 人）

温营坤	王 明	黄世亮	李京涛	杨 翠	刘华淼	孟灵丽	周红静
李 倩	张学武	岳彩昭	王 悦	宋春晓	庄振夏	王奕腾	阳佑敏

动力工程系（共 39 人）

李国良	武丽蓉	庄英乐	杨深振	王英楠	徐 杰	黄 雄	李樟强
梁新宇	关东焱	吕凯文	高海松	张家祥	王路松	齐波波	杨 鹏
陈允驰	薛全喜	陈圆圆	李永毅	李 鹏	吴 琼	吉暕东	王光宇
焦同帅	杨晓强	高 超	李国栋	李 楠	车 迅	商执晋	葛龙涛
蒋彦斌	赵建伟	李文乐	李 珍	陈映梅	孙志强	张美丽	

法政系（共 11 人）

曹梦幻	梁浩冉	侯 佳	王文思	任建慧	孟 雨	王艺雯	赵英丽

李至慧	孙　欢	童玉林					

环境科学与工程学院（共17人）

石祥聪	谢淑兰	王　怡	司丹丹	韩停停	史春霞	熊远南	林良伟
沈　璐	于伟静	何欣恬	毛星舟	冯　雪	张　伟	雷　雨	孙盼盼
姜　莹							

机械工程系（共36人）

赵东东	静永杰	赵建坤	孙海峰	金鹏飞	吴　婧	陶光超	吴雪君
柯孟强	仲万珍	曹　敬	乔珊珊	蒙玉超	陈荣添	张艺腾	段广鹏
纪丽静	张　磊	刘冬雨	范忠岳	寇海强	王亚坤	马晓萌	张　倩
薛伏申	周仲强	李　雪	顾君苹	郭世广	王青会	刘　琰	辛创业
张秋爽	马一丹	崔　蕊	赵金鹏				

计算机系（共27人）

于小丽	唐辉辉	岳　娇	李　恒	张和琳	徐浩然	常闪闪	时　磊
陈建军	吉文靓	张幸芝	王　艳	郝　振	胡　亮	李　晨	翟加雷
胡柏吉	柯钰铭	李明辉	李　晶	王兴兰	覃智补	钟　岳	闵　丹
金强强	张淑真	熊　秋					

经济管理系（共23人）

孙　睿	潘俊杰	田　娜	付思思	田　琨	李　娜	陈开风	王　鑫
匡载淋	王小燕	马彩娟	史玉芳	黄丽君	王佳伟	仝　琳	张晓明
魏思伟	窦洪杰	孙　涛	王春阳	张　娜	李泽森	刘进杰	

数理系（共10人）

王东升	邵　强	谢　晋	殷亚茹	叶文平	王艳玲	高金宇	肖　石
赵文静	温春艳						

英语系（共4人）

李淑娅	曹红柳	肖　菲	李　琛

自动化系（共24人）

董小娟	赵　宏	常　真	刘嘉利	高　欣	陈莉丽	王南洋	李欣倩
商丹丹	马金龙	宋凯兵	王　迪	贾晓霞	张天航	赵　伟	闫　萧
刘　葵	张鸿平	赵珈靓	蒋巧玲	张晓伟	顾　瑾	张丽温	阚志凯

华北电力大学2011—2012学年度校长奖学金获奖学生名单

北京校部

电气与电子工程学院（2人）

殷毓灿	周象贤（博士）

能源动力与机械工程学院（2人）

张　衡	高　慧（硕士）

经济与管理学院（1人）

孙　梦

保定校区

电力工程系：1人

张宇

热能与动力工程系：1人

樊亚明

法政系：1人

郭牧琦

数理系：1人

陈周飞

华北电力大学2011—2012学年度综合奖学金、单项奖学金获奖学生名单

北京校部

一、一等奖学金（427人）

电气与电子工程学院（110人）

丁宁	梁静	郑祥常	朱丹丹	亢超群	赵鹏飞	黄天意	刘源
赵璟	张梁	王燕萍	梁倩园	徐延明	王璐	王书瑶	赵丹阳
樊龑	李益楠	饶志	张也	孙大卫	郑夏阳	史开拓	韩书梅
张伊美	王木	曹斌	张晓晴	孙华凯	李嶷	喻晓雪	殷毓灿
帅旗	陈桂新	李荣荣	丁伟	孙跃	刘杨	冯晓	宋亮
黄丹	杜梦楠	郑石磊	翟伟杰	杨彦宝	相亮	黄涵颖	田彦鹏
尹毅然	邱扬	李磊	余笑东	樊玮	艾博	付熙玮	夏鹏
崔姗	周楠	崔仪	牛淑娅	李玉容	余洁琦	涂京	马天佚
郭子炘	赵世杰	赖志超	王英瑞	曹闯	袁之康	何艺	任赟
庞家杰	王美丽	晋宏杨	刘敬诚	王进	肖凤女	周喆	傅笛
梁秀	张立凡	宋世杰	成敏杨	代航	王舒	朱晨	李校莹
韩通	陈志民	王洁聪	刘烁洁	汪执雅	金秋龙	杨佳艺	张雨薇
芦曦	任艺	吴晨曦	林雯瑜	王豪阳	田镜石	张恒友	赵佳
郑乔华	黄婷	孙冰莹	胡浩	马安安	东野忠昊		

能源动力与机械工程学院（70人）

李丹	孙振兴	项宇彤	王子炫	沈铭科	黄道怡	赵苗苗	孙颖
郑祯晨	王孟云	陆从飞	祝昌斌	宋伟	周信华	乐龙	徐婷
汤一村	马晓林	袁杨	李治甫	邹春妹	杨欢	席文宣	谭良红
王琦	马洋博	邱月	梁朋	董伟	李钞	朱彬源	常乔磊
付俊华	张一迪	王野	陈登高	孙伟娜	段栋伟	朱严	孙莹
冯俞楷	余晓辉	王松松	陈建中	赵一凡	尤晓菲	帅志昂	刘彦达
武倩羽	王胜	胡贺超	黄焕彬	单浩东	祝培鑫	刘启智	王方雨
顾炜杰	孙立东	仇楠媄	赵天宇	周正	刘恬	夏单城	蔡黎
龙宇	何晗玮	何鑫	韩瑞午	凌坤雄	崔欣莹		

经济与管理学院（72 人）

孙　梦	李广军	贺　尧	宋宗耘	远建平	张英杰	胥永兰	王顺昊
巴　帅	唐树媛	张凌翅	齐　峻	李秋实	滑福宇	孟泽宇	卢世成
孙小蕾	刘冰旖	李冰洁	樊　娇	韩　旭	杨朝利	来郁兰	王单单
王　娅	徐思琪	宋建威	纵翔宇	许　克	林智明	胡远芬	廖露露
孔维彬	韩　佳	刘素蔚	韦倩茹	张骁铂	蒋桂武	郑书誉	田鹂声
刘子涵	国潇丹	何一汪	黄雅莉	吴小旭	李　阳	郑枫婷	巢方毅
钦秋萍	郭田园	张弘扬	蔡　煜	茹鹏飞	李　敏	李　玥	刘　勤
刘珏伊	刘雨薇	张嘉玉	李　真	吴　磊	周瑜智	杨思韵	李　冉
胡　勇	全恒禛	刘舒琪	吴　晗	夏慧聪	房国俊	吴珮珮	卜银河

控制与计算机工程学院（59 人）

华笑延	刘　阳	吴玮钦	朱俊谕	王　娟	杨　帆	徐郑晨	王康睿
陈　睿	牟　越	李佳佳	何子珽	汪　余	徐　歌	万凯遥	王家兴
杨国伟	李晨星	高信腾	叶　琪	张　怡	郑可轲	黄　蕙	颜世增
罗　丹	陈祖歌	姜　珂	孟春雷	韩　梅	侯　杰	刘　岚	黄博文
王英男	张　维	戚晓虎	朱东阳	郭凯旋	何　雨	杨　卓	刘　涛
言语佳	徐广宇	张国强	裘日辉	李　露	崔　超	傅冰云	刘思宇
翟鑫达	苏荣强	李海旺	姚大海	闫　肃	卢　腾	丁雪伟	马宏智
唐　帆	邱丽羚	黄云逸					

人文与社会科学学院（26 人）

于　迪	蒲泓静	缪　旖	李　潇	侯海璐	林冰洁	龚　稳	袁　萱
王婧晖	黄陈辰	王若谷	李雪松	李　娉	赵奕凯	胡枭峰	陈晓旭
吴　琼	王子墨	文　凤	张　涛	雷崇鸽	陈一丹	王冉冉	李　莉
王　迪	李彤彤						

可再生能源学院（34 人）

高琳越	高长青	李枚媛	郭树恒	孙晓丹	黄　娟	郭宇耀	刘祥瑞
赵裕童	刘岸竹	孙长乐	张文霞	蒋晓燕	王秋璨	胡　莎	马赛男
胡　斌	李　娜	段喻琳	孟东东	杨　琛	张晓莉	张　笑	李　贺
李　蒙	刘　慧	徐　真	郑　凡	林　楠	祁荷音	陈紫薇	李越强
邱　鹏	龙日尚						

外国语学院（8 人）

苏若冲	孙亚静	宋　菲	陈凤麟	蒋倩赟	臧紫一	王海枫	杨　倩

数理学院（6 人）

朱红梅	罗　健	李　亚	文　武	卢东祁	贾玉改

核科学与工程学院（17 人

吴　浩	张　帆	赵京昌	刘　雨	齐厚博	张　亮	付　玉	田　俊
方晓璐	常　牧	张义林	张红颖	罗思民	鲍娜娜	汪　喆	丁　涛
吕红梅							

国际教育学院（25 人）

朱梦鸽	周冬升	陆格野	赵　灿	李　赛	魏建昭	王皓宇	殷　亮

董　悦	张婷祎	何一莎	李晓霞	马骏鹏	张晓涛	岑梦佳	刘高远
曹孟斑	杨振宇	董颖章	玄博文	李兰瑛	高　尚	刘明川	宋沂邈
肖　可							

二、二等奖学金（892 人）

电气与电子工程学院（217 人）

唐　刚	苏少煌	李　琪	耿　妍	叶　欣	侯　波	钟健樑	王雯雯
李天福	王精变	姜　山	王泽众	李文兵	王晗姣	刘　颖	王　炜
陈　罡	张　颖	叶丽雅	王司琪	佟晶晶	王　银	仇茹嘉	鲁　旭
吴凯悦	李　想	林晨翔	刘　博	王东来	郇凯翔	陈育桉	赵　越
王嘉斌	王洪敏	田　硕	陈　卉	邱　超	韩晓雯	邹福强	卓建宗
罗铁柱	魏　恺	崔梦璐	左一惠	负飞龙	祝倩龄	孟江雯	李春华
刘　婷	石　俏	雷　琳	毛　瑞	王　心	姜舒婷	颜泽远	田维维
崔文哲	闫　妍	刘冰燕	熊雪艳	赵晨雪	倪筹帷	何岳恒	徐鹏飞
印海洋	陈亦骏	胡　悦	袁宇昊	汤锦慧	蔡永涛	徐闰琦	曾璐坤
程　媛	徐晨林	万燕珍	赵中原	袁　溯	叶　涵	张慧慧	潘　玥
李　卓	王正光	张立涛	储　倩	朱佳佳	王　丽	戴佳伟	马　桤
叶荣华	高懿美	李子昂	杨项君	江　成	李　飞	郭　蓓	刘思华
黄瑞特	张姝贝	董　航	彭紫一	陈鹏伟	王　欣	吴素我	余沸颖
游　丹	李玟萱	胡龙仙	曲　申	闫　然	王笑凯	刘海钢	史米娜
赫嘉楠	付鹏宇	李　洁	于　钊	乔训龙	韩　毅	李英姿	张　尧
宋正坤	黄震希	张野驰	郭裕群	张芬芬	晏结钰	兰文光	邹兰青
王丙强	曹　彬	李　霞	苏晨博	李　喆	刘　歌	张宇琨	雷　婷
赵紫君	张梦媛	张佳婧	刘　洋	范琳芳	单晓东	粟子明	李慧勇
宋一凡	叶一达	王英沛	刘瑞煌	吴　迪	李依琳	梁媛方	刘译聪
王　宇	张　莎	陈子君	杨俊威	忻　达	石　城	王子豪	陈雪姣
陶　琪	张润峰	王昊月	崔　岩	王　然	周企慧	蔡　博	张　晨
马晓路	王泽黎	周　杨	吕富强	周　潮	李至蕙	林长盛	王志远
兰自冉	代丽娟	苏文静	王　婧	马宇飞	张海洋	李亦斌	李志民
张逸楠	关　睿	林　童	李先锋	周子青	王　宇	王　媛	李孟军
胡海洋	李佩霖	张　理	石　璐	吕勃翰	张雪垠	王　超	文　茜
付　强	周信星	王　倩	王科敏	严　鑫	费咏攀	孙启梦	曲照言
申　钰	王　蒙	苏　伟	徐筱昕	吕思琦	赵小龙	王　震	粟华林
刘信福							

能源动力与机械工程学院（145 人）

薛智琴	蔡小尧	丁星利	赵晓捷	尹书剑	席中亚	赵　旭	刘倩囡
张振波	汪晨辉	何寿荣	谢晋英	张　姗	高科明	付鹏飞	何　强
刘　椿	陈　国	朱一鸣	梁飞飞	喻　国	詹仁建	王诗莹	赵世飞
张军民	钟晓鸣	王龙菊	尹超凡	杨宁芳	王　露	蒋国安	邓阳丕
宋泽洋	张海龙	张　曦	李伽炜	姜春霞	黄翠萍	赵　瑞	曹婷婷
李晓怡	黄　越	丁开翔	韩　宇	叶　超	黄　帆	韩　雪	崔欣超

廖孝勤　姚成　谭鸿　徐萍　叶加良　解娜娜　吉乐乐　许新
刘锐　邓颖　徐建鹏　戴玉坤　刘涛　贺海鹏　刘垣杞　范鹏
陆高锋　高娟　杨彦平　李彦龙　徐璋　旷雅唯　杨文飞　陈袁
黄显威　梁莹　王玉伟　尚天坤　朱天青　黄畅　杨晨　李超
刘兴　齐心　舒桂霞　李瑞华　赵朦　王冬骁　马小琨　吕婧
郝伟　周苑青　吴佳　冯寅　程晓白　于扬洋　马莹　苏欣
金武　赵晓山　朱赫　陈宇　徐士猛　刘健　宋涛　伦雨晴
辛文韬　仲旭雯　陈作　郭瑞军　田富宽　冯云聪　顾令东　胡扬清
张雪　祝雅馨　宫逸飞　孙旭鸿　唐三力　韩文卓　孙依　李创
国旭涛　洪艳　刘云　张雨檬　牛晓璇　冯沛飞　贾润强　俞南杰
牛晨巍　周强　蒋翔宇　裘闰超　崔佳奇　蒋阳　王春兰　徐然
刘雷　肖龙　远洪亮　王亮　袁勇　干雪　韩慧蕊　李金洲
金宇航

经济与管理学院（144 人）

林诗媛　林伟香　饶紫梦　李伟超　陈昕　王晓萌　王亚琪　常瑞东
谭磊　胡紫珊　张懿　陈玉龙　华菲　侯方洁　黎欢　安秋娴
张潇　谢燕红　伊静　张亭　杨陶　王佳晨　黄逸群　李冰
谢咏雪　蒋凯婷　李文姝　彭杰　何彦英　赵婷婷　赵鹿　高冰
万冠　李欢欢　韦秋霜　马晨昊　蒋颖　罗畅　蒲文龙　张源凯
杨淼滢　宋易阳　李大成　易清　李博　彭鹏　游夕菲　贾甜夏
吴文日　贾鑫亮　蒋雨晗　张向荣　时媛媛　魏烁　林悦　王文晶
陈晓璐　周雨　冷姗　蒋文琦　白俊维　孙静惠　周栋　肖昕
刘凯　李丹　姚蒙蒙　王涤凡　张月珍　杨萌　兰贝　郭潇
雷祺　范耀文　张超　王宇晗　周瑜　赵迪　黄奥倩　李雅然
李秉权　刘玉　张严　覃睿　宋杰瑛　牛亚东　陈康婷　张艺骞
张吉祥　苏娟　文斌　徐方秋　覃泓皓　韩江磊　钟雅珊　刘睿智
王芳　宾凤　杜善重　栗子淇　王艺歌　李依莎　孙静　郑梦园
潘张益　华沐阳　杨蕙嘉　赵英琦　张发友　王铮　何淑敏　刘晓丽
邹睿思　俞捷妮　赵玲　牟艳鑫　孙治国　聂丹　李迪　赵小菡
秦和珂　崔钟月　韩晓宇　赵浩然　韩梦文　谷静秋　肖琳　袁伟伟
邓凤娟　朱国栋　许康　李雯乐　杨双　李敏　王杨　刘梦琦
潘格　吴美琼　和远舰　闫博　宋栋　王林炎　辛雅晨　柳丽莎

控制与计算机工程学院（127 人）

付胜国　邱实　王吉春　申思　陈丽雪　敖鑫　陈秋林　徐特
王婧　牟犇　王婉君　陈溪　李青青　张竞予　姜婷　赵康
张报　刘永　陈林　朱震东　李绣雯　邓志光　逯胜建　罗雪静
杨雅兰　金乘成　莫欣睿　陈丽娟　杨阳　吴俊博　张继业　韩卫波
孙熙　吴颖　杜欢　简一帆　尹旭辉　尹旋　龙东腾　张皓
谢伟戈　顾妙松　邓伟　杜斌　蒋敏敏　任杰　韩挺　张婳
赵泽昆　何宇婷　王子怡　王思莹　陈航　杜硕　管晨辉　胡波
时欢　明晓航　宋智超　汪细勖　艾君伟　王怡　叶榕　姜漫利

李丞亮	王刚	王雪梅	王亚男	杨崇品	葛倩	吕冬雪	周旭祥
朱越凡	包喜春	曾帅	李冬冬	林再法	宋倩怡	姚琦	张莉
张婉莹	范昌	顾奇凯	洪峰	周琬婷	耿然	单学良	陈敏娜
郭慧芳	卞秀婷	杨如侠	帅佳敏	白冰	王杉	王丽娜	习春苗
沈雅丽	杨萌	司天琪	王洋	张宇泽	余智姣	崔文龙	罗晓飞
冯美方	李艳	蒯亚敏	吴义凡	朱俊杰	潘品	李丹	余敏楮
周倩婷	庞进	李威	王小霞	赵秀平	刘艳娇	李法霖	张韦佳
杨雨龙	吴婷婷	刘珺	王晓翔	侯进斌	李云鹏	周微	

人文与社会科学学院（52 人）

丁芳	周蔚然	邓少芳	何永金	王益	邱晨	穆莉园	谢益桂
王俊	张静	陈巍	蒲志斌	王睿璧	祁云柯	尚碧依	陈郁
张涛	丁亚琪	黎静	尚晶晶	张丹丹	吴奇	刘心怡	吴璐
黄潇	艾晓坤	唐霞	于浩明	许潇	吕亚	罗夏	张莎
刘艳娟	潘虹	蔡乐眉	斯瑶	周璟	高瑞笛	方若云	曹乙木
靳子乐	杜琳	杨凯悦	熊锦慧	曾留馨	潘韵竹	李敏哲	胡榕
沈兴辉	卢晓文	马涵慧	郝甜莉				

可再生能源学院（69 人）

关婷	林俊杰	高晓丹	刘佳	王晶晶	邹景煌	李景荣	姚亦章
马远驰	闫阳阳	于鹏	孙杨	赵亚男	王加慧	刘文飞	章迪
郝少博	蒋涵颖	李欣	汤卓凡	许璞轩	刘华兵	罗莹莹	周福文
冉泽朋	姜鹤	郭永峰	董晓晨	林常枫	王泽涛	白格格	黄博文
王泰	吴帅锦	胡雪晴	李添	许丽琪	邵力成	邵笑严	王东旭
马爽	吴云召	羊冰清	汪定盼	卢东海	吕吉奕	张浩	荣文勇
董舟舟	李晓兵	王雪玲	徐鹏	陈杰威	张帅	张琰	徐小雪
杨馥源	詹芳蕾	李宁	彭正	周舒琦	陈明霞	唐彩红	畅欣
谢开杰	张天翔	郭春悦	马易君	韦永江			

外国语学院（16 人）

范彩英	刘莹	张奕	周洁	王雅婷	何可	柳阳	雷杨
徐娜	周瑶	莫冰倩	孙微子	王晨玺	朱悦	黄诗音	赵悦含

数理学院（15 人）

于安然	陈兰兰	吴晓飞	李一娇	马筱艺	杨家莉	陆志波	赵胜霞
俞永增	赵洪伟	吴梓川	冯乐	李芳漪	肖航	黄晨雨	

核科学与工程学院（33 人）

卓卫乾	张博泓	宋明强	袁博	余谦	冯飞	刘辰	李晓静
房鑫	李宗洋	陶家琪	张星永	庄思璇	许鑫	王聪	黄足雅
张小康	刘晗	朱倩雯	肖景	马泽华	衣聪慧	蔡宇钦	董超
孙大伟	王昭	夏科	刘聪	王式保	王喜祥	王雨	许谦
欧阳袁渊							

国际教育学院（75 人）

赵志斌	黎诗文	倪宇凡	王博文	林奕夫	王林娜	谭菲	李宣莹
吕明阳	袁帅	庞姝卓	刘悦	居家宏	韩春鹏	李丹	彭博

霍明鑫	邱　平	陈　晓	苏洪玉	张　夏	张连恺	孟美尊	于佳民
王　岳	高群策	赵相政	杨一帆	段　辰	石婷婷	王　清	罗益燕
程宇頔	冒晓舟	王历晔	徐梦恬	宋　悦	于芳竹	余心仪	鄢洪婧
孙艺阳	张　曼	王智晖	尤泽东	林　圣	邢　栋	陈诗浩	闫漪涵
王东方	尹　航	王启明	孙世宁	李　牧	李晓婷	曹孟超	张海华
秦嘉策	陈　铭	唐　昊	王国成	张丽敏	何　畏	李一鸣	尹　婧
强　婧	陈宇翔	王　越	李晓桐	商唯琳	毛梦婕	许靖宜	齐媛媛
陈雅晴	余　可	马寅星					

三、三等奖学金（888 人）

电气与电子工程学院（215 人）

张　弛	陆良艳	周煜人	揭　晓	吴聪聪	孙小磊	许　潇	李　丹
温亚东	朱坤振	孙翊淋	刘　颖	刘　璐	李　琛	唐茹彬	王大玮
李　茂	王　丹	王升为	黄昭君	孙婧妍	龙运筹	朱海立	李永杰
尹颢涵	梁启雪	李婷婷	杨云露	储呈阳	金兆征	冯文滔	李子琦
邓三星	余　洋	卿　平	杨　天	李丹戎	季天程	牛晓彬	刘　东
赵俊霖	田鹏飞	陈盼盼	黄梓华	裴子霞	周圣淋	程　涛	雷　刚
张　薇	景　莉	林　佳	龚成尧	魏　璐	夏黄蓉	高　爽	石云飞
李怡爽	邓博仁	马文静	叶红豆	李岩松	金　颖	姜希伟	刘宇石
张西子	张　冲	雷新龙	魏林翔	林　琳	许颖灵	刘婉凝	张月娟
闫　欣	沈　静	赵云花	熊　娇	谭威龙	魏　敏	李　杏	范家斌
赵　健	张朝晖	杜施默	李　敏	全　靓	冯　云	原乔志	杨小雨
龙　穆	张景春	李　颖	戴安娜	张家坤	任哲锋	刘　婧	温静孜
祁翔宇	张　琦	安佰鹏	孙雅旻	王雅晶	宋诗雨	王　亮	曹　凯
梁英哲	陈金涛	徐慧婷	林　焕	刘　阳	明　捷	吴炳照	史　卓
王泽斌	韩　松	周　鹏	刘　艺	张文斌	赵雪莉	李庆庆	陶　帅
郭　旭	梁安琪	刘志林	王　斌	童　欣	赵晗礫	陈　素	徐　斌
曹兴华	王　琦	王　皓	崔林然	商　超	安　君	李博玮	杨　伟
孙　雪	王　晶	孙佳楠	梁诗晨	沈致远	武　录	李尚远	高　放
孙吕祎	张佩爽	黄　英	斛冬冬	罗　洁	刘雪珂	赵天扬	余仁辉
郭昊天	吴静琳	韩金越	徐国旺	周宇聪	丁玲莉	李　玥	樊　威
边　喆	李世豪	周清文	黄丰熠	张正昕	苏思旭	贺旭光	郭　晔
周　健	张　宇	刘禹含	朱毓凝	唐　伟	朱玉婷	陆　琪	吴　刚
陶亦然	白　冰	陈　琨	张　晶	徐东旭	司新雨	田　浩	郭志锋
魏　征	王　阳	李雨薇	赵坚鹏	宫晓珊	竹俊俊	朱雨蕙	林雅芸
陈　楠	李瑞生	吕欣哲	毕贵龙	石文浩	赵振华	赵　钰	潘　英
武　超	姜　辽	杨艳敏	韩　璐	邹英杰	徐丹丹	刘飞飞	杨　洋
张　浩	彭文昊	苗晓晓	鲍红伟	申雅茹	毛代甲凡	扎西嘉措	

能源动力与机械工程学院（145 人）

刘晓晨	刘　晨	孙　越	张　衡	蔡济航	周　庭	江永鑫	邢　栋
苌占彬	丁佳云	李嘉洲	孙振华	胡　玮	冯洪林	林庆宇	胡慧东

汪文虎　王秋月　顾上成　宋晓童　鲍若雨　金圻烨　黎李悦　毛明旭
梁荣晓　朱恒毅　杨智伟　张　贺　柯　磊　赵鹏程　高满达　李　智
张兆华　屈江江　邹佳滨　马有录　于　静　王　立　朱　瑾　李　庆
杨学军　王玟芳　卢　磊　石铭磊　李梦源　薛连生　薛　媛　王立新
廖海涛　王雪枫　覃顺子　李小孟　彭　波　左昭盛　吴瑞鹏　梁雄杰
罗东斌　陈川川　许　佳　郑炯智　张　优　张　凯　何孝天　海美旭
李杨江　杨子豪　董立波　蒋　婷　周浩成　黄　强　郭无双　马向追
任慧敏　李　翔　王子玉　耿新强　贾时轮　罗丽娟　徐龙发　谢珊珊
王中豪　蒋志强　李兆豪　李　鑫　周　璇　陆国敬　李润丰　孙诗梦
王汝佳　黄平瑞　占艳琪　刘英新　马山川　赵　航　张洪伟　金晶岚
张宏元　宁显明　高　远　黎　力　游作树　胡雍胜　张　闻　刘双龙
林兰兰　黄木和　杨　霏　陈　桦　张　政　王　博　何春龙　白丽梅
韩雨辰　刘　琪　鄂　兵　贾小伟　王　仲　鲁敬妮　范田飞　王　婷
王　帅　吴祖龙　朱胜森　郑　磊　高清鑫　许彦斌　路冰心　章岱超
李凤莲　李倩倩　李凯璇　李　明　张海东　丁泽宇　谢云云　蔡顺凯
赵海亮　刘洪涛　王德富　韦丁萍　郑荣辉　袁明野　张庭祎　王　琦
竹　松

经济与管理学院（144 人）

邱　禹　李晓婷　郑琪凡　王　星　蒋明娇　刘　依　胡　璐　朱杭杰
高　洁　李　龑　余季蔓　李　伟　杨春英　张进芳　袁　媛　游　岸
倪安琦　高　淼　张含露　李　治　黄迎蕾　程林莘　龚　婷　厉　舟
郭　俊　张峰雪　张若楠　蔡丞泽　于冠楠　叶　潘　曾怡萍　王照丽
张萧羽　周亚坤　黎翡娟　安　冉　许　琴　张　洁　杨苋薇　付　明
贺培胜　梁燕妮　崔　丹　彭小东　刘依林　罗开颜　尹　博　郭乐华
郭志娅　朱亦翀　贺宇云　张　明　韩雅丽　汪若兰　于美希　李明明
杨　雪　朱　莎　李凌晨　张　娇　薛李阳　胡晶晶　习　颖　闫　振
王　尧　陈白羽　程　茵　刘浩飞　高　原　李媛春　杨小葵　刘　颖
郭万望　李安娜　吴静茹　刘　雅　苏烨琴　陈　好　李　亚　夏琦浩
贠佩宏　王梦雨　罗　召　朱　枫　刘再领　闫风光　聂明谏　陈星辰
潘照旺　陈冬煜　刘　伟　牛英杰　计丽妍　李小鹏　邹卓君　张永月
赵家瑶　吴季林　张云兰　胡　贇　张黛妮　马微微　唐　朝　谭粤元
刘　定　张　亮　王　栋　宋丹丹　李青龙　赵杨宇　张栩蓓　闵　操
王义峰　曲　径　梁　蕾　李明尔　林　卫　杨佳贝　陈　逸　黄慧敏
范　岩　杨　鑫　刘　媛　刘龙泽　武冠男　张敏琳　白婧萌　徐铭浩
张耀川　郭　健　孙润波　黄　悦　柯毅明　崔??　李毅飞　张馨怡
周世洁　陈宝琦　张晨韵　黄　昊　马　可　袁　慧　焦　杰　郑　强

控制与计算机工程学院（124 人）

赵程程　孙单勋　燕卫政　柯海山　赵艾清　林　远　姚　远　王兆光
赵林春　杨一雷　董德华　郭云格　季雨欣　余圆圆　方冰燕　孟格思
张雅坤　汪鼎民　常昱润　赵占伟　于明雪　李　响　缪小春　陈立翼
孙　楠　马　超　魏　帆　席明湘　李凯军　朱煜枫　徐建光　高一鸣

黄子强	田雪枫	侯婧婷	杨 扬	苏 晴	王婧雅	綦 晓	陈真真
高 阳	沈 燕	王季孟	时 扬	谢雅倩	董俞宏	马仁婷	陶海富
吴国勋	席亚娟	杨普海	李 荆	姚 鹏	韩国龙	焦永文	黎军保
李 林	刘誉臻	张家江	崔靖涵	高耀岿	郝瑞祥	陆斯悦	罗仲丽
余卓晓	范 鑫	高 恒	卢陈越	王 岚	曾志勇	黄平平	孙铭徽
秦晓琳	马晓宇	王杰玉	魏郁宜	杨 玉	陈文亚	杨旼才	李少琰
宋 兴	张 靖	范冠男	冯晓丽	刘 颖	张 璐	刘 浩	杨静思
高 亮	常凯善	商善泽	周晨光	王建春	冯书雅	齐伊然	周 迷
孙 凯	王毅磊	吴嘉君	李 帅	周园雅	许晓彤	吴 鹏	段建国
邹任飞	刘 伟	潘亚婷	魏 璐	金 璐	章 程	李丹丹	朱俊生
魏 伟	陈圆圆	崔腾飞	苏晚穗	冯 晨	崔世民	张明磊	周彩冬
信 峥	李 静	林辉茗	刘杨中华				

人文与社会科学学院（52 人）

杜彦波	何诗卉	贾阳春	侯洁林	邓 蓉	丛 丹	张宣栋	任 颖
纪小燕	李翠红	夏佳莲	叶武鑫	林振兴	张孙力	管祥灵	常亚晨
胡 爽	赵晓燕	刘晓薇	吴晶圆	徐雪婷	薛智圆	张霖菲	刘 霞
贾甜甜	何 澈	陈奕楚	吴 茜	王 灿	湛凯华	杨春黎	姚 涛
蒋双毓	黑小娟	张蓬勃	朱 旭	周洪坤	袁方明	王宝娟	李佳琦
余 晨	贺志权	罗 翔	赵洪月	李博文	陈 慧	李佩遥	高思遥
安 琪	曾健文	冯泽宙	姜佳婷				

可再生能源学院（69 人）

余雄江	彭 茗	王天健	吕 浩	张 莉	李金鑫	刘珏麟	刘师麟
崔岩松	孙 莹	白恒敬	扈书均	刘凤魁	丁 平	方雨康	吴浙攀
郭泓村	何文栋	贾欢力	张 强	崔凤娇	杜 鸣	柯炜铭	李浩钧
谢碧霞	岑昕霖	赵梦君	黄金龙	解海军	张英团	陈植强	刘勋伟
陈 颖	刘 宇	唐诗洁	丁希宏	陈心一	卢 航	时小强	佟 锴
刘少文	庞婧婧	王渤权	纪文淑	丁超强	李 东	李吉喆	刘 华
钱晨昊	邵 群	吴志强	王 超	邓栖霞	顾培根	雷秉啸	隋国栋
孙建威	蒋华婷	薛鑫宇	林 敏	李泽君	王亚许	熊元武	钟 馨
陈学琨	陆 明	马广军	赵亚威	周于梦秋			

外国语学院（16 人）

方 菁	李 凌	刘晓娟	孙于岚	张金凤	赵茂竹	卢 姗	赵小雪
黄雅慧	薛晶晶	杨 倩	王菲菲	黄 靖	孙静茹	汪晓燕	张 萍

数理学院（15 人）

马国蕾	刘少龙	张丽泰	万 萍	安伟函	侯尊学	牛玉峰	彭 洁
王艳红	唐亚平	张驻西	李一霖	宋唐女	王国兴	赵亚男	

核科学与工程学院（33 人）

张 顺	董正云	贾仁东	杨 旭	邹小亮	张安春	闫 森	邹 青
徐 辉	来银山	师田田	曾晓佳	李华贵	蔡 进	孙 筱	何建军
王 阳	张 博	孙 伟	范德灵	赵宝峰	张 龙	王园鹏	林韩清
许爱威	任 硕	张 薇	张希颖	任碧瑶	李璟瑶	张壮壮	金 鑫

郭　袭

国际教育学院（75 人）

周　梁	任若兰	魏　楠	纪　宇	邓博夫	张　屾	黄　海	黄一甲
常　乐	葛　颂	祁　琪	廖俊华	李　毅	辛亚格	黄靖雅	金亚蓉
监浩军	张　琬	陈　皓	王　飒	蔡梦怡	王雪晴	吴韧韬	邓鋆芃
苏韵涵	陈　旷	徐赫楠	洪艺嘉	汪诗雨	姬　璇	王　琪	鲍家东
唐利渊	吴昱江	吕　晟	杨振宇	孙嘉辰	班墨涵	周泊宇	魏纯晓
陈傲竹	徐椤赟	周　爽	钟丽莎	林美妤	段旭辉	魏　熙	郑　毅
孙一宁	王君莹	徐　晶	李亚鹏	潘可达	塔　拉	贺子清	鲁杨飞
王　晗	孙嘉茜	赵一蒙	梁天奕	陈茂森	孙博洋	胡浩宇	陈颖贤
易　扬	陈思源	王唯佳	杨　陆	钟　雯	任梦婕	胡佳宸	李佳楹
赵鹏尧	全峰阳	欧阳星卓					

四、学习成绩优秀奖学金（481 人）

电气与电子工程学院（115 人）

钱偲书	刘　迪	张琛薇	章洪瑶	孙　帅	杨莉萍	刘培君	杨　骆
张　雯	雷荣斌	潘正婕	张文博	吴　茜	周　凯	王　飞	宋　迎
经慧英	刘　欢	高　尚	王大伟	郭亚峰	徐　可	刘　海	张凌超
兰玲辉	王　靓	张　恒	丁　蒙	王　伟	罗　潇	王　潇	季石宇
李　萌	胡　可	韩庆东	李吉鹏	芦　娟	刘东俊	何　海	刘嘉祎
高蕴美	袁艺嘉	李佳宣	马海莉	刘超逸	罗　凤	司　梦	卢成楠
陈　冲	王　昊	叶晓琪	韩　毅	杨　洋	谢瀚阳	李诗童	凤　洋
郭　鹏	段成斌	梁静宇	朱　溪	朱宗伟	黄　飞	甘　荣	王大为
史其宁	何子亨	钱蕴哲	何凌云	李逍逸	韩丞宇	王珊珊	于梦琪
郑立鑫	张嘉慧	张格格	唐　鑫	邹福强	唐　其	奚嘉雯	陈泫光
赵志伟	韦鸣月	邵春江	郗　泽	谭　涛	江欣明	郑嘉炜	陈　诚
张　娅	唐成鹏	李　悦	丁徐斌	王令萌	焦宁宁	孟繁星	王梦丹
金东亚	黄子凌	王　乾	陈达林	廖彩如	邓小龙	何　源	纪中豪
刘晖童	高洪吉	李玉龙	张轩瑜	范文华	印显松	洪国巍	刘小虎
杨　庆	李俊炎	郭赵高杨					

能源动力与机械工程学院（76 人）

张黛丽	和富凯	林　杨	李　璐	周海东	王艳龙	肖丛杰	申银丽
蒋润森	张家平	覃　拓	管晓纳	刘　洋	王梦洁	苏博生	吴晓龙
余岩竹	李重茂	史文秋	隋子峰	张子炀	方亦颖	陈　龙	陈松林
王达梦	王　钧	马小安	严　鑫	徐荣锋	王　飞	王　琛	郭亚辰
储德全	李　洋	王小艺	戴　巍	林建维	管立东	曹晟磊	王步云
黄钰琛	崔　笛	姜瀚博	詹焕芬	黄靖磊	原其鑫	杨宏伟	郑皓天
孙伟博	李晓鹤	侯永策	葛世程	熊　超	杨杰栋	李明杰	马立群
齐佳伟	王　刚	徐炜乔	贾赛赛	柯　明	施光泽	石巍巍	吕冠桥
刘恒平	张圣胜	郑　磊	代连普	刘亦芳	江　北	贺　强	杨淑昂
郭云鹏	初　兰	赵　茜	和学豪				

经济与管理学院（72 人）

熊　芮	马　娟	梁冰心	杨　斌	陈建任	夏振中	郭　琪	王婧宜
陈晓驰	张　晚	张金琳	陈晓倩	刘美伶	李冰冰	魏宇昂	辛星星
黄晓林	张玉原	徐兴朝	洪金宁	安　莉	林姗姗	寇瑞荣	杨　菲
姜菲菲	张雅坤	尤　然	王　璐	辛立柱	徐　霞	张　垚	尉晓飞
潘昕昕	李淑洁	韩培培	王晓培	施雷诺	邱金鹏	陆毅淮	贾至远
及　洁	黄其进	皮成武	纪　宇	徐　博	曹新苑	肖伯文	李　婷
陈晓希	玄雅琳	何　晨	王　觐	陈　昊	任飞阳	陈新如	徐幼珍
温璐瑶	王敏哲	陈妙机	朱　亮	马　旭	郝凌岳	叶琪琪	吴烨伟
赵令华	陈增华	张翰林	杨璐瑶	杨环宇	谢诗妍	符春媚	韦钧彪

控制与计算机工程学院（65 人）

杨志鑫	米　琦	冯　伟	张　甜	李　鑫	周磊月	刘　鑫	牛文静
施文豪	刘梦欣	刘　洁	肖逸群	韩　勇	赵　坤	龙仲涛	杨景华
孙绮蔚	贾晓倩	仙子龙	庄登祥	张思齐	潘　晶	黄域钊	游德鼎
汪由方	高大明	韩　博	王　立	易世伟	钟立飞	蒋　昱	杨书凯
徐一凡	张超群	张佳楠	陈　祺	郭楚姗	李　昭	胡皓鹏	梅述池
关文渊	黄泽龙	陈少梁	樊　娜	罗　番	王福豹	张宇超	王　杰
秦志泉	郭　磊	刘苹稷	杨　洋	张实君	詹永乐	田大鑫	张　光
邓　辉	刘　勇	林绿凡	刘美华	李柯洁	王　斌	武　梦	丁梦颖
柏　韩							

人文与社会科学学院（29 人）

李金芸	孙　琳	裴莹莹	杨　娴	赵　燕	陶娅洁	肖黎明	黄雨晨
黄韵静	李佳军	蒋　雲	胡彩凤	王雅芳	林锦媚	柏雪菱	张南翔
郑　引	安忠霞	张昊希	张　喆	高　亮	蒙象涛	都若群	江　浩
韩江雪	谢静远	蔡莉莉	马天威	刘　蒂			

可再生能源学院（40 人）

马洪飞	李维恒	黄欣赟	马若冰	黄国玉	肖恒威	延　平	张子杭
李　鹏	毛　未	田浩楠	严琪慧	谢　玄	向　钰	张宪兵	陈　聪
张晓东	章润臣	姜智钰	赵　强	林　琛	盛　璐	陈梦圆	余庆春
王志斌	于晓琳	梁楠楠	胡泽华	许　鑫	邵森斌	尹崇林	曾祥太
杨骕騑	黄登琪	梁鹏腾	俞洪杰	陈荟萃	刘　易	刘　璐	徐兢浩

外国语学院（8 人）

徐　红	柴　瑛	陈丹彤	陈　琳	钟慧群	高赫临	姚艺娜	钟　妍

数理学院（6 人）

武　赓	皮一飞	黎秋灵	金子刚	马　帅	黄海燕

核科学与工程学院（18 人）

尹家驹	李　想	谢书正	解春雨	王志鹏	陈柏旭	赖伟成	郑　俞
李佳渊	曹　磊	秦亥琦	洪　潇	董冠岐	任婧雯	赵　绩	祁文静
黄及娟	邱　水						

国际教育学院（52 人）

汤嘉伟	陈佳紫	李浩源	丁正鑫	孙碧蘅	姚　旻	王钰鑫	陈义涛

李鹏飞 杨蕾 齐步洋 蒋卓毓 张文婷 马悦 卢艺菲 孙廷瑞
杨赟 孙钰博 邱实 姚琨 史旭 施梦如 张宁 刘轩
宗旌伯 于田田 李修远 裴雯雯 韩硕 王铎 蒋程西 刘孟歆
姚艺迪 李一凡 马秋阳 李南帆 建少爽 陈衍 周祺雯 黄奕珲
邢芸也 康勤径 姚华秦 季然 曹凯放 王达 王熠 温淼
黄子恒 王萌 马捷 马梁智聪

五、社会工作优秀奖学金（449 人）

电气与电子工程学院（113 人）

张冉冉 陈稳 许兴贵 康跃芳 李京 黄代伟 马骢 庄棪
王丹 段文政 孟迪 李敏 孙宇翔 牛文君 胡涛 杨勇
蓝盛 邓天成 吕军 王艺凝 欧禄禄 朱晓鑫 赵瑀彤 阿吉奈
毋凡 许鹏 唐彬 吴昊天 崔静思 王川香 陈震 廖一鸣
李飞 刘金猛 邓力夫 石心 胡雅雯 李韵 张轶 林一峰
王桐 高雪峰 周黄山 赵堃 周诗超 意如 赵薇 张晗
李卓然 刘云龙 许宏智 陈洋 孔璐 范璞 苏科玮 任清一
姜云龙 王润年 王雁章 王多万 冉贤贤 李娜 罗晓航 周志宇
姚卿卿 张碧涵 袁昕 王光波 穆行洲 周泽昊 潘旭新 王俊生
罗昕宇 许景毓 代冰 邓铭薇 王磊 孙玮琳 何力 陈林
孙雯 何乔木 王小明 吴加栋 林健雄 赵孝磊 张慧娟 温豪
杨双飞 陈晓帆 崔婧 杨林满 王天琦 史雨菲 王亚玲 贺艳华
曹晓微 张俊 顾玮 沈海媛 李晓谋 于致远 耿华 孙小斌
李恩伟 李阳 范文华 印显松 洪国巍 刘小虎 杨庆 李俊炎
艾孜麦提江·吉力力

能源动力与机械工程学院（71 人）

赵创丰 张悦锋 刘润浩 张文杰 王领伟 丁尧 李韵 杨家华
魏杰玉 侯勇 张思涵 温晓玲 崔琪 程伟航 万燕 李化民
姚尚辰 颜欣 于露 陈嘉伟 陶康宁 马龙 王咸林 许振宇
张俊超 豆疆鹏 李根 王磊 梁梓钰 和圣杰 陆杏文 郑达
宋阳 刘晓琨 叶晨涛 杨建琦 彭浩 丁婷 韩强 鲍丽娥
孙艺涵 杨旭 杨恩升 祝恒捷 李雅丽 李静 施鸿健 董永星
韩菲菲 王岩 李芳义 常文帅 莫诗 王松淦 吕纳贤 齐振宇
王咏骏 杨悦 牟锴 陈爽 施烨 杨浩 赵祯 刘涵子
马璐 魏雨菲 张婷 董越 马楠 王雪慈 贺强

经济与管理学院（72 人）

罗希 孙慧敏 徐明路 高世奎 张少健 王昊婧 刘文峰 聂莹
任旭 高成飞 修丽 张丽洁 袁嫄 瞿绍春 樊大鹏 崔文威
巫羚玮 刘昌学 尹嫣雯 詹木 曾钦顺 符兆伦 王丙乾 费晨璐
于扬 唐楚铭 鞠金美 王昊 罗翔 苏雅亨 梁健健 管艳飞
龙露 刘芷彤 宋慧娟 徐阳 陈思豪 钟珍 朱紫祎 王穑
郭永鑫 相斌 罗健瑜 黄聿相 吴西萌 岳靓 赵松 厚杭希

李欣民　焦文静　刘佩嫚　孔海生　赵天琦　隋潇　王霄　苏红
秦玉梁　李晓璇　黄果　宫明蕊　张浩楠　马原　李梦媛　卢凤鸣
赵爽　许小峰　李司思　崔平平　马学福　商雅菲　张炜莹　高成军

控制与计算机工程学院（65人）

李权　王文亚　谷珊　邹光华　余晓玲　刘宏宇　易思瑶　胡文亮
王俊铮　魏家辉　黎天　马智学　马许　陈茹君　李岩　杨洋
陈瑜　马思腾　马亮　郑伟敬　张旭　游德鼎　孙心林　李川
郑秉睿　郭玉猛　张雨濛　李建龙　王玲　韩营　陈思桥　董艳法
姜卓　麦家怡　王仁锴　王伟岩　邹丹贵　毕韬　郭欢　周向凯
翁广鑫　赵彩虹　张泽浩　方信　龚玲霞　丁雪峰　谢晨宇　黄文渊
邵黎阳　王赞惠　苗坤　魏冉　朱磊　阴海强　牛倩　李添泽
胡乐立　吴俊霖　王欣翼　张帆　刘勇　郭健铭　王亚为　李柯洁
王斌

人文与社会科学学院（31人）

杨芳　林楠　林磊磊　邱小鹏　张婷　丁宁　梁泳丝　叶晨璐
朱朗　李乐　董钊　鲁鹏程　刘圆　王翔　何姗姗　李思绮
许璐　李雪云　张允　黄娜　古双君　连乃熇　刘春竹　朱子璇
李卉　关欣怡　刘伟　刘凌宇　阎芳　李薇　楼程莉

可再生能源学院（37人）

李旭　陈建宏　陈东明　马晓梅　陈硕　刘磊洋　吴骥　杨茜芝
朱建阳　罗方正　冯倩　谢江兵　梁钊　孟庆春　朱红彬　王杰
杨惠强　周蝉　高庆林　黄修学　刘昊　覃红霞　段波　刘明浩
邓剑　沈子恒　翁顺昌　文燕　李晨晨　田春明　王丹　任彤
卢夏萍　唐紫君　李雄艳　刘璐　徐兢浩

外国语学院（8人）

祝婉君　杨莹　金美希　韦雨舟　杨璞颖　林诗茜　赖雅文　蒙娜娜

数理学院（6人）

罗斯远　孙晔　张亮　张东杰　张又中　刘敏

核科学与工程学院（20人）

符丹丹　段劭骏　邢珍妮　张宵月　司永吉　刘幸　董芮廷　阮岳
邱斌　陈海杭　严仕先　李炎刚　彭奕　王达　张慧帅　姜兰兰
齐实　康峥嵘　李雨潇　孙强

国际教育学院（26人）

刘晨曦　郑经纬　刘伟　曹语涵　郝浚玮　赵博超　韦薇　金若琪
陈波　林昱澍　张继阳　闫凌宇　周晓枫　吴梦琪　孙钰博　邱实
姚琨　史旭　施梦如　张宁　刘轩　宗旌伯　于田田　李修远
裴雯雯　韩硕

六、文艺活动优秀奖学金（418人）

电气与电子工程学院（111人）

姚婷　佟宇昕　王静婷　黄玲　郭朝波　郭政麟　王旭时　龙昊

谢宏韬	王佳晗	周　滨	黄　宇	肖　扬	叶淑君	刘赛超	米　玮
王羽祥	翟国扶	刘　辉	杨　杰	朱　健	卢　键	邹高凯	周雅琨
王政翰	向　恒	金　芳	田　天	高小芊	孟李杰	王泓萍	郭　媛
丁　博	张佳霖	陈　潇	谢文琦	吴荣钊	李欣遥	于傲洋	周　升
文　月	郝悦辰	王语凡	刘　琦	吴　蒙	张首魁	侯宇馨	贾忱然
吴怡宏	程　璐	刘晓倩	李婷婷	李黛娣	张宇鹏	耿坤龙	徐西岳
丁　可	廖晨昕	潘姝默	陈忆瑜	熊明达	马　捷	祖文博	刘方舟
桓芝栋	石玮佳	刘　虔	钟　贺	黄美琴	李秀娟	周　爽	李　韧
季　帅	刘宜博	李建南	石峻玮	伍林海	张明智	茹丹丹	唐　倩
滕岳桓	秦司晨	王镇隆	卢泽华	武嘉薇	王泽润	董　蒙	田晓明
朱韶一	马　剑	沈海媛	曹　颖	张　瑜	郭红林	包吉强	蒋世苑
李可心	吴先哲	李　珅	刘　洋	刘　鹏	张蒙晰	朱一峰	闫佩嘉
何国佩	耿银凤	曹望璋	刘逸辰	李恩伟	李　阳	马木雨石	

能源动力与机械工程学院（69 人）

王建欣	张智超	赵喜斌	邵昌盛	胡亚强	李秉航	高　峰	张　玲
熊　京	张金玲	吕晓航	李美惠	梁　羽	吴刘轩	马　悦	仪　凯
陈扬洋	饶承彪	李定强	撒浩浩	张　良	盛伟斌	李常明	钟古城
隗莹新	高　妍	汪　攀	王雪波	郑雅琴	曹苏恬	王　婷	闵祥玉
周黎冰	欧荣旭	何毅峰	纪春启	谢昂均	于子博	李　尚	毕晓瑜
王恺琪	矫延林	郭子杰	冯瑞翔	张晓芳	翟闰森	白　璞	周民星
焦子洵	王婧超	傅　玉	商宇楠	杨彩雯	高　翔	田东昌	刘　赛
刘　琦	张鹏娜	李季巍	余东真	徐梦怡	董　越	马　楠	王雪慈
付浩然	赵丹阳	郭云鹏	初　兰	赵　茜			

经济与管理学院（72 人）

邹　虹	易菲菲	王雅君	吴耀东	续文杰	王立君	宋玉坤	贺东元
樊兆辉	丁骁宇	黄兰雁	符冬莹	刘洁璇	郑云桥	王昕晨	李　颖
李　超	王　茜	蔡骥然	黄扬子	武佩璇	洪心怡	张译匀	王美玲
韦金玲	许　玥	曲晓帆	刘松然	夏　珊	周显焱	王　迪	谭丽红
孔丽娜	纪新乾	刘文雅	张婷如	王小利	雷佳洁	潘文君	孙子涵
郑文彬	蔡泓忻	郭文彬	宋立丰	张志杰	叶慕华	汤建贺	谢文静
徐跃珊	刘明宗	沈　橙	李枫晚	梁晓珍	马文霞	李昕蔚	冯　琳
薛　芳	张　优	耿集荟	黄航丹	金　玮	杨柳荻	汤　力	张语轩
李　芳	张文华	关　婕	于小桐	张天硕	张翔宇	刘梦蕾	喻菁靖芸

控制与计算机工程学院（58 人）

谢　洋	黄　蓉	孙　畅	王华斌	李柳耘	赵雄飞	徐美娇	张庆林
武昊英	万旭惠	侯晓帅	尤俊杰	王　宪	佟雪菲	闫睿波	程　何
洪怡婷	李宜璞	林奕前	林祖宇	危创彬	刘慧超	邱特岐	王玉辉
李沐檀	李云鹏	沈　晨	刘玉奇	张溢波	林　浩	石佳星	张一豪
邱　爽	蒋竺波	吴运慧	刘兆津	陈　奇	靳雪荣	阳　洋	刘晓英
苏新霞	李　敏	房　莹	赵露露	马浩轩	白田田	陈晓红	刘　越
李梦婷	陆　媚	李　晶	罗闰娣	郭双双	刘成忠	闫文静	丁梦颖

柏　韩	德吉央宗

人文与社会科学学院（24 人）

高慧慧	张　乐	邱瑞鑫	张亚洁	张紫薇	黄素圆	林思佳	任学立
何静梅	于融千	胡　玲	朱　丹	宋先圆	杨胜楠	赵师樱	余汶璐
孟庆伟	石柳玲	王瑜芳	邓　隽	左又允	杨志伟	巫燕彬	张　彪

可再生能源学院（30 人）

丁夕然	马　丽	孙楚平	马晓慧	李　晨	白云鹏	马小燕	李嘉楠
王文龙	潘　红	李芳敏	王江天	王　静	林　卫	陈旭娇	詹新媛
董　洁	李栋栋	黄　凯	周　洁	陈　卉	刘蕊鑫	罗　畅	雷施航
杨　阳	刘芮绯	吴　萍	章数语	高　颖	王鹏琪		

外国语学院（8 人）

夏贤君	刘　妍	莫梦雅	刘　静	涂紫霞	徐菡婷	熊　野	蔡桉然

数理学院（6 人）

胡叙畅	吴仕强	严　畅	赵建勋	徐蕙心	高　鹏

核科学与工程学院（14 人）

胡钰莹	庞宇昕	朱治钢	李沂洹	楼丽姗	姚安宁	文祥茂	何　文
唐　剑	罗绍北	黄　斌	蒋　佳	王　悦	李羿良		

国际教育学院（26 人）

付安琪	刘博铭	薛瑞超	鞠方略	陈苏宁	陈鹤升	路雅婕	张莹怡
陈沛川	洪文迪	马　妍	司　翔	李宜哲	徐铭远	庞　鹏	李金多
李雯茜	孙启星	王　铎	蒋程西	刘孟歆	姚艺迪	李一凡	马秋阳
李南帆	建少爽						

七、体育活动优秀奖学金（417 人）

电气与电子工程学院（110 人）

施政奇	宋子桐	魏　慧	张　彤	隋天时	梁　栋	谭　放	高　怡
徐新宇	高晨光	吴　伟	郑尚策	董　荞	康　濒	韩吉利	杨一盼
赵坚强	张　攀	陈　翔	严宇恒	韦盈释	刘玉山	严　宇	吕　涵
王仕超	王　然	高　波	金　程	陈政琦	陈　启	李　可	张煜谦
刘浩程	高冉馨	符方明	巴特尔	赵照迪	刘春旭	陈文伟	王　萌
邓　攀	侯天录	刘宇航	杜文俊	常慧兵	王鹏遥	梁宇超	王惟宇
冉泽亮	黄旭炜	刘东灵	彭　万	李少雄	夏景景	徐偲畅	穆姜林
李宇鹏	郭少川	胡雄飞	金媛媛	孙　贺	张振邦	范骛驰	刘　振
罗田田	王　鑫	罗　淼	魏泽田	史彩英	李　志	覃蕴华	霍　箭
张　明	凡　曼	付昱玮	王馨尉	宋占象	白宇宁	陈　翔	周　攀
陈江鹏	徐　伟	张　健	朱开成	王思涵	孙　宜	仝　欣	夏冰阳
刘佳斌	朱乃斌	福　佳	许泽峰	秦　浩	游宏宇	薛梦雯	赵炳强
马　强	金　莉	韩思琦	朱在兵	白　勇	张思源	高　爽	武小康
李治军	聂凤祺	孙小斌	张轩瑜	朗杰益西	瓦利斯·木天鲁夫		

能源动力与机械工程学院（66 人）

周　莹	汪涛涛	顾逢旭	王启超	冷治稷	欧佳彦	陈　晨	项凯捷

刘　策	李伟统	陈洪建	吕韩雷	谭闻濒	吴　双	李海伶	李宫晗
李　瑞	姚超群	牟潇野	褚凤鸣	周帆航	田小林	楼宏辉	马　宁
姚维芳	沈思宇	张　军	郭桂洋	刘汉彬	宋正照	范容娇	宋雪焱
王大滨	赵　栗	彭兆宇	王琳珍	谢孝伟	刘　璐	翟德乐	李振禹
周一凡	周子力	姜　越	徐鸿飞	李　超	邓　玲	曹　伟	姜　磊
李灏檑	黄晓宇	张一可	黄应红	刘桃宏	李百航	秦　彤	薛小军
杨　帆	郑清清	罗恒松	魏立帅	马　昊	倪伟铭	杨夺奎	曾志松
万震天	赵忠正	张　婷	付浩然	赵丹阳	杨淑昂		

经济与管理学院（72 人）

贾鹏亮	蓝燕玲	杨　鑫	汤　超	吴攀昊	张美娟	周　兵	王彬彬
曾江华	邹晓晨	杨　卓	李　俊	汪　安	赵朋佳	张　衡	何璞玉
邢心馨	陈　镝	黄康任	钱琪琪	张安辉	甄翔宇	符丹凤	王　丹
赵　洁	陈文飞	蔡萧容	关予馨	陈章喜	马　迪	史馨萍	冯　雪
马　朕	黄肖肖	王欣旭	苟姝瑶	鲍　宇	郭宇航	王凯宇	何　杰
宋世巍	陈　晨	浦绍思	王佳瑶	郭超豪	郭朋杰	李合艳	马　艳
段　丽	明　玉	王二龙	石　恒	时益苍	胡金红	籍　翔	武　燕
武　涵	张晓楠	马小芳	胡诗媛	谢姗羽	陈昱文	舒　晗	何玉宽
郭　飘	郑　楠	方畑畑	杨　沫	曹文星	沈晨姝	袁　恺	朱全静子

控制与计算机工程学院（59 人）

黄忠福	姜艺楠	赵苇航	黄鑫健	黄一洋	陈肖成	王博宇	张　博
白声赫	尹明昊	马宝龙	涂　皓	王海洋	杨　昊	蓝哲裕	秦　河
龚　斐	马天宇	王国飞	籍天明	邵程安	凌文钊	曾青山	薛成杰
蔡宇翔	王　凯	苏　获	梅　聪	朱伟栋	吕　骁	张子旭	王国贤
刘钟伟	周　鑫	李　滨	严冬冬	秦正鹏	邸小慧	宋小龙	于　朋
王宝源	秦绪良	陈　超	蔡凌霄	王晓鹏	徐亦白	刘文德	王慧丰
白　旭	李　壮	魏　霜	石国磊	孙建建	卢国楠	曹先波	王亚为
刘成忠	闫文静	武　梦					

人文与社会科学学院（19 人）

乔路通	杨坚桢	陈　侠	李　倩	韩菲菲	邢　璐	杨　欢	高　群
左　靖	吕　静	黎传艳	楼丹娟	吕凯强	蒙丽娜	张　晶	王东霞
林智宇	付　玥	张　瑶					

可再生能源学院（32 人）

张洪洋	侯爱东	朱继新	郭天祥	贺一博	赖自伟	黄心浩	蒋志炜
张锦辉	颜　彦	周　密	张　赛	黎方潜	连仁仙	崔　尧	徐家辉
张晨晨	张润禾	蒋慧娟	李　闯	段玉昌	袁　溯	蒙　园	厉文凯
程冰清	彭燕祥	张大鹏	犟　霁	袁　睿	苟　露	刘　磊	罗韵纯

外国语学院（8 人）

刘　畅	周新红	刘　祎	张慧婧	张长娟	秦华仙	周　烨	浩　琦

数理学院（6 人）

郑巧英	李顺杰	甘　博	吴　震	张鹏飞	张　冲

核科学与工程学院（16 人）

李　阳	赵媛媛	杨天宇	程　昊	胡家驹	田增旭	雷锦云	李连森
赵　航	何　欢	韩正刚	文海洋	郭智超	王　欣	杨一帆	王　浩

国际教育学院（25 人）

姜之栋	王清未	张啸野	赵奕奕	于　越	田诗涵	王云睿	杨耀贤
李一之	朱晓文	陈　衍	周祺雯	黄奕珲	邢芸也	康勤径	姚华秦
季　然	曹凯放	王　达	王　熠	温　淼	黄子恒	王　萌	马　捷
马梁智聪							

2011—2012 学年度学生综合奖学金单项奖学金获得者名单

保定校区

一、一等奖学金：339 人

电力工程系：73 人

李力行	王　琛	王　卉	王一飞	汤　钰	赵晓丽	李大勇	梁涵卿
孟天骄	王梦琳	杭晗晶	庞东泽	尹　唱	蒋　乐	张　锴	曹亚钊
李立周	曹文斌	马　静	汪　洋	王怡聪	孙　聪	郅　静	李　响
郑曙光	陈湘龙	许崇新	范雯惠	王炳辉	乔　婷	曲　楠	张　辉
俞　云	董金哲	刘献超	廖一锴	聂　暘	王　彦	党　磊	何　帅
刘宏宇	吕海玲	田　源	吴璐子	徐　多	赵梦雅	杨　莹	姚广元
张静怡	吕子遇	程华新	韩佳濒	孙玉晶	岳贤龙	刘丹丹	王纯洁
程祥群	董沛毅	郭文红	王小飞	翟俊义	于立杰	朱　洁	李万龙
李　川	李　凯	郑大巧	苏夏一	肖志恒	张文扬	江宇轩	王梓博
尹恒阳							

电子与通信工程系：16 人

王法宁	张学武	陈佳君	彭博蕊	岳彩昭	宋春晓	王　悦	王奕腾
阳佑敏	李晓冰	黄玲玉	占梦瑶	张　该	毛宇晗	王资博	王刘利

动力工程系：49 人

杨栎钧	唐　佳	车　迅	汪澜惠	樊亚明	陈　亮	史良宵	潘　歌
田　欢	李　珍	刘颖祖	王体均	张春伟	张玉博	牛纪德	张美丽
王文杰	李昊燃	王路松	李　原	张仁杰	屈柯楠	杨　鹏	薛全喜
赵少祥	李永毅	李　鹏	渠立松	张　硕	吴　琼	吉鸿斌	王光宇
杨晓强	郑星晨	张　飞	张　戈	王　宇	高建树	郭良丹	廖金龙
崔　吉	黄　雄	李樟强	祁　超	张玉波	吕凯文	梁新宇	贾　曦
申正远							

机械工程系：45 人

商李隐	静永杰	赵爱林	柯孟强	刘文静	焦佳宁	孙海峰	张小丹
赵东东	黄增浩	乔珊珊	冯潇潇	曹　敬	赵凯勋	张　倩	黄　成
蒙玉超	绳菲菲	高雪媛	段广鹏	纪丽静	张　磊	尤亚男	范忠岳
王　坤	王晓萌	王　勇	杨　力	陈搏威	孙明耀	蔡慧颖	薛伏申

周 晨	祝 凯	陈 嘉	马玉龙	薛明志	周仲强	曹澄沙	顾君莘
李帅帅	黄家荣	李 雪	马一丹	曲名燕			

自动化系：31 人

席嫣娜	杨如琦	于 爽	徐 蕙	曲晓荷	汶爱文	杨诗茹	谢振宇
和园园	毛晨丽	史 彬	邓天白	贾晓霞	杨玲玲	马 林	白 婕
李 昕	刘振通	商丹丹	王 迪	刘昭麟	杨 林	张 怡	孙朝阳
张晓伟	王书扬	张丽温	张 锐	赵珈靓	李金拓	王 林	

计算机系：34 人

于小丽	庄子越	郭凯玲	康 龙	李 恒	邢 玥	谢鸿浩	王 迅
张晶晶	常闪闪	时 磊	陈建军	潘振福	吉文靓	骆 慧	陈 谢
王 艳	韩龙美	林心昊	李 晨	翟加雷	张雅涛	张可为	张雨濛
王康成	王伟涛	谢 天	闵 丹	钟 岳	郭 辉	金强强	陈煜文
张淑真	施晓刘						

经济管理系：30 人

曹燕灵	付思思	雒凯瑄	严思思	刘宇萍	官小燕	周维维	王光丽
李娅坤	田月怡	刘媛媛	孙华瑞	李 荣	樊爱玲	窦洪杰	徐燕锋
魏思伟	孙 涛	白佳奇	胡 香	仝 琳	王 凯	谢 念	王佳伟
黄丽君	史玉芳	戴岸珏	孙静怡	陈 烨	裴孙静苑		

环境科学与工程学院：23 人

任旭丹	邓丽萍	宛 霞	王 怡	司丹丹	邓 悦	凌铁权	韩停停
程 琦	杨春燕	宋小卫	于伟静	史春霞	王添颢	熊远南	谢佳林
林良伟	陈 垒	姜 莹	谭程凯	雪 冯	凌 霞	朱雪雯	

法政系：13 人

李至慧	童玉林	张亚蓉	路红红	任建慧	林子琳	吴 桅	赵英丽
王艺雯	吴 珊	曹梦幻	于雅馨	费文波			

数理系：12 人

王 媛	周 衡	李国煌	王艳玲	张正义	高金宇	顾 杰	谷 金
杨晓冰	余泽远	朱姗姗	张义仁				

英语系：4 人

李婷婷	蔡 笑	张 怡	阴雪莹

国际教育学院：9 人

陈奕汝	何静波	蔡 昊	王宇林	周怡冰	洪 雯	吴 越	黎乔乔
李孟晓							

二、二等奖学金：686 人

电力工程系：146 人

李 璟	李康平	刘雪雯	潘俊宇	杨瑞环	张晓春	张振法	姜 涛
张 贺	李雪晨	刘哲夫	卢家欢	曾彦超	郭 婷	刘 敏	张美娜
李 梦	杨丽思	郝嘉诚	倪凯荻	闫人滏	安振国	刘宏杨	马鸿义
王雪松	陈芳宇	马 跃	卫 凯	张朕搏	赵浩舟	张经纬	姜宇轩
蓝 峥	李卓桁	佟彦磊	何嘉兴	朱紫薇	黄淳驿	庞 曼	赵虹博

徐靖雯	冯 成	郭 恒	张祎慧	曹晓宇	韩 平	陈苏阳	郭 力
宋馥滦	张 旭	郭 红	江振源	李哲超	连 乾	范 萌	欧阳婷
曹志昆	耿一朝	叶 茂	于 跃	李家骥	唐朝蓉	孟书熙	谭婷月
渠卫东	张 行	范明怡	范祺红	陈 跃	毛王清	蔡路阳	邓 嵩
蒲园园	赵宇思	赵振业	姜 斌	胡 杨	李田鹏	叶 露	袁佳煌
黄 凯	张 楠	苏 展	李亚民	宋文骏	左 韬	赵俊杰	付可欣
郭国化	张中浩	马 宁	魏 迪	周鸿博	吴 舟	谢紫榭	殷绕方
张 伟	于 淼	梁 浩	何元明	郑 洁	刘 帅	郑伟烁	牛佳乐
周 翔	杨 帅	黄 馗	程云帆	焦 洁	仇敬宜	计会鹏	苟吉伟
卢 叶	李爱祖	加鹤萍	刘妍彤	许菲菲	彭籽萱	郭学成	杨妍璨
许士锦	纪文玉	徐樊浩	伍玉婧	宋佳溦	殷天锋	胡 阳	王 林
冯杰成	郭 帅	王 皓	宋士蛟	梁 宵	路田月	张 宁	张 凯
贺卫忠	辛立胜	王琦璐	刘海航	钱亚辰	丁梦瑛	陈吉红	李 慧
张凯元	乔林思杭						

电子与通信工程系：43 人

王照伟	吴志佳	傅 裕	郭小红	李 倩	王胜平	张博雅	庄永照
方雨亭	杨秀琴	陈亚军	高一双	张玉玲	孙 权	王桢祎	张 静
陆春风	王凌峰	王 益	文春燕	阮潇男	郑小丹	庄振夏	陈姮纹
李 颖	刘 畅	唐 圆	苏 樾	杨 翠	刘 薇	苏莉娜	王 畅
王 明	王玉琳	温营坤	杨 帆	陈 琳	李京涛	王扶文	崔 鹏
孟灵丽	田雨婷	袁胜兰					

动力工程系：97 人

杨 帅	李志杰	李国栋	陈 勃	秦 杨	邵 欢	于旭东	张 璐
商执晋	郝 波	王 哲	曹立彦	陈良萍	张文静	马鹏翔	汪安明
石 普	郝美娟	刘 冰	张瑶瑶	白亚开	孙 菲	关宇君	彭师文
陈映梅	袁仁育	黄 超	刘锦玉	孙志强	张庆伟	任玉成	苏 飞
张家祥	付晓俊	石 宇	包亚璞	戴宇晴	齐波波	吴文杰	李秋菊
李 晴	徐搏超	杨 光	孙衍谦	刘建征	岑 彬	王 欢	王 鹏
孙继轶	周广钦	陈圆圆	李永康	何培成	焦玉婷	张 程	吉暕东
焦同帅	张 翎	肖炜刚	李新号	茅天智	杨 贺	杨 颖	王思达
胡 璠	黄立志	李国良	武丽蓉	张泊宁	徐 杰	房聚刚	白枫逍
高海松	张志潮	田 巍	杨深振	雷 泽	李宏林	朱锋杰	穆 斌
王英楠	王昱翔	周 沛	刘 轩	石 炟	于 淇	缪佳静	龙书翼
祁 超	朱晨帆	吴 韬	仝浩杰	周 航	余文进	郭 源	杨诗繁
关东焱							

机械工程系：91 人

吴美增	王擎宇	闫梦雪	陈晓彤	吴雪君	林炳强	杨 光	肖思悦
吴 婧	张国新	李海峰	仲万珍	杨 参	陶光超	周 军	杨 勃
金鹏飞	王子韬	陈志军	赵建坤	王士路	谢桂芳	杨 曦	李 岳
刘 鹏	张 玉	苑 康	冯萌萌	王天一	丁晓萌	李红梅	林 海
段明浩	张 帅	罗先洪	张艺腾	刘 欢	刘 洋	佟锦皓	张 维

左珂菲	赵常红	唐之尧	尹文良	刘冬雨	杨俊玲	邓玮琪	寇海强
苏　驰	郭福瑞	武祥吉	王亚坤	王　凯	罗　乐	乔　茜	乔宇航
曲　睿	赵　熠	李　乐	王　江	杨浩楠	赵金鹏	宋雪嵩	杨彭城
张贵军	闫　鑫	于彦秋	付兴旺	郭世广	刘　琰	吴荣华	黄　铃
裴娜娜	武　玥	张秋爽	辛创业	张　达	赵　晴	麦俊佳	邵山峰
尹　涛	赵纪彦	李　慧	徐　鹏	张菁蔓	赵文翔	崔　蕊	李　皓
于　凡	韩桐桐	刘学敬					

自动化系：62 人

韩燮莉	吴锡昌	刘　浩	李秋影	卢　阳	常　真	杨亚琦	杨界天
王　庆	高　颖	朱玲玲	王挺任	王南洋	苏　航	武晓楠	伍　洋
刘　帅	刘可昂	戴海鹏	侯萌萌	李晓婉	陈　辉	张天航	李　阳
俞人楠	周建伟	姚静怡	王　桐	闫　萧	卫丹靖	翟晨曦	张振超
赵　伟	王　涵	阚志凯	王雨秋	宋凯兵	余　健	何宗源	马金龙
崔海林	张之涵	王钦惠	陈明渊	袁一丁	陈煜琦	谢碧霞	顾　瑾
徐定康	吴延群	祁俊雄	王卫宁	徐槐远	董超群	刘　葵	朱宏超
陈世聪	王　茜	张木柳	盛碧霞	牟景艳	唐　玲		

计算机系：67 人

张　兰	唐辉辉	杨升杰	赵聪亮	岳　娇	石　鑫	庞新强	张铭路
曹玉蕾	刘志远	尚　晋	张和琳	仇　晶	王　焱	徐浩然	孙　婕
张佳茜	陈秀楼	郝万宗	刘时超	梁世琪	张晓禹	周　琳	黄　峰
钟彩金	牛　锐	江　浩	王　鋆	赵学琛	许海橹	张幸芝	武志磊
胡　亮	许鹏程	马重申	郝　振	陈君华	张玉坤	黄琬今	李荣荣
梁静娟	龚冬颖	官　静	李紫君	常　欢	靳朝阳	樊　舒	李　晶
李明辉	王秀玲	周昉昉	朱章南	艾　静	董冬阳	覃智补	王松雁
王兴兰	谭佳瑶	蒋越怀	时欣悦	陶　韬	臧泽洲	谢玉婷	张和泉
陈　颖	王艳艳	熊　秋					

经济管理系：59 人

范佳佳	刘　熙	龙俊霖	陈　琳	蒋晓慧	李　娜	林伟宁	张　丽
吴舒华	付立杰	董方玉	李　欣	张　咪	张宁宁	孙　晓	李春雪
姚佳慧	陈卓尔	陈开风	李　菲	李佳轩	姜　媛	唐竞雄	王龄苒
叶民权	王璐琪	薛兆奥	樊倩男	聂　婧	陆爰羽	张自达	尹伊娜
张春成	张晓明	王　丽	袁　静	黄沈海	张云欢	王雨晴	单　双
赵元隆	马彩娟	马　敏	张　婷	张　岩	匡载淋	邵鹏程	严　斐
李　昂	张星宇	刘　浩	李　璇	张天翊	高树彬	郑坚松	雷恺杰
毛舜杰	郑　策	王　鑫					

环境科学与工程学院 ：45 人

林　林	王乐萌	王　策	李　韬	张　晶	苏青青	侯长江	苏潇潇
陈伟忠	滑申冰	张舒怡	黄　文	陈芳迪	何欣恬	徐冰漪	袁　博
邢　锐	沈　甜	马英钊	戴　维	王弯弯	沈　璐	于　婧	刘　欣
蒋　帅	吕　媛	马文静	毛星舟	潘文文	王严燕	许田广	和　鹏
张　伟	李鹏贺	张　倩	李　博	张　琦	黄帅斌	孙盼盼	孙景建

曾显清	朱恺雯	程槐号	杨　雪	郭佳翌			

法政系：26 人

王雪妍	王　燕	王　慧	李静思	张小燕	祝明银	魏溢男	孔智璐
刘阿梅	邱琦君	李　岩	杨泽坤	王娇娇	孙兆辉	李　殊	韩兆凯
梁浩冉	李碧霄	吕丹娜	孙雅楠	王文思	殷　婧	朱　琴	李　悦
李安慧	侯　佳						

数理系：25 人

朱林林	吾强峰	于大海	苑文楠	陈　红	马　真	王东升	肖　石
揭建文	李亚滨	林永吉	吕正则	詹石岩	范春燕	尤祖寰	袁大显
段　杰	龚之珂	郭馨璐	臧晓玲	温春艳	杨　冕	汤　潘	袁　月
詹文超							

英语系：8 人

李淑娅	王思茵	甄安迪	金　戈	曹红柳	王　平	肖　菲	李　琛

国际教育学院：17 人

黑　阳	郭　帅	张佳怡	李杭蔚	罗鸿昌	卫婧菲	张庭齐	商开航
孙家豪	徐翰超	周远鹏	刘安琪	张可佳	段鹏宇	冯　媛	孔王维
石砺瑄							

三、三等奖学金：660 人

电力工程系：124 人

董文凯	华天琪	陈　铭	李　林	赵文亨	陈玉航	辛建江	陈光勇
黄　涛	伍　娟	李炜彤	王乐笛	李林蔚	陆文娇	阴　凯	康平霞
张　恒	尹献杰	袁少雄	李晓航	刘士嘉	张旭超	周晓峰	汪倩羽
郑子洵	鲁　虹	王琳媛	林酉阔	郇旭东	樊世通	高　源	李承昱
马天娇	王令君	王思萌	吴　维	何　进	李万超	王　哲	邓　璐
邱世超	王燕燕	林灏凡	曾淑红	赵　霁	柯欣欣	林嘉麟	刘明洋
马靖远	孙冬川	杨叶林	李昊鸾	朱灵雪	曹　霞	路海阳	孟　静
王　莉	朱荷子	李　杨	魏　昕	包明杰	颜凤梅	杨定乾	陈　源
刘　松	徐　兴	陈　宁	刘骞生	王淦露	徐煊斌	周安恺	鲁振威
姬煜轲	杜　赫	葛平富	赵　斌	赵　超	窦月莹	樊德阳	胡恩德
刘海萍	佟　欣	孔庆峰	陈尚宇	王雪莹	杨雅薇	张仕文	黄　河
匡　生	顾　硕	潘泯均	郑　蓓	易　琛	崔　凯	李俊烨	焦佳欢
林振望	吴　凌	何　东	陈群杰	张　璐	陈国生	刘　钊	夏　曼
张　津	李　雯	徐鸣阳	董维盾	胡璐娜	韩思韬	张国应	袁　贺
胡彦斐	陈　诚	刘思宇	麻　强	吴金城	贾　菲	汪　铎	马一菱
严志冲	何　璇	刘　洵	那仁图雅				

电子与通信工程系：40 人

刘　佳	杨文勇	张雷波	周红静	林永荣	曾红梅	张子裕	郑茜云
陈　婷	加力康	罗伟志	乔宇彬	王铁飞	赵　培	郑永濠	周生平
徐国智	臧　胜	张慧敏	孟　颖	张程炜	胡江波	宋广磊	孙海波
吴云鹏	陈　玲	耿婉娇	闫孟洋	陈丽芹	黄世亮	杨军伟	梁运丰

刘蓓蓓	常 秋	傅慧华	金 烁	张振华	赵 轩	侯 爽	刘华淼

动力工程系：97 人

高 翔	黄喜华	叶太期	刘静雯	杨 梅	暴铁程	陈 强	包云峰
余 豪	蒋雁斌	郭泰成	张小玲	李泽宇	田登峰	张琦伟	薛 璐
李文乐	石凤吉	张国喆	武赛楠	薛 浩	李毅强	何 磊	范汝灏
韩 旭	林琪超	白 烨	黄文宇	林骁鹏	张项宁	陈永业	孟 帅
宋国梁	朱茂南	李 祥	汪振飞	李金超	宋道润	张 凯	王心榕
杨晓刚	陈允驰	杨 埔	付 德	刘亚南	刘文倩	冯澎湃	李宪蔚
徐靖楠	仲照阳	庞永超	田 昊	章 康	张 弛	占 敏	王 岩
吴力飚	周文潇	刘培培	邓 煜	王海鹏	卢亚开	邵立欣	周博滔
高 超	党元君	郑展鹏	甘 力	梁金锐	林 荧	项佳宇	朱俊徽
周立栋	庄英乐	王建东	陈 野	龙 铨	李子杰	班潇文	赖茂江
何小平	严思齐	刘闻博	李 杨	黄健林	刘傲燃	岑 涛	姜 妍
王 喆	于 洋	司志民	刘雨濛	樊 涛	苏 浩	栗国鸿	林 崑
尹 丹							

机械工程系：91 人

舒骆鹏	刘 江	陈 宾	周 寻	王 丹	郭凤莲	曾定霞	邹宇强
杜艳娇	张 轩	万 凯	刘 旋	郭 阳	蔡 雪	黄瑞英	魏 巍
杨 渊	易王画	尹帮辉	马子健	方毅然	蔡保松	孙明广	汤晓霞
苑欣然	王永豪	黄燃东	魏新峰	张文珺	周耘格	张 轶	陈国青
胡峻玮	阳 照	陈荣添	舒世武	刘会阳	莫兰兰	张 鸿	张颖异
解宁宁	游太稳	解承萱	李 浩	曹雨薇	郭俊华	汪立立	耿天佑
吴海东	王朋民	邱万洪	吴慧锋	卢思瑶	卢晨朝	徐振磊	侯善文
马晓萌	崔月瑶	金满山	刘培波	李 翔	李 星	陶 锋	闫书畅
李科慧	王青会	韦家奇	易莹鑫	张明有	李冠军	梁华清	王 盼
邹小红	冯 燚	何志华	李学斌	于 琦	赵圣林	钟 平	林绍智
陈巍巍	廉 涛	邵志龙	于剑桥	谷晓民	罗 云	张超炜	赵 杨
张若云	刘一炜	王君怡					

自动化系：62 人

袁 娜	高 欣	郭九旺	路 军	刘嘉利	王金香	邹 格	陈莉丽
刘冠男	赵 梦	荣海龙	赵 宏	练海晴	刘 晶	白 萌	李 佳
周 宇	董小娟	朱颂仪	高 玥	焦振兴	吴家佳	潘 尧	魏旭辉
阎嘉璘	刘婉莹	郭玉青	王凯宸	陈 琳	胡鸿相	王章威	陈园艺
寇 晨	黄俊桦	刘林清	丁 洁	李 珂	潘 杜	王 琳	胡建业
李志鑫	孔祥宇	杨 朔	张树浩	李小鹏	郭俊霖	张 皓	周 清
余有名	李 硕	刘桂箐	徐 楠	肖庆芳	蒋巧玲	杨晓言	刘 静
张鸿平	狄 锐	侯学刚	蒋铁成	葛 瑞	靳昊凡		

计算机系：67 人

黄彦毓	毛 冬	韩钰洁	李 劲	高育栋	李沛敏	李家豪	倪中洲
周 鹏	李 帅	王晓晓	韦广立	汪 洋	陈 朋	刘静宇	陈文斌
吴 坤	陈小鹏	侯海敏	王 鹏	陈婷婷	戴广钊	潘 虹	杨辰涛

苏 航	宫 睿	李秋娅	徐 瑾	王永刚	杨广辉	李翔宇	陈续行
石凯文	朱广贞	杨宏宇	许一航	游 朗	马博勇	王 月	魏 松
郝姜伟	胡柏吉	罗能强	姜苏洋	柯钰铭	苏 畅	冯旖旎	刘少波
王玉坤	姚 鹏	刘 凯	薛晓丽	张晓妍	冯甲军	郭利轩	刘瑞颖
程 龙	庞红伟	孟庆鹏	白若林	王 棋	郑乐爔	段 越	金 津
李 磊	牟天乐	王 烁					

经济管理系：59 人

田 娜	李佳颖	韦秋敏	张 庆	张银英	田 舒	张 浩	张 恒
潘俊杰	刘 颖	高雨薇	刘震坤	温诗瑶	孙 睿	丁亚玲	刘雨虹
田 琨	徐 丹	王家伟	赵思远	张 珺	童 典	何 敏	王春阳
张 娜	宁慧娜	秦秋月	吴晓萌	李泽森	邱 楠	刘默涵	祝 君
毛佳欢	王伟伟	戴婉婧	许昭源	张 俊	张文丰	彭道鑫	阮 波
吴学斌	党 捷	周 玥	刘 梦	罗乔丹	毕立朋	乔 乔	丘艺婕
陆俊杰	俞飞杨	孙升驰	李庆梅	王小燕	张红豆	关 心	李庆阳
王丽娟	段 明	黄权恒					

环境科学与工程学院：45 人

张宇波	周思涵	石祥聪	皮晶薇	张慧颖	郑志杰	蒋佳君	黄金霞
谢淑兰	李 玫	王熙俊	杨 策	张子航	李政达	李 颖	祝 涛
雷 媛	张天泉	李 勇	覃玉环	高凯楠	吴国栋	陈煜茜	马万里
王 彬	徐 欢	龚靖雯	李郑娜	张修武	杨 帆	解姣姣	徐 朋
陈国庆	曾祥超	王润曦	周歆雄	李江鹏	王冠华	许 聪	刘华旭
赵婕玲	王 彤	何东雳	陈玉强	舒冠鑫			

法政系：26 人

吴 瀚	刘 佳	冯海悦	吴俊叶	魏 炜	孙 欢	刘 宇	刘 航
孟 雨	唐 琪	黄晓燕	杨慧铷	蔡 洁	张冰华	程霞燕	张春明
周婷婷	郭双梅	吴 燕	甘青锋	王天祺	孙于睿	高 敏	谢 鑫
何 娟	苏春晓						

数理系：24 人

邵 强	薛亚芳	周旭婷	马玉凤	王煦涛	王学友	谢 晋	陈 宇
马 俊	沈翕超	朱以顺	陈志华	董伟星	赵志杰	覃文华	殷亚茹
杨 姗	赵文静	周奥军	刘祖权	金彬斌	刘欣悦	杨 达	叶文平

英语系：9 人

敖馨和	陈佳丽	陈 卓	宋颜萌	许嘉韵	刘玲玲	王颖靓	杜焙焙
王小凤							

国际教育学院：16 人

蒋 雨	荀 漪	郜学思	熊 岩	高 函	王赫男	李佳骏	李瑾蓉
刘芳峤	毕浩宇	郭 城	刘铭坤	蒋浩晨	范名琳	洪燕柔	盖 林

四、学习优秀奖学金：335 人

电力工程系：77 人

季一宁	彭 柳	杨宏宇	殷加玞	杨 行	占添乐	秦 玥	白 洋

范 航	曹大卫	孟金棒	袁婷婷	杨世栋	陈 轩	王 强	王欣欣
张伟波	高圣达	宋 科	李 爽	吕 爽	魏 遥	周雁南	黄 通
李 冬	刘 畅	马启超	方晓曦	薛宇石	于思超	秦欢欢	刘 卓
佘昊龙	张静岚	沈 鹏	赵鹏豪	张 英	韩 正	罗 林	许胜仟
康文亮	徐 婷	杨 斌	赵首明	吴 楠	包正刚	张 双	李清然
刘辛晔	尚尔媛	沈中亮	王胜芸	闫鹏强	郑美娜	王 璐	丁建顺
陈伟高	耿亚楠	肖 雪	赵碧凝	郝 毅	常 宁	王聪慧	白 杨
王 帅	苏祥弼	陈 源	凌贵文	蒋晨阳	卢林坤	曾 瑶	张邓出
吕岩松	沈扬帆	庄朋成	杨 智	侯杰群			

电子与通信工程系：21 人

程紫运	王瑶君	尹永飞	刘 宁	董之微	黄小云	郭 旭	郭 权
卢婉君	胡诗咏	倪 远	彭尚飞	王建林	胡启杨	张恩杰	王富臣
赵 爽	席明潇	吴林艳	王 冬	叶建芳			

动力工程系：47 人

张建宏	赵 月	延旭博	葛龙涛	李伟通	范彩兄	赵建伟	周月明
郭沁文	高 程	闫武成	刘晓峰	王 茉	李 靓	李 萍	佘士健
孙凡杰	朱 楼	董 巧	马云飞	郝晓路	陈健阳	梁杏茹	何 东
李 越	李嘉华	白子为	聂涛涛	孟 岩	沈振强	汪 波	杨耀宗
许 文	刘 博	高 伟	毛浩宇	莫荣杰	曹宇坤	于 淏	李 昭
王祖耀	刘 阳	王子铭	李亚臻	李晓楠	夏宏伟	吴英才	

机械工程系：43 人

张 凡	张 爽	张晓骁	李媛媛	古祥科	霍欣明	王发林	柴守和
梁文慧	刘国肖	华梦琦	郭晓倩	李思莹	杨 静	黄 凯	杨婧君
袁增辉	迟书强	陈 侠	郑显亚	罗 龙	梁 成	赵良辉	方玉枫
马泽宇	赵思思	徐菁菁	韩腾飞	李金龙	卢 阳	方超文	申屠阳
方 钿	李文凯	王新赫	张 灏	张辉鼎	刘万宇	马增志	黎修远
林明杰	许丽朦	李 孟					

自动化系：25 人

刘 炜	史迪康	张娅妹	李欣倩	张嘉奇	李林芸	李 晴	李东萍
郑亚男	倪 盈	孙桂婷	杜元媛	曾华清	张 晓	王 舜	李昱蓉
吴隆佳	徐超杰	于 笑	范海鹏	杨星星	田德阳	闫 峰	赖 咪
贾 岩							

计算机系：29 人

崔 垚	邓 丽	吕向阳	沈佳丽	倪 锐	于博洋	胡 晟	贾海波
王岩东	刘正夫	李 瑶	程晓佳	苏艳娇	王纬韬	肖 晋	周子杰
李玉伟	张 鹏	高新星	梁文斌	陈潇一	霍春美	欧燕森	王灵超
傅海超	苏继鹏	张 弛	朱静慈	王鑫鑫			

经济管理系：30 人

姚 龙	付娅霜	李木娟	张庆乐	韦斐若	马 俊	肖艳明	李 芳
徐 亚	肖 瑶	赵耀东	郑晓雨	金 鑫	郝玉娇	黄丽娟	孙 奇
王丽芳	吴 阳	杨志玲	韩 冰	纪 新	李天朔	朱庭萱	郑天琪

周舒静	吴婷婷	李　夕	余玉琴	熊建武	龚　运

环境科学与工程学院：23 人

龙中亚	景甜甜	孙　颖	李　杨	齐晓飞	罗玲童	徐　畅	范芝瑞
杨肇鹏	张改革	曾令颖	李培正	火　灿	刘　懿	沈伦鹤	陈　晨
王孟鸾	何宇康	韩启明	李嘉伟	朱丽萍	雷　雨	徐开依	

法政系：13 人

杜　萌	许星华	孙晓蕾	杨　帆	黄江英	郑丽莎	李　元	宋媛媛
陈　荧	刘天骄	丁玉乐	许　麟	田婉莹			

数理系：12 人

何化钧	肖　盼	贾　广	杨　刚	杨丽敏	丁志新	赵　炜	张正昌
周佛佑	李　博	刘久炜	张　莉				

英语系：6 人

李慧莹	许　冰	李姗姗	刘　婷	向星蓉	张　策

国际教育学院：9 人

李颖慧	刘晓宇	陈安琪	刘云涛	王　妍	冉丰尧	吴思宇	袁　寒
张　立							

五、社会工作优秀奖学金：345 人

电力工程系：73 人

胡　杰	苏　宇	李兆宇	王付金	邢希君	陈　烨	刘锡禹	梁　号
杨　帆	邓　睿	李　萌	刘晓强	王亚军	陈志雄	韦汉宇	富雨晴
常丁元	贾学栋	潘祉名	杨　旭	余　翔	赵桓锋	张　菲	潘　荣
居梦菁	王睿乾	杨　骁	汪清宇	杨　颖	张健鹏	张晓义	巴　林
马明晗	汪文添	胡广燕	邹　丰	李锦萍	张　祺	赵　超	靳伟丹
李姗姗	冯骏杰	王建雄	王雯婷	徐慈星	赵炜佳	程玉洲	王　雪
郝　毅	严　逍	刘志波	王雪峰	朱益之	罗　非	赵　群	郭烨烨
万　苏	陈旭帆	王　欢	张司宇	曾　瑶	刘　璐	陈冰研	刘佳媛
余盛达	张文文	李伟峰	许自强	侯杰群	沈　丽	曹　璐	连　双
刘权霆							

电子与通信工程系：21 人

陈　冉	高　星	韩　瑞	刘万超	王　锐	钟庆萍	郭　巍	吴江斌
颜林睿	曹　哲	顾梦琪	黄日辉	张　晓	韩　冰	王　蓉	卢妍倩
王明昌	熊　昊	张慧茹	张　爽	陈天成			

动力工程系：48 人

张建宏	赵　月	王　宇	王鹏程	延旭博	葛龙涛	郭沁文	李自贺
胡　弘	张祖运	周其书	刘晓峰	林殿吉	李　彪	李　靓	佘士健
赵　天	国继志	孙凡杰	吴　磊	刘克龙	董　巧	张　鹰	梁文悦
赵　钧	张胜杰	尹　博	王佳音	艾书剑	张鲲鹏	胡　蔓	马思博
尚　飞	魏凌云	韩　林	周　玲	石沂东	杜　霞	张宏强	夏　凯
栾程程	张红军	冯文永	梁东宇	郄江浩	李亚臻	马立伟	吴小奇

机械工程系：45 人

段 豪	李 易	栾小洲	吕思佳	罗贵博	陈亚东	何 茂	李 帅
黄 颖	肖骏峰	金伟强	曹 斌	艾新童	李曰梅	陈子谦	许文豪
史建芬	赵子建	杨婧君	睢少博	蔡臣君	段泽龙	徐文岐	张秋桦
刘中秋	李明强	卢文博	张宇澜	崔耀文	黄庄雯	黄子良	杨 涛
蔡文靖	白云灿	宁笑林	张 鑫	茹增田	赵晓迪	刘江涛	赵金健
冯茹祯	田 东	王 敏	张钰淇	赵 阔			

自动化系：31 人

张娅妹	李欣倩	王士光	闵建秋	刘 淼	刘 星	欧 勋	韩雅杰
梁冬军	李政谦	康东亮	王 玮	曾艳君	马博洋	李东萍	江爱晶
李振宇	李俊杰	李 念	叶自越	康莹莹	梁琦祥	刘越月	张 婕
严 凯	白 雪	杨 迪	张 萧	王栋立	闫 峰	张 蕾	

计算机系：34 人

刘绪英	孙卫骞	张 波	叶 晖	李 衡	贾雨龙	沈佳丽	李姝锦
张树栋	张永华	贾海波	刘正夫	刘亚珍	郭佳盛	蔡江洋	程晓佳
李忠强	苏艳娇	李 俊	尹晓阳	朱翔宇	宋利利	靳晓妹	单 琳
徐京京	韩 文	李廷峰	欧燕森	刘 洋	王丹蓉	薛 奕	陈雅卓
刘 策	邱红萍						

经济管理系：30 人

段蔡红	韩芳子	侯 宇	王瑞武	李淑贤	刘道刚	张童丽	刘笑楠
赵 帆	王建峰	金秀燕	邹家齐	赵疆亘	郭苗苗	张梓原	张在兴
梁均钜	张兆明	张 建	李文静	李少龙	耿晓伶	李金强	刘 颖
宋飞云	聂麟鹏	田 野	胡显立	杨伟炯	张 逾		

环境科学与工程学院：23 人

郭世伟	冯镜羽	礼 骁	赵泽亚	林玉斌	孙中豪	李宏轩	王 璐
高雪濛	袁晓东	陈周越	李祥健	黎 伟	刘 娟	杨 硕	王孟鸾
王生起	宋 健	姜义建	孙智滨	张立东	王美琪	徐开依	

法政系：13 人

赵源哲	杨 睿	刘帅志	宋筱楠	杨 星	李 晴	马 瑞	丁玉乐
田婉莹	任姣姣	蒋爱伦	何超然	张 营			

数理系：12 人

张天富	罗粒菡	兰雪娇	杨效民	吕天成	苏 娇	杨 刚	李东野
赵 炜	陆豪强	孙新宇	付 豪				

英语系：6 人

黄吟雪	胡 睿	李子安	罗小娜	袁彤彤	李健杰

国际教育学院：9 人

李春鹏	张智恒	王乐秋	周奕帆	李 洋	吴晨宁	纪又予	杨宇佳
张艺凡							

六、文化活动优秀奖学金：344 人

电力工程系：73 人

王灵安	郭杰炜	石小琛	季 杨	邢希君	刘娅菲	祝晋尧	朱胤宇

邓　睿	吴达鑫	曹宇豪	李大亮	周艺旋	李　敏	张　娜	鲍超凡
黄　通	潘刘轶	王泓程	郭书言	佘昊龙	余子琳	李扬帆	高华宇
张华生	周英豪	蔡智威	王嘉钰	李　玉	王占宁	张晓义	李大为
刘　芮	张　双	李建红	汪文添	郑美娜	胡广燕	张　祺	崔　琦
李　聪	郑全泽	王　婷	党　琼	王雯婷	赵炜佳	程玉洲	於慧敏
杜　哲	蒋易展	甄自竞	周　兵	姜中洋	王　悦	徐　硕	张学伟
赵　群	郭烨烨	杨　波	杨怡然	陈旭帆	刘柯岳	刘佳媛	余盛达
张　帆	刘永阳	梁　倩	张文文	左加伟	许自强	杨明明	沈　丽
赵高杰							

电子与通信工程系：21 人

唐　甜	赵清林	甘　露	左振勇	许　晨	黄　磊	钟庆萍	郭　巍
江佳仪	王赵冬	孙凯杰	张桐建	林陈伟	王文莉	孙依娜	赵　爽
李　梁	张慧茹	张　爽	陈　萍	仵　姣			

动力工程系：47 人

何华伟	崔　巍	项云洋	王启睿	段　红	刘　赢	周　庭	高　程
马　晶	闫武成	邢碧昀	王　同	刘晓峰	孙见雨	王　茉	林殿吉
道永全	张睿懿	保佳伟	冯志顺	陈星旭	肖坤玉	杨　阔	曹　晨
朱　静	刘克东	梁杏茹	代海涛	张　卿	刘小寒	刘镇瑜	徐淑彬
杨　博	李佳晨	许　艺	严泽锋	盛啸天	宋嘉琪	贾国晖	叶闻杰
李志意	王宇航	许　静	刘洋伶	吴晓文	铁成梁	刘子明	

机械工程系：45 人

张　凡	庞晓祥	李　易	吕思佳	罗婕莹	郭双伟	陈亚东	赵海奇
龚　洋	霍欣明	姜太龙	韦进领	李　帅	李贵强	于学鹏	史建芬
莫俊冰	赵子建	袁增辉	姚渊博	睢少博	张　凯	陈虎山	马路宽
高　松	方玉枫	高飞杰	尤　悦	刘中秋	刘　欣	黄政星	杨　涛
宁笑林	韩立明	李　宁	刘万宇	刘江涛	王　凯	冯茹祯	任　璐
罗政刚	田　东	王　敏	王婷婷	张钰淇			

自动化系：31 人

王士光	常文凯	王政一	李泳霖	吴火蓉	赵雯文	孙　健	武　翔
罗　娅	王　玮	赵宴弘	郑冬浩	白毅志	陈　思	吴国昊	刘陆阳
张　帆	谷　超	刘　娜	康莹莹	栗　鑫	张一鸣	严　倩	李晨曦
宋晓晨	李梦楠	王　天	潘　浩	许茹欣	史　航	康佳鑫	

计算机系：34 人

韩美才	唐华东	崔　垚	黄　卓	吕向阳	丁浩然	李姝锦	张　弛
王亚南	张　聪	胡　晟	王岩东	李　瑶	王海威	孟　勐	李忠强
申冠男	夏承亮	李　俊	李　森	肖　晋	周子杰	高远航	魏建国
韩少伟	包周嘉	张梓童	陈　震	李廷峰	刘　洋	张胜男	陈雅卓
蓝　玻	刘　策						

经济管理系：30 人

钟小霞	柳雪松	黄文亭	王淑卉	侯小华	刘笑楠	黄琬捷	戴雨禾
钱怡然	吴　喆	李　芳	郑晓雨	金秀燕	裴　颖	张智东	戴雨欢

张彦彬	李玉婷	张在兴	杨志玲	李少龙	王好雷	胡　月	纪　新
史怡杰	周舒静	张婷婷	田　野	何晓博	李　丹		

环境科学与工程学院：23 人

景甜甜	覃　蘧	曾　磊	韩钊博	王罗乐	黄鑫晶	林玉斌	陆冰洁
张　凡	钟启航	高雪濛	王　芳	李祥健	刘成龙	常　磊	刘　娟
郗　萌	王佳英	邢佳蕾	杨钧晗	叶文智	罗天楠	朱丽萍	

法政系：13 人

吕林泽	杨柳依	魏　敏	潘　敏	李　晴	李雪丽	贾　芹	孙天留
杜泓锐	吴雅琪	卢颖琴	陈苗苗	张　营			

数理系：12 人

高　威	陈　也	邓力维	周清雄	罗粒菡	杨效民	吕天成	杨丽敏
白纪伟	郑　辰	李生虎	付　豪				

英语系：6 人

郭　倩	邵振粉	胡　睿	文佳玮	袁彤彤	刘　典

国际教育学院：9 人

刘馨雅	王乐秋	王　琪	李　洋	王心怡	徐菲琳	纪又予	吴思宇
杨宇佳							

七、体育活动优秀奖学金：345 人

电力工程系：73 人

姚晓东	张　宾	林　华	石小琛	吴　昊	季　杨	刘　硕	梁　号
卢　娜	陆梅莉	白　冰	李　萌	黄弘钢	陆　峥	袁雪慧	马启超
陈　凯	洪　泽	黄晓义	李晓东	潘祉名	徐捷立	佘昊龙	张　菲
韩　正	罗　林	庄　威	刘俊德	孟周江	汪清宇	张健鹏	崔　瑞
李宏涛	王　兴	王占宁	巴　林	刘沛能	刘　尧	马明晗	石晓蕊
张　双	陈家胜	邹　丰	侯　磊	张晋菁	宋辰羊	程玉洲	王　良
姚孝靖	郝　毅	常　宁	贺　磊	严　道	蒋易展	周　兵	祁　浩
朱益之	白梦龙	赵　群	陈旭帆	胡家骐	肖　燕	杨　鑫	刘　梦
张晓静	张　帆	杨　健	李伟峰	李长春	杨明明	沈　丽	曲东哲
刘权霆							

电子与通信工程系：21 人

王　剑	赵清林	马光源	王　杰	黄嘉庚	卓方正	黄　磊	刘　野
王亚楼	王赵冬	张桐建	林陈伟	陈学超	黄日辉	孙依娜	卢妍倩
侍剑峰	李　梁	钱佳宁	陈湧东	王　腾			

动力工程系：48 人

刘俐麟	赵贤文	李海业	乔大伟	沈培春	范彩兄	范超群	周月明
郑　毅	张冰清	陈小东	王　同	孙　维	侯锡强	蒋玲君	向劲宇
姬　浩	王国栋	孙恩慧	陈仕杰	刘明瑞	陈梦之	黄　舜	肖　扬
陈雨帆	林　岩	杜亦航	朱莉林	朱　静	黄文甲	刘国富	刘　琰
齐纪达	李丽华	高　伟	莫荣杰	王　悦	郭　皓	张伊黎	李思谦
谢海萍	高　昂	李玉平	何　靓	孙　铁	吴英才	刘林茹	伍文杰

机械工程系：45 人

庞晓祥	李　强	魏文明	李志强	罗贵博	梁晓波	龚　洋	张自帅
周松松	张　彦	周　驰	余　亮	陆　涛	张福龙	于学鹏	张海峰
莫俊冰	左利博	郑　宗	南　凯	张　凯	郭　盼	杜志强	陈　侠
马路宽	李　湛	尤　悦	卢文博	李　洋	黄政星	黄子良	宋松涛
白云灿	李海啸	李文凯	方晓仲	赵晓迪	雷　波	徐　文	张仲杰
蒋景烁	许丽朦	冯茹祯	谢小元	辛春梅			

自动化系：31 人

史迪康	李欣倩	张嘉奇	丁　辉	范金骥	王政一	欧　勋	张　栋
陈　丹	刘鹏程	施泓宇	时文静	田　野	陈湛杨	李志广	王文韬
田镕嘉	胡　艳	张　宇	彭　卓	时治青	钟羽劲	李　瑞	严　凯
黄锦燕	潘宇遥	王栋立	陈　曦	陶　琳	陆　帅	黎瑞斌	

计算机系：34 人

李　蕴	韩美才	黄　卓	唐建佩	丁浩然	张树栋	董亚伟	刘景昕
尹聪林	张燕平	刘亚珍	李建华	赵文聪	张成栋	孟　勐	程晓佳
夏承亮	王　琰	刘雨晨	李　森	肖　晋	朱翔宇	程　启	张　开
李丹平	孙　涛	陈　震	姜方正	王灵超	王　贝	张　颖	王鑫鑫
徐一洲	萨初日拉						

经济管理系：30 人

付娅霜	王瑞武	么双顺	张庆乐	黄建林	张二静	周　雷	郭志宽
赵　帆	王东君	金秀燕	赵疆亘	景　林	戴雨欢	郭苗苗	李安琪
李登卫	李国杨	李建业	梁宸语	王好雷	赵德斌	彭伟松	李天朔
刘　颖	杨　硕	聂麟鹏	胡显立	熊建武	荀　丹		

环境科学与工程学院：23 人

孙俊达	礼　骁	曾　磊	李　杨	徐　畅	张振宇	陈纪轩	王元刚
孙中豪	王丽媛	袁晓东	刘　懿	曹　倩	刘成龙	李　鑫	张理杰
黄斐鹏	高　然	詹荣华	孙晨皓	刘伟彬	陈基华	雷　雨	

法政系：13 人

田镜枫	李　琳	刘雅岚	宋筱楠	杨　星	马　瑞	张　玮	孙天留
许　麟	刘玉黔	熊亚琴	何超然	陈苗苗			

数理系：12 人

晁学斌	邓力维	王骁骁	周清雄	晏国杰	杨效民	贾　广	吕天成
杨　洋	陈玉成	付　豪	刘久炜				

英语系：6 人

马梦肖	郑灵山	李　影	宋春暖	杨天娇	李鹏鸽

国际教育学院：9 人

单嘉恒	陈纪桥	周奕帆	吴晨宁	杨孝天	黄　赞	纪又予	李海东
张艺凡							

八、思想道德表现优秀奖学金：326 人

电力工程系：73 人

胡　杰	苏　宇	童煜栋	李兆宇	赵雅婷	石小琛	王　鑫	陈　烨
刘娅菲	余　航	祝晋尧	梁　号	杨　帆	张　钊	范心一	谭舒翠
翟羽佳	李　萌	曹宇豪	李大亮	周艺旋	韦汉宇	富雨晴	刘　波
严敬汝	鲍超凡	朵吉明	马卓黎	王泓程	潘祉名	徐捷立	杨　旭
赵桓锋	马　剑	张　菲	杨　飞	徐　婷	杨　骁	蔡智威	王嘉钰
汪清宇	张健鹏	胡广燕	赖江涛	李涵骁	王　喆	张　祺	丁建顺
王　婷	侯　磊	贾殷培	赵　晶	程晓洁	王建雄	徐慈星	赵碧凝
甄自竞	王雪峰	姜中洋	王聪慧	秦　婧	王　悦	徐　硕	朱益之
白　杨	蒋晨阳	李　康	肖　燕	李文丹	张邓出	李奕炜	李伟峰
曲东哲							

电子与通信工程系：21 人

唐　甜	赵清林	王瑶君	刘万超	黄小云	王　锐	叶小谋	卢婉君
张桐建	朱　明	李海坤	王建林	王文莉	韩　冰	孙依娜	王　蓉
侍剑峰	王明昌	李　梁	吴梦越	陈天成			

动力工程系：38 人

张建宏	赵　月	沈垚垚	延旭博	葛龙涛	范彩兄	赵建伟	周月明
郭沁文	褚　斌	高　程	刘晓峰	孙见雨	郭爱学	李　靓	董　巧
周　俊	陆海洋	伏思汀	陈健阳	梁杏茹	杨子仟	魏凌云	韩　林
杨　博	周　玲	赵　明	张宏强	王　悦	郭　皓	冯文永	杨静远
王兰昱	谢海萍	曹振斌	李子毅	冀瑞云	伍　健		

机械工程系：45 人

庞晓祥	魏文明	吕思佳	罗贵博	赵海奇	赵路佳	张自帅	周广洋
黄　颖	张　彦	曹　斌	张福龙	艾新童	许文豪	史建芬	莫俊冰
姚渊博	刘美均	陈虎山	段泽龙	李　强	马路宽	史利强	张秋桦
梁介众	尤　悦	卢文博	张宇澜	黄素洁	黄子良	杨　涛	蔡文靖
高鹏飞	李海啸	宁笑林	张　鑫	李名圆	赵晓迪	刘江涛	王　凯
张仲杰	赵金健	宋金浩	王　敏	张钰淇			

自动化系：31 人

史迪康	张娅妹	李欣倩	张嘉奇	丁　仃	高　斌	王　玮	华智君
尹洪玉	曾艳君	倪　盈	白　硕	李金阳	江爱晶	刘陆阳	张　帆
谷　超	李振宇	刘　娜	梁琦祥	刘越月	栗　鑫	张　婕	严　倩
李昱蓉	白　雪	田德阳	闫　峰	赖　咪	贾　岩	窦金辉	

计算机系：29 人

韩美才	汪　婷	崔　垚	沈佳丽	刘亚珍	刘　松	蔡江洋	罗雅丹
李忠强	苏艳娇	沈亮印	李　俊	刘　晨	朱翔宇	程　启	李玉伟
靳晓妹	张齐齐	单　琳	李丹平	孙　涛	韩　文	姜方正	李廷峰
张　弛	张　颖	陈雅卓	刘　策	邱红萍			

经济管理系：30 人

段蔡红	李淑贤	张童丽	吕彦洁	孙　平	刘笑楠	杜晨薇	赵　帆

戴雨禾	王建峰	赵耀东	杨 仟	王 宁	赵疆亘	裴 颖	许 艳
张在兴	李登卫	江垚华	李建业	王好雷	彭伟松	郑焕海	刘 颖
宋飞云	李金强	聂麟鹏	王 睿	田 野	胡显立		

环境科学与工程学院：23 人

孙俊达	周治慧	冯镜羽	石榆川	赵泽亚	范芝瑞	王元刚	郝青林
孙中豪	王丽媛	李宏轩	高雪濛	袁晓东	陈周越	刘 懿	刘 娟
许 鹏	杨 硕	邱婷婷	杨钧晗	孙智滨	张立东	雷 雨	

法政系：10 人

白春晓	王 倩	安凌霄	肖 翔	安 平	孙天留	王铁权	杜泓锐
张 营	黄思博雅						

数理系：12 人

庞晓娜	张 悦	罗粒菡	常怡东	吕天成	苏 娇	牛 牛	邵 森
孙翠萍	王 婷	李 潇	张 莉				

英语系：5 人

黄吟雪	邵振粉	胡 睿	文佳玮	刘 典

国际教育学院：9 人

李颖慧	刘晓宇	毛亚鹏	吴晨宁	徐菲琳	白 杨	李海东	杨宇佳
李汶芝							

九、科技创新能力优秀奖学金：231 人

电力工程系：33 人

季一宁	石小琛	吴耕纬	秦欢欢	余 翔	赵桓锋	马 剑	佘昊龙
潘 荣	彭皓月	张华生	李 玉	巴 林	石晓蕊	张 寒	刘 芮
徐志艳	胡广燕	郝 毅	李 忍	蒋易展	甄自竞	王 帅	杨怡然
卢林坤	胡家骐	李 康	王跃迪	华欣宇	黄世龙	熊 坚	李 浪
马 韬							

电子与通信工程系：11 人

曹翠新	张 敏	刘万超	王 锐	许 晨	梁裕卿	刘 野	郭 权
林陈伟	黄日辉	王雪霏					

动力工程系：40 人

何华伟	李 楠	马明皓	乔大伟	王鹏程	车宏鹏	郑 州	於岳祥
蒙青山	李彬烨	王建山	耿江华	张祖运	姜 浩	李 彪	谭森文
张 旭	陈德义	保佳伟	张 创	孙恩慧	李旭朝	魏巍涛	赵振霞
马云飞	侯博文	周 俊	梁文悦	樊琦明	渠慎涛	刘 畅	聂涛涛
沈振强	艾书剑	张鲲鹏	刘镇瑜	肖听听	程许谟	莫荣杰	夏 凯

机械工程系：45 人

郭双伟	刘唐健	赵海奇	赵路佳	张自帅	周广洋	李 帅	黄 颖
梁文慧	钟素鹏	肖骏峰	张福龙	吴铁刚	艾新童	于景朋	郭晓倩
郭晓华	邓家德	卢亮宇	赵拓展	许文豪	赵子建	杨 静	张 超
刘美均	南 凯	马 越	陈虎山	马路宽	徐文岐	钟骐骏	周晨光
罗 龙	赵良辉	梁介众	高飞杰	张宇澜	丁 弘	刘 欣	徐菁菁

韩腾飞	李金龙	方　钿	赵金健	赵　阔

自动化系：31 人

刘　炜	李欣倩	徐　瑞	马旭红	常　蔚	孙　健	金振南	邓　勇
李振林	梁　毅	冯　骁	刁若凡	华智君	尹洪玉	牛岳鹏	宋秉宸
刘陆阳	周小朋	乔　鑫	王亚楠	王加芳	康莹莹	梁琦祥	刘　昭
赵　泉	张　晓	王　舜	李昱蓉	范海鹏	赖　咪	郑文栋	

计算机系：29 人

刘绪英	何道远	孙校宇	张吉富	刘　丹	李辰瑀	刘景昕	杜明欣
胡　晟	刘正夫	林　言	史　诗	温　雷	孟　勐	张晓琳	王　琰
尹晓阳	王纬韬	程雅欐	林　楠	宋利利	高远航	凌　鑫	李　岩
沈哲吉	朱航江	李　丽	马青彦	张云潮			

经济管理系：30 人

王瑞武	黄文亭	符鹏飞	张童丽	吕彦洁	孙　平	刘笑楠	钱怡然
葛江鑫	谭雨倩	杨　仟	张号乾	郝玉娇	李玉婷	叶　茂	王君剑
梁宸语	耿晓伶	胡　月	黄晓凡	娄方元	吴　松	宋飞云	张婷婷
王　睿	俞佳柯	徐志鹏	李　雨	李　丹	李晓洋		

环境科学与工程学院：2 人

徐　畅	田　耕

法政系：7 人

许星华	陆耀明	杨　帆	吕林泽	陈　荧	鲁秋燕	王　旭

数理系：3 人

晁学斌	何化钧	曹　胜

华北电力大学 2011—2012 学年度校友奖助金获奖学生名单

北京校部

本科生

电气与电子工程学院（29 人）

樊　龑	鲁　旭	丁　蒙	史开拓	龙运筹	田　硕	刘　东	倪筹帷
朱丹丹	郑夏阳	梁倩园	刘　源	赵丹阳	亢超群	曹　斌	徐延明
田维维	杨　庆	王　炜	孟繁星	陈志民	陶　琪	于仁辉	焦宁宁
苗晓晓	黄　婷	石　城	周清文	米玛平措			

能源动力与机械工程学院（25 人）

袁　杨	李治甫	尹书剑	丁开翔	王　露	黄　帆	廖海涛	黄翠萍
邓阳丕	刘　椿	祝昌斌	申　鹏	沈　新	杨吉明	胡贺超	宋　涛
宫逸飞	吴祖龙	常文帅	杨宏伟	李　超	秦　利	张晓芳	贾润强
王德富							

经济与管理学院（24 人）

李广军	宋宗耘	远建平	张英杰	安秋娴	巴　帅	唐树媛	卢世成

李欢欢	韩　旭	来郁兰	宾　凤	茹鹏飞	李　敏	刘　勤	李　真
吴　磊	孙治国	邓凤娟	朱国栋	吴珮珮	闫　博	孟庆伟	玛尔江

控制与计算机工程学院（20 人）

周倩婷	庞　进	李　威	郭慧芳	言语佳	邱丽羚	王晓翔	张宇泽
傅冰云	李　露	汪　余	徐　歌	邓志光	顾妙松	尹旭辉	季雨欣
缪晓春	孟格思	孙　楠	买合布拜				

人文与社会科学学院（7 人）

吕　亚	于　迪	黎　静	吴　璐	姜佳婷	张　喆	哈斯亚提·买买提

可再生能源学院（11 人）

谢江兵	朱红彬	王雅萍	汪定盼	吕吉奕	董舟舟	吴　萍	李　浩
余庆春	刘　璐	阿力木江·依米提					

核科学与工程学院（4 人）

宋明强	王园鹏	任　硕	王　达

数理学院（3 人）

朱红梅	李顺子	刘　敏

外国语学院（3 人）

方　菁	周　洁	蒙娜娜

研究生

电气与电子工程学院（10 人）

刘艳章	张曰强	刘晨龙	姜玉靓	徐　鹏	葛润东	周象贤	唐　酿
王佳明	王　彤						

能源动力与机械工程学院（10 人）

陈　娟	梁可心	陈　聪	王天虎	胡　艳	王兵兵	高润华	郝振达
赵立林	孙　刚						

经济与管理学院（6 人）

陆龚曙	杨益晟	陈灵青	董萌萌	宗海静	闫　红

控制与计算机工程学院（6 人）

柳　玉	孔小兵	王妍丹	郝玉春	戴凤娇	陈　伟

外国语学院（1 人）

郑艳萍

数理学院（1 人）

薛崇政

人文与社会科学学院（1 人）

沈苓苓

可再生能源学院（1 人）

肖　杨	王　伟

核科学与工程学院（1 人）

邹文重

2011—2012 学年度校友奖助金获奖学生名单获奖学生名单

保定校区

本科生

电力系：24 人

陈丽芹	黄玲玉	李晓冰	陆文娇	马彩娟	孟金棒	潘文文	王刘利
叶建芳	袁雪慧	周晓峰	张　双	董金哲	李清然	刘辛晔	聂　暘
徐　多	丁建顺	陈湘龙	曹晓宇	范祺红	李哲超	魏　昕	蒲园园

电子系：8 人

王法宁	高一双	刘　宁	周红静	张恩杰	黄世亮	张成功	刘华淼

动力工程系：16 人

石　普	张瑶瑶	张小玲	韩　旭	高　程	闫爱晶	杨　梅	李　靓
穆　斌	卢　阳	李宏林	雷　泽	杨深振	洪有耀	武丽蓉	黄家荣

机械工程系：15 人

魏新峰	闫梦雪	李媛媛	杨　光	蔡　雪	李海峰	杨　勃	马一丹
李　雪	邹小红	辛创业	李　星	罗　云	刘培波	赵晓迪	

经济管理系：11 人

刘　熙	李娅坤	蒋晓慧	王光丽	张　恒	官小燕	秦宇航	张　婷
胡显立	谢　念	王　鑫					

自动化系：11 人

王　林	牟景艳	李　硕	狄　锐	杨星星	王挺任	刘　浩	邓天白
汶爱文	王　庆	苏　航					

计算机系：12 人

陈婷婷	林　雄	张佳茜	仇　晶	张和琳	张　鹏	梁文斌	白若林
程　龙	李　磊	单　琳	蒋越怀				

环境科学与工程学院：7 人

王　彬	李　博	赵婕玲	李鹏贺	凌铁权	邓　悦	宛　霞

数理系：4 人

揭建文	李国煌	臧晓玲	金彬斌

法政系：4 人

张小燕	杜　萌	韩兆凯	陈苗苗

英语系：2 人

王小凤	李婷婷

研究生

电力工程系：3 人

王　媛	王飞龙	于　佳

电子与通信工程系：2 人

李　欢	王　浩

动力工程系：3 人

刘海峰	陈江涛	张志才

机械工程系：2 人

李正琪	崔　研

自动化系：2 人

齐卫雪	陈　筑

计算机系：2 人

杜志民	壮　强

环境科学与工程学院：2 人

王金从	丽　虹

经济管理系：3 人

裴乐萍	田丹丹	张春莲

英语系：1 人

李艳晓

数理系：1 人

李梦君

法政系：1 人

陈　焘

华北电力大学 2011—2012 学年度中国风电科技创新奖学金获奖学生名单

李景荣	李金鑫	杨　琛	高琳越	黄　娟	姚亦章	郭树恒	蒋晓燕
李枚媛	刘　璐	刘明浩	钱晨昊	孙晓丹	孙延源	刘　慧	方雨康
文　燕	吴浙攀	刘珠慧	荣文勇	王艳宁	蒋志强	孙　平	李　阳
朱艳霞	王霭景	肖　扬	郭宇耀	王恬悦	李越强	郑　凡	白玛央金

华北电力大学 2011—2012 学年度首航奖学金获奖学生名单

一等（22 人）

李永杰	袁之康	苏晨博	肖凤女	姚　成	刘　晨	何　强	崔欣莹
孙　梦	郑枫婷	吴　晗	全恒禎	徐广宇	陈　航	王　娟	雷崇鸽
胡枭峰	张　笑	王菲菲	赵洪伟	张　帆	韩春鹏		

二等（39 人）

李岩松	张晓晴	姜希伟	李吉鹏	王　浩	曹　彬	忻　达	吕勃翰
谭　鸿	梁　朋	朱一鸣	韩　雪	祝雅馨	张雨檬	李秋实	孙小蕾
刘素蔚	国潇丹	蔡　煜	周瑜智	杨如侠	葛　倩	高信腾	陈　溪
艾军伟	李　莉	潘韵竹	何　澈	李晓兵	张　琰	彭　正	夏贤君
孙微子	马筱艺	吴梓川	卓卫乾	张星永	任若兰	王　飒	

三等（56 人）

张西子	孙华凯	范文华	王　亮	于梦琪	田镜石	胡　浩	徐　萍

叶加良	王松松	詹仁建	刘晓晨	牛晓璇	蒋翔宇	胥永兰	李冰洁
田鹂声	黄雅莉	李　阳	巢方毅	刘雨薇	赵秀平	王　洋	王子怡
李玉林	孙铭徽	逯胜建	李晨星	张　报	周蔚然	王睿璧	胡彩凤
卢晓文	吴晶圆	时小强	纪文淑	王　超	许丽琪	王鹏琪	陈　琳
何　可	钟慧群	王晨玺	罗　健	吴晓飞	文　武	李芳漪	许　鑫
肖　景	马泽华	李　丹	黎诗文	邓鋆芃	季　然	于　越	欧阳袁渊

华北电力大学 2011—2012 学年度浙能奖学金获奖学生名单

北京校部

一等（20 人）

李尚远	吴晨曦	刘彦达	张海龙	纵翔宇	李　冉	崔　超	宋智超
王子墨	吴　奇	杨　琛	陈杰威	蒋倩赟	刘　莹	陈兰兰	赵胜霞
李宗洋	罗思民	苏洪玉	葛　颂				

二等（30 人）

王书瑶	董　航	周企慧	于扬洋	陈　国	王　博	孟泽宇	王单单
胡　勇	司天琪	管晨辉	杨　阳	王　迪	吴　茜	李　娉	卢东海
王雪玲	林　楠	宋　菲	薛晶晶	雷　杨	李一娇	侯尊学	冯　乐
齐厚博	陶家琪	鲍娜娜	曹成章	蒋程西	孙钰博		

三等（40 人）

储呈阳	凤　洋	张景春	刘禹含	马　莹	高科明	田富宽	裘闰超
杨朝利	滑福宇	郑书誉	杨思韵	余智娇	赵泽昆	张竞予	吴俊博
陈一丹	李思绮	余　晨	斯　瑶	刘少文	杨馥源	詹芳蕾	谢海军
徐　红	臧紫一	王海枫	杨　倩	于安然	杨家莉	肖　航	黄晨雨
刘　辰	衣聪慧	刘　聪	王式保	施梦如	齐步洋	徐椤赟	孙艺阳

保定校区

一等（20 人）

郅　静	李　凯	王梦琳	孟天骄	王桢祎	章　康	张　戈	申正远
陈怡帆	王晓萌	刘昭麟	王卫宁	王伟涛	田月怡	陈伟忠	张改革
何　一	邹　盼	张　怡	刘铭坤				

二等奖（20 人）

尚尔媛	韩佳灏	赵晓丽	徐　豪	王扶文	何培成	王　鹏	杨　雪
周仲强	尤亚男	李　晴	王书扬	陶　韬	李　夕	王弯弯	任旭丹
路红红	苑文楠	陆梦庭	蔡　昊				

三等奖（40 人）

赵碧凝	杨宏宇	高圣达	张伟波	刘丹丹	王小飞	谢紫榭	殷绕方
王建林	王玉琳	杨　贺	朱茂南	汪　波	刘文倩	包亚璞	王　岩
李文凯	杨浩楠	王　坤	张克青	张之涵	王　桐	陈明渊	葛　瑞
柯钰铭	王松雁	黄沈海	李　荣	程　琦	李　颖	马英钊	何东雳

李 悦	林子琳	顾 杰	周 衡	刘 婷	李珊珊	吴思宇	黎乔乔

华北电力大学2011—2012学年度中国风电奖学金获奖学生名单

一等（6人）

李枚媛	郭树恒	孙晓丹	刘祥瑞	李 欣	张文霞

二等（10人）

高晓丹	刘 佳	姚亦章	闫阳阳	马远驰	孙 杨	章 迪	郝少博
罗莹莹	周福文						

三等（20人）

关 婷	林俊杰	王晶晶	张 莉	王天健	李景荣	李金鑫	白恒敬
孙 莹	赵亚男	吴浙攀	方雨康	刘文飞	蒋涵颖	许璞轩	汤卓凡
郭泓村	何文栋	柯炜铭	杜 鸣				

华北电力大学2011—2012学年度节能奖学金获奖学生名单

司 梦	芦 曦	张军明	何寿荣	张凌翅	张骁铂	郝瑞祥	张 皓
李彤彤	侯海璐	刘师麟	李吉喆	孙于岚	范彩英	安伟函	陆志波
王 聪	黄足雅	李一凡	周晓枫				

华北电力大学2011—2012学年度中天科技奖学金获奖学生名单

北京校部

一等（5人）

孙 跃	崔 仪	韩文卓	闫 肃	东野忠昊

二等（10人）

龚成尧	印显松	李 卓	祁翔宇	于 钊	张立凡	王昊月	高 娟
喻 国	郑可轲						

三等（15人）

施政奇	王 银	叶 涵	余 洋	梁诗晨	孙佳楠	李 敏	付 强
张 莎	陈雪姣	蔡 博	陈建中	单浩东	李丞亮	龙东腾	

保定校区

一等（5人）

乔 婷	许士锦	崔 鹏	商李隐	陈周飞

二等（10人）

黄淳驿	王燕燕	毛王清	张 锴	尹恒阳	郑永濠	张 静	贾晓霞
徐燕锋	孙兆辉						

三等（15人）

张 英	林振望	袁少雄	张静怡	张凯元	吴云鹏	彭博蕊	苏莉娜

田雨婷	孙衍谦	牛　锐	王严燕	阴雪莹	李孟晓	乔林思杭	

华北电力大学 2011—2012 学年度南瑞继保奖学金获奖学生名单

北京校部

张伊美	王晗姣	王川香	刘　艺	王　琦	郭　蓓	任　艺	汪执雅
魏郁宜	邱　实						

华北电力大学 2011—2012 学年度博纳之星奖学金获奖学生名单

一等（10 人）

刘敬诚	蔡　黎	刘冰旖	唐　帆	赵奕凯	张　帅	俞永增	常　牧
霍明鑫	张　奕						

二等（30 人）

潘　玥	朱　晨	郑祥常	邓　颖	尹超凡	陈　作	王顺昊	胡远芬
李　玥	王英男	耿　然	谢伟戈	邱　晨	潘　虹	王若谷	隋国栋
周舒琦	王渤权	孙亚静	黄雅慧	陈凤麟	马国蕾	李　亚	贾玉改
刘　雨	余　谦	庄思璇	段　辰	杨　蕾	常　乐		

华北电力大学 2011—2012 学年度四方股份奖学金获奖学生名单

北京校部

帅　旗	陈亦骏	梁　静	李玟萱	闫　然	牛淑娅	王笑凯	傅　笛
周　喆	关　睿	付俊华	王诗莹	崔欣超	陈　宇	何一汪	张弘扬
刘思宇	王斯莹	姜　婷	钱晨昊				

保定校区

刘伟东	徐樊浩	张祎慧	王凌峰	苏　樾	李秋菊	张　翎	赵　杨
卢思瑶	官　静						

华北电力大学 2011—2012 学年度毅格奖助学金获奖学生名单

北京校部

李俊炎	许颖灵	芦　娟	翟伟杰	粟子明	赵　佳	陈达林	马安安
张　恒	赵中原	刘小虎	杨　洋	王多万	龙　穆	李玉龙	曲照言
张恒友	郭　媛						

保定校区

王照伟	吴林艳	刘　薇	陈　萍	王　畅	张　爽	连天碧	种　飞
姚亚青	陈湧东	吴志佳	庄永照	方雨亨	郭小红	乔宇彬	杨秀琴
王　益	袁胜兰	刘　畅					

华北电力大学 2011—2012 学年度新华都奖学金获奖学生名单

赵晨雪	曹　凯	涂　京	王　超	赵　朦	杨宁芳	李　创	樊　娇
蒋桂武	房国俊	帅佳敏	王亚男	何子琎	张宣栋	林　楠	陈心一
刘　慧	刘　静	张驻西	贾仁东				

华北电力大学 2011—2012 学年度电力电子新春奖助金获奖学生名单

保定校区

奖学金（10 人）

楼国锋	厉剑雄	赵航宇	李　瑞	焦　昊	刘席洋	靳伟佳	陈章妍
钱凌寒	王梓博						

助学金（20 人）

郝　毅	叶　露	伍　娟	蔡陆阳	宋广磊	常　秋	吴英才	王英楠
裴娜娜	汪新康	杨　磊	王雨秋	李　俊	王　倩	严思思	叶民权
袁晓东	孙天留	肖　石	陈　卓				

华北电力大学 2011—2012 学年度中海阳奖学金获奖学生名单

一等（3 人）

王恬悦	吴云召	马赛男

二等（4 人）

周　正	马　爽	羊冰清	白格格

三等（5 人）

廖云城	刘世冬	佟　锴	黄博文	王　泰

华北电力大学 2011-2012 年度学生评优获奖名单

北京校部

一、校级三好学生标兵：88 人

电气与电子工程学院：24 人

丁　宁	孙大卫	王燕萍	王书瑶	李　薿	殷毓灿	胡　浩	孙　跃

刘 杨	相 亮	尹毅然	邱 扬	李 磊	宋 亮	艾 博	任 赟
郑石磊	晋宏杨	肖凤女	芦 曦	吴晨曦	田镜石	赵 佳	东野忠昊

能源动力与机械工程学院：14 人

李 丹	孙振兴	沈铭科	席文宣	邱 月	董 伟	常乔磊	张一迪
帅志昂	祝培鑫	武倩羽	黄焕彬	单浩东	刘启智		

经济与管理学院：14 人

孙 梦	刘冰旖	樊 娇	孙小蕾	李秋实	蒋桂武	国 潇	刘素蔚
郑枫婷	纵翔宇	吴 晗	全恒禛	李 冉	蔡 煜		

控制与计算机工程学院：13 人

华笑延	杨 帆	牟 越	汪 余	黄 蕙	朱东阳	侯 杰	孟春雷
刘 涛	裘日辉	李 露	姚大海	唐 帆			

人文与社会科学学院：5 人

于 迪	龚 稳	文 凤	陈一丹	黄陈辰

可再生能源学院：7 人

蒋晓燕	张晓莉	高长青	李越强	黄 娟	郑 凡	赵裕童

外国语学院：2 人

苏若冲	臧紫一

数理学院：1 人

朱红梅

核科学与工程学院：3 人

吴 浩	张 帆	张 亮

国际教育学院：5 人

李冬喆	何一莎	杨叶昕	翁 馨	全甜甜

二、校级三好学生：503 人

电气与电子工程学院：123 人

梁 静	郑祥常	叶 欣	史开拓	朱丹丹	郑夏阳	韩书梅	梁倩园
刘 源	赵丹阳	亢超群	赵 璟	李益楠	樊 龑	张伊美	赵鹏飞
徐延明	曹 斌	张 梁	王 璐	王 木	张晓晴	黄天意	饶 志
张 也	孙华凯	王洪敏	鲁 旭	韩晓雯	王泽众	贠飞龙	魏 恺
吴凯悦	喻晓雪	田维维	刘冰燕	帅 旗	赵晨雪	倪筹帷	李荣荣
丁 伟	陈桂新	胡 悦	冯 晓	徐晨林	叶 涵	田 硕	杨彦宝
储 倩	黄涵颖	田彦鹏	叶荣华	余笑东	樊 玮	艾 博	付熙玮
夏 鹏	崔 姗	周 楠	崔 仪	牛淑娅	李玉容	余洁琦	涂 京
马天佚	郭子炘	赵世杰	赖志超	王英瑞	曹 闯	黄 丹	杜梦楠
张慧慧	刘敬诚	王 进	李慧勇	宋一凡	叶一达	王英沛	庞家杰
王美丽	赵紫君	张梦媛	翟伟杰	周 喆	傅 笛	梁 秀	张立凡
宋世杰	成敏杨	代 航	王 舒	朱 晨	李校莹	韩 通	陈志民
王洁聪	刘烁洁	汪执雅	金秋龙	杨佳艺	张雨薇	任 艺	林雯瑜
王豪阳	张恒友	郑乔华	黄 婷	孙冰莹	马安安	吴 迪	李依琳
梁媛方	刘译聪	王 宇	张 莎	陈子君	杨俊威	忻 达	石 城

王子豪	李志民	王 宇

能源动力与机械工程学院：84 人

王孟云	薛智琴	何 强	陆从飞	蔡小尧	项宇彤	祝昌斌	王子炫
宋 伟	乐 龙	赵晓捷	周信华	徐 婷	汤一村	马晓林	袁 杨
李治甫	邹春妹	杨 欢	黄道怡	赵苗苗	孙颖颖	郑祯晨	尹书剑
梁飞飞	蒋国安	谭良红	韩 宇	王 琦	马洋博	姚 成	谭 鸿
梁 朋	许 新	李 钞	朱彬源	徐建鹏	戴玉坤	刘 涛	贺海鹏
付俊华	陆高锋	王 野	陈登高	孙伟娜	段栋伟	尤晓菲	赵一凡
陈建中	王松松	余晓辉	冯俞楷	朱 严	刘彦达	于扬洋	李彦龙
孙 莹	王 胜	胡贺超	陈 宇	仲旭雯	郭瑞军	田富宽	顾令东
胡扬清	王方雨	顾炜杰	孙立东	仇楠媖	赵天宇	周 正	刘 恬
蔡 黎	龙 宇	何晗玮	何 鑫	韩 瑞	凌坤雄	崔欣莹	宫逸飞
孙旭鸿	唐三力	韩文卓	孙 依				

经济与管理学院：87 人

李广军	贺 尧	张英杰	胥永兰	宋宗耘	远建平	唐树媛	巴 帅
齐 峻	张凌翅	王顺昊	孟泽宇	滑福宇	卢世成	李冰洁	韩 旭
杨朝利	来郁兰	林诗媛	伊 静	常瑞东	蒋 颖	张 亭	林伟香
李欢欢	李大成	赵 鹿	安秋娴	杨 陶	王单单	徐思琪	宋建威
王 娅	林智明	许 克	胡远芬	廖露露	孔维彬	韩 佳	张骁铂
韦倩茹	郑书誉	田鹂声	刘子涵	黄雅莉	吴小旭	何一汪	李 阳
范耀文	覃 睿	钟雅珊	刘 凯	蒋雨晗	周 雨	张吉祥	徐方秋
张 超	巢方毅	郭田园	钦秋萍	张弘扬	李 敏	茹鹏飞	李 玥
刘 勤	刘珏伊	刘雨薇	张嘉玉	李 真	吴 磊	周瑜智	杨思韵
夏慧聪	胡 勇	房国俊	吴佩佩	卜银河	刘舒淇	何淑敏	孙治国
宾 凤	华沐阳	袁伟伟	闫 博	聂 丹	许 康	刘晓丽	

控制与计算机工程学院：74 人

刘 阳	吴玮钦	朱俊谕	王 娟	付胜国	邱 实	徐郑晨	陈 溪
李青青	陈 睿	张 报	王康睿	李佳佳	何子琎	邓志光	徐 歌
万凯遥	王家兴	杨国伟	李晨星	莫欣睿	陈丽娟	高信腾	谢伟戈
颜世增	罗 丹	陈 航	陈祖歌	姜 珂	叶 榕	汪细勖	黄博文
刘 岚	杨 卓	张 维	王英男	郭凯旋	戚晓虎	何 雨	张婉莹
耿 然	张 怡	郑可轲	叶 琪	王斯莹	韩 挺	邓 伟	韩 梅
王雪梅	邱丽羚	黄云逸	吴婷婷	刘 珺	闫 肃	卢 腾	丁雪伟
马宏智	余敏楮	周倩婷	崔 超	傅冰云	刘思宇	翟鑫达	苏荣强
李海旺	习春苗	沈雅丽	杨 萌	司天琪	言语佳	徐广宇	张国强
单学良	陈敏娜						

人文与社会科学学院：31 人

王婧晖	吴 奇	唐 霞	袁 萱	吕 亚	丁亚琪	尚晶晶	张丹丹
李 潇	吴 璐	张 莎	王子墨	张 涛	雷崇鸽	王冉冉	李 莉
王 迪	李彤彤	丁 芳	邱 晨	尚碧依	王若谷	李雪松	李 娉
胡枭峰	陈晓旭	吴 琼	赵奕凯	斯 瑶	李敏哲	熊锦慧	

可再生能源学院：35 人

高琳越	郭永峰	李枚媛	唐彩红	高晓丹	郭树恒	杨　琛	李　贺
张　笑	孙晓丹	郭宇耀	刘祥瑞	王秋璨	李　玮	王艳宁	李　蒙
刘　慧	徐　真	邱　鹏	孙长乐	白格格	刘岸竹	张文霞	陈紫薇
林　楠	祁荷音	龙日尚	胡　斌	段喻琳	李　娜	胡　莎	马赛男
孟东东	李　欣	吴帅锦					

外国语学院：10 人

孙亚静	宋　菲	张　奕	陈凤麟	周　瑶	王海枫	莫冰倩	黄诗音
蒋倩赟	杨　倩						

数理学院：9 人

罗　健	于安然	陈兰兰	李　亚	文　武	杨家莉	卢东祁	贾玉改
吴梓川							

核科学与工程学院：20 人

赵京昌	刘　雨	齐厚博	卓卫乾	张博泓	付　玉	田　俊	方晓璐
常　牧	张义林	李宗洋	陶家琪	张红颖	罗思民	鲍娜娜	汪　喆
丁　涛	吕红梅	肖　景	马泽华				

国际教育学院：30 人

弥　潇	李晓霞	马骏鹏	张晓涛	岑梦佳	刘高远	曹孟斑	杨振宇
董颖章	玄博文	李兰瑛	高　尚	刘明川	于普瑶	肖　可	罗益燕
朱梦鸽	周冬升	陆格野	赵　灿	李　赛	魏建昭	王皓宇	殷　亮
董　悦	张婷祎	段　辰	王　清				
宋沂邈	马寅星						

三、院系级三好学生：701 人

电气与电子工程学院：181 人

侯　波	唐　刚	苏少煌	李　琪	石　俏	邹福强	王精变	郇凯翔
卓建宗	姜　山	陈　卉	林晨翔	孟江雯	赵中原	张　颖	李文兵
王晗姣	李春华	钟健樑	叶丽雅	邱　超	王司琪	刘　颖	崔梦璐
雷　琳	佟晶晶	陈育桉	刘　博	王　炜	毛　瑞	左一惠	祝倩龄
赵　越	王　心	李　想	王嘉斌	姜舒婷	王　银	王东来	刘　婷
仇茹嘉	陈　罡	李天福	赵俊霖	李永杰	龚成尧	余　洋	刘　颖
林　佳	龙运筹	崔文哲	熊雪艳	闫　妍	高　爽	袁　溯	何岳恒
徐鹏飞	印海洋	袁宇昊	徐闰琦	汤锦慧	曾璐坤	程　媛	万燕珍
高懿美	李子昂	杨项君	江　成	杨小雨	龙　穆	袁之康	何　艺
李　飞	郭　蓓	刘思华	黄瑞特	张姝贝	董　航	彭紫一	陈鹏伟
王　欣	吴素我	余沸颖	游　丹	李玟萱	胡龙仙	曲　申	闫　然
王笑凯	刘海钢	史米娜	赫嘉楠	付鹏宇	李　洁	于　钊	乔训龙
韩　毅	李英姿	张　尧	宋正坤	潘　玥	李　卓	王正光	张立涛
刘瑞煌	沈致远	武　录	李尚远	高　放	孙吕祎	钱蕴哲	何凌云
张佳婧	刘　洋	范琳芳	单晓东	粟子明	安　君	李博玮	朱佳佳
王　丽	戴佳伟	马　桤	杜施默	李　敏	陈雪姣	陶　琪	张润峰

王昊月	崔　岩	王　然	周企慧	蔡　博	张　晨	马晓路	王泽黎
周　杨	吕富强	周　潮	李至蕙	林长盛	王志远	兰自冉	代丽娟
苏文静	王　婧	马宇飞	张逸楠	关　睿	林　童	李先锋	周子青
王　媛	李孟军	胡海洋	张　理	石　璐	吕勃翰	张雪垠	王　超
文　茜	付　强	周信星	王　倩	王科敏	严　鑫	费咏攀	孙启梦
曲照言	申　钰	王　蒙	苏　伟	徐筱昕	吕思琦	赵小龙	王　震
粟华林	刘信福	魏　敏	李　杏	毛代甲凡			

能源动力与机械工程学院：112 人

丁星利	陈　国	杨宁芳	王龙菊	邓阳丕	张　曦	黄翠萍	刘　椿
尹超凡	朱一鸣	王　露	宋泽洋	李伽炜	赵　瑞	张海龙	姜春霞
曹婷婷	李晓怡	黄　越	丁开翔	席中亚	赵　旭	刘倩囡	张振波
汪晨辉	何寿荣	谢晋英	张　姗	高科明	付鹏飞	喻　国	詹仁建
王诗莹	赵世飞	叶　超	黄　帆	韩　雪	徐　萍	叶加良	解娜娜
吉乐乐	王雪枫	覃顺子	梁雄杰	刘　锐	刘垣杞	范　鹏	许　佳
郑炯智	张　优	张　凯	何孝天	杨彦平	李杨江	高　娟	徐　璋
旷雅唯	赵　朦	李瑞华	舒桂霞	齐　心	刘　兴	李　超	杨　晨
黄　畅	朱天青	尚天坤	王玉伟	梁　莹	黄显威	陈　袁	杨文飞
马　莹	苏　欣	金　武	邓　颖	鲁敬妮	刘　健	宋　涛	黎　力
游作树	陈　作	刘双龙	冯云聪	杨　霏	张　雪	祝雅馨	国旭涛
洪　艳	刘　云	张雨檬	牛晓璇	冯沛飞	贾润强	俞南杰	周　强
吴祖龙	蒋翔宇	裘闰超	崔佳奇	蒋　阳	王春兰	徐　然	朱胜森
肖　龙	远洪亮	袁　勇	干　雪	韩慧蕊	李金洲	金宇航	范田飞

经济与管理学院：115 人

饶紫梦	李伟超	陈　昕	王晓萌	王亚琪	谭　磊	胡紫珊	张　懿
陈玉龙	华　菲	侯方洁	黎　欢	张　潇	谢燕红	王佳晨	黄逸群
李　冰	谢咏雪	蒋凯婷	李文姝	彭　杰	何彦英	赵婷婷	韦秋霜
马晨昊	罗　畅	蒲文龙	张源凯	杨淼滢	宋易阳	易　清	李　博
彭　鹏	游夕菲	贾甜夏	吴文日	高　冰	万　冠	宋杰瑛	张向荣
冷　姗	李　丹	郭　潇	李秉权	时媛媛	蒋文琦	黄奥倩	王宇晗
刘睿智	牛亚东	姚蒙蒙	苏　娟	魏　烁	白俊维	覃泓皓	周　瑜
王涤凡	陈康婷	林　悦	孙静惠	刘　玉	贾鑫亮	王　芳	张月珍
赵　迪	王文晶	周　栋	文　斌	张艺骞	李雅然	兰　贝	陈晓璐
肖　昕	杨　萌	韩江磊	张　严	雷　祺	栗子淇	王艺歌	李依莎
孙　静	郑梦园	潘张益	赵英琦	张发友	王　铮	邹睿思	俞捷妮
赵　玲	牟艳鑫	赵小函	秦和珂	赵浩然	韩晓宇	崔钟月	肖　林
韩梦文	谷静秋	邓凤娟	朱国栋	杨　双	李雯乐	李　敏	王　杨
刘梦琦	潘　格	吴美琼	和远舰	王林炎	辛雅晨	柳丽莎	宋　栋
杨蕙嘉	李　迪	杜善重					

控制与计算机工程院：99 人

王吉春	申　思	陈丽雪	敖　鑫	陈秋林	徐　特	王　婧	牟　犇
王婉君	张竞予	姜　婷	赵　康	郭云格	陈　林	朱震东	李绣雯

刘 永	逯胜建	罗雪静	杨雅兰	金乘成	杨 阳	吴俊博	张继业
韩卫波	孙 熙	吴 颖	杜 欢	简一帆	尹旭辉	顾妙松	龙东腾
管晨晖	时 欢	杜 硕	胡 波	明晓航	艾君伟	宋智超	王 怡
刘誉臻	朱越凡	周旭祥	葛 倩	洪 烽	周琬婷	曾 帅	张 莉
包喜春	林再法	姚 琦	宋倩怡	范 昌	顾奇凯	李冬冬	蒋敏敏
何宇婷	任 杰	张 婳	赵泽昆	杜 斌	王子怡	时 扬	王亚男
李丞亮	王 刚	郭慧芳	卞秀婷	杨如侠	帅佳敏	白 冰	王 杉
王丽娜	王 洋	张宇泽	余智姣	崔文龙	罗晓飞	冯美方	李 艳
蒯亚敏	吴义凡	朱俊杰	潘 品	李 丹	周晨光	庞 进	李 威
王小霞	赵秀平	刘艳娇	李法霖	张韦佳	杨雨龙	王晓翔	侯进斌
李云鹏	周 微	崔世民					

人文与社会科学学院：41 人

湛凯华	黑小娟	于浩明	刘晓薇	裴莹莹	孙 琳	刘 霞	张霖菲
蒲泓静	黎 静	吴晶圆	姚 涛	艾晓坤	黄 潇	周蔚然	邓少芳
何永金	王 益	穆莉园	谢益桂	王 俊	张 静	陈 巍	蒲志斌
王睿璧	祁云柯	陈 郁	张 涛	周 璟	高瑞笛	胡 榕	沈兴辉
靳子乐	曾留馨	卢晓文	马涵慧	方若云	曹乙木	杜 琳	潘韵竹
高思遥							

可再生能源学院：61 人

林俊杰	关 婷	邹景煌	姜 鹤	冉泽朋	陈明霞	李景荣	董舟舟
荣文勇	张 浩	吕吉奕	汪定盼	卢东海	刘 佳	姚亦章	马远驰
闫阳阳	于 鹏	孙 杨	赵亚男	王加慧	刘文飞	章 迪	董晓晨
林常枫	王泽涛	刘世冬	王恬悦	周 正	李晓兵	王雪玲	徐 鹏
陈杰威	张 帅	张 琰	畅 欣	谢开杰	张天翔	刘华兵	周福文
罗莹莹	郝少博	蒋涵颖	许璞轩	杨馥源	詹芳蕾	周舒琦	徐小雪
彭 正	李 宁	郭春悦	韦永江	马易君	胡雪晴	王东旭	李 添
许丽琪	王 泰	吴云召	羊冰清	马 爽			

外国语学院：13 人

刘 莹	范彩英	王雅婷	雷 扬	何 可	柳 阳	徐 娜	卢 珊
赵悦含	孙微子	朱 悦	周 洁	王晨玺			

数理学院：12 人

吴晓飞	李一娇	马筱艺	马国蕾	陆志波	赵胜霞	俞永增	赵洪伟
冯 乐	李芳漪	肖 航	黄晨雨				

核科学与工程学院：27 人

刘 辰	房 鑫	张 顺	董正云	邹小亮	张安春	邹 青	张星永
庄思璇	许 鑫	王 聪	黄足雅	张小康	刘 晗	朱倩雯	徐 辉
衣聪慧	蔡宇钦	董 超	孙大伟	王 昭	夏 科	刘 聪	王式保
王喜祥	王 雨	欧阳渊源					

国际教育学院：40 人

赵志斌	黎诗文	倪宇凡	王博文	林奕夫	王林娜	谭 菲	李宣莹
吕明阳	袁 帅	庞姝卓	刘 悦	居家宏	韩春鹏	李 丹	彭 博

霍明鑫	邱　平	陈　晓	苏洪玉	张　夏	张连恺	孟美尊	于佳民
王　岳	高群策	赵相政	杨一帆	程宇頔	冒晓舟	王历晔	徐梦恬
宋　悦	于芳竹	余心仪	鄢洪婧	孙艺阳	张　曼	王智晖	尤泽东

四、校级优秀学生干部标兵：19 人

电气与电子工程学院：4 人

印显松	赵晨雪	苏晨博	张　晗

能源与动力工程学院：3 人

黄　帆	杨　欢	王玉伟

经济与管理学院：3 人

邱　禹	崔　丹	蒋桂武

控制与计算机工程学院：3 人

宋智超	鲁　帆	李丞亮

人文与社会科学学院：1 人

吴　奇

可再生能源学院：1 人

段　波

外国语学院：1 人

周　洁

数理学院：1 人

于安然

核科学与工程学院；1 人

庞宇昕

国际教育学院：1 人

韩春鹏

五、校级优秀学生干部：112 人

电气与电子工程学院：29 人

梁　静	郑祥常	王书瑶	李永杰	龚成尧	孙小斌	陈亦骏	孙　跃
曹　凯	赵　堃	孔　璐	王雁章	张碧涵	袁之康	张立凡	王昊月
任　艺	吕勃翰	陈晓帆	江欣明	邓力夫	王　旭	谢瀚阳	李益楠
李　阳	陶泓锐	李梦璐	樊　龑	东野忠昊			

能源动力与机械工程学院：17 人

刘　晨	董　越	黄　越	王小艺	韩　旭	谢昂均	黄　畅	杨子豪
付俊华	马小琨	段栋伟	徐士猛	夏单城	辛文韬	宁　翔	王旭峰
耿新强							

经济与管理学院：21 人

李　治	李伟超	黎　欢	高　冰	马晨昊	吴西萌	陈　晨	王　越
苏雅亨	牛英杰	段　丽	付静雯	刘雨薇	袁伟伟	张进芳	沈　橙
焦　扬	张　新	蒋　颖	蒲文龙	李　梦			

控制与计算机工程学院：12 人

杨　元	邹光华	孙绮蔚	王伟岩	彭安冬	张　靖	李　昭	马天宇
周奇儒	曾裕丰	崔　超	王英男				

人文与社会科学学院：10 人

袁　萱	李思绮	邱　晨	林　楠	连乃熵	赵师樱	解礼超	王　迪
刘心怡	王彦植						

可再生能源学院：9 人

王　超	方雨康	吴　骥	黄心浩	刘　慧	李　晨	陈俊天	梁　钊
唐紫君							

外国语学院：3 人

方　菁	蒋倩赟	刘　静

数理学院：3 人

赵胜霞	俞永增	牛玉峰

核科学与工程学院：3 人

贾仁东	张宵月	何建军

国际教育学院：5 人

蒋程西	葛　颂	苏红玉	霍明鑫	孙玉博

六、院系级优秀学生干部：239 人

电气与电子工程学院：67 人

许　鹏	魏　慧	饶　志	王泽众	储呈阳	余　洋	李　阳	张轩瑜
郭朝波	杨　硕	吴昊天	帅　旗	王川香	许颖灵	张景春	曹　彬
刘　艺	司　梦	凤　洋	吴　蒙	高雪峰	于梦琪	王笑凯	李吉鹏
芦　娟	周泽昊	王多万	李　娜	李　飞	李俊炎	肖凤女	芦　曦
王豪阳	朱毓凝	赵　佳	忻　达	崔　岩	周企慧	苏　伟	王　震
李世豪	张正昕	崔　婧	田镜石	穆姜林	冉贤贤	刘云龙	贾　蒙
程　媛	高　爽	牛成然	魏　鹤	温静孜	王　鑫	刘　虔	王泽斌
孙　雪	郭子炘	张　帅	冉泽亮	李　颖	文　月	卜广为	黄洪兴
吴炳照	杨彦宝	艾孜麦提江・吉力力					

能源动力与机械工程学院：36 人

孙颖颖	张军民	喻　国	薛智琴	孙　杨	何毅峰	吕　婧	邱　月
撒浩浩	冯俞楷	孙　莹	马　宁	常乔磊	马洋博	伦雨晴	高　远
林兰兰	陈　桦	王　博	鄂　兵	贾小伟	王　仲	李　创	王　亮
王　婷	王　帅	牛晨巍	刘　雷	桑　喆	王　玮	张　军	万　燕
徐龙发	周天一	魏杰玉	吕纳贤				

经济与管理学院：48 人

孙小蕾	杨　陶	孟泽宇	袁　嫄	厉　舟	贺培胜	黄定成	罗　希
刘依林	赵永来	刘金珠	吴小旭	钟　珍	负佩宏	郑枫婷	陈　好
纪　宇	管艳飞	伍云頔	许小峰	张越聪	赵浩然	耿集荟	杨蕙嘉
王　铮	马　原	厚杭希	张文华	张　严	崔倩芸	黄　瑾	韩　旭
计丽妍	王　昊	王　芳	刘子涵	李秉权	曾　涛	李　雷	黄天豪

宋杰瑛　田鹂声　黄仕辉　蔡萧容　符冬莹　纵翔宇　马迪　闫博

控制与计算机工程学院：28 人

王文亚　金乘成　张庆林　马智学　张会峰　陈丽雪　张皓　杨雅兰
张继业　黄平平　魏郁宜　李川　汪细勖　王亚为　周旭祥　郭玉猛
张璐　李帅　朱磊　陈圆圆　卢腾　邱丽羚　林辉茗　范昌
李晨雨　董永星　李亚晛　刘杨中华

人文与社会科学学院：15 人

何迪　张丹丹　吕亚　于融千　谢益桂　张静　叶武鑫　董钊
张喆　冯泽宙　张涛　朱晨晓　丛丹　丁芳　李潇

可再生能源学院：18 人

陈杰威　何丰廷　钱晨昊　李蒙　朱建阳　赖自伟　刘珠慧　蔡欢星
马远驰　刘祥瑞　龙日尚　詹芳蕾　刘昊　詹森国　谢江兵　孟庆春
段郡　张欣丽

外国语学院：5 人

黄雅慧　薛晶晶　杨倩　王晨玺　朱政宇

数理学院：5 人

杨雷　黄晨雨　张鹏飞　郑士攀　邱恒

核科学与工程学院：6 人

王阳　楼丽姗　蔡睿男　王园鹏　齐实　李雨潇

国际教育学院：11 人

李丹　陈皓　邱实　黎诗文　王飒　段辰　杨蕾　季然
邓鋆芃　常乐　张晓涛

保定校区

一、学生干部标兵 16 人

电力工程系：3 人

马天娇　王炳辉　刘明洋

动力工程系：3 人

王鹏程　齐波波　高超

法政系：1 人

郭牧琦

环境科学与工程学院：2 人

陈伟忠　宋小卫

机械工程系：1 人

张国新

计算机系：1 人

柳超

经济管理系：2 人

于晓波　张恒

数理系：1 人

吾强峰

英语系：1 人

李婷婷

自动化系：1 人

张之涵

二、校级优秀学生干部：54 人

电力工程系：14 人

汤　钰	江振源	蔡路阳	张晓义	张　祺	左　韬	张　尚	赵梦雅
樊德阳	郭学成	许士锦	冯杰成	许自强	尹恒阳		

电子与通信工程系：3 人

傅　裕	李　倩	左振勇

动力工程系：7 人

赵　月	葛龙涛	郝　波	刘　伟	潘　歌	杨　埔	胡　璠

法政系：2 人

李静思	杨柳依

国际教育学院：1 人

李孟晓

环境科学与工程学院：1 人

侯长江

机械工程系：12 人

吴　婧	孙海峰	王子韬	张福龙	李曰梅	张艺腾	佟锦皓	尹文良
王晓萌	乔宇航	刘中秋	张宇澜				

计算机系：2 人

时　磊	王兴兰

经济管理系：5 人

郑茜文	杜　蘅	金秀燕	田月怡	毛佳欢

英语系：2 人

李淑娅	宋颜萌

自动化系：5 人

杨界天	张娅妹	侯萌萌	张　宇	阚志凯

三、院系级优秀学生干部：136 人

电力工程系：29 人

李力行	邓　睿	王梦琳	尹　唱	黄淳驿	高　源	余　翔	陈苏阳
张　菲	范　萌	于　跃	范祺红	王占宁	姜　斌	巴　林	李　杨
李姗姗	徐　兴	周鸿博	周　翔	彭籽萱	张仕文	董沛毅	王　林
董维盾	胡璐娜	刘思宇	钱亚辰	乔林思杭			

电子与通信工程系：8 人

刘　佳	陈　冉	王胜平	张雨濛	高一双	宋广磊	耿婉娇	黄日辉

动力工程系：20 人

李　楠	王启睿	张祖运	刘锦玉	李　祥	李昊燃	吴　磊	保佳伟
孙恩慧	孙衍谦	陈允驰	肖　扬	陈圆圆	冯澎湃	马云飞	李永康
张　翎	王海鹏	党元君	尚　飞				

法政系：5 人

刘　航	吕林泽	何　一	潘　敏	李碧霄

国际教育学院：3 人

李佳骏	罗鸿昌	周奕帆

环境科学与工程学院：9 人

邓　悦	陈芳迪	李宏轩	袁晓东	刘　欣	吴国栋	许　鹏	张　琦
赵婕玲							

机械工程系：18 人

闫梦雪	肖思悦	吕思佳	刘文静	陶光超	刘　鹏	丁晓萌	段泽龙
王亚坤	张秋桦	曲　睿	卢文博	祝　凯	马玉龙	曹澄沙	赵晓迪
张秋爽	王　敏						

计算机系：13 人

于小丽	黄　卓	沈佳丽	徐浩然	张佳茜	郝万宗	潘振福	杨宏宇
王　月	朱翔宇	王伟涛	闵　丹	刘　洋			

经济管理系：12 人

刘　熙	蒋晓慧	雒凯瑄	董方玉	李　菲	刘进杰	叶凯文	王　丽
黄沈海	张星宇	孙静怡	王　鑫				

数理系：5 人

陈　宇	罗粒菡	高金宇	杨效民	袁　月

英语系：2 人

王思茵	陈　卓

自动化系：12 人

于　爽	杨亚琦	王　庆	李欣倩	苏　航	陈　辉	王　玮	贾晓霞
王卫宁	葛　瑞	贾　岩	窦金辉				

四、校级三好学生标兵：70 人

电力工程系：15 人

靳伟佳	任　洁	陈章妍	孙永健	钱凌寒	张　宇	刘伟东	楼国锋
厉剑雄	赵航宇	由　强	李　瑞	刘席洋	张心怡	徐　豪	

电子与通信工程系：4 人

聂盛阳	高青鹤	杨路平	黄玲玉

动力工程系：10 人

樊亚明	史良宵	张玉博	邹　潺	郭永成	张　宇	赖小垚	胡振波
何　伟	马梦祥						

法政系：3 人

任建慧	何　一	汤爱学

国际教育学院：2 人

何静波	沈　劲

环境科学与工程学院：5 人

王　娟	逯东丽	赵丽媛	晏雅婧	王一宁

机械工程系：9 人

商李隐	马梦婷	周　硕	李　盼	张克青	王　勇	史康宁	庄馥瑜
陈怡帆							

计算机系：7 人

刘　谨	林　雄	柳　超	季志远	周　雪	马娟娟	陈晓琳

经济管理系：6 人

于晓波	章　芬	刘进杰	叶凯文	常晓辉	苏　蕾

数理系：2 人

邹　盼	陈周飞

英语系：1 人

沈婷婷

自动化系：6 人

叶治宇	张新胜	王鹤橦	夏丹丹	张晓伟	赵珈靓

五、校级三好学生：1065 人

电力工程系：222 人

华天琪	李力行	王　琛	陈　铭	刘雪雯	张晓春	姜　涛	王　卉
张　贺	陈光勇	李雪晨	刘哲夫	曾彦超	李　梦	汤　钰	杨丽思
李大勇	梁涵卿	安振国	刘宏杨	马鸿义	孟天骄	王梦琳	陈芳宇
杭晗晶	马　跃	庞东泽	卫　凯	张朕搏	赵浩舟	康平霞	尹　唱
张经纬	姜宇轩	蒋　乐	蓝　峥	张　锴	李立周	朱紫薇	黄淳驿
马　静	汪倩羽	汪　洋	赵虹博	鲁　虹	王怡聪	徐靖雯	冯　成
郭　恒	张祎慧	曹晓宇	樊世通	高　源	韩　平	李　响	宋馥滦
张　旭	郑曙光	郭　红	江振源	李哲超	王令君	王思萌	吴　维
连　乾	何　进	曹志昆	王　哲	叶　茂	于　跃	李家骥	陈湘龙
许崇新	范雯惠	孟书熙	邱世超	渠卫东	张　行	范明怡	范祺红
陈　跃	毛王清	蔡路阳	邓　嵩	蒲园园	王炳辉	赵宇思	赵振业
姜　斌	胡　杨	李田鹏	李志伟	刘明洋	乔　婷	曲　楠	杨叶林
张　辉	朱灵雪	路海阳	叶　露	俞　云	朱荷子	袁佳煌	董金哲
刘献超	黄　凯	廖一锴	聂　暘	张　楠	王　彦	党　磊	何　帅
刘宏宇	苏　展	李亚民	宋文骏	杨定乾	左　韬	赵俊杰	陈　源
郭国化	吕海玲	田　源	吴璐子	张中浩	徐　多	张　尚	马　宁
魏　迪	赵梦雅	周鸿博	陈　宁	王淦露	谢紫榭	杨　莹	姚广元
殷绕方	张静怡	吕子遇	鲁振威	焦　昊	程华新	梁　浩	姬煜轲
何元明	王聪慧	郑　洁	刘　帅	郑伟烁	牛佳乐	赵　斌	赵　超
周　翔	韩佳溯	杨　帅	黄　馗	樊德阳	焦　洁	孙玉晶	岳贤龙
仇敬宜	计会鹏	卢　叶	王纯洁	李爱祖	加鹤萍	刘妍彤	许菲菲
彭籽萱	郭学成	佟　欣	杨妍璨	王雪莹	张仕文	董沛毅	许士锦

纪文玉	徐樊浩	顾 硕	伍玉婧	郑 蓓	易 琛	翟俊义	于立杰
朱 洁	宋佳溦	殷天锋	崔 凯	李俊烨	李万龙	王 林	冯杰成
李 凯	郑大巧	苏夏一	郭 帅	王 皓	陈国生	肖志恒	梁 宵
路田月	张文扬	张 凯	董维盾	胡璐娜	贺卫忠	张国应	袁 贺
江宇轩	辛立胜	刘思宇	王梓博	刘海航	钱亚辰	丁梦瑛	陈吉红
尹恒阳	李 慧	严志冲	何 璇	张凯元	乔林思杭		

电子与通信工程系：48 人

王照伟	吴志佳	傅 裕	林永荣	马 璐	王胜平	张博雅	庄永照
方雨亨	乔宇彬	杨秀琴	陈亚军	高一双	张学武	张玉玲	陈佳君
王桢祎	严兴霞	张 静	郑永濠	王凌峰	王 益	王 悦	阮潇男
王奕腾	郑小丹	庄振夏	胡江波	刘 畅	唐 圆	李晓冰	苏 樾
杨 翠	苏莉娜	占梦瑶	张 该	毛宇晗	王 明	王玉琳	王资博
温营坤	李京涛	王扶文	崔 鹏	孟灵丽	田雨婷	王刘利	袁胜兰

动力工程系：194 人

高 翔	张建宏	黄喜华	杨 帅	李志杰	赵 月	李国栋	杨枨钧
唐 佳	刘静雯	秦 杨	杨 梅	车 迅	汪澜惠	延旭博	于旭东
张 璐	暴铁程	陈 强	葛龙涛	包云峰	余 豪	蒋雁斌	范彩兄
郭泰成	王 哲	陈 亮	陈良萍	李泽宇	周月明	郭沁文	田登峰
张琦伟	薛 璐	高 程	张文静	马鹏翔	汪安明	石 普	郝美娟
李文乐	潘 歌	石凤吉	张瑶瑶	孙 菲	田 欢	李 珍	薛 浩
刘颖祖	关宇君	王体均	刘晓峰	何 磊	彭师文	范汝灏	韩 旭
陈映梅	孙见雨	袁仁育	林琪超	黄 超	张春伟	刘锦玉	孙志强
张庆伟	陈永业	李 靓	孟 帅	任玉成	苏 飞	张美丽	张家祥
付晓俊	石 宇	宋国梁	朱茂南	李 祥	王 倩	王文杰	李昊燃
王路松	包亚璞	汪振飞	李金超	宋道润	李 原	张仁杰	屈柯楠
齐波波	吴文杰	李秋菊	李 晴	杨 鹏	徐搏超	杨 光	孙衍谦
陈允驰	杨 埔	付 德	董 巧	薛全喜	刘建征	王 鹏	孙继轶
刘亚南	赵少祥	周广钦	陈圆圆	刘文倩	冯澎湃	李宪蔚	徐靖楠
李永毅	李永康	何培成	仲照阳	李 鹏	吴 琼	焦玉婷	张 程
吉鸿斌	吉暕东	王 岩	周文潇	梁杏茹	王光宇	焦同帅	张 翎
肖炜刚	李新号	邓 煜	杨晓强	郑星晨	张 飞	茅天智	杨 贺
杨 颖	王思达	胡 璠	黄立志	卢亚开	邵立欣	周博滔	高 超
党元君	洪有耀	武丽蓉	张泊宁	张 戈	房聚刚	白枫逍	周 正
王 宇	高海松	项佳宇	周立栋	高建树	田 巍	雷 泽	李宏林
朱锋杰	穆 斌	何小平	郭良丹	廖金龙	崔 吉	王昱翔	周 沛
刘 轩	石 炟	权 琛	黄 雄	于 淇	李樟强	缪佳静	龙书翼
祁 超	姜 妍	于 洋	司志民	祁 超	朱晨帆	吴 韬	张玉波
吕凯文	仝浩杰	梁新宇	郑 灿	周 航	余文进	贾 曦	申正远
杨诗繁	关东焱						

法政系：38 人

李至慧	王雪妍	王 燕	王 慧	吴 瀚	刘 佳	童玉林	郭牧琦

张亚蓉	李静思	张小燕	祝明银	吴俊叶	魏　炜	路红红	魏溢男
孔智璐	黄晓燕	杨慧铷	林子琳	吴　桅	赵英丽	刘阿梅	邱琦君
王艺雯	李　岩	杨泽坤	孙兆辉	张春明	周婷婷	韩兆凯	李碧霄
于雅馨	孙雅楠	王文思	谢　鑫	朱　琴	李　悦		

国际教育学院：30 人

陈奕汝	黑　阳	蒋　雨	荀　漪	郭　帅	张佳怡	高　函	李杭蔚
蔡　昊	李佳骏	罗鸿昌	王宇林	卫婧菲	张庭齐	周怡冰	洪　雯
商开航	孙家豪	吴　越	徐翰超	周远鹏	朱　越	黎乔乔	刘安琪
张可佳	段鹏宇	冯　媛	孔王维	石砺瑄	李孟晓		

环境科学与工程学院：74 人

林　林	王乐萌	任旭丹	王　策	邓丽萍	李　韬	王　怡	张慧颖
张　晶	司丹丹	邓　悦	苏青青	侯长江	凌铁权	苏潇潇	陈伟忠
韩停停	滑申冰	张舒怡	程　琦	杨春燕	陈芳迪	何欣恬	徐冰漪
汪剑桥	宋小卫	于伟静	袁　博	邢　锐	李宏轩	王添颢	熊远南
谢佳林	沈　甜	马英钊	戴　维	张天泉	林良伟	王弯弯	沈　璐
覃玉环	于　婧	刘　欣	高凯楠	蒋　帅	吕　媛	马文静	毛星舟
姜　莹	王严燕	许田广	张修武	杨　帆	张　伟	解姣姣	李鹏贺
张　倩	冯　雪	王润曦	周歆雄	李　博	张　琦	黄帅斌	凌　霞
孙盼盼	孙景建	曾显清	赵婕玲	朱恺雯	舒冠鑫	程槐号	杨　雪
朱雪雯	雷　雨						

机械工程系：119 人

吴美增	王擎宇	闫梦雪	静永杰	陈晓彤	吴雪君	林炳强	杨　光
殷百慧	赵爱林	肖思悦	柯孟强	吴　婧	张国新	刘文静	李海峰
仲万珍	杨　参	焦佳宁	徐金强	陶光超	周　军	孙海峰	杨　勃
金鹏飞	王子韬	苑欣然	陈志军	张小丹	赵东东	黄增浩	赵建坤
乔珊珊	王士路	谢桂芳	杨　曦	冯潇潇	李　岳	张文珺	曹　敬
赵凯勋	刘　鹏	张　玉	苑　康	冯萌萌	张　倩	王天一	丁晓萌
李红梅	林　海	段明浩	黄　成	蒙玉超	伍君实	绳菲菲	高雪媛
张艺腾	段广鹏	刘　欢	刘　洋	佟锦皓	张　维	纪丽静	张　磊
左珂菲	孙红波	尤亚男	唐之尧	尹文良	刘冬雨	范忠岳	王　坤
寇海强	苏　驰	郭福瑞	王亚坤	罗　乐	王晓萌	乔　茜	乔宇航
曲　睿	杨　力	赵　熠	陈搏威	孙明耀	杨浩楠	赵金鹏	蔡慧颖
薛伏申	杨彭城	张贵军	周　晨	祝　凯	陈　嘉	马玉龙	周仲强
曹澄沙	顾君苹	于彦秋	付兴旺	刘　琰	黄　铃	武　玥	张秋爽
李帅帅	赵　晴	黄家荣	李　雪	麦俊佳	邵山峰	李　慧	徐　鹏
赵文翔	崔　蕊	李　皓	于　凡	韩桐桐	马一丹	曲名燕	

计算机系：119 人

张　兰	于小丽	庄子越	黄彦毓	崔　垚	郭凯玲	韩钰洁	李　劲
唐辉辉	杨升杰	康　龙	岳　娇	石　鑫	张铭路	倪中洲	周　鹏
曹玉蕾	李　恒	刘志远	尚　晋	王晓晓	韦广立	邢　玥	谢鸿浩
张和琳	仇　晶	王　焱	陈　朋	刘静宇	沈佳丽	王　迅	张晶晶

徐浩然	孙 婕	张佳茜	陈文斌	吴 坤	常闪闪	陈秀楼	郝万宗
陈婷婷	戴广钊	梁世琪	潘 虹	时 磊	张晓禹	周 琳	杨辰涛
陈建军	潘振福	钟彩金	吉文靓	牛 锐	江 浩	王 鋆	赵学琛
骆 慧	许海橹	张幸芝	程晓佳	苏艳娇	陈 谢	陈续行	王 艳
韩龙美	杨宏宇	胡 亮	许鹏程	马重申	刘佳敏	林心昊	陈君华
张玉坤	李 晨	李荣荣	王 月	翟加雷	张雅涛	张可为	官 静
李紫君	郝姜伟	胡柏吉	罗能强	姜苏洋	常 欢	张雨濛	冯旖旎
李 晶	李明辉	姚 鹏	周昉昉	刘 凯	王康成	王伟涛	谢 天
薛晓丽	朱章南	艾 静	董冬阳	覃智补	王松雁	王兴兰	程 龙
闵 丹	谭佳瑶	钟 岳	郭 辉	金强强	时欣悦	白若林	陈煜文
王 棋	谢玉婷	张和泉	张淑真	陈 颖	王艳艳	熊 秋	

经济管理系：68 人

刘 熙	田 娜	付思思	龙俊霖	陈 琳	蒋晓慧	张 庆	雒凯瑄
李 娜	林伟宁	张 浩	张 恒	严思思	刘宇萍	付立杰	董方玉
官小燕	郑茜文	张 咪	张宁宁	周维维	孙 晓	李春雪	田 琨
李娅坤	陈卓尔	陈开风	李 菲	李佳轩	田月怡	刘媛媛	唐竞雄
李 荣	叶民权	王璐琪	薛兆奥	樊爱玲	聂 婧	毛佳欢	窦洪杰
尹伊娜	徐燕锋	魏思伟	王 丽	白佳奇	黄沈海	张云欢	胡 香
王 凯	王雨晴	赵元隆	张 婷	张 岩	匡载淋	严 斐	张星宇
王佳伟	史玉芳	高树彬	戴岸珏	孙静怡	郑坚松	雷恺杰	陈 烨
毛舜杰	王 鑫	段 明	裴孙静苑				

数理系：39 人

王 媛	周 衡	朱林林	李国煌	吾强峰	于大海	苑文楠	陈 红
陈 宇	马 真	王东升	吴 鹏	肖 石	揭建文	李亚滨	林永吉
吕正则	王艳玲	詹石岩	范春燕	高金宇	顾 杰	尤祖寰	袁大显
段 杰	龚之珂	郭馨璐	覃文华	谷 金	杨晓冰	余泽远	臧晓玲
朱姗姗	温春艳	杨 冕	汤 潘	袁 月	詹文超	张义仁	

英语系：8 人

李淑娅	王思茵	李婷婷	施晓莉	甄安迪	曹红柳	肖 菲	张 怡

自动化系：106 人

席嫣娜	杨如琦	于 爽	徐 蕙	曲晓荷	汶爱文	杨诗茹	谢振宇
韩燮莉	刘 浩	李秋影	卢 阳	常 真	杨亚琦	杨界天	王 庆
高 颖	朱玲玲	王挺任	路 军	刘嘉利	王金香	陈莉丽	史迪康
张娅妹	李欣倩	张嘉奇	和园园	毛晨丽	史 彬	邓天白	王南洋
苏 航	武晓楠	伍 洋	刘 帅	刘可昂	戴海鹏	侯萌萌	李晓婉
陈 辉	周 宇	董小娟	焦振兴	李 洋	贾晓霞	杨玲玲	马 林
白 婕	刘振通	张天航	李 阳	周建伟	姚静怡	王 桐	卫丹靖
翟晨曦	张振超	阚志凯	魏旭辉	阎嘉璘	刘婉莹	寇 晨	王艳飞
商丹丹	王 迪	宋凯兵	余 健	何宗源	张之涵	丁 洁	李志鑫
刘思夷	杨 林	张 怡	孙朝阳	王书扬	张丽温	王钦惠	陈明渊
袁一丁	陈煜琦	谢碧霞	顾 瑾	吴延群	王卫宁	徐槐远	张 皓

余有名	李 硕	刘桂箐	蒋巧玲	郭美若	李金拓	王 林	刘 葵
朱宏超	陈世聪	王 茜	张木柳	盛碧霞	唐 玲	张鸿平	侯学刚
葛 瑞	闫 峰						

六、院系级三好学生：1321 人

电力工程系：257 人

董文凯	胡 杰	李 璟	李康平	刘 乔	彭 柳	苏 宇	童煜栋
殷加玞	李 林	潘俊宇	王付金	杨瑞环	杨 行	张振法	赵文亨
赵雅婷	陈玉航	石小琛	王一飞	辛建江	黄 涛	卢家欢	邢希君
白 洋	郭 婷	李晨曦	林程立	刘 敏	刘娅菲	张美娜	祝晋尧
杨 帆	赵晓丽	邓 睿	范心一	郝嘉诚	李炜彤	倪凯荻	王乐笛
闫人滏	翟羽佳	李佳月	李林蔚	陆梅莉	陆文娇	王雪松	阴 凯
袁婷婷	王亚军	杨世栋	陈志雄	黄弘钢	张 恒	李卓桁	佟彦磊
尹献杰	袁少雄	曹亚钊	富雨晴	高圣达	何嘉兴	李晓航	刘士嘉
张旭超	周晓峰	鲍超凡	曹文斌	庞 曼	吴耕纬	郑子洵	周雁南
黄 通	王泓程	王琳媛	方晓曦	贾学栋	林酉阔	潘祉名	孙 聪
薛宇石	邬旭东	郅 静	秦欢欢	余 翔	赵桓锋	马 剑	李承昱
张静岚	陈苏阳	郭 力	沈 鹏	张 菲	赵鹏豪	张 英	韩 正
马天娇	彭皓月	刘俊德	范 萌	李万超	欧阳婷	杨 飞	耿一朝
居梦菁	徐 婷	杨 斌	杨 骁	赵首明	唐朝蓉	谭婷月	王燕燕
李 玉	汪清宇	杨 颖	张健鹏	吴 楠	林灏凡	王 兴	王占宁
曾淑红	张晓义	赵 霁	巴 林	柯欣欣	林嘉麟	刘沛能	马靖远
石晓蕊	孙冬川	张 寒	李昊鸾	张 双	李建红	曹 霞	陈家胜
李清然	刘辛晔	孟 静	尚尔媛	沈中亮	汪文添	王 莉	王胜芸
李 杨	胡广燕	魏 昕	赖江涛	包明杰	李锦萍	张 祺	丁建顺
陈伟高	耿亚楠	颜凤梅	赵 超	王 婷	付可欣	李姗姗	侯 磊
贾殷培	程晓洁	张晋菁	党 琼	刘 松	王建雄	王雯婷	徐慈星
徐 兴	赵炜佳	刘骞生	王 雪	吴 舟	肖 雪	徐煊斌	张 伟
周安恺	赵碧凝	贺 磊	于 淼	於慧敏	蒋易展	甄自竞	王雪峰
杜 赫	周 兵	姜中洋	秦 婧	王 悦	徐 硕	葛平富	祁 浩
朱益之	窦月莹	程云帆	刘丹丹	胡恩德	荀吉伟	白 杨	刘海萍
王 帅	张学伟	苏祥弼	万 苏	杨 波	杨怡然	陈旭帆	程祥群
杨雅薇	郭文红	王小飞	黄 河	陈 源	凌贵文	潘泯均	蒋晨阳
卢林坤	李 康	肖 燕	刘柯岳	杨 鑫	刘 梦	陈冰研	胡 阳
焦佳欢	李 川	张邓出	林振望	张 帆	吴 凌	何 东	陈群杰
张 璐	宋士蛟	刘 钊	夏 曼	张 津	李 雯	张 宁	庄朋成
徐鸣阳	李 浪	胡彦斐	陈 诚	王琦璐	张文文	麻 强	李伟峰
马 韬	吴金城	贾 菲	汪 铎	许自强	马一菱	侯杰群	沈 丽
赵高杰							

电子与通信工程系：94 人

程紫运	李佩玉	刘 佳	刘 林	唐 甜	杨文勇	张雷波	周红静

曹翠新	陈 冉	郭小红	王瑶君	尹永飞	曾红梅	张子裕	郑茜云
陈 婷	加力康	李 倩	马光源	左振勇	黄小云	许 晨	叶小谋
张雨濛	王法宁	王铁飞	杨小荣	赵 培	郭 巍	江佳仪	彭博蕊
孙 权	岳彩昭	周生平	陆春风	宋春晓	王赵冬	文春燕	臧 胜
张慧敏	郭 权	卢婉君	孟 颖	孙凯杰	张程炜	张 悦	朱 明
李海坤	宋广磊	孙海波	王建林	吴云鹏	阳佑敏	陈姮纹	陈 玲
耿婉娇	黄日辉	李 颖	闫孟洋	陈丽芹	胡启杨	王 蓉	张恩杰
黄世亮	刘 薇	侍剑峰	王富臣	熊 昊	杨军伟	张羽松	赵 爽
刘安琪	李 梁	梁运丰	刘蓓蓓	刘佳敏	王 畅	吴梦越	杨 帆
陈 琳	傅慧华	金 烁	吴林艳	张慧茹	张振华	赵 轩	陈 萍
陈天成	侯 爽	刘华淼	王 冬	王 腾	仵 姣		

动力工程系：181 人

陈松宇	何华伟	刘俐麟	崔 巍	李 楠	项云洋	陈 勃	沈垚垚
叶太期	王 宇	农党振	李 昊	赵贤文	李海业	邵 欢	乔大伟
王启睿	刘 刚	王鹏程	李 磊	沈培春	商执晋	李伟通	段 红
郝 波	符方泉	范超群	曹立彦	张小玲	周 庭	赵建伟	於岳祥
郑 毅	蒙青山	李彬烨	褚 斌	张冰清	闫武成	陈小东	刘 冰
王 同	白亚开	张国喆	武赛楠	胡 弘	张祖运	周其书	李毅强
胡光衍	刘士名	王 茉	路 长	白 烨	侯锡强	黄文宇	蒋玲君
李佳敏	林骁鹏	向劲宇	张 立	张项宁	李 彪	孟晓迪	牛纪德
佘士健	赵 天	张 旭	戴宇晴	孙凡杰	吴 磊	保佳伟	张 凯
王心榕	杨晓刚	朱 楼	孙恩慧	陈仕杰	冯志顺	刘明瑞	陈梦之
黄 舜	岑 彬	王 欢	肖 扬	魏巍涛	张 鹰	马云飞	林 岩
周 俊	陆海洋	朱莉林	梁文悦	赵 钧	伏思汀	渠立松	张 硕
庞永超	田 昊	刘克东	章 康	张 弛	占 敏	吴力飚	陈健阳
杨子仟	张 卿	王海鹏	沈振强	艾书剑	张鲲鹏	汪 波	杨耀宗
马思博	尚 飞	刘 琰	李国良	郑展鹏	甘 力	李丽华	韩 林
杨 博	徐 杰	梁金锐	周 玲	林 荧	朱俊徽	庄英乐	许 文
刘 博	石沂东	杜 霞	赵 明	张宏强	张志潮	王建东	陈 野
龙 铨	莫荣杰	盛啸天	王 悦	夏 凯	杨深振	李子杰	班潇文
赖茂江	张红军	严思齐	王英楠	刘闻博	李 杨	黄健林	刘傲燃
郭 皓	李志意	冯文永	杨静远	梁东宇	岑 涛	谢海萍	郄江浩
李子毅	冀瑞云	李玉平	王 喆	李 昭	王祖耀	李亚臻	何 靓
伍 健	刘雨濛	樊 涛	郭 源	苏 浩	吴英才	栗国鸿	林 崑
尹 丹	吴小奇	铁成梁	刘林茹	伍文杰			

法政系：43 人

杜 萌	许星华	赵源哲	田镜枫	白春晓	冯海悦	刘雅岚	王守凯
杨 睿	陈桂芳	孙 欢	刘 宇	宋媛媛	刘 航	赵超越	吕林泽
陈 荧	孟 雨	唐 琪	杨柳依	蔡 洁	蒋利亚	张冰华	叶 玲
程霞燕	王娇娇	郭双梅	潘 敏	吴 珊	李 殊	曹梦幻	甘青锋
梁浩冉	王天祺	贾 芹	丁玉乐	吕丹娜	高 敏	杜泓锐	殷 婧

李安慧	侯　佳	陈苗苗

国际教育学院：29 人

郜学思	李颖慧	刘晓宇	熊　岩	王赫男	陈安琪	李瑾蓉	刘芳峤
刘云涛	王　妍	张智恒	毕浩宇	郭　城	刘铭坤	毛亚鹏	王　琪
周奕帆	蒋浩晨	王心怡	吴晨宁	徐菲琳	杨孝天	白　杨	范名琳
洪燕柔	冉丰尧	吴思宇	杨宇佳	盖　林			

环境科学与工程学院：77 人

龙中亚	张宇波	景甜甜	孙俊达	周思涵	石祥聪	宛　霞	曾　磊
郑志杰	蒋佳君	黄金霞	孙　颖	李　杨	石榆川	韩钊博	赵泽亚
谢淑兰	徐　畅	李　玫	王罗乐	张振宇	黄　文	范芝瑞	王熙俊
杨　策	林玉斌	张　凡	杨肇鹏	张子航	王元刚	陈雅倩	张改革
李政达	李培正	王丽媛	钟启航	王　璐	史春霞	火　灿	李　颖
高雪濛	祝　涛	袁晓东	雷　媛	陈周越	刘　懿	刘成龙	吴国栋
李　鑫	陈　垒	刘　娟	徐　欢	许　鹏	杨　硕	潘文文	龚靖雯
陈　晨	王孟鸾	李郑娜	黄斐鹏	郗　萌	王生起	谭程凯	和　鹏
徐　朋	曾祥超	宋　健	高　然	李江鹏	王冠华	刘华旭	孙智滨
张立东	何东雳	陈玉强	郭佳翌	徐开依			

机械工程系：191 人

舒骆鹏	刘　江	张　凡	张　爽	庞晓祥	陈　宾	段　豪	周　寻
张晓骁	王　丹	李媛媛	魏文明	郭凤莲	栾小洲	曾定霞	邹宇强
杜艳娇	张　轩	万　凯	刘　旋	吕思佳	郭　阳	蔡　雪	黄瑞英
魏　巍	杨　渊	陈亚东	赵海奇	龚　洋	赵路佳	古祥科	易王画
姜太龙	王发林	柴守和	尹帮辉	李　帅	马子健	方毅然	蔡保松
孙明广	汤晓霞	梁文慧	周松松	周　驰	余　亮	陆　涛	肖骏峰
王永豪	曹　斌	黄燃东	刘国肖	魏新峰	张福龙	周耘格	艾新童
史　嘉	华梦琦	郭晓倩	李曰梅	张　轶	陈国青	胡峻玮	阳　照
张　帅	罗先洪	陈荣添	舒世武	刘会阳	于学鹏	张海峰	莫兰兰
张　鸿	张颖异	解宁宁	游太稳	李思莹	解承萱	李　浩	曹雨薇
郭俊华	史建芬	莫俊冰	赵子建	赵常红	杨俊玲	汪立立	姚渊博
睢少博	邓玮琪	耿天佑	吴海东	张　凯	王朋民	杜志强	陈虎山
段泽龙	李　强	马路宽	邱万洪	吴慧锋	武祥吉	卢思瑶	卢晨朝
徐振磊	王　凯	马泽宇	史利强	张秋桦	李　湛	赵思思	侯善文
尤　悦	刘中秋	卢文博	张宇澜	马晓萌	崔月瑶	丁　弘	黄庄雯
金满山	李　乐	李　洋	刘培波	刘　欣	王　江	黄素洁	黄政星
李　翔	李　星	陶　锋	闫书畅	杨　涛	蔡文靖	韩腾飞	李科慧
宋雪嵩	王青会	韦家奇	易莹鑫	张明有	李冠军	梁华清	王　盼
薛明志	邹小红	冯　燚	何志华	李文凯	李学斌	闫　鑫	于　琦
张辉鼎	张　鑫	钟　平	郭世广	李名圆	李　宁	刘万宇	马增志
吴荣华	赵晓迪	雷　波	林绍智	裴娜娜	王　凯	徐　文	张仲杰
陈巍巍	廉　涛	邵志龙	辛创业	许丽朦	于剑桥	张　达	谷晓民
罗　云	任　璐	尹　涛	张超炜	赵纪彦	赵　杨	宋金浩	王　敏

张菁蔓	王婷婷	张若云	刘学敬	刘一炜	王君怡	辛春梅	

计算机系：117 人

李 蕴	韩美才	毛 冬	邓 丽	黄 卓	刘绪英	赵聪亮	叶 晖
高育栋	庞新强	李沛敏	李家豪	贾雨龙	李 帅	孙校宇	唐建佩
汪 洋	吕向阳	丁浩然	李姝锦	张树栋	于博洋	张 弛	陈小鹏
董亚伟	侯海敏	刘时超	王 鹏	贾海波	尹聪林	张燕平	刘正夫
刘亚珍	李建华	黄 峰	苏 航	宫 睿	李秋娅	刘 松	郭佳盛
蔡江洋	徐 瑾	王永刚	杨广辉	王海威	孟 勐	李翔宇	李忠强
申冠男	夏承亮	石凯文	武志磊	王 琰	朱广贞	郝 振	许一航
游 朗	沈亮印	李 俊	刘 晨	黄琬今	梁静娟	马博勇	魏 松
王纬韬	肖 晋	朱翔宇	龚冬颖	程雅欐	林 楠	程 启	靳朝阳
柯钰铭	李玉伟	苏 畅	魏建国	张 鹏	樊 舒	刘少波	王秀玲
王玉坤	高新星	靳晓妹	张齐齐	张晓妍	单 琳	冯甲军	郭利轩
李丹平	刘瑞颖	孙 涛	张桉童	陈潇一	陈 震	姜方正	庞红伟
王灵超	蒋越怀	刘 洋	孟庆鹏	苏继鹏	陶 韬	王 贝	臧泽洲
薛 奕	张 弛	张 颖	郑乐爔	段 越	金 津	李 磊	刘 策
牟天乐	施晓刘	王 烁	王鑫鑫	徐一洲			

经济管理系：143 人

曹燕灵	范佳佳	姚 龙	付娅霜	李佳颖	韦秋敏	段蔡红	钟小霞
张银英	侯 宇	王瑞武	黄文亭	田 舒	张庆乐	李淑贤	王淑卉
刘道刚	侯小华	潘俊杰	张 丽	吴舒华	刘 颖	高雨薇	韦斐若
张童丽	马 俊	李 欣	刘震坤	温诗瑶	孙 睿	丁亚玲	孙 平
刘笑楠	韦嘉宝	刘雨虹	徐 丹	肖艳明	周 慧	郭志宽	杜晨薇
赵 帆	杜 蘅	王光丽	姚佳慧	王家伟	赵思远	张 珺	童 典
戴雨禾	王建峰	钱怡然	何 敏	王春阳	郑晓雨	杨 仟	张 娜
孙华瑞	姜 媛	宁慧娜	秦秋月	吴晓萌	王 宁	邹家齐	李泽森
王龄苒	樊倩男	邱 楠	刘默涵	赵疆亘	裴 颖	陆爰羽	张自达
祝 君	王伟伟	戴婉婧	戴雨欢	郭苗苗	张号乾	许昭源	张 俊
张春成	张文丰	张在兴	彭道鑫	张晓明	阮 波	黄丽娟	孙 奇
袁 静	梁均钜	孙 涛	吴学斌	党 捷	张 建	李建业	梁宸语
仝 琳	单 双	王好雷	赵德斌	马彩娟	马 敏	罗乔丹	毕立朋
乔 乔	丘艺婕	耿晓伶	胡 月	谢 念	邵鹏程	李 昂	李天朔
朱庭萱	郑天琪	刘 颖	黄丽君	刘 浩	李 璇	陆俊杰	杨 硕
俞飞杨	孙升驰	周舒静	张天翊	李庆梅	吴婷婷	张婷婷	聂麟鹏
王 睿	李 夕	余玉琴	王小燕	张红豆	关 心	田 野	郑 策
李庆阳	熊建武	王丽娟	龚 运	黄权恒	荀 丹	李 丹	

数理系：38 人

晁学斌	高 威	邵 强	薛亚芳	周旭婷	马玉凤	陈 也	邓力维
王骁骁	王煦涛	王学友	肖 盼	谢 晋	马 俊	周清雄	罗粒菡
沈翕超	张正义	朱以顺	陈志华	杨效民	赵志杰	贾 广	吕天成
苏 娇	殷亚茹	邵 森	杨 姗	赵文静	周奥军	金彬斌	孙翠萍

李生虎	王　婷	付　豪	刘欣悦	叶文平	张　莉		

英语系：29 人

敖馨和	陈佳丽	郭　倩	黄吟雪	李慧莹	许　冰	于　露	蔡　笑
陈　卓	胡　睿	金　戈	李姗姗	李　影	刘　婷	罗小娜	宋颜萌
王　平	许嘉韵	袁彤彤	李　琛	刘玲玲	陆梦庭	王颖靓	杜焙焙
李健杰	潘蓉蓉	王小凤	阴雪莹	张　策			

自动化系：122 人

吴锡昌	袁　娜	高　欣	郭九旺	邹　格	刘冠男	赵　梦	荣海龙
闵建秋	丁　辉	范金骥	徐　瑞	王政一	李泳霖	刘　星	孙　泽
欧　勋	吴火蓉	施海莹	张　栋	赵　宏	练海晴	刘　晶	白　萌
李　佳	朱颂仪	高　玥	高　斌	梁　毅	罗　娅	刁若凡	田　野
陈湛杨	王　玮	赵宴弘	华智君	尹洪玉	张　宇	曾艳君	李　昕
吴家佳	俞人楠	闫　萧	潘　尧	赵　伟	王　涵	李东萍	郑亚男
郭玉青	王凯宸	陈　琳	胡鸿相	王章威	倪　盈	陈园艺	宋秉宸
白　硕	胡　艳	李金阳	江爱晶	吴静园	陈　思	刘陆阳	张　帆
邓　祺	谷　超	刘昭麟	王雨秋	马金龙	崔海林	刘林清	李　珂
潘　杜	王　琳	胡建业	孔祥宇	杨　朔	孙桂婷	杜元媛	叶自越
刘　娜	康莹莹	梁琦祥	刘越月	钟羽劲	栗　鑫	张　婕	张树浩
徐定康	李小鹏	郭俊霖	祁俊雄	董超群	周　清	徐　楠	肖庆芳
王　舜	李昱蓉	吴隆佳	徐超杰	于　笑	严　凯	杜　颖	白　雪
李晨曦	杨　迪	李梦楠	黄锦燕	张　萧	潘宇遥	杨晓言	张　锐
刘　静	牟景艳	狄　锐	蒋铁成	靳昊凡	田德阳	赖　咪	贾　岩
窦金辉	潘　浩						

七、业务素质优秀：160 人

电力工程系：41 人

季一宁	杨宏宇	占添乐	秦　玥	范　航	曹大卫	郭　飞	孟金棒
陈　轩	王　强	王欣欣	张伟波	张泽宇	周晋霖	宋　科	李　爽
吕　爽	魏　遥	李　冬	刘　畅	刘　欣	马启超	于思超	刘　卓
佘昊龙	罗　林	许胜仟	康文亮	包正刚	闫鹏强	郑美娜	王　璐
郝　毅	常　宁	张耀升	王　洋	杜　哲	曾　瑶	吕岩松	沈扬帆
杨　智							

电子与通信工程系：14 人

刘　宁	王　曼	董之微	黄嘉庚	郭　旭	杨　霞	胡诗咏	倪　远
彭尚飞	李　迪	高祖慧	席明潇	钱佳宁	叶建芳		

动力工程系：11 人

郝晓路	何　东	刘培培	李　越	李嘉华	高　伟	毛浩宇	曹宇坤
于　淏	李晓楠	夏宏伟					

法政系：11 人

孙晓蕾	杨　帆	黄江英	郑丽莎	李　元	刘天骄	许　麟	田婉莹
费文波	李明泽	梅　雪					

环境科学与工程学院：12 人

齐晓飞	罗玲童	曾令颖	李　勇	沈伦鹤	马万里	王　彬	何宇康
韩启明	李嘉伟	许　聪	朱丽萍				

机械工程系：24 人

霍欣明	杨　静	黄　凯	杨婧君	袁增辉	迟书强	陈　侠	郑显亚
罗　龙	梁　成	赵良辉	方玉枫	徐菁菁	李金龙	卢　阳	方超文
申屠阳	方　钿	王新赫	张　灏	赵圣林	黎修远	林明杰	李　孟

计算机系：10 人

倪　锐	胡　晟	王岩东	李　瑶	周子杰	梁文斌	霍春美	欧燕森
傅海超	朱静慈						

经济管理系：11 人

李木娟	李　芳	徐　亚	肖　瑶	王丽芳	吴　阳	杨志玲	韩　冰
纪　新	王时瑶	蔡文雯					

数理系：12 人

何化钧	乔元雪	杨　刚	杨丽敏	白纪伟	丁志新	赵　炜	刘祖权
张正昌	周佛佑	李　博	刘久炜				

英语系：5 人

黄佳华	姜　菲	贺　娟	刘　珂	向星蓉

自动化系：7 人

刘　炜	李林芸	李　晴	曾华清	张　晓	范海鹏	杨星星

八、社会活动优秀：271 人

电力工程系：45 人

李兆宇	陈　烨	刘锡禹	梁　号	李　萌	刘晓强	韦汉宇	常丁元
杨　旭	杨　晨	黄世超	缪宁杰	潘　荣	孙梅丹	王睿乾	岳鑫涛
阮琛奂	马明晗	邹　丰	周铭洋	金增辉	李声俊	杨　明	张　申
郑亚男	冯骏杰	程玉洲	严　逍	李　忍	陈一丹	任晓丹	秦　红
马慧娟	唐浩哲	葛鸿声	张　潇	李文丹	张晓静	黄毓鹏	于明洋
李奕炜	闫丹丹	乐　坤	曲东哲	田诗雯			

电子与通信工程系：22 人

唐振禹	王　玥	赵清林	甘　露	高　星	韩　瑞	丁　一	刘万超
王　锐	常培磊	张　玉	钟庆萍	李来杰	颜林睿	曹　哲	闫　旭
张桐建	李建华	张　晓	韩　冰	赵艳朋	王明昌		

动力工程系：42 人

李广洋	邹文辉	张玉朋	蒲广明	陈乾令	王　坤	盖志翔	狄翔坤
郑　州	李自贺	李宇曦	宋　冰	孙立巍	冯　娜	高佳颖	郭爱学
林殿吉	蔡滨宇	丁希晖	国继志	刘　苗	刘宸源	刘克龙	李治珉
左　露	王朋飞	高文宣	张胜杰	吴晓尧	尹　博	王佳音	常　浩
胡　蔓	魏凌云	张启辰	栾程程	孙立超	曹振斌	张青风	冯升飞
马立伟	杨　帆						

法政系：23 人

窦欣童　李思诺　刘于熙　覃　庚　杨　楠　吴　兵　李　晴　朱春鹏
任　然　李沂泽　刘帅志　倪状状　解天文　马裕宽　徐申初　宋筱楠
杨　星　宗　舟　高海悦　张春鹏　张　营　邵博文　刘延旭

国际教育学院：3 人

姜宇杭　李春鹏　李　洋

环境科学与工程学院：19 人

郭世伟　刘诗达　胡金权　冯镜羽　礼　骁　刘景晨　李　智　苟继武
郝青林　孙中豪　周鹏飞　王　芳　邓宝玉　刘德庆　曹　阳　曹　倩
孙伟哲　黎　伟　刘晓朋

机械工程系：26 人

李　易　张　牧　罗贵博　袁文涛　柳　欣　何　茂　黄　颖　翁志伟
金伟强　冯泽一　陈子谦　关会雪　许文豪　温　凯　王新波　宋敬良
徐文岐　王　强　李明强　崔耀文　宁笑林　茹增田　刘江涛　赵金健
冯茹祯　赵　阔

计算机系：26 人

陈自然　任　旭　孙卫骞　尹旭东　张　波　张　伟　李　衡　吴建设
郑腾飞　张永华　肖辉远　彭　阳　王成国　罗雅丹　史　诗　吕东红
尹晓阳　宋利利　凌　鑫　徐京京　韩　文　李廷峰　欧燕森　王丹蓉
陈雅卓　邱红萍

经济管理系：28 人

韩芳子　黄建林　卢　威　谢泽川　陈云海　黄琬捷　牧国韬　张　鑫
吕振希　耿文艳　谭雨倩　黄华羚　黄继杰　朱鹏飞　刘　欣　李　锐
贾智杰　张梓原　张丹红　许　艳　李安琪　李登卫　李少龙　曾　利
田　旭　刘东冉　杨国卫　张　逾

数理系：6 人

兰雪娇　杨　刚　李东野　武　岳　陆豪强　孙新宇

英语系：7 人

吕晶晶　赵雁博　陈秋实　李子安　王爱迪　于晓游　史鸿翔

自动化系：24 人

彭凌云　韩雅杰　马旭红　梁冬军　李政谦　孙　健　武　翔　阎立恒
李丹华　马博洋　周国烨　李振宇　李俊杰　李　念　张　忱　孙旭鹏
谢佳锟　王志强　谢　松　孙浩然　陶　鑫　王栋立　孙　博　张　蕾

九、文化活动优秀：122 人

电力工程系：38 人

王灵安　郭杰炜　季　杨　朱胤宇　吴达鑫　曹宇豪　李大亮　周艺旋
李　敏　张　娜　潘刘轶　郭书言　张力飞　陈　赟　佘昊龙　余子琳
周英豪　蔡智威　王嘉钰　杨　婷　程玉洲　陈一丹　张　恒　杨玉瑾
王劲淳　李　颖　马慧娟　周鹏举　刘　洋　葛鸿声　李文丹　李奕炜
唐婉璐　闫丹丹　乐　坤　姚云飞　陈洁昕　曲东哲

电子与通信工程系：12 人

唐振禹	赵清林	甘　露	郑五洋	钟庆萍	杨子正	张桐建	王文莉
张成功	陈一鸣	张　爽	廖杨春子				

动力工程系：12 人

刘　赢	马　晶	孙立巍	谭美华	王昱臻	张睿懿	高文宣	杨　阔
许　艺	贾国晖	杨　森	谷秋实				

法政系：7 人

杨　楠	李　晴	王曼格	周静漪	李雪丽	高　航	黄思博雅

国际教育学院：3 人

刘馨雅	王乐秋	许紫涵

环境科学与工程学院：5 人

覃　蘧	刘景晨	陆冰洁	邢佳蕾	杨钧晗

机械工程系：12 人

张　牧	罗婕莹	韩　东	翁志伟	陈乔生	冯泽一	宋敬良	方玉枫
高飞杰	韩立明	罗政刚	田　东				

计算机系：6 人

唐华东	尹旭东	王远雄	李廷峰	张胜男	陈雅卓

经济管理系：13 人

张　楚	钟思鸣	孔　姣	谢泽川	黄琬捷	李　芳	金秀燕	胡万平
李少龙	苟瑞欣	田虹辰	刘东冉	何晓博			

数理系：2 人

杨丽敏	郑　辰

英语系：3 人

邵振粉	文佳玮	刘　典

自动化系：9 人

武　翔	郑冬浩	白毅志	张一鸣	严　倩	王　天	许茹欣	史　航
康佳鑫							

十、体育活动优秀：235 人

电力工程系：67 人

程黄新	姚晓东	张　宾	林　华	吴　昊	季　杨	刘　硕	刘明奎
梁　号	卢　娜	彭忠源	白　冰	李　萌	陆　峥	孙榆昊	袁雪慧
马启超	陈　凯	洪　泽	黄晓义	李晓东	徐捷立	佘昊龙	庄　威
孟周江	袁　禾	崔　瑞	揭　阳	李宏涛	刘　尧	马明晗	戎阳枫
邹　丰	赵雨濛	周铭洋	邓则苞	金增辉	李声俊	尤　东	杨　明
张　申	陈一航	段剑犁	宋辰羊	孙大伟	赵　寒	程玉洲	韩振宇
王　良	姚孝靖	邹　希	张耀升	汤涵清	陈　晨	李　颖	白梦龙
袁思遥	胡家骐	张晓静	黄毓鹏	于明洋	杨　健	李博仁	闫丹丹
牟航航	冯洧荣	曲东哲					

电子与通信工程系：21 人

郝　玮	王　剑	赵清林	王　杰	贺家乐	黄嘉庚	刘　洋	卓方正

黄　磊	刘　野	赵　瑞	王亚楼	李梓信	张桐建	林陈伟	宋　玉
陈学超	张　晓	陈　昱	卢妍倩	钱佳宁			

动力工程系：15 人

肖阶平	高　畅	张亚军	孙　维	谭森文	王国栋	童政毅	朱　静
鲁　琦	常　浩	高　伟	张伊黎	高　昂	李建宁	孙　铁	

法政系：13 人

李　琳	王金鹏	于浩男	李沂泽	唐　林	马　瑞	孙天留	刘玉黔
马　啸	周　晨	邵博文	冯宇浩	安外尔·克热木			

国际教育学院：7 人

单嘉恒	陈纪桥	黄　赞	纪又予	李海东	潘　超	张艺凡

环境科学与工程学院：12 人

胡金权	礼　骁	强　鹏	龚　晟	张小伟	黄烈明	张生娟	陈纪轩
孙中豪	张理杰	邱婷婷	陈基华				

机械工程系：28 人

李　强	刘　新	张　牧	罗贵博	韩　东	张　彦	郝志垒	刘东圆
高洪尧	左利博	郑　宗	宋　琪	南　凯	郭　盼	陈　侠	林清泉
郭　靖	周鹏程	黄子良	宋松涛	白云灿	李海啸	方晓仲	蒋景烁
冯茹祯	谢小元	郭宝春	张姣姣				

计算机系：9 人

何大望	邓　特	赵文聪	张成栋	刘雨晨	王　聪	李　森	李　彭
朱万意							

经济管理系：23 人

江　丹	龚文武	江明琪	黄建林	张二静	周　雷	马小琦	王兴旺
牧国韬	金秀燕	朱鹏飞	李　锐	李安琪	李登卫	胡万平	丁启钊
陆嘉雯	徐　隆	贾玉婷	王昱勋	刘东冉	杨国卫	麦吾兰·芒尼科	

数理系：7 人

张天富	雷作平	晏国杰	武　岳	杨　洋	陈玉成	刘久炜

英语系：8 人

马梦肖	赵雁博	郑灵山	宋春暖	李　瑜	杨天娇	陈　红	李鹏鸽

自动化系：25 人

陈　丹	刘鹏程	时文静	毛　宇	李志广	王文韬	田镕嘉	李相伸
吴　迪	张　宇	时治青	杨　伟	李　瑞	李贤政	罗　皓	韦　杭
王栋立	马　攀	俱　帅	车蕴涛	陈　曦	陶　琳	陆　帅	黎瑞斌
高　岩							

十一、思想道德表现优秀：156 人

电力工程系：31 人

李兆宇	陈　烨	余　航	梁　号	张　钊	谭舒翠	李　萌	曹宇豪
李大亮	周艺旋	韦汉宇	刘　波	严敬汝	朵吉明	马卓黎	徐捷立
杨　旭	赵东林	王嘉钰	阮琛奂	李涵骁	王　喆	赵雨濛	张　申
赵　晶	陈一航	郑亚男	陈一丹	李文丹	李奕炜	曲东哲	

电子与通信工程系：13 人

赵清林　刘万超　王昌炜　王　锐　诸骏豪　常培磊　张桐建　王文莉
张　昊　韩　冰　孙依娜　王明昌　蔡澔伦

动力工程系：5 人

郭爱学　魏凌云　王兰昱　张　皓　曹振斌

法政系：15 人

王　倩　安凌霄　肖　翔　朱春鹏　左　林　倪状状　宗　舟　安　平
孙天留　王铁权　周　晨　周保权　费文波　张　营　黄思博雅

国际教育学院：2 人

李海东　李汶芝

环境科学与工程学院：6 人

周治慧　胡金权　刘景晨　郝青林　孙中豪　杨钧晗

机械工程系：32 人

张　牧　罗贵博　李丹丹　袁文涛　柳　欣　张自帅　周广洋　黄　颖
张　彦　关会雪　李　岩　许文豪　温　凯　刘美均　周晨光　欧　健
梁介众　黄子良　宋松涛　高鹏飞　李海啸　宁笑林　赵圣林　郭雪华
茹增田　刘江涛　赵金健　冯茹祯　谢小元　徐惠杰　张钰淇
达娃央金

计算机系：12 人

汪　婷　肖辉远　张维和　王成国　罗雅丹　王远雄　韩　文　李廷峰
高　晶　杨佩茹　陈雅卓　邱红萍

经济管理系：19 人

吕彦洁　卢　威　严　妍　朱鹏飞　许　艳　李登卫　江垚华　胡万平
苟瑞欣　彭伟松　郑焕海　李金强　蒋丽雅　范媛媛　宋飞云　刘东冉
胡显立　张　舒　杨国卫

数理系：5 人

庞晓娜　张　悦　常怡东　牛　牛　李　潇

英语系：7 人

吕晶晶　邵振粉　文佳玮　李　瑜　史鸿翔　刘　典　刘文文

自动化系：9 人

丁　竹　邓　勇　李振宇　李海珍　谢佳锟　丁　磊　严　倩　王栋立
王　天

十二、科技创新能力优秀：52 人

电力工程系：7 人

季一宁　缪宁杰　潘　荣　郑思远　刘　芮　于明洋　黄世龙

电子与通信工程系：2 人

刘　野　林陈伟

动力工程系：10 人

马明皓　车宏鹏　郑　州　宋　冰　刘冰川　王建山　耿江华　黄　璞
刘　畅　程许谟

法政系：1 人

陆耀明

环境科学与工程学院：2 人

陆　耀	田　耕

机械工程系：12 人

李丹丹	袁文涛	周广洋	黄　颖	刘　秀	许文豪	刘美均	唐　瑞
徐文岐	钟骐骏	李金龙	方　钿				

计算机系：9 人

张吉富	王成国	林　言	史　诗	张晓琳	尹晓阳	李　丽	马青彦
张云潮							

经济管理系：5 人

江明琪	符鹏飞	严　妍	黄继杰	王路平

数理系：1 人

何化钧

自动化系：3 人

金振南	王加芳	刘　昭

华北电力大学 2012 届省市级优秀毕业生名单

北京市优秀毕业生

电气与电子工程学院（37 人）

丁梦娜	吴广禄	吴旻昊	王　灿	朱晶晶	韩龙艳	章　超	高　媛
陈甜妹	王泽朗	何旭洁	刘哲偲	谭逢时	李维峰	刘向宁	王　博
金挺超	孙　海	俞隽亚	王　斌	李　赟	严　平	关少平	贾　霖
辛鸿帅	鹿　伟	刘　晨	张　潇	谢裕清	常威明	耿介雯	宁阳天
张志高	高小林	王　琦	郭延凯	董希杰			

能源动力与机械工程学院（22 人）

汪　洋	洪　霞	王鹏翔	常思远	张　群	张　阳	谢　典	韩临武
袁　凯	于亚薇	曹宏芳	刘伟龙	徐　婧	贾新龙	张　熙	刘　莹
李小龙	曲泽宇	任朝旭	路富强	闫国栋	高　波		

经济与管理学院（23 人）

李晓芳	张金颖	王　琼	张　慧	韩　颖	许晓敏	李钰龙	韩君易
叶君红	彭丽霖	梁　艺	王　琦	江远彬	傅俊杰	高　敏	顾姗姗
厉一梅	罗茜亚	杨凯文	杨　爽	张　龙	林丽琼	欧阳邵杰	

控制与计算机工程学院（21 人）

吴金水	程博昊	严　炜	罗　江	王　竹	李　帆	曾　杰	程　浩
王艳萍	郭雪娇	张　静	滕玉祥	项　丹	史　龙	蔡云飞	王诚诚
罗昌雁	王　楠	郭　淼	于　慧	韩贤岁			

人文与社会科学学院（10 人）

仇　颖	姜　星	马阿美	杨华青	李金蔚	董亚婧	王　帆	杨青萌

秦　颖	王　萌						

可再生能源学院（7 人）

王一姝	高小力	田爱忠	邵艳妮	税　宁	张　薇	李荣波

数理学院（3 人）

冯君淑	王薏苑	安亚静

外国语学院（3 人）

万楚彦	金　悦	姜妍文

核科学与工程学院（3 人）

陈梦醒	冯一斐	郭　超

国际教育学院（6 人）

孙　伟	张　杨	洪　新	丁　健	黄泽阳	傅　宇

河北省优秀毕业生

电力工程系（27 人）

甄　钊	李　琦	崇志强	段若晨	刘大正	马　蕊	申　雪	唐贤敏
李雪云	应璐曼	诸丹丹	谢静媛	李少岩	王　扬	周　浩	谷雨峰
谢　琳	孔令号	李小强	王东华	杨　丽	林　鹏	尹　瑞	彭英杰
尹永利	张继楠	孙叶旭					

动力工程系（16 人）

祝云飞	陈　衡	刘　磊	于玮琦	蒙朝宗	付　萍	王恒栋	周　康
张　莹	林晓华	吴伟铭	俞露杰	宋　蕾	刘　婷	岳　婷	周霭林

计算机系（10 人）

许艳超	孙继东	古向楠	王铭坤	许楚航	王建宽	辛　祥	刘文龙
朱　维	张膦英						

自动化系（11 人）

杨　娟	程思彤	张大兴	杨　漾	梁高琪	邓　菲	刘双赛	张志超
李　冰	孙晓茹	李　琳					

机械工程系（15 人）

张　卿	侯兰兰	邢敏杰	韩国栋	詹长庚	豆龙江	廖红玉	范　玥
陈益芳	周恩泽	王敬德	何奇莲	韩文雅	陈　沫	仁青措姆	

经济管理系（10 人）

黄静思	邵凯月	朱义凡	张春艳	李苏玉	刘　琦	刘艳会	黎　特
孙俊芳	王　超						

电子与通信工程系（6 人）

齐　霁	张　永	黄　韵	李　越	张　馨	刘　飞

环境科学与工程学院（6 人）

邓银萍	郝思琪	董　松	石荣雪	费　翔	潘依琼

法政系（6 人）

张晓雯	华晔子	董海凤	李玉娇	尹　歆	串红丽

数理系（5 人）

宋　浩	王文炎	周　振	刘　羽	李登科

英语系（1 人）

蒋　巍

华北电力大学 2012 届校级优秀毕业生

北京校部

电气与电子工程学院（76 人）

丁梦娜	吴广禄	吴旻昊	王　灿	苏　斌	谢梦华	朱晶晶	司秉千
韩龙艳	陈婧华	章　超	杨　栋	彭茂兰	高　媛	陈甜妹	曾　丹
李芝娟	王泽朗	张慧瑜	朱逸超	何旭洁	周　超	陈玉龙	卢　婷
刘哲偲	谭逢时	李维峰	黄昕颖	刘向宁	陈　茜	王　博	金挺超
许纹碧	王建波	孙　海	李海南	张惠汐	俞隽亚	龚凯强	刘　聪
邓　宇	邵泽宇	王　斌	李　赟	严　平	辛昊阔	关少平	贾　霖
王艺娟	辛鸿帅	费　彬	鹿　伟	李　鹤	刘　晨	郭津瑞	苏丽宁
张潇龚	宾　虹	谢裕清	王晓艳	常威明	刘一超	潘险险	耿介雯
李清香	宁阳天	张志高	李　树	高小林	王　琦	吕新荃	郭延凯
李弘运	董希杰	刘　申	刘林溥				

能源动力与机械工程学院（46 人）

汪　洋	洪　霞	王鹏翔	薛晓迪	张　群	张　阳	谢　典	韩临武
袁　凯	于亚薇	曹宏芳	刘伟龙	徐　婧	张　熙	贾新龙	刘　莹
李小龙	曲泽宇	任朝旭	杨　琴	吴　娅	常思远	刘姝女	路富强
邢丽婧	安广然	罗　娜	年　越	王韶华	李婉佳	夏淑燕	闫国栋
吴俊杰	徐　玫	付　丽	张　鑫	王奔宇	杨　斌	徐　超	于强强
林　琳	田　甜	赵　越	位召祥	卞　境	高　波		

经济与管理学院（47 人）

李晓芳	张金颖	张　慧	韩　颖	许晓敏	李钰龙	王　琼	韩君易
叶君红	彭丽霖	梁　艺	王　琦	江远彬	傅俊杰	高　敏	顾姗姗
厉一梅	罗茜亚	杨凯文	杨　爽	张　龙	林丽琼	刘洋洋	闫　寒
陈婷婷	刘乐桃	冯　霞	刘　芸	李卉子	杨　晨	寿圆圆	傅　颖
郭慧媛	杨朝阳	唐　怡	曾　勇	邱玉钰	罗　懿	薛贵元	樊红秀
赵晨晨	邓　娅	闫娇娇	高宏星	马文君	韩兰兰	欧阳邵杰	

控制与计算机工程学院（41 人）

吴金水	袁　玥	吴勤勤	程博昊	严　炜	罗　江	华　梁	王　竹
莫莉娟	刘　翔	李　帆	艾明浩	曾　杰	蒋　军	程　浩	王艳萍
郝世昱	郭雪娇	张　静	滕玉祥	刘　倩	项　丹	徐倩茹	刘　婧
史　龙	蔡云飞	王诚诚	王　楠	付亚丽	王　飞	张琪彬	王海东
罗昌雁	郭　淼	席　珂	于　慧	刘海珍	文登宇	韩贤岁	代云飞
胡屹然							

人文与社会科学学院（20人）

仇　颖	姜　星	马阿美	杨华青	李金蔚	王　帆	林　沁	杨青萌
秦　颖	王　萌	王　艳	孟　璐	万思怡	刘　晓	黄勤怡	杨　钊
刘平丽	李　嫚	董亚婧	温雯菲				

可再生能源学院（14人）

王一姝	高小力	田爱忠	张国强	余　悦	杨兴旺	孙　超	邵艳妮
税　宁	张　薇	辛雅焜	李荣波	额尔敦	沈晨曦		

数理学院（5人）

冯君淑	王薏苑	安亚静	李　倩	颉　迪

外国语学院（7人）

万楚彦	金　悦	姜妍文	王轶赫	郑世俊	蒋成宇	苏　晶

核科学与工程学院（7人）

陈梦醒	冯一斐	郭　超	张鹏鹤	蒲　勇	张钰浩	冯　飞

国际教育学院（17人）

孙　伟	张　杨	洪　新	丁　健	黄泽阳	傅　宇	解茗迪	孟　硕
曹琳娜	赵　晨	吴宗翔	沈博洋	彭　俱	高　天	崔　颖	刘　臻
孙宇航							

保定校区

电力工程系（45人）

甄　钊	李　琦	崇志强	段若晨	刘大正	马　蕊	申　雪	唐贤敏
李雪云	应璐曼	诸丹丹	谢静媛	李少岩	王　扬	周　浩	谷雨峰
谢　琳	孔令号	李小强	王东华	杨　丽	林　鹏	尹　瑞	彭英杰
尹永利	张继楠	何　荷	孙叶旭	王晓华	王彬彬	张卜元	周一辰
黄国林	罗　程	邵　玲	董冠群	刘　晋	魏　锥	张俊杰	孔维辰
闫　威	殷一丹	刘鲁朋	李精松	蔡婉雯			

动力工程系（21人）

祝云飞	陈　衡	刘　磊	于玮琦	程文煜	蒙朝宗	付　萍	王恒栋
张辉彬	周　康	鲁春丽	张　莹	林晓华	吴伟铭	俞露杰	丁志华
宋　蕾	张倩茹	刘　婷	岳　婷	周霭林			

计算机系（17人）

许艳超	孙继东	钟至智	鲍思沁	古向楠	王铭坤	邵婧婕	许楚航
王建宽	辛　祥	刘文龙	袁　扬	朱　维	黄斯旎	张塍英	李　强
明　镜							

自动化系（15人）

杨　娟	程思彤	范环宇	张大兴	杨　漾	梁高琪	邓　菲	顾丽蕊
于金生	刘双赛	王　琮	张志超	李　冰	孙晓茹	李　琳	

机械工程系（17人）

张　卿	侯兰兰	邢敏杰	韩国栋	詹长庚	豆龙江	廖红玉	范　玥
陈益芳	周恩泽	王敬德	何奇莲	韩文雅	陈　沫	朱登杰	黄　伟

仁青措姆

经济管理系（14 人）

黄静思	邵凯月	朱义凡	张春艳	谢文丹	边宇鸣	李苏玉	刘　琦
黄峰慧	刘艳会	黎　特	孙俊芳	苏　凡	王　超		

电子与通信工程系（11 人）

李新艳	燕婷婷	齐　霁	钟孔露	刁欣茹	张　永	黄　韵	李英敏
李　越	张　馨	刘　飞					

环境科学与工程学院（7 人）

邓银萍	郝思琪	董　松	石荣雪	费　翔	潘依琼	杜磊霞

法政系（8 人）

张晓雯	刘兆月	华晔子	董海凤	严　娅	李玉娇	尹　歆	串红丽

数理系（6 人）

宋　浩	王文炎	周　振	刘　羽	李登科	陈　超

英语系（1 人）

蒋　巍

华北电力大学 2012 年志愿支援国家西部建设的毕业生名单

序号	学号	姓名	性别	专业	生源所在地	单位名称	单位所在地
1	1081200201	白　军	男	电子信息工程	宁夏回族自治区	内蒙古电力（集团）有限责任公司	内蒙古呼和浩特市
2	1081181101	白　瑞	男	电气工程及其自动化	内蒙古自治区	内蒙古电力（集团）有限责任公司	内蒙古呼和浩特市
3	1081170301	白　杨	男	热能与动力工程	内蒙古自治区	内蒙古大唐国际托克托发电有限责任公司	内蒙古呼和浩特市
4	1081350201	蔡韩雨	男	会计学	贵州省	安顺供电局	贵州省安顺市
5	1081181503	蔡剑锐	男	电气工程及其自动化	河北省	内蒙古电力（集团）有限责任公司	内蒙古呼和浩特市
6	1081181603	蔡　翔	男	电气工程及其自动化	宁夏回族自治区	宁夏电力公司	宁夏银川市
7	1081181202	蔡漪濛	女	电气工程及其自动化	宁夏回族自治区	宁夏电力公司	宁夏银川市
8	1081181505	曹永胜	男	电气工程及其自动化	甘肃省	兰州供电公司	甘肃省兰州市
9	1081360101	陈安会	女	财务管理	贵州省	贵州电网公司铜仁供电局	贵州省铜仁市
10	1081170702	陈　刚	男	热能与动力工程	重庆市	四川川锅锅炉有限责任公司	四川省成都市
11	1081200204	陈光民	男	电子信息工程	甘肃省	内蒙古电力（集团）有限责任公司	内蒙古呼和浩特市
12	1081180701	陈弘磊	男	电气工程及其自动化	宁夏回族自治区	华电宁夏灵武发电有限公司	宁夏灵武市
13	1081181203	陈宏强	男	电气工程及其自动化	甘肃省	甘肃省电力公司检修公司	甘肃省兰州市
14	1081190404	陈丽萍	女	自动化	广西壮族自治区	广西电网公司玉林供电局	广西玉林市
15	1081180702	陈　励	男	电气工程及其自动化	广西壮族自治区	广西电网公司南宁供电局	广西南宁市

续表

序号	学号	姓名	性别	专业	生源所在地	单位名称	单位所在地
16	1081180201	陈　隆	男	电气工程及其自动化	贵州省	贵州电网公司调度控制中心	贵州省贵阳市
17	1081320101	陈萍萍	女	工程管理	浙江省	东方电气股份有限公司国际工程分公司	四川省成都市
18	1081160204	陈世景	男	测控技术与仪器	广西壮族自治区	广西电网公司河池供电局	广西河池市
19	1081020103	陈万强	男	国际经济与贸易	甘肃省	武威市人力资源和社会保障局	甘肃省武威市
20	1081170902	陈维维	男	热能与动力工程	重庆市	四川川锅锅炉有限责任公司	四川省成都市
21	1081180503	陈贤忠	男	电气工程及其自动化	贵州省	中国南方电网有限责任公司超高压输电公司贵阳局	贵州省贵阳市
22	1081180401	陈　妍	女	电气工程及其自动化	甘肃省	兰州供电公司	甘肃省兰州市
23	1081160206	成　周	男	测控技术与仪器	重庆市	贵州电网公司六盘水供电局	贵州省六盘水市
24	1081160102	崔亚华	男	测控技术与仪器	山东省	安顺供电局	贵州省安顺市
25	1071210201	党　巍	男	电气工程及其自动化	广西壮族自治区	广西电网公司百色供电局	广西百色市
26	1081540204	董晓晨	男	风能与动力工程	山西省	特变电工新疆新能源股份有限公司	新疆乌鲁木齐市
27	1081181305	董泽洪	男	电气工程及其自动化	重庆市	重庆市电力公司綦南供电局	重庆市
28	1081190407	杜浩博	男	自动化	甘肃省	酒泉钢铁（集团）有限责任公司	甘肃省嘉峪关市
29	1081140202	段江涛	男	电力工程与管理	甘肃省	甘肃省电力公司检修公司	甘肃省兰州市
30	1081170103	段忠斌	男	热能与动力工程	黑龙江省	北方联合电力有限责任公司	内蒙古呼和浩特市
31	1081160303	范文婧	女	测控技术与仪器	青海省	青海电力科学试验研究院	青海省西宁市
32	1081370105	冯江涛	男	人力资源管理	陕西省	兰州供电公司	甘肃省兰州市
33	1081080105	冯　前	男	信息与计算科学	贵州省	中国大唐集团公司广西分公司	广西南宁市
34	1081180405	冯　玮	男	电气工程及其自动化	云南省	云南电网公司昆明供电局	云南省昆明市
35	1081181306	冯　雪	女	电气工程及其自动化	宁夏回族自治区	宁夏电力公司	宁夏银川市
36	1081370106	符国文	女	人力资源管理	海南省	广西电网公司来宾供电局	广西来宾市
37	1081080204	付蓉	女	信息与计算科学	青海省	青海平安高精铝业有限公司	青海省海东地区
38	1081170509	高　波	男	热能与动力工程	内蒙古自治区	内蒙古大唐国际托克托发电有限责任公司	内蒙古呼和浩特市
39	1081530102	高　杰	男	汉语言文学	云南省	中国水利水电第十四工程局有限公司	云南省昆明市
40	1081170602	高起堂	男	热能与动力工程	青海省	中电投新疆能源有限公司	新疆乌鲁木齐市
41	1081170308	高晓龙	男	热能与动力工程	云南省	四川中电福溪电力开发有限公司	四川省宜宾市
42	1081420203	高　卓	女	水利水电工程	西藏自治区	四川省电力公司映秀湾水力发电总厂	四川省都江堰市
43	1081180506	郜尚琳	女	电气工程及其自动化	青海省	青海省电力公司电力科学研究院	青海省西宁市
44	1081181403	谷亚丽	女	电气工程及其自动化	陕西省	四川省电力公司广元电业局	四川省广元市
45	1081180304	郭　弘	男	电气工程及其自动化	青海省	四川华能宝兴河电力股份有限公司	四川省雅安市

续表

序号	学号	姓名	性别	专业	生源所在地	单位名称	单位所在地
46	1081360109	郭　龙	男	财务管理	甘肃省	青海省电力公司	青海省西宁市
47	1081420106	郭小晗	男	水利水电工程	湖北省	四川华能宝兴河水电有限责任公司	四川省雅安市
48	1081181510	韩偲彬	男	电气工程及其自动化	云南省	云南电网公司曲靖供电局	云南省曲靖市
49	1081210106	韩朝珊	男	通信工程	广西壮族自治区	广西电网公司钦州供电局	广西钦州市
50	1081360203	韩国兴	男	财务管理	辽宁省	中国水利水电第十四工程局有限公司	云南省昆明市
51	1081180902	韩　鹏	男	电气工程及其自动化	陕西省	渭南供电局	陕西省渭南市
52	1081181511	韩　笑	女	电气工程及其自动化	陕西省	渭南供电局	陕西省渭南市
53	1081181208	韩中伟	男	电气工程及其自动化	重庆市	重庆市电力公司川东电力集团有限公司	重庆市
54	1081370107	何冬梅	女	人力资源管理	四川省	广西电网公司桂林供电局	广西桂林市
55	1081340205	何　弦	男	市场营销	重庆市	贵州电网公司铜仁供电局	贵州省铜仁市
56	1081540105	何子豪	男	风能与动力工程	甘肃省	大唐酒泉风电运营有限责任公司	甘肃省酒泉市
57	1081370108	侯照宇	男	人力资源管理	青海省	甘肃省电力公司检修公司	甘肃省兰州市
58	1081390206	胡淑娟	女	行政管理	广西壮族自治区	广西电网公司百色供电局	广西百色市
59	1081181309	胡　帅	女	电气工程及其自动化	内蒙古自治区	内蒙古电力勘测设计院	内蒙古呼和浩特市
60	1081200209	胡艳剑	男	电子信息工程	辽宁省	内蒙古电力（集团）有限责任公司	内蒙古呼和浩特市
61	1081160109	黄　飞	男	测控技术与仪器	四川省	四川省电力公司资阳公司	四川省资阳市
62	1081190111	黄　杰	男	自动化	广西壮族自治区	中国大唐集团公司广西分公司	广西南宁市
63	1081360205	黄俊捷	男	财务管理	四川省	四川华电泸定水电有限公司	四川省成都市
64	1081200210	黄明胜	男	电子信息工程	贵州省	安顺供电局	贵州省安顺市
65	1081040108	黄　平	男	法学	广西壮族自治区	广西电网公司贵港供电局	广西贵港市
66	1081180806	黄小璐	女	电气工程及其自动化	贵州省	贵州乌江水电开发有限责任公司	贵州省贵阳市
67	1081170106	黄　洋	男	热能与动力工程	重庆市	成都合能达科技开发投资有限公司	四川省成都市
68	1081181512	黄增柯	男	电气工程及其自动化	广西壮族自治区	广西电网公司南宁供电局	广西南宁市
69	1081181513	计梦瑶	女	电气工程及其自动化	宁夏回族自治区	兰州供电公司	甘肃省兰州市
70	1081130207	贾　龙	男	材料科学与工程	四川省	国电成都金堂发电有限责任公司	四川省成都市
71	1081440209	贾明扬	男	核工程与核技术	贵州省	重庆市电力高等专科学校	重庆市
72	1081190409	蒋陈根	男	自动化	江西省	云南电网公司楚雄供电局	云南省楚雄市
73	1081390108	金小燕	女	行政管理	青海省	青海省环境地质勘查局	青海省西宁市
74	1081320208	巨延庆	男	工程管理	青海省	黄河上游水电开发有限责任公司	青海省西宁市
75	1081200106	康龄泰	男	电子信息工程	甘肃省	新疆新能信息通信有限责任公司	新疆乌鲁木齐市
76	1081440210	康　悦	男	核工程与核技术	甘肃省	广西防城港核电有限公司	广西防城港市

续表

序号	学号	姓名	性别	专业	生源所在地	单位名称	单位所在地
77	1081190609	孔　磊	男	自动化	青海省	黄河上游水电开发有限责任公司	青海省西宁市
78	1081170208	朗林茂	男	热能与动力工程	内蒙古自治区	北方联合电力有限责任公司	内蒙古呼和浩特市
79	1081170109	雷发超	男	热能与动力工程	贵州省	贵州电力职业技术学院	贵州省贵阳市
80	1081150104	雷鸣洋	男	机械工程及自动化	宁夏回族自治区	宁夏宁鲁煤电有限责任公司	宁夏灵武市
81	1081320209	李黛晶	女	工程管理	贵州省	贵州送变电工程公司	贵州省贵阳市
82	1081190116	李　飞	男	自动化	河北省	北方联合电力有限责任公司	内蒙古呼和浩特市
83	1081180312	李　菲	男	电气工程及其自动化	贵州省	贵州电网公司铜仁供电局	贵州省铜仁市
84	1081420110	李　键	男	水利水电工程	安徽省	黄河上游水电开发有限责任公司	青海省西宁市
85	1081170110	李　康	男	热能与动力工程	陕西省	大唐陕西发电有限公司灞桥热电厂	陕西省西安市
86	1081320112	李　平	男	工程管理	云南省	曲靖供电有限公司	云南省曲靖市
87	1081350108	李权琼	女	会计学	广西壮族自治区	广西电网公司钦州供电局	广西钦州市
88	1081200212	李生平	男	电子信息工程	青海省	安顺供电局	贵州省安顺市
89	1081140205	李　腾	男	电力工程与管理	宁夏回族自治区	内蒙古电力（集团）有限责任公司	内蒙古呼和浩特市
90	1081181408	李维涛	男	电气工程及其自动化	甘肃省	白银供电公司	甘肃省白银市
91	1081181409	李卫卿	男	电气工程及其自动化	广西壮族自治区	广西电网公司玉林供电局	广西玉林市
92	1081181109	李文冬	男	电气工程及其自动化	甘肃省	宁夏电力公司	宁夏银川市
93	1081171011	李西雷	男	热能与动力工程	河北省	内蒙古大唐国际托克托发电有限责任公司	内蒙古呼和浩特市
94	1081181213	李　雪	女	电气工程及其自动化	陕西省	陕西省电力公司汉中供电局	陕西省汉中市
95	1081181110	李娅男	女	电气工程及其自动化	云南省	云南电网公司昆明供电局	云南省昆明市
96	1081170412	李　阳	男	热能与动力工程	云南省	国电阳宗海发电有限公司	云南省昆明市
97	1081181316	李艺征	女	电气工程及其自动化	陕西省	西安供电局	陕西省西安市
98	1081340207	李　屹	男	市场营销	四川省	四川华能宝兴河电力股份有限公司	四川省雅安市
99	1081181012	李毅杰	男	电气工程及其自动化	云南省	云南电网公司玉溪供电局	云南省玉溪市
100	1081210108	李　媛	女	通信工程	宁夏回族自治区	中国电信股份有限公司宁夏分公司	宁夏银川市
101	1061370113	李振江	男	电气工程及其自动化	新疆维吾尔自治区	中电投新疆能源有限公司	新疆乌鲁木齐市
102	1081170111	连汝剑	男	热能与动力工程	内蒙古自治区	北方联合电力有限责任公司	内蒙古呼和浩特市
103	1081181317	梁树欢	男	电气工程及其自动化	广西壮族自治区	广西电网公司 贵港供电局	广西贵港市
104	1081180107	林桃贝	女	电气工程及其自动化	海南省	广西电网公司 贵港供电局	广西贵港市
105	1081370112	刘　芳	女	人力资源管理	甘肃省	金昌供电公司	甘肃省金昌市
106	1081300112	刘　舰	男	信息管理与信息系统	云南省	云南电网公司 西双版纳供电局	云南省景洪市
107	1081080114	刘　杰	男	信息与计算科学	青海省	中国联合网络通信有限公司青海省分公司	青海省西宁市

续表

序号	学号	姓名	性别	专业	生源所在地	单位名称	单位所在地
108	1061170214	刘　康	男	热能与动力工程	新疆维吾尔自治区	华电新疆发电有限公司	新疆乌鲁木齐市
109	1081220106	刘丽莎	女	计算机科学与技术	云南省	云南南天电子信息产业股份有限公司	云南省昆明市
110	1081160114	刘　利	女	测控技术与仪器	云南省	师宗县供电有限公司	云南省师宗县
111	1081190412	刘　璇	女	自动化	宁夏回族自治区	云南电网公司红河供电局	云南省蒙自县
112	1081180813	刘　洋	男	电气工程及其自动化	宁夏回族自治区	贵阳供电局	贵州省贵阳市
113	1081210111	刘　义	男	通信工程	贵州省	内蒙古电力（集团）有限责任公司	内蒙古呼和浩特市
114	1081350114	刘　毅	男	会计学	湖北省	内蒙古伊泰集团有限公司	内蒙古鄂尔多斯市
115	1081340117	刘银花	女	市场营销	青海省	奎屯电业局	新疆奎屯市
116	1081180211	刘宇飞	男	电气工程及其自动化	陕西省	西安供电局	陕西省西安市
117	1081190413	刘　云	男	自动化	云南省	云南电力技术有限责任公司	云南省昆明市
118	1081140208	卢　俊	男	电力工程与管理	云南省	建水供电有限公司	云南省红河哈尼族彝族自治州
119	1071190414	卢中钧	男	自动化	广东省	云南电力技术有限责任公司	云南省昆明市
120	1081180814	陆权灵	男	电气工程及其自动化	广西壮族自治区	广西电网公司防城港供电局	广西防城港市
121	1081320213	陆贤邦	男	工程管理	广西壮族自治区	广西电网公司崇左供电局	广西崇左市
122	1081170316	罗天文	男	热能与动力工程	宁夏回族自治区	国电宁夏石嘴山发电有限责任公司	宁夏石嘴山市
123	1081180415	罗　维	女	电气工程及其自动化	西藏自治区	四川省电力公司超高压运行检修公司	四川省成都市
124	1081410113	罗　湘	女	劳动与社会保障	贵州省	四川大唐国际甘孜水电开发有限公司	四川省康定县
125	1081181116	骆相材	男	电气工程及其自动化	四川省	四川省电力公司内江电业局	四川省内江市
126	1081170214	马　波	男	热能与动力工程	青海省	青海电力科学试验研究院	青海省西宁市
127	1081170516	马成龙	男	热能与动力工程	广西壮族自治区	重庆三峰环境产业集团有限公司	重庆市大渡口区
128	1081250214	马得财	男	软件工程	青海省	中国电信股份有限公司青海分公司	青海省西宁市
129	1081160314	马桂楠	男	测控技术与仪器	宁夏回族自治区	宁夏国华宁东发电有限公司	宁夏灵武市
130	1081170613	马　欢	男	热能与动力工程	西藏自治区	西藏自治区人民政府驻成都办事处医院	四川省成都市
131	1081140209	马　瑾	女	电力工程与管理	西藏自治区	临夏电力有限责任公司	甘肃省临夏市
132	1081210114	马　龙	男	通信工程	河北省	内蒙古电力（集团）有限责任公司	内蒙古呼和浩特市
133	1081080215	马　鹏	男	信息与计算科学	云南省	云南电网公司临沧供电局	云南省临沧市
134	1081420113	马　鹏	男	电气工程及其自动化	甘肃省	成都电业局	四川省成都市
135	1081220313	马三妹	女	计算机科学与技术	西藏自治区	西藏电力有限公司	西藏拉萨市

续表

序号	学号	姓名	性别	专业	生源所在地	单位名称	单位所在地
136	1081170317	马婷婷	女	热能与动力工程	重庆市	东方电气集团东方锅炉股份有限公司	四川省自贡市
137	1081171209	马祥俊	男	热能与动力工程	云南省	国投曲靖发电有限公司	云南省曲靖市
138	1081160116	马 筱	男	测控技术与仪器	山东省	云南电网公司丽江供电局	云南省丽江市
139	1081170517	毛 康	男	热能与动力工程	陕西省	内蒙古大唐国际托克托发电有限责任公司	内蒙古呼和浩特市
140	1081210115	毛瑞鹏	男	通信工程	山东省	内蒙古电力（集团）有限责任公司	内蒙古呼和浩特市
141	1081140114	梅光伟	男	电力工程与管理	湖北省	内蒙古电力（集团）有限责任公司	内蒙古呼和浩特市
142	1081140210	孟宪娟	女	电力工程与管理	青海省	青海省电力公司检修公司	青海省西宁市
143	1081180214	牟 珊	女	电气工程及其自动化	新疆维吾尔自治区	四川华能宝兴河电力股份有限公司	四川省雅安市
144	1081181414	牟征辉	男	电气工程及其自动化	贵州省	贵州电力设计研究院	贵州省贵阳市
145	1081540111	木明江.玉素甫	男	风能与动力工程	新疆维吾尔自治区	中电投新疆能源有限公司	新疆乌鲁木齐市
146	1081420114	纳学超	男	水利水电工程	宁夏回族自治区	内蒙古大唐国际海勃湾水利枢纽开发有限公司	内蒙古乌海市
147	1081181415	牛琨皓	男	电气工程及其自动化	云南省	云南电网公司曲靖供电局	云南省曲靖市
148	1081171210	牛 亮	男	热能与动力工程	甘肃省	华能平凉发电有限责任公司	甘肃省平凉市
149	1081170811	帕力哈提.努尔	男	热能与动力工程	新疆维吾尔自治区	华能轮台电厂项目筹建处	新疆乌鲁木齐市
150	1081180616	潘 晟	男	电气工程及其自动化	贵州省	贵阳供电局	贵州省贵阳市
151	1081390114	潘晓君	女	行政管理	广西壮族自治区	广西电网公司梧州供电局	广西梧州市
152	1081210213	彭辰玉	女	通信工程	内蒙古自治区	内蒙古电力（集团）有限责任公司	内蒙古呼和浩特市
153	1081230214	彭虹达	男	电子科学与技术	云南省	怒江供电有限公司	云南省泸水县
154	1081420115	祁 麟	男	水利水电工程	青海省	黄河上游水电开发有限责任公司	青海省西宁市
155	1081010112	齐国娟	女	经济学	宁夏区	中国银行宁夏分行	宁夏银川市
156	1081170711	乔春辉	男	热能与动力工程	新疆维吾尔自治区	特变电工国际工程有限公司	新疆昌吉市
157	1081180816	乔子芩	女	电气工程及其自动化	青海省	新疆电力公司乌鲁木齐电业局	新疆乌鲁木齐市
158	1081250217	邱廷钰	男	软件工程	广西壮族自治区	广西电网公司梧州运行维护局	广西梧州市
159	1081150113	邱 潇	男	机械工程及自动化	云南省	红云红河集团昆明卷烟厂	云南省昆明市
160	1081350218	邵 丹	女	会计学	青海省	中国工商银行股份有限公司青海省分行	青海省西宁市
161	1081150114	邵永宁	男	机械工程及自动化	宁夏回族自治区	宁夏宁鲁煤电有限责任公司	宁夏灵武市

续表

序号	学号	姓名	性别	专业	生源所在地	单位名称	单位所在地
162	1081181215	沈皇星	女	电气工程及其自动化	山东省	甘肃省电力公司检修公司	甘肃省兰州市
163	1081181018	时宝华	男	电气工程及其自动化	内蒙古自治区	内蒙古电力（集团）有限责任公司	内蒙古呼和浩特市
164	1081250318	史正伟	男	软件工程	贵州省	贵阳林峰消防工程有限公司	贵州省贵阳市
165	1081420118	苏　方	男	水利水电工程	贵州省	四川金康电力发展有限公司	四川省成都市
166	1081170618	苏　陶	男	热能与动力工程	云南省	内蒙古岱海发电有限责任公司	内蒙古乌兰察布市
167	1081360220	孙盛芳	女	财务管理	广西壮族自治区	广西电网公司玉林供电局	广西玉林市
168	1081180618	谭金龙	男	电气工程及其自动化	新疆维吾尔自治区	新疆电力科学研究院	新疆乌鲁木齐市
169	1081030116	汤艳红	女	金融学	广西壮族自治区	中国建设银行股份有限公司广西梧州分行	广西梧州市
170	1081080119	唐国超	男	信息与计算科学	天津市	中国石油集团东南亚管道有限公司云南分公司	云南省昆明市
171	1081190513	唐海龙	男	自动化	四川省	东方电气集团东方锅炉股份有限公司	四川省自贡市
172	1081160320	唐金曦	男	测控技术与仪器	西藏自治区	中国航空油料有限责任公司重庆分公司	重庆市
173	1081420218	唐　琨	男	水利水电工程	贵州省	中国大唐集团公司广西分公司	广西南宁市
174	1081181322	唐　甜	女	电气工程及其自动化	重庆市	重庆市电力公司	重庆市
175	1081160119	唐　巍	男	测控技术与仪器	广西壮族自治区	广西电网公司贵港供电局	广西贵港市
176	1081140215	唐　尧	男	电力工程与管理	四川省	四川省电力公司遂宁公司	四川省遂宁市
177	1081440120	唐远程	男	核工程与核技术	四川省	四川白马循环流化床示范电站有限责任公司	四川省内江市
178	1081390116	唐　泽	男	行政管理	云南省	中国农业银行股份有限公司永胜县支行	云南省永胜县
179	1061250113	陶　昕	男	电气工程及其自动化	青海省	青海省电力公司电力科学研究院	青海省西宁市
180	1081320216	田冲良	男	工程管理	云南省	中国水利水电第十四工程局有限公司	云南省昆明市
181	1081130118	田方旭	男	材料科学与工程	云南省	云南电力技术有限责任公司	云南省昆明市
182	1081270119	田志停	男	建筑环境与设备工程	陕西省	航天长征化学工程股份有限公司兰州分公司	甘肃省兰州市
183	1081320116	万　宁	男	工程管理	陕西省	陕西电力建设总公司	陕西省西安市
184	1081130119	万延彬	男	材料科学与工程	新疆维吾尔自治区	新疆众和股份有限公司	新疆乌鲁木齐市
185	1081220218	汪铠铃	男	计算机科学与技术	贵州省	安顺供电局	贵州省安顺市
186	1081180322	汪天鹤	女	电气工程及其自动化	甘肃省	兰州供电公司	甘肃省兰州市
187	1081190123	王　斌	男	自动化	吉林省	中电投蒙东能源集团有限责任公司	内蒙古通辽市
188	1081171120	王芳源	男	热能与动力工程	甘肃省	四川川锅锅炉有限责任公司	四川省成都市
189	1081170914	王　焕	女	热能与动力工程	新疆维吾尔自治区	内蒙古大唐国际托克托发电有限责任公司	内蒙古呼和浩特市

续表

序号	学号	姓名	性别	专业	生源所在地	单位名称	单位所在地
190	1081170915	王佳丽	女	热能与动力工程	宁夏回族自治区	中国水电崇信发电有限责任公司	甘肃省兰州市
191	1081190314	王江平	男	自动化	甘肃省	西安西电电力系统有限公司	陕西省西安市
192	1081181525	王　静	女	电气工程及其自动化	重庆市	四川省电力公司绵阳电业局	四川省绵阳市
193	1081170519	王　鹏	男	热能与动力工程	甘肃省	黄陵矿业集团有限责任公司	陕西省黄陵县
194	1081390118	王　璞	男	行政管理	贵州省	贵州电视台	贵州省贵阳市
195	1081210119	王启帆	男	通信工程	四川省	贵州电网公司兴义供电局	贵州省兴义市
196	1081150118	王森	男	机械工程及自动化	甘肃省	大唐景泰发电厂	甘肃省白银市
197	1081030119	王珊珊	女	金融学	内蒙古自治区	中国建设银行股份有限公司内蒙古分行	内蒙古呼和浩特市
198	1081150119	王　韬	男	机械工程及自动化	云南省	云南电网公司昆明供电局	云南省昆明市
199	1081180119	王　婷	女	电气工程及其自动化	新疆维吾尔自治区	特变电工股份有限公司新疆变压器厂	新疆昌吉市
200	1081210314	王　威	男	通信工程	四川省	特变电工（德阳）电缆股份有限公司	四川省德阳市
201	1081171216	王文刚	男	热能与动力工程	新疆维吾尔自治区	内蒙古大唐国际托克托发电有限责任公司	内蒙古呼和浩特市
202	1081300123	王亚军	男	信息管理与信息系统	甘肃省	青海省平安县高精铝业有限公司	青海省平安县
203	1081180820	王延国	男	电气工程及其自动化	内蒙古自治区	内蒙古电力（集团）有限责任公司	内蒙古呼和浩特市
204	1081181120	王　宇	男	电气工程及其自动化	天津市	内蒙古电力（集团）有限责任公司	内蒙古呼和浩特市
205	1081180821	王泽朗	男	电气工程及其自动化	云南省	云南电网公司曲靖供电局	云南省曲靖市
206	1081210218	魏　静	女	通信工程	宁夏回族自治区	宁夏隆基宁光仪表有限公司	宁夏银川市
207	1081180722	吴培星	男	电气工程及其自动化	贵州省	贵阳供电局	贵州省贵阳市
208	1081360118	吴天宇	男	财务管理	新疆维吾尔自治区	新疆电力科学研究院	新疆乌鲁木齐市
209	1081180920	吴芝宇	男	电气工程及其自动化	内蒙古自治区	重庆市电力公司	重庆市
210	1081230220	吴志强	男	电子科学与技术	宁夏回族自治区	宁夏隆基宁光仪表有限公司	宁夏银川市
211	1081540121	武春霖	男	风能与动力工程	吉林省	华电宁夏宁东风电有限公司	宁夏银川市
212	1081360225	席建勋	男	财务管理	陕西省	广西电网公司崇左供电局	广西崇左市
213	1081220117	鲜　辉	男	计算机科学与技术	青海省	青海省电力公司信息通信公司	青海省西宁市
214	1081210219	向巴平措	男	通信工程	西藏自治区	西藏电力有限公司	西藏拉萨市
215	1081370119	肖淞元	男	人力资源管理	云南省	云南电网公司红河供电局	云南省蒙自县
216	1081180223	肖媛元	女	电气工程及其自动化	重庆市	重庆市电力公司	重庆市
217	1081180724	谢　广	男	电气工程及其自动化	新疆维吾尔自治区	新疆电力公司乌鲁木齐电业局	新疆乌鲁木齐市
218	1081181021	谢　华	男	电气工程及其自动化	四川省	四川省电力公司泸州电业局	四川省泸州市

续表

序号	学号	姓名	性别	专业	生源所在地	单位名称	单位所在地
219	1081180122	谢梦华	女	电气工程及其自动化	四川省	德阳电业局	四川省德阳市
220	1081220223	谢　颖	女	计算机科学与技术	广西壮族自治区	广西来宾市财政信息管理办公室	广西来宾市
221	1081160123	辛平元	男	测控技术与仪器	青海省	内蒙古电力（集团）有限责任公司	内蒙古呼和浩特市
222	1081010117	邢溢航	男	经济学	陕西省	中国光大银行西安分行	陕西省西安市
223	1081181123	熊嘉城	男	电气工程及其自动化	新疆维吾尔自治区	新疆电力科学研究院	新疆乌鲁木齐市
224	1081040222	熊　玲	女	法学	重庆市	中国邮政储蓄银行有限责任公司重庆分行	重庆市渝中区
225	1081180520	徐洪旭	男	电气工程及其自动化	云南省	云南电网公司昆明供电局	云南省昆明市
226	1081170224	徐　明	男	热能与动力工程	新疆维吾尔自治区	新疆博达人才开发有限公司	新疆乌鲁木齐市
227	1081180725	徐文久	男	电气工程及其自动化	云南省	云南电网公司丽江供电局	云南省丽江市
228	1081340217	徐晓慧	女	市场营销	广西壮族自治区	广西电网公司北海供电局	广西北海市
229	1081140220	徐　洋	男	电力工程与管理	湖北省	云南电网公司普洱供电局	云南省普洱哈尼族彝族自治县
230	1081180521	许　龙	男	电气工程及其自动化	新疆维吾尔自治区	新疆电力公司乌鲁木齐电业局	新疆乌鲁木齐市
231	1081540220	许　琦	男	风能与动力工程	甘肃省	中电投新疆能源有限公司	新疆乌鲁木齐市
232	1081170721	许显治	男	热能与动力工程	青海省	内蒙古大唐国际托克托发电有限责任公司	内蒙古呼和浩特市
233	1081390121	许　晓	女	行政管理	甘肃省	昆明航空有限公司	云南省昆明市
234	1081010119	鄢　超	男	经济学	贵州省	交通银行股份有限公司贵州省分行	贵州省贵阳市
235	1081320120	闫铁山	男	工程管理	内蒙古自治区	内蒙古电力（集团）有限责任公司	内蒙古呼和浩特市
236	1081230124	严　娜	女	电子科学与技术	西藏自治区	西藏电力有限公司	西藏拉萨市
237	1081200118	严　松	男	电子信息工程	内蒙古自治区	内蒙古电力（集团）有限责任公司	内蒙古呼和浩特市
238	1081180423	阳齐佳	男	电气工程及其自动化	贵州省	中国南方电网有限责任公司超高压输电公司贵阳局	贵州省贵阳市
239	1081160226	杨　波	男	测控技术与仪器	宁夏回族自治区	内蒙古电力（集团）有限责任公司	内蒙古呼和浩特市
240	1081181324	杨博文	男	电气工程及其自动化	河南省	重庆市电力公司	重庆市
241	1071181426	杨长弓	男	电气工程及其自动化	贵州省	贵阳供电局	贵州省贵阳市
242	1081370122	杨　迪	女	人力资源管理	贵州省	安顺供电局	贵州省安顺市
243	1081180924	杨克虎	男	电气工程及其自动化	云南省	云南电网公司楚雄供电局	云南省楚雄市
244	1081410127	杨清斌	男	劳动与社会保障	陕西省	成都西电蜀能电器有限责任公司	四川省成都市

续表

序号	学号	姓名	性别	专业	生源所在地	单位名称	单位所在地
245	1081170722	杨　涛	男	热能与动力工程	甘肃省	内蒙古大唐国际托克托发电有限责任公司	内蒙古呼和浩特市
246	1081350226	杨文慧	女	会计学	内蒙古自治区	中国人民财产保险股份有限公司内蒙古分公司	内蒙古呼和浩特市新城区
247	1081180226	杨玄宇	男	电气工程及其自动化	青海省	兰州供电公司	甘肃省兰州市
248	1081200121	姚良	男	电子信息工程	广西壮族自治区	广西电网公司钦州供电局	广西钦州市
249	1081190126	姚旭	男	自动化	黑龙江省	中电投蒙东能源集团有限责任公司	内蒙古通辽市
250	1081420224	易晟永	男	水利水电工程	重庆市	重庆江口水电有限责任公司	重庆市
251	1081181024	于斐然	男	计算机科学与技术	新疆维吾尔自治区	四川华迪信息技术有限公司	四川省成都市
252	1081140124	于　猛	男	电力工程与管理	云南省	中国南方电网有限责任公司超高压输电公司曲靖局	云南省曲靖市
253	1081540222	于山江.买买提伊明	男	风能与动力工程	新疆维吾尔自治区	特变电工新疆新能源股份有限公司	新疆乌鲁木齐市
254	1081330127	余　华	男	工商管理	陕西省	武威市人力资源和社会保障局	甘肃省武威市
255	1081360228	岳筱雯	女	财务管理	青海省	青海省电力公司	青海省西宁市
256	1081190321	曾　毅	男	自动化	西藏自治区	西藏电力有限公司	西藏拉萨市
257	1081190322	翟　敏	男	自动化	内蒙古自治区	内蒙古电力（集团）有限责任公司	内蒙古呼和浩特市
258	1081010123	张　恩	男	经济学	广西壮族自治区	交通银行股份有限公司北海分行	广西北海市
259	1081130226	张　帆	男	材料科学与工程	贵州省	贵阳万江航空机电有限公司	贵州省贵阳市
260	1081230227	张光益	男	电子科学与技术	贵州省	都匀供电局	贵州省都匀市
261	1081540226	张国睿	男	风能与动力工程	甘肃省	龙源宁夏风力发电有限公司	宁夏银川市
262	1081370125	张经伟	男	人力资源管理	安徽省	贵州电网公司毕节供电局	贵州省毕节市
263	1081340222	张君富	男	市场营销	甘肃省	贵州电网公司六盘水供电局	贵州省六盘水市
264	1081420226	张磊	男	水利水电工程	甘肃省	大唐碧口水力发电厂	甘肃省文县
265	1081340224	张立涛	男	市场营销	黑龙江省	贵州电网公司毕节供电局	贵州省毕节市
266	1081010124	张　龙	男	经济学	甘肃省	贵州电网公司培训与评价中心	贵州省贵阳市
267	1081320223	张　鹏	男	工程管理	天津市	中电投新疆能源有限公司	新疆乌鲁木齐市
268	1081170727	张文浩	男	热能与动力工程	宁夏回族自治区	内蒙古岱海发电有限责任公司	内蒙古乌兰察布市
269	1081180926	张文鹏	男	电气工程及其自动化	广西壮族自治区	中国南方电网有限责任公司超高压输电公司柳州局	广西柳州市
270	1081030124	张小瑜	女	金融学	陕西省	青海省电力公司	青海省西宁市
271	1081181328	张旭	男	电气工程及其自动化	甘肃省	四川省电力公司广元电业局	四川省广元市
272	1081250228	张彦平	男	软件工程	甘肃省	酒泉钢铁（集团）有限责任公司	甘肃省嘉峪关市

续表

序号	学号	姓名	性别	专业	生源所在地	单位名称	单位所在地
273	1081180426	张　勇	男	电气工程及其自动化	内蒙古自治区	内蒙古东部电力有限公司赤峰电业局	内蒙古赤峰市
274	1081220124	张振磊	男	计算机科学与技术	江苏省	中国大唐集团公司广西分公司	广西南宁市
275	1081170425	张卓烨	男	热能与动力工程	陕西省	内蒙古大唐国际托克托发电有限责任公司	内蒙古呼和浩特市
276	1081420228	赵　佳	男	水利水电工程	宁夏区	黄河上游水电开发有限责任公司	青海省西宁市
277	1081080125	赵明辉	男	信息与计算科学	新疆维吾尔自治区	特变电工股份有限公司新疆变压器厂	新疆昌吉市
278	1081210325	赵乾明	女	电气工程及其自动化	甘肃省	兰州供电公司	甘肃省兰州市
279	1081180628	赵小婷	女	电气工程及其自动化	青海省	青海省电力公司检修公司	青海省西宁市
280	1081210126	赵新乐	男	通信工程	内蒙古自治区	内蒙古电力（集团）有限责任公司	内蒙古呼和浩特市
281	1081320125	赵志刚	男	工程管理	河北省	内蒙古电力（集团）有限责任公司	内蒙古呼和浩特市
282	1081200126	郑　丽	女	电子信息工程	青海省	中国移动通信集团青海有限公司	青海省西宁市
283	1081160130	钟前钰	女	测控技术与仪器	海南省	广西电网公司梧州供电局	广西梧州市
284	1081180526	周飞航	男	电气工程及其自动化	河南省	内蒙古电力（集团）有限责任公司	内蒙古呼和浩特市
285	1081210328	周坤	男	通信工程	云南省	贵州电网公司毕节供电局	贵州省毕节市
286	1081190225	周倩宇	女	自动化	重庆市	中国石油四川销售仓储分公司	四川省成都市
287	1081180729	周吴俊南	女	电气工程及其自动化	青海省	青海省电力公司检修公司	青海省西宁市
288	1081180130	周昕	女	电气工程及其自动化	陕西省	安康供电局	陕西省安康市
289	1081181531	周鑫鑫	男	电气工程及其自动化	青海省	青海省电力公司检修公司	青海省西宁市
290	1081540229	周　影	男	风能与动力工程	重庆市	云南华电怒江水电开发有限公司	云南省昆明市
291	1081171230	周　源	男	热能与动力工程	内蒙古自治区	内蒙古国华呼伦贝尔发电有限公司	内蒙古呼伦贝尔市
292	1081440233	周震宇	女	核工程与核技术	四川省	中国核动力研究设计院	四川省成都市
293	1081181429	周志琴	女	电气工程及其自动化	西藏自治区	四川省电力公司绵阳电业局	四川省绵阳市
294	1081181430	朱洪元	女	电气工程及其自动化	重庆市	四川省电力公司内江电业局	四川省内江市
295	1081140128	朱明成	男	电力工程与管理	辽宁省	内蒙古电力（集团）有限责任公司	内蒙古呼和浩特市
296	1081181129	朱　培	男	电气工程及其自动化	山东省	特变电工国际工程有限公司	新疆昌吉市
297	1081210227	朱侨杰	男	通信工程	海南省	中国南方电网有限责任公司超高压输电公司柳州局	广西柳州市
298	1081190426	朱文东	男	自动化	黑龙江省	云南电网公司红河供电局	云南省蒙自县
299	1081210128	朱　旭	男	通信工程	安徽省	内蒙古电力（集团）有限责任公司	内蒙古呼和浩特市
300	1081180429	朱志鹏	男	电气工程及其自动化	青海省	青海省电力公司电力科学研究院	青海省西宁市

华北电力大学 2011—2012 学年度学生先进班集体名单

北京校部

先进班集体获奖名单

（一）十佳示范性优秀班集体

电气与电子工程学院

实验电 09 | 电气 1003 | 创新电 1101

能源动力与机械工程学院

实验动 10 | 热能 0902 | 热能 1007

经济与管理学院

经济 1003

可再生能源学院

水文 1101

外国语学院

英语 1003

核学院

核电 1001

（二）示范性优秀班集体

能源动力与机械工程学院

机械 1101

经济与管理学院

财务 0901 | 经济 1101

控制与计算机工程学院

自动 1001 | 自动 1103

人文与社会科学学院

行管 1002

数理学院

计科 1001

外国语学院

英语 1001

2011—2012 学年度学生先进集体先进个人名单

保定校区

一、先进班集体获奖名单

电力工程系

电力实 09	电气化 0908	电气化 1009	电气化 1012	电力实 10	电气化 1013
电气化 1101	电气化 1108	电力实 1101	电气化 1105		

电子与通信工程系

通信 1001	电子 1001	通信 1101

动力工程系

动力 0901	动力 0906	动力 1002	动力 1005	动力 1007	动力 1106
动力实 1101					

机械工程系

机械 0904	机械 0905	机械 0908	机械 1104	工程 1101	艺术 1101
机械 1003	机械 1007	机械 1008			

自动化系

测控 0902	自动化 1004	自动化 1104	测控 1103

计算机系

计科 1103	信安 1101	信安 1001	网络 1002	计科 0902

经济管理系

经济 1101	造价 1101	工商 0901	造价 1001

环境科学与工程学院

应化 0901	环工 1002	环科 1101

法政系

社工 1101	公管 1001

数理系

物理 0901	物理 1001

英语系

英语 1102

国际教育学院

电力英 1101

二、先进学生个人获奖名单

（一）三好学生获奖名单

1．三好学生标兵：70 人

电力工程系：15 人

张　宇	刘伟东	楼国锋	厉剑雄	赵航宇	张心怡	李　瑞	刘席洋
由　强	徐　豪	孙永健	靳伟佳	钱凌寒	陈章妍	任　洁	

电子与通信工程系：4 人

黄玲玉	聂盛阳	杨菡平	高青鹤

动力工程系：10 人

马梦祥	胡振波	何　伟	樊亚明	史良宵	张玉博	赖小垚	邹　潺
郭永成	张　宇						

机械工程系：9 人

商李隐	马梦婷	周　硕	李　盼	张克青	王　勇	庄馥瑜	史康宁
陈怡帆							

自动化系：6 人

王鹤橦	叶治宇	张新胜	夏丹丹	张晓伟	赵珈靓

计算机系：7 人

周 雪	马娟娟	陈晓琳	林 雄	柳 超	季志远	刘 谨

经济管理系：6 人

叶凯文	刘进杰	于晓波	章 芬	常晓辉	苏 蕾

环境科学与工程学院：5 人

逯东丽	王 娟	王一宁	晏雅婧	赵丽媛

法政系：3 人

何 一	任建慧	汤爱学

数理系：2 人

陈周飞	邹 盼

英语系：1 人

沈婷婷

国际教育学院：2 人

沈 劲	何静波

2．校级三好学生：1065 人

电力工程系：222 人

华天琪	李力行	王 琛	陈 铭	刘雪雯	张晓春	姜 涛	王 卉
张 贺	陈光勇	李雪晨	刘哲夫	曾彦超	李 梦	汤 钰	杨丽思
李大勇	梁涵卿	安振国	刘宏杨	马鸿义	孟天骄	王梦琳	陈芳宇
杭晗晶	马 跃	庞东泽	卫 凯	张朕搏	赵浩舟	康平霞	尹 唱
张经纬	姜宇轩	蒋 乐	蓝 峥	张 锴	李立周	朱紫薇	黄淳驿
马 静	汪倩羽	汪 洋	赵虹博	鲁 虹	王怡聪	徐靖雯	冯 成
郭 恒	张祎慧	曹晓宇	樊世通	高 源	韩 平	李 响	宋馥滦
张 旭	郑曙光	郭 红	江振源	李哲超	王令君	王思萌	吴 维
连 乾	何 进	曹志昆	王 哲	叶 茂	于 跃	李家骥	陈湘龙
许崇新	范雯惠	孟书熙	邱世超	渠卫东	张 行	范明怡	范祺红
陈 跃	毛王清	蔡路阳	邓 嵩	蒲园园	王炳辉	赵宇思	赵振业
姜 斌	胡 杨	李田鹏	李志伟	刘明洋	乔 婷	曲 楠	杨叶林
张 辉	朱灵雪	路海阳	叶 露	俞 云	朱荷子	袁佳煌	董金哲
刘献超	黄 凯	廖一锴	聂 暘	张 楠	王 彦	党 磊	何 帅
刘宏宇	苏 展	李亚民	宋文骏	杨定乾	左 韬	赵俊杰	陈 源
郭国化	吕海玲	田 源	吴璐子	张中浩	徐 多	张 尚	马 宁
魏 迪	赵梦雅	周鸿博	陈 宁	王淦露	谢紫榭	杨 莹	姚广元
殷绕方	张静怡	吕子遇	鲁振威	焦 昊	程华新	梁 浩	姬煜轲
何元明	王聪慧	郑 洁	刘 帅	郑伟烁	牛佳乐	赵 斌	赵 超
周 翔	韩佳灏	杨 帅	黄 馗	樊德阳	焦 洁	孙玉晶	岳贤龙
仇敬宜	计会鹏	卢 叶	王纯洁	李爱祖	加鹤萍	刘妍彤	许菲菲
彭籽萱	郭学成	佟 欣	杨妍璨	王雪莹	张仕文	董沛毅	许士锦
纪文玉	徐樊浩	顾 硕	伍玉婧	郑 蓓	易 琛	翟俊义	于立杰
朱 洁	宋佳激	殷天锋	崔 凯	李俊烨	李万龙	王 林	冯杰成
李 凯	郑大巧	苏夏一	郭 帅	王 皓	陈国生	肖志恒	梁 宵

路田月	张文扬	张凯	董维盾	胡璐娜	贺卫忠	张国应	袁贺
江宇轩	辛立胜	刘思宇	王梓博	刘海航	钱亚辰	丁梦瑛	陈吉红
尹恒阳	李慧	严志冲	何璇	张凯元	乔林思杭		

电子与通信工程系：48 人

王照伟	吴志佳	傅裕	林永荣	马璐	王胜平	张博雅	庄永照
方雨亨	乔宇彬	杨秀琴	陈亚军	高一双	张学武	张玉玲	陈佳君
王桢祎	严兴霞	张静	郑永濠	王凌峰	王益	王悦	阮潇男
王奕腾	郑小丹	庄振夏	胡江波	刘畅	唐圆	李晓冰	苏樾
杨翠	苏莉娜	占梦瑶	张该	毛宇晗	王明	王玉琳	王资博
温营坤	李京涛	王扶文	崔鹏	孟灵丽	田雨婷	王刘利	袁胜兰

动力工程系：194 人

高翔	张建宏	黄喜华	杨帅	李志杰	赵月	李国栋	杨枨钧
唐佳	刘静雯	秦杨	杨梅	车迅	汪澜惠	延旭博	于旭东
张璐	暴铁程	陈强	葛龙涛	包云峰	余豪	蒋雁斌	范彩兄
郭泰成	王哲	陈亮	陈良萍	李泽宇	周月明	郭沁文	田登峰
张琦伟	薛璐	高程	张文静	马鹏翔	汪安明	石普	郝美娟
李文乐	潘歌	石凤吉	张瑶瑶	孙菲	田欢	李珍	薛浩
刘颖祖	关宇君	王体均	刘晓峰	何磊	彭师文	范汝灏	韩旭
陈映梅	孙见雨	袁仁育	林琪超	黄超	张春伟	刘锦玉	孙志强
张庆伟	陈永业	李靓	孟帅	任玉成	苏飞	张美丽	张家祥
付晓俊	石宇	宋国梁	朱茂南	李祥	王倩	王文杰	李昊燃
王路松	包亚璞	汪振飞	李金超	宋道润	李原	张仁杰	屈柯楠
齐波波	吴文杰	李秋菊	李晴	杨鹏	徐搏超	杨光	孙衍谦
陈允驰	杨埔	付德	董巧	薛全喜	刘建征	王鹏	孙继轶
刘亚南	赵少祥	周广钦	陈圆圆	刘文倩	冯澎湃	李宪蔚	徐靖楠
李永毅	李永康	何培成	仲照阳	李鹏	吴琼	焦玉婷	张程
吉鸿斌	吉暕东	王岩	周文潇	梁杏茹	王光宇	焦同帅	张翎
肖炜刚	李新号	邓煜	杨晓强	郑星晨	张飞	茅天智	杨贺
杨颖	王思达	胡璠	黄立志	卢亚开	邵立欣	周博滔	高超
党元君	洪有耀	武丽蓉	张泊宁	张戈	房聚刚	白枫逍	周正
王宇	高海松	项佳宇	周立栋	高建树	田巍	雷泽	李宏林
朱锋杰	穆斌	何小平	郭良丹	廖金龙	崔吉	王昱翔	周沛
刘轩	石炟	权琛	黄雄	于淇	李樟强	缪佳静	龙书翼
祁超	姜妍	于洋	司志民	祁超	朱晨帆	吴韬	张玉波
吕凯文	仝浩杰	梁新宇	郑灿	周航	余文进	贾曦	申正远
杨诗繁	关东焱						

机械工程系：119 人

吴美增	王擎宇	闫梦雪	静永杰	陈晓彤	吴雪君	林炳强	杨光
殷百慧	赵爱林	肖思悦	柯孟强	吴婧	张国新	刘文静	李海峰
仲万珍	杨参	焦佳宁	徐金强	陶光超	周军	孙海峰	杨勃
金鹏飞	王子韬	苑欣然	陈志军	张小丹	赵东东	黄增浩	赵建坤

乔珊珊	王士路	谢桂芳	杨　曦	冯潇潇	李　岳	张文珺	曹　敬
赵凯勋	刘　鹏	张　玉	苑　康	冯萌萌	张　倩	王天一	丁晓萌
李红梅	林　海	段明浩	黄　成	蒙玉超	伍君实	绳菲菲	高雪媛
张艺腾	段广鹏	刘　欢	刘　洋	佟锦皓	张　维	纪丽静	张　磊
左珂菲	孙红波	尤亚男	唐之尧	尹文良	刘冬雨	范忠岳	王　坤
寇海强	苏　驰	郭福瑞	王亚坤	罗　乐	王晓萌	乔　茜	乔宇航
曲　睿	杨　力	赵　熠	陈搏威	孙明耀	杨浩楠	赵金鹏	蔡慧颖
薛伏申	杨彭城	张贵军	周　晨	祝　凯	陈　嘉	马玉龙	周仲强
曹澄沙	顾君苹	于彦秋	付兴旺	刘　琰	黄　铃	武　玥	张秋爽
李帅帅	赵　晴	黄家荣	李　雪	麦俊佳	邵山峰	李　慧	徐　鹏
赵文翔	崔　蕊	李　皓	于　凡	韩桐桐	马一丹	曲名燕	

自动化系：106 人

席嫣娜	杨如琦	于　爽	徐　蕙	曲晓荷	汶爱文	杨诗茹	谢振宇
韩燮莉	刘　浩	李秋影	卢　阳	常　真	杨亚琦	杨界天	王　庆
高　颖	朱玲玲	王挺任	路　军	刘嘉利	王金香	陈莉丽	史迪康
张娅妹	李欣倩	张嘉奇	和园园	毛晨丽	史　彬	邓天白	王南洋
苏　航	武晓楠	伍　洋	刘　帅	刘可昂	戴海鹏	侯萌萌	李晓婉
陈　辉	周　宇	董小娟	焦振兴	李　洋	贾晓霞	杨玲玲	马　林
白　婕	刘振通	张天航	李　阳	周建伟	姚静怡	王　桐	卫丹靖
翟晨曦	张振超	阚志凯	魏旭辉	阎嘉璘	刘婉莹	寇　晨	王艳飞
商丹丹	王　迪	宋凯兵	余　健	何宗源	张之涵	丁　洁	李志鑫
刘思夷	杨　林	张　怡	孙朝阳	王书扬	张丽温	王钦惠	陈明渊
袁一丁	陈煜琦	谢碧霞	顾　瑾	吴延群	王卫宁	徐槐远	张　皓
余有名	李　硕	刘桂箐	蒋巧玲	郭美若	李金拓	王　林	刘　葵
朱宏超	陈世聪	王　茜	张木柳	盛碧霞	唐　玲	张鸿平	侯学刚
葛　瑞	闫　峰						

计算机系：119 人

张　兰	于小丽	庄子越	黄彦毓	崔　垚	郭凯玲	韩钰洁	李　劲
唐辉辉	杨升杰	康　龙	岳　娇	石　鑫	张铭路	倪中洲	周　鹏
曹玉蕾	李　恒	刘志远	尚　晋	王晓晓	韦广立	邢　玥	谢鸿浩
张和琳	仇　晶	王　焱	陈　朋	刘静宇	沈佳丽	王　迅	张晶晶
徐浩然	孙　婕	张佳茜	陈文斌	吴　坤	常闪闪	陈秀楼	郝万宗
陈婷婷	戴广钊	梁世琪	潘　虹	时　磊	张晓禹	周　琳	杨辰涛
陈建军	潘振福	钟彩金	吉文靓	牛　锐	江　浩	王　鋆	赵学琛
骆　慧	许海橹	张幸芝	程晓佳	苏艳娇	陈　谢	陈续行	王　艳
韩龙美	杨宏宇	胡　亮	许鹏程	马重申	刘佳敏	林心昊	陈君华
张玉坤	李　晨	李荣荣	王　月	翟加雷	张雅涛	张可为	官　静
李紫君	郝姜伟	胡柏吉	罗能强	姜苏洋	常　欢	张雨濛	冯旖旎
李　晶	李明辉	姚　鹏	周昉昉	刘　凯	王康成	王伟涛	谢　天
薛晓丽	朱章南	艾　静	董冬阳	覃智补	王松雁	王兴兰	程　龙
闵　丹	谭佳瑶	钟　岳	郭　辉	金强强	时欣悦	白若林	陈煜文

王　棋	谢玉婷	张和泉	张淑真	陈　颖	王艳艳	熊　秋

经济管理系：68 人

刘　熙	田　娜	付思思	龙俊霖	陈　琳	蒋晓慧	张　庆	雒凯瑄
李　娜	林伟宁	张　浩	张　恒	严思思	刘宇萍	付立杰	董方玉
官小燕	郑茜文	张　咪	张宁宁	周维维	孙　晓	李春雪	田　琨
李娅坤	陈卓尔	陈开风	李　菲	李佳轩	田月怡	刘媛媛	唐竞雄
李　荣	叶民权	王璐琪	薛兆奥	樊爱玲	聂　婧	毛佳欢	窦洪杰
尹伊娜	徐燕锋	魏思伟	王　丽	白佳奇	黄沈海	张云欢	胡　香
王　凯	王雨晴	赵元隆	张　婷	张　岩	匡载淋	严　斐	张星宇
王佳伟	史玉芳	高树彬	戴岸珏	孙静怡	郑坚松	雷恺杰	陈　烨
毛舜杰	王　鑫	段　明	裴孙静苑				

环境科学与工程学院：74 人

林　林	王乐萌	任旭丹	王　策	邓丽萍	李　韬	王　怡	张慧颖
张　晶	司丹丹	邓　悦	苏青青	侯长江	凌铁权	苏潇潇	陈伟忠
韩停停	滑申冰	张舒怡	程　琦	杨春燕	陈芳迪	何欣恬	徐冰漪
汪剑桥	宋小卫	于伟静	袁　博	邢　锐	李宏轩	王添颢	熊远南
谢佳林	沈　甜	马英钊	戴　维	张天泉	林良伟	王弯弯	沈　璐
覃玉环	于　婧	刘　欣	高凯楠	蒋　帅	吕　媛	马文静	毛星舟
姜　莹	王严燕	许田广	张修武	杨　帆	张　伟	解姣姣	李鹏贺
张　倩	冯　雪	王润曦	周歆雄	李　博	张　琦	黄帅斌	凌　霞
孙盼盼	孙景建	曾显清	赵婕玲	朱恺雯	舒冠鑫	程槐号	杨　雪
朱雪雯	雷　雨						

法政系：38 人

李至慧	王雪妍	王　燕	王　慧	吴　瀚	刘　佳	童玉林	郭牧琦
张亚蓉	李静思	张小燕	祝明银	吴俊叶	魏　炜	路红红	魏溢男
孔智璐	黄晓燕	杨慧铷	林子琳	吴　桅	赵英丽	刘阿梅	邱琦君
王艺雯	李　岩	杨泽坤	孙兆辉	张春明	周婷婷	韩兆凯	李碧霄
于雅馨	孙雅楠	王文思	谢　鑫	朱　琴	李　悦		

数理系：39 人

王　媛	周　衡	朱林林	李国煌	吾强峰	于大海	苑文楠	陈　红
陈　宇	马　真	王东升	吴　鹏	肖　石	揭建文	李亚滨	林永吉
吕正则	王艳玲	詹石岩	范春燕	高金宇	顾　杰	尤祖寰	袁大显
段　杰	龚之珂	郭馨璐	覃文华	谷　金	杨晓冰	余泽远	臧晓玲
朱姗姗	温春艳	杨　冕	汤　潘	袁　月	詹文超	张义仁	

英语系：8 人

李淑娅	王思茵	李婷婷	施晓莉	甄安迪	曹红柳	肖　菲	张　怡

国际教育学院：30 人

陈奕汝	黑　阳	蒋　雨	荀　漪	郭　帅	张佳怡	高　函	李杭蔚
蔡　昊	李佳骏	罗鸿昌	王宇林	卫婧菲	张庭齐	周怡冰	洪　雯
商开航	孙家豪	吴　越	徐翰超	周远鹏	朱　越	黎乔乔	刘安琪
张可佳	段鹏宇	冯　媛	孔王维	石砺瑄	李孟晓		

3．院系级三好学生：1321 人

电力工程系：257 人

董文凯　胡　杰　李　璟　李康平　刘　乔　彭　柳　苏　宇　童煜栋
殷加玞　李　林　潘俊宇　王付金　杨瑞环　杨　行　张振法　赵文亨
赵雅婷　陈玉航　石小琛　王一飞　辛建江　黄　涛　卢家欢　邢希君
白　洋　郭　婷　李晨曦　林程立　刘　敏　刘娅菲　张美娜　祝晋尧
杨　帆　赵晓丽　邓　睿　范心一　郝嘉诚　李炜彤　倪凯荻　王乐笛
闫人滏　翟羽佳　李佳月　李林蔚　陆梅莉　陆文娇　王雪松　阴　凯
袁婷婷　王亚军　杨世栋　陈志雄　黄弘钢　张　恒　李卓桁　佟彦磊
尹献杰　袁少雄　曹亚钊　富雨晴　高圣达　何嘉兴　李晓航　刘士嘉
张旭超　周晓峰　鲍超凡　曹文斌　庞　曼　吴耕纬　郑子洵　周雁南
黄　通　王泓程　王琳媛　方晓曦　贾学栋　林酉阔　潘祉名　孙　聪
薛宇石　邬旭东　郅　静　秦欢欢　余　翔　赵桓锋　马　剑　李承昱
张静岚　陈苏阳　郭　力　沈　鹏　张　菲　赵鹏豪　张　英　韩　正
马天娇　彭皓月　刘俊德　范　萌　李万超　欧阳婷　杨　飞　耿一朝
居梦菁　徐　婷　杨　斌　杨　骁　赵首明　唐朝蓉　谭婷月　王燕燕
李　玉　汪清宇　杨　颖　张健鹏　吴　楠　林灏凡　王　兴　王占宁
曾淑红　张晓义　赵　霁　巴　林　柯欣欣　林嘉麟　刘沛能　马靖远
石晓蕊　孙冬川　张　寒　李昊鸾　张　双　李建红　曹　霞　陈家胜
李清然　刘辛晔　孟　静　尚尔媛　沈中亮　汪文添　王　莉　王胜芸
李　杨　胡广燕　魏　昕　赖江涛　包明杰　李锦萍　张　祺　丁建顺
陈伟高　耿亚楠　颜凤梅　赵　超　王　婷　付可欣　李姗姗　侯　磊
贾殷培　程晓洁　张晋菁　党　琼　刘　松　王建雄　王雯婷　徐慈星
徐　兴　赵炜佳　刘骞生　王　雪　吴　舟　肖　雪　徐煊斌　张　伟
周安恺　赵碧凝　贺　磊　于　淼　於慧敏　蒋易展　甄自竞　王雪峰
杜　赫　周　兵　姜中洋　秦　婧　王　悦　徐　硕　葛平富　祁　浩
朱益之　窦月莹　程云帆　刘丹丹　胡恩德　苟吉伟　白　杨　刘海萍
王　帅　张学伟　苏祥弼　万　苏　杨　波　杨怡然　陈旭帆　程祥群
杨雅薇　郭文红　王小飞　黄　河　陈　源　凌贵文　潘泯均　蒋晨阳
卢林坤　李　康　肖　燕　刘柯岳　杨　鑫　刘　梦　陈冰研　胡　阳
焦佳欢　李　川　张邓出　林振望　张　帆　吴　凌　何　东　陈群杰
张　璐　宋士蛟　刘　钊　夏　曼　张　津　李　雯　张　宁　庄朋成
徐鸣阳　李　浪　胡彦斐　陈　诚　王琦璐　张文文　麻　强　李伟峰
马　韬　吴金城　贾　菲　汪　铎　许自强　马一菱　侯杰群　沈　丽
赵高杰

电子与通信工程系：94 人

程紫运　李佩玉　刘　佳　刘　林　唐　甜　杨文勇　张雷波　周红静
曹翠新　陈　冉　郭小红　王瑶君　尹永飞　曾红梅　张子裕　郑茜云
陈　婷　加力康　李　倩　马光源　左振勇　黄小云　许　晨　叶小谋
张雨濛　王法宁　王铁飞　杨小荣　赵　培　郭　巍　江佳仪　彭博蕊
孙　权　岳彩昭　周生平　陆春风　宋春晓　王赵冬　文春燕　臧　胜

张慧敏	郭　权	卢婉君	孟　颖	孙凯杰	张程炜	张　悦	朱　明
李海坤	宋广磊	孙海波	王建林	吴云鹏	阳佑敏	陈姮纹	陈　玲
耿婉娇	黄日辉	李　颖	闫孟洋	陈丽芹	胡启杨	王　蓉	张恩杰
黄世亮	刘　薇	侍剑峰	王富臣	熊　昊	杨军伟	张羽松	赵　爽
刘安琪	李　梁	梁运丰	刘蓓蓓	刘佳敏	王　畅	吴梦越	杨　帆
陈　琳	傅慧华	金　烁	吴林艳	张慧茹	张振华	赵　轩	陈　萍
陈天成	侯　爽	刘华淼	王　冬	王　腾	仵　姣		

动力工程系：181 人

陈松宇	何华伟	刘俐麟	崔　巍	李　楠	项云洋	陈　勃	沈垚垚
叶太期	王　宇	农党振	李　昊	赵贤文	李海业	邵　欢	乔大伟
王启睿	刘　刚	王鹏程	李　磊	沈培春	商执晋	李伟通	段　红
郝　波	符方泉	范超群	曹立彦	张小玲	周　庭	赵建伟	於岳祥
郑　毅	蒙青山	李彬烨	褚　斌	张冰清	闫武成	陈小东	刘　冰
王　同	白亚开	张国喆	武赛楠	胡　弘	张祖运	周其书	李毅强
胡光衍	刘士名	王　茉	路　长	白　烨	侯锡强	黄文宇	蒋玲君
李佳敏	林骁鹏	向劲宇	张　立	张项宁	李　彪	孟晓迪	牛纪德
佘士健	赵　天	张　旭	戴宇晴	孙凡杰	吴　磊	保佳伟	张　凯
王心榕	杨晓刚	朱　楼	孙恩慧	陈仕杰	冯志顺	刘明瑞	陈梦之
黄　舜	岑　彬	王　欢	肖　扬	魏巍涛	张　鹰	马云飞	林　岩
周　俊	陆海洋	朱莉林	梁文悦	赵　钧	伏思汀	渠立松	张　硕
庞永超	田　昊	刘克东	章　康	张　弛	占　敏	吴力飚	陈健阳
杨子仟	张	王海鹏	沈振强	艾书剑	张鲲鹏	汪　波	杨耀宗
马思博	尚　飞	刘　琰	李国良	郑展鹏	甘　力	李丽华	韩　林
杨　博	徐　杰	梁金锐	周　玲	林　荧	朱俊徽	庄英乐	许　文
刘　博	石沂东	杜　霞	赵　明	张宏强	张志潮	王建东	陈　野
龙　铨	莫荣杰	盛啸天	王　悦	夏　凯	杨深振	李子杰	班潇文
赖茂江	张红军	严思齐	王英楠	刘闻博	李　杨	黄健林	刘傲燃
郭　皓	李志意	冯文永	杨静远	梁东宇	岑　涛	谢海萍	郄江浩
李子毅	冀瑞云	李玉平	王　喆	李　昭	王祖耀	李亚臻	何　靓
伍　健	刘雨濛	樊　涛	郭　源	苏　浩	吴英才	栗国鸿	林　崑
尹　丹	吴小奇	铁成梁	刘林茹	伍文杰			

机械工程系：191 人

舒骆鹏	刘　江	张　凡	张　爽	庞晓祥	陈　宾	段　豪	周　寻
张晓骁	王　丹	李媛媛	魏文明	郭凤莲	栾小洲	曾定霞	邹宇强
杜艳娇	张　轩	万　凯	刘　旋	吕思佳	郭　阳	蔡　雪	黄瑞英
魏　巍	杨　渊	陈亚东	赵海奇	龚　洋	赵路佳	古祥科	易王画
姜太龙	王发林	柴守和	尹帮辉	李　帅	马子健	方毅然	蔡保松
孙明广	汤晓霞	梁文慧	周松松	周　驰	余　亮	陆　涛	肖骏峰
王永豪	曹　斌	黄燃东	刘国肖	魏新峰	张福龙	周耘格	艾新童
史　嘉	华梦琦	郭晓倩	李曰梅	张　轶	陈国青	胡峻玮	阳　照
张　帅	罗先洪	陈荣添	舒世武	刘会阳	于学鹏	张海峰	莫兰兰

张　鸿	张颖异	解宁宁	游太稳	李思莹	解承萱	李　浩	曹雨薇
郭俊华	史建芬	莫俊冰	赵子建	赵常红	杨俊玲	汪立立	姚渊博
睢少博	邓玮琪	耿天佑	吴海东	张　凯	王朋民	杜志强	陈虎山
段泽龙	李　强	马路宽	邱万洪	吴慧锋	武祥吉	卢思瑶	卢晨朝
徐振磊	王　凯	马泽宇	史利强	张秋桦	李　湛	赵思思	侯善文
尤　悦	刘中秋	卢文博	张宇澜	马晓萌	崔月瑶	丁　弘	黄庄雯
金满山	李　乐	李　洋	刘培波	刘　欣	王　江	黄素洁	黄政星
李　翔	李　星	陶　锋	闫书畅	杨　涛	蔡文靖	韩腾飞	李科慧
宋雪嵩	王青会	韦家奇	易莹鑫	张明有	李冠军	梁华清	王　盼
薛明志	邹小红	冯　燚	何志华	李文凯	李学斌	闫　鑫	于　琦
张辉鼎	张　鑫	钟　平	郭世广	李名圆	李　宁	刘万宇	马增志
吴荣华	赵晓迪	雷　波	林绍智	裴娜娜	王　凯	徐　文	张仲杰
陈巍巍	廉　涛	邵志龙	辛创业	许丽朦	于剑桥	张　达	谷晓民
罗　云	任　璐	尹　涛	张超炜	赵纪彦	赵　杨	宋金浩	王　敏
张菁蔓	王婷婷	张若云	刘学敬	刘一炜	王君怡	辛春梅	

自动化系：122 人

吴锡昌	袁　娜	高　欣	郭九旺	邹　格	刘冠男	赵　梦	荣海龙
闵建秋	丁　辉	范金骥	徐　瑞	王政一	李泳霖	刘　星	孙　泽
欧　勋	吴火蓉	施海莹	张　栋	赵　宏	练海晴	刘　晶	白　萌
李　佳	朱颂仪	高　玥	高　斌	梁　毅	罗　娅	刁若凡	田　野
陈湛杨	王　玮	赵宴弘	华智君	尹洪玉	张　宇	曾艳君	李　昕
吴家佳	俞人楠	闫　萧	潘　尧	赵　伟	王　涵	李东萍	郑亚男
郭玉青	王凯宸	陈　琳	胡鸿相	王章威	倪　盈	陈园艺	宋秉宸
白　硕	胡　艳	李金阳	江爱晶	吴静园	陈　思	刘陆阳	张　帆
邓　祺	谷　超	刘昭麟	王雨秋	马金龙	崔海林	刘林清	李　珂
潘　杜	王　琳	胡建业	孔祥宇	杨　朔	孙桂婷	杜元媛	叶自越
刘　娜	康莹莹	梁琦祥	刘越月	钟羽劲	栗　鑫	张　婕	张树浩
徐定康	李小鹏	郭俊霖	祁俊雄	董超群	周　清	徐　楠	肖庆芳
王　舜	李昱蓉	吴隆佳	徐超杰	于　笑	严　凯	杜　颖	白　雪
李晨曦	杨　迪	李梦楠	黄锦燕	张　萧	潘宇遥	杨晓言	张　锐
刘　静	牟景艳	狄　锐	蒋铁成	靳昊凡	田德阳	赖　咪	贾　岩
窦金辉	潘　浩						

计算机系：117 人

李　蕴	韩美才	毛　冬	邓　丽	黄　卓	刘绪英	赵聪亮	叶　晖
高育栋	庞新强	李沛敏	李家豪	贾雨龙	李　帅	孙校宇	唐建佩
汪　洋	吕向阳	丁浩然	李姝锦	张树栋	于博洋	张　弛	陈小鹏
董亚伟	侯海敏	刘时超	王　鹏	贾海波	尹聪林	张燕平	刘正夫
刘亚珍	李建华	黄　峰	苏　航	宫　睿	李秋娅	刘　松	郭佳盛
蔡江洋	徐　瑾	王永刚	杨广辉	王海威	孟　勐	李翔宇	李忠强
申冠男	夏承亮	石凯文	武志磊	王　琰	朱广贞	郝　振	许一航
游　朗	沈亮印	李　俊	刘　晨	黄琬今	梁静娟	马博勇	魏　松

王纬韬	肖 晋	朱翔宇	龚冬颖	程雅欐	林 楠	程 启	靳朝阳
柯钰铭	李玉伟	苏 畅	魏建国	张 鹏	樊 舒	刘少波	王秀玲
王玉坤	高新星	靳晓妹	张齐齐	张晓妍	单 琳	冯甲军	郭利轩
李丹平	刘瑞颖	孙 涛	张桉童	陈潇一	陈 震	姜方正	庞红伟
王灵超	蒋越怀	刘 洋	孟庆鹏	苏继鹏	陶 韬	王 贝	臧泽洲
薛 奕	张 弛	张 颖	郑乐爔	段 越	金 津	李 磊	刘 策
牟天乐	施晓刘	王 烁	王鑫鑫	徐一洲			

经济管理系：143 人

曹燕灵	范佳佳	姚 龙	付娅霜	李佳颖	韦秋敏	段蔡红	钟小霞
张银英	侯 宇	王瑞武	黄文亭	田 舒	张庆乐	李淑贤	王淑卉
刘道刚	侯小华	潘俊杰	张 丽	吴舒华	刘 颖	高雨薇	韦斐若
张童丽	马 俊	李 欣	刘震坤	温诗瑶	孙 睿	丁亚玲	孙 平
刘笑楠	韦嘉宝	刘雨虹	徐 丹	肖艳明	周 慧	郭志宽	杜晨薇
赵 帆	杜 蘅	王光丽	姚佳慧	王家伟	赵思远	张 珺	童 典
戴雨禾	王建峰	钱怡然	何 敏	王春阳	郑晓雨	杨 仟	张 娜
孙华瑞	姜 媛	宁慧娜	秦秋月	吴晓萌	王 宁	邹家齐	李泽森
王龄苒	樊倩男	邱 楠	刘默涵	赵疆亘	裴 颖	陆爰羽	张自达
祝 君	王伟伟	戴婉婧	戴雨欢	郭苗苗	张号乾	许昭源	张 俊
张春成	张文丰	张在兴	彭道鑫	张晓明	阮 波	黄丽娟	孙 奇
袁 静	梁均钜	孙 涛	吴学斌	党 捷	张 建	李建业	梁宸语
仝 琳	单 双	王好雷	赵德斌	马彩娟	马 敏	罗乔丹	毕立朋
乔 乔	丘艺婕	耿晓伶	胡 月	谢 念	邵鹏程	李 昂	李天朔
朱庭萱	郑天琪	刘 颖	黄丽君	刘 浩	李 璇	陆俊杰	杨 硕
俞飞杨	孙升驰	周舒静	张天翊	李庆梅	吴婷婷	张婷婷	聂麟鹏
王 睿	李 夕	余玉琴	王小燕	张红豆	关 心	田 野	郑 策
李庆阳	熊建武	王丽娟	龚 运	黄权恒	苟 丹	李 丹	

环境科学与工程学院：77 人

龙中亚	张宇波	景甜甜	孙俊达	周思涵	石祥聪	宛 霞	曾 磊
郑志杰	蒋佳君	黄金霞	孙 颖	李 杨	石榆川	韩钊博	赵泽亚
谢淑兰	徐 畅	李 玫	王罗乐	张振宇	黄 文	范芝瑞	王熙俊
杨 策	林玉斌	张 凡	杨肇鹏	张子航	王元刚	陈雅倩	张改革
李政达	李培正	王丽媛	钟启航	王 璐	史春霞	火 灿	李 颖
高雪濛	祝 涛	袁晓东	雷 媛	陈周越	刘 懿	刘成龙	吴国栋
李 鑫	陈 垒	刘 娟	徐 欢	许 鹏	杨 硕	潘文文	龚靖雯
陈 晨	王孟鸾	李郑娜	黄斐鹏	郗 萌	王生起	谭程凯	和 鹏
徐 朋	曾祥超	宋 健	高 然	李江鹏	王冠华	刘华旭	孙智滨
张立东	何东雳	陈玉强	郭佳翌	徐开依			

法政系：43 人

杜 萌	许星华	赵源哲	田镜枫	白春晓	冯海悦	刘雅岚	王守凯
杨 睿	陈桂芳	孙 欢	刘 宇	宋媛媛	刘 航	赵超越	吕林泽
陈 荧	孟 雨	唐 琪	杨柳依	蔡 洁	蒋利亚	张冰华	叶 玲

程霞燕	王娇娇	郭双梅	潘　敏	吴　珊	李　殊	曹梦幻	甘青锋
梁浩冉	王天祺	贾　芹	丁玉乐	吕丹娜	高　敏	杜泓锐	殷　婧
李安慧	侯　佳	陈苗苗					

数理系：38 人

晁学斌	高　威	邵　强	薛亚芳	周旭婷	马玉凤	陈　也	邓力维
王骁骁	王煦涛	王学友	肖　盼	谢　晋	马　俊	周清雄	罗粒菡
沈翕超	张正义	朱以顺	陈志华	杨效民	赵志杰	贾　广	吕天成
苏　娇	殷亚茹	邵　森	杨　姗	赵文静	周奥军	金彬斌	孙翠萍
李生虎	王　婷	付　豪	刘欣悦	叶文平	张　莉		

英语系：29 人

敖馨和	陈佳丽	郭　倩	黄吟雪	李慧莹	许　冰	于　露	蔡　笑
陈　卓	胡　睿	金　戈	李姗姗	李　影	刘　婷	罗小娜	宋颜萌
王　平	许嘉韵	袁彤彤	李　琛	刘玲玲	陆梦庭	王颖靓	杜焙焙
李健杰	潘蓉蓉	王小凤	阴雪莹	张　策			

国际教育学院：29 人

郜学思	李颖慧	刘晓宇	熊　岩	王赫男	陈安琪	李瑾蓉	刘芳峤
刘云涛	王　妍	张智恒	毕浩宇	郭　城	刘铭坤	毛亚鹏	王　琪
周奕帆	蒋浩晨	王心怡	吴晨宁	徐菲琳	杨孝天	白　杨	范名琳
洪燕柔	冉丰尧	吴思宇	杨宇佳	盖　林			

（二）优秀学生干部获奖名单

1. 学生干部标兵：16 人

电力工程系：3 人

马天娇	王炳辉	刘明洋

动力工程系：3 人

王鹏程	齐波波	高　超

机械工程系：1 人

张国新

自动化系：1 人

张之涵

计算机系：1 人

柳　超

经济管理系：2 人

于晓波	张　恒

环境科学与工程学院：2 人

陈伟忠	宋小卫

法政系：1 人

郭牧琦

数理系：1 人

吾强峰

英语系：1 人

李婷婷

2．校级优秀学生干部：54 人

电力工程系：14 人

汤　钰	江振源	蔡路阳	张晓义	张　祺	左　韬	张　尚	赵梦雅
樊德阳	郭学成	许士锦	冯杰成	许自强	尹恒阳		

电子与通信工程系：3 人

傅　裕	李　倩	左振勇

动力工程系：7 人

赵　月	葛龙涛	郝　波	刘　伟	潘　歌	杨　埔	胡　璠

机械工程系：12 人

吴　婧	孙海峰	王子韬	张福龙	李曰梅	张艺腾	佟锦皓	尹文良
王晓萌	乔宇航	刘中秋	张宇澜				

自动化系：5 人

杨界天	张娅姝	侯萌萌	张　宇	阚志凯

计算机系：2 人

时　磊	王兴兰

经济管理系：5 人

郑茜文	杜　蘅	金秀燕	田月怡	毛佳欢

环境科学与工程学院：1 人

侯长江

法政系：2 人

李静思	杨柳依

英语系：2 人

李淑娅	宋颜萌

国际教育学院：1 人

李孟晓

3．院系级优秀学生干部 ：136 人

电力工程系：29 人

李力行	邓　睿	王梦琳	尹　唱	黄淳驿	高　源	余　翔	陈苏阳
张　菲	范　萌	于　跃	范祺红	王占宁	姜　斌	巴　林	李　杨
李姗姗	徐　兴	周鸿博	周　翔	彭籽萱	张仕文	董沛毅	王　林
董维盾	胡璐娜	刘思宇	钱亚辰	乔林思杭			

电子与通信工程系：8 人

刘　佳	陈　冉	王胜平	张雨濛	高一双	宋广磊	耿婉娇	黄日辉

动力工程系：20 人

李　楠	王启睿	张祖运	刘锦玉	李　祥	李昊燃	吴　磊	保佳伟
孙恩慧	孙衍谦	陈允驰	肖　扬	陈圆圆	冯澎湃	马云飞	李永康
张　翎	王海鹏	党元君	尚　飞				

机械工程系：18 人

闫梦雪	肖思悦	吕思佳	刘文静	陶光超	刘　鹏	丁晓萌	段泽龙
王亚坤	张秋桦	曲　睿	卢文博	祝　凯	马玉龙	曹澄沙	赵晓迪
张秋爽	王　敏						

自动化系：12 人

于 爽	杨亚琦	王 庆	李欣倩	苏 航	陈 辉	王 玮	贾晓霞
王卫宁	葛 瑞	贾 岩	窦金辉				

计算机系：13 人

于小丽	黄 卓	沈佳丽	徐浩然	张佳茜	郝万宗	潘振福	杨宏宇
王 月	朱翔宇	王伟涛	闵 丹	刘 洋			

经济管理系：12 人

刘 熙	蒋晓慧	雒凯瑄	董方玉	李 菲	刘进杰	叶凯文	王 丽
黄沈海	张星宇	孙静怡	王 鑫				

环境科学与工程学院：9 人

邓 悦	陈芳迪	李宏轩	袁晓东	刘 欣	吴国栋	许 鹏	琦 张
赵婕玲							

法政系：5 人

刘 航	吕林泽	何 一	潘 敏	李碧霄

数理系：5 人

陈 宇	罗粒菡	高金宇	杨效民	袁 月

英语系：2 人

王思茵	陈 卓

国际教育学院：3 人

李佳骏	罗鸿昌	周奕帆

（三）单项荣誉获奖名单

1．业务素质优秀奖：160 人

电力工程系：41 人

季一宁	杨宏宇	占添乐	秦 玥	范 航	曹大卫	郭 飞	孟金棒
陈 轩	王 强	王欣欣	张伟波	张泽宇	周晋霖	宋 科	李 爽
吕 爽	魏 遥	李 冬	刘 畅	刘 欣	马启超	于思超	刘 卓
佘昊龙	罗 林	许胜仟	康文亮	包正刚	闫鹏强	郑美娜	王 璐
郝 毅	常 宁	张耀升	王 洋	杜 哲	曾 瑶	吕岩松	沈扬帆
杨 智							

电子与通信工程系：14 人

刘 宁	王 曼	董之微	黄嘉庚	郭 旭	杨 霞	胡诗咏	倪 远
彭尚飞	李 迪	高祖慧	席明潇	钱佳宁	叶建芳		

动力工程系：11 人

郝晓路	何 东	刘培培	李 越	李嘉华	高 伟	毛浩宇	曹宇坤
于 淏	李晓楠	夏宏伟					

机械工程系：24 人

霍欣明	杨 静	黄 凯	杨婧君	袁增辉	迟书强	陈 侠	郑显亚
罗 龙	梁 成	赵良辉	方玉枫	徐菁菁	李金龙	卢 阳	方超文
申屠阳	方 钿	王新赫	张 灏	赵圣林	黎修远	林明杰	李 孟

自动化系：7 人

刘 炜	李林芸	李 晴	曾华清	张 晓	范海鹏	杨星星

计算机系：10 人

倪锐 | 胡晟 | 王岩东 | 李瑶 | 周子杰 | 梁文斌 | 霍春美 | 欧燕森
傅海超 | 朱静慈

经济管理系：11 人

李木娟 | 李芳 | 徐亚 | 肖瑶 | 王丽芳 | 吴阳 | 杨志玲 | 韩冰
纪新 | 王时瑶 | 蔡文雯

环境科学与工程学院：12 人

齐晓飞 | 罗玲童 | 曾令颖 | 李勇 | 沈伦鹤 | 马万里 | 王彬 | 何宇康
韩启明 | 伟嘉李 | 许聪 | 朱丽萍

法政系：11 人

孙晓蕾 | 杨帆 | 黄江英 | 郑丽莎 | 李元 | 刘天骄 | 许麟 | 田婉莹
费文波 | 李明泽 | 梅雪

数理系：12 人

何化钧 | 乔元雪 | 杨刚 | 杨丽敏 | 白纪伟 | 丁志新 | 赵炜 | 刘祖权
张正昌 | 周佛佑 | 李博 | 刘久炜

英语系：5 人

黄佳华 | 姜菲 | 贺娟 | 刘珂 | 向星蓉

国际教育学院：2 人

袁寒 | 张立

2．社会工作优秀奖：271 人

电力工程系：45 人

李兆宇 | 陈烨 | 刘锡禹 | 梁号 | 李萌 | 刘晓强 | 韦汉宇 | 常丁元
杨旭 | 杨晨 | 黄世超 | 缪宁杰 | 潘荣 | 孙梅丹 | 王睿乾 | 岳鑫涛
阮琛奂 | 马明晗 | 邹丰 | 周铭洋 | 金增辉 | 李声俊 | 杨明 | 张申
郑亚男 | 冯骏杰 | 程玉洲 | 严逍 | 李忍 | 陈一丹 | 任晓丹 | 秦红
马慧娟 | 唐浩哲 | 葛鸿声 | 张潇 | 李文丹 | 张晓静 | 黄毓鹏 | 于明洋
李奕炜 | 闫丹丹 | 乐坤 | 曲东哲 | 田诗雯

电子与通信工程系：22 人

唐振禹 | 王玥 | 赵清林 | 甘露 | 高星 | 韩瑞 | 丁一 | 刘万超
王锐 | 常培磊 | 张玉 | 钟庆萍 | 李来杰 | 颜林睿 | 曹哲 | 闫旭
张桐建 | 李建华 | 张晓 | 韩冰 | 赵艳朋 | 王明昌

动力工程系：42 人

李广洋 | 邹文辉 | 张玉朋 | 蒲广明 | 陈乾令 | 王坤 | 盖志翔 | 狄翔坤
郑州 | 李自贺 | 李宇曦 | 宋冰 | 孙立巍 | 冯娜 | 高佳颖 | 郭爱学
林殿吉 | 蔡滨宇 | 丁希晖 | 国继志 | 刘苗 | 刘宸源 | 刘克龙 | 李治珉
左露 | 王朋飞 | 高文宣 | 张胜杰 | 吴晓尧 | 尹博 | 王佳音 | 常浩
胡蔓 | 魏凌云 | 张启辰 | 栾程程 | 孙立超 | 曹振斌 | 张青风 | 冯升飞
马立伟 | 杨帆

机械工程系：26 人

李易 | 张牧 | 罗贵博 | 袁文涛 | 柳欣 | 何茂 | 黄颖 | 翁志伟
金伟强 | 冯泽一 | 陈子谦 | 关会雪 | 许文豪 | 温凯 | 王新波 | 宋敬良

徐文岐 | 王　强 | 李明强 | 崔耀文 | 宁笑林 | 茹增田 | 刘江涛 | 赵金健
冯茹祯 | 赵　阔

自动化系：24 人

彭凌云 | 韩雅杰 | 马旭红 | 梁冬军 | 李政谦 | 孙　健 | 武　翔 | 阎立恒
李丹华 | 马博洋 | 周国烨 | 李振宇 | 李俊杰 | 李　念 | 张　忱 | 孙旭鹏
谢佳锟 | 王志强 | 谢　松 | 孙浩然 | 陶　鑫 | 王栋立 | 孙　博 | 张　蕾

计算机系：26 人

陈自然 | 任　旭 | 孙卫骞 | 尹旭东 | 张　波 | 张　伟 | 李　衡 | 吴建设
郑腾飞 | 张永华 | 肖辉远 | 彭　阳 | 王成国 | 罗雅丹 | 史　诗 | 吕东红
尹晓阳 | 宋利利 | 凌　鑫 | 徐京京 | 韩　文 | 李廷峰 | 欧燕森 | 王丹蓉
陈雅卓 | 邱红萍

经济管理系：28 人

韩芳子 | 黄建林 | 卢　威 | 谢泽川 | 陈云海 | 黄琬捷 | 牧国韬 | 张　鑫
耿文艳 | 谭雨倩 | 黄华羚 | 黄继杰 | 朱鹏飞 | 刘　欣 | 李　锐 | 贾智杰
张梓原 | 张丹红 | 许　艳 | 李安琪 | 李登卫 | 李少龙 | 曾　利 | 田　旭
刘东冉 | 杨国卫 | 张　逾 | 吕振希

环境科学与工程学院：19 人

郭世伟 | 刘诗达 | 胡金权 | 冯镜羽 | 礼　骁 | 刘景晨 | 李　智 | 苟继武
郝青林 | 孙中豪 | 周鹏飞 | 王　芳 | 邓宝玉 | 刘德庆 | 曹　阳 | 曹　倩
孙伟哲 | 黎　伟 | 刘晓朋

法政系：23 人

窦欣童 | 李思诺 | 刘于熙 | 覃　庚 | 杨　楠 | 吴　兵 | 李　晴 | 朱春鹏
任　然 | 李沂泽 | 刘帅志 | 倪状状 | 解天文 | 马裕宽 | 徐申初 | 宋筱楠
杨　星 | 宗　舟 | 高海悦 | 张春鹏 | 张　营 | 邵博文 | 刘延旭

数理系：6 人

兰雪娇 | 杨　刚 | 李东野 | 武　岳 | 陆豪强 | 孙新宇

英语系：7 人

吕晶晶 | 赵雁博 | 陈秋实 | 李子安 | 王爱迪 | 于晓游 | 史鸿翔

国际教育学院：3 人

姜宇杭 | 李春鹏 | 李　洋

3．文化活动优秀奖：122 人

电力工程系：38 人

王灵安 | 郭杰炜 | 季　杨 | 朱胤宇 | 吴达鑫 | 曹宇豪 | 李大亮 | 周艺旋
李　敏 | 张　娜 | 潘刘轶 | 郭书言 | 张力飞 | 陈　贇 | 佘昊龙 | 余子琳
周英豪 | 蔡智威 | 王嘉钰 | 杨　婷 | 程玉洲 | 陈一丹 | 张　恒 | 杨玉瑾
王劲淳 | 李　颖 | 马慧娟 | 周鹏举 | 刘　洋 | 葛鸿声 | 李文丹 | 李奕炜
唐婉璐 | 闫丹丹 | 乐　坤 | 姚云飞 | 陈洁昕 | 曲东哲

电子与通信工程系：12 人

唐振禹 | 赵清林 | 甘　露 | 郑五洋 | 钟庆萍 | 杨子正 | 张桐建 | 王文莉
张成功 | 陈一鸣 | 张　爽 | 廖杨春子

动力工程系：12 人

刘赢　马晶　孙立巍　谭美华　王昱臻　张睿懿　高文宣　杨阔
许艺　贾国晖　杨森　谷秋实

机械工程系：12 人

张牧　罗婕莹　韩东　翁志伟　陈乔生　冯泽一　宋敬良　方玉枫
高飞杰　韩立明　罗政刚　田东

自动化系：9 人

武翔　郑冬浩　白毅志　张一鸣　严倩　王天　许茹欣　史航
康佳鑫

计算机系：6 人

唐华东　尹旭东　王远雄　李廷峰　张胜男　陈雅卓

经济管理系：13 人

张楚　钟思鸣　孔姣　谢泽川　黄琬捷　李芳　金秀燕　胡万平
李少龙　苟瑞欣　田虹辰　刘东冉　何晓博

环境科学与工程学院：5 人

覃蘧　刘景晨　陆冰洁　邢佳蕾　杨钧晗

法政系：7 人

杨楠　李晴　王曼格　周静漪　李雪丽　高航　黄思博雅

数理系：2 人

杨丽敏　郑辰

英语系：3 人

邵振粉　文佳玮　刘典

国际教育学院：3 人

刘馨雅　王乐秋　许紫涵

4. 体育活动优秀奖：235 人

电力工程系：67 人

程黄新　姚晓东　张宾　林华　吴昊　季杨　刘硕　刘明奎
梁号　卢娜　彭忠源　白冰　李萌　陆峥　孙榆昊　袁雪慧
马启超　陈凯　洪泽　黄晓义　李晓东　徐捷立　佘昊龙　庄威
孟周江　袁禾　崔瑞　揭阳　李宏涛　刘尧　马明晗　戎阳枫
邹丰　赵雨濛　周铭洋　邓则苞　金增辉　李声俊　尤东　杨明
张申　陈一航　段剑犁　宋辰羊　孙大伟　赵寒　程玉洲　韩振宇
王良　姚孝靖　邹希　张耀升　汤涵清　陈晨　李颖　白梦龙
袁思遥　胡家骐　张晓静　黄毓鹏　于明洋　杨健　李博仁　闫丹丹
牟航航　冯洧荣　曲东哲

电子与通信工程系：21 人

郝玮　王剑　赵清林　王杰　贺家乐　黄嘉庚　刘洋　卓方正
黄磊　刘野　赵瑞　王亚楼　李梓信　张桐建　林陈伟　宋玉
陈学超　张晓　陈昱　卢妍倩　钱佳宁

动力工程系：15 人

肖阶平　高畅　张亚军　孙维　谭森文　王国栋　童政毅　朱静

鲁　琦	常　浩	高　伟	张伊黎	高　昂	李建宁	孙　铁

机械工程系：28 人

李　强	刘　新	张　牧	罗贵博	韩　东	张　彦	郝志垒	刘东圆
高洪尧	左利博	郑　宗	宋　琪	南　凯	郭　盼	陈　侠	林清泉
郭　靖	周鹏程	黄子良	宋松涛	白云灿	李海啸	方晓仲	蒋景烁
冯茹祯	谢小元	郭宝春	张姣姣				

自动化系：25 人

陈　丹	刘鹏程	时文静	毛　宇	李志广	王文韬	田镕嘉	李相伸
吴　迪	张　宇	时治青	杨　伟	李　瑞	李贤政	罗　皓	韦　杭
王栋立	马　攀	俱　帅	车蕴涛	陈　曦	陶　琳	陆　帅	黎瑞斌
高　岩							

计算机系：9 人

何大望	邓　特	赵文聪	张成栋	刘雨晨	王　聪	李　森	李　彭
朱万意							

经济管理系：23 人

江　丹	龚文武	江明琪	黄建林	张二静	周　雷	马小琦	王兴旺
牧国韬	金秀燕	朱鹏飞	李　锐	李安琪	李登卫	胡万平	丁启钊
陆嘉雯	徐　隆	贾玉婷	王昱勋	刘东冉	杨国卫	麦吾兰·芒尼科	

环境科学与工程学院：12 人

胡金权	礼　骁	强　鹏	龚　晟	张小伟	黄烈明	张生娟	陈纪轩
孙中豪	张理杰	邱婷婷	陈基华				

法政系：13 人

李　琳	王金鹏	于浩男	李沂泽	唐　林	马　瑞	孙天留	刘玉黔
马　啸	周　晨	邵博文	冯宇浩	安外尔·克热木			

数理系：7 人

张天富	雷作平	晏国杰	武　岳	杨　洋	陈玉成	刘久炜

英语系：8 人

马梦肖	赵雁博	郑灵山	宋春暖	李　瑜	杨天娇	陈　红	李鹏鸽

国际教育学院：7 人

单嘉恒	陈纪桥	黄　赞	纪又予	李海东	潘　超	张艺凡

5．思想道德表现优秀奖：156 人

电力工程系：31 人

李兆宇	陈　烨	余　航	梁　号	张　钊	谭舒翠	李　萌	曹宇豪
李大亮	周艺旋	韦汉宇	刘　波	严敬汝	朵吉明	马卓黎	徐捷立
杨　旭	赵东林	王嘉钰	阮琛奂	李涵骁	王　喆	赵雨濛	张　申
赵　晶	陈一航	郑亚男	陈一丹	李文丹	李奕炜	曲东哲	

电子与通信工程系：13 人

赵清林	刘万超	王昌炜	王　锐	诸骏豪	常培磊	张桐建	王文莉
张　昊	韩　冰	孙依娜	王明昌	蔡澔伦			

动力工程系：5 人

郭爱学	魏凌云	王兰昱	张　皓	曹振斌

机械工程系：32 人

张 牧	罗贵博	李丹丹	袁文涛	柳 欣	张自帅	周广洋	黄 颖
张 彦	关会雪	李 岩	许文豪	温 凯	刘美均	周晨光	欧 健
梁介众	黄子良	宋松涛	高鹏飞	李海啸	宁笑林	赵圣林	郭雪华
茹增田	刘江涛	赵金健	冯茹祯	谢小元	徐惠杰	张钰淇	达娃央金

自动化系：9 人

丁 仃	邓 勇	李振宇	李海珍	谢佳锟	丁 磊	严 倩	王栋立
王 天							

计算机系：12 人

汪 婷	肖辉远	张维和	王成国	罗雅丹	王远雄	韩 文	李廷峰
高 晶	杨佩茹	陈雅卓	邱红萍				

经济管理系：19 人

吕彦洁	卢 威	严 妍	朱鹏飞	许 艳	李登卫	江垚华	胡万平
荀瑞欣	彭伟松	郑焕海	李金强	蒋丽雅	范媛媛	宋飞云	刘东冉
胡显立	张 舒	杨国卫					

环境科学与工程学院：6 人

周治慧	胡金权	刘景晨	郝青林	孙中豪	杨钧晗

法政系：15 人

王 倩	安凌霄	肖 翔	朱春鹏	左 林	倪状状	宗 舟	安 平
孙天留	王铁权	周 晨	周保权	费文波	张 营	黄思博雅	

数理系：5 人

庞晓娜	张 悦	常怡东	牛 牛	李 潇

英语系：7 人

吕晶晶	邵振粉	文佳玮	李 瑜	史鸿翔	刘 典	刘文文

国际教育学院：2 人

李海东	李汶芝

6．科技创新能力优秀奖：52 人

电力工程系：7 人

季一宁	缪宁杰	潘 荣	郑思远	刘 芮	于明洋	黄世龙

电子与通信工程系：2 人

刘 野	林陈伟

动力工程系：10 人

马明皓	车宏鹏	郑 州	宋 冰	刘冰川	王建山	耿江华	黄 璞
刘 畅	程许谟						

机械工程系：12 人

李丹丹	袁文涛	周广洋	黄 颖	刘 秀	许文豪	刘美均	唐 瑞
徐文岐	钟骐骏	李金龙	方 钿				

自动化系：3 人

金振南	王加芳	刘 昭

计算机系：9 人

张吉富	王成国	林 言	史 诗	张晓琳	尹晓阳	李 丽	马青彦

张云潮

经济管理系：5人

江明琪	符鹏飞	严　妍	黄继杰	王路平

环境科学与工程学院：2人

陆　耀	田　耕

法政系：1人

陆耀明

数理系：1人

何化钧

2011－2012学年度研究生先进个人和先进集体获奖名单

北京校部

一、优秀研究生标兵（26人）

博士（3人）

周象贤	陆龚曙	陈　聪

硕士（23人）

刘艳章	孙娜燕	张　敏	齐文波	段春明	谭　荣	王鹏伍	季　节
罗　峰	郭　森	陈灵青	乐世华	李　凯	周业里	夏　葳	熊　瑛
黄耀松	高　慧	李晓丽	吴令男	王兴华	薛崇政	郑艳萍	

二、优秀研究生（396人）

电气与电子工程学院（141人）

博士：（28人）

王　彤	王佳明	唐　酿	尹金良	胡　静	马　刚	许建中	杜岳凡
曾　博	盛　洁	程述一	许国瑞	王　睿	马其燕	金　虎	胡　榕
夏　澍	马　爽	朱星阳	葛润东	张自力	周　游	徐　鹏	陆晶晶
王　博	李晓娟	苏岭东	李　丰				

硕士：（113人）

雷小舟	张　辉	陈广辉	陈牧天	吴延坤	王晓东	孙　震	郭韩金
李　莹	肖硕霜	赵士硕	郭　静	段秦刚	刘　芳	刘思源	彭明法
沈梓正	刘　琳	宋　妍	谈婷婷	刘建辉	孙云岭	杨　柳	张飞飞
吴林伟	徐　虹	张　伟	许佳佳	杨　政	邹裕志	张曰强	许　冬
甄晓晨	宫　月	杨　筝	胡秀园	刘晓宸	周　琪	樊征臻	申惠琪
李　洋	白云霄	李海峰	李　程	石建磊	王　丹	侯跃斌	张雪莉
闫文斌	田适阳	吕　军	王佳慧	张琦毓	齐　琳	吕思卓	王治宇
张戈力	许传龙	贾鹏飞	何东欣	华正浩	杨晓霞	杜中兰	万　琳
刘晨龙	王　帆	段　如	裴　迅	李亚龙	董仲星	吴晓丹	翟冬玲
李彦宾	扶柠柠	陈佩璐	薛佳佳	刘文静	孟　杰	张　蕊	束兰兰
姜玉靓	黄　婷	张颖达	仇国兵	王立国	刘　庆	程世军	杜亚静
郭雅蓉	符金伟	李学宝	史　巍	陈媛媛	张　敏	杨　娇	王欣宇

郭宁辉	程雪婷	刘景延	乔 真	张 峰	闻 宇	吴耀昊	陈伟丽
刘 冲	陶晓龙	陈孟颖	李 可	赵子兰	钱明霞	何 颖	逯 遥
刘宗烨							

能源动力与机械工程学院（91 人）

博士（26 人）

李精精	姜永健	许 诚	梁志永	陶 君	姬昆鹏	仇永兴	张 琛
宋 磊	戴 菡	陈奇成	齐敏芳	祝 颖	董静兰	张自丽	胡 艳
王天虎	雷 鸣	李皓宇	梁可心	张璐怡	盛 程	陈 娟	刘智益
张世平	史 洁						

硕士（65 人）

闻振中	王向志	胡苏阳	张德胜	尚立龙	李 伟	陈秋銮	景 源
梅 勇	贾 磊	马美倩	张 蕾	石司默	汪 涛	于勤建	袁 媛
黄源珣	黄科薪	马 英	曹传钊	邹 乔	王 檬	杜晓文	杨 琦
申 婧	樊昱楠	张智博	黄圣伟	程宇婷	李媛园	魏龙亭	侯 冲
黄 浙	胡 亮	高润华	李佳佳	边技超	褚瑛琮	吴 恺	吕伟为
王 珊	穆 岱	贾东坡	张婷婷	李 君	付 立	胡 玥	宋冠禹
李欣芷	庞萌萌	党慧敏	苏子威	曹为华	于 洋	王世超	陈 颖
白 翔	赵举贵	唐小锋	温静雅	杨思齐	樊 星	孙晓伟	郝振达
王利君							

经济与管理学院（58 人）

博士（15 人）

王小雅	李 贤	石玉峰	刘 方	陈 健	李 晨	李 娜	周黎莎
赵璧奎	杨益晟	许儒航	薛 松	魏亚楠	王巧莲	董鹤云	

硕士（43 人）

王 宝	程艳从	胡 浩	王立肖	董 娅	卞 青	刘平阔	孙 飞
周 帅	郭建文	朱梦舟	朱晓丽	刘宏志	魏 阳	董达鹏	韩 奇
唐 辉	贾晓希	梁万华	姚 鑫	王一博	祖丕娥	叶彩琴	王美云
戚浩桢	王 青	张 森	石秀云	宗海静	冯天天	马明娟	董萌萌
范磊磊	王 冰	路 妍	刘力溶	王 蕾	汪 勇	葛新丽	黑 洁
尚瑞霞	毕玉红	邢婷婷					

控制与计算机工程学院（66 人）

博士（11 人）

柳 玉	王富强	秦金磊	孟 磊	王仁书	张 彤	王 鹏	吕 游
孔小兵	孟庆伟	任蜜蜂					

硕士（55 人）

魏翼如	程雷阳	杨慧玉	杨超然	张 玢	杨瑞仙	陈双宝	王 恺
吕 敏	王妍丹	王旭峰	井树刚	郝玉春	毕珊珊	韩虹飞	王金奕
刘 峰	宋志惠	陈 芳	张 轩	汪凤珠	赵坚钧	李 钊	千雨乐
李利霞	魏 鹏	肖必成	戴凤娇	赵长松	陈 伟	张倩媛	李 淳
王以良	栾富君	张敬伟	党芳芳	殷秀迪	尹靖辉	陶 媛	王瑞琪
尹昌洁	高 萌	钟亮民	王春媛	张若含	白晓静	姜飞飞	张 帅

仇晓伟　徐奕昕　许呈嫣　冯　晨　杨佳雨　王耀函　姜　蔓

可再生能源学院（14 人）

硕士（14 人）

余　航　王　伟　肖　杨　林春坤　王霭景　钱德平　谷田生　刘　超
刘　岩　石　佳　谭　玲　李良杰　李晓丹　李子衿

人文与社会科学学院（5 人）

硕士（5 人）

殷　航　严　蔚　刘婧一　雷欣成　陈子楠

外国语学院（8 人）

硕士（8 人）

董　梅　刘晓霜　孙玉立　陈劲帆　文巧妮　杨　旸　朱红静　芦锋锋

数理学院（6 人）

硕士（6 人）

周杲昕　范飞飞　陆艳艳　刘晶晶　李婉璐　石彩霞

核科学与工程学院（7 人）

硕士（7 人）

钱晓明　罗　峰　侯周森　汝小龙　田　力　杨仝瑞　邹文重

三、优秀研究生干部（168 人）

电气与电子工程学院（61 人）

谢　昶　葛晓琳　岳　昊　李　丰　徐　鹏　杨　景　刘丽莉　汪　鑫
雷晓明　郭国梁　段秦刚　段京平　邓应松　高炳蔚　孙云岭　权会霞
王　清　甄晓晨　张俊利　刘　映　赵孟丹　李　波　孙春山　石建磊
张琦毓　王佳慧　王治宇　赵晓林　扆　博　李秋实　刘　畅　刘晨龙
段　如　李亚龙　李彦宾　高　超　程世军　孙轶恺　王立国　王东东
王朝亮　刘　冲　陈孟颖　李　可　逯　遥　王斯斯　白云霄　张建民
张肖杰　陈煦斌　宁子森　陶晓龙　王　卓　翟冬玲　张　磊　刘　玉
贾晨辰　张　敏　李文志　张源渊　万　琳

能源动力与机械工程学院（40 人）

王兵兵　汉京晓　金铁铮　左　薇　周雁冰　胡苏阳　张原飞　马美倩
赵晓东　曹　健　朱　勇　杜　鹏　李晓丽　尹宗齐　樊昱楠　章　科
郭　鹏　侯　冲　赵晓荔　吴　恺　吕玉贤　庞萌萌　宋冠禹　于　洋
赵举贵　孙晓伟　郝振达　马玉峰　吴礼宁　高　婕　李　伟　贾　磊
冯知正　张国坤　于勤建　赵巍伟　王　能　付　立　陈　颖　郑　伟

经济与管理学院（26 人）

刘金朋　董鹤云　王青壮　董晓梅　周小虎　闫　红　王官庆　吴焕苗
张宏运　杨亚娟　曹　原　李　檬　王欢林　陈　萌　龚　璇　王雪芳
田玉喜　熊　威　武敏霞　王旭东　孔凡玉　金　爽　刘力溶　佟　彤
黑　洁　钱婷婷

控制与计算机工程学院（24 人）

蒋　薇　谷龙飞　丁　涛　苏辰隽　时盛燕　陆刘春　郭文燕　王　琳
刘　松　张　超　迟丹一　单田雨　葛悦光　李志宏　周澎洋　罗　燕

靳玉亮	岳　丹	蒋鹏程	赵倩男	刘　强	步显廷	李秋灵	刘洋洋

可再生能源学院（5人）

向腾飞	李润杰	何　磊	朱艳霞	刘　思

人文与社会科学学院（3人）

沈苓苓	赵　越	刘婧一

外国语学院（3人）

张彩霞	董　娜	兰金萍

数理学院（3人）

王　博	陆洪涛	李小辉

核科学与工程学院（2人）

王龙泽	党俊杰

思想政治理论课教学部（1人）

安美玲

四、优秀班集体（19个）

研电1004	研电1005	研电1102	研电1107	研电1110	研动1128
研动1130	研动1028	研经管1013	研经管1012	研经管1114	研控计1017
研控计1120	研控计1122	研可再生1133	研英1124	研人文1022	研数理1123
研核1135					

保定校区

一、优秀研究生标兵（16人）

硕士：（16人）

曹东升	黄天富	陈　亮	闫少波	吴晓燕	张美凤	姜　超	李仕平
王子瑞	张春莲	田丹丹	徐世亮	朱　雯	卢海松	梁玉超	朱　蕾

二、优秀研究生（237人）

电力工程系（65人）

硕士：（65人）

曹东升	游晓科	张文通	杜宝星	石乐贤	周　阳	张双乐	孙一莹
王　旋	戴　毅	李增辉	朱冬雪	李　聪	王　媛	李江华	董松昭
王志兰	张艳丽	张思为	常亚利	平　夏	朱　辉	孙玉巍	杨　磊
王　亮	黄　俊	陈　超	薛金明	黄天富	苗　倩	张　玲	魏　洪
赵纪宗	梁泽慧	贾萌萌	王飞龙	陈　亮	杨玉倩	王明雨	檀晓林
熊　吉	王辉云	文清丰	郭玉天	闫少波	孟　莉	傅代印	陈　焕
吕　正	田晓倩	齐芸芸	王建美	李悦宁	郭云翔	寇　薇	代杭娟
马建桥	涂筱莹	王成围	杨　帆	田　甜	李　渝	汪　臻	纪　巍
李　倩							

电子与通信工程系（21人）

硕士：（21人）

吴晓燕	杨　莉	王　浩	崔小玲	吴胜明	杨　星	李　欢	张少明
李晓菲	乔立贤	沈丹凤	孔凤颖	张　琳	刘　玮	刘亚春	董芬芬
翟丽娜	马　超	周　雅	罗　蕾	李金洁			

动力工程系（36 人）

硕士：（36 人）

韩 悦	于一达	李新颖	刘 辉	刘倩倩	陈娟娟	靳 菲	李海新
黄雪丽	袁 迪	刘慧敏	刘玉梅	陈林霄	李仕平	张志才	姜 凯
崔彩艳	陈 波	钟 俊	杨 新	夏瑞青	刘海峰	欧阳晶莹	冀乃良
沈 雷	张美凤	王金星	索新良	梅 健	吴文浩	陈江涛	孙东海
王忠平	邴汉昆	谭俊龙	常 帅				

机械工程系（15 人）

硕士：（15 人）

王子瑞	朱 瑜	李雪莉	崔 研	路鹏程	闫 磊	王美会	李正琪
张琳絮	任 雯	张瑞红	韩会龙	王 雪	王晓龙	赵鹏睿	

自动化系（28 人）

硕士：（28 人）

贾万根	冉 宁	王守会	杨丽华	单志伟	薛 龙	赵亮宇	闫飞朝
朱 雯	高 明	李 琳	张 倩	李亚伦	卢海松	齐卫雪	赵潇明
李 浩	武现聪	郑 芹	陈小刚	高志元	李菲菲	王瀛洲	陈 筑
马一鸣	王甜甜	韩升晖	顾珊珊				

计算机系（20 人）

硕士：（20 人）

常永娟	姜 超	卢国杰	肖 凯	刘树仁	袁 娜	徐 磊	肖 磊
刘国民	赵雪良	罗 超	张倩倩	张冬亚	曹利蒲	王晓月	郭少坤
梁尚捷	申培培	王 泽	杜志民				

经济与管理学院（25 人）

硕士：（25 人）

张春莲	黄志伟	田俊丽	姜 晔	张 刚	董 博	唐 成	杨 硕
施 婷	邱大芳	张玉玺	裴乐萍	李孝宇	毛艺婷	高佩娜	魏冬梅
武瑞梅	张 艺	田丹丹	范玉凤	陈 通	梁宇婷	陈梦竹	熊俊丽
张 丽							

数理系（4 人）

硕士：（4 人）

孟庆敏	徐世亮	李梦君	刘 洋

法政系（1 人）

硕士：（1 人）

张蓓蓓

政教部（2 人）

硕士：（2 人）

温 超	李宝林

英语系（5 人）

硕士：（5 人）

朱 蕾	李艳晓	么春影	卢沛沛	王 婧

环境科学与工程学院（15 人）

硕士：（15 人）

高　莉	王金从	金　毅	王兰芬	周　雪	张山山	刘　江	陈丽虹
高　扬	王晨龙	魏　琳	贺弘滢	梁玉超	陈　雨	韩银光	

三、优秀研究生干部（139 人）

电力工程系（38 人）

硕士：（38 人）

曹东升	赵　静	董正华	苗雨阳	李俊生	朱冬雪	吕　彬	刘景青
王　媛	梁　燕	孙玉巍	王　亮	杨晓辉	刘　洋	吴　婷	魏　洪
尹　宏	梁泽慧	王飞龙	李　凡	张雪丽	王辉云	文清丰	杨玉倩
陈　亮	熊　吉	王达飞	闫少波	傅代印	杨　光	邹伟华	韩天真
王建美	葛　鑫	张军强	李佩颖	纪　巍	李　涛		

电子与通信工程系（13 人）

硕士：（13 人）

孙晓雅	李　成	薛玉娟	董保国	刘建宁	李　欢	王纯纯	曹旺斌
卢　丹	纪四稳	邓盛翔	翟丽娜	马　超			

动力工程系（20 人）

硕士：（20 人）

李　彤	冯文会	孔垂茂	马少帅	江　波	高江玲	惠雪松	董丽丽
崔　可	高丽莎	王忠平	孙明倩	向同琼	韩　悦	刘倩倩	王　洋
马　超	李海新	于　澜	王晓斐				

机械工程系（7 人）

硕士：（7 人）

张　玉	张　鹏	吴　疆	王美会	张朋波	赵　炎	赵依依

自动化系（19 人）

硕士：（19 人）

王瀛洲	郑　冰	桑士杰	丁　方	韩冬旭	闫　璐	单志伟	薛　龙
王世林	赵丽军	魏星华	李　琳	卢海松	齐卫雪	刘鑫沛	齐园园
韩升晖	李　洋	陈树昌					

计算机系（11 人）

硕士：（11 人）

赵浩全	查婷婷	湛维明	刘伟娜	袁　娜	罗壮强	罗　超	冯志伟
王娅端	郭少坤	梁尚捷					

经济与管理学院（10 人）

硕士：（10 人）

马洪松	李　岩	盖　姝	宋云霞	李嫣资	徐龙秀	孟翔宇	杨晓叶
郭思思	周　靓						

数理系（1 人）

硕士：（1 人）

戴　芳

法政系（1 人）
硕士：（1 人）
陈　泰
政教部（2 人）
硕士：（2 人）
及月如　崔津泉
英语系（4 人）
硕士：（4 人）

董玉娟	么春影	刘　倩	孔　燕

环境科学与工程学院（13 人）
硕士：（13 人）

董丽彦	张　凡	鲁　浩	王志伟	段　宇	周锦晖	陈丽虹	王　昕
王晨龙	高　扬	梁玉超	陈　雨	藏　斌			

四、优秀班集体（10 个）

硕电力 103	硕电力 112	硕电子 101	硕动力 102	硕环工 111	硕机械 101
硕经管 112	硕英语 101	硕计算机 111	硕自动化 102		

华北电力大学 2012 级新生入学成绩优秀奖获得者名单

北京校部

省份	姓名	科类	省份	姓名	科类
安徽	常文杰	理工类	江西	熊雯婷	理工类
	郭　虎	理工类		肖欣荣	理工类
	孟诗语	文史类		卢　慧	文史类
北京	徐　可	理工类	内蒙古	张蒙蒙	理工类
	智若雯	文史类		张　妍	文史类
福建	林温歆	理工类	宁夏	李　玉	理工类
	陈乐怡	文史类		杨　叶	文史类
	何铭弘	文史类	青海	辛　颖	理工类
甘肃	马小军	理工类		郭寒笑	文史类
	王城杰	文史类	山东	李成睿	理工类
广东	邢　颖	理工类		林　罡	理工类
	梁嘉贤	文史类		闫　格	文史类
广西	陶衍旭	理工类	山西	黄瀚燕	理工类
	杨蘅益	文史类		周成城	文史类
贵州	霍思佳	理工类	陕西	谭婧华	理工类
	郭　睿	文史类		李从娥	文史类
海南	吴重沛	理工类	上海	何成龙	理工类
	庄　愉	文史类		杨文豪	文史类
河北	李　彬	理工类		吴　怡	文史类

续表

省份	姓名	科类
河北	申明科	文史类
河南	杨海登	理工类
	蒋舒婷	文史类
黑龙江	杜蘅洲	理工类
	刘立姝	文史类
湖北	黄梦欢	理工类
	陈　晨	文史类
湖南	舒　想	理工类
	曾雯慧	文史类
吉林	周文涛	理工类
	刘　星	文史类
江苏	曾建军	理工类
	潘哲煜	文史类
辽宁	刘佳艺	理工类
	张桐丹	文史类
辽宁	余欣怡	文史类
四川	宋雨航	理工类
天津	肖司航	理工类
	李欣怡	理工类
	袁月晴	文史类
西藏	张竹沁	理工类
	左　昕	文史类
新疆	吕委伦	理工类
	孙郑飞	文史类
云南	姜　维	理工类
	杨兴珍	文史类
浙江	胡思衡	理工类
	祝雨歆	文史类
重庆	黎　晓	理工类
	李勉芝	文史类

保定校区

省份	姓名	科类
安徽	胡姝雅	理工类
北京	李超然	理工类
	王世杰	理工类
	高　彤	文史类
福建	吴少鹏	理工类
甘肃	杨晓璇	理工类
	丁亚雄	理工类
广东	翁浩源	理工类
广西	韦世盛	理工类
	黄莹雪	文史类
贵州	彭远会	理工类
	任永恒	理工类
	张　云	文史类
海南	吴　迪	理工类
河北	苑　震	理工类
	邱子丛	理工类
	高章鹏	理工类
	崔立鹏	理工类
	白　静	文史类
河南	吕飞扬	理工类
辽宁	范文杰	理工类
	郭雅娇	理工类
	王　杰	文史类
内蒙古	周梦璇	理工类
	安　东	理工类
	段永建	文史类
宁夏	王思贝	理工类
	焦美璇	文史类
青海	杨　铭	理工类
	李昌博	理工类
	赵国娟	文史类
山东	王　炎	理工类
	张　斌	理工类
	李　杰	理工类
	张　艺	文史类
山西	任晋伟	理工类
陕西	张　豪	理工类
	周　璇	理工类
四川	杨　雪	理工类
天津	孟庆瑶	理工类

续表

省份	姓名	科类	省份	姓名	科类
河南	裴胜丽	文史类	天津	韩　凝	文史类
黑龙江	范旭东	理工类	西藏	潘　曦	理工类
	李　玥	文史类	新疆	刘　震	理工类
湖北	张思景	理工类		陈子威	文史类
湖南	肖兴旺	理工类	云南	茶凤舻	理工类
	吴　薇	文史类		马圣明	理工类
吉林	刘　琦	理工类		杨施云	文史类
	伏泽来	理工类	重庆	申津京	理工类
江苏	李梦宇	理工类	上海	祝子绚	理工类
江西	钱云冲	理工类	浙江	朱思丞	理工类

华北电力大学 2011—2012 年度优秀班主任名单

北京校部

十佳优秀班主任名单

董长青　姜良杰　李占芳　林碧英　吕雪峰　孙　毅
徐　钢　杨晓忠　张晓春　张　艳

优秀班主任名单

电气与电子工程学院

毕天姝　崔学深　廖　斌　刘春明　汪达升　王　昊
王　华　王　伟　王增平　文　俊　许　刚　尹忠东
张海波　郑书生　郑　重

能源动力与机械工程学院

陈克丕　郭永红　马志勇　毛雪平　孙东红　魏高升
张　志

经济与管理学院

金　辉　李存斌　刘　琳　刘元欣　史海松　唐平舟
余中福

控制与计算机工程学院

常太华　陈　菲　胡庆文　焦润海　李　为　刘向杰
彭　文
钱殿伟　徐大平　徐　磊　曾德良

人文与社会科学学院

陈维春　卢海燕　杨建成　张绪刚

外国语学院

高晓薇　康建刚　杨春红　张　倩　郑　晶

数理学院

曹艳华	潘　志	张金平

可再生能源学院

李芬花	申　艳	张　华	张尚弘

国际教育学院

姜良杰

2011—2012 学年度优秀研究生班主任名单

北京校部（22 人）

王　倩	王　璁	王志斌	郑　宽	董宏伟	肖　炀	王永利	刘江艳
郑阳春	张立辉	张　利	李元诚	马苗苗	高　燕	葛　红	卞　双
杜广微	丁文俊	姜良杰	杨建成	赵军伟	宁圃玉		

保定校区（17 人）

强玉尊	石　静	龚信华	周兰欣	邵丙信	刘　洋	王建红	马永光
田　沛	赵建娜	谢志远	尼俊红	于海龙	赵文清	李红梅	刘　青
孙丽玲							

华北电力大学 2011－2012 学年度教学优秀获奖名单

北京校部

一、教学优秀特等奖（6 名）（按姓氏笔划排序）

田惠英	刘　晋	李占芳	高　丹	曹运华	彭武安

二、教学优秀奖（51 名）（按姓氏笔划排序）

于　刚	门宝辉	马德香	文　俊	王　永	王志成
王福芝	司　微	白冶钢	刘　达	刘向杰	刘春阳
刘敦楠	吕　蓬	孙　冬	孙建平	孙淑艳	何平林
何成兵	宋晓华	李　为	李向宾	李宝让	李玲玲
李继红	杨　芹	杨　琳	杨国田	邹　琳	陈正荣
周长玉	周继泉	国　防	宗　伟	庞　涛	林　俐
皇甫伟	胡　冰	赵焕梅	徐明荣	郭　鹏	黄　霞
黄弦超	曾玉华	焦润海	董　雷	谢　萍	韩宝庆
蔡　恒	滕　伟	魏高升			

保定校区

一、教学优秀特等奖（5 名）（按姓氏笔划排序）

余　萍	李冰水	苏　杰	梁贵书	阎占元

二、教学优秀奖（45 名）（按姓氏笔划排序）

孙丽玲	马燕峰	王文新	王立军	王江江	王泽霖
王修武	王　娜	王　智	韦根原	史会峰	尼俊红
刘　青	刘　伟	危日光	向　玲	吕建燚	许佩瑶
齐　玮	吴正人	宋立琴	张乃芳	李　天	李建强
李金英	李金颖	李艳坤	李　整	花广如	陈　奎
庞春江	林永君	罗光利	罗贤缙	苑秀娥	栗　然
郭　喆	郭　燕	梁志瑞	黄怡然	程晓荣	葛玉敏
韩佳玲	慈铁军	鲍　慧			

2011—2012 学年度研究生专项奖学金获奖学生名单

一、南瑞继保奖学金（55 人）

北京校部：（10 人）

博士（3 人）

马　爽	朱星阳	孟庆伟

硕士（7 人）

贾鹏飞	陈佩璐	仇国兵	刘文静	符金伟	李　可	夏　葳

保定校区：（45 人）

王金星	王忠平	于一达	李仕平	朱　瑜	王晓龙	赵雪良	郭少坤
常永娟	刘树仁	高　莉	梁玉超	冉　宁	朱　雯	卢海松	王瀛洲
乔立贤	沈丹凤	杨　莉	吴胜明	杜宝星	石乐贤	游晓科	张文通
王　旋	王志兰	杨　磊	朱　辉	王　亮	孙玉巍	黄　俊	张　玲
苗　倩	梁泽慧	贾萌萌	杨玉倩	王辉云	王明雨	文清丰	檀晓林
熊　吉	闫少波	孟　莉	傅代印	纪　巍			

二、四方股份奖学金（38 人）

北京校部：28 人

博士（3 人）

许建中	杜岳凡	曾　博

硕士（25 人）

赵士硕	张　辉	孙　震	刘思源	彭明法	张　敏	张飞飞	吴林伟
齐文波	申惠琪	李　洋	白云霄	闻振中	黄科薪	汪　涛	黄源珣
李晓丽	张智博	郭　森	王　宝	卞　青	李　凯	周业里	刘　峰
乐世华							

保定校区：（10 人）

姜　超	贾万根	陈小刚	吴晓燕	张美凤	韩　悦	王子瑞	黄天富
曹东升	陈　亮						

三、魏德米勒奖学金（18 人）

北京校部：18 人

谭　荣	王鹏伍	季　节	张　蕊	王立国	李学宝	张　峰	乔　真
吴令男	苏子威	温静雅	陈秋銮	高　慧	熊　瑛	王瑞琪	仇晓伟
冯　晨	白晓静						

四、毅格奖学金（8 人）

北京校部（4 人）

孙娜燕	刘晓宸	段　如	陈媛媛

保定校区（4 人）

崔小玲	李晓菲	孔凤颖	董芬芬

华北电力大学 2012 年学生文艺科研类社会获奖情况一览表

一、文体类

获奖级别	获奖名称
国家级	第三届中国校园艺术节，参赛作品《世纪末回旋》获得最佳导演奖，优秀剧目奖，优秀组织奖
国家级	辛辛那提第七届世界合唱节，荣获女子室内合唱组银奖九级的佳绩
国家级	2012 年西部温暖计划优秀志愿服务集体
	2012 年全国节水宣传优秀志愿服务集体
北京市	北京交通大学举办的大学生体育协会国际标准舞比赛，斩获“女子单人伦巴第三名”、“女子单人恰恰第五名”、“集体优秀奖”等
北京市	青春北京*青年盛汇 2012 北京青年艺术节第二届“青春艺术奖”，比赛舞蹈《凤舞鸾飞》荣获“最佳表演奖
北京市	北京市青年艺术节，民乐作品获得团体最佳表演奖
北京市	参加北京青年艺术节，比赛歌曲《Hero》获得铜奖
北京市	北京市五子棋精英赛个人无禁组第二、团体第六名
北京市	北京市围棋比赛个人第七
北京市	北京市人文知识竞赛二等奖
北京市	“五四杯”首都高校乒乓球邀请赛男团第一名
北京市	首都高校乒乓球锦标赛男团第六名、女团第四名、女双第三名
北京市	北京市首都高校网球锦标赛男甲团体季军、男甲单打第五名
北京市	北京市毽球比赛男子甲组第四名
北京市	首都高校毽绳比赛踢毽团体第一、跳绳团体第一、毽绳团体第一
河北省	第二届中国旅游名城“城市之韵”合唱节，比赛歌曲《我的祝福》、《Autumn leave》和《Hero》荣获银奖

二、科研类

国家级	锐博电力科技有限责任公司获得 2012 年“挑战杯”创业大赛铜奖
北京市	星河科技有限责任公司获得 2012 年“挑战杯”创业大赛银奖
北京市	安明伏特・电气设备有限公司获得 2012 年“挑战杯”创业大赛银奖
北京市	北京环球金典知识产权代理有限公司获得 2012 年“挑战杯”创业大赛银奖
北京市	北京心翼风电软件有限公司获得 2012 年“挑战杯”创业大赛银奖
北京市	北京灵动信息科技有限责任公司获得 2012 年“挑战杯”创业大赛银奖
北京市	中电骏腾科技有限责任公司获得 2012 年“挑战杯”创业大赛铜奖
北京市	北京绿色聚源有限公司获得 2012 年“挑战杯”创业大赛铜奖
北京市	北京尚点创 e 有限责任公司获得 2012 年“挑战杯”创业大赛铜奖
北京市	宏毅瑞达固体成型燃料有限责任公司获得 2012 年“挑战杯”创业大赛铜奖
北京市	天津盛拓 E 像科技有限公司获得 2012 年“挑战杯”创业大赛铜奖
北京市	雪域圣光能源科技有限责任公司获得 2012 年“挑战杯”创业大赛铜奖
北京市	正源新绿科技有限公司获得 2012 年“挑战杯”创业大赛铜奖

三、社会类

北京市	“走访津门故里 追寻红色足迹”团队获得 2012 年首都大学生暑期社会实践优秀团队光荣称号
北京市	“新疆文化探寻之行”团队获得 2012 年首都大学生暑期社会实践优秀团队光荣称号
北京市	“山东大唐莱州风电场暑期调研实践”团队获得 2012 年首都大学生暑期社会实践优秀团队光荣称号
北京市	华北电力大学“三地供电公司社会实践体验小组”团队获得 2012 年首都大学生暑期社会实践优秀团队光荣称号
北京市	关于我国社会组织双重体制改革的调查团队获得 2012 年首都大学生暑期社会实践优秀团队光荣称号
北京市	赴多伦暑期社会实践团队获得 2012 年首都大学生暑期社会实践优秀团队光荣称号
北京市	“探索环保发电 宣传节能创新 消除公众疑虑 践行华电精神”暑期社会实践团团队获得 2012 年首都大学生暑期社会实践优秀团队光荣称号
北京市	“蓝色动力，绿色前行”——华电赴康保县调研实践团团队获得 2012 年首都大学生暑期社会实践优秀团队光荣称号
北京市	“海之蓝”青年志愿服务小组总结材料团队获得 2012 年首都大学生暑期社会实践优秀团队光荣称号
北京市	“创新改革”—山东济南实践团团队获得 2012 年首都大学生暑期社会实践优秀团队光荣称号

华北电力大学 2011—2012 学年度教职工年度考核优秀名单

一、优秀人员名单

北京校部

电气与电子工程学院（21 人）

程　瑜	孙　毅	李　彬	陶　顺	龚钢军	肖仕武
刘文霞	刘　念	屠幼萍	韩民晓	朱永强	刘文颖
刘燕华	孙英云	刘宝柱	齐　磊	孙淑艳	王　璁
冯小安	宋金鹏	王栋梁			

能源与动力工程学院（17 人）

庞力平	孙保民	张永生	程伟良	刘衍平	柳亦兵

芮晓明 | 徐　钢 | 段立强 | 翟融融 | 张晓东 | 刘宗德
何　青 | 郭永权 | 武昌杰 | 胡刚刚 | 杨志平

可再生能源学院（11 人）

邓　英 | 张　华 | 张　锴 | 张尚弘 | 张　充 | 耿　晔
朱红路 | 王体朋 | 覃　吴 | 孙东亮 | 赵　莹

核科学与工程学院（3 人）

曹　博 | 程晓磊 | 赵珥希

经济与管理学院（19 人）

李存斌 | 瞿　斌 | 简建辉 | 罗国亮 | 张晓春 | 叶陈云
赵宝柱 | 张洪青 | 李金超 | 杨淑霞 | 刘力纬 | 刘敦楠
施应玲 | 谢传胜 | 韩宝庆 | 李　宁 | 董宏伟 | 王　宁
吴　薇

人文与社会科学学院（8 人）

方仲炳 | 李　英 | 曹治国 | 朱晓红 | 陈建国 | 苑汝杰
刘　杨 | 胡舒敏

控制与计算机工程学院（17 人）

张建华 | 禹　梅 | 马苗苗 | 郭　鹏 | 白　焰 | 梁　庚
师瑞峰 | 吴　华 | 黄从智 | 阎光伟 | 李元诚 | 滕　婧
马　炜 | 石　敏 | 傅彩芬 | 靳　炜 | 尹宿湦

外国语学院（10 人）

国　防 | 黄甫伟 | 李一坤 | 刘　辉 | 杨春红 | 孟　亮
刘　岩 | 张志远 | 刘　阳 | 窦学欣

数理学院（12 人）

邱启荣 | 曹艳华 | 徐英凯 | 魏军强 | 彭武安 | 郑宏文
张　娟 | 石玉英 | 赵红涛 | 刘　勇 | 王玉昭 | 张　昭

思想政治理论课教学部（3 人）

白冶钢 | 郑洪晓 | 王威威

体育教学部（4 人）

王建军 | 张慧智 | 蔡利敏 | 王莹琪

新能源电力系统国家重点实验室：（13 人）

王晓东 | 卢铁兵 | 林忠伟 | 田　德 | 王　毅 | 赵成勇
姚建曦 | 马　静 | 齐　波 | 马国明 | 郑　涛 | 李成榕
彭跃辉

机关党总支（11 人）

梁淑红 | 孙　帅 | 李　桦 | 赵友君 | 葛　超 | 李成鹏
吴隆礼 | 张又弛 | 李福顺 | 古元媛 | 何天枢

教学科研党总支（9 人）

杜广微 | 杨秋霞 | 张　娟 | 丛淑玲 | 邢长燕 | 张栋峰
杨　凯 | 张　洪 | 李　薇

国际教育学院（2 人）

汤明润 | 徐玉湘

成人教育、培训学院（2 人）

徐育新　姚金凤

产业管理处（2 人）

姚敬伟　金海燕

离退休工作办公室（1 人）

张　丽

图书馆、网络中心（8 人）

易　彬　潘雅玲　王惠英　陈时佶　陈月从　林建华
孙雅娟　胡　涛

校医院（3 人）

任佳伟　曲　辉　许世春

后勤服务集团（9 人）

刘贵臣　闫建民　周劲松　朱青峰　杨　利　白英振
石翠玲　韩广才　朱世琨

保定校区

电力工程系（17 人）

董　清　谢　庆　孙丽玲　王艾萌　张建成　栗　然
常鲜戎　赵洪山　刘　青　王胜辉　梁　英　赵小军
梁志瑞　王　慧　李秀琴　韩金佐　曲艳华

动力工程系（11 人）

李慧君　张　倩　王春波　高建强　李春曦　刘　璐
谷俊杰　王江江　杨先亮　李　非　范大志

自动化系（9 人）

林永君　田　亮　王东风　李大中　翟永杰　冉　鹏
李　静　王咏梅　王　栋

计算机系（8 人）

朱永利　张少敏　赵惠兰　王德文　袁和金　李丽芬
李　刚　张东阳

电子与通信工程系（9 人）

范寒柏　张智娟　何玉钧　张铁锋　陈智雄　赵振兵
刘　涛　车辚辚　陈火欣

机械工程系（10 人）

戴庆辉　丁海民　王璋奇　万书亭　杨化动　向　玲
胡爱军　郑海明　白　洁　贺运政

环境科学与工程学院（7 人）

齐立强　吕建燚　马双忱　权宇珩　汪黎东　苑春刚
倪世清

经济管理系（10 人）

李金颖　任　峰　田金玉　孔　峰　何永贵　张彩庆

孟　明 | 王　婷 | 王敬敏 | 程利敏

英语系（8 人）

周　霞 | 魏月红 | 张　颖 | 安国平 | 郭　喆 | 侯秀英
祖　林 | 张　玲

数理系（10 人）

杨玉华 | 石彤菊 | 张国立 | 马燕鹏 | 张亚刚 | 王慧娟
李松涛 | 张贵银 | 王　亮 | 王小宁

法政系（4 人）

夏　珑 | 胡宏伟 | 孔令章 | 石兵营

思想政治理论课教学部（3 人）

孟祥林 | 张　军 | 陈晓蕾

体育教学部（4 人）

赖其军 | 张晓龙 | 王泽霖 | 陈媛媛

信息与网络管理中心（4 人）

段会清 | 丁立新 | 秦金磊 | 甄成刚

继续教育学院（2 人）

黄　威 | 李　红

教科党总支（12 人）

李　冶 | 肖　立 | 张　杨 | 张力晖 | 曲　伟 | 齐德玲
李志强 | 王淑凤 | 张晓梅 | 李恕桃 | 马文丽 | 杨牧兴

机关党总支（14 人）

田明霞 | 徐冬花 | 朱安华 | 刘宝森 | 陆　伟 | 文　丽
张湘武 | 徐大圣 | 赵津茹 | 周　岩 | 杨保利 | 刘江红
石　峥 | 吴忠键

国际合作处、国际教育学院（1 人）

阮艳花

工程训练中心（5 人）

房　静 | 李　伟 | 陈立庄 | 王　娜 | 张文生

校医院（4 人）

代丽华 | 马红霞 | 刘文慧 | 乔素伟

校产党总支（5 人）

娄曙光 | 胡　静 | 刘广生 | 王兴武 | 贡　献

后勤与基建管理处、后勤集团（24 人）

陈　平 | 徐　凌 | 刘银卯 | 邵海涛 | 左　楠 | 黄小海
颜志勇 | 樊宏娟 | 陈章法 | 辛　奇 | 杜玉峰 | 王新忠
杨国光 | 王新华 | 郑　宏 | 卜红梅 | 刘荣芳 | 杨福霞
李国忠 | 王　磊 | 魏　娜 | 杨宝明 | 刘小卯 | 赵　扬

二、科技学院优秀人员名单（11 人）

王晓峰 | 宋彦民 | 乔　冬 | 满荣海 | 商　淼 | 苏金坡
郭丰娟 | 陶善宏 | 许淑景 | 赵　妙 | 彭增伟

教育教学

华北电力大学2012年本科专业设置体系一览表

<table>
<tr><th colspan="3">北京校部</th><th colspan="3">保定校区</th></tr>
<tr><td rowspan="24">工学</td><td rowspan="11">电气信息类</td><td>电气工程及其自动化</td><td rowspan="24">工学</td><td rowspan="6">电气信息类</td><td>电气工程及其自动化</td></tr>
<tr><td>电力工程与管理</td><td>网络工程（目录外）</td></tr>
<tr><td>电子信息工程</td><td>计算机科学与技术</td></tr>
<tr><td>计算机科学与技术</td><td>软件工程</td></tr>
<tr><td>农业电气化与自动化</td><td>通信工程</td></tr>
<tr><td>自动化</td><td>自动化</td></tr>
<tr><td>通信工程</td><td>机械类</td><td>机械工程及自动化</td></tr>
<tr><td>网络工程</td><td>能源动力类</td><td>热能与动力工程</td></tr>
<tr><td>软件工程</td><td>农业工程类</td><td>农业电气化与自动化</td></tr>
<tr><td>智能电网信息工程</td><td>土建类</td><td>建筑环境与设备工程</td></tr>
<tr><td>电子科学与技术</td><td>仪器仪表类</td><td>测控技术与仪器</td></tr>
<tr><td>机械类</td><td>机械工程及自动化</td><td>环境与安全类</td><td>环境工程</td></tr>
<tr><td rowspan="4">能源动力类</td><td>新能源科学与工程</td><td></td><td></td></tr>
<tr><td>核工程与核技术</td><td></td><td></td></tr>
<tr><td>风能与动力工程</td><td></td><td></td></tr>
<tr><td>能源工程及自动化</td><td></td><td></td></tr>
<tr><td rowspan="2">水利类</td><td>热能与动力工程</td><td></td><td></td></tr>
<tr><td>水文与水资源工程</td><td></td><td></td></tr>
<tr><td>土建类</td><td>水利水电工程</td><td></td><td></td></tr>
<tr><td>仪器仪表类</td><td>建筑环境与设备工程</td><td></td><td></td></tr>
<tr><td rowspan="2">材料类</td><td>测控技术与仪器</td><td></td><td></td></tr>
<tr><td>新能源材料与器件</td><td></td><td></td></tr>
<tr><td>化学类</td><td>材料科学与工程</td><td></td><td></td></tr>
<tr><td>电子信息科学类</td><td>信息安全</td><td></td><td></td></tr>
<tr><td rowspan="12">管理学</td><td>建设工程管理</td><td>工程造价</td><td></td><td rowspan="2">工商管理类</td><td>会计学</td></tr>
<tr><td rowspan="2">管理科学与工程类</td><td>工程管理</td><td rowspan="4">管理学</td><td>工商管理</td></tr>
<tr><td>信息管理与信息系统</td><td>公共管理类</td><td>公共事业管理</td></tr>
<tr><td rowspan="7">工商管理类</td><td>人力资源管理</td><td rowspan="2">管理科学与工程类</td><td>信息管理与信息系统</td></tr>
<tr><td>工商管理</td><td>工业工程</td></tr>
<tr><td>会计学</td><td>经济学</td><td>经济学类</td><td>经济学</td></tr>
<tr><td>物流管理</td><td rowspan="6">理学</td><td>电子信息科学类</td><td>电子信息科学与技术</td></tr>
<tr><td>市场营销</td><td>环境科学类</td><td>环境科学</td></tr>
<tr><td>电子商务</td><td>数学类</td><td>信息与计算科学</td></tr>
<tr><td>财务管理</td><td>物理学类</td><td>应用物理学</td></tr>
<tr><td rowspan="2">公共管理类</td><td>公共事业管理</td><td rowspan="2">化学类</td><td>应用化学</td></tr>
<tr><td>行政管理</td><td>能源化工</td></tr>
</table>

续表

北京校部			保定校区		
经济学	经济学类	劳动与社会保障	文学	外国语言文学类	英语
		经济学类（保定：经济学）		艺术类	艺术设计
理学	数学类	信息与计算科学	法学	社会学类	社会工作
	化学类	应用化学		法学类	法学
		能源化工			
	电子信息科学类	电子信息科学与技术			
		信息安全			
	物理学类	应用物理学			
文学	外国语言文学类	英语			
	新闻传播学类	广告学			
	中国语言文学类	汉语言文学			
	艺术类	艺术设计			
	法学类	法学			

华北电力大学 2012 年含第二学位学科设置一览表

北京校部			保定校区		
工学	电气信息类	电气工程及其自动化	工学	电气信息类	电气工程及其自动化
管理学	工商管理类	人力资源管理			

华北电力大学 2012 年本科课程设置表

北京校区 2011—2012 第二学期

20 世纪美国文学	管理信息系统	视唱与合唱
DSP 技术及应用	管理信息系统设计	视听语言解读
Delphi 程序设计	管理学原理	寿险精算学
HRM 理论动态及实践	管理学原理（英语）	数据仓库与数据挖掘
HRM 英语阅读	管理运筹学	数据结构
HVAC 课程设计	光纤通信原理	数据结构课程设计
J2EE 开发平台级程序设计	光学显微分析	数据结构与算法
Matlab 及其在通信中的应用	广告摄影（2）	数据结构与算法课程设计
Matlab 语言	广告史	数据库应用
Oracle 数据库系统应用	广告项目设计	数据库应用实践
VB 程序设计	锅炉及锅炉房设备	数理方程
VI 设计	锅炉原理	数学分析（2）
Vc++程序设计	国际货币金融法	数学建模
Web 开发技术	国际结算	数学建模课程设计（1）

续表

Web 开发技术实践	国际金融学（英文）	数学建模课程设计（2）
XML 和企业电子商务信息集成	国际经济法	数学建模与数学实验
《大学中庸》导读	国际经济技术合作（双语）	数学试验
半导体集成电路	国际经贸理论动态与实践	数学物理方程 A
半导体集成电路版图设计	国际贸易法律实务	数字电子技术基础 B
半导体器件	国际贸易实务	数字电子技术基础实验 A
办公自动化	国际贸易实务模拟	数字电子技术基础实验 A（2）
保险学	国际贸易与国际金融	数字通信原理
报刊杂志阅读	国际商务保险	水电站建筑物
北京魅力	国际市场营销学	水工建筑物
泵与阀门	国际投资法律实务	水工建筑物课程设计
比较政治制度	国际信贷	水工模型试验及检测
毕业教育	国外政府监管体制	水环境规划与管理
毕业论文	过程参数检测及仪表 A	水环境规划与管理课程设计
毕业设计	过程参数检测及仪表 B	水环境化学
毕业实习	过程参数检测技术课程设计	水利工程经济学
簿记训练	过程控制技术与系统	水利工程经济学课程设计
材料科学基础（1）	过程控制技术与系统课程设计	水利水电工程概论
材料力学	焊接技术	水利水电工程施工课程设计
材料力学 B	核电厂辐射监测技术	水力学（1）
材料力学性能	核电厂辐射监测技术课程设计	水能资源开发利用
材料塑性成型	核电厂系统与设备	水能资源开发利用课程设计
材料物理性能	核电厂运行与维护	水文学原理
材料性能综合实习	核电站参数检测与控制（研讨型）	水文学原理课程设计
财务成本会计模拟实验	核电站控制与运行	水资源规划及利用
财务管理	核反应堆安全分析	水资源优化配置
财务管理理论动态与实践	核反应堆理论基础	水资源优化配置课程设计
财务会计（英文）	核反应堆热工分析	税法
财务会计报告分析	核反应堆热工分析课程设计	顺序控制
财务会计学（下）	核反应堆物理分析	思想道德修养与法律基础
财政学	核反应堆物理分析课程设计	速录训练与会议管理
操作系统 A	核反应堆仪表	随机水文学
操作系统课程设计	核环境学	太阳能-建筑一体化技术与应用
测控技术与仪器概论	核燃料循环与辐射防护	太阳能利用技术
测量实习	核数据获取与处理	太阳能热发电厂
测量学	合同实务	陶瓷工艺学
产业经济学 A	河流动力学	体适能
常微分方程	宏观经济学	体育舞蹈
超导应用基础	红楼梦导读	天线理论与射频技术应用基础
成本与管理会计（英语）	化工原理（1）	通信电子电路

续表

初级德语	化工原理课程设计	通信技术综合实验
初级韩语	化工原理实验	通信网理论基础
初级日语	化学反应工程	通信专业英语阅读
传播学概论	环境法	统计学
传播学原理	环境放射性物质取样与监测	图书馆与文献检索
传递过程原理	环境科学导论	图像处理与软件实现
传感与检测技术	会计理论动态及实践	外国民商法
传热学 B	会计实务（2）	外贸英语函电
传统能源转化过程概论	会计学	外语实习（1）
创新物理实验	会计学概论	外语实习（3）
大型数据库应用	汇编语言程序设计	网络广告
大学美育	汇编语言课程设计	网络技术基础
大学生健康教育	婚姻家庭继承法	网络信息实用检索
大学生交往心理	火电厂运行仿真实践	网络营销
大学生生涯规划与择业	货币银行学	网络与通信技术
大学生心理健康	货币银行学（英）	网球
大学物理（1）	基础法语 2	微机原理与汇编语言程序设计
大学物理（1）（英文）	基础口译	微机原理与接口技术 A
大学物理 J（1）	基金管理	无损检测
大学英语 2 级	机械工程材料	武术
大学英语 4 级	机械设计基础 A	舞蹈欣赏
大学英语 6 级	机械设计基础课程设计	舞蹈形体
大学语文	机械原理	物理化学 A（2）
单片机与嵌入式系统	机械原理课程设计	物理化学实验
单片机与嵌入式系统课程设计	机械制造技术基础	物理实验（1）
单片机原理及应用	积分变换	物流管理
弹性力学	计算方法	物流管理（双语）
地理信息系统及应用	计算机辅助设计（CAD）	物流管理方案设计
地下水文学	计算机控制技术与系统	物权法
地质实习	计算机控制技术与系统课程设计	西方公共事业
第二外语（英）（法）（1）	计算机控制系统 B	西方经济学
第二外语（英）（法）（3）	计算机认识实习	西方文明史
第二外语（英）（日）（1）	计算机实践（2）	西方行政思想史
第二外语（英）（日）（3）	计算机体系结构	西方音乐欣赏
电厂仿真综合实验	计算机网络及安全	现代电子技术
电厂高温金属	计算机网络实验	现代光电子器件及其应用
电厂化学课程设计	家庭法的经济分析	现代交换技术
电厂热力设备及运行	健美操	现代交换技术综合实验
电厂认识实习	建设法规	现代控制理论
电磁测量	建筑概论	现代控制理论 A

续表

电磁场与微波技术	建筑设备施工安装技术	现代控制理论A（双语）
电动力学	接口与通信技术	现代哲学
电工技术基础	接口与通信技术综合实验	线性代数
电机实验	节水理论与技术	线性代数B（英）
电机学（1）	解析几何	线性代数J
电机学B	金工实习	相关社会事例的法理分析
电机学C	金融工程学	项目管理软件应用
电力产业绩效分析	金融理论动态与实践	消费者行为学
电力法	金融市场学（双语）	薪酬管理
电力负荷预测	金融文献阅读实践	薪酬管理实践
电力负荷预测课程设计	金融资产定价模型的估计与分析	新能源材料
电力工程B	金属材料学	新能源发电
电力工程造价概论	经典影视广告鉴赏	新能源发电技术
电力工程造价实操案例分析	经济法	新闻采访
电力规划	经济法概论	新闻采访和写作
电力经济学基础（2）	经济法学	新闻写作
电力企业计算机财务管理实验	经济谈判	新制度经济学
电力企业市场营销	经济学理论动态及实践	心理·生活·人生
电力生产技术概论	经济学原理	心理学与生活
电力统计分析与预测	经济学专业文献阅读（1）	信号与系统
电力系统基础	经济学专业英语阅读	信息管理理论动态与实践
电力系统继电保护与高电压技术	经贸文献阅读实践	信息管理专业实践与调研
电力系统继电保护原理	经贸英语阅读（1）	信息技术实践
电力系统远程监控原理	科技英语翻译▲	信息理论基础
电力系统暂态分析	科研训练	信息论与编码
电力系统暂态上机计算	可编程控制器应用系统和组态环境编程训练	信息系统分析与设计
电力系统综合实验A	可编程逻辑器件原理与应用	刑法总论
电力信息化	可编程序控制器及应用	形势与政策
电力营销	可靠性工程	形势与政策（2）
电力营销课程设计	课题调研	形势与政策（4）
电路理论A（2）	课外能力综合素质	形态构成
电路理论B（1）	控制电机	形体
电路理论B（2）	控制系统数字仿真与参数优化	行政法学
电路实验（1）	控制装置与系统	行政法与行政诉讼法
电路实验（2）	控制装置与系统课程设计	旋转机械振动与动平衡
电气工程概论（报告形式分散进行）	控制装置与仪表	学年论文
电气工程前沿技术专题	跨文化商务交际▲	学年论文（1）
电气工程综合实验	篮球	压水堆化学
电网与变电站课程设计	劳动关系与劳动合同管理	岩石力学
电网运行技术	离散数学A（2）	演讲与口才

续表

电子薄膜与器件	量子力学	液压与气压传动
电子电路计算机辅助分析与设计	领导与领导力	音乐鉴赏
电子技术基础B	流体力学B	音乐营销
电子技术综合实验	律师实务	英汉翻译
电子商务	轮滑	英美概况
电子商务安全与支付	马克思主义原理	英文电影欣赏
电子商务理论与动态实践	毛泽东思想和中国特色社会主义理论体系概论	英文写作
电子商务系统分析与设计	美国文学史及选读	英译汉
电子商务系统设计与实践	美术鉴赏	英语泛读（2）
电子商务专业实践与调研	面向对象的程序设计A	英语泛读（4）
动力工程B	民法概论	英语会话（2）
对外汉语教学概论	民事诉讼法	英语会话（4）
多媒体技术及应用	民事庭审见习	英语精读（2）
多媒体通信技术	模糊数学	英语精读（4）
多媒体应用基础	模拟电子技术基础	英语口语
多媒体应用基础（信管）	模拟电子技术基础实验A	英语口语（2）
发电厂电气部分	纳税筹划	英语口语（4）
发电厂电气部分课程设计	纳税会计	英语听力（2）
发电厂经济运行课程设计	男乒乓球	英语听力（4）
发电厂经济运行与管理	内部审计学	英语戏剧欣赏
发电厂运行技术	能源与环境	英语写作
法经济学	碾压砼技术	应用文写作
法理学	暖通空调	营销策划
法律文书写作	排球	营销理论动态与实践
房地产法	配电自动化	营销专业英语阅读
房屋建筑学	片上系统设计	影视广告制片
仿真综合实验	乒乓球	影视鉴赏
风电场电气工程	普拉提	影视中的司法
风电机组设计与制造	企业管理概论	硬件技术基础
风电机组设计与制造课程设计	企业集团财务管理	有机化学
风资源测量与评估	企业内部控制与风险管理	有机化学实验
辐射剂量学	企业沙盘对抗模拟	语言与文化
复变函数	企业沙盘模拟	运筹学
复变函数论	企业战略管理	运筹学A
复变函数与积分变换	汽轮机原理B	造价员电力工程概论
概率论与数理统计	汽轮机运行	债权法
概率论与数理统计A（1）	清洁发展机制与能源审计	政府经济学
概率论与数理统计B	全面预算管理	证据法
钢筋砼结构	燃料电池基础	证券投资学
钢筋砼结构课程设计	热工过程可视化监测（双语、研讨）	知识产权法

续表

高等代数（2）	热工控制系统 A	知识产权法 A
高等数学 B（2）	热工控制系统 B	职业生涯管理
高等数学 B（2）（英）	热工控制系统课程设计	职业素养综合训练
高等数学 C（2）	热工系统建模	直流输电技术
高等数学 J（2）	热力发电厂	制造工程学
高电压技术	人力资源管理诊断	智能科学
高电压技术课程设计	人身权及其损害赔偿	中国古代文学（4）
高电压绝缘	人员测评与招聘	中国古代文学作品选读（1）
高级财务管理	人员培训与开发	中国近代爱国诗词选讲
高级听力（2）	人员招聘模拟	中国近代史纲要
高级学术英语（1）	认识实习	中国民俗文化研究
高级学术英语（2）	软件工程课程设计	中国书法史与书法欣赏
高级英语精读（2）	软件技术基础	中国文学批评史
高级语言程序设计（C）	软件人机界面设计	中国政治思想
格林童话研究	软件项目管理	中级财务管理
工程测量学	三维造型及动画	中级财务管理（英文）
工程测量学实习	散打	中级财务会计（上）
工程地质	商法概论	中级法语 2
工程电磁场	商务智能	中级宏观经济学
工程管理理论动态与实践	商务专业英语阅读	中级微观经济学
工程光学	摄影后期制作	中外广告法规
工程化学	社保专业英语阅读	专题辩论
工程经济学	社会保障概论	专业实践与调研
工程力学 A（1）	社会保障学	专业实践与调研 A
工程力学 A（2）	社会保障与社会福利	专业英语阅读
工程流体力学 A	社会保障专题社会调查	专业英语阅读（法学）（1）
工程热力学 B	社会调查	专业英语阅读（风电）
工程设计拓展训练	社会实践	专业英语阅读（工管）
工程图学 A（2）	社会问题与社会政策	专业英语阅读（公共）（1）
工程图学 B（2）	社会学	专业英语阅读（广告）（1）
工程图学 B（水电）（2）	社区管理	专业英语阅读（机械）
工程项目质量管理	审计模拟实验	专业英语阅读（计科）
工程制图	声乐艺术鉴赏	专业英语阅读（计算机）
工程制图（建筑）	生产实习	专业英语阅读（建环）
工程制图（英）	生物化学	专业英语阅读（热能）
工业产品营销	生物质发电技术	专业英语阅读（软件）
工作分析与劳动定额	生物质热化学转换技术	专业英语阅读（水利）（1）
功能材料	圣经与西方文化	专业英语阅读（信息）
功能材料与纳米技术	施工技术	专业英语阅读（行管）
供热工程	施工组织	专业英语阅读（自动化）

续表

公共关系学	施工组织课程设计	专业英语阅读（水文与水资源）
公共关系原理与实务	实变函数与泛函分析	专业英语阅读（应用化学）
公共行政学	实践与调研	自动化专业概论
公共组织学	实验经济学模拟	自动控制理论 B
公司法	实用摄影	自然地理与水文地质
公司金融学（双语）	世界贸易组织法	自然地理与水文地质学实习
公益劳动	世界图形史	字体设计
股票模拟交易	世界文学	足球
固体物理	世界文学名著赏析	组织行为学
管理会计（英）	世界文学名著选读	组织行为学（双语）
管理理论动态与实践	世界现代设计史	最优化方法
管理软件应用	市场调查与分析	瑜珈
管理软件应用实践	市场调研	跆拳道
管理文秘	市场营销模拟实验	
管理心理学	市场营销学	

北京校区 2012—2013 第一学期

.NET 程序设计	公共管理学	社会工作
C 语言课程设计	公共事业管理	社会科学研究方法
Delphi 程序设计	公共政策分析	社会企业家培育与长夜的理论与实践
IPO 上市模拟操作	公关策划学	社会实践
IT 市场调研	公司金融学（双语）	社会学
JAVA 程序设计实践	公益劳动	社区管理实习
JAVA 语言程序设计	古代汉语 A	审计学
LINUX 体系及编程	股票模拟交易	声乐艺术鉴赏
MIS 软件开发 A	固体废弃物处理处置技术	生产实习
MIS 软件开发实践	固体废物处理与利用	生产与运作管理
Matlab 语言	固体物理	生物化学
POP 设计	管理定量分析	生物化学基础实验
UNIX/LINUX 编程课程设计	管理沟通	生物能源工程
UNIX/LINUX 系统及编程	管理软件应用	生物质发电技术及应用
VC++程序设计	管理软件应用实践	生物质液体燃料
VHDL 与数字系统设计	管理信息系统	圣经与西方文化
Vc++程序设计	管理信息系统与决策支持系统	时间序列分析
Visual C++课程设计	管理学原理	实践与创新
Web 技术及应用	管理运筹学	实验参量与控制
《红楼梦》研究	管制经济学	实用美术与广告设计（2）
《论语》导读	光电薄膜材料及其制备技术	实用摄影
《世说新语》导读	光电子技术	世界艺术设计鉴赏
《庄子》导读	光伏发电系统集成	市场信息分析实践

续表

半导体物理	光伏组件拆装实习	市场信息分析实务
办公自动化课程设计	光纤通信技术	市场营销学
办公自动化课程设计高级	光纤通信课程设计	市政学
保险学	广告策划与创意	视唱与合唱
北京魅力	广告经营与管理学	书籍设计
泵与阀门	广告媒体研究	数据分析
泵与风机	广告摄影（1）	数据结构（计算机）
泵与风机节能技术	广告文案写作	数据库应用
泵与风机综合实验	广告效果研究与方法	数据库应用课程设计
编译技术	广告心理学	数据库应用实践
编译技术课程设计	广告学	数据库原理
变电站仿真综合实验	广告作品设计	数理方程
表面工程	锅炉燃烧试验与测试技术	数学分析（1）
冰蓄冷与低温送风	锅炉设备与运行（双语）	数学分析（3）
材料测试分析	锅炉原理	数学建模
材料成型技术基础	锅炉原理课程设计	数学试验
材料处理与表征实习	锅炉运行	数值分析 A
材料分析方法（双语）	国际法	数字电子技术基础 A
材料固体理论基础	国际会计学（英文）	数字电子技术基础 B
材料科学基础（2）	国际货币金融法律事务	数字电子技术基础实验 A
材料科学基础 B	国际金融	数字电子技术基础实验 A（2）
材料科学与工程导论	国际经济法	数字图像处理
材料力学性能	国际贸易	数字系统设计自动化
材料研究方法	国际贸易理论与实务	数字信号处理
财会信息系统	国际贸易理论与实务（双语）	数字信号处理课程设计
财务分析	国际商法	数字信号处理课程实验
财务管理	国际商务	水电站建筑课程设计
财务管理 B	国际市场营销学	水电站水库调度及其自动化系统
财务管理案例分析	国际私法	水电站水库调度及其自动化系统课程设计
财务管理基础	过程参数检测及仪表 B	水电站专题
财务管理模拟实践	过程参数检测及仪表课程设计	水工建筑物安全监测
财务会计报告分析	过程控制技术与系统	水工专题
财务会计学（上）	过程控制技术与系统课程设计	水环境影响评价
财政学	焊接检验	水利工程经济学
仓储与配送管理	汉译英 ▲	水利科学技术史
测控专题	核电厂仿真综合实验	水利水电工程概预算
测试技术	核电厂系统与设备	水利水电工程管理
测试技术综合实验	核电运行技术支持 B&W	水利水电工程施工
拆装实习	核反应堆材料	水力学（2）
成本管理会计（英文）	核反应堆控制	水力学 B（2）

续表

成本会计	核反应堆仪表	水轮机
程序设计模式	核废物处置	水文测验实习
抽水蓄能技术	核辐射测量与防护实验	水文地理信息系统应用
初级法语	核辐射物理基础	水文水利计算
初级韩语	核工程与核技术概论	水文水利计算课程设计
初级日语	核工程与核技术前沿	水文信息采集与处理
传感器原理与应用	合同法	水文预报课程设计
传感器综合实验	合同法概论	水灾害防治
传热学	合同实务	水质工程学
创新基础实践	互换性与技术测量	水资源评价与管理
创新物理实验	化工热力学	水资源评价与管理课程设计
大气污染控制工程	化工仪表及过程控制	水资源优化原理与方法
大型电机运行与故障诊断	化工原理（2）	税法学
大学俄语 1 级	环境法	顺序控制
大学化学	环境放射性物质取样与监测	思想道德修养与法律基础
大学美育	环境工程导论	算法设计与分析
大学女生自我认知与修养	会计实务（1）	太阳电池物理
大学生 KAB 创业基础	会计学概论	太阳能储存原理与技术
大学生健康教育	会计职业道德	太阳能发电技术及其应用
大学生生涯规划与择业	会计专题	太阳能工程
大学生心理健康	汇编语言课程设计	太阳能资源测量
大学生研究训练计划	婚姻家庭继承法	体适能
大学物理（2）	火电厂计算机仿真	体育舞蹈
大学物理（2）（英文）	火电厂自动化专题	挑战杯竞赛理论与实务
大学物理 J（2）	基础法语 3	通信导论
大学英语 1 级	基础法语（1）	通信电子电路
大学英语 3 级	基础会计	通信电子电路综合实验
大学英语 4 级	基础会计（英文）	通信网络与信息安全
大学英语 5、6 级	基于经济理论的单方程回归建模	通信系统原理
大学语文	机电系统控制	通信新技术专题讲座
大学语文 J（1）	机炉运行课程设计	通信原理实验
单片机原理及应用	机械工程材料	通用绘图软件使用基础
单元机组程控与保护	机械工程专业概论	统计学
单元机组集控运行	机械故障诊断技术	投资银行学
单元机组控制系统	机械设计	图书馆与文献检索
单元机组协调控制	机械设计基础 B	图形创意
单元机组运行原理	机械设计基础课程设计	土力学
弹塑性力学基础	机械设计课程设计	土力学与地基基础
当代中国政治制度	机械制造概论	土木工程概论
地方政府学	机械制造装备课程设计	外国法制史

续表

第二外语（法）(4)	机械制造装备设计	外语实习（2）
第二外语（日）(4)	积分变换	外语实习（4）
第二外语（英）(法)(2)	绩效管理	网络技术基础
第二外语（英）(日)(2)	集成电路设计	网络市场调研
电厂化学	集成电路设计与制造	网络信息实用检索
电厂金属监督	技术经济学	网络应用基础
电厂热力设备及运行	计量测试技术	网络应用实践
电厂认识实习	计量经济模型应用实践	网络营销
电厂认知实习	计量经济学	网络与通信技术
电厂应用化学 A	计算方法	网球
电磁场数值计算	计算机导论	网页设计制作
电磁场与电磁波	计算机辅助工程	网站建设与管理
电磁兼容技术	计算机辅助设计（CAD）	网站建设与管理实践
电工产品学	计算机辅助设计课程设计	微分方程数值解
电工技术基础	计算机辅助设计与制造	微观经济学
电机实验	计算机控制	微机原理及应用课程设计
电机学（2）	计算机密码学	微机原理与接口技术 A
电价学	计算机密码学综合实验	微机原理与应用
电力采购与招投标管理	计算机软件技术基础	无机化学
电力产品交易模拟实验	计算机实践	无机化学实验
电力电子仿真实验	计算机实践（1）	无线传感器网络
电力电子技术	计算机实践（3）	无线通信技术
电力电子技术（英）	计算机实践（4）	无线网络综合实验（原名：网络技术综合）
电力电子技术课程设计	计算机图形学	武术
电力电子技术应用	计算机组成与结构	舞蹈欣赏
电力电子技术综合实验	计算机组成原理	舞蹈形体
电力法	继电保护定值计算	物理化学
电力负荷预测	继电保护与自动化综合实验	物理化学 A（1）
电力工程概预算实务	家庭法的经济分析	物理前沿
电力工程与经济拓展研究	检测新技术（研讨型）	物理实验（2）
电力监管法律实务	健美操	物流成本管理
电力经济学基础（1）	建筑材料	物质的低温性质
电力经济与管理前沿	建筑环境测试技术	物资管理软件操作
电力经济综合实验	建筑环境学 A	误差理论与数据处理
电力企业财务管理	建筑节能	西方经济学
电力企业法律实务	建筑结构	西方政治思想
电力企业会计	建筑结构课程设计	系统工程导论
电力企业会计电算化模拟实验	节能原理	现代传播
电力企业市场营销	洁净煤发电技术	现代光技术基础
电力企业市场营销模拟	结构力学	现代汉语

续表

电力生产技术概论	结构陶瓷材料	现代设计方法
电力市场概论	金工实习	现代生活化学
电力市场技术支持系统	金工实习 A	现代信息网与下一代网络技术
电力市场技术支持系统课程设计	金融企业会计	宪法学
电力市场交易模拟实验	金融市场学	线性代数
电力系统潮流上机计算	金融文献阅读实践	项目管理软件应用
电力系统分析基础	金融英文文献阅读与翻译实践	项目融资学
电力系统规划与可靠性	金融英语阅读	小波分析及其应用
电力系统过电压	金属腐蚀与保护	薪酬管理
电力系统过电压上机计算	金属热处理	薪酬管理实践
电力系统课程设计	近海风力发电	新能源材料概论
电力系统通信	经典影视广告鉴赏	新能源发电系统控制
电力系统微机保护	经济博弈论	新能源概论
电力系统主设备保护	经济法	新生专业研讨
电力系统自动化	经济法概论	新闻摄影
电力系统综合仿真	经济管理建模	新闻学概论
电力系统综合实验 B	经济理论前沿	心理·生活·人生
电力项目可行性研究模拟	经济谈判	信号分析与处理
电力英语翻译	经济效益审计	信号分析与处理（自）
电力英语阅读	经济学方法论	信号分析与处理课程设计
电路理论 A（1）	经济学说史	信息管理概论
电路理论 A（2）	经济学专业文献阅读（2）	信息技术基础
电路理论 B	经贸英语翻译	信息技术基础 B
电路理论 B（1）	经贸英语阅读　（2）	信息经济学
电路理论 B（2）	决策支持系统与专家系统	信息论与编码
电路实验	科研方法与论文写作	信息论与编码 B
电路实验（1）	科研训练	信息系统安全与保密
电路实验（2）	可编程逻辑器件原理与应用	信息系统分析与设计
电脑图文设计（1）	可再生能源概论	信息学概论
电脑图文设计（2）	客户关系管理	刑法分论
电能计量	空调与制冷工程	刑事诉讼法学
电能质量概论	控制电机	刑事庭审见习
电气测量技术	控制工程	形式逻辑
电气工程综合实验	控制系统综合实验	形势与政策（1）
电气工程综合训练	库存管理	形势与政策（3）
电气设备在线监测与故障诊断	跨国公司财务管理（英文）	形体
电气新生研讨课	跨文化传播	虚拟现实
电视广告设计与制作	宽带数字网技术	虚拟仪器技术（研讨型）
电影音乐赏析	篮球	旋转机械振动与动平衡
电子材料	劳动法与社会保障法	学年论文

续表

电子电路计算机辅助分析	劳动合同设计	学年论文（2）
电子技术基础B	劳动经济学	循环流化床锅炉设备与运行
电子技术综合实验	劳动政策与法规	压水堆核电厂系统与设备
电子商务	离散数学A（1）	雅思听力
电子商务物流与配送	离散数学B	亚临界与超临界机组
电子商务应用软件技术	理论力学	冶金概论
电子商务专题	理论力学A	移动商务应用
电子陶瓷材料	力学	仪表可靠性基础
电子政务	量子力学	仪器分析
动力工程A	领导科学	仪器仪表实训（电装实习）
动力工程B	流动与热传递	音乐鉴赏
对外汉语教学与实践	流态化工程	英国文学史及选读
多媒体信息安全保密技术	流体力学B	英汉翻译
多媒体应用基础	流体输配管网	英美概况
多媒体应用基础（信管）	流体输配管网课程设计	英文电影欣赏
二十世纪西方文学	律师实务	英文写作
发电厂电气部分课程设计	轮滑	英语词汇学
发电厂运行技术	论文写作训练	英语泛读（1）
发电市场仿真实验	马克思主义原理	英语泛读（3）
发展经济学	毛泽东思想和中国特色社会主义理论体系概论	英语会话（1）
法律逻辑学	美术基础	英语会话（3）
法律诊所	美术鉴赏	英语精读（1）
法律咨询	蒙特卡罗方法及应用	英语精读（3）
法学导论	民法总论	英语口语
房地产法	模糊控制技术	英语口语（1）
房地产金融	模糊数学	英语口语（3）
房地产开发	模拟电子技术基础	英语听力（1）
房屋建筑学课程设计	模拟电子技术基础实验A	英语听力（3）
放射化学基础	纳米材料与纳米技术	英语小说欣赏▲
非盈利组织管理	纳税会计与筹划	英语语法
分散控制系统	内燃机原理	英语语言学概论
分散控制系统课程设计	能源法	英语语音入门
风电场仿真实验	能源经济学	应用化学基础
风电机组监测与控制	暖通空调新技术	应用统计学
风电机组监测与控制课程设计	排球	应用文写作
风力发电场	乒乓球	营销策略
风力发电场课程设计	普拉提	营销风险管理
风力发电机组设计软件	期货贸易（双语）	营销决策模拟
风力发电原理	企业Java电子商务实践	影视摄像与编辑

续表

风力机空气动力学课程设计	企业 Java 与电子商务	硬件技术基础
风力空气动力学	企业策划	硬件综合实验
风险分析与管理	企业管理概论	用电营销与管理
风险管理	企业竞争模拟	语音信号处理
服务市场营销学	企业认识实习	运筹学
复变函数	企业物流认识实习	运动控制
复变函数与积分变换	企业信息化专题	怎样打官司
复合材料	气象与气候学	展示设计
概率论与数理统计 A（2）	汽轮机设备故障诊断	沼气技术及其应用
概率论与数理统计 B	汽轮机原理	政治经济学
钢结构	汽轮机原理课程设计	政治学原理
钢结构课程设计	嵌入式系统	证券投资模拟
高等代数（1）	嵌入式系统 A	证券投资学
高等数学 B（1）	嵌入式系统设计与实现	知识产权法
高等数学 B（1）（英）	清洁发展机制与能源审计	制冷技术
高等数学 C（1）	清洁能源概论	智能计算方法与应用
高等数学 J（1）	全光网络技术概论	智能控制
高电压试验技术	全面预算管理	智能仪器设计
高电压综合试验	燃气供应	中国法制史 A
高级会计学	燃气轮机结构与强度	中国公务员制度
高级口译	燃气轮机联合循环控制与保护	中国古代文学（1）
高级听力（1）	燃气蒸汽联合循环电厂	中国古代文学作品选读（2）
高级学术英语（1）	燃烧理论基础	中国古代文学作品选读（3）
高级英语精读（1）	热工理论基础 B	中国近代史纲要
高级语言程序设计（C）	热力发电厂课程设计	中国书法史与书法欣赏
高级语言程序设计（C）课程设计	热能与动力工程概论	中国文化史
高级语言程序设计 A（C）	热学	中级财务会计（下）
格林童话研究	热质交换原理课程设计	中西文化比较
工程估价	热质交换原理与设备	仲裁法
工程估价课程设计	人工智能及应用	专业技能实习
工程建设合同管理	人力资源管理	专业英语阅读（材料）
工程力学 B	人力资源管理 A	专业英语阅读（电气）
工程力学 A	人力资源管理导论	专业英语阅读（电子）
工程力学 A（1）	人力资源统计	专业英语阅读（核电）（2）
工程流体力学 B	人身权及其损害赔偿	专业英语阅读（热能）
工程热力学	认识实习	专业英语阅读（信管）
工程热力学 B	入学教育及军训	专业英语阅读（仪表）
工程水文及水利计算	软件测试	专业英语阅读（财务）
工程水文及水利计算课程设计	软件测试综合实验	专业指导
工程图学 A（1）	软件工程	专用集成电路设计

续表

工程图学 B（1）	软件工程概论	资本运营
工程图学 B（水电）（1）	软件工具与环境	资产评估
工程项目管理	软件体系结构	自动控制理论 A
工程运筹学	软件体系结构课程设计	自动控制理论 B
工程制图	散打	自动控制理论课程设计
工业微生物学	色彩构成	自然资源与环境保护法
工业微生物学实验	商法	自适应与预测控制
供电企业营销实习	商法概论	足球
供应链管理	商检与海关	最优化方法
公差与金属材料	商务英语视听说	瑜珈
公共关系学	商务英语写作	毽球
公共管理案例分析	社会保障概论	跆拳道
公共管理改革	社会调查	

保定校区 2011—2012 学年第二学期

毕业设计（实验班）	管理实践	社区工作
C++程序设计及应用	管理文秘	涉外知识
DSP 系统课程设计	管理心理学	审计理论与实务（2）
DSP 系统设计	管理信息系统	审计模拟实验
ERP 原理及应用	管理学	生产实习
ERP 原理与应用	管理学原理（英语）	生产实习（机电）
FIDIC 合同条件	光电子技术基础	生产实习（设计）
Flash 应用	光纤通信原理	生产实习（物流）
IT 审计	锅炉燃烧与污染	生产实习（制造）
IT 项目管理	锅炉原理 A	生产实习与毕业实习
JSP 实用技术	锅炉原理 B	生产与运作管理
MATLAB 程序设计	国防与军事科学	施工组织与设计
Oracle 数据库系统应用	国际法	实变函数与泛函分析
Pro/E 工程软件应用	国际会计	实习（2）
SOPC 技术	国际经济法	世界贸易组织法
TCP/IP 协议原理	国际贸易模拟实验	市场营销课程设计
VB 程序设计	国际贸易实务	市场营销学
VC++程序设计	国际贸易与国际金融	视听英语
Web 技术及应用	国际私法	书法鉴赏
Web 开发技术课程设计	过程参数检测及仪表 A	输变电系统及其保护与控制
WINDOWS 体系及编程	过程参数检测及仪表 A 课程设计	输电线路施工机械
WTO 法律规则	过程参数检测及仪表 B	输灰控制及自动化
办公自动化	过程控制	数据仓库与数据挖掘
办公自动化 B	行政法学 B	数据分析与实验优化设计
办公自动化训练	合唱与指挥	数据结构

续表

毕业论文	核电厂系统与设备	数据结构课程设计
毕业设计	核电站水质工程	数据库系统原理课程设计
毕业设计（电力）	核辐射探测学	数据库应用
毕业设计（电气）	核物理与辐射防护	数据库原理
毕业设计（电自）	化工原理	数据库原理及应用
毕业设计（高压）	化工原理课程设计	数据库原理课程设计
毕业设计（机电）	化工制图与CAD	数据通信
毕业设计（热动）	化工制图与CAD上机实习	数理方程
毕业设计（设计）	化学与社会	数理方程及特殊函数
毕业设计（物流）	环工专业外语（1）	数理经济学
毕业设计（制造）	环境地学基础	数学分析（2）
毕业实习	环境毒理学概论	数学建模与数学实验
变电站仿真实习	环境工程施工	数学实验
簿记训练	环境规划	数学物理方程
材料基础实验	环境规划课程设计	数学物理方法
材料力学B	环境监测	数值计算方法
材料力学T	环境科学与工程基础	数字电子技术基础A
材料与工艺	环境生物学	数字电子技术基础B
财务管理（英语）	环境数学模型	数字电子技术基础实验A
财务管理B	环境统计	数字电子技术基础实验B
财务管理学	环境与发展课题调研	数字逻辑
操作系统	环科专业外语（1）	数字逻辑与数字系统设计
测控技术与仪器专业概论	会计模拟实验	数字通信原理
产品结构	会计实务（1）	数字信号处理基础
产品设计（2）	会计学	水污染控制工程
产品设计课程设计（1）	婚姻家庭继承法	水污染控制工程课程设计
产品数据管理	火电厂动力工程	水资源与水环境学
产业经济学	火电厂水务管理	税法
常微分方程	火电厂运行仿真实践	思想道德修养与法律基础
成本会计	机电基础	算法与数据结构
程序设计实习	机电一体化系统设计	算法与数据结构实验
传感器原理与应用	机械电子工程概论	探索宇宙奥妙的数学
传感器综合实验	机械工程专业概论	碳一化学
传热学	机械基础实验	特种加工
传热学C	机械设计	体育（2）
创新工程学	机械设计课程设计	体育（4）
创新思维与方法	机械设计学	通信技术综合实验
大气污染气象学	机械系统设计	通信专业英语阅读
大学俄语（2）	机械优化设计	统计学
大学俄语（4）	机械制造装备设计	透平机械调节与强度

续表

大学生心理健康	机械专业外语（机电）（1）	透平机械原理
大学生择业指导	机械专业外语（设计）（1）	图形处理与 CAD
大学生职业生涯发展与规划	机械专业外语（物料）（1）	图形设计
大学物理（1）	机械专业外语（线路）（1）	外国法制史
大学物理 T（1）	机械专业外语（制造）（1）	外国民商法
大学写作	计算机控制技术与系统	外语教学心理学
大学英语（2）	计算机控制技术与系统课程设计	网络攻防系统实验
大学英语（3）	计算机软件设计技术	网络管理
大学英语（4）	计算机图形学	网络技术基础
大学英语（6）	计算机网络	网络通信实验与设计
大学英语 6 级	计算机网络课程设计	网络系统工程
大学语文 A	计算机系统结构	网络系统工程课程设计
单片机与嵌入式系统 A	计算机专业英语阅读（2）	网络信息安全
单片机与嵌入式系统 A 课程设计	技术经济学	网络与电子商务法
单片机与嵌入式系统 B	技术经济学课程设计	网络综合实验
单片微机原理	继电保护定值计算	网页设计
当代中国社会问题	家庭社会工作	网站建设与管理
地方政府学	架空输电线路设计	微波工程
第二外国语（2）	建环专业英语	微观经济学
第二外国语（4）	建筑电气	微机继电保护综合实验
电厂概论	建筑概论与制图	微机原理及应用课程设计
电厂高温金属材料	建筑给排水	微机原理与接口技术 A
电厂热力设备及运行	建筑艺术鉴赏	微机原理与接口技术 B
电厂热力设备及运行 A（1）	交直流调速控制系统	微机原理与接口技术实验
电除尘器供电技术	接口与通信技术	文献检索实训
电磁测量	金工实习 A	文献信息检索实习
电磁场与电磁波	金工实习 B	无机化学 A
电磁场与微波技术	金融市场	无机化学 B
电磁兼容基础	经济法	无机化学实验 A
电磁学	经济法 A	无机化学实验 B
电工技术基础	经济法 B	无线网络
电工实践	经济计量学	舞蹈鉴赏
电机实验（1）	经济社会学	物理实验（1）
电机学（1）	经济学原理	物理专业英语
电机学 B（2）	科技信息检索	物料系统设备
电机学 T（1）	科技英语	物料系统设计
电力产业绩效分析	科技英语翻译	物料系统自动控制
电力电子技术 B	科研实践与学年论文	物流管理
电力电子技术应用	可行性研究与评估综合性设计	物流综合实验
电力电子技术应用课程设计	可靠性设计	物权法

续表

电力负荷预测模拟实验	空调制冷技术	物业管理
电力工程 B	空调制冷课程设计	西方公共事业
电力工程设计	控制电机	西方行政思想史
电力工程项目造价案例分析	控制系统数字仿真与参数优化	西方政治思想
电力机械	控制装置与仪表 A	吸收式制冷
电力建设技术专题	控制装置与仪表 A 课程设计	先进设计系统
电力建设项目管理	控制装置与仪表 B	现代汉语
电力企业成本核算与分析	控制装置与仪表 B 课程设计	现代交换技术
电力企业管理	劳动法与社会保障法	现代交换技术综合实验
电力企业内部控制	劳动经济学	现代经济学
电力生产认识实习	乐理基础	现代控制理论
电力市场概论	离散数学	现代设计方法概论
电力市场概论 B	理论力学	线性代数
电力系统负荷预测	量子力学	项目采购与合同管理
电力系统故障分析	领导科学	项目成本预测技术和方法
电力系统过电压上机	流体力学	项目风险管理
电力系统继电保护原理 A	流体力学 B	信管专业外语
电力系统继电保护原理 B	流体力学 C	信号分析与处理 B
电力系统继电保护原理 T	流体力学 T	信号与系统
电力系统课程设计	伦理学	信息安全工程与管理
电力系统课程设计 T	旅游英语	信息安全基础
电力系统认识实习	律师实务	信息安全实验课程
电力系统远动	马克思主义基本原理	信息安全专业英语阅读（1）
电力系统暂态分析	毛泽东思想和中国特色社会主义理论体系概论	信息产业法律法规
电力系统综合实验 A	煤化工	信息管理学概论
电力线载波通信	美国文学	信息经济学
电力需求侧管理	面向对象程序设计（JAVA）	信息论与编码
电力营销与客户服务	面向对象程序设计综合实验（VC++，Java）（2）	信息系统课程设计
电路理论（1）	面向对象程序设计综合实验（VC++，Java）（4）	信息系统与数据库
电路理论 T（1）	面向对象技术与 UML	信息隐藏技术
电路实验（1）	面向对象技术与 UML 课程设计	刑法总论
电气测量技术（电磁测量+现代电子测量技术）	模拟电子技术基础 A	刑事诉讼法学
电气设备高压试验	模拟电子技术基础 B	刑事庭审见习
电网生产技术概论	模拟电子技术基础 T	学科论文实践
电子测量与仪器	模拟电子技术基础实验 A	学年论文
电子测量与仪器综合实验	模拟电子技术基础实验 B	学年论文（1）
电子工艺实践	纳税会计	学年论文（2）

续表

电子工艺实验	能源概论	学术前沿
电子技术基础	能源经济学	雅思听说（1）
电子技术基础实验	能源转化	雅思英语（2）
电子商务	农村电网规划	烟尘测试理论与技术
电子商务系统分析与设计	暖通空调	养老保险
电子商务综合实验	暖通空调工程制图	艺术导论
电子设计讲座	配电自动化	英文写作
电子设计竞赛训练	平面构成	英语词汇学
电子设计自动化	平面设计（2）	英语词汇学 B
电子线路设计（1）	平面设计课程设计	英语泛读（2）
电子线路设计（2）	普通语言学（2）	英语精读（2）
电子专业外语（2）	期货交易理论与实务	英语精读（4）
多媒体技术	企业管理概论	英语精读（6）
俄语入门	企业沙盘模拟	英语口语
儿童青少年社会工作	企业文化案例精选	英语口语（2）
发电厂电气部分 A	企业战略管理	英语口语（4）
发电厂电气部分 B	企业诊断	英语听力（2）
发电厂电气部分课程设计	汽轮机原理 A	英语听力（4）
发电厂电气设备及运行	汽轮机原理 B	英语听说 2
发电厂动力部分	嵌入式系统	英语文体与修辞
发电厂生产过程	嵌入式系统课程设计	英语小说欣赏
发展经济学	青年心理学	英语写作（1）
发展社会学	燃气供应工程	应用电化学
法律逻辑学	热工控制系统 A	应用化学专业外语（1）
法学前沿（专题 2）	热工系统建模	应用统计学
翻译理论与实践（2）	热交换器计算及设计	硬件设计与实践
翻译名篇欣赏	热力发电厂给水处理	用电技术
房地产法	热力发电厂给水处理课程设计	优秀传统文化与伦理道德
房地产开发与经营	热力设备腐蚀与防护	有害气体控制工程
分散控制系统（DCS）综合实践 A	热力学统计物理	有害气体控制工程课程设计
分散控制系统（DCS）综合实践 B	热能与动力工程专业英语	有机化学 A
风力发电原理	热能与动力工程专业英语（制冷）	有机化学 B
复变函数	热学	有机化学实验 A
复变函数与积分变换	人工智能及应用	有机化学实验 B
改变世界的物理学	人机工程学	运筹学
概率论与数理统计（2）	人力资源管理	运筹学（1）
概率论与数理统计 A	人力资源管理案例分析	运动控制系统
概率论与数理统计 B	认识实习	债权法
杆塔结构设计	日语入门	展示设计
钢筋混凝土	软件测试	证券法

续表

高等代数（2）	软件程序设计训练	证券投资模拟实验
高等数学 A（2）	软件工程	证券投资学
高等数学 B（2）	软件工程课程设计	知识产权法 B
高等数学 C（2）	软件界面设计与欣赏	制冷校内基地实践
高等数学 J（2）	软件体系结构	制冷压缩机
高等数学 T（2）	色彩基础	制冷与低温装置结构及循环特性
高电压技术	商务管理英语会话	制冷装置设计
高电压技术 T	商务谈判	制造工程基础
高电压绝缘	商务英语视听说	质量工程学
高电压综合实验	商业银行经营管理	中国公务员制度
高级会计学	设计表现技法	中国古近代思想史
高级英语视听说（2）	设计方法学	中国近现代史纲要
高级语言程序设计（C++）	设计管理	中级财务会计（英语）
工程电磁场	设计色彩	中英文翻译
工程光学	设计思维	仲裁法
工程化学	设计素描（3）	专业基础实验（1）
工程经济学	设计系统课程设计	专业基础综合实验
工程热力学 C	设计制造综合实验	专业认识实习
工程图学 A（2）	社会保障国际比较	专业认识实习（制冷）
工程图学 B（2）	社会保障基金管理	专业实习（1）
工程项目管理	社会福利思想	专业外语（1）
工程项目投资管理	社会工作概论	专业外语（2）
工程制图	社会工作行政	专业外语阅读（农电）
工业催化	社会工作专业英语（2）	专业外语阅读（自动化）
工业社会工作	社会环境保护	专业英语
公差与技术测量	社会实践	装饰雕塑
公共管理学 B	社会实践实训	资产评估
公共事业管理	社会实践与学年论文	自动化制造系统
公共政策	社会调查研究方法	自动化专业概论
公管专业英语（1）	社会调查与统计分析	自动控制理论 B
供电技术	社会统计学	组织设计与管理
供电设计	社会问题与社会政策	组织社会学
供热工程	社会问题专题调研	最优化方法
供热及锅炉房课程设计	社会心理学	最优化算法
故障分析上机计算	社会学	社会政策概论
管理定量分析		

保定校区 2012—2013 学年第一学期

电工技术基础	管理信息系统课程设计	社会保障概论 B
3DMAX 应用	管理信息系统与决策支持系统	社会保障国际比较
EDA 课程设计	管理学	社会福利与员工福利
ERP 沙盘对抗模拟试验	管理学原理	社会工作的价值与伦理
GIS 装置与绝缘技术	管理运筹学	社会工作专业英语（1）
IT 企业创业案例分析	管制经济学	社会救助制度
J2EE 开发平台及程序设计	光机电检测技术	社会调查
JAVA 程序设计	光学	社会学概论
MATLAB 程序设计	广告学	社会研究方法
Matlab 基础与应用	锅炉及锅炉房设备	社区文化与社区管理
Oracle 数据库系统应用	锅炉原理课程设计	摄影技术
PCB 电磁兼容设计	国际结算	审计理论与实务（1）
PKI 系统设计综合实验	国际金融法律实务	生产实习
Pro/E 工程软件应用	国际金融实务（双语）	生产实习（电力）
SPSS 统计应用	国际经济学	生产实习（电力电子）
UG 工程软件应用	国际贸易实务	生产实习（高压）
UNIX/LINUX 体系及编程	过程控制	生产系统课程设计
VB.NET 程序设计	过程控制课程设计	生产系统设计与管理
VC++程序设计	行政法与行政诉讼法	生态学
Web 开发技术	合同法分论	生物化学
WINDOWS 体系及编程	核电厂系统与设备	生物医学电子学
安全工程学	核电站概论	声学基础
包装设计	核电站水化学	实体建模技术及其应用
保险经济学	宏观经济学	实习（1）
泵与风机	宏观经济学（双语）	市政学
编译技术	户外写生与考察	视频编辑
编译技术课程设计 A	化工测量与仪表	书籍装帧设计
编译技术课程设计 B	环工专业外语（2）	输电线路课程设计
变电站二次技术	环境工程 CAD 及上机实习	输电线路设计基础
变电站综合自动化	环境工程仿真控制上机实习	输电线路运行与检修
博弈论	环境工程仿真设计上机实习	输灰工程
簿记训练	环境工程施工	数据仓库与数据挖掘课程设计
材料成型技术基础	环境工程微生物学	数据分析
材料基础实验	环境工程学	数据结构
材料力学	环境工程学课程设计	数据结构与算法
财会信息系统	环境工程综合实验	数据库系统原理
财会专业外语	环境管理与法规	数据库与网络技术导论
财务成本模拟	环境管理与环境法	数据库原理及应用
财务分析及财务软件应用	环境化学	数据整理与统计分析

续表

财政学	环境科学信息检索	数控原理与编程
操作系统	环境模型程序设计及应用上机实习	数学分析（1）
操作系统综合实验	环境生态行为综合实验	数学分析（3）
测试技术	环境信息系统	数学建模
产品设计（1）	环境学导论	数学建模课程设计
产品设计（3）	环境质量评价	数学软件 matlab
产品设计课程设计（2）	环境质量评价课程设计	数值分析
产业组织学	环科专业外语（2）	数值计算方法
常用数学软件实验(Matlab,Mathematica)	环艺设计	数字电子技术基础 A
超高压电网继电保护专题	环艺设计课程设计	数字电子技术基础 B
超临界燃煤发电机组	汇编语言程序设计	数字电子技术基础 T
成本控制	汇编语言程序设计综合实验	数字电子技术基础实验 A
程序设计模式	会计实务（1）	数字电子技术基础实验 B
除尘技术	会计实务（2）	数字图像处理
除尘技术课程设计	会计学（英语）	数字信号处理
传热学	会计职业道德	数字信号处理基础
传热学 T	火电厂自动化专题	数字信号处理课程设计
创业策划	火电机组启停及运行	税法
大型电机与变压器的状态监测	货币金融学	税收理论与实务
大型发电机与变压器运行	货币银行学	思想道德修养与法律基础
大学俄语（1）	机电传动控制	算法设计与分析
大学俄语（3）	机电控制系统仿真	通信导论
大学日语（1）	机电综合实验	通信电子电路
大学生社会心理特征调查	机械创新设计	通信电子电路综合实验
大学物理（2）	机械故障诊断技术	通信网概论
大学物理 T（2）	机械基础实验	通信系统仿真
大学英语（1）	机械设计基础	通信系统原理
大学英语（2）	机械设计基础 B	通信新技术专题讲座
大学英语（3）	机械设计基础课程设计	通信原理实验
大学英语（4）	机械设计课程设计	投入产出分析
大学英语 4 级	机械原理	透视
单片机原理与接口	机械原理课程设计	团体工作
单片微机原理	机械噪声测试与控制	外贸英语函电
单元机组程控与保护	机械制造技术基础	网络软件程序设计
单元机组控制系统	机械专业外语（机电）(2)	网络软件程序设计课程设计
单元机组协调控制	机械专业外语（设计）(2)	网络数据库应用
单元机组运行原理	机械专业外语（物料）(2)	网络信息安全综合实验
单元机组运行原理课程设计	机械专业外语（线路）(2)	网络营销
当代世界经济与中国经济政策分析	机械专业外语（制造）(2)	网络与通信技术
当代中国政治制度	基础会计	网站建设与管理课程设计

续表

第二外国语（1）	集成电路设计基础	微处理器系统课程设计
第二外国语（3）	集成电路设计综合实验	微观经济学
电厂高温金属材料	计量经济学	微机保护原理
电厂化学	计量经济学模拟实验	微机电系统技术基础
电厂化学仪表与程控	计算方法	微机控制技术
电厂热力设备及运行	计算机病毒防治	微机原理及应用
电厂热力设备及运行 A（2）	计算机操作系统	微机原理与汇编语言程序设计
电厂应用化学	计算机辅助工业设计	微机原理与汇编语言程序设计课程设计
电磁兼容技术	计算机辅助平面设计	卫星通信
电动力学	计算机辅助设计	文秘英语
电工电子实习	计算机控制技术	文学翻译
电工技术基础	计算机密码学	无线通信
电机实验（2）	计算机网络	物理化学 A
电机学（2）	计算机网络课程设计	物理化学 B
电机学 B（1）	计算机网络体系结构	物理化学实验 A
电机学 T（2）	计算机专业英语阅读（1）	物理化学实验 B
电机与电力拖动	计算机专业英语阅读（3）	物理实验（2）
电缆运行与故障诊断	计算机组成与结构	物理性污染控制工程
电力电缆与线路金具	计算机组成原理	物理性污染控制工程课程设计
电力电子技术 A	计算机组成原理综合实验	物流工程学
电力法	计算智能	物流管理概论
电力负荷预测	技术经济学	西方法律思想史
电力负荷预测模拟实验	继电保护与自动化综合实验	西方经济学
电力工程 B	继电保护综合实验	西方社会学理论
电力工程基础	建筑概论	西方文化入门
电力机械	建筑环境测量	系统工程导论
电力经济与管理前沿	建筑环境学	系统工程学
电力企业成本核算与分析	建筑设备安装工程	系统建模与仿真
电力企业管理概论	建筑设备自动化	先进管理系统
电力实验经济学	建筑水暖电课程设计	先进制造技术
电力市场概论	交流电机仿真	先进制造系统
电力市场技术支持系统	交流电机调速	现代电子技术
电力统计	洁净煤发电技术	现代防雷技术
电力系统潮流上机计算	解析几何	现代管理学
电力系统潮流上机计算 T	金融法	现代密码学
电力系统仿真实习	金融工程	现代信息技术（专题）
电力系统分析基础	金融工程模拟实验	线性代数
电力系统分析基础 T	金融企业会计	宪法学
电力系统规划与可靠性	经济法	项目管理
电力系统过电压	经济学前沿（教授讲坛）	项目管理课程设计

续表

电力系统认识实习	经济学说史	项目融资
电力系统微机保护	精确农业	小波分析及其应用
电力系统稳定	静电防护	校内基地实践
电力系统谐波与无功补偿	就业政策专题研究	心理学原理
电力系统谐波与无功补偿课程设计	决策支持系统与专家系统	新能源电力技术
电力系统自动化 A	可编程控制器应用	新能源发电技术
电力系统自动化 B	可再生能源	新能源发电系统控制
电力系统综合实验 A	客户关系管理	新闻英语
电力系统综合实验 B	空气调节	新制度经济学
电力项目后评价	空调制冷课程设计	薪酬理论与实务
电力信息化与信息安全	控制工程基础	信号处理算法综合实验
电力英语阅读	控制论基础	信号分析与处理
电力用油	控制系统综合实验	信息安全专业英语阅读（2）
电路理论（2）A	跨国公司经营与管理	信息安全综合实验
电路理论（2）B	跨文化商务交际	信息技术基础与计算机导论
电路理论 T（2）	快速原形制造技术	信息技术基础与计算机导论实验
电路实验（2）	宽带数字网技术	信息论与编码
电能质量概论	劳动法与社会保障法	信息通信网络基础
电气工程新技术（报告形式）	劳动社会学	信息系统安全与保密
电气控制技术	老年社会工作	信息资源规划
电气设备故障诊断	冷冻与冷藏	刑法分论
电气设备在线监测与故障诊断	离散数学	虚拟现实技术
电网生产技术概论	理论力学	虚拟样机技术及应用
电子技术基础	理论力学 B	虚拟仪器及其应用
电子技术基础实验	理论力学 T	学科前沿研究
电子技术综合实验	力学	雅思听说（2）
电子设计自动化	力学基础实验	雅思英语
电子线路设计（3）	立体构成	雅思英语（1）
电子线路设计（4）	领导科学	液压与气压传动
电子政务	流体机械	医疗保险
电子政务 B	流体力学	仪器分析
电子专业外语（1）	流体力学 C	艺术设计概论
多工况空气处理过程模拟实验	流体输配管网	艺术设计赏析
多媒体技术及应用	逻辑学	英国文学
多媒体通信技术	马克思主义基本原理	英汉口译
发电厂经济运行管理	毛泽东思想和中国特色社会主义理论体系概论	英美概况
发电厂生产过程	煤化工安全与环保	英语泛读（1）
法理学	煤化工综合设计	英语泛读（3）
法律文书写作	美术史	英语精读（1）

续表

法律英语	面向对象程序设计综合实验（VC++，Java）（1）	英语精读（3）
法律诊所	面向对象程序设计综合实验（VC++，Java）（3）	英语精读（5）
法学导论	民法总论	英语口语（1）
法学前沿（专题1）	民事法律实务	英语口语（3）
法学前沿（专题3）	民事诉讼法	英语名诗欣赏
翻译理论与实践（1）	民事庭审见习	英语社会实践
非营利组织管理	模糊数学	英语听力（1）
分散控制系统	模拟电子技术基础A	英语听力（3）
分析化学A	模拟电子技术基础B	英语听说1
分析化学B	模拟电子技术基础实验A	英语写作（2）
分析化学实验A	模拟电子技术基础实验B	英语语法
分析化学实验B	模型制作与塑造	英语语音入门
风险投资	能源法律与政策	应用化学专业外语（2）
福利经济学	能源环境学	应用文写作
复变函数论	农村社会学	用电营销与管理
复变函数与积分变换	暖通空调系统分析与设计	有限元方法
概率论	排水工程	原子物理学
概率论与数理统计（1）	票据法	运筹学
概率论与数理统计B	平面设计（1）	运筹学（2）
高层建筑空调	普通语言学（1）	运动控制
高等代数（1）	企业创业策划	证据学
高等数学A（1）	企业决策理论和方法	政府与非营利组织会计
高等数学B（1）	企业沙盘模拟对抗	政务礼仪
高等数学C（1）	企业税收理论与实务	政治经济学
高等数学J（1）	企业形象策划	政治学原理
高电压技术课程设计	企业战略管理	知识产权法A
高电压技术在非电力系统中的应用	企业诊断	知识经济学
高电压试验技术	汽轮机设备故障诊断	直流输电与FACTS技术
高级英语视听说（1）	汽轮机原理课程设计	制冷控制系统课程设计
高级英语选读	嵌入式软件开发技术	制冷系统热动力学
高级语言程序设计（C++）	嵌入式系统	制冷与低温原理
高级语言程序设计实验（C++）	清洁生产	制冷与空调工程课程设计
高压电器	区域经济学	制冷与空调系统调试及运行
个案工作	燃料化学	制冷自动化与测试技术
工程材料	燃烧理论与技术	制造技术课程设计
工程电磁场导论	热泵技术	智能控制
工程定额原理	热工控制系统A	中国法制史
工程计量学	热工控制系统课程设计	中国公务员制度
工程技术及工程预算	热工理论基础	中国近现代史纲要

续表

工程进度与控制	热交换器设计	中国社会思想史
工程力学 C	热力发电厂 A	中国政治思想
工程热力学	热力发电厂 B	专题辩论
工程热力学 C	热力发电厂课程设计	专业基础实验（2）
工程热力学 T	热力发电厂生产过程	专业课程设计（机电）
工程图学 A（1）	热力设备水汽理化过程	专业课程设计（设计）
工程图学 B（1）	热力系统工程	专业课程设计（物料）
工程图学 C	热能与动力工程概论	专业课程设计（线路）
工程造价管理	热质交换原理与设备	专业课程设计（制造）
工程造价管理案例分析	人工智能基础	专业认识实习（建环）
工程造价管理外文翻译训练	人工智能及应用	专业实习（2）
工程造价软件	人口社会学	专业外语（1）
工程招投标管理	人类成长与社会环境	专业外语（2）
工程招投标课程设计	人力资源管理	专业外语阅读（电力）
工程制图	人力资源战略与规划	专业外语阅读（电力电子）
工程制图 B	人因工程学	专业外语阅读（电自）
工科数学分析（1）	认识实习	专业外语阅读（高压）
工业工程概论	认识实习（机电）	专业应用软件编制上机实习
工业工程学	认识实习（设计）	专业综合实践（机电）
工业工程综合实验	认识实习（物料）	专业综合实践（设计）
工业机器人技术基础	认识实习（线路）	专业综合实践（物料）
工业通风	认识实习（制造）	专业综合实践（线路）
工作分析与绩效评估	认知实习	专业综合实践（制造）
工作设计综合实验	软件工程	专业综合实验
公共财政	软件工具与环境	专业综合实验（机电）
公共关系学 A	软件设计与实践	专业综合实验（设计）
公共管理学 A	软件项目管理	专业综合实验（物料）
公共管理学术前沿（专题）	软件质量保证	专业综合实验（线路）
公管专业英语（2）	色彩构成	专业综合实验（制造）
公司理财	商法	装饰基础
供暖系统安装、调试及运行	商事法律实务	资源与环境经济学
供用电管理	商务英语	自动控制理论 A
固体废物处理与处置	商业实习	自动控制理论 B
固体物理	设计基础	自动控制理论课程设计
管理会计	设计软件应用	自动控制系统组态与编程（设计性）
管理经济学概论	设计软件综合实验	自动控制原理 C
管理软件应用	设计素描（1）	自然资源与环境保护法
管理文献翻译训练	设计素描（2）	自适应与预测控制
管理心理学	设计与消费心理	综合实验
管理信息系统	社会保障概论	组织行为学

华北电力大学 2012 年研究生课程设置表

2012—2013 第一学期研究生课程表

课程编号	课程名称	教研室	任课教师
50120041	无线传感器网络与物联网技术	通信技术研究所	唐良瑞
50120071	现代数字通信技术	通信技术研究所	吴润泽，仇英辉
50120091	现代微波工程	通信技术研究所	卢文冰
50120101	电机运行及控制技术	电机运行控制与节能技术研究所	刘明基
50120111	智能电网信息通信技术	通信技术研究所	孙　毅
50120141	专业英语（通信与信息系统）	通信技术研究所	马永红
50120151	电气设备在线监测与故障诊断	高电压与绝缘技术研究所	王　伟
50120181	专业英语（高电压与绝缘技术）	高电压与绝缘技术研究所	詹花茂
50120201	电力系统储能技术	电机运行控制与节能技术研究所	尹忠东
50120211	电机前沿技术	电机运行控制与节能技术研究所	李和明　崔学深　刘明基　刘晓芳
50120221	大型电机分析及故障诊断	电机运行控制与节能技术研究所	王红宇
50120241	现代数字信号处理	电子信息技术研究所	许　刚
50120251	通信工程技术应用专题	通信技术研究所	孙　毅　吴润泽
50120261	功率电子学	现代电子技术研究所	文亚凤
50120271	传感与检测技术	现代电子技术研究所	孙建平
50120281	智能电网技术专题	电力系统研究所	孙英云
50120291	多媒体信息处理	电子信息技术研究所	陆　俊
50120321	微机继电保护	四方研究所	徐振宇
50120351	变电站自动化	四方研究所	王增平
50120371	嵌入式系统和 SOC 设计	现代电子技术研究所	梁光胜
50120381	电力市场理论与技术	电力市场研究所	王雁凌　程瑜
50120421	现代电子科学技术	现代电子技术研究所	郝建红　孙建平　高雪莲
50120431	电力系统风险评估	输配电系统研究所	刘文霞
50120451	电力系统规划与可靠性	电力系统研究所	董　雷
50120461	现代电子技术应用专题	现代电子技术研究所	郝建红　孙建平　高雪莲　李守荣
50120481	电能质量分析与控制	新能源电网研究所	陶　顺
50120501	电网调度自动化	电网与调度研究所	刘文颖
50120521	动态电力系统分析与控制	电力系统研究所	马　进
50120531	分布式电源与微网技术	柔性电力技术研究所	韩民晓
50120541	高压直流输电技术	柔性电力技术研究所	文　俊
50120551	继电保护专题	四方研究所	郑　涛
50120561	能源经济	电力市场研究所	张粒子　张洪
50120571	柔性交流输电系统	柔性电力技术研究所	谭伟璞
50120611	现代控制理论	输配电系统研究所	杨京燕

续表

课程编号	课程名称	教研室	任课教师
50120621	新能源发电与并网技术	电网与调度研究所	林俐　刘其辉
50120641	智能配电技术	输配电系统研究所	黄　伟
50120651	专业英语（电力电子与电力传动）	柔性电力技术研究所	朱永强
50120661	专业英语（电气工程）	输配电系统研究所	黄　伟
50120661	专业英语（电气工程）	输配电系统研究所	刘自发
50120711	专业英语(电子与通信工程)	电子信息技术研究所	陈晓梅
50120721	电磁场数值计算	电磁与超导电工研究所	王泽忠
50120741	现代电磁测量技术	电磁与超导电工研究所	卢斌先
50120761	多导体传输线理论	电磁与超导电工研究所	齐　磊
50120791	智能电网信息物理融合系统	电子信息技术研究所	孙中伟
50120801	瞬态电磁场分析与测试	电磁与超导电工研究所	李　琳　张卫东
50120811	专业英语（信号与信息处理）	电子信息技术研究所	孙中伟
50120821	信息处理技术应用专题	电子信息技术研究所	陆　俊
50120831	专业英语（电工理论与新技术）	电磁与超导电工研究所	刘宏伟
50120841	专业英语（电力系统及其自动化）	电网与调度研究所	周　明
50120841	专业英语（电力系统及其自动化）	电网与调度研究所	曹　昉
50120841	专业英语（电力系统及其自动化）	电网与调度研究所	刘崇茹
50120881	电气工程新技术专题	电网与调度研究所	李庚银　艾　欣　崔翔　毕天姝
50120891	电力系统应用软件技术	电网与调度研究所	张东英　姜　彤
50220011	振动分析与动态测试	材料教研室	何　青
50220021	检测技术	材料教研室	何　青
50220041	功能材料	材料教研室	李宝让
50220061	材料腐蚀与防护	材料教研室	王永田　刘宗德
50220091	材料凝固与连接	材料教研室	薛志勇
50220101	陶瓷材料学	材料教研室	陈克丕
50220121	现代表面工程	材料教研室	张东博
50220181	机械工程前沿	机械研究室	柳亦兵　夏延秋　芮晓明
50220191	先进制造技术	机械研究室	芮晓明　高清风
50220201	节能原理	工程热物理教研室	周少祥
50220211	工业检测技术	机械研究室	芮晓明
50220221	现代设备工程学	机械研究室	张照煌
50220231	摩擦与磨损	机械研究室	夏延秋
50220241	液压伺服系统	机械研究室	刘衍平　武鑫
50220251	结构设计与数值软件应用	机械研究室	马志勇
50220261	专业英语（机械设计及理论）	机械研究室	芮晓明
50220271	专业英语（机械电子工程）	机械研究室	武　鑫　刘衍平
50220281	专业英语（机械制造及其自动化）	机械研究室	柳亦兵

续表

课程编号	课程名称	教研室	任课教师
50220291	热力系统辅助设备特性分析	热能动力工程教研室	梁双印
50220301	气液两相流和沸腾传热	热能动力工程教研室	庞力平
50220311	振动工程理论及应用	热能动力工程教研室	何成兵
50220321	燃烧理论与技术	热能动力工程教研室	孙保民
50220331	离心叶轮内流理论基础	工程热物理教研室	康　顺
50220341	大型汽轮机运行特性	热能动力工程教研室	付忠广
50220351	机械工程应用专题	机械研究室	夏延秋
50220361	转子动力学	热能动力工程教研室	付忠广
50220371	电站锅炉运行特性	热能动力工程教研室	刘　彤
50220381	设备状态监测与故障诊断技术	热能动力工程教研室	顾煜炯
50220421	生物质能利用技术	工程热物理教研室	郭民臣
50220431	火电厂热力系统性能分析	工程热物理教研室	郭民臣
50220441	二氧化碳捕集与封存（CCS）技术	工程热物理教研室	徐　钢
50220451	风力机空气动力学	工程热物理教研室	康　顺
50220461	高等空气动力学	工程热物理教研室	康　顺
50220481	动力工程热经济学	工程热物理教研室	张晓东
50220511	数值传热学	工程热物理教研室	杨立军
50220521	燃气－蒸汽联合循环	工程热物理教研室	段立强
50220541	太阳能热利用技术	工程热物理教研室	侯宏娟
50220561	制冷系统热动力学	建筑环境与设备工程教研室	周国兵
50220571	现代制冷与低温技术	建筑环境与设备工程教研室	张金珊
50220581	专业英语（动力工程及工程热物理）	热能动力工程教研室	周乐平
50220581	专业英语（动力工程及工程热物理）	热能动力工程教研室	王宁玲
50220591	数据挖掘技术及其应用	热能动力工程教研室	靳　涛
50220601	数值计算软件在动力工程中的应用	材料教研室	徐　鸿
50220611	计算流体力学	工程热物理教研室	戴丽萍
50220631	供热空调新技术	建筑环境与设备工程教研室	程金明
50220651	洁净煤发电技术	热能动力工程教研室	康志忠
50220681	专业英语（材料学）	材料教研室	刘东雨
50220691	建筑热模拟	建筑环境与设备工程教研室	周国兵
50220711	燃烧室数学模型	热能动力工程教研室	李文艳
50620011	工程项目管理案例	工程管理教研室	黄文杰
50620021	多目标决策理论	工程管理教研室	庞南生
50620031	房地产估价理论与方法	工程管理教研室	陈文君
50620041	项目计划与控制	工程管理教研室	庞南生
50620051	工程经济学	工程管理教研室	赵会茹
50620061	工程项目管理理论与应用	工程管理教研室	侯学良
50620071	机电设备评估	工程管理教研室	李金超

续表

课程编号	课程名称	教研室	任课教师
50620081	工程项目管理前沿	工程管理教研室	赵振宇
50620091	电力负荷预测方法	电力经济管理教研室	张福伟
50620101	电力规划理论与实务	电力经济管理教研室	谢传胜
50620111	电力生产管理	电力经济管理教研室	李金超
50620121	电力市场理论与实务	电力经济管理教研室	曾　鸣
50620131	风险管理理论及方法	电力经济管理教研室	韩金山
50620141	工业工程案例	电力经济管理教研室	董　军
50620151	公司治理	电力经济管理教研室	李彦斌
50620161	技术经济评价理论与方法	电力经济管理教研室	张兴平
50620171	能源规划与系统分析	电力经济管理教研室	董　军
50620181	人因工程	电力经济管理教研室	董　军　王永利
50620191	网络计划优化方法	电力经济管理教研室	乞建勋
50620211	管理与沟通	电力经济管理教研室	赵洱岽
50620241	现代企业战略管理	电力经济管理教研室	谭忠富
50620251	综合评价方法	电力经济管理教研室	何永秀
50620311	企业财务管理案例分析	财务管理教研室	颜苏莉
50620341	企业纳税筹划	财务管理教研室	沈剑飞
50620351	企业内部控制理论与实务	财务管理教研室	张　颖
50620371	经济管理软件应用	信息管理教研室	刘　谊
50620381	无形资产评估	财务管理教研室	颜苏莉
50620451	管制经济学	经济学教研室	马　昕
50620461	投资学	国际金融与贸易教研室	郭红珍
50620471	高级财务会计理论与实务	会计教研室	王　婧
50620481	商务智能应用	信息管理教研室	刘吉成
50620541	建设项目信息管理	信息管理教研室	李存斌
50620551	货币金融学	国际金融与贸易教研室	孙　冬
50620561	企业预算管理理论与实务	会计教研室	王志成
50620581	金融衍生产品定价理论	国际金融与贸易教研室	高建伟
50620601	项目管理软件及应用	信息管理教研室	董福贵
50620631	金融市场	国际金融与贸易教研室	沈　巍
50620651	博弈论	经济学教研室	李春杰
50620661	采购与合同管理	市场营销教研室	李晓宇
50620671	电力企业物流管理	市场营销教研室	刘　杰
50620681	产业经济学前沿问题	经济学教研室	李春杰
50620691	集团公司人力资源管控	人力资源教研室	袁家海
50620721	劳动关系研究	人力资源教研室	赵长红
50620731	能源发展与政策专题	国际金融与贸易教研室	赵晓丽
50620741	物流系统建模与仿真	市场营销教研室	郭晓鹏
50620771	现代能源经济学	经济学教研室	张晓春

续表

课程编号	课程名称	教研室	任课教师
50620781	人力资源管理与沟通	人力资源教研室	余恩海
50620871	中级计量经济学	经济学教研室	马　昕
50620901	技术创新管理	电力经济管理教研室	祝金荣
50620941	中级宏观经济学	经济学教研室	刘喜梅
50620951	电力资产评估实务与案例分析	财务管理教研室	刘崇明
50620961	中外资产评估准则	财务管理教研室	陈兆江
50620971	专业英语（技术经济及管理、工业工程）	电力经济管理教研室	李星梅
50620981	专业英语（管理科学与工程、工程管理、项目管理）	工程管理教研室	刘　睿
50620991	专业英语（企业管理、物流工程）	市场营销教研室	王　怡
50621001	专业英语（会计学、会计硕士、资产评估）	会计教研室	张莉萍
50621011	专业英语（产业经济学、数量经济学）	经济学教研室	李春杰
50621021	财务报表编制与分析	财务管理教研室	龙成凤
50621031	职业道德教育	财务管理教研室	刘崇明
50720021	政府监管体制	公共管理教研室	刘向晖
50720041	能源政策研究	公共管理教研室	赵　军
50720061	领导科学与艺术	公共管理教研室	朱常宝
50720081	公共行政学前沿	公共管理教研室	张绪刚
50720101	高等教育管理专题	公共管理教研室	荀振芳
50720121	社会科学研究方法	公共管理教研室	姚建平
50720141	比较政府与政治	公共管理教研室	李玲玲
50720151	公共事业管理专题研究	公共管理教研室	卢海燕
50720161	政治学、行政学经典著作选读	公共管理教研室	李玲玲
50720201	专业英语（公共管理）	公共管理教研室	陈建国
50720231	行政诉讼法研究	法律科学教研室	李红枫
50720241	专业英语（法学）	法律科学教研室	沈　磊
50720291	比较刑事诉讼法专题	法律科学教研室	赵旭光
50720301	比较民事诉讼法专题	法律科学教研室	王学棉
50720381	市场经济安全与政府监管专题	法律科学教研室	杜　波
50720431	国际经济法前沿问题研究	法律科学教研室	李　英
50720481	法律实务专题	法律科学教研室	方仲炳
50720521	比较环境法研究	法律科学教研室	陈维春
50720531	WTO 法专题	法律科学教研室	付　荣
50720561	外国能源法	法律科学教研室	周凤翱
50720581	能源监管法	法律科学教研室	赵保庆
50720631	法学经典文献选读	法律科学教研室	曹治国
50820021	翻译理论	研究生外语教研室	赵玉闪
50820081	第二语言习得	研究生外语教研室	金朋荪
50820111	文体与翻译	研究生外语教研室	李　新

续表

课程编号	课程名称	教研室	任课教师
50820121	英国小说	英语专业教研室	陈惠良
50820131	语篇分析	英语专业教研室	马铁川
50820141	英语教学实践	研究生外语教研室	牛跃辉
50820151	西方文化导论	研究生外语教研室	李　新
50820171	应用语言学研究方法与论文写作	英语专业教研室	马铁川
50820181	文学翻译	英语专业教研室	任虎林
50820201	美国小说	英语专业教研室	刘　辉
50820221	社会语言学	英语专业教研室	李占芳
50820271	电力翻译	大学英语第一教研室	吴嘉平
50820281	经贸翻译	英语专业教研室	郑　晶
50820331	科技笔译工作坊（汉译英）	英语专业教研室	孙　利
50820341	科技笔译工作坊（英译汉）	英语专业教研室	国　防
50820401	第一外国语-国际会议交流	研究生外语教研室	尹　宇
50820401	第一外国语-国际会议交流	研究生外语教研室	尹　宇
50820401	第一外国语-国际会议交流	研究生外语教研室	尹　宇
50820401	第一外国语-国际会议交流	研究生外语教研室	刘　辉
50820401	第一外国语-国际会议交流	研究生外语教研室	刘　辉
50820401	第一外国语-国际会议交流	研究生外语教研室	刘　辉
50820401	第一外国语-国际会议交流	研究生外语教研室	李　新
50820401	第一外国语-国际会议交流	研究生外语教研室	李　新
50820401	第一外国语-国际会议交流	研究生外语教研室	冯俊宝
50820401	第一外国语-国际会议交流	研究生外语教研室	冯俊宝
50820401	第一外国语-国际会议交流	研究生外语教研室	廖　麦
50820411	第一外国语-科技英语写作	研究生外语教研室	张　帆
50820411	第一外国语-科技英语写作	研究生外语教研室	张　帆
50820411	第一外国语-科技英语写作	研究生外语教研室	张　帆
50820421	第一外国语-科技英语翻译	研究生外语教研室	刘　阳
50820421	第一外国语-科技英语翻译	研究生外语教研室	刘　阳
50820421	第一外国语-科技英语翻译	研究生外语教研室	刘　阳
50820421	第一外国语-科技英语翻译	研究生外语教研室	张　湛
50820421	第一外国语-科技英语翻译	研究生外语教研室	张　湛
50820421	第一外国语-科技英语翻译	研究生外语教研室	张　湛
50820421	第一外国语-科技英语翻译	研究生外语教研室	郭晓军
50820421	第一外国语-科技英语翻译	研究生外语教研室	郭晓军
50820421	第一外国语-科技英语翻译	研究生外语教研室	郭晓军
50820421	第一外国语-科技英语翻译	研究生外语教研室	刘　军
50820421	第一外国语-科技英语翻译	研究生外语教研室	刘　军
50820421	第一外国语-科技英语翻译	研究生外语教研室	刘　军
50820421	第一外国语-科技英语翻译	研究生外语教研室	廖　麦

续表

课程编号	课程名称	教研室	任课教师
50820421	第一外国语-科技英语翻译	研究生外语教研室	廖 麦
50820441	科技翻译	大学英语第二教研室	吕亮球
50820471	文学翻译（专业学位）	英语专业教研室	任虎林
50820481	应用语言学研究方法与论文写作（专业学位）	英语专业教研室	马铁川
50820491	语篇分析（专业学位）	英语专业教研室	马铁川
50920011	逼近论及其应用	数学教研室	张希荣
50920021	不确定规划	数学教研室	高 欣
50920031	测度论	数学教研室	张金平
50920041	多元统计分析	数学教研室	朱勇华
50920071	非线性发展方程	数学教研室	王玉昭
50920101	偏微分方程数值解法	数学教研室	杨晓忠
50920111	常用数学软件选讲	数学教研室	雍雪林
50920121	生物数学	数学教研室	张 娟
50920131	时间序列分析	数学教研室	朱勇华
50920161	微分方程稳定性方法	数学教研室	张娟
50920171	现代偏微分方程概论	数学教研室	赵引川
50920221	超导物理	物理教研室	黄 海
50920311	高等半导体物理学	物理教研室	邓加军
50920431	激光物理学	物理教研室	刘纪彩
50920481	量子光学	物理教研室	王文杰
50920591	专业英语（数学）	数学教研室	石玉英
50920701	专业英语（物理）	物理教研室	陈 雷
51120031	高等水工结构	水利水电工程教研室	许桂生
51120091	河流动力学	水文水资源教研室	张 成
51120111	洪水灾害与减灾策略分析	水文水资源教研室	李继清
51120121	计算水动力学	文水资源教研室	张尚弘
51120151	结构数值模拟分析（1）	水利水电工程教研室	李芬花
51120161	结构数值模拟分析（2）	水利水电工程教研室	王俊奇
51120181	数字流域理论方法新进展	水文水资源教研室	张尚弘
51120201	水电站建筑物结构分析	水利水电工程教研室	申 艳
51120211	水环境分析及预测	水文水资源教研室	张 成
51120221	水库调度自动化系统	水文水资源教研室	纪昌明
51120231	水库移民安置研究	水利水电工程教研室	姚凯文
51120251	水文随机分析	水文水资源教研室	门宝辉
51120261	水资源环境经济学	水文水资源教研室	王丽萍
51120281	水资源领域理论方法新进展	水文水资源教研室	纪昌明
51120291	水资源系统风险分析	水文水资源教研室	纪昌明
51120371	有限单元法及程序开发	水利水电工程教研室	董福品
51120381	薄膜技术与薄膜材料	能源工程及自动化教研室	谭占鳌

续表

课程编号	课程名称	教研室	任课教师
51120391	太阳电池光伏发电及其应用	能源工程及自动化教研室	姚建曦
51120401	专业外语（水利工程）	水文水资源教研室	门宝辉
51220021	核电厂设备与部件	核反应堆工程教研室	陆道纲　吕雪峰
51220031	核辐射物理基础	核辐射防护与环境保护教研室	吴　英
51220041	高等核反应堆物理分析	核反应堆工程教研室	陈义学　马续波
51220051	高等核反应堆热工分析	核反应堆工程教研室	李向宾
51220061	原子核物理	核辐射防护与环境保护教研室	程晓磊
51220071	高等核反应堆安全分析	核反应堆工程教研室	周　涛
51220081	核电厂结构设计与有限元分析方法	核反应堆工程教研室	黄　美
51220091	可靠性工程与核电站概率安全分析	核反应堆工程教研室	玉　宇
51220141	Monte-Carlo 方法在核科学技术中应用	核辐射防护与环境保护教研室	陈义学　刘洋
51220151	AP1000 核电站	核反应堆工程教研室	牛风雷
51220161	专业英语（核电）	核辐射防护与环境保护教研室	刘　滨
52720011	人工智能与知识工程	计算机应用教研室	魏振华
52720031	高级计算机网络	计算机应用教研室	吴克河
52720051	高级操作系统	计算机科学与技术教研室	李　为
52720061	人工神经网络	计算机应用教研室	魏振华
52720081	高级软件工程	软件工程教研室	马素霞
52720101	数据仓库与数据挖掘	软件工程教研室	郑　玲
52720131	工业控制计算机网络	控制装置与系统教研室	陆会明
52720151	系统建模	控制装置与系统教研室	罗　毅
52720161	专业英语（系统结构、应用技术、软件与理论）	信息安全教研室	徐　磊
52720181	检测理论与应用	测控技术与仪器教研室	杨婷婷
52720191	误差分析与数据处理	测控技术与仪器教研室	邱　天
52720201	系统决策与分析	控制装置与系统教研室	师瑞峰
52720231	智能控制	控制装置与系统教研室	黄从智
52720241	专业英语（检测技术与自动化装置）	测控技术与仪器教研室	韩晓娟
52720251	专业英语（模式识别与智能系统）	控制装置与系统教研室	梁　庚
52720261	专业英语（系统工程）	控制装置与系统教研室	黄　仙
52720271	Linux 应用程序开发	计算机公共基础教研室	徐琳茜
52720311	图与网络	软件工程教研室	马应龙
52720331	算法分析与复杂性理论	信息安全教研室	李元诚
52720341	高级计算机系统结构	计算机科学与技术教研室	夏　宏
52720351	图像理解	软件工程教研室	程文刚
52720411	Oracle 原理及应用	软件工程教研室	郑　玲
52720421	软件体系结构	信息安全教研室	赵　强　王竹晓
52720431	软件工程管理	软件工程教研室	周　景　彭文
52720441	物联网技术及应用	计算机应用教研室	夏　宏　李国栋
52720451	云计算	计算机科学与技术教研室	胡　祥

续表

课程编号	课程名称	教研室	任课教师
52720461	专业英语（软件工程、计算机技术）	信息安全教研室	滕　婧
52720481	仪表智能化技术	测控技术与仪器教研室	吕跃刚
52720511	多传感器信息融合	测控技术与仪器教研室	韩晓娟
52720521	分散控制系统与现场总线控制	控制装置与系统教研室	梁　庚
52720531	复杂系统分析	控制装置与系统教研室	黄　仙
52720561	现代控制理论	控制理论与系统教研室	袁桂丽
52720571	变结构控制理论与应用	控制理论与系统教研室	钱殿伟
52720601	虚拟仪器与软测量技术	测控技术与仪器教研室	杨锡运
52720621	多变量系统分析	控制理论与系统教研室	禹　梅
52720651	现代电厂控制与优化	控制理论与系统教研室	房　方
52720661	仪表可靠性技术	测控技术与仪器教研室	段泉圣
52720681	火力发电过程自动化	控制装置与系统教研室	刘　禾
52720711	计算机视觉	控制装置与系统教研室	王震宇
52720721	图像处理与分析	控制装置与系统教研室	王震宇
52720731	火电机组负荷控制系统设计与实现	控制理论与系统教研室	房　方　侯国莲
52720741	控制系统计算机辅助设计与仿真	控制理论与系统教研室	侯国莲
52720751	模糊控制	控制理论与系统教研室	侯国莲
52720761	J2EE 开发平台及程序设计	软件工程教研室	赵　强
52720771	故障诊断与容错控制	控制理论与系统教研室	张建华
52720781	预测控制	控制理论与系统教研室	刘向杰
52720791	专业英语（控制理论与控制工程）	控制理论与系统教研室	刘向杰
52720811	火电机组燃烧控制系统设计	控制理论与系统教研室	钱殿伟
52720831	鲁棒控制	控制理论与系统教研室	谭　文
52810011	中国马克思主义与当代	研究生政治理论公共课教研室	周作芳等
52820011	比较德育	研究生政治理论公共课教研室	何秋敏
52820021	中国特色社会主义理论与实践研究	研究生政治理论公共课教研室	郭正秋
52820021	中国特色社会主义理论与实践研究	研究生政治理论公共课教研室	张月想
52820021	中国特色社会主义理论与实践研究	研究生政治理论公共课教研室	周作芳
52820021	中国特色社会主义理论与实践研究	研究生政治理论公共课教研室	蔡利民
52820021	中国特色社会主义理论与实践研究	研究生政治理论公共课教研室	王建永
52820021	中国特色社会主义理论与实践研究	研究生政治理论公共课教研室	白冶钢
52820031	马克思主义与社会科学方法论	研究生政治理论公共课教研室	崔　凡
52820061	思想政治教育学原理	研究生政治理论公共课教研室	张　艳
52820071	自然辩证法概论	研究生政治理论公共课教研室	马临真
52820071	自然辩证法概论	研究生政治理论公共课教研室	马临真
52820071	自然辩证法概论	研究生政治理论公共课教研室	刘　娟
52820071	自然辩证法概论	研究生政治理论公共课教研室	刘　娟
52820071	自然辩证法概论	研究生政治理论公共课教研室	周小华
52820071	自然辩证法概论	研究生政治理论公共课教研室	周小华

续表

课程编号	课程名称	教研室	任课教师
52820071	自然辩证法概论	研究生政治理论公共课教研室	崔 凡
52820071	自然辩证法概论	研究生政治理论公共课教研室	崔 凡
52820071	自然辩证法概论	研究生政治理论公共课教研室	王永生
52820071	自然辩证法概论	研究生政治理论公共课教研室	王永生
52820081	专业英语（马克思主义理论）	研究生政治理论公共课教研室	刘 娟
52820091	马克思主义中国化专题研究	研究生政治理论公共课教研室	郭正秋
52820101	中国近现代史专题研究	研究生政治理论公共课教研室	郭正秋 白冶钢
52820141	伦理学专题研究	研究生政治理论公共课教研室	蔡世昌
52820161	传统文化与当代中国社会	研究生政治理论公共课教研室	王威威
60220011	工程水文	能源与环境研究中心	王盛萍
60220021	环境规划学	能源与环境研究中心	许 野
60220031	土壤与地下水污染修复工程	能源与环境研究中心	唐阵武
60220051	固体废物处理及资源化工程	能源与环境研究中心	李 薇
60220081	环境影响评价技术	能源与环境研究中心	李 鱼
60220091	流域综合管理	能源与环境研究中心	丁晓雯
60220101	专业英语（能源环境工程）	能源与环境研究中心	安 楷
60220121	环境模型与决策支持	能源与环境研究中心	刘 磊
60220131	环境生物技术	能源与环境研究中心	张 薇
60220141	地下水污染控制	能源与环境研究中心	何 理

2012—2013 第二学期研究生课程表

课程号	课程名称	开课教研室	任课教师
40120011	科技信息检索与论文写作专题讲座	科技信息与自动化部	薛敬
40120011	科技信息检索与论文写作专题讲座	科技信息与自动化部	薛敬
50110011	交流电机动态理论及分析	电机运行控制与节能技术研究所	李和明 王红宇
50110021	现代数字信号分析与处理	电子信息技术研究所	许 刚
50110031	现代电气工程的电磁基础	电磁与超导电工研究所	崔 翔 詹花茂 王银顺 韩榕生 林 俊 李美成
50110041	动态电力系统理论与方法	电网与调度研究所	李庚银 黄少锋 马 进
50110051	现代通信技术与计算机网络	通信技术研究所	孙凤杰
50120011	检测与估值理论	通信技术研究所	卢文冰
50120021	宽带数据通信网	通信技术研究所	祁 兵
50120031	通信网络运营支撑技术	通信技术研究所	仇英辉
50120051	无线通信原理及应用	通信技术研究所	翟明岳
50120061	现代光纤通信技术	通信技术研究所	仇英辉
50120081	现代通信理论	通信技术研究所	孙凤杰
50120121	信息论及编码	通信技术研究所	唐良瑞
50120131	现代通信网理论	通信技术研究所	翟明岳
50120161	电介质放电理论及其应用	高电压与绝缘技术研究所	郑 重
50120171	过电压分析与防护	高电压与绝缘技术研究所	屠幼萍

续表

课程号	课程名称	开课教研室	任课教师
50120191	交流电机及其系统分析	电机运行控制与节能技术研究所	刘晓芳
50120231	现代电路理论及分析	现代电子技术研究所	范杰清
50120311	数字信号处理	电力系统研究所	鲍　海
50120361	量子理论	现代电子技术研究所	郝建红
50120401	微波技术基础	现代电子技术研究所	浦　实
50120411	高等电力系统分析	电力系统研究所	姜　彤　张海波　刘宝柱　孙英云
50120411	高等电力系统分析	电力系统研究所	姜　彤　张海波　刘宝柱　孙英云
50120441	现代电子器件物理	现代电子技术研究所	孙建平
50120511	电网络分析理论	电工电子教学实验中心	王雁凌
50120511	电网络分析理论	电工电子教学实验中心	全玉生
50120591	现代电力电子技术	柔性电力技术研究所	张一工
50120671	专业英语（电机与电器）	电机运行控制与节能技术研究所	崔学深
50120691	电磁场选论	电磁与超导电工研究所	王泽忠
50120701	现代电子系统设计与测试	电子信息技术研究所	陈晓梅
50120731	现代传感与检测技术	电子信息技术研究所	赵莲清
50120751	网络与信息安全	电子信息技术研究所	孙中伟
50120781	电磁兼容基础	电磁与超导电工研究所	崔　翔　齐　磊　张卫东
50120861	智能技术及其在电力系统中的应用	电网与调度研究所	赵冬梅
50210011	高等热学理论	工程热物理教研室	周少祥
50210021	材料性能学	材料教研室	刘宗德　徐　鸿
50210031	粘性流体动力学	工程热物理教研室	康　顺
50210041	高等燃烧学	热能动力工程教研室	孙保民
50210051	高等转子动力学	热能动力工程教研室	付忠广
50220031	材料结构基础	材料教研室	郭永权
50220051	材料分析方法	材料教研室	刘东雨
50220071	高等材料力学	材料教研室	李　斌
50220081	合金热力学	材料教研室	王东辉
50220131	工程测试与信号处理	机械研究室	柳亦兵
50220141	机电系统工程学	机械研究室	柳亦兵　滕　伟
50220151	机械系统动力学	机械研究室	柳亦兵　周　超
50220161	现代设计理论与方法	机械研究室	刘衍平　高青风
50220171	工程优化方法	机械研究室	李　林
50220401	高等传热学	工程热物理教研室	杜小泽
50220411	高等工程热力学	工程热物理教研室	郭民臣
50220491	高等工程流体力学	工程热物理教研室	张晓东
50220501	场协同理论及强化传热技术	工程热物理教研室	杨立军
50220621	热能动力工程前沿	工程热物理教研室	杜小泽

续表

课程号	课程名称	开课教研室	任课教师
50220661	循环流化床锅炉原理	热能动力工程教研室	董长青
50610011	预测与计划评价理论	电力经济管理教研室	牛东晓　刘敦楠
50610021	企业经营管理理论与方法	市场营销教研室	杨淑霞
50610031	风险管理理论与信息化	信息管理教研室	李存斌
50610041	高级经济学	经济学教研室	闫庆友
50610051	会计理论与方法研究	财务管理教研室	李　涛
50610061	工程与项目管理方法论	工程管理教研室	侯学良
50610071	高级管理学	电力经济管理教研室	谭忠富
50610081	现代人力资源管理理论与方法	人力资源教研室	余顺坤
50610091	财务管理专题研究	财务管理教研室	刘崇明
50620201	网络流理论及其管理应用	电力经济管理教研室	张立辉
50620221	现代工业工程概论	电力经济管理教研室	董　军
50620231	现代管理理论	电力经济管理教研室	李彦斌
50620261	电力系统经济运行及管理	电力经济管理教研室	刘敦楠
50620271	管理运筹学（二）	电力经济管理教研室	施应玲
50620281	财务会计报告分析	财务管理教研室	龙成凤
50620291	高级财务管理理论与实务	财务管理教研室	任静
50620301	会计理论	财务管理教研室	李涛
50620321	企业价值评估	财务管理教研室	简建辉
50620331	大型数据库及网络软件开发	信息管理教研室	王　辉　董福贵
50620401	资本运营理论与实务	财务管理教研室	刘崇明
50620421	资产评估理论与方法	财务管理教研室	陈兆江
50620501	高级管理会计理论与实务	会计教研室	张　戈
50620511	信息系统分析与设计	信息管理教研室	瞿　斌
50620531	高级审计理论与实务	会计教研室	赵宝柱
50620591	商业伦理与会计职业道德	会计教研室	李艳玲
50620611	能源金融	国际金融与贸易教研室	孙　冬
50620621	信息管理与决策支持	信息管理教研室	李存斌　陈永权
50620641	工作分析与岗位评价	人力资源教研室	刘　琳
50620701	产业组织经济学	经济学教研室	李春杰
50620711	供应链管理	市场营销教研室	王　怡
50620751	现代物流工程概论	市场营销教研室	王　怡
50620761	物流系统规划与设计	市场营销教研室	刘　达
50620791	项目投融资方法与实务	经济学教研室	赵会茹
50620801	现代营销学	市场营销教研室	李　翔
50620831	人力资源管理体系设计	人力资源教研室	余顺坤
50620841	运营管理	市场营销教研室	李星梅
50620851	应用统计学	经济学教研室	马　昕
50620861	薪酬与绩效管理	人力资源教研室	熊敏鹏　郭京生

续表

课程号	课程名称	开课教研室	任课教师
50620881	中级微观经济学	经济学教研室	李泓泽
50620911	数据、模型与决策	经济学教研室	闫庆友
50620921	系统工程学	电力经济管理教研室	施应玲
50720011	政治学理论与方法	公共管理教研室	张绪刚
50720071	公共政策基本理论与方法	公共管理教研室	李玲玲
50720131	非政府组织研究专题	公共管理教研室	姚建平
50720171	政府经济学	公共管理教研室	赵　军
50720181	公共管理学	公共管理教研室	朱晓红
50720221	证据法学	法律科学教研室	李红枫
50720251	刑事诉讼法专题	法律科学教研室	赵旭光
50720261	刑法专题	法律科学教研室	方仲炳
50720281	知识产权及电力相关法律知识	法律科学教研室	王书生
50720331	民事诉讼法专题	法律科学教研室	王学棉
50720341	民商法专题	法律科学教研室	刘玉红
50720351	劳动与社会保障法专题	法律科学教研室	杜　波
50720371	环境法总论	法律科学教研室	陈维春
50720391	国际投资与金融法专题	法律科学教研室	杨卫东
50720411	国际贸易法专题	法律科学教研室	李　英
50720421	国际经济争端解决研究	法律科学教研室	付　荣
50720451	国际法专题	法律科学教研室	李　英
50720541	资源保护法	法律科学教研室	曹治国
50720551	中国能源法	法律科学教研室	周凤翱
50720591	国际能源法	法律科学教研室	周凤翱
50720661	高等教育学原理	公共管理教研室	荀振芳
50720681	行政法专题	法律科学教研室	赵保庆
50810011	第一外国语（博士英语）	研究生外语教研室	金朋荪　马铁川
50810011	第一外国语（博士英语）	研究生外语教研室	金朋荪　马铁川
50810011	第一外国语（博士英语）	研究生外语教研室	金朋荪　赵玉闪
50820011	功能语法	研究生外语教研室	金朋荪
50820031	文学理论	英语专业教研室	刘　辉
50820041	外语教学理论	研究生外语教研室	牛跃辉
50820051	文学批评	英语专业教研室	陈惠良
50820061	英汉比较与翻译	大学英语第二教研室	吕亮球
50820071	跨文化交际学	研究生外语教研室	李　新
50820461	跨文化交际学	研究生外语教研室	李　新
50820101	中西翻译史	研究生外语教研室	赵玉闪
50820161	英美诗歌	英语专业教研室	杨春红
50820211	心理语言学	英语专业教研室	任虎林
50820231	认知心理学	英语专业教研室	戴忠信

续表

课程号	课程名称	开课教研室	任课教师
50820241	英语学习策略研究	英语专业教研室	戴忠信
50820301	第二外国语（日语）	研究生外语教研室	葛一鹏
50820291	第二外国语（日语）	研究生外语教研室	葛一鹏
50820311	第二外国语（法语）	研究生外语教研室	裴光宇
50820501	第二外国语（法语）	研究生外语教研室	裴光宇
50820361	基础笔译	研究生外语教研室	赵玉闪
50820371	基础口译	大学英语第二教研室	康建刚
50820381	翻译概论	英语专业教研室	宁圃玉
50820391	第一外国语-综合英语	研究生外语教研室	廖　麦
50820391	第一外国语-综合英语	研究生外语教研室	廖　麦
50820391	第一外国语-综合英语	研究生外语教研室	刘　军
50820391	第一外国语-综合英语	研究生外语教研室	刘　军
50820391	第一外国语-综合英语	研究生外语教研室	张　湛
50820391	第一外国语-综合英语	研究生外语教研室	张　湛
50820391	第一外国语-综合英语	研究生外语教研室	郭晓军
50820391	第一外国语-综合英语	研究生外语教研室	郭晓军
50820391	第一外国语-综合英语	研究生外语教研室	刘　阳
50820391	第一外国语-综合英语	研究生外语教研室	刘　阳
50820391	第一外国语-综合英语	研究生外语教研室	尹　宇
50820391	第一外国语-综合英语	研究生外语教研室	尹　宇
50820391	第一外国语-综合英语	研究生外语教研室	张　帆
50820391	第一外国语-综合英语	研究生外语教研室	张　帆
50820391	第一外国语-综合英语	研究生外语教研室	刘　辉
50820391	第一外国语-综合英语	研究生外语教研室	刘　辉
50820391	第一外国语-综合英语	研究生外语教研室	李　新
50820391	第一外国语-综合英语	研究生外语教研室	李　新
50820391	第一外国语-综合英语	研究生外语教研室	李丽君
50820391	第一外国语-综合英语	研究生外语教研室	李丽君
50820391	第一外国语-综合英语	研究生外语教研室	王　华
50820391	第一外国语-综合英语	研究生外语教研室	冯俊宝
50820391	第一外国语-综合英语	研究生外语教研室	刘　岩
50820391	第一外国语-综合英语	研究生外语教研室	李占芳
50820391	第一外国语-综合英语	研究生外语教研室	李海燕
50820391	第一外国语-综合英语	研究生外语教研室	李一坤
50820391	第一外国语-综合英语	研究生外语教研室	高晓薇
50820391	第一外国语-综合英语	研究生外语教研室	孟　亮
50820431	第一外国语-高级英语	研究生外语教研室	孟　亮
50910011	现代数学基础与方法	数学教研室	李忠艳
50910021	高等泛函分析	数学教研室	罗振东

续表

课程号	课程名称	开课教研室	任课教师
50920051	泛函分析及其应用	数学教研室	罗振东
50920081	非线性数值分析	数学教研室	杨晓忠
50920711	随机过程（数学专业）	数学教研室	何凤霞
50920141	随机过程	数学教研室	何凤霞
50920151	微分方程定性理论	数学教研室	张　娟
50920181	小波分析及其应用	数学教研室	李忠艳
50920191	最优化理论与方法	数学教研室	邱启荣
50920321	高等量子力学	物理教研室	韩榕生
50920351	固体理论	物理教研室	黄　海
50920531	群论	物理教研室	张　昭
50920721	模糊数学（数学专业）	数学教研室	谷云东
50920631	模糊数学	数学教研室	谷云东
50920641	矩阵论	数学教研室	孙淑珍
50920641	矩阵论	数学教研室	马德香
50920641	矩阵论	数学教研室	邱启荣
50920641	矩阵论	数学教研室	徐英凯
50920641	矩阵论	数学教研室	韩励佳
50920651	组合数学	数学教研室	陈学刚
50920661	泛函分析	数学教研室	罗振东
50920671	应用数理统计	数学教研室	朱勇华
50920681	规划数学	数学教研室	吕　蓬
50920681	规划数学	数学教研室	叶振军
50920691	数值分析	数学教研室	彭武安
50920691	数值分析	数学教研室	曹艳华
50920691	数值分析	数学教研室	刘　勇
50920731	理论生态学	数学教研室	张化永
51120011	水资源系统规划与管理	水文水资源教研室	纪昌明
51120021	3S 技术及其应用	水文水资源教研室	张尚弘
51120041	高等水力学	水利水电工程教研室	张　华
51120121	计算水动力学	水文水资源教研室	张尚弘
51120131	结构动力学	水利水电工程教研室	孙万泉
51120171	近代水文学	水文水资源教研室	李继清
51120271	水资源经济学	水文水资源教研室	王丽萍
51120301	水资源学	水文水资源教研室	门宝辉
51120411	高等恢复生态学	水文水资源教研室	张化永
51120311	塑性力学	水利水电工程教研室	吕爱钟
51220011	近代物理导论	核反应堆工程教研室	蔡　军
52710011	科研方法论	测控技术与仪器教研室	闫　勇
52710031	智能控制理论及应用	控制装置与系统教研室	白　焰

续表

课程号	课程名称	开课教研室	任课教师
52710041	现代工程控制理论	控制理论与系统教研室	韩　璞
52710051	非线性系统理论	控制理论与系统教研室	刘向杰
52720021	Java 程序设计	信息安全教研室	祖向荣　马素霞
52720041	智能机器人技术	计算机应用教研室	柳长安
52720091	离散数学（三）	软件工程教研室	胡海涛
52720111	模式识别	控制装置与系统教研室	刘　禾
52720121	系统工程方法论	控制装置与系统教研室	师瑞峰
52720141	系统工程导论	控制装置与系统教研室	罗　毅
52720211	现代传感技术	测控技术与仪器教研室	段泉圣
52720221	优化理论与最优控制	控制装置与系统教研室	黄　仙
52720281	软件智能化技术	计算机应用教研室	吴克河
52720301	面向 SOC 的高级嵌入系统设计技术	计算机应用教研室	邵作之
52720321	网络信息安全	信息安全教研室	李元诚
52720361	ERP 原理与实践	计算机公共基础教研室	姜力争
52720371	电力工业信息化案例	信息安全教研室	徐茹枝　吴克河　曾德良
52720381	计算机工程技术前沿	计算机科学与技术教研室	夏　宏　吴克河　柳长安 徐　磊　马应龙　程文刚
52720391	网络集成技术及应用	计算机科学与技术教研室	齐林海
52720401	面向对象系统设计与实现	软件工程教研室	马素霞
52720471	风力发电机组的控制技术	测控技术与仪器教研室	吕跃刚
52720541	自适应控制	控制理论与系统教研室	田　涛
52720581	人工智能	测控技术与仪器教研室	郭　鹏
52720591	信号处理	测控技术与仪器教研室	杨锡运
52720641	线性系统理论	控制理论与系统教研室	马苗苗
52720671	新能源转换及发电控制技术	测控技术与仪器教研室	肖运启
52720801	非线性系统分析与控制	控制理论与系统教研室	张建华
52720851	决策支持系统	信息安全教研室	申晓留
52820041	哲学导论	研究生政治理论公共课教研室	马临真　郑洪晓
52820051	思想政治教育心理学	研究生政治理论公共课教研室	苑英科
52820121	马克思主义经典著作选读	研究生政治理论公共课教研室	刘　娟
52820131	马克思主义基本原理专题研究	研究生政治理论公共课教研室	王建永
60220041	高等环境工程	能源与环境研究中心	李　薇
60220061	环境不确定性优化研究案例	能源与环境研究中心	陈　冰
60220071	环境监测质量控制技术	能源与环境研究中心	李　鱼
60220111	生态水文学与分布式水文模型	能源与环境研究中心	王盛萍
60220191	水资源管理	能源与环境研究中心	李永平

华北电力大学2012年硕士学位授权点一览表

学科门类及代码	一级学科		二级学科		类别
	学科名称	学科代码	学科名称	学科代码	
经济学02	应用经济学（一级学科）	0202	金融学（含：保险学）	020204	硕士
			产业经济学	020205	硕士
			统计学	020208	硕士
			数量经济学	020209	硕士
法学03	法学（一级学科）	0301	诉讼法学	030106	硕士
			环境与资源保护法学	030108	硕士
			国际法学（含：国际公法、国际私法、国际经济法）	030109	硕士
	马克思主义理论（一级学科）	0305	思想政治教育	030505	硕士
文学05	外国语言文学（一级学科）	0502	英语语言文学	050201	硕士
			外国语言学及应用语言学	050211	硕士
理学07	数学（一级学科）	0701	计算数学	070102	硕士
			应用数学	070104	硕士
			运筹学与控制论	070105	硕士
	物理学（一级学科）	0702	理论物理	070201	硕士
			凝聚态物理	070205	硕士
			光学	070207	硕士
工学08	机械工程（一级学科）	0802	机械制造及其自动化	080201	硕士
			机械电子工程	080202	硕士
			机械设计及理论	080203	硕士
			车辆工程	080204	硕士
	材料科学与工程（一级学科）	0805	材料学	080502	
	动力工程及工程热物理（一级学科）	0807	工程热物理	080701	博士、硕士
			热能工程	080702	博士、硕士
			动力机械及工程	080703	博士、硕士
			流体机械及工程	080704	博士、硕士
			制冷及低温工程	080705	博士、硕士
			化工过程机械	080706	博士、硕士
	电气工程（一级学科）	0808	电机与电器	080801	博士、硕士
			电力系统及其自动化	080802	博士、硕士
			高电压与绝缘技术	080803	博士、硕士
			电力电子与电力传动	080804	博士、硕士
			电工理论与新技术	080805	博士、硕士
	电子科学与技术（可授工学、理学学位）（一级学科）	0809	电路与系统	080902	硕士
			电磁场与微波技术	080904	硕士
	信息与通信工程（一级学科）	0810	通信与信息系统	081001	硕士
			信号与信息处理	081002	硕士

续表

学科门类及代码	一级学科		二级学科		类别
	学科名称	学科代码	学科名称	学科代码	
	控制科学与工程（一级学科）	0811	控制理论与控制工程	081101	博士、硕士
			检测技术与自动化装置	081102	博士、硕士
			系统工程	081103	
			模式识别与智能系统	081104	博士、硕士
	计算机科学与技术（可授工学、理学学位）（一级学科）	0812	计算机系统结构	081201	硕士
			计算机软件与理论	081202	硕士
			计算机应用技术	081203	硕士
	土木工程（一级学科）	0814	供热、供燃气、通风及空调工程	081404	硕士
	水利工程（一级学科）	0815	水文学及水资源	081501	硕士
			水工结构工程	081503	硕士
			水利水电工程	081504	硕士
	化学工程与技术（一级学科）	0817	化学工程	081701	硕士
			应用化学	081704	硕士
			工业催化	081705	硕士
	核科学与技术（一级学科）	0827	核能科学与工程	082701	硕士
			辐射防护及环境保护	082704	硕士
	农业工程	0828	农业电气化与自动化	082804	硕士
	环境科学与工程（一级学科）	0830	环境科学	083001	硕士
			环境工程	083002	硕士
	软件工程（一级学科）	0835			硕士
管理学 12	管理科学与工程（一级学科）	1201	可授管理学、工学学位（注：本一级学科不分设二级学科（学科、专业））		博士、硕士
	工商管理（一级学科）	1202	会计学	120201	博士、硕士
			企业管理（含：财务管理、市场营销、人力资源管理）	120202	博士、硕士
			技术经济及管理	120204	博士、硕士
	公共管理（一级学科）	1204	行政管理	120401	
			教育经济与管理（可授管理学、教育学学位）	120403	硕士
			社会保障	120404	硕士

华北电力大学2012年博士学位授权点一览表

<table>
<tr><th rowspan="2">学科门类及代码</th><th colspan="2">一级学科</th><th colspan="2">二级学科</th><th rowspan="2">类别</th></tr>
<tr><th>学科名称</th><th>学科代码</th><th>学科名称</th><th>学科代码</th></tr>
<tr><td rowspan="20">工学 08</td><td rowspan="8">动力工程及工程热物理（一级学科）</td><td rowspan="8">0807</td><td>工程热物理</td><td>080701</td><td>目录内</td></tr>
<tr><td>热能工程</td><td>080702</td><td>目录内</td></tr>
<tr><td>动力机械及工程</td><td>080703</td><td>目录内</td></tr>
<tr><td>流体机械及工程</td><td>080704</td><td>目录内</td></tr>
<tr><td>制冷及低温工程</td><td>080705</td><td>目录内</td></tr>
<tr><td>化工过程机械</td><td>080706</td><td>目录内</td></tr>
<tr><td>能源环境工程</td><td>0807Z1</td><td>目录外自设</td></tr>
<tr><td>核电与动力工程</td><td>0807Z2</td><td>目录外自设</td></tr>
<tr><td></td><td></td><td>可再生能源与清洁能源</td><td>99J1</td><td>交叉学科</td></tr>
<tr><td rowspan="6">电气工程（一级学科）</td><td rowspan="6">0808</td><td>电机与电器</td><td>080801</td><td>目录内</td></tr>
<tr><td>电力系统及其自动化</td><td>080802</td><td>目录内</td></tr>
<tr><td>高电压与绝缘技术</td><td>080803</td><td>目录内</td></tr>
<tr><td>电力电子与电力传动</td><td>080804</td><td>目录内</td></tr>
<tr><td>电工理论与新技术</td><td>080805</td><td>目录内</td></tr>
<tr><td>电气信息技术</td><td>0808Z1</td><td>目录外自设</td></tr>
<tr><td rowspan="5">控制科学与工程（一级学科）</td><td rowspan="5">0811</td><td>控制理论与控制工程</td><td>081101</td><td>目录内</td></tr>
<tr><td>检测技术与自动化装置</td><td>081102</td><td>目录内自设</td></tr>
<tr><td>模式识别与智能系统</td><td>081104</td><td>目录内自设</td></tr>
<tr><td>信息安全</td><td>0811Z1</td><td>目录外自设</td></tr>
<tr><td>系统分析、运筹与控制</td><td>0811Z2</td><td>目录外自设</td></tr>
<tr><td rowspan="7">管理学 12</td><td rowspan="3">管理科学与工程（一级学科）</td><td rowspan="3">1201</td><td>本一级学科不分设目录内二级学科</td><td></td><td>目录内</td></tr>
<tr><td>工程与项目管理</td><td>1201Z1</td><td>目录外自设</td></tr>
<tr><td>信息管理工程</td><td>1201Z2</td><td>目录外自设</td></tr>
<tr><td rowspan="4">工商管理（一级学科）</td><td rowspan="4">1202</td><td>会计学</td><td>120201</td><td>目录内自设</td></tr>
<tr><td>企业管理</td><td>120202</td><td>目录内自设</td></tr>
<tr><td>技术经济及管理</td><td>120204</td><td>目录内</td></tr>
<tr><td>能源管理</td><td>1202Z1</td><td>目录外自设</td></tr>
</table>

华北电力大学2012年博士后流动站一览表

序号	设站学科	批准文号	审批时间(年-月-日)
1	电气工程	人发〔2001〕28号	2001-03-26
2	工商管理	国人部发〔2003〕38号	2003-10-23
3	动力工程及工程热物理	国人部发〔2007〕110号	2007-08-14
4	管理科学与工程	人社部发〔2009〕107号	2009-09-04
5	控制科学与工程	人社部发〔2012〕48号	2012-08-29

华北电力大学2012年学生学科竞赛获奖情况

北京校部

获奖项目	获奖等级	获奖队数	姓名	班级	姓名	班级	姓名	班级	指导教师
全国大学生数学建模与计算机应用竞赛	全国一等奖	1	付鹏宇	电气1011	李　雄	电气1005	张　亮	核电1003	曹艳华
	全国二等奖	7	叶加良	材料1001	王　野	热能1008	郑书誉	商务1001	谷云东
			宋一凡	实验电10	覃泓皓	信管1001	夏　鹏	电气1003	曹艳华
			李玉容	电气1002	侯　杰	实验自10	马晓林	热能0902	雍雪林
			韩江磊	信管1001	邱　扬	电气1008	张琳琳	电气1013	潘　志
			杨家莉	计科1001	樊　玮	电气1003	赵洪伟	计科1001	潘　志
			陈鹏伟	电气1003	王光波	电子1002	余洁琦	电气1003	潘　志
			尹毅然	电气1009	任哲锋	电气1012	孟春雷	软件1002	谷云东
	北京一等奖	9	李尚远	实验电10	颜世增	计算1001	熊　婕	实验电10	潘　志
			郭裕群	电气1013	李庆庆	电气1013	邹兰青	电气1013	曹艳华
			宋钰钰	实验电10	何凌云	实验电10	林一峰	电气1002	谷云东
			张　维	自动1001	陈　祺	自动1001	黄　蕙	测控1002	谷云东
			于　钊	电气1007	王笑凯	电气1007	袁之康	电气1002	雍雪林
			熊元武	水文1001	张天翔	水文1001	李常明	热能1003	谷云东
			明　捷	电气1001	涂　京	电气1009	魏　敏	电子1001	雍雪林
			叶一达	实验电10	沈致远	实验电10	王　进	实验电10	潘　志
			姚卿卿	实验动10	王英男	自动1001	魏泽田	实验动10	雍雪林
	北京二等奖	12	刘敬诚	实验动10	帅志昂	实验动10	张宏元	实验动10	谷云东
			余笑东	电气1011	赫嘉楠	电气1010	李　亚	计科1002	谷云东
			赵胜霞	计科1001	牛玉峰	计科1001	侯尊学	计科1001	潘　志
			陆高锋	建环1001	国潇丹	物流1001	张　亮	计科10	谷云东
			付　强	电网1101	赵炳强	电网1101	李永基	电网1101	潘　志
			李　敏	信息1002	杨　洋	电气1004	叶晓琪	电气1005	雍雪林
			李雨薇	创新电11	刘军伟	电气0912	刘　兴	热能1006	谷云东
			谢瀚阳	电气1006	曹　彬	电气1006	王亚涛	电气1006	曹艳华
全国大学生数学建模与计算机应用竞赛	北京二等奖	12	苏晨博	电气1001	兰文光	电气1001	张碧涵	实验电10	潘　志
			郑元琳	电气1010	王　桐	电气1011	徐斌	电气1011	曹艳华
			郑可轲	测控1001	吕骏腾	计科1002	游德鼎	测控1001	雍雪林
			陈杰威	水电1002	郑　凡	水电1002	刘世冬	能源1001	谷云东
美国大学生数学建模竞赛	一等奖	5	裘日辉	自动0906	朱东阳	自动1003	王腾敏	计算0901	师瑞峰
			傅冰云	自动0903	沈雅丽	自动0903	姚大海	计算0904	潘　志
			叶一达	实验电10	王　进	实验电10	沈致远	实验电10	潘　志
			翟鑫达	自动0902	王建春	自动0902	弥　潇	电气GJ01	刘向杰
			李　磊	电气1010	马天佚	电气1010	文　武	计科1002	高　欣

续表

获奖项目	获奖等级	获奖队数	姓名	班级	姓名	班级	姓名	班级	指导教师
美国大学生数学建模竞赛	二等奖	20	赵丹阳	电气 0907	陈兰兰	计科 0902	孙振兴	机械 0901	高　欣
			刘　雨	核电 0903	赵京昌	核电 0901	姜舒婷	电气 0920	高　欣
			刘　博	电气 0907	林晨翔	电气 0907	樊　虬	电气 0907	黄从智
			孙大卫	电气 0909	王洪敏	电气 0903	郑夏阳	电气 0909	潘　志
			刘　源	电气 0902	梁倩园	电气 0903	刘　佳	风能 0902	雍雪林
			吴凯悦	电气 0906	王　洋	自动 0904	仇茹嘉	电气 0906	邱启荣
			负飞龙	电气 0912	王　木	电气 0912	祝倩龄	电气 0912	邱启荣
			印海洋	09 实验电	殷毓灿	09 实验电	何岳恒	09 实验电	雍雪林
			张西子	实验电 09	陈亦骏	实验电 09	马国蕾	计科 0902	雍雪林
			唐　帆	软件 0902	王晓翔	软件 0902	邱丽羚	软件 0902	曹艳华
			张国强	测控 0901	刘　涛	测控 0901	张　潇	经济 0903	曹艳华
			高　放	实验电 10	崔　仪	电气 1013	王英沛	实验电 10	潘　志
			李文涛	实验动 09	沈铭科	热能 0904	张莅雯	热能 0908	谷云东
			倪筹帷	实验电 09	赵晨雪	实验电 09	罗　潇	实验电 09	雍雪林
			冯君淑	计科 0802	沈皇星	电气 0812	罗　娜	热能 0801	谷云东
			侯　杰	实验自 10	周　楠	电气 1008	杨　卓	自动 1004	师瑞峰
			郇凯翔	电气 0908	闫　肃	计算 0901	邹志龙	实验电 08	朱永强
			鲁林晓	电气 0901	赵鹏飞	电气 0901	石　俏	电气 0914	谷云东
			荣文勇	水电 0902	郭树恒	风能 0903	李玟媛	风能 0902	雍雪林
			李　亚	计科 1002	余笑东	电气 1011	赫嘉楠	电气 1010	潘　志
北京市大学生电子设计竞赛	北京市一等奖	1	赖程鹏	电子 0801	熊雪艳	电子 0902			梁光胜
	北京市二等奖	7	王文佳	通信 0901	钱有胜	信息 0901			孙淑艳指导小组
			蔡永涛	通信 0902	田鹏飞	电气 0912			孙淑艳指导小组
			崔文哲	电子 0901	谢裕清	电子 0802			梁光胜
			范家斌	电子 1002	潘玥	电子 1002			梁光胜
			余　弦	实验电 09	王艳萍	软件 0803			孙淑艳指导小组
			叶红豆	实验电 09	丁　蒙	实验电 09			孙淑艳指导小组
			黄吉畴	电子 1001	李　卓	电子 1002			梁光胜
	北京市三等奖	2	王　伟	实验电 09	陈亦骏	实验电 09			孙淑艳指导小组
			石　俏	电气 0914	张恒友	电子 1101			梁光胜
第五届全国大学生节能减排社会实践与科技竞赛	全国一等奖	1	王　炜	电气 0904 班	李景荣	风能 0903 班	李金鑫	风能 0903 班	宋记锋
			刘　阳	电气 0910 班					
	全国二等奖	1	陈亦骏	实验电 09	赵晨雪	实验电 09	倪筹帷	实验电 09	崔　翔
			殷毓灿	实验电 09	印海洋	实验电 09	姜希伟	实验电 09	
			李永杰	电气 0906					
	全国三等奖	7	张　衡	热能 0911	靳　周	热能 0809	袁　杨	热能 0910	陈海平
			何寿荣	热能 0911	艾　博	电气 1007	汪晨辉	热能 0901	

续表

获奖项目	获奖等级	获奖队数	姓名	班级	姓名	班级	姓名	班级	指导教师
第五届全国大学生节能减排社会实践与科技竞赛	全国三等奖	7	王婧晖	行管 0902					
			张宏元	实验动 10	李兆豪	热能 1010	李　尚	实验动 10	陈海平
			韩　松	电气 1009	李　飞	电气 1003	曹晟磊	热能 1011	
			侯艺捷	实验动 10					
第五届全国大学生节能减排社会实践与科技竞赛	全国三等奖	7	裘日辉	自动 0906	黄博文	信安 1002	余洁琦	电气 1003	杨国田
			周　楠	电气 1008	周冬升	电气 1015			
			席文宣	实验动 09 班	杨　琛	水电 0901	樊　玮	电气 1003	李美成
			孙筑华	热能 1110	孙　莹	热能 1010	王单单	财务 1001	
			陈政琦	实验电 09					
			邱　扬	电气 1008	帅　旗	实验电 09	徐延明	电气 0905	朱永强
			李岩松	实验电 09	金　颖	实验电 09	帅志昂	实验动 10	
			颜行志	法学 0802	樊　娇	营销 0901	张文剑	法学 0902	马卫华
			袁　萱	行管 0902	高　雅	财务 0902	贺一飞	电气 0902	
			付若岚	法学 0802					
			龚　稳	行管 0901	刘心怡	法学 0901	孙　旭	热能 0904	陈建国
			高长青	风能 0901	陆丛飞	机械 0901	吴　奇	法学 0901	
			于　迪	法学 0902					
第六届首都高校机械创新设计大赛	北京市一等奖	1	叶　超	实验动 09	褚凤鸣	实验动 09	段栋伟	热能 1005	刘衍平　康　顺
			黄　畅	热能 1006	尚立龙	水电 0902			
	北京市二等奖	3	张　衡	热能 0911 班	汪晨辉	热能 0901 班	席文宣	实验动 09	刘衍平　张　志
			艾　博	电气 1007	王婧晖	行管 0902			
			黄道怡	热能 0904	沈铭科	热能 0904	阎　路	实验动 09	周　超　宋玉旺
			李治甫	热能 0904					
			韩　雪	实验动 09	薛　媛	实验动 09	邹春妹	热能 0904	周　超　赵　鑫
			孙艳宇	实验动 09	隋子峰	实验动 09			
	北京市三等奖	6	薛连生	实验动 09	牟潇野	实验动 09	孙　颖	实验电 09	柳亦兵　高青风
			宋明强	核电 0901	张晓龙	机械 0901			
			孙振兴	机械 0901	赵丹阳	电气 0907	周志宇	实验电 10	刘衍平　周　超
			尹超凡	机械 0901	张文杰	机械 0901			
第六届首都高校机械创新设计大赛	北京市三等奖	6	黄　娟	风能 1003	杨　琛	水电 0901	钱晨昊	水电 1001	刘衍平　李美成
			汪文虎	机械 0901	李　丹	材料 0901			
			孙　莹	热能 1010 班	姜　越	实验动 10	金　武	实验动 10	刘衍平　张　志
			曹晟磊	热能 1011 班	张景胤	实验动 10			
			李伽炜	热能 0911	何寿荣	热能 0911	喻　国	热能 0911	刘衍平　滕　伟
			朱恒毅	热能 0911	郑东昕	热能 0911			
			郭　媛	通信 0902					董兴辉
全国大学生英语竞赛	北京一等奖	7	王书瑶	电气 0906	周　喆	电气 1102	何岳恒	09 实验电	刘　岩　司　微　马铁川　吕亮球　施　健　王　华
			梁飞飞	热能 0907	张骁铂	经济 1002	晋宏杨	实验电 10	
			周志宇	实验电 10					

续表

获奖项目	获奖等级	获奖队数	姓名	班级	姓名	班级	姓名	班级	指导教师
全国大学生英语竞赛	北京二等奖	21	陈政琦	09 实验电	魏　恺	电气 0911	殷毓灿	09 实验电	
			汤一村	热能 0903	朱东阳	自动 1003	亢超群	电气 0901	
			贾甜夏	资源 0901	胡远芬	会计 1001	秦　政	计算 0801	
			李慧勇	实验电 10	乐　龙	热能 0905	王佳晨	会计 0901	
			张　超	经济 1001	朱丹丹	电气 0901	杨　鑫	财务 0901	
			朱梦鸽	电气 GJ1003	何一莎	GJ 会计 1001	周　瑜	经济 1001	
			林　琳	通信 0902	史开拓	电气 0910	程宇頔	电气 GJ1105	
	北京三等奖	40	滑福宇	经济 0903	王浩宇	电气 1009	董颖章	电气 GJ1105	
			杨振宇	电气 GJ1105	陈　旷	GJ 会计 1001	叶红豆	09 实验电	
			邓浩然	09 实验电	赵一蒙	电气 GJ1106	付熙玮	电气 1003	
			祝倩龄	电气 0912	吴聪聪	电管 0902	何凌云	实验电 10	
			帅　旗	09 实验电	李玟萱	电气 1009	柳丽莎	营销 1101	
			陈奕楚	广告 0901	王恬悦	能源 1001	张　颖	电气 0905	
			田　硕	电气 0909	朱红梅	计科 0902	刘晓童	通信 1001	
			孔维彬	会计 1001	刘思宇	自动 0903	吴小旭	营销 1002	
全国大学生英语竞赛	北京三等奖	40	张希颖	核电 1101	王玟苈	热能 0901	杨智伟	材料 0901	
			王　木	电气 0912	范耀文	经济 1001	赵晨雪	09 实验电	
			蔡　煜	工管 1101	王凯宇	经济 1002	陈玉龙	工管 0901	
			金　颖	09 实验电	宋一凡	实验电 10	来郁兰	资源 0901	
			陈金涛	电气 1005	沈致远	实验电 10	林悦	会计 1002	
			马安安	信息 1101					
第四届北京市大学生模拟法庭竞赛	北京市一等奖	1	贾阳春	法学 1002	文　凤	法学 1002	侯洁林	法学 1001	方仲炳　王学棉 王春波　赵旭光 王书生　蔡　恒
			王子墨	法学 1001	张　涛	法学 1001	秦　超	法学 1001	
北京市大学生第五届物理实验竞赛	北京市二等奖	1	覃　凯	实验自 10	周冬升	电气 1015	张婉莹	自动化 1002	黄　霞
	北京市三等奖	3	庄登祥	创新自 11	谢伟戈	创新自 11	杨　扬	创新自 11	黄　霞
			曾华荣	电子 1002	吴荣钊	电子 1002	王可欣	电子 1002	韩榕生
			王　野	热能 1008	金　樑	实验动 10	金　武	实验动 10	邓加军
北京市第二十三届大学生数学竞赛	北京市二等奖	4	樊　玮	电气 1003	黄　蕙	测控 1002	孟繁星	创新电 1101	彭武安
			杨　卓	自动 1004					
	北京市三等奖	6	王林炎	工管 1102	杨　帆	电气 1103	卢成楠	电气 1007	
			冯沛飞	实践动 1101	刘　源	电气 0902	曹　闯	电气 1012	
北京市大学生英语演讲比赛	北京三等奖	1	王岩希	英语 1103					刘　岩
北京市大学生人文知识竞赛	北京市二等奖	1	马天威	公共 1001 班	叶武鑫	中文 1001 班	杜善重	财务 1101 班	郑　路
			田　聪	核电 1103 班	邓毓灵	中文 1201 班			

续表

获奖项目	获奖等级	获奖队数	姓名	班级	姓名	班级	姓名	班级	指导教师
第二十九届全国部分地区大学生物理竞赛	一等奖	2	卢东祁	电气 1103	顾令东	创新动 1101			张昊旭　黄霞
	二等奖	5	胡海洋	创新电 1101	张雨薇	电气 1103	李　欣	风能 1101	董瑾　张昊旭 黄霞　穆青霞
			包吉强	创新电 1101	王俊生	电气 1104			
	三等奖	7	王洁聪	实践电 1101	马骏鹏	电气 GJ1103	李晨星	自动化 1104	陈雷　刘纪彩 黄霞　穆青霞 王佩琼
			吴　刚	电气 1102	王　宇	创新电 1101	万凯遥	电气 1106	
			王　媛	创新电 1101					
第三届蓝桥杯全国软件专业人才设计与创业大赛	全国总决赛一等奖	1	姚大海	计算 0904					夏宏指导小组
	北京赛区一等奖	4	孟春雷	软件 1002	闫　肃	计算 0901	王　斌	信安 1001	
			颜世增	计算 1002					
	北京赛区二等奖	1	宋智超	软件 1001					
	北京赛区三等奖	1	崔腾飞	计算 0901					
第五届全国大学生网络商务创新应用大赛	全国一等奖	2	卢世成	商务 0901	刘冰旖	信管 0901	韩　阳	商务 1001	刘吉成　王钇
			郑书誉	商务 1001	邱金鹏	商务 1001			
			张源凯	信管 0901	符兆伦	信管 0901	黄康任	信管 0901	唐平舟　黄敏芳
			林伟香	财务 0901	李彤彤	广告 1001			
	全国二等奖	2	龙　腾	商务 1001	郭凯敏	商务 1001	苏烨琴	经济 1003	田惠英　唐平舟
			杨　卓	会计 0901	刘芷彤	经济 1003			
			李冰洁	信管 0901	林冰洁	广告 0901	彭　鹏	营销 0901	田惠英　黄敏芳
			杨淼滢	信管 0901	唐树媛	会计 0902			
	全国三等奖	1	侯高杰	法学 1002	杨哲铭	商务 1001	李雅然	商务 1001	田惠英　瞿斌
			王学涛	信管 1001	马　腾	信管 1001			
	北京市一等奖	5	何　杰	商务 1001	张少恒	商务 1001	聂明谏	营销 1001	唐平舟　刘谊
			孙肖坤	商务 1001	罗　召	社保 1001	何　艺	商务 1001	梁春燕　王钇
			张艺骞	营销 1001	郑文彬	营销 1001	徐方秋	信管 1001	唐平舟　田惠英
			王守凯	营销 1001	黄奥倩	商务 1001			
			郭超豪	信管 1001	钟　贞	商务 1001	陈　晨	营销 1002	陈永权
			何一汪	信管 1001	潘文君	商务 1001			
			罗开颜	营销 0902	刘心怡	法学 0901			唐平舟
	北京市二等奖	2	赵鹤鸣	营销 1002	马晨昊	商务 0901	何彦英	金融 0901	唐平舟
			李大成	营销 0902	张英杰	工商 0901			
			陆志波	计科 1001	徐封	计科 1001			唐平舟
第七届全国大学生“飞思卡尔”杯智能汽车竞赛	省部级三等奖	1	林一峰	电气 1002	宋钰钰	实验电 10	晋宏扬	实验电 10	程晓磊

续表

获奖项目	获奖等级	获奖队数	姓名	班级	姓名	班级	姓名	班级	指导教师
第38届ACM/ICPC国际大学生程序设计竞赛	成都赛区银牌	1	姚大海	计算0904	孟春雷	软件1002	付昱玮	实践电1101	夏宏指导小组
第三届“尖峰时刻”全国商业模拟挑战赛	全国一等奖	2	谭海涛	财务0802	孙盛芳	财务0802	王雅枫	财务0801	张　琪
			齐　峻	会计0902					
			欧阳邵杰	工商0801	张学玉	MBA2011	尚瑞霞	MBA2011	张　琪
			高晓华	MBA2011					
	全国三等奖	1	邵宇奇	会计0902	李大成	工商0901	史淑雅	MBA2011	张　琪
			柳　溪	MBA2011					
第七届全国信息技术应用水平大赛	全国一等奖	1（团体）	宋志超	软件1001	李鑫磊	软件1001	徐方秋	信管1001	贾静平
		1	王　斌	信安1001					
	全国二等奖	1	赵炳强	电网1101					
	省级二等奖	1	朱震东	软件1102					
	省级三等奖	5	梁楠楠	水电0902	王晓鹏	软件1102	付强	电网1101	
			魏家辉	软件1101	徐博	信管1001			

2012年学科创新竞赛获奖情况一览表

保定校区

竞赛名称	获奖级别	获奖等级	获奖队数
全国大学生英语竞赛	国家级	特等奖	4
		一等奖	14
		二等奖	44
		三等奖	88
美国国际大学生数学建模竞赛	国际级	一等奖	1
	国际级	二等奖	8
全国大学生数学建模大赛	国家级	一等奖	2
		二等奖	2
全国大学生电子设计竞赛—2012年信息安全技术专题邀请赛	国家级	三等奖	1
第八届“挑战杯”全国大学生创业大赛	国家级	三等奖	2
第七届“飞思卡尔”全国大学生智能汽车竞赛	国家级	二等奖	1
第五届全国节能减排社会实践与科技竞赛	国家级	特等奖	1
		二等奖	3
		三等奖	4

续表

竞赛名称	获奖级别	获奖等级	获奖队数
2012 全国大学生电子设计竞赛信息安全技术专题邀请赛	国家级	三等奖	1
2012 中国机器人大赛暨 Robocup 公开赛	国家级	一等奖	1
		二等奖	2
全国第二届大学生职业生涯规划大赛全国总决赛	国家级	二等奖	1
2012 外研社杯全国英语演讲大赛	国家级	二等奖	1
第十六届“外研社杯”全国英语辩论赛华北赛区	省部级	二等奖	1
全国大学生数学建模大赛河北赛区	省部级	一等奖	4
		二等奖	8
第七届“飞思卡尔”全国大学生智能汽车竞赛华北赛区	省部级	一等奖	2
		二等奖	3
		三等奖	1
第八届“挑战杯”全国大学生创业大赛河北赛区	省部级	特等奖	2
		一等奖	8
		二等奖	9
		三等奖	1
第五届全国大学生机械创新设计大赛河北赛区	省部级	一等奖	1
		二等奖	2
		三等奖	3
第五届全国大学生机械创新设计大赛慧鱼组竞赛	省部级	二等奖	1
		三等奖	3
2012 全国大学生工业设计大赛河北赛区	省部级	三等奖	1
		优秀奖	1
2012 河北省大学生人文知识竞赛	省部级	三等奖	1
		优秀奖	1
ERP 沙盘模拟大赛	省部级	一等奖	1
2012 年全国高等院校 MBA“企业竞争模拟”大赛	省部级	三等奖	1
2012 年“商道”全国大学生管理决策模拟大赛	省部级	冀蒙赛区 一等奖	3
		冀蒙赛区 二等奖	3
第十三届“世纪之星”英语演讲大赛	省部级	专业组一等奖	1
		非专业组二等奖	2
		专业组三等奖	1
		非专业组三等奖	1

华北电力大学2012年本科各省市招生执行情况表

北京校部

		北京	天津	河北	山西	内蒙古	辽宁	吉林	黑龙江	江苏	浙江	安徽	福建	江西	山东	河南	湖北
理工类	当地重点线	477	530	564	530	469	517	515	514	340	593	544	546	547	582	540	551
	录取最高分	619	657	655	626	613	643	637	633	383	684	641	649	630	678	622	626
	录取最低分	546	613	636	593	549	610	603	540	364	633	624	546	609	646	600	595
	录取平均分	572	625	641	600	583	621	617	597	370	663	633	609	616	659	606	601
	最低分高出重点线	69	83	72	63	80	93	88	26	24	40	80	0	62	64	60	44
	平均分高出重点线	95	95	77	70	114	104	102	83	30	70	89	63	69	77	66	50
文史类	当地重点线	495	549	572	539	492	563	529	526	341	606	577	557	570	573	557	561
	录取最高分	579	640	617	577	572	622	584	596	368	657	615	605	605	630	603	592
	录取最低分	531	614	606	569	549	596	571	575	346	642	610	592	595	611	587	580
	录取平均分	545	620	609	573	562	603	575	583	356	648	613	596	599	618	592	583
	最低分高出重点线	36	65	34	30	57	33	42	49	5	36	33	35	25	38	30	19
	平均分高出重点线	50	71	37	34	70	40	46	57	15	42	36	39	29	45	35	22

		湖南	广东	海南	广西	上海	四川	贵州	云南	陕西	甘肃	青海	宁夏	新疆	西藏汉	西藏藏	重庆
理工类	当地重点线	520	585	614	528	423	518	470	465	517	517	401	440	445	460	280	522
	录取最高分	617	641	797	643	460	623	626	628	648	630	583	582	607	555	385	640
	录取最低分	585	607	697	581	424	540	587	556	517	517	429	515	534	493	327	560
	录取平均分	594	624	727	607	439	567	598	587	601	592	534	542	552	524	356	600
	最低分高出重点线	65	22	83	53	1	22	117	91	0	0	28	75	89	33	47	38
	平均分高出重点线	74	39	113	79	16	49	128	122	84	75	133	102	107	64	76	78
文史类	当地重点线	571	589	668	544	438	516	539	520	556	533	433	489	493	490	320	554
	录取最高分	615	605	756	595	448	540	604	591	608	587	503	557	572	538	368	609
	录取最低分	604	595	739	580	440	518	592	570	590	557	461	528	551	522	361	595
	录取平均分	607	600	748	587	445	530	594	578	597	567	486	537	559	530	365	602
	最低分高出重点线	33	6	71	36	2	2	53	50	34	24	28	39	58	32	41	41
	平均分高出重点线	36	11	80	43	7	14	55	58	41	34	53	48	66	40	45	48

保定校区

		北京	天津	河北	山西	内蒙古	辽宁	吉林	黑龙江	江苏	浙江	安徽	福建	江西	山东	河南	湖北
理工类	当地重点线	477	530	564	530	469	517	515	514	340	593	544	546	547	582	540	551
	录取最高分	597	639	645	613	601	643	620	617	382	672	630	642	627	668	617	611
	录取最低分	489	607	621	579	529	586	540	515	352	640	565	583	593	582	589	577
	录取平均分	533	616	633	586	562	605	587	567	362	656	611	615	601	637	595	594
	最低分高出重点线	12	77	57	49	60	69	25	1	12	47	21	37	46	0	49	26
	平均分高出重点线	55.5	85.9	69	56	93	88	72	53	22	63	67	69	54	55.3	55	43
文史类	当地重点线	495	549	572	539	492	563	529	526	341	606	577	557	570	573	557	561
	录取最高分	541	602	610	563	562	614	563	576	352	638	604	590	596	616	593	576
	录取最低分	511	591	601	556	508	583	555	552	341	624	600	583	587	577	577	564
	录取平均分	525	595	606	558	530	591	558	558	345	631	602	587	592	601	581	570
	最低分高出重点线	16	42	29	17	16	20	26	26	0	18	23	26	17	4	20	3
	平均分高出重点线	30	46	34	19	38	28	29	32	4	25	25	30	22	28	24	9

		湖南	广东	海南	广西	上海	四川	贵州	云南	陕西	甘肃	青海	宁夏	新疆	西藏汉	西藏藏	重庆
理工类	当地重点线	520	585	614	528	423	518	470	465	517	517	401	440	445	460	280	522
	录取最高分	597	637	755	628	439	608	603	604	628	607	577	544	582	513	298	614
	录取最低分	573	595	662	569	419	524	571	517	580	518	402	486	509	488	285	573
	录取平均分	580	611	709	596	425	566	580	561	599	580	500	514	527	499	290	592
	最低分高出重点线	53	10	48	41	-4	6	101	52	63	1	1	46	64	28	5	51
	平均分高出重点线	60	26	95	68	2	48	110	96	82	62.8	99	74	82	39	18	70
文史类	当地重点线	571	589	668	544	438	516	539	520	556	533	433	489	493			554
	录取最高分	606	595		585		537	585	562	587	554	480	541	554			586
	录取最低分	585	593		578		524	576	559	574	539	456	521	534			579
	录取平均分	593	594		581		531	580	561	580	548	468	530	542			583
	最低分高出重点线	14	4		34		8	37	39	18	6	23	32	41			25
	平均分高出重点线	22	5		36.5		15	40.8	41	24	15	35	41	49			29

华北电力大学2012年英语四六级一次性通过率院系情况一览表

北京校部

序号	院　系	425分以上（人）	总人数（人）	通过率（%）
1	国教	94	96	97.92
2	电气与电子工程学院	665	708	93.93
3	经济与管理学院	417	447	93.29
4	人文与社会科学学院	149	164	90.85
5	能源动力与机械工程学院	415	463	89.63
6	可再生能源学院	182	206	88.35
7	控制与计算机工程学院	331	379	87.34
8	数理系	45	52	86.54
9	核科学与工程学院	89	105	84.76

保定校区

序号	院　系	学生人数（人）	通过人数（人）	通过率（%）
1	电力工程系	498	477	95.78
2	法政系	86	82	95.35
3	经济管理系	195	185	94.87
4	自动化系	210	197	93.81
5	动力工程系	318	290	91.19
6	机械工程系	238	215	90.34
7	电子与通信工程系	138	122	88.41
8	计算机系	224	197	87.95
9	数理系	79	69	87.34
10	环境科学与工程学院	132	115	87.12
总　计		2162	1993	92.18

注　不含特招生，不含艺术类招生学生，总计中包含国际教育学院学生。

*为便于表述，我们延用了“通过率”这一提法，“通过”在这里是指按照710分为满分的计分体制，将考试成绩在425分（相当于百分制的60分）及以上者视为通过。

教职工及师资情况表

华北电力大学 2012 年教职工情况表

		编号	教职工数									聘请校外教师	离退休人员	附属中小学幼儿园教职工	集体所有制人员
			合计	校本部教职工					科研机构人员	校办企业职工	其他附设机构人员				
				计	专任教师	行政人员	教辅人员	工勤人员							
甲		乙	1	2	3	4	5	6	7	8	9	10	11	12	13
总　计		1	2924	2725	1782	443	382	118		47	152	262	958		
其中：女		2	1191	1141	714	182	211	34		10	40	28	437		
正高级		3	375	374	353	11	10			1		188	208		*
副高级		4	790	770	520	136	114			20		28	230		*
中　级		5	1275	1232	819	216	197			20	23	35	*	*	*
初　级		6	166	160	64	47	47	2		4	2		*	*	*
未定职级		7	318	189	26	33	14	116		2	127	11	*	*	*
其中聘任制	小　计	8										*	*	*	*
	其中：女	9										*	*	*	*
	正高级	10										*	*	*	*
	副高级	11										*	*	*	*
	中　级	12										*	*	*	*
	初　级	13										*	*	*	*
	未定职级	14										*	*	*	*

华北电力大学 2012 年专任教师、聘请校外教师岗位分类情况表

	编号	本学年授课专任教师				本学年授课聘请校外教师				本学年不授课专任教师				
		合计	公共课基础课	专业课		合计	公共课基础课	专业课		合计	进修	科研	病休	其他
				计	其中：双师型			计	其中：双师型					
甲	乙	1	2	3	4	5	6	7	8	9	10	11	12	13
总　计	1	1602	426	1176		262	55	207		180	48	4	5	123
其中：女	2	640	211	429		28		28		74	20		5	49
正高级	3	331	56	275		188	22	166		22	2	1		19
副高级	4	488	135	353		28	11	17		32	12	1	2	17
中　级	5	743	227	516		35	22	13		76	31	2	2	41
初　级	6	39	8	31	*				*	25	3		1	21
未定职级	7	1		1	*	11		11	*	25				25

华北电力大学2012年专任教师、聘请校外教师学历（位）情况表

	编号	合计			博士研究生			硕士研究生			本科			专科及以下		
		计	其中：获学位		计	其中：获学位		计	其中：获学位		计	其中：获学位		计	其中：获学位	
			博士	硕士		博士	硕士		博士	硕士		博士	硕士		博士	硕士
甲	乙	1	2	3	4	5	6	7	8	9	10	11	12	13	14	15
1.专任教师	1	1782	831	768	831	830	1	671		665	272		101	8	1	1
其中：女	2	714	251	379	251	250	1	335		333	124		44	4	1	1
正高级	3	353	225	75	225	225		67		63	59		12	2		
副高级	4	520	282	150	282	281	1	104		102	128		46	6	1	1
中　级	5	819	296	485	296	296		444		444	79		41			
初　级	6	64	11	49	11	11		47		47	6		2			
未定职级	7	26	17	9	17	17		9		9						
2.聘请校外教师	8	262	150	41	147	147		44	3	41	71					
其中：女	9	28	1	3	1	1		3		3	24					
外籍教师	10	22	11	1	11	11		1		1	10					
其他高校教师	11	71	59	6	57	57		8	2	6	6					
正高级	12	188	124	3	122	122		5	2	3	61					
副高级	13	28	15	13	14	14		14	1	13						
中　级	14	35	11	24	11	11		24		24						
初　级	15															
未定职级	16	11		1				1		1	10					

华北电力大学2012年专任教师年龄情况表

		编号	合计	30岁及以下	31~35岁	36~40岁	41~45岁	46~50岁	51~55岁	56~60岁	61~65岁	66岁及以上
甲		乙	1	2	3	4	5	6	7	8	9	10
总　计		1	1782	174	515	352	268	305	100	64	3	1
其中：女		2	714	76	217	151	111	108	34	17		
获博士学位		3	831	76	211	208	133	157	32	12	1	1
获硕士学位		4	768	91	292	130	117	98	25	13	2	
按专业技术职务分	正高级	5	353		3	19	44	165	66	52	3	1
	副高级	6	520	1	45	156	148	126	32	12		
	中　级	7	819	109	444	174	76	14	2			
	初　级	8	64	41	21	2						
	未定职级	9	26	23	2	1						

续表

		编号	合计	30岁及以下	31~35岁	36~40岁	41~45岁	46~50岁	51~55岁	56~60岁	61~65岁	66岁及以上
按学历（学位）分	博士研究生	10	831	76	211	208	134	157	31	12	1	1
	其中获博士学位	11	830	76	211	208	133	157	31	12	1	1
	获硕士学位	12	1				1					
	硕士研究生	13	671	86	271	114	82	81	22	13	2	
	其中获博士学位	14										
	获硕士学位	15	665	86	271	114	82	77	20	13	2	
	本科	16	272	12	33	30	52	65	45	35		
	其中获博士学位	17										
	获硕士学位	18	101	5	21	16	34	20	5			
	专科及以下	19	8					2	2	4		
	其中获博士学位	20	1						1			
	获硕士学位	21	1					1				

华北电力大学2012年分学科专任教师数统计表

	编号	合计	正高级	副高级	中级	初级	未定职级
甲	乙	1	2	3	4	5	6
总　计	1	1782	353	520	819	64	26
其中：女	2	714	89	219	367	28	11
哲　学	3						
经济学	4	55	10	25	20		
法　学	5	66	11	25	28	1	1
教育学	6	167	13	34	90	25	5
其中：体育	7	54	6	18	27	3	
文　学	8	158	14	44	93	4	3
其中：外语	9	132	11	35	82	3	1
其中：艺术	10	9	1	4	3	1	
历史学	11						
理　学	12	171	31	39	97	2	2
工　学	13	1021	248	297	430	31	15
其中：计算机	14	127	21	32	68	6	
农　学	15						
其中：林学	16						
医　学	17						
管理学	18	144	26	56	61	1	

华北电力大学 2012 年专任教师变动情况表

	编号	上学年初报表专任教师数	增加教师数								减少教师数				本学年初报表专任教师数
			合计	录用毕业生			外单位教师调入		校内外非教师调入		合计	自然减员	调离教师岗位	其他	
				计	其中：研究生		计	其中：高校调入	计	其中：本校调整					
					计	其中：本校毕业									
甲	乙	1	2	3	4	5	6	7	8	9	10	11	12	13	14
总　计	1	1761	72	41	41	14	11	5	20	14	51	6	45		1782
其中：女	2	708	23	15	15	4	4	2	4	2	17	1	16		714

华北电力大学 2012 年研究生指导教师情况表

		编号	合计	30 岁及以下	31~35 岁	36~40 岁	41~45 岁	46~50 岁	51~55 岁	56~60 岁	61~65 岁	66 岁及以上
甲		乙	1	2	3	4	5	6	7	8	9	10
总　计		1	877	4	88	159	192	246	88	66	14	20
其中：女		2	241	2	25	41	48	80	21	19	4	1
按专业技术职务分	正高级	3	348		2	11	39	143	68	52	13	20
	副高级	4	419		30	107	146	101	20	14	1	
	中级	5	110	4	56	41	7	2				
按指导关系分	博士导师	6										
	其中：女	7										
	硕士导师	8	754	4	88	156	179	208	61	45	10	3
	其中：女	9	230	2	25	40	46	76	19	19	3	
	博士、硕士导师	10	123			3	13	38	27	21	4	17
	其中：女	11	11			1	2	4	2		1	1

华北电力大学 2012 年教职工其他情况表

单位：人

	编号	共产党员	共青团员	民主党派	华侨	港澳台	少数民族
甲	乙	1	2	3	4	5	6
教职工	1	1782	113	70	1		114
其中：女	2	669	65	29			55
专任教师	3	1187	73	49	1		62
其中：女	4	461	45	23			30

华北电力大学2012年接受与引进人才一览表

序号	姓名	部门	性别	统计编制	编制标志	毕业学校	学历	来校工作时间(年-月-日)
1	苗　政	可再生能源学院	男	专业技术	实验研究	西安交通大学	研究生毕业	2012-01-05
2	刘　鹏	电气与电子工程学院	男	专业技术	教学	日本早稻田大学	研究生毕业	2012-07-05
3	刘　江	电气与电子工程学院	女	专业技术	教学	日本早稻田大学	研究生毕业	2012-07-05
4	刘　松	电气与电子工程学院	男	专业技术	教学	日本早稻田大学	研究生毕业	2012-07-05
5	王　娟	国际教育学院	女	管理	行政	美国乔治华盛顿大学	研究生毕业	2012-09-26
6	陈　志	党委宣传部（新闻中心）	男	管理	行政	河北大学	大学毕业	2012-09-26
7	张永哲	可再生能源学院	男	专业技术	教学	韩国延世大学	研究生毕业	2012-10-15
8	伍　军	电气与电子工程学院	男	专业技术	教学	早稻田大学	研究生毕业	2012-09-03
9	耿绥燕	电气与电子工程学院	女	专业技术	教学	芬兰阿立托大学	研究生毕业	2012-02-20
10	赵雄文	电气与电子工程学院	男	专业技术	教学	赫尔辛基工业大学	研究生毕业	2012-02-20
11	白逸仙	教务处	女	管理	行政	华中科技大学	研究生毕业	2012-03-16
12	樊良树	思想政治理论课教学部	男	专业技术	教学	南开大学	研究生毕业	2012-03-26
13	张旭明	可再生能源学院	男	专业技术	实验	华北电力大学	研究生毕业	2012-04-09
14	陈　普	图书馆	男	专业技术	图书	华北电力大学	研究生毕业	2012-04-05
15	王庆华	学科建设办公室	男	管理	行政	华北电力大学	研究生毕业	2012-04-05
16	李　青	控制与计算机工程学院	女	专业技术	实验	华北电力大学	研究生毕业	2012-04-05
17	张晓良	控制与计算机工程学院	男	专业技术	实验	华北电力大学	研究生毕业	2012-04-05
18	任治政	能源动力与机械工程学院	男	管理	行政	华北电力大学	研究生毕业	2012-04-05
19	吴立飞	数理系	男	专业技术	实验	华北电力大学	研究生毕业	2012-04-05
20	于　磊	控制与计算机工程学院	男	专业技术	实验	华北电力大学	研究生毕业	2012-04-10
21	杨　静	控制与计算机工程学院	女	专业技术	教学	北京大学	研究生毕业	2012-04-25
22	史清风	基建处	男	管理	行政	北京建筑工程学院	研究生毕业	2012-04-18
23	黄晔辉	数理系	男	专业技术	教学	清华大学	研究生毕业	2012-05-31
24	徐宝萍	能源动力与机械工程学院	女	专业技术	教学	清华大学	研究生毕业	2012-05-31
25	胡永辉	控制与计算机工程学院	男	专业技术	实验研究	北京航空航天大学	研究生毕业	2012-06-20
26	郭春义	电气与电子工程学院	男	专业技术	教学	华北电力大学	研究生毕业	2012-07-02
27	张　丹	可再生能源学院	女	专业技术	实验	华北电力大学	研究生毕业	2012-07-02
28	马　博	党委办公室、校长办公室	男	管理	行政	华北电力大学	研究生毕业	2012-07-02
29	张　宁	可再生能源学院	男	专业技术	教学	华北电力大学	研究生毕业	2012-07-02
30	苏　畅	电气与电子工程学院	女	专业技术	实验	华北电力大学	研究生毕业	2012-07-02
31	崔　灿	人文与社会科学学院	女	专业技术	辅导员	华北电力大学	研究生毕业	2012-07-02
32	李　涛	人文与社会科学学院	男	专业技术	实验	华北电力大学	研究生毕业	2012-07-02
33	刘　松	国际教育学院	男	专业技术	教学	北京师范大学	研究生毕业	2012-07-02
34	周　航	财务处	男	专业技术	教辅	华北电力大学	大学毕业	2012-07-02
35	曹　琼	核科学与工程学院	女	专业技术	教学	华北电力大学	研究生毕业	2012-07-02
36	郑　凯	国际教育学院	女	管理	行政	华北电力大学	研究生毕业	2012-07-02

续表

序号	姓名	部门	性别	统计编制	编制标志	毕业学校	学历	来校工作时间(年-月-日)
37	张验科	可再生能源学院	男	专业技术	教学	华北电力大学	研究生毕业	2012-07-04
38	刘欣朋	国际教育学院	男	专业技术	教学	北京语言大学	研究生毕业	2012-07-02
39	罗格非	研究生院	女	管理	行政	北京师范大学	研究生毕业	2012-07-02
40	杨天明	能源动力与机械工程学院	男	专业技术	辅导员	华北电力大学	研究生毕业	2012-07-02
41	杨　旸	可再生能源学院	女	专业技术	实验	北京师范大学	研究生毕业	2012-07-02
42	李双阳	电气与电子工程学院	男	专业技术	辅导员	山东大学	研究生毕业	2012-07-02
43	肖　姝	电气与电子工程学院	女	专业技术	辅导员	中央民族大学	研究生毕业	2012-07-02
44	唐　晋	能源动力与机械工程学院	男	专业技术	实验	北京科技大学	研究生毕业	2012-07-02
45	张灿飞	经济与管理学院	男	专业技术	辅导员	华北电力大学	研究生毕业	2012-07-02
46	靖仕寅	学生工作处（部）	男	管理	行政	华北电力大学	研究生毕业	2012-07-02
47	贺江城	校医院	男	专业技术	教辅	北京中医药大学	研究生毕业	2012-07-05
48	侯丹娟	思想政治理论课教学部	女	专业技术	教学	北京大学	研究生毕业	2012-07-03
49	张　斌	核科学与工程学院	男	专业技术	教学	华北电力大学	研究生毕业	2012-07-03
50	张诗卉	英语系	女	专业技术	教学	北京外国语大学	研究生毕业	2012-07-02
51	李明扬	控制与计算机工程学院	男	专业技术	教学	清华大学	研究生毕业	2012-07-04
52	武　昕	电气与电子工程学院	女	专业技术	教学	中国科学院电子学研究所	研究生毕业	2012-07-05
53	孔凌楠	可再生能源学院	女	专业技术	实验	北京大学	研究生毕业	2012-07-03
54	甄亚欣	数理系	女	专业技术	教学	哈尔滨工业大学	研究生毕业	2012-07-06
55	周振宇	电气与电子工程学院	男	专业技术	教学	早稻田大学	研究生毕业	2012-07-05
56	戈金义	财务处	女	专业技术	教辅	山东大学	研究生毕业	2012-08-19
57	陈　林	能源动力与机械工程学院	男	专业技术	教学	清华大学	研究生毕业	2012-08-19
58	胡光宇	人文与社会科学学院	男	专业技术	教学	清华大学	研究生毕业	2012-07-10

华北电力大学2012年职务晋升情况一览表

北京校部（2012年1月1日—2012年12月31日）

序号	姓名	原任职务	现任职务	现职时间(年-月-日)
1	潘　洁	计划财务处副处长	招标中心主任	2012-01-12
2	朱晓林	无	计划财务处副处长	2012-04-25
3	王增平	电气与电子工程学院院长	副校长、电气与电子工程学院院长（兼）	2012-05-29
4	袁素东	无	基建处副处长、校园规划办公室副主任	2012-05-31
5	高富锋	无	埃及苏伊士运河大学孔子学院中方院长	2012-07-16
6	李庚银	电气与电子工程学院副院长	电气与电子工程学院常务副院长	2012-09-20
7	李　林	党委研究生工作部副部长、研究生院副院长（兼）	党委研究生工作部部长、研究生院副院长（兼）	2012-09-26

续表

序号	姓名	原任职务	现任职务	现职时间 (年-月-日)
8	林长强	团委副书记、艺术教育中心副主任（兼）	团委书记、艺术教育中心副主任（兼）	2012-09-26
9	杜建国	党委组织部副部长、党委统战部副部长、党校副校长、机关党总支副书记（兼）	苏州研究院直属党支部书记、苏州研究院副院长（兼）	2012-09-26
10	王佃启	期刊出版部副主任	期刊出版部主任	2012-09-26
11	董长青	生物质发电成套设备国家工程实验室副主任	生物质发电成套设备国家工程实验室常务副主任	2012-11-08
12	李献东	后勤管理处副处长、后勤服务集团副总经理	离退休党总支书记	2012-11-08
13	刘晓峰	校医院院长、校医院直属党支部书记（兼）	校医院院长、校医院直属党支部书记（兼，正处级）	2012-11-08
14	肖万里	教务处副处长	科学技术研究院副院长	2012-11-08
15	李庆民	无	电气与电子工程学院副院长	2012-11-08
16	王修彦	无	能源动力与机械工程学院副院长	2012-11-08
17	方仲炳	无	人文与社会科学学院副院长	2012-11-08
18	姚建曦	无	可再生能源学院副院长	2012-11-08
19	刘　洋	无	核科学与工程学院副院长	2012-11-08
20	石玉英	无	数理系副主任	2012-11-08
21	吕亮球	无	英语系副主任	2012-11-08
22	马小勇	人事处副处长、师资管理办公室主任	人事处副处长、人才工作办公室主任	2012-11-22
23	窦雅萍	无	党委组织部副部长、党委统战部副部长、党校副校长	2012-11-29
24	周　华	无	党委研究生工作部副部长	2012-11-29
25	宫　凯	无	党委保卫部副部长、保卫处副处长	2012-11-29
26	王集令	无	团委副书记	2012-11-29
27	王新军	无	团委副书记	2012-11-29
28	孙华昕	无	机关党总支副书记	2012-11-29
29	陈　溪	无	科学技术研究院综合管理部主任	2012-11-29
30	徐岸柳	无	科学技术研究院项目二部主任	2012-11-29
31	王宏盛	无	科学技术研究院国家大学科技园管理办公室主任	2012-11-29
32	宋晓华	无	研究生院副院长	2012-11-29
33	张一梅	无	苏州研究院副院长	2012-11-29
34	郑　辉	无	基建处副处长、校园规划办公室副主任	2012-11-29
35	金海燕	无	产业管理处副处长	2012-11-29
36	王晓霞	无	继续教育学院副院长	2012-11-29
37	周劲松	无	后勤管理处副处长、后勤服务集团副总经理	2012-11-29
38	张顺涛	无	数理系党总支副书记	2012-11-29
39	高继周	无	教务处副处长	2012-12-21

保定校区（2012 年 1 月 1 日—2012 年 12 月 31 日）

序号	姓名	原任职务	现任职务	现职时间(年-月-日)
1	刘志远	纪委办公室副主任、监察处副处长、审计处副处长	纪委办公室副主任、监察处副处长、审计处副处长	2012-09-26
2	顾雪平	研究生院副院长	研究生院副院长、学位办公室副主任	2012-09-26
3	葛永庆	研究生院副院长	党委研究生工作部副部长、研究生院副院长	2012-09-26
4	陈　武	自动化系党总支副书记兼自动化系副主任	离退休工作办公室副主任、离退休（保定）党总支书记	2012-09-26
5	周　泽	资产管理处副处长	招标中心副主任	2012-09-26
6	赵宏宇	后勤服务集团（保定）党总支副书记兼后勤管理处副处长、后勤服务集团（保定）副总经理	后勤服务集团（保定）党总支书记	2012-09-26
7	范孝良	机械工程系副主任	机械工程系主任兼能源动力与机械工程学院副院长	2012-09-26
8	严　立	经济管理系党总支副书记兼经济管理系副主任	经济管理系党总支书记兼经济管理系副主任	2012-09-26
9	梁　平	法政系副主任	法政与政教党总支书记	2012-09-26
10	仇必鳌	党委宣传部副部长、新闻中心副主任	党委宣传部副部长、新闻中心副主任(主持保定日常工作)	2012-10-23
11	赵冬鸣	团委（保定）副书记	团委（保定）副书记(主持工作)	2012-10-23
12	李春祥	信息化建设与管理办公室副主任	信息与网络管理中心副主任(主持工作)	2012-10-23
13	张文建	工程训练中心主任	工程训练中心主任	2012-11-08
14	李迎春	校医院（保定）副院长	校医院（保定）院长	2012-11-08
15	陈惠云	校医院（保定）副院长	校医院（保定）直属党支部书记、校医院（保定）副院长	2012-11-08
16	段　巍	无	机械工程系副主任	2012-11-08
17	李　伟	无	经济管理系副主任	2012-11-08
18	夏　珑	无	法政系副主任	2012-11-08
19	翟永杰	无	自动化系副主任	2012-11-08
20	汪黎东	无	环境科学与工程学院副院长	2012-11-08
21	张德安	无	党委办公室副主任、校长办公室副主任	2012-11-29
22	赵利军	无	党委保卫部（保定）副部长、保卫处（保定）副处长	2012-11-29
23	商　雷	无	团委（保定）副书记	2012-11-29
24	侯立群	无	国际合作处副处长、国际教育学院副院长	2012-11-29
25	潘卫华	无	信息与网络管理中心副主任	2012-11-29
26	王知春	无	法政与政教党总支副书记兼法政系副主任	2012-11-29
27	张艳斌	无	自动化系党总支副书记	2012-11-29
28	彭忠军	无	计算机系党总支副书记兼计算机系副主任	2012-11-29
29	江卫春	无	数理系（保定）党总支副书记兼数理系（保定）副主任	2012-11-29
30	李　鹤	无	科技学院党总支副书记兼科技学院副院长	2012-11-29

科研产业与校企合作情况

华北电力大学2012年纵向科研项目立项情况一览表

序号	项目名称	经费（万元）	负责人	项目来源
1	用于机载激光器的超小型高功率发电机技术引进	851	郝建红	科技部国际合作与交流项目
2	一回路腐蚀产物迁移机理的研究	50	陆道纲	国家科技重大专项项目
3	反应堆堆芯及安全分析关键技术研究	174	陆道纲	国家科技重大专项项目
4	严重事故机理及现象学研究	90	陆道纲	国家科技重大专项项目
5	关键设备设计分析技术研究课题	252.84	陆道纲	国家科技重大专项项目
6	群常数数据库开发	140	吴　军	国家科技重大专项项目
7	主回路波动管及其管网联合模拟技术及其实验研究	30	陆道纲	国家科技重大专项项目
8	生物质直接燃烧发电关键技术与示范	180	郑宗明	国家科技支撑计划项目
9	低能耗固体成型燃料制备关键技术及装备研究	841	董长青	国家科技支撑计划项目
10	新型FACTS装置关键技术研究与示范应用	112	李　琳 赵成勇	国家科技支撑计划项目
11	大规模捕集能耗系统与电厂生产动力、热能系统匹配优化技术	95	刘文毅	国家科技支撑计划项目
12	大型电站燃煤锅炉燃烧在线优化节能减排技术	100	王印松	国家科技支撑计划项目
13	多体系协同集成的智能航运关键技术研究	561	张尚弘	国家科技支撑计划项目
14	税源信息、财税社保票据信息采集、管理和分析系统平台设计与开发	20	廖　斌	国家科技支撑计划项目
15	微型移动式燃气轮机冷热电联供技术及示范	42	付忠广	国家科技支撑计划项目
16	基于WAMS的多FACTS协调控制技术研究	30	郭春林	国家科技支撑计划项目
17	微网及含微网配电系统的电能质量检测分析理论及评价方法研究	86	艾　欣	国家重点基础研究发展计划（973计划）项目
18	适应大规模间歇式电源接入的电网保护控制技术	665	毕天姝	国家高技术研究发展计划（863计划）项目
19	太阳能热与常规燃料互补发电技术	1305	侯宏娟	国家高技术研究发展计划（863计划）
20	电动汽车充电设备电气检测技术及标准研究	214	颜湘武	国家高技术研究发展计划（863计划）
21	风电场、光伏电站集群控制系统研究与开发	294	王增平	国家高技术研究发展计划（863计划）项目
22	生物质热解稳定制备生物油及提炼新技术	20	陆　强	国家高技术研究发展计划（863计划）项目
23	柔性交流输电装置关键技术与应用	25	崔　翔	国家高技术研究发展计划（863计划）项目
24	±1100kV直流换流阀研制	90	崔　翔	国家高技术研究发展计划（863计划）项目
25	300K：海洋能集成供电示范系统	240	顾煜炯	国家高技术研究发展计划（863计划）项目
26	高压开关设备智能化关键技术	191.27	律方成	国家高技术研究发展计划（863计划）项目

续表

序号	项目名称	经费（万元）	负责人	项目来源
27	电动汽车充换电站建设标准技术研究	37.8	赵书强	国家高技术研究发展计划（863 计划）项目
28	深海滑翔机研制及海上试验研究	20	范寒柏	国家高技术研究发展计划（863 计划）项目
29	含高参透率间歇性能的区域电网复杂性特征研究	150	赵冬梅	国家高技术研究发展计划（863 计划）
30	多类型新能源发电综合消纳的关键技术	172	张建华	国家高技术研究发展计划（863 计划）
31	电动汽车充电对电网的影响及有序充电研究	219	郭春林	国家高技术研究发展计划（863 计划）
32	长距离电网地磁感应电流异常组网监测技术研究	122	刘连光	国家高技术研究发展计划（863 计划）
33	基于 IGCC 的 CO_2 捕集系统研制	59	段立强	国家高技术研究发展计划（863 计划）
34	高可靠海水液压传动关键技术及其产业化研究	50	廖任飞	国家高技术研究发展计划（863 计划）
35	煤电/煤化工废物协同处置与循环利用技术及示范	80	常　剑	国家高技术研究发展计划（863 计划）
36	人体运动启发的自适应网格服务动画方法研究	28	石　敏	国家自然科学基金合作项目
37	仿生表面微纳米尺度流动与相变传热	9.6	徐进良	国家自然科学基金国际（地区）合作与交流项目
38	流域水资源管理	200	李永平	国家自然科学基金项目
39	中低温热源驱动的有机工质朗肯循环热功转换的基础研究	280	徐进良	国家自然科学基金项目
40	可再生能源与环境材料国际会议	5	李美成	国家自然科学基金项目
41	高寒地区电站空冷系统防冻的热负荷能力匹配原则及应用研究	240	杨勇平	国家自然科学基金项目
42	高寒地区电站空冷系统防冻的热负荷能力匹配原则及应用研究	60	杨力军	国家自然科学基金项目
43	面向新能源大规模集中并网的电力系统协调规划理论模型及其 Multi-Agent 模拟分析方法研究	42	曾　鸣	国家自然科学基金项目
44	生物安全事件应对体系中控制危险源扩散的建模与研究	60	张　娟	国家自然科学基金项目
45	边界检测方法及其在电网安全保障中的应用	60	石玉英	国家自然科学基金项目
46	非定常流体力学方程基于特征正交分解及自适应网格加密的外推降维数值解法研究	60	罗振东	国家自然科学基金项目
47	4f 和 3d 电子调控下的新型 In 和 Te 基稀土 1：3 型半导体化合物的磁输运和结构	78	郭永权	国家自然科学基金项目
48	三种味道夸克物质的晶体型手征破缺模式及其唯象学意义	80	张　昭	国家自然科学基金项目
49	中子在超临界水中的散射与近似散射核模型研究	92	陈义学	国家自然科学基金项目
50	太阳能热与燃煤机组互补发电系统动态热力性能研究	90	吴　英	国家自然科学基金项目
51	基于粗糙区间和 TOPMODEL 的不确定性流域水资源规划及其生态环境效应研究	60	卢宏玮	国家自然科学基金项目
52	碳纤维低温晶化与表面涂层的原位生长研究	80	马峻峰	国家自然科学基金项目
53	风能-压缩空气蓄能互补发电系统集成机理研究	80	刘文毅	国家自然科学基金项目
54	微型热电系统的多物理场耦合建模与性能优化研究	100	王晓东	国家自然科学基金项目
55	多尺度微细结构表面调控沸腾传热热力学非平衡性的研究	80	纪献兵	国家自然科学基金项目
56	磁性固体磷酸中低温快速催化热解生物质多联产的基础研究	80	董长青	国家自然科学基金项目

续表

序号	项目名称	经费（万元）	负责人	项目来源
57	回收CO_2的MCFC复合动力系统集成机理与设计基础研究	80	段立强	国家自然科学基金项目
58	半波长线路潜供电弧的动力学特性及与系统电磁暂态的交互作用机理研究	80	李庆民	国家自然科学基金项目
59	液氦、液氮温区真空及低气压放电特性研究	98	屠幼萍	国家自然科学基金项目
60	SF6 替代气体及其混合物在普冷温区的绝缘性能研究	80	李卫国	国家自然科学基金项目
61	特高压可控并联电抗器基础理论与关键技术研究	80	李　琳	国家自然科学基金项目
62	高压柔性直流换流阀系统的动态电磁特性研究	85	齐　磊	国家自然科学基金项目
63	获取光学电流互感器关键时变参数的复合反馈传感技术研究	79	李岩松	国家自然科学基金项目
64	微电网环境下电动汽车与可再生能源的协同增效机理与优化方法	78	张建华	国家自然科学基金项目
65	MMC 系统动态特征及运行机制的研究	78	刘崇茹	国家自然科学基金项目
66	电压暂降特性分析与评估指标研究	62	徐永海	国家自然科学基金项目
67	考虑时空维度的异步迭代模式分布式并行状态估计研究	78	张海波	国家自然科学基金项目
68	全周期全景梯级水电优化调度	78	张粒子	国家自然科学基金项目
69	不确定强时变强时滞复杂电网环境下混合模型轨迹系统稳定性分析理论及协调控制策略研究	80	马　静	国家自然科学基金项目
70	大型流域水库群多目标调度风险管理理论和应用研究	80	纪昌明	国家自然科学基金项目
71	多级分布预测控制及其在新能源电力系统控制中的应用	77	刘向杰	国家自然科学基金项目
72	基于悖论分析的重复性项目计划理论研究	56	张立辉	国家自然科学基金项目
73	老龄化背景下新农保可持续发展的精算研究	55	高建伟	国家自然科学基金项目
74	智能电网运营风险元扰动与传递理论模型及其应用	55	李存斌	国家自然科学基金项目
75	项目群环境下非经营性政府投资项目实时监管方法研究	53	乌云娜	国家自然科学基金项目
76	可再生能源配额交易制度对能源系统的影响机理与适应策略研究	56	赵新刚	国家自然科学基金项目
77	基于低碳经济的能源价格体系动态优化理论与实证研究	53	何永秀	国家自然科学基金项目
78	煤电能源供应链风险递展动因分析及风险控制模拟模型研究	54	谭忠富	国家自然科学基金项目
79	变速风力发电机组的虚拟惯性与阻尼综合控制研究	80	王　毅	国家自然科学基金项目
80	高海拔地区交流输电线路电晕损失规律及其影响因素分析	88	刘云鹏	国家自然科学基金项目
81	风机关键部件测点优化定位与早期故障预测算法研究	83	赵洪山	国家自然科学基金项目
82	光伏发电主气象影响因子识别优化与功率预测模型研究	78	米增强	国家自然科学基金项目
83	大规模电力系统恢复的网架重构多目标分层协调优化	66	顾雪平	国家自然科学基金项目
84	基于高频率分辨力谱估计技术与优化算法的异步电动机初发故障检测方法研究	80	许伯强	国家自然科学基金项目
85	CFB 富氧燃烧石灰石直接硫化多孔性产物层缺陷扩散研究	80	王春波	国家自然科学基金项目
86	基于 MOFs 材料的样品预处理-电色谱联用技术的开发及其在环境痕量 PCBs 分析中	78	李保会	国家自然科学基金项目

续表

序号	项目名称	经费（万元）	负责人	项目来源
87	醇胺法 CO_2 捕集和超临界 CO_2 驱油过程的界面性质研究	80	付　东	国家自然科学基金项目
88	基于耦合效应的纳米复合材料与典型污染物相互作用研究	80	苑春刚	国家自然科学基金项目
89	大型电站锅炉状态监测中的声学感知与诊断方法研究	90	姜根山	国家自然科学基金项目
90	电力系统保护控制	100	毕天姝	国家自然科学基金项目
91	水环境污染与修复	100	何　理	国家自然科学基金项目
92	薛定谔类型方程解的弱奇异性研究	22	毛仕宽	国家自然科学基金项目
93	改进的 Bourgain 空间在色散方程研究中的应用	22	王玉昭	国家自然科学基金项目
94	带耗散结构的偏微分方程（组）解的稳定性分析	22	刘永琴	国家自然科学基金项目
95	基于物质点变量的连续体结构拓扑优化方法	24	龙　凯	国家自然科学基金项目
96	强场相对论条件下相干硬 X 射线光子的产生及传播效应研究	25	刘纪彩	国家自然科学基金项目
97	环境噪音下纠缠光制备与优化的理论研究	22	穆青霞	国家自然科学基金项目
98	生物炭对 PFOS 在湖泊沉积物中迁移及生物有效性影响的构效特征和机制研究	25	郭　伟	国家自然科学基金项目
99	基于氧化膜多孔性的超临界水环境金属氧化动力学模型	25	张乃强	国家自然科学基金项目
100	银纳米粒子催化刻蚀硅太阳能电池微纳复合结构研究	25	姜　冰	国家自然科学基金项目
101	特高压输电导线风雨致振的产生机理及分析模型研究	25	周　超	国家自然科学基金项目
102	基于赋权图的复杂产品装配序列优化方法研究	25	王　永	国家自然科学基金项目
103	基于概率论的核电站自然循环系统可靠性研究	25	玉　宇	国家自然科学基金项目
104	基于格子 Boltzmann 方法的多孔介质沸腾传热机理研究	25	孙亚松	国家自然科学基金项目
105	CO 化学链燃烧过程中铁基载氧体结构变化及其影响作用研究	25	张俊姣	国家自然科学基金项目
106	秸秆热解过程中有机氮转化机制及金属离子催化转化机理研究	25	高　攀	国家自然科学基金项目
107	N_2O 在 CaO/CaSO4/$CaSO_3$ 表面上的非均相反应途径研究	25	胡笑颖	国家自然科学基金项目
108	煤粉炉富氧燃烧过程 SO_3 的生成机理	25	肖海平	国家自然科学基金项目
109	基于电容层析成像的 CO_2 咸水层封存动态运移规律的测量方法研究	26	雷　兢	国家自然科学基金项目
110	太阳能热与燃煤机组互补发电系统动态热力性能研究	25	侯宏娟	国家自然科学基金项目
111	基于褐煤离子交换特性的生物质/褐煤共气化过程催化转化机理研究	25	肖显斌	国家自然科学基金项目
112	基于 CFD 数值模拟数据库的风电场功率预测物理方法研究	25	韩　爽	国家自然科学基金项目
113	基于非嵌入式多项式混沌的不确定性 CFD 方法研究	25	王晓东	国家自然科学基金项目
114	基于叶轮旋转储能的风电场自动发电控制策略研究	24	肖运启	国家自然科学基金项目
115	计及主动负荷的民用电力需求响应行为分析模型及方法	24	程　瑜	国家自然科学基金项目
116	基于电流物理分量功率理论的电流质量评估体系研究	16	陶　顺	国家自然科学基金项目
117	含大规模风电场的电力系统随机稳定性分析	24	魏军强	国家自然科学基金项目
118	高温超导涂层导体的交流特性研究	26	刘宏伟	国家自然科学基金项目
119	不确定性条件下的区域大气污染模拟与优化控制耦合系统研究	24	许　野	国家自然科学基金项目

续表

序号	项目名称	经费（万元）	负责人	项目来源
120	不确定条件下石油污染物导致的地下水污染风险评估方法研究	25	张晓东	国家自然科学基金项目
121	基于互动生态补偿机制的不确定性水资源管理方法研究	25	谭　倩	国家自然科学基金项目
122	表面活性剂与持久性有机污染物在水体颗粒微界面的化学行为与作用机制研究	20	魏　佳	国家自然科学基金项目
123	新型生物分散剂在近海溢油处理中的应用基础研究	25	张白羽	国家自然科学基金项目
124	非线性 Markov 跳变系统的几何控制及其在新能源电力系统中的应用研究	24	林忠伟	国家自然科学基金项目
125	城市公共区域电动汽车充、换电站混合规划建模及其优化方法研究	24	师瑞峰	国家自然科学基金项目
126	三维结构薄膜硅太阳能电池研究	30	宋丹丹	国家自然科学基金项目
127	大型网上超市订单的成组分拣与物流配送方案智能生成方法研究	19	黄敏芳	国家自然科学基金项目
128	发电行业初始碳排放权分配及二级市场交易优化模型研究	22	张金良	国家自然科学基金项目
129	柔性直流换流系统宽频建模及电磁骚扰特性的研究	25	孙海峰	国家自然科学基金项目
130	硅橡胶电晕老化中气压湿度的作用机制及电晕老化状态评估研究	24	梁　英	国家自然科学基金项目
131	参数偏差影响下三维多核芯片的系统性能优化	24	靳　松	国家自然科学基金项目
132	非平整基底上含表面活性剂的超薄液膜流动过程及稳定性研究	26	李春曦	国家自然科学基金项目
133	广义 Markovian 跳跃系统的故障诊断及容错控制研究	24	姚秀明	国家自然科学基金项目
134	电站锅炉-汽轮机单元的多尺度模拟及分层监督控制	24	魏　乐	国家自然科学基金项目
135	国际碳排放约束下碳生产率路径分解及预测模型研究	22	孟　明	国家自然科学基金项目
136	基于 DNA 链置换检测技术的分子密码系统	15	杨　静	国家自然科学基金项目
137	金属材料复杂服役条件下三维多尺度应力场演化与损伤机制关联性研究	30	蔡　军	国家自然科学基金项目
138	变系数孤子方程的达布变换及行列式解	3	王　雷	国家自然科学基金项目
139	微电子系统高功率微波（HPM）脉冲辐照效应研究	20	郝建红	国家自然科学基金项目
140	基于免疫遗传算法的多目标厂级负荷优化分配研究	15	袁桂丽	国家自然科学基金项目
141	若干非线性物理模型的多元朗斯基解及向量半有理畸形波的研究	5	王　雷	国家自然科学基金项目
142	量子 dissonance 和量子相变及其动力学演化的理论研究	5	张业奇	国家自然科学基金项目
143	反应堆中微子流强计算	38	马续波	国家自然科学基金项目
144	基于 TPC 的快中子能谱测量方法的研究	30	程晓磊	国家自然科学基金项目
145	生物油脱氧调控改质与蜡油共炼过程的数值模拟	10	常　剑	国家重点实验室开放课题
146	气体钻水平台井岩屑运移基础研究	10	刘　石	国家重点实验室开放课题
147	富勒烯在窄带隙 D－A 型共轭聚合物中的嵌入特性研究	5	谭占鳌	国家重点实验室开放课题项目
148	风力发电和海水淡化联合技术研究及工程示范	100	刘永前	国家能源局项目
149	“十二五”电力体制改革方案双对分析	25	张粒子	国家能源局项目
150	加强和规范依法行政研究－能源管理依法行政研究	10	周凤翱	国家能源局项目

续表

序号	项目名称	经费（万元）	负责人	项目来源
151	国外能源立法研究	15	周凤翱	国家能源局项目
152	分布式发电大规模投资建设的促进机制研究	102	曾　鸣	国家能源局项目
153	中国电力需求侧管理报告	20	曾　鸣	国家发展和改革委员会项目
154	电力调度和交易体制的国际比较研究	10	曾　鸣 董　军	国家发展和改革委员会项目
155	SOFC 复合动力系统回收 CO_2 方法和集成机理研究	4	段立强	教育部留学回国人员科研启动基金项目
156	中国英语学生者 that 复句处理模式研究	2	任虎林	教育部留学回国人员科研启动基金项目
157	基于多项式混沌方法的不确定性 CFD 模拟研究	4.3	王晓东	教育部留学回国人员科研启动基金项目
158	湿法脱硫浆液中二价汞再释放机理研究	3	陈传敏	教育部留学回国人员科研启动基金项目
159	我国风电产业链动态建模及其柔性问题研究	9	赵振宇	教育部人文社会科学研究项目
160	网络传媒时代审判公开问题研究——以司法信息网络公开为中心	7	孔令章	教育部人文社会科学研究项目
161	少数民族大学生思想状况调查研究	2	汪庆华	教育部人文社会科学研究项目
162	以研究生工作站为依托的产学研协同研究生培养生态体系的构建与实施研究	10	赵冬梅	教育部人文社会科学研究项目
163	含损伤矩形板的振动特性研究	3.5	黄　美	教育部留学回国科研启动基金
164	111 结构电子掺杂铁基超导体的核磁共振研究	4	张金珊	教育部留学回国科研启动基金
165	表面粗糙形状和分布影响微通道液相层流压降及转捩研究	3	周国兵	教育部留学回国科研启动基金
166	公共政策分析视阈下的中国医改研究	自筹	胡宏伟	教育部高等学校社会科学发展研究中心高校社科文库项目
167	基于 PMU 的电力系统扰动传播机理研究	12	毕天姝	教育部博士点基金项目
168	面向智能电网基础设施网络-物理安全的自治愈关键技术研究	4	王竹晓	教育部博士点基金项目
169	网络环境下广义 Markovian 跳跃系统的故障检测	4	姚秀明	教育部博士点基金项目
170	绝缘子表面污秽对 PI-FBG 波长变化的抑制机制研究	4	马国明	教育部博士点基金项目
171	新型三维结构薄膜硅太阳能电池	4	宋丹丹	教育部博士点基金项目
172	挥发分 NH_3 和 HCN 在 CaO 表面向 N_2O 转化的反应机理研究	4	胡笑颖	教育部博士点基金项目
173	利用褐煤担载镍基催化剂的生物质催化气化机理研究	4	肖显斌	教育部博士点基金项目
174	永磁电机式机械弹性储能机组若干基础问题研究	40	米增强	教育部博士点基金项目
175	全要素能源效率评价与动态演变机理研究	2	张兴平	教育部留学回国人员科研启动基金项目
176	高效碳纳米管催化剂的研制及其湿式氧化降解有机物的机理研究	3	杨少霞	教育部留学回国人员科研启动基金项目
177	智能电网环境下宽带电力线通信信道特性研究	3.5	翟明岳	教育部留学回国人员科研启动基金项目
178	电站锅炉低温余热深度利用关键技术研究	4	徐　钢	教育部重点实验室开放基金项目

续表

序号	项目名称	经费（万元）	负责人	项目来源
179	企业集团公司内部审计管理体系研究	45	李　涛	审计署重点科研课题
180	北方沼气适宜性区划与沼气池高效运行模式研究	3	刘志彬	农业部科技教育司 2012 年农村能源综合建设项目
181	引入能效与需求响应资源的输配电规划新方法研究	7.5	曾　明	国家软科学研究计划项目
182	全国性社团年检报告数据分析研究课题	4.2	朱晓红	民政部民间组织管理局项目
183	电动乘用车充换电技术研究与示范	30	颜湘武	国家电网公司 2012 年国家电网公司科学技术项目
184	基于电力 GIS 的三维全景展示系统	2	王晓辉	2010年度中国电机工程学会电力青年科技创新项目
185	核电数学化仪控系统动态可靠性评价方法研究	2	周世梁	2010年度中国电机工程学会电力青年科技创新项目
186	电网多支路相继故障智能化识别方法的研究	2	马　静	2010年度中国电机工程学会电力青年科技创新项目
187	数据特征影响风电功率预测的机理研究	2	刘兴杰	2010年度中国电机工程学会电力青年科技创新项目
188	基于分数阶微积分的变电站关键设备高频建模方法研究	30	付　东	河北省自然科学基金杰出青年科学基金项目
189	基于分数阶微积分的变电站关键设备高频建模方法研究	5	梁贵书	河北省自然科学基金面上项目
190	用于新能源汽车的高效宽调速永磁电机新结构机理研究	5	王艾萌	河北省自然科学基金面上项目
191	光伏发电功率影响因子识别与出力特性建模方法研究	5	米增强	河北省自然科学基金面上项目
192	基于光纤光栅振动传感技术的变压器故障诊断方法理论与实验研究	5	李永倩	河北省自然科学基金面上项目
193	轴流风机旋转失速动力学机理及流固耦合研究	5	王松岭	河北省自然科学基金面上项目
194	富氧煤粉燃烧锅炉机组动态机理模型及其运行特性研究	5	高建强	河北省自然科学基金面上项目
195	不同供电模式下电除尘器同时脱除燃煤烟气中多种污染物的研究	5	齐立强	河北省自然科学基金面上项目
196	湿法脱硫浆液中汞再释放及其抑制研究	5	陈传敏	河北省自然科学基金面上项目
197	燃烧火焰中碳烟的理化特性及初始成核行为研究	5	吕建燚	河北省自然科学基金面上项目
198	基于 UV-DOAS 多气体干扰下的烟气汞浓度测量方法研究	5	郑海明	河北省自然科学基金面上项目
199	模糊多目标非线性优化方法研究	5	张国立	河北省自然科学基金面上项目
200	基于时间序列统计特征的热力系统控制性能监视关键问题研究	5	王印松	河北省自然科学基金面上项目
201	基于绝缘子沿面放电紫外图谱特征的外绝缘状态评估的研究	3	王胜辉	河北省自然科学基金青年科学基金项目
202	基于非均匀周期准相位匹配结构的超宽带波长转换技术研究	3	刘　涛	河北省自然科学基金青年科学基金项目
203	基于动态负荷预测的生物质能驱动冷热电联供系统动态特性研究	3	王江江	河北省自然科学基金青年科学基金项目
204	降压过程中和低压环境下多组分液滴相变的传热传质机理研究	3	刘　璐	河北省自然科学基金青年科学基金项目
205	天冬氨酸共聚物的微波辐射合成及结构-性能关系研究	3	张玉玲	河北省自然科学基金青年科学基金项目
206	河北省 EPC 模式下的节能服务项目风险预警研究	1	李艳梅	河北省社会科学基金项目

续表

序号	项目名称	经费（万元）	负责人	项目来源
207	依法治校视域中大学章程的功能及其实现—基于河北高校的实证研究	1	张金辉	河北省社会科学基金项目
208	高校学生管理法治化研究	0.3	王子杰	河北省社会科学基金项目
209	《体育法》修改与体育法律体系完善研究	0.5	云　欣	河北省社会科学基金项目
210	档案文化传播视域下提升河北省文化软实力的理论基础和实践发展研究	0.3	谢海洋	河北省社会科学基金项目
211	执行机制的创新与完善—基于河北省法院执行实践的调研	0.3	刘宇晖	河北省社会科学基金项目
212	河北省居家养老投入测算报告	0.8	胡宏伟	河北省社会科学基金委托项目
213	统筹城乡医疗保险体系研究	自筹	胡宏伟	2011年度河北省人力资源和社会保障课题
214	河北省输变电设备安全防御重点实验室运行补助费	30	律方成	河北省科学技术厅河北省重点实验室项目
215	新型变压器主保护判据性能分析及实用化研究	自筹	王　雪	河北省教育厅 2012 年度河北省高等学校科学技术研究项目
216	基于分数阶微积分理论的多导体传输线系统电磁暂态建模方法的研究	自筹	董华英	河北省教育厅 2012 年度河北省高等学校科学技术研究项目
217	基于用户认知的 XML 分面导航关键技术研究	自筹	李新叶	河北省教育厅 2012 年度河北省高等学校科学技术研究项目
218	超临界机组协调控制方法的优化研究及模型分析	自筹	谷俊杰	河北省教育厅 2012 年度河北省高等学校科学技术研究项目
219	直接空冷凝汽器管束内外流动与换热特性研究	自筹	赵文升	河北省教育厅 2012 年度河北省高等学校科学技术研究项目
220	负载型N/V共掺杂TiO_2可见光催化氧化室内甲醛的应用基础研究	自筹	王淑勤	河北省教育厅 2012 年度河北省高等学校科学技术研究项目
221	智能电网云存储数据安全问题研究	自筹	张少敏	河北省教育厅 2012 年度河北省高等学校科学技术研究项目
222	环境对介观电路系统特性影响的研究	自筹	阎占元	河北省教育厅 2012 年度河北省高等学校科学技术研究项目
223	低碳环境下的河北省合同能源管理项目风险预警模型研究	自筹	李艳梅	河北省教育厅 2012 年度河北省高等学校人文社会科学研究项目
224	民生法治背景下的社区管理创新研究	自筹	刘志军	河北省教育厅 2012 年度河北省高等学校人文社会科学研究项目
225	河北省社会养老服务体系的优化与支撑	自筹	江海霞	河北省教育厅 2012 年度河北省高等学校人文社会科学研究项目
226	河北省农民工医疗保障状况调查与评估	自筹	胡宏伟	河北省教育厅 2012 年度河北省高等学校人文社会科学研究项目
227	信用作为交换复杂性的简化机制研究	自筹	张月想	河北省教育厅 2012 年度河北省高等学校人文社会科学研究项目
228	高校转型期科研管理与绩效评估研究	自筹	曲　伟	河北省教育厅 2012 年度河北省高等学校人文社会科学研究项目
229	基于复杂网络的河北省产业集群建模与仿真研究	自筹	王立军	河北省社会科学界联合会 2012 年度河北省社会科学发展研究课题（青年课题）

续表

序号	项目名称	经费（万元）	负责人	项目来源
230	打造河北省环京津特色体育文化产业研究	自筹	云　欣	河北省社会科学界联合会 2012 年度河北省社会科学发展研究课题（一般课题）
231	河北省区域产业分布与发展循环经济调研	自筹	孟祥松	河北省社会科学界联合会 2012 年度河北省社会科学发展研究课题民生调研专项
232	京津冀经济圈农民工医疗状况调查评估与保障体系改革	自筹	胡宏伟	河北讲师团系统 2012 年度科研课题
233	河北省农民工健康状况指数评估与医疗保险体系改革	自筹	胡宏伟	河北省人力资源和社会保障研究课题
234	我省创新教育对大学生素质培养和就业的影响研究	自筹	张树国	河北省社会科学界联合会民生调研课题
235	河北省深化“护城河工程”以维护社会和谐稳定的对策建议	自筹	梁　平	河北省社会科学界联合会民生调研课题
236	河北省政府购买居家养老服务机制与实践研究	0.15	李双辰	2011 年度河北省社会科学发展研究课题
237	统筹城乡基本养老保险制度体系研究	0.25	李冰水	2011 年度河北省社会科学发展研究课题
238	创意设计引领河北民间文化资源产业化发展的对策研究	0.15	康　辉	2011 年度河北省社会科学发展研究课题
239	河北省新农村体育现状调查与对策研究	0	梁春辉	2011 年度河北省社会科学发展研究课题
240	群体性事件的发展新动向及治理机制研究	0	梁　平	2012 年度河北省社会科学基金委托项目
241	基于语料库的大学生英语词汇能力研究	0	董　天	2012 年度河北省社会科学基金项目
242	基于成本效益分析的河北省能源生产企业发展对策研究	0.5	李泽红	2012 年度河北省科技计划项目
243	“十二五”期间北京地方电力立法研究	5	王学棉	北京哲学社会科学规划项目
244	北京市分布式能源政策与立法研究－以紧急状态下北京市能源安全保障为视角	5	曹治国	北京哲学社会科学规划项目
245	北京市政府投资复杂大型项目协同监管机制研究	5	乌云娜	北京哲学社会科学规划项目
246	首都风电产业链环境动荡性测度与柔性优化配置研究	5	赵振宇	北京哲学社会科学规划项目
247	北京市电网系统突发公共事件应急管理决策方法研究	3	黄敏芳	北京哲学社会科学规划项目
248	北京市老旧小区物业管理模式研究	3	陈建国	北京哲学社会科学规划项目
249	政府购买社会组织服务供需对接机制研究	5	朱晓红	北京市民政局课题
250	北京市民办非企业单位 2011 年度检查白皮书	5	朱晓红	北京市社会团体管理办公室课题
251	基于节能潜力的北京市节能减排决策支持系统的研究	20	韩中合	北京市教委项目
252	北京市电力需求侧管理城市综合试点大型建、电能服务公司节电移峰潜力调研	8	张粒子	北京节能环保中心项目
253	北京市新能源产业人才需求及培养状况研究	3.5	杨世关	北京市教育科学“十二五”规划重点课题
254	平板热管式高效大功率 LED 散热技术研发与装置研制	60	徐进良	北京市科技计划课题
255	《电镀污染物排放标准》实施情况评估	6	李　薇	北京北方节能环保有限公司项目
256	国外食品安全教育政策及其借鉴	6	杜　波	中国发展研究会发展研究项目
257	风电并网运行的考核管理体系	25.25	吴素华	世界银行项目

续表

序号	项目名称	经费（万元）	负责人	项目来源
258	关于智能电网中负荷建模与负荷控制的中英学术交流	1	马　进	中英合作交流项目
259	社区屋顶光伏发电站出力预测研究	2	贾桂红	浙江省特种装备制造与先进加工技术重点实验室开放基金项目
260	电力行业的节能战略途径研究	自筹	罗国亮	全国统计科学研究计划项目
261	大学英语分层级教学再研究	1.2	金朋荪	上海外语教育出版社大学英语教学科研项目
262	电动汽车（充电负荷特性）测试建模及影响研究	48	郭春林	法国电力公司合作项目
263	中国可再生能源发展与监管能力研究	110	吴素华	美国能源基金会项目
264	中国需求侧管理发展报告（2010—2012）	63	曾　鸣	美国能源基金会项目
265	池式快堆非能动余热排出系统计算模型开发	3	隋丹婷 陆道纲	国际原子能机构 CRP 资助项目
266	政府投资项目绩效审计研究	自筹	田金玉	保定市哲学社会科学规划课题
267	保定市居家养老服务包设计及成本测算研究	自筹	胡宏伟	保定市哲学社会科学规划课题
268	大力发展县域经济　建设京畿强市	自筹	王聚芹	保定市哲学社会科学规划课题
269	海上试验场综合测试与评价集成系统一期建设	30	朱永强	海洋可再生能源专项资金项目 1 项
270	火电厂厂级监控信息系统（SIS)产学研合作项目	10	金海燕 高　瑾	昌平区科技发展计划项目
271	高等职业院校《大学生人文素养》课程开发与实践研究	自筹	刘志彬	2011 年度河南省社科联、河南省经团联调研课题
272	森林经营对生态系统碳水耦合变化的影响机理研究	48	王盛萍	林业公益性行业科研专项经费项目

备注：科技创新能力建设项目，军工项目此表不体现。

2012 年度华北电力大学中央高校基本科研业务专项资金项目资助一览表

北京校部

（单位：万元）

序号	项目名称	负责人	所在单位	资助类别	资助领域	资助金额
1	多源互补、协调优化混合仿真平台及分布式状态估计研究	张海波	国家重点实验室	重点平台项目	工程技术类	80
2	磁性固体磷酸催化热解生物质多联产的研究	陆　强	国家工程实验室	重点平台项目	工程技术类	60
3	现代电站生产安全体系建设与评估	席新铭	国家工程技术研究中心	重点平台项目	工程技术类	60
4	多尺度非线性热质输运耦合分析方法研究	李　莉	教育部重点实验室	重点平台项目	工程技术类	40
5	能源与环境系统的综合评价与规划	李　薇	教育部重点实验室	重点平台项目	工程技术类	40
6	空间电荷对油纸绝缘沿面爬电过程的影响	齐　波	北京市重点实验室	重点平台项目	工程技术类	30
7	低品位能源利用中的相变传热强化原理与技术	陈红霞	北京市重点实验室	重点平台项目	工程技术类	30
8	基于分布式协调控制的多元能源负荷优化调度	张文广	北京市重点实验室	重点平台项目	工程技术类	30
9	面向智能电网的自治愈一体化平台研究	王竹晓	北京市高校工程研究中心	重点平台项目	工程技术类	30
10	我国能源法律与政策重点问题研究	沈　磊	北京能源发展研究基地	重点平台项目	人文社科类	20

续表

序号	项目名称	负责人	所在单位	资助类别	资助领域	资助金额
11	低维量子磁性体系以及二硫族超导体之研究	黄　海	数理学院	重点平台项目	理学类	75
12	风力发电机组状态监测与故障预警研究	何成兵	能动与机械工程学院	重点项目	工程技术类	25
13	再润湿工质相变冷却高热负荷设备的基础研究	周乐平	能动与机械工程学院	重点项目	工程技术类	25
14	熔盐热物性及其吸热、放热特性和系统优化研究	韩振兴	能动与机械工程学院	重点项目	工程技术类	25
15	面向洪水资源化的梯级水库汛限水位动态控制理论与方法	李继清	可再生能源学院	重点项目	工程技术类	25
16	地震情况下非能动系统可靠性评价方法研究	玉　宇	核科学与工程学院	重点项目	工程技术类	25
17	支撑型充电站分类、运行方法及关键技术研究	郭春林	电气与电子工程学院	重点项目	工程技术类	25
18	生物质发电产业发展动力机制研究与政策设计	赵新刚	经济与管理学院	重点项目	经济管理类	15
19	国家减排政策对企业减排技术创新与扩散的激励效度研究	高建伟	经济与管理学院	重点项目	经济管理类	15
20	行业背景高校校企合作模式与机制研究	郭炜煜	高等教育研究所	重点项目	人文社科类	15
21	华北电力大学办学理念与实践（2001—2011）	梁淑红	高等教育研究所	重点项目	人文社科类	10
22	基于新型准同型相界的无铅压电陶瓷研究	陈克丕	能源动力与机械工程学院	重点项目	工程技术类	25
23	非牛顿流体在固体表面上的铺展与蒸发	王晓东	可再生能源学院	重点项目	工程技术类	25
24	核装置三维精确屏蔽计算方法研究五程序开发	陈义学	核科学与工程学院	重点项目	工程技术类	25
25	染料敏化复合氧化物电极制备及光伏性能研究	姚建曦	可再生能源学院	重点项目	工程技术类	25
26	地下水环境修复的模拟与控制机理研究	何　理	资源与环境研究院	重点项目	工程技术类	25
27	基于飞行机器人的架空电力线路巡检数据处理方法的研究	吴　华	控制与计算机工程学院	重点项目	工程技术类	25
28	我国农业生物质能源技术选择与发展战略研究	张兴平	经济与管理学院	团队项目	经济管理类	55
29	水轮发电机组的滑模调速系统研究	钱殿伟	控制与计算机工程学院	团队项目	工程技术类	33
30	直接空冷机组空冷风机群分区优化运行的研究	刘丽华	能源动力与机械工程学院	团队项目	工程技术类	33
31	典型污染场地有机氯农药的生物累积规律研究	唐阵武	资源与环境研究院	面上项目	工程技术类	8
32	垂直轴风力机中叶片动态失速特性的研究	戴丽萍	能源动力与机械工程学院	面上项目	工程技术类	8
33	融合物理模型与状态特征的风机齿轮箱故障预示	董玉亮	能源动力与机械工程学院	面上项目	工程技术类	8
34	风电机组主轴机械加工过程瞬态仿真技术研究	高青风	能源动力与机械工程学院	面上项目	工程技术类	5
35	纳米油纸绝缘体系的制备及绝缘性能研究	吕玉珍	能源动力与机械工程学院	面上项目	工程技术类	8
36	基于振动的风电机组关键部件故障预测技术研究	滕　伟	能源动力与机械工程学院	面上项目	工程技术类	8
37	锅炉四管用低成本耐磨耐蚀非晶熔覆层的研究	王永田	能源动力与机械工程学院	面上项目	工程技术类	8
38	大型火电间接空冷系统的流场组织优化	席新铭	能源动力与机械工程学院	面上项目	工程技术类	8
39	煤粉炉富氧燃烧过程 SO_3 生成及影响机理	肖海平	能源动力与机械工程学院	面上项目	工程技术类	8
40	NiMnGa 基形状记忆合金强韧化机制研究	辛　燕	能源动力与机械工程学院	面上项目	工程技术类	8
41	CMAS 浸蚀致热障涂层失效的机理研究	张东博	能源动力与机械工程学院	面上项目	工程技术类	8
42	火电厂余热综合利用及 CO_2 捕获一体化集成研究	张国强	能源动力与机械工程学院	面上项目	工程技术类	8
43	空冷凝汽器强迫对流风机能效特性研究	张　辉	能源动力与机械工程学院	面上项目	工程技术类	8
44	热力耦合作用下镍基高温合金沉淀机理研究	张建军	能源动力与机械工程学院	面上项目	工程技术类	5

续表

序号	项目名称	负责人	所在单位	资助类别	资助领域	资助金额
45	秸秆的分子表征方法研究	张俊姣	能源动力与机械工程学院	面上项目	工程技术类	8
46	基于多孔介质的金属氧化动力学模型研究	张乃强	能源动力与机械工程学院	面上项目	工程技术类	8
47	基于无线传感器网络的智能电网监测基础研究	张　志	能源动力与机械工程学院	面上项目	工程技术类	8
48	智能电网可重构信息通信支撑平台技术研究	仇英辉	电气与电子工程学院	面上项目	工程技术类	8
49	基于单元格地图的空间电网规划研究	舒　隽	电气与电子工程学院	面上项目	工程技术类	8
50	电力系统安全性综合评估模型和方法研究	毛安家	电气与电子工程学院	面上项目	工程技术类	8
51	异步迭代模式的实用化分布式状态估计研究	张海波	电气与电子工程学院	面上项目	工程技术类	8
52	基于 FBG 的绝缘子污秽传感器及其特性研究	马国明	电气与电子工程学院	面上项目	工程技术类	8
53	重要负荷电源软切换瞬态的电机涡旋矢量理论	崔学深	电气与电子工程学院	面上项目	工程技术类	8
54	电源质量偏差条件下电动机能耗理论研究	赵海森	电气与电子工程学院	面上项目	工程技术类	8
55	半波长交流线路故障分析及继电保护新原理研究	肖仕武	电气与电子工程学院	面上项目	工程技术类	8
56	用于智能电气设备的新型气体传感器研究	孙建平	电气与电子工程学院	面上项目	工程技术类	8
57	基于复杂事件分析的智能电网故障诊断理论体系研究	张　旭	电气与电子工程学院	面上项目	工程技术类	8
58	电网故障下储能系统动态行为及支撑作用研究	赵国鹏	电气与电子工程学院	面上项目	工程技术类	8
59	基于 MMC 的 UPQC 建模与控制策略研究	袁　敞	电气与电子工程学院	面上项目	工程技术类	8
60	大规模风电接入的电力系统暂态稳定研究	薛安成	电气与电子工程学院	面上项目	工程技术类	8
61	“源荷”特性大型集中电动汽车充电站接入电力系统稳定性研究	刘自发	电气与电子工程学院	面上项目	工程技术类	8
62	智能电网环境下用户的负荷特征提取与异常检测方法	刘　念	电气与电子工程学院	面上项目	工程技术类	8
63	用于不平衡负荷补偿的高性能 DSTATCOM 研究	朱永强	电气与电子工程学院	面上项目	工程技术类	8
64	电力系统中高速服务器 IO 电路电源完整性研究	高雪莲	电气与电子工程学院	面上项目	工程技术类	8
65	超声波强化管内纳米流体对流传热的研究	张　伟	可再生能源学院	面上项目	工程技术类	8
66	风电场功率高精度预测方法研究	韩　爽	可再生能源学院	面上项目	工程技术类	8
67	多尺度毛细芯回路热管的传热特性和机理研究	纪献兵	可再生能源学院	面上项目	工程技术类	8
68	太阳能辅助燃煤互补发电系统研究	宋记锋	可再生能源学院	面上项目	工程技术类	8
69	秸秆基聚氨酯泡沫作为固定化载体的研究	王体朋	可再生能源学院	面上项目	工程技术类	8
70	低温条件下高效率生物质气化制氢的研究	肖显斌	可再生能源学院	面上项目	工程技术类	8
71	碳材料催化剂的制备及其降解有机物的研究	杨少霞	可再生能源学院	面上项目	工程技术类	8
72	生物质燃烧过程中碱金属迁移机理研究	赵　莹	可再生能源学院	面上项目	工程技术类	8
73	生物质多联产发电关键技术研究	郑宗明	可再生能源学院	面上项目	工程技术类	8
74	高性能 IDEAL 算法的构建及其模糊调控	孙东亮	可再生能源学院	面上项目	工程技术类	8
75	木质纤维素制取气固二元生物燃料	李继红	可再生能源学院	面上项目	工程技术类	8
76	水工结构的 p 型自适应复合单元法分析	许桂生	可再生能源学院	面上项目	工程技术类	8
77	金属-半导体复合纳米结构的光电特性研究	许　佳	可再生能源学院	面上项目	工程技术类	8
78	基于 CFD 方法的风电机组叶片吊装力计算与优化	王　永	可再生能源学院	面上项目	工程技术类	8
79	约束非线性系统的鲁棒模型预测控制方法研究	马苗苗	控制与计算机工程学院	面上项目	工程技术类	8

续表

序号	项目名称	负责人	所在单位	资助类别	资助领域	资助金额
80	多个互联的网络化子系统的研究及其应用	禹　梅	控制与计算机工程学院	面上项目	工程技术类	8
81	基于风电机组储能的风电场AGC优化策略研究	肖运启	控制与计算机工程学院	面上项目	工程技术类	8
82	基于本体技术的智能电网信息互操作研究	马应龙	控制与计算机工程学院	面上项目	工程技术类	8
83	基于语义与分布式定位的电网故障诊断研究	张　莹	控制与计算机工程学院	面上项目	工程技术类	8
84	基于多种特征的医学图像配准方法	彭　文	控制与计算机工程学院	面上项目	工程技术类	8
85	基于SOA的电力企业信息集成技术的研究	胡海涛	控制与计算机工程学院	面上项目	工程技术类	8
86	基于在线视觉多核学习的电力系统安全监控	王震宇	控制与计算机工程学院	面上项目	工程技术类	8
87	基于可信计算的智能电网安全接入体系研究	关志涛	控制与计算机工程学院	面上项目	工程技术类	8
88	工程技术类从随机角度采用随机方法的风电机组状态监测	郭　鹏	控制与计算机工程学院	面上项目	工程技术类	8
89	基于混杂系统的风电机组全程独立变桨控制研究	高　峰	控制与计算机工程学院	面上项目	工程技术类	5
90	基于煤质在线检测的锅炉燃烧稳定性监测	邱　天	控制与计算机工程学院	面上项目	工程技术类	8
91	放射性污染物在大气中迁移扩散过程机理研究	曹　博	核科学与工程学院	面上项目	工程技术类	8
92	大型强子对撞机LHC上CMS实验组μ子室升级预研	韩　然	核科学与工程学院	面上项目	工程技术类	8
93	反应堆中微子流强计算及误差分析	马续波	核科学与工程学院	面上项目	工程技术类	8
94	蒸汽发生器二次侧流动和传热特性研究	李向宾	核科学与工程学院	面上项目	工程技术类	8
95	轻水堆管路内液滴冲击壁面的基础机理研究	李　瑞	核科学与工程学院	面上项目	工程技术类	8
96	微波技术在材料制备与节能环保中的应用研究	马　雁	核科学与工程学院	面上项目	工程技术类	5
97	关于空间用碱金属冷却剂快中子小型反应堆无控制棒系统的设计研究	肖　炀	核科学与工程学院	面上项目	工程技术类	8
98	基于水文模型模拟的水库流域适应性管理研究	王盛萍	资源与环境研究院	面上项目	工程技术类	8
99	物流配送干扰管理模型与算法研究	黄敏芳	经济与管理学院	面上项目	经济管理类	5
100	农产品物流对接模式与机制问题研究	李晓宇	经济与管理学院	面上项目	经济管理类	5
101	智能电能表配送的优化调度问题研究	董福贵	经济与管理学院	面上项目	经济管理类	5
102	波动式能源发电组合的最优投资决策研究	刘　谊	经济与管理学院	面上项目	经济管理类	5
103	基于利益相关者的企业社会责任约束机制研究	刘力纬	经济与管理学院	面上项目	经济管理类	5
104	新能源产业激励政策绩效动态评价研究	李金超	经济与管理学院	面上项目	经济管理类	5
105	基于智能Agent的个性化电子商务系统研究	梁春燕	经济与管理学院	面上项目	经济管理类	5
106	电力营销风险控制的多Agent架构研究	王　钇	经济与管理学院	面上项目	经济管理类	5
107	中国电力低碳规划及政策研究	袁家海	经济与管理学院	面上项目	经济管理类	5
108	社会性别规范与北京市女大学生就业研究	覃成菊	经济与管理学院	面上项目	经济管理类	5
109	一类有守恒律的发展方程的理论与实用研究	王玉昭	数理学院	面上项目	理学类	4
110	基于不确定理论的项目进度优化方法及其在电力工程中的应用	高　欣	数理学院	面上项目	理学类	4
111	Levy过程驱动的随机微分方程理论及其应用	张金平	数理学院	面上项目	理学类	4
112	非线性发展方程的对称分析	雍雪林	数理学院	面上项目	理学类	4
113	Hamilton-Jacobi方程解的定性分析及应用	赵引川	数理学院	面上项目	理学类	4
114	基于分区协同数据挖掘的电力负荷预测研究	谷云东	数理学院	面上项目	理学类	4

续表

序号	项目名称	负责人	所在单位	资助类别	资助领域	资助金额
115	基于直觉模糊逻辑的先进控制策略及其在电厂热工过程中的应用	张可铭	数理学院	面上项目	理学类	4
116	量子色动学相变中反常凝聚的理论研究	张　昭	数理学院	面上项目	理学类	4
117	基于对称理论的高阶自治系统的可积性研究	胡彦霞	数理学院	面上项目	理学类	4
118	非线性系统中负波控制方法的研究	崔晓华	数理学院	面上项目	理学类	4
119	大卫•马梅特戏剧研究	李一坤	外国语学院	面上项目	人文社科类	4
120	专业英语教师课堂语码转换与提高教学效果的相关性研究	高晓薇	外国语学院	面上项目	人文社科类	4
121	翻译过程中的语言移情与文化感知研究	宁圃玉	外国语学院	面上项目	人文社科类	4
122	环境犯罪的追诉机制研究	赵旭光	人文与社会科学学院	面上项目	人文社科类	4
123	基于社交媒体的事件营销机制、方法转变研究	胡　建	人文与社会科学学院	面上项目	人文社科类	4
124	低碳城市的公共治理模式和机制研究	陈建国	人文与社会科学学院	面上项目	人文社科类	4
125	促进循环经济发展的政策工具研究	李玲玲	人文与社会科学学院	面上项目	人文社科类	4
126	现代市场营销理论视野中的国产大片研究	刘　扬	人文与社会科学学院	面上项目	人文社科类	4
127	婚姻家庭立法的价值取向与制度重构研究	刘玉红	人文与社会科学学院	面上项目	人文社科类	4
128	内容·渠道·市场融合：组织传播式微下的中国会议新闻报道研究	张　勤	人文与社会科学学院	面上项目	人文社科类	4
129	《左传》时间范畴研究	郑　路	人文与社会科学学院	面上项目	人文社科类	4
130	P92 钢在多轴应力下蠕变行为及模型的研究	倪永中	能动与机械工程学院	青年项目	工程技术类	3
131	低能耗液相法 CO_2 捕获装置工程放大方法	齐娜娜	能动与机械工程学院	青年项目	工程技术类	3
132	风电场设备故障模式、影响及危害性分析	宋　磊	能动与机械工程学院	青年项目	工程技术类	3
133	热弯成型曲面玻璃格栅模具设计关键技术研究	宋玉旺	能动与机械工程学院	青年项目	工程技术类	3
134	基于数据挖掘的火电机组能耗特性建模机理研究	王宁玲	能动与机械工程学院	青年项目	工程技术类	3
135	新型分布式供能系统运行模式及特性研究	王　锡	能动与机械工程学院	青年项目	工程技术类	3
136	热泵与热电联产耦合的大规模区域供热系统关键问题研究	于　刚	能动与机械工程学院	青年项目	工程技术类	3
137	轨道交通电磁环境特性及对车地通信影响研究	浦　实	电气与电子工程学院	青年项目	工程技术类	3
138	基于电压凹陷域与故障定位的电压暂降状态估计	陶　顺	电气与电子工程学院	青年项目	工程技术类	3
139	T-MPLS 网络中的预配置保护环技术研究	李　彬	电气与电子工程学院	青年项目	工程技术类	3
140	超声波定位在变电站现场标准化作业中的应用研究	杨春萍	电气与电子工程学院	青年项目	工程技术类	3
141	餐厨垃圾资源化生物发酵生产乳酸及饲料关键技术的研究	程桂石	可再生能源学院	青年项目	工程技术类	3
142	生物质热解过程中 NOX 前驱物的形成机理	高　攀	可再生能源学院	青年项目	工程技术类	3
143	液化床炉膛内流场的数值模拟及其磨损研究	胡笑颖	可再生能源学院	青年项目	工程技术类	3
144	银纳米粒子辅助刻蚀硅表面微纳结构的研究	姜　冰	可再生能源学院	青年项目	工程技术类	3
145	石墨烯纳米结构的制备及光电学性质模拟	李英峰	可再生能源学院	青年项目	工程技术类	3
146	碳纳米管/二氧化钛复合材料制备及光伏应用	宋丹丹	可再生能源学院	青年项目	工程技术类	3
147	基于 Robust-NDEA 模型的风电产业链绩效评价研究	张　充	可再生能源学院	青年项目	工程技术类	3

续表

序号	项目名称	负责人	所在单位	资助类别	资助领域	资助金额
148	格子 Boltzmann 法膜拟多尺度微细结构表	孙亚松	可再生能源学院	青年项目	工程技术类	3
149	低品味热源有机郎肯循环系统热经济学分析	刘广林	可再生能源学院	青年项目	工程技术类	3
150	基于无线传感器网络的输电线路在线监测研究	滕　婧	控制与计算机工程学院	青年项目	工程技术类	3
151	大机组快速深度变负荷控制与节能优化研究	王　玮	控制与计算机工程学院	青年项目	工程技术类	3
152	非线性随机跳变系统的无源性控制器设计	林忠伟	控制与计算机工程学院	青年项目	工程技术类	3
153	控制系统性能评价及其在新能源发电系统中的应用	孟庆伟	控制与计算机工程学院	青年项目	工程技术类	3
154	基于 GaN 的脉冲辐射探测技术研究	刘　洋	核科学与工程学院	青年项目	工程技术类	3
155	基于节能减排视角下的电源结构优化研究	张金良	经济与管理学院	青年项目	经济管理类	3
156	电力节能减排情景预测及政策影响动态演化研究	王建军	经济与管理学院	青年项目	经济管理类	3
157	有机分子材料双光子吸收特性的动力学研究	刘纪彩	数理学院	青年项目	理学类	3
158	量子储存与量子调控的理论研究	张业奇	数理学院	青年项目	理学类	3
159	腔 QED 中纠缠态制备的理论研究	穆青霞	数理学院	青年项目	理学类	3
160	非线性力学中几类波动模型的解析研究及应用	王　雷	数理学院	青年项目	理学类	3
161	偏微分方程在等离子体物理中的应用	韩励佳	数理学院	青年项目	理学类	3
162	典型湿地沉积物中的沉积与演化过程研究	郭　伟	数理学院	青年项目	理学类	3
163	特高压输电线无线电干扰预测模型研究	刘　阳	电气与电子工程学院	青年项目（学生）	工程技术类	1
164	高温超导电缆失超检测技术的研究	郑一博	电气与电子工程学院	青年项目（学生）	工程技术类	1
165	基于测深数据的 GIC 地电模型的研究	董　博	电气与电子工程学院	青年项目（学生）	工程技术类	1
166	GIS/HGIS 设备的 VFTO 和 TEV 建模方法研究	胡　榕	电气与电子工程学院	青年项目（学生）	工程技术类	1
167	低能耗液相法 CO_2 捕获装置工程放大方法	齐娜娜	能动与机械工程学院	青年项目（学生）	工程技术类	1
168	风电场设备故障模式、影响及危害性分析	宋　磊	能动与机械工程学院	青年项目（学生）	工程技术类	1
169	次同步振荡下汽轮发电机组轴系扭振分析	金铁铮	能动与机械工程学院	青年项目（学生）	工程技术类	1
170	准直器内部气体循环系统模拟研究	李精精	能动与机械工程学院	青年项目（学生）	工程技术类	1
171	振荡浮子式波浪能发电系统仿真及实验研究	王兵兵	能动与机械工程学院	青年项目（学生）	工程技术类	1
172	高电压等级输电线路舞动在线监测系统研究	姬昆鹏	能动与机械工程学院	青年项目（学生）	工程技术类	1
173	空间天气电网灾害预测预报理论与判据的研究	王开让	电气与电子工程学院	青年项目（学生）	工程技术类	1
174	面向输电线路及设备监测的 WSN 关键技术研究	冯　森	电气与电子工程学院	青年项目（学生）	工程技术类	1
175	基于柔性直流的多端直流输电系统研究	胡　静	电气与电子工程学院	青年项目（学生）	工程技术类	1

续表

序号	项目名称	负责人	所在单位	资助类别	资助领域	资助金额
176	大功率 LED 芯片阵列及封装结构的优化研究	王天虎	可再生能源学院	青年项目（学生）	工程技术类	1
177	基于历史数据的电站锅炉 NOx 排放建模与优化	吕　游	控制与计算机工程学院	青年项目（学生）	工程技术类	1
178	移动终端安全接入协议的研究	崔文超	控制与计算机工程学院	青年项目（学生）	工程技术类	1
179	基于 GIS/GPS 的电力应急指挥调度平台	陈　飞	控制与计算机工程学院	青年项目（学生）	工程技术类	1
180	电网企业信息化投资效益评价系统的研究	段　成	控制与计算机工程学院	青年项目（学生）	工程技术类	1
181	控制系统性能评价及其在新能源发电系统中的应用	孟庆伟	控制与计算机工程学院	青年项目（学生）	工程技术类	1
182	水电站水库群发电优化调度研究	张新明	经济与管理学院	青年项目（学生）	工程技术类	1
183	环境经济下广义电力资源替代优化模型研究	汤新发	经济与管理学院	青年项目（学生）	经济管理类	1
184	广东电网多种发电模式联合运营综合效益评估	魏亚楠	经济与管理学院	青年项目（学生）	经济管理类	1
185	民营经济发展中的电力需求侧管理研究	嵇　灵	经济与管理学院	青年项目（学生）	经济管理类	1

保定校区

（单位：万元）

序号	项目名称	负责人	所在单位	资助类别	资助领域	资助金额
1	光纤数字化变电站电气设备绝缘智能监测系统研究	刘云鹏	电气与电子工程学院	重点平台项目	工程技术类	30
2	外接控制器在流化床机组优化控制中的应用	张　悦	控制与计算机工程学院	重点平台项目	工程技术类	30
3	SCR & WFCDGD 联合脱汞技术研究	陈传敏	环境科学与工程学院	重点项目	工程技术类	25
4	小型多源分布发电系统并列运行特性试验与优化控制研究	马良玉	控制与计算机工程学院	重点项目	工程技术类	25
5	基于时空相关性的区域风电场/群功率实时预测方法研究	刘兴杰	电气与电子工程学院	重点项目	工程技术类	25
6	三重重子若干性质的研究	王志刚	数理学院	重点项目	理学类	15
7	低碳城市建设动态监控与仿真优化决策系统研究	温　磊	经济与管理学院	重点项目	经济管理类	15
8	超超临界锅炉承压件的寿命评估技术研究	李　娜	能源动力与机械工程学院	面上项目	工程技术类	8
9	风电机组故障的交叉特征及机电联合故障识别	绳晓玲	能源动力与机械工程学院	面上项目	工程技术类	8
10	基于 FTUV-DOAS 光机电技术多气体干扰下的烟气汞浓度测量方法研究	郑海明	能源动力与机械工程学院	面上项目	工程技术类	8
11	基于电泳沉积法的碳基 SOFC 阴极材料的研究	吕晓娟	环境科学与工程学院	面上项目	工程技术类	8
12	燃煤烟气湿法同时脱硫脱硝过程中脱硫与脱硝相互作用机理研究	郭天祥	环境科学与工程学院	面上项目	工程技术类	8

续表

序号	项目名称	负责人	所在单位	资助类别	资助领域	资助金额
13	生态环境系统的多元校正模型构建与监测	李艳坤	环境科学与工程学院	面上项目	工程技术类	8
14	风光储输系统优化运行研究	胡永强	电气与电子工程学院	面上项目	工程技术类	8
15	电动汽车广泛随机接入电网的能量调控机制	高亚静	电气与电子工程学院	面上项目	工程技术类	8
16	多支路级联型光伏并网发电技术的研究	李建文	电气与电子工程学院	面上项目	工程技术类	8
17	分布式光纤温度与应变同时传感方法的研究	杨　志	电气与电子工程学院	面上项目	工程技术类	8
18	风光储输系统的分层协调控制技术研究	徐　岩	电气与电子工程学院	面上项目	工程技术类	8
19	支持电网自动发电调控的风电场中央监控系统	梅华威	控制与计算机工程学院	面上项目	工程技术类	8
20	基于视觉的人体行为识别和理解研究	鲁　斌	控制与计算机工程学院	面上项目	工程技术类	8
21	面向智能电网的状态监测系统关键技术的研究	王德文	控制与计算机工程学院	面上项目	工程技术类	8
22	不同通风模式下建筑区域烟控系统的优化研究	张旭涛	能源动力与机械工程学院	面上项目	工程技术类	8
23	超临界机组蓄热能的研究与应用	秦志明	能源动力与机械工程学院	面上项目	工程技术类	8
24	基于改进核 SVM 的风机故障诊断及预警系统研究	许小刚	能源动力与机械工程学院	面上项目	工程技术类	8
25	多变量子空间辨识方法及其应用研究	黄　宇	控制与计算机工程学院	面上项目	工程技术类	8
26	基于相似性建模的风电机组故障预测方法研究	翟永杰	控制与计算机工程学院	面上项目	工程技术类	8
27	基于光伏发电的微型电网运行关键技术研究	刘卫亮	控制与计算机工程学院	面上项目	工程技术类	8
28	基于信息融合的锅炉燃烧优化技术研究	赵　征	控制与计算机工程学院	面上项目	工程技术类	8
29	基于云计算的变电站设备状态评估方法的研究	赵文清	控制与计算机工程学院	面上项目	工程技术类	8
30	基于异源图像的变电设备缺陷智能识别与预警研究	赵振兵	电气与电子工程学院	面上项目	工程技术类	8
31	片上多核环境下参数偏差效应分析及优化研究	靳　松	电气与电子工程学院	面上项目	工程技术类	8
32	基于 PLC 的智能电网传感器网络关键技术研究	胡正伟	电气与电子工程学院	面上项目	工程技术类	8
33	通体硅异质封装转接层电热光兼容分析	罗广孝	电气与电子工程学院	面上项目	工程技术类	8
34	基于系统动力学的公立医院补偿机制仿真研究	李亚斌	能源动力与机械工程学院	面上项目	工程技术类	5
35	法律视阈下的机构社会工作	郜　庆	人文与社会科学学院	面上项目	人文社科类	5
36	农民工医疗健康调查、指数评估与保障体系改革	胡宏伟	人文与社会科学学院	面上项目	人文社科类	5
37	我国社会养老服务保障体系的构建研究	江海霞	人文与社会科学学院	面上项目	人文社科类	5
38	积极财政政策下地方政府财政风险评估研究	史胜安	人文与社会科学学院	面上项目	人文社科类	5
39	限度与维度：法院在社会管理创新中的定位研究	陈　奎	人文与社会科学学院	面上项目	人文社科类	5
40	多元法律文化的整合路径探析—以司法制度改革为导向	武兰芳	人文与社会科学学院	面上项目	人文社科类	5
41	高校教育管理创新研究	尚晓丽	人文与社会科学学院	面上项目	人文社科类	5
42	新能源产业发展能力综合评价模型方法研究	杨少梅	经济与管理学院	面上项目	经济管理类	5
43	智能电网收益管理理论及应用研究	张　谦	经济与管理学院	面上项目	经济管理类	5
44	低碳环境下电力可持续发展评价与对策研究	任　峰	经济与管理学院	面上项目	经济管理类	5
45	区域碳排放特性建模及减碳潜力研究	孙　伟	经济与管理学院	面上项目	经济管理类	5
46	基于超效率 DEA 模型的电力系统能源利用效果评价研究	刘　梅	经济与管理学院	面上项目	经济管理类	5
47	基于价值链理论的企业价值评估研究	王新利	经济与管理学院	面上项目	经济管理类	5

续表

序号	项目名称	负责人	所在单位	资助类别	资助领域	资助金额
48	发电企业清洁生产审核与发展循环经济研究	孟祥松	经济与管理学院	面上项目	经济管理类	5
49	贸易开放和金融开放定向联动促产业升级研究	韩凤舞	经济与管理学院	面上项目	经济管理类	5
50	异质结光子晶体和微结构激光器的研究	任　芝	数理学院	面上项目	理学类	4
51	鲁棒预测控制及其在风力机和混沌中的应用	张隆阁	数理学院	面上项目	理学类	4
52	离散电荷空间中介观电路量子效应的研究	阎占元	数理学院	面上项目	理学类	4
53	谐波责任定量化的复数域统计推断理论	华回春	数理学院	面上项目	理学类	4
54	异机多源医疗影像的融合研究	王晓君	科技学院	面上项目	工程技术类	4
55	英语口语交际问题对策研究—中西思维差异视角	魏月红	外国语学院	面上项目	人文社科类	4
56	河北省农村儿童大病医疗救助政策研究	栾文敬	人文与社会科学学院	青年项目	人文社科类	3
57	城市社区家事纠纷解决机制研究——兼论社会工作在民事司法场域的展开	孔令章	人文与社会科学学院	青年项目	人文社科类	3
58	融合紫外和红外图谱信息的绝缘子运行状态评估	王胜辉	电气与电子工程学院	青年项目	工程技术类	3
59	基于 VSC 的并联型 FACTS 装置抑制次同步振荡的研究	高本锋	电气与电子工程学院	青年项目	工程技术类	3
60	高温金属微/细/宏观跨尺度蠕变本构模型	王庆五	能源动力与机械工程学院	青年项目	工程技术类	3
61	电站轴流风机旋转失速动力学特征的机理研究	张　磊	能源动力与机械工程学院	青年项目	工程技术类	3
62	基于混合模型的机组状态重构及运行优化研究	王惠杰	能源动力与机械工程学院	青年项目	工程技术类	3
63	基于多模型信息融合的故障诊断方法研究	张　冀	控制与计算机工程学院	青年项目	工程技术类	3
64	变压器磁路建模与直流偏磁特性研究	赵小军	电气与电子工程学院	青年项目	工程技术类	3
65	富氧燃煤烟气凝结特性的研究	董静兰	能源动力与机械工程学院	青年项目（学生）	工程技术类	1
66	增压富氧燃烧中受热面磨损研究与优化设计	马　凯	能源动力与机械工程学院	青年项目（学生）	工程技术类	1
67	高压电缆绝缘综合在线监测方法的研究	杜　巍	电气与电子工程学院	青年项目（学生）	工程技术类	1

华北电力大学 2012 年科研项目完成情况一览表

序号	项目名称	立项时间	负责人	项目来源
1	科学发展观与政府全面履行职能研究	2006	李玲玲	国家社科基金项目
2	城市经济发展与电力需求预测及电网规划研究	2007	何永秀	教育部人文社项目
3	中国基本养老保险政策的精算研究	2007	高建伟	教育部人文社项目
4	企业社会责任的约束	2009	刘力纬	国家社科基金项目
5	北京政府投资项目代建人信用评价体系与管理机制研究	2009	乌云娜	北京市哲学社会科学“十一五”规划项目
6	Hamilton 圈分解和路分解的大集	2009	赵红涛	国家自然科学基金项目
7	肺结核通过公共交通工具传播的数学建模及研究	2009	张　娟	国家自然科学基金项目
8	基于生态协同发展的区域水资源系统安全阈值分析理论与应用研究	2009	李继清	国家自然科学基金项目
9	超憎水涂层微结构对其低温动态憎水性影响规律的研究	2009	吕玉珍	国家自然科学基金项目
10	汽轮发电机组轴系碰摩弯扭耦合振动特性研究	2009	何成兵	国家自然科学基金项目

续表

序号	项目名称	立项时间	负责人	项目来源
11	边壁区纳米颗粒性态对悬浮液流动与传热的影响	2009	周乐平	国家自然科学基金项目
12	复杂大电网区域间低频振荡统一协调控制策略的研究	2009	马　静	国家自然科学基金项目
13	交流电压下沿面放电所引起油纸绝缘劣化规律的研究	2009	程养春	国家自然科学基金项目
14	广域同步测量系统动态行为评估及其轨迹精度提升方法研究	2009	毕天姝	国家自然科学基金项目
15	微重整过程多势差耦合驱动的相界面热质传递	2009	杜小泽	国家自然科学基金项目
16	铁基载氧体作用下一氧化碳和甲烷化学链式燃烧机理研究	2009	董长青	国家自然科学基金项目
17	窄矩形通道内自然循环 ONB 点发生机理研究	2009	周　涛	国家自然科学基金项目
18	基于双基阵数据融合的电站锅炉四管泄漏被动声测诊断与定位研究	2009	安连锁	国家自然科学基金项目
19	以重现故障过程为目标的电网故障诊断的研究	2009	张东英	国家自然科学基金项目
20	聚合物绝缘材料在油中高温高压双因子作用下的绝缘特性试验研究	2009	王伟（大）	国家自然科学基金项目
21	基于递阶滑模的自适应控制及其在一类欠驱动系统中的应用	2009	钱殿伟	国家自然科学基金项目
22	宽带电力线通信信道非线性动力学行为及其应用研究	2009	翟明岳	国家自然科学基金项目
23	基于过程输入输出模型的非线性非高斯随机系统输出概率密度函数控制	2009	张建华	国家自然科学基金项目
24	基于外界影响和模型自适应的电价预测理论研究	2009	刘　达	国家自然科学基金项目
25	电力市场运营效率动态评价的协调域理论研究	2009	李春杰	国家自然科学基金项目
26	中国 DC 型企业年金精算指标设计及动态投资策略研究	2009	高建伟	国家自然科学基金项目
27	大规模风电接入情况下互联电网有功/频率控制研究	2009	孙英云	国家自然科学基金项目
28	叶轮端壁肋条减阻及抑止二次流动的机理研究	2009	戴丽萍	教育部高等学校博士点新教师基金项目
29	低温条件下超憎水涂层与碰撞水滴相互作用的研究	2009	吕玉珍	教育部高等学校博士点新教师基金项目
30	一种新型结构复合超导导体的动态稳定性研究	2009	王银顺	教育部高等学校博士点基金项目
31	化学非同性驱动的相界面微观热质传递	2009	杜小泽	教育部高等学校博士点基金项目
32	生物质燃气焦油的高效催化转化机理研	2010	董长青	北京市自然科学基金项目
33	纳米颗粒及多孔层影响池沸腾临界热流密度机理研究	2010	周乐平	北京市自然科学基金项目
34	地下水石油类污染修复的生物表面活性剂技术及过程控制	2010	李建兵	北京市自然科学基金项目
35	基于消费与投资波动的北京能源供应动态管理研究	2010	吴忠群	北京市自然科学基金项目
36	国家杰出青年科学基金（微纳米尺度流动与传热）	2010	徐进良	国家自然科学基金项目杰出青年科学基金项目
37	水资源系统的模糊-随机规划与多判据决策分析	2011	李永平	国家自然科学基金项目
38	新型稀土镓基和锗基磁性合金化合物的结构和磁输运性质	2011	郭永权	国家自然科学基金科学部主任基金
39	河北省文化创意产业集聚效应研究	2011	宋晓华	河北省社会科学发展研究课题
40	低碳背景下保定市农村生物质能源开发利用研究	2010-07-26	任　峰	保定市哲学社会科学规划办
41	低碳约束下保定市出口贸易结构的合理性研究	2011-10-12	赵建娜	保定市哲学社会科学规划办

续表

序号	项目名称	立项时间	负责人	项目来源
42	变速恒频双馈感应风力发电机组安全穿越电网低电压故障的方法研究	2009-01-01	颜湘武	河北省自然科学基金委
43	基于消费者需求的河北省服务业客户价值及实证研究	2009-01-01	张梅梅	河北省自然科学基金委
44	燃煤中的铝及碱金属对火电厂 PM2.5 排放的影响机理	2009-01-01	齐立强	河北省自然科学基金委
45	基于多模型的变压器故障组合诊断方法的研究	2009-01-01	赵文清	河北省自然科学基金委
46	大型风力机系统动态特性仿真方法研究	2009-01-01	王璋奇	河北省自然科学基金委
47	基于GIS 的河北省永定河流域农业 NPS 污染数值模拟研究	2009-01-01	丁晓雯	河北省自然科学基金委
48	臭氧化高级氧化技术降解含氯苯氧羧酸类农药的研究	2009-01-01	陈　岚	河北省自然科学基金委
49	河北省居家养老投入测算报告	2012-02-01	胡宏伟	2012 年度河北省社会科学基金
50	统筹城乡医疗保险体系研究	2011-05-11	胡宏伟	2011 年度河北省人力资源和社会保障课题

华北电力大学 2012 年科研成果和奖项情况一览表

序号	年度	获奖项目	所获奖项	获奖等级	获奖人
1	2012	微纳尺度多相流动与传热传质的基础研究	高等学校科学研究优秀成果奖（科学技术）	一等	徐进良 1 王晓东 2 张伟 5
2	2012	生物质热解气化多相流动反应机制和应用基础	高等学校科学研究优秀成果奖（科学技术）	二等	张锴 1 杨勇平 3 常剑 5 董长青 7
3	2012	大气压介质阻挡均匀放电的研究	高等学校科学研究优秀成果奖（科学技术）	二等	李成榕 3 詹花茂 7
4	2012	Reduced analysis and confirmatory research on co-adaptability theoretical solution to conflicting events in construction engineering projects	高等学校科学研究优秀成果奖（人文社科类)	论文奖	侯学良
5	2011	高速铁路供电与电能质量研究及应用	北京市科学技术奖	三等	肖湘宁 8（申报时）
6	2011	广域空间条件下大电网与外系统间电磁兼容关键技术研究	中国电力科学技术奖	三等	崔翔 3
7	2011	全断面岩石掘进机盘形滚刀三维设计理论及应用	河北省科技进步奖	二等	张照煌 王磊 曹景华 叶定海 窦蕴平 孙飞 纪昌明
8	2011	不确定信息的结构化处理理论与方法	河北省自然科学奖	二等	陈德刚 2
9	2011	广域空间条件下大电网与外系统间电磁兼容关键技术研究	国家能源科技进步奖	一等	崔翔 7
10	2011	节能发电调度体系和关键技术研究及试点应用	国家能源科技进步奖	二等	张粒子 5
11	2011	±800kV 直流输电对系统的影响及仿真技术研究	国家能源科技进步奖	二等	赵成勇 10
12	2011	电铁供电关键技术研究	国家能源科技进步奖	三等	肖湘宁 5

续表

序号	年度	获奖项目	所获奖项	获奖等级	获奖人
13	2011	可再生能源有序发展与我国能源格局优化的关键问题研究	国家能源局软科学研究优秀成果奖	三等	曾鸣 2 董军 4
14	2011	新能源电力项目群协同管理集成系统	甘肃省科学技术进步奖	二等	乌云娜 1 牛东晓 4
15	2011	气—固两相流体平均流速测量仪的开发与应用	内蒙古自治区科技进步奖	三等	孙保民 2
16	2012	大规模复杂电网电力负荷预测理论与系统	第三届管理科学奖（学术类）	无	牛东晓
17	2012	自主卫星导航系统精密时间传递关键技术与示范	卫星导航定位科学技术奖	一等	姜彤 3
18	2012		何梁何利奖（工程建设技术奖）		欧阳晓平
19	2011	全断面岩石掘进机盘形滚刀三维设计理论及应用	河北省科学技术奖	二等	张照煌 1 王磊 2 曹景华 3 叶定海 4 窦蕴平 5 孙飞 6 纪昌明 7
20	2011	视频扫描显示仪表数据采集技术研究	河北省科学技术奖	三等	熊海军 1 王晓辉 2 刘海军 3 刘治安 4 幸莉仙 5
21	2011	水资源远程监控自动化系统	河北省科学技术奖	三等	黄志强 1 袁和金 2 刘治安 3 刘海军 4 熊海军 5
22	2011	最高人民法院多元纠纷解决机制改革项目问卷调查研究报告	第九届保定市社会科学特别奖	特等奖	梁平 孔令章 陈奎武 兰芳
23	2011	和谐河北与多元纠纷解决机制之构建——现实需求与制度建构的互恰	第七届河北省社会科学基金项目优秀成果奖	一等	梁平 1 陈奎 2 孔令章 3 武兰芳 4 李庆保 5 李雷 6 江海霞 7 张蓓蓓 8 尚珊 9 陈蓁 10 安文靖 11 李平菊 12
24	2011	和谐社会背景下的高等教育管理法治化研究	第七届河北省社会科学基金项目优秀成果奖	三等	张金辉 1 张蓓蓓 2 刘宇晖 3 梁平 4 陈奎 5 李雷 6 李书萍 7
25	2011	可持续发展视野中的英语听说学习能力培养模式研究	第七届河北省社会科学基金项目优秀成果奖	三等	张莉 1 魏月红 2 刘洋 3 商静 4 张秋爽 5
26	2012	公开审判制度研究	河北省第十三届社会科学优秀成果奖	一等	梁平 1 刘宇晖 2 陈奎 3
27	2012	思想解放的瓶颈问题与化解路径分析	河北省第十三届社会科学优秀成果奖	三等	王聚芹
28	2012	国民健康公平程度测量、因素分析与保障体系研究	河北省第十三届社会科学优秀成果奖	三等	胡宏伟
29	2012	低碳背景下农村生物质废弃物回收利用规划研究	河北省第十三届社会科学优秀成果奖	三等	任峰 1 谷利红 2 崔和瑞 3
30	2011	煤粉锅炉双尺度低 NOX 燃烧技术	中国电力科学技术奖	二等	阎维平 6
31	2012	燃用易爆煤火力发电厂锅炉安全运行关键技术研究及应用	广东电网公司科学技术奖	二等	李加护 3 阎维平 7

华北电力大学 2012 年科研工作各院系贡献情况一览表

北京校部

单位	成果获奖			成果鉴定	专利				学术论文和学术著作				
	市区级	省部级	合计		发明	实用新型	外观设计	合计	SCI	EI	ISTP	著作	合计
电气与电子工程学院	1	8	9	3	27	37	1	65	32	396		2	430
能源动力与机械工程学院		2	2	1	41	41		82	43	148	2	2	195
控制与计算机工程学院	1		1	1	6	23	2	31	13	163	1	3	180
经济与管理学院		4	4				2	2	25	176	3	14	218
数理学院		1	1		1			1	30	17	2	1	50
外国语学院										3		1	4
人文与社会科学学院										1		6	7
思想政治理论课教学部												1	1
可再生能源学院		2	2		11	11		22	33	55	2	3	93
核科学与工程学院		1	1		10	17		27	7	30			37
资源与环境研究院					5			5	32	24	1	1	58
现代电力研究院						1		1		14			14
高等教育研究所												1	1
体育教学部										3	1	1	5
图书馆										1			1
网络与信息中心										1			1
合计	2	18	20	5	101	130	5	236	215	1032	12	36	1295

保定校区

单位	成果获奖			成果鉴定	专利				学术论文和学术著作				
	市区级	省部级	合计		发明	实用新型	外观设计	合计	SCI	EI	ISTP	著作	合计
电气与电子工程学院				1	1	15	17	32	13	202	5	2	222
能源与动力工程学院	1	1	2	1	1	13	32	45	17	115	8	1	141
控制科学与工程学院				1	1	1	2	3	1	26	1		28
计算机科学与技术学院		2	2				1	1		40	13		53
工商管理学院		1	1	2	2				3	110	3	11	127
环境科学与工程学院						10		10	23	39	1	1	64
数理学院						6	12	18	22	19	2		43
外国语学院										2	5		7
人文与社会科学学院	1	5	6							1	17	9	27
其他	1	1	2				3	3	4	45	10	6	65
合计	3	10	13	5	5	45	67	112	83	599	65	30	777

华北电力大学2011年度出版著作情况一览表

序号	著作名称	作者	出版社	出版时间（年-月）	ISBN号	全书字数（千字）
1	Application of FEA to nonlinear transient problems with coupled fields	郑　重	LAP LAMBERT Academic Publishing（Lambert，学术出版社 加拿大）	2010-08	3838398297	160
2	低碳时代的中国能源发展政策研究	王　伟　郭炜煜	中国经济出版社	2011-01	978-7-5136-0135-1	300
3	政府投资建设项目合同管理体系设计与实现	乌云娜	电子工业出版社	2011-01	978-7-12112-129-6	255
4	商战突围促销为王-家居建材行业促销宝典	周　杨　赵　龙	中国轻工业出版社	2011-01	978-7-5019-7934-9	350
5	Modeling, Analysis, and Synthesis of Networked Cascade Control Systems	黄从智　白　焰	LAP Lambert Academic Publishing AG & Co KG（德国）	2011-02	978-3-8443-1052-8	320
6	高等能源教育工程项目化管理	乌云娜　吴志功	电子工业出版社	2011-02	978-7-12112-684-0	187
7	美的政治——济慈诗歌与美学中的自然与异教精神	杨春红	外语教学与研究出版社	2011-03	978-7-5135-0718-9	200
8	电力需求侧响应原理及其在电力市场中的应用	曾　鸣	中国电力出版社	2011-03	978-7-5123-0895-4	327
9	流域虚拟仿真模拟	张尚弘　易雨君　王兴奎	科学出版社	2011-03	978-7-03-030423-0	275
10	上市公司过度投资及其治理研究	简建辉	中国财政经济出版社	2011-04	978-7-5095-2778-8	178
11	合同能源管理法律与实践	李　英　曾　宇	光明日报出版社	2011-04	978-7-5112-0993-1	292
12	资本共生与产业发展	何平林	中国水利水电出版社	2011-05	978-7-5084-8654-3	209
13	中国绿色低碳经济区域布局研究	宋晓华　郭亦玮	煤炭工业出版社	2011-05	978-7-5020-3843-4	135
14	电力市场环境下输电网扩容理论与应用	曾　鸣　刘宝华	中国电力出版社	2011-05	978-7-5123-0896-1	253
15	大学学科建设模式研究	翟亚军	科学出版社	2011-05	978-7-03-030701-1	200
16	产业结构调整与节能减排	赵晓丽	知识产权出版社	2011-05	978-7-5130-0433-6	295
17	基于循证科学的建设工程项目实施状态诊断理论与应用	侯学良	电子工业出版社	2011-06	978-7-121-13236-0	356
18	公司法原论－基本理论与法律规制	孙晓洁	中国检察出版社	2011-06	978-7-5102-0474-6	501
19	中国转型期城市贫困与社会政策	姚建平	复旦大学出版社	2011-06	978-7-309-08033-9	179
20	风力发电机组设计与技术	邓　英	化学工业出版社	2011-07	978-7-122-11142-5	178
21	中外工会法比较研究	李　英　王　棣　瞿彬彬	知识产权出版社	2011-08	978-7-5130-0645-3	240
22	股指波动预测模型的方法研究及应用	沈　巍	知识产权出版社	2011-08	978-7-5130-0674-3	160
23	图的控制理论研究	陈学刚	北京交通大学出版社	2011-09	978-7-5121-0713-7	163

续表

序号	著作名称	作者	出版社	出版时间（年-月）	ISBN 号	全书字数（千字）
24	轻松应对出口法律风险	韩宝庆	中国海关出版社	2011-09	978-7-80165-822-7	324
25	太级	胡秀娟　尹　博	时代出版传媒股份有限公司	2011-09	978-7-5461-2049-2	150
26	高等教育评估决策支持系统	瞿　斌	中国水利水电出版社	2011-09	978-7-5084-9037-3	161
27	电厂煤耗节能计算：锅炉损失对凝汽式燃煤电厂供电煤耗的影响	王世昌	机械工业出版社	2011-09	978-7-111-35098-9	192
28	Patran2010 与 Nastran2010 从入门到精通	龙凯　贾长治 李宝峰	机械工业出版社	2011-11	978-7-111-36004-9	780
29	发电集团公司资本运营战略决策与评价	刘崇明　牛东晓	中国电力出版社	2011-12	978-7-5123-2169-4	205
30	风力发电原理	徐大平　柳亦兵 吕跃刚	机械工程学报	2011-09	978-7-111353454	230
31	人员培训实务	郭京生　潘　立	机械工业出版社	2011-02	978-7-111-32264-1	300
32	超导电力技术基础	王银顺	科学出版社	2011-06	978-7-03-031563-2	440
33	电力信息系统安全防御体系及关键技术	吴克河　刘吉臻 张　彤　李　为	科学出版社	2011-10	978-7-03-031724-7	500
34	王龙溪心学思想研究	郑洪晓	九州出版社	2011-10	978-7-5108-1145-6	150
35	现场总线控制系统及其应用	白　焰　朱耀春 李新利　董　玲	中国电力出版社	2011-11	978-7-5123-1542-6	450
36	河流沉积物中农药与重金属的复合污染机理研究	李　鱼　高　茜 王　乔	辽宁教育出版社	2011-12	978-7-5382-9526-9	242
37	居家养老服务保障：理论、模式与政策发展	李双辰　栾文敬	中国质检出版社	2012-01	978-7-5026-3540-4	363
38	居家养老服务保障：专业化与政策创新	李冰水　陈　静 门万杰	中国质检出版社	2012-01	978-7-5026-3538-1	362
39	居家养老服务保障：养老状况与公共政策选择	胡宏伟　李建军 李冰水	中国质检出版社	2012-01	978-7-5026-3539-8	488
40	居家养老服务保障：制度运行评估与公共政策发展	段保乾　胡宏伟 江海霞　陈　雷	中国质检出版社	2012-01	978-7-5026-3542-8	445
41	转型社会多元化纠纷解决机制实证研究	梁　平　孔令章	河北人民出版社	2011-11	978-7-202-05975-3	460
42	火电厂锅炉系统及优化运行	李永华　刘长良 陶　哲	中国电力出版社	2011-09	978-7-5123-1541-9	504
43	火电厂电气设备及运行	胡志光	中国电力出版社	2011-09	978-7-5123-1565-5	529
44	多属性决策模型的选择反转问题研究	孔　峰	中国农业科学技术出版社	2011-12	978-7-5116-0715-7	200
45	电力可持续发展机制研究——节能减排与新能源电力发展	李金颖	中国质检出版社	2011-12	978-7-5026-3529-9	222
46	低碳背景下农村生物质废弃物回收利用规划研究	任　峰	中国质检出版社	2011-12	978-7-5026-3525-1	301
47	梯度推移的区域循环经济理论与新能源战略研究	何永贵	中国质检出版社	2012-03	978-7-5026-3597-8	260
48	面向低碳经济的 EPC 项目节能服务风险预警研究——以河北省为例	李艳梅	中国质检出版社 中国标准出版社	2012-08	978-7-5026-3659-3	205

续表

序号	著作名称	作者	出版社	出版时间（年-月）	ISBN 号	全书字数（千字）
49	生物质（秸秆）发电项目建设理论与实践	崔和瑞	中国质检出版社	2012-03	978-7-5026-3596-1	330
50	电力企业战略绩效评价体系构建于实践研究——基于河北省的调研	田金玉	中国质检出版社	2011-12	978-7-5026-3549-7	205
51	基于复杂网络的供应链建模与仿真研究	温　磊　王立军	河北大学出版社	2012-06	978-7-5666-0124-7	250
52	热电联产企业单元作业成本绩效管理	王立波　黄元生	中国质检出版社	2012-05	978-7-5026-3607-4	310
53	热电联产企业优化调度与运营策略	王立波　黄元生	中国质检出版社	2012-05	978-7-5026-3608-1	489
54	京津冀视角下的河北省区域科技创新评价研究	陈　娟　鲁　斌	河北大学出版社	2012-06	978-7-5666-0115-5	160
55	善治理念下的中国电力管理体制改革研究	夏　珑　史胜安	河北大学出版社	2012-05	978-7-5666-0102-5	249
56	困境与突破：面向农村的纠纷解决	李庆保　梁　平	湖北人民出版社	2012-01	978-7-216-07423-0	228
57	审判公开的理论探索与实践创新	刘宇晖　梁　平	河北人民出版社	2012-04	978-7-202-06202-9	202
58	我国地方省份新能源产业激励政策体系研究	谭　琪	中国工人出版社	2012-08	978-7-5008-5173-8	230
59	10 天读懂企业文化	孟祥林	经济科学出版社	2012-08	978-7-5141-1945-9	380
60	读故事学管理	孟祥林	浙江大学出版社	2012-05	978-7-308-09680-5	230
61	小资本赢大财富(成功创业 30 例)	孟祥林	四川人民出版社	2012-04	978-7-220-08533-8	93
62	管理的智慧	孟祥林	中南大学出版社	2012-03	978-7-5487-0327-3	234
63	马克思主义中国化专题 36 讲	孟祥林	江西人民出版社	2012-03	978-7-210-04958-6	400
64	建设社会主义新农村理论、实践与政策	张　军	河北大学出版社	2012-02	978-7-5666-0067-7	240
65	纳米数字集成电路老化效应——分析、预测及优化	靳　松　韩银和	清华大学出版社	2012-06	978-7-302-28543-4	156
66	高频感应加热电压型逆变器的功率控制与调节	张智娟　彭咏龙	中国质检出版社	2012-07	978-7-5026-3658-6	181

华北电力大学2011年度科技论文检索情况一览表

北京校部

序号	检索类别	作者	论文题目	论文出处
1	SCI 光盘	雷　兢	Image reconstruction algorithm based on the semiparametric model for electrical capacitance tomography	Computers and Mathematics with Applications
2	SCI 光盘	雷　兢	An image reconstruction algorithm based on the regularized minimax estimation for electrical capacitance tomography	Journal of Mathematical Imaging and Vision
3	SCI 光盘	雷　兢	Generalized multi-scale image reconstruction algorithm for electrical capacitance tomography	Imaging Science Journal
4	SCI 光盘	刘　石	Generalized flow pattern image reconstruction algorithm for electrical capacitance tomography	Computers and Mathematics with Applications
5	SCI 光盘	杨立军	Space characteristics of the thermal performance for air-cooled condensers at ambient winds	Int J Heat Mass Transfer
6	SCI 光盘	杨立军	Numerical investigation on the cluster effect of an array of axial flow fans for air-cooled condensers in a power plant	Chinese Science Bulletin
7	SCI 光盘	杨立军	Thermo-flow characteristics and air flow field leading of the air-cooled condenser cell in a power plant	Sci China Tech Sci
8	SCI 光盘	魏高升	Thermal conductivities study on silica aerogel and its composite insulation Materials	International Journal of Heat and Mass Transfer
9	SCI 光盘	侯世香	The study of NiAl-TiB(2) coatings prepared by electro-thermal explosion ultrahigh speed spraying technology	Surface & Coatings Technology
10	SCI 光盘	刘宗德	Preparation of Fe-based thick amorphous composite coating by cladding with auxiliary cooling system	物理学报
11	SCI 光盘	王永田	Magnetoresistance oscillations in La-based metallic glass	Chinese Science Bulletin
12	SCI 光盘	李宝让	Synthesis of $Lu_2Ti_2O_7$ powders by molten salt method	Materials of chemistry and physics
13	SCI 光盘	郭永权	Structure and electromagnetic transport properties of compound $NdNi_2$ Ge-2	ACTA PHYSICA SINICA
14	SCI 光盘	杜小泽	Study on heat transfer enhancement of discontinuous short wave finned flat tube	SCIENCE CHINA-TECHNOLOGICAL SCIENCES
15	SCI 光盘	杜小泽	Numerical simulation of configuration and catalyst-layer effects on micro-channel steam reforming of methanol	INTERNATIONAL JOURNAL OF HYDROGEN ENERGY
16	SCI 光盘	杜小泽	Continuous micro liquid delivery by evaporation on a gradient-capillary microstructure surface	JOURNAL OF MICROMECHANICS AND MICROENGINEERING
17	SCI 光盘	周国兵	Energy performance of a hybrid space-cooling system in an office building using SSPCM thermal storage and night ventilation	Solar Energy
18	SCI 光盘	周国兵	Performance of shape-stabilized phase change material wallboard with periodical outside heat flux waves	Applied Energy
19	SCI 光盘	田思达	Characterization of the Products of the Clay Mineral Thermal Reactions during Pulverization Coal Combustion in Order to Study the Coal Slagging Propensity	ENERGY & FUELS
20	SCI 光盘	侯宏娟	Evaluation of solar aided biomass power generation systems with parabolic trough field	Science China Technological Sciences
21	SCI 光盘	马德香	On eigenvalue intervals of higher-order boundary value problems with a sign-changing nonlinear term	JOURNAL OF COMPUTATIONAL AND APPLIED MATHEMATICS

续表

序号	检索类别	作者	论文题目	论文出处
22	SCI 光盘	魏军强	A novel method for computation of higher order singular points in nonlinear problems with single parameter	JOURNAL OF COMPUTATIONAL AND APPLIED MATHEMATICS
23	SCI 光盘	李忠艳	On s-Elementary Super Frame Wavelets and Their Path-Connectedness	ACTA APPLICANDAE MATHEMATICAE
24	SCI 光盘	彭　建	Constraints in Noncommutative Chern-Simons Mechanics and Hall Effect	Int J Theor Phys
25	SCI 光盘	陈　雷	Two-band calculations on the upper critical field of superconductor $NbSe_2$	Physica C
26	SCI 光盘	黄　海	Mean-field calculations on the magnetic properties of the two-gap superconductor $Lu_2Fe_3Si_5$	Physics Letters A
27	SCI 光盘	黄　海	Impurity effect on the transition temperature of the superconducting fullerides	International Journal of Modern Physics B
28	SCI 光盘	黄　海	Sagnac effect of exciton polaritons and its application to semiconductor GaAs	Modern Physics Letters B
29	SCI 光盘	张　昭	Roles of axial anomaly on neutral quark matter with color superconducting phase	Physical Review D
30	SCI 光盘	罗振东	A reduced stabilized mixed finite element formulation based on proper orthogonal decomposition for the non-stationary Navier-Stokes equations	International journal for numerical methods in engineering
31	SCI 光盘	罗振东	A reduced finite volume element formulation and numerical simulations based on POD for parabolic problems	Journal of computational and applied mathematics
32	SCI 光盘	陈德刚	Parameterized attribute reduction with Gaussian kernel based fuzzy rough sets	Information Sciences
33	SCI 光盘	陈学刚	Bounds on the locating-total domination number of a tree	DISCRETE APPLIED MATHEMATICS
34	SCI 光盘	雍雪林	Soliton fission and fusion of a new two-component Korteweg-de Vries(KdV) equation	Computers and Mathematics with Applications
35	SCI 光盘	王玉昭	Global Well-Posedness and Scattering for Derivative Schrodinger Equation	COMMUNICATIONS IN PARTIAL DIFFERENTIAL EQUATIONS
36	SCI 光盘	张化永	Ammonium removal from aqueous solution by zeolites synthesized from low-calcium and high-calcium fly ashes	Desalination
37	SCI 光盘	张化永	Removal of ammonium from aqueous solutions using zeolite synthesized from fly ash by a fusion method	Desalination
38	SCI 光盘	张化永	Removal of Phosphate from Aqueous Solution Using Zeolite Synthesized from Fly Ash by Alkaline Fusion Followed by Hydrothermal Treatment	SEPARATION SCIENCE AND TECHNOLOGY
39	SCI 光盘	黄国和	Feasibility-based inexact fuzzy programming for electric power generation systems planning under dual uncertainties	Applied Energy
40	SCI 光盘	黄国和	An interval full-infinite mixed-integer programming method for planning municipal energy systems - A case study of Beijing	Applied Energy
41	SCI 光盘	黄国和	A two-stage inexact joint-probabilistic programming method for air quality management under uncertainty	Journal of Environmental Management
42	SCI 光盘	李永平	A two-stage support-vector-regression optimization model for municipal solid waste management—A case study of Beijing	Journal of Environmental Management
43	SCI 光盘	李永平	An interval-fuzzy two-stage stochastic programming model for planning carbon dioxide trading under uncertainty	Energy

续表

序号	检索类别	作者	论文题目	论文出处
44	SCI 光盘	李永平	Integrated Modeling for Optimal Municipal Solid Waste Management Strategies under Uncertainty	Journal of Environmental Engineering-ASCE
45	SCI 光盘	李永平	A robust modeling approach for regional water management under multiple uncertainties	Agricultural Water Management
46	SCI 光盘	李永平	Planning agricultural water resources system associated with fuzzy and random features	Journal of the American Water Resources Association
47	SCI 光盘	李永平	Optimization of regional economic and environmental systems under fuzzy and random uncertainties	Journal of Environmental Management
48	SCI 光盘	李永平	An interval-based regret-analysis method for identifying long-term municipal solid waste management policy under uncertainty	Journal of Environmental Management
49	SCI 光盘	李永平	An inexact chance-constrained programming model for water quality management in Binhai New Area of Tianjin, China	Science of the Total Environment
50	SCI 光盘	李永平	Planning regional energy system in association with greenhouse gas mitigation under uncertainty	Applied Energy
51	SCI 光盘	李　鱼	Nitrogen Conservation in Simulated Food Waste Aerobic Composting Process by Adding Different Mg and P Salt Mixtures	Journal of the Air & Waste Management Association
52	SCI 光盘	何　理	Greenhouse gas emissions control in integrated municipal solid waste management through mixed integer bilevel decision-making	JOURNAL OF HAZARDOUS MATERIALS
53	SCI 光盘	何　理	Characterization of Petroleum-Hydrocarbon Fate and Transport in Homogeneous and Heterogeneous Aquifers Using a Generalized Uncertainty Estimation Method	JOURNAL OF ENVIRONMENTAL ENGINEERING-ASCE
54	SCI 光盘	陆道纲	Large-amplitude and narrow-band vibration phenomenon of a foursquare fix-supported flexible plate in a rigid narrow channel	Nuclear Engineering and Design
55	SCI 光盘	蔡　军	Effect of Ending Surface on Energy and Young's Modulus of an Armchair Single-Walled Carbon Nanotubes	Jorunal of Nanoscience and Nanotechnology
56	SCI 光盘	马　雁	Catalytic Property of Ni3Al Foils for Methane Steam Reforming	化学学报
57	SCI 光盘	吴　英	K-shell ionization cross sections of Cl and L-alpha, L-beta X-ray production cross sections of Ba by 6-30 keV electron impact	NUCLEAR INSTRUMENTS & METHODS IN PHYSICS RESEARCH SECTION B-BEAM INTERACTIONS WITH MATERIALS AND ATOMS
58	SCI 光盘	房　方	Backstepping-based nonlinear adaptive control for coal-fired utility boiler-turbine units	Applied Energy
59	SCI 光盘	谭　文	Water level control for a nuclear steam generator	Nuclear Engineering and Design
60	SCI 光盘	林忠伟	Stabilization of interconnected nonlinear stochastic Markovian jump systems via dissipativity approach	Automatica
61	SCI 光盘	刘崇茹	An Improved Approach for AC-DC Power Flow Calculation With Multi-Infeed DC Systems	IEEE TRANSACTIONS ON POWER SYSTEMS
62	SCI 光盘	卢铁兵	Analysis of corona onset electric field considering the effect of space charges	IEEE Transactions on Magnetics
63	SCI 光盘	王银顺	A Novel Approach for Design of DC HTS Cable	IEEE Trans Appl. Supecond.
64	SCI 光盘	刘念	Asset Analysis of Risk Assessment for IEC 61850-Based Power Control Systems-Part I: Methodology	IEEE TRANSACTIONS ON POWER DELIVERY

续表

序号	检索类别	作者	论文题目	论文出处
65	SCI 光盘	刘　念	Asset Analysis of Risk Assessment for IEC 61850-Based Power Control Systems-Part II: Application in Substation	IEEE TRANSACTIONS ON POWER DELIVERY
66	SCI 光盘	郝建红	Bifurcation and dual-parameter of the coupled dynamos system	物理学报
67	SCI 光盘	范杰清	Effects of the insulated magneticeld and oblique incidence of electrons on the multipactor in MILO	Chin..Phys.B
68	SCI 光盘	赵海森	Time-stepping finite element analysis on the influence of skewed rotors and different skew angles on the losses of squirrel cage asynchronous motors	SCIENCE CHINA-TECHNOLOGICAL SCIENCES
69	SCI 光盘	罗应立	A Multifunction Energy-Saving Device With a Novel Power-Off Control Strategy for Beam Pumping Motors	IEEE TRANSACTIONS ON INDUSTRY APPLICATIONS
70	SCI 光盘	崔　翔	Time-Domain Finite-Element Method for the Transient Response of Multiconductor Transmission Lines Excited by an Electromagnetic Field	IEEE TRANSACTIONS ON ELECTROMAGNETIC COMPATIBILITY
71	SCI 光盘	崔　翔	Calculation of the 3-D Ionized Field Under HVDC Transmission Lines	IEEE TRANSACTIONS ON MAGNETICS
72	SCI 光盘	崔　翔	Modeling of the Simultaneous Switching Noise in High Speed Electronic Circuit with the Integral Equation Method and Vector Fitting Method	IEEE TRANSACTIONS ON MAGNETICS
73	SCI 光盘	马　静	Identifying Transformer Inrush Current Based on Normalized Grille Curve	IEEE TRANSACTIONS ON POWER DELIVERY
74	SCI 光盘	徐振宇	First-Zone Distance Relaying Algorithm of Parallel Transmission Lines for Cross-Country Nonearthed Faults	IEEE Transactions on Power Delivery
75	SCI 光盘	马　进	Renewed investigation on power system stabilizer design	Science in CHINA-technological science
76	SCI 光盘	李成榕	Effect of electron shallow trap on breakdown performance of transformer oil-based nanofluids	Journal of Applied Physics
77	SCI 光盘	齐　波	Surface Discharge Initiated by Immobilized Metallic Particles Attached to Gas Insulated Substation Insulators: Process and Features	IEEE Transactions on Dielectrics and Electrical Insulation
78	SCI 光盘	齐　波	Severity Diagnosis and Assessment of the Partial Discharge Provoked by High-Voltage Electrode Protrusion on GIS Insulator Surface	IEEE Transactions on Power Delivery
79	SCI 光盘	马国明	Measurement of VFTO Based on the Transformer Bushing Sensor	IEEE Transactions on Power Delivery
80	SCI 光盘	马国明	A Fiber Bragg Grating Tension and Tilt Sensor Applied to Icing Monitoring on Overhead Transmission Lines	IEEE Transactions on Power Delivery
81	SCI 光盘	屠幼萍	Relationship between space charge and nonlinear characteristics of ZnO varistor	Science China Technological Sciences
82	SCI 光盘	翟明岳	A new fractal interpolation algorithm and its applications to self-affine signal reconstruction	Fractals
83	SCI 光盘	翟明岳	Transmission characteristics of low-voltage distribution networks in China under the smart grids environment	IEEE Transactions on Power Delivery
84	SCI 光盘	翟明岳	Signal recovery in power-line communications systems based on the fractals	IEEE Transactions on Power Delivery
85	SCI 光盘	何永秀	Electricity Demand Price Elasticity in China Based on Computable General Equilibrium Model Analysis	ENERGY
86	SCI 光盘	谭忠富	Examining the driving forces for improving China's CO_2 emission intensity using the decomposing method	APPLIED ENERGY

续表

序号	检索类别	作者	论文题目	论文出处
87	SCI 光盘	谭忠富	Examining Economic and Environmental Impacts of Differentiated Pricing on the Energy-Intensive Industries in China: Input-Output Approach	JOURNAL OF ENERGY ENGINEERING-ASCE
88	SCI 光盘	张素芳	Exploring an integrated approach to utilize indigenous renewable energy to improve energy self-sufficiency and emission reduction	Renewable and Sustainable Energy Reviews
89	SCI 光盘	张素芳	Small wind power in China: Current status and future potentials	Renewable and Sustainable Energy Reviews
90	SCI 光盘	沈巍	Forecasting stock indices using radial basis function neural networks optimized by artificial fish swarm algorithm	Knowledge-Based Systems
91	SCI 光盘	赵新刚	The mechanism and policy on the electricity price of renewable energy in China	Renewable and Sustainable Energy Reviews
92	SCI 光盘	袁家海	Energy conservation and emissions reduction in China-Progress and prospective	RENEWABLE & SUSTAINABLE ENERGY REVIEWS
93	SCI 光盘	袁家海	Low carbon electricity development in China—An IRSP perspective based on Super Smart Grid	RENEWABLE & SUSTAINABLE ENERGY REVIEWS
94	SCI 光盘	从荣刚	Potential impact of (CET) carbon emissions trading on China's power sector: A perspective from different allowance allocation options	Energy
95	SCI 光盘	赵振宇	A critical analysis of the photovoltaic power industry in China - From diamond model to gear model	RENEWABLE & SUSTAINABLE ENERGY REVIEWS
96	SCI 光盘	乌云娜	Construction of China's smart grid information system analysis	RENEWABLE & SUSTAINABLE ENERGY REVIEWS
97	SCI 光盘	董长青	Density functional theory study on activity of alpha-Fe_2O_3 in chemical-looping combustion system	Applied Surface Science
98	SCI 光盘	胡笑颖	The effect of biomass pyrolysis gas reburning on N_2O emission in a coal-fired fluidized bed boiler	Chinese Science Bulletin
99	SCI 光盘	王体朋	Characterization of Polyurethane Foams Prepared from Non-Pretreated Liquefied Corn Stover with PAPI	The Canadian Journal of Chemical Engineering
100	SCI 光盘	白一鸣	Improved Performance of GaAs-based Micro-Solar Cell with Novel Polyimide/SiO_2/TiAu/SiO_2 Structure	SCIENCE CHINA-TECHNOLOGICAL SCIENCES
101	SCI 光盘	白一鸣	Dipolar and Quadrupolar Modes of SiO_2/Au Nanoshells Enhanced Light Trapping for Thin Film Solar Cells	CHINESE PHYSICS LETTERS
102	SCI 光盘	陆　强	Influence of pyrolysis temperature and time on the cellulose fast pyrolysis products: Analytical Py-GC/MS study	Journal of Analytical and Applied Pyrolysis
103	SCI 光盘	陆　强	Selective fast pyrolysis of biomass impregnated with $ZnCl_2$: Furfural production together with acetic acid and activated carbon as by-products	Journal of Analytical and Applied Pyrolysis
104	SCI 光盘	陆　强	Selective fast pyrolysis of biomass impregnated with $ZnCl_2$ to produce furfural: Analytical Py-GC/MS study	Journal of Analytical and Applied Pyrolysis
105	SCI 光盘	陆　强	Gold nanoparticles incorporated mesoporous silica thin films of varied gold contents and their well-tuned third-order optical nonlinearities	Optical Materials
106	SCI 光盘	吕爱钟	Analytic stress solutions for a circular pressure tunnel at great depth considering support delay	International Journal of Rock Mechanics and Mining Science
107	SCI 光盘	常　剑	A Particle-to-Particle Heat Transfer Model for Dense Gas-Solid Fluidized Bed of Binary Particles	Chemical Engineering Research and Design.
108	SCI 光盘	孙东亮	An Improved Volume of Fluid Method for Two-Phase Flow Computations on Collocated Grid System	ASME Journal of Heat Transfer

续表

序号	检索类别	作者	论文题目	论文出处
109	SCI 光盘	孙东亮	Implementation of IDEAL Algorithm on Nonorthogonal Curvilinear coordinates for Solution of 3-D Incompressible Fluid Flow and Heat Transfer Problems	Numerical Heat Transfer PART B
110	SCI 光盘	姚建曦	Sol-Gel Preparation, Characterization, and Photocatalytic Activity of Macroporous TiO(2) Thin Films	Journal of the American Ceramic Society
111	SCI 光盘	古丽米娜	Synthesis and characterization of structure optimized film doped with Rhodamine 6G	J Sol-Gel Sci Technol
112	SCI 光盘	古丽米娜	Synthesis and Optical Performances of Different Mesoporous SBA-15 Materials Doped with Days	ACTA CHIMICA SINICA
113	SCI 光盘	王晓东	Multi-parameters optimization for microchannel heat sink using inverse problem method	International Journal of Heat and Mass Transfer
114	SCI 光盘	王晓东	Transient response of PEM fuel cells with parallel and interdigitated flow field designs	International Journal of Heat and Mass Transfer
115	SCI 光盘	张　华	Numerical simulation of ski-jump jet motion using lattice Boltzmann method	SCIENCE CHINA Technological Sciences(Science in China Series E)
116	SCI 光盘	徐进良	Pool boiling heat transfer on the microheater surface with and without nanoparticles by pulse heating	International Journal of Heat and Mass Transfer
117	SCI 光盘	徐进良	A new bubble-driven pulse pressure actuator for micromixing enhancement	Sensors and Actuators A: Physical
118	SCI 光盘	谭占鳌	Comparative study of the optical,electrochemical, electrolumiscent, and photovoltaic properties of dendritic pendants modified poly(p-phenylene vinylene)s	Polymers for Advanced Technologies
119	SCI 网络	雷　兢	A multi-scale image reconstruction algorithm for electrical capacitance tomography	Applied Mathematical Modelling
120	SCI 网络	雷　兢	Generalized reconstruction algorithm for compressed sensing	Computers and Electrical Engineering
121	SCI 网络	杨立军	Influences of wind-break wall configurations upon flow and heat transfer characteristics of air-cooled condensers in a power plant	Int J Therm Sci
122	SCI 网络	段立强	Parameter optimization study on SOFC-MGT hybrid power system	INTERNATIONAL JOURNAL OF ENERGY RESEARCH
123	SCI 网络	武　鑫	Life Extending Minimum-Time Path Planning for Hexapod Robot	International journal of advanced robotic systems
124	SCI 网络	杨志凌	Interpolation of missing wind data based on ANFIS	Renewable Energy
125	SCI 网络	戈志华	Performance monitoring of direct air-cooled power generating unit with infrared thermography	Applied Thermal Engineering
126	SCI 网络	张俊姣	Experimental Research on Heterogeneous N_2O Decomposition with Ash and Biomass Gasification Gas	Energies
127	SCI 网络	张东博	Investigation on Thermal Barrier Coatings Prepared by Electric Thermal Explosion Spray and Plasma Spray	稀有金属材料与工程
128	SCI 网络	刘静静	Microstructure and Fracture Toughness of TiC-xNi Coatings Prepared by Electro-Thermal Explosion Ultra-High Speed Spraying Method	Advanced Science Letters
129	SCI 网络	李　斌	An Experimental Study on Creep Damage of In-situ TiC-based Composites	Advanced science letters
130	SCI 网络	刘宗德	Microstructure and Wear Resistance of Fe-Based Multi-Layers Amorphous Composite Coatings by Tungsten Inert Gas Cladding	Advanced science letters

续表

序号	检索类别	作者	论文题目	论文出处
131	SCI 网络	王永田	Tb-Based Bulk Metallic Glass with High Elastic Modulus	ADVANCED SCIENCE LETTERS 2011
132	SCI 网络	何青	On piezoelectric vibration generator for self-powered wireless sensor network	Sensor Letters
133	SCI 网络	李宝让	Effect of Excess Bismuth on Powder Formation, Sintering Behavior and Dielectric Properties of Bi_3NbTiO_9	advanced science letters
134	SCI 网络	陈克丕	Preparation and Dielectric Properties of $CaCu_3Ti_4O1_2/CaTiO_3$ Composite ceramics	稀有金属材料与工程
135	SCI 网络	薛志勇	The effect of heat treatment on superconductivity of Zn-doped YBa_2Cu_3-xZnxO_7-y	MATERIALWISSENSCHAFT UND WERKSTOFFTECHNIK
136	SCI 网络	杜小泽	Back pressure prediction of the direct air cooled power generating unit using the artificial neural network model	APPLIED THERMAL ENGINEERING
137	SCI 网络	安连锁	Hyperbolic Boiler Tube Leak Location Based On Quaternary Acoustic Array	Applied Thermal Engineering
138	SCI 网络	周国兵	Effect of surface roughness on laminar liquid flow in micro-channels	APPLIED THERMAL ENGINEERING
139	SCI 网络	杨勇平	An efficient way to use medium-or-low temperature solar heat for power generation - integration into conventional power plant	Applid Thermal Engineering
140	SCI 网络	刘　彤	Development Forecast of Renewable Energy Power Generation in China and its Influence on the GHG Control Strategy of the Country	Renewable Energy
141	SCI 网络	刘永琴	Global existence and decay of solutions for a quasi-linear dissipative plate equation	Journal of Hyperbolic Differential Equations
142	SCI 网络	刘永琴	Decay property for a plate equation with memory-type dissipation	Kinetic and Related Models
143	SCI 网络	张学梅	Minimal Nonnegative Solution of Nonlinear Impulsive Differential Equations on Infinite Interval	Boundary Value Problems
144	SCI 网络	李忠艳	THE PATH-CONNECTIVITY OF MRA WAVELETS IN L(2)(R(d))	ILLINOIS JOURNAL OF MATHEMATICS
145	SCI 网络	罗振东	A reduced mfe formulation based on pod for the non-stationary conduction-convection problems	ACTA Mathematica scientia
146	SCI 网络	罗振东	Reduced finite difference scheme and error estimates based on POD method for non-stationary Stokes equation	Applied mathematics and mechanics-english edition
147	SCI 网络	罗振东	Numerical simulation based on POD for two-dimensional solute transport problems	Applied mathematical modelling
148	SCI 网络	罗振东	An optimizing finite difference scheme based on proper orthogonal decomposition for CVD equ	International journal for numerical methods in biomedical engineering
149	SCI 网络	陈德刚	Granular computing based on fuzzy similarity relations	SOFT COMPUTING
150	SCI 网络	毛仕宽	Singularities of solutions to Schrodinger equations with constant magnetic fields	Funkcialaj Ekvacioj-Serio Internacia
151	SCI 网络	陈学刚	Domination Number of Graphs Without Small Cycles	GRAPHS AND COMBINATORICS
152	SCI 网络	雍雪林	Singularity analysis and explicit solutions of a new coupled nonlinear Schrodinger type equation	Communications in Nonlinear Science and Numerical Simulation,
153	SCI 网络	黄国和	An inexact mix-integer two-stage linear programming model for supporting the management of a low-carbon energy system in China	Energies

续表

序号	检索类别	作者	论文题目	论文出处
154	SCI 网络	黄国和	Analysis of solution methods for interval linear programming	Journal of Environmental Informatics
155	SCI 网络	黄国和	Scenario-based methods for interval linear programming problems	Journal of Environmental Informatics
156	SCI 网络	李永平	Management of uncertain information for environmental systems using a multistage fuzzy-stochastic programming model with soft constraints	Journal of Environmental Informatics
157	SCI 网络	李永平	An inexact fuzzy-queue programming model for environmental systems planning	Engineering Applications of Artificial Intelligence
158	SCI 网络	李永平	An inventory-theory-based interval-parameter two-stage stochastic programming model for water resources management	Engineering Optimization
159	SCI 网络	李　鱼	Combined effect of co-existing pollutants on sorption of atrazine to river sediments	Korean Journal of Chemical Engineering
160	SCI 网络	李　鱼	Effect of Interaction of Non-residual Fractions on Adsorption of Atrazine onto Surficial Sediments and Natural Surface Coating Samples	Chemical Research in Chinese Universities
161	SCI 网络	李　鱼	Determination of estrogenic hormones in water samples using high performance liquid chromatography combined with dispersive liquid-liquid microextraction method based on solidification of floating organic drop and pre-column derivatization	Fresenius Environmental Bulletin
162	SCI 网络	李　鱼	Relationship between soil biotoxicity and levels of heavy metals (Pb, Cd, Cu, Zn, Ni, Cr, Co, Sb, Fe, and Mn) in an oilfield from China	Fresenius Environmental Bulletin
163	SCI 网络	李　鱼	Artificial Neural Network and Full Factorial Design Assisted AT-MRAM on Fe Oxides, Organic Materials, and Fe/Mn Oxides in Surficial Sediments	Chemical Research in Chinese Universities
164	SCI 网络	何　理	Bivariate interval semi-infinite programming with an application to environmental decision-making analysis	EUROPEAN JOURNAL OF OPERATIONAL RESEARCH
165	SCI 网络	卢宏玮	An inexact rough-interval fuzzy linear programming method for generating conjunctive water-allocation strategies to agricultural irrigation systems	Applied Mathematical Modelling
166	SCI 网络	陈　冰	Wetland monitoring, characterization and modelling under changing climate in the Canadian Subarctic	Journal of Environmental Informatics
167	SCI 网络	陈　冰	Field Investigation and Hydrological Modelling of a Subarctic Wetland - the Deer River Watershed	Journal of Environmental Informatics
168	SCI 网络	陈　冰	A Robust Statistical Analysis Approach for Pollutant Loadings in Urban Rivers	Journal of Environmental Informatics
169	SCI 网络	陈义学	Preliminary shielding analysis in support of the CSNS target station shutter neutron beam stop design	Chinese Physics C
170	SCI 网络	周　涛	Application of thermal comfort theory in probabilistic safety assessment of a nuclear power plant	Nuclear Science and Techniques
171	SCI 网络	马　雁	Microstructure Analysis of Stress Rupture Performance of Hastelloy C-276 Alloy at 650 degrees C	稀有金属材料与工程
172	SCI 网络	刘向杰	Observer-based tracking control for switched linear systems with time-varying delay	Int. J. Robust. Nonlinear Control
173	SCI 网络	谭　文	Partially decentralized control for ALSTOM gasifier	ISA Transactions

续表

序号	检索类别	作者	论文题目	论文出处
174	SCI 网络	谭　文	Decentralized load frequency controller analysis and tuning for multi-area power systems	Energy Conversion and Management
175	SCI 网络	郭　鹏	Wind Turbine Gearbox Condition Monitoring with AAKR and Moving Window Statistic Methods	Energies
176	SCI 网络	杨锡运	Petri net model and reliability evaluation for wind turbine hydraulic variable pitch system	Energies
177	SCI 网络	梁　庚	Optimized combustion system in coal-fired boiler: using optimization control and fieldbus	Transactions of the Institute of Measurement and Control
178	SCI 网络	滕　婧	Collaborative multi-target tracking in wireless sensor network	INTERNATIONAL JOURNAL OF SYSTEMS SCIENCE
179	SCI 网络	马应龙	Stable cohesion metrics for evolving ontologies	Journal of Software Maintenance and Evolution: Research and Practice
180	SCI 网络	柳长安	The Wolf Colony Algorithm and Its Application	CHINESE JOURNAL OF ELECTRONICS
181	SCI 网络	柳长安	Multi-agent Reinforcement Learning Based on K-Means Algorithm	CHINESE JOURNAL OF ELECTRONICS
182	SCI 网络	孙中伟	Identity-based access control for distribution automation using EPON	Chinese J. of Electr
183	SCI 网络	高雪莲	Improved direct power injection model of 16-bit microcontroller for electromagnetic immunity prediction	Journal of Central South University of Technology
184	SCI 网络	孙　毅	Research in e-science: current status and future direction	COMPUTER SYSTEMS SCIENCE AND ENGINEERING
185	SCI 网络	孙　毅	Outer Loop Power Control Algorithm Based on T-norms Information Fusion Technology in TD-SCDMA	CHINA COMMUNICATIONS
186	SCI 网络	赵国鹏	Design of Input Filters Considering the Stability of STATCOM Systems	Journalof power electronics
187	SCI 网络	马　静	Robust Wide Area Measurement System-Based Control of Inter-area Oscillations	ELECTRIC POWER COMPONENTS AND SYSTEMS
188	SCI 网络	马　静	Application of Wide-area Collocated Control Technique for Damping Inter-area Oscillations Using Flexible AC Transmission Systems Devices	ELECTRIC POWER COMPONENTS AND SYSTEMS
189	SCI 网络	詹花茂	Effect of space charge on the propagation path of air gap discharge	Plasma Science and Technology
190	SCI 网络	牛东晓	Knowledge mining collaborative DESVM correction method in short-term load forecasting	JOURNAL OF CENTRAL SOUTH UNIVERSITY OF TECHNOLOGY
191	SCI 网络	何永秀	Risk Assessment of Urban Network Planning in China Based on the Matter-Element Model and Extension Analysis	INTERNATIONAL JOURNAL OF ELECTRICAL POWER & ENERGY SYSTEMS
192	SCI 网络	何永秀	Energy-saving decomposition and power consumption forecast: The case of liaoning province in China	ENERGY CONVERSION AND MANAGEMENT
193	SCI 网络	何永秀	Forecasting model of residential load based on general regression neural network and PSO-Bayes least squares support vector machine	JOURNAL OF CENTRAL SOUTH UNIVERSITY OF TECHNOLOGY
194	SCI 网络	赵新刚	International cooperation mechanism on renewable energy development in China - A critical analysis	Renewable Energy
195	SCI 网络	赵振宇	Situation and Competitiveness of Foreign Project Management Consultancy Enterprises in China	JOURNAL OF MANAGEMENT IN ENGINEERING

续表

序号	检索类别	作者	论文题目	论文出处
196	SCI 网络	赵振宇	International cooperation on renewable energy development in China - A critical analysis	RENEWABLE ENERGY
197	SCI 网络	赵振宇	Impacts of renewable energy regulations on the structure of power generation in China - A critical analysis	RENEWABLE ENERGY
198	SCI 网络	乌云娜	The Demonstration of Additionality in Small-scale Hydropower CDM Project	RENEWABLE ENERGY
199	SCI 网络	董长青	The Influence of Ni Loading on Coke Formation in Steam Reforming of Acetic Acid	Renewable Energy
200	SCI 网络	董长青	Density Functional Study of the C Adsorption on the α-Fe_2O_3(001) Surface	Chinese Journal of structural chemistry
201	SCI 网络	白一鸣	Enhancement of light trapping in thin-film solar cells through Ag nanoparticles	CHINESE OPTICS LETTERS
202	SCI 网络	杨少霞	Influence of the structure of TiO_2, CeO_2, and CeO_2-TiO_2 supports on the activity of Ru catalysts in the catalytic wet air oxidation of acetic acid	Rare Materials
203	SCI 网络	吕爱钟	Optimum design method for double-layer thick-walled concrete cylinder with different modulus	Materials and Structures
204	SCI 网络	孙东亮	Effects of inner iteration times on the performance of IDEAL algorithm	Int. Communications in Heat Mass Transfer
205	SCI 网络	古丽米娜	Synthesis and Characterization of Mesoporous Titanium Dioxide Spheres	CHEM. RES. CHINESE UNIVERSITIES
206	SCI 网络	徐进良	Seed Bubble Guided Heat Transfer in a Single Microchannel	Heat Transfer Engineering
207	SCI 网络	张　兵	An in silico approach for the discovery of CDK5/p25 interaction inhibitors	Biotechnology Journal
208	SCI 网络	郑宗明	Efficient fractionation of chinese white poplar biomass with enhanced enzymatic digestibility and modified acetone-soluble lignin	BIORESOURCES
209	SCI 网络	郑宗明	Inhibitory mechanism of 3-hydroxypropionaldehyde accumulation in 1,3-propanediol synthesis with Klebsiella pneumoniae	AFRICAN JOURNAL OF BIOTECHNOLOGY
210	SCI 网络	杨淑霞	RS-SVM forecasting model and power supply-demand forecast	中南大学学报
211	SSCI	徐　钢	Comprehensive evaluation of coal-fired power plants based on grey relational analysis and analytic hierarchy process	Energy Policy
212	SSCI	李永平	An interval-valued minimax-regret analysis approach for the identification of optimal greenhouse-gas abatement strategies under uncertainty	Energy Policy
213	SSCI	张兴平	Total-factor energy efficiency in developing countries	Energy Policy
214	SSCI	赵晓丽	Industrial Relocation and Energy Consumption: Evidence from China.	Energy Policy
215	SSCI	袁家海	Study on China's low carbon development in an Economy-Energy-Electricity-Environment framework	Energy Policy
216	EI 期刊	郭永红	Effects of Electrostatic Field on the Directional Growth of Carbon Nanotubes in V-shaped Flame Method	人工晶体学报
217	EI 期刊	郭永红	Pyrolysis Flame Synthesis of Single, Double and Triple-walled Carbon Nanotubes on Fe/Mo/Al_2O_3 Catalysts: Effects of Synthesis Temperature, Sampling Time and Flow Rate of CO	人工晶体学报

续表

序号	检索类别	作者	论文题目	论文出处
218	EI 期刊	孙保民	Pyrolysis flame synthesis of small-diameter and fewer-walled carbon nanotubes on Fe/Mo/Al_2O_3 catalysts: effects of the catalyst calcination and reduction temperature	人工晶体学报
219	EI 期刊	孙保民	Pyrolysis flame synthesis of carbon nanotubes: Effects of catalysts and synthesis environment	人工晶体学报
220	EI 期刊	孙保民	Influence of temperature for carbon nanotubes synthesis from V-shaped pyrolysis flame	工程热物理学报
221	EI 期刊	孙保民	Numerical simulation of NOx emission of 1000 MW ultra supercritical swirl combustion boiler on different combustion stability conditions	机械工程学报
222	EI 期刊	孙保民	NO distribution numerical simulation on different way of fuel feeding for swirl combustion boiler	机械工程学报
223	EI 期刊	孙保民	Numerical simulation and optimization on temperature field of 600 MW supercritical swirl combustion boiler	中国电机工程学报
224	EI 期刊	肖海平	Effect of Combustion Adjustment on NOx Emission and Boiler Efficiency	中国电机工程学报
225	EI 期刊	肖海平	Research on the effect of adding O_2 to DBD method for removing NO	Advances in Computer Science, Intelligent System and Environment
226	EI 期刊	肖海平	The Experimental Study on Ozone to Remove NO by DBD	Advances in Computer Science, Intelligent System and Environment
227	EI 期刊	陈海平	Study on the Heat Transfer Performance of Air-cooled Island With Windproof Net	中国电机工程学报
228	EI 期刊	杨立军	Influence of condenser cell aspect ratio upon operation performance of air-cooled condensers	工程热物理学报
229	EI 期刊	杨立军	Space characteristics of exhaust plume recirculation flow ratios for air-cooled condensers at ambient winds	工程热物理学报
230	EI 期刊	段立强	Characteristics study on SOFC/GT/ST hybrid power system	工程热物理学报
231	EI 期刊	段立强	Exergy Analysis of Zero CO_2 Emission SOFC Hybrid Power System	工程热物理学报
232	EI 期刊	郭喜燕	Models for internal energy analysis of single-phase heated surface under any condition	中国电机工程学报（增刊）
233	EI 期刊	康　顺	Numerical investigation on aerodynamic performance of wind turbine blades under large separations	工程热物理学报
234	EI 期刊	康　顺	Detached Eddy Simulation of the Single Cooling Hole in Flat Plate	工程热物理学报
235	EI 期刊	张晓东	Simulation Method of Flow Over Complex Terrain	工程热物理学报
236	EI 期刊	康　顺	Numerical investigation on aerodynamic performance of a back-swept wind turbine blade	工程热物理学报
237	EI 期刊	王晓东	Multi-objective optimization on the rotor of a transonic axial compressor	工程热物理学报
238	EI 期刊	魏高升	Thermal conductivity measurement on silica aerogel and it's composite insulation materials	工程热物理学报
239	EI 期刊	滕　伟	Ultra-precision Motion Control and Synchronization Control for Stage of Lithography	机械工程学报
240	EI 期刊	张照煌	Simulation of the entire process of grinding the outer surface of surface parts and error analysis	应用基础与工程科学学报

续表

序号	检索类别	作者	论文题目	论文出处
241	EI 期刊	张照煌	Based on wavelet transform of fault diagnosis and analysis of wind generator transmission system	应用基础与工程科学学报
242	EI 期刊	张照煌	A study of rock mechanical properties under the effect of the Wedge-shaped blade head	应用基础与工程科学学报
243	EI 期刊	张照煌	Study on rock mechanical properties under the effect of disc cutter head	水力学报
244	EI 期刊	张照煌	Research on the layout of tbm disc cutter	工程力学
245	EI 期刊	冯　欣	Tribological properties of fluorosilicone fluorosilicone containing oil as lubricant additives	摩擦学学报
246	EI 期刊	冯　欣	Friction and Wear Properties of Silicone Oils as Lubricant Additives	石油学报
247	EI 期刊	杨志凌	Short-term power prediction with particle swarm optimization	电网技术
248	EI 期刊	徐　鸿	Numerical validation of generation point for second-harmonic longitudinal guided wave with cumulative effect in a pipe	固体力学学报
249	EI 期刊	徐　鸿	Prediction of wall temperature diversification of superheater and reheater tubes	中南大学学报(自然科学版)
250	EI 期刊	张乃强	Influence of dissolved oxygen concentration on oxidation of low alloy steel T_{24} exposed to supercritical water	中国电机工程学报
251	EI 期刊	何　青	Acquisition and management of condition information of equipments based on wireless sensor networks	Journal of Computational Information Systems
252	EI 期刊	何　青	Performance analysis on incentive environment of micro cantilever piezoelectric vibration generator	中国电机工程学报
253	EI 期刊	何　青	Expert system for vibration diagnosis of rotating machinery based on equipment property	中南大学学报（自然科学版）
254	EI 期刊	李宝让	Investigations on growth kinetics of Bi_3NbTiO_9 particles synthesized by molten salt method	人工晶体学报
255	EI 期刊	杜小泽	Analysis of liquid-cooled heat sink used for power electronics cooling	Journal of Thermal Science and Engineering Applications,
256	EI 期刊	杜小泽	Characteristics of air flow around elliptical tubes with rectangular fins	工程热物理学报
257	EI 期刊	安连锁	Boiler tube leakage hyperboloidal location optimization via genetic algorithm	中国电机工程学报
258	EI 期刊	周少祥	The optimization of the ultra-supercritical coal fired power plant without economizer	湖南大学学报
259	EI 期刊	周国兵	Thermal behavior of shape-stabilized phase change material at internal building walls with temperature waves	太阳能学报的热特性
260	EI 期刊	周国兵	Numerical simulations on heat transfer and flow resistance of oblique-cut semi-elliptic cylinder shell in rectangular channel	中国电机工程学报
261	EI 期刊	周国兵	Numerical simulations on characteristics of heat transfer and flow resistance in air cooler with oblique-cut semi-elliptic cylinder shell	化工学报
262	EI 期刊	王　锡	Energy consumption analysis of ground source heat pump-new distributed energy resources	太阳能学报
263	EI 期刊	何成兵	Fault statistics and mode analysis of steam-induced vibration of steam turbine based on FMEA method	Journal of Computers

续表

序号	检索类别	作者	论文题目	论文出处
264	EI 期刊	侯宏娟	Thermodynamics analysis of coal-fired power generation system aided by parobolic trough collective fields	太阳能学报
265	EI 期刊	徐　钢	A novel CO_2 separation liquefaction and purification system	工程热物理学报
266	EI 期刊	王文杰	Study on photoluminescence of Mn2+ in Zn0.84Mn0.16Se superlattics under pressures	高压物理学报
267	EI 期刊	黄国和	An interval-parameter minimax regret programming approach for power management systems planning under uncertainty	Applied Energy
268	EI 期刊	黄国和	An approach to interval programming problems with left-hand-side stochastic coefficients: An applicaton to environmental decisions analysis	Expert Systems with Applications
269	EI 期刊	李　鱼	The atrazine adsorption characteristics of surficial sediments under composite contamination system based on the BP artificial neural network model	吉林大学学报（地学版）
270	EI 期刊	李建兵	An experimental study on the bio-surfactant-assisted remediation of crude oil and salt contaminiated soils	Journal of Environmental Science and Health Part A - Toxic/Hazardous Substances & Environmental Engineering
271	EI 期刊	李　薇	Biomass power plant site　selection modeling and decision optimization	农业工程学报
272	EI 期刊	陆道纲	Simulation on the vortex shedding characteristic of double-plate in flowing fluid	工程热物理学报
273	EI 期刊	陆道纲	Research on turbulent vibration of double-ends-fixed flexible plate in rectangular channel	原子能科学技术
274	EI 期刊	陆道纲	Seismic analysis technique of HVDC valves	振动与冲击
275	EI 期刊	陆道纲	Research on Mechanical Properties of ODS Ferritic Steel by Small Punch Test	核动力工程
276	EI 期刊	陈义学	Power flattening and rejuvenation of PWR spent fuel blanket for hybrid fusion-fission reactor	原子能科学技术
277	EI 期刊	陈义学	Parameter sensitivity analysis of pressure vessel fast neutron fluence rate calculation based on MCNP	原子能科学技术
278	EI 期刊	周　涛	Code research on mass flux assignment of spuercritical water-cooled reactor	核动力工程
279	EI 期刊	周　涛	Control analysis for failure transient accident of feed-water control system in supercritical water-cooling fast reactor	核动力工程
280	EI 期刊	周　涛	Study on calculation model of onset of nucleate boiling in narrow channels	核动力工程
281	EI 期刊	周　涛	Study on grey correlation degree of influence factors on ONB in narrow channel under natural circulation	核动力工程
282	EI 期刊	蔡　军	Structure evolution of defects in BCC iron by displacement cascade: Molecular dynamics simulation	Chinese Journal of Computational Physics
283	EI 期刊	周世梁	Parameters tuning for primary controller of steam generator level control system based on $H\infty$　loop shaping method	原子能科学技术
284	EI 期刊	刘吉臻	Modelling of Utility Boiler Reheat Steam Temperature Based on Partial Least Squares Regression	中国电机工程学报
285	EI 期刊	杨国田	Research on obstacle avoidance and motion planning of indoor mobile service robot	华中科技大学学报（自然科学版）
286	EI 期刊	杨国田	Motion planning of flying robot for power line inspection based on dynamic model	华中科技大学学报（自然科学版）

续表

序号	检索类别	作者	论文题目	论文出处
287	EI 期刊	房　方	Modeling and Simulation of Thermal System in Power Station Based on System Dynamics	中国电机工程学报
288	EI 期刊	房　方	An Assessment Method for Comprehensive Performance of Thermal Control System	中国电机工程学报
289	EI 期刊	曾德良	A Soft-sensor Method of Reheat Steam Flow Based on Simplified Heat-balance Equation	中国电机工程学报
290	EI 期刊	谭　文	Partially decentralized control and its application in the coordinated control of boiler-turbine units	中国电机工程学报
291	EI 期刊	谭　文	Linear active disturbance rejection control for the coordinated system of drum boiler-turbine units	中国电机工程学报
292	EI 期刊	钱殿伟	A Robust Sliding Mode Controller Based on RBF Neural Networks for Overhead Crane Systems With Uncertain Dynamics	ICIC Express Letters
293	EI 期刊	钱殿伟	Neuro-Hierarchical Sliding Mode Control for a Class of Under-actuated systems	Int. J. of Modelling Identification and Control
294	EI 期刊	钱殿伟	Sliding Mode Technology for Automatic Generation Control of Single Area Power Systems	ICIC Express Letters
295	EI 期刊	郭　鹏	Wind turbine gearbox condition monitoring using temperature trend analysis	中国电机工程学报
296	EI 期刊	郭　鹏	A new MPPT strategy based on residual error gray wind speed prediction	太阳能学报
297	EI 期刊	韩晓娟	Short term wind speed prediction based on wavelet transform and LS-SVM	太阳能学报
298	EI 期刊	杨锡运	Fault diagnosis based on bond graph for hydraulic variable pitch system	Applied Mechanics and Materials
299	EI 期刊	梁　庚	Design of remote monitoring and control system for power plants based on distributed OPC, components linkage and Web Service	电力自动化设备
300	EI 期刊	魏振华	Weighted likelihood ratio fusion algorithm based on SVM	控制与决策
301	EI 期刊	李国栋	Bandwidth measurement based on adaptive filtering	高技术通讯
302	EI 期刊	李国栋	Primary path automatic handover based on comprehensive performance evaluation method	华中科技大学学报（自然科学版）
303	EI 期刊	马应龙	An approach to ontology information mining based on relational database	International Journal of Digital Content Technology and its Applications
304	EI 期刊	黄从智	Controller design of networked cascade control Systems based on Structured singular Values	ICIC Express Letters, Part B: Applications
305	EI 期刊	黄从智	Design and implementation of networked cascade control system pilot plant	ICIC Express Letters, Part B: Applications
306	EI 期刊	白　焰	Drying Process Analysis and Simulation of Water in Municipal Solid Waste Incinerator	中国电机工程学报
307	EI 期刊	柳长安	Dynamic path planning for mobile robot based on improved ant colony optimization algorithm	电子学报
308	EI 期刊	柳长安	An intelligent addressing program of flying robot for overhead powerline inspection	华中科技大学学报
309	EI 期刊	吴　华	Power tower detection using global self-similarity descriptor	Journal of Huazhong University of Science and Technology (Natural Science Edition)

续表

序号	检索类别	作者	论文题目	论文出处
310	EI 期刊	张建华	Reliable control for T-S fuzzy system intermittent actuators failure	ICIC Express Letters
311	EI 期刊	龚钢军	Research of network architecture and implementing scheme for the internet of things towards the smart grid	电力系统保护与控制
312	EI 期刊	陈晓梅	Simulation-based multi-signal modeling with adaptive threshold estimation	电子科技大学学报
313	EI 期刊	肖仕武	A Bergeron Model Based Current Differential Protection Principle for UHV Half Wave-Length AC Transmission	电网技术
314	EI 期刊	张海波	Distributed dynamic power flow for AC/DC interconnected power grid considering converter transformer's tap changer regulating	电力系统自动化
315	EI 期刊	张海波	Asynchronous iteration distributed dynamic power flow considering frequency change	电力系统自动化
316	EI 期刊	刘文颖	Optimal configuration of short-circuit current limitation measures based on multilevel fuzzy comprehensive evaluation model	电网技术
317	EI 期刊	刘文颖	Study on policies of condition based maintenance of transmission and distribution equipments combined with life cycle cost management	电力系统保护与控制
318	EI 期刊	刘文颖	A fast algorithm of short-circuit current based on compensation method	电力系统自动化
319	EI 期刊	刘文颖	A power system analysis software package based comprehensive evaluation method for short-circuit current limitation strategy	电网技术
320	EI 期刊	刘文颖	Analysis of limiting effect of 500 kV autotransformer neutral grounding by small reactance on ground short-circuit current	电力系统保护与控制
321	EI 期刊	刘文颖	Automatic extraction and application of network alarm rule based on the rough set	电力系统保护与控制
322	EI 期刊	刘文颖	Compilation method based on graphic operation for grid maintenance scheduling	电力系统保护与控制
323	EI 期刊	刘崇茹	A method of selecting DC links termination at AC locations considering stability and economy at once	电力系统自动化
324	EI 期刊	赵冬梅	Application study of on-line voltage stability prediction index based on WAMS	电网技术
325	EI 期刊	焦重庆	Selective suppression of electromagnetic modes in a rectangular waveguide by using distributed wall losses	Progress in Electromagnetics Research Letters
326	EI 期刊	焦重庆	Compensation technolgy for electrical length of half-wavelength AC power transmission lines	电网技术
327	EI 期刊	卢铁兵	A hybrid method for the simulation of ion flow field of HVDC transmission lines based on finite element method and finite volume method	中国电机工程学报
328	EI 期刊	卢铁兵	Corona loss analysis of high voltage DC transmission lines in close proximity of high voltage AC transmission lines	中国电机工程学报
329	EI 期刊	齐　磊	Calculation of Critical Length and Maximum Metal Voltage for Underground Metal Pipeline in Parallel with the Overhead Power Transmission Line	高电压技术
330	EI 期刊	李　琳	Calculation of the lightning induced voltages on power distribution line	高电压技术

续表

序号	检索类别	作者	论文题目	论文出处
331	EI 期刊	李　琳	Analysis of polarity reversal electric field of oil-paper insulation based on charge-scalar potential finite element method	中国电机工程学报
332	EI 期刊	卢斌先	Probability distribution of coupling responses of HVAC and HVDC externally excited by HEMP	电工技术学报
333	EI 期刊	王泽忠	Complex domain analysis based on transient waving for transmission line faults	电力自动化设备
334	EI 期刊	王泽忠	Surface electric field intensity calculation of shielding case for valve tower of DC converter station with Galerkin boundary element method	电网技术
335	EI 期刊	王泽忠	Calculation of Power Frequency Electric Field Near Equipments in UHV Substations With BEM Based on Line-Area Models	电工技术学报
336	EI 期刊	王泽忠	Extraction of Parasitic Capacitance of Shield in HVDC Converter Stations	电工技术学报
337	EI 期刊	王增平	Fault Locating Method Based on Two-terminal Common Positive Sequence Fundamental Frequency Component for Parallel Transmission Line	中国电机工程学报
338	EI 期刊	王增平	A Novel Method of Substation Configuration Based on Virtual Impedance	电工技术学报
339	EI 期刊	王增平	A Novel Fault Location Algorithm Based on Phase Characteristics of Fault Location Function for Three-terminal Transmission Lines	中国电机工程学报
340	EI 期刊	王增平	A novel substation topology analysis algorithm based on synchronized phasor measurement	电力系统保护与控制
341	EI 期刊	艾　欣	Dynamic economic dispatch for wind farms integrated power system based on credibility theory	中国电机工程学报
342	EI 期刊	艾　欣	Simulation on series harmonic resonance of microgrid based on modal assessment method	浙江大学学报
343	EI 期刊	艾　欣	A fuzzy chance constrained decision model for unit commitment of power grid containing large-scale wind farm	电网技术
344	EI 期刊	艾　欣	Master-slave control strategy to restrain circulating current in autonomous microgrid with multi distributed generation units	电网技术
345	EI 期刊	艾　欣	Design of demand side reserve bid-scheduling strategy considering future carbon emission trading	电力系统自动化
346	EI 期刊	鲍　海	Congestion risk hedging model for generation rights trade	电力系统保护与控制
347	EI 期刊	鲍　海	A biding model for day-ahead market transaction considering modification of network loss	电网技术
348	EI 期刊	鲍　海	Algorithm of power distribution factor based on current distribution	中国电机工程学报
349	EI 期刊	鲍　海	A kind of Rogowski coil model based on magneto-motive force balance	电网技术
350	EI 期刊	徐衍会	Analysis and damping of subsynchronous oscillation in complex multi-machine system	电力系统保护与控制
351	EI 期刊	齐　郑	Design of auto-tuning arc-suppression coil for smart substation	电力系统自动化
352	EI 期刊	王　鹏	A method for division of paid peak-regulation and free peak-regulation for thermal power units	电力系统自动化

续表

序号	检索类别	作者	论文题目	论文出处
353	EI 期刊	刘其辉	Reactive Power Generation Mechanism & Characteristic of Doubly Fed Variable Speed Constant Frequency Wind Power Generator	中国电机工程学报
354	EI 期刊	刘其辉	Analysis and Design of the Digital / Physical Hybrid Simulation Scheme for Doubly Fed Wind Power Generation and Converter Control	电力系统自动化
355	EI 期刊	麻秀范	An improved genetic algorithm for distribution network planning with distributed generation	电工技术学报
356	EI 期刊	张粒子	A composite generation-transmission system reliability assessment method based on clustering of optimal multiplier vector	电力系统自动化
357	EI 期刊	张粒子	Multi-objective transmission planning associated with wind farms applying NSGA-II hybrid intelligent algorithm	中国电机工程学报
358	EI 期刊	张粒子	Probabilistic calculation and confidence interval estimation of several wind farm penetration limit	太阳能学报
359	EI 期刊	张粒子	Analysis on network loss compensation caused by trading of generation right	电网技术
360	EI 期刊	张粒子	Economic comparison for different generation schedulings with large scale wind power connected power system	电力系统自动化
361	EI 期刊	张粒子	Loss compensation methods for regional generation right trading with marginal clearing mechanism	电力系统自动化
362	EI 期刊	张粒子	A wheeling loss compensation method for trans-provincial regional electricity transaction	电网技术
363	EI 期刊	毛安家	An approach of power grid security comprehensive assessment based on credibility theory	电力系统保护与控制
364	EI 期刊	舒隽	A two stage method for generation right bidding trade	电网技术
365	EI 期刊	舒隽	Self-scheduling of cascaded hydropower stations based on pheromone induction genetic algorithm	水力发电学报
366	EI 期刊	刘文霞	Communication Delay Analysis of WAMS Considering Network Protection Mechanisms	电力系统自动化
367	EI 期刊	刘文霞	Optimization Model of Distribution Network Construction Project and Its Solution	电网技术
368	EI 期刊	高雪莲	Modeling and Simulation of Electromagnetic Immunity of Micro-controller in Power System	电网技术
369	EI 期刊	唐良瑞	A baton handover strategy based on channel reservation and preemptive priority	电子学报
370	EI 期刊	唐良瑞	Research of ambient composite networks towards the smart distribution grid	电力系统保护与控制
371	EI 期刊	黄　伟	A method for optimal layout of distributed generations based on steady-state analysis and interval analytic hierarchy process	电网技术
372	EI 期刊	黄　伟	Analysis on non-planned isolated control strategy for microgrid	电力系统自动化
373	EI 期刊	吴润泽	Survival routing algorithm based on DiR protection ring in novel power ICT network	电力系统保护与控制
374	EI 期刊	刘　念	Cyber security risks and requirements for customer interaction of smart grid	电力系统自动化

续表

序号	检索类别	作者	论文题目	论文出处
375	EI 期刊	肖湘宁	A Method of Multi-Mode Switching for SVC Based on Sugeno Fuzzy Inference	电网技术
376	EI 期刊	肖湘宁	Phase Correction Method of HVDC Supplementary Subsynchronous Multiple Models Damping Controller	高电压技术
377	EI 期刊	肖湘宁	Mechanism Analysis of Static Var Source Depressing Subsynchronous Oscillations	电工技术学报
378	EI 期刊	肖湘宁	Analysis on Damping Characteristic of Subsynchronous Oscillation in AC/DC Power Grid Consisting of 500 kV AC Power Transmission From Yimin to Fengtun and ±500 kV DC Power Transmission From Hulun Buir to Liaoning	电网技术
379	EI 期刊	杨　琳	Analysis on Subsynchronous Damping Conservation Character Based on Eigenvalue Method	电网技术
380	EI 期刊	郭春林	Analysis method and control strategy of triple single-phase DVR	电力自动化设备
381	EI 期刊	徐永海	Slop PWM current control and corresponding current tracking methods	中国电机工程学报
382	EI 期刊	徐永海	Identification of power quality disturbance based on short-term Fourier transform and disturbance time orientation by singular value decomposition	电网技术
383	EI 期刊	徐永海	A compensation strategy for differentiated cascaded current quality regulation device	电网技术
384	EI 期刊	徐永海	Study of harmonic current detection based on sliding-window iterative algorithm of DFT	电力系统保护与控制
385	EI 期刊	徐永海	Voltage sag detection based on p-q-r theory and morphological filter	电力自动化设备
386	EI 期刊	赵成勇	A monitoring and IAHP based calculating method of comprehensive weights for public grid harmonics	电力系统保护与控制
387	EI 期刊	赵成勇	Modeling of Modular Multilevel Converter Based on Real-Time Digital Simulator	电网技术
388	EI 期刊	刘　晋	Dynamic characteristics of stator flux of doubly-fed induction generator during grid voltage fault	中国电机工程学报
389	EI 期刊	韩民晓	Voltage sag assessment for distribution network containing distributed generation	电网技术
390	EI 期刊	朱永强	Application of least square support vector machine in photovoltaic power forecasting	电网技术
391	EI 期刊	朱永强	A comprehensive assessment of event-based power quality	电网技术
392	EI 期刊	卢文冰	Transfer characteristic simulation and field application research on two way power frequency automatic communication system signals	电网技术
393	EI 期刊	卢文冰	Demodulation for TWACS outbound signals based on time-frequency analysis and cross-correlation technique	电工技术学报
394	EI 期刊	赵海森	Stator slot optimal design of premium motors based on time-stepping finite element method	中国电机工程学报
395	EI 期刊	赵海森	Time-stepping finite element analysis of influence of stator structural components on losses of small and middle motors and loss reduction	中国电机工程学报
396	EI 期刊	罗应立	Analysis of low-speed PM-motor’s torque characteristics by 3D-FEM	电机与控制学报

续表

序号	检索类别	作者	论文题目	论文出处
397	EI 期刊	罗应立	Effects of computation parameters on torque calculation result of LS-A-PMSM	电机与控制学报
398	EI 期刊	罗应立	Calculation of line-start permanent magnet motor minimal torque based on time-stepping finite element method	电机与控制学报
399	EI 期刊	罗应立	Time-stepping Finite Element Simulation Experimental Method of Determining Line-start Permanent Magnet Motor Minimal Torque	中国电机工程学报
400	EI 期刊	刘明基	Demagnetization field analysis and calculation for line-start permanent magnet synchronous motor during start process	中国电机工程学报
401	EI 期刊	刘明基	Design of hydrogen leakage detection and alarm processing system for the fuel cell power train lab	high technology letters
402	EI 期刊	崔　翔	Research on steady-state operation characteristics of UHV half-wavelength AC power transmission line	电网技术
403	EI 期刊	崔　翔	FEM high-speed method for calculating total electric field below HVDC lines	中国电机工程学报
404	EI 期刊	崔　翔	FEM for 3D total electric field calculation near HVDC lines	电工技术学报
405	EI 期刊	崔　翔	Finite element method for calculating total electric field of HVDC lines with underneath building	中国电机工程学报
406	EI 期刊	崔　翔	Preliminary research on power extraction system laid out along UHV Half-wavelength AC transmission line	电网技术
407	EI 期刊	崔　翔	Calculating charged electric potential of the conductor in ionized field	中国电机工程学报
408	EI 期刊	崔　翔	Calculation and analysis of the impedance parameters of high-speed circuit power/ground planes	电波科学学报
409	EI 期刊	毕天姝	Fault phase selection with fault component in same-tower double-circuit lines based on correlation analysis	电力系统自动化
410	EI 期刊	毕天姝	Impact of instrument transformers on synchronous phasor measurement	电网技术
411	EI 期刊	毕天姝	An approach for critical lines identification based on the survivability of power grid	中国电机工程学报
412	EI 期刊	毕天姝	Adaptive strategy for backup protections within power transferring area against cascading trips	电力系统自动化
413	EI 期刊	毕天姝	Review of frequency stability for islanded power system	电力系统保护与控制
414	EI 期刊	郑　涛	Single-phase Adaptive Reclosure Based on Variation Trend of Decaying Components of Fault Phase Shunt Reactor Currents	电力系统自动化
415	EI 期刊	郑　涛	Interturn Fault Protection for Transformer Type Controllable Shunt Reactor Based on Leakage Inductance Change	电力系统自动化
416	EI 期刊	郑　涛	Analysis on a Mal-operation of Differential Protection for Ultra-high Voltage Transformer and Its Countermeasure	电力系统自动化
417	EI 期刊	黄少锋	Framework design of intelligent primary equipment in smart substation	电力自动化设备
418	EI 期刊	黄少锋	A nalysis on impact of transition resistance on multi-phase compensation impedance element and its countermeasures	电网技术
419	EI 期刊	黄少锋	Analysis and measures of generator de-excitation time influence on generato r -transformer set protection	电力系统自动化
420	EI 期刊	黄少锋	Effects of zero-sequence mutual inductance on zero-sequence pilot protection of parallel lines	电力系统保护与控制

续表

序号	检索类别	作者	论文题目	论文出处
421	EI 期刊	黄少锋	Mal-operation of transformer differential protection with inner bridge connection and countermeasure	高电压技术
422	EI 期刊	马　静	Calculation of Minimum Break Point Set for Multi-area Complex Loop Network of Power System	中国电机工程学报
423	EI 期刊	马　静	Recognition of Transformer Leakage Inductance During Its No-load Closing	电网技术
424	EI 期刊	马　静	A Novel Wide Area Backup Protection Method Fast Adapting to Variation of Network Configuration	电网技术
425	EI 期刊	马　静	A Method for Updating Minimum Break Point Set Adaptive to Variable Network Configuration	电力系统自动化
426	EI 期刊	马　静	A New Adaptive Protection Approach for Distribution Network Containing Distributed Generation	电网技术
427	EI 期刊	马　静	A Fault Steady State Component-based Wide Area Backup Protection Algorithm	IEEE Transactions on Smart Grid
428	EI 期刊	张建华	Model and Solution for Environmental/Economic Dispatch Considering Large-scale Wind Power Penetration	中国电机工程学报
429	EI 期刊	张建华	Multi-objective optimization and decision making of voltage stability constrained optimal power flow	电力自动化设备
430	EI 期刊	张建华	A Self-Adaptive Multi-Objective Differential Evolution Algorithm for Reactive Power Optimization Considering Voltage Stability	电网技术
431	EI 期刊	张建华	A new back /forward sweep algorithm for power flow calculation in distribution network considering load static voltage characteristics	电力系统保护与控制
432	EI 期刊	张建华	An Improved Adaptive Fuzzy C-means Algorithm for Load Characteristics Classification	电力系统自动化
433	EI 期刊	张建华	Method of Operational Risk Assessment for Generating System	中国电机工程学报
434	EI 期刊	张建华	Online control strategy of busbar automatic transfer switch for regional power grids(1): online dynamic selection of switching combination	电力自动化设备
435	EI 期刊	张建华	Online control strategy of busbar automatic transfer switch for regional power grids(2):control strategy considering available supply capability of standby power	电力自动化设备
436	EI 期刊	张建华	An on-line assessment algorithm of transmission security level for regional power grid and its design	电网技术
437	EI 期刊	张建华	Research on static security index of distribution network based on risk theory	电力系统保护与控制
438	EI 期刊	马　进	Steady state and transient operational characteristics of UHV half-wavelength AC transmission system	电网技术
439	EI 期刊	马　进	An eigenvalue sensitivity-based method to analyze effects of load model on system damping	电网技术
440	EI 期刊	杨京燕	Planning of distributed generation　based on optimal real power losses	电力系统保护与控制
441	EI 期刊	李成榕	Development of broadband sensor using floating ring electrode embedded in a spacer for measuring VFTO	高电压技术
442	EI 期刊	齐　波	Evolution phenomena and features of surface partial discharge initiated by immobilized metal particles on GIS insulators	中国电机工程学报

续表

序号	检索类别	作者	论文题目	论文出处
443	EI 期刊	齐　波	Severity diagnosis and assessment of the partial discharge provoked by high-voltage electrode defect on GIS insulator surface	高电压技术
444	EI 期刊	马国明	Development of fiber Bragg grating wind sensor for icing-monitoring of overhead transmission lines	中国电机工程学报
445	EI 期刊	屠幼萍	Influence of humidity on ozone aging performance of HTV silicon rubber	高电压技术
446	EI 期刊	屠幼萍	Analysis of cable sheath overvoltage due to not completely closing of GIS disconnector	高电压技术
447	EI 期刊	全玉生	Power loss calculation in lightning shield line with layered soil structure	电工技术学报
448	EI 期刊	全玉生	Methodology of forecasting the oil-immersed transformer over-hot fault tendency based on catastrophe theory	中国电机工程学报
449	EI 期刊	王　伟（大）	Partial discharge simulation analysis and frequency-dependent model for 110 kV three-phase cross-bonded cable	中国电机工程学报
450	EI 期刊	王　伟（大）	Development of cable space charge measurement device using pulsed electro-acoustic method	高电压技术
451	EI 期刊	程养春	Developing processes of partial discharge defects of needle-plate structure on oil-paper insulation of transformer	高电压技术
452	EI 期刊	程养春	Development of broadband voltage electro-optical measurement system for converter valve components used in HVDC power transmission	电网技术
453	EI 期刊	郑书生	Newton’s method in complex field for locating partial discharge in transformers	高电压技术
454	EI 期刊	王　伟（小）	Diagnosis of severity degree for power transformer oil-pressboard insulation surface discharge	高电压技术
455	EI 期刊	王　伟（小）	Creepage discharge performance of high moisture pressboard in oil-paper insulation system	高电压技术
456	EI 期刊	詹花茂	Effect of space charge on striking points of air gap discharge under positive voltages	高电压技术
457	EI 期刊	唐志国	Experimental study on development characteristics of point discharge in GIS	电网技术
458	EI 期刊	尹忠东	Phase shift theory and application of inter-phase coupled reactor	电力自动化设备
459	EI 期刊	牛东晓	An improved electricity procurement decision-making method based on information gap decision theory	Advances in Information Sciences and Service Sciences
460	EI 期刊	牛东晓	An empirical analysis of electricity consumption intensity based on structure factor and efficiency factor	International Journal of Information Technology and Management
461	EI 期刊	牛东晓	Research on comprehensive evaluation of power generation enterprise human resource	Advances in Intelligent and Soft Computing
462	EI 期刊	何永秀	Risk assessment of natural disaster in urban electric power network planning	电工技术学报 Transactions of China Electrotechnical Society
463	EI 期刊	王永利	Power load forecasting using data mining and knowledge discovery technology	International Journal of Intelligent Information and Database Systems
464	EI 期刊	王永利	Optimization of support vector machines based on rough sets in seasonal load forecasting	Journal of Computational Information Systems

续表

序号	检索类别	作者	论文题目	论文出处
465	EI 期刊	谭忠富	Risk and benefit balance optimization models of contract negotiation between coal suppliers and power generators	系统工程理论与实践
466	EI 期刊	谭忠富	Benefits distribution optimization models of energy-saving and SO2 emission-reducing based on power generation side and supply side's cooperation	系统工程理论与实践
467	EI 期刊	谭忠富	A model integrating econometric approach with system dynamics for long-term load forecasting	电网技术
468	EI 期刊	李彦斌	Research on thermal power plant economic dispatch based on dynmic programming	Journal of Computational Information Systems
469	EI 期刊	曾　鸣	Smart Grid and Support Mechanisms for Low-carbon Power System	电力系统自动化
470	EI 期刊	曾　鸣	Low Carbon Electricity Market Design and Policy Analysis	电力系统自动化
471	EI 期刊	曾　鸣	Least Squares-support Vector Machine Load Forecasting Approach Optimized by Bacterial Colony Chemotaxis Method	中国电机工程学报
472	EI 期刊	曾　鸣	An Optimal Model of Generation Capacity Investment Portfolio Considering Grid-Connected Wind Farm	电网技术
473	EI 期刊	曾　鸣	A Dynamic Programming Method for Electricity Bilateral Contracts Trading Considering Renewable Energy Generation	电力系统自动化
474	EI 期刊	曾　鸣	A Demand-Side Response-Based Transmission Planning Model with Grid-Connected Wind Farms	电网技术
475	EI 期刊	曾　鸣	Analysis on Electricity Market Development in US and Its Inspiration to Electricity Market Construction in China	电网技术
476	EI 期刊	曾　鸣	A Dynamic Economic Scheduling Model Considering Environmental Protection Cost and Impact of Connecting Wind Power to Power Grid	电网技术
477	EI 期刊	曾　鸣	Estimation of Life-cycle Emission Reduction Benefits for Wind Power Project Based on Interval-number Theory	电力系统自动化
478	EI 期刊	曾　鸣	Investment Pattern and Economics Benefits Analysis of Distributed Generation	Systems Engineering Procedia
479	EI 期刊	曾　鸣	Low-carbon contribution effects analysis model of power supply enterprises based on fuzzy comprehensive assessment method and its application	Systems Engineering Procedia
480	EI 期刊	宋晓华	Improved Support Vector Machine Forecasting Model by Shuffled Frog Leaping Algorithm and Its Application	中南大学学报（自然科学版）
481	EI 期刊	赵会茹	Research on prediction to investment demand of power grid based on co-integration theory and error correction model	电网技术
482	EI 期刊	李春杰	Price cap mechanism for electricity market based on constraints of incentive compatibility and balance accounts	电网技术
483	EI 期刊	张金良	Short-term load forecasting based on empirical mode decomposition, econometric model and chaotic model	电网技术
484	EI 期刊	李存斌	Engineering project risk rating based on matter-element model and extension analysis	ICIC Express Letters, Part B: Applications
485	EI 期刊	李存斌	Power supply risk transmission analysis based on learning Bayesian networks	中南大学学报（自然科学版）
486	EI 期刊	李存斌	Model-based risk element transmission research for software development project	Journal of Computational Information Systems

续表

序号	检索类别	作者	论文题目	论文出处
487	EI 期刊	李存斌	Evaluation model of software project risk element transmission based on Hidden Markov Model	Journal of Computational Information Systems
488	EI 期刊	王建军	Simulating the electric demand response profit linkage mechanism by system dynamics	系统工程理论与实践
489	EI 期刊	刘吉成	Furry newsboy problem with random variables in a supply chain environment	International Journal of information and management Science
490	EI 期刊	刘吉成	Fuzzy random continuous review inventory model with imperfect quality	International Journal of Information and Management Sciences
491	EI 期刊	刘吉成	The Study of the Nuclear Power Economics Evaluation Index System Based on RBF Neural Network	ICIC Express Letter 2011
492	EI 期刊	梁春燕	Dictionary-based Voting Text Classification for Multilingual Domain-specific Web Pages	ICIC Express Letters
493	EI 期刊	梁春燕	Bilingual Domain-specific Dictionary and Its Application in Web Page Classification	ICIC Express Letters
494	EI 期刊	梁春燕	Personalized Information Retrieval in Specific Domain	ICIC Express Letters, Part B: Applications
495	EI 期刊	黄敏芳	A State Space-based Solution Approach to Disruption Management Problems in the Distribution Industry	ICIC Express Letters: An International Journal of Research and Surveys
496	EI 期刊	赵振宇	Prediction of change of construction project based on information iteration analysis	土木工程学报
497	EI 期刊	乌云娜	Government investment projects collusion supervision based on the prospect theory	ICIC Express Letters, Part B: Applications
498	EI 期刊	乌云娜	The design of CRM system in the international engineering contracting companies Colenco Power Engineering Ltd. case study	Advances in Intelligent and Soft Computing
499	EI 期刊	李金超	Study on the evaluation model for the power grid corporation operation ability based on ANP	电力系统保护与控制
500	EI 期刊	纪昌明	Application of ant colony algorithm for hydropower dispatching function optimization	电力系统自动化
501	EI 期刊	纪昌明	Short-term operation benefit analysis of cascade reservoirs based on power load curve	电力系统保护与控制
502	EI 期刊	纪昌明	The optimal operation of cascade reservoirs based on catfish effect particle swarm optimization algorithm	电力系统保护与控制
503	EI 期刊	纪昌明	The short-term power generation scheduling rules for hydropower station	电力系统保护与控制
504	EI 期刊	韩　爽	Ultra-short term wind power prediction and uncertainty assessment	太阳能学报
505	EI 期刊	张　成	Research on the Characteristic of Hydraulic Response of Large Water Diversion System under the Control of Gates	应用基础与工程科学学报
506	EI 期刊	吕爱钟	Stress analytical solution for plane problem of a thick-walled cylinder subjected to a type of non-uniform distributed pressures	工程力学
507	EI 期刊	孙万泉	SMA restrainer bars across contraction joints of high arch dams to resist earthquakes	水力发电学报
508	EI 期刊	李继红	Anaerobic batch co-digestion of Spartina alterniflora and potato	Int. J. Environment and Pollution
509	EI 期刊	李继红	Characteristics of acidification fermentation and biogas production for co-digestion of Spartina alterniflora and potato	农业工程学报

续表

序号	检索类别	作者	论文题目	论文出处
510	EI 期刊	龙　凯	homogenization method for dynamic problems based on continuous size field	固体力学学报
511	EI 期刊	王丽萍	Risk calculation method for complex engineering system	Water Science and Engineering
512	EI 期刊	王丽萍	Risk analysis of reservoir generation dispatching based on probability optimization method	电力系统保护与控制
513	EI 期刊	王丽萍	Simulate maximum entropy method and its application to reservoir flood risk calculation	水利学报
514	EI 期刊	王丽萍	Evaluation of the ecosystem carrying capacity impact caused by the cascade hydropower development	水力发电学报
515	EI 期刊	王丽萍	Ecosystem health assessment for the Changjiang River Estuary and its adjacent sea area	水利学报
516	EI 期刊	张尚弘	Simulation of levee-breach flow submergence based on virtual reality	水力发电学报
517	EI 期刊	张尚弘	Development of texture-based flow visualization platform	水力发电学报
518	EI 期刊	张尚弘	Real-time interactive interface of watershed simulation system	应用基础与工程科学学报
519	EI 期刊	张尚弘	Virtual reality technique for real-time simulation of unsteady flow	应用基础与工程科学学报
520	EI 期刊	张尚弘	Three-dimensional modeling method of watershed virtual environment	应用基础与工程科学学报
521	EI 期刊	宋记锋	Analysis of spectrum and attenuation for high concentrated sunlight transmitted through fibers	太阳能学报
522	EI 期刊	张　华	Wind speed forecasting model study based on least squares support vector machine and Ant Colony optimization	太阳能学报
523	EI 期刊	杨淑霞	Comprehensive evaluation of electric power customer satisfaction based on BP neural network optimized by fish swarm algorithm	电网技术
524	EI 期刊	杨淑霞	Market clear price forecasting based on maximum Lyapunov exponent	中南大学学报
525	EI 期刊	黄弦超	Model of service restoration of distribution systems with distributed generation	电力系统保护与控制
526	EI 期刊	黄弦超	Service restoration of distribution systems based on node-depth encoding technique	电力系统自动化
527	EI 会议	秦立军	The application of the Internet of Things in the smart grid	MSIT2011
528	EI 会议	秦立军	The study and exploration of a new generation of photovoltaic energy storage system	ICSGCE 2011
529	EI 会议	秦立军	Application of synthetic relative measuring method in on-line monitoring for capacitive equipment	ICSGCE 2011
530	EI 会议	秦立军	Feasibility study of PMU based on IEEE 1588	DRPT 2011
531	EI 会议	秦立军	Information model for power grid fault diagnosis based on CIM	DRPT 2011
532	EI 会议	秦立军	A new wide area measurement system model based on common information model	DRPT 2011
533	EI 会议	秦立军	IEC61850 based distribution terminal unit	DRPT 2011
534	EI 会议	秦立军	Implementation of CIM-based high-speed power network topology analysis	DRPT 2011

续表

序号	检索类别	作者	论文题目	论文出处
535	EI 会议	秦立军	Application of hamming windowed interpolated DFT algorithm based on modified ideal sampling frequency in on-line measuring dielectric loss angle	DRPT 2011
536	EI 会议	秦立军	Situation of study on distribution network protection containing distributed generation and application scheme of intelligent protection	DRPT 2011
537	EI 会议	秦立军	CRM system based on user demand side response in the smart grid application	DRPT 2011
538	EI 会议	秦立军	Study on automatic arc suppression coil compensation technology and fault line selection and location based on fixed-frequency signal injection method	AIMSEC 2011
539	EI 会议	秦立军	Intelligent streetlight energy-saving system based on LonWorks power line communication technology	DRPT 2011
540	EI 会议	秦立军	Application schemes of IEEE1588 protocol in communication network of electric power dispatching	MSIT2011
541	EI 会议	赵　凡	Comparison research of statistical correlation coefficient when analyzing theme evolution	ICIII 2011
542	EI 会议	林　红	Application and Research of Information System Planning Methods in University	CEIS 2011
543	EI 会议	郭永红	Catalyst Study for Carbon Nanotubes Synthesis by Flame	ICAMR 2011
544	EI 会议	孙保民	Effect of hydrogen on V-type pyrolysis flame synthesis of carbon nanotubes	APPF 2010
545	EI 会议	孙保民	Flame synthesis of carbon nanotubes and nanocapsules	11th IUMRS International Conference in Asia, IUMRS-ICA2010
546	EI 会议	孙保民	Synthesis Mechanism of Flame Synthesized Deformity Carbon Nanotubes	IUMRS-ICA2010
547	EI 会议	孙保民	Effects of Temperature for Carbon Nanotubes Synthesis	ICAMR 2011
548	EI 会议	孙保民	Carbon nanofibers preparation using carbon monoxide from the V-type pyrolysis flame	11th IUMRS International Conference in Asia, IUMRS-ICA2010
549	EI 会议	孙保民	Influence analysis of sampling time for synthesis of carbon nanotubes in the V-type pyrolysis flame	APPF 2010
550	EI 会议	孙保民	Pyramid shaped pyrolysis flame catalyst synthesis of carbon nanotubes	1st Annual Meeting on Testing and Evaluation of Inorganic Materials
551	EI 会议	孙保民	Effect of helium on synthesis of carbon nanotubes from the V-type pyrolysis flame	APPF 2010
552	EI 会议	孙保民	Influence of catalyst for synthesis of carbon nanofibers from the flame	CEAM 2011
553	EI 会议	孙保民	Thermal condition monitor system of turbine rotor	ICECE 2011 - Proceedings
554	EI 会议	孙保民	Application and research of economic supervisor system in power plant	ICETCE 2011 - Proceedings
555	EI 会议	孙保民	Experimental study on reducing NOx emission of 300MW coal-fired boiler with burners in front and back walls	APPEEC 2011 - Proceedings
556	EI 会议	肖海平	Numerical Optimization Research on the Dielectric Barrier Discharge for NOx Remova	2011 International Conference on Energy, Environment and Sustainable Development
557	EI 会议	肖海平	Kinetics of DeNOx process by Ammonia injection	2011 International Conference on Energy, Environment and Sustainable Development

续表

序号	检索类别	作者	论文题目	论文出处
558	EI 会议	肖海平	Research on Methane decomposition during Gas Reburning for NOx Reduction	2011 International Conference on Energy, Environment and Sustainable Development
559	EI 会议	李文艳	Interaction of CO with CuO and CuO/graphene: Reactions mechanism and the Formation of CO_2	ICEESD 2011
560	EI 会议	李文艳	Research of time synchronization in ECT/EVT of intelligent substation IEEE1588-based	PEAM 2011
561	EI 会议	陈海平	Numerical simulation and performance analysis of windproof net in direct air cooling unit	6th international forum on strategic technology
562	EI 会议	李　季	Energy-saving and Optimization of Pulverizing System in Coal-fired Power Plant	ICEESD 2011
563	EI 会议	王修彦	Theoretical Study of Solar Concentrator Replacing the Source of Auxiliary Steam System	APPEEC 2011
564	EI 会议	王修彦	Thermal Performance Analysis of Solar Steam Aided Coal-fired Power Generation	ICMREE 2011
565	EI 会议	周　超	Numerical analysis of rain-wind induced vibration on conductor by finite element method	ICVSEM 2011
566	EI 会议	滕　伟	Multi-Degree-of-Freedom Motion Control of Ultra-precision Stage	CCC 2011
567	EI 会议	滕　伟	Cepstrum Analysis of Vibration Signals of Wind Turbine Gearbox	CCC 2011
568	EI 会议	滕　伟	Defect Detection of Wind Turbine Gearbox using Demodulation Analysis	MACE 2011
569	EI 会议	高青风	Research and Application of Faster Design Support Technology of Wind Turbine Pitch Bearing	International Conference on Mechanical and Electronics Engineering 2011
570	EI 会议	李　林	Time optimal path planning on placing ball robot	ISDEA 2010
571	EI 会议	芮晓明	On-line Monitoring System on Power Transmission Line	CCC 2011
572	EI 会议	芮晓明	Analysis of Wind Turbine Blade Torque in Pitch Control	CCC 2011
573	EI 会议	柳亦兵	Numerical simulation of pc steel bar induction heating process	MMSE 2011
574	EI 会议	柳亦兵	Numerical simulation of unbalance vibration for 600MW supercritical steam turbine	ICMA 2011
575	EI 会议	柳亦兵	Fault recognition of large steam turbine based on higher order spectral features of vibration signals	ICMA 2011
576	EI 会议	柳亦兵	Statistical analysis of steam turbine faults	ICMA 2011
577	EI 会议	柳亦兵	Feature extraction of turbine abnormal vibration condition based on ICA	MACE 2011
578	EI 会议	柳亦兵	Analysis of lower frequent vibration of large wind turbine tower	MACE 2011
579	EI 会议	柳亦兵	Trend analysis for gear pitting fault based on the non-Gaussian characteristic	ICICIP 2011
580	EI 会议	柳亦兵	Higher order spectral analysis for vibration signals of the large steam turbine in slow-down process	ICICIP 2011
581	EI 会议	柳亦兵	Bispectral feature analysis and diagnosis for bearing failure of direct-drive wind turbine	CCC 2011
582	EI 会议	夏延秋	Tribological behaviors of nanocrystalline nickel coatings under lubricated conditions	AEMT 2011

续表

序号	检索类别	作者	论文题目	论文出处
583	EI 会议	夏延秋	Tribological properties of the overbased calcium sulfonate complex greases	ICMEE 2011
584	EI 会议	夏延秋	Comparative study of friction and wear behavior of diamond-like carbon coating under the lubrication of PAGs containing various additives	ICMEE 2011
585	EI 会议	杜冬梅	Virtual Prototype Modeling and Starting Method of Belt Conveyor	2011 International Conference on Mechanical Engineering, Materials and Energy
586	EI 会议	杜冬梅	Dynamic Characteristics of Belt Conveyor Based on Virtual Prototyping	2011 International Conference on Mechatronics and Applied Mechanics
587	EI 会议	冯　欣	Friction and wear properties of laser cladding coatings under boundary lubrication conditions	ADME 2011
588	EI 会议	冯　欣	Comparative study of friction and wear behavior of diamond-like carbon coating under various lubricants	ICMSE 2011
589	EI 会议	郑　凯	Study on the mechanical characteristics of multilayer piezoelectric stack actuator	ADME 2011
590	EI 会议	张俊姣	Research on TG-DTG analysis and combustion kinetics characteristic of biomass fly ash and ash	ICMEE 2011
591	EI 会议	李　斌	High Temperature Creep Behavior of In-situ TiC/Ni Composites	AMTEIM 2010
592	EI 会议	刘宗德	Research on The microstructure and high temperature creep behavior of in-situ TiC/Ni composite	CMME 2011
593	EI 会议	刘宗德	Effect of molybdenum on the microstructure and mechanical properties of TiC/Ni cermet cladding layers	AMTEIM 2010
594	EI 会议	刘宗德	Comparison study of the Fe-based composite coating prepared by different processes	ICAMMP 2010
595	EI 会议	刘宗德	Microstructure of TiC/Nb-Ni cermets cladding layer	AMTEIM 2010
596	EI 会议	刘宗德	Fabrication of Fe-based amorphous composite coating by electrothermal explosion spraying on aluminum substrate	ICAMMP 2010
597	EI 会议	刘宗德	Microstructure and grain abrasion properties of (Ti,W)C-Ni cermet cladding layers prepared by tungsten inert gas cladding	ICIMM 2011
598	EI 会议	刘宗德	A hard and thick Fe-Based amorphous composite coating	ICMSE 2011
599	EI 会议	刘宗德	Microstructure of in situ Tic-Mo-Ni and Tic-WC-Mo-Ni cermets synthesized by reactive hot-pressing sintering	ICMSE 2011
600	EI 会议	刘宗德	Microstructure and properties of in-situ synthesized composite coating by tungsten inert gas cladding	ADME 2011
601	EI 会议	刘宗德	5Surface treatment of TC4 by micro-beam plasma arc	ICMM 2011
602	EI 会议	刘宗德	High temperature oxidation behavior of NiAl and Ni3Al argon arc claddings	ICMSE 2011
603	EI 会议	刘宗德	An experimental study on the properties of fe-based amorphous composite coatings prepared by different processes	CEAM 2011
604	EI 会议	刘宗德	High temperature erosion behavior of Mo-Si-Ni-Al metal-ceramic composite cladding layer produced by TIG welding	ICMSE 2011
605	EI 会议	毛雪平	Creep properties and damage study of Ni-based alloy C276 at high temperature	ICMMP-2011
606	EI 会议	张乃强	Corrosion behavior of austenitic and ferritic/martensitic steels exposed in supercritical water with dissolved oxygen	GBMCE 2011

续表

序号	检索类别	作者	论文题目	论文出处
607	EI 会议	张乃强	Oxidation of austenitic Steel TP347HFG exposed to supercritical water with different dissolved oxygen concentration	ICMEME 2011
608	EI 会议	王永田	A Fe-based amorphous composite coating on Al plate by electrothermal explosion spraying	IUMRS-ICA 2010
609	EI 会议	何　青	Deterioration analysis of large-scale fan in power plant using factor analysis	2011 International Workshop on Computer Science for Environmental Engineering and EcoInformatics
610	EI 会议	何　青	Analysis of Dicing Techniques and Methods of Overhead Transmission Line	2011 International Conference on Advanced in Control Engineering and Information Science
611	EI 会议	何　青	The stress-strain behaviours of solder joints during thermal fatigue process	ICEPT-HDP 2011 Proceedings
612	EI 会议	何　青	Densification mechanism of the low temperature co-fired glass-ceramic substrate	2nd Annual Meeting on Testing and Evaluation of Inorganic Materials
613	EI 会议	何　青	Modeling and analysis of piezoelectric vibrating generator of cantilever	2011 International Conference on Mechanical Engineering, Materials and Energy
614	EI 会议	何　青	Three-dimensional Discrete Element Simulations of Round Hopper in Thermal Power Plant	2011 International Conference on Mechatronics and Applied Mechanics
615	EI 会议	李宝让	Formation Mechanism of $SrBi_2Nb_2O_9$ Prepared by Melting Salt Method	AMTEIM 2010
616	EI 会议	李宝让	Application of Raman Spectroscopy on Size Driven Phase Transition in Bismuth Titanate	AMTEIM 2010
617	EI 会议	李宝让	Influence of Different Precursors upon Characterization of Bismuth Titanate Powders Prepared by Chemical Methods	AEMT 2011
618	EI 会议	李宝让	Investigations on the Textured Bi_3NbTiO_9 Ceramics via Spark Plasma Sintering	ICAMMP 2010
619	EI 会议	李宝让	Microstructure and Dielectric Properties of Strontium Bismuth Niobium Ceramics Prepared by Molten Salt Method	ICMSE 2011
620	EI 会议	张建军	Free energycalculation of Al-Li-Mg alloy from electron level	CDCIEM 2011
621	EI 会议	刘　忠	Multiple vortex body vortex numerical simulation	ICMMP-2011
622	EI 会议	安连锁	Boiler Tube Leakage Acoustic Localization Error Analysis	2010 Asia-Pacific Power and Energy Engineering Conference
623	EI 会议	安连锁	Boiler tube leakage location optimization via adaptive Gaussian mutation	WCICA 2010
624	EI 会议	安连锁	Boiler tube leakage acoustic localization base on AGA	2010 World Congress on Intelligent Control and Automation
625	EI 会议	周少祥	Study on evaluation method for regenerative feed heating system of power plant	ICAEE 2010
626	EI 会议	周少祥	Exergy analysis of boiler based on the temperature gradient	APPEEC 2010
627	EI 会议	周国兵	Effect of surface roughness on the pressure drop of liquid flow in micro-channels	ICNMM 2010
628	EI 会议	顾煜炯	The Principle, Review and Prospect of Wave Energy Converter	ICEESD 2011
629	EI 会议	顾煜炯	Modified Segmentation Prony Algorithm and Its Application in Analysis of Subsynchronous Oscillation	EEIC 2011

续表

序号	检索类别	作者	论文题目	论文出处
630	EI 会议	何成兵	Fault statistical classification and Fault mode analysis of steam-induced vibration of steam turbine	ISVC 2011
631	EI 会议	顾煜炯	Analysis on torsional fatigue life of turbo-generator shafts	ICMMA 2011
632	EI 会议	顾煜炯	Progress of generating technologies on oceanic wave energy	GBMCE 2011
633	EI 会议	顾煜炯	State evaluation for power plant equipment based on deviation of operating parameters	ICMSE 2011
634	EI 会议	杨志平	Thermal economy analysis of the cylinder unit efficiency's on the unit of 1000MW	GBMCE 2011
635	EI 会议	翟融融	A new method for solving the load dispatch model in electricity market	ICMIC 2011
636	EI 会议	翟融融	The optimization of power dispatch for hydro-thermal power systems	CESCE 2011
637	EI 会议	杨勇平	Thermodynamic calculation and simulation of power plant boiler based on aspen plus	2011 Asia-Pacific Power and Energy Engineering Conference
638	EI 会议	徐　钢	Energy Saving Analysis of the FGD Fan System in Power Plant	APPEEC 2011
639	EI 会议	徐　钢	Performance Analysis of Existing 300MW Coal-fired Power Plant with Ammonia-based CO_2 Capture	APPEEC 2011
640	EI 会议	任金锁	Strengths And Weaknesses of Excellent Athletes in Track and Field of Capital College and University And Applied Reseearch in Track and Field Training	中国学校体育科学
641	EI 会议	任金锁	Development Strategy and Countermeasure of Capital College and University in High-level Track and Feld Event	中国学校体育科学
642	EI 会议	李　亮	Studies on the Lmplementation of National Standards for Student's Physical Fitness and Health in the Collegiate Track Events	中国学校体育科学
643	EI 会议	彭慧春	The granule mechanic model for numerical simulation of coal stream in coal-fired power plant	International Conference on Mechanical Engineering and Green Manufacturing 2010, MEGM 2010
644	EI 会议	魏军强	Evaluation of available transfer capability in AC-DC hybrid power systems using point estimation	DRPT 2011
645	EI 会议	朱勇华	Hierarchical Linear Model and Its Research ON Hierarchical Characteristics Of Rainfall	2011 International Conference On Multimedia Technology(ICMT2011)
646	EI 会议	吕　蓬	short-term wind speed forecasting based on non-stationary time series analysis and arch model	2011 International Conference On Multimedia Technology(ICMT2011)
647	EI 会议	胡彦霞	On the properties of the solutions of n-th order quasihomogeneous autonomous systems and related systems	Proceedings of the 2nd International Conference on Intelligent Control and Information Processing
648	EI 会议	师青梅	A novel chaotic system and its anti-synchronization	ICNC 2011
649	EI 会议	石玉英	Pretreatment on initial value of image restoration models with different boundary conditions	ICCIS 2011
650	EI 会议	石玉英	An image denoising algorithm in the matrix form	ICMT 2011
651	EI 会议	杨晓忠	A new kind of effective of algorithms for solving the option pricing model with transaction costs	2011 International Conference on Electronic & Mechanical Engineering and Information Technology
652	EI 会议	陈德刚	Novel algorithms of attribute reduction for variable precision rough set	ICMLC2011

续表

序号	检索类别	作者	论文题目	论文出处
653	EI 会议	谷云东	An integrated optimization model for the location of distribution centers with multiple practical constraints	011 IEEE International Conference on Cloud Computing and Intelligence Systems
654	EI 会议	谷云东	An fuzzy forecasting algorithm for short term electricity loads based on partial clustering	International Conference on Machine Learning and Cybernetics
655	EI 会议	谷云东	An efficient successive iteration partial cluster algorithm for large datasets	Fuzzy Information and Engineering 2010: Volume I
656	EI 会议	张金平	set-valued stochastic integrals with respect to Poisson processes in a Banach space	Advances in intelligent and soft applications
657	EI 会议	张化永	Comparative study on phosphate removal by chalybeate and calcareous red mud	5th International Conference on Bioinformatics and Biomedical Engineering, iCBBE 2011
658	EI 会议	张化永	Kinetics and possible mechanism of the degradation of methyl orange by microwave assisted with fenton reagent	5th International Conference on Bioinformatics and Biomedical Engineering, iCBBE 2011
659	EI 会议	赵　军	Analysis of solar aided steam production in a pulverized coal boiler	2011 Asia-Pacific Power and Energy Engineering Conference
660	EI 会议	任虎林	The application of Leopar in complex sentence processing	2011 2nd International Conference on Artificial Intelligence, Management Science and Electronic Commerce, AIMSEC 2011
661	EI 会议	李海燕	The relationship of motivation and self-regulation in Web - Based autonomous English learning	6th International Conference on Computer Science and Education, Final Program and Proceedings
662	EI 会议	李海燕	Readability assessment and comparison of Chinese and American college EFL reading textbooks based on information analysis	Advances in Computer Science, Environment, Ecoinformatics, and Education - International Conference, CSEE 2011, Proceedings
663	EI 会议	李　鱼	Theoretical study of the quantitative structure–activity relationships for the Ah receptor-binding affinities of polybrominated diphenyl ethers	iCBBE2011
664	EI 会议	李　鱼	Application of Grey Relational Analysis to Atrazine Adsorption on Surficial Sediments as Affected by Cadmium or Copper Co-existed	iCBBE2011
665	EI 会议	李　鱼	Assessment of Urban Low-Carbon Economic Development in Longgang District, Shenzhen, China	iCBBE2011
666	EI 会议	李　鱼	Problems and countermeasures existing in the rural ecological environments in Hunan province, China	2011 International Conference on Remote Sensing, Environment and Transportation Engineering,
667	EI 会议	李　鱼	Study on Evaluation Index System of Low-carbon City	2011 International Conference on Materials for Renewable Energy & Environment
668	EI 会议	李　鱼	Legal System of Power Frequency Electromagnetic Field in Power Transmission Projects	CSISE 2011
669	EI 会议	李　鱼	Investigation on Index System for Major Pollutants Emission Reduction in Structure, Engineering and Supervision	CSISE 2011
670	EI 会议	李　鱼	Preliminary Discussion on Health Effects on Human and Exposure Limits of Power Frequency Electric and Magnetic Fields	CSISE 2011

续表

序号	检索类别	作者	论文题目	论文出处
671	EI 会议	李　鱼	Controlling Indices for Low-carbon City based on Emission Reduction in Structure, Technology and Supervision	CSISE 2011
672	EI 会议	李　鱼	Analysis on the Effectiveness of Public Participation for EIA in the Power Transmission and Transformation Project	CSISE 2011
673	EI 会议	卢宏玮	A two-phase semi-infinite programming method for Yongxin water resources allocation in Jiangxi Province	ICEESD 2011
674	EI 会议	卢宏玮	ITSP optimization model for irrigation water management in Yongxin County	ICEESD 2011
675	EI 会议	陈　冰	A comparison study on distributed hydrological modelling of a subarctic wetland system	International Conference on Ecological Informatics and Ecosystem Conservation, ISEIS 2010
676	EI 会议	陈　冰	Hydrological modeling of a sub-arctic wetland system - A case study in the Deer River watershed, Manitoba	Annual Conference of the Canadian Society for Civil Engineering 2010, CSCE 2010
677	EI 会议	李建兵	Impact of environmental factors on bio-surfactant surface property and its sorption onto soils	Proceedings of the IASTED International Conference on Environmental Management and Engineering (EME2011), Calgary, Canada
678	EI 会议	李　薇	A cost model approach for RO water treatment of power plant	2011 International Conference on Energy and Environment
679	EI 会议	丁晓雯	Status and prospect of photovoltaic utilization in Zhangjiakou City, Hebei Province, China	Proceedings of 2011 Asia-Pacific Power and Energy Engineering Conference
680	EI 会议	丁晓雯	Study of Agricultural Non-point Source Pollution of Yongding River Based on Export Coefficient Model	Proceedings of the International Conference on Environmental Pollution and Public Health 2011
681	EI 会议	丁晓雯	Agricultural Non-point Source nitrogen Simulation Research of Yongding River in Hebei Province	Proceedings of International Symposium on Water Resource and Environmental Protection 2011
682	EI 会议	陆道纲	The sensitivity improvement of Passive Shutdown System based on Curie point alloy in a Fast Reactor	18th International Conference on Nuclear Engineering，ICONE18
683	EI 会议	陆道纲	Numerical simulation of vortex shedding from elongated rectangular cylinders in a rectangular channel	18th International Conference on Nuclear Engineering, ICONE18
684	EI 会议	周　涛	Supercritical heat transfer correlation select study based on fuzzy nearness principle	International conference on energy, Environment and Sustainable Development
685	EI 会议	周　涛	Study on methods of calculating heat transfer coefficient of super-critical water with grey theory	ICONE18-第十八届国际核工程大会
686	EI 会议	周　涛	Study on SCWR fuel assembly design with thermal-hydraulic and neutron-physical characteristics	ICONE18-第十八届国际核工程大会
687	EI 会议	周　涛	The energy-saving diagnosis of PWR nuclear power station based on the thermo-economic analysis model	ICONE18-第十八届国际核工程大会
688	EI 会议	周　涛	Study on the critical heat flux mechanism model under the condition of low velocity and subcooled boiling in the narrow channel	2011 3nd International Conference on Mechanical and Electronics Engineering
689	EI 会议	周　涛	Research on Processing of Signals and Images of Critical Heat Flux in Natural Circulation Based on Wavelet Transform and Edge Detection	International Conference on Vibration, Structural Engineering and Measurement
690	EI 会议	周　涛	Application of Negative Pressure Wave Method in Nuclear Pipeline Leakage Detection	Asia-Pacific Power and Energy Engineering Conference

续表

序号	检索类别	作者	论文题目	论文出处
691	EI会议	周　涛	Application and analysis of wavelet transform and edge detection in critical heat flux of natural circulation	International conference on energy, Environment and Sustainable Development
692	EI会议	周　涛	Study on Characteristics of Gas-Liquid Two Phase Flow Distribution In Vertical Manifolds	ICONE18-第十八届国际核工程大会
693	EI会议	周　涛	Study on the predicting model of onset of nucleate boiling in natural circulation based on unascertained mathematics	ICONE18-第十八届国际核工程大会
694	EI会议	周　涛	The Research on Deposition of Iodine Aerosol in The Severe Nuclear Power Plant	2011 Asia-Pacific Power and Energy Engineering Conference
695	EI会议	周　涛	Experimental Research on Velocity Distribution of PM2.5 in a Rectangular Channel	Water Resource and Environmental Protection
696	EI会议	曹　博	Thermal stability of Cu/Si (111) films prepared by ionized cluster beam technique	Advanced Materials Research，2011 International Conference on Advanced Engineering Materials and Technology, AEMT 2011
697	EI会议	程晓磊	A Full Digitizing Design of measuring systems in diagnosing of high-intensity pulsed radiation field	IEEE Nuclear Science Symposuim and Medical Imaging Conference, NSS/MIC 2010
698	EI会议	刘　芳	Closed-form Error Analysis of Decode-and Forward Relaying over Non-identical Nakagami-m Fading Channels	7th International Conference on Wireless Communications, Networking and Mobile Computing,WiCOM 2011
699	EI会议	周　涛	Safety features comparative study between advanced boiling water reactor and superciritical water-cooling reactor	2011 Asia-Pacific Power and Energy Engineering Conference
700	EI会议	刘吉臻	A new measurement model for main steam flow of power plants	CESCE 2011
701	EI会议	刘吉臻	Use of real-time/historical database in smart grid	ICEICE 2011
702	EI会议	刘吉臻	A new robust least squares support vector machine for regression with outliers	CEIS 2011
703	EI会议	刘吉臻	On power plant load dispatching strategy prevents frequent mills operation	ICICIP 2011
704	EI会议	刘吉臻	New combination strategy of genetic and tabu algorithm an economic load dispatching case study	CCDC 2011
705	EI会议	吴克河	The research of intrusion detection technology based on heuristic analysis	ITAIC 2011
706	EI会议	吴克河	A study of WebGIS platform based on acceleration engine	ICECT 2011
707	EI会议	吴克河	The data model and structure of power GIS	GrC 2011
708	EI会议	吴克河	Test and analysis of sensitive factors of SSL VPN on Kylin	ICECE 2011
709	EI会议	吴克河	Research and implementation of entropy-based model to evaluation of the investment efficiency of grid enterprise	WISM 2011
710	EI会议	吴克河	Research and implementation of evaluation system model for grid investment based on improved fuzzy-AHP method	DCABES 2011
711	EI会议	吴克河	Design and implementation of Mandatory Hardware Confirming Control model	ITAIC 2011
712	EI会议	吴克河	Design and implementation of investment evaluation system for grid based on visual configuration	ICMIA 2011
713	EI会议	吴克河	Secure wireless remote access platform in power utilities based on SSL VPN	ITAIC 2011

续表

序号	检索类别	作者	论文题目	论文出处
714	EI 会议	吴克河	A flexible policy-based access control model for Workflow Management Systems	CSAE 2011
715	EI 会议	吴克河	Investment evaluation system development based on unified information platform for future smart grid	ICSGCE 2011
716	EI 会议	吴克河	Design and implementation of electric power mobile terminal secure access system	ICCSN 2011
717	EI 会议	吴克河	Research of spatial index &caching for power GIS	ICCSE 2011
718	EI 会议	吴克河	Application of monitoring technology based on aeolian vibration in smart grid	ICMMT 2011
719	EI 会议	吴克河	Research and design of the security area classification model of Electric Power Information System	ICMMT 2011
720	EI 会议	吴克河	A trusted process security model for the access to power enterprise data center	ICMMT 2011
721	EI 会议	杨国田	An Information Service Model of Digital Energy Meter Based on IEC 61850	MEC 2011
722	EI 会议	刘向杰	The Dynamic Neural Network Model of a Ultra Super-critical Steam Boiler Unit	ACC 2011
723	EI 会议	刘向杰	Offline robust MPC based on polyhedral invariant set	CCC 2011
724	EI 会议	刘向杰	Robust model predictive control based on linear programming	ICICIP 2011
725	EI 会议	刘向杰	A new predictive control systems with network delays in the feedback and forward channels	CCDC 2011
726	EI 会议	刘向杰	Stability analysis of improved networked predictive control systems with random network delays	ICICIP 2011
727	EI 会议	刘向杰	Design of model predictive controller based on iterative learning control	CCDC 2011
728	EI 会议	房方	Optimal configuration of CCHP system based on energy, economical, and environmental considerations	ICICIP 2011
729	EI 会议	曾德良	Short-term wind speed forecast based on best wavelet tree decomposition and support vector machine regression	ICAR 2011
730	EI 会议	曾德良	Model and simulation of reheater based on thermal system dynamics	MSESCS 2011
731	EI 会议	谭　文	Load frequency control for wind-diesel hybrid systems	CCC 2011
732	EI 会议	谭　文	Load frequency control: Problems and Solutions	CCC 2011
733	EI 会议	谭　文	Unit commitment for power plants with tracking speed limits	ICECE 2011
734	EI 会议	谭　文	Analysis and design of partially decentralized controllers	CCDC 2011
735	EI 会议	袁桂丽	The Design of Adaptive Immune Genetic Algorithm Based on Vector Distance	CCDC 2011
736	EI 会议	袁桂丽	The Design of Adaptive Immune Vaccine Algorithm	ADME 2011
737	EI 会议	袁桂丽	The Design of Ball Mill Control System Base on Two-cell Immune Controller	ADME 2011
738	EI 会议	袁桂丽	The Design of Combustion Control System Based on Fuzzy Immune Internal Model controller	ADME 2011
739	EI 会议	袁桂丽	The Controller Design for the Boiler Drum Level System Based on Immune Principle	ICICTA 2011
740	EI 会议	禹　梅	Path Planning of Robotic Fish based on Genetic Algorithm and Modified Dynamic Programming	2011 International Conference on Advanced Mechatronic Systems

续表

序号	检索类别	作者	论文题目	论文出处
741	EI 会议	禹　梅	A Switched Approach to Stabilization of Multiple Networked Control Systems	ICIEA 2011
742	EI 会议	钱殿伟	Transport Control of Underactuated Cranes	ISNN 2011
743	EI 会议	钱殿伟	Design of Reduced Order Sliding Mode Governor for Hydro-turbines	ACC 2011
744	EI 会议	马苗苗	Tracking and stabilization control of WMR by dynamic feedback linearization	CCDC 2011
745	EI 会议	郭　鹏	WEC condition monitoring based on SCADA data analysis	CCC 2011
746	EI 会议	郭　鹏	A review of wind power forecasting models	ICSGCE 2011
747	EI 会议	郭　鹏	Influence analysis of wind shear and tower shadow on load and power based on blade element theory	CCDC 2011
748	EI 会议	邱　天	The applicability of Hawkins statistic for PCA modeling	ICICIP 2011
749	EI 会议	邱　天	A review of direct power control technologies of DFIG with constant switching frequency	CCDC 2011
750	EI 会议	邱　天	Statistics analysis of PCA-based sensor fault detection	ICFMD 2011
751	EI 会议	韩晓娟	Condenser fault diagnosis base on grey multiple attribute fusion	ICAL 2011
752	EI 会议	韩晓娟	Application of wavelet analysis theory in storage energy system of lithium battery	CCC 2011
753	EI 会议	韩晓娟	Fault diagnosis method combining multi-relation indexes with D-S evidence theory	ICAL 2011
754	EI 会议	段泉圣	Volume concentration and phase distribution measurement of pulverized coal in the pneumatic conveyor	ICMEE 2011
755	EI 会议	杨锡运	A new modeling method based on the power Power transfer function	CCC 2011
756	EI 会议	肖运启	DC-bus voltage control for dual PWM based on comprehensive reactive power current target	CCC 2011
757	EI 会议	刘　禾	Assessing safety of thermal control system with fuzzy pattern recognition	ICSEM 2011
758	EI 会议	师瑞峰	Comparison study of GA and PSO with their applications to multiobjective power unit coordinate control problem	ICEESD 2011
759	EI 会议	师瑞峰	Comparison study of two metaheuristic algorithms with their applications to distributed generation planning	ICSGCE 2011
760	EI 会议	曲俊华	Research on a retrieval system based on semantic web	ICICIS 2011
761	EI 会议	曲俊华	Application of core vector regression in condition-based maintenance for electric power equipments	ICICIS 2011
762	EI 会议	王　颖	On-Line Monitoring System for the Vibration and Noise of the Transformer Based on Web	iTAP2011
763	EI 会议	王　颖	Discussion on Power Grid Magnetic Storm Disaster Monitoring System Based on Cloud Computing	ICIIP 2011
764	EI 会议	王　颖	Design and Implementation of the Web-based monitoring system for geomagnetically-induced current	ICIS 2010
765	EI 会议	魏振华	Abnormal behavior recognition based on multi-information decision in power generation	ICFMD 2011
766	EI 会议	魏振华	Abnormal action recognition in power production	ACAM2011

续表

序号	检索类别	作者	论文题目	论文出处
767	EI 会议	李廷顺	The Security Emergency Command System In Oil Depot Based On HSE	CSSS 2011
768	EI 会议	李廷顺	Analysis of The Lighting Position System Based on Corridor Radius Algorithm	CSSS 2011
769	EI 会议	周　景	A Centralized Monitoring and Analysis System of Transmission Lines in Mined-out Area	ICIEA2011
770	EI 会议	周　景	Research on the Centralized Monitoring and Command System of Cable Network	ICIEA2011
771	EI 会议	徐茹枝	Research intrusion detection based PSO-RBF classifier	ICSESS 2011
772	EI 会议	徐茹枝	A novel calculation method for the line losses based on support vector machine	ICACTE 2010
773	EI 会议	徐茹枝	The short-term load forecasting based on rough set	ICMST 2011
774	EI 会议	徐茹枝	A database security gateway to the detection of SQL attacks	ICACTE 2010
775	EI 会议	徐茹枝	The research and implementation of power application system integration based on enterprise service bus	ICIS 2010
776	EI 会议	李元诚	A method of improved support vector machine for network security situation forecasting	ICSMMS 2011
777	EI 会议	贾静平	A novel trust region tracking algorithm based on kernel density estimation	ICICTA 2011
778	EI 会议	贾静平	A novel real-time tracking algorithm based on kernel density estimation	ICAIC 2011
779	EI 会议	程文刚	A robust text digital watermarking algorithm based on fragments regrouping strategy	ICITIS 2010
780	EI 会议	周登文	An Effective Color Image Interpolation Algorithm	CISP 2011
781	EI 会议	石　敏	Cloth animtion based on particle model with constraint	DMDCM 2011
782	EI 会议	石　敏	physically based method for cloth deformation	DMDCM 2011
783	EI 会议	张文广	Research on Consensus Control for a Class of High-Order Multi-Agent Systems	CCC 2011
784	EI 会议	罗　毅	An improved co-evolution genetic algorithm for combinatorial optimization problems	ICSI 2011
785	EI 会议	张　莹	semantic-based data and service unified discovery	CSO 2011
786	EI 会议	白　焰	The application of delay estimation in binary control of sequence control in power plant based on ZigBee	CSEE 2011
787	EI 会议	白　焰	Safety and availability optimization of safety instrumented system	ICRMS'2011
788	EI 会议	黄孝彬	Research on Lithium Battery Energy Storage System in Wind Power	ICECE 2011
789	EI 会议	黄孝彬	Study On Online Judgement Model of Boiler Combustion Stability	ICECE 2011
790	EI 会议	柳长安	Multi-agent reinforcement learning based on k-means clustering in multi-robot cooperative systems	OEMA 2011
791	EI 会议	柳长安	An image-segmentation method based on improved spectral clustering algorithm	ISIA 2010
792	EI 会议	柳长安	Path planning of flying robot for powerline inspection based on improved particle swarm optimization	ISDEA 2010

续表

序号	检索类别	作者	论文题目	论文出处
793	EI 会议	林碧英	Design of electric WebGIS sharing platform based on OpenScales	AIMSEC 2011
794	EI 会议	夏　宏	Research and Design of Reconfigurable 64-bit ALU	CSSS 2011
795	EI 会议	侯国莲	Fast algorithm of supervisory predictive control	ICAMechS 2011
796	EI 会议	侯国莲	Application of self-tuning control based on generalized minimum variance method in evaporator For ORCS	ICAMechS 2011
797	EI 会议	侯国莲	Real-coding genetic algorithm-based model identification for bed temperature of 300MW CFB boiler	CCDC 2011
798	EI 会议	侯国莲	Modified fuzzy adaptive PID algorithm and its application in power plant	CCDC 2011
799	EI 会议	侯国莲	Design of PSO-Based Fuzzy Gain Scheduling PI Controller for Four-Area Interconnected AGC System after Deregulation	ICAMechS 2011
800	EI 会议	侯国莲	Supervisory predictive control of evaporator in Organic Rankine Cycle (ORC) system for waste heat recovery	ICAMechS 2011
801	EI 会议	侯国莲	T-S fuzzy modeling based on compatible relation and its application in power plant	ICIEA 2011
802	EI 会议	侯国莲	Simulation research of the multi-variable generalized predictive control in 500MW unit plant coordinated control system	ICAMechS 2011
803	EI 会议	侯国莲	Application of fuzzy predictive control to AGC system after deregulation over communication network	ICIEA 2011
804	EI 会议	吴　华	Modeling Multi-Robot Terrain Mapping Using Hybrid Dynamics	ICCME 2011
805	EI 会议	周　江	Semantic Enabled 3D Object Retrieval	MNDSCS 2010
806	EI 会议	周　江	Segmentation and semantic annotation of 3D objects	MNDSCS 2010
807	EI 会议	周　江	An approach for information sharing based on prioritized knowledge base	ICAEE 2010
808	EI 会议	周　江	An approach for automatically generating web services contract	ICAEE 2010
809	EI 会议	王默玉	The model library construction based on energy-economy-environment sustainable development research platform	RSETE 2011
810	EI 会议	张建华	Stochastic Distribution Control Theory Applied in Superheated Steam Temperature Systems	CCC 2011
811	EI 会议	张建华	Neural PID Control Strategy for Superheated Steam Temperature Based on Minimum Entropy	ICAMechS 2011
812	EI 会议	张建华	Design of Evaporator Control System Using Fuzzy Sliding Mode Controller	ICAMechS 2011
813	EI 会议	张建华	Controller Design for a Heat Exchanger in Waste Heat Utilizing Systems	ICSI 2011
814	EI 会议	张建华	Dynamic Characteristics and Predictive Control for Evaporator	ICAMechS 2011
815	EI 会议	张建华	Fuzzy identification based on improved T-S fuzzy model and its application in evaporator	ICAMechS 2011
816	EI 会议	张建华	Day-ahead Electricity Price Forecasting Based on Rolling Time Series and Least Square-Support Vector Machine Model	CCDC 2011

续表

序号	检索类别	作者	论文题目	论文出处
817	EI 会议	张建华	Application of Chaotic Particle Swarm Optimization in the Short-term Electricity Price Forecasting	CCDC 2011
818	EI 会议	张建华	A study on the application of BPNN based on Minimum Error Entropy in electricity price forecasting	ICIEA 2011
819	EI 会议	张建华	Neuro-PID Control of Heat Exchanger in an Organic Rankine Cycle System for Waste Heat Recovery	ICAMechS 2011
820	EI 会议	张建华	Modeling and Model Order Reduction of Evaporator in Organic Rankine Cycle for Waste Heat Recovery	ICAMechS 2011
821	EI 会议	郑　玲	Design and research on private cloud computing architecture to support smart grid	IHMSC 2011
822	EI 会议	郑　玲	Research and implementation of wireless security acess system	ICECE 2011
823	EI 会议	郑　玲	Applications of cloud computing in the smart grid	AIMSEC 2011
824	EI 会议	郑　玲	The research of digitized substation fault diagnosis based on 3D GIS	MEC 2011
825	EI 会议	郑　玲	A research and model of host-firewall based on Windows Hook technology	ICMT 2011
826	EI 会议	郑　玲	Application of BP network based on free-weighting on transformer fault diagnosis	ITAIC 2011
827	EI 会议	郑　玲	Multi-scale edge detection in the EMD domain using the adaptive noise threshold	ICCSNT 2011
828	EI 会议	郑　玲	A workflow structure verification method based on Warshall algorithm	ICNC 2011
829	EI 会议	申晓留	Research on calculation of low voltage distribution network theoretical line loss based on matpower	APAP 2011
830	EI 会议	申晓留	Effect of energy consumption to economic growth in Beijing and its sensitivity analysis	ICECC 2011
831	EI 会议	申晓留	The gray correlation research on the sustainable development of Beijing and industrial structure based on 3EDSS	ICEESD 2011
832	EI 会议	申晓留	Multiple linear regression model based research on relationship between energy consumption and economic growth	ICEESD 2011
833	EI 会议	申晓留	Research on the forecast model of electricity power industry loan based on GA-BP neural network	ICAEE 2011
834	EI 会议	陆　俊	Image edge detection based on direction fuzzy entropy	CMS 2011
835	EI 会议	陆　俊	A hybrid filtering method based on triangle-module fusion	CMS 2011
836	EI 会议	陈晓梅	Optimum test point selection based on MADM for analog fault dictionary techniques	ICMTMA 2011
837	EI 会议	孙中伟	A security framework for the wind farm communication network	DRPT 2011
838	EI 会议	肖仕武	SVPWM realization and application on passive network	APPEEC 2011
839	EI 会议	肖仕武	Design of sub-sea long distance electric power supply system	DRPT 2011
840	EI 会议	刘燕华	Impacts of Large Scale Wind Power Integration on Power System	DRPT 2011
841	EI 会议	刘燕华	Research on Wind Farm Reactive Power Compensation Capacity and Control Target	APPEEC 2011
842	EI 会议	刘燕华	Economic Analysis of Load Regulation Measures to Accept Wind Power	DRPT 2011

续表

序号	检索类别	作者	论文题目	论文出处
843	EI 会议	刘燕华	Review of Dynamic Dispatch Research Considering Intermittent Power Generation	APPEEC 2011
844	EI 会议	张　旭	The power grid fault diagnosis based on the abnormal changes of the grid structure and the dynamic fault tree	ICMTMA 2011
845	EI 会议	张东英	Study on Active Power Control in DFIG-based Wind Farm.	PEAM 2011
846	EI 会议	林　俐	The Research on Equivalence Network Concentrated with Wind Farms	CDCIEM 2011
847	EI 会议	林　俐	Investigation of the Strategy of Wind Farm Power Regulation Considering System Frequency Regulation Demand	DRPT 2011
848	EI 会议	林　俐	The research on the processing method of the loop closing in distribution network	PEEA 2011
849	EI 会议	刘文颖	Study on optimization strategy for short circuit current based on multilevel fuzzy comprehensive evaluation model	DRPT 2011
850	EI 会议	刘文颖	The static security analysis based on predicting section	MEC 2011
851	EI 会议	刘文颖	A research of on-line static security analysis based on WEB services	APPEEC 2011
852	EI 会议	刘文颖	Application of Least Squares Support Vector Machine (LS-SVM) Based on Time Series in Power System Monthly Load orecasting	APPEEC 2011
853	EI 会议	刘文颖	Reactive Power Optimization Based On Immune Genetic Algorithm	ISA 2011
854	EI 会议	刘文颖	Temporal and Spatial Distribution Characteristics of Frequency and the Research of a new Under-Frequency Load Shedding	APPEEC 2011
855	EI 会议	刘文颖	The coordinating control measures of reactive power and voltage in the area with large-scale wind farms	AIMSEC 2011
856	EI 会议	刘文颖	Evaluation of Power System Reilability based on aintenance state	DRPT 2011
857	EI 会议	刘文颖	Study on Scale-Free Characteristic on Propagation of ascading Failures in Power Grid	2011 IEEE Energytech
858	EI 会议	刘文颖	A New Method of Self-Excitation Simulation in Power Grid Black-Start	AIMSEC 2011
859	EI 会议	刘文颖	Effection on Short-Circuit Current Limit of 500kV Autotransformer Neutral Grounding via Small Reactance	APPEEC 2011
860	EI 会议	刘文颖	Key technology for smart grid dispatching aided decision	ICIEA 2011
861	EI 会议	李庚银	Credibility Theory Applied for Estimating Operating Reserve Considering Wind Power Uncertainty	PowerTech 2011
862	EI 会议	李庚银	Stochastic Evaluation of Voltage in Distribution Networks Considering the Characteristic of Distributed Generators	DRPT 2011
863	EI 会议	李庚银	Grid-Connected Topology of PMSG Wind Power System Based on VSC-HVDC	DRPT 2011
864	EI 会议	李庚银	Ultimate Capacity Calculation of Large Scale Wind Farms Incorporated in Power Grids	DRPT 2011
865	EI 会议	李庚银	Multi-objective Optimal Power Filter Planning in Distribution Network Based on Fast Nondominated Sorting Genetic Algorithms	DRPT 2011
866	EI 会议	李庚银	Research on Auxiliary Services Compensation Mechanism with Wind Power into Grid	DRPT 2011

续表

序号	检索类别	作者	论文题目	论文出处
867	EI 会议	李庚银	Research on VSC-HVDC System to Mitigate Power Output Fluctuation Caused by Wind Farms	DRPT 2011
868	EI 会议	李庚银	An Optimal Control Strategy for Reactive Power in Wind Farms Consisting of VSCF Wind Turbine Generator Systems	DRPT 2011
869	EI 会议	李庚银	Studies of Multi-type Composite Energy Storage for the Photovoltaic Generation System in a Micro-grid	DRPT 2011
870	EI 会议	李庚银	Mechanism Analysis of Forced Power Oscillation Events Based on WAMS Measured Data	ICECE 2011
871	EI 会议	刘崇茹	Improved Continuation Power Flow Method for AC/DC Power System	EPEC 2011
872	EI 会议	赵冬梅	Modeling and simulation of grid-connected photovoltaic system	ICMTMA 2011
873	EI 会议	赵冬梅	Research on wind power forecasting in wind farms	PEAM 2011
874	EI 会议	姜　彤	Hour-ahead wind power prediction for power system using quadratic fitting function with variable coefficients	ICECC 2011
875	EI 会议	姜　彤	Application of compass synchronizing clock in mobile phase-comparison	MEC 2011
876	EI 会议	焦重庆	Linear theory of large-orbit gyrotron traveling wave amplifiers with misaligned electron beam	IVEC 2011
877	EI 会议	齐　磊	Lightning Induced Voltage on the Underground Pipeline near Overhead Transmission Line	APL 2011
878	EI 会议	李　琳	Analysis of transient electric fields under two different polarity reversal voltages	PEAM 2011
879	EI 会议	王泽忠	Complex domain analysis method based on EM waving for transmission line transient faults	APPEEC 2011
880	EI 会议	王泽忠	Calculation of telluric current in geomagnetic induced problems using the finite element method	APPEEC 2011
881	EI 会议	王增平	A new approach for finding connected routes of power network and its application	IEEE PES General Meeting
882	EI 会议	杨慧娜	Optimal design of high-power, mid-high frequency transformer	EMEIT 2011
883	EI 会议	宗　伟	The methods of the parasitic capacitance cancellation of the inductor from EMI filter	ICECE 2011
884	EI 会议	汪　燕	Distribution network recovery with wind turbines based on heuristic algorithm	AIMSEC 2011
885	EI 会议	汪　燕	Modeling and simulation studies of unified power flow controller based on power-injected method in PSASP	AIMSEC 2011
886	EI 会议	艾　欣	The Operation of Microgrid Containing Electric Vehicles	APPEEC 2011
887	EI 会议	艾　欣	The application of self-healing technology in smart grid	APPEEC 2011
888	EI 会议	艾　欣	Real Time Digital Simulation of PWM Converter Control for Grid Integration of Renewable Energy with Enhanced Power Quality	DRPT 2011
889	EI 会议	艾　欣	Load Management Using Smart Supervisory in a Distributed Smart Grid	DRPT 2011
890	EI 会议	艾　欣	Study of Single-Phase HFAC Microgrid based on Matlab/ Simulink	DRPT 2011

续表

序号	检索类别	作者	论文题目	论文出处
891	EI 会议	艾　欣	Microgrid's Operation-Management Containing Distributed Generation System	DRPT 2011
892	EI 会议	鲍　海	Siting and sizing of distributed generation based on the minimum transmission losses cost	PEAM 2011
893	EI 会议	鲍　海	The study of spinning reserve allocation problem in the wind power integrated power system	ICEESD 2011
894	EI 会议	鲍　海	Calculation of the critical value price of distributed generation considering transmission loss cost	ICSGCE 2011
895	EI 会议	鲍　海	A new method about calculating electrical distance	PEAM 2011
896	EI 会议	徐衍会	Effect of Load Model on Yunnan Power Grid Transient Stability	APPEEC 2011
897	EI 会议	徐衍会	Research on Feasibility of Composite Load Modeling Based on WAMS	APPEEC 2011
898	EI 会议	徐衍会	The resonance mechanism low frequency oscillations induced by nonlinear governor system	BMEI 2011
899	EI 会议	徐衍会	Discussion on algorithm of spinning reserve ancillary services compensation capacity in the regional power grid	ICECC 2011
900	EI 会议	刘宝柱	Closed-loop current adjustment strategy in distribution network based on sensitivity analysis	PEAM 2011
901	EI 会议	刘宝柱	An improved recursive assessment method of Thevenin equivalent parameters based on PMU measurement	PEAM 2011
902	EI 会议	刘宝柱	Voltage control strategy with stepped controllable shunt reactor in large-scale wind power system	PEAM 2011
903	EI 会议	李渤龙	Quantitative contribution assessment of power source in critical branch	APPEEC 2011
904	EI 会议	刘　君	Research of super capacitors SOC algorithms	EEIC 2011
905	EI 会议	李岩松	A design of adaptive optical current transducer digital interface based on IEC61850	EEIC 2011
906	EI 会议	董　雷	Probabilistic Load Flow Analysis Considering Power System random factors and Their Relevance	APPEEC 2011
907	EI 会议	董　雷	Research on Transmission Expansion Planning Based on Probabilistic Incremental Reliability Value	APPEEC 2011
908	EI 会议	董　雷	Reliability evaluation of composite generation and transmission systems based on stratified and gradual importance sampling algorithm	APAP 2011
909	EI 会议	董　雷	An optimization strategy of smoothing control of HPWS active power output	APAP 2011
910	EI 会议	刘其辉	Research on Analysis and Forecast of Power Demand Based on Changli Network	APPEEC 2011
911	EI 会议	郑　华	Application of intelligent algorithm for probability density estimation	ICCME 2011
912	EI 会议	郑　华	Developed machine learning technology and its application on electric power system	ICHPSM 2011
913	EI 会议	郑　华	Elasticity analysis modeling by least squares support vector machines applied to system load	ICCME 2011
914	EI 会议	郑　华	Intelligent simulation method and its application on risk analysis	ICHPSM 2011
915	EI 会议	郑　华	Spatial load forecasting by data fusion technology	ISAM 2011

续表

序号	检索类别	作者	论文题目	论文出处
916	EI 会议	麻秀范	Research on economical operation of transformer considering reliability	APPEEC 2011
917	EI 会议	麻秀范	The post-evaluation index system for preparatory work of transmission and transformation projects	PEAM 2011
918	EI 会议	麻秀范	Distribution network planning based on yearly load duration curve	AIMSEC 2011
919	EI 会议	麻秀范	Transmission network planning including wind power	ESEP 2011
920	EI 会议	张粒子	Improved bacterial Colony Chemotaxis Algorithm for Distribution Network Planning	ICEESD 2011
921	EI 会议	张粒子	Research on lease operation model and mechanism of pumped-storage power station based on incentive compatibility principle	APPEEC 2011
922	EI 会议	张粒子	Research in bidding strategies under different price mechanisms in generation-right trading	AIMSEC 2011
923	EI 会议	王雁凌	Comprehensive evaluation of power transmission and transformation project based on improved radar chart	ICEESD 2011
924	EI 会议	程　瑜	Research on Spectral Analysis Method of Load Characteristics in Smart Grid	FSKD 2011
925	EI 会议	毛安家	An approach for security assessment of transmission grid concerning the influence of indices balance	ICMMA 2011
926	EI 会议	舒　隽	The optimal operation of thermal power plant auxiliaries based on mixed integer programming	ICEESD 2011
927	EI 会议	舒　隽	A hybrid algorithm for mid-long term hydrothermal generation scheduling	MEC 2011
928	EI 会议	文亚凤	Optimal Allocation of Switches in DG enhanced Distribution Systems	APPEEC 2011
929	EI 会议	刘向军	Research and Develop on Substation Voltage and Rective Power Control Based on Expert System	ICIEA 2011
930	EI 会议	唐良瑞	A novel topology aggregation algorithm in multi-QoS restricted multi-domain optical networks	WiCOM 2011
931	EI 会议	唐良瑞	Improvement on LEACH routing algorithm for wireless sensor networks	ICICIS 2011
932	EI 会议	唐良瑞	An improved algorithm based on network load prediction for 802.11 DCF	ICNC 2011
933	EI 会议	唐良瑞	The preemption and reservation mechanism-based admission policy for multi-priority grid operating	WiCOM 2011
934	EI 会议	唐良瑞	TD-SCDMA baton handoff strategy based on fuzzy control theory	WiCOM 2011
935	EI 会议	唐良瑞	Chaos synchronization based on observer and its application in speech secure communication	IC-NIDC 2010
936	EI 会议	唐良瑞	A Novel four-dimensional hyperchaotic system	PACIIA 2010
937	EI 会议	唐良瑞	A new ESPRIT algorithm based on transformation of eigenvector for coherent source	ICNC 2011
938	EI 会议	祁　兵	An improved Energy-Efficient PEGASIS-Based protocol in Wireless Sensor Networks	FSKD 2011
939	EI 会议	祁　兵	An unequal clustering algorithm based on virtual blocks for wireless sensor networks	FSKD 2011

续表

序号	检索类别	作者	论文题目	论文出处
940	EI 会议	祁　兵	A novel hyperchaotic system and its synchronization based on neural network	WiCOM 2011
941	EI 会议	黄　伟	Transmission network planning with N-1 security criterion based on improved multi-objective genetic algorithm	DRPT 2011
942	EI 会议	黄　伟	Reliability evaluation of Microgrid with PV-WG hybrid system	DRPT 2011
943	EI 会议	黄　伟	Survey on microgrid control strategies	ICSGCE 2011
944	EI 会议	黄　伟	Investment dicision-making of power dsttribution transformers transformation based on life cycle cost theory	CICED 2010
945	EI 会议	黄　伟	Construction risks based enenrgy-saving reconstruction of distributiong transformers	CICED 2010
946	EI 会议	吴润泽	A Novel Routing Algorithm of SRLG Constraints with Conditional Failure Probability in Mesh Optical Network	WiCOM 2011
947	EI 会议	吴润泽	An improved resource scheduling algorithm based on the PSO in mobile grid	WiCOM 2011
948	EI 会议	吴润泽	Power ICT network QoS evaluation based on AHP	WiCOM 2011
949	EI 会议	吴润泽	Node importance evaluation based on Triangle Module for optical mesh networks	WiCOM 2011
950	EI 会议	孙建平	Stability and electronic structures of single-walled AlP nanotubes by first principle study	CEIS 2011
951	EI 会议	孙建平	An optimum layout scheme for photovoltaic cell arrays using PVSYST	MEC 2011
952	EI 会议	孙建平	A new MPPT control strategy: Study of auto-adapted step size incremental conductance method based on segmented numerical approximation	MEC 2011
953	EI 会议	刘　念	A preliminary communication model of smart meter based on IEC 61850	APPEEC 2011
954	EI 会议	刘　念	A key management scheme for secure communications of advanced metering infrastructure	ICAIC 2011
955	EI 会议	杨春萍	A serial concatenated scheme for OvCDM	GMC 2011
956	EI 会议	孙　毅	Joint MAC-PHY layer resource allocation algorithm based on triangle module operator for multi-service OFDM system	ESIAT 2011
957	EI 会议	孙　毅	An improved SLM method based on split preference and four-dimensional hyper-chaotic sequences	WiCOM 2011
958	EI 会议	孙　毅	A novel variable step size LMS adaptive filtering algorithm	ICAIC 2011
959	EI 会议	孙　毅	A dynamic channel allocation scheme based on handoff reserving and new call queuing	CASE 2011
960	EI 会议	马永红	A wavelength interleaved DWDM ROF system with 60GHz optical OFDM signal	ICMEE 2011
961	EI 会议	马永红	A simplified full-duplex wavelength interleaved DWDM hybrid access radio-over-fiber system	WiCOM 2011
962	EI 会议	马永红	Comparison and analysis of PON's access architectures for smart grid applications	WiCOM 2011
963	EI 会议	仇英辉	Availability estimation of FTTH architectures based on GPON	WICOM 2011
964	EI 会议	仇英辉	HIP based mobility management for heterogeneous networks	WICOM 2011

续表

序号	检索类别	作者	论文题目	论文出处
965	EI 会议	肖湘宁	Sliding mode variable structure direct power control of permanent-magnet direct drive generator	ICECE 2011
966	EI 会议	肖湘宁	Analysis of dynamic characteristics and control techniques applied to permanent-magnet direct drive generator based on double time coordinate	MEC 2011
967	EI 会议	肖湘宁	Mechanism Analysis and Simulation for STATCOM Damping Subsynchronous Oscillation	ICECE 2011
968	EI 会议	陶　顺	Harmonic Pricing Model Based on Harmonic Costs and Harmonic Current Excessive Penalty	AIMSEC 2011
969	EI 会议	陶　顺	Influence analysis of DG penetration levels and grid-connected positions on traditional current protection	EPEC 2011
970	EI 会议	陶　顺	Correlation between injected power and voltage deviation at the integrating node of new energy source	AIMSEC 2011
971	EI 会议	杨　琳	Analysis of damping conservation in subsynchronous oscillation	EPEC 2011
972	EI 会议	郭春林	Establish of Accuracy Assessment Indexes of Power System Real-time Digital Simulation	APPEEC 2011
973	EI 会议	郭春林	Multi-objective Current Quality Compensator with Cascade H-bridges	APPEEC 2011
974	EI 会议	郭春林	The impact of large scale of charge on residential distribution system	DRPT 2011
975	EI 会议	郭春林	Impact of Electric Vehicle Charging on Power Grid	ICECE 2011
976	EI 会议	郭春林	The study of principle and applicability of complex torque coefficient approach	ICECE 2011
977	EI 会议	郭春林	The study of complex torque coefficient approach based on benchmark	ICECE 2011
978	EI 会议	徐永海	Research on power system harmonic state estimation	DRPT 2011
979	EI 会议	徐永海	An improved algorithm of real-time detection of voltage fluctuation and flicker	DRPT 2011
980	EI 会议	徐永海	The simulation research of STATCOM based on cascaded multi-level converter	DRPT 2011
981	EI 会议	徐永海	Research of improved Iterative DFT method in harmonic current detection	APPEEC 2011
982	EI 会议	徐永海	Research of method for voltage sag source detection in power distribution network	ICIEA 2011
983	EI 会议	徐永海	Comparison of methods for voltage sag source location in distribution system	ICIEA 2012
984	EI 会议	赵成勇	Control design and operational characteristics comparation for VSC-HVDC supplying active/passive networks	ICIEA 2011
985	EI 会议	赵成勇	New precharge and submodule capacitor voltage balancing topologies of modular multilevel converter for VSC-HVDC application	APPEEC 2011
986	EI 会议	赵成勇	Integration of wind farm into power system using VSC-HVDC transmission system	DRPT 2011
987	EI 会议	赵成勇	Modeling of wind energy conversion system using doubly fed induction generator equipped batteries energy storage system	DRPT 2011

续表

序号	检索类别	作者	论文题目	论文出处
988	EI 会议	赵成勇	The Analysis and Simulation of Commutation Failure and Protection Strategies	DRPT 2011
989	EI 会议	赵成勇	Key Technologies of Three-terminal DC Transmission System Based on Modular Multilevel Converter	DRPT 2011
990	EI 会议	赵成勇	Loss Calculation Method of Modular Multilevel HVDC Converters	EPEC 2011
991	EI 会议	赵成勇	The Application of Complex Torque Coefficient Method in Multi-generator System	EEIC 2011
992	EI 会议	韩民晓	Voltage Fluctuation and Flicker Assessment of a Weak System Integrated Wind Farm	Proceedings of IEEE PES General Meeting 2011
993	EI 会议	韩民晓	Research on harmonic characteristics of UHVDC	APPEEC 2011
994	EI 会议	韩民晓	Research of HVDC converter firing control system modeling based on PSCAD and HiDraw	APPEEC 2011
995	EI 会议	韩民晓	Configuration of Energy Storage System for Distribution Network with High Penetration of PV	Proceedings of IET 1st Renewable Power Generation 2011
996	EI 会议	朱永强	Fault Diagnosis Method and Simulation Analysis for Photovoltaic Array	ICECE 2011
997	EI 会议	朱永强	The space vector PWM scheme for a novel three-level inverter with two parallel three-phase full-bridges	ICECE 2011
998	EI 会议	朱永强	Impacts of small photovoltaic power station on voltage sag in low-voltage distribution network	ICECE 2011
999	EI 会议	朱永强	New idea of comprehensive evaluation of power quality	ISDEA 2010
1000	EI 会议	文　俊	Researches on Reactive Compensation for Long-distance and High-capacity Hybrid Submarine Cable Lines	MSIT 2011
1001	EI 会议	文　俊	Development of calculation software of steady state parameters for HVDC transmission	MSIT 2011
1002	EI 会议	文　俊	Simulation study on the effect of GIC on MIDC systems	AIMSEC 2011
1003	EI 会议	姚蜀军	Research and development of solid static transfer switching for duplex feeding	APPEEC 2011
1004	EI 会议	姚蜀军	Research on distribution network failure reconfiguration considering distributed generation	APPEEC 2011
1005	EI 会议	姚蜀军	A novel transfer switching strategy of solid static for duplex feeding	DRPT 2011
1006	EI 会议	姚蜀军	Research on dynamic characteristics of Unified Power Flow Controller (UPFC)	DRPT 2011
1007	EI 会议	姚蜀军	Cornish-Fisher expansion for probabilistic power flow of the distribution system with wind energy system	DRPT 2011
1008	EI 会议	姚蜀军	The new research on harmonic assessment model of power system	DRPT 2011
1009	EI 会议	姚蜀军	Distribution network reconfiguration with distributed power based on genetic algorithm	DRPT 2011
1010	EI 会议	卢文冰	Technique of Upstream Signal Detection in TWACS	CINC 2010
1011	EI 会议	卢文冰	Research of the synchronous detection for TWACS	PACCS 2011
1012	EI 会议	卢文冰	Research of the demodulation for TWACS based on the industrial power	ICMTMA 2011
1013	EI 会议	卢文冰	The signal detection in TWACS based on IIR filter	PEEA 2011

续表

序号	检索类别	作者	论文题目	论文出处
1014	EI 会议	卢文冰	Study on Automatic Relaying Algorithm for PLC Based on Channel State	ICCSNA 2010
1015	EI 会议	刘晓芳	Study of the transient time constant of the model synchronous generator	ICEMS2011
1016	EI 会议	罗应立	Performance calculation and analysis on line-start solid rotor PMSM	ICEMS 2011
1017	EI 会议	刘明基	Influencing factors on the demagnetization of line-start permanent magnet synchronous motor during its starting process	ICEMS 2011
1018	EI 会议	刘明基	Analysis and detection of turbo-generator stator turn-to-turn fault with multi-loop method	ICEMS 2011
1019	EI 会议	刘明基	Research on the modeling and simulation of coordinate structure hybrid excitation synchronous generator with AC excitation	ICECE 2011
1020	EI 会议	王红宇	The study about the precision of standard parameter models of synchronous machine	ICEMS 2011
1021	EI 会议	王红宇	Simulation research on excitation control law based on large hydro-generator including magnetic saturation	ICEMS 2011
1022	EI 会议	王红宇	Study on transient characteristic of large hydro-generator based on field-circuit coupled time-stepping finite element method	ICEMS 2011
1023	EI 会议	王红宇	Researching on loss-excitation failure of 1000MW hydro-generator by using the time-stepping field-circuit coupled FEM	ICEMS 2011
1024	EI 会议	崔学深	Torque-based power and optimal voltage calculating method of asynchronous motor	ICEMS 2011
1025	EI 会议	刘自发	Optimal planning of substation locating and sizing based on adaptive niche differential evolution algorithm	DRPT 2011
1026	EI 会议	刘自发	Optimal DFIG converter protection design under different controllers	GPMMTA 2011
1027	EI 会议	崔　翔	Total electric field calculation of body model under HVDC transmission lines	APPEEC 2011
1028	EI 会议	毕天姝	Adaptive loss of field protection based on phasor measurements	2011 IEEE PES General Meeting: The Electrification of Transportation and the Grid of the Future
1029	EI 会议	毕天姝	The discussion on the key issues affecting the accuracy and the application of PMU technology	HICSS-44 2010
1030	EI 会议	毕天姝	Fault analysis of different kinds of distributed generators	2011 IEEE PES General Meeting: The Electrification of Transportation and the Grid of the Future
1031	EI 会议	毕天姝	The implementation of wide-area protection and control experimental system	EPU-CRIS 2011
1032	EI 会议	郑　涛	Application of multi-agent and impedance-based algorithm for fault location in power distribution systems with DG	APAP 2011
1033	EI 会议	郑　涛	Investigation of multi-inverter distributed generation resident sandia frequency shift anti-islanding method	APAP 2011
1034	EI 会议	马　静	A Generalized Leakage Inductance-Based Method for Discrimination of Internal Faults from Inrush Currents	2011 IEEE Power & Energy Society General Meeting

续表

序号	检索类别	作者	论文题目	论文出处
1035	EI 会议	马　静	Design of global power systems stabilizer to damp interarea oscillations based on wide-area collocated control technique	2011 IEEE Power & Energy Society General Meeting
1036	EI 会议	马　静	An Adaptive Protection Scheme for Distributed Systems with Distributed Generation	2011 IEEE Power & Energy Society General Meeting
1037	EI 会议	徐振宇	Research of methods extinguishing secondary arc in UHV parallel lines	APAP 2011
1038	EI 会议	薛安成	On Impact of the Different Models of Generation System to Power System Dynamic Security Region	APPEEC 2011
1039	EI 会议	薛安成	Impact of Composite Dynamic Load on the Dynamic Security Regions of Power System	DRPT 2011
1040	EI 会议	薛安成	On the Estimation to the Time-Varying Failure Characteristics of Protection Devices	DRPT 2011
1041	EI 会议	薛安成	Unified Model for Coordinated Control of Permanent Magnet Synchronous Wind Generator System	CCC 2011
1042	EI 会议	薛安成	A new method to improve the LVRT of DFIG based on the Current Compensation	CCC 2011
1043	EI 会议	张建华	Using multi-objective differential evolution and TOPSIS technique for environmental/economic dispatch with security constraints	DRPT 2011
1044	EI 会议	张建华	Environmental Effects Evaluation of Urban Distribution Network Planning Based on a Comprehensive Model	2011 IEEE PES General Meeting
1045	EI 会议	张建华	Probability Analysis Model and Risk Assessment of N-k Contingency Based on Condition-Based Maintenance	DRPT 2011
1046	EI 会议	许　刚	Fast texture synthesis using feature matching	CASE 2011
1047	EI 会议	许　刚	Blind deconvolution for image restoration based on text characteristic	ISCCS 2011
1048	EI 会议	许　刚	SIFT-NMI algorithm for image matching	CASE 2011
1049	EI 会议	马　进	A comprehensive approach for static voltage stability preventive control using immune algorithm	ITAIC 2011
1050	EI 会议	马　进	The method for online identification of low-frequency oscillations in power systems	APPEEC 2011
1051	EI 会议	马　进	A study on PSS parameters optimizing for multiple low frequency oscillation modes	APPEEC 2011
1052	EI 会议	杨京燕	Reliability evaluation of distribution system based on hybrid method and network simplification	APAP 2011
1053	EI 会议	杨京燕	Study on siting and sizing of battery-switch station	DRPT 2011
1054	EI 会议	李成榕	Effect of ageing on insulating property of mineral Oil-based TiO_2 nanofluids	ICDL 2011
1055	EI 会议	屠幼萍	TSC characteristics of aged ZnO varistors under different applied voltage ratios	APPEEC 2011
1056	EI 会议	屠幼萍	The influence of acoustic velocity on the space charge measurement by pulsed electro-acoustic	APPEEC 2011
1057	EI 会议	屠幼萍	Study of induced overvoltage on solar arrays	APL 2011
1058	EI 会议	全玉生	The Research of on-line monitoring methods of capacitive equipments	PEAM 2011
1059	EI 会议	全玉生	Study on the monitoring technology for overhead transmission line icing	PEAM 2011

续表

序号	检索类别	作者	论文题目	论文出处
1060	EI 会议	全玉生	Research on mechanical fault diagnoses methodology of a circuit breaker based on the voltage and current during its operation	PEAM 2011
1061	EI 会议	全玉生	A research of the fractal dimension based on GIS PD signals in time domain	PEAM 2011
1062	EI 会议	全玉生	A novel diagnosis algorithm of maximum frequency for longitudinal insulation fault of transformer winding	PEAM 2011
1063	EI 会议	全玉生	Research on the deformation of transformer windings based on the analysis of short circuit reactance	PEAM 2011
1064	EI 会议	全玉生	Mechanical Forces and Magnetic field Simulation of Transformer with Finite Element Method	MACE 2011
1065	EI 会议	王　伟（大）	PD detecting during the growth of electrical trees in HV XLPE cable	Proceedings of the 2011 Asia-Pacific Power and Energy Engineering Conference (APPEEC)
1066	EI 会议	詹花茂	Spark model for 1100kV GIS disconnecting switch	ICEPE 2011
1067	EI 会议	尹忠东	Research on Electric Vehicle Charger Based on Artificial Neural Network	DRPT 2011
1068	EI 会议	尹忠东	Application of Voltage PWM Rectifier in the Charger of Electric Vehicles Based on Power Feed-forward Decoupling Control	DRPT 2011
1069	EI 会议	尹忠东	PV power system energy control research in micro-grid	APPEEC 2011
1070	EI 会议	李卫国	Discharge properties and diagnosis of gas pressure in vacuum interrupter	PEAM 2011
1071	EI 会议	李卫国	Study on electrical aging lifetime of power cable with extruded insulation	ICAMMP 2010
1072	EI 会议	李卫国	Study on Large Transformer Condition Assessment Based on Membership Function-G1 Method	ICIII 2011
1073	EI 会议	李卫国	Research on　Quantitative Method of Power Transforms Condition Assessment Using Analytic Hierarchy Process	Hunan Daxue Xubebao/Journal of Hunan University Natural Scienens
1074	EI 会议	孙凤杰	Monitoring method of transmission line based on video image recognition technique	BMEI 2011
1075	EI 会议	孙凤杰	Application of video image recognition technology in substation equipments monitoring	ICECE 2011
1076	EI 会议	孙凤杰	Studies on the state recognition of transformer fans based on image processing technique	ICECE 2011
1077	EI 会议	徐衍会	Unit commitment model considering nuclear power plant load following	APAP2011
1078	EI 会议	赵冬梅	Study on DFIG wind turbines control strategy for improving frequency response characteristics	ICMV 2011
1079	EI 会议	牛东晓	Optimization of regional power comprehensive low carbon objective based on development degree and combination weight model	ICMTMA 2011
1080	EI 会议	牛东晓	Environmental impact assessment of power transformation project based on fuzzy AHP model	BCGIn 2011
1081	EI 会议	牛东晓	Medium-term power load forecasting based on grey model in Ningxia Autonomous Region	ICEE 2011
1082	EI 会议	牛东晓	A study on the post-evaluation of the social environment of the cloud model-based wind power project	GBMCE 2011

续表

序号	检索类别	作者	论文题目	论文出处
1083	EI 会议	牛东晓	Combined forecast for wind power short-term load based on gray neural network trained by particle swarm optimization	Advances in Intelligent and Soft Computing
1084	EI 会议	牛东晓	Fuzzy comprehensive evaluation model based on post economic efficiency evaluation of power plant	AIMSEC 2011
1085	EI 会议	牛东晓	A study on input-output efficiency of the Chinese wind power industry based on Hierarchy model	GBMCE 2011
1086	EI 会议	牛东晓	Research on yield risk analysis and management control of power enterprises	BMEI 2011
1087	EI 会议	牛东晓	Comprehensive evaluation of circular economy in Liaoning Province	BCGIn 2011
1088	EI 会议	牛东晓	Dynamic fuzzy comprehensive evaluation of construction project management	ICEE 2011
1089	EI 会议	牛东晓	The study of electric power customer risk evaluation based on entropy method and MADA	CSAE 2011
1090	EI 会议	牛东晓	Improved RBF network applied to short-term load forecasting	ICSESS 2011
1091	EI 会议	牛东晓	Empirical analysis on Shanxi electric energy efficiency by DEA model	CSQRWC 2011
1092	EI 会议	牛东晓	Studied on weights of performance evaluation index for middle-level cadres of enterprise based on analytical hierarchy process	MASS 2011
1093	EI 会议	牛东晓	A combined middle-long load forecasting model base on differential evolution method	ICMST 2010
1094	EI 会议	牛东晓	Comprehensive evaluation of Northern China's economic development level based on principal component analysis method	ICEE 2011
1095	EI 会议	牛东晓	Research on Chinese cities comprehensive competitiveness based on principal component analysis and factor analysis in SPSS	ICSESS 2011
1096	EI 会议	牛东晓	The study of benefits distribution among players in the supply chain	ICEE 2011
1097	EI 会议	牛东晓	Wavelet neural network embedded expert system used in short-term load forecasting	ICEMMS 2011
1098	EI 会议	牛东晓	Feasibility evaluation for wind power generation based on Rough Set theory	CEIS 2011
1099	EI 会议	张兴平	Causality between energy consumption and economic growth in Beijing: evidence from cross-industry panel data	CSEE 2011
1100	EI 会议	何永秀	Grid operation and maintenance station locating with electricity materials based on improved k-means algorithm	MSESCS 2011
1101	EI 会议	何永秀	Cultivation pattern of financial undergraduate innovation talents with modern information technology	CSEE 2011
1102	EI 会议	王永利	Optimizing of BP neural network based on genetic algorithms in power load forecasting	IECON 2011
1103	EI 会议	刘江艳	Analysis of the factors influence on urban economic development based on interpretative structural model	MSESM 2011
1104	EI 会议	刘江艳	Oil price forecast based on integrated forecasting method during the 12th five years development strategies	MSESM 2011
1105	EI 会议	刘江艳	The enterprise strategy performance Appraisal model and empirical analysis on community responsibility	ICEE 2011

续表

序号	检索类别	作者	论文题目	论文出处
1106	EI 会议	施应玲	Forecasting electricity demand of Shanghai based on power consumption intensity decomposition	ICEESD 2011
1107	EI 会议	乞建勋	Found dual network model of network planning	CSO 2011
1108	EI 会议	张立辉	Resource leveling algorithm based on integer programming in LSM	AIMSEC 2011
1109	EI 会议	张立辉	New Method for DCPM by Substituting Critical Path	MASS 2011
1110	EI 会议	张立辉	Criticality analysis in precedence networks with multiple time-constraints	MASS 2011
1111	EI 会议	张福伟	Research on China's Power Sector Carbon Emissions Trading Mechanism	ICSGCE 2011
1112	EI 会议	谢传胜	The Risk Assessment of wind power generation based on seguence relation and grey system theory	ICMREE 2011
1113	EI 会议	谢传胜	The study of power engineering project risk management	ICDMA 2011
1114	EI 会议	谢传胜	The study of long-term load forecasting based on method combination innovation	MEC 2011
1115	EI 会议	李彦斌	Power crisis and the corresponding strategices	ICEED 2010
1116	EI 会议	张晓春	Policy proposals on implementing integrated resource planning strategy to promote sustainable development of the electric power industry in Beijing	CSSS 2011
1117	EI 会议	韩宝庆	Dispute Resolution in International Electricity Trade	ICEED 2010
1118	EI 会议	韩宝庆	Obstacles to Online Arbitration in China	BMEI 2011
1119	EI 会议	韩宝庆	Some considerations on risk management for critical points in Export Procedure	BMEI 2011
1120	EI 会议	沈 巍	Daily Maximum Electric Load Forecasting with RBF Optimized by AFSA in K-means Clustering Algorithm	ICMMA 2011
1121	EI 会议	沈 巍	Short term forecasting of Shanghai composite index based on GARCH and data mining technique	PACCS 2010
1122	EI 会议	吴忠群	How to apply dynamic optimization into intertemporal investment	MEIME 2011
1123	EI 会议	丁嘉莉	Optimal Price, Stock and Channel with Stochastic Demand	AIMSEC 2011
1124	EI 会议	丁嘉莉	Influence of Channel Cost and Sharing Structure on Optimal Marketing Efforts and Channel Choice with Stochastic Demand	AIMSEC 2011
1125	EI 会议	丁嘉莉	Supply Chain Optimization with Deterministic and Uncertain Demand: a brief review	AIMSEC 2011
1126	EI 会议	高建伟	Fuzzy portfolio selection based on mean-CVaR models	BCGIn 2011
1127	EI 会议	高建伟	Minimum volatility of anticipated regret model for portfolio selection	ICICTA 2010
1128	EI 会议	简建辉	Cost of capital and investment efficiency	FITME 2010
1129	EI 会议	简建辉	Ownership structure and investment efficiency	FITME 2010
1130	EI 会议	刘崇明	The Diversification Performance Evaluation of Listed Electric Power Corporations Based on DEA Model	ISAM 2011
1131	EI 会议	刘崇明	Empirical Study on Company scale Economies based on the DEA Model	EEIC 2011
1132	EI 会议	刘崇明	The Empirical Study of Listed Electric Power Companies' Horizontal Merger with the Factor Analysis Model	IISME 2011

续表

序号	检索类别	作者	论文题目	论文出处
1133	EI 会议	刘崇明	The industry combination selection method in diversified investment of power generation group	ISAM 2011
1134	EI 会议	沈剑飞	The new darling of electric commerce	ICAEE 2010
1135	EI 会议	颜苏莉	Financial Early-warning System based on Efficacy Coefficient Method	ICIII 2011
1136	EI 会议	王志成	research on chinese reverse logistics development strategy	ICEE 2011
1137	EI 会议	刘晓彦	An empirical research on the relevance of fair value	MASS 2011
1138	EI 会议	钱　锐	New electrical energy investment analysis	AIMSEC 2011
1139	EI 会议	叶陈云	The essential management defects and constraint strategies in the internal control mechanism of listed companies in China	AIMSEC 2011
1140	EI 会议	叶陈云	The analysis of current risk-management problems and the corresponding countermeasures in the process of large-scale development of electrical enterprise in China	ICEE 2011
1141	EI 会议	张　戈	The Construction of Energy Investment Efficiency Evaluation System	AIMSEC 2011
1142	EI 会议	余中福	The study on the correlation between environmental information disclosure and economic performance-with empirical data from the manufacturing industries at Shanghai stock exchange in China	ICEED 2010
1143	EI 会议	宋晓华	Survey on the Auality Management System of Power Distribution Projects Based on the Theory of TQM	ICMEMS 2011
1144	EI 会议	宋晓华	The Study of Customer Relationship Management of Commercial Bank Based on Customer Lifetime Value	3CA 2011
1145	EI 会议	宋晓华	Study on the Factors of Chinese Population Aging Based on Double Logarithmic Model	CSSS 2011
1146	EI 会议	史富莲	Research on the correlation between extraordinary profit and loss and financial report's quality of Chinese listed companies	CAR 2011
1147	EI 会议	史富莲	Internal influence factors study of cash dividend policy of China's A and H share listed companies	CAR 2011
1148	EI 会议	史富莲	Correlation study of EVA and corporate value	CAR 2011
1149	EI 会议	史富莲	Study of the impact of legal protection of investors on the cash dividend policy	CAR 2011
1150	EI 会议	张　妍	An empirical study of characteristics of takeover targets from Chinese capital Market	MSIE 2011
1151	EI 会议	孙晶琪	The change trend and driving factors of Beijing's total-factor energy efficiency: An empirical study	CSISE 2011
1152	EI 会议	孙晶琪	Study on chaos characteristics of electricity price based on power-law distribution	3CA 2011
1153	EI 会议	赵会茹	The research of GNH based on need-hierarchy theory	MASS 2011
1154	EI 会议	李春杰	Study on bidding strategies of Gencos based on Cumulative Prospect Theory and Bayesian Learning Model	ICIST 2011
1155	EI 会议	赵新刚	China's oil vulnerability and economic growth: An empirical study	ICCSN 2011
1156	EI 会议	赵新刚	An empirical analysis on China's oil vulnerability	ICCSN 2011

续表

序号	检索类别	作者	论文题目	论文出处
1157	EI 会议	李泓泽	Analysis of Smart Grid affecting electricity market in China based on smart materials	MEIME 2011
1158	EI 会议	李泓泽	Study on Beijing's energy utilization and forecast energy supply and demand based on grey model	ICEESD 2011
1159	EI 会议	李泓泽	Analysis on the coordinated development between China's power industry and national economy based on optimal model GM (1, 1)	ICAEE 2011
1160	EI 会议	李泓泽	Analysis of sensitivity of the environmental value of wind Power	ICEED 2010
1161	EI 会议	胡军峰	The Relationship Between Energy Consumption and Economic Structure in China	ICEE 2011
1162	EI 会议	闫庆友	Research on entropy-TOPSIS in external environment evaluation of power grid corporation	ICCIC 2011
1163	EI 会议	闫庆友	Optimal R&D subsidies under technology licensing	ICEEM 2011
1164	EI 会议	张艳馥	Research on Influence of Wind Uncertainty on Reliability of Electric System	ICEICE 2010
1165	EI 会议	李存斌	The risk element transmission model of power restoration based on dynamic improved ant colony algorithm	ISAM 2011
1166	EI 会议	李存斌	The project risk management mode research of construction enterprises	CAMAN 2011
1167	EI 会议	李存斌	Study on risk assessment model based on Bayesian belief network for power supply companies	ICEE 2011
1168	EI 会议	李存斌	Operation factor analysis of enterprise high performance work system	ICEE 2011
1169	EI 会议	梁春燕	User Profile for Personalized Web Search	FSKD 2011
1170	EI 会议	梁春燕	Saturable Reactor Design and Characteristic Simulation	ICEMS 2011
1171	EI 会议	瞿斌	Optimization model for electric power supply chain operation based on system engineering	ICSEM 2011
1172	EI 会议	袁家海	China's eleventh five year plan GDP energy intensity target -Policy appraisal	APPEEC 2011
1173	EI 会议	袁家海	Compensation structure decision-making based on fuzzy evaluation model	ICM 2011
1174	EI 会议	袁家海	The application of competency model in staff training	ICM 2011
1175	EI 会议	袁家海	A method for determining and applying index weights in the sector performance appraisal system based on process	MASS 2011
1176	EI 会议	袁家海	A comprehensive evaluation method of staff competency based on rough set theory	MASS 2011
1177	EI 会议	赵长红	Low carbon transition of power system in China: Pathways and policy design implications	ICEESD 2011
1178	EI 会议	赵长红	The management framework of power system transition in China	ICECE 2011
1179	EI 会议	赵长红	Enterprise group governance model decision	MASS 2011
1180	EI 会议	熊敏鹏	A study on the modeling process and method of competence model in enterprises	MASS 2011
1181	EI 会议	郭京生	Study on compensation structure in enterprises	MASS 2011

续表

序号	检索类别	作者	论文题目	论文出处
1182	EI 会议	郭京生	The training course design of first-line managers under the model of competence	ICIII 2011
1183	EI 会议	余顺坤	Application of BSC in the Performance Management of Human Resources in E-business Enterprise	ICEMMS 2011
1184	EI 会议	余顺坤	Application of Point Method in Job Evaluation	MASS 2011
1185	EI 会议	余顺坤	A method on post-evaluation of whole staff performance management based on fuzzy partial ordering and rough sets	ICEMMS 2011
1186	EI 会议	余顺坤	Research on performance incentive mode of power enterprise based on incentive compatibility principle	MASS 2011
1187	EI 会议	余顺坤	Research on market influence of wind poewr external economy and its compensation mechanism	ICEEE 2011
1188	EI 会议	余顺坤	Research on the evaluation of external economy of wind power project based on ANP-fuzzy	ICEEE 2011
1189	EI 会议	刘力纬	Team performance and individual performance:Example from engineering consultancy company in china	MASS 2011
1190	EI 会议	从荣刚	The analysis of oil shock and monetary policy of China - Empirical research based on SVAR	AIMSEC 2011
1191	EI 会议	赵振宇	A competitiveness analysis on Chinese Construction Companies in the Global Market using Diamond Mode	MASS 2011
1192	EI 会议	庞南生	Study of payment scheduling optimization with generalized precedence relations in the progress payment model	KAM 2010
1193	EI 会议	乌云娜	A research on agent-construction supervision system of government investment	ICCSN 2011
1194	EI 会议	乌云娜	Applications of data integration in thermal power infrastructure construction project management heterogeneous system	ICEE 2011
1195	EI 会议	乌云娜	Research on risk management gains of construction project based on the goal orientation perspective	ICQR 2011
1196	EI 会议	乌云娜	Warehouse management system applicable to small and medium retailer enterprises	CEBM 2011
1197	EI 会议	乌云娜	Research on whole process contract management in deputy construction project	ICEE 2011
1198	EI 会议	乌云娜	Credit evaluation of construction-agency based on entropy AHP multi-attributes improved TOPSIS decision model	ICEE 2011
1199	EI 会议	乌云娜	Dynamic fuzzy comprehensive evaluation of contract management in project department	IEEM 2011
1200	EI 会议	乌云娜	The quantity measuring and valuation of the water conservancy and hydropower projects	AIMSEC 2011
1201	EI 会议	乌云娜	Research on bid evaluation optimal model of engineering project based on ELECTRE-II	AIMSEC 2011
1202	EI 会议	乌云娜	Energy project portfolio management system construction	MIM 2011
1203	EI 会议	乌云娜	Construction project bid evaluation optimization model based on the method of ELECTRE- i	IE and EM 2011
1204	EI 会议	乌云娜	Design for database of energy project management based on portfolio	MIM 2011
1205	EI 会议	李金超	Electric power supply and demand early warning based on PCA and SVM method	ICICIP 2011

续表

序号	检索类别	作者	论文题目	论文出处
1206	EI 会议	李金超	Evaluation of electric power suppliers' operation ability based on improved TOPSIS and AHP method	ICICIP 2011
1207	EI 会议	易　涛	The contractor's incentive management based on interface payment for the owner	MASS 2011
1208	EI 会议	纪昌明	Multi-objective decision and risk assessment techniques for reservoir operation	AIMSEC 2011
1209	EI 会议	纪昌明	The optimization of dispatching function based on ant colony optimization	ICNC 2011
1210	EI 会议	纪昌明	Analysis on the generation operation of the Three Gorges reservoir during the experimental operation period	ICCET 2011
1211	EI 会议	纪昌明	Particle swarm optimization based on catfish effect for flood optimal operation of reservoir	ICNC 2011
1212	EI 会议	纪昌明	Instructional mutation ant colony algorithm in application of reservoir operation chart optimization	KAM 2011
1213	EI 会议	纪昌明	Achievements and prospects of hydropower dispatching management in China	EEIC 2011
1214	EI 会议	王体朋	Study on liquefied characteristic of various sections of corn stalk	2011 ASABEAnnual International Meeting
1215	EI 会议	韩　爽	Neural network ensemble method study for wind power prediction	APPEEC 2011
1216	EI 会议	韩　爽	Tabu search algorithm optimized ANN model for wind power prediction with NWP	ICSGCE 2011
1217	EI 会议	刘永前	The research on the wind energy distribution over complex terrain of wind power plant	SMIS 2010
1218	EI 会议	刘永前	Short-term wind power prediction based on wavelet transform-support vector machine and statistic characteristics analysis	CPS 2011
1219	EI 会议	门宝辉	Ecological hydraulics radius model for estimating instream ecological water requirement: A case application	GBMCE 2011
1220	EI 会议	门宝辉	Impact analysis of climate change on water resources	ICAE 2011
1221	EI 会议	吕爱钟	Experimental study on bond behavior of GFRP-to-cement mortar	ICCET 2011
1222	EI 会议	吕爱钟	Investigating properties of haydite concrete by using Taguchi method	CEBM 2011
1223	EI 会议	吕爱钟	Study on the best reinforcement arrangement of thick-walled cylinder	ICCET 2011
1224	EI 会议	姚建曦	Synthesis of Porous TiO2 Thin Films via Sol-gel Method and Their Phototocatalyst Performances	IUMRS-ICA2010
1225	EI 会议	李芬花	Thermal analysis and stress analysis of the heat-exchange pipe based on ANSYS	ICIC 2011
1226	EI 会议	李芬花	Research of innovative design experimental teaching on engineering surveying	ICEEM 2011
1227	EI 会议	李芬花	Study on the stress of the concrete gravity dam heel by Ansys finite element	APPEEC 2011
1228	EI 会议	李芬花	Static Analysis on the Detached Column Substructure of Offshore Wind Power based on the Ansys	ICIC 2010

续表

序号	检索类别	作者	论文题目	论文出处
1229	EI 会议	李芬花	Simulation study on two-dimensional diversion duct by ANSYS method dimensional diversion duct by ANSYS method	AICI 2010
1230	EI 会议	王丽萍	A new method for risk analysis of reservoir generation dispatching	ICEICE 2011
1231	EI 会议	王丽萍	Risk analysis techniques for multipurpose reservoir scheduling	ICNC 2011
1232	EI 会议	王丽萍	Design of tendering agency process based on WBS	CSSS 2011
1233	EI 会议	王丽萍	Tendering agency calculation management system based on Excel VBA	ICEE 2011
1234	EI 会议	李继清	Economic Risk Analysis about the Before and after Heightening of Danjiangkou Dam with the Principle Of Maximum Entropy (POME)	ISWREP 2011
1235	EI 会议	李继清	Review and tendency on development for Tidal Power Station	ICFEEE 2011
1236	EI 会议	杨世关	characteristics of anaerobic co-digestion of corn straw and cabbage for biogas production	ICMEE 2011
1237	EI 会议	田　德	Research on the Aerodynamic Load Experiment of MW Blade Model	APPEEC 2011
1238	EI 会议	谭占鳌	Efficient hybrid infrared solar cells based on P3HT and PbSe nanocrystal quantum dots	IUMRS-ICA2010
1239	EI 会议	覃　吴	Interaction of CO with Pd-doped α-Fe_2O_3 (001) in the CLC system: A density functional analysis	ICMENS 2011
1240	EI 会议	赵建涛	Design and implementation of the Intelligent Patrol Management system based on RFID	ICECE 2011
1241	EI 会议	檀勤良	Numerical simulation of dual-support leg fluidized bed	ICEESD 2011
1242	EI 会议	檀勤良	Research on additional specific consumption distribution of biomass direct combustion power plant	ICEESD 2011
1243	EI 会议	何成兵	Analysis of subsynchronous oscillation in a multi turbo-generator sets power system based on electromechanical wave model	ISVC 2011
1244	EI 会议	冯小安	A routing algorithm for supporting soft-Qos in mobile ad hoc networks	WICOM 2011
1245	EI 会议	杨淑霞	Supplier classification based on artificial immune system clustering algorithm	ICFMD 2011
1246	EI 会议	杨淑霞	Research of electricity customer classifications based on kernel clustering algorithm under the organic combined model	ICFMD 2011
1247	EI 会议	张金芳	Boiler steam temperature control based on Linear Active Disturbance Rejection Control	CCDC 2011
1248	一级学报	孙保民	介质阻挡放电条件下添加乙烯对 NO 氧化影响的试验研究	动力工程学报
1249	一级学报	肖海平	湿法烟气脱硫系统气-气换热器堵塞机理分析	动力工程学报
1250	一级学报	芮晓明	锅炉炉膛出口烟气温度的在线测量与温度场重构	动力工程学报
1251	一级学报	徐　鸿	氧化膜的生长对管壁温度和氧化膜温度的影响	动力工程学报
1252	一级学报	徐　鸿	双热源集成发电系统研究	动力工程学报

续表

序号	检索类别	作者	论文题目	论文出处
1253	一级学报	安连锁	电站锅炉声学测温中扫频信号声源特性研究	动力工程学报
1254	一级学报	安连锁	声学测温系统在200MW电站锅炉中的应用研究	动力工程学报
1255	一级学报	周少祥	能源结构调整的基础理论问题	动力工程学报
1256	一级学报	周少祥	基于终端产品燃料单耗的节能减排评价体系	动力工程学报
1257	一级学报	罗振东	抛物型方程基于POD方法的时间二阶精度CN有限元降维格式	中国科学A辑：数学
1258	一级学报	陈义学	三维离散纵标方法在RPV快中子注量率计算中的初步应用	核科学与工程
1259	一级学报	刘吉臻	基于自适应遗传算法的协调控制系统优化	热能动力工程
1260	一级学报	刘吉臻	主蒸汽流量的测量模型研究	动力工程学报
1261	一级学报	刘吉臻	火电机组定速循环水泵的全工况运行优化	动力工程学报
1262	一级学报	刘吉臻	定功率下轴封系统对机组热经济性的影响	动力工程学报
1263	一级学报	曾德良	双压凝汽器闭式循环水系统的最优运行方式	热能动力工程
1264	一级学报	杨锡运	基于时间序列模型的风电场风速预测研究	动力工程学报
1265	一级学报	白　焰	神经网络模糊多模型软测量在磨煤机存煤量测量方面的应用	动力工程学报
1266	ISTP	何　青	Review of dynamic modeling and simulation analysis of large scale belt conveyor system	2011 International Conference on Intelligent Computing and Information Science
1267	ISTP	郭永权	Structure and Electromagnetic Properties of NdNi(2)Ge(2)	7th National Conference on Functional Materials and Applications
1268	ISTP	肖　慧	A study of changes in the youth's HR after post-exhaustive exercise	2011 Second International conference on Education an Sports Education
1269	ISTP	朱勇华	Construction of Water Resources Optimal Allocation and Its Cultural Algorithm of Interprovincial Boundary River	2010 CMSA Overall United Planning Symposium
1270	ISTP	高　欣	On Liu's Inference Rules for Fuzzy Inference Systems	13th International Conference on Information Processing and Management of Uncertainty in Knowledge-Based Systems
1271	ISTP	黄国和	Study on the medium and long-term power demand probabilistic forecasting and its application in Beijing City	Proceedings of the 7th Euro-Asia Conference on Environmental and CSR: Technological Innovation and Management Science Session, PT 1
1272	ISTP	吴克河	Design and implementation of ARIS methodology-based process modeling and management platform	ICEES 2011
1273	ISTP	王永利	Optimization of Short-Term Load Forecasting Based on Fractal Theory	3rd Asian Conference on Intelligent Information and Database Systems
1274	ISTP	韩宝庆	Analysis of Employment Competitiveness of China's Graduates Majoring in International Economics and Trade under Financial Crisis	The 3rd International Forum of Human Resource Strategy and Development
1275	ISTP	李艳玲	Study on Human Resources Outsourcing of Private Enterprises in Zhejiang Province	3rd International Forum of Human Resource Strategy and Development
1276	ISTP	李芬花	Optimize the Wind-Hydro Combined Operating Hydropower System of the Therma	Third International Conference on Modelling and Simulation
1277	ISTP	李芬花	Hydropower Numerical Simulation and Analysis of the Thermal Discharge in the Nuclear Power Plant Based on ANSYS	Third International Conference on Modelling and Simulation

续表

序号	检索类别	作者	论文题目	论文出处
1278	CSSCI	汪庆华	自主招生场域家庭资本的影响与自主招生的制度探寻	中州学刊
1279	CSSCI	荀振芳	自主招生：精英角逐的场域	清华大学教育研究
1280	CSSCI	杜红琴	高校学术期刊改革之思考	首都师范大学学报（社会科学版）
1281	CSSCI	翟亚军	中国大学排行榜： 如何才能走出误区	清华大学教育研究
1282	CSSCI	翟亚军	台湾高校学程制述评	教育与现代化
1283	CSSCI	李　英	关于南海主权问题的国际法思考	国际关系学院学报
1284	CSSCI	王学棉	美国互争诉讼的类别与特征	河北学刊
1285	CSSCI	刘　扬	新媒体语境下的网络影视剧传播与本体美学特征分析	民族艺术研究
1286	CSSCI	濮擎红	认知、语用、语义对现代汉语定语从句的影响	汉语学习
1287	CSSCI	苑汝杰	唐代淄青镇：内在文化原因析论	宁夏社会科学
1288	CSSCI	余青兰	格局的变更与研究的深化——2010 年《教育媒体与技术年鉴》解读与思考	远程教育杂志
1289	CSSCI	刘辉	从巴塞尔姆的《罗伯特·肯尼迪溺水获救》看编史元小说	当代外国文学
1290	CSSCI	吴忠群	中国的最优效费率及其政策含义	财经问题研究
1291	CSSCI	吴忠群	电力不可存储与电力期货市场失败:成因与机制	财贸经济
1292	CSSCI	简建辉	外部治理机制与企业过度投资	经济与管理研究
1293	CSSCI	简建辉	经理人激励与公司过度投资	经济管理
1294	CSSCI	简建辉	股权性质、过度投资与股权集中度	改革
1295	CSSCI	何平林	财政投资效率的数据包络分析	财政研究
1296	CSSCI	宋晓华	基于出租人收益的项目融资租赁租金计量模型研究	会计研究
1297	CSSCI	胡军峰	北京市能源消费与经济增长关系研究	统计研究
1298	CSSCI	陈建国	服务对象需求、治理机制融合与税务机构改革：以内蒙古乌海市国地税联合办税为例	江苏行政学院学报
1299	CSSCI	卢海燕	论服务型政府绩效评估指标体系的逻辑与框架	新视野
1300	CSSCI	贾江华	谋划当代中国国际战略——读李慎明《全球化背景下的中国国际战略》	政治学研究
1301	CSSCI	贾江华	走在坚定的马克思主义之路上——读《中国特色社会主义道路研究》	当代世界与社会主义
1302	CSSCI	姚建平	城市居民最低生活保障标准的统一问题探讨	社会科学
1303	CSSCI	张　娟	大学技术转移市场化运行机制研究	科学管理研究
1304	人大复印	李玲玲	论我国信访制度的既存缺陷与重构途径	人大复印《中国政治》
1305	人大复印	郭正秋	20 世纪 30 年代开初冯玉祥关于政治革命和社会改造思想评析	人大复印报刊资料《中国现代史》
1306	人大复印	周　涛	中国核电发展的安全性研究	产业经济
1307	人大复印	覃成菊	我国生育保险制度的演变与政府责任	社会保障制度
1308	国外正式期刊	郭喜燕	Thermodynamic models and energy distribution of single-phase heated surface in a boiler under unsteady conditions	Frontiers of Energy and Power Engineering in China
1309	国外正式期刊	马德香	Triple positive solutions of a boundary value problem for second order three-order differential equations with p-Laplacian operator	Journal of Applied Mathematics and Computing
1310	国外正式期刊	李国东	Analsis B-scan image by CNN and polyfit	Advances in systems science and applications

续表

序号	检索类别	作者	论文题目	论文出处
1311	国外正式期刊	卢占会	Based on Average of the Principal Component Analysis and its Application in the Structure of Industrial Products	Intelligent Information Management Systems and Technologies
1312	国外正式期刊	卢占会	A Study of Monopolist's Second Degree Price Discrimination for Nonlinear Demand Curve	Intelligent Information Management Systems and Technologies
1313	国外正式期刊	杨晓忠	A kind of Accelerated AOS Difference Schemes for Dual Currency Option Pricing Model	Journal of Information and Systems Sciences
1314	国外正式期刊	张金平	A new proof on Redheffer-William's inequality	Far East Journal of Mathematical Science
1315	国外正式期刊	戴忠信	Cognitive Relevance Involved in Verbal Communication: A Perspective of the Personal Experience Theory	Theory and Practice in Language Studies
1316	国外正式期刊	刘　军	The Impact of the Advent of English in Primary Schools on the Development of College English in China	Higher Education Studies
1317	国外正式期刊	赵玉闪	On Arthur Waley's Creatively Treasonous Translation of Xiyouji : From the Perspective Utilitarian Discourse System	Studies in Literature and Language
1318	国外正式期刊	袁桂丽	Fault Diagnosis of Induction Motor Based on Artificial Immune System	American Journal of Engineering and Technology Research
1319	国外正式期刊	李元诚	Phishing Web Image Segmentation Based on Improving Spectral Clustering	Journal of Electronics(China)
1320	国外正式期刊	何　慧	A Smart Sentiment Analysis System in Word,Sentence and Text Level	Advanced Engineering Forum
1321	国外正式期刊	何永秀	Risk Analysis of Urban Network Planning in China	International Journal of Risk Assessment and Management
1322	国外正式期刊	刘晓彦	Research on the income volatility of listed banks in china:based on the fair value measurement	International Business Research
1323	国外正式期刊	宋晓华	Data Integration and Model Based on the Informatization Implement in Engineering Corporations	Communications in Information Science and Management Engineering
1324	国外正式期刊	宋晓华	The Research of Chinese Population Aging Based on Econometric Model	Communications in Information Science and Management Engineering
1325	国外正式期刊	宋晓华	Analysis on Wind Farm's Financial Feasibility under CDM Based on AHP	Communications in Information Science and Management Engineering
1326	国外正式期刊	唐平舟	Research on the Layout of National Economic Mobilization Logistics Centers	International Journal of Intelligent Systems and Applications
1327	国外正式期刊	唐平舟	Research on the Multiple Incentive Model of Mobilization Centre	American Journal of Engineering and Technology Research
1328	国外正式期刊	余恩海	Are Women Entrepreneurs More Likely to Share Power than Men Entrepreneurs in Decision-Making?	International Journal of Business and Management
1329	国外正式期刊	门宝辉	Water quality assessment of Wenyu River based on attribute recognition method	American Journal of Engineering and Technology Research
1330	国外正式期刊	宋记锋	Binary tree based classification method for the material layer and multilink conversion model of signal propagation process of information acquisition	International journal of information acquisition

华北电力大学 2011 年度科技论文检索情况一览表

保定校区

序号	检索类别	作者	论文题目	论文出处
1	SCI 光盘	余　洋	双馈风力发电机混沌运动分析及滑模控制混沌同步	物理学报
2	SCI 光盘	戴志辉	基于 3RF 技术的继电保护可靠性分析	IEEE TRANSACTIONS ON POWER SYSTEMS
3	SCI 光盘	刘　欣	外场激励下传输线暂态响应的时域有限元法	IEEE Transaction on Electromagnetic Compatibility
4	SCI 光盘	李　琳	基于谐波平衡有限元法的直流偏磁分析	IEEE Transactions on Power delivery
5	SCI 光盘	李慧奇	一种吉尔斯-阿瑟顿迟滞模型修正方法及其在涉及磁性材料器件数值模拟中的应用	The 2010 14th Biennial IEEE Conference on Electromagnetic Field Computation
6	SCI 光盘	卢铁兵	基于上流有限元法分析有风存在时高压直流输电线路下的离子流场	IEEE Transactions on Magnetics
7	SCI 光盘	王艾萌	五种用于混合动力电动汽车中的内置式永磁同步电机拓扑结构的比较	IEEE TRANSACTIONS ON MAGNETICS
8	SCI 光盘	颜湘武	双馈感应风力发电机采用电阻缓冲器实现电网故障容错控制	IEEE TRANSACTIONS ON POWER ELECTRONICS
9	SCI 光盘	郑国忠	应用多层次灰色评价法评价建筑节能	JOURNAL OF ENERGY ENGINEERING-ASCE
10	SCI 光盘	王春波	富氧燃烧循环流化床内水分对石灰石直接硫化特性的影响	Energy & Fuels
11	SCI 光盘	王春波	增压富氧下燃烧及成灰特性	Energy & Fuels
12	SCI 光盘	杨薛明	硅纳米线分子结阵列的热导率	Physica E
13	SCI 光盘	王江江	楼宇级冷热电联供系统优化模型的敏感性分析	Applied Energy
14	SCI 光盘	王江江	冷热电联供系统在不同运行模式下的性能比较	Applied Energy
15	SCI 光盘	王江江	建筑类型和气候区对楼宇冷热电联供系统能效、经济和环境特性的影响分析	Applied Energy
16	SCI 光盘	王璋奇	格构式输电铁塔中节点的精细模拟	ENGINEERING STRUCTURES
17	SCI 光盘	赵　毅	复合吸收剂烟气同时脱硫脱硝实验研究	ENVIRONMENTAL PROGRESS & SUSTAINABLE ENERGY
18	SCI 光盘	赵　毅	富氧高活性吸收剂脱除三氯苯	ENVIRONMENTAL TECHNOLOGY
19	SCI 光盘	齐立强	中国内蒙古准格尔电厂高铝飞灰的特性及其电除尘行为	JOURNAL OF HAZARDOUS MATERIALS
20	SCI 光盘	吕建燚	乙烯/空气反扩散火焰中气体温度及碳烟体积分数的分布特征	ACTA CHIMICA SINICA
21	SCI 光盘	马双忱	氨水捕集模拟烟气中二氧化碳的实验与理论研究	ACTA CHIMICA SINICA
22	SCI 光盘	付　东	CO_2-甲醇和 CO_2-乙醇的界面性质研究	中国科学 B
23	SCI 光盘	付　东	醇胺水溶液粘度的实验和理论研究	化学学报
24	SCI 光盘	付　东	CO_2-甲醇和 CO_2-乙醇相平衡和界面张力的交叉缔事模型	J Phys Chem C

续表

序号	检索类别	作者	论文题目	论文出处
25	SCI 光盘	赵　毅	高铁（Ⅵ）烟气同时脱硫脱硝	Environmental science & technology
26	SCI 光盘	汪黎东	一种酚类抑制剂对亚硫酸镁氧化反应动力学的影响及作用机理	化学学报
27	SCI 光盘	苑春刚	离子液体-火焰原子吸收法富集/分离地质与环境样品中的钯	Atomic spectroscopy
28	SCI 光盘	苑春刚	用改性多壁碳纳米管在无螯合剂下分离富集钯	MICROCHIMICA ACTA
29	SCI 光盘	赵　毅	复合吸收剂液相同时脱硫脱硝特性研究	Science China Technological Sciences
30	SCI 光盘	马双忱	微波辐照活性炭床烟气脱硝实验研究	化学学报
31	SCI 光盘	马双忱	微波辐照活性炭床脱硫脱硝动力学研究	Sci China Tech Sci
32	SCI 光盘	马双忱	微波辐照载催化剂活性炭脱硝实验研究	Sci China Tech Sci
33	SCI 光盘	苑春刚	离子液体富集-火焰原子吸收法测定环境样品中的痕量银	Microchimica Acta
34	SCI 光盘	王淑勤	纳米二氧化钛催化氧化钙和二氧化硫硫酸盐化动力学的研究	Chemical Engineering Research and Design
35	SCI 光盘	孟　明	化石能源 CO_2 排放的 logistic 模型	Energy
36	SCI 光盘	尹增谦	有源等离子体在开放大气环境下的反应扩散过程研究	物理学报
37	SCI 光盘	阎占元	介观压电石英体等效电路的量子化	Modern Physics Letters B
38	SCI 光盘	王胜华	锥距离空间的距离和共同不动点定理	Applied Mathematics Letters
39	SCI 光盘	王慧娟	时间延迟引起的切空间附近时空不稳定性竞争	理论物理通讯
40	SCI 光盘	王志刚	用 QCD 求和规则分析核物质中的 q 重子	Eur. Phys. J. C
41	SCI 光盘	王志刚	用 QCD 求和规则分析核物质中 和 介子的质量修正	Phys. Rev.C
42	SCI 光	王志刚	用重夸克对称性分析衰变 和	Eur. Phys. J. A
43	SCI 光盘	王志刚	用 QCD 求和规则分析 Y(4274)	Int. J. Mod. Phys. A
44	SCI 光盘	王志刚	用 BS 方程分析 X(1835)和相关重子偶素	Eur. Phys. J. A
45	SCI 光盘	王志刚	用 QCD 光锥求和规则分析 ， ， 形状因子	Mod. Phys. Lett. A
46	SCI 光盘	王志刚	分析粲介子 D(2550), D(2600), D(2750), D(2760)的强衰变	Phys. Rev. D
47	SCI 光盘	王志刚	用 QCD 求和规则分析标量和轴矢量重双夸克态	Eur. Phys. J. C
48	SCI 光盘	王志刚	用 BS 方程分析 和 介子的质量差异	Chin. Phys. Lett.
49	SCI 光盘	王志刚	用 QCD 光锥求和规则分析顶角	Eur. Phys. J. A
50	SCI 光盘	王志刚	用 QCD 求和规则分析双重四夸克态	Commun. Theor. Phys.
51	SCI 光盘	王志刚	用 QCD 求和规则分析 and 单重和双重重子	Eur. Phys. J.A
52	SCI 光盘	姚秀明	丢包情形下，广义 Markovian 跳跃系统的故障检测	IEEE Transactions on Signal Processing
53	SCI 光盘	孙宗利	缔合 Lennard-Jones 流体的界面特征的曲率影响：密度泛函理论研究	中国物理快报
54	SCI 光盘	杨丽娟	CH_3NO 异构体及异构化反应机理的量子化学研究	化学学报

续表

序号	检索类别	作者	论文题目	论文出处
55	SCI 网络	颜湘武	电网三相对称性和不对称性电压骤降对双馈感应风力发电机组的影响研究	European Power Electronics and Drives Journal, EPE Journal
56	SCI 网络	郑国忠	应用 LCA 和模糊 AHP 评价建筑节能	CIVIL ENGINEERING AND ENVIRONMENTAL SYSTEMS
57	SCI 网络	王春波	富氧燃烧流化床内同时碳酸化和硫化特性研究	Chemmical engineering& technology
58	SCI 网络	李春曦	增大叶轮后的离心风机性能研究	Energy Conversion and Management
59	SCI 网络	王松岭	离心风机熵产计算及数值优化研究	ADVANCED SCIENCE LETTERS
60	SCI 网络	叶学民	变节距轴流风机单动叶安装角非正常调节下的内流特征	ADVANCED SCIENCE LETTERS
61	SCI 网络	孙正 1	X 射线血管造影图像序列中冠状动脉血管骨架的三维运动估计	Computerized Medical Imaging and Graphics
62	SCI 网络	李　中	一种基于向量差值特征的相似度测量方法	INFORMATION—AN INTERNATIONAL INTERDISCIPLINARY JOURNAL
63	SCI 网络	杨薛明	基于 PSO 算法的改进 WM 负荷预测模型	Expert Systems with Applications
64	SCI 网络	张智娟	感应加热灵活 LCCL 串联谐振逆变器设计与研究	INTERNATIONAL REVIEW OF ELECTRICAL ENGINEERING-IREE
65	SCI 网络	万书亭	发电机气隙偏心与转子匝间短路复合故障下的转子振动特性研究	中国机械工程学刊
66	SCI 网络	丁海民	石墨对球磨 TiCx 中空位含量的影响研究	China Foundry
67	SCI 网络	王进峰	基于混合遗传算法的柔性作业车间调度问题	Sensor Letters
68	SCI 网络	万书亭	汽轮发电机气隙偏心故障时定转子振动特性分析	TRANSACTIONS OF THE CANADIAN SOCIETY FOR MECHANICAL ENGINEERING
69	SCI 网络	赵　毅	次氯酸钠溶液同时脱除烟气中 SO_2 和 NO 的反应动力学	INTERNATIONAL JOURNAL OF CHEMICAL REACTION ENGINEERING
70	SCI 网络	李保会	短柱毛细管电泳/ICPMS 联用用于汞的快速分析	Analytical Methods
71	SCI 网络	张胜寒	光电化学法研究镍基合金在 288 摄氏度高温水中生成氧化膜的半导体性质	金属学报
72	SCI 网络	张胜寒	高温水中添加微量 Zn 对 inconel600 合金氧化膜对半导体性质的影响	化学学报
73	SCI 网络	张胜寒	不同形态铈改性的 TiO_2 纳米管阵列的制备及其可见光电响应性质	物理化学学报
74	SCI 网络	孟　明	基于小样本方法的中国年度电力消费预测分析	Energy Conversion and Management
75	SCI 网络	孟　明	使用趋势分解进行月度电力消费预测	Energies
76	SCI 网络	王胜华	无限族均衡问题、不动点问题渐进严格伪压缩的强收敛定理	Fixed Point Theory and Applications
77	SCI 网络	王胜华	巴拿赫空间中关于均衡问题、变分不等式问题和不动点问题的新迭代序列	Fixed Point Theory and Applications
78	SCI 网络	张亚刚	复杂电力系统故障的一般特征	International Review of Electrical Engineering
79	SCI 网络	张亚刚	电力系统故障定位的模式识别研究	International Journal of Electrical Power & Energy Systems
80	SCI 网络	何继伟	污染税对种群生存的影响	Mathematical methods in the Applied Sciences

续表

序号	检索类别	作者	论文题目	论文出处
81	SCI 网络	谷根代	不动点问题和变分不等式的强收敛算法	Journal of Applied Mathamatics
82	SCI 网络	田景峰	关于不确定变量的不等式和数学性质	Fuzzy Optimization and Design Making
83	SCI 网络	田景峰	HK 不等式的推广和应用	JOURNAL OF INEQUALITIES AND APPLICATIONS
84	EI（核心版）	米增强	基于混沌分析和神经网络的风速直接多步预测	太阳能学报
85	EI（核心版）	卢锦玲	交直流混合系统可用输电能力评估	电网技术
86	EI（核心版）	徐志钮	动、静态接触角计算软件及在硅橡胶憎水性检测中的应用	高电压技术
87	EI（核心版）	徐志钮	干燥带对染污支柱绝缘子电场分布的影响	高电压技术
88	EI（核心版）	徐志钮	绝缘子电场有限元分析法的影响因素及其优化	高电压技术
89	EI（核心版）	徐志钮	亲水性时绝缘子交流污闪模型的影响因素	高电压技术
90	EI（核心版）	徐志钮	温度对硅橡胶电晕时憎水性的影响	高电压技术
91	EI（核心版）	徐志钮	基于水平集的动态接触角算法及在硅橡胶憎水性检测中的应用	仪器仪表学报
92	EI（核心版）	徐志钮	一种基于改进傅立叶级数的高精度谐波分析算法	电力系统保护与控制
93	EI（核心版）	徐志钮	基于等效模型的介质损耗数值算法	电力系统保护与控制
94	EI（核心版）	徐志钮	基于 RPROP 神经网络的电力系统谐波分析	电力系统保护与控制
95	EI（核心版）	杨明玉	基于后向预测 Prony 算法的超高压输电线路暂态量保护方案	电力自动化设备
96	EI（核心版）	戴志辉	基于动态故障树与蒙特卡罗仿真的保护系统动态可靠性评估	中国电机工程学报
97	EI（核心版）	顾雪平	湖南电网 220kV 线路直流融冰问题研究	电力系统保护与控制
98	EI（核心版）	徐玉琴	考虑分布式发电的配电网规划问题的研究	电力系统保护与控制
99	EI（核心版）	徐玉琴	考虑风力发电影响的配电网可靠性评估	电网技术
100	EI（核心版）	李建文	高频谐振逆变器的功率 MOS 管驱动电路	电工技术学报
101	EI（核心版）	徐　岩	基于故障录波与保护信息融合的变电站故障分析系统开发	电力自动化设备
102	EI（核心版）	徐　岩	基于离散傅里叶变换的频谱分析新方法	电力系统保护与控制
103	EI（核心版）	徐　岩	一种基于参数检测的双端故障测距算法	电力系统保护与控制
104	EI（核心版）	刘　青	基于改进小波包熵的 SSSC 串补线路故障位置识别	电力系统自动化
105	EI（核心版）	赵书强	考虑天气变化的输电系统可靠性评估	电网技术
106	EI（核心版）	马燕峰	基于输出反馈和区域极点配置的电力系统阻尼控制器研究	电工技术学报
107	EI（核心版）	赵书强	基于可信性理论的输电网规划方法	电工技术学报
108	EI（核心版）	汪佛池	憎水涂层对铝单丝表面覆冰性能的影响	中国电机工程学报
109	EI（核心版）	王永强	利用含水量预测模型的电容型设备绝缘受潮故障预警方法	高电压技术
110	EI（核心版）	刘　艳	输电网架恢复方案线路投运风险评估	电力系统自动化
111	EI（核心版）	刘　艳	计及火电机组启动过程的网架并行恢复策略	电力系统自动化

续表

序号	检索类别	作者	论文题目	论文出处
112	EI（核心版）	刘　艳	输电网网架恢复方案关键线路辨识	电力系统自动化
113	EI（核心版）	赵书强	基于盲数的配电系统可靠性评估	电力系统保护与控制
114	EI（核心版）	任建文	基于Prony算法的小电流接地系统不平衡电流分析	电力系统保护与控制
115	EI（核心版）	石新春	多分辨率奇异谱熵和支持向量机在孤岛与扰动识别中的应用	中国电机工程学报
116	EI（核心版）	石新春	非线性原-对偶内点法无功优化中的修正方程降维方法	电网技术
117	EI（核心版）	周　明	考虑供电可靠性的供电价格规制方法	电网技术
118	EI（核心版）	周　明	大用户购电组合决策模型及对比研究	电网技术
119	EI（核心版）	李庚银	电压暂降随机预估的自适应信赖域方法	中国电机工程学报
120	EI（核心版）	周　明	基于功率增长优化模式的交直流电网可用输电能力计算	中国电机工程学报
121	EI（核心版）	周　明	含大规模风电场的电力系统动态经济调度	电力系统保护与控制
122	EI（核心版）	李　琳	变电站接地网雷电电磁场的快速算法	中国电机工程学报
123	EI（核心版）	苏海锋	基于聚类排挤小生境遗传算法的配电网无功规划研究	电力系统保护与控制
124	EI（核心版）	梁海峰	含双馈感应电机的风电场电压协调控制策略	电网技术
125	EI（核心版）	李　琳	换流变压器极性反转试验的数值模拟	中国电机工程学报
126	EI（核心版）	李　琳	基于直流偏磁实验的叠片铁心磁化特性分析	电工技术学报
127	EI（核心版）	李　琳	定点谐波平衡有限元法与叠片铁心直流偏磁磁化特性研究	中国电机工程学报
128	EI（核心版）	赵成勇	二极管箝位式三电平 VSC 损耗分析	电力自动化设备
129	EI（核心版）	杨淑英	基于双DSP控制的混合型有源电力滤波装置	电力自动化设备
130	EI（核心版）	赵成勇	直流馈入后山东电网中交流线路故障对换相失败瞬态特征的影响	电力自动化设备
131	EI（核心版）	赵成勇	采用载波移相技术的模块化多电平换流器电容电压平衡控制	中国电机工程学报
132	EI（核心版）	李和明	基于微波辐射理论的绝缘子污秽等值盐密/灰密检测模型	中国电机工程学报
133	EI（核心版）	张　丽	包含同步发电机及电压源逆变器接口的微网控制策略	电网技术
134	EI（核心版）	张　丽	包含分布式电源的配电网无功优化	电工技术学报
135	EI（核心版）	贾秀芳	基于teager能量算子的风电并网闪变包络线提取	太阳能学报
136	EI（核心版）	李和明	基于放电紫外成像参量的绝缘子污秽状态评估	电工技术学报
137	EI（核心版）	徐志钮	基于水平集的接触角算法及在 RTV 憎水性检测中的应用	电工技术学报
138	EI（核心版）	赵书强	密集型固有振荡模式电力系统的模态分析	电力系统自动化
139	EI（核心版）	徐志钮	傅立叶算法测量介质损耗的误差分析与应用	电网技术
140	EI（核心版）	徐志钮	材料及其参数对绝缘子电场和电位分布的影响	电网技术

续表

序号	检索类别	作者	论文题目	论文出处
141	EI（核心版）	徐志钮	基于有限元法的绝缘子污闪模型	高电压技术
142	EI（核心版）	刘英培	基于自抗扰控制 PMSM 电压空间矢量调制直接转矩控制方法	电力自动化设备
143	EI（核心版）	刘英培	电压空间矢量永磁同步电机直接转矩控制	Advances in Intelligent and Soft Computing
144	EI（核心版）	王雪	新型变压器三角形侧绕组环流计算方法	电力系统自动化
145	EI（核心版）	王增平	基于 k 可加模糊测度的变压器励磁涌流识别方法	电力系统保护与控制
146	EI（核心版）	王增平	基于改进主成分分析的变压器励磁涌流识别方法	电力系统保护与控制
147	EI（核心版）	余　洋	基于运行数据的大型风电场建模方法研究	太阳能学报
148	EI（核心版）	栗　然	直驱永磁同步风电机组的三相短路故障特性	电网技术
149	EI（核心版）	刘教民	一种改进的 CLC 电流源谐振逆变器	电工技术学报
150	EI（核心版）	杨明玉	基于后向预测Prony算法的超高压输电线路故障选相方案	电力系统保护与控制
151	EI（核心版）	徐　岩	具有实用性的变压器时差法保护判据的研究	电力系统保护与控制
152	EI（核心版）	顾雪平	电网故障诊断的一种完全解析模型	中国电机工程学报
153	EI（核心版）	顾雪平	电力系统扩展黑启动方案的研究.	中国电机工程学报
154	EI（核心版）	顾雪平	黑启动恢复中网架重构阶段的负荷恢复优化	电力系统保护与控制
155	EI（核心版）	徐　岩	基于幅值特征的变压器励磁涌流和故障电流的识别	电网技术
156	EI（核心版）	徐　岩	基于有功与无功相对大小的变压器励磁涌流鉴别新方法	电力系统保护与控制
157	EI（核心版）	刘　青	基于改进hilbert谱分析的STATCOM并补线路保护方法	电工技术学报
158	EI（核心版）	李和明	汽轮发电机励磁绕组不同位置匝间短路对励磁磁动势的影响	中国电机工程学报
159	EI（核心版）	赵成勇	模块化多电平换流器 HVDC 直流侧故障控制保护策略	电力系统自动化
160	EI（核心版）	赵成勇	高压直流输电换相失败对交流线路保护的影响-直流换相失败瞬态特征分析及对交流线路保护的影响	电力系统保护与控制
161	EI（核心版）	张　波	基于 dq 变换的三相电压暂降生成方法	电工技术学报
162	EI（核心版）	律方成	雨雪天气下特高压交流单回试验线段电晕损失实测分析	高电压技术
163	EI（核心版）	刘云鹏	特高压交流同塔双回试验线段雨天电晕损失研究	高电压技术
164	EI（核心版）	刘云鹏	电晕笼单根导线电晕损失等效修正系数试验研究	高电压技术
165	EI（核心版）	律方成	电晕笼中分裂导线交流电晕损失计算分析	高电压技术
166	EI（核心版）	刘云鹏	在小电晕笼中分裂导线交流电晕的起始电压分析	高电压技术
167	EI（核心版）	朱　凌	风电场并网在线预警系统研究	电力系统保护与控制
168	EI（核心版）	周　明	分布式电源选址定容的多目标优化算法	电网技术

续表

序号	检索类别	作者	论文题目	论文出处
169	EI（核心版）	周　明	基于信息熵的可用输电能力枚举评估方法	电网技术
170	EI（核心版）	张重远	应用电站设备宽频特性的过电压在线监测装置	高电压技术
171	EI（核心版）	张重远	基于电磁式电压互感器传输特性的过电压在线监测方法	中国电机工程学报
172	EI（核心版）	谢英柏	CO_2 跨临界双级压缩/喷射制冷循环热力学分析	太阳能学报
173	EI（核心版）	鲁许鳌	掺烧稻壳对煤粉炉飞灰特性的影响	太阳能学报
174	EI（核心版）	张学镭	焦炉煤气合成甲醇和发电系统的设计及性能分析	华南理工大学学报自然科学版
175	EI（核心版）	周兰欣	直接空冷凝汽器单元内加装消旋导流板的数值模拟	中国电机工程学报
176	EI（核心版）	阎维平	高压高浓度 CO_2 烟气辐射换热特性分析与计算	西安交通大学学报
177	EI（核心版）	闫顺林	一种计算辅助汽水流量对煤耗率影响的新方法	中国电机工程学报
178	EI（核心版）	高正阳	基于支持向量机与数值法的 W 火焰锅炉多目标燃烧优化及火焰重建	中国电机工程学报
179	EI（核心版）	高正阳	煤焦与生物质焦共气化特性及分布活化能研究	中国电机工程学报
180	EI（核心版）	叶学民	切应力协同下受热过冷层流液膜的破断特性	力学学报
181	EI（核心版）	王松岭	含表面活性剂液滴的受热铺展特性	中国电机工程学报
182	EI（核心版）	王松岭	基于熵产理论的离心风机性能优化	中国电机工程学报
183	EI（核心版）	李永华	不同摆角下四墙切圆燃烧器的数值模拟	中国电机工程学报
184	EI（核心版）	韩中合	水平轴风力机尾流特性的数值研究	太阳能学报
185	EI（核心版）	韩中合	湿蒸汽两相凝结流动中水滴生长模型研究	中国电机工程学报
186	EI（核心版）	王松岭	温度和活性剂浓度梯度协同驱动的液滴铺展特性	化工学报
187	EI（核心版）	阎维平	高压流化床鼓泡流化特性的冷态实验研究	中国电机工程学报
188	EI（核心版）	阎维平	增压流化床热态临界流化速度的实验研究	中国电机工程学报
189	EI（核心版）	阎维平	富氧燃烧含灰烟气辐射特性的部分光谱 K 模型	化工学报
190	EI（核心版）	闫顺林	汽轮机主汽温变化对煤耗率影响的强度系数计算模型	中国电机工程学报
191	EI（核心版）	吕玉坤	电站锅炉热效率和 NOX 排放混合建模与优化	中国电机工程学报
192	EI（核心版）	钱江波	汽轮机内湿蒸汽两相流介电性质研究	中国电机工程学报
193	EI（核心版）	荆有印	不同能源驱动冷热电联供系统的模糊多目标评价模型	Energy Policy
194	EI（核心版）	荆有印	基于生命周期分析的冷热电联供系统的多目标优化和运行策略分析	Energy
195	EI（核心版）	荆有印	不同运行策略下太阳能冷热电联供系统的生命周期分析	Applied energy

续表

序号	检索类别	作者	论文题目	论文出处
196	EI（核心版）	尚秋峰	基于单节点重构改进小波包的电力系统谐波分析算法	电力系统保护与控制
197	EI（核心版）	尹成群	FBG 反射谱中心波长检测算法仿真与实验分析	红外与激光工程
198	EI（核心版）	李　中	一种改进小波阀值去噪方法	Advances in Computer Science, Intelligent System and Environment
199	EI（核心版）	何玉钧	利用平稳小波变换处理 FBG 传感信号	红外与激光工程
200	EI（核心版）	赵振兵	基于 BEMD 的电力设备红外与可见光图像的配准研究	电力系统保护与控制
201	EI（核心版）	李新叶	基于改进层次聚类的同家族变压器状态变化规律分析	电力系统保护与控制
202	EI（核心版）	赵振兵	采用改进相位一致性检测方法的电力线图像分析及其提取	高电压技术
203	EI（核心版）	王进峰	基于改进遗传算法的工艺规划优化	JOURNAL OF COMPUTERS
204	EI（核心版）	丁海民	热轧复合不锈钢-碳钢复合板界面特征	材料热处理学报
205	EI（核心版）	胡爱军	基于数学形态变换的转子故障特征提取方法	机械工程学报
206	EI（核心版）	胡爱军	经验模态分解中的模态混叠问题	振动、测试与诊断
207	EI（核心版）	朱晓光	多参数优化蚁群算法在移动机器人路径规划中的应用	Journal of Convergence Information Technology
208	EI（核心版）	王璋奇	双足机器人步态建模仿真	Information Technology Journal
209	EI（核心版）	吕建燚	煤粉物化特性对燃烧后灰颗粒物的影响	Journal of Fuel Chemistry and Technology
210	EI（核心版）	马双忱	聚乙二醇二甲醚抑制脱碳吸收剂中氨逃逸的实验及原理分析	化工学报
211	EI（核心版）	马双忱	微波辐照活性炭脱硫脱硝过程中炭损失研究	Journal of the China Coal Society
212	EI（核心版）	马双忱	烟气成分对微波辐照同时脱硫脱硝的影响	Journal of Fuel Chemistry and Technology
213	EI（核心版）	陈　岚	溶液初始 pH 值对 2,4-D 臭氧直接反应动力学的影响	CIESC Journal
214	EI（核心版）	陈传敏	湿法烟气脱硫浆液中汞再释放特性研究	中国电机工程学报
215	EI（核心版）	赵　毅	微波放电 $NO-O_2-H_2O-He$ 体系脱除 NO 的数值模拟	中国电机工程学报
216	EI（核心版）	赵　毅	$NO-N_2$ 系统不同电离度下非平衡等离子体脱除 NO 的数值模拟	中国电机工程学报
217	EI（核心版）	陈　岚	共存物质对 O_3/H_2O_2 工艺降解 2,4-D 的影响(Ⅰ)2,4-D 降解动力学	化工学报
218	EI（核心版）	陈　岚	共存物质对 O_3/H_2O_2 工艺降解 2,4-D 的影响(Ⅱ)氯和过氧化氢动力学分析	化工学报
219	EI（核心版）	李艳梅	基于Bayes的模糊神经网络在智能电网风险评估中的应用	JOURNAL OF COMPUTERS
220	EI（核心版）	李　伟	基于缓冲算子和时间响应函数最优化灰色模型的	电力系统保护与控制
221	EI（核心版）	李　伟	基于改进小生境遗传算法的 Pareto 多目标配电网重构	电力系统保护与控制

续表

序号	检索类别	作者	论文题目	论文出处
222	EI（核心版）	李　伟	太阳能光伏发电风险评价	农业工程学报
223	EI（核心版）	崔和瑞	基于熵权 TOPSIS 分析的配电网可靠性评估指标体系研究	农业工程学报
224	EI（核心版）	郭孝锋	秸秆电厂职工业绩评价	journal of information & computational science
225	EI（核心版）	黄元生	蚁群优化的最小二乘支持向量机在短期负荷预测中的应用	Journal of Computational Information Systems
226	EI（核心版）	黄元生	基于灰色误差修正和粒子群算法的支持向量机的短期负荷预测	Journal of Computational Information Systems
227	EI（核心版）	黄元生	基于 ARMA 误差修正和自适应粒子群优化的 SVM 短期负荷预测	电力系统保护与控制
228	EI（核心版）	任　峰	农村地区生物质能源利用效能综合评价研究	Advances in Intelligent and soft computing
229	EI（核心版）	田金玉	基于多元统计分析的上市公司审计意见类型预测模型研究	JDCTA2011
230	EI（核心版）	崔和瑞	政府参与下用电消费者用电时段选择的演化博弈分析	Journal of Information and Computational Science
231	EI（核心版）	崔和瑞	我国能源经济环境系统协调模型研究	Advances in information science and sevice sciences
232	EI（核心版）	何永贵	基于关联度分析的风能预测研究	IJACT
233	EI（核心版）	李艳梅	基于变精度粗糙集理论和最小二乘支持向量机的智能电网风险评价模型	Advances in Information Sciences and Service Sciences
234	EI（核心版）	朱永利	基于经验模态分解和基因表达式程序设计的电力系统短期负荷预测	电力系统保护与控制
235	EI（核心版）	朱永利	基于高阶多分辨率奇异熵的高压输电线路故障选相	电力自动化设备
236	EI（核心版）	赵文清	多 Agent 在电力变压器故障诊断中的研究	电力自动化设备
237	EI（核心版）	赵文清	基于选择性贝叶斯分类器的电力变压器故障诊断	电力自动化设备
238	EI（核心版）	李丽芬	基于无线传感器网络的输电线路在线监测数据传输	电网技术
239	EI（核心版）	李丽芬	基于无线传感器网络的绝缘子泄漏电流在线监测系统	电力系统保护与控制
240	EI（核心版）	李丽芬	输电线路在线监测的无线传感器网络抗干扰研究	高电压技术
241	EI（核心版）	王晓霞	进化 Elman 神经网络在实时数据预测中的应用	电力自动化设备
242	EI（核心版）	刘军	基于语义 Web 服务技术的电力市场技术支持系统研究	Advances in Intelligent and Soft Computing
243	EI（核心版）	王德文	智能变电站状态监测系统的设计方案	电力系统自动化
244	EI（核心版）	袁和金	人体行为识别的 Markov 随机游走半监督学习方法	计算机辅助设计与图形学学报
245	EI（核心版）	张少敏	竞争电力市场下的电网公司经营风险综合评价模型	电力系统保护与控制
246	EI（核心版）	张亚刚	电力系统相关性故障检测	ICIC Express Letters-Applications
247	EI（核心版）	张亚刚	基于同步序列测量的故障判别	International Journal of Emerging Electric Power Systems

续表

序号	检索类别	作者	论文题目	论文出处
248	EI（核心版）	姜根山	周期性管阵列的声传播特性实验研究	中国电机工程学报
249	EI（核心版）	张亚刚	电力系统中强高斯噪声背景下的故障检测	ICIC Express Letters
250	EI（核心版）	张立峰	一种新的电容层析成像电容测量值归一化模型	中国电机工程学报
251	EI（核心版）	仝卫国	基于航拍序列图像的输电线弧垂测量方法	中国电机工程学报
252	EI（核心版）	仝卫国	图像处理技术在直升机巡检输电线路中的应用综述	电网技术
253	EI 收录的其他论文	梁海平	考虑时间限制和子系统恢复序列的黑启动网络分区	2011 Asia-Pacific Power and Energy Engineering Conference
254	EI 收录的其他论文	王 艳	特高压电网六相输电线路故障测距及选相	The 3rd Asia-Pacific Power and Energy Engineering Conference
255	EI 收录的其他论文	李永刚	多小波除噪方法在局部放电检测中的应用	CRIS 2010
256	EI 收录的其他论文	赵洪山	利用 MARKOV 决策进行风机的优化检修	POWERCON 2010
257	EI 收录的其他论文	马燕峰	基于改进 HHT 的电力系统低频振荡辨识	2011 Asia-Pacific Power and Energy Engineering Conference(APPEEC)
258	EI 收录的其他论文	汪佛池	不同铝绞线表面覆冰研究	CEIDP2010
259	EI 收录的其他论文	王 毅	基于定子磁链的永磁直驱风力发电机的单位功率因数控制	2011 Asia-Pacific Power and Energy Engineering Conference
260	EI 收录的其他论文	丁巧林	共振机理低频振荡影响因素分析与仿真	2011 International Conference on Electric and Electronics
261	EI 收录的其他论文	刘 艳	一种改进的基于复杂网络拓扑特性的电力系统骨架网络重构策略	Proceedings of the 44th Annual Hawaii International Conference on System Sciences 2011,
262	EI 收录的其他论文	任建文	电能质量监测网络数据的分析及应用	2011 Asia-Pacific Power and Energy Engineering Conference
263	EI 收录的其他论文	王增平	基于广域信息的传输线路的过载控制方案	2010 International Conference on Machine Learning and Cybernetics
264	EI 收录的其他论文	王增平	电力系统安全传输的保护控制程序	2010 International Conference on Machine Learning and Cybernetics
265	EI 收录的其他论文	石新春	基于频率变化的一种新型光伏逆变器孤岛检测方法	Materials for renewable enery & environment
266	EI 收录的其他论文	苏海锋	基于全寿命周期成本的配电网规划研究	2010 China International Conference on Electricity Distribution
267	EI 收录的其他论文	牛胜锁	基于相量测量和岭估计的电力系统谐波状态估计	2010 China International Conference on Electricity Distribution
268	EI 收录的其他论文	梁志瑞	电力系统灵活广域相量测量与分析系统研究	2010 China International Conference on Electricity Distribution
269	EI 收录的其他论文	李 然	基于改进粒子群算法的电力系统无功优化	2011 Asia-Pacific Power and Energy Engineering Conference
270	EI 收录的其他论文	杨淑英	基于反向行波的小电流接地系统单向接地故障定位的研究	2011 international conference on consumer electronics, communications and networks (cecnet)
271	EI 收录的其他论文	杨淑英	DG 并网后配电网电压分布的研究	Asia-Pacific Power and Energy Engineering Conference (APPEEC 2011)

续表

序号	检索类别	作者	论文题目	论文出处
272	EI 收录的其他论文	杨淑英	基于 DSP 控制的新型电力滤波装置的研究	Asia-Pacific Power and Energy Engineering Conference(APPEEC 2011).
273	EI 收录的其他论文	贾秀芳	电磁污染排放权初始分配研究	International Conference on Electrical and Control Engineering
274	EI 收录的其他论文	赵成勇	应用于 VSC-HVDC 的模块化多电平环流器技术	2010 Asia-Pacific Power and Energy Engineering Conference,
275	EI 收录的其他论文	赵书涛	一种小波变换和曲线拟合相结合的电力电缆故障定位方法	China International Conference on Electricity Distribution.
276	EI 收录的其他论文	赵书涛	基于航拍图像处理的输电线路杆塔类型识别方法	China International Conference on Electricity Distribution. Sep 12-15, 2010
277	EI 收录的其他论文	梁海峰	基于无功-电压灵敏度的电力系统低压减载方案研究	2010 China International Conference on Electricity Distribution，CICED 2010
278	EI 收录的其他论文	李广凯	基于载波移相 SPWM 技术的 MMC 子模块电容电压平衡控制	China International Conference on Electricity Distribution 2010
279	EI 收录的其他论文	盛四清	一种简单粒子群算法在分布式电源选址和定容中的应用	Proceedings 2011 International Conference on Matericals for Renewable Energy and Environment
280	EI 收录的其他论文	盛四清	基于改进小波分析的风电场谐波检测方法的研究	Preceedings 2011 International Conference on Materials for Renewabld Energy and Environment
281	EI 收录的其他论文	梁贵书	电力变压器的优化检修策略的研究	2010 international conference on electrical and control engineering
282	EI 收录的其他论文	任建文	基于 PARETO 最优概念的河北南网分层分区方案优化研究	china international conference on electricity distribution,2010
283	EI 收录的其他论文	王艾萌	基于在线参数估计算法的混合动力车用内置式永磁同步电机动态响应的提高	IECON 2011 - 37th Annual Conference of the IEEE Industrial Electronics Society
284	EI 收录的其他论文	刘　欣	利用电磁暂态仿真软件实现基于 DEPACT 宏模型的架空线雷电感应过电压计算	IEEE Transactions on Electromagnetic Compatibility
285	EI 收录的其他论文	律方成	基于最小二乘算法的静态接触角测量研究	The 2nd International Conference on Electrical and Control Engineering (ICECE2011)
286	EI 收录的其他论文	李和明	基于水平集的绝缘子紫外放电特征提取	The 2nd International Conference on Electrical and Control Engineering (ICECE2011)
287	EI 收录的其他论文	赵书强	密集型固有振模电力系统特性研究	2011 IEEE Power Engineering and Automation Conference
288	EI 收录的其他论文	王子建	基于电磁耦合和超声波法的电缆接头局部放电检测	2011 International Conference on Electrical and Control Engineering
289	EI 收录的其他论文	王子建	基于超声波信号的局部放电定位仿真研究	2011 International Conference on Electrical and Control Engineering
290	EI 收录的其他论文	刘英培	一种改进型永磁同步电机直接转矩控制方法	2011 International Conference on Material Science, Environmental Science and Computer Science
291	EI 收录的其他论文	王　雪	新型变压器主保护方案研究	2011 IEEE International Conference on Smart Grid and Clean Energy Technologies
292	EI 收录的其他论文	许伯强	基于 ip-ip 计算方法的改进谐波电流检测方法研究	Advanced Materials Research
293	EI 收录的其他论文	许伯强	异步电动机控制转子磁链模型仿真研究	Advanced Materials Research

续表

序号	检索类别	作者	论文题目	论文出处
294	EI 收录的其他论文	许伯强	异步电动机变频矢量控制系统仿真研究	Advanced Materials Research
295	EI 收录的其他论文	孙丽玲	转子断条故障检测分析	Advanced Materials Research
296	EI 收录的其他论文	孙丽玲	异步电动机轴承故障检测方法	Advanced Materials Research
297	EI 收录的其他论文	李永刚	基于谐振原理的耐压试验仿真系统的设计	AICI2011
298	EI 收录的其他论文	李永刚	转子匝间短路对发电机转子受力的影响	ICEIM2011
299	EI 收录的其他论文	杨用春	VSC-HVDC 潮流翻转实验研究	IEEE Power Engineering and Automation Conference
300	EI 收录的其他论文	栗然	给予支持相量机的风速预测	CECNet 2011
301	EI 收录的其他论文	徐玉琴	考虑光伏发电随机性的配电网光伏电站规划	2011 international conference on energy, environment and sustainable development
302	EI 收录的其他论文	李永刚	基于多回路理论的水轮发电机转子匝间短路故障的研究	ICEMS 2011
303	EI 收录的其他论文	卢锦玲	含风电场的优化调度研究	Advanced Materials Research
304	EI 收录的其他论文	卢锦玲	含大规模风电场的电力系统可用能力研究	ICECE2011
305	EI 收录的其他论文	赵洪山	基于时间序列和统计控制过程的风机齿轮箱故障预测	Advanced Materials Research
306	EI 收录的其他论文	赵洪山	风电机组齿轮箱的优化间隔研究	Applied Mechanics and Materials
307	EI 收录的其他论文	赵洪山	自触发控制在电力系统发电机励磁控制中的应用	The 2nd International Conference on Electrical and Control Engineering
308	EI 收录的其他论文	谢　庆	基于遗传支持向量机的城市假日短期负荷预测	2011 international conference on electrical and control engineering
309	EI 收录的其他论文	王增平	基于后验准则的新型广域定位算法研究	IASTED PESA 2011, USA
310	EI 收录的其他论文	赵成勇	模块化多电平换流器型直流输电故障特性研究	2011 IEEE Electrical Power and Energy Conference
311	EI 收录的其他论文	王增平	基于 WAMS/PMU 的主成分故障定位研究	2011 IEEE PES General Meeting, USA
312	EI 收录的其他论文	梁贵书	基于非线性模型的电压互感器过电压反算方法的研究	2011 7th Asia-Pacific International Conference on Lightning, APL2011
313	EI 收录的其他论文	常鲜戎	层次分析法在能源网络规划中的应用	2011 IEEE International Conference on Smart Grid and Clean Energy Technologies
314	EI 收录的其他论文	刘　欣	基于分数阶微分理论的电力电缆宽频建模	2011 7th Asia-Pacific International Conference on Lightning, APL2011
315	EI 收录的其他论文	李广凯	铅酸蓄电池三阶动态模型在燃料电池电动汽车中的应用	Proceeding 2011 International Conference on Mechatronic Science, Electric Engineering and Computer
316	EI 收录的其他论文	朱晓荣	双馈感应风电机组对电网频率动态支持的虚拟惯性控制研究	IET conference on renewable power generation,2011

续表

序号	检索类别	作者	论文题目	论文出处
317	EI 收录的其他论文	丁巧林	基于 FCM 与决策树相结合的负荷模式识别方法	EECM2011
318	EI 收录的其他论文	丁巧林	两种距离在负荷模式提取中的比较研究	EECM2011
319	EI 收录的其他论文	孟　明	中频加热炉谐波电计量分析	Proceedings 2011 International Conference on Mechatronic Science, Electric Engineering and Computer
320	EI 收录的其他论文	律方成	单根导线小电晕笼设计问题的探讨	2011 International Conference on Electrical and Control Engineering
321	EI 收录的其他论文	律方成	基于宽频带测量的导线电晕电流谐波分析	2011 International Conference on Electrical and Control Engineering
322	EI 收录的其他论文	严　凤	基于 LVQ 神经网络的配单网故障定位	2011 International Conference on Electrical and Control Engineering (ICECE2011)
323	EI 收录的其他论文	严　凤	基于行波－人工神经网络的 10kV 配电线路故障定位	2011 IEEE Power Engineering and Automation Conference
324	EI 收录的其他论文	王永强	覆冰绝缘子串的电位分布	International conference on Green Building, Materials and Civil Engineering
325	EI 收录的其他论文	王永强	IEC61850 采样值传输规范 9-1 和 9-2 的比较和分析	International Conference on Green Building, Materials and Civil Engineering
326	EI 收录的其他论文	严凤	基于新型神经网络的配电网故障定位方法	2011 international conference on mechatronic science,eceltric engineering and computer
327	EI 收录的其他论文	马燕峰	基于在线辨识的电力系统协调阻尼控制	2011 4th International Conference on Electric Utility Deregulation and Restructuring and Power Technologies
328	EI 收录的其他论文	李　鹏	基于改进二进制粒子群算法的电力系统机组组合	2011 4th International Conference on Electric Utility Deregulation and Restructuring and Power Technologies
329	EI 收录的其他论文	李　鹏	基于广义形态与后差分算法的微网电能质量扰动定位方法	2011 4th International Conference on Electric Utility Deregulation and Restructuring and Power Technologies
330	EI 收录的其他论文	李　鹏	微网并网容量分析	2011 4th International Conference on Electric Utility Deregulation and Restructuring and Power Technologies
331	EI 收录的其他论文	李　鹏	基于 LS-SVM 的 HHT 变换在微网电压闪变与谐波检测中的应用	2011 4th International Conference on Electric Utility Deregulation and Restructuring and Power Technologies
332	EI 收录的其他论文	杨先亮	供热系统量调节方案运行经济性与安全性分析	Advanced Materials Research
333	EI 收录的其他论文	谢英柏	100MW 超临界机组四大管道选择	International Conference on Computer Distributed Control and Intelligent Environmental Monitoring
334	EI 收录的其他论文	谢英柏	采用两种混合气体对 VM 循环热泵回热器的性能影响	Applied Mechanics and Materials
335	EI 收录的其他论文	谢英柏	采用涡流管的 CO_2 跨临界双级压缩制冷循环	Applied Mechanics and Materials
336	EI 收录的其他论文	谷俊杰	燃煤机组多目标协调控制系统控制阈值确定	Advanced Materials Research
337	EI 收录的其他论文	王　智	非均质凝结流动的数值研究	proceedings 2011 inernational conference on materials for renewable energy & environment

续表

序号	检索类别	作者	论文题目	论文出处
338	EI 收录的其他论文	韩中合	基于 EMD 特征提取的支持向量回归机训练研究	Asia-Pacific Power and Energy Engineering Conference
339	EI 收录的其他论文	王庆五	walker 粘塑性本构模型隐式 euler 积分形式	Applied mechanics and materials
340	EI 收录的其他论文	王庆五	单晶高温合金晶体学本构模型	new and advanced materials
341	EI 收录的其他论文	王庆五	定向凝固合金和单日合金的热机械疲劳	fundamental of chemical engineering
342	EI 收录的其他论文	高建强	水冷太阳能光伏模块温度变化研究	Proceedings - 2010 International Conference on Intelligent System Design and Engineering Application
343	EI 收录的其他论文	梁秀俊	分形反应模型在贫煤煤焦燃烧中的应用	asia-pacific power and energy engineering conference
344	EI 收录的其他论文	王松岭	离心风机参数化数值研究	Applied Mechanics and Materials
345	EI 收录的其他论文	吴正人	不同流态下的液膜波数值研究	Advanced Materials Research
346	EI 收录的其他论文	李　钧	300MW 四角切圆燃烧煤粉炉燃烧稳定性影响因素分析	2011 Asia-Pacific Power and Energy Engineering Conference
347	EI 收录的其他论文	李　钧	基于因子分析法的四角切圆煤粉锅炉飞灰可燃物分析	2011 Asia-Pacific Power and Energy Engineering Conference
348	EI 收录的其他论文	李永华	垃圾燃烧特性研究	Advanced Materials Research
349	EI 收录的其他论文	谢英柏	600MW 凝结水泵的节能分析	International Conference of Electrical and Electronics Engineering
350	EI 收录的其他论文	王博超	中国英语现状对大学英语教学的启示	Advanced Materials Research
351	EI 收录的其他论文	梁秀俊	O_2/CO_2 混合状态下煤焦燃烧特性的实验研究	Advanced Materials Research
352	EI 收录的其他论文	刘彦丰	微通道内的液膜流动特性	2011 3rd international conference on mechanical and electronics engineering
353	EI 收录的其他论文	王松岭	G4-73 型离心通风机叶片翼型失速特性研究	Advanced Materials Research
354	EI 收录的其他论文	王松岭	G4-73 型离心通风机叶轮的强度研究	Advanced Materials Research
355	EI 收录的其他论文	赵　娜	供热管网优化运行方法研究	Proceedings of the international conference on pipelines and trenchless technology 2011
356	EI 收录的其他论文	王松岭	基于组件式 GIS 的供热管网事故分析系统研究	Proceedings of the international conference on pipelines and trenchless technology 2011
357	EI 收录的其他论文	李永华	节能减排发电调度综合评价指数	Advanced Materials Research
358	EI 收录的其他论文	王春波	增压富氧下碳颗粒燃烧速率研究	Advanced Materials Research
359	EI 收录的其他论文	王春波	300MW 富氧燃烧 CFBB 燃烧与传热	Advanced Materials Research
360	EI 收录的其他论文	李加护	煤粉爆炸特性研究	Materials Processing Technology

续表

序号	检索类别	作者	论文题目	论文出处
361	EI 收录的其他论文	李加护	印尼褐煤煤粉爆炸特性实验研究	Materials Processing Technology
362	EI 收录的其他论文	陈鸿伟	生物质热解实验及其 BP 神经网络研究	2011 IEEE power engineering and automation conference
363	EI 收录的其他论文	危日光	钙基吸收剂煅烧产物的非线性描述	Advanced Materials Research
364	EI 收录的其他论文	陈鸿伟	影响钙基吸收 CO_2 因素的实验研究	Advanced Materials Research
365	EI 收录的其他论文	吕玉坤	微尺度换热器流动与换热特性研究	Advanced Materials Research
366	EI 收录的其他论文	高建强	锅炉四管泄漏模糊诊断方法研究	Proc. Of the 2nd International Conference on Intelligent Control and Information Processing
367	EI 收录的其他论文	张　倩	氢气湿度对氢冷发电机护环的影响分析	advanced materials research
368	EI 收录的其他论文	谷俊杰	基于机理建模的再热汽温控制研究	advanced materials research
369	EI 收录的其他论文	谷俊杰	机炉协调控制中多目标控制变量阈值范围确定	communications in computer and information science
370	EI 收录的其他论文	张明智	自带冠叶片碰撞减振数值模拟研究	applied mechanical and materials
371	EI 收录的其他论文	宗露香	跨临界 CO_2 热泵循环的实验研究与理论分析	Advanced material research
372	EI 收录的其他论文	汤建成	太阳能驱动维勒-米尔循环热泵的热力分析	Advanced Materials Research
373	EI 收录的其他论文	荆有印	基于环境扰动与生态补偿的绿色建筑评估新方法初探	Advanced Materials Research
374	EI 收录的其他论文	杨建蒙	300MW 锅炉富氧燃烧热力计算	The 2nd International Conference on Mechanic Automation Control Engineering
375	EI 收录的其他论文	杨建蒙	直接空冷凝汽器蛇形管翅片空侧流动与换热特性数值研究	The 2nd International Conference on Mechanic Automation Control Engineering
376	EI 收录的其他论文	杨建蒙	流化床反应温度对生物质燃烧特性影响的实验研究	The 2nd International Conference on Mechanic Automation Control Engineering
377	EI 收录的其他论文	杨建蒙	基于可拓工程方法的电站锅炉煤粉着火及时性评价	2011 2nd International Conference on Artificial Inlelligence,Management science and Electronic Commerce
378	EI 收录的其他论文	叶学民	MATLAB 图像处理技术在液膜铺展实验中的应用	Advanced Materials Research
379	EI 收录的其他论文	陈鸿伟	石灰石煅烧/碳酸化循环的 BP 网络预测	2011 Asia-Pacific power and energy engineering conference
380	EI 收录的其他论文	王春波	CFB 密相区燃烧和传热模型	3rd international conference on measuring technology and mechatronics automation
381	EI 收录的其他论文	王春波	CFB 富氧燃烧传热特性	3rd international conference on measuring technology and mechatronics automation
382	EI 收录的其他论文	王瑜	一种新的变压器局部放电识别方法	Measuring Technology and Mechatronics Automtion
383	EI 收录的其他论文	孔英会	一种无人值守变电站视频监控异常模式的识别方法	2011 Asia-Pacific Power and Energy Engineering Conference

续表

序号	检索类别	作者	论文题目	论文出处
384	EI 收录的其他论文	李新叶	基于谱分析的 XML 文档聚类	Advanced Materials Research Vols.219-220,Part2
385	EI 收录的其他论文	李新叶	一种改进的基于相关反馈的 Web 检索结果聚类方法	2011 International Conference on Computer Science and Service System
386	EI 收录的其他论文	李星蓉	用于海水测量的 300 米光纤布拉格光栅温度传感系统	3rd Intemational Photonics and OptoElectronics Meetings
387	EI 收录的其他论文	杨 志	一种新的光纤布拉格光栅传感系统波长校准方法	2011 International Conference on Electric Information and Control Engineering
388	EI 收录的其他论文	尚秋峰	基于 DSP 和光纤传输的准确电压测量系统	Future Intelligent Information Systems
389	EI 收录的其他论文	戚银城	基于Curvelet网络增强和边缘检测的羽化修改盲检测	2011 International Conference on Multimedia and Signal Processing
390	EI 收录的其他论文	戚银城	基于集成学习的时扩回声隐藏分析算法	2011 International Conference on Network Computing and Information Security
391	EI 收录的其他论文	刘 涛	基于分段准相位匹配光栅结构的宽带波长转换器	Sixfh Infernafional Symposium on precision Engineering Measuremenfs and Insfumenfafion
392	EI 收录的其他论文	高 强	用水平和垂直极化模式辐射计对 ESDD 和 NSDD 计算模型的研究	2011 Asin-Pacific Power and Energy Engineering Conference
393	EI 收录的其他论文	高会生	基于 CIM 的电力通信网运行方式建模	2011 International Conference on Electronics, Communications and Control, ICECC 2011
394	EI 收录的其他论文	高会生	电力通信网运行方式图形工具的设计实现	2011 International Conference on Electronics, Communications and Control, ICECC 2011
395	EI 收录的其他论文	高会生	综合变电站自动化系统通信网安全性评估	2nd International Conference on Information Computing and Applications,ICICA 2011
396	EI 收录的其他论文	高会生	具有时间延迟和数据包丢失的双闭环控制系统补偿	2011 Internationl Conference on Electronic Engineering, Communication and Management, EECM 2011
397	EI 收录的其他论文	张京席	LDPC 编码的 IDMA 系统的优化	2011 International Conference on Mechanical Engineering, Materials and Energy, ICMEME 2011
398	EI 收录的其他论文	胡智奇	光纤布拉格光栅中心波长检测滤波算法	IEEE 2011 10th International Conference on Electronic Measurement and Instruments, ICEMI 2011
399	EI 收录的其他论文	孙 正	基于造影图像的冠状动脉运动解释系统	2011 4th International Conference on Biomedical Engineering and Informatics(BMEI)
400	EI 收录的其他论文	孙 正	一种血管内超声图像序列的并行分割方法	2011 2nd International Conference on Electronis and Information Engineering
401	EI 收录的其他论文	侯思祖	61850 网关外部协议 104 的解析	2011 International Conference on Electronics, Communications and Control, ICECC 2011
402	EI 收录的其他论文	赵振兵	基于轮廓波域隐马尔可夫树的红外与可见光图像融合	2011 4th International Congress on Image and Signal Pocessing
403	EI 收录的其他论文	赵振兵	基于 NSCT 和 DAISY 的红外与可见光图像匹配算法	2011 4th International Congress on Image and Signal Pocessing
404	EI 收录的其他论文	赵建立	基于神经网络的认知无线电频谱预测	2011 International Conference on Electronics, Communications and Control, ICECC 2011
405	EI 收录的其他论文	赵建立	认知无线电调制信号识别	2011 International Conference on Mechatronic Science,Electric Engineering and Computer

续表

序号	检索类别	作者	论文题目	论文出处
406	EI 收录的其他论文	康　怡	基于 IEC61850 的电能质量监测装置模型研究与实现	2011 International Conference on Conputational and Information Sciences
407	EI 收录的其他论文	尹成群	基于 ABE 的智能电表的访问控制	3rd International Conference on Cyber-Enabled Distributed Computing and Knowledge Discovery, Cyber 2011
408	EI 收录的其他论文	杨　志	COTDR 分布式温度与应变测量的研究	Mechanic Automation and Control Engineering 2011
409	EI 收录的其他论文	杨　志	一种 SC-FDE 系统新的 FDE-NP 方法的研究	2011 The 7th International Conference on Wireless Connunications Networking and Modile Computing
410	EI 收录的其他论文	郑海明	电厂贮煤仓粉位测量系统的技术研究	2010 环境科学与信息应用国际学术会议
411	EI 收录的其他论文	范孝良	水泥流态化气力输送装置的设计与应用	2010 智能控制与自动化世界学术会议
412	EI 收录的其他论文	段　巍	风速威布尔分布参数计算方法比较研究	2011 亚太电力和能源工程会议
413	EI 收录的其他论文	段　巍	大型钢拉杆梯形螺纹联接试验与强度分析	2011 机械电子和智能材料国际会议
414	EI 收录的其他论文	向　玲	油膜涡动振动信号时频分析方法的比较	机电一体化与智能材料
415	EI 收录的其他论文	王进峰	基于遗传算法的柔性车间作业调度	2011 计算机科学及信息工程国际会议
416	EI 收录的其他论文	杨化动	基于失效模式与影响分析的燃气轮机可靠性分析	2011 亚太电力与能源工程国际会议
417	EI 收录的其他论文	朱晓光	改进蚁群算法在移动机器人路径规划中的应用	2011 材料、机电与自动化国际会议
418	EI 收录的其他论文	杨晓红	激光条码在电站备品计算机辅助设计的应用	第五届高级光学制造及检测技术国际会议
419	EI 收录的其他论文	杨晓红	模糊自适应电液伺服系统设计与仿真	第二届高级计算机控制国际会议
420	EI 收录的其他论文	杨晓红	多级果树决策诊断系统	第二届高级计算机控制国际会议
421	EI 收录的其他论文	张新春	面内冲击荷载作用下六边形蜂窝材料的动态特性	2011 年化学、力学及材料工程国际会议
422	EI 收录的其他论文	米宝山	浅谈低炭经济下的仿生设计	2010 年第三届国际计算机智能与设计研讨会
423	EI 收录的其他论文	张红莲	基于 Matlab/Simulink 的加热炉的串级 PID 控制系统的仿真	2011 计算机与管理国际会议
424	EI 收录的其他论文	张红莲	中国光伏技术的发展应用及限制	2011 亚太动力与能源工程会议
425	EI 收录的其他论文	王　孟	基于传递矩阵法的风力机塔架振动频率计算方法	第三届测量技术及自动化国际会议
426	EI 收录的其他论文	杜必强	振动信息故障诊断中关联维数改进算法	2011 年亚太电力与能源工程国际会议
427	EI 收录的其他论文	张　超	基于光滑支持向量回归的汽轮机振动预测	2010 第六届国际神经计算会议

续表

序号	检索类别	作者	论文题目	论文出处
428	EI 收录的其他论文	李春燕	600MW 超临界锅炉变工况运行条件下燃烧器区水冷壁温度场数值计算及模拟	2011 先进结构国际会议
429	EI 收录的其他论文	赵红英	基于图元的图形识别系统的设计及研究	2011 年第四届信息与计算国际会议
430	EI 收录的其他论文	王进峰	遗传算法在工艺规划优化中的应用	ICEES2011
431	EI 收录的其他论文	叶　锋	人因工程在尺寸系列设计中的应用	第 18 届工业工程与工程管理国际会议
432	EI 收录的其他论文	万书亭	基于自相关和谱分析的齿轮箱故障分析	2011 年振动、结构、测试国际会议
433	EI 收录的其他论文	刘渊	产品设计与开发的未来发展趋势	第二届工程设计与优化研究
434	EI 收录的其他论文	范孝良	粗铣切削区轮廓间最小距离的自动测量方法	2011 第二届高级测量与测试国际会议
435	EI 收录的其他论文	范孝良	复杂模具球头刀最大直径获取算法	2011 第二届高级测量与测试国际会议
436	EI 收录的其他论文	王璋奇	基于参数优化蚁群算法的移动机器人路径规划	控制工程与信息科学 2011
437	EI 收录的其他论文	唐贵基	基于 LabVIEW 的信号采集与分析系统设计	2011 年绿色建筑、材料与土木工程国际会议
438	EI 收录的其他论文	祝晓燕	基于信息熵的支持向量机特征选择方法的研究	2011 年能源、环境与可持续发展国际学术会议
439	EI 收录的其他论文	戴庆辉	成本控制在供电企业的应用研究	2011 IEEE 第 18 届工业工程与工程管理国际学术会议
440	EI 收录的其他论文	戴庆辉	风力发电机叶片制造优化设计	2011 IEEE 第 18 届工业工程与工程管理国际学术会议
441	EI 收录的其他论文	戴庆辉	现代企业的基础共性技术结构的系统分析	2011 IEEE 第 18 届工业工程与工程管理国际学术会议
442	EI 收录的其他论文	王小磊	产品优化设计中基于自适应粒子群优化算法的冲突消解研究	Procedia Engineering
443	EI 收录的其他论文	胡爱军	数学形态学在振动信息处理中的应用	Applied mechanics and materials
444	EI 收录的其他论文	杜必强	多重分形振动故障诊断	Applied mechanics and materials
445	EI 收录的其他论文	赵　毅	负载型纳米 TiO2 光催化剂的制备及 SO2，NOx 的光催化降解	international conference on materials for renewable energy and environment
446	EI 收录的其他论文	权宇珩	臭氧与超声波联合 2,4-D 降解动力学研究	international conference on remote sensing, environment and transportation engineering
447	EI 收录的其他论文	权宇珩	2,4-D 及其臭氧化中间产物的高效液相色谱分析	international conference on remote sensing, environment and transportation engineering
448	EI 收录的其他论文	张胜寒	环境因素对 304 不锈钢孔蚀的影响	international conference on key engineering materials
449	EI 收录的其他论文	张胜寒	在锌载高温高压水中形成的 316L 不锈钢和镍合金 800 的半导体性质和钝化膜的耐蚀性能	Proceedings of 2011 Asia-Pacific Power and Energy Engineering Conference
450	EI 收录的其他论文	张胜寒	核电站锌注射技术结构材料半导体性能的电化学研究	Proceedings of 2011 Asia-Pacifi c Power and Energy Engineering Conference

续表

序号	检索类别	作者	论文题目	论文出处
451	EI 收录的其他论文	张胜寒	利用电化学阻抗谱进行 TiO_2 半导体光电极降解氨的动力学研究	international conference on environmental biotechnology and materials engineering
452	EI 收录的其他论文	齐立强	燃煤电厂储灰场抑尘剂的研究	2011 International Conference on Remote Sensing, Environment and Transportation Engineering
453	EI 收录的其他论文	齐立强	无磨损磁密封卸灰器的设计	2010 international conference on advances in materials and manufacturing processes
454	EI 收录的其他论文	胡满银	火电厂电除尘器高压供电系统节能减排的分析研究	international conference on remote sensing, environment and transportation engineering
455	EI 收录的其他论文	胡满银	采用空气预热器热风加热电除尘器灰斗的分析研究	international conference on mechanical engineering, industry and manufacturing engineering
456	EI 收录的其他论文	胡满银	锅炉负荷对 SCR 脱氮效率影响的研究	international conference on information science, automation and material system
457	EI 收录的其他论文	胡满银	火电厂电除尘器低压供电系统节能减排的分析研究	international conference on information science, automation and material system
458	EI 收录的其他论文	胡满银	链条炉烟气再循环和分级送风对氮氧化物生成的计算机模拟	international conference on engineering materials, energy, management and control
459	EI 收录的其他论文	刘松涛	改性钙基吸收剂吸收汞的研究	2011 6th IEEE Conference on Industrial Electronics and Applications
460	EI 收录的其他论文	赵　毅	利用石灰石与生石灰混合湿法脱硫实现节能	international symposium on water resource and environmental protection
461	EI 收录的其他论文	赵　毅	金属离子和表面活性剂对复合吸收剂脱除1,2,4-三氯苯脱除效率的影响	international symposium on water resource and environmental protection
462	EI 收录的其他论文	陈传敏	湿法脱硫阴离子对汞二次排放的影响	4th International Conference on Intelligent Computation Technology and Automation,
463	EI 收录的其他论文	汪黎东	FGD 工艺中亚硫酸钠非催化氧化速率的影响因素	2011 International Conference on Electric Technology and Civil Engineering
464	EI 收录的其他论文	许佩瑶	结合凝固、MAP 沉淀和紫外/芬顿催化氧化处理煤化工废水的研究	5th international conference on bioinformatics and biomedical engineering
465	EI 收录的其他论文	李保会	氨基有机无机杂化柱的制备与表征	2011 3rd International Conference on Mechanical and Electronics Engineering
466	EI 收录的其他论文	李保会	短柱毛细管电泳-ICPMS 用于水环境中 Hg 的高通量形态分析	011 International Conference on Manufacturing Science and Technology
467	EI 收录的其他论文	李保会	以 CD 衍生物为手性试剂毛细管电泳手性分离非天然羧酸类氨基酸	2011 3rd International Conference on Mechanical and Electronics Engineering
468	EI 收录的其他论文	马双忱	微波辐照载催化剂活性炭脱硫脱硝实验研究	ICEESD2011
469	EI 收录的其他论文	李蔷薇	常温常压下 [bmim]PF6 捕集 CO_2	2011 International Conference on Energy, Environment and sustainable Development
470	EI 收录的其他论文	赵　莉	纳米 TiO_2 光催化脱除氮氧化物	2011 6th IEEE Conference on Industrial Electronics and Applications
471	EI 收录的其他论文	曾　芳	燃煤电厂重金属预测模型及软件的研究	2011 International Conference on Material Science, Environmental Science and Computer Science
472	EI 收录的其他论文	王淑勤	添加剂影响流化床 NO 排放的试验和数值计算	ICEESD2011
473	EI 收录的其他论文	许佩瑶	基于纳米二氧化钛和 ACF 光催化剂同时脱除烟气中 SO_2 和 NOx 的研究	2010 International Conference on Computer Distribute Control and Intelligent Environmental Monitoring

续表

序号	检索类别	作者	论文题目	论文出处
474	EI 收录的其他论文	刘树良	改进的熵权法在风力发电项目中的应用	2011 Interational Conference on Consumer Electronics,Communications and Networks
475	EI 收录的其他论文	刘树良	基于改进的熵权法的电力企业经济效益的综合评价	2010 International Conference on Electrical and Control Engineering
476	EI 收录的其他论文	刘树良	电子商务安全性评价研究	The 2nd internatonal Conference On Information Technology and Computer Science
477	EI 收录的其他论文	贾正源	基于滑动平均法改进型灰色预测模型的电力负荷预测	2011 International Conference on Green Power, Materials and Manufacturing Technology and Applications
478	EI 收录的其他论文	贾正源	基于 Malmquist 指数的山东省制造业全要素能源效率实证研究	2011 International Conference on Green Power, Materials and Manufacturing Technology and Applications
479	EI 收录的其他论文	贾正源	基于 DEA-Tobit 的能源消费效率研究	2011 International Conference on Green Power, Materials and Manufacturing Technology and Applications
480	EI 收录的其他论文	李双辰	基于 Malmquist 指数的中国制造业企业生产效率分析	2nd International Conference on Manufacturing Science and Engineering
481	EI 收录的其他论文	王　婷	基于 GM（1,1）和支持向量机的中长期电力负荷预测	2010 International Conference on Frontiers of Manufacturing and Design Science
482	EI 收录的其他论文	王　婷	基于模糊多目标的高技术投资组合方法决策	2011 International Conference on Advanced Materials and Computer Science
483	EI 收录的其他论文	王　婷	基于粒子群优化的工程项目时间成本优化研究	2011 International Conference on Recent Trends in Materials and Mechanical Engineering
484	EI 收录的其他论文	李金颖	基于环境库兹涅茨曲线的经济与环境关系研究	Advanced Materials Research
485	EI 收录的其他论文	孙　薇	高等学校本科教学管理水平综合评价	2nd Internationl Conference on Manufacturing Science and Engineering
486	EI 收录的其他论文	孙　薇	基于粗糙集和支持向量机的电力企业信用风险评价模型	2010 International Conference on Machine Learning and Cybernetics (ICMLC 2010)
487	EI 收录的其他论文	卢建昌	基于 AHP 的电子商务客户信用评价	2010 IEEE International Conference on Software Engineering and Service Sciences
488	EI 收录的其他论文	卢建昌	电力客户信用风险评价研究	2010 International Symposium on Computational Intelligence and Design
489	EI 收录的其他论文	王敬敏	基于模块化思想的 ERP 评价体系设计研究	2011International Conference on MechatronicSciences, Electric Engineering and Computer
490	EI 收录的其他论文	张　谦	SVM 与 WNN 的优选组合预测方法	4th Inernational Joint Conference on Computational Ssciences and Optimization
491	EI 收录的其他论文	温　磊	基于直觉模糊集的群决策火电厂清洁生产绩效评价	International Conference of Environment Materials andEnvironment Management
492	EI 收录的其他论文	张学斌	基于 EGARCH 和 VAR 的电力公司长期价格风险预警模型	2010 International Conference on Advances in Energy Engineering
493	EI 收录的其他论文	幸莉仙	数据迁移系统在 Hetertogeneous 数据库中的设计与应用	2010 Intemational forum on Information Technology and Application
494	EI 收录的其他论文	李云燕	基于粗糙集的关联规则挖掘在营销决策中的应用	2010 International Conference on E-Business and E-Government
495	EI 收录的其他论文	王维军	基于熵权与模糊综合评价的煤电企业安全研究	International Journal of Advanced Materials Research

续表

序号	检索类别	作者	论文题目	论文出处
496	EI 收录的其他论文	王维军	基于系统分析的火电企业循环经济水平评价研究	International Journal of Advanced Materials Research
497	EI 收录的其他论文	王维军	基于可持续发展的火电企业全寿命周期成本评价	Internal Journal of Applied Mechanics and Materials
498	EI 收录的其他论文	李艳梅	基于改进基因表达式编程的短期电力负荷预测	Advanced Materials Research
499	EI 收录的其他论文	韩凤舞	金融开放对不同类型国家的贸易结构的影响	Future Information Technology and Management Engineering (FITME), 2010 International Conference on
500	EI 收录的其他论文	孔　峰	基于 DEA 模型的电网企业技术效率评价	2011 International Conference on Materials, Mechatronics and Automation
501	EI 收录的其他论文	孔　峰	TOPSIS 的逆序及保序	2011 International Conference on Industry, Information System and Material Engineering
502	EI 收录的其他论文	王海峰	河北省专业设备制造业竞争力的评价研究	The International Conference on E-Product,E-Service and E-Entertainment
503	EI 收录的其他论文	王海峰	区域装备制造业竞争力评价模型的研究	2010 IEEE International Conference on Emergency Management and Management Sciences
504	EI 收录的其他论文	高　冲	基于组合预测技术的日电力负荷预测	International Conference on Manufacturing Science and Engineering
505	EI 收录的其他论文	李　伟	基于粗糙集和 BP 神经网络的新能源产业链完善度评价研究	Advanced Research on Computer Education, Simulation and Modeling
506	EI 收录的其他论文	李　伟	基于层次分析法的河北省光伏产业的竞争力综合评价研究	Advanced Research on Computer Education, Simulation and Modeling
507	EI 收录的其他论文	李　伟	基于低碳经济的河北省产业结构优化研究	Advanced Research on Computer Education, Simulation and Modeling
508	EI 收录的其他论文	周建国	基于粗糙集与 QCA 的 SVM 的燃煤电厂 NOx 排放的预测	2010 3rd International Conference on Advanced Computer Theory and Engineering
509	EI 收录的其他论文	周建国	基于遗传优化算法的支持向量机的的燃煤电厂 NOx 排放的预测	2010 the 2nd IEEE International Conference on Information and Financial Engineering
510	EI 收录的其他论文	张树国	香港与大陆地区工程量清单比较研究	The International Conference on E-Business and E-Government
511	EI 收录的其他论文	何永贵	低碳经济下的基于 AHP-FUZZY 的改进的 BSC 研究	2011 Asia-pacific Power and Energy Engineering conference
512	EI 收录的其他论文	刘鸿雁	基于委托代理模型的员工绩效评价方法的初步研究	FITME2010
513	EI 收录的其他论文	赵建娜	基于 GA-BP 神经网络的河北省对外贸易生态环境预测模型	Key Engineering Materials, v 474-476, 2011, Advanced Materials and Computer Science
514	EI 收录的其他论文	赵建娜	An analysis on the scale economics and scope economies after the reorganzation of China Unicom	Key Engineering Materials, v 474-476, 2011, Advanced Materials and Computer Science
515	EI 收录的其他论文	赵建娜	中国光伏工业链环境投入产出分析	Key Engineering Materials, v 474-476, 2011, Advanced Materials and Computer Science
516	EI 收录的其他论文	赵建娜	竞争上岗机理在电力企业中的应用	Key Engineering Materials, v 474-476, 2011, Advanced Materials and Computer Science
517	EI 收录的其他论文	武群丽	拥挤消费的公共产品模型与中国最优财政支出政策：1978-2006	2010 international Forum on Information Technology and Applications

续表

序号	检索类别	作者	论文题目	论文出处
518	EI 收录的其他论文	武群丽	中国最优财政支出规模与政策评价	2011 international conference on materials, mechatronics and automation
519	EI 收录的其他论文	闫丽萍	基于模糊数学的火电企业财务风险评价研究	2011 International conference on management science and industrial engineering
520	EI 收录的其他论文	闫丽萍	基于价值链优化的企业成本控制程序研究	2010 IEEE International Conference on Advanced Management Science
521	EI 收录的其他论文	杨方文	基于模糊评估的会计公允价值计量的实用性研究	2010 2nd IEEE Inrternational Conference on Information and Financial Engineering
522	EI 收录的其他论文	张金辉	基于 TOPSIS 的中国上市电力企业的财务评价	2011 先进工程材料与国际学术会议
523	EI 收录的其他论文	田金玉	营销渠道创新的研究	The 2nd International Conference on Industrial and Information Systems
524	EI 收录的其他论文	田金玉	抽水蓄能电站风险管理研究	The 2nd International Conference on Industrial and Information Systems
525	EI 收录的其他论文	田金玉	特殊处理股票影响因素研究	The 2nd International Conference on Industrial and Information Systems
526	EI 收录的其他论文	崔和瑞	模糊综合评价热电厂节能减排综合评价	Advanced materials research
527	EI 收录的其他论文	崔和瑞	基于误差模型的河北省能源消费与工业产出关系	COMMUNICATION IN COMPUYER AND INFROMATION SCIENCE
528	EI 收录的其他论文	黄元生	基于多级关联规则的股票涨停后趋势研究	the International Workshop on Economics
529	EI 收录的其他论文	黄元生	基于粗糙集和支持向量机的短期电力负荷组合预测	第二届制造科学与工程国际学术会议
530	EI 收录的其他论文	黄元生	基于支持向量机的短期电力负荷组合预测模型	第二届制造科学与工程国际学术会议
531	EI 收录的其他论文	李永臣	基于主成分分析法下的投资项目的风险评价	Materials,Mechatronics and Automation
532	EI 收录的其他论文	王新利	基于 PSO 和 SVM 的企业财务预警模型研究	The 2nd international conference on information engineeging and compueter scinece
533	EI 收录的其他论文	贾正源	复杂科学管理系统思维视角下的人才管理研究	2011 International Conference on e-Education, Entertainment and e-Management
534	EI 收录的其他论文	贾正源	基于熵权模糊的区域电网公司运营能力综合评价研究	2011 International Conference on Advanced in Control Engineering and Information Science
535	EI 收录的其他论文	刘树良	基于层次分析法的绿色建筑评价标准权重体系构建的探究	2011 International Conference on Green Building, Materials and Civil Engineering
536	EI 收录的其他论文	刘树良	基于改进的 BP 神经网络在水电厂生产运营状况的模糊综合评价	2011 International Conference on Green Building, Materials and Civil Engineering
537	EI 收录的其他论文	王敬敏	基于 C / S 与 B / S 混合模式的研究生教学管理系统的设计	2nd international conference of electrical and electronics engineering
538	EI 收录的其他论文	王敬敏	基于 GIS 和 VPN 的移动代维监管系统研究	2nd international conference of electrical and electronics engineering
539	EI 收录的其他论文	王立军	一种分布式 OLAP 系统的设计与实现	2011 2nd International Conference on Artifical Intelligence, Management Science and Electronic Connerce
540	EI 收录的其他论文	孔　峰	基于期权和双重声誉的国有企业经营者行为分析	2011 2nd International Conference on Mechanic Automation and Control Engineering

续表

序号	检索类别	作者	论文题目	论文出处
541	EI收录的其他论文	孔　峰	固定工资下国有企业经营者行为选择分析	2011 2nd International Conference on Mechanic Automation and Control Engineering
542	EI收录的其他论文	田金玉	基于模糊综合评价法的电力企业财务风险分析	2011 7th International Conference on MEMS,NANO and Smart Systems
543	EI收录的其他论文	赵建娜	中国纺织品服装出口目标市场的确定	2011 international conference on advanced in control engineering and information science，CEIS 2011
544	EI收录的其他论文	赵建娜	复式拍卖在低碳技术价格国际转让中的应用	2010 international conference on energy, environment and development,ICEED 2010
545	EI收录的其他论文	赵建娜	基于BOT模式的基建项目营运的政府行为研究	2011 international conference on green building，materials and civil engineering,GBMCE 2011
546	EI收录的其他论文	赵建娜	河北省经济增长与科技投入的灰色关联分析	2011 international conference on green building，materials and civil engineering,GBMCE 2011
547	EI收录的其他论文	崔和瑞	能源管理合同期限设计	2011 International Conference on Web Information Systems and Mining,WISM2011
548	EI收录的其他论文	崔和瑞	河北省能源经济环境实证分析	2011 International Conference on Web Information Systems and Mining,WISM2011
549	EI收录的其他论文	崔和瑞	热电厂节能减排能力综合评价研究	2011international conference on environment materials and environment managment, EMEM2011
550	EI收录的其他论文	周建国	低碳经济下的第三方逆物流供应商的选择	2011 International Conference on Mechatronic Science, Electric Engineering and Computer
551	EI收录的其他论文	武群丽	电力生产项目风险管理模糊综合评价研究	proceedings 2011 international conference on business management and electronic information
552	EI收录的其他论文	何永贵	基于能源消费弹性系数的河北省新能源消费分析情况	2011 International Conference on Mechatronic science,Electric Engineering and Computre
553	EI收录的其他论文	何永贵	基于灰色层次分析法的风电项目分析评价	2011 International Conference on Mechatronic science,Electric Engineering and Computre
554	EI收录的其他论文	何永贵	基于人工神经网络的火电项目投资风险评价研究	2011 International Conference on Mechatronic science,Electric Engineering and Computre
555	EI收录的其他论文	何永贵	基于AHP的能源战略主导发展决策	2011 International Conference on Mechatronic science,Electric Engineering and Computre
556	EI收录的其他论文	贾俊菊	高等学校大学英语教学改革的管理模式研究	2011 2nd International Conference on Artificial Intelligence, Management Science and Electronic Commerce
557	EI收录的其他论文	李泽红	环境成本内部化在火力发电企业中的应用思考	2011 International Conference on system modeling and optimization
558	EI收录的其他论文	林志宏	基于BP神经网络的上市公司利润质量模型构建与应用	2011 7th International Conference on MEMS,NANO and Smart Systems
559	EI收录的其他论文	林志宏	层次分析法在企业环境业绩评价中的应用	2011 7th International Conference on MEMS,NANO and Smart Systems
560	EI收录的其他论文	戴立新	灰色模型在电力负荷预测中的应用	2011 International Conference on Energy, Environment and Sustainable Development
561	EI收录的其他论文	戴立新	基于商权改进的TOPSIS法的电力上市公司盈利能力分析	Advanced in Control Engineering and Information Science
562	EI收录的其他论文	戴立新	工程项目时间管理关键路径研究	2011 International Conference on Mechatronics and Materials Processing

续表

序号	检索类别	作者	论文题目	论文出处
563	EI 收录的其他论文	李金颖	低碳经济下中国经济增长与能源消费研究	2011 International Conference on energy,environment and sustainable development
564	EI 收录的其他论文	孙　薇	基于超效率 DEA 模型的交叉效率评价法在供电企业绩效评价中的应用	2011 10th International Synposium on Distributed Computing and Applications to Business, Engineering and Science
565	EI 收录的其他论文	孙　薇	基于主成分分析和 BP 神经网络的 colleges 和高校人才培养的评价	2011 International Conference of Information Technology,Computer Engineering and Management Sciences
566	EI 收录的其他论文	孙　薇	基于云重心模型的电网安全性组合权重评价研究	2nd Tnternational Conference on Frontiers of Manufacturing and Design Science
567	EI 收录的其他论文	黄元生	基于灰色系统与多元线性回归理论的新型组合式方法在房地产领域内的应用	2011 International Conference on Advanced in Control Engineering and Information Science
568	EI 收录的其他论文	孙　薇	基于小波和神经网络的短期负荷预测	The 2nd International Conference on Mechanic Automation and Control Engineering
569	EI 收录的其他论文	史玮璇	基于 Sugeno 测度的 CET-4 写作测试区分度研究	2010 第二届信息安全与应用秦皇岛国际研讨会
570	EI 收录的其他论文	史玮璇	基于 Sugeno 测度的词汇衔接质量评价研究	2011 机器学习与控制论国际会议
571	EI 收录的其他论文	李冰水	行为决策理论视野下高校选修课设置改革	2011 INTERNATIONAL CONFERENCE ON ENGINEERING EDUCATION AND MANAGEMENT(ICEEM2011)
572	EI 收录的其他论文	张　军	交易成本视域的新农村建设中贫困问题研究	Proceedings 2011 International Conference on Business Management and Electronic Information
573	EI 收录的其他论文	魏彤儒	SNS 背景下我国大学生网络社交特点	ICEEM2011
574	EI 收录的其他论文	袁和金	一种基于编辑距离的人体行为识别方法	Advanced Materials Research
575	EI 收录的其他论文	袁和金	一种基于协同的半监督人体行为识别方法	Advanced Materials Research
576	EI 收录的其他论文	曹锦纲	基于免疫 Agent 的网络故障检测系统	2011 International Conference on Intelligent Computation Technology and Automation
577	EI 收录的其他论文	张铭泉	改进的粒子群算法的在电力通信网路由优化中的研究	2011 International Conference on Electric Information and Control Engineering
578	EI 收录的其他论文	赵文清	改进 verhulst 模型在中长期电力负荷预测中的应用	International Conference on Recent Trends in Materials and Mechanical Engineering
579	EI 收录的其他论文	赵文清	贝叶斯网络在手写数字识别中的应用	nternational Conference on Sport Material, Modelling and Simulation
580	EI 收录的其他论文	赵文清	基于聚类分析的变压器故障诊断	International Conference on Structure and Building materials
581	EI 收录的其他论文	李丽芬	长链树状无线传感器网络中链路调度与数据转发	IET International Conference on Wireless Sensor Network 2010
582	EI 收录的其他论文	宋　雨	基于 61850 和 61970 的状态监控信息模型	2011 3rd IEEE International Conference on Computer Research and Development
583	EI 收录的其他论文	胡朝举	BP 神经网络的局限性及其改进	2010 International Forum on Information Technology and Applications
584	EI 收录的其他论文	胡朝举	一种改进的基于 P2P 网络的信任机制模型	APWCS 2010-2010 Asia-Pacific Conference on Wearable Computing Systems

续表

序号	检索类别	作者	论文题目	论文出处
585	EI 收录的其他论文	胡朝举	P2P 信誉激励机制的研究	2010 International Forum on Information Technology and Applications
586	EI 收录的其他论文	王晓辉	基于多类支持向量机及匹配追踪算法的动作场景音频识别	2010 International Conference on Advances in Energy Engineering
587	EI 收录的其他论文	王晓辉	基于粗糙 Petri 网的工作流过程挖掘	2010 International Conference on Advances in Energy Engineering
588	EI 收录的其他论文	朱永利	基于 ZigBee 网络的电力线路监测数据传输的研究	IET International Conference on Wireless Sensor Network 2010
589	EI 收录的其他论文	郑顾平	基于图形建模的小电流接地故障定位系统	International Conference on Computational and Information Sciences
590	EI 收录的其他论文	袁和金	一种基于半监督 K 均值聚类的人体行为识别方法	Lecture Notes in Computer Science
591	EI 收录的其他论文	孟建良	数据挖掘常用技术和应用领域的研究	2011 2nd International Conference on Electronics and Information Engineering
592	EI 收录的其他论文	宋　雨	基于本体的入侵检测系统的改进	2011 3rd International Conference on Computer and Network Technology
593	EI 收录的其他论文	张少敏	用 OWL 实现基于本体论和属性的分布式访问控制模型	2011 International Conferenceon Electronic Engineering,Communication and
594	EI 收录的其他论文	张少敏	基于 IEC61970 和云计算的智能电网数据集成研究	2011 International Conferenceon Electronic Engineering,Communication and Management
595	EI 收录的其他论文	张少敏	一种改进的 BB84 协议在电力二次系统通信的中应用研究	2011 International Conferenceon Electronic Engineering,Communication and
596	EI 收录的其他论文	张少敏	数据完整性定量评估模型 QEMI 在智能电网中的研究	2011 International Conferenceon Electronic Engineering,Communication and Management
597	EI 收录的其他论文	王保义	基于 GCM 算法的智能变电站报文安全传输的研究(英文)	2011 International Conferenceon Electronic Engineering,Communication and Management
598	EI 收录的其他论文	王保义	防火墙与 IDS 联动在配电自动化系统中的应用研究	2011 International Conferenceon Electronic Engineering,Communication and Management
599	EI 收录的其他论文	王保义	电力调度自动化系统中基于双因子的身份认证算法的研究	2011 International Conferenceon Electronic Engineering,Communication and Management
600	EI 收录的其他论文	翟学明	基于分形理论的绝缘子泄漏电流数据压缩方法的研究	2011 International Conference on Image and Vision Computing (ICIVC 2011)
601	EI 收录的其他论文	翟学明	EMD 模态混叠的两种解决方法	2011 International Conference on Image and Vision Computing (ICIVC 2011)
602	EI 收录的其他论文	谷根代	利用 EXT 框架与云计算实现简单 Web OS 系统	2010 International Forum on Information Technology and Applications
603	EI 收录的其他论文	尹增谦	介质阻挡放电中放电丝的数值模拟和实验研究	2010 International Conference on Electrical and Control Engineering
604	EI 收录的其他论文	郭燕 1	巴拿赫空间上增生算子的收敛定理	Applied Mechanics and Materials
605	EI 收录的其他论文	马新顺	电力市场中随机模糊规划问题的改进遗传算法	APPEEC2011
606	EI 收录的其他论文	张晓宏	多层铝泡沫结构的吸声特性	5th International Conference on Bioinformatics and Biomedical Engineering
607	EI 收录的其他论文	赵顺龙	一种新型日盲紫外头盔显示器研究	Proceedings fo the SPIE

续表

序号	检索类别	作者	论文题目	论文出处
608	EI 收录的其他论文	徐艳梅	不同厚度有机电致发光器件光输出模拟	Frontiers of Manufacturing and Design Science
609	EI 收录的其他论文	史会峰	基于混合蒙特卡洛方法学习的贝叶斯神经网络短期负荷预测	2010 International Conference on Machine Learning and Cybernetics
610	EI 收录的其他论文	阎占元	介观电子谐振腔的量子效应	Applied Mechanics and Materials
611	EI 收录的其他论文	阎占元	介观压电石英晶体等效电路的量子化	Applied Mechanics and Materials
612	EI 收录的其他论文	王永杰	电介质层对介质阻挡放电的影响	SPIE Int Soc Opt Eng
613	EI 收录的其他论文	王永杰	硫掺杂金刚石薄膜的光学特性研究	SPIE Int Soc Opt Eng
614	EI 收录的其他论文	张国立	几何加权法及其在电力市场功率分配中的应用	Nonlinear Mathematics for Uncertainty and its Applications
615	EI 收录的其他论文	马新顺	模糊概率分布随机报童问题	Nonlinear Mathematics for Uncertainty and its Applications
616	EI 收录的其他论文	马春萍	污染环境中的 Gallopin 系统	Advances in Intelligent and Soft Computing
617	EI 收录的其他论文	苏　杰	基于粗大误差检测的变压器故障诊断方法	Advanced Materials Research
618	EI 收录的其他论文	苏　杰	基于卡方分布的稳态数据判别准则	Applied Mechanics and Materials
619	EI 收录的其他论文	陈文颖	输出反馈的网络控制系统 H 无穷鲁棒控制器设计	2010 International Conference on Natural Computation
620	EI 收录的其他论文	陈文颖	基于状态观测器的网络控制系统的 H 无穷鲁棒控制	2010 SISTH INTERNATIONAL CONFERENCE ON NATURAL COMPUTATION
621	EI 收录的其他论文	王旭光	一种新的直线（曲线）描述子	Applied Mechanics and Materials
622	EI 收录的其他论文	王旭光	基于内外积的特征点匹配方法	Applied Mechanics and Materials
623	EI 收录的其他论文	马　进	粒子群缓发中子点堆动力学的几种数值计算方法的对比和分析	2011 Asia-Pacific Power and Energy Engineering Conference
624	EI 收录的其他论文	田　沛	图像融合在电容层析成像中的应用研究	2010 International Conference on Computer, Mechatronics, Control and Electronic Engineering
625	EI 收录的其他论文	孙建平	基于 BP 神经网络-PID 串联控制的锅炉主汽温系统研究	2011 能量、环境和持续发展国际会议
626	EI 收录的其他论文	孙建平	基于相关向量机回归的预测在风力发电机状态监测中的应用.	2011 能量、环境和持续发展国际会议
627	EI 收录的其他论文	赵文杰	基于模糊关联规则的燃烧优化控制系统	2011 International Conference of Soft Computing and Pattern Recognition
628	EI 收录的其他论文	吕丽霞	通用 DCS 组态平台与工程转换系统的设计与实现	2011 第七届自然科学国际会议
629	EI 收录的其他论文	张立峰	基于灵敏度矩阵更新的电阻抗层析成像图像重建算法	2011 软计算与模式识别国际会议
630	EI 收录的其他论文	刘鑫屏	一种实时多尺度相关分析方法和其在热工过程数据挖掘中的应用	2011 年第七届计算机智能和安全国际会议

续表

序号	检索类别	作者	论文题目	论文出处
631	EI 收录的其他论文	冉　鹏	二次再热机组热力系统热经济性分析方法	2011 International Conference on Energy
632	EI 收录的其他论文	冉　鹏	空冷机组在我国的发展现状及应用前景	2011 International Conference on Electronics
633	EI 收录的其他论文	冉　鹏	给水加热型燃气蒸汽联合循环机组热经济性分析方法	ICECC 2011 - Proceedings
634	EI 收录的其他论文	姚秀明	丢包和量化情形下参数变化 Markovan 跳跃系统的 H∞滤波	30th Chinese Control Conference
635	EI 收录的其他论文	马良玉	600MW 超临界锅炉过热汽温反馈补偿神经网络逆控制	第三十届中国控制会议
636	EI 收录的其他论文	马良玉	基于神经网络的大型超临界锅炉机组过热汽温控制	2011 IEEE PES General Meeting
637	EI 收录的其他论文	王东风	基于 EMD-RBF 模型的多步风速预测	2011 International Conference on Energy, Environment and Sustainable Development
638	EI 收录的其他论文	刘长良	火电厂建模与仿真	2011 International Conference on Advanced Mechatronic Systems
639	EI 收录的其他论文	魏　乐	一种新的超临界燃煤锅炉过热蒸汽温度的串级内模控制结构	第 23 届中国控制与决策控制会议论文集
640	EI 收录的其他论文	罗光利	Health Status and Leisure Sports Participation of Off-farm Worker in Hebei Province	2011 International Conference on Human Health And Biomedical Engineering
641	EI 收录的其他论文	王桂兰	基于视图的假定分析	Frontiers of Manufacturing and Design Science
642	EI 收录的其他论文	王振旗	网格体系结构 OGSA 与 WSRF	2011 3rd IEEE International Conference on Computer Research and Development
643	EI 收录的其他论文	王振旗	IPv6 的研究与应用	Fourth International Conference on Intelligent Computation Technology and Automation
644	EI 收录的其他论文	张丽静	基于 PostGIS 的空间数据库管理方法	2010 Second pacific-asia conference on circuits, communications and system
645	EI 收录的其他论文	张丽静	空间数据库查询技术的研究	2010 Second pacific-asia conference on circuits, communications and system
646	EI 收录的其他论文	熊　伟	基于 IPv6 的课程质量管理平台的建设和应用	2011 IEEE 3rd International Conference on Communication Software and Networks
647	EI 收录的其他论文	甄成刚	基于振动信号分析的风力发电机故障诊断	2011 International conference on energy,environment and sustainable development
648	EI 收录的其他论文	王振旗	校园网 IPv6 网络建设探讨	2011 International conference on wireless communications, networking and mobile computing
649	EI 收录的其他论文	郭丰娟	基于单类支持向量机及匹配追踪算法的动作片场景音频识别	The Second International Workshop on Education Technology and Computer Science
650	EI 收录的其他论文	杨　倩	生物质燃料灰物化特性的研究	The 5th International Conference on Bioinformatics and Biomedical Engineering
651	EI 收录的其他论文	高慧颖	河水自净能力分析	The 5th International Conference on Bioinformatics and Biomedical Engineering
652	EI 收录的其他论文	王飞	太阳辐射曝辐量回归建模方法	2011 International Conference on Mechatronic Science, Electric Engineering and Computer, MEC 2011
653	EI 收录的其他论文	王飞	基于 BP 神经网络的太阳辐照度短期预测模型	1st International Conference on Smart Grid and Clean Energy Technologies, ICSGCE 2011

续表

序号	检索类别	作者	论文题目	论文出处
654	EI 收录的其他论文	许自纲	国家长期教育改革和发展规划纲要重要意义探析	2011 IEEE 3rd International Conference on Communication Software and Networks
655	EI 收录的其他论文	周福成	基于非抽样小波变换的风电增速箱轴承故障在线监测与诊断研究	2010 IEEE Youth Conference on Information, Computing and Telecommunications
656	EI 收录的其他论文	周福成	基于非抽样小波变换的风电增速箱齿轮故障诊断方法研究	2010 International Conference on Computer Design and Applications
657	EI 收录的其他论文	张文建	Moldflow 在手机外壳注射模具设计中的应用	2011 internationalAcademic Conference on Machinery, Materials Science and Engineering Applications
658	ISTP	王永强	实验教学改革与开放型实验室管理系统设计	2010 International Conference on Management Science and Engineering
659	ISTP	杨淑英	太阳能光伏发电系统并网控制	power and energy engineering conference 2010
660	ISTP	魏　兵	住宅中央空调系统经济性分析	ASME Energy Sustainability 2010
661	ISTP	魏　兵	中国绿色建筑评估方法研究	ASME Energy Sustainability 2010
662	ISTP	魏　兵	中国绿色建筑环境质量在评估指标和系统	ASME Energy Sustainability 2010
663	ISTP	魏　兵	大空间建筑分层空调和孔板送风的室内流场数值模拟	ASME Energy Sustainability 2010
664	ISTP	魏　兵	太阳能电池板水冷系统和水冷热泵系统的火用分析	ASME Energy Sustainability 2010
665	ISTP	李　中	不同相似度测量距离比较研究	INTELLIGENT COMPUTING AND INFORMATION SCIENCE
666	ISTP	陈智雄	基于网络编码的协作中继策略分析与对比研究	2011 Second ETP/IITA Conference on Telecommunication and Information Pdroceedings
667	ISTP	陈智雄	使用与结构化密度奇偶校验吗的快速高斯消元算法	2011 Second ETP/IITA Conference on Telecommunication and Information
668	ISTP	王进峰	并联机器人发展研究	2010 年信息技术和管理科学国际研讨会
669	ISTP	赵红英	基于模糊灰色方法的电子商务网站可信性模型	2010 IEEE 无线通信、网络技术与信息安全国际会议
670	ISTP	戴庆辉	解释结构建模法在小型制鞋企业发展瓶颈的研究	2010 统筹规划与经济数学国际学术会议
671	ISTP	汪黎东	五种催化剂对亚硫酸钠氧化动力学的影响	2011 International Conference on Mechanical, Industrial and Manufacturing Engineering
672	ISTP	高冲	基于修正 DEA 模型的新能源上市公司竞争力评价	International Conference Intelligent Computing and Information Science
673	ISTP	王喜平	基于神经网络的电力负荷预测及 Matlab 实现	International Computing and Information Science
674	ISTP	闫丽萍	联盟企业价值链整合研究	International conference on engineering and business management
675	ISTP	黄元生	改进灰色预测模型在电力负荷预测中的应用	Intelligent Computing and Information Science
676	ISTP	黄元生	基于 F-AHP 的电力企业运营绩效评价研究	Intelligent Computing and Information Science
677	ISTP	贾正源	基于贝叶斯网络的电力建设项目风险管理	International Conference on Intelligent Computing and Information Science
678	ISTP	贾正源	基于熵权的模糊综合评价法的调峰机组方案选择模型	International Conference on Intelligent Computing and Information Science
679	ISTP	张学斌	基于上期权的电网公司风险管理模型	International Conference on Aerospace Engineering and Information Technology

续表

序号	检索类别	作者	论文题目	论文出处
680	ISTP	何永贵	我国低碳城市建设评价初探	2011 International Conference on computer, Ecletrical, and Systems Sciences,and Engineering
681	ISTP	何永贵	基于循环经济和 AHP 的我国新能源发展研究	2011 International Conference on computer, Ecletrical, and Systems Sciences,and Engineering
682	ISTP	商　静	Challenge and Countermeasures of English Teaching in Adule Education	2010 International Conference on Managenment Science and Engineering
683	ISTP	商　静	成人教育中英语教师面临的挑战与对策	2010 International Conference on Management Science and Engineering
684	ISTP	李冰水	大学生政治参与的调查与分析	2nd International Conference on Engineering and Business Management
685	ISTP	陈　奎	Construction of Dispute Resolution Mechanism from the Overall Perspective	2010 CMSA OVERALL UNITED PLANNING SYMPOSIUM
686	ISTP	陈　奎	Research on Community Goverance Mode in the Process of Reform—From the Vew of Balance Concept	2010 INTERNATIONAL CONFERENCE ON PUBLIC ADMINISTRATION
687	ISTP	李书萍	重塑企业耻感文化，实现企业道德自律	2nd International Conference on Engineering and Business Management
688	ISTP	魏彤儒	关于网络社交在大学生群体中成瘾的调查与分析	2nd International Conference on Engineering and Business Management
689	ISTP	史胜安	大学生灾难教育绩效评价体系研究	2nd International Conference on Engineering and Business Management
690	ISTP	张少敏	文本挖掘技术在网络警察信息系统中的研究	2010 Internaional Conference on Future Control and Automation
691	ISTP	杨玉华	一类非线性动力系统实用不稳定性的研究	The 2010 International Conference on Management Science and Engineering
692	ISTP	苏　岩	基于球极投影变换核密度估计的条件错判断概率的强相合性	Data Processing and Quantitative Economy Modeling
693	ISTP	刘长良	基于 BP 神经网络的自适应 PID 控制策略及在热工过程中的应用	2nd International Symposium on Computer Network and Multimedia Technology
694	ISTP	潜沉香	Biomechanical Analysis of Jumping Back Kick of Elite Taekwondo Athletes	Proceedings of the 2010 Conference on Computer
695	ISTP	郭丰娟	基于语义分析的武打片电影场景提取	2010 International Conference on the Development of Educational Science and Computer Technology
696	ISSHP	贾俊菊	大学教改项目综合评价研究	2011 Second International Conference on Education and Sports Education
697	ISSHP	武群丽	中国区域 TFP 分析	Proceedings of the Fourth International Conference on Management Science and Engineering Management
698	ISSHP	武群丽	独立学院人才培养中的师资瓶颈及对策研究	2011economic, education and Mangement
699	ISSHP	魏月红	元认知理论在口语教学中的应用研究	应用社会科学国际会议
700	ISSHP	魏月红	以情感促人文教育理念在大学英语教学中的应用	应用社会科学国际学术会议
701	ISSHP	商静 1	计算机辅助外语教学环境下任务前准备影响听说能力的研究	2011 第二届教育与体育教育国际会议
702	ISSHP	魏月红	论非智力因素在英语自主学习中的作用	2011 年社会科学国际会议

续表

序号	检索类别	作者	论文题目	论文出处
703	ISSHP	梁　平	对行政责任主体范围界定的反思	PROCEEDINGS OF 2010 INTERNATIONAL CONFERENCE ON PUBLIC ADMINISTRATION
704	ISSHP	江海霞	城市失业者新型社会救助模式探讨——一个社会工作的视角	2011 international conference on applied social science
705	ISSHP	沈长月	完善劳动合同雇工义务的应用研究	2011 international conference on applied social science
706	ISSHP	李冰水	The Study on the Moral Hazard in the Social Medical Insurance System	2010 Conference on Labor Science
707	ISSHP	尚晓丽	The Establishment of Public Crisis Mangement Institution in Terms of Social Participation	2010 INTERNATIONAL CONFERENCE ON PUBLIC ADMINISTRATION
708	ISSHP	史胜安	View from the Crisis of Confidence in the Local Government Bonds	2010 INTERNATIONAL CONFERENCE ON PUBLIC ADMINISTRATION
709	ISSHP	苗春刚	The Legislative Idea and System Establishment of China Social Security	2010 INTERNATIONAL CONFERENCE ON PUBLIC ADMINISTRATION
710	ISSHP	苗春刚	工伤保险与民事侵权竞合的相关立法研究	2011 international conference on applied social science
711	ISSHP	孔令章	中国《体育法》修改与完善的思考	2011 Second Internation Conference on Education and Sports Education
712	ISSHP	李冰水	村委会选举中不正当竞争行为研究	PROCEEDINGS OF 2010 INTERNATIONAL CONFERENCE ON PUBLIC ADMINISTRAION
713	ISSHP	胡宏伟	Gender-biased Impact of Human Capital on Migrant Peasants, Wage-Based on the Perspective of Education and Experience	2010 Conference on Labor Science and Actuarial Science
714	ISSHP	武兰芳	Overall Planning for Integration and Optimization of Educational Resources——Perspective Balanced Development of Education in the Game of Chess	2010CMSA OVERALL UNITED PLANNING SYMPOSIUM
715	ISSHP	沈长月	论惩罚性赔偿金的法律适用	2011 INTERNATIONAL CONFERENCE ON SOCIAL SCIENCES AND SOCIETY(ICSSS2011)
716	ISSHP	苗春刚	论劳务派遣中的用人者替代责任	2011 INTERNATIONAL CONFERENCE ON SOCIAL SCIENCES AND SOCIETY(ICSSS2011)
717	ISSHP	刘志远	从静态的视角看中美电力管理体制的差异	Engineering and Business management
718	ISSHP	张乃芳	小班授课：普遍提高思想政治理论课实效性的必要平台	2nd International Conference on Education and Sports Education
719	ISSHP	张乃芳	《论语》中的反向教育研究	2011International Conference on Applied Social Science
720	ISSHP	刘志远	中国地方政府如何处理网络群体事件	2010 International Conference on Public Adminstration (ICPA 6th)
721	ISSHP	李书萍	论曹禺剧作中的生命意识	2011 International Conference on Social Sciences and Society
722	ISSHP	张乃芳	孔子“仁”的涵义及其在当今的现实意义	2011 International Conference on Social Sciences and Society
723	国外期刊	尹水娥	$N_2/O_2/NO$ 混气中 NO 在介质阻挡放电中转化的数值模拟	Applied Mechanics and Materials
724	国外期刊	李永华	一种混合煤粉结渣特性判别新方法	Energy and power Engineering
725	国外期刊	程友良	基于边界层理论的分层液膜非线性内波	RECENT PROGRESSES IN FLUID DYNAMICS RESEARCH

续表

序号	检索类别	作者	论文题目	论文出处
726	国外期刊	谢英柏	二氧化碳热泵系统气冷器的可用能分析	Procedia Environmental Sciences
727	国外期刊	马双忱	模拟北美地区燃煤电厂 SO_2 和 NOX 排放	Energy and Power Engineering
728	国外期刊	李艳坤	用三角网格局部方法对植物样品进行近红外光谱分析	Asian Journal of Chemistry
729	国外期刊	刘志彬	一种基于 ACO 和 PSO 的混合随机搜索算法：LDR 优化设计实例研究	Journal of Software
730	国外期刊	李　莉	使用 Hbase 实现海量 RDF 数据分布式存储	Journal of Communication and Computer
731	国外期刊	宋　雨	基于 UML 活动图和遗传算法的构件软件测试用例生成	Journal of Communication and Computer
732	国外期刊	宋　雨	基于面向对象数据库的变电站设备配置研究	Journal of Communication and Computer
733	国外期刊	卢艳霞	P-拉普拉斯方程非线性边值问题的拟线性方法	International Journal of Pure and Applied Mathematics
734	国外期刊	张贵银	NO 激发态电子淬灭速率常数的光声探测	SPECTROCHIMICA ACTA
735	国外期刊	靳一东	度量 n 李代数	Conmmunications in Algebra
736	国外期刊	王福海	可数个严格伪压缩不动点问题和变分不等式的隐和显迭代方式	Mathematica Aeterna
737	国外期刊	马　平	基于神经网络的故障诊断	Intelligent Infmation Management Systems and Technologies
738	国外期刊	田　沛	现场总线通信	Intelligent Infmation Management Systems and Technologies
739	国外期刊	马　平	基于多模型开关控制的过热汽温内部模型	Intelligent Infmation Management Systems and Technologies
740	国外期刊	黄　宇	火电厂主汽温多变量自抗扰控制	IntelligentInformation Management Systems and Technologies
741	国外期刊	韩　璞	基于改进模糊 C-回归模型聚类算法的非线性系统辨识	Intelligent information management systems and technologies
742	国外期刊	王东风	基于转速观测器和 SVM 信息融合的风电机组风速软测量	Intelligent information management systems and technologies
743	国外期刊	董　泽	300MW 循环流化床床温控制策略设计与优化	Intelligent information management systems and technologies
744	国外期刊	董　泽	300MW 循环流化床主汽温控制策略研究	Intelligent information management systems and technologies
745	国外期刊	韩　璞	融合改进粒子群算法的模糊 C 均值聚类	Intelligent information management systems and technologies
746	国外期刊	翟永杰	基于微分进化和序列最小优化算法的烟气含氧量软测量	Intelligent information management systems and technologies
747	国外期刊	孙海蓉	汽轮发电机励磁与汽门最优协调控制器设计	Intelligent information management systems and technologies
748	国外期刊	韩　璞	汽轮机远程故障诊断系统中的应用研究	Intelligent information management systems and technologies
749	国外期刊	黄　宇	基于 PSO 的核电站给水最优分配	Intelligent information management systems and technologies
750	国外期刊	董　泽	RBF 神经网络在煤发热量预测中的应用研究	Intelligent information management systems and technologies
751	国外期刊	王东风	基于遗传算法的循环流化床汽温系统分数阶控制	Intelligent information management systems and technologies

续表

序号	检索类别	作者	论文题目	论文出处
752	国外期刊	韩　璞	基于 NSGA-II 的 PID 参数优化	Intelligent information management systems and technologies
753	国外期刊	王东风	基于神经网络误差校正的动态矩阵控制	Intelligent information management systems and technologies
754	国外期刊	焦嵩鸣	协作式建模平台在仿真支撑系统中的实现	Intelligent information management systems and technologies
755	国外期刊	刘长良	新的网络控制平台的构建与应用	Intelligent information management systems and technologies
756	国外期刊	董　泽	600MW 直流炉机组主汽温系统动态矩阵控制的研究与仿真	Intelligent information management systems and technologies
757	国外期刊	翟永杰	相关向量机及其发展现状分析	Intelligent information management systems and technologies
758	国外期刊	董　泽	优化控制系统软件设计	Intelligent information management systems and technologies
759	国外期刊	韩　璞	火电厂飞灰含碳量的软测量技术	Intelligent information management systems and technologies
760	国外期刊	韩　璞	DEH 系统的控制方案设计及仿真研究	Intelligent information management systems and technologies
761	国外期刊	董　泽	基于现场总线智能氧量仪的人机交互设计	Intelligent information management systems and technologies
762	国外期刊	林永君	基于 LINUX 的电动汽车充电装置通信系统研究	Intelligent Information Management Systems and Technologies
763	国外期刊	林永君	关于克服 IGBT 过电压的 RC 缓冲电器设计	Intelligent Information Management Systems and Technologies
764	国外期刊	林永君	基于 GPRS 的单片机程序远程升级的实现	Intelligent Information Management Systems and Technologies
765	国外期刊	王印松	协调控制系统模型参考自适应控制研究	Intelligent Information Management Systems and Technologies
766	国外期刊	王印松	基于 OPC 技术实现 PC 与 S7-200 PLC 通信	Intelligent Information Management Systems and Technologies
767	国外期刊	刘延泉	改进模糊关联规则及其在锅炉运行优化中的应用	Intelligent Information Management Systems and Technologies
768	国外期刊	马永光	网络控制系统开关控制的安全研究	Intelligent Information Management Systems and Technologies
769	国外期刊	马永光	通用 DCS 组态培训平台 OPC 数据通信技术的研究	Intelligent Information Management Systems and Technologies
770	国外期刊	牛成林	基于Ovation的通用DCS组态培训平台路基转换的设计与实现	Intelligent Information Management Systems and Technologies
771	国外期刊	吕丽霞	基于 Matlab 工具箱的 BP 神经网络实现	Intelligent Information Management Systems and Technologies
772	国外期刊	吕丽霞	风电叶片成型模具多路温度控制系统的设计	Intelligent Information Management Systems and Technologies
773	国外期刊	杨耀权	基于支持向量机的磨煤机负荷软测量	Intelligent Information Management Systems and Technologies
774	国外期刊	杨耀权	基于嵌入式系统的一次风量软测量	Intelligent Information Management Systems and Technologies
775	国外期刊	杨耀权	磨煤机风量软测量建模方法研究	Intelligent Information Management Systems and Technologies

续表

序号	检索类别	作者	论文题目	论文出处
776	国外期刊	王东风	模糊 DMC 在网络控制中的应用	Intelligent information management systems and technologies
777	国外期刊	韩璞 4	大迟延系统的专家模糊 PID 控制研究	Intelligent information management systems and technologies
778	国外期刊	韩璞 4	1000MW 火电机组润滑油系统特性仿真	Intelligent information management systems and technologies
779	国外期刊	戴毅姜	灰色神经网络在多传感器信息融合中的应用研究	Intelligent information management systems and technologies
780	国外期刊	孙建平	基于粒子群算法的过热气温辨识研究	Intelligent Information Management Systems and Technologies
781	国外期刊	孙建平	基于现场总线的电动执行器的改进和故障保护	Intelligent Information Management Systems and Technologies
782	国外期刊	姚万业	基于 FCM 和 NN 法精简神经网络样本集的方法研究	Intelligent Information Management Systems and Tevhnologies
783	国外期刊	姚万业	OPC 技术在风场 SCADA 系统中的应用	Intelligent Information Management Systems and Tevhnologies
784	国外期刊	姚万业	75 吨混燃锅炉安全监控系统设计	Intelligent Information Management Systems and Tevhnologies
785	国外期刊	姚万业	DCS 中温度与压力补偿的研究与应用	Intelligent Information Management Systems and Tevhnologies
786	国外期刊	白　康	基于遗传算法的柔性车间作业活性调度	Intelligent Information Management Systems and Technologies
787	国外期刊	金秀章	钢球磨煤机的多变量解耦方法研究及仿真应用	Intelligent Information Management Systems and Technologies
788	国外期刊	金秀章	再热蒸汽温度复合控制系统的设计及应用	Intelligent Information Management Systems and Technologies
789	国外期刊	樊振萍	火焰仿真研究	Intelligent Information Management Systems and Tevhnologies
790	国外期刊	苏　杰	基于动态规划法的厂级负荷经济分配系统研究与实现	INTELLIGENT INFORMATION MANAGEMENT SYSTEMS AND TECHNOLOGIES
791	国外期刊	苏　杰	单相智能电能表可靠性强化试验研究	INTELLIGENT INFORMATION MANAGEMENT SYSTEMS AND TECHNOLOGIES
792	国外期刊	张立峰	基于小波神经网络的上市公司财务危机预测	Intelligent Information Management Systems and Technologies
793	国外期刊	张立峰	基于电阻层析成像系统的垂直气/液管流气体持率及相关速度测量	American journal of engineering and technology research
794	国外期刊	张立峰	油气水三相流的 ECT/ERT 图像融合	International journal of advanced pervasive and ubiqutious computing
795	国外期刊	姚万业	基于 SIS 系统的风电场信息系统的建立	International joural of advanced pervasive and ubiquitius computing
796	国外期刊	赵文杰	基于 Matlab 环境下的支持向量机建模方法研究	International Society for Scientific Inventions(USA)
797	国外期刊	姚万业	基于 Winpcap 的火电厂局域网的流量监测与应用	American Jorunal of Engineering and Technology Research

续表

序号	检索类别	作者	论文题目	论文出处
798	中国社会科学文摘发表或CSSCI	李俊卿	提高课堂教学质量　培养大学生的创新能力	中国大学教学
799	中国社会科学文摘发表或CSSCI	武群丽	我国全要素生产率变化解构及区域收敛性分析	经济经纬
800	中国社会科学文摘发表或CSSCI	甄增水	取得时效制度在大陆法系中的演变	南京大学法律评论
801	中国社会科学文摘发表或CSSCI	甄增水	物件致人损害责任研究	私法研究
802	中国社会科学文摘发表或CSSCI	甄增水	劳动者因公负伤的赔偿责任研究	法学杂志
803	中国社会科学文摘发表或CSSCI	尚晓丽	全面质量管理视域下的校园安全管理	理论探讨
804	中国社会科学文摘发表或CSSCI	李冰水	教育与医疗保险对老年人健康状况的影响	南方人口
805	中国社会科学文摘发表或CSSCI	梁　平	多元化纠纷解决机制的制度构建	当代法学
806	中国社会科学文摘发表或CSSCI	孔令章	论法院诉前证据保全制度——借鉴德国独立证据调查程序的思考	现代法学
807	中国社会科学文摘发表或CSSCI	胡宏伟	需求与制度安排：城市化战略下的居家养老服务保障定位与发展	人口与发展
808	中国社会科学文摘发表或CSSCI	胡宏伟	新生农民工心里问题与求助行为研究	西北人口
809	中国社会科学文摘发表或CSSCI	胡宏伟	我国老年人心里症状及其影响因素研究	西南科技大学学报（哲学社会科学版）
810	中国社会科学文摘发表或CSSCI	梁　平	“大调解”衔接机制的理论建构与实证探究	法律科学（西北政法大学学报）
811	中国社会科学文摘发表或CSSCI	王聚芹	历史尺度与价值尺度悖论命题违背唯物史观的根本精神	甘肃社会科学
812	中国社会科学文摘发表或CSSCI	王聚芹	马克思对社会发展”尺度纠结“的科学化解及当代启示——以东方社会中、印、俄大国崛起为视角	理论探讨
813	中国社会科学文摘发表或CSSCI	王聚芹	中印发展模式比较研究：可能性、存在问题及科学化路径	河南师范大学学报（哲学社会科学版）

续表

序号	检索类别	作者	论文题目	论文出处
814	中国社会科学文摘发表或CSSCI	徐岿然	信息时空中象征符号中介的审美自反——论拉什和厄里审美自反性观念的时代哲学意义	哲学动态
815	中国社会科学文摘发表或CSSCI	徐岿然	从大实践的境域看儒家思想----兼论儒、道、墨的异同与互补	齐鲁学刊
816	中国社会科学文摘发表或CSSCI	魏彤儒	中国现代社会“城市剩女”问题的思考	中国青年研究
817	人大复印报刊资料复印或新华文摘论点摘编	王聚芹	历史化育与主体博弈：中印社会发展道路差异原因探析	湖北社会科学
818	人大复印报刊资料复印或新华文摘论点摘编	胡宏伟	中国社会保障投入产出效率省际与区域评估——基于2006—2008年省级面板数据	社会保障研究
819	人大复印报刊资料复印或新华文摘论点摘编	胡宏伟	中国非政府组织参与居家养老服务的时间与政策思考	天府新论
820	人大复印报刊资料复印或新华文摘论点摘编	胡宏伟	心理压力、城市适应、倾诉渠道与性别差异-女性并不比男性新生代农民工心里问题更严重	中国青年研究
821	一级学报	谢　庆	基于多平台测向及全局搜索的局部放电超声阵列定位方法研究	电工技术学报
822	一级学报	李　琳	应用谐波平衡有限元法的变压器直流偏磁现象分析	中国电机工程学报
823	一级学报	谷俊杰	基于动态特性机理分析的带再热汽温状态观测器控制系统的研究	动力工程学报
824	一级学报	周兰欣	直接空冷凝汽器喷雾增湿系统的结构优化	动力工程学报
825	一级学报	周兰欣	机组初参数与热耗修正曲线的变工况计算法	动力工程学报
826	一级学报	阎维平	富氧燃烧锅炉烟气CO_2补集中回收NO的研究	动力工程学报
827	一级学报	阎维平	增压富氧煤燃烧烟气凝结换热的计算	动力工程学报
828	一级学报	闫顺林	基于梯度算子的煤耗与辅助汽水流量的通用关系式	动力工程学报
829	一级学报	王春波	富氧燃烧循环流化床锅炉炉内传热特性	中国电机工程学报
830	一级学报	高建强	燃气轮机排气温度对联合循环热经济性的影响	动力工程学报
831	一级学报	高建强	鼓泡流化床风帽压力信号的频谱分析	动力工程学报
832	一级学报	韩中合	考虑风剪切的1.3MW风力机整机三维定常流动数值研究	动力工程学报
833	一级学报	王春波	600MW微富氧燃烧煤粉锅炉优化设计	动力工程学报
834	一级学报	阎维平	富氧燃煤锅炉烟气再循环方式选择与水分平衡计算	动力工程学报

续表

序号	检索类别	作者	论文题目	论文出处
835	一级学报	阎维平	增压富氧燃烧烟气物性及对流传热系数的研究	动力工程学报
836	一级学报	陈鸿伟	纤维素生物质热解实验及其最概然机理函数	动力工程学报
837	一级学报	高建强	O_2/CO_2气氛下煤粉锅炉的火用效率分析	动力工程学报
838	一级学报	陈智雄	基于准循环 LDPC 码译码软件信息的码辅助帧同步算法	系统仿真学报
839	一级学报	孙正	基于 snake 模型的 IVUS 图像三维分割方法	工程图学学报
840	一级学报	向玲	汽轮发电机组轴系扭振响应分析	动力工程学报
841	一级学报	齐立强	燃煤烟气中的 SO_3 对微细颗粒物电除尘特性的影响	动力工程学报
842	一级学报	黄宇	改进量子粒子群算法及其在系统辨识中的应用	中国电机工程学报
843	一级学报	刘卫亮	基于炉膛火焰图像的燃煤机组负荷预测	动力工程学报
844	一级学报	田亮	基于风量氧量信号导前微分协调控制系统	动力工程学报
845	一级学报	刘吉臻	基于偏最小二乘回归的锅炉再热汽温建模	中国电机工程学报

华北电力大学 2012 年度已授权专利情况一览表

编号	专利名称	申请人姓名	专利类型	申请日期（年-月-日）	授权日期（年-月-日）	专利号
1	淋水式塑料薄膜烟气余热回收及脱硫装置	周少祥　王　锡	发明	2007-06-11	2012-08-29	200710100388.2
2	游梁式抽油机继续供电下电源软投入控制方法及控制装置	崔学深　罗应立　沈金波　翟　勇　杨富刚	发明	2007-11-21	2012-07-04	200710177808.7
3	一种利用醋酸钠促进厨余物堆肥中微生物活性的方法	李　鱼　万晓宇　黄国和　余　辉　张银冰	发明	2008-08-25	2012-07-04	200810118828.1
4	基于四维混沌系统的 OFDM 同步方法	唐良瑞　孙　毅　樊　冰　左　琪　陆　俊	发明	2008-11-03	2012-11-21	200810225503.3
5	纤维生产乙醇和生物质燃烧发电的耦合工艺	郑宗明　董长青　杨勇平	发明	2008-11-18	2012-08-29	200810226859.9
6	一种基于 UDP 协议的实时数据通讯方法	顾煜炯　张　毅	发明	2008-11-20	2012-05-09	200810227059.9
7	三相电力系统 DVR 最小能量补偿控制分析方法	郭春林　肖湘宁　徐永海　孙　哲　刘颖英	发明	2009-01-23	2012-01-11	200910077864.2
8	直接空冷电站空冷岛与风力发电一体化装置	杨立军　杜小泽　杨勇平	发明	2009-03-06	2012-05-23	200910079716.4
9	利用垃圾填埋气的化学链式燃烧发电工艺及系统	董长青　何　磊　杨勇平　张俊姣　单　亮 梁　慧	发明	2009-05-07	2012-05-30	200910083719.5
10	一种沉积物中痕量十溴联苯醚的检测方法	李　鱼　蒯英红　刘建林　王　婷　张　琛 胡　艳	发明	2009-07-01	2012-01-11	200910088067.4
11	一种 WorldFIP 分布式智能控制网络的调度方法	梁　庚　李　文　白　焰　杨国田	发明	2009-07-28	2012-08-29	200910089946.9
12	一种大功率压水堆核电站一回路系统结构设计	陆道纲　张小茹	发明	2009-07-30	2012-02-08	200910089130.6
13	一种平面-本体异质结集成结构太阳能电池及其制备方法	谭占鳌　杨勇平	发明	2009-10-12	2012-07-04	200910093531.9
14	热电联产系统供热蒸汽的调节方法	何坚忍　林振娴　胡学伟　翟启武　杨勇平	发明	2009-10-15	2012-05-30	200910235783.0
15	一种超临界 CO2 核电站事故缓冲脱除装置	周　涛　盛　程　张记刚	发明	2009-11-17	2012-10-10	200910238203.3
16	一种非能动排热的核电站严重事故缓解装置	周　涛　张记刚	发明	2009-11-17	2012-02-08	200910238202.9
17	温差发电模块特性实验装置	董　旭　隋仕伟　徐　金　聂　玮　计梦瑶 李　珂　尹忠东	发明	2009-12-07	2012-06-20	200910241358.2
18	一种可控电流扰动源主电路	刘　乔　尹忠东　单任仲　肖湘宁　洪　秋 戴成昕　孔舒红	发明	2009-12-11	2012-05-23	200910242366.9
19	超导热管式核电热冷联产系统	周　涛　陈　娟	发明	2009-12-08	2012-05-09	200910242275.5
20	一种基于双 H 桥的单相到三相交流电源变换电路	朱永强　田　军　赵红月	发明	2009-12-10	2012-07-04	200910242407.4
21	汽轮发电机组转子原始质量不平衡故障实时诊断方法	宋光雄	发明	2009-12-18	2012-02-08	200910242943.4

续表

编号	专利名称	申请人姓名	专利类型	申请日期（年-月-日）	授权日期（年-月-日）	专利号
22	一种基于 PMU 的低频振荡控制方法	马　静　王　彤　王增平	发明	2009-12-24	2012-08-29	200910243063.9
23	基于故障分量的广域后备保护方法	马　静　李金龙　王增平　杨奇逊	发明	2009-12-25	2012-09-26	200910243103.X
24	一种 IRIG-B 码的对时装置及其对时方法	秦立军　李文彦	发明	2009-12-24	2012-03-21	200910243797.7
25	一种电压互感器二次侧输出信号电缆传输装置	李岩松　齐　郑　刘　君	发明	2009-12-29	2012-05-09	200910243146.8
26	基于可视化的电网智能调度技术支持系统	刘勇智　刘文颖　常仲科　张东英　赵连斌　郑　华　张　诚　谢　昶　许国斌　王佳明　李　忠　周东文　韩　平　张晓娟　段培明　张　聪　李光珍　张鹏飞　燕　妮　于梁燕　刘　敏　刘国亮　云会周　王鹏翔　李志勇　晁　进	发明	2009-12-31	2012-07-25	200910244326.8
27	基于最优化模型的发电机、负荷调节控制方法	毕天姝　徐慧明　薛安成　杨奇逊	发明	2009-11-12	2012-02-22	200910237870.X
28	双馈型风力发电机空载并网建模及实验方法	毕天姝　薛安成　张佳敏　杨奇逊	发明	2009-12-11	2012-05-30	2.00910242634.7
29	一种应用于联箱分支管两相流均匀分配的笛形均流器	庞力平	发明	2010-01-05	2012-07-04	201010033701.7
30	一种健身器材群集中储能发电系统	朱永强　丁泽俊	发明	2010-01-08	2012-10-10	201010033753.4
31	集成化的多功能高效微型燃气轮机冷热电联产系统	段立强　杨勇平　和彬彬　徐　钢	发明	2010-01-11	2012-02-08	201010033717.8
32	核电站作业机器人及其控制系统	柳长安　刘春阳　魏振华　周　宏　李国栋　冯哲轩	发明	2010-01-29	2012-11-21	201010104176.3
33	一种气泡摆动式微混合系统	张　伟　徐进良	发明	2010-02-09	2012-05-09	201010109622.X
34	基于 ID 的配电网自动化通信系统的设备接入认证方法	孙中伟　马来宁　马　静	发明	2010-02-25	2012-07-04	201010114733.X
35	一种生物质气化制氢系统及方法	董长青　蒋景周　杨勇平　张俊姣	发明	2010-03-04	2012-05-09	201010118131.1
36	用于磨辊、磨盘防磨的粉芯焊丝及其熔覆方法	刘宗德　王明川	发明	2010-03-11	2012-05-23	201010122146.5
37	中低温多能互补沼气发电系统	董长青　赵芳芳　杨勇平　王孝强　郑宗明　杨世关　刘文毅	发明	2010-03-12	2012-07-04	201010124856.1
38	核电站的细颗粒物脱除装置	周　涛　刘晓壮　张记刚	发明	2010-03-18	2012-02-08	201010128657.8
39	燃煤锅炉燃料发热量实时校正方法	刘吉臻　曾德良　牛玉广　杨婷婷　刘继伟	发明	2010-03-18	2012-02-08	201010128915.2
40	一种实时估计汽轮机低压缸排汽焓的方法	曾德良　刘吉臻　牛玉广　王　玮　张春发	发明	2010-03-18	2012-05-23	201010128903.X
41	一种用于眼镜板及切割环防磨的粉芯焊丝及其制备方法	刘宗德　陈志刚　缪选明	发明	2010-04-09	2012-01-11	201010142504.9

续表

编号	专利名称	申请人姓名	专利类型	申请日期（年-月-日）	授权日期（年-月-日）	专利号
42	立体四元阵列电站锅炉承压管泄漏的精确定位方法	安连锁 王 鹏 沈国清 吕勇兴	发明	2010-04-07	2012-01-11	201010143123.2
43	平面四元阵列电站锅炉承压管泄漏定位方法	安连锁 王 鹏 姜根山 沈国清	发明	2010-04-09	2012-05-23	201010144762
44	一种新型臭氧氧化污水处理设备	张 锴 陈宏刚 李继红 杨勇平	发明	2010-04-16	2012-07-25	201010151218.9
45	热电联产耦合热泵实现区域冷热联供系统及方法	张永生 于 刚 卞 双 邢长燕 张 光 鞠翠玲	发明	2010-04-29	2012-02-08	201010163699.5
46	大型锅炉燃烧率信号测量方法	刘吉臻 田 亮 杨婷婷 刘鑫屏	发明	2010-05-10	2012-05-30	201010173442.8
47	双极荷电强化微细颗粒物聚并装置	刘 忠 饶研子 胡志光 胡满银 赵 莉 刘 斌 刘含笑 冯新新 李怀亮 邢振中 赵举忠	发明	2010-05-17	2012-10-10	201010174799.8
48	被动式闪蒸太阳能海水淡化方法及装置	纪献兵 徐进良	发明	2010-05-18	2012-02-08	201010180209.2
49	一种低损耗的交流电动机定子冲片	赵海森 罗应立 刘晓芳	发明	2010-06-21	2012-02-08	201010204250.9
50	消除定子铁心扣片外鼠笼效应的交流电动机结构	罗应立 赵海森 刘晓芳 张伟华	发明	2010-06-21	2012-01-11	201010204258.5
51	一种并行流化床化学链燃烧系统	董长青 李 君 杨勇平 蒋景周 张俊姣	发明	2010-06-25	2012-01-11	201010216899.2
52	利用盐溶液吸湿特性缓解核电站严重事故的装置	周 涛 李 洋 刘梦影	发明	2010-07-02	2012-11-21	201010217059.8
53	一种燃煤流化床中生物质气化气再燃系统	董长青 胡笑颖 杨勇平 陆 强 张汉飞 董智慧 张俊姣	发明	2010-07-05	2012-05-30	201010217761.4
54	汽轮发电机组振动键相信号预处理方法	何成兵 顾煜炯 赵宇琨 陈昆亮	发明	2010-07-09	2012-02-08	201010224844.6
55	一种非能动的核电站破口事故缓解系统	周 涛 李 洋 刘梦影	发明	2010-07-16	2012-10-10	201010233036.6
56	电网自愈控制方法	秦立军 马其燕	发明	2010-08-11	2012-09-26	201010250876.3
57	一种镁能光热发电系统	周 涛 刘 平 周蓝宇 张记刚	发明	2010-09-27	2012-10-10	201010293926.6
58	一种利用镁能氢能发电的系统	周 涛 孙灿辉 樊昱楠	发明	2010-09-27	2012-09-05	201010293903.5
59	一种粉煤灰合成沸石去除污水中氮磷的方法	张化永 张木兰 徐 丹 张璐怡 吴文思 王 芳	发明	2010-10-19	2012-11-07	201010511239.7
60	主动方式上行电力线工频通信的实现方法及系统	卢文冰 罗应立 王义龙 闫 迎 李卫国 胡 宾	发明	2010-10-09	2012-10-10	201010506228.X
61	一种假冒网页检测方法	李元诚 赵留军	发明	2010-10-25	2012-05-23	201010523819.8

续表

编号	专利名称	申请人姓名	专利类型	申请日期（年-月-日）	授权日期（年-月-日）	专利号
62	发电机组轴系转子轴承负荷实时监测方法	宋光雄	发明	2010-10-29	2012-03-21	201010530177.4
63	电励磁部分双定子的无刷混合励磁同步发电机	刘明基　蔡中勤　陈　超　李　理	发明	2010-11-08	2012-08-29	201010538345.4
64	无电励磁转子的并列结构混合励磁同步发电机	刘明基　宋中阳　罗应立　蔡中勤	发明	2010-11-08	2012-11-21	201010538465.4
65	汽轮机组转子振动同相分量平稳性实时辨识方法	宋光雄	发明	2010-11-11	2012-07-25	201010543268.1
66	汽轮发电机组轴颈碰摩故障实时辨识方法	宋光雄	发明	2010-11-11	2012-05-30	201010543254.X
67	一种直接空冷单元的树冠型冷却空气导流装置	杨立军　杜小泽　杨勇平	发明	2010-11-18	2012-07-04	201010551093.9
68	具有疏水性的硅表面陷光结构制备方法	李美成　任霄峰　齐　哲	发明	2010-11-18	2012-08-29	201010551140.X
69	汽轮发电机组低频振动与润滑油温相关性实时分析方法	宋光雄	发明	2010-11-24	2012-10-10	201010564775.3
70	汽轮发电机组低频振动平稳性实时分析方法	宋光雄	发明	2010-11-24	2012-10-10	201010564760.7
71	汽轮发电机组低频振动主峰频率平稳性分析方法	宋光雄	发明	2010-11-24	2012-07-25	201010564758.X
72	汽轮发电机组低频振动与功率递增相关性分析方法	宋光雄	发明	2010-11-24	2012-08-29	201010564748.6
73	汽轮发电机组低频振动单峰实时分析方法	宋光雄	发明	2010-11-24	2012-07-25	201010564716.6
74	汽轮发电机组低频振动频率成份实时分析方法	宋光雄	发明	2010-11-24	2012-10-10	201010564704.3
75	设备局部放电检测的干扰抑制方法与装置	唐志国　李成榕　卢启付　王彩雄　常文治　李端娇　郑晓光　姚森敬	发明	2010-02-03	2012-07-04	20101010487801
76	配电网单相接地故障带电定位装置	杨以涵　李岩松　齐　郑　张福华　辛晓光　于　鑫	发明	2010-04-28	2012-02-08	201010158319.9
77	设备局部放电检测系统	唐志国　李成榕　王彩雄　常文治	发明	2010-05-05	2012-07-25	201010168861.2
78	一种直流电弧空气等离子体矩阴极用银铪合金材料及其制备方法	刘东雨　孙海明　侯世香　陈雅婷　袁晓娜	发明	2010-12-3	2012-08-29	201010578966.5
79	一种纤维素催化热解制备左旋葡聚糖的方法	陆　强　董长青　张旭明　张志飞　张俊姣　田慧云	发明	2010-12-10	2012-12-12	201010598315.2
80	一种新型生物质直燃锅炉	董长青　张　腾　杨勇平　张俊姣　陆　强　王孝强　覃　吴	发明	2011-01-04	2012-10-10	201110000402.8
81	一种对微型试样进行惰性气体保护的装置	陆道纲　钱　昕　马　雁　郁　刚	发明	2011-01-14	2012-10-10	201110008240.2
82	汽轮发电机组轴承油压变化趋势实时分析方法	宋光雄	发明	2011-01-24	2012-07-25	201110026020.2

续表

编号	专利名称	申请人姓名	专利类型	申请日期（年-月-日）	授权日期（年-月-日）	专利号
83	汽轮发电机组油膜振荡故障实时辨识方法	宋光雄	发明	2011-01-24	2012-10-10	201110026018.5
84	大型发电机组热弯曲故障实时辨识方法	宋光雄	发明	2011-01-24	2012-08-29	201110026180.7
85	一种风力机高性能叶片	张照煌	发明	2011-01-18	2012-12-12	201110020195.2
86	风电场短期功率预测方法	何成兵　顾煜炯	发明	2011-01-30	2012-08-29	201110033430.X
87	汽轮发电机组油膜涡动故障实时辨识方法	宋光雄	发明	2011-02-01	2012-08-29	201110034250.3
88	汽轮发电机组低频振动谱阵实时定量分析方法	宋光雄	发明	2011-02-01	2012-07-04	201110034286.1
89	汽轮发电机组轴承座刚度实时辨识方法	宋光雄	发明	2011-02-01	2012-07-04	201110034203.9
90	汽轮发电机组波动型碰摩故障实时辨识方法	宋光雄	发明	2011-02-12	2012-05-09	201110037302.2
91	一种具有复合材料起动导条的自起动永磁电机	刘明基　卢伟甫　宋中阳　罗应立　张　健	发明	2011-02-25	2012-11-21	201110046135.8
92	一种用于节能电机的铜铁合金材料及其制备方法	薛志勇　刘明基　罗应立	发明	2011-2-25	2012-12-12	201110046772.5
93	一种圆形截面 NbTi/YBCO 复合超导线	王银顺　皮　伟　陈　雷	发明	2011-2-25	2012-05-09	201110046492.4
94	一种耐高温氯腐蚀的粉芯丝材及熔覆层的制备方法	刘宗德	发明	2011-04-18	2012-07-04	201110097192.9
95	一种在钢基体上制备耐海水腐蚀熔覆层的方法	刘宗德　白树林　谭晓霞　王永田	发明	2011-05-12	2012-07-25	201110122035.9
96	电力系统仿真精度综合评估方法	郭春林　赵成勇　肖湘宁　徐永海　陶　顺 王祥旭　陈筱陆	发明	2011-04-15	2012-12-12	201110095185.5
97	一种回注式双井气破辅助地下石油污染修复系统及其方法	李恭臣　黄国和　谭　倩　陈玉敏　张晓东	发明	2011-04-26	2012-08-29	201110104800.4
98	一种双相真空抽吸模拟系统及其模拟方法	张晓东　黄国和　邹　运　李恭臣	发明	2011-04-26	2012-12-12	201110104798.0
99	一种多环芳污染土壤烃淋洗废水的处理系统及方法	安春江　黄国和　张晓东　魏　佳　李　晟	发明	2011-05-06	2012-12-12	201110117087.7
100	耐高温冲蚀熔覆层的粉末材料及熔覆层的制备方法	刘宗德　白树林　杨　光　王永田	发明	2011-07-12	2012-08-29	201110194755.6
101	毛细结构分液式冷凝管	陈宏霞　徐进良　王　伟	发明	2011-07-22	2012-11-21	201110206781.6
102	一种闪变源定向的分形分析方法	赵成勇　贾秀芳　陈　清	发明	2009-07-01	2012-01-04	200910074577.6
103	基于高次谐波轴电压信号的电机转子绕组匝间短路诊断方法	李和明　武玉才　李永刚	发明	2009-10-14	2012-01-04	200910075689.3
104	一种太阳能驱动的 VM 循环热泵系统	谢英柏　汤建成　李　冰　王少恒	发明	2010-06-24	2012-01-04	201010207773.9
105	一种空气能二氧化碳热泵热水器	谢英柏　论立勇　刘迎福　杨先亮	发明	2010-05-31	2012-01-04	201010186505.3
106	多能源联合发电装置	戴庆辉　刘翠佳	发明	2012-05-09	2008-07-31	200810055508.6

续表

编号	专利名称	申请人姓名	专利类型	申请日期（年-月-日）	授权日期（年-月-日）	专利号
107	一种挥发性气态砷化物快速分离检测方法	苑春刚	发明	2012-04-25	2009-05-20	200910074407.8
108	一种抑制冠状动脉内超声图像序列中刚性运动伪影的方法	孙　正	发明	2012-02-22	2009-08-13	200910075134.9
109	风电场及机组出力损失计算方法	米增强　梅华威　刘兴杰　余　洋	发明	2012-05-09	2009-09-30	200910075590.3
110	一种气态砷化物仪器联用形态分析测定方法	苑春刚　江桂斌　尹连庆　张可刚	发明	2012-05-23	2009-09-14	200910075365.X
111	一种热电联产机组供热和发电燃料成本的分摊计算方法	李春曦　叶学民　崔　馨　闫俊刚	发明	2012-04-25	2009-09-24	200910075502.X
112	一种辅助热力电站凝汽式汽轮机排汽冷却方法	论立勇　王松岭　谢英柏　刘迎福	发明	2012-05-23	2009-10-14	200910075687.4
113	具有较宽扩速范围的永磁体牵引电机	王艾萌　李和明	发明	2012-05-09	2010-02-11	201010110719.2
114	一种用于氧化镁法脱硫副产物回收的复合型有机抑制剂	汪黎东　马永亮　张雯娣　张亚斌　袁　钢	发明	2012-03-28	2011-03-08	201010120558.5
115	在锅炉中采用高浓度 CO_2 烟气作为煤粉干燥介质的系统	阎维平　董静兰　米翠丽	发明	2012-05-30	2010-07-07	201010219715.8
116	用于清洗湿法脱硫系统气气换热器的清洗剂及其制备和使用方法	刘松涛　陈传敏　赵　莉	发明	2012-05-02	2010-11-18	201010551240.2
117	一种回收沐浴废水热能的地漏	杨先亮　时国华　王江江　张旭涛　荆有印 魏　兵　孙　玮　高月芬	发明	2012-05-30	2011-01-25	201110026350.1
118	电网故障点定位方法	董　清　颜湘武	发明	2012-05-30	2011-01-19	201110021648.3
119	一种静态接触角的自动检测方法	徐志钮　律方成　刘云鹏　王胜辉　李和明	发明	2010-09-20	2012-08-15	201010288857.X
120	基于免疫抗体网络的模式识别方法	李　中　苑津莎	发明	2009-08-07	2012-05-30	200910164886.2
121	一种基于光纤布里渊散射原理的海水温度剖面测量方法	李永倩　尚秋峰　杨　志　赵丽娟	发明	2010-05-18	2012-06-06	201010174498.5
122	基于相关反馈和聚类的搜索引擎技术	李新叶	发明	2010-04-30	2012-07-04	201010165586.9
123	在富氧燃烧锅炉烟气 CO_2 捕集中回收 SO_2 和 NO 的装置	阎维平　鲁晓宇　高正阳　王春波　董静兰	发明	2010-05-11	2012-07-18	201010174003.9
124	一种烟气光催化氧化同时脱硫脱硝的方法及装置	赵　毅　赵　莉　韩　静　许勇毅	发明	2006-03-29	2012-07-04	200610012526.7
125	一种用于分析仪器的污染物多相代谢细菌培养与产物收集接口装置	苑春刚	发明	2009-04-20	2012-07-04	200910074177.5
126	一种液相脱除烟气中元素态汞的方法	赵毅薛　方　明	发明	2009-09-24	2012-05-30	200910075504.9
127	一种氮和钒共掺杂的改性二氧化钛催化剂的制备和使用方法	王淑勤　赵　毅　郝丽香	发明	2010-10-27	2012-07-04	201010527685.7
128	一种金属掺杂全空间或准空间光子晶体制作方法	任　芝　李松涛	发明	2011-06-12	2012-08-08	201110166936.8

续表

编号	专利名称	申请人姓名	专利类型	申请日期（年-月-日）	授权日期（年-月-日）	专利号
129	三相电压暂降发生器	颜湘武 张 波 王树岐 曲 伟 董 清 谷建成 冯文宏 杨常达 马 乐 吴耀华	发明	2010-05-24	2012-09-19	201010188565.9
130	一种金属氧化物避雷器阻性电流提取方法	律方成 徐志钮 李燕青 王永强 谢红玲	发明	2010-09-20	2012-11-28	201010288860.1
131	基于低密度奇偶校验码译码软信息的码辅助帧同步方法	陈智雄 苑津莎	发明	2009-06-03	2012-08-22	200910074607.3
132	一种血管内超声图像序列的三维分割方法	孙 正 杨 宇	发明	2010-09-30	2012-09-19	201010297322.9
133	一种 ICUS 图像序列中血管的三维形态参数测量方法	孙 正 康元元 郭晓帅 丁伟荣 田美影	发明	2010-09-30	2012-11-14	201010297280.9
134	一种高压富氧燃烧流化床联合循环发电系统	王春波 阎维平 付 东 高正阳	发明	2009-12-11	2012-07-18	200910227998.8
135	一种利用冷凝余热的跨临界二氧化碳热泵型空调热水器	谢英柏 刘建林 论立勇 刘春涛	发明	2010-10-27	2012-10-31	201010521709.8
136	干法、半干法脱硫灰中亚硫酸钙的催化氧化方法	赵 毅 薛长海 陈传敏 卢 林 刘松涛	发明	2009-12-28	2012-10-31	200910263921.6
137	一种超高温高压粉尘比电阻测量装置	原永涛 齐立强	发明	2010-12-07	2012-11-14	201010577052.7
138	一种车流碾压发电装置	戴庆辉 苗 辉 张 凯 徐 璐 吴 疆	发明	2010-07-16	2012-08-29	201010228054.5
139	一种镁－铝－钛－碳中间合金及其制备方法	丁海民 李春燕 王进峰 范孝良 储开宇 康文利	发明	2011-01-04	2012-11-07	201110000552.9
140	一种轴系扭振提取方法	向 玲 马万里 张 超 胡爱军 唐贵基 孙 浩 王子瑞	发明	2011-05-09	2012-08-22	201110118666.3
141	利用电光效应的受激布里渊散射抑制装置和方法	任 芝 李松涛 刘喜排 张晓宏	发明	2010-12-13	2012-10-03	201010602572.9
142	气体或固体激光器散热装置	任 芝 李松涛 张晓宏 刘喜排	发明	2011-06-22	2012-10-17	201110174539.5
143	一种光子晶体光纤调 Q 光纤激光器	李松涛 任 芝 李 宁	发明	2011-06-17	2012-09-26	201110168268.2
144	泵浦光高效利用的端面泵浦激光器	任 芝 李松涛	发明	2011-06-17	2012-11-21	201110168305.X
145	具有倾斜反射镜的端面泵浦激光器	任 芝 李松涛	发明	2011-06-14	2012-11-14	201110162850.8
146	一种锅炉汽温自动控制系统中前馈信号控制方法	田 亮 刘鑫屏	发明	2010-11-19	2012-09-05	201010551369.3
147	一种永磁同步发电机输出电压的调整装置	刘明基 孔德平 高玉颖 罗应立	实用新型	2010-10-25	2012-05-30	201020583434.6
148	一种并列结构混合励磁同步发电机及其交流励磁控制系统	刘明基 吉 阳 于 斌 李祥永	实用新型	2010-11-08	2012-01-11	201020601007.6
149	一种 CO_2 分离—液化—提纯装置	徐 钢 杨勇平 刘 彤 田龙虎 段立强 杨志平	实用新型	2010-12-20	2012-01-11	201020688804.2
150	具有惰性气体保护功能的微型试样力学性能测试装置	陆道纲 钱 昕 马 雁 郁刚	实用新型	2011-01-14	2012-02-08	201120011723.3

续表

编号	专利名称	申请人姓名	专利类型	申请日期（年-月-日）	授权日期（年-月-日）	专利号
151	具有总线仲裁的模拟电流与现场总线信号的智能转换装置	梁　庚　李　文　李大中　刘淑平	实用新型	2011-01-30	2012-02-08	201120033230.X
152	基于光纤光栅的输电线路舞动监测传感装置	滕　伟　叶煜明　李　林　芮晓明　杨永昆　黄浩然　陈　磊　王　星	实用新型	2011-02-09	2012-05-23	201120035138.7
153	转子磁极为三段圆弧结构的自起动永磁电机	刘明基　陈　超　张　健　罗应立	实用新型	2011-02-23	2012-01-11	201120045905.2
154	新型复合结构汽车玻璃	张东博　吕玉珍	实用新型	2011-04-29	2012-02-08	201120135829.4
155	一种超级电容组储能巡检控制系统	刘　君　李岩松	实用新型	2011-05-18	2012-02-08	201120159121.2
156	一种烟气预除尘装置	董长青　赵芳芳　杨勇平　陆　强　王　宁　杨晓初　赵　莹	实用新型	2011-05-20	2012-01-11	201120163247.7
157	基于安全帽的电力智能安全系统	郝建红　薛鹏康　陈银红　雷晓明　李功铭　陈银山　张凤国	实用新型	2011-05-23	2012-01-11	201120166700.X
158	便携式无线音视频信号监控装置	郝建红　薛鹏康　雷晓明　陈银红　陈银山　陈彦宇　李功铭	实用新型	2011-05-23	2012-01-11	20112016739.6
159	燃煤发电—CO_2 捕获—供热一体化系统	徐　钢　杨勇平　刘　彤　李守成　刘文毅	实用新型	2011-06-01	2012-01-11	201120182271.5
160	微型复合式振动发电机	何　青　闫　震　杜冬梅	实用新型	2011-05-30	2012-01-11	201120176678.7
161	一种便携式高精度事件顺序记录测试仪	何　青　张　志　杜冬梅	实用新型	2011-06-02	2012-02-08	201120185071.5
162	一种改进开孔布置位置的笛形均流装置	庞力平　许　哲　郭静波	实用新型	2011-06-03	2012-02-08	201120186161.6
163	可折叠微型电动汽车	朱永强　王治宇　申惠琪　刘艳章　赵正奎　张曰强	实用新型	2011-06-16	2012-05-30	201120203990.0
164	一种自动鸟笼	钱殿伟　李小缤　黄　仙	实用新型	2011-06-20	2012-02-08	201120209446.7
165	防弦磨安装的全断面隧道掘进机边刀或过渡盘形滚刀	张照煌　王　磊	实用新型	2011-06-28	2012-02-08	201120223100.2
166	防崩刃安装的全断面隧道掘进机刀盘上盘形滚刀正刀	张照煌　王　磊	实用新型	2011-06-28	2012-02-08	201120222696.4
167	烟道内纯氧介质阻挡放电脱硫脱硝系统	肖海平　杜　旭	实用新型	2011-06-28	2012-02-08	201120223111.0
168	一种碱金属热电转换器吸液芯组件	陆道纲　施文博　张　勋　马文慧	实用新型	2011-06-29	2012-02-08	201120226255.1
169	架空线路电流带电实时测量装置	李岩松　齐　郑　刘　君	实用新型	2011-06-30	2012-02-15	201120230103.9
170	一种燃烧室补氧微油点火燃烧器	付忠广　张永生	实用新型	2011-07-05	2012-03-28	201120233536.X
171	实现电站锅炉降低 NOx 排放及稳燃的系统	张永生　高　丹　徐　钢　张　锴　徐　鸿	实用新型	2011-07-08	2012-03-21	201120239449.5

续表

编号	专利名称	申请人姓名	专利类型	申请日期（年-月-日）	授权日期（年-月-日）	专利号
172	一种毛细管网和相变蓄热材料的室内地热采暖结构	周国兵	实用新型	2011-07-08	2012-05-23	201120239691.2
173	太阳能和燃煤火电厂辅助蒸汽系统一体化装置	王修彦 王梦娇 杨勇平	实用新型	2011-07-08	2012-02-08	201120240861.9
174	采用电容无功补偿的输电线路交流融冰装置	焦重庆 齐 磊 崔 翔	实用新型	2011-07-15	2012-05-30	201120251833.7
175	110kV 输电线路防覆冰材料喷涂机器人的控制系统	李卫国 李俊霖 贾鹏飞	实用新型	2011-07-19	2012-02-08	201120255746.9
176	一种 500kV 分裂导线涂装机器人控制单元	李卫国 贾鹏飞 陈 艳 孙淑艳 刘 骁 陈攀峰 董宏伟 李旭彦 王民富	实用新型	2011-07-19	2012-09-12	201120256118.2
177	三相交流异步电机变频调速控制装置	陈 艳 刘 瑶 张 阔 邹志龙 刘 骁 陈攀峰 王民富 李卫国	实用新型	2011-07-25	2012-02-08	201120264495.0
178	高效太阳能相变蓄热集热墙	周国兵	实用新型	2011-08-05	2012-10-10	201120283690.8
179	利用汽车尾气热量的保温箱	盛 程 周 涛 李 洋 孙灿辉 符利文 杨 璐 王利宁	实用新型	2011-08-05	2012-03-21	201120283706.5
180	可实验运行的压水堆及其蒸汽发生器动态仿真模型	牛风雷	实用新型	2011-08-30	2012-05-30	201120320525.5
181	一种炉管泄漏声学监测定位装置	安连锁 沈国清 冯 强 张世平 王 鹏	实用新型	2011-09-01	2012-05-30	201120325814.4
182	一种锅炉对流受热面灰污监测装置	安连锁 沈国清 邓 喆 张世平	实用新型	2011-09-01	2012-05-09	201120325787.0
183	一种控制回路性能实时监视装置	刘吉臻 孟庆伟 房 方	实用新型	2011-09-14	2012-09-05	201120344404.4
184	一种风力发电和压缩空气储能的一体化系统	刘文毅 杨勇平 徐 钢 李守成 张伟德 黄 健	实用新型	2011-09-05	2012-05-09	201120330819.6
185	一种气力输送管道中煤粉浓度及相分布实时测量装置	段泉圣 张小娜	实用新型	2011-09-05	2012-05-30	201120331276.X
186	一种旋流燃烧器低氮氧化物低负荷稳燃装置	孙保民 肖海平 康志忠 郭永红 王世昌 曾菊瑛	实用新型	2011-09-09	2012-07-25	201120339568.8
187	一种用于超临界水堆的纳米材料控制棒	周 涛 王晗丁 罗 峰	实用新型	2011-09-14	2012-05-30	201120345028.0
188	一种太阳能发电蓄电一体化装置	陆道纲 张 勋 施文博 马文慧 党俊杰	实用新型	2011-09-15	2012-05-30	201120346550.0
189	利用非能动换热预防反应堆压力容器熔穿的应急保护装置	周 涛 刘梦影 汝小龙	实用新型	2011-09-15	2012-07-11	201120346523.3
190	一种高压加还原剂成套装置及火力发电机组给水处理系统	张乃强 徐 鸿 李宝让 袁晓娜 白 杨	实用新型	2011-09-28	2012-07-04	201120378719.0
191	一种煤气报警装置	高 尚	实用新型	2011-09-30	2012-05-30	201120370955.8
192	适应峰谷阶梯电价的住宅空调系统	高 尚	实用新型	2011-10-09	2012-07-04	201120380442.5

续表

编号	专利名称	申请人姓名	专利类型	申请日期（年-月-日）	授权日期（年-月-日）	专利号
193	一种架空线型故障指示器性能的试验装置	王炳革 关兴虎	实用新型	2011-10-12	2012-05-30	201120386514.7
194	一种魔方插座	高雪莲 卢 娟 陈彦宇 崔振南 冯 楠	实用新型	2011-10-19	2012-05-30	201120400129.3
195	用于核电站电伴热带阀门控制装置	周 涛 李精精 邹文重 周蓝宇	实用新型	2011-10-24	2012-09-05	201120407348.4
196	电磁加速联合等离子体辅助增强电子束物理气相沉积系统	张东博	实用新型	2011-10-24	2012-07-04	201120409025.9
197	采用富氧点火及低负荷稳燃的新型煤粉燃烧器	王福珍 刘 石 贾 磊 黄耀松 白 翔	实用新型	2011-11-07	2012-07-04	201120435962.1
198	一种电动机星角软切换的全固态控制器	朱 亮 崔学深 石朋飞 王义龙 宋可心	实用新型	2011-11-18	2012-07-11	201120462549.4
199	一种电动机星角软切换的半固态控制器	庞继伟 崔学深 朱 亮 石朋飞 张伟华	实用新型	2011-11-18	2012-07-05	201120462749.X
200	太阳能自动跟踪光电传感器	李芝娟 宗纪洲 郝世昱 王艳萍 渠展展 赵坚钧 杨龙	实用新型	2011-05-09	2012-01-18	201120144048.1
201	一种串行流化床的鼓泡流化床与返料器一体化系统	赵 莹 程桂石 董长青 杨勇平	实用新型	2011-11-24	2012-07-25	201120474333.X
202	螺丝钉立正器	黄从智 朱耀春	实用新型	2011-11-25	2012-07-25	201120478716.4
203	一种垂直布置型空冷散热器外环境风导流装置	杨立军 杜小泽 杨勇平	实用新型	2011-11-30	2012-09-05	201120490708.1
204	全方位语音智能家居平台	王晗姣 董小韬 丁 博 邢无忌 卢 茜 尹忠东	实用新型	2011-12-27	2012-09-05	201120555855.2
205	一种基于物联网技术的安全报警系统	梁光胜 高雪莲 雷晓明 冯 楠 崔振南	实用新型	2011-12-05	2012-07-25	201120501818.3
206	一种电磁抗扰度预测试装置	高雪莲 崔振南 陈彦宇 冯 楠	实用新型	2011-12-06	2012-07-25	201120503387.4
207	一种基于 GPS 技术的手摇充电野外救生装置	高雪莲 梁光胜 赖程鹏 谢袷清 黄玉鹏 雷晓明	实用新型	2011-12-06	2012-07-25	201120503407.8
208	一种高压线路的无线核相装置	高雪莲 梁光胜 赖程鹏 谢袷清 黄玉鹏 雷晓明	实用新型	2011-12-06	2012-10-10	201120503363.9
209	非能动自然循环铅铋换热装置	周 涛 李精精 刘梦影 苏子威 邹文重 吴宜灿 柏云清	实用新型	2011-12-06	2012-07-25	201120502918.8
210	一种具有防雾膜的眼镜片	周蓝宇 周 涛 汝小龙	实用新型	2011-12-08	2012-11-21	201120507455.4
211	一种气流输送管道中颗粒料粒度分布及形状分布测量装置	闫 勇 高凌君 卢 钢	实用新型	2011-12-14	2012-07-25	201120520264.1
212	一种风电机组变桨轴承振动检测装置	高青风 滕 伟 刘衍平	实用新型	2011-12-14	2012-11-21	201120520657.2
213	一种无测速传感器直流电机控制器	李卫国 贾鹏飞 张学龙 李 赟 张奇林 郭 伟 王琳琳 郭瑞宙 李大伟 陈 艳	实用新型	2011-12-19	2012-09-05	201120534528.9

续表

编号	专利名称	申请人姓名	专利类型	申请日期（年-月-日）	授权日期（年-月-日）	专利号
214	一种火电厂厂级负荷优化分配试验装置	牛玉广 苏凯 李青 刘吉臻	实用新型	2011-12-20	2012-11-21	201120537607.5
215	一种生物质燃料蓄热干燥系统	董长青 胡笑颖 蒋大龙 杨勇平 张俊姣	实用新型	2011-12-26	2012-10-10	201120550064.0
216	光纤照明与 LED 灯互补照明系统	李美成 刘佳 朱俊杰 刘冰燕 丁夕然 徐兢浩	实用新型	2011-12-27	2012-10-10	201120552643.9
217	太阳能空调装置	杨国田	实用新型	2011-11-16	2012-08-01	201120445679.7
218	一种空间磁场检测器	李岩松 齐郑 李砚 贺鸿鹏 王妍艳 王晔	实用新型	2011-12-13	2012-07-18	201120516874.4
219	一种汽车超载实时监控和报警装置	席文宣 张衡 张泳 汪晨辉 王婧晖 张兴龙 杨琛	实用新型	2012-01-04	2012-09-26	201220001714.0
220	一种新型办公室节能供暖装置	黄从智 朱耀春 程阳	实用新型	2012-01-06	2012-10-10	201220006028.2
221	电站锅炉水冷壁向火侧壁温在线监测系统	沈国清 安连锁 王博 张世平	实用新型	2012-01-06	2012-09-26	201220005051.X
222	一种户外移动机器人的导航单元	朱耀春 余弦 王艳萍 郝世昱 郇凯翔 李大伟 李晓 雷少博 赵巍伟 张学龙	实用新型	2012-01-11	2012-09-19	201220010809.9
223	基于 ZigBee 协议的无线全自助点菜系统	杨国田 黄从智 程阳	实用新型	2012-01-11	2012-11-21	201220010906.8
224	锅炉对流受热面灰污监测装置	沈国清 安连锁 邓喆 张世平	实用新型	2012-01-11	2012-12-12	201220010941.X
225	高压输电线路的超声波除冰装置	吕锡锋 何青	实用新型	2012-01-13	2012-09-26	201220015011.3
226	基于 GPS 与光敏传感器的太阳自动跟踪装置	李露 洪梓洋 崔超 李新利	实用新型	2012-01-12	2012-09-26	201220013135.8
227	一种抛物面槽式太阳能热发电用吸热管与输送管连接装置	徐蕙 徐二树	实用新型	2012-01-18	2012-11-21	201220024892.5
228	浮头式铅铋换热装置	周涛 刘梦影 李精精 邹文重 苏子威 吴宜灿 柏云清	实用新型	2012-02-07	2012-10-10	201220038046.9
229	踩踏储能发电装置	项宇彤 邓天成 雷少博 宋伟 于露 赵苗苗 张辉	实用新型	2012-02-09	2012-10-10	201220042170.2
230	多管道多阀门流体定向控制结构	段春明 刘艳章 朱永强 申惠琪	实用新型	2012-02-10	2012-10-10	201220044250.1
231	双向多阀门流体定向控制结构	段春明 申惠琪 朱永强 刘艳章	实用新型	2012-02-10	2012-10-10	201220044452.6
232	微型水泵式浴室废水回收装置	朱永强 齐琳 王治宇	实用新型	2012-02-14	2012-10-10	201220047674.3
233	双模式智能型浴室恒温混水装置	朱永强 张曰强 申惠琪 王治宇	实用新型	2012-02-14	2012-11-21	201220047532.7

续表

编号	专利名称	申请人姓名	专利类型	申请日期（年-月-日）	授权日期（年-月-日）	专利号
234	单片机控制的热水器恒温混水装置	付春鹏　朱永强　申惠琪　王治宇	实用新型	2012-02-14	2012-10-10	201220047525.7
235	电动/手动双模式混水阀门	王治宇　朱永强　张曰强	实用新型	2012-02-14	2012-11-21	201220046976.9
236	锅炉对流受热面灰污监测系统	安连锁　沈国清　邓　喆　张世平	实用新型	2012-02-20	2012-11-21	201220057082.X
237	一种电网输电线路覆冰状态的智能监测装置	何　青　吕锡锋　杜冬梅	实用新型	2012-02-21	2012-10-10	201220059276.3
238	一种低阻力垂直轴风机	齐　琳　朱永强　刘艳章	实用新型	2012-02-22	2012-10-10	201220062689.7
239	一种新型智能自行车	王震宇　张宇泽	实用新型	2012-02-28	2012-11-21	201220069245.6
240	一种 ADS 堆折流板管壳式换热器	周　涛　罗　峰　陈　娟　程万旭	实用新型	2012-02-28	2012-10-10	201220069854.1
241	一种可控制调节滴管炉装置	张永生　张　锴	实用新型	2012-03-01	2012-11-21	201220074517.1
242	提高超临界水冷堆性能的双层水棒装置	周　涛　孙灿辉　陈　娟　程万旭	实用新型	2012-03-02	2012-10-10	201220077582.X
243	一种改变后角的盾构机切刀	张照煌　王　磊　李福田	实用新型	2012-03-02	2012-10-10	201220076978.2
244	盾构机斜刃切刀	张照煌　孟　亮　孙　飞	实用新型	2012-03-02	2012-11-21	201220077491.6
245	一种回转式原煤疏堵机	王福珍　齐　畅　刘国基　刘志跃	实用新型	2012-03-06	2012-10-10	201220080499.8
246	一种储蓄罐	郇凯翔　王治宇　朱永强	实用新型	2012-03-07	2012-10-10	201220083511.0
247	自平衡双驴头齿轮驱动抽油机	常连生　张向明	实用新型	2012-03-08	2012-10-10	201220085928.0
248	自平衡双驴头滑块齿条驱动抽油机	常连生　张向明	实用新型	2012-03-08	2012-10-10	201220085915.3
249	以热载体为基础的气化燃烧及催化剂再生联合循环系统	赵　莹　密腾阁　覃　昊　董长青　杨勇平	实用新型	2012-03-08	2012-11-21	201220083654.1
250	一种移动机器人视觉导航控制系统	朱耀春　李大伟　余　弦　贾鹏飞　张学龙 雷少博　李　晓　许　伟　郝世昱　王艳萍	实用新型	2012-03-09	2012-09-19	201220088743.5
251	薄膜按键式无线火锅电子点菜系统	杨国田　李　露　裘日辉　洪梓洋　侯　杰 林　琳	实用新型	2012-03-09	2012-11-21	201220088728.0
252	一种光伏发电直流储能 DC/DC 双向变换器	林碧英　余　弦　王艳萍　郝世昱　王　旭 何梦蜀　杨　磊　闫文斌	实用新型	2012-03-12	2012-09-19	201220089326.2
253	一种利用地铁隧道风能的垂直轴风力发电系统	牛风雷　王腾敏　余　歉　杨鸿宇　朱东阳 张晓莉	实用新型	2012-03-13	2012-11-21	201220093939.3
254	一种踩踏发电装置	项宇彤　张　辉　邓天成　贾鹏飞　雷少博 宋　伟　于　露　赵苗苗	实用新型	2012-03-16	2012-11-21	201220102213.1

续表

编号	专利名称	申请人姓名	专利类型	申请日期（年-月-日）	授权日期（年-月-日）	专利号
255	一种踩踏发电的电能管理装置	赵苗苗 张辉 邓天成 贾鹏飞 雷少博 宋伟 项宇彤 于露	实用新型	2012-03-16	2012-11-21	201220102215.0
256	压水堆核电站管道腐蚀产物检测装置	程晓磊 陆道纲 马忠英 王艺萍 余谦	实用新型	2012-03-20	2012-11-21	201220106297.6
257	智能电梯控制系统	蔡志鹏 马晓林 贺强 薛智琴 王子炫 尹忠东	实用新型	2012-03-22	2012-12-12	201220111068.3
258	一种废水能源发电装置	沈铭科 赵晓捷 李治甫 阎路 康志忠	实用新型	2012-03-22	2012-11-21	201220111643.X
259	一种带余热回收功能的空调系统	沈铭科 黄道怡 李治甫 刘倩囡 周国兵 张辉伦	实用新型	2012-03-23	2012-11-21	201220113891.8
260	一种基于两级双床反应器的固体燃料化学链燃烧系统	董长青 梁志永 覃吴 赵莹 杨勇平	实用新型	2012-03-23	2012-11-21	201220114904.3
261	一种基于三床结构燃料反应器的固体燃料化学链燃烧系统	董长青 梁志永 覃吴 胡笑颖 肖显斌 高攀	实用新型	2012-03-23	2012-11-21	201220115027.1
262	一种垂直轴风力发电系统的电能管理装置	牛风雷 王腾敏 余歉 杨鸿宇 朱东阳 张晓莉	实用新型	2012-04-05	2012-11-21	201220140634.3
263	一种新型智能考场管理系统	黄从智 白焰 程阳	实用新型	2012-04-11	2012-11-21	201220151817.5
264	一种智能自稳定摄像系统控制单元	吕跃刚 靳雪荣 杨欢 鲁帆 王晶晶 张璐	实用新型	2012-04-11	2012-11-21	201220151615.0
265	基于光纤和无线自组网的输电线路监测系统	孙毅 张亚东 毕建军 曹永峰 林轩竹 肖学东 龚钢军 赵希奎 刘培强 陆俊	实用新型	2012-04-18	2012-12-12	201220166588.4
266	一种永磁直驱风力发电机组模拟实验系统	吕跃刚 高峰 刘俊承 肖运启 田涛	实用新型	2012-04-23	2012-12-12	201220175124.X
267	一种风力发电机组状态监测装置	吕跃刚 刘承俊 杨锡运 田涛 郭鹏	实用新型	2012-04-23	2012-12-12	201220176237.1
268	一种双向四象限变频器	吕跃刚 肖运启 刘承俊 王修会	实用新型	2012-04-23	2012-12-12	201220174961.0
269	一种基于电阻应变计的液体流速测量装置	钱殿伟 张博雅	实用新型	2012-04-23	2012-12-12	201220174927.3
270	一种新型便携式牙刷	芦娟 高雪莲 芦孟 陈彦宇 冯楠 崔振南	实用新型	2012-05-09	2012-12-12	201220207015.1
271	基于移动智能终端的电力系统红外测温巡检机	焦峰 秦立军	实用新型	2012-05-09	2012-12-12	201220206567.0
272	一种气固混合射流给料器	张锴 于邦廷 张永生 陈宏刚 常剑 杨勇平	实用新型	2012-05-09	2012-12-12	201220208424.3

续表

编号	专利名称	申请人姓名	专利类型	申请日期（年-月-日）	授权日期（年-月-日）	专利号
273	一种可视化窄矩形自然循环系统	周　涛　邹文重　张　蕾　苏子威　盛　程　洪德训	实用新型	2012-05-10	2012-12-12	201220210349.4
274	一种新型风力发电设备	王震宇　张宇泽	实用新型	2012-05-15	2012-12-12	201220219318.5
275	一种可视化窄矩形通道气溶胶运动沉积系统	周　涛　王泽雷　樊昱楠　汝小龙	实用新型	2012-05-23	2012-12-12	201220235906.8
276	中央空调废热利用循环系统	郭　媛　肖旭立	实用新型	2012-03-04	2012-10-10	201220096265.2
277	托臂式空中停车装置	张大庆　褚东亮	实用新型	2011-01-23	2011-11-09	201120024537.3
278	一种便携式太阳能空调遮阳伞	李仕平　许　通　郝　建　张河洋　周霭琳　周　康　刘　磊　李建威	实用新型	2011-03-18	2011-11-09	201120071902.6
279	窗户防雨自动控制器	聂　阳　裴少通　孙旭详　郭泰成　李昊陈　卓　尔　宫小燕	实用新型	2011-05-23	2012-01-04	201120165813.8
280	一种制订机的自动进料装置	杨化动　张亦静　韩　亮　范孝良	实用新型	2011-05-20	2011-12-28	201120163416.7
281	用于蒸汽湿度测量的温度自补偿微波传感器	钱江波　韩中合	实用新型	2011-06-22	2012-01-04	201120213085.3
282	带修正电压互感器的消谐器	梁志瑞　吴群雄　梁　策　刘洪涛　季　冰　谢小伟　雷　娅　王裕民	实用新型	2011-06-08	2011-12-28	201120191195.4
283	一种方便存取物品的储物柜	张江河　李　琦　房　静　谢胜利　陈　沫　邓晓川	实用新型	2011-06-02	2012-01-11	201120183423.3
284	一种离心叶轮	王松岭　张　磊	实用新型	2011-06-22	2012-01-18	201120212141.1
285	一种生物质气供暖装置	李永华　郑　伟	实用新型	2011-06-15	2012-01-18	201120199781.3
286	一种具有残余肥皂回收功能的肥皂盒	赵振兵　张博雅	实用新型	2011-06-08	2011-12-28	201120190184.4
287	一种附加于普通拖把上的具有收集功能的刮板	赵振兵　张博雅	实用新型	2011-06-15	2011-12-28	201120202324.5
288	飞行滑行巡线机器人	高　强　余　萍	实用新型	2011-07-19	2012-01-25	201120255617.X
289	架空线覆冰载荷模拟试验装置	王璋奇　江文强	实用新型	2011-05-30	2011-12-28	201120177573.3
290	一种自动越障爬杆清洗机器人	杨化动　罗佩锋　韩　亮　范孝良	实用新型	2012-04-25	2011-05-20	201120163415.2
291	一种紫外头盔显示器	赵顺龙　姜根山　张晓宏	实用新型	2012-01-18	2011-05-23	201120170750.5
292	一种离心风机节能降噪装置	王松岭　张　磊　吴正人	实用新型	2012-04-18	2011-06-22	201120213376.2
293	一种无线电源装置	高　强　余　萍	实用新型	2012-02-08	2011-07-15	201120250075.7

续表

编号	专利名称	申请人姓名	专利类型	申请日期（年-月-日）	授权日期（年-月-日）	专利号
294	利用工业余热驱动的 VM 循环热泵型空调热水器	张祖运　张瑶瑶　刘　建　林　滑　申　冰　许崇新　周其书　陈梦之　谢英柏	实用新型	2012-05-09	2011-08-29	201120318846.1
295	一种由工业噪音驱动的二氧化碳工位空调	谢英柏　刘建林　刘春涛　王江江	实用新型	2012-05-30	2011-08-29	201120318844.2
296	一种大型平面涡卷弹簧	汤敬秋　王璋奇　米增强　余　洋	实用新型	2012-03-28	2011-08-09	201120287321.6
297	阵元间距可调的直线型超声相控阵传感器	谢庆律　方　成	实用新型	2012-05-30	2011-09-28	201120374965.9
298	参考光栅和 F-P 标准具温度控制装置	李永倩　姚国珍　尚秋峰　杨　志　张　静　李　天	实用新型	2012-06-06	2011-09-20	201120351600.4
299	一种小功率电机装配夹紧工装	慈铁军　王小磊	实用新型	2012-05-09	2011-09-16	201120348239.X
300	一种小功率电机装配台	慈铁军　王进峰	实用新型	2012-05-09	2011-09-16	201120348243.6
301	灵活的广域电网谐波同步监测系统	段晓波　郝晓光　周　文　梁志瑞　牛胜锁　苏海锋	实用新型	2012-04-18	2011-08-23	201120307411.7
302	密立根油滴实验装置	张晓宏　李松涛　任　芝　闫占元	实用新型	2012-05-30	2011-09-26	201120365160.8
303	气垫导轨实验装置	李松涛　任　芝　杨　越　王兰谟	实用新型	2012-05-30	2011-10-14	201120397460.4
304	坡式双层独立进出立体车库	张晓宏　刘　洋　李松涛　归　毅	实用新型	2012-05-30	2011-10-28	201120429871.7
305	一种适用于局部放电检测的超声阵列传感器	谢庆律　方　成	实用新型	2011-10-29	2012-06-27	201120419365.X
306	一种防滑动晾衣绳	张　行　张　宇　林灏凡　李　琦	实用新型	2011-11-08	2012-07-11	201120438763.6
307	双电源路由器	林灏凡　张　行　张　宇　谢延昭　加鹤萍　任　惠	实用新型	2011-11-27	2012-07-11	201120477773.0
308	异步电动机集群初发故障检测系统	许伯强　孙丽玲	实用新型	2011-11-08	2012-06-20	201120438761.7
309	便携式数码设备野外应急充电装置	谢英柏　王　帅　欧阳晶莹石　雪　吴　宇　杨慎宝	实用新型	2011-08-29	2012-06-20	201120318847.6
310	基于直膨式太阳能热泵的液化石油气气化系统	时国华　荆有印　王松岭　杨先亮	实用新型	2011-11-30	2012-07-11	201120487156.9
311	电站循环流化床锅炉运行状态监测装置	陈鸿伟　姜华伟　高建强　危日光	实用新型	2011-11-15	2012-07-11	201120451793.0
312	绝缘子泄漏电流传感器绝缘隔离件	崔彦彬　王晓静　朱永利　张葆青	实用新型	2011-10-11	2012-06-20	201120384593.8
313	一种电力设备绝缘油过滤车	慈铁军　张敬文	实用新型	2011-11-27	2012-07-18	201120477774.5
314	刚体转动惯量测定装置	李松涛　任　芝　张晓宏　乔文君	实用新型	2011-09-21	2012-07-04	201120361778.7

续表

编号	专利名称	申请人姓名	专利类型	申请日期（年-月-日）	授权日期（年-月-日）	专利号
315	电位差计实验装置	李松涛　任　芝	实用新型	2011-10-28	2012-07-25	201120429793.0
316	太阳能电池特性测定实验装置	李松涛　任　芝	实用新型	2011-11-25	2012-08-15	201120482989.6
317	霍尔效应及磁场测定实验装置	李松涛　任　芝	实用新型	2011-11-18	2012-08-15	201120462794.5
318	用光电效应测量普朗克常数实验装置	李松涛　任　芝	实用新型	2011-11-11	2012-08-01	201120449863.9
319	分光计实验装置	李松涛　任　芝	实用新型	2011-10-21	2012-07-25	201120406100.6
320	太阳能电动自行车	张　宇　张行商　李　隐　林灏凡　杨亚琦　蒋晨阳　石新春	实用新型	2011-11-15	2012-09-19	201120451794.5
321	一种便携式沐浴器	梁宇超　谷松林	实用新型	2012-03-20	2012-10-10	201220103712.2
322	用于网络交换机的 USB 供电接口	李志伟	实用新型	2012-03-16	2012-10-03	201220100151.0
323	一种由健身设备驱动的发电装置	张　宇　张　行　史良宵　郝美娟　耿江华　林灏凡　霍欣明　钱江波	实用新型	2012-03-28	2012-12-12	201220122571.9
324	高压开关柜无线红外测温系统	赵振兵　杨素娟　陈　峥　安虎平	实用新型	2012-02-21	2012-09-12	201220056195.8
325	一种集成化的物联网实训平台	孔英会　陈智雄　赵建立　余　萍　贾惠彬　赵振兵　鲍　慧　韩东升　李保罡　项洪印　张京席　程文清	实用新型	2012-04-29	2012-12-12	201220189804.7
326	一种电厂脱硫烟气管路挡板密封用空气热管加热器	高建强　陈鸿伟　危日光	实用新型	2012-02-16	2012-09-19	201220050268.2
327	电厂直接空冷凝汽器温度场在线监测装置	高建强　危日光　祁在山　马　亚　曲振肖	实用新型	2012-02-23	2012-12-05	201220060526.5
328	一种变截面弯扭动叶的旋转煤粉分离器	闫顺林　杨玉环　李永华	实用新型	2011-12-27	2012-10-31	201120555211.3
329	土壤源热泵地埋管换热量及土壤热物性测试装置	时国华　杨先亮　张　伟　浦培林　赵桂章	实用新型	2012-01-16	2012-09-19	201220022918.2
330	容量可调的直接膨胀式地源热泵机组	高月芬　王松岭　王江江　时国华　张旭涛　赵红磊　魏　兵　杨先亮	实用新型	2012-03-29	2012-10-31	201220125576.7
331	高效率、高精度四轴平行镗床	付文锋	实用新型	2011-10-18	2012-08-01	201120415732.9
332	一种格构式角钢输电铁塔塔体	江文强　王璋奇　安利强	实用新型	2011-12-30	2012-09-05	201120567814.5
333	瘫痪病人专用护理床	王进峰　慈铁军　韩会龙	实用新型	2011-11-27	2012-09-05	201120477772.6
334	基于档端位移激励的架空导线舞动试验装置	王璋奇　杨文刚　韩志杰　高林涛	实用新型	2012-01-13	2012-10-03	201220022213.0
335	一种用于风力发电机组的涡簧储能装置	段　巍　刘美娇　王璋奇　米增强　汤敬秋	实用新型	2012-04-05	2012-12-05	201220137746.3

续表

编号	专利名称	申请人姓名	专利类型	申请日期（年-月-日）	授权日期（年-月-日）	专利号
336	一种带有可移动衣架的衣柜	商李隐 张 宇 黄增浩 祁 原 陈郅军 房 静 李 琦	实用新型	2012-03-21	2012-10-24	201220108606.3
337	一种用于钢坯吊具中的钳牙	王璋奇 韩志杰 赵怀璧	实用新型	2012-03-28	2012-10-10	201220122514.0
338	一种机器人及其数字电机控制器	朱晓光	实用新型	2011-06-03	2012-01-11	201120185612.4
339	小电流接地故障选线装置	李 刚 郑顾平 齐 郑 杨以涵 田永超	实用新型	2012-02-16	2012-11-07	201220050267.8
340	一种激光测定硅单晶晶向的演示教学仪器	李松涛 任 芝 张晓宏 刘 洋 赵爱林 张锟鹏	实用新型	2012-02-20	2012-11-28	201220059473.5
341	一种高精度电子数显角度尺	李松涛 任 芝 张晓宏 乔文君 赵 爱 林徐瑞	实用新型	2012-02-20	2012-10-31	201220059471.6
342	即热式烙铁	常文凯	实用新型	2012-02-20	2012-09-19	201220052875.2
343	智能涡流热风焊机	常文凯	实用新型	2012-02-27	2012-09-19	201220064800.6
344	能量系统能耗计算分析软件 V1.0	王利刚 吴令男 董长青 杨勇平 徐 钢 杨志平	软件登记	2011-01-09	2012-01-09	2012SR001036
345	大型建设工程项目实施状态预警管理系统[简称：PMFS]V1.0	侯学良 唐 辉	软件登记	2012-01-10	2012-02-10	2012SR008595
346	输电线路盐密监测及分析系统	周 景 李 为 徐教辉 成永强 滕 静	软件登记	2012-01-24	2012-02-24	2012SR013325
347	基于可视化流程的发电厂消缺管理系统	李廷顺 徐教辉 周 蓉 李 为	软件登记	2012-01-15	2012-08-15	2012SR075343
348	发电厂计算机设备管理系统	李廷顺 徐教辉 周 蓉 李 为	软件登记	2012-01-27	2012-02-27	2012SR013362
349	发电厂配煤规划管理系统	徐教辉 李 为 李廷顺 周 景 成永强 周 蓉	软件登记	2012-01-27	2012-02-27	2012SR013793
350	水环境实时调控决策支持系统	张尚弘 王太伟 夏忠喜	软件登记	2012-01-16	2012-02-16	2012SR010491
351	变电站红外测温图谱管理系统	周 景 李 为 徐教辉 成永强 周 蓉	软件登记	2012-01-24	2012-02-24	2012SR013327
352	电力系统图模库一体化平台 V1.0	张 虹 赵冬梅 张 旭	软件登记	2011-12-11	2012-01-11	2012SR001758
353	可视化地区电网无功优化控制系统 V1.0	赵冬梅 张 旭 张 虹 王舶仲 安永桥	软件登记	2011-12-11	2012-01-11	2012SR001756
354	电力市场分析预测系统 1.0	曾 鸣 刘敦楠 刘 洋 马向春 王 蕾 刘 凯	软件登记	2012-01-07	2012-02-07	2012SR007137

续表

编号	专利名称	申请人姓名	专利类型	申请日期（年-月-日）	授权日期（年-月-日）	专利号
355	振荡流热管真空管式太阳能热水器热性能计算软件[简称：OHP 真空管式太阳能热性能软件]V1.0	冼海珍　曹传钊　宗　欣　杨勇平　周少祥	软件登记	2012-02-01	2012-03-01	2012SR015643
356	振荡热流管平板式太阳能热水器热性能计算软件[简称：OHP 平板式太阳能热性能软件]V1.0	冼海珍　王川川　宗　欣　杨勇平　周少祥	软件登记	2012-02-01	2012-03-01	2012SR015632
357	智能巡检网商务管理系统[简称：智能巡检网]V1.0	赵建涛　王　恺　张　攀　彭　旋	软件登记	2012-02-16	2012-03-16	2012SR020618
358	新能源商务管理系统[简称：新能源商务网]V1.0	赵建涛　王　恺　魏翼如　黄少卿	软件登记	2012-02-22	2012-03-22	2012SR022187
359	智能巡更管理系统 V1.0	赵建涛　魏翼如　黄少卿　王　恺	软件登记	2012-02-22	2012-03-22	2012SR022192
360	基于有机朗肯循环的烟气余热发电系统预测控制仿真软件 V1.0	周业里　张建华　高　松　毕珊珊　王卓菲　冯健村　李燕斌	软件登记	2012-01-17	2012-02-17	2012SR010781
361	三维数字航运系统 V1.0	张尚弘　乐世华　夏忠喜	软件登记	2012-03-12	2012-04-12	2012SR028678
362	流域防洪三维仿真系统 V1.0	张尚弘　额尔敦　乐世华	软件登记	2012-03-12	2012-04-12	2012SR028615
363	长江水沙数据库系统 V1.0	张尚弘　夏忠喜　王太伟	软件登记	2012-03-13	2012-04-13	2012SR028857
364	污染物监测三维信息系统 V1.0	张尚弘　刘　岩　乐世华	软件登记	2012-03-13	2012-04-13	2012SR028861
365	水环境调控三维仿真系统 V1.0	张尚弘　王太伟　刘　岩	软件登记	2012-04-09	2012-05-09	2012SR036708
366	燃烧火焰稳定性在线监测系统[简称：燃烧火焰在线监测系统]V1.0	刘　石　黄耀松　白　翔	软件登记	2012-04-14	2012-05-14	2012SR038768
367	现场总线设备描述文件解析软件[简称：DDSpecialist]V1.0	梁　庚	软件登记	2011-12-20	2012-01-20	2012SR004719
368	变电站故障三维仿真培训系统 V1.0	阎光伟　翟绪纲　戴凤娇　赵际洲　王艳芳	软件登记	2012-04-25	2012-05-25	2012SR043350
369	生物质电厂能耗计算软件[简称：能耗计算软件]V1.0	张俊姣　董长青　张　芸　张彩娟　胡笑颖　杨勇平　王修彦	软件登记	2012-01-10	2012-02-10	2012SR044245
370	智能电网状态估计系统 V1.0	李元诚　杨瑞仙　王以良　李文智　曲洪达　王旭峰　王宪吉	软件登记	2012-05-06	2012-06-06	2012SR047377
371	配电网无功优化系统 V1.0	李元诚　李文智　曲洪达　王以良　杨瑞仙　王旭峰　李　彬	软件登记	2012-05-06	2012-06-06	2012SR047035
372	运能风电场功率超短期预测系统 V1.0	杨锡运　李利霞　魏　鹏　李金霞　孙宝君　刘英明	软件登记	2012-05-08	2012-06-08	2012SR048343

续表

编号	专利名称	申请人姓名	专利类型	申请日期（年-月-日）	授权日期（年-月-日）	专利号
373	基于有机朗肯循环的余热利用过程模糊模型建立软件 V1.0	王卓菲 张建华 周业里 林明明 高 松 毕珊珊 冯健村	软件登记	2012-05-21	2012-06-21	2012SR054473
374	电网公司对标数据管理系统 V1.0	王志强 李尚远 杜晓东	软件登记	2012-05-13	2012-06-13	2012SR049740
375	基于条码的班组仓库管理系统 V1.0	彭 文 李尚远 戴凤娇	软件登记	2012-05-12	2012-06-12	2012SR049599
376	变电设备智能巡检系统 V1.0	赵建涛 王 恺 黄少卿 魏翼如 黎继明	软件登记	2012-06-11	2012-07-11	2012SR062138
377	高全全文检索系统 V1.0	赵建涛 王联勤 彭 旋 尹靖辉 黎继明	软件登记	2012-06-11	2012-07-11	2012SR061749
378	电力架空线导体计算软件 V1.0	刘艳章 张曰强 付春鹏 朱永强	软件登记	2012-05-16	2012-06-16	2012SR051683
379	高压设备选型与校验软件 V1.0	刘艳章 申惠琪 齐 琳 朱永强	软件登记	2012-05-16	2012-06-16	2012SR051996
380	供电公司生产管理智能报表系统 V1.0	井树刚 许 杨 胡艳翔 成永强 李廷顺	软件登记	2012-06-16	2012-07-16	2012SR063811
381	供电公司试验数据挖掘系统 V1.0	许 杨 井树刚 胡艳翔 成永强 徐教辉	软件登记	2012-06-16	2012-07-16	2012SR064154
382	地市级供电企业 360 度全视角绩效管理信息系统 V1.0	申晓留 谭忠富 王 琼 王开碧 刘 非 李智耀 李强之 马新科 时盛燕 郭文燕 许大斌 谷雅玮 金建宇 段利锋 李 振 李 淳 吕美敬 马 莉 吴莹辉 白冰洁 黄春佑 王艳艳 曹 婷 莫莉娟	软件登记	2012-07-01	2012-08-01	2012SR069682
383	供电企业全面目标管理及其过程管控决策支持系统 V1.0	申晓留 谭忠富 王开碧 刘 非 李智耀 王 琼 李强之 马新科 时盛燕 郭文燕 许大斌 谷雅玮 金建宇 段利锋 李 振 李 淳 吕美敬 马 莉 吴莹辉 白冰洁 黄春佑 王艳艳 曹 婷 莫莉娟	软件登记	2012-07-01	2012-08-01	2012SR069680
384	烟气余热发电系统辨识与最小方差控制仿真软件 V1.0	毕珊珊 侯国莲 张建华 周业里 王卓菲 李燕斌 林明明	软件登记	2012-06-16	2012-07-16	2012SR064156
385	变电站电容电流监视及控制装置软件 V1.0	徐振宇 傅锦发 樊征臻 乔 真 白云宵 苏晓林 李 程 陈 颖	软件登记	2012-06-23	2012-07-23	2012SR066118
386	静止无功补偿装置最优选址软件 V1.0	白云宵 刘宝柱	软件登记	2012-07-27	2012-08-27	2012SR079348
387	电能质量分析仪软件 V1.0	徐振宇 樊征臻 乔 真 李 程 傅锦发 王萍萍 杨 政 苏志朋 白云宵 苏晓林	软件登记	2012-07-24	2012-08-24	2012SR078773

续表

编号	专利名称	申请人姓名	专利类型	申请日期（年-月-日）	授权日期（年-月-日）	专利号
388	基于遗传算法NSGA-II的无源滤波器参数多目标优化软件V1.0	徐振宇 樊征臻 乔 真	软件登记	2012-07-27	2012-08-27	2012SR079343
389	无源滤波器参数优化设计及校验软件 V1.0	徐振宇 乔 真 樊征臻 孟 斌	软件登记	2012-03-04	2012-04-04	2012SR080714
390	高温超导发电机励磁绕组结构优化软件 V1.0	刘明基 苏晓林 郭韩金 樊征臻 白云霄 王 博	软件登记	2012-06-01	2012-07-01	2012SR079102
391	核电站稳压器系统 V1.0	张 帆 杨 旭 褚凤鸣 叶超	软件登记	2012-07-28	2012-08-28	2012SR079900
392	汽轮发电机组扭振在线分析与诊断系统 V1.0	何成兵 顾煜炯 代术建 蒋 迪 金铁铮 陈东超	软件登记	2012-02-06	2012-03-06	2012SR016876
393	汽轮发电机组扭振实时采集与分析系统 V1.0	何成兵 顾煜炯 蒋 迪 代术建 金铁铮 陈东超	软件登记	2012-02-06	2012-03-06	2012SR016880
394	汽轮发电机组振动分析与故障诊断系统 V1.0	何成兵 顾煜炯 代术建 蒋 迪 金铁铮 陈东超	软件登记	2012-02-07	2012-03-07	2012SR017454
395	林业 GIS 管理平台[简称：林业 GIS 平台]V1.0	程雷阳 杨超然 陈利洪 王艳萍	软件登记	2012-05-18	2012-06-18	2012SR052142
396	供电企业成本预控管理系统[简称：成本预控系统]1.0	郑 华	软件登记	2012-06-10	2012-07-10	2012SR061471
397	发电计划管理系统[简称：发电计划]V1.0	郑 华	软件登记	2012-07-30	2012-08-30	2012SR081375
398	电力系统短期负荷预测系统[简称：短期负荷预测]V6.0	郑 华	软件登记	2012-07-30	2012-08-30	2012SR080880
399	店铺电脑收银系统[简称：收银系统]V5.3	初 兰 郭 媛 贾仁东 李梦源 谭良红	软件登记	2012-08-11	2012-09-11	2012SR085836
400	能量系统结构与参数优化软件 V1.0	吴令男 王利刚 杨勇平 董长青 杨志平 徐 钢	软件登记	2012-09-17	2012-10-17	2012SR097650
401	电力变压器油纸绝缘老化评估与寿命预测系统 V1.0	郑 重 孔健良 于 洪	软件登记	2012-09-26	2012-10-26	2012SR101125
402	球杆控制系统仿真软件[简称：BBSysCSS]V1.0	钱殿伟 杨彬彬	软件登记	2012-10-10	2012-11-10	2012SR107799
403	宿舍门禁管理系统 V1.0	彭 文 李尚远 田雪枫 李 岩 李 欣 武生国 吴 侃 郭 磊	软件登记	2012-11-04	2012-12-04	2012SR118781
404	学生公寓管理系统 V1.0	王志强 李尚远 田雪枫 李 岩 李 欣 武生国 吴 侃 郭 磊	软件登记	2012-11-04	2012-12-04	2012SR118666
405	输电线路视频识别管理系统 V1.0	孙凤杰 齐京亮 范杰清	软件登记	2012-11-15	2012-12-15	2012SR125201
406	智能寻轨器控制软件 V1.0	周冬升 覃 凯 王家兴 朱耀春 崔 超	软件登记	2012-11-08	2012-12-08	2012SR121195

续表

编号	专利名称	申请人姓名	专利类型	申请日期（年-月-日）	授权日期（年-月-日）	专利号
407	油浸式变压器状态综合评估软件[简称：OTCA]1.0	徐志钮　律方成　王永强	软件登记	2010-02-10	2011-10-28	2011SR077969
408	油浸式变压器油色谱故障诊断软件[简称：OTGCD]1.0	律方成　徐志钮　刘云鹏　李燕青	软件登记	2009-06-01	2011-10-28	2011SR077973
409	动静态接触角计算软件[简称：DSCA]1.0	徐志钮　律方成	软件登记	2010-10-01	2011-10-08	2011SR071490
410	便携式计算机视觉盘煤系统[简称：View-2]V2.1.0.4	翟永杰　尹　星　杜石雷　韩　璞	软件登记	2008-06-11	2011-11-03	2011SR079716
411	可视化备品备件管理系统[简称：VisualspareParts]V1.1.0	翟永杰　焦嵩鸣　韩　璞	软件登记	2008-06-12	2011-11-24	2011SR086822
412	电力实验数据管理信息系统[简称：BDHVT]	马燕鹏　史会峰　李国煌	软件登记	2011-09-28	2012-02-21	2012SR011701
413	电力线路应用集成综合管理系统 V1.0	庞春江　牛为华　崔克彬　孟建良	软件登记	2010-11-01	2011-12-15	2011SR095396
414	电力企业变电应用集成管理系统 V1.0	庞春江　崔克彬　牛为华　孟建良	软件登记	2010-11-16	2011-12-26	2011SR101037
415	成人教育在线补考申请系统 V1.0	孙　玮　张新国　杨丽娟　许小刚	软件登记	2010-02-20	2012-02-08	2012SR007800
416	电晕笼内分裂导线起始电晕电压计算软件 V1.0	刘云鹏　尤少华　律方成　李燕青　王永强	软件登记	2012-03-20	2011-11-01	2012SR021721
417	电晕笼内导线交流电晕损失计算软件 V1.0	律方成　尤少华　刘云鹏　王永强　李燕青	软件登记	2012-04-05	2011-11-01	2012SR025945
418	电晕笼内绞线的空间电场强度计算软件 V1.0	律方成　尤少华　刘云鹏　李燕青　王永强	软件登记	2012-03-20	2011-11-01	2012SR021720
419	表面式加热器动态过程仿真软件 1.0	徐　蕙　徐二树	软件登记	2012-02-29	2011-09-16	2012SR014762
420	工业过程图形建模软件 1.0	刘长良	软件登记	2012-03-29	2011-10-30	2012SR024288
421	基于 VSTO 的 office 自动阅卷系统 V1.0	廖尔崇	软件登记	2012-04-12	2011-12-31	2012SR028151
422	电网接纳风电能力评估软件[简称：WPA]V1.0	李　鹏　刘承佳　殷梓恒　王旭斌　张双乐　胡迎迎　李婉娉　李　涛	软件登记	2012-04-19	2011-12-10	2012SR030541
423	电网企业可持续发展综合评价软件 V1.0	任　峰　崔和瑞　谷利红　李金颖　王　婷	软件登记	2012-05-08	2011-12-15	2012SR036480
424	无机化学课程在线自测软件 V1.0	杨丽娟　李松涛	软件登记	2012-06-15	2012-03-10	2012SR051283
425	简易电力系统潮流计算软件 1.0	董金哲　胡永强　黄　颖　赵亚川	软件登记	2012-06-01	2011-01-11	2012SR045725
426	风电场中央监控系统软件 V1.0	米增强　梅华威　刘兴杰　余　洋	软件登记	2011-06-01	2012-06-29	2012SR056450
427	2MW 双馈机组风电场监控系统 V2.0	米增强　梅华威　刘兴杰　余　洋　倪中洲	软件登记	2012-05-30	2012-07-25	2012SR067599
428	电子测量仪器平台软件系统 V1.0	吕安强　李　静	软件登记	2012-03-05	2012-05-17	2012SR040286

续表

编号	专利名称	申请人姓名	专利类型	申请日期（年-月-日）	授权日期（年-月-日）	专利号
429	合同管理系统 V1.0	潘德锋	软件登记	2011-12-30	2012-06-27	2012SR055562
430	远程 VPN 物资调度管理系统 V2.0	潘德锋　赵惠兰	软件登记	2011-03-20	2012-06-27	2012SR055565
431	发电厂指标管理系统 V1.0	潘德锋　赵惠兰	软件登记	2011-04-10	2012-06-29	2012SR056464
432	职业技能鉴定试题库管理系统 V2.0	潘德锋	软件登记	2011-01-10	2012-06-27	2012SR055566
433	风电场/群远程信息管理系统软件 V1.0	梅华威　米增强　刘兴杰　余　洋	软件登记	2011-06-01	2012-06-29	2012SR056428
434	小电流接地故障区段定位软件 V1.0	郑顾平　李　刚　田永超　姜　超　杜向楠　樊志翀	软件登记	2011-10-06	2012-06-13	2012SR049778
435	小电流接地故障选线装置状态诊断专家系统 V1.0	李　刚　郑顾平　田永超	软件登记	2011-11-18	2012-06-08	2012SR048561
436	变电站图纸电子化及管理系统 V1.0	潘德锋　马　韬	软件登记	2011-11-30	2012-07-02	2012SR057652
437	电力安全工器具管理系统 V2.0	潘德锋　章　芬	软件登记	2011-03-10	2012-06-27	2012SR055511
438	发电厂班组台帐管理系统 V1.0	潘德锋	软件登记	2011-01-15	2012-07-02	2012SR057657
439	基于 VSTO 的 Office 自动化考试练习平台 V1.0	廖尔崇　孔庆飞　刘树仁　何道远	软件登记	2012-05-31	2012-08-21	2012SR076621
440	城市综合管网地理信息系统 V1.0	马燕鹏　卢艳霞　晁学斌　李国煌　何化钧　苑文楠	软件登记	2011-11-09	2012-08-14	2012SR074716
441	计算机基础操作考试系统 V1.0	朱有产　缪尔崇　罗贤缙　秦金磊　沈　风　周皖奎　周　伟　刘　鹏	软件登记	2011-12-30	2012-08-31	2012SR081516
442	ANSYS 计算结果自动导出系统 V1.0	徐志钮　律方成	软件登记	2011-08-12	2012-09-11	2012SR085879
443	基于切线法的静态和动态接触角计算软件 V1.0	徐志钮　高成彬　周　衡　邹　盼　李丹丹　王　刚	软件登记	2012-07-01	2012-09-21	2012SR090128
444	电能质量分析系统 V1.0	姚国珍　康　怡　韩佳玲	软件登记	2011-09-01	2012-02-15	2012SR009826
445	局部放电识别系统 V1.0	王　瑜　尚海昆　苑津莎	软件登记	2011-09-10	2012-02-27	2012SR013651
446	BOTDA 系统控制软件 V1.0	尹成群　吕安强　刘东升　李永倩　张　旭	软件登记	2011-12-01	2012-04-11	2012SR028082
447	基于网络通信的动态数据采集和分析系统 1.0	赵丽娟　李永倩　项洪印	软件登记	2012-07-01	2012-11-12	2012SR108241
448	供热管网监测系统 V1.0	杨先亮　李　彤　王松岭　吴正人	软件登记	2012-05-30	2012-08-31	2012SR081463
449	地下管线在线监测客户端软件 V1.0	马燕鹏　刘　正　苑文楠　晁学斌	软件登记	2011-11-27	2012-09-07	2012SR084842
450	地下管线在线监测数据服务中心软件	马燕鹏　刘　正　晁学斌　苑文楠	软件登记	2011-11-27	2012-09-07	2012SR084843

续表

编号	专利名称	申请人姓名	专利类型	申请日期（年-月-日）	授权日期（年-月-日）	专利号
451	概率论与数理统计演示系统 V1.0	孔令才　苑文楠　邹　盼	软件登记	2012-09-01	2012-09-18	2012SR088742
452	自动鸟笼	钱殿伟　张博雅　李小缤	外观设计	2012-02-07	2012-07-25	201230023552.6
453	颈枕	宋宗耘　谭　磊　远建平　李大成	外观设计	2012-04-12	2012-09-26	201230106828.7
454	液体流速测量装置	钱殿伟　张博雅	外观设计	2012-04-23	2012-09-26	201230125289.1
455	书立	李广军　林伟香　张霖菲　陈敏娜	外观设计	2012-05-29	2012-11-28	201230205693.X
456	太师椅	郭　媛　余　谦　唐彩红　李治甫	外观设计	2012-06-09	2012-10-17	201230251928.9

华北电力大学2012年校企（地、校）合作情况一览表

合作单位	合作时间 (年-月-日)	合作领域
华北电力大学与中国南方电网公司	2012-03-07	根据协议，双方将建立校企合作常态机制，进一步促进双方“十二五”期间在技术、人才、学术交流和科研基础条件等相关领域的合作与交流，积极推进双方全方位、深层次的合作
华北电力大学与中国广东核电集团公司	2012-03-09	根据协议，双方将加强在核电、可再生能源、核技术服务相关领域的合作与交流，建立长期稳定的合作机制，积极推进全方位深层次的全面合作，共同推动我国清洁能源事业的发展
华北电力大学与国网能源研究院	2012-03-21	根据协议，双方将重点围绕项目研究、人才培养等方面开展深入合作
华北电力大学与四川省电力公司	2012-06-19	根据协议，双方将在课题研究、项目开发、人才培养、技术交流等方面建立长效合作机制，打造多学科融合、多团队协作、产学研一体化的重大研发与应用平台，为我国电力事业的发展和进步提供更有力的技术支持和人才保障
华北电力大学与中电投核电有限公司	2012-06-26	根据协议，双方将共同培养和造就一大批创新实践能力强、适应经济社会发展需要的高素质工程技术人才，为建设“核电强国”做出应有的贡献
华北电力大学与摩托罗拉系统（中国）有限公司	2012-11-27	根据协议，双方今后将在联合建立校企联合研究生工作站、研究生创新创业中心等方面创新机制，并就进一步合作的议题保持沟通
华北电力大学与国核电力规划设计研究院	2012-11-30	根据协议，双方将进一步加深协同合作、共赢发展的力度，不断开拓创新，为全面提升我国核电自主化发展能力、建设创新型国家奉献新的智慧和力量

华北电力大学2012年校理事会理事单位名单

单位名称
国家电网公司
中国南方电网有限责任公司
中国华能集团公司
中国大唐集团公司
中国华电集团公司
中国国电集团公司
中国电力投资集团公司

2012年华北电力大学校办企业名单

序号	公司名称	成立时间 (年-月)	地址	邮编	联系电话	主要产品
1	北京华电天德资产经营有限公司	1993-03	北京市昌平区朱辛庄北农路2号华北电力大学56#	102206	010-61772230	资产经营管理
2	北京华电之星科学技术发展有限公司	2000-08	北京市昌平区朱辛庄北农路2号	102206	010-80798589	在电力、能源、环保、机械、建筑、计算机等工程技术领域从事科技开发、设计、加工制作、产品代理、销售和咨询等业务

续表

序号	公司名称	成立时间(年-月)	地址	邮编	联系电话	主要产品
3	北京华电天达科技有限责任公司	2003-08	北京市昌平区朱辛庄北农路2号华北电力大学	100220	010-80116875	门禁系列产品、停车场系列产品、读卡器系列产品、消费POS机系列产品
4	北京华电能达科技有限责任公司	2002-03	北京市昌平区科技园永安路47号	100220	010-80116875	计算机及配套产品、软件开发、环保节能产品的开发、销售
5	北京四方立德保护控制设备有限公司	1999-04	北京市海淀区上地创业中路32号	100085	010-62968260	电力系统继电保护和自动化装置、变电站综合自动化系统及故障录波装置
6	北京华电天仁电力控制技术有限公司	2003-04	北京市海淀区上地东路1号盈创动力E-201	100085	010-51975570	电力辅助设备、仪器仪表、电子装置及电子标签，计算机硬件，网络安全设备、系统集成及装置等
7	北京华电卓越国际技术培训有限责任公司	2005-06	北京市昌平区朱辛庄北农路2号华北电力大学	102206	010-51976811	国际电力仪器仪表技术开发、咨询、培训、服务、交流
8	北京华电纳鑫科技有限公司	2003-09	北京市昌平区马池口镇上念头村北	102200	010-80777884-608	微纳米表面技术开发、应用、生产，新型耐磨材料技术应用、生产
9	北京华电英康科技有限公司	2000-07	北京市昌平区朱辛庄北农路2号华北电力大学	102206	010-86176375	计算机软件、外围设备、电力设备
10	北京丹华昊博电力科技有限公司	2003-09	北京市海淀区上地信息路1号2号楼2205室	100085	010-82896582	小电流接地电网单相接地故障选线装置、10kV主从式自动调谐消弧线圈控制装置
11	北京微肯佛莱科技有限公司	2003-12	北京市昌平区朱辛庄北农路2号华北电力大学	102206	010-80795843	电力基本建设管理系统软件、电力市场理论研究及相关技术支持系统、电力系统分析计算、电力企业ERP、电力系统监测和计量
12	北京华电辰能科技发展有限公司	1999-12	北京市海淀区中关村东路123号1号楼1701号	100086	010-62191930	技术开发、服务、转让、咨询；销售开发后的产品、计算机软硬件及外围设备、电力发配电设备、环保节能设备
13	四方电气（集团）股份有限公司	1999-04	北京市海淀区上地信息产业基地四街9号	100085	010-62961515	变电站综合自动化系统等微机保护产品
14	北京华电天德科技园有限公司	2007-01	北京市昌平区朱辛庄华北电力大学教四楼	102206	010-61772230	技术开发、咨询、服务、电力技术培训；销售电力设备、电子设备
15	华大天元（北京）电力科技有限公司	2007-09	北京海淀区丰贤中路7号（孵化楼）4层401室	102206	010-51963393	发电企业智能管理系统；电网运行状态实时监管系统；变电站视频监控系统、企业门户及协同办公自动化系统；电力企业信息系统安全整体解决方案；数字化电网整体设计方案等
16	北京华电大通环保科技有限公司	2004-08	北京市海淀区太平路甲18号西南写字楼311室	100039	010-51953738	开发环保技术，研制、生产环保产品；提供技术咨询服务
17	北京华电杰德科技有限公司	2007-03	北京市丰台区科学城海鹰路8号2号楼405室（园区）	100070	010-63717721	火电厂仿真系统、电厂自动控制设备
18	青岛华电高压电气有限公司	2008-11	山东省青岛市崂山区九水东路628号	266102	0532-88818462	电力检测设备、电力自动化相关设备、电力仪器、仪表软件的开发应用和销售；高压电器设备的开发制作、销售；电力行业技术的开发、咨询、销售

续表

序号	公司名称	成立时间(年-月)	地址	邮编	联系电话	主要产品
19	保定华电天德科技园有限公司	2008-05	保定市复兴西路118号	071000	0312-7522131	电力设备、电子设备、通信设备、太阳能及风能设备、输变电及控制设备、计算机及外部设备、仪器仪表制造销售、电力工程设计、计算机软件技术开发、技术咨询、技术服务
20	保定华电科源电气有限公司	1995-05	保定市永华北大街619号76#信箱	071003	0312-7522294	微机综合自动化系统、变电站模拟系统、电网故障信息管理系统、微机保护装置、微机故障录波器
21	保定中力电力科技发展有限公司	2000-04	保定市高开区竞秀街677号火炬产业园	071051	0312-5903290	微机发电机-变压器保护、分布式光纤母线保护系统
22	保定市毅格通信自动化有限公司	1998-06	保定市高开区竞秀街677号火炬产业园	071051	0312-3132220	电力通信网监控管理系统、远动通道监测装置、电力企业管理与运营信息自动化、网络集成与管理等
23	保定华仿科技有限公司	1993-11	保定市高开区竞秀街677号火炬产业园	071051	0312-5907665	大型火电机组全仿真机、电网及变电站全仿真机、航天载人飞船飞行训练模拟器
24	保定华电配电设备有限公司	1986-06	保定市华电路3号华电二校内	071003	0312-7525100	高低压开关柜
25	保定锐腾电力科技有限公司	2010-04	保定市复兴西路118号	071025	0312-3187701	电网调度自动化、配电网自动化、变电站自动化、继电保护及自动化装置、仪器仪表等输变电设备，以及从二次设备到一次设备的配套产品及服务
26	保定华电辉煌科技有限公司	1994-04	保定市朝阳北大街658号发展大厦5层A座	071051	0312-3335875	应用软件开发、计算机网络系统集成、综合布线工程
27	保定华电电力设计院有限公司	1994-11	保定市高开区竞秀街677号火炬产业园	071051	0312-5907550	乙级资质范围内的发电、送变电工程设计、三级及以下等级工业与民用建筑设计
28	保定华电科技开发服务中心	1996-01	保定市永华北大街619号大3#信箱	071003	0312-7522235	科技项目管理
29	保定电谷科技园有限公司	2012-12	河北保定市高新区北二环路5699号	071051	0312-3326988	高新技术企业服务
30	北京华星电力电子新技术开发公司	1989-04	北京市大兴区兴政街3号	102600	010-69259964	小电流接地选线综合装置、微机直流接地综合选线装置及继电保护装置、变电站综合自动化系统
31	北京思达星电力自动化有限公司	1996-04	北京市大兴区兴政街3号	102600	010-69205011	小电流接地选线综合装置、直流系统绝缘在线检测装置、远程监控系统

人物

华北电力大学 2012 年教授名录

杨勇平
赵冬梅
崔　翔
鲍　海
毕天姝
刘东雨
刘　彤
郭民臣
陆会明
马素霞
谭忠富
马卫华
李　英
陈德刚
曾玉华
陆道纲
李金全
陈宏刚
牛风雷
程伟良
许佩瑶
刘衍平
陈诺夫
李俊卿
李双辰
甄成刚
张建成
周　明
李永刚
王增平
任建文
孙建平
牛玉广
宋　雨
张文建

李成榕
赵会茹
黄　伟
韩民晓
艾　欣
康　顺
张照煌
周　涛
杨国田
王　颖
郭京生
蔡利民
戴忠信
孙淑珍
朱　凯
陈义学
张　锴
黄国和
董　天
张悦想
尹忠东
魏彤儒
赵振宇
杜冬梅
郭孝锋
常鲜戎
王振旗
律方成
朱永利
田建设
赵成勇
韩中合
谷俊杰
程晓荣
王璋奇

刘吉臻
刘宗歧
王　伟
徐永海
李卫国
杜小泽
孙保民
刘　禾
谭　文
李存斌
余顺坤
孙晓洁
马铁川
吕　蓬
王丽萍
刘晓芳
张兴平
李美成
梁　平
黄元生
孔英会
梁双印
陈　雷
阎维平
吴乐为
林永君
张丽静
顾雪平
李　鹏
刘力丰
梁志瑞
周兰欣
田　沛
王保义
范孝良

安连锁
沈剑飞
王泽忠
肖湘宁
姜　彤
刘　石
顾煜炯
罗　毅
刘向杰
董　军
熊敏鹏
张绪刚
陈惠良
张希荣
纪昌明
郭永权
郭永权
李永平
闫国强
沈长月
王志刚
火月丽
崔和瑞
尹成群
米增强
李和明
朱有产
栗　然
赵书强
王建伟
韩　璞
闫顺林
高　强
张少敏
戴庆辉

王　玲
许丹娜
张建华
全玉生
唐良瑞
何　青
芮晓明
侯国莲
吴克河
何永秀
李　涛
杜　波
李　新
杨晓忠
张　华
罗振东
万书亭
何　理
房游光
李彦斌
葛永庆
汪庆华
徐进良
丁常富
王兵树
李宝树
付　东
梁贵书
李庚银
马　平
王松岭
陈鸿伟
王翠茹
侯思祖
韩庆瑶

张粒子
张一工
刘连光
张东英
许　刚
柳亦兵
徐　鸿
白　焰
邵作之
谢传胜
杨淑霞
周凤翱
金朋荪
何凤霞
董福品
秦立军
屠幼萍
卢宏玮
李全化
李永华
姚万业
柳长安
赵建娜
陈海平
马永光
苑英科
周海云
颜湘武
盛四清
刘长良
杨实俊
程友良
尚秋峰
李永倩
赵　毅

陈兆江
王银顺
杨奇逊
黄少锋
刘文颖
董兴辉
周少祥
吕跃刚
徐　磊
乌云娜
闫庆友
汪泽青
赵玉闪
王佩琼
吕爱钟
张化永
戚银城
谭占鳌
夏延秋
姚凯文
蔡　军
李　伟
朱予东
张金辉
于荣生
苑津莎
李永臣
卢铁兵
宋　玮
张栾英
李大中
李永华
高会生
戚宇林
胡满银

胡三高
郝建红
孙凤杰
宗　伟
付忠广
刘宗德
李文艳
张建华
林碧英
曾　鸣
张　艳
方仲炳
朱勇华
邱启荣
田　德
李　鱼
董　玲
林　俊
赵晓丽
祁　兵
焦彦军
王春波
董　泽
张天兴
高建强
李　琳
李慧君
石新春
徐玉琴
王印松
杨耀全
荆有印
谢志远
唐贵基
陈颖敏

胡志光
张国立
卢占会
张晓宏
文　俊
赵　强
高建伟
董长青
史玮璇
马峻峰

原永涛
姜根山
张　莉
张贵银
张卫东
黄　仙
侯学良
姚建曦
朱晓红
谢　力

尹连庆
杨玉华
郭　雷
李菊英
赵书涛
王东风
刘吉成
刘永前
郭正秋
李庆民

张胜寒
王福海
陈红平
王　敏
许伯强
郑顾平
张素芳
黄　美
屈朝霞

牛东晓
谷根代
关荣华
何永贵
赵洪山
刘　忠
孔　峰
董　瑾
王晓东

张彩庆
邢　棉
李　琦
孙　毅
张重远
庞力平
周建国
张　娟
邓　英

孙　薇
马新顺
尹增谦
赵莲清
孙　正
田松峰
王淑勤
李忠艳
徐振宇

王敬敏
蒋艳杰
曹春梅
程养春
李元诚
崔彦彬
马双忱
白占武
刘彦丰

（田赞梅）

华北电力大学2012年新增教授

马　进
陈克丕
苏　杰
苑春刚
赵雄文

翟明岳
叶学民
孟建良
陈传敏

赵志斌
魏　兵
庞南生
陈学刚

任　惠
向　玲
吴　忠
阎占元

刘云鹏
李　为
赵新刚
王学棉

杨立军
曾德良
温　磊
王聚芹

段立强
郑　玲
李泽红
祖　林

冼海珍
段泉圣
杨少霞
胡光宇

（田赞梅）

华北电力大学2012年新增博导

序号	姓名	博士点名称	博士点所属分委员会
1	马　进	电力系统及其自动化	电气与电子工程学院
2	赵书强	电力系统及其自动化	电气与电子工程学院
3	刘云鹏	高电压与绝缘技术	电气与电子工程学院
4	屠幼萍	高电压与绝缘技术	电气与电子工程学院
5	颜湘武	电力电子与电力传动	电气与电子工程学院
6	卢铁兵	电工理论与新技术	电气与电子工程学院
7	唐良瑞	电气信息技术	电气与电子工程学院
8	尹成群	电气信息技术	电气与电子工程学院
9	杨立军	工程热物理	能源动力与机械工程学院
10	王春波	热能工程	能源动力与机械工程学院
11	马双忱	热能工程	能源动力与机械工程学院
12	姜根山	热能工程	能源动力与机械工程学院
13	张照煌	动力机械及工程	能源动力与机械工程学院
14	万书亭	动力机械及工程	能源动力与机械工程学院
15	程友良	流体机械及工程	能源动力与机械工程学院
16	付　东	能源环境工程	能源动力与机械工程学院
17	王志刚	核电与动力工程	能源动力与机械工程学院

续表

序号	姓名	博士点名称	博士点所属分委员会
18	陈义学	核电与动力工程	能源动力与机械工程学院
19	谭占鳌	可再生能源与清洁能源	可再生能源学院
20	刘永前	可再生能源与清洁能源	可再生能源学院
21	董长青	可再生能源与清洁能源	可再生能源学院
22	姚建曦	可再生能源与清洁能源	可再生能源学院
23	王晓东	可再生能源与清洁能源	可再生能源学院
24	王印松	控制理论与控制工程	控制与计算机工程学院
25	柳长安	模式识别与智能系统	控制与计算机工程学院
26	吴克河	信息安全	控制与计算机工程学院
27	陈德刚	系统分析、运筹与控制	控制与计算机工程学院
28	张兴平	技术经济及管理	经济与管理学院
29	董　军	技术经济及管理	经济与管理学院
30	赵会茹	能源管理	经济与管理学院
31	高建伟	管理科学与工程	经济与管理学院
32	侯学良	工程与项目管理	经济与管理学院
33	赵振宇	工程与项目管理	经济与管理学院
34	李庆民	高电压与绝缘技术	电气与电子工程学院
35	赵雄文	电气信息技术	电气与电子工程学院
36	谢　力	控制理论与控制工程	控制与计算机工程学院

华北电力大学 2012 年新增硕导

序号	姓名	指导专业	序号	姓名	指导专业
1	孔令章	诉讼法学	29	马苗苗	控制理论与控制工程
2	刘宇晖	诉讼法学	30	魏　乐	控制理论与控制工程
3	苑英科	思想政治教育	31	刘鑫屏	控制理论与控制工程
4	国　防	英语语言文学	32	张　悦	控制理论与控制工程
5	吴嘉平	英语语言文学	33	高　峰	检测技术与自动化装置
6	郑蓉颖	英语语言文学	34	何　慧	计算机应用技术
7	张学梅	应用数学	35	张　莹	计算机应用技术
8	张亚刚	应用数学	36	贾静平	计算机应用技术
9	刘　勇	应用数学	37	刘书刚	计算机应用技术
10	王小英	概率论与数理统计	38	王永田	材料学
11	张　昭	理论物理	39	辛　燕	材料学
12	高青风	机械制造及其自动化	40	玉　宇	核科学与技术
13	王　孟	机械设计及理论	41	周世梁	核科学与技术
14	刘静静	热能工程	42	李向宾	核科学与技术
15	吴正人	热能工程	43	程晓磊	核科学与技术
16	李　斌	动力机械及工程	44	刘松涛	环境工程

续表

序号	姓名	指导专业	序号	姓名	指导专业
17	张凯华	化工过程机械	45	申　艳	水工结构工程
18	徐志钮	高电压与绝缘技术	46	郑宗明	可再生能源与清洁能源
19	汪佛池	高电压与绝缘技术	47	白一鸣	可再生能源与清洁能源
20	王子建	高电压与绝缘技术	48	肖显斌	可再生能源与清洁能源
21	孙海峰	电工理论与新技术	49	刘晓彦	会计学
22	赵雄文	通信与信息系统	50	余中福	会计学
23	耿绥燕	通信与信息系统	51	赵洱岽	企业管理
24	何玉钧	通信与信息系统	52	杨少梅	技术经济及管理
25	李　中	信号与信息处理	53	陈建国	行政管理
26	胡正伟	电路与系统	54	夏　珑	行政管理
27	张文广	控制理论与控制工程	55	胡宏伟	行政管理
28	高月芬	供热、供燃气、通风及空调工程	56	王江江	供热、供燃气、通风及空调工程

华北电力大学 2012 年两院院士名单

序号	姓名	性别	出生年月(年-月)	职称	学历	学位	入选年度
1	杨奇逊	男	1937-10	教授	研究生	博士	1994
2	黄其励	男	1941-01	教授	研究生	博士	1997
3	陈蕴博	男	1935-01	教授	本科	学士	1999
4	樊明武	男	1943-07	教授	本科	学士	1999
5	沈国荣	男	1949-07	教授级高工	研究生	硕士	1999

华北电力大学 2012 年长江学者名单

序号	单位	姓名	性别	出生年月(年-月)	职称	学历	学位	入选年度
1	经济与管理学院	黎建强	男	1950-07	教授	研究生	博士	2008
2	经济与管理学院	牛东晓	男	1962-10	教授	研究生	博士	2011
3	能源动力与机械工程学院	徐进良	男	1966-4	教授	研究生	博士	2012

华北电力大学 2012 年"长江学者和创新团队发展计划"学术带头人名单

序号	单位	姓名	性别	出生年月(年-月)	职称	学历	学位	入选年度
1	电气与电子工程学院	李成榕	男	1957-03	教授	研究生	博士	2005
2	能源动力与机械工程学院	刘宗德	男	1963-05	教授	研究生	博士	2007
3	控制与计算机工程学院	刘石	男	1956-09	教授	研究生	博士	2009
4	资源与环境研究院	黄国和	男	1961-11	教授	研究生	博士	2011

华北电力大学2012年杰出青年科学基金获得者名单

序号	单位	姓名	性别	出生年月(年-月)	职称	学历	学位	入选年度
1	电气与电子工程学院	崔翔	男	1960-05	教授	研究生	博士	2003
2	能源动力与机械工程学院	康顺	男	1955-12	教授	研究生	博士	1998
3	可再生能源学院	徐进良	男	1966-04	教授	研究生	博士	2008
4	能源动力与机械工程学院	杨勇平	男	1967-04	教授	研究生	博士	2010
5	资源与环境研究院	李永平	女	1970-08	教授	研究生	博士	2012

华北电力大学2012年入选国家“百千万人才工程”名单

序号	单 位	姓名	性别	出生年月(年-月)	职称	学历	学位	入选时间
1	电气与电子工程学院	崔 翔	男	1960-05	教授	研究生	博士	1996
2	可再生能源学院	田 德	男	1958-08	教授	研究生	博士	1996
3	控制与计算机工程学院	刘吉臻	男	1951-08	教授	研究生	博士	1997
4	能源动力与机械工程学院	刘宗德	男	1963-05	教授	研究生	博士	2004
5	电气与电子工程学院	李成榕	男	1957-03	教授	研究生	博士	2004
6	经济与管理学院	牛东晓	男	1962-10	教授	研究生	博士	2007
7	能源动力与机械工程学院	杨勇平	男	1967-04	教授	研究生	博士	2009

华北电力大学2012年突出贡献专家名单

序号	单 位	姓名	性别	出生年月(年-月)	职称	学历	学位	获准时间
1	电气与电子工程学院	杨奇逊	男	1937-01	教授	研究生	博士	1990
2	电气与电子工程学院	崔 翔	男	1960-05	教授	研究生	博士	1992
3	现代电力研究院	张振华	男	1966-02	教授	研究生	硕士	1996
4	控制科学与工程学院	王兵树	男	1950-07	教授	研究生	硕士	1998
5	电气与电子工程学院	高中德	男	1940-04	教授	本科	学士	1994

华北电力大学2012年入选“新世纪优秀人才支持计划”名单

序号	单位	姓名	研究方向	入选年度
1	能源动力与机械工程学院	刘宗德	微纳米表面工程	2004
2	电气与电子工程学院	朱永利	网络化电力运动系统人工智能在电力系统中的应用	2004
3	能源动力与机械工程学院	杨勇平	能源系统集成与优化	2005
4	电气与电子工程学院	毕天姝	电力系统及其自动化	2005
5	电气与电子工程学院	丁立健	高电压与绝缘技术	2006

续表

序号	单位	姓名	研究方向	入选年度
6	控制与计算机工程学院	刘向杰	复杂系统的智能控制及其工业应用	2006
7	经济与管理学院	谭忠富	电力经济	2006
8	可再生能源学院	李美成	新能源材料与器件	2006
9	环境科学与工程学院	付　东	化工热力学和分离技术	2006
10	经济与管理学院	牛东晓	经济预测	2007
11	能源动力与机械工程学院	杜小泽	传热传质学	2007
12	数理学院	王志刚	相对论束缚态和 QCD 求和规则	2007
13	能源动力与机械工程学院	顾煜炯	汽轮发电机组轴系振动量化评价和状态维修决策方法研究	2008
14	经济与管理学院	董　军	能源与电力经济	2008
15	经济与管理学院	闫庆友	创新授权理论研究	2008
16	能源动力与机械工程学院	王春波	洁净煤燃烧及污染物控制	2008
17	可再生能源学院	张　锴	洁净能源转化技术、多相流反应工程	2009
18	核科学与工程学院	牛风雷	反应堆工程与反应堆安全	2009
19	环境科学与工程学院	苑春刚	环境科学与工程	2009
20	经济与管理学院	高建伟	保险精算，投资	2010
21	资源与环境研究院	李永平	环境系统分析、模拟优化模型、水资源管理、水污染控制	2010
22	可再生能源学院	董长青	生物质的高效清洁利用	2010
23	核科学与工程学院	陈义学	核能科学与工程	2011
24	能源动力与机械工程学院	陈克丕	铁电与压电材料	2011
25	可再生能源学院	姚建曦	光电材料及器件	2011
26	可再生能源学院	王晓东	相变与界面传递现象	2011
27	控制与计算机工程学院	柳长安	智能机器人技术/人工智能及应用	2011
28	资源与环境研究院	何　理	环境工程	2011
29	经济与管理学院	侯学良	工程项目管理、工程经济	2011
30	数理学院	任　芝	信息功能材料	2012
31	能源动力与机械工程学院	周乐平	传热传质与多相流	2012
32	电气与电子工程学院	刘崇茹	电力系统分析与控制	2012
33	环境科学与工程学院	汪黎东	环境科学与工程	2012
34	可再生能源学院	谭占鳌	太阳能光伏及能源材料	2012
35	能源动力与机械工程学院	薛志勇	先进金属材料	2012
36	经济与管理学院	张兴平	技术经济评价理论与应用	2012

华北电力大学 2012 年国际来访人物一览表

序号	来访时间	国家（地区）	来访人员	接待领导	来访事宜
1	1—5 月	德国	Bernhard Raninger 教授		与学校特色项目“生物质热改性成型技术研究特色项目”师生开展讲学与交流活动
		日本	Masayuki Horio 教授		
		荷兰	Adrianus H. M. Verkooijen 教授		
		美国	Bingjun He 教授		
		日本	Fugetsu 教授		
		瑞典	PelleMellin 博士		
		瑞典	Jun Li 博士		
2	2 月 12—26 日	英国	David Infield 教授		为由华北电力大学主办的大唐海上风电培训班授课并作相关讲座
3	3 月 5—14 日	英国	David Infield 教授		就中英两国智能电网联合研究达成初步合作意向
4	3 月 6 日	美国	Shi Yong 博士		做了“Lattice Boltzmann Modeling for Fluid Transport Phenomena”的学术报告，并与相关专业研究人员进行了深入的探讨和交流
5	3—4 月	英国	王忠东教授		就“大型电力变压器故障监测和在线预警技术”展开科研合作和交流
6	3—12 月	阿联酋	苏錡教授		参与电气学院科研和研究生指导工作
7	3—10 月	美国	Christopher Marquis 教授		与我校经管院刘力纬教授对能源电力领域相关企业的案例开发进行了分析和论证，就共同开发中国能源电力企业案例进行了积极地探讨和磋商，并为我校经济管理学院的教师和 MBA 学生举行学术讲座和开设相关课程
8	4 月 10—12 日	瑞典	Erik Dahlquist 教授		作了生物质资源和国内外生物质资源的利用情况的相关讲座
9	4 月 10—12 日	澳大利亚	Dongke ZHANG 教授		来我校参加“煤的清洁转化与高效利用引智基地”启动会，并作了相关主题报告
		英国	Denis Weaier 教授		
		瑞典	Jinyue Yan 教授		
		瑞典	Erik Dahlquist 教授		
		英国	John Oakey 教授		
		英国	Giuliano Premier 教授		
		美国	Yan Cao 教授		
		英国	Dongsheng Wen 教授		
		英国	Lin Ma 教授		
		英国	Xianfeng Fan 博士		
		英国	Gang Lu 博士		
		澳大利亚	Eric Hu 教授		
		澳大利亚	Hu Zhang 博士		
10	4 月 16 日—5 月 6 日	美国	Naira Hovakimyan 教授		到华北电力大学控制与计算机工程学院进行交流访问

续表

序号	来访时间	国家（地区）	来访人员	接待领导	来访事宜
11	4月18日	英国	Nigel Fine 先生 Ian Mercer 丁伟 陈薇娜	刘吉臻校长	促成IET和华北电力大学在能源领域建立合作关系
12	4月19日—5月20日	英国	Daniel Friedrich 博士		与我校火力发电国家工程研究中心、生物质发电成套设备国家工程实验室、可再生能源学院、能源动力与机械工程学院、先进能量系统研究所和能源化工研究中心等部门的教师或学生进行了广泛深入的交流，重点参与了“循环流化床化学链燃烧反应器气固两相流动特性数值模拟”课题研究工作
13	4月20日—5月23日	加拿大	Yang Shi 博士		与我校控制与计算机工程学院的师生就科研项目合作、研究生培养等问题进行了广泛、深入的交流
	4月25日—5月6日	加拿大	Hong-Chuan Yang 博士		
14	4月22—29日	马来西亚	Hew Wooi Ping（丘伟平）博士		来我校电力系进行多目标框架下的发电机故障在线检测技术的项目研究
15	4月24—27日	澳大利亚 澳大利亚	George Zillante 教授 左剑博士		到华北电力大学经济与管理学院进行访问研究
16	5月7日	加拿大	罗杰·安德森先生 蒂姆·马克蒂南先生	李和明副校长	促成高校之间建立合作关系
17	5月13日—6月11日	美国	Yongpeng Zhang 教授		来我校进行学术交流，主要工作内容包括如下方面的学术讲座和研讨：a)先进过程控制策略；b）控制系统性能评价；c）余热利用过程控制系统建模与控制
18	5月16日至6月13日	英国	Qingchang Zhong 教授		来我校进行学术交流，为控制与计算机学院的师生作了一系列的学术讲座
19	5月26日—6月3日	美国	李伟仁教授		就风电与并网领域方面的研究与相关研究人员进行了深入交流，并协助了我校“新能源技术经济研究中心”建设
20	5月27日—6月1日	加拿大	Haining Gao 研究员		围绕增压富氧燃烧及污染物排放控制技术，为能源动力与机械工程学院的教师与研究生，做了系列学术报告，并进行了深入的学术交流
21	5月28日	俄罗斯	Tarasov Alexander 先生 Shi JingFang 女士 Zemnukhov Sergey		在上海合作组织框架协议下开展多层次、多形式的合作（联合培养研究生）
22	5月28日—6月5日	加拿大	A. M. Gole 教授		通过参观、研讨、讲座等形式，在学术交流、科技合作和教育合作等方面取得了具体的成果
23	5月28—31日	瑞典	Erik Dahlquist 教授		为“生物质发电成套设备国家工程实验室”的师生进行了系列讲座
24	5月29日—6月19日	英国	David Infield 教授		与毕天姝教授讨论了共同建设国家新能源重点实验室的事项，与可再生能源学院刘永前教授共同确定了建立风电机组状态监测与故障诊断仿真中心的目标，并制定了项目实施方案

续表

序号	来访时间	国家（地区）	来访人员	接待领导	来访事宜
25	5月31日—6月16日	加拿大	Lei Liu 教授		在我校工作17天
26	6月12日	美国	江科元教授		到计算机系进行学术交流
27	6月14日—7月17日	加拿大	Wenwen Pei 教授		参与到“水源地下水可视化污染控制中试模型的建立及修复技术研究项目”的具体研究工作中
28	6月17日	美国	Shi-Chune Yao 教授		进行了为期14天的学术交流访问
29	6月21日—7月10日	加拿大	Guanhui Cheng 博士		来我校进行为期 20 天的合作研究和科研指导工作
30	6月	澳大利亚	Lee Cheng Siong 教授		在我校工作一个月
31	6—7月	加拿大	Shan Zhao 博士		访问我校资源与环境研究院，就我校项目开展过程中遇到的困难和问题为课题组研究人员进行了多次讲座，并为项目的研究指引了国际领先的技术和方法
			Wei Sun 博士		
			Yurui Fan 博士		
			ZHong Li 博士		
			Xiuquan Wang 博士		
			Jiapei Chen 博士		
32	7月1—9日	新加坡	谢立华教授		来我校进行了为期20天的学术访问与交流
	7月20—30日				
33	7月3日	日本	桥本周司副校长	杨勇平副校长	建立起两校之间的合作伙伴关系
			浦野义赖教授		
			江正殷部长		
			向虎所长		
34	7月5—11日	瑞典	Erik Dahlquist 教授		主持“生物质发电成套设备国家工程实验室”研二学生的开题报告会
35	7月9日—8月14日	加拿大	Jianbing Li 教授		在我校工作35天
36	7月24日	澳大利亚	董朝阳博士		来校进行了为期五天的学术交流
37	7月	英国	Wang Jihong 教授一行6人		就新能源电力生产过程的非线性建模方法与我项目展开全面合作研究
38	8月30日—9月3日	新加坡	Vincent Tan 教授		就 Pseudo Amorphous Cell (PAC)方法的基础理论和该方法在 3D 摩擦学领域中的最新应用实例和可再生学院的师生进行了广泛而深入的探讨
39	9月2—8日	美国	Jeremy Gregory 教授		针对生命周期分析方法学、模型开发、不确定性分析、生命周期评价软件的使用进行了学术讲座
40	9月14日	美国	Jay R. Lund 教授		作了气候变化的专题学术报告
			David E. Rheinheimer 博士		
41	9月16—26日	英国	David Infield 教授		为相关院系的研究生开设了一门课程，总计16学时，指导我校风电学科的科研和教学发展
42	9月16日—10月6日	美国	Sergei Nazarenko 教授		来我校进行短期交流，对“氢能与燃料电池”项目的团队建设和研究进行了交流和指导

续表

序号	来访时间	国家（地区）	来访人员	接待领导	来访事宜
43	9月21—28日	美国	李伟仁教授		参与指导“新能源电力系统”国家重点实验室建设
44	9月23—26日	日本	Kenneth Ho(何鴻烈)博士		来我校进行学术交流
45	10月9—15日	日本	玄光男教授（Mitsuo Gen）		来我校进行学术交流
46	10月15—29日	日本	佐藤洋平教授		来我校工程生态学与非线性科学研究中心进行学术交流，开展学术报告，并考察国家水污染控制重大专项示范工程现场
47	10月16日	美国	Thomas L. Keon 校长 周谦教授	刘吉臻校长	在现有的合作基础之上扩大交流规模，创新合作模式
48	10月16—22日	瑞典	Erik Dahlquist 教授		指导实验室教师和研究生在生物质高效热解转化、有害废弃物高效焚烧等领域开展研究工作
49	10月18日	法国	Claude Descorme 教授 Michele Besson 教授		为我校的研究生作了生物质转化和高效催化剂研制2个方向的学术报告，并参观可再生能源学院生物质成套设备工程实验室
50	11月1—3日	英国	David Infield 教授		与可再生能源学院刘永前教授商议 2013 年联合培养博士生的具体问题
51	11月13—20日	澳大利亚	George Zillante 教授		来我校做访问研究
52	11月18—21日	英国	William Leithead 教授		到华北电力力大学控制与计算机工程学院与本项目组进行学术交流和沟通
53	11月19日	西班牙	Jose Luis Parra y Alfaro 校长 Miguel Angel Munoz Garcia 教授 Rocio Hortiguela 主席		两校学生交换项目方面的合作情况总结与反馈
54	11月21日	埃及	Sayed Ahmed Abdel Khalek 校长 Magda Nasa 副校长	孙平生副校长	开展学生交换、教师交流、合作科研等方面的合作
55	11月23—27日	美国	李伟仁教授		与我校电力研究院相关领域的带头人就联合开展风力发电与并网技术及其经济性评价与激励机制等领域的科学研究与技术开发进行了进一步的探讨
56	12月17日	加拿大	Dennis Fizpatrick 副校长	孙忠权副校长	华北电力大学、里贾纳大学、德州大学奥斯汀分校三校之间的国际会议、本科生夏令营等活动商议
57	12月27日	韩国	Moon Hee Han 教授 Jong-Hyeon Lee 教授	刘吉臻校长	在绿色能源领域开展合作

其他

华北电力大学2012年校友会理事会名单

姓名	校友会任职	工作单位	职务
史玉波	名誉理事长	国家电力监管委员会	副主席
李小鹏	名誉理事长	山西省委人民政府	常委、常务副省长
杨奇逊	名誉理事长	华北电力大学	华北电力大学教授、中国工程院院士
刘吉臻	理事长	华北电力大学	校长
李和明	常务副理事长	华北电力大学	副校长
王永干	副理事长	中国电力企业联合会	专职顾问
张成杰	副理事长	中国国电集团公司	党组成员，副总经理
舒印彪	副理事长	国家电网公司	副总经理
张丽英	副理事长	国家电网公司	总工程师
王良友	副理事长	中国南方电网有限责任公司	副总经理
王日文	副理事长	中国华电集团公司	总经济师
杨　庆	副理事长	中国大唐集团公司	副总经理
毛　迅	副理事长	神华集团有限责任公司	电力管理部总经理
袁　德	副理事长	中国电力投资集团公司	总工程师
谢　进	副理事长	中国华能集团公司技术经济研究院	院长
岳　曦	副理事长	中国人民武装武警部队水电指挥部	主任、少将，正军职
沈国荣	副理事长	南瑞继保电气有限公司	董事长、中国工程院院士
辛保安	副理事长	中国华电集团公司	副总经理
贺　禹	副理事长	中国广东核电集团有限公司	党组书记、董事长
王绪昭	副理事长	北京四方继保自动化股份有限公司	董事长
杨　昆	副理事长	国家电监会安监局	局长
魏昭峰	副理事长	中国电力企业联合会	专职副理事长
刘国跃	副理事长	华能国际股份公司	党组副书记、总经理
曹景山	副理事长	大唐国际发电股份有限公司	党组书记、总经理
石生光	常务理事	南方电网国际有限公司	总经理
吕　慧	常务理事	北方联合电力公司	董事长兼党委书记
孙正运	常务理事	河北电力公司	总经理
孙学勤	常务理事	云南省电力公司	副总工程师
孙渝江	常务理事	重庆市电力公司	副总经理
许良策	常务理事		
许金明	常务理事	东北电力设计院	院长
闫少俊	常务理事	吉林省电力公司	总经理
吴　清	常务理事	海南电网公司安全生产技术部	主任
张维荣	常务理事	中国水电建设集团甘肃能源投资有限公司	执行董事、总经理

续表

姓名	校友会任职	工作单位	职务
李文毅	常务理事	国家电网公司电网建设部	主任
杨迎建	常务理事	国网电力科学研究院	总工程师
邹宗宪	常务理事	中国能源建设集团设计事业部	副主任
陈文彬	常务理事	辽宁省电力有限公司	原副总经理
陈祖斌	常务理事	广西电网公司物资分公司	总经理
周　建	常务理事	合肥供电公司	书记
俞国勤	常务理事	上海市电力公司上海电力技术与管理学院	院长 高工
胡文森	常务理事	国电集团安全生产部	副主任
赵义亮	常务理事	上海电力公司	书记
晁　剑	常务理事	贵州省电网公司	副总经理
涂朝阳	常务理事	国电福建公司	副总经理
袁邦亮	常务理事	四川省电力公司生计部	主任
郭钛星	常务理事	山西格蒙国际能源公司	副总经理
崔继纯	常务理事	国家电网公司	副总工程师兼产业发展部主任
黄良玉	常务理事	Atomic Energy of Canada Ltd	Senior Engineer Section Head
董　璞	常务理事	青海省经济委员会	副主任
雷金娥	常务理事	西北电监局	副局长
谭永香	常务理事	江西省电力公司	副总经理
戴庆华	常务理事	湖南省电力公司	副总工程师
魏庆海	常务理事	中国电力技术装备电力公司	总经理
魏兆龙	常务理事	郑州电力高等专科学校	党委书记，教授
王　欣	理事	中国大唐集团公司总经理工作部	主任
王昕伟	理事	北京电力公司总经理工作办公室	主任
乔彦和	理事	衡水供电公司	副总经理
孙章岭	理事	邯郸供电公司	总工程师
闫晓丁	理事	保定供电公司	党委书记
余　璟	理事	深圳市能源集团有限公司生产运营部	总监
宋　畅	理事	北京国华发电有限公司	副总经理
张志忠	理事	承德供电公司	副总经理
张倓志	理事	南方电网公司国际公司	副总经理
杨会堂	理事	沧州供电公司	党委副书记兼纪检书记
杨秀歧	理事	秦皇岛发电有限公司	总经理
		华北局物资公司	总经理兼招标办主任
肖建元	理事	唐山发电总厂	原党委书记
陈保卫	理事	中国国电新能源技术研究院	副院长
周　旭	理事	国网电力科学研究院	市场部主任
尚锦山	理事	天津电力公司	常委、工会主席
胡日查	理事	中国华电集团公司	副总工程师
赵化民	理事	河北兴泰发电有限责任公司	党委书记

续表

姓名	校友会任职	工作单位	职务
赵崇理	理事	张家口供电公司	副书记兼工会主席
夏祥木	理事	台州电业局	经理
董双武	理事	河北省电力公司	纪检书记兼人力资源部主任
蒋锦峰	理事	国家电监会安监局	副局长
靳东来	理事	中国电力投资集团公司安运部	副主任
薛晓乐	理事	廊坊市农电管理局	副局长
魏锁钧	理事	石家庄供电公司	副经理
聂国欣	秘书长	华北电力大学校友工作办公室	主任

2012年媒体报道有关华北电力大学主要消息索引

序号	标题	媒体	时间
1	华北电力大学：屋顶光伏兼具教学价值	中国电力报	2012年12月31日
2	高水平行业特色型大学研讨合作与创新	人民日报	2012年12月31日
3	行业特色型大学缘何“失色”	科技日报	2012年12月31日
4	电力行业特色型大学“走出去”实现引领和超越	中国电力报	2012年12月31日
5	华北电力大学举行第十届研究生学术交流年会	北青网——北京青年报	2012年12月25日
6	华北电力大学2013届毕业生冬季双选会圆满成功	北极星电力网	2012年12月19日
7	行业特色型大学需引领行业发展	新华网	2012年12月14日
8	明确标准 把握定位推进高等教育人才培养质量不断提升	中国高等教育	2012年11月20日
9	华北电力大学突出“大电力”学科特色	中国教育报	2012年9月12日
10	中国社会工作与社会法治创新研究中心成立	保定日报	2012年9月7日
11	中国社会工作与社会法治创新研究中心在华电成立	中国新闻网	2012年9月7日
12	首都四校核电联盟文艺汇演开幕	中国核工业报	2012年6月19日
13	毕业留学生工地练摊义卖　所得钱款捐建农民工图书馆	京华时报	2012年5月28日
14	华电的青春之歌	中国作家网	2012年5月9日
15	华北电力大学在回龙观医院全国合作单位交流论坛上作典型发言	首都教育新闻网——宣教之窗	2012年5月2日

2012年华北电力大学出版物名单

《华北电力大学学报》 《华北电力大学学报（社会科学版）》 《现代电力》

□索引

INDEX

主题词索引

Z

人名索引

G

H

J

K

L